개 정 판

Detail 용어설명 1000

PROFESSIONAL ENGINEER

건축시공기술사

PASS

한솔

PASS

Preface

"The Devil is in the details"(악마는 디테일에 있다)

★ core elements

- 예시: 예시를 보임으로써 전체의 의미를 분명하게 이해
- 비교: 성질이 다른 대상을 서로 비교하여 그 특징 파악
- 분류: 대상을 일정한 기준에 따라 유형으로 구분
- 분석: 하나의 대상을 나누어 부분으로 이루어진 대상을 분석
- 평가: 양적 및 질적인 특성을 파악한 후 방향을 설정
- 견해: 전제조건과 대안을 통하여 의견제시

Amateur는 Scale(범위)에 감탄하고, Pro는 Detail(세부요소)에 더 경탄합니다.
"The Devil is in the details"(악마는 디테일에 있다) & "God is in the details"(신은 디테일에 있다)

"악마는 디테일에 있다"의 어원은 "신은 디테일에 있다"라는 독일의 세계적인 건축가인 루트비히 미스 반데어로에(Ludwig Mies van der Rohe)가 성공비결에 관한 질문을 받을 때마다 내놓던 말입니다. 아무리 거대한 규모의 아름다운 건축물이라도 사소한 부분까지 최고의 품격을 지니지 않으면 결코 명작이 될 수 없다는 뜻입니다.

『명작의 조건은 Detail이며 장인(匠人: Master)정신은 Detail이 아름답다는 것입니다.』 큰 틀에선 아무 문제가 없어 보이지만 Detail에선 그렇지가 않습니다. 사소하거나 별거 아닐 수 있는 세부사항이 명작을 만듭니다. 모든 학문의 기본(基本)은 기초(基礎)용어이며, 건축 기초용어는 기술사공부의 최소 기본학습입니다.

Detail 용어설명 1000 구성요소

- JYB 유형분류: 건축용어 유형분류 15가지 최초분류
- 용어정의 WWH 추출방법 제시
- 국가표준 KCS · KDS · KS · 건축법 · 건진법 · 건산법 시행령 시행규칙 교재에 기입
- 전체용어 1000개 중요도 분류: ★★★365개, ☆★★135개, ☆☆★200개, ☆☆☆300개
  (기초용어 하루 1개씩 365, 정의이해 135, 단어이해 200, 위치이해 300)

이 책을 만드는데 16년이란 세월동안 장인정신으로 모든 열정을 다해 Detail에 쏟아 부었습니다.
건축 일을 하는 모든 분들의 책꽂이에 놓여있는 건축 기본서가 되는 꿈을 꾸어봅니다.

『나는 다가올 미래의 한 부분을 집필하는 행운을 얻었습니다. 그 과정은 꿈을 좇아 앞으로 나아가는 아름다운 여정이기도 했습니다. 나를 이끌어온 긴 시간들을 되돌아보며, 내게 뿌리를 주신 모든 분, 내게 날개를 달아주신 모든 분께 감사드립니다.』

E교재의 격을 올려주신 한솔아카데미 한병천 사장님, 이종권 전무님, 안주현 부장님, 강수정 실장님, 문수진 과장님, 그리고 전체 편집을 해주신 이다희님, 한민정 대리님의 노고에 진심으로 감사드립니다.

그 꿈을 좇아 앞으로 나아가는 아름다운 여정의 시작이자 삶을 살아가는 이유가 되는 사랑하는 가족이 이 책을 만들어 주었습니다.

당신은 늘어나는 Detail과 함께 아름다운 여정을 함께 할 준비가 되었는가?

Day by day, in every way, I am getting better and better 건축시공기술사 백 종 엽

Detail 용어설명 1000 특징과 구성

2권 분권을 통한 간편성 UP

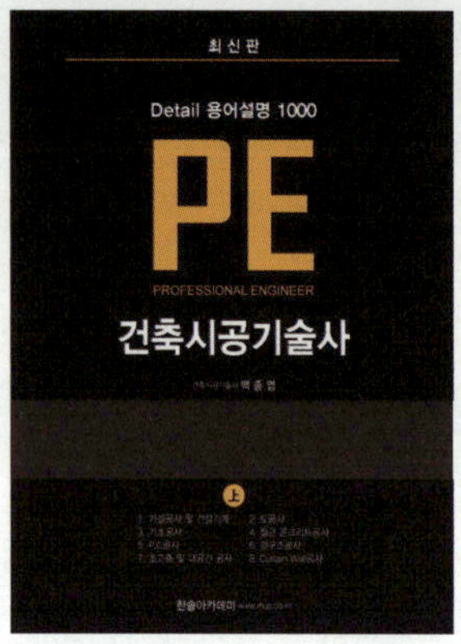

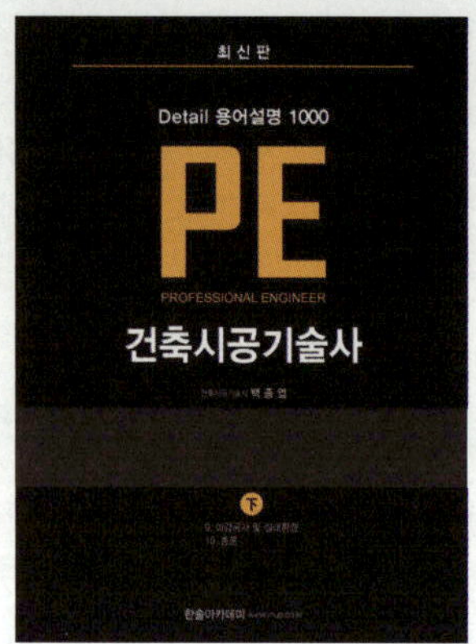

[상권 가설공사 ~ 커튼월공사]　　[하권 마감공사 ~ 총론]

2권으로 분권 구성하여 학습 스케줄에 따라 각 권으로 휴대

Part와 Process를 기본으로 목차 정리 체계화 분석

* 下권에 포함되어 있습니다.

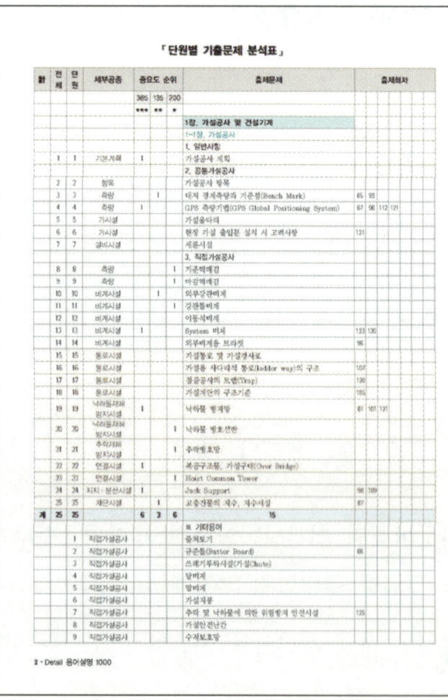

「단원별 기출문제 분석표」

❶ 마법지 Part와 Process 일체화

❷ 용어의 폴더체계를 4단계로 분류하여 목차 정리

❸ 1000개의 기본필수용어 선별

교재구성

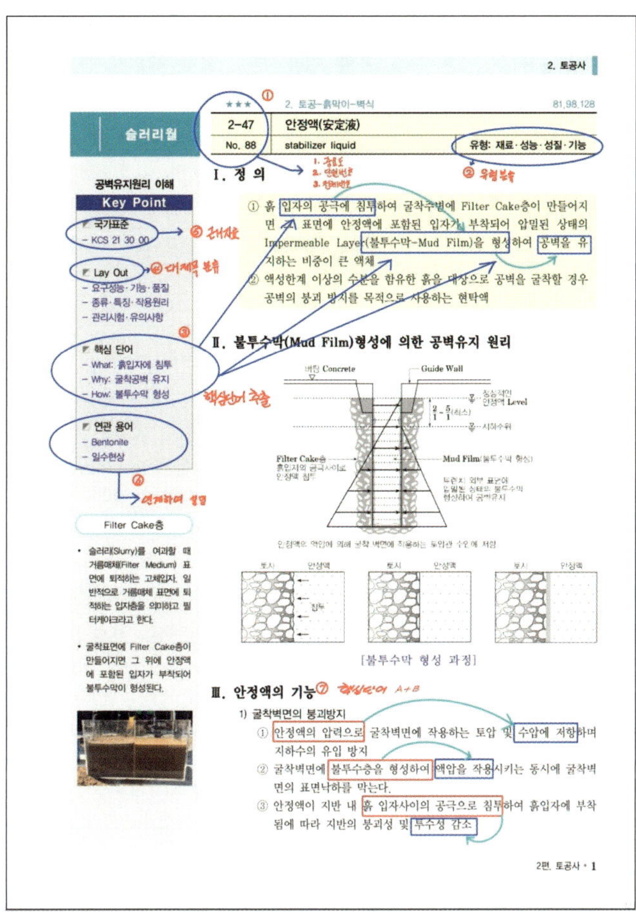

2. 토공사

★★★ 2. 토공-흙막이-벽식 81,98,128

2-47	안정액(安定液)	
No. 88	stabilizer liquid	유형: 재료·성능·성질·기능

슬러리월

공벽유지원리 이해

Key Point

- 국가표준
  - KCS 21 30 00
- Lay Out
  - 요구성능·기능·품질
  - 종류·특징·작용원리
  - 관리시험·유의사항
- 핵심 단어
  - What: 흙입자에 침투
  - Why: 굴착공벽 유지
  - How: 불투수막 형성
- 연관 용어
  - Bentonite
  - 일수현상

Filter Cake층

- 슬러리(Slurry)를 여과할 때 거름매체(Filter Medium) 표면에 퇴적하는 고체입자. 일반적으로 거름매체 표면에 퇴적하는 입자층을 의미하고 필터케이크라고 한다.
- 굴착표면에 Filter Cake층이 만들어지면 그 위에 안정액에 포함된 입자가 부착되어 불투수막이 형성된다.

I. 정 의

① 흙 입자의 공극에 침투하여 굴착주변에 Filter Cake층이 만들어지면 그 표면에 안정액에 포함된 입자가 부착되어 압밀된 상태의 Impermeable Layer(불투수막-Mud Film)을 형성하여 공벽을 유지하는 비중이 큰 액체

② 액성한계 이상의 수분을 함유한 흙을 대상으로 공벽을 굴착할 경우 공벽의 붕괴 방지를 목적으로 사용하는 현탁액

II. 불투수막(Mud Film)형성에 의한 공벽유지 원리

[불투수막 형성 과정]

III. 안정액의 기능

1) 굴착벽면의 붕괴방지

① 안정액의 압력으로 굴착벽면에 작용하는 토압 및 수압에 저항하며 지하수의 유입 방지

② 굴착벽면에 불투수층을 형성하여 액압을 작용시키는 동시에 굴착벽면의 표면낙하를 막는다.

③ 안정액이 지반 내 흙 입자사이의 공극으로 침투하여 흙입자에 부착됨에 따라 지반의 붕괴성 및 투수성 감소

2편. 토공사 • 1

전체용어 1000개 중요도 분류: ★★★365개, ☆★★135개, ☆☆★200개, ☆☆☆300개
(기초용어 하루 1개씩 365, 정의이해 135, 단어이해 200, 위치이해 300)

❶ **중요도/ 단원번호/ 전체번호**
전체 용어의 중요도 파악, 해당 단원의 용어 수량 파악, 전체용어 위치 파악

❷ **유형분류**
용어의 유형을 15가지 원칙으로 분류

❸ **핵심단어 추출**
가장 핵심단어 표시

❹ **대제목 분류**
유형별 대제목 분류

❺ **국가표준**
해당용어의 관련근거 표시

❻ **연관용어**
다른 용어에 연계하여 설명

❼ **핵심단어 A+B**
세부내용설명에서 핵심단어를 구분(A+B)하여 학습

건축용어 유형분류체계-JYB

❶ JYB(유형분류) - made by 백종엽 (학계 최초 건축용어 유형분류체계 완성)

<table>
<tr><th rowspan="2">유형</th><th colspan="4">단어 구성체계 및 대제목 분류</th></tr>
<tr><th>Ⅰ</th><th>Ⅱ</th><th>Ⅲ</th><th>Ⅳ</th></tr>
<tr><td rowspan="2">1. 공법(작업, 방법)
※ 핵심원리, 구성원리</td><td colspan="4">이동, 양중, 고정, 조립, 접합, 부착, 설치, 세우기, 붙임, 쌓기(축조, 구축), 바름, 붙임, 보호, 뿜칠, 굴착, 천공, 삽입, 타설, 양생, 제거, 보강, 파괴, 해체</td></tr>
<tr><td>정의</td><td>핵심원리
구성원리</td><td>시공 Process
요소기술
적용범위
특징, 종류</td><td>시공 시 유의사항
중점관리 사항
적용 시 고려사항</td></tr>
<tr><td rowspan="2">2. 시설물(설치, 형식, 기능)
※ 구성요소, 설치방법</td><td colspan="4">안내, 기능, 고정, 이음, 연결, 차단, 보호, 안전</td></tr>
<tr><td>정의</td><td>설치구조
설치기준
설치방법</td><td>설치 Process
규격 · 형식
기능 · 용도</td><td>설치 시 유의사항
중점관리 사항</td></tr>
<tr><td rowspan="2">3. 자재(부재, 형태)
※ 구성요소</td><td colspan="4">설치, 기능, 역할, 구조, 형태, 가공, 이음, 틈, 고정, 부착, 접합, 조립, 두께, 비중, 단열, 변형, 강도, 강성, 경도, 연성, 인성, 취성, 탄성, 소성, 피로</td></tr>
<tr><td>정의</td><td>제작원리
설치방법
구성요소
접합원리</td><td>제작 Process
설치 Process
기능 · 용도
특징</td><td>설치 시 유의사항
중점관리 사항</td></tr>
<tr><td rowspan="2">4. 기능(부재, 역할)
※ 구성요소, 요구조건</td><td colspan="4">연결, 차단, 억제, 보호, 유지, 개선, 보완, 전달, 분산, 침투, 형성, 지연, 구속, 막, 분해, 작용</td></tr>
<tr><td>정의</td><td>구성요소
요구조건
적용조건</td><td>기능 · 용도
특징 · 적용성</td><td>시공 시 유의사항
개선사항
중점관리 사항</td></tr>
<tr><td rowspan="2">5. 재료(성질, 성분, 형상)
※ 함유량, 요구성능</td><td colspan="4">성질, 성분, 함유량, 비율, 형상, 크기, 중량, 비중, 농도, 밀도, 점도</td></tr>
<tr><td>정의</td><td>Mechanism
영향인자
작용원리
요구성능</td><td>용도 · 효과
특성, 적용대상
관리기준</td><td>선정 시 유의사항
사용 시 유의사항
적용대상</td></tr>
<tr><td rowspan="2">6. 성능(구성,성분, 용량)
※ 요구성능</td><td colspan="4">효율, 시간, 속도, 용량, 물리 화학적 안정성, 비중, 유동성, 부착성, 내풍성, 수밀성, 기밀성, 차음성, 단열, 안전성, 내구성, 내진성, 내열성, 내피로성, 내후성</td></tr>
<tr><td>정의</td><td>Mechanism
영향요소
구성요소
요구성능</td><td>용도 · 효과
특성 · 비교
관리기준</td><td>고려사항
개선사항
유의사항
중점관리 사항</td></tr>
<tr><td rowspan="2">7. 시험(측정, 검사)
Test, inspection
※ 검사, 확인, 판정</td><td colspan="4">지지, 인발, 오차, 기울기, 응력, 누수, 부착, 습기, 소음, 공기, 농도, 비중, 두께, 강도, 압축, 인장, 휨, 전단, 비율, 결함(하자, 손상, 부실)관련</td></tr>
<tr><td>정의</td><td>시험방법
시험원리
시험기준
측정방법
측정원리
측정기준</td><td>시험항목
측정항목
시험 Process
종류, 용도</td><td>시험 시 유의사항
검사방법
판정기준
조치사항</td></tr>
</table>

<table>
<tr><th rowspan="2">유형</th><th colspan="4">단어 구성체계 및 대제목 분류</th></tr>
<tr><th>Ⅰ</th><th>Ⅱ</th><th>Ⅲ</th><th>Ⅳ</th></tr>
<tr><td rowspan="2">8. 현상(힘, 형태 형상 변화)
영향인자, Mechanism
※ 기능저해</td><td colspan="4">중력, 풍력, 수압, 부력, 하중, 측압, 지진, 좌굴, 횡력, 크리프, 처짐, 변형, 응력, 저항, 상승, 쏠림, 파괴, 붕괴, 지연, 흐름</td></tr>
<tr><td>정의</td><td>Mechanism
영향인자
영향요소</td><td>문제점, 피해
특징
발생원인, 시기
발생과정</td><td>방지대책
중점관리 사항
복구대책
처리대책
조치사항</td></tr>
<tr><td rowspan="2">9. 현상(성질, 반응, 변화)
영향인자, Mechanism
※ 성능저해</td><td colspan="4">성질, 반응, 수축, 팽창, 흡수, 분리, 감소, 건조, 부피, 부착, 증발, 증대, 물리화학적, 경화, 부식, 탄산화, 건조수축, 동해, 발열, 폭렬</td></tr>
<tr><td>정의</td><td>Mechanism
영향인자
영향요소
작용원리</td><td>문제점, 피해
특성, 효과
발생원인, 시기
발생과정</td><td>방지대책
중점관리 사항
저감방안
조치사항</td></tr>
<tr><td rowspan="2">10. 결함(하자, 손상, 부실)
※ 형태</td><td colspan="4">표면, 내부, 형상(배부름, 터짐, 공극, 파손, 마모, 크기, 강도, 내구성, 열화, 부식, 수직도, Level, 두께, 비율</td></tr>
<tr><td>정의</td><td>Mechanism
영향인자
영향요소</td><td>문제점, 피해
발생형태
발생원인, 시기
발생과정
종류</td><td>방지기준
방지대책
중점관리 사항
복구대책
처리대책
조치사항</td></tr>
<tr><td rowspan="2">11. 기계, 장비, 기구
(성능, 제원)
※ 구성요소, 작동Mechanism</td><td colspan="4">구조, 기능, 제원, 용도(천공, 굴착, 굴착, 양중, 제거, 해체, 조립, 접합, 운반, 설치</td></tr>
<tr><td>정의</td><td>구성요소
구비조건
형식, 성능
제원</td><td>기능, 용도
특징</td><td>설치 시 유의사항
배치 시 유의사항
해체 시 유의사항
운용 시 유의사항</td></tr>
<tr><td rowspan="2">12. 구조(구성요소)
※ 구조원리, 작용Mechanism</td><td colspan="4">종류, 형태, 형식, 하중, 응력, 저항, 대응, 내력, 접합, 연결, 전달, 차단, 억제</td></tr>
<tr><td>정의</td><td>구조원리
구성요소</td><td>형태
형식
기준
종류</td><td>선정 시 유의사항
시공 시 유의사항
적용 시 고려사항</td></tr>
<tr><td rowspan="2">13. 기준, 지표, 지수
※ 구분과 범위</td><td colspan="4">운영, 관리, 정보, 유형, 범위, 영역, 절차, 단계, 평가, 유형, 구축, 도입, 개선, 심사</td></tr>
<tr><td>정의</td><td>구분, 범위
Process
기준</td><td>평가항목
필요성, 문제점
방식, 비교
분류</td><td>적용방안
개선방안
발전방향
고려사항</td></tr>
<tr><td rowspan="2">14. 제도(System), 법규, 서류
(공정, 품질, 원가,
안전, 정보, 생산)
※ 관리사항, 구성체계</td><td colspan="4">운영, 관리, 정보, 유형, 범위, 영역, 절차, 단계, 평가, 유형, 구축, 도입, 개선, 심사, 표준</td></tr>
<tr><td>정의</td><td>구분, 범위
Process
기준</td><td>평가항목
필요성, 문제점
방식, 비교
분류</td><td>적용방안
개선방안
발전방향
고려사항</td></tr>
<tr><td rowspan="2">15. 관리항목(조사, 검사, 계획)
※ 관리사항, 구분 범위</td><td colspan="4">구분, 범위, 절차, 유형, 평가, 구축, 도입, 개선, 심사</td></tr>
<tr><td>정의</td><td>구분, 범위
계획
Process
처리절차
처리방법</td><td>조사항목
필요성
조사/검사방식
분류</td><td>검토사항
고려사항
유의사항
개선방안</td></tr>
</table>

건축시공기술사 시험정보

1. 기본정보

1. 개요

건축의 계획 및 설계에서 시공, 관리에 이르는 전 과정에 관한 공학적 지식과 기술, 그리고 풍부한 실무경험을 갖춘 전문 인력을 양성하고자 자격제도 제정

2. 수행직무

건축시공 분야에 관한 고도의 전문지식과 실무경험에 입각한 계획, 연구, 설계, 분석, 시험, 운영, 시공, 평가 또는 이에 관한 지도, 감리 등의 기술업무 수행

3. 실시기관

한국 산업인력공단(http://www.q-net.or.kr)

2. 진로 및 전망

1. 우대정보

공공기관 및 일반기업 채용 시 및 보수, 승진, 전보, 신분보장 등에 있어서 우대받을 수 있다.

2. 가산점

- 건축의 계획 6급 이하 기술공무원: 5% 가산점 부여
- 5급 이하 일반직: 필기시험의 7% 가산점 부여
- 공무원 채용시험 응시가점
- 감리: 감리단장 PQ 가점

3. 자격부여

- 감리전문회사 등록을 위한 감리원 자격 부여
- 유해·위험작업에 관한 교육기관으로 지정신청하기 위한 기술인력, 에너지절약전문기업 등록을 위한 기술인력 등으로 활동

4. 법원감정 기술사 전문가: 법원감정인 등재

법원의 판사를 보좌하는 역할을 수행함으로서 기술적 내용에 대하여 명확한 결과를 제출하여 법원 판결의 신뢰성을 높이고, 적정한 감정료로 공정하고 중립적인 입장에서 신속하게 감정 업무를 수행

- 공사비 감정, 하자감정, 설계감정 등

5. 기술사 사무소 및 안전진단기관의 자격

3. 기술사 응시자격

(1) 기사 자격을 취득한 후 응시하려는 종목이 속하는 직무분야(고용노동부령으로 정하는 유사 직무분야를 포함한다. 이하 "동일 및 유사 직무분야"라 한다)에서 4년 이상 실무에 종사한 사람
(2) 산업기사 자격을 취득한 후 응시하려는 종목이 속하는 동일 및 유사 직무분야에서 5년 이상 실무에 종사한 사람
(3) 기능사 자격을 취득한 후 응시하려는 종목이 속하는 동일 및 유사 직무분야에서 7년 이상 실무에 종사한 사람
(4) 응시하려는 종목과 관련된 학과로서 고용노동부장관이 정하는 학과(이하 "관련학과"라 한다)의 대학졸업자 등으로서 졸업 후 응시하려는 종목이 속하는 동일 및 유사 직무분야에서 6년 이상 실무에 종사한 사람
(5) 응시하려는 종목이 속하는 동일 및 유사직무분야의 다른 종목의 기술사 등급의 자격을 취득한 사람
(6) 3년제 전문대학 관련학과 졸업자 등으로서 졸업 후 응시하려는 종목이 속하는 동일 및 유사 직무분야에서 7년 이상 실무에 종사한 사람
(7) 2년제 전문대학 관련학과 졸업자 등으로서 졸업 후 응시하려는 종목이 속하는 동일 및 유사 직무분야에서 8년 이상 실무에 종사한 사람
(8) 국가기술자격의 종목별로 기사의 수준에 해당하는 교육훈련을 실시하는 기관 중 고용노동부령으로 정하는 교육훈련기관의 기술훈련과정(이하 "기사 수준 기술훈련과정"이라 한다) 이수자로서 이수 후 응시하려는 종목이 속하는 동일 및 유사 직무분야에서 6년 이상 실무에 종사한 사람
(9) 국가기술자격의 종목별로 산업기사의 수준에 해당하는 교육훈련을 실시하는 기관 중 고용노동부령으로 정하는 교육훈련기관의 기술훈련과정(이하 "산업기사 수준 기술훈련과정"이라 한다) 이수자로서 이수 후 동일 및 유사 직무분야에서 8년 이상 실무에 종사한 사람
(10) 응시하려는 종목이 속하는 동일 및 유사 직무분야에서 9년 이상 실무에 종사한 사람
(11) 외국에서 동일한 종목에 해당하는 자격을 취득한 사람

건축시공기술사 시험 기본상식

1. 시험위원 구성 및 자격기준

(1) 해당 직무분야의 박사학위 또는 기술사 자격이 있는 자
(2) 대학에서 해당 직무분야의 조교수 이상으로 2년 이상 재직한 자
(3) 전문대학에서 해당 직무분야의 부교수이상 재직한자
(4) 해당 직무분야의 석사학위가 있는 자로서 당해 기술과 관련된 분야에 5년 이상 종사한자
(5) 해당 직무분야의 학사학위가 있는 자로서 당해 기술과 관련된 분야에 10년 이상 종사한 자
(6) 상기조항에 해당하는 사람과 같은 수준 이상의 자격이 있다고 인정 되는 자

※ 건축시공기술사는 기존 3명에서 5명으로 충원하여 $\frac{1}{n}$로 출제
단, 학원강의를 하고 있거나 수험서적(문제집)의 출간에 참여한 사람은 제외

2. 출제 방침

(1) 해당종목의 시험 과목별로 검정기준이 평가될 수 있도록 출제
(2) 산업현장 실무에 적정하고 해당종목을 대표할 수 있는 전형적이고 보편타당성 있는 문제
(3) 실무능력을 평가하는데 중점

※ 해당종목에 관한 고도의 전문지식과 실무경험에 입각한 계획, 설계, 연구, 분석, 시험, 운영, 시공, 평가 또는 이에 관한 지도, 감리 등의 기술업무를 행할 수 있는 능력의 유무에 관한 사항을 서술형, 단답형, 완결형 등의 주관식으로 출제하는 것임

3. 출제 Guide line

(1) 최근 사회적인 이슈가 되는 정책 및 신기술 신공법
(2) 학회지, 건설신문, 뉴스에서 다루는 중점사항
(3) 연구개발해야 할 분야
(4) 시방서
(5) 기출문제

4. 출제 방법

(1) 해당종목의 시험 종목 내에서 최근 3회차 문제 제외 출제
(2) 시험문제가 요구되는 난이도는 기술사 검정기준의 평균치 적용
(3) 1교시 약술형의 경우 한두개 정도의 어휘나 어구로 답하는 단답형 출제를 지양하고 간단히 약술할 수 있는 서술적 답안으로 출제
(4) 수험자의 입장에서 출제하되 출제자의 출제의도가 수험자에게 정확히 전달
(5) 국·한문을 혼용하되 필요한 경우 영문자로 표기
(6) 법규와 관련된 문제는 관련법규 전반의 개정여부를 확인 후 출제

5. 출제 용어

(1) 국정교과서에 사용되는 용어
(2) 교육 관련부처에서 제정한 과학기술 용어
(3) 과학기술단체 및 학회에서 제정한 용어
(4) 한국 산업규격에 규정한 용어
(5) 일상적으로 통용되는 용어 순으로 함
(6) 숫자: 아라비아 숫자
(7) 단위: SI단위를 원칙으로 함

6. 채점

❶ 교시별 배점

<table>
<tr><th rowspan="2">교시</th><th rowspan="2">유형</th><th rowspan="2">시간</th><th colspan="2">출제문제</th><th colspan="4">채점방식</th><th rowspan="2">합격기준</th></tr>
<tr><th>시험지</th><th>답안지</th><th>배점</th><th>교시당</th><th>합계</th><th>채점</th></tr>
<tr><td rowspan="3">1교시</td><td rowspan="3">약술형</td><td rowspan="3">100분</td><td rowspan="3">13문제</td><td rowspan="3">10문제 선택</td><td rowspan="3">10/6</td><td rowspan="3">100</td><td rowspan="3">300/180</td><td>A:60점</td><td rowspan="3">평균 60점</td></tr>
<tr><td>B:60점</td></tr>
<tr><td>C:60점</td></tr>
<tr><td rowspan="3">2교시</td><td rowspan="9">서술형</td><td rowspan="3">100분</td><td rowspan="3">6문제</td><td rowspan="3">4문제 선택</td><td rowspan="3">25/15</td><td rowspan="3">100</td><td rowspan="3">300/180</td><td>A:60점</td><td rowspan="3">평균 60점</td></tr>
<tr><td>B:60점</td></tr>
<tr><td>C:60점</td></tr>
<tr><td rowspan="3">3교시</td><td rowspan="3">100분</td><td rowspan="3">6문제</td><td rowspan="3">4문제 선택</td><td rowspan="3">25/15</td><td rowspan="3">100</td><td rowspan="3">300/180</td><td>A:60점</td><td rowspan="3">평균 60점</td></tr>
<tr><td>B:60점</td></tr>
<tr><td>C:60점</td></tr>
<tr><td rowspan="3">4교시</td><td rowspan="3">100분</td><td rowspan="3">6문제</td><td rowspan="3">4문제 선택</td><td rowspan="3">25/15</td><td rowspan="3">100</td><td rowspan="3">300/180</td><td>A:60점</td><td rowspan="3">평균 60점</td></tr>
<tr><td>B:60점</td></tr>
<tr><td>C:60점</td></tr>
<tr><td>합계</td><td></td><td>400분</td><td>31문제</td><td>22문제</td><td colspan="3">1200</td><td>720점</td><td>60점</td></tr>
</table>

건축시공기술사 시험 기본상식

❷ 답안지 작성 시 유의사항

(1) 답안지는 표지 및 연습지를 제외하고 총7매(14면)이며, 교부받는 즉시 매수, 페이지 순서 등 정상여부를 반드시 확인하고 1매라도 분리되거나 훼손하여서는 안 됩니다.
(2) 시험문제지가 본인의 응시종목과 일치하는지 확인하고, 시행 회, 종목명, 수험번호, 성명을 정확하게 기재하여야 합니다.
(3) 수험자 인적사항 및 답안작성(계산식 포함)은 지워지지 않는 검은색 필기구만을 계속 사용하여야 합니다.(그 외 연필류·유색필기구·등으로 작성한 답항은 0점 처리됩니다.)
(4) 답안정정 시에는 두줄(=)을 긋고 다시 기재 가능하며, 수정테이프 또한 가능합니다.
(5) 답안작성 시 자(직선자, 곡선자, 탬플릿 등)를 사용할 수 있습니다.
(6) 문제의 순서에 관계없이 답안을 작성하여도 되나 주어진 문제번호와 문제를 기재한 후 답안을 작성하고 전문용어는 원어로 기재하여도 무방합니다.
(7) 요구한 문제수 보다 많은 문제를 답하는 경우 기재 순으로 요구한 문제수 까지 채점하고 나머지 문제는 채점대상에서 제외됩니다.
(8) 답안 작성 시 답안지 양면의 페이지 순으로 작성하시기 바랍니다.
(9) 기 작성한 문항 전체를 삭제하고자 할 경우 반드시 해당 문항의 답안 전체에 대하여 명확하게 X표시(X표시 한 답안은 채점대상에서 제외) 하시기 바랍니다.
(10) 수험자는 시험시간이 종료되면 즉시 답안작성을 멈춰야 하며, 종료시간 이후 계속 답안을 작성하거나 감독위원의 답안지 제출지시에 불응할 때에는 당회 시험을 무표 처리합니다.
(11) 각 문제의 답안작성이 끝나면 "끝"이라고 쓰고 다음 문제는 두 줄을 띄워 기재하여야 하며 최종 답안작성이 끝나면 그 다음 줄에 "이하여백"이라고 써야합니다
(12) 다음 각호에 1개라도 해당되는 경우 답안지 전체 혹은 해당 문항이 0점 처리 됩니다.

[답안지 전체]
1) 인적사항 기재란 이외의 곳에 성명 또는 수험번호를 기재한 경우
2) 답안지(연습지 포함)에 답안과 관련 없는 특수한 표시를 하거나 특정인임을 암시하는 경우

[해당 문항]
1) 지워지는 펜, 연필류, 유색 필기류, 2가지 이상 색 혼합사용 등으로 작성한 경우

❸ 채점대상

(1) 수험자의 답안원본의 인적사항이 제거된 비밀번호만 기재된 답안
(2) 1~4교시까지 전체답안을 제출한 수험자의 답안
(3) 특정기호 및 특정문자가 기입된 답안은 제외
(4) 유효응시자를 기준으로 전회 면접 불합격자들의 인원을 고려하여 답안의 Standard를 정하여 합격선을 정함
(5) 약술형의 경우 정확한 정의를 기본으로 1페이지를 기본으로 함
(6) 서술형의 경우 객관적 사실과 견해를 포함한 3페이지를 기본으로 함

information

건축시공기술사 현황 및 공부기간

❶ 자격보유

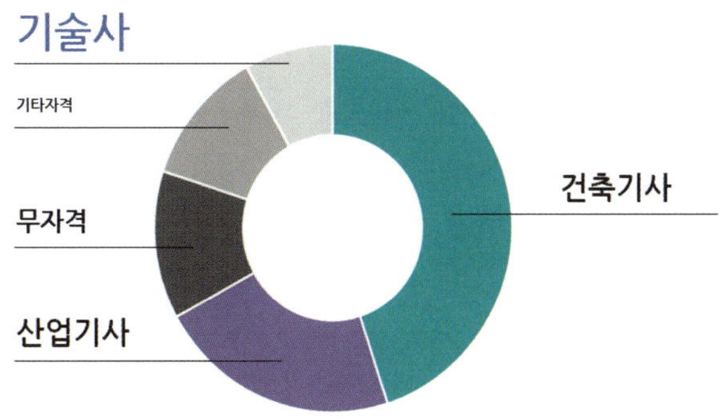

❷ 공부기간 및 응시횟수

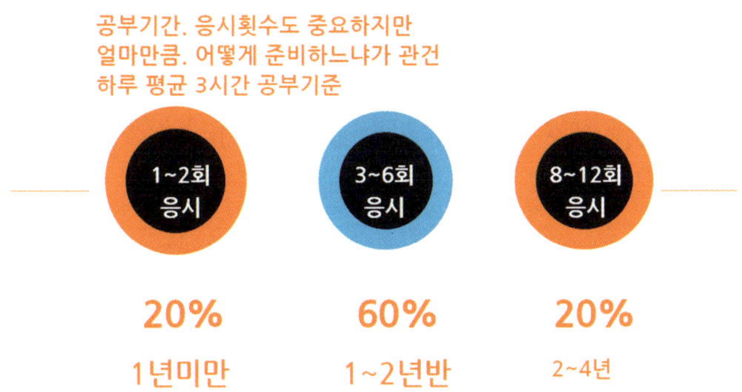

❸ 기술사는 보험입니다

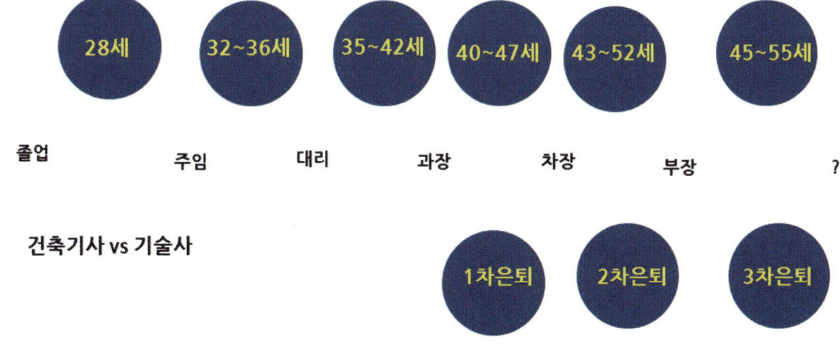

회사가 나를 필요로 하는 사람이 된다는것은?
건축인의 경쟁력은 무엇으로 말할 수 있는가?

답안작성 원칙과 기준 Detail

1. 작성원칙 Detail

❶ 기본원칙

1. 正確性 : 객관적 사실에 의한 원칙과 기준에 근거. 정확한 사전적 정의
2. 論理性 : 6하 원칙과 기승전결에 의한 형식과 짜임새 있는 내용설명
3. 專門性 : 체계적으로 원칙과 기준을 설명하고 상황에 맞는 전문용어 제시
4. 創意性 : 기존의 내용을 독창적이고, 유용한 것으로 응용하여 실무적이거나 경험적인 요소로 새로운 느낌을 제시
5. 一貫性 : 문장이나 내용이 서로 흐름에 의하여 긴밀하게 구성되도록 배열

❷ 6하 원칙 활용

1. When(계획~유지관리의 단계별 상황파악)
   - 전·중·후: 계획, 설계, 시공, 완료, 유지관리

2. Where(부위별 고려사항, 요구조건에 의한 조건파악)
   - 공장·현장, 지상·지하, 내부·외부, 노출·매립, 바닥·벽체, 구조물별·부위별, 도심지·초고층

3. Who(대상별 역할파악)
   - 발주자, 설계자, 건축주, 시공자, 감독, 협력업체, 입주자

4. What(기능, 구조, 요인: 유형·구성요소별 Part파악)
   - 재료(Main, Sub)의 상·중·하+바탕의 내·외부+사람(기술, 공법, 기준)+기계(장비, 기구)+힘(중력, 횡력, 토압, 풍압, 수압, 지진)+환경(기후, 온도, 바람, 눈, 비, 서중, 한중)

5. How(방법, 방식, 방안별 Part와 단계파악)
   - 계획+시공(전·중·후)+완료(조사·선정·준비·계획)+(What항목의 전·중·후)+(관리·검사)
   - Plan → Do→ Check → Action
   - 공정관리, 품질관리, 원가관리, 안전관리, 환경관리

6. Why(구조, 기능, 미를 고려한 완성품 제시)
   - 구조, 기능, 미
   - 안전성, 경제성, 무공해성, 시공성
   - 부실과 하자

※ 답안을 작성할 시에는 공종의 우선순위와 시공순서의 흐름대로 작성
(상황, 조건, 역할, 유형, 구성요소, Part, 단계, 중요Point)

❸ 답안작성 Tip

1. 답안배치 Tip
   - 구성의 치밀성
   - 여백의 미 : 공간활용
   - 적절한 도형과 그림의 위치변경

2. 논리성
   - 단답형은 정확한 정의 기입
   - 단답형 대제목은 4개 정도가 적당하며 아이템을 나열하지 말고 포인트만 기입
   - 논술형은 기승전결의 적절한 배치
   - 6하 원칙 준수
   - 핵심 키워드를 강조
   - 전후 내용의 일치
   - 정확한 사실을 근거로 한 견해제시

3. 출제의도 반영
   - 답안작성은 출제자의 의도를 파악하는 것이다.
   - 문제의 핵심키워드를 맨 처음 도입부에 기술
   - 많이 쓰이고 있는 내용위주의 기술
   - 상위 키워드를 활용한 핵심단어 부각
   - 결론부에서의 출제자의 의도 포커스 표현

4. 응용력
   - 해당문제를 통한 연관공종 및 전·후 작업 응용
   - 시공 및 관리의 적절한 조화

5. 특화
   - 교과서적인 답안과 틀에 박힌 내용 탈피
   - 실무적인 내용 및 경험
   - 표현능력

6. 견해 제시력
   - 객관적인 내용을 기초로 자신의 의견을 기술
   - 대안제시, 발전발향
   - 뚜렷한 원칙, 문제점, 대책, 판단정도

답안작성 원칙과 기준 Detail

❹ 공사관리 활용

1. 사전조사
   - 설계도서, 계약조건, 입지조건, 대지, 공해, 기상, 관계법규

2. 공법선정
   - 공기, 경제성, 안전성, 시공성, 친환경

3. Management

(1) 공정관리
   - 공기단축, 시공속도, C.P관리, 공정Cycle, Mile Stone, 공정마찰

(2) 품질관리
   - P.D.C.A, 품질기준, 수직·수평, Level, Size, 두께, 강도, 외관, 내구성

(3) 원가관리
   - 실행, 원가절감, 경제성, 기성고, 원가구성, V.E, L.C.C

(4) 안전관리

(5) 환경관리
   - 폐기물, 친환경, Zero Emission, Lean Construction

(6) 생산조달
   - Just in time,S.C.M

(7) 정보관리: Data Base
   - CIC, CACLS, CITIS, WBS, PMIS, RFID, BIM

(8) 통합관리
   - C.M, P.M, EC화

(9) 하도급관리

(10) 기술력: 신공법

4. 7M

(1) Man: 노무, 조직, 대관업무, 하도급관리
(2) Material: 구매, 조달, 표준화, 건식화
(3) Money: 원가관리, 실행예산, 기성관리
(4) Machine: 기계화, 양중, 자동화, Robot
(5) Method: 공법선정, 신공법
(6) Memory: 정보, Data base, 기술력
(7) Mind: 경영관리, 운영

❺ magic 단어

1. 제도: 부실시공 방지

   기술력, 경쟁력, 기술개발, 부실시공, 기간, 서류, 관리능력

   ※ 간소화, 기준 확립, 전문화, 공기단축, 원가절감, 품질확보

2. 공법/시공

   힘의 저항원리, 접합원리

   ※ 설계, 구조, 계획, 조립, 공기, 품질, 원가, 안전

3. 공통사항

   (1) 구조

   ① 강성, 안정성, 정밀도, 오차, 일체성, 장Span, 대공간, 층고

   ② 하중, 압축, 인장, 휨, 전단, 파괴, 변형

   ※ 저항, 대응

   (2) 설계

   ※ 단순화

   (3) 기능

   ※ System화, 공간활용(Span, 층고)

   (4) 재료 : 요구조건 및 요구성능

   ※ 제작, 성분, 기능, 크기, 두께, 강도

   (5) 시공

   ※ 수직수평, Level, 오차, 품질, 시공성

   (6) 운반

   ※ 제작, 운반, 양중, 야적

4. 관리

   - 공정(단축, 마찰, 갱신)
   - 품질(품질확보)
   - 원가(원가절감, 경제성, 투입비)
   - 환경(환경오염, 폐기물)
   - 통합관리(자동화, 시스템화)

5. magic

   - 강화, 효과, 효율, 활용, 최소화, 최대화, 용이, 확립, 선정, 수립, 철저, 준수, 확보, 필요

답안작성 원칙과 기준 Detail

❻ 실전 시험장에서의 마음가짐

(1) 자신감 있는 표현을 하라.
(2) 기본에 충실하라(공종의 처음을 기억하라)
(3) 문제를 넓게 보라(숲을 본 다음 가지를 보아라)
(4) 답을 기술하기 전 지문의 의도를 파악하라
(5) 전체 요약정리를 하고 답안구성이 끝나면 기술하라
(6) 마법지를 응용하라(모든 것은 전후 공종에 숨어있다.)
(7) 시간배분을 염두해 두고 작성하라
(8) 상투적인 용어를 남용하지 마라
(9) 내용의 정확한 초점을 부각하라
(10) 절제와 기교의 한계를 극복하라

모르는 문제가 출제될 때는 포기하지 말고 문제의 제목을 보고 해당공종과의 연관성을 찾아가는 것이 단 1점이라도 얻을 수 있는 방법이다.

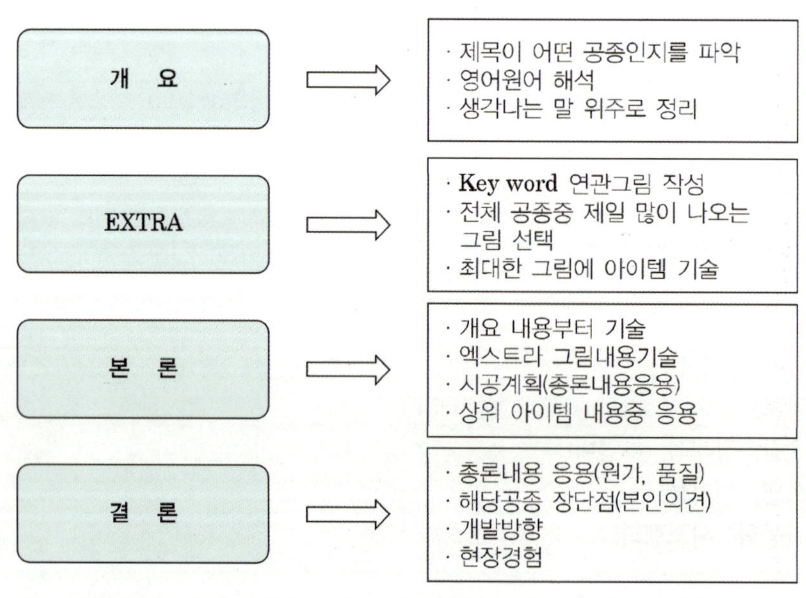

2. 작성기준 Detail

용어정의 WWH 추출법

Why (구조, 기능, 미, 목적, 결과물, 확인, 원인, 파악, 보강, 유지, 선정)
What (설계, 재료, 배합, 운반, 양중, 기후, 대상, 부재, 부위, 상태, 도구, 형식, 장소)
How (상태 · 성질변화, 공법, 시험, 기능, 성능, 공정, 품질, 원가, 안전, Level, 접합, 내구성)

서술 Item 작성법

1. 원인, 문제점: Part별, 부위별 (최소 Item 4~5EA), (그림, 도표, 특성요인도, 아이템 중에서 문제에 따라 선택)
2. 방지대책(아래 3개에서 선택)
   - **전 중 후,** 설재배시(시공순서별 중요아이템)양보, 설재장시(시공순서별 중요아이템)양환
3. 고려사항: 공품원안환+질문에 따라 선택(구조, 계획, 설계, 선정)
4. 시공 시 유의사항(최소 6EA 이상~12EA)
   - 시공계획 → 준비(가설, 기초, 확인사항, 준비사항, 바탕점검사항) → 공법순서(중요 Item 4개 이상) → 검사(시험, 점검, 기준, 보양), 보너스 Item(대안제시, 사례, 분석, 비교)

서술유형 15

1. 방법 방식 방안
2. 종류 분류
3. 특징(장·단점)
4. 기능 용도 활용
5. 필요성 효과
6. 목적
7. 구성체계 구성원리
8. 기준
9. 조사 준비 계획
10. 시험 검사 측정
11. Process
12. 요구조건 전제조건 대안제시
13. 고려사항 유의사항 주의사항
14. 원인 문제점 피해 영향 하자 붕괴
15. 방지대책, 복구대책, 대응방안, 개선방안, 처리방안, 조치방안, 관리방안, 해결방안, 품질확보, 저감방안, 운영방안

기술사 공부방법 Detail

❶ 관심

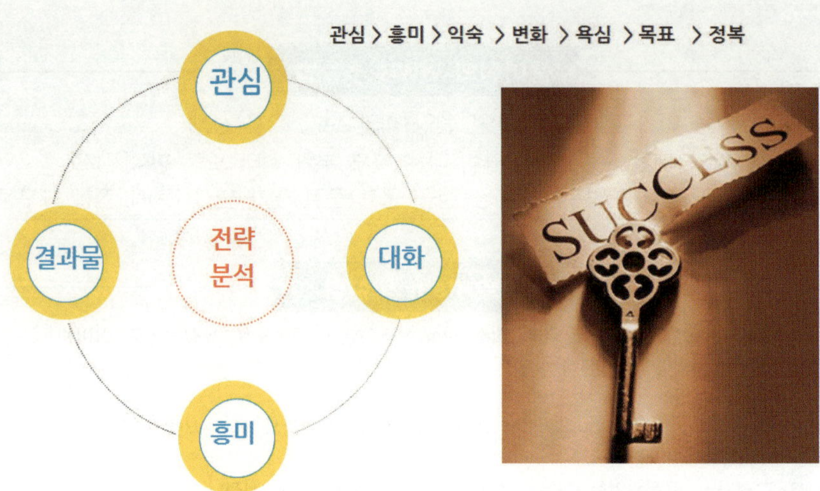

❷ 자기관리

자기관리

미래의 내 모습은?
시간이 없음을 탓하지 말고, 열정이 없음을 탓하라.

그대가 잠을 자고 웃으며 놀고 있을 시간이 없어서가 아니라 뜨거운 열정이 없어서이다.

작든 크든 목적이 확고하게 정해져 있어야 그것의 성취를 위한 열정도 쏟을 수 있다.

- Positive Mental Attitude
- 간절해보자
- 목표.계획수립-2년단위 수정
- 주변정리-노력하는 사람
- 운동, 잠, 스트레스, 비타민

❸ 단계별 제한시간 투자

절대시간 500시간

● 시작후 2개월: 평일 9시~12시
(Lay out-배치파악)

● 시작후 3개월: 평일 9시~1시
(Part -유형파악)

● 시작후 6개월: 평일 9시~2시
(Process-흐름파악)

● 빈Bar부터 역기는 단계별로

우리의 의식은 공부하고자 다짐하지만 잠재의식은 쾌락을 원한다.
시간제한을 두면 뇌가 긴장한다.
시간여유가 있을때는 딱히 떠오르지 않았던 영감이
시간제한을 두면 급히 가동한다.

❹ 마법지 암기가 곧 시작

Lay out(배치파악) Process(흐름파악) Memory(암기) Understand(이해) Application (응용)

● 공부범위 설정

● 공부방향 설정-단원의 목차.Part구분

● 구성원리 이해

● 유형분석

● 핵심단어파악

● 규칙적인 반복- 습관

● 폴더단위 소속파악-Part 구분 공부

우리의 의식은 공부하고자 다짐하지만 잠재의식은 쾌락을 원한다.
시간제한을 두면 뇌가 긴장한다.
시간여유가 있을때는 딱히 떠오르지 않았던 영감이
시간제한을 두면 급히 가동한다.

기술사 공부방법 Detail

❺ 주기적인 4회 반복학습(장기 기억력화)

암기 vs 이해　　　　분산반복학습, 말하고 행동(몰입형: immersion)

- 순서대로 진도관리
- 위치파악(폴더속 폴더)
- 대화를 통한 자기단점파악
- 주기적인 반복과 변화
- 10분 후. 1일 후. 일주일 후. 한달 후

-10분후에 복습하면 1일 기억(바로학습)
-다시 1일 후 복습하면 1주일 기억(1일복습)
-다시 1주일 후 복습하면 1개월 기억(주간복습)
- 다시 1달 후 복습하면 6개월 이상 기억(전체복습)

-우리가 말하고 행동한것의 90%
-우리가 말한것의 70%
-우리가 보고 들은것의 50%
-우리가 본것의 30%
-우리가 들은것의 20%
-우리가 써본것의10%
-우리가 읽은것의 5%

❻ 건축시공기술사의 원칙과 기준

1. 원칙

(1) 기본원리의 암기와 이해 후 ~~응용~~(6하 원칙에 대입)

(2) 조사 + 재료 + 사람 + 기계 + 양생 + 환경 + 검사

(3) 속도 + 순서 + 각도 + 지지 + 넓이, 높이, 깊이, 공간

2. 기준

(1) 힘의 변화

(2) 접합 + 정밀도 + 바탕 + 보호 + 시험

(3) 기준제시 + 대안제시 + 견해제시

❼ 필수적으로 해야 할 사항

(1) 논술노트 수량 - 50EA

(2) 용어노트 수량 - 150EA

(3) 논술 요약정리 수량 - 100EA

(4) 용어 요약정리 수량 - 300EA

(5) 필수도서 - 건축기술지침, 콘크리트공학(학회)

❽ 서브노트 작성과정

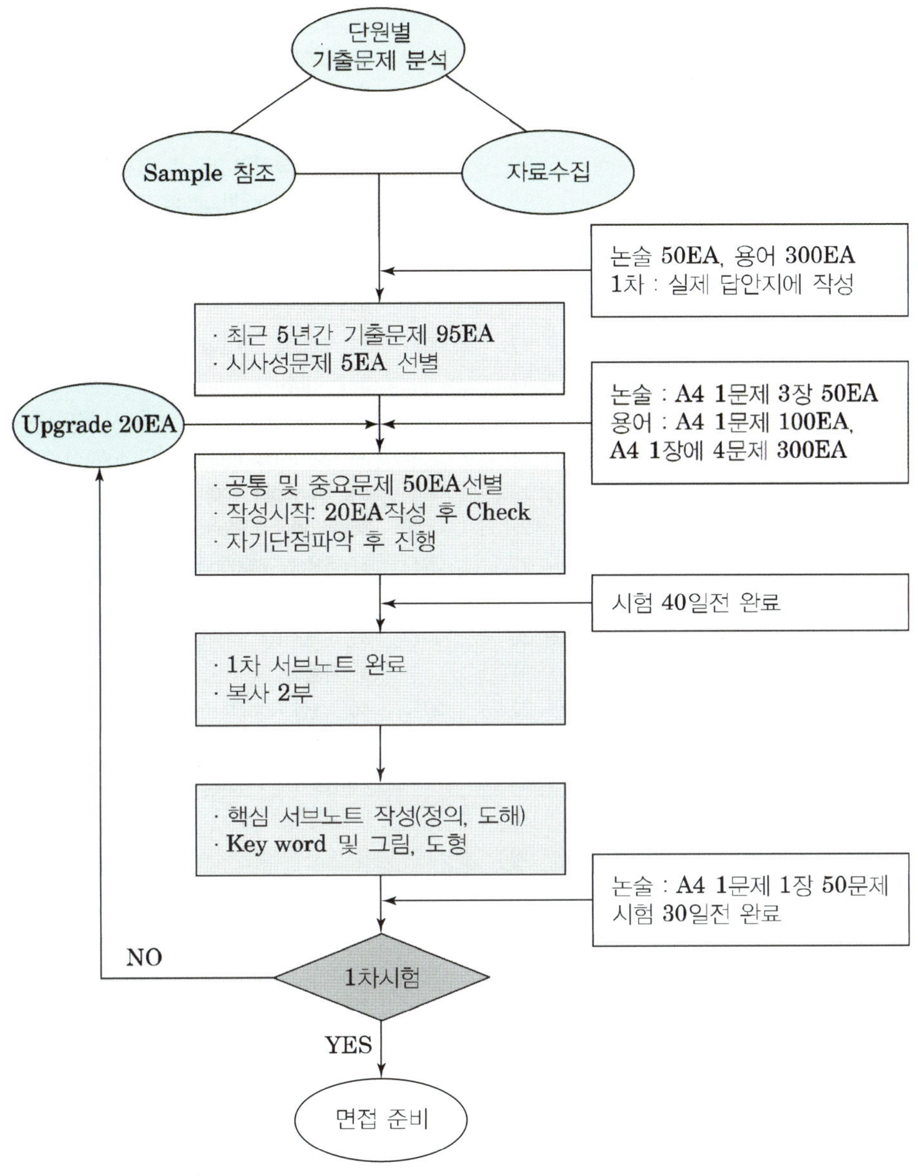

※ 서브노트는 책을 만든다는 마음으로 실제 답안으로 모범답안을 만들어 가는 연습을 통하여 각 공종별 핵심문제를 이해하고 응용할 수 있는 것이 중요 Point입니다.

Contents

上

1장 가설공사 및 건설기계

2장 토공사

Contents

3장 기초공사

Contents

4장 철근 콘크리트공사

4-3장 콘크리트 일반

1. 재료 및 배합

2. 제조 및 시공

Contents

4-4장 특수 콘크리트

4-5장 철근콘크리트 구조일반

Contents

5장 P.C공사

6장 강구조 공사

Contents

7장 초고층 및 대공간 공사

8장 Curtain Wall공사

CHAPTER

01 가설공사 및 건설기계

Professional Engineer

1-1장

가설공사

Professional Engineer

마법지

1. 일반사항

- 사전조사
- 기본계획

2. 공통가설공사

- 항목
- 측량
- 가시설물
- 설비시설물

3. 직접가설공사

- 측량
- 비계시설물
- 통로시설
- 낙하물재해 방지시설
- 추락재해 방지시설
- 연결시설물
- 지지 분산시설
- 차단시설

4. 개발방향

- 표준화
- 전문화
- 시스템화

★★★ 1. 일반사항

1-1	가설공사 계획	
No. 01	Temporary Work Plan	유형: 계획 · 항목

기본계획

타공사와 관계검토

Key Point

- 국가표준
- Lay Out
  - 종합가설계획도
  - 계획 시 고려사항
- 핵심 단어
  - What: 요구조건 확인
  - Why: 본 공사에 영향
  - How: 내 · 외부 현황고려
- 연관 용어
  - 공통가설공사
  - 직접가설공사
  - 종합가설계획도

종합 가설계획도

(Temporary Planning Drawing) 공간 및 공정 프로세스에 대한 충분한 고려를 통해 수평적 배치계획과 수직적 양중계획을 나타낸 설계도서

Ⅰ. 정 의

① 가설공사는 본 공사의 공정, 품질, 원가, 안전에 영향을 미치므로 설계도서의 요구조건을 확인하여 설치시기와 사용기간에 따라 단지 내외부의 현황을 고려하여 수립해야 한다.

② 양중계획을 중심으로 공정진행에 따른 수직 및 수평동선의 상관관계를 고려하여 세부항목별로 계획한다.

Ⅱ. 종합가설계획도

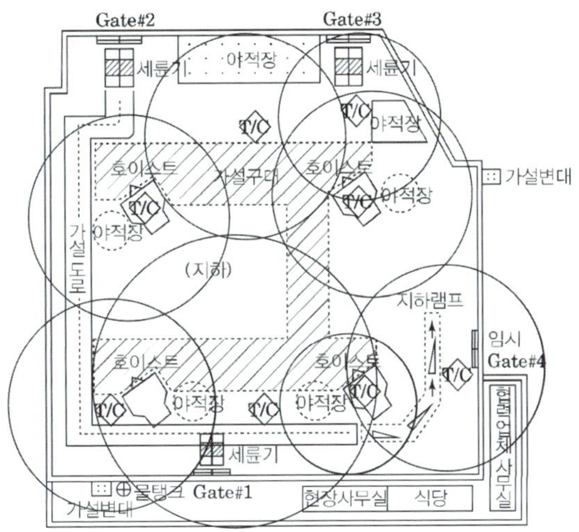

- 공통 가설(간접) • 공사에 간접적으로 활용되어 운영, 관리상 필요한 가설물 (본 건물 이외의 보조역할 공사)
- 직접 가설 • 본 건물 축조에 직접적으로 활용되는 가설물

Ⅲ. 가설공사 계획 시 고려사항

① 설계도서 요구조건 확인

② 적용조건 및 단지 내 · 외부 현황

③ 설치 및 사용기간: 항목에 따라 본 공사 진행속도에 맞추어 설치

④ 설치규모 및 성능: 본 공사의 구조 및 규모에 따라 설정

⑤ 안전 및 환경: 온도와 하중을 고려하여 가설재료의 설계 및 선정

1-2	가설공사 항목	
No. 02	Temporary Work Item	유형: 항목 · 시설

항목

타공사와 관계검토

Key Point

◩ 국가표준

◩ Lay Out
- 가설공사의 항목

◩ 핵심 단어
- 본 건물 이외의 보조
- 본 건물 축조에 직접

◩ 연관 용어
- 공통가설공사
- 직접가설공사
- 종합가설계획도

Ⅰ. 개 요

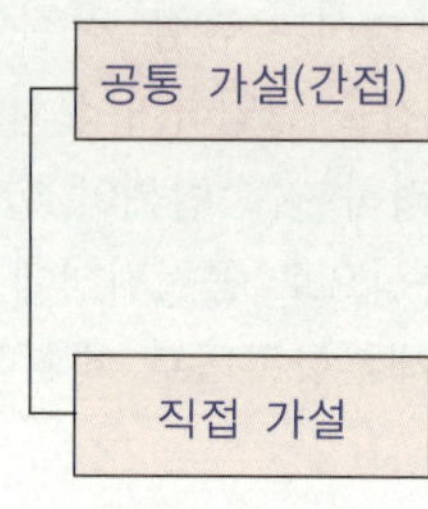

- 공사에 간접적으로 활용되어 운영, 관리상 필요한 가설물 (본 건물 이외의 보조역할 공사)
- 본 건물 축조에 직접적으로 활용되는 가설물

Ⅱ. 가설공사의 항목

1) 공통가설공사의 항목

사용재료	특징
대지조사	• 부지측량: 경계측량, 현황측량, 수준점(TBM), Bench Mark
사전조치	• 인접건물 보상 및 보양
가설도로	• 현장내 가설도로 및 가설구대
가설 시설물	• 가설울타리, 가설Gate, 경비실, 가설방호책, 가설방음벽, 공사표지판
가설건물	• 현장사무소, 협력업체 사무실, 시멘트창고, 위험물창고, 숙소, 가설 화장실, 식당, 화장실, 가설창고
설비시설물	• 가설전기, 세륜시설, 통신설비, 쓰레기 투하시설
	• 가설용수, 양수 및 배수설비, 작업 용수 시설
시험설비	• 시험실
환경설비	• 공사쓰레기 처리시설, 세륜시설, 환기설비, 가설조명
현장정리	• 현장정리 및 준공청소

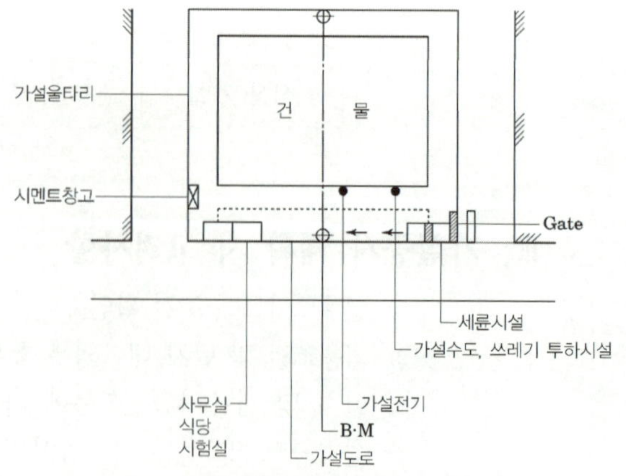

수평동선을 고려하여 배치

항목

2) 직접가설공사의 항목

사용재료	특징
공사용 장비	• Tower Crane, Lift Car, CPB
비계시설	• 강관비계, 강관틀비계, 이동식비계, 시스템비계, 달비계, 말비계
안전시설	• 낙하물 방지망, 낙하물 방호선반, 추락방호망
공사용 보조시설	• Jack Support, 가설구대(복공 구조물), 지수시설

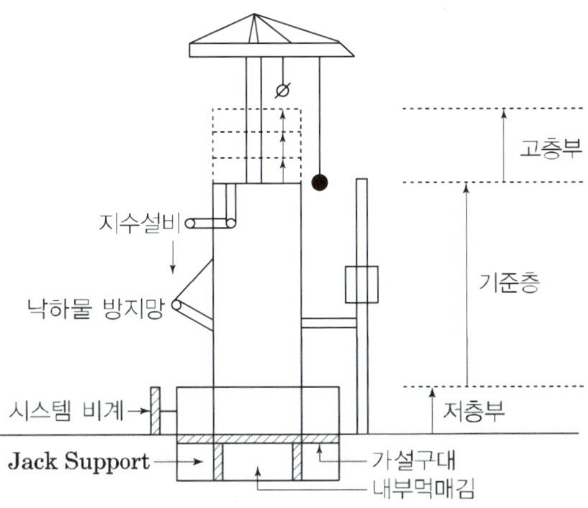

수직동선을 고려하여 양중과 공정에 지장이 없도록 배치

3) 유의사항

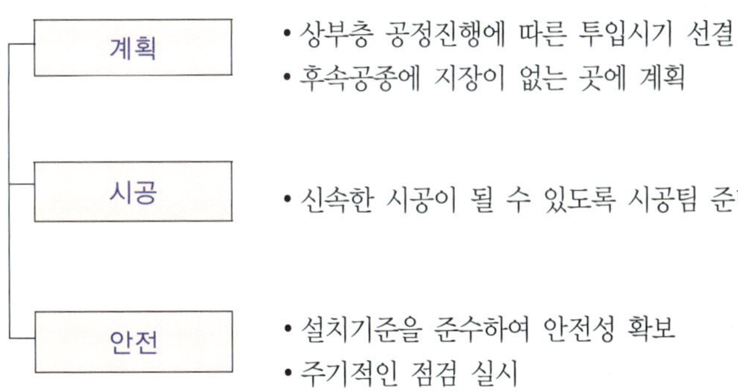

- 상부층 공정진행에 따른 투입시기 선결
- 후속공종에 지장이 없는 곳에 계획
- 신속한 시공이 될 수 있도록 시공팀 준비
- 설치기준을 준수하여 안전성 확보
- 주기적인 점검 실시

측량

경계와 면적

Key Point

◪ 국가표준

◪ Lay Out
- 경계측량 및 B.M 설정방법
- 기준점 체계
- 측량 Process 및 확인사항
- 설치방법 및 확인사항

◪ 핵심 단어
- 경계 · 면적
- 도근점
- 높낮이 결정
- 수준원점 · 높이기준

◪ 연관 용어
- 도근점
- 높낮이 결정
- 수준원점 · 높이기준

[경계측량]

[기준점]

[규준틀]

☆★★ 2. 공통가설 공사 65.93

1-3	대지 경계측량과 기준점(Bench Mark)	
No. 03		유형: 측량 · 측정 · 기능

Ⅰ. 정 의

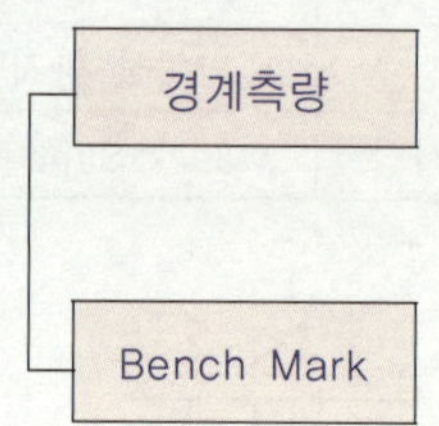

- 지적공부(地籍公簿)에 기록된 경계를 대상 부지에 평면위치를 결정할 목적으로 지적 도근점(圖根点)을 기준으로 하여 공사 착수 전 각 필지의 경계와 면적을 정하는 측량
- 건축물 높낮이 결정의 기준을 삼고자 설정하는 것으로 수준원점(水準原點)을 기준으로 하여 기존 공작물이나 신말뚝을 이용하여 높이기준을 표시하는 것

Ⅱ. 경계측량 및 B.M 설정방법

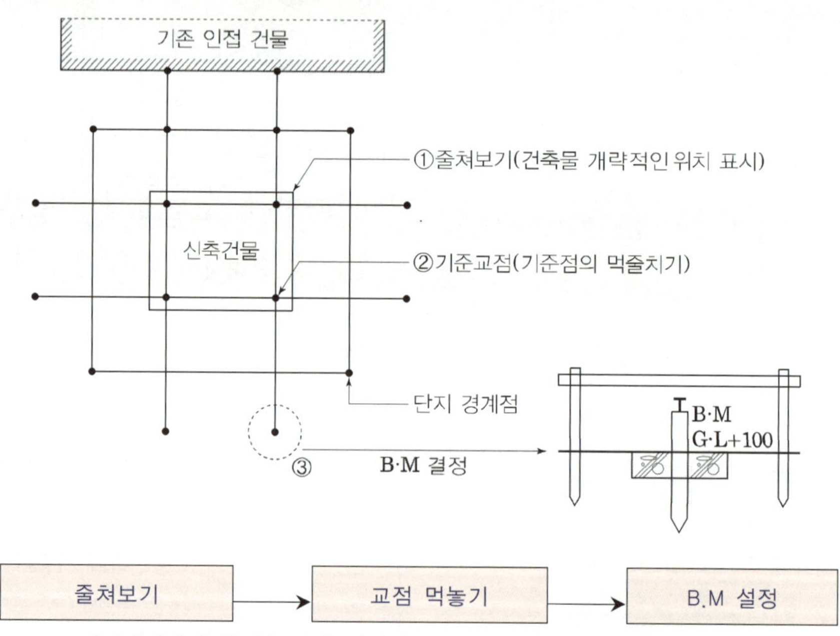

줄쳐보기 → 교점 먹놓기 → B.M 설정

대지경계선의 확인을 통한 평면위치 결정과 B.M설정을 통한 높이결정

Ⅲ. 건설공사에 사용되는 기준점 체계

구분		관리주체	용도
평면위치 기준점	삼각점	국토교통부(국토지리정보원)	지도제작, 건설공사, GIS 등 국토관리
	지적 도근점	행정안전부(각 지자체)	지적측량
높낮이 기준점	수준점	국토교통부(국토지리정보원)	지도제작, 건설공사, GIS 등 국토관리
	기본수준점	국토교통부(국립해양조사원)	해양공사

측량

T.B.M(기본 수준점표)

(Tempoary Bench Mark)
수준점(BM)은 국가가 매설하여 표고를 결정해 놓은 점이나 TBM은 토목공사나 건축공사를 위하여 반영구적으로 만들어 놓고 그 점의 높이를 정해놓은점을 말한다.

도근점(圖根點)

(supplementary control point)
지형 측량에서 기준점이 부족한 경우 설치하는 보조기준점으로 이미 설치한 기준점만으로는 세부 측량을 실시하기가 쉽지 않은 경우에 이 기준점을 기준으로 하여 새로운 수평위치 및 수직위치를 관측하여 결정되는 기준점을 가리킨다. 도근점의 배점 및 밀도는 일반적으로 지형도상 5cm당 한 점을 표준으로 하며 도근점의 설치에는 기계도근점측량과 도해도근점측량이 있다.

[전국1번 기준점]

Ⅳ. 측량 Process 및 확인사항

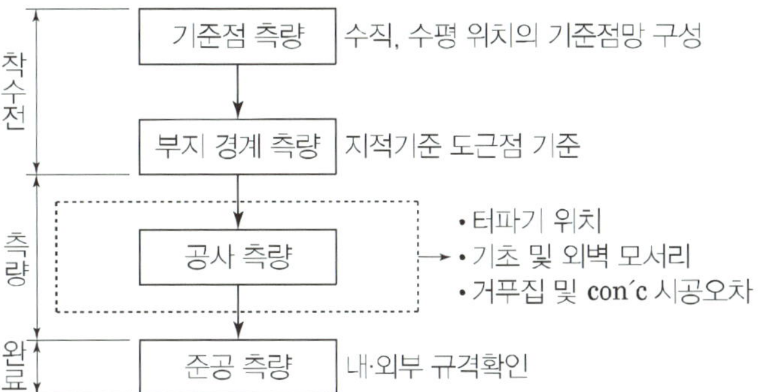

Ⅴ. 설치방법 및 확인사항

구분	대지 경계측량	B.M
시기	공사 착수 전	공사착수 전~외부 부대시설 착수 전
방법	구청에 경계측량 신청	담당원의 입회하에 설치
용도	대지 및 건축물 평면위치 결정	터파기, 건물고, 단지 Level의 기준점
확인 및 유의사항	인접대지경계와 설계도서의 관계 확인	공사에 지장이 없는 곳에 설치
	인접대지 주인 및 도로관리자 입회	1FL+200 또는 GL+100높이를 기준
	훼손방지를 위한 보호조치	이동 및 침하우려가 없는 곳에 설치
	1점에 2방향 이상의 보조점 설치	2개소 이상 설치하여 정기적 확인

측량

위치 측량

Key Point

◪ 국가표준

◪ Lay Out
- GPS 측정System의 원리
- GPS의 구성체계
- GPS 이용방법 및 위치 결정 방법

◪ 핵심 단어
- What: 위성에서 발사한 전파 수신
- Why: 좌표 값을 구하는
- How: 관측점까지 소요시간 관측

◪ 연관 용어
- 경계측량
- 기준점

★★★ 2. 공통가설 공사 67.96.112.121

1-4	GPS측량(Global Positioning System)	
No. 04		유형: 측량 · 측정 · 기능

Ⅰ. 정 의

① 인공위성에서 발사한 전파를 수신하여 관측점까지 소요시간을 측정하여 좌표 값을 구하는 위치측량

② 현재의 시각, 위성의 위치, 신호의 지연양이 필요하며, 위치 계산 오차는 위성의 위치와 신호 지연의 측정으로부터 발생

Ⅱ. GPS 측정System의 원리- 거리측정 및 위치계산방법

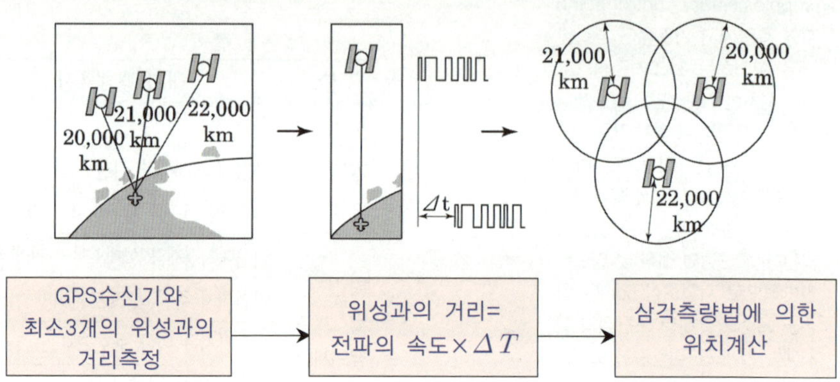

정확한 위치를 파악하려면 4개 이상의 위성에서 전파를 수신해야 한다.

Ⅲ. GPS의 구성체계

1) 우주부문- Space Segment

① 궤도를 도는 GPS위성을 의미

② 위성궤도 및 측량에 필요한 정보송신

2) 제어부문- Control Segment

① 1개의 주제어국, 5개의 추적국, 3개의 추적 제어국, 지상 안테나로 구성

② 추적국: 미국 지리정보국의 운영하에 위성을 추적하여 주제어국으로 전송

③ 주제어국: 취합된 최신의 궤도 정보를 분석하여 각 추적 제어국의 안테나를 통해서 GPS위성으로 새로운 궤도 정보를 송신함으로써 위성의 시각을 동기화함과 동시에 천문력(Ephemeris)을 조정

3) 사용자 부문- User Segment

GPS수신기이며 GPS에서 송신하는 주파수에 동조된 , 안테나, 수정발진기 등을 이용한 정밀한 시계, 수신된 신호를 처리하고 수신기 위치의 좌표와 속도 Vector 등을 계산하는 처리장치, 계산된 결과를 출력하는 출력장치 등으로 구성

측량

Ⅳ. GPS 이용방법 및 위치결정 방법

1. 절대관측 방법(1점 위치 관측)

4개 이상의 위성으로부터 수신한 신호 가운데 C/A Code를 이용해 실시간 처리로 수신기의 위치를 결정하는 방법

2. 상대관측 방법(간섭계 위치 관측)

1) 정지식(Static) 측량

2개 이상의 수신기를 각 관측점에 고정하여 양 관측점에서 동시에 4대 이상의 위성으로부터 신호를 30분 이상 수신하는 방식

2) 이동식(kinematic) 측량

기지점의 1대의 수신기를 고정국, 다른 수신기를 이동국으로 하여 이동국을 순차로 이동하면서, 각 측점에 놓고 4대 이상의 위성으로부터 신호를 수초-수분정도 수신하는 방식

3. 정밀 GPS(DGPS: Differential GPS)

이미 알고 있는 기지점 좌표를 이용하여 오차를 최대한 줄여서 이용하기 위한 위치결정 방식으로, 기점에서 기준국용 GPS수신기를 설치, 위성을 관측하여 각 위성의 의사거리 보정값을 구하고 이 보정값을 이용하여 이동국용 GPS수신기의 위치 결정하여 오차를 개선하는 위치 결정 방식

1) 궤도실시간 DGPS

기준국의 보정치를 무선으로 이동국에 송신 입력시켜, 의사거리 보정 후 위치해석

2) 후처리 DGPS

양국에서 수신한 자료를 컴퓨터에서 보정하여 위치해석 이용

가시설

차단시설

Key Point

◪ 국가표준
- KCS 21 20 05
- KS D 3528
- KS D 3566

◪ Lay Out
- 가설울타리의 종류
- 설치기준
- 가설울타리 지주형식의 종류
- 설치 시 고려사항

◪ 핵심 단어
- What: 울타리
- Why: 보안 방음 차단
- How: 공사장 경계면에 설치

◪ 연관 용어
- 환경관리 계획
- 비산먼지
- 대기환경
- 환경공해

☆☆☆ 2. 공통가설 공사

1-5	가설울타리	
No. 05	Temporary Enclosure	유형: 시설 · 부재 · 기능

Ⅰ. 정 의

공사장 관계자 이외의 출입 및 도난방지와 대지경계 · 방음 · 비산먼지 방지 등을 위해 울타리를 공사장 내 · 외부 경계면에 설치하는 (보안 · 방음 · 차단 · 격리)시설

Ⅱ. 가설울타리의 종류

종류	내용
일반 EGI Fence (Electro Galvanized Iron)	• 부지경계용 비산먼지 방지용 • 용도에 맞게 응용 조립, 제작, 설치가 용이
RPP (Recycling Plastic Panel) 방음벽·Fence	• 완전평면으로 기업의 CI나 이미지 인쇄(전사)가 가능 • 경량화로 반입, 반출 및 설치가 간편하여 공기 단축
Steel 방음 Fence	• 철재로 구성되어 재활용 가능, 흡음성 우수
칼라 평판 Fence	• 다양한 칼라로 생산가능

Ⅲ. 설치기준

① 공사현장 경계의 가설울타리는 높이 1.8m 이상
② 야간에도 잘 보이도록 발광 시설을 설치
③ 공사장 부지 경계선으로부터 50m 이내에 주거 · 상가건물이 집단으로 밀집되어 있는 경우에는 높이 3m 이상으로 설치
④ 공사장 방음시설은 전후의 소음도 차이가 최소 7dB 이상 되어야 하며, 높이는 3m 이상

Ⅳ. 가설울타리 지주형식의 종류

1) 비계식 Type

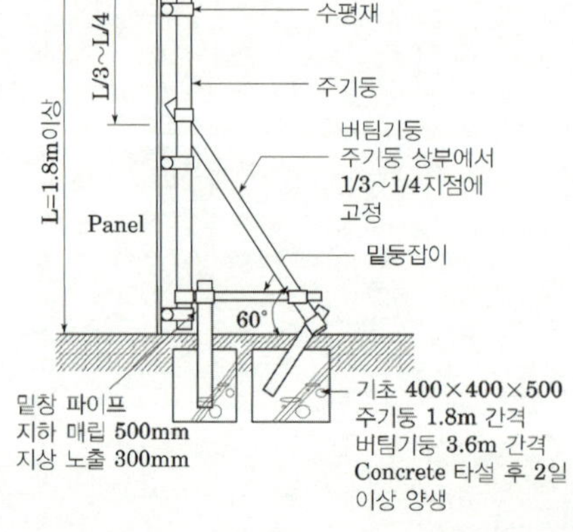

· 기초간격 L = 1.5~2.0m
· 기초파이프 : 지하매입 1.5m
· 지반보강 필요

가시설

막음재

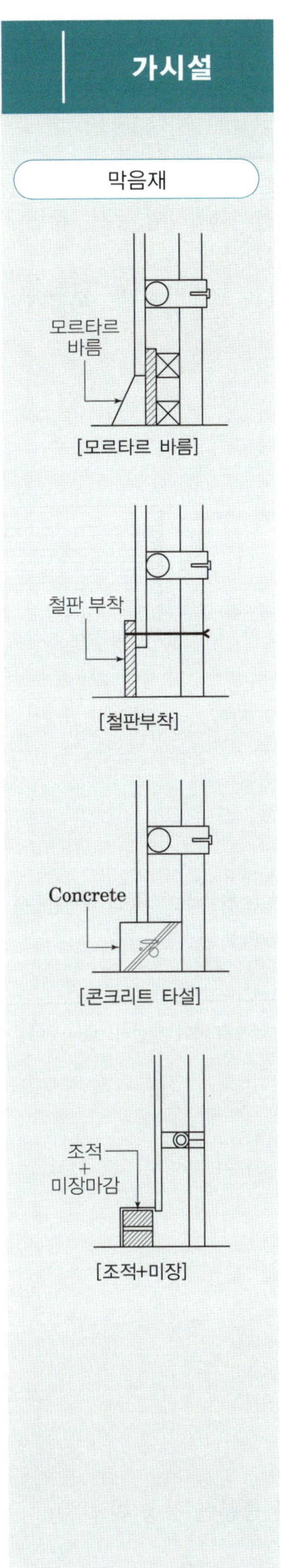

2) Auger Type

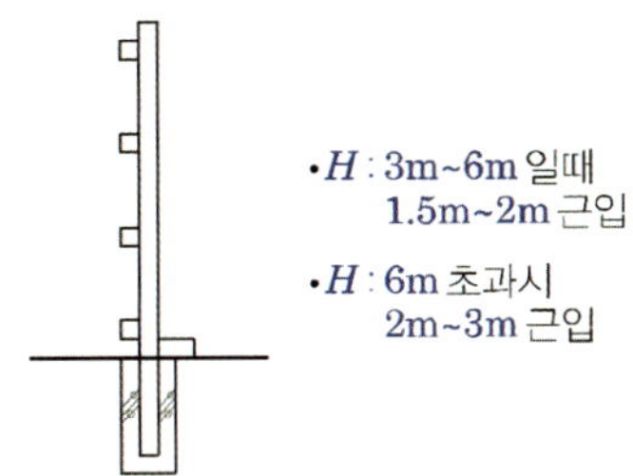

3) Plate Type

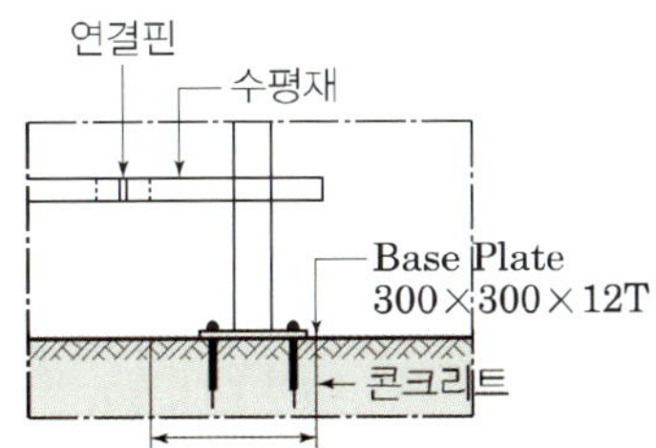

- 기초부위 콘크리트 옹벽이 있는 경우 적용
- Base Plate : 300×300×12T 이상

V. 설치 시 고려사항

① 공사 기간에 맞도록 내구성이 있는 재료를 사용
② 미관을 고려하되 풍하중에 대한 충분한 강성확보
③ 부분적인 철거 및 재설치가 용이하도록 할 것
④ 강풍이 많은 지역은 강풍에 대한 고려를 하여 지지대를 보강

가시설

통행시설

Key Point

◩ 국가표준

◩ Lay Out
- Gate의 종류
- Gate의 규격종류
- 위치선정 시 고려사항
- 안전조치 사항

◩ 핵심 단어
- 진·출입
- 통행시설

◩ 연관 용어
- 환경관리 계획
- 비산먼지
- 대기환경
- 환경공해

☆☆☆ 2. 공통가설 공사 121

1-6	현장 가설 출입문 설치 시 고려사항	
No. 06	가설 Gate	유형: 시설 · 부재 · 기능

Ⅰ. 개 요

① 현장의 작업자 통행과 건설장비의 진·출입을 위해 작업 동선, 주변 도로와의 관계 등을 고려하여 설치하는 통행시설

② 건설장비의 진출입 및 작업자의 통행이 쉽고 교통정체 및 보행에 지장이 적은 곳에 설치

Ⅱ. Gate의 종류

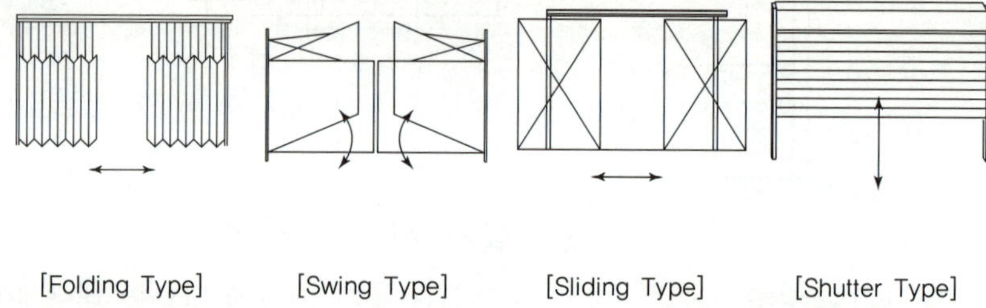

[Folding Type] [Swing Type] [Sliding Type] [Shutter Type]

Ⅲ. Gate의 규격

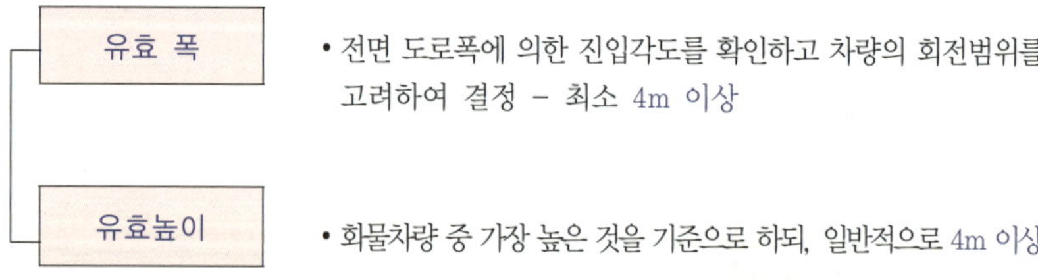

- 유효 폭: 전면 도로폭에 의한 진입각도를 확인하고 차량의 회전범위를 고려하여 결정 - 최소 4m 이상
- 유효높이: 화물차량 중 가장 높은 것을 기준으로 하되, 일반적으로 4m 이상

Ⅳ. 위치선정 시 고려사항

① 대지 내 진출입이 용이
② 자재야적이 유리한 곳
③ 주변 시설과 지장이 없는 곳
④ 차량의 흐름에 영향을 적게 주는 곳

Ⅴ. 안전조치 사항

① 차량의 출입을 알리는 경고음 설치
② 개폐사용에 따른 변형이 발생하지 않도록 충분한 강성 확보
③ 입구 경비실에서 진출입 통제

설비시설

환경관리시설

Key Point

◪ 국가표준
- KCS 21 20 15

◪ Lay Out
- 세륜시설의 종류
- 자동식 세륜시설 시설기준

◪ 핵심 단어
- What: 바퀴와 차체
- Why: 오염방지
- How: 자동살수 세척

◪ 연관 용어
- 환경관리 계획
- 비산먼지
- 대기환경
- 환경공해

☆☆☆ 2. 공통가설 공사

1-7	세륜시설	
No. 07	Tire Washer Installation	유형: 시설 · 기계 · 기능

Ⅰ. 정 의

① 건설장비의 진·출입 시 차량을 통하여 발생되는 비산먼지 및 도로의 오염을 방지하기 위하여 바퀴와 차체를 자동 살수 세척하는 환경관리 시설

② 금속 지지대에 설치된 롤러에 차바퀴를 닿게 한 후 전력에 의해 차바퀴를 회전시켜 흙을 제거할 수 있는 시설

Ⅱ. 세륜시설의 종류

1. 자동식 세륜시설

1) 종류

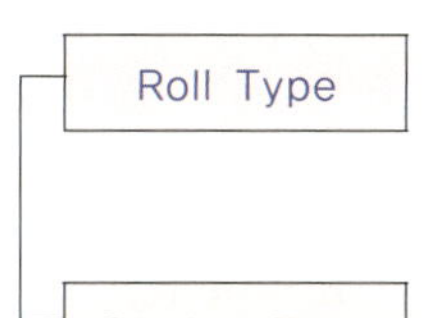

Roll Type
- Roller에 의한 차륜 강제구동
- 세륜 성능 우수/ 도심지
- 경사지 사용불가

Grating Type
- 차량자체 동력으로 전, 후진
- 세륜시간 짧음/ 외곽지역

Road Type
- 세륜기용 콘크리트 기초생략
- 이동 및 재설치 용이
- 소규모 현장용

2) 설치 시 유의사항

① 평면도

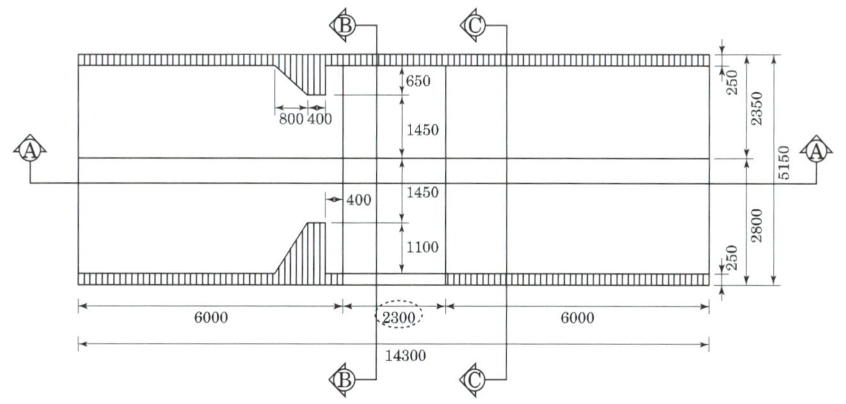

세륜기 폭 2,300mm 준수

② 단면도

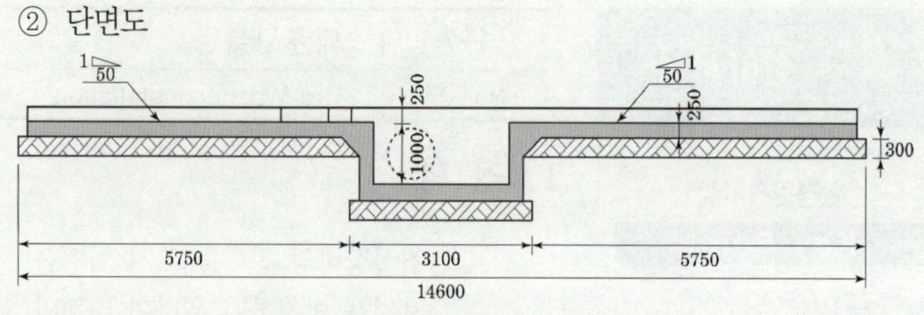

A-A 단면도(세륜기 깊이 1,000mm 준수)

2. 수조를 이용한 세륜시설

1) 설치규격

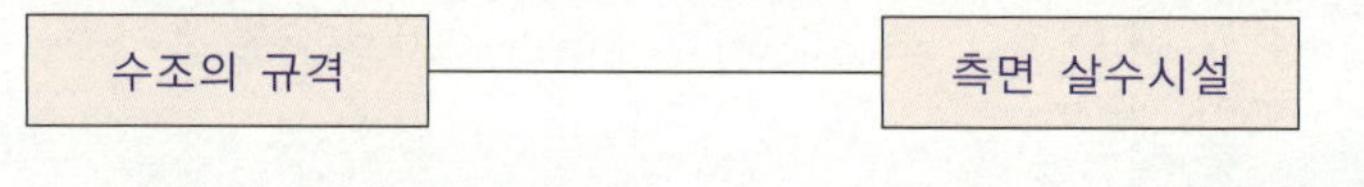

- 넓이: 수송차량의 1.2배 이상
  - 길이: 수송차량 전장의 2배 이상
  - 깊이: 20cm 이상
- 높이: 수송차량의 바퀴~적재함 하단
  - 길이: 수송차량 전장의 1.5배 이상
  - 살수압: 3MPa 이상

2) 설치 및 관리 시 유의사항

① 수조의 세륜용수는 수송차량의 바퀴부분이 1/2정도 침수되도록 일정하게 유지

② 수조수는 항상 깨끗하게 유지(통상 탁도 20 이하)할 수 있도록 교환 및 보충을 실시

③ 수조내의 수조수 및 슬러지는 1일 1회 제거하는 것을 원칙

Ⅲ. 자동식 세륜시설 시설기준

1) 금속지지대에 설치된 롤러에 차바퀴를 닿게 한 후 전력을 이용

① 기초 콘크리트 구조물을 설치(세륜기가 안착될 밑면은 수평을 유지)

② 세륜기가 안착될 기초 콘크리트 구조물내의 이물질들을 제거

③ 기초 콘크리트에 크레인이나 지게차로 세륜기를 기울기나 흔들림없이 안착

④ 전원 케이블을 세륜기 운전반 내 단자반에 연결한다(3상 4선식 380/220 V).

⑤ 용수공급 배관을 연결 및 정상작동 여부를 시운전한다.

2) 금속지지대에 설치된 롤러에 차바퀴를 닿게 한 후 전력을 이용

① 측면살수시설은 수송차량의 바퀴부터 적재함 하단부 높이까지 살수할 수 있어야 한다.

② 측면살수시설의 살수 길이는 수송차량 전장의 1.5배 이상

③ 살수압 3.0 kg/㎠ 이상의 측면살수시설을 설치해야 한다.

④ 측면살수시설의 전원은 220 V 혹은 380 V를 사용해야 한다.

⑤ 측면살수시설의 슬러지는 컨베이어에 의한 자동배출

⑥ 세륜시간은 25~45 sec/대를 만족해야 한다.

⑦ 용수공급은 우수를 모아서 사용함과 공사용수를 활용함을 원칙으로 하되, 단지내 지하수로 전환이 가능한 지구는 기 개발된 지하수를 이용하고, 부존 지하수량이 부족한 지구는 상수도를 이용하며 용수는 자체순환식으로 이용

설비시설

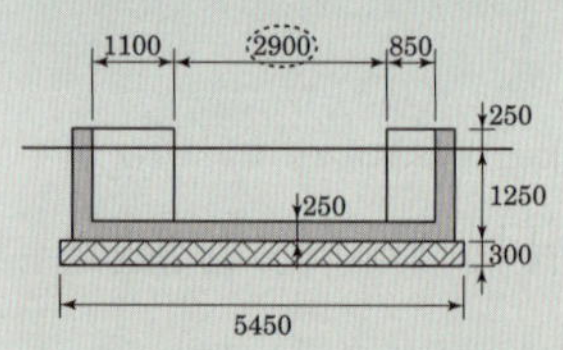

B-B 단면도(차량통과 부위 2,900mm 준수)

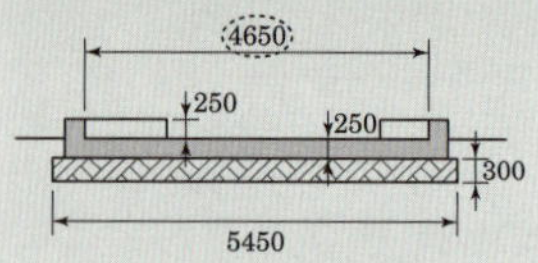

C-C 단면도(세륜기 너비 4,650mm 준수)

운영·관리

- 저수조에 항시 10톤 이상의 물을 채우고 용수가 재활용 될 수 있도록 한다.
- 세륜 후 컨베이어에 의해 배출되는 슬러지는 건조대에서 건조 후 폐기물처리업체에 위탁처리한다.
- 매일 세륜시설 가동 전에 1일 출입차량 30대를 기준으로 침전제(황산반토, 고분자 응집제)를 투입하여 항시 세륜용수의 탁도가 20도 이하로 유지될 수 있도록 한다.
- 세륜시설 가동 운영일지를 비치하여 일일 가동시간, 출입차량대수, 침전제 투입량, 슬러지 발생량 등을 매일 기록하여 3년간 보존한다.
- 세륜시설 출구에 부직포 등을 포설하여 세륜 시 바퀴에 묻은 물이 외부로 유출되지 않도록 해야 한다.

측량

위치 측량

Key Point

- 국가표준
- Lay Out
  - 측량방법 및 순서
  - 관리사항
- 핵심 단어
  - What: 하부층 먹을
  - Why: 건축물을 정위치에
  - How: 수평투영하여 표시
- 연관 용어
  - 대지경계측량
  - 벤치마킹
  - 마감먹매김

☆☆★ 3. 직접가설 공사

1-8	기준먹매김	
No. 08	Standard Marking	유형: 측량 · 측정 · 기능

Ⅰ. 정 의

① 건축물을 정위치에 세우기 위하여 하부층 먹을 각 층 상부층에 수평투영 하여 바닥에 표시하는 위치측량

② 건축물 주위의 기준점을 기준으로 실시하는 위치측량

Ⅱ. 측량방법 및 순서

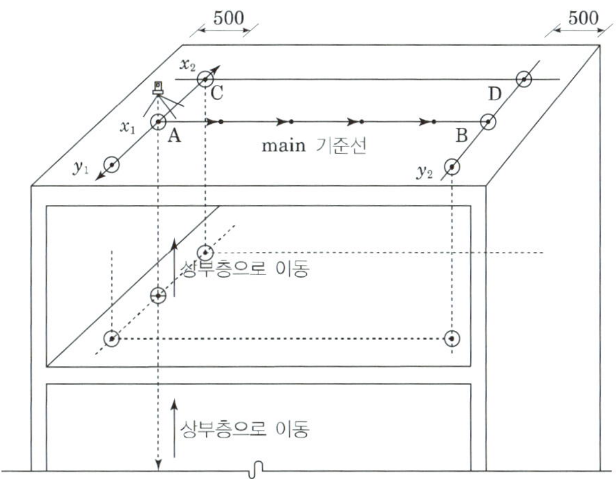

① A점에서 하부로 다림추를 내려서 하부층 교차점 Point를 위층으로 끌어 올린다.

② B점에서도 동일한 방법 시행

③ A, B점을 Transit을 이용하여 A와 B의 연결선을 바닥에 표시한 후 먹매김

④ C점에서 하부로 다림추를 내려서 하부층 교차점 Point를 위층으로 끌어 올린다.

⑤ A와 C점을 Transit을 이용하여 직각을 확인하여 Y축 먹매김을 한다.

⑥ 세부적으로 부재의 위치를 먹매김

Ⅲ. 관리사항 - 먹매김 유의사항

① 하부층 먹매김이 훼손되지 않게 콘크리트 타설 시 오염여부 확인

② 측량기는 검교정을 정기적으로 실시하여 오차발생 방지

③ 각 층마다 오차가 누적될 가능성이 많으므로 외부 건축물에 기준 참고점을 설치하여 확인

④ 거푸집 설치 시 오차여부에 따라 상부층에서 점진적으로 보정

⑤ 콘크리트 타설시 먹매김용 Sleeve의 훼손 주의

직접가설공사

측량

Key Point

◪ 국가표준

◪ Lay Out
- 먹매김 방법

◪ 핵심 단어
- 실내공간 · 마감Level

◪ 연관 용어
- 기준먹매김

☆☆★ 3. 직접가설 공사

1-9	마감먹매김	
No. 09	Standard Marking	유형: 측량 · 측정 · 기능

Ⅰ. 정 의

① 건축물 내부 최종마감을 하기위한 실내공간의 높이와 Size 기준이 되는 공간측량

② 실내공간의 마감Level과 시공상의 오차를 현실적으로 수정 · 조율하여 마감작업을 원활히 하기 위하여 실시하는 공간측량

Ⅱ. 먹매김 방법

- 1세대를 기준으로 바닥~천장부분의 전체 내경을 5개소 이상 측정하여 평균값을 구한다.
- 옆 세대도 동일한 방법으로 평균값을 구한 후 계단부분을 최종확인하여 평균값에 따라 최종 천장고의 마감치수에 따라 비노출 부분(천장 및 방바닥마감)의 여유치수를 조정

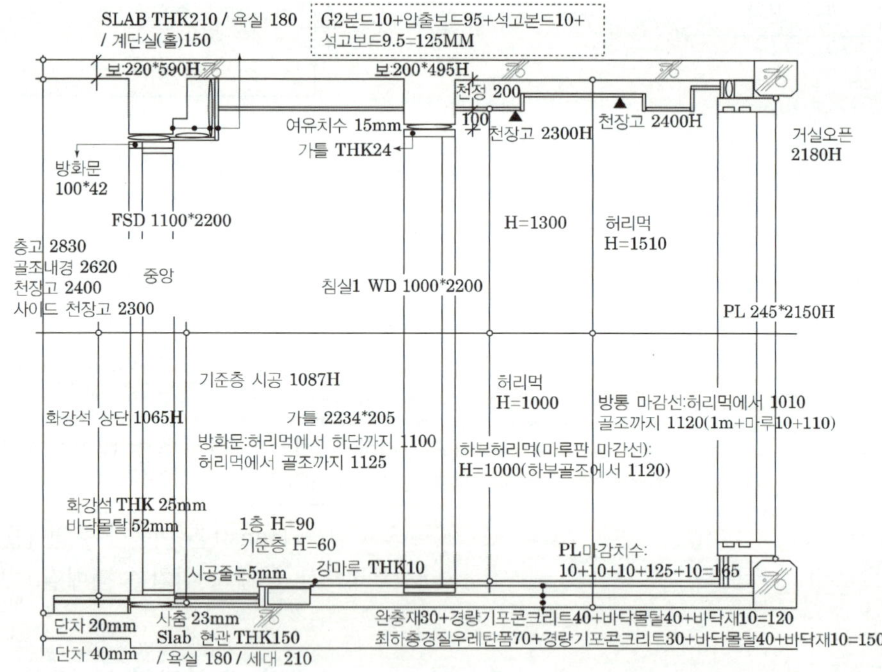

- 방바닥마감의 Level 중에서 길이가 긴 부분을 평균값을 보정
- PL창호, 목문틀, 방화문 하부 Sill의 모양 및 노출형태에 따라 최종 마감치수를 도면화

관리사항

- 창호의 시공완료 후 마감성을 고려하여 조정
- 예비먹 시공
- 확인이 용이하도록 최소 200mm 이상 연장

비계시설

비계시설

Key Point

◪ 국가표준
- KCS 21 60 10
- KS F 8002

◪ Lay Out
- 설치구조 · 기능
- 설치기준 · 유의사항

◪ 핵심 단어
- Cramp로 조립
- 일정간격 고정

◪ 연관 용어
- 이동식 비계
- 강관틀 비계
- 시스템 비계

25.06월 개정

• 벽이음
최상단 띠장으로부터 5m 이내에는 벽 이음 등 전도방지 조치를 취해야 한다.

☆★★ 3. 직접가설 공사

1-10	외부 강관비계	
No. 10	Steel Pipe Scaffold	유형: 시설 · 부재 · 기능

Ⅰ. 정 의

① 공사용 통로나 작업용 발판 설치를 위하여 구조물의 주위에 조립, 설치되는 가설구조물

② 외부 마감을 하기 위하여 강관 파이프를 일정간격 Cramp로 조립하여 건물 벽체와 바닥에 일정간격으로 고정하는 비계시설

Ⅱ. 설치구조

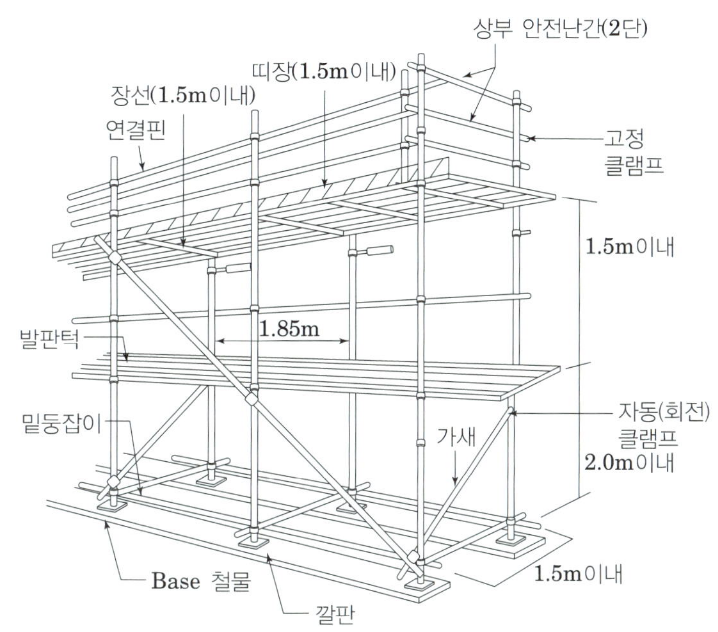

Ⅲ. 설치기준 및 유의사항

작업 시 하중
- 기둥 간격이 1.85m이고 비계 기둥사이에 등분포하중이 작용할 때 하중한도는 3.92kN 이하.
- 비계기둥 1개에 작용하는 하중은 7.0kN 이하

보강부위
- 비계기둥의 최상부에서 31m 이하의 아래 부분은 2본의 강관으로 설치
- 가새는 수평길이 15m마다 40~60° 로 설치하고, 비계기둥과 결속. 간격은 10m 마다 교차

벽이음 처리
- 수직 및 수평 5m 이하 간격으로 구조체에 연결
- 기둥 및 띠장의 교차부에서 직각으로 설치

비계시설

① 비계기둥간격은 띠장 방향으로 1.85m 이하, 장선(長線) 방향에서는 1.5m 이하

② 비계기둥과 띠장의 교차부에서는 비계기둥에 결속하며 그 중간부분에서는 띠장에 결속

③ 띠장의 수직간격은 2.0m 이하

④ 띠장을 연속해서 설치할 경우에는 겹침이음으로 한다.

⑤ 겹침이음을 하는 띠장 간의 이격거리는 순 간격이 100mm 이내

⑥ 교차되는 비계기둥에 클램프로 결속

⑦ 띠장의 이음위치는 각각의 띠장끼리 최소 300mm 이상 엇갈리게 한다.

⑧ 띠장은 비계기둥의 간격이 1.85m일 때는 비계기둥 사이의 하중한도를 4.0kN으로 하고, 비계기둥의 간격이 1.8m 미만일 때는 그 역비율로 하중한도를 증가

25.06월 개정

- 비계기둥 간격
  장비 반입·반출 등의 시공 여건을 고려하여 별도의 설계가 요구되는 경우에는 구조검토를 실시하고 조립도를 작성하면 띠장방향 및 장선방향으로 각각 2.7m 이하로 설치할 수 있다.(산업안전보건기준에 관한 규칙 제60조 개정사항을 반영하여 수정)

Ⅳ. 벽 이음재

1) 박스형 벽 이음재(Box ties)

건물의 기둥과 같은 부재의 강관과 클램프를 사용하여 사각형 형태로 결속

2) 립형 벽 이음재(Lip ties)

박스형 벽 이음재 설치가 불가능한 경우 건물 전면의 형상과 조건에 따라 강관과 클램프를 갈고리 형태로 조립하여 건물에 결속

3) 관통형 벽 이음재(Through ties)

건물 개구부 내부의 바닥 및 천장에 지지되도록 설치된 강관 또는 강제 파이프 서포트에 개구부를 가로지르는 강관을 클램프로 결속

4) 창틀용 벽 이음재(Reveal ties)

건물 전면에 Anchor를 설치할 수 없는 경우, 건물 구조물의 성능을 확인할 수 없는 경우, 또는 창틀 등의 개구부에 강관과 클램프로 벽 이음을 할 수 없는 경우에 사용하는 방식으로 마주보는 창틀면에 강관, 쐐기 또는 잭 등을 사용하여 지지한 후 비계 구조물에 결속

☆☆★ 3. 직접가설 공사

1-11	강관틀 비계	
No. 11	Prefabricated Scaffolding	유형: 시설 · 부재 · 기능

I. 정 의

① 구성부재를 미리 공장에서 틀형태로 제작하고 현장에서 사용목적에 맞게 조립 · 사용하는 비계시설
② 공사주틀, 교차가새, 띠장틀 등을 현장에서 조립하여 세우는 형태의 비계

II. 설치구조 및 조립순서

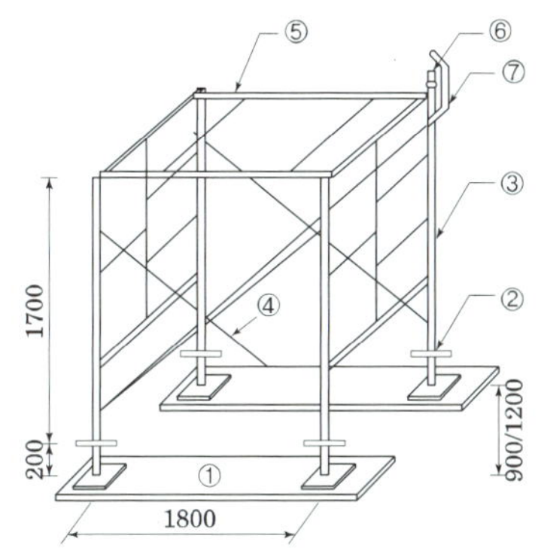

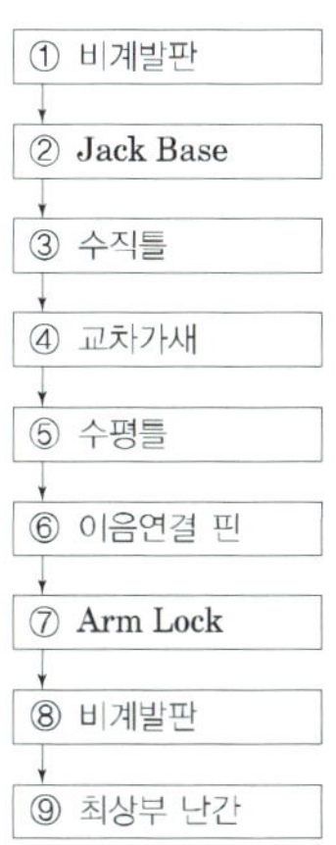

III. 설치기준

주틀
- 전체 높이는 40m를 초과 할 수 없다.
- 높이 20m를 초과하는 경우 주틀 간격을 1.8m 이내
- 중량작업을 하는 경우 2m 이하로 한다.
- 주틀의 간격이 1.8m일 경우에는 주틀 사이의 하중한도를 4.0kN으로 한다.
- 주틀의 간격이 1.8m 이내일 경우에는 그 역비율로 하중한도를 증가할 수 있다.
- 주틀의 바닥에 고저 차가 있을 경우에는 조절형 받침 철물을 사용
- 주틀의 최상부와 다섯단 이내마다 띠장틀 또는 수평재를 설치
- 모서리 부분에서는 주틀 상호간을 비계용 강관과 클램프로 견고히 결속

벽 이음
- 수직방향 6m 이내, 수평방향 8m 이내
- 비계의 높이가 밑면 길이의 4배를 초과할 경우 벽체 연결철물 등을 이용하여 4배수 높이 이내마다 벽체에 고정

교차가새
- 각 단, 각 스팬마다 설치하고 결속 부분은 진동 등으로 탈락하지 않도록 이탈방지
- 중량작업을 하는 경우 2m 이하

비계시설

비계시설 Key Point

◩ 국가표준
- KCS 21 60 10
- KS F 8003

◩ Lay Out
- 설치구조 · 조립순서
- 설치기준
- 모서리 부분의 보강

◩ 핵심 단어
- 공장에서 틀형태 제작
- 조립

◩ 연관 용어
- 이동식 비계
- 시스템 비계

개정내용

• 주틀
주틀의 기둥관 1개당 수직하중의 한도는 견고한 기초 위에 설치하게 될 경우에는 24.5 kN으로 한다. 다만, 깔판이 우그러들거나 침하의 우려가 있을 때 또는 특수한 구조일 때는 규정에 따라 이 값을 낮추어야 한다.

• 보강재
띠장은 띠장방향으로 길이 4 m 이하이고, 높이 10m를 초과할 때는 높이 10 m 이내마다 띠장방향으로 유효한 보강틀을 설치한다.
보틀 및 내민틀(캔틸레버)은 수평가새 등으로 옆 흔들림을 방지할 수 있도록 보강해야 한다.

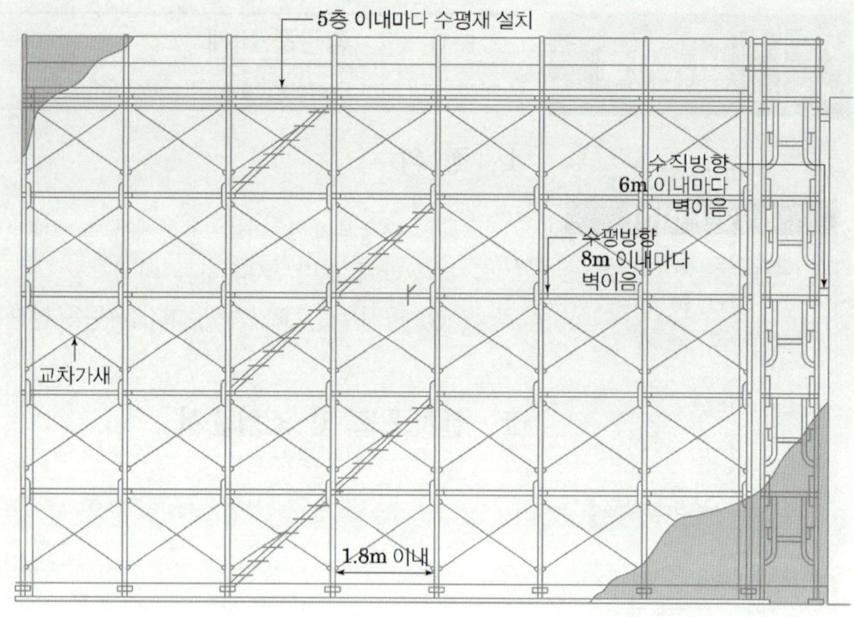

Ⅳ. 모서리 부분의 보강

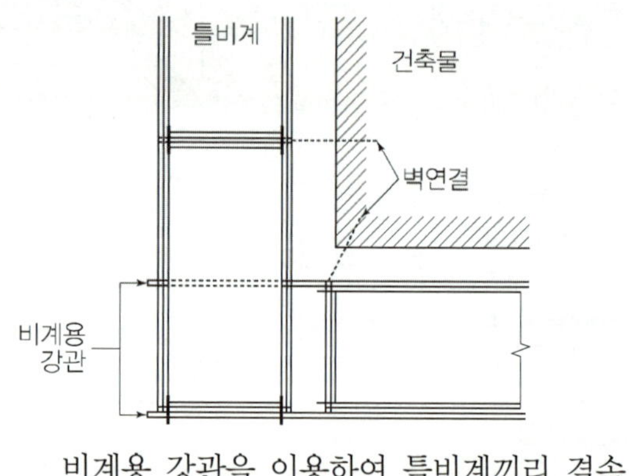

비계용 강관을 이용하여 틀비계끼리 결속

☆☆☆ 3. 직접가설 공사

1-12	이동식 비계	
No. 12	Rolling tower, Mobile Scaold	유형: 시설 · 부재 · 기능

비계시설

비계시설
Key Point

◩ 국가표준
- KCS 21 60 10
- KS F 8011

◩ Lay Out
- 설치높이 제한
- 최대 활하중
- 설치기준
- 사용상의 주의사항

◩ 핵심 단어
- What: 타워형태로 틀조립
- Why: 이동이 가능한 구조
- How: 발바퀴를 부착

◩ 연관 용어
- 이동식 비계틀

설치도

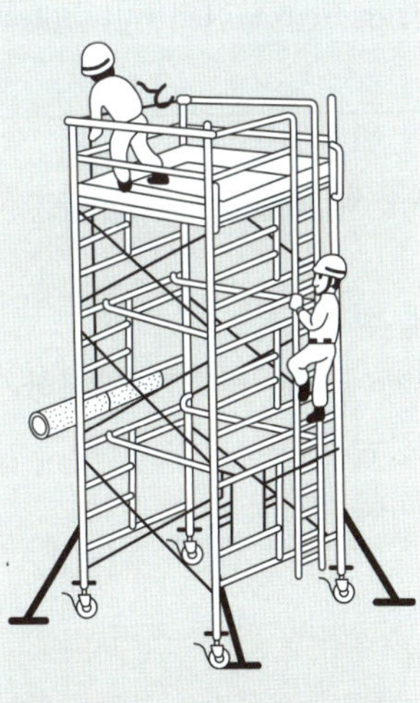

Ⅰ. 정 의

① 타워형태로 틀을 조립한 다음 최상층에 작업발판과 안전난간을 설치하고 주틀 밑 부분에 발바퀴를 부착하여 이동이 가능한 구조의 비계시설

② 높이를 용이하게 변경시킬 수 있을 뿐만 아니라 적은 인원으로도 이동이 가능하며, 주로 실내의 천장, 벽 등의 마무리 작업에서 사용

Ⅱ. 설치높이제한

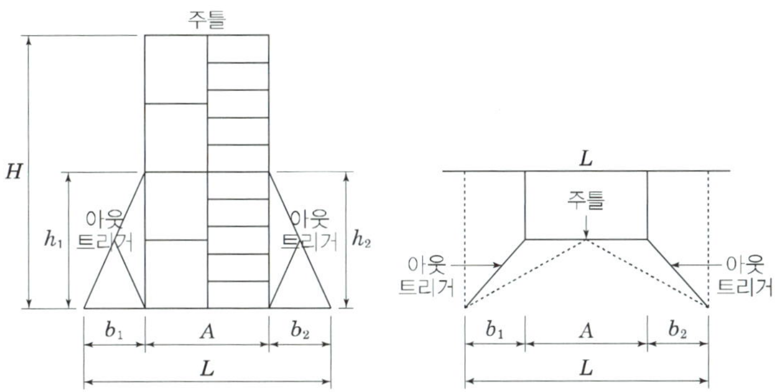

$H \leq 7.7L - 5.0$

H : 발바퀴 하단부터 작업발판까지의 높이(m)

L : 발바퀴의 주축(단변) 간격(m)

- 아웃트리거의 높이가 폭의 3배 이상으로 아웃트리거가 회전하지 않는 경우: $L = A + b_1 + b_2$
- 상기 이외의 경우: $L = A + (B_1 + B_2)/2$

Ⅲ. 최대 활하중

- 바닥면적 $\geq$ 2m^{2}일 때, W=2.5kN 이하
- 바닥면적 < 2m^{2}일 때, W=(0.5+1.0×바닥면적(m^2)+0.5)kN 이하
  여기서, W : 적재하중

비계시설

Ⅳ. 설치기준

① 주틀에는 발판간격이 동일한 사다리(폭: 30cm 이상, 발판간격 : 40cm 이하)를 설치하거나, 계단(경사 50° 이하, 폭 35cm 이상)을 설치
② 비계의 높이는 밑면 최소폭의 4배 이하
③ 주틀의 기둥재에 전도방지용 아웃트리거(outrigger)를 설치하거나 주틀의 일부를 구조물에 고정하여 흔들림과 전도 방지
④ 작업이 이루어지는 상단에는 안전 난간과 발끝막이판을 설치
⑤ 부재의 이음부, 교차부는 사용 중 쉽게 탈락하지 않도록 결합
⑥ 작업상 부득이하거나 승강을 위하여 안전 난간을 분리할 때에는 작업 후 즉시 재설치
⑦ 발바퀴에는 제동장치를 반드시 갖추어야 하고 이동할 때를 제외하고는 항상 작동시켜 두어야 한다.
⑧ 경사면에서 사용할 경우에는 각종 잭을 이용하여 주틀을 수직으로 세워 작업바닥의 수평이 유지
⑨ 작업바닥 위에서 별도의 받침대나 사다리를 사용금지
⑩ 낙하물의 위험이 있는 경우에는 유효한 천장을 설치

Ⅴ. 사용상의 주의사항 - KOSHA GUIDE C-28-2018

① 작업발판은 항상 수평을 유지하고 작업발판 위에서 안전난간을 딛고 작업을 하거나 받침대 또는 사다리를 사용하여 작업금지
② 작업발판에는 3인 이상이 탑승하여 작업금지
③ 이동식 비계의 발바퀴에는 뜻밖의 갑작스러운 이동 또는 전도를 방지하기 위하여 브레이크·쐐기 등으로 바퀴를 고정시킨 다음 이동식 비계의 일부를 견고한 시설물에 고정하거나 아웃트리거(outrigger)를 설치
④ 최대적재하중 등의 안전표지를 잘 보이는 위치에 부착
⑤ 작업발판, 주틀, 발바퀴, 안전난간 등의 부재 이음부, 교차부는 사용 중 쉽게 탈락하지 않도록 결합
⑥ 이동식 비계는 가능한 작업장소 가까이에 설치
⑦ 주틀 외부에 승강로가 설치된 이동식 비계에서는 전도를 방지하기 위하여 같은 면으로 동시에 2인 이상 승강금지
⑧ 근로자가 탑승한 상태에서 이동식 비계 이동금지

★★★ 3. 직접가설 공사 123.130.134

1-13	System 비계	
No. 13		유형: 시설 · 부재 · 기능

비계시설

비계시설

Key Point

◪ 국가표준
- KCS 21 60 10
- KS F 8021

◪ Lay Out
- 설치구조 · 조립순서
- 설치기준 · 구성부재

◪ 핵심 단어
- What: 공장제작
- Why: 작업장소 접근
- How: 조립형 비계

◪ 연관 용어
- 강관틀 비계
- 이동식 비계
- System Support

주요 구성부재

• 수직재

• 수평재

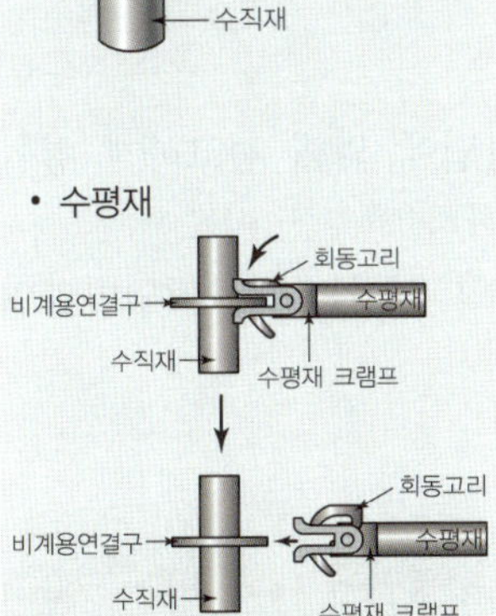

Ⅰ. 정 의

① 수직재, 수평재, 가새재 등 각각의 부재를 공장에서 제작하고 현장에서 조립하여 사용하는 조립형 비계

② 고소작업에서 작업자가 작업장소에 접근하여 작업할 수 있도록 설치하는 작업대를 지지하는 가설 구조물

Ⅱ. 설치구조 및 조립순서

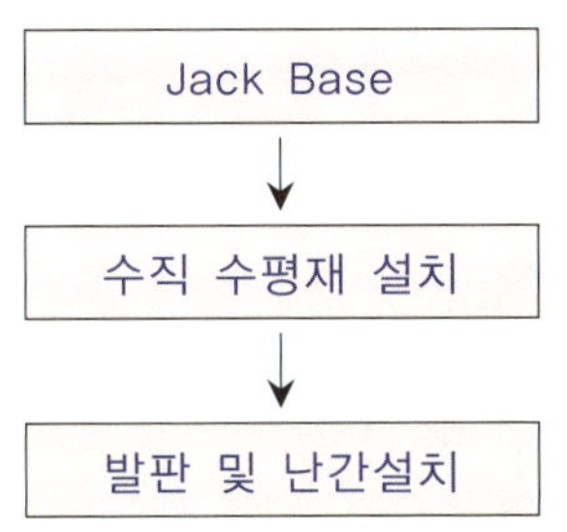

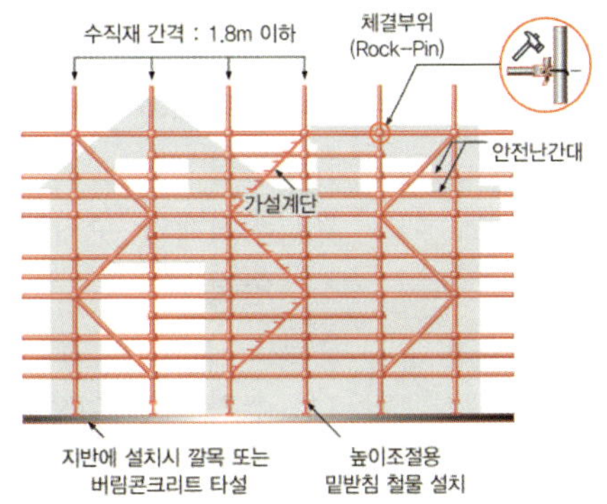

Ⅲ. 설치기준

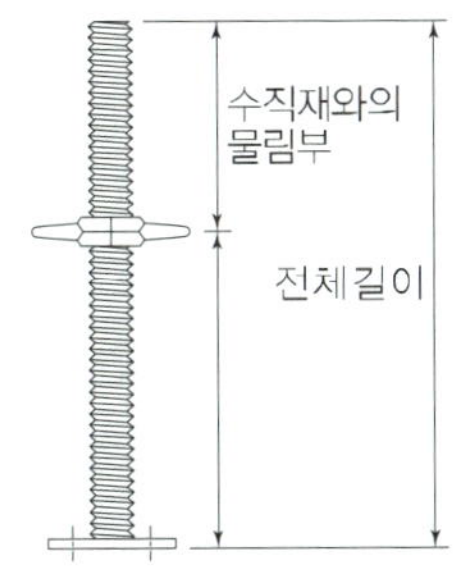

전체길이는 600mm 이내여야 하며 수직재와 물림부의 겹침길이는 200mm 이상 확보하고, 최하단 수직재는 받침철물(잭베이스)의 너트와 밀착되게 설치

비계시설

• Jack Base

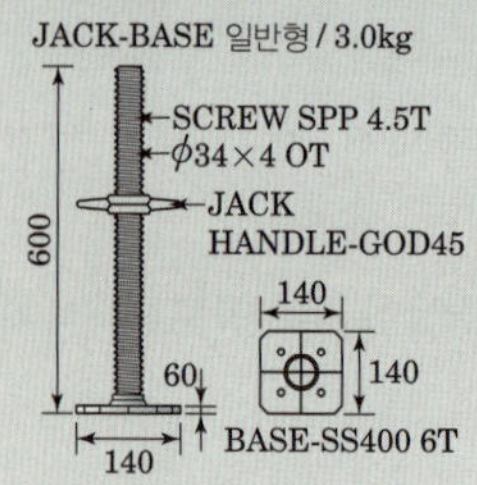

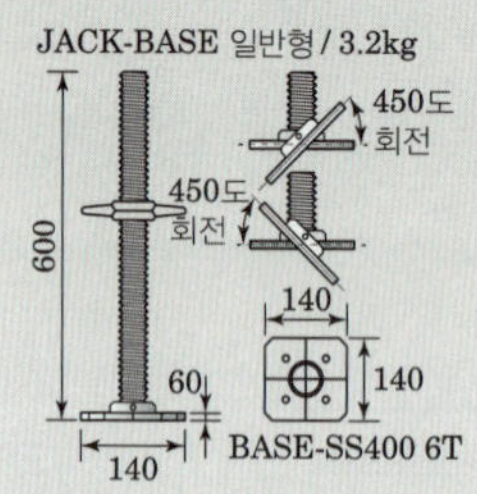

• Barce

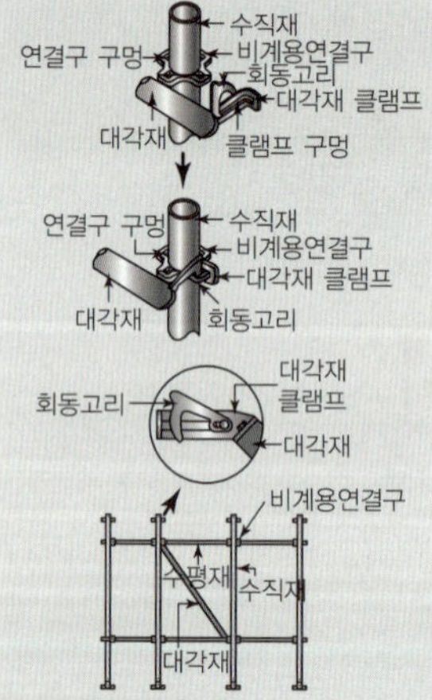

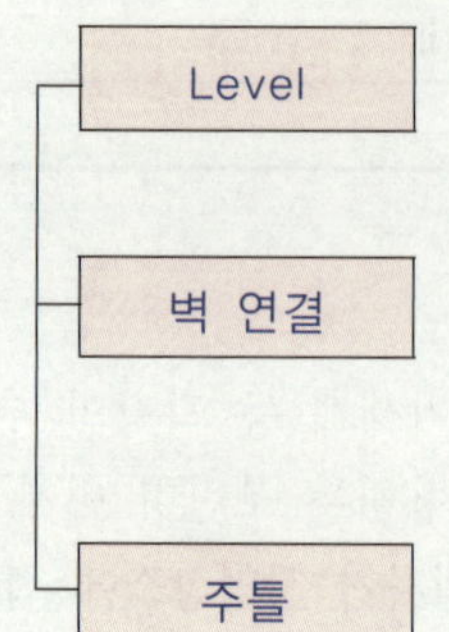

- Jack Base를 이용하여 Level 확보

- 수직방향 6m 이내, 수평방향 8m 이내
- 비계의 높이가 밑면 길이의 4배를 초과할 경우 벽체 연결 철물 등을 이용하여 4배수 높이 이내마다 벽체에 고정

- 45m를 초과할 수 없다.
- 높이 20m를 초과하는 경우 주틀 간격을 1.8m 이내
- 중량작업을 하는 경우 2m 이하

① 변형 · 부식된 제품은 사용금지
② 깔판과 Base 철물을 사용할 경우 밑잡이 생략가능
③ 큰 하중이 가해지는 방호망, Lift Car 주위는 벽이음 연결철물 추가 설치 보가 중요

Ⅳ. 구성부재

1) 수직재

① 수직재와 수평재는 직교되게 설치
② 수직재를 연약 지반에 설치할 경우에는 연직하중에 견딜 수 있도록 지반을 다지고 두께 45mm 이상의 깔목을 소요폭 이상으로 설치
③ 시스템 비계 최하부에 설치하는 수직재는 받침철물의 조절너트와 밀착되도록 설치
④ 수직과 수평을 유지
⑤ 수직재와 받침철물의 겹침길이는 받침철물 전체길이의 3분의 1 이상
⑥ 수직재와 수직재의 연결은 전용의 연결조인트를 사용하여 견고하게 연결

2) 수평재

① 수평재는 수직재에 연결핀 등의 결합 방법에 의해 견고하게 결합되어 흔들리거나 이탈되지 않도록 해야 한다.
② 안전난간의 용도로 사용되는 상부수평재의 설치높이는 작업발판면으로 부터 수평재 윗면까지 0.9m 이상
③ 중간수평재는 설치높이의 중앙부에 설치

3) 가새재

대각으로 설치하는 가새재는 비계의 외면으로 수평면에 대해 40° ~ 60° 방향으로 설치

4) 벽 이음

대벽 이음재의 배치간격은 산업안전보건기준에 관한 규칙 제69조에 따라 제조사가 정한 기준에 따라 설치

☆☆☆ 3. 직접가설 공사 96

1-14	외부비계용 Bracket	
No. 14	선반 브레킷, 까치발	유형: 시설 · 부재 · 기능

비계시설

비계시설

Key Point

◪ 국가표준
- KCS 21 60 00
- KS F 8015

◪ Lay Out
- Bracket의 구성요소
- 설치기준
- 설치 시 유의사항

◪ 핵심 단어
- 외부비계 지지

◪ 연관 용어
- 비계벽이음

Baacket 종류

- 측벽용
- 슬래브용
- 발코니용
- 파라펫용

Bracket 처짐 및 강도시험

- 수직처짐량 : 10mm 이하
- 최대하중 : 52.8kN 이상

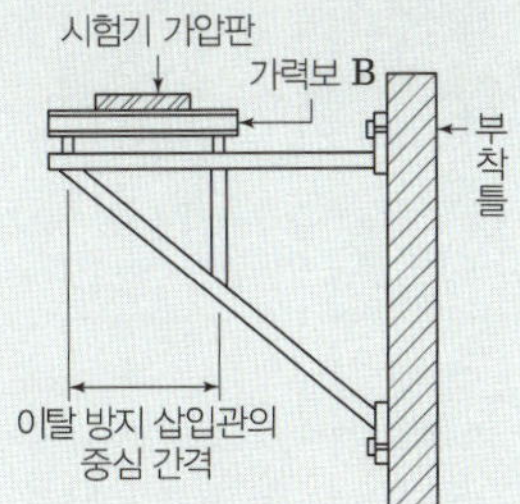

가력보 B의 중앙을 8mm 이하의 속도로 가력하여 하중이 15kN 일 때 수평재 끝단 하부에서 처짐량을 측정한 후 계속 가력하여 최대값 측정

I. 정 의

① 외부비계작업 시 발코니, 측벽 등에 설치하여 비계를 지지하기 위해 설치하며, 수평재, 수직재, 경사재와 부착철물로 구성된 고정 비계시설

② 구조물의 돌출부위 등으로 인해 작업공간을 별도로 설치해야 할 필요가 있을 때 또는 외줄비계의 경우 비계기둥에 부착하여 작업 발판을 설치할 목적으로 사용되는 브래킷 형식의 부재

II. Bracket의 구성요소

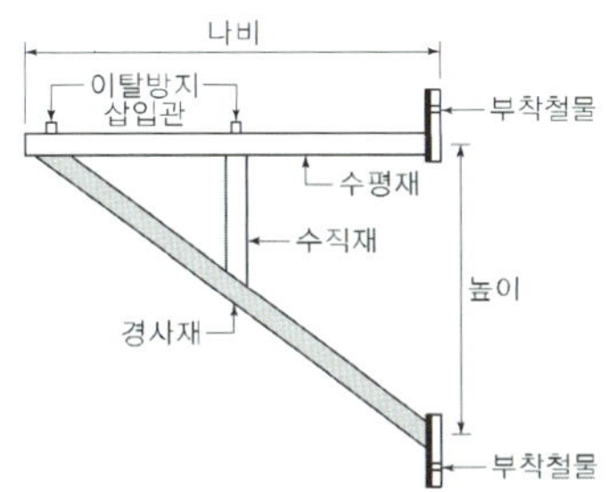

- 측벽용 Bracket의 수평재나비 및 높이는 900mm 이상, 1,200mm 이하
- 부착철물의 강판 두께는 6.0mm 이상
- 부착철물의 볼트지름은 나사산을 포함하여 16mm 이상
- 수평재에는 강관비계 기둥재의 탈락을 방지하기 위한 이탈방지 삽입관이 있어야 하며, 삽입관의 높이는 30mm 이상

II. 설치기준

구분	내용
15층 이하	• 2개소(2층, 9층)
25층 이하	• 3개소(2층, 10층, 18층)

IV. 설치 시 유의사항

① 설치부위의 Bolt구멍 파손방지를 위하여 충분한 강도확보 후 설치
② 재질은 구조상 안전하고 부식이 되지 않도록 확인
③ 설치간격은 수평방향 1.85m 이내로 설치
④ 지지보수대의 설치간격은 수직 · 수평 5m 이내로 설치
⑤ 고정을 위한 Form Tie의 구멍은 Caulking Compound 후 Mortar 마감

☆☆☆ 3. 직접가설 공사

1-15	가설통로 및 가설경사로	
No. 15	temporary alley & temporary ramp	유형: 시설 · 부재 · 기능

통로시설

통로시설

Key Point

◪ 국가표준
- KCS 21 60 15

◪ Lay Out
- 설치구조 · 기능
- 각도에 따른 가설통로 설치방법
- 작업발판

◪ 핵심 단어
- 이동경로
- 재료의 운반
- 통로시설

◪ 연관 용어
- 작업통로
- (이동식)사다리
- 가설경사로
- 철골승강용 트랩

가설통로의 종류

- 가설경사로
- 가설통로
- (이동식)사다리
- 철골승강용 트랩

[가설경사로]

Ⅰ. 정 의

공사기간 중에 근로자의 안전한 이동경로와 재료의 운반을 위해 임시로 설치하는 통로시설

Ⅱ. 가설통로의 설치기준

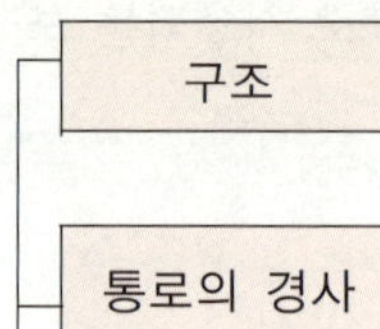

구조
- 견고한 구조로 할 것
- 추락할 위험이 있는 장소에는 안전난간을 설치할 것

통로의 경사
- 경사는 30° 이하로 할 것
- 15° 를 초과하는 경우 미끄러지지 않는 구조로 할 것

계단참의 설치
- 수직갱에 가설된 통로의 길이가 15m 이상인 경우에는 10m 이내마다, 8m 이상인 비계다리에는 7m 이내마다 설치

① 안전하게 통행할 수 있도록 75Lux 이상의 채광 또는 조명시설 설치

② 통로의 주요 부분에는 통로표시

Ⅲ. 각도에 따른 가설통로 설치방법

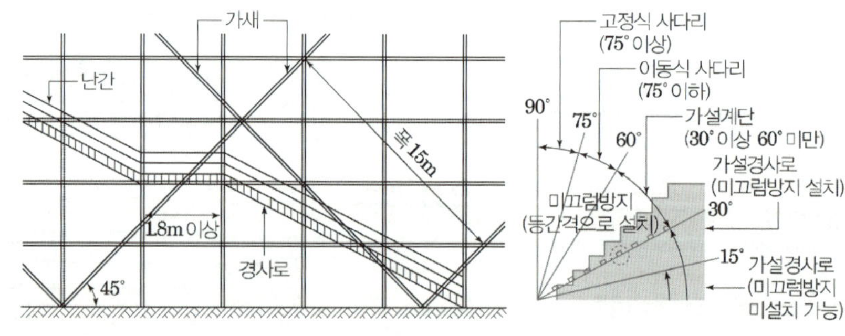

Ⅳ. 가설경사로 설치기준

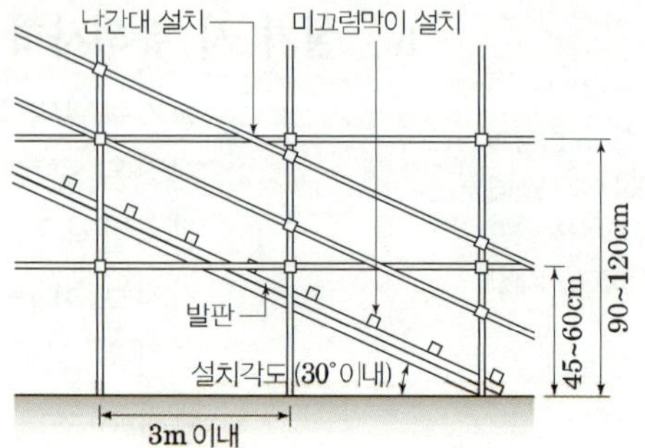

통로시설

경사각에 따른 미끄럼막이 간격

- 30° : 300mm
- 29° : 330mm
- 27° : 350mm
- 24° : 370mm
- 22° : 400mm
- 19° : 430mm
- 17° : 450mm
- 14° : 470mm

2025.06월 변경

- 작업발판의 전체 폭은 0.8m 이상이어야 하고, 최대 폭은 1.5m 이내로 한다. (0.4m→ 0.8m로 변경)

① 경사로 지지기둥은 3m 이내마다 설치
② 경사로 폭은 0.9m 이상이어야 하며, 인접 발판간의 틈새는 30mm 이내가 되도록 설치
③ 경사로 보는 비계기둥 또는 장선에 클램프로 연결
④ 발판을 지지하는 장선은 1.8m 이하의 간격으로 발판에 3점 이상 지지하도록 하여 경사로 보에 연결
⑤ 발판의 끝단 돌출길이는 장선으로부터 200mm 이내
⑥ 발판은 장선에 2곳 이상 고정하고, 이음은 겹치지 않게 맞대어야 하며, 발판널에는 단면 15mm×30mm 정도의 미끄럼막이를 300mm 내외의 간격으로 고정
⑦ 경사각은 30° 이하이어야 하며, 미끄럼막이를 일정한 간격으로 설치
⑧ 경사각이 15° 미만이고 발판에 미끄럼 방지장치가 있는 경우에는 미끄럼막이를 설치하지 않을 수 있다.
⑨ 높이 7m 이내마다와 경사로의 꺾임 부분에는 계단참을 설치
⑩ 경사로의 끝단과 만나는 통로나 작업발판에는 2m 이내의 높이에 장애물이 없어야 한다.
⑪ 추락방지를 위한 안전난간을 설치

V. 작업발판

① 작업발판의 전체 폭은 0.8m 이상이어야 하고, 최대 폭은 1.5m 이내로 한다.
② 작업발판은 이탈되거나 탈락하지 않도록 2개 이상의 지지물에 고정
③ 작업발판을 붙여서 사용할 경우에는 발판 사이의 틈 간격이 발판의 너비를 넓히기 위한 선반브래킷이 사용된 경우를 제외하고 30mm 이내
④ 작업발판을 겹쳐서 사용할 경우 연결은 장선 위에서 하고, 겹침 길이는 200mm 이상
⑤ 중량작업을 하는 작업발판에는 최대적재하중을 표시한 표지판을 비계에 부착하고 그 적재하중을 초과금지
⑥ 작업발판은 작업이나 이동 시의 추락, 전도, 미끄러짐 등으로 인한 재해를 예방할 수 있는 구조로 시공
⑦ 작업발판 위에는 통로를 따라 양측에 발끝막이판을 설치
⑧ 발끝막이판의 높이는 바닥에서 100mm 이상
⑨ 작업발판에는 재료, 공구 등의 낙하에 대비할 수 있는 적절한 안전시설을 설치

통로시설

☆☆☆ 3. 직접가설 공사 107

1-16	가설용 사다리식 통로(ladder way)의 구조
No. 16	유형: 시설 · 부재 · 기능

Ⅰ. 정 의

75° ~ 90° 까지의 경사각을 갖는 통로로서 필요한 곳에 고정 또는 임의대로 이동 및 운반하여 근로자가 안전하게 수직으로 통행할 수 있도록 만든 통로시설

Ⅱ. 설치기준

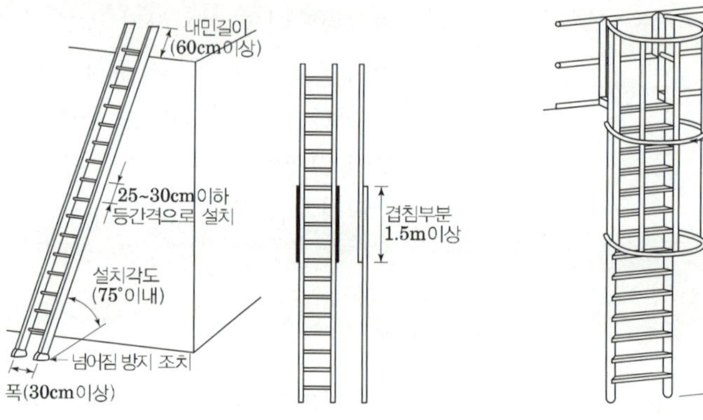

[이동식 사다리] [고정식 사다리]

이동식 사다리	고정식 사다리
• 이동용 사다리의 길이는 6m 이내	• 기울기 90° 이하
• 이동용 사다리의 경사는 수평면으로부터 75° 이하	• 높이가 7m 이상인 경우에는 바닥으로부터 높이가 2.5m 되는 지점부터 등받이 울 설치
• 사다리 폭은 300mm 이상이어야 하며, 발 받침대 간격은 250mm~350mm 이내	• 사다리 폭은 300mm 이상이어야 하며, 발 받침대 간격은 250mm~350mm 이내
• 벽면 상부로부터 0.6m 이상의 여장길이 확보	• 벽면 상부로부터 0.6m 이상의 여장길이 확보
• 접이식 사다리를 사용할 경우에는 각도 고정용 전용철물로 각도유지	• 옥외용 사다리는 철재를 원칙으로 하며, 높이가 10m 이상인 사다리에는 5m 이내마다 계단참 설치
• 이동용 사다리는 이어서 사용금지	• 사다리 전면의 사방 0.75m 이내 장애물 제거

통로시설

Key Point

◪ 국가표준
- KCS 21 60 15

◪ Lay Out
- 설치기준

◪ 핵심 단어
- 75° ~ 90° 까지의 경사각을 갖는 통로
- 수직으로 통행

◪ 연관 용어
- 작업통로
- (이동식)사다리
- 가설경사로
- 철골승강용 트랩

이동식 사다리 미끄럼 방지장치

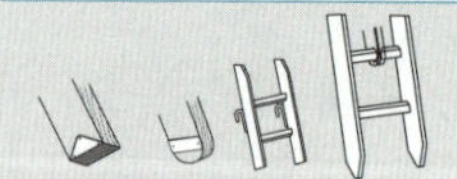

[쐐기형 강스파크]

[Pivot로 고정된 미끄럼방지용 판자]

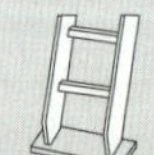

[미끄럼방지용 판자]

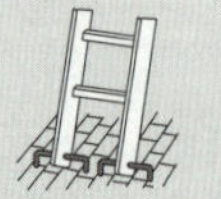

[미끄럼방지용 고정쇠]

사다리의 종류

- 옥외용 사다리
- 목재 사다리
- 철재 사다리
- 이동식 사다리

☆☆☆ 3. 직접가설 공사 120

1-17	철골공사의 트랩(Trap)	
No. 17	승강로(Trap)	유형: 시설 · 부재 · 기능

통로시설

통로시설

Key Point

◩ 국가표준

◩ Lay Out
- 승강로의 구조
- 설치기준
- 작업의 제한

◩ 핵심 단어
- 수직방향 통행
- 사다리 형태
- 가설통로

◩ 연관 용어
- (이동식)사다리
- 가설경사로

철골승강용 트랩

Ⅰ. 정 의

① 철골건립 작업 시 근로자가 수직방향으로 통행하기 위해 철골기둥에 사다리 형태의 가설통로를 설치한 통로시설

② 본 공사용 계단을 조속히 설치하여 승강로를 통한 이동을 최소화

Ⅱ. 승강로(Trap)의 구조

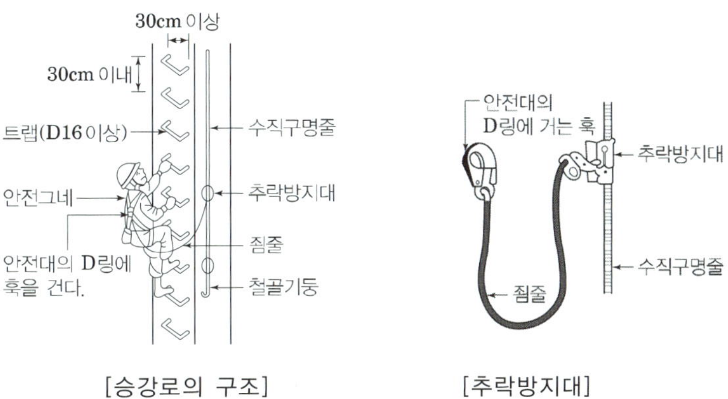

[승강로의 구조] [추락방지대]

Ⅲ. 설치기준

① 직경 16mm의 강봉 또는 직경 16mm의 철근으로 승강용 트랩 설치
② 높이 30cm 이내, 폭 30cm 이상으로 설치
③ 수직이동용 안전대 부착설비 설치

Ⅳ. 작업의 제한

① 풍속 초당 10m 이상인 경우
② 강우량이 시간당 1mm 이상인 경우
③ 강설량이 시간당 1cm 이상인 경우

1-18	가설계단의 구조기준	
No. 18	작업계단	유형: 시설 · 부재 · 기능

통로시설

통로시설

Key Point

◪ 국가표준
- KCS 21 60 15

◪ Lay Out
- 설치기준
- 안전조치사항

◪ 핵심 단어
- 30° ~ 60° 까지의 경사각
- 수직으로 통행
- 통로시설

◪ 연관 용어
- 작업통로
- (이동식)사다리
- 가설경사로
- 철골승강용 트랩

작업계단

- 비계 위에서 근로자가 위아래로 안전하게 이동할 수 있도록 단너비, 단높이가 일정하게 제작

2025.06월 변경

- 공사장의 출입 및 각종 자재 운반을 위한 가설계단을 작업위치로부터 계단에 이르는 보행거리 30m 이하가 되도록 설치하며, 계단의 지지대는 비계 등에 견고하게 고정되어야 한다.

Ⅰ. 정 의

① 30° ~ 60° 까지의 경사각을 갖는 경사로에 통로로서 필요한 곳에 조립하여 근로자가 안전하게 수직으로 통행할 수 있도록 만든 통로시설

② 견고한 구조로 해야 하며, 심한 손상·부식 등이 없는 재료를 사용한다.

Ⅱ. 가설계단의 설치기준

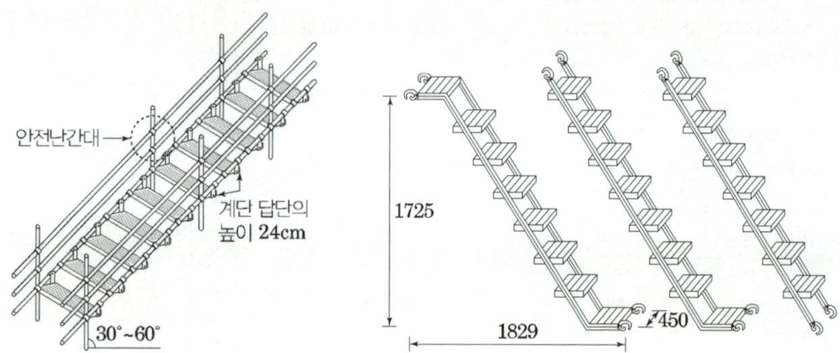

① 계단의 단 너비는 350mm 이상이어야 하며, 디딤판의 간격은 동일하게 해야 한다.

② 높이 3m를 초과하는 계단의 높이 3m 이내마다 너비 1.2m 이상의 계단참 설치

③ 디딤판은 항상 건조상태를 유지하고 미끄럼 방지효과가 있는 것이어야 하며, 물건을 적재하거나 방치하지 않아야 한다.

④ 계단의 끝단과 만나는 통로나 작업발판에는 2m 이내의 높이에 장애물이 없어야 한다. 다만, 비계 단의 높이가 2m 이하인 경우는 예외로 한다.

⑤ 높이 1m 이상인 계단의 개방된 측면에는 안전난간을 설치해야한다.

Ⅲ. 안전조치사항

① 디딤판은 항상 건조상태를 유지

② 디딤판은 미끄럼 방지효과가 있는 것이어야 한다.

③ 물건을 적재하거나 방치하지 않아야 한다.

④ 계단의 끝단과 만나는 통로나 작업발판에는 2m 이내의 높이에 장애물이 없어야 한다. 다만, 비계 단의 높이가 2m 이하인 경우는 예외로 한다.

⑤ 수직구 및 환기구 등에 설치되는 작업계단은 벽면에 안전하게 고정될 수 있도록 설계하고 구조전문가에게 안전성을 확인한 후 시공

★★★ 3. 직접가설 공사 61.101.121.135

1-19	낙하물 방지망	
No. 19	Flying net, debris net	유형: 시설 · 부재 · 기능

낙하물 재해방지시설

낙하물 재해방지시설

Key Point

국가표준
- KCS 21 70 15
- KS F 8023

Lay Out
- 설치구조 및 기준
- 설치 및 사용재료
- 사용 시 주의사항

핵심 단어
- What: 재료나 공구 등의 낙하
- Why: 재해를 방지
- How: 외부로 내밀어 설치

연관 용어
- 수직 보호망
- 추락방지망
- 방호선반

Ⅰ. 정 의

① 바닥, 도로, 통로 및 비계 등에서 자재, 공구 등의 낙하로 인한 피해를 방지하기 위하여 개구부 및 비계 외부에 수평면과 20° 이상 30° 이하로 설치하는 (망) 낙하물 재해방지 시설

② 상부 낙하물에 의한 작업자, 통행인 및 통행 차량 등에 위험을 미칠 우려가 있는 장소에 본 공사의 진행속도에 맞추어 설치한다.

Ⅱ. 설치구조 및 기준

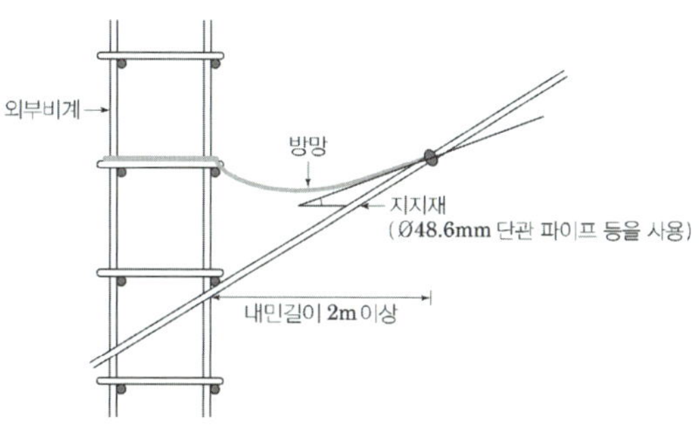

① 낙하물 방지망의 내민길이는 비계 또는 구조체의 외측에서 수평거리 2m 이상으로 하고, 수평면과의 경사각도는 20° 이상 30° 이하로 설치

② 낙하물 방지망의 설치높이는 10m 이내 또는 3개 층마다 설치

③ 낙하물 방지망과 비계 또는 구조체와의 간격은 250mm 이하

④ 벽체와 비계 사이는 망 등을 설치하여 폐쇄

⑤ 외부공사를 위하여 벽과의 사이를 완전히 폐쇄하기 어려운 경우에는 낙하물 방지망 하부에 걸침띠를 설치

⑥ 벽과의 간격을 250mm 이하

⑦ 낙하물 방지망의 이음은 150mm 이상의 겹침을 두어 망과 망 사이에 틈이 없도록 해야 한다.

⑧ 버팀대는 가로방향 1m 이내, 세로방향 1.8m 이내의 간격으로 강관 (ϕ48.6 t : 2.4mm) 등을 이용하여 설치

⑨ 방망의 가장자리는 테두리 로프를 그물코마다 엮어 긴결

세부용어

• 낙하물
고소 작업에 있어서 높은 곳에서 낮은 곳으로 떨어지는 목재, 콘크리트 덩어리 및 공구류 등의 모든 물체

• 그물코
망의 그물 한 변의 크기인 매듭과 매듭의 간격

• 테두리 로프
방망의 주변을 형성하는 로프

낙하물
재해방지시설

[낙하물 방지망]

⑩ 방망을 지지하는 긴결재의 강도는 15kN 이상의 인장력에 견딜 수 있는 로프 등을 사용
⑪ 방망을 지지하는 긴결재와 긴결재 사이는 가장자리를 통해 낙하물이 떨어지지 않도록 조치
⑫ 방망의 겹침 폭은 30cm 이상으로 테두리로프로 결속하여 방망과 방망 사이의 틈이 없도록 해야 한다.
⑬ 수직보호망을 완벽하게 설치하여 낙하물이 떨어질 우려가 없는 경우에는 이 기준에 의한 방망 중 첫 단을 제외한 방망을 설치하지 않을 수 있다.
⑭ 근로자, 통행인 등의 왕래가 빈번한 장소인 경우 최하단의 방망은 크기가 작은 못·볼트·콘크리트 부스러기 등의 낙하물이 떨어지지 못하도록 방망의 그물코 크기가 20mm 이하인 망을 설치
⑮ 매다는 지지재의 간격은 3m 이상으로 하되 방망의 수평투영면의 폭이 전체 구간에 걸쳐 2m 이상 유지되도록 조치

Ⅲ. 설치구조 및 사용재료

1) 설치구조
① 낙하물 방지망: 합성섬유 망
② 지지대: 가로방향 1m 이내, 세로방향 1.8m 이내의 간격으로 강관(∅48.6mm, t: 2.4mm) 사용
③ 연결재: ∅48.6mm 단관 파이프 또는 ∅6mm 이상 Wire Rope

2) 사용재료
① 망의 소재: 열처리한 합성섬유 또는 그 이상의 물리적 성질을 갖는 제품
② 망의 무게: 10㎡당 2.5kg 이상
③ 테두리 Rope: ∅8mm 이상의 Poly-Propylene Rope사용

Ⅳ. 낙하물방지망 및 수직보호망 사용 시 주의사항

① 방망은 설치 후 3개월 이내마다 정기점검을 실시
② 방망의 주변에서 용접작업 등 화기작업을 할 때에는 방망의 손상을 방지하기 위한 조치.
③ 방망에 적치되어 있는 낙하물 등은 즉시 제거
④ 건축물(비계) 바깥쪽에 방망을 설치 또는 해체하는 경우 가급적 건축물(비계) 안쪽에서만 작업

☆☆★ 3. 직접가설 공사

1-20	방호선반(Toe Plate)	
No. 20		유형: 시설 · 부재 · 기능

낙하물 재해방지시설

낙하물 재해방지시설

Key Point

국가표준
- KCS 21 70 15
- KS F 8016

Lay Out
- 설치구조
- 설치기준

핵심 단어
- What: 재료나 공구 등의 낙하
- Why: 재해를 방지
- How: 통로 출입구 상부에 설치하는 판재

연관 용어
- 낙하물방지망
- 추락방호

설치부위
- 외벽
- 리프트 출입구 주위
- 주출입구 측면
- 가설통로 상부

시험성능 기준
- 수직처짐량 : 11mm 이하
- 휨강도 : 나비(mm)×7N 이상

Ⅰ. 정 의

① 상부에서 작업도중 자재나 공구 등의 낙하로 인한 재해를 방지하기 위하여 개구부 및 비계 외부 안전 통로 출입구 상부에 설치하는 목재 또는 금속 판재의 낙하물 재해방지 시설

② 낙하물에 의한 위험요소가 있는 주출입구 및 리프트 출입구 상부 등에는 방호장치 자율안전기준에 적합한 방호선반 또는 15mm 이상의 판재 등의 자재를 이용하여 방호선반을 설치

Ⅱ. 설치구조

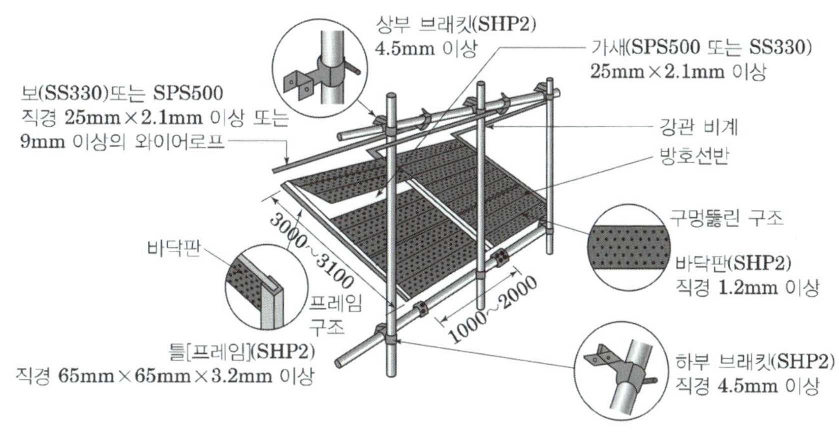

- 틀은 'ㄷ'형이어야 하며 단변 중 1변은 바닥판을 끼울 수 있도록 열린 것이거나, 부착철물의 이와 유사한 구조
- 바닥판은 아연도금 강판으로서 구멍지름이 12mm 이하로 뚫린 구조
- 조립, 해체 시 방호선반 위에서 작업이 가능한 구조

Ⅲ. 설치기준

구분	기준
설치각도	• 20° ~ 30° • 수평으로 설치하는 경우는 선반 끝단의 높이 0.6m 이상 방호벽 추가
설치높이	• 지상으로부터 10m 이내
내민 길이	• 구조체의 최 외측에서 2m 이상 돌출

☆☆★ 3. 직접가설 공사

1-21	추락방호망	
No. 21	Horizontal safety net	유형: 시설 · 부재 · 기능

추락
재해방지시설

추락 재해방지시설
Key Point

◩ 국가표준
- KCS 21 70 10
- KS F 8082

◩ Lay Out
- 안전방망구조 및 방망사 강도
- 추락방호망의 설치방법
- 설치기준
- 현장 품질관리

◩ 핵심 단어
- What: 보호망
- Why: 추락방지
- How: 수평으로 설치

◩ 연관 용어
- 낙하물 방지망

Ⅰ. 정 의

① 고소작업 중 근로자의 추락 및 물체의 낙하를 방지하기 위하여 수평으로 설치하는 보호망

② 추락으로 인해서 근로자에게 위험을 끼칠 우려가 있는 장소에 수평으로 설치하는 그물망 모양의 추락재해방지 시설

Ⅱ. 안전방망구조 및 방망사 강도

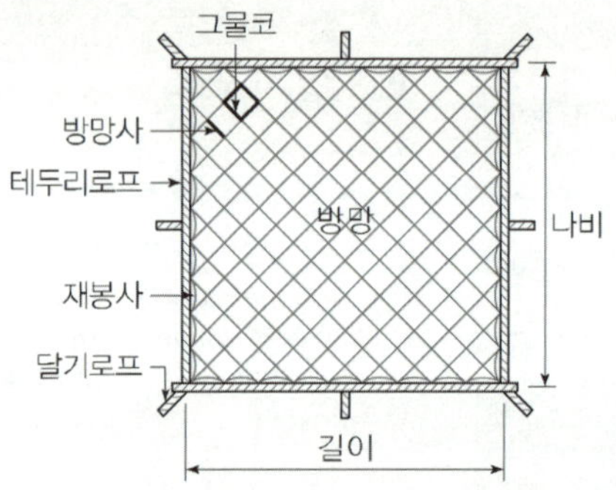

그물코 한 변의 길이	무매듭방망	라셀방망	매듭방망
100mm	2,400N 이상	2,100N 이상	2,000N 이상
50mm	1,300N 이상	1,150N 이상	1,100N 이상
30mm	860N 이상	750N 이상	710N 이상
15mm	460N 이상	400N 이상	380N 이상

낙하물 겸용 방호망은 그물코 크기가 20mm 이하

방망의 낙하시험

- 6개월마다 등속인장시험 실시
- 10m 이내 높이에서 80kg 중량물을 안전방망 중앙부에 낙하시켜 현저한 손상 및 관통이 없을 것

Ⅲ. 추락방호망의 설치방법

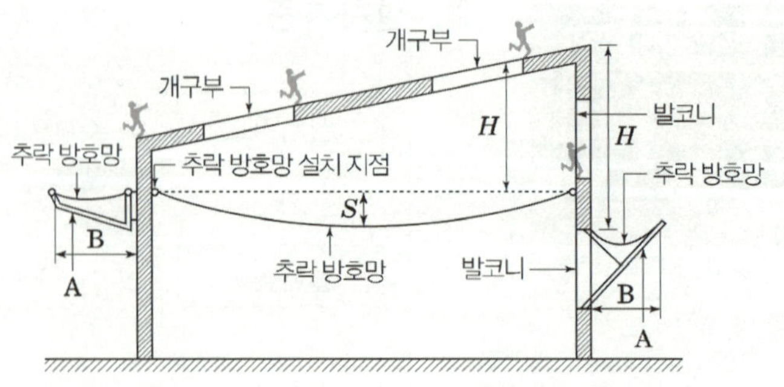

추락 재해방지시설

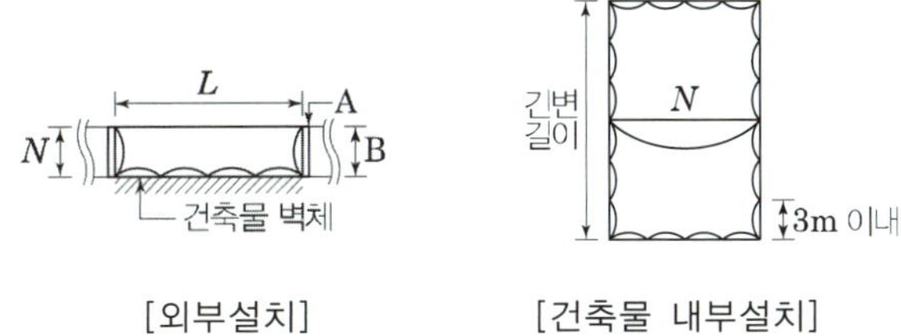

[외부설치] [건축물 내부설치]

- 작업면부터 망 설치지점까지 수직거리(H) 10m 이하, 수평으로 설치
- 중앙부 처짐(S)은 방망의 짧은 변 길이(N)의 12%~ 18% 이내
- 지지대(A)간의 수평간격(L)은 10m 이내
- 짧은 변의 내민길이(B)는 벽면에서 3m 이상
- 추락 방호망의 길이 및 나비가 3m를 넘는 것은 3m 이내마다 같은 간격으로 테두리로프와 지지점을 달기로프로 결속
- 추락 방호망과 이를 지지하는 구조체 사이의 간격은 100mm 이하이어야 한다.
- 추락 방호망의 이음은 0.75m 이상의 겹침을 두어 망과 망 사이에 틈이 없도록 해야 한다.

수정사항

- [수정] 300mm의 간격은 추락의 위험이 있으므로 간격 수정 (KOSHA GUIDE C-31-2017 〈추락방호망 설치지침〉)
- 추락 방호망과 이를 지지하는 구조체 사이의 간격은 100mm 이하이어야 한다.
- 그물코 10mm에서 20mm로 변경

Ⅳ. 설치기준 - KCS 21 70 10

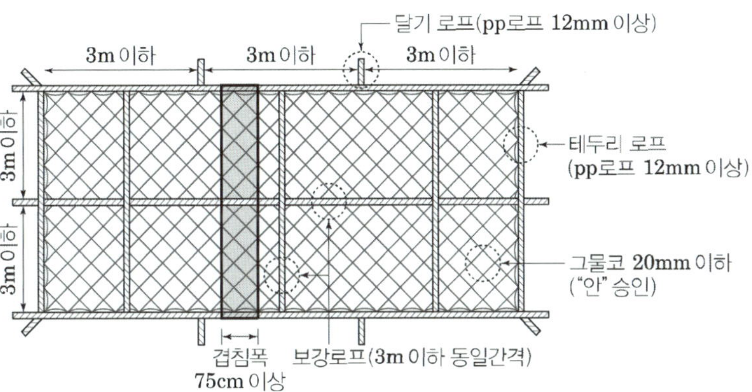

- 방망은 가설기자재 성능검정규격 합격품 '안' 승인제품 사용
- 테두리 로프와 지지점을 고정한 구조물 사이의 틈 간격은 추락할 위험이 없는 간격으로 설치

V. 현장 품질관리

① 최초 설치된 추락 방호망의 성능에 영향을 미치는 사고가 발생한 후에는 성능확인 검사를 해야 한다.
② 추락 방호망에 장비, 도구 및 건설 폐기물 등이 떨어졌을 경우에는 즉시 제거하여 성능을 유지하도록 해야 한다.
③ 추락 방호망의 검사는 설치 후 1년 이내에 최초로 하고, 그 이후로 6개월 이내마다 1회씩 정기적으로 검사해야 한다.
④ 강도 손실이 초기 인장강도의 30% 이상인 경우에는 폐기해야 한다.
⑤ 인체 또는 인체 상당의 낙하물에 의한 충격을 받은 추락 방호망은 사용하지 않아야 하며 즉시 교체해야 한다.

★★★ 3. 직접가설 공사

1-22	복공구조물, 가설구대(Over Bridge)	
No. 22		유형: 시설 · 부재 · 기능

연결시설

연결시설

Key Point

◪ 국가표준
- KCS 21 45 10
- KDS 21 45 00

◪ Lay Out
- 배치 및 교통동선 Plan & Section
- 종류 및 용도
- 기능
- 설치구조 및 기술검토 시 고려사항
- 가설구대의 관리사항

◪ 핵심 단어
- Why: 작업지반 Bridge 역할
- What: 가설지주 작업 발판
- How: 연결시설

◪ 연관 용어
- 복공판

I. 정 의

① 터파기나 지하 구체공사를 할 때 작업지반으로서 Bridge역할을 하기 위해 가설지주와 작업발판으로 구성된 연결시설

② 본 건물과의 연결, 장비의 진출입 및 작업동선확보, 지하골조의 위치, 버팀대의 위치를 고려하여 설치

Ⅱ. 배치 및 교통동선 Plan & Section

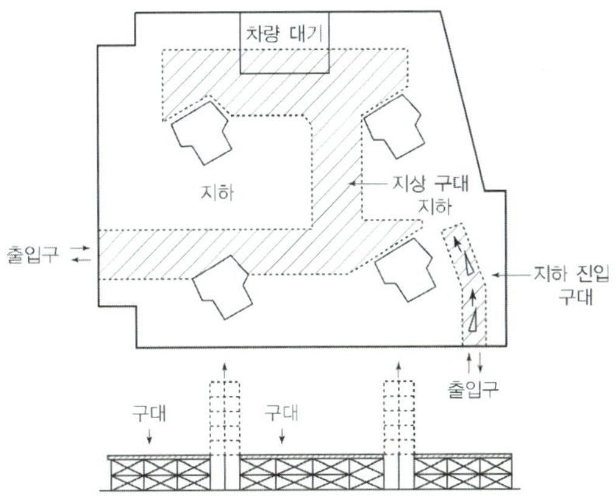

교통동선과 접근성을 고려하여 배치하고 연직하중을 고려한다.

Ⅲ. 종류 및 용도

구분	내용
강재 일반 Bridge	• 지하 흙막이 Strut공법 시공 시 이용
교량식 Bridge	• 하부통로에 방해가 없을 경우
구체이용 Bridge	• 터파기 면적이 넓을 경우
이동식 Bridge	• Level차이가 있거나 여러 층을 사용할 경우

Ⅳ. 기 능

① 구조물에 영향을 주지 않고 안전한 작업진행

② 구조물의 완성 전에 본 건물까지의 자재 및 장비동선 확보

③ 협소한 대지에서 Stock Yard 활용

④ 교통동선과 작업공간의 분리

주요 기준

복공구조물(가설구대)은 공사기간 중 작업하중을 고려하여 설계한다.
- 설계기준
  - 허용 활하중: 20kN/㎡
- 설계 시 관리
  - Strut 공법 시 간섭검토
  - 수평력 및 횡변위, 진동 등에 대한 안전성 검토
- 시공 시 관리
  - 진입구배 유지(최대 1/6)
  - Bracing 보강
- 사용 시 관리
  - 500kN 이상의 이동식 크레인 진입금지
  - 주기적인 관찰 및 계측

연결시설

[제2롯데월드 가설구대]

[양재역 도곡 Stay77]

V. 설치구조 및 기술검토 시 고려사항

1. 설계단계

1) 적정 공법선정

① 현장여건을 고려한 설치규모 및 위치 검토

② 1단 Strut(띠장)과 복공구조물의 간섭검토

2) 구조검토

- 허용활하중: 20kN/㎡
- 장비의 경우는 500kN 이상의 이동식 크레인은 복공판에 진입시키지 않는다.(개별중량 300kN: 크램쉘, 25톤 덤프트럭, Pump Car, 레미콘 트럭)
- Post Pile의 받침보 길이방향 6m, 주형보 길이방향 5m 이내
- Post Pile의 선단부 풍화암(N=50 이상)

① 각 부재에 대한 휨모멘트, 전단력 검토

② 장비조합(덤프+크램쉘, 레미콘+펌프카)에 의한 하중산정

③ 복공판은 주형보 중심간 거리(2m)를 지간으로 하는 단순보로 가정하여 계산

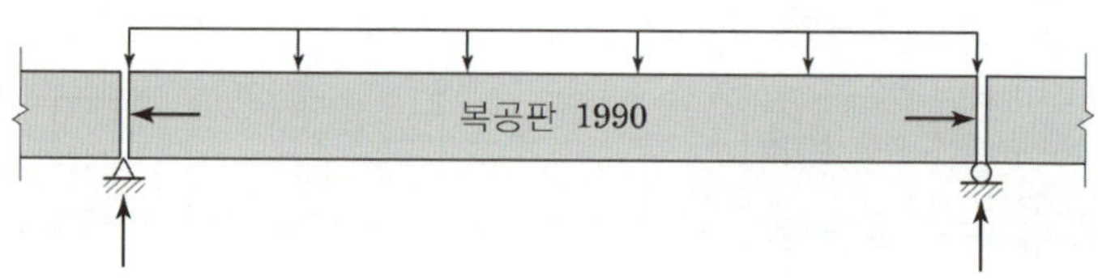

2. 부재별 설계기준

① 장변방향 Section

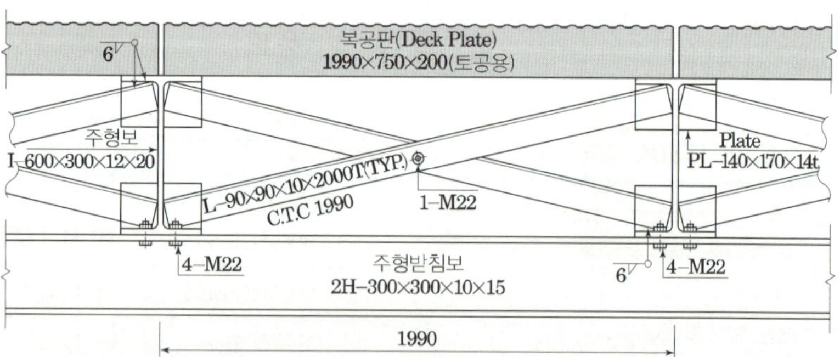

연결시설

MMA코팅

Methyl Methacrylate
(메틸 메타크릴레이트)
속경화성 반응성 수지/ 미끄럼 방지

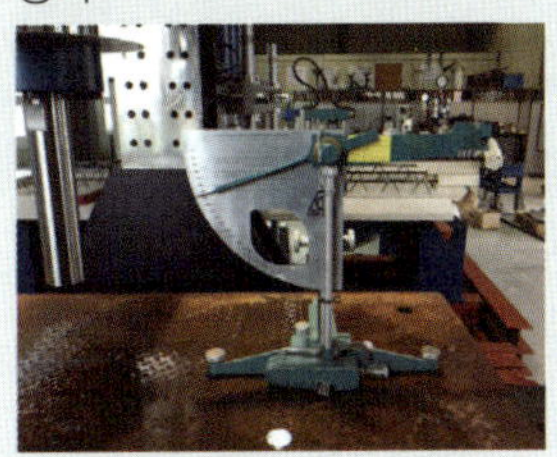

[미끄럼저항 시험]
BPN(British Pendulum Number)

1. 측정할 바닥면에 물을 뿌린다.
2. 시험기 추를 오른쪽 걸림부에 건다.
3. 측정바늘을 시작점에 맞추어 놓는다.
4. 추를 떨어뜨려 측정한다.(바늘이 가리키는 수치를 확인하여 기록)

[정하중 시험]

후륜하중96kN
P=96×(1+0.3)=124.8kN
5mm(L/400)

② 단변방향 Section

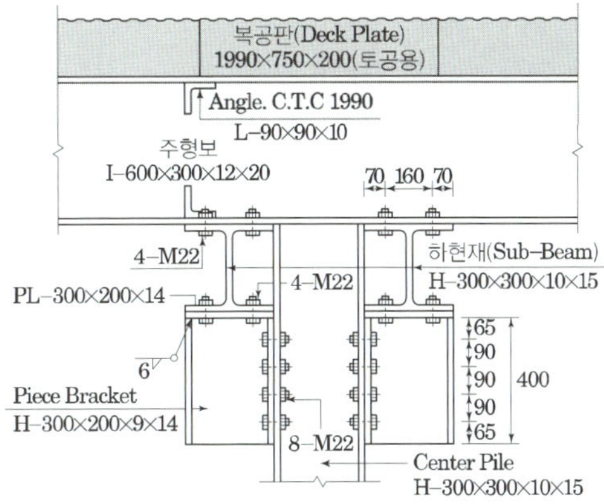

③ 부재별 설계요점

부재명	규격	설계요점
상현재	• H-588×300×12×20 • H-700×300×13×24	• 보 간격은 2m
하현재	• 2H-300×300×10×15	
Bwam Piece Bracket	• H-300×300×10×15	• 길이 400mm 이상
Post Pile	• H-300×300×10×15	• 받침보 길이방향 6m, 주형보 길이방향 5m 이내 • 선단부 N=50 이상 • Cement Grouting 실시 • 허용지지력 900kN/本 확보 (설계에 따라 가감)

Ⅵ. 가설구대의 관리사항

1. 설계 시 관리사항

1) 설치위치 및 면적검토 - 평면계획

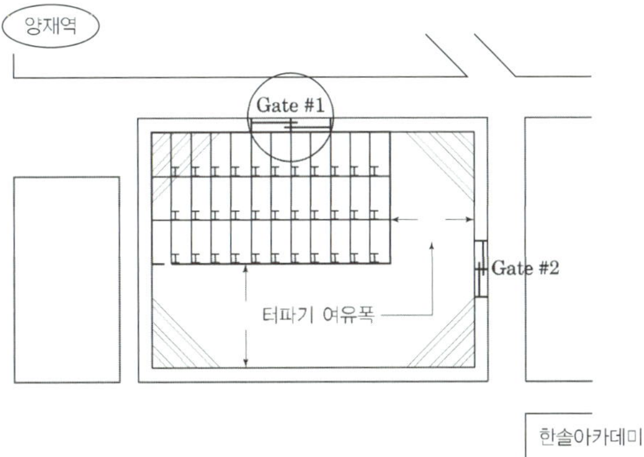

① 진출입구 동선 및 야적장 공간 확보
② 터파기 여유폭을 고려하여 배치

연결시설

2) 흙막이부재와의 간섭 - 단면계획

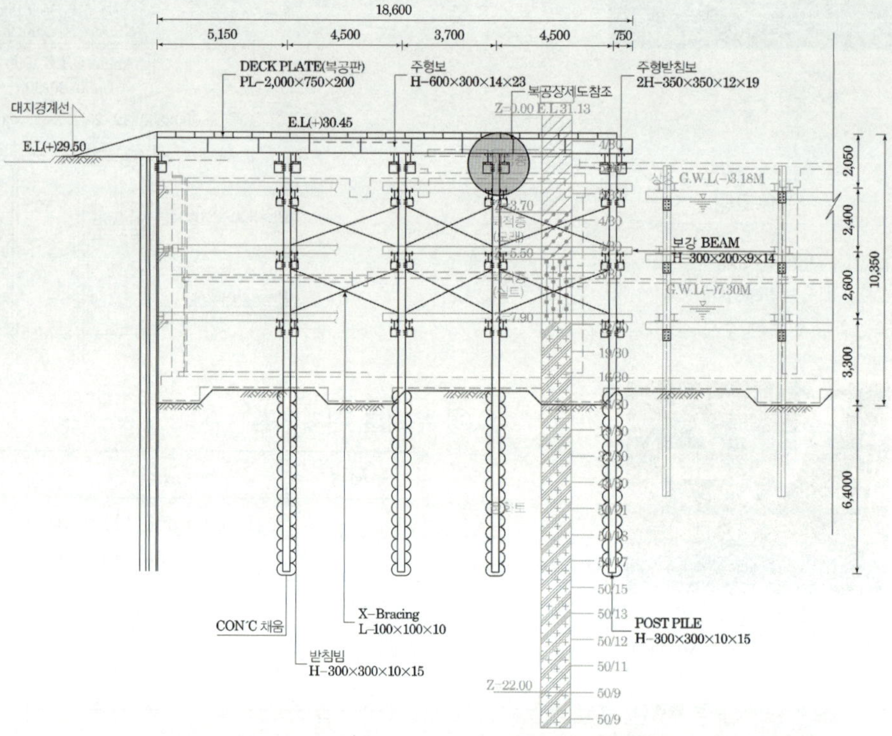

① 1단 Strut와 가설구대의 간섭: 흙막이 Moment를 고려하여 설치
② 가설구대 Post Pile과 Strut의 Center Pile과의 간섭여부

2. 설치 시 관리사항

1) Post Pile시공 깊이

- 설치Post Pile 간격 및 근입 깊이 준수
- 수직도 1/300 이하

2) 작업하중에 대한 Post Pile의 변위대응

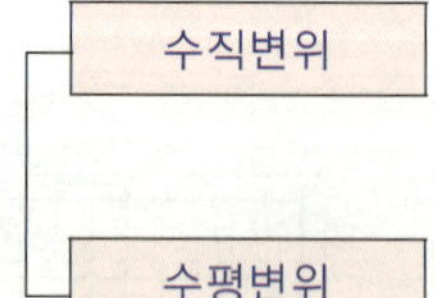

- 정하중 시험을 통하여 검증된 자재설치
- 처짐기준: 5mm에 124.8kN

- 횡하중을 고려한 Bracing 추가설치
- 좌굴에 대한 각단 수평보강재 보강

장비조합에 의한 추가하중 발생 시 변위대응

3) 진입구배 유지

진출입 Level차를 줄여 집중하중 방지: 최대 1/6 이내

연결시설

4) 복공판 Level관리

상하현재 설치 시 Level확인 후 복공판 설치(10mm 이내 관리)

5) 복공판 미끄럼 저항계수확인

① 차량이 통행하는 도로에 설치되는 복공판의 표면은 자동차 바퀴의 미끄럼을 방지할 수 있도록 표면처리를 하거나, 무늬가 있는 강재로 제작된 것을 사용해야 한다.

② 미끄럼 방지 품질기준은 (57 BPN(또는 SN37) 이상의 최소마찰계수를 확보해야 한다.

3. 사용 시 관리사항

1) 설치위치 및 면적검토 - 평면계획

300㎡ 이하(15m×20m)

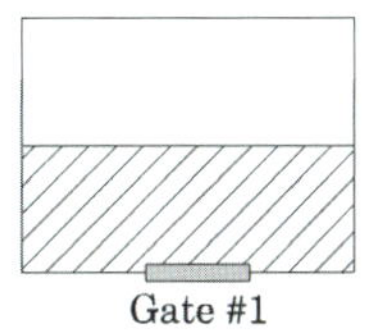

공간(50%) vs 복공판(50%) ± 10%

300㎡~900㎡(30m×30m)

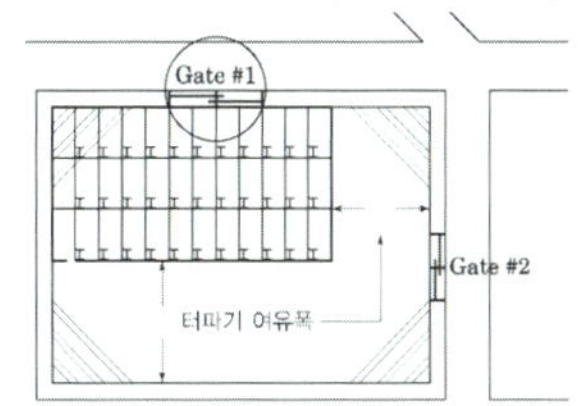

공간(60) vs 복공판(40%) ± 10%

900㎡~1,600㎡(40m×40m)

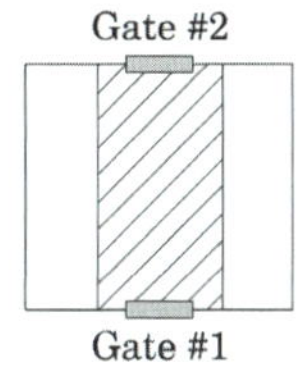

공간(65%) vs 복공판(35%) ± 10%

1,600㎡ 이상: 동수에 따라 조정

2,000㎡ 이상(40m×50m)

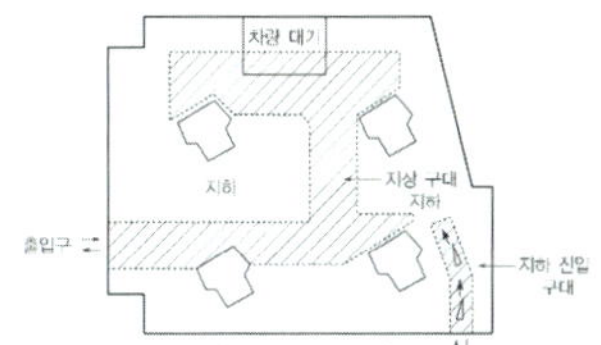

공간(70%) vs 복공판(30%) ± 10%

2) 주기적인 계측 - IOT Platform 활용

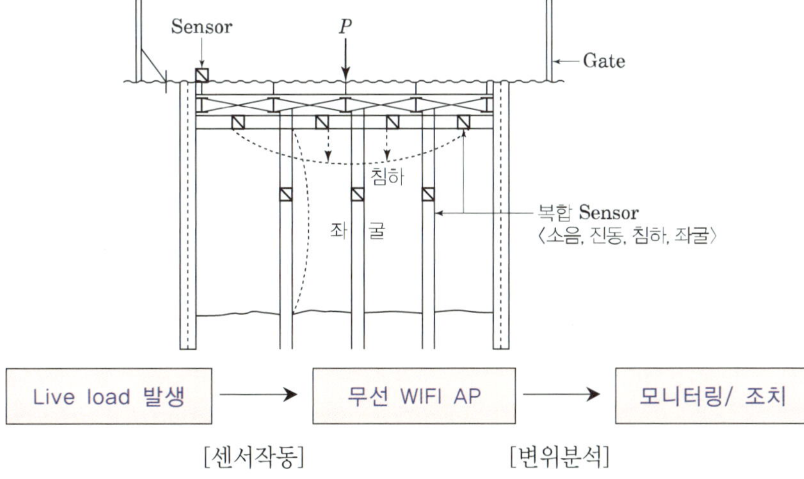

IOT Platform을 활용하여 실시간 모니터링

☆☆★ 3. 직접가설 공사

1-23	Hoist Common Tower	
No. 23		유형: 시설 · 부재 · 기능

연결시설

연결시설

Key Point

◩ 국가표준

◩ Lay Out
- Common Tower 위치선정
- 유의사항

◩ 핵심 단어
- Why: 후시공부 최소화
- What: Tower
- How: 공동이용

◩ 연관 용어
- 복공판

[Hoist Common Tower]

Ⅰ. 정 의

① 호이스트 사용으로 생기는 외벽의 후시공부를 최소화하기 위하여 여러 대의 호이스트를 Common Tower에 붙여서 공동으로 이용할 수 있게 설치하는 연결 시설물

② 여러 대의 호이스트 운행로 및 각층 연결 Platform을 갖춘 강구조의 가설타워

Ⅱ. Common Tower 위치선정

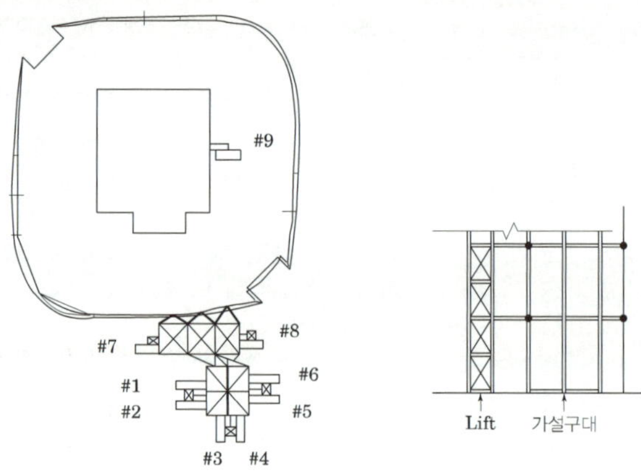

초고층 건물의 수직 물류량 증가 → 대수증가 및 동선간섭 → Common Tower 적용 → 한곳에 집중관리를 통한 외부마감 간섭 최소화

Ⅲ. 유의사항

① 본 건물과의 연결, 장비의 진출입 및 작업동선확보, 지하골조의 위치, 버팀대의 위치를 고려하여 설치

② Cage의 중량 및 호이스트 반력을 계산하여 활하중 및 가동하중 산정

③ 타워의 편심 수평지지로 인한 기둥의 비틀림과 웜기어를 편심 지지하는 외곽 보의 비틀림 저항력을 검토하여 단면을 결정

④ 개별 유닛으로 지상에서 조립하여 양중 조립

⑤ 풍하중에 의한 건물의 최대 수평변위 값을 Common Tower의 각 방향의 강제변위로 가력하여 가장 불리한 결과를 설계응력으로 산정

★★★ 3. 직접가설 공사 98.109.132

1-24	Jack Support	
No. 24		유형: 시설 · 부재 · 기능

지지·분산시설

지지·분산시설

Key Point

◩ 국가표준
- KCS 21 50 05

◩ Lay Out
- 변장비에 따른 설치위치 평면도
- Jack Support 지지하중
- 자재 및 차량별 하중
- 설시 시 유의사항
- 설치 후 관리사항

◩ 핵심 단어
- Why: 균열 최소화
- What: 보와 슬래브에 설치
- How: 상부하중을 흡수

◩ 연관 용어
- 보조기둥
- Shoring Column
- Temporary Column

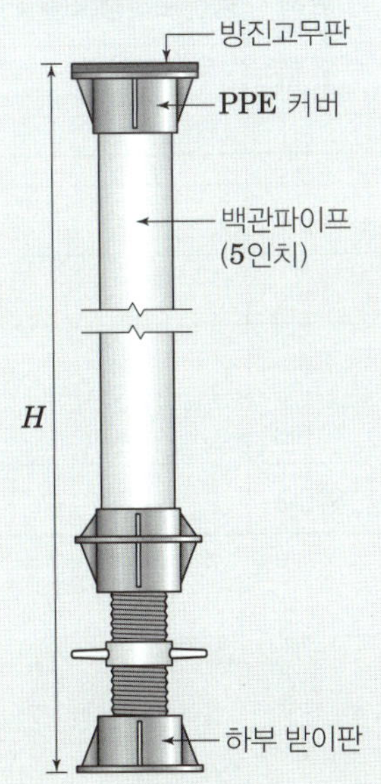

Ⅰ. 정 의

① 거푸집 동바리 제거 후 차량통행으로 인한 지하구조물의 균열발생을 최소화하기 위하여 하중검토에 따라 보와 Slab 하부에 설치하여 상부하중을 흡수·분산시키는 가설지주

② 하중을 지지하는 강관 Pipe와 높이조절용 Jack Screw로 구성되어 있으며, 하층 마감공정 및 상부 이용계획을 검토하여 설치한다.

Ⅱ. 변장비에 따른 설치위치 평면도

1) A형 설치평면 – 1Way Slab

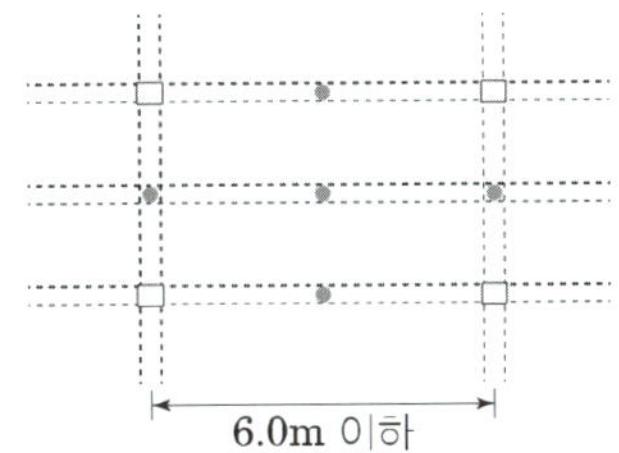

[A–Ⅰ]

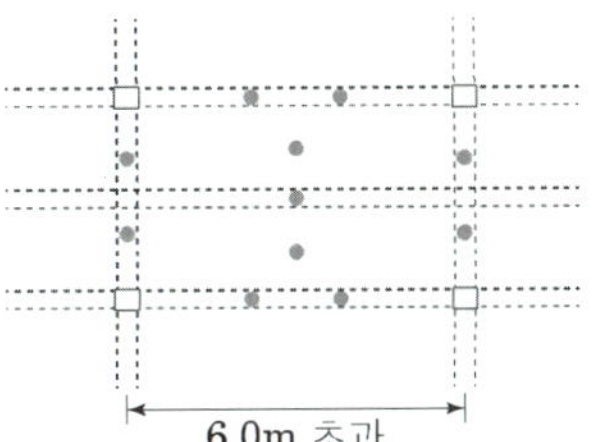

[A–Ⅱ]

Slab 단변길이가 3.0m 초과 시 Slab 중앙에 Jack Support 설치

2) B형 설치평면 – 2Way Slab

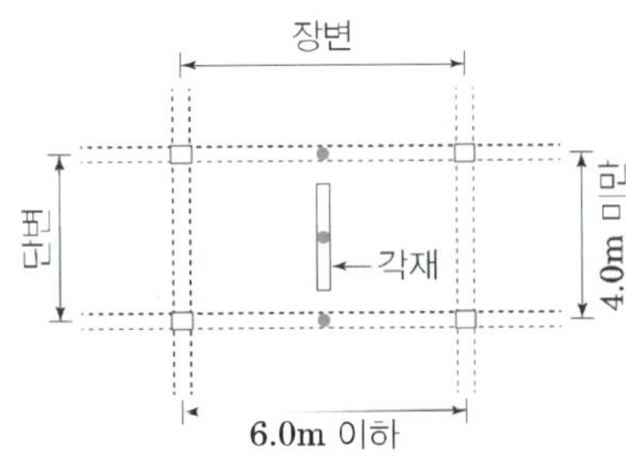

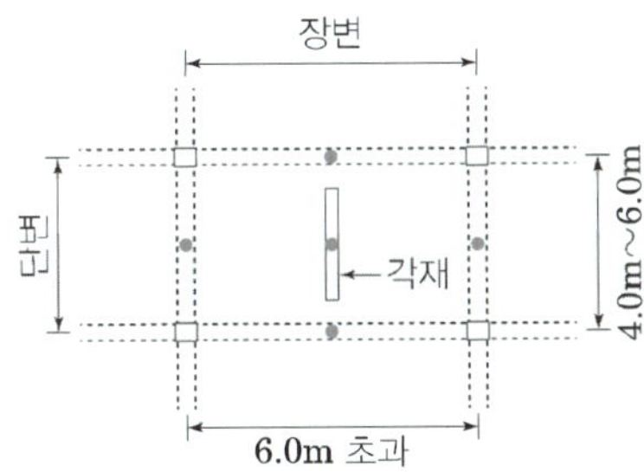

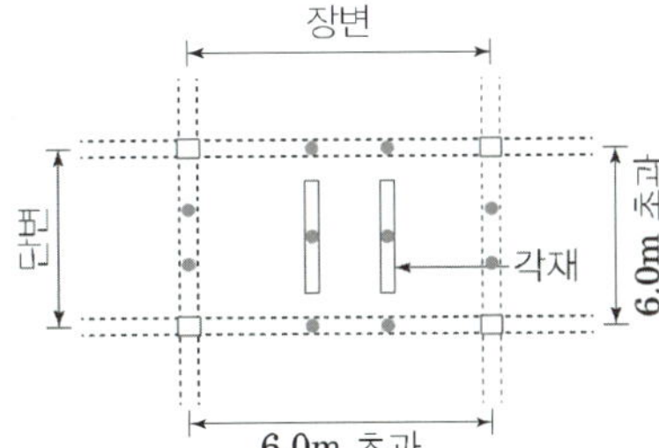

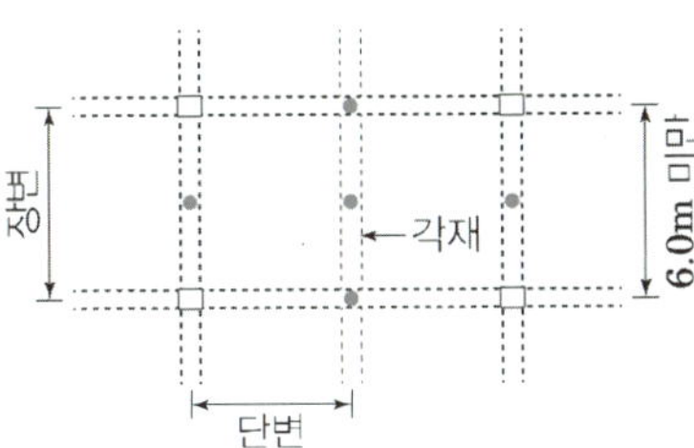

Slab에 Jack Support를 설치할 때는 길이 2m 이상의 각재를 함께 설치

지지·분산시설

[제2 롯데월드]

Ⅲ. Jack Support 지지하중

(단위:kN)

길이(m)	φ114.3×4.5t		φ139.8×4.5t		φ216.3×4.5t	
	장기하중	중기하중	장기하중	중기하중	장기하중	중기하중
2.7	186	233	252	315	443	554
3.3	161	201	231	289	428	535
3.9	137	171	207	259	410	513
4.5	112	140	181	226	389	486
5.1	87	109	154	193	365	456

Ⅳ. 자재 및 차량별 하중

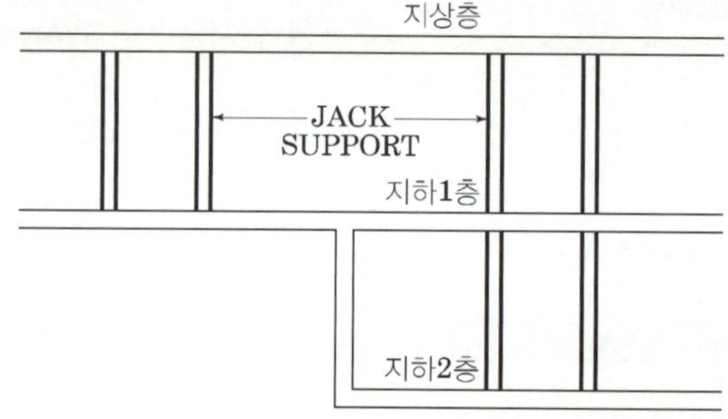

[자재별 하중]

자재	단위중량	비고 (기준대상)
시멘트	40kg/포	-
시멘트벽돌	2kg/개	1종
석고보드	13kg/매	12T 900×1800mm
석재	2.7kg/mm	1m²

[차량별 하중]

명칭	규격	등분포하중(kN/m²)
지게차	3ton	4.0
	5ton	9.6
레미콘	6m³	19.2
펌프카	36m	17.3
	42m	25.4
하이드로 크레인	25ton	35.3
	50ton	63.3

Ⅴ. 설치 시 유의사항

① 최상층에서 하부층까지 동일위치에 설치

② 하중지지를 위해 수직도 준수

③ 자재적재 허용높이를 초과한 자재적재 시 Support 추가를 위한 구조검토 재실시

④ Outrigger 하부에는 완충역할을 할 수 있는 고무판 또는 각재시공

Ⅵ. 설치 후 관리사항

① 콘크리트의 설계기준강도 이상 확보 전에는 상부의 차량통행 금지
② 차량통행구간은 차량 충격하중 방지를 위해 노면에 돌출물 제거
③ 상부차량의 주차는 가급적 직렬주차가 되도록 유도
④ 차량의 진출입 시 운행속도 및 급제동, 급출발 방지 교육실시

지지·분산시설

Hybrid Jack Support

- 하중을 버텨야하는 외관은 UL 700(Ultra Light 700)강관을 적용하고 길이조절용 내관은 알루미늄을 적용해 무게를 50% 줄인 잭서포트로 층고 6~7m의 고층고형 jack support
- 인장강도 400MPa 강도를 700MPa 수준으로 상향
- 알루미늄 잭 서포트 규격/하이브리드 잭 서포트 제원
  - D5: 5.4~6.1m 무게 49kg 하중 15톤
  - D4: 4.7~5.4m 무게 44kg 하중 20톤
  - D3: 4.0~4.7m 무게 38kg 하중 30톤
  - D2: 3.3~4.0m 무게 33kg 하중 35톤
  - D1: 2.6~3.3m 무게 28kg 하중 40톤
- 일반 잭 서포트 길이 조절 30cm
- 알루미늄 잭 서포트 길이 조절 70cm

1-25	고층건물의 지수층, 지수시설	
No. 25	Water Stop Floor	유형: 시설 · 기능

차단시설

차단시설

Key Point

◪ 국가표준

◪ Lay Out
- 공정에 따른 순차적 지수계획
- 지수계획 시 고려사항
- 부위별 지수계획
- 부위별 지수방법

◪ 핵심 단어
- Why: 마감공사를 진행하기 위하여
- What: 구조체 Opening 부위
- How: 하부층으로 유입되는 물을 차단

◪ 연관 용어
- Phased Occupancy

설치기간 단축

- 창호설치 후 유리 끼우기 작업시점
- 설비 배수Pipe 시점
- 최상층 흡출기 시공 시점
- Clean Out(소제구) 마감시점
- 층간방화 시점
- 방통타설 시점
- 골조마감 시점
- 지하층 방수투입 시점

Ⅰ. 정 의

① 상부 구조체 공사와 마감공사를 순차적으로 진행하기 위해 상부 Opening부위를 지수처리 하여 하부층으로 유입되는 물을 차단하는 차단층 및 차단시설

② 지수층 위치선정을 위한 공정률 검토: 골조공사 및 마감공사의 병행진행에 따라 기능별로 구분하여 위치와 시기를 결정

Ⅱ. 공정에 따른 순차적 지수계획

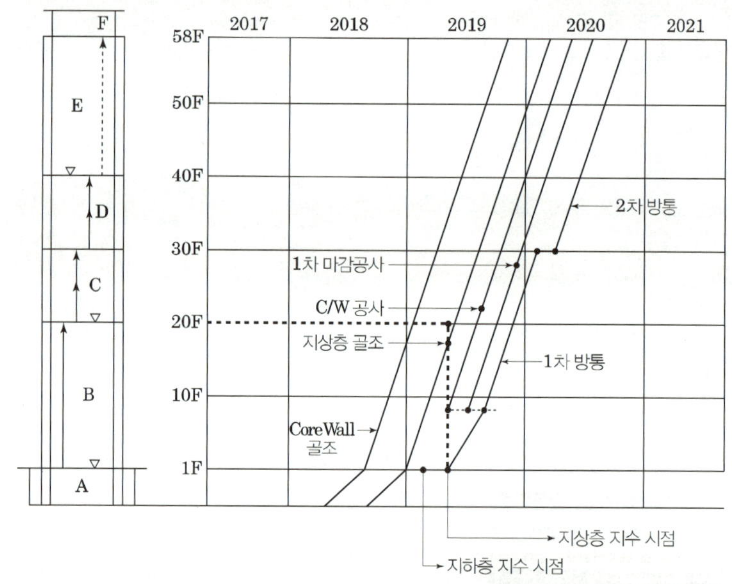

중점관리 시점은 우기 및 방통준비 시점을 기준으로 한다.

차단시설

개요 / 계획

- 지수시설 및 지수층은 상부 구조체 공사 진행과 동시에 Typical Cycle로 인하여 하부 마감공사가 구획별로 순차적으로 진행되므로 상부 구조체 부분에서 유입되는 우수가 Opening부위를 통하여 하부층으로 유입되는 것을 차단하는 시설물이 필요하다.
- 초고층 복합시설의 경우 고층부 골조 완료시점에 저층부 쇼핑공간이 독립적으로 사용되도록 Phased Occupancy가 적용되는 경우가 있으므로 기능별로 구분하여 공정간섭이 없도록 계획한다.

세부 고려사항

① 공정
- 설치시점: 마감공사 투입시점
- 설치기간: 지붕층 Open부위 마감 및 유리시공까지

② 품질
- 기능: 설치위치 및 공종별 상황에 맞게 분류
- 시공성: 설치 및 이동 시 신속성
- 방법: 우기 시 설치 하부층을 존속시켜 이중지수 필요
- 처리경로: 내부 유입 시 처리방법에 대해 대책강구

③ 원가(비용): 전용가능성 부위를 구분하여 계약 및 시공

④ 폐기물: 1회용과 재활용을 구분

Ⅲ. 지수계획 시 고려사항

1. 진행 및 후속공정 고려

1) 설치시점

지상층	지하층
상부 마감공사 시작시점 기준	지하층 골조완료 배수시설 설치
전체 층수를 고려한 공정률 검토	마감공사 시작 전 1층 바닥 설치
층간방화 완료층	트랜치를 통해 집수정으로 유도

2) 상부이동 기준

① 공정진행에 따라 상부층 이동시점 고려

② 1차 지수시점은 건식벽체 투입시점 전에 계획

③ 상부층으로 진행될수록 마감공사의 가장 Peak Time인 방바닥미장의 공정에 진행이 없도록 계획

④ Curtain Wall의 층간방화 완료 및 유리 설치시점 조율

2. 설치위치 검토

① 설치부위의 지수 Detail 검토 후 문제점 사전파악

② Opening의 위치에 따른 유도배수 검토

③ Core의 위치 및 자재적재 위치

④ 설치 후 마감간섭 여부

3. 설치방법 검토

① 돌출부위 처리 방법

② 각 부위별 형상에 따른 설치방법

③ 설치 후 누수지연효과 여부

④ 우기 시 설치 하부층을 존속시켜 이중지수 필요

⑤ 설치 및 분리의 편리성 및 신속성 여부

⑥ 태풍이나 장마철 복층시공

4. 설치자재 및 비용분석

① 전용계획: 상부층 이동시 재활용 가능 여부

② 최소비용으로 최적의 지수성능 확보

③ 폐기물: 1회용과 재활용을 구분하여 1회용 지양

④ Open부위의 최종마감의 시기를 최대한 단축시켜 별도의 지수시설 없이 지수처리가 될 수 있는 시점에 맞추어 계획한다.

5. 관리계획

① 유입된 물의 처리: 내부 고인물은 설비 배수라인으로 유도

② 외부창호는 신속하게 닫기 실시 등 긴급 상황 대처

③ 주기적인 점검 및 비상인원 상주

차단시설

기타

- 세대 기준먹 구멍부위는 Expanded Polystyrene을 이용하여 막은 다음 방수처리
- Floor Type T/C는 오픈부위 바닥에 방수턱을 설치한 다음 수직 천막을 내려서 침투수 차단
- 기타 Drain부분은 사전에 밀폐처리

Ⅳ. 부위별 지수계획

1. 상부 낙하수

1) 지붕층

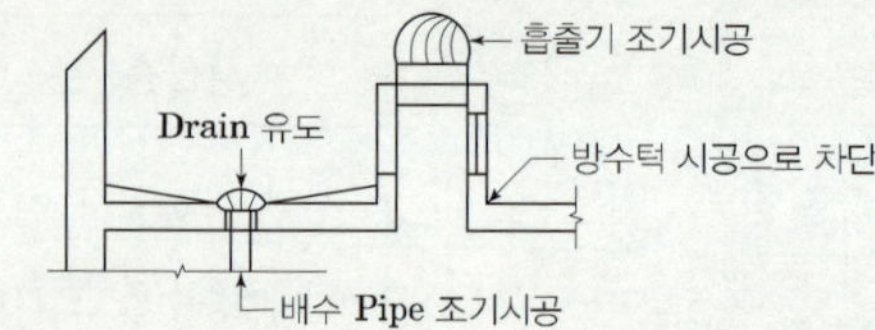

① Drain방향으로 구배 시공

② Open부위 조기마감

2) 계단실

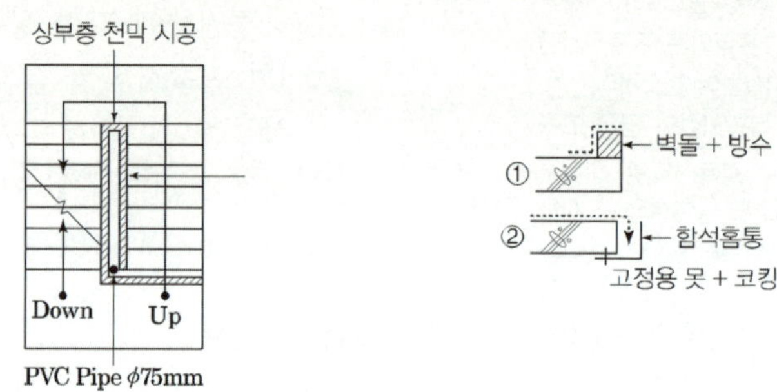

① 골조진행 2~3개층 하부 바닥부터 시공

② 바닥으로 흐르는 물을 방수턱 또는 함석홈통을 설치하여 수직 Pipe를 이용하여 하부로 유도

③ 상부층은 천막이나 비닐을 시공하여 바닥으로 유도 후 홈통으로 배수

3) E/V Shaft

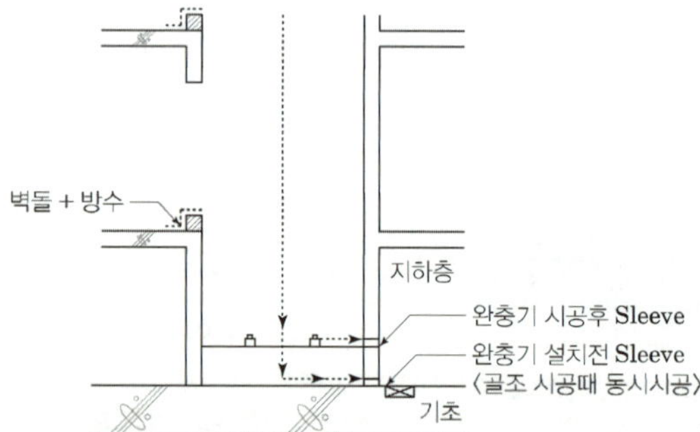

- 지하층 거푸집 시공 시 후속마감을 고려하여 임시 배수시설과 영구배수 Sleeve 2개 시공

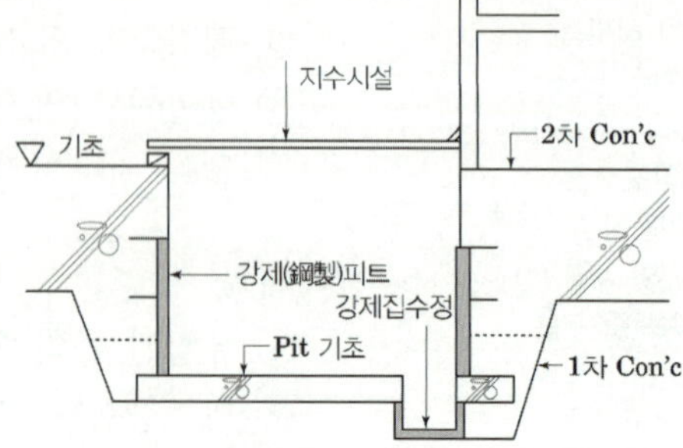

- 기성제품 E/V Pit 시공

차단시설

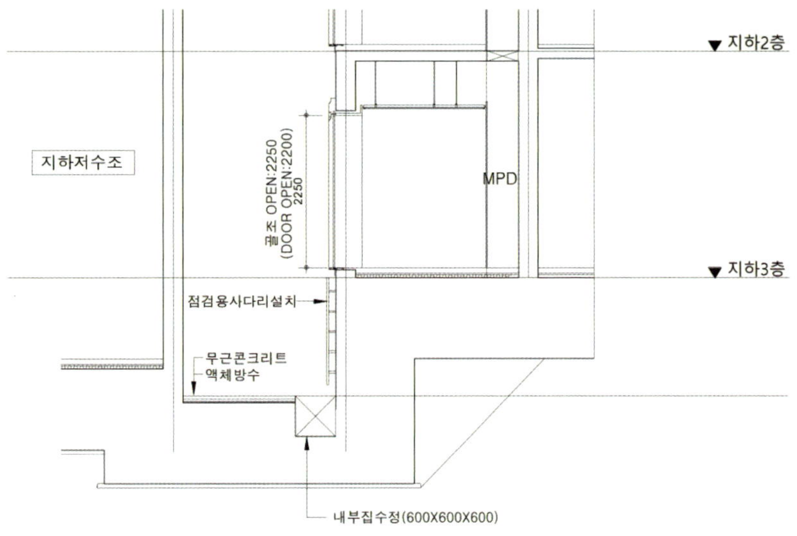

4) P·S 부위

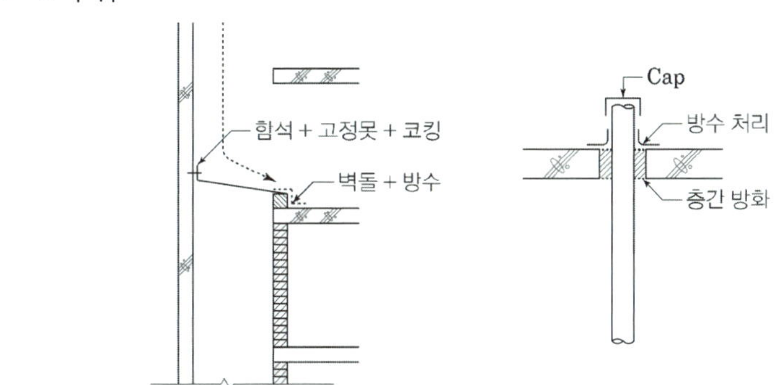

함석 및 Cap을 이용하여 우수 차단

2. 측면 유입수

1) Curtain Wall 부위

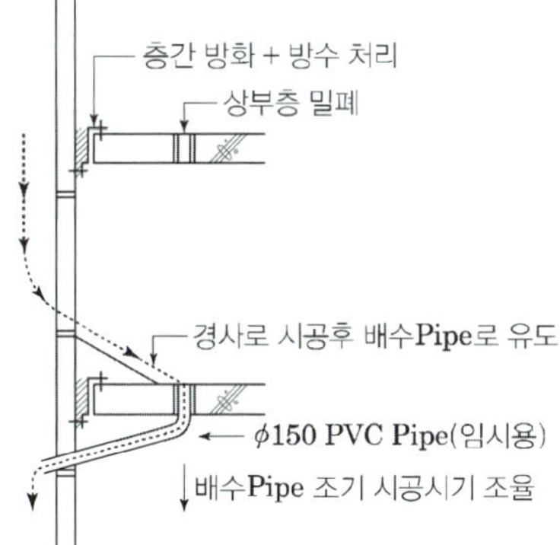

전체 노출부위가 가장 많은 부분이므로 물량확보 및 상부층으로 신속하게 이동할 수 있도록 고려하여 시공

차단시설

2) Hoist 세대

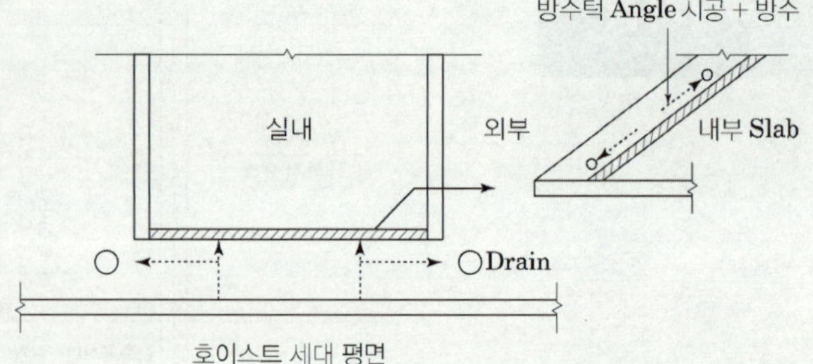

호이스트 세대 평면

소운반을 고려하여 우수차단 가능한 높이만큼 Steel Angle을 이용하여 차단

3. 설치 시 유의사항

① 후속마감과의 간섭여부
② 바닥먹매김의 훼손여부
③ 집중호우에 견딜 수 있는 부착강도 확보
④ 파손을 고려하여 여유분 확보

V. 부위별 지수방법

구분		지수 방법
1. 지상층 지수방법		
상부 낙하수	계단실	• 계단참 마구리 둘레에 물받이 홈통을 설치하여 유도배수
		• 방수턱을 설치하여 배수 Pipe로 연직배수
	E/V Shaft	• 입구에 방수턱을 설치하여 내부유입 차단
		• E/V Pit벽체 하부에 배수파이프를 시공하여 트렌치로 유도
	각종 Pit 및 Slab Open부위	• Open부위별 크기조절에 의한 기성품을 사전에 계획하여 차단
		• Sleeve주변 사춤방수 보강
측면 유입수	C/W부위	• 층간방화구획 부위에 고이지 않게 합판을 경사로 시공하여 고정한 다음 바닥 Drain으로 유도
	호이스트 세대	• 오픈부위 방수턱 시공 후 하부층으로 연결되는 수직천막 시공
2. 지하층 지수방법		
T/C 부위		• 각층 방수턱 설치 후 하부층 사전에 배수 트렌치를 계획하여 유도
각종 Sleeve		• Pipe주위 방수처리

결론

- 장마철을 고려하여 마감 투입 시점 조율
- 지수규모 축소를 위한 외피 마감 선투입
- Construction Factory 적용성 검토(구조물의 중요도, Project의 특성, 조기에 준공할수록 경제성 있는 건물)

기타용어

☆☆☆

1	줄쳐보기
	유형: 시설물 · 측정

① 설계도서와 측량결과를 토대로 부지 내 본 시설물의 배치를 정하기 위해 부지위에 시설물의 배치를 표시하는 것
② 공사착공 전에 건축물의 건설 위치를 표시하기 위해 담당원의 입회하에 건축물의 형태에 맞춰 줄을 띄우거나 석회 등으로 선을 그어 줄쳐보기를 한다.

☆☆☆ 66

2	규준틀(Batter Board)
	유형: 시설물 · 측정

구조물 각 부의 거리, 위치, 고저, 기초의 너비나 길이 등을 정확히 결정하기 위한 틀

☆☆☆

3	쓰레기투하시설(가설Chute)
	유형: 시설물 · 기능

① 높이 3m 이상인 장소에서 각종 쓰레기 및 잡물을 하부로 투하하기 위하여 설치하는 시설
② 쓰레기 낙하 시 소음 및 분진을 최소화하도록 하며 재료로는 THP관, PET(polyester)섬유, 부직포 등이 사용된다.

☆☆☆

4	달비계
	유형: 시설물 · 기능

① 매달기 외줄 달기섬유로프에 부착되어 지지되는 작업대를 이용하여 근로자가 작업할 수 있도록 제작된 것이다.(by 달비계 안전작업 지침)
② 비계는 상부지점에서 Wire Rope로 작업대를 달아 내린 비계

☆☆☆

5	말비계
	유형: 시설물 · 기능

① 천장높이가 비교적 낮은 실내에서 내장 마무리작업에 사용되는 것으로 두개의 사다리를 상부에서 핀(pin)으로 결합시켜 개폐시킬 수 있도록 하여 발판 혹은 비계역할을 하도록 하는 것
② 비계의 형상이 말(마: 馬, Horse)의 형태를 띠고 있어 붙여진 호칭이며, 건설부문과 선박건조와 수리 등에 사용된다.

☆☆☆

6	가설지붕
	유형: 시설물 · 기능

① 공사 중 본구조물의 상부에 가설지붕을 설치하여, 기상·기후의 영향을 받지 않고 작업이 가능하도록 하는 공법
② 기후에 의한 영향을 최소화 하여 공기단축 및 시공품질의 향상, 작업의 안전성을 도모할 수 있다.

☆☆☆ 125

7	추락 및 낙하물에 의한 위험방지 안전시설
	유형: 시설물 · 기능

① 추락에 의한 위험방지시설: 안전시설추락방호망, 안전난간, 개구부 수평보호덮개, 리프트 승강구 안전문, 엘리베이터 개구부용 난간틀, 수직형 추락방망, 안전대 부착설비
② 낙하물에 의한 위험방지 안전시설: 낙하물방지망, 방호선반, 수직보호망

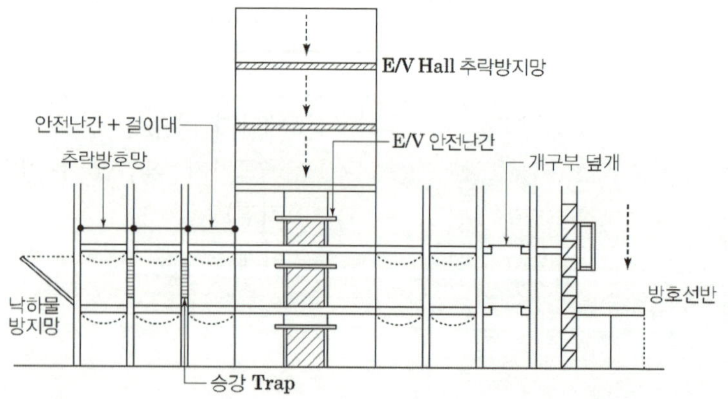

기타용어

안전대 부착설비

(1) 추락할 위험이 있는 높이 2m 이상의 장소에는 안전대를 안전하게 걸어 사용할 수 있는 부착설비를 설치하여야 한다.
(2) 부착설비에는 건립 중인 구조체, 시스템비계 수직재, 강관비계 수직재, 전용철물, 지지로프 등으로 할 수 있다.
(3) 높이 1.2m 이상, 수평방향 7m 이내의 간격으로 강관(지름 : 48.6mm, 두께 : 2.4mm) 등을 사용하여 안전대걸이를 설치하고, 인장강도 23,400N 이상인 안전대걸이용 로프를 설치하여야 한다.
(4) 바닥면으로부터 높이가 낮은 장소(추락 시 물체에 충돌할 수 있는 장소)에서 작업하는 경우 바닥면으로부터 안전대 로프 길이의 2배 이상의 높이에 있는 구조물 등에 부착설비를 설치하여야 한다.
(5) 안전대의 로프를 지지하는 부착설비의 위치는 반드시 벨트의 위치보다 높아야 한다.
(6) 한줄의 지지로프를 이용하는 근로자의 수는 1인으로 하여야 한다.
(7) 안전난간을 지지로프의 지지대로 이용하여서는 안 된다.
(8) 실내 마감작업 시 벽체, 천장등 구조물에 매립형 볼트 등을 시공하여 사다리사용, 말비계 등 작업 시 안전대 부착설비를 체결하고 사용하도록 한다. 다만, 매립형 볼트의 구조적 안전성을 확인한 후에 사용한다.
(9) 안전대 부착설비가 섬유로프 등으로 설치된 경우 심한 충격을 받았거나, 부식 또는 부후된 경우 즉시 교체하여야 한다.
(10) 안전대 부착설비가 섬유로프일 경우 묶음이 풀리지 않도록 8자 매듭 등을 사용하여 단단하게 결속하여야 한다.

기타용어

수직형 추락방망

- 근로자가 추락할 위험이 있는 작업발판 및 통로의 끝이나 개구부 등에는 수직형 추락방망을 설치하여야 한다.
- 앵커, 버클 등을 이용하여 건축물의 벽체나 기둥에 견고하게 설치하여야 한다.
- 달기로프 등 연결부를 이용하여 벽체 등의 수직(높이) 방향으로 0.75m 이내마다 고정하여야 한다.
- 바닥에는 길이방향으로 3m 이내마다 고정하여야 한다.
- 양끝을 240kg 이상의 힘으로 잡아당겨 견고하게 고정하여야 한다.
- 수직방향으로 1.5m 이상 설치되어야 한다. 다만, 발코니 치켜올림부가 300mm 이상인 경우에는 1.2m 이상으로 설치할 수 있다.
- 수직형 추락방망은 설치 후 인장력이 자연 감소하는 특성이 있기 때문에 버클 등을 이용하여 정기적으로 인장력을 보정해 주어야 한다.
- 수직형 추락방망은 용접작업 등으로 인해 불티 또는 화재가 발생할 우려가 있는 장소에서는 사용을 금지하여야 한다.장마철을 고려하여 마감 투입시점 조율
- 도급금액의 약 2~10% 내에서 산정

☆☆☆

8	가설 안전난간	
		유형: 기준 · 지표

발코니, 계단실, 슬래브 단부, 개구부 등 추락의 위험이 있는 장소

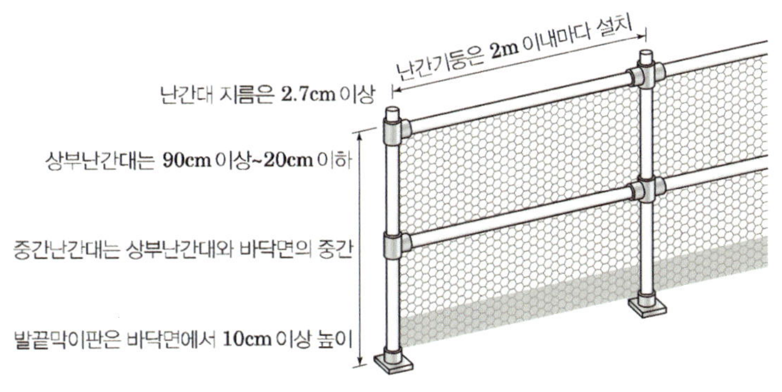

☆☆☆

9	수직보호망	
		유형: 시설물 · 기능

① 가설 구조물의 바깥면 등에 설치하여 낙하물의 비산 등을 방지하기 위하여 수직으로 설치하는 보호망

② 수직 보호망을 구조체에 고정할 경우에는 350mm 이하의 간격으로 긴결, 지지재는 수평간격 1.85m 이하로 설치, 고정 긴결재는 인장강도 98kN 이상으로서 방청처리

☆☆☆ 131

10	가설공사비의 구성	
		유형: 시설물 · 기능

항목	항목별 내용
가시설물	가설사무실, 가설경비실, 가설창고, 가설 휀스, 가설게이트, Image Panel 등
가설설비 및 사용료	임시동력, 설치 해체비, 가설전기료, 작업등설치 및 유지비, 세륜기 설치 등
장비비	직영장비사용 등
지급수수료/임차료	외주시험 의뢰비, 시험기구 구입비, 측량비, 장비임대료 등
인건비/기타	현장 정리비, 직영 인력비, 준공도면 작성, 동절기공사, 준공청소, 가설재 운반, 열풍기, 기계 공구 수리비, 사용료 등
현장관리비	오수처리비, 폐기물 처리비, 하자처리비, 잡자재비, 안전관리비, 퇴직공제부금 등
기타경비	비품/ 소모품비, 여비, 복리후생비, 통신, 교육비, 민원 보상비, 세금/ 공과잡비, 기타 광고비, 접대비, 기타경비 등

1-2장

건설기계

Professional Engineer

마법지

1. 일반사항

- 장비선정

2. 타워크레인

- 타워크레인

3. Lift Car

- Lift Car

4. 자동화

- 건설로봇

☆★★ 1. 일반사항 72.101

1-26	건설기계의 경제적 수명	
No. 26	Economic Service Life	유형: 기준·지표

장비선정

작업능력 이해

Key Point

◪ 국가표준

◪ Lay Out
- 경제적 수명 분석요소분
- 경제적 수명 분석방법
- 경제수명에 미치는 영향 요인
- 기계의 선정 시 고려사항
- 효율적인 유지 (Maintenance) 방안
- 기계경비의 구성 및 산정 기준

◪ 핵심 단어
- 연간 등가비용 최소화

◪ 연관 용어
- 가동률
- 기계경비 산정
- Trafficability
- Cycle Time
- 경제적 수명

Ⅰ. 정 의

① 건설기계의 총 연간 등가비용(Equivalent Annual Cost)을 최소화하는 경제적 사용 수명기간

② 사용기간 중의 초기 투자비, 연간 운영유지비, 잔존가치 등에 대해 비용의 시간적 가치를 고려하여 연 등가비용이 최소가 되는 기간을 의미한다.

Ⅱ. 경제적 수명 분석요소

- 시간경과에 따른 수리비와 운영비 증가요소
- 물리적인 수명보다는 실제 사용수명의 파악
- 잔존가치

Ⅲ. 경제적 수명 분석방법

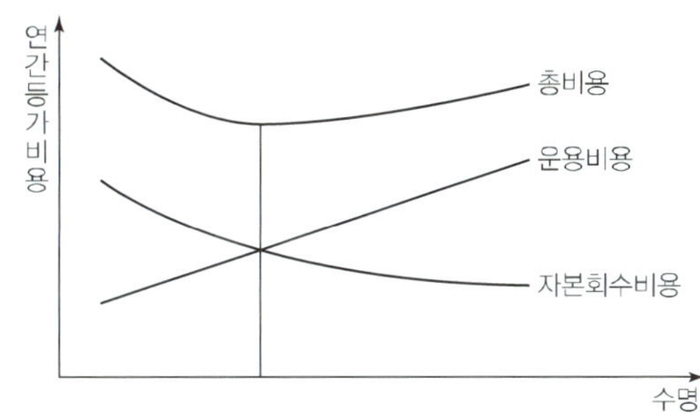

총 연간등가비용은 자본회수비용과 연간 등가 운용비의 합이며, 이 합이 최소가 될 때가 경제적 수명을 나타낸다.

Ⅳ. 경제수명에 미치는 영향 요인

① 기계의 정비·관리·사용조건
② 정기적인 점검 및 일상 정비의 불량
③ 작업의 난이도
④ 무리한 작업을 시행할 경우
⑤ 운전자(Operator)의 숙련 정도
⑥ 사용조건에 맞지 않는 작업 수행

장비선정

Ⅴ. 기계의 선정 시 고려사항

① 공사의 특성과 공종
② 현장상황과 작업효율
③ 경제적 수명과 성능 입증
④ 가동률이 좋고 용도의 다양성
⑤ Cycle Time
⑥ 임대와 관리를 고려한 장비

Ⅵ. 효율적인 유지(Maintenance)방안

① 사전 예방 정비 관리 프로그램에 기반하여 관리
② 추측보다는 적절한 정보를 기준으로 고비용의 결함에 대처하는 능력
③ 장비의 점검·평가를 위한 최고의 시험 장비와 기술사용
④ 주기적인 점검계획 준비와 점검 · 평가를 위한 장비 교육

Ⅶ. 기계경비의 구성 및 산정기준

구분	분류	품목	세부품목
기계경비	직접공사비	기계손료	감가상각비
			정비비
			관리비
		운전경비	연료, 유지비, 전력비
			운전노무비
			소모품비
	간접공사비	조립 및 해체비, 추가 장비, 사용비	
		수송비(반입, 반출비)	

1) 감가상각비

시간이 지남과 기계의 사용에 따른 감소하는 가치를 금액으로 환산

① 정액법: 기계 취득가격에서 잔존가치(10%)를 공제한 금액을 내용년수로 나누어 매년 동일하게 상각비를 산정
② 정률법: 내용년수에 의한 상각률을 미상각금액에 곱하여 산정(초기경비는 높지만 연차적으로 감소)

2) 정비비

$$\text{시간당 정비비율} = \frac{\text{정비 또는 수리비율}}{\text{내용시간}}$$

3) 관리비

$$\text{평균취득가격} = \frac{1.1 \times \text{경제적 내용년수} + 0.9}{2 \times \text{경제적 내용년수}}$$

4) 운전경비

기계의 사용에 필요한 비용

장비선정

장비성능 이해

Key Point

- 국가표준
- Lay Out
  - 건설기계의 작업능력 산정 기본식
  - 작업효율에 미치는 요소 향상방안
  - 가동률에 영향을 미치는 요소
- 핵심 단어
  - 현장 작업 능력계수× 실 작업 시간율
  - 표준 작업능력에 영향을 미치는
  - 작업현장여건을 고려한 계수
- 연관 용어
  - 경제적 수명

Trafficability(장비주행성)

① 건설용 차량통행을 지지하는 흙의 능력이며, 차량을 지지하는 흙의 지지력과 차량주행을 가능하게 하는 견인능력이다.
② 표면층의 점착력과 전단저항에 비례하므로 간편한 방법으로 판단하기 위해 콘(cone) 관입시험을 통하여 지지력을 콘 지수로서 판단한다.

☆★★ 1. 일반사항

1-27	건설기계의 작업효율과 작업능률계수	
No. 27	가동률, Cycle Time, 작업능력 산정	유형: 기준 · 지표

Ⅰ. 정 의

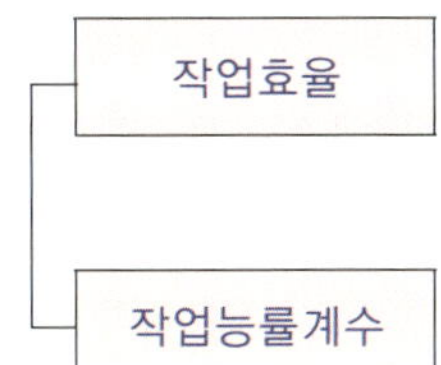

- 작업현장의 제반조건을 고려한 작업능률 계수에 실작업 시간율(率)을 곱한 것
- 작업효율(E)=현장 작업 능력계수×실 작업 시간율

- 기계의 표준적인 작업능력에 영향을 미치는 기상, 지형, 토질, 공사규모, 시공방법, 기계의 종류 등 작업현장 여건을 고려한 계수

Ⅱ. 건설기계의 작업능력 산정 기본식

건설기계의 작업량은 1시간당 수행할 수 있는 일의 양을 의미

$Q = q_0 \times n$

Q: 1시간당 작업량, q_0: 1회의 작업량, n: 1시간의 작업횟수

1) 1시간당 작업량

① 1시간당작업량은 기계운전시간당 작업량을 의미

② 기계운전시간은 기계의 주 작업 장치가 가동하는 총 시간이다.

③ 작업량(Work Amount)은 건설기계가 단위시간에 작업한 양에 기계운전시간을 곱한 값으로 나타내는 양을 의미

④ 단위: m^3/hr 또는 Ton/hr 또는 m^2/hr의 단위로 나타낸다.

2) 1회의 작업량

① 실 작업시간 고려: 현장의 작업능률계수와 기계의 운전시간에 대한 실제 작업시간의 비율

② $Q = q_0 \times n \times E$

Q: 1시간당 작업량, q_0: 1회의 작업량, n: 1시간의 작업횟수, E: 작업효율

3) 작업효율(E)

작업효율은 작업현장의 조건, 건설기계와 운전 및 시공과 관련된 여러 요인 등에 따라 그 적용률이 달라지며, 작업능력 및 시간 효율을 고려

4) 1작업순환 소요시간(C·m)과 1시간의 작업횟수(n)

① 1시간의 작업횟수는 기계의 1작업순환소요시간(Cycle Time)에 따라 결정됨

② 1작업순환소요시간이란 1회의 작업을 끝내기 위한 시간을 의미

5) 기계의 가동률 산정

$$\text{기계의 가동률(\%)} = \frac{\text{실제 가동대수}}{\text{건설기계의 총 대수}} \times 100(\%)$$

장비선정

Ⅲ. 작업효율에 미치는 요소

1. 작업효율의 시간요소

1) 개념

① 물리적인 경과 시간에 대비해서 기계가 유효한 작업을 한 순수한 가동시간의 비율로 표시하여 이를 작업효율의 시간요소라 한다.

② 물리적인 경과시간 60분에 대하여 손실시간을 공제한 실제작업시간의 비율

2) 시간요소

① 기계의 정비 및 수리 시간

② 작업차례 대기시간

③ 장애물 철거 대기시간

④ 감독자의 지시전달 대기시간

3) 현장상황

교통 및 주변현황

2. 작업효율의 작업요소

1) 개념

① 현장조건에 따라 작업가능 범위내 실제작업에서 얻어지는 기계능률의 비율을 작업효율의 작업요소라 한다.

② 최상의 조건에서 기계의 목표달성 가능능력에 대하여 실제 상황에서 기계능력의 비율로 표시한 것

2) 작업요소

① 지형 및 기상조건

② 기계의 적응능력

③ 작업장의 넓이 및 평탄성

④ 조명 및 안전설비

Ⅳ. 가동률에 영향을 미치는 요소

항목	내용
기상조건	• 강풍, 강우, 폭설, 폭우, 혹서기, 혹한기
불가항력 요인	• 천재지변, 암반지역, 연약지반
대기	• 작업의 특성, 사전준비 및 대기
기계의 특성	• 기종의 선택 배치, 장비조합, 작업장의 넓이
운전자	• 운전자(Operator) 및 작업 관련자의 숙련도, 작업 의욕
운전시간	• 기계의 작업시간, 이동시간, 작업 대기시간, 타작업과 관련된 시간
점검 · 정비상태	• 건설기계의 고장 및 수리, 일시적인 작업 대기일수
안전설비	• 조명 및 안전설비
관리감독	• 작업지시, 감독자의 작업관리 수준
민원	• 기계의 소음 · 분진 · 진동에 따른 건설공해

가동률 향상방안

- 적절한 기계 사용계획수립
- 기계의 유지관리
- 가동을 위한 점검·정비
- 기계작업의 실시감독
- 기계의 자동화·로봇화·무인화

★★★ 2. Tower Crane 123

1-28	타워크레인	
No. 28	Tower Crane	유형: 장비 · 시설

Tower Crane

장비성능 이해

Key Point

◪ 국가표준
- KCS 21 20 10

◪ Lay Out
- 고정식 Tower Crane의 구성도
- Tower Crane의 구분
- Tower Crane의 기종선택 요소
- 기초방식별 특
- Tower Crane의 설치 · 인상 · 해체작업 시 준수사항
- Tower Crane의 사용 중 준수사항

◪ 핵심 단어
- 중량물 인양
- 이동
- 양중장비

◪ 연관 용어
- 양중계획

[T-Tower Crane]

[Luffing Crane]

Ⅰ. 정 의

① 건설공사에서 중량물을 인양 및 이동하기 위한 장비로서 Mast 등을 이용하여 세운 타워 위에 하중을 달수 있는 암(Arm)을 얹은 형태의 양중장비

② 상부에 선회 혹은 기복 기능이 있어 주위의 장애물에 영향을 받지 않고 작업할 수 있는 장비

Ⅱ. 고정식 Tower Crane의 구성도

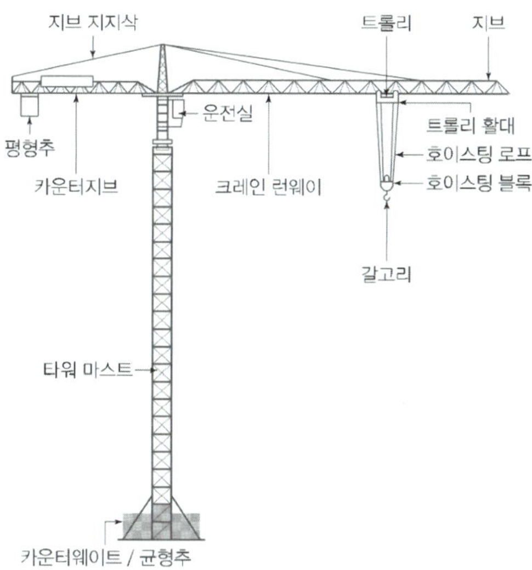

Ⅲ. Tower Crane의 구분

구분		내용
수평이동	고정형	• 벽체 또는 바닥에 고정
	이동형	• 바퀴 또는 Rail을 이용하여 이동
수직이동	Mast Climbing	• Mast를 끼워가면서 수직상승
	Floor Climbing	• 구조물 바닥에 지지하면서 수직상승
Jib의 작동	Luffing Crane	• Jib을 상하로 움직이면서 작업반경 변화
	T-Tower Crane	• Crane Runway를 따라 Trolley가 이동

Ⅳ. Tower Crane의 기종선택 요소

1) 용량기준

① 인양자재나 장비의 최대 중량 확인(철골부재, 설비 장비류 등)

② 최대 회전 반지름(작업구간 모두 포함)

③ 위치별 인양 용량을 기준으로 최단부 인양중량을 고려

Tower Crane

2) Jib의 작동방식 기준

① 장애물로 회전 불가능 혹은 Jib가 대지경계선을 넘어갈 경우 Luffing Crane을 선택

② 회전이 자유로운 경우는 주로 T-Tower Crane을 선택

③ T-Tower Crane이 Luffing Crane보다 구조적으로 안정적이며 인양 용량이 크다

3) 건축물 높이기준

① 자주식의 경우는 Mast Climbing 방식을 선택

② 초고층인 경우 자주식 높이를 초과하므로 Floor Climbing 방식을 선택

V. 기초방식별 특징

1) 강말뚝 방식

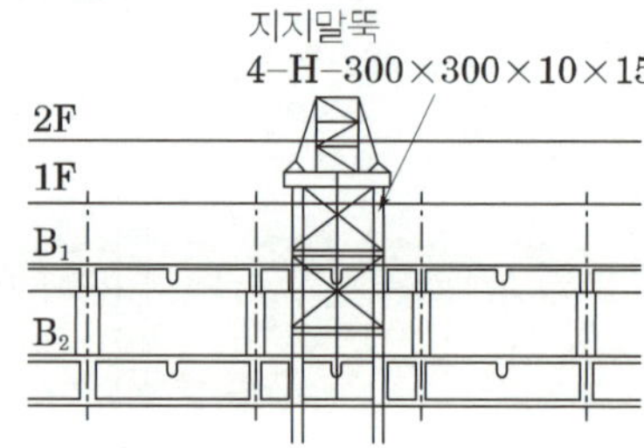

- 지하 구조물과 연결 시공
- Top Down 공법 시공시 채택
- 조기사용 가능

2) 독립기초 방식

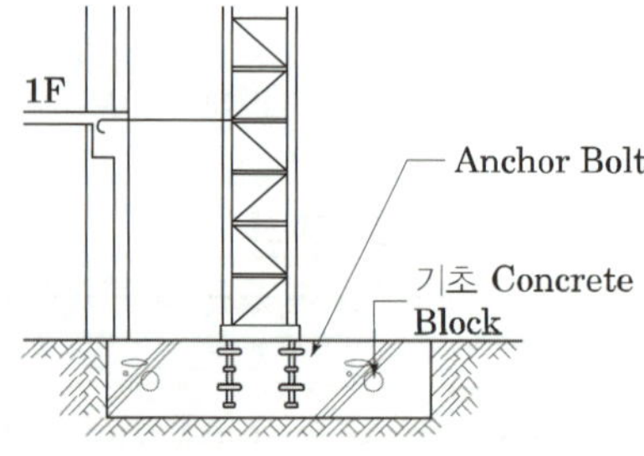

- 건물 외부에 별도로 기초를 시공
- 대지에 여유가 있을 때 채택
- 해체 및 폐기물 비용 발생

3) 구조체 이용방식

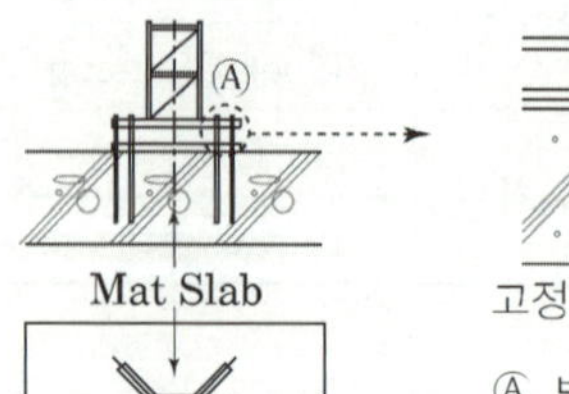

Ⓐ 부위 상세

- 주차장 기초를 이용하여 설치
- 경제적이며 안정적
- 콘크리트 강도확보 시간 필요

Ⅵ. Tower Crane의 설치·인상·해체작업 시 준수사항

① 작업장소는 협의된 공간을 확보하고 작업장소 내에는 관계자 외 출입금지 조치
② 충분한 응력을 갖는 구조로 기초를 설치
③ 설치·인상·해체작업에 대한 순서와 절차를 준수
④ 설치·인상·해체작업에 대해 안전교육을 실시
⑤ 설치·인상·해체작업은 고소작업으로 추락재해방지 조치
⑥ 볼트, 너트 등을 풀거나 체결 또는 공구 등의 사용 시 낙하방지 조치
⑦ 지브에는 정격하중 및 구간별 표지판을 부착
⑧ 운전실에서 훅 하부를 확인할 수 있는 하방 카메라를 설치
⑨ 운전자 승강용 도르래의 설치 및 사용을 금지
⑩ 기초부에는 1.8m 이상의 방호울을 설치

Ⅶ. Tower Crane의 사용 중 준수사항

① 타워크레인 작업 시 신호수를 배치
② 적재하중을 초과하여 과적하거나 끌기 작업을 금지
③ 순간풍속 10m/s 이상, 강수량 1mm/h 이상, 강설량 10mm/h 이상 시 설치·인상·해체·점검·수리 등을 중지
④ 순간풍속 15m/s 이상 시 운전작업을 중지해야 한다.
⑤ 타워크레인용 전력은 다른 설비 등과 공동사용을 금지
⑥ 와이어 로프 폐기기준
  가. 와이어 로프 한 꼬임의 소선파단이 10% 이상인 것
  나. 직경감소가 공칭지름의 7%를 초과하는 것
  다. 심하게 변형 부식되거나 꼬임이 있는 것
  라. 비자전로프는 끊어진 소선의 수가 와이어 로프 호칭지름의 6배 길이 이내에서 4개 이상이거나 호칭지름 30배 길이 이내에서 8개 이상인 것
⑦ 타워크레인 운전자와 신호수에게 지급하는 무전기는 별도 번호를 지급

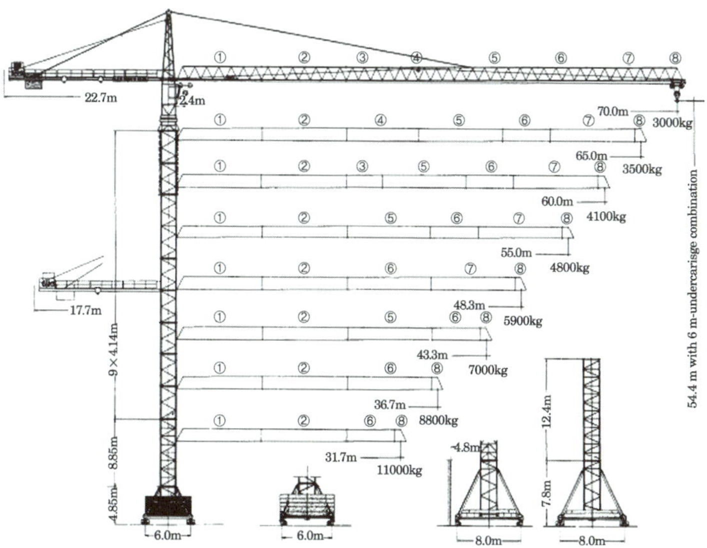

Tower Crane

소형크레인

• 소형크레인 규격
 - 타워형: 40m 이하
 - 러핑형: 30m 이하
 - 정격하중: 3톤 미만
 - 모멘트: 최대 588kN · m
 - 설치높이: 지상 10층 이하

• 소형 크레인의 안전장치
 - 소형표식
 - 원격제어기 및 영상장치
 - 위험표시등 및 풍속계

안전장치

• 권과 방지장치
 - 훅 블럭의 과다한 권상을 방지하기 위한 장치

• 표시장치(인디케이터)
 - 인양하는 화물의 하중 및 지브의 거리별 정격하중을 알 수 있는 장치

• 과부하 방지장치
 - 정격하중의 1.05배 이상 권상 시 경보와 함께 권상 동작이 정지되고 과부하를 증가시키는 모든 동작을 제한하는 장치

• 트롤리 급정지장치
 - 트롤리 와이어 로프 파단 시 트롤리의 자유이동을 정지시키는 장치

• 선회 제한장치
 - 지브의 선회제한이 필요한 타워크레인의 선회반경을 제한하는 장치

• 기복 제한장치
 - 메인 지브의 기복을 제한하는 장치

• 트롤리 제한장치
 - 트롤리가 스토퍼에 충돌하기 전에 작동하여 전기적으로 동작을 차단하는 장치

• 비상정지장치
 - 비상시 타워크레인의 동력을 차단하기 위한 장치

1-29	타워크레인 마스트 지지방식	
No. 29		유형: 부재 · 구조물 · 작업

Tower Crane

지지방식 이해

Key Point

◪ 국가표준
- KOSHA Guide
- 건설기계 안전기준에 관한 규칙

◪ Lay Out
- 벽체지지·고정방식
- 와이어로프 지자고정방식
- 지지 · 고정방식 비교

◪ 핵심 단어
- 타워크레인을 지지
- 마스트를 볼트로 연결

◪ 연관 용어
- Mast Climbing
- Floor Climbing

Ⅰ. 정 의

① 타워크레인을 지지해주는 기둥 역할을 하는 강재(Steel)구조물로서 단위 마스트를 볼트로 연결시켜 설치 높이를 상승시킬 수 있도록 된 구조

② 제조자가 제시한 자립고(Free standing height) 이상으로 설치하여 사용할 경우에 설치현장의 상황에 따라 벽체지지·고정방식 및 와이어로프지지·고정방식으로 분류한다.

Ⅱ. 벽체지지·고정방식

1) 예시

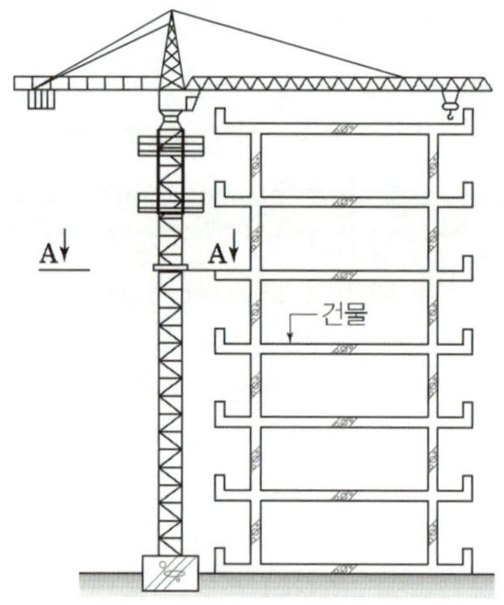

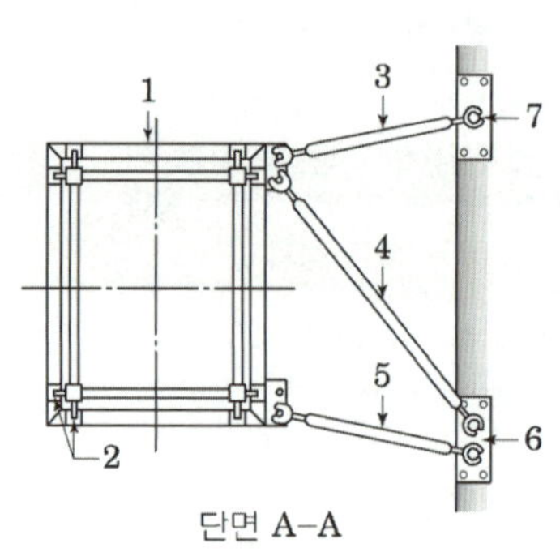

단면 A-A

번호	품명	수량(개)
1	지지 프레임	1
2	간격유지 볼트	8
3, 4, 5	간격지지대	각 1개
6, 7	벽체고정 브래킷	각 1개

2) 종류

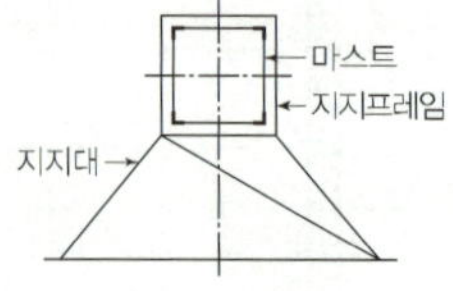

• 지지대 3개방식

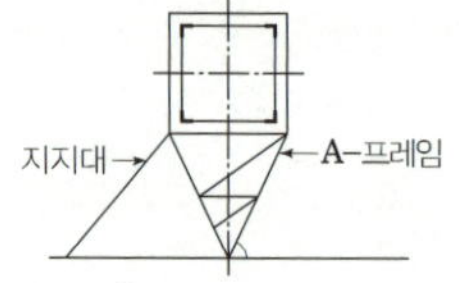

• A-프레임과 지지대 1개 방식

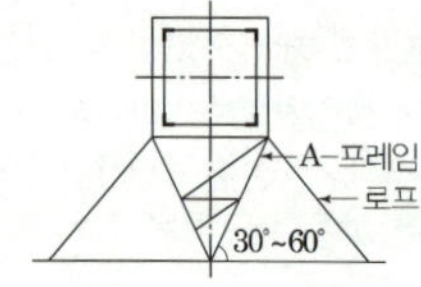

• A-프레임과 로프 2개 방식

Tower Crane

와이어로프 지지·고정방식

- 4줄 정방향 지지·고정 방식

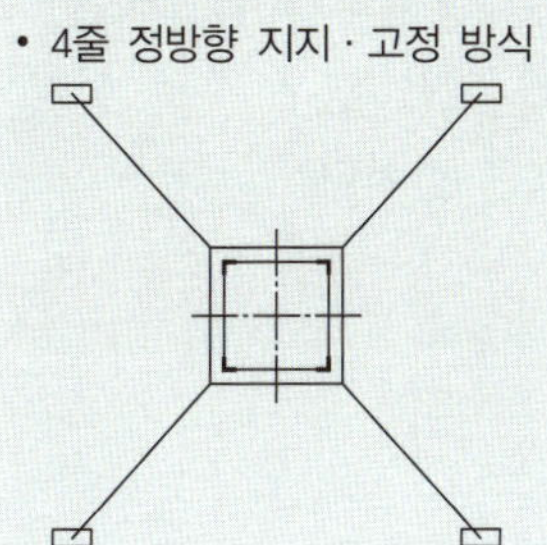

- 8줄 대각방향 지지·고정 방식

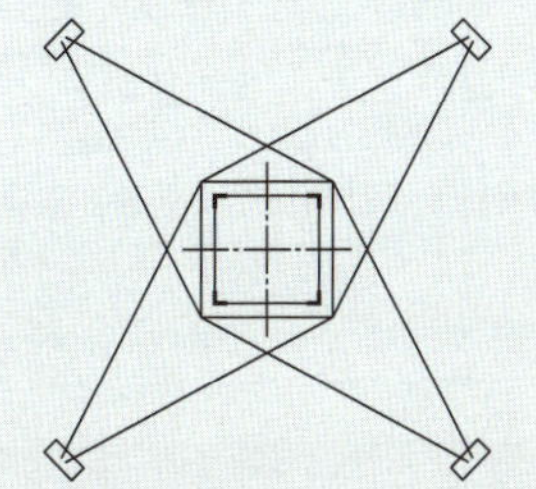

- 8줄 정방향 지지·고정 방식

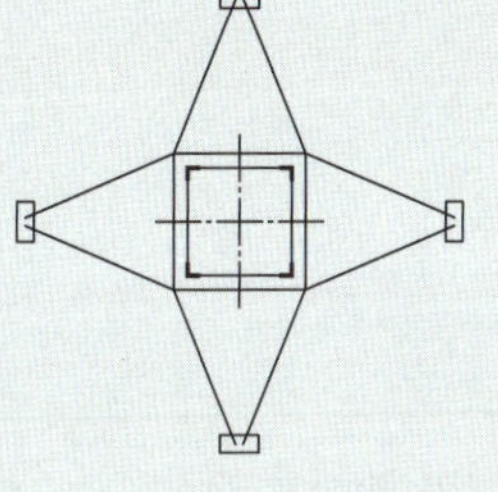

- 6줄 혼합방향 지지·고정 방식

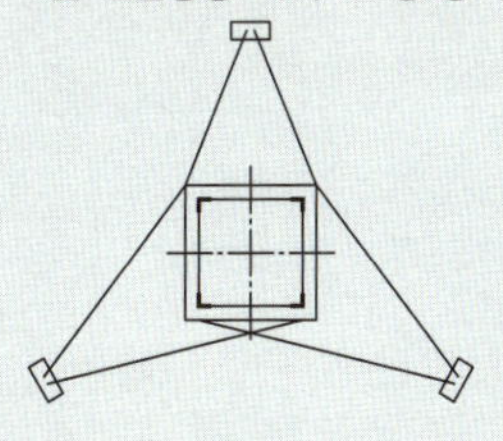

Ⅲ. 와이어로프 지지·고정방식

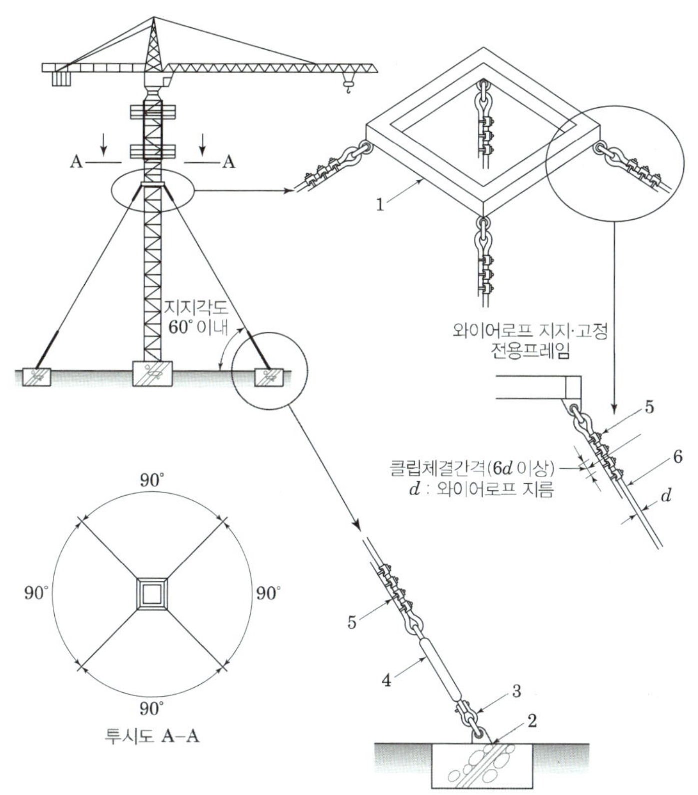

번호	품명	수량(개)	
1	• 와이어로프 지지전용프레임	1	
2	• 간격유지 볼트기초고정 블록(Deadman)	4	
3	• 샤클(Shackle)	8	
4	• 긴장장치(Tensioning device: 유압식)	4	
5	• 와이어로프 클립	32	1개소당 최소 4개 이상
6	• 와이어로프	4	

Ⅳ. 지지·고정방식 비교

구분	벽체 지지	와이어로프 지지
설치방법	• 건물 벽체에 지지프레임 및 간격 지지대사용 고정	• 와이어로프로 콘크리트 구조물 등에 고정
장점	• 건물벽체에 고정하여 작업 용이	• 동시에 여러 장소에서 작업이 가능하며 장비사용효율이 높음
단점	• 작업반경이 작아서 장비사용효율 낮음	• 벽체고정에 비하여 작업이 어려움
국내실정	• 도심지역의 대형 빌딩 신축 등에 사용	• 대단위 아파트 건설현장에 많이 사용

1-30	러핑크레인(Luffing Crane)	
No. 30		유형: 장비 · 시설 · System

Tower Crane

지지방식 이해

Key Point

◩ 국가표준
- KCS 21 20 10
- KOSHA Guide

◩ Lay Out
- 구성요소
- 설치방법
- 특징

◩ 핵심 단어
- 지브를 상하로 기복시켜 화물을 인양

◩ 연관 용어
- T-Tower

[Wall Bracing]

[Luffing Crane]

Ⅰ. 정 의

① Jib를 상하로 기복(起伏)시켜 화물을 인양하는 형식의 타워크레인
② 작업반경내 간섭물이 있거나 민원발생 소지가 있을 경우 주로 설치하며 T형 타워크레인에 비해 작업 속도가 느린 편이다.

Ⅱ. 구성요소

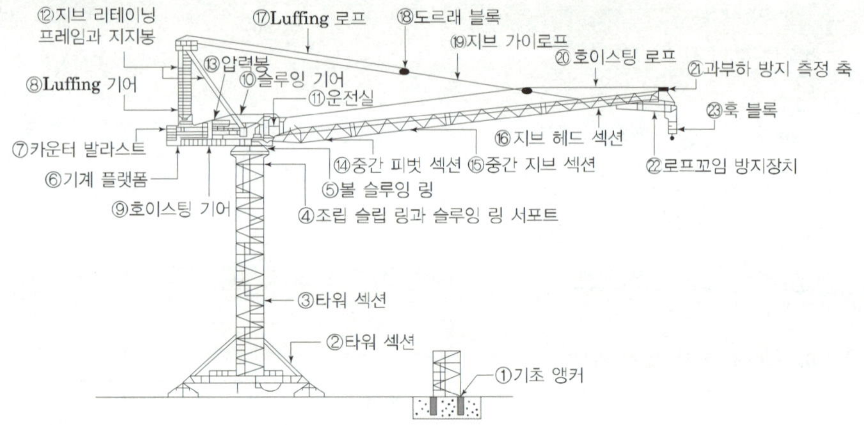

Ⅲ. 설치방법

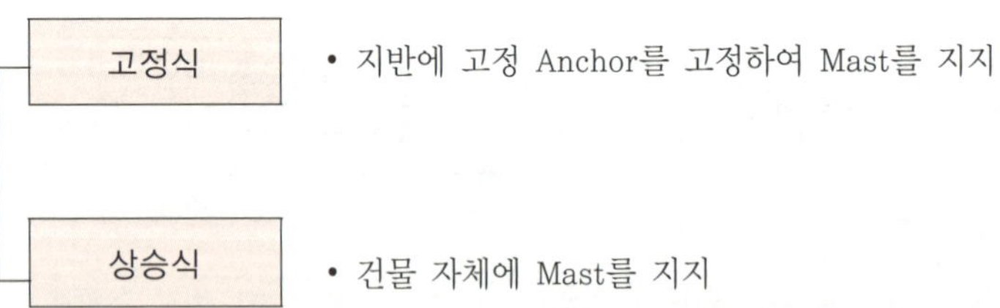

Ⅳ. 특 징

① 도심지 협소한 현장에서 작업용이
② 고공권 침해나 타 건물에 간섭이 있을 경우 적용
③ 크레인간 충돌위험 감소

★★★ 2. Tower Crane 86.110.118.133

1-31	Telescoping(신축이음 작업)	
No. 31	Mast Climbing Type	유형: 작업 · 방식 · System

Tower Crane

구동원리 이해

Key Point

◪ 국가표준

◪ Lay Out
- Telescoping의 원리 및 순서
- 준비작업
- 작업 시 유의사항

◪ 핵심 단어
- Why: Crane을 상승 및 하강
- What: Cylinder Stroke에 의해 확보되는 공간에
- How: 추가 Mast를 끼워 넣는

◪ 연관 용어
- Mast Climbing
- Floor Climbing

Ⅰ. 정 의

① Mast를 삽입하여 Crane을 상승 및 하강하기 위하여 Cylinder Stroke에 의해 1단 Mast 높이만큼 확보되는 공간에 추가 Mast를 끼워 넣는 작업

② Crane을 건물 높이에 맞게 사용하기 위해 신축이음하는 작업

Ⅱ. Telescoping의 원리 및 순서

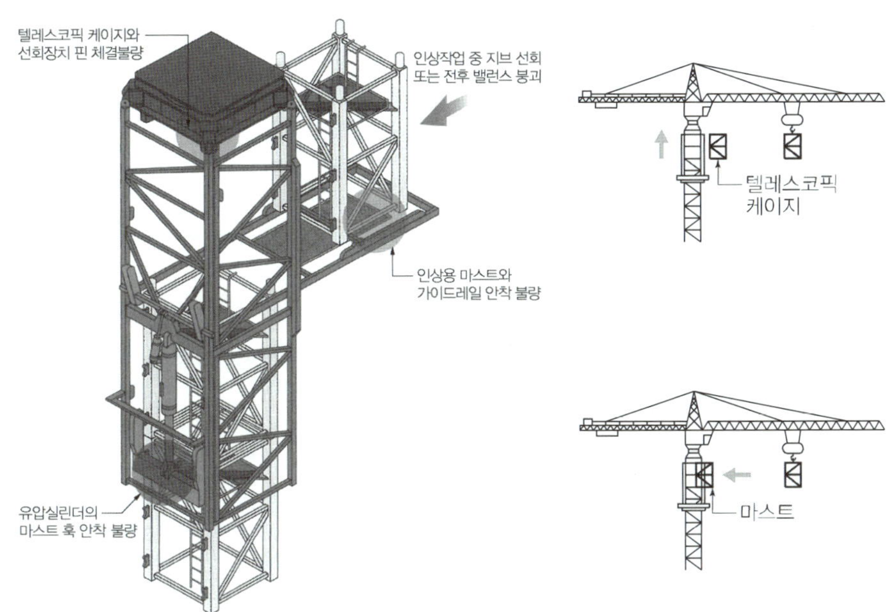

연장할 Mast 권상작업 → Mast를 Guide Rail에 안착 → Mast로 좌우 균형유지 → 유압상승 → Mast 끼움 → 반복 작업

Ⅲ. 준비작업

① Telescoping Cage의 유압장치가 있는 방향에 Jib가 위치하도록 카운터지브의 방향을 맞춘다.

② 작업 전 Mast를 Jib방향으로 운반

③ 유압Pump 오일량 점검

④ Motor의 회전방향을 점검

⑤ 유압장치의 압력을 점검

⑥ 작업 전 크레인의 균형을 일치시키는 것이 가장 중요하다.

[Telescoping]

Ⅳ. 작업 시 유의사항

① 작업높이에서 풍속 10m/sec 이내에서만 작업
② 유압 Cylinder와 Counter Jib가 동일한 방향에 놓이도록 한다.
③ Telescoping Cage가 선회 링 Support와 조립 전 선회 금지
④ 보조Pin 체결상태에서는 운전자의 작동금지
⑤ Telescoping 유압펌프가 작동 시 운전자의 작동금지

★★★ 3. Lift Car / 기타 118

1-32	건설용 Lift Car(Hoist)	
No. 32	construction lift	유형: 장비 · 시설 · System

Lift Car

Lift Car

Key Point

◩ 국가표준
- KCS 21 20 10

◩ Lay Out
- Lift의 Car의 구성도
- Lift 종류
- Lift 선정 시 고려사
- Lift 수량 산정 시 고려사항
- 설치 운용 시 고려사항

◩ 핵심 단어
- Guide Rail을 따라 상하로 움직이는 운반구

◩ 연관 용어
- 양중계획

Ⅰ. 정 의

① 동력을 사용하여 Guide Rail을 따라 상하로 움직이는 운반구를 매달아 사람이나 화물을 운반할 수 있는 설비

② 순간풍속이 10m/s 초과 시에는 점검을 금지하고 15m/s 초과 시는 운행을 해서는 안 된다. 벽체 지지대는 최하단으로부터 최초 6m 이내에 설치하고, 중간 지지대는 매뉴얼을 기준으로 설치하여야 한다.

Ⅱ. Lift의 Car의 구성도

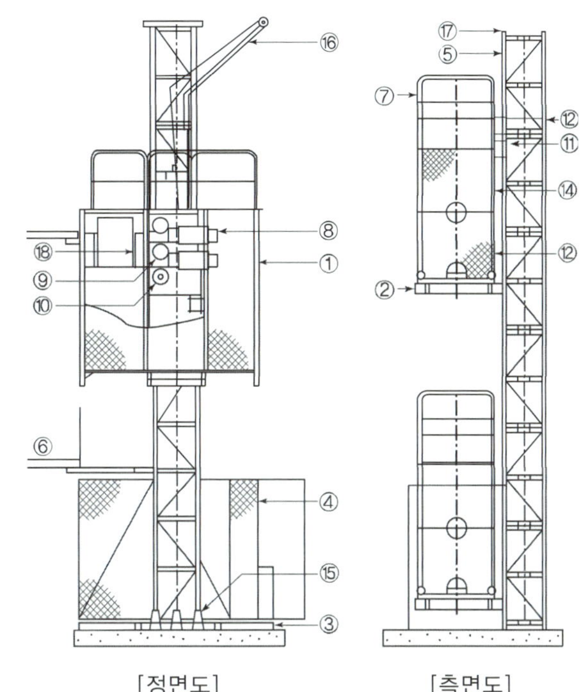

[정면도] [측면도]

① Cage
② Cage Frame
③ Mast Base
④ 방호울(Safety Fence)
⑤ Mast
⑥ Wall Tie
⑦ Hand Rail
⑧ Motor & Breke
⑨ 감속기(Reducer)
⑩ 낙하방지장치(Governor)
⑪ Top Guide Roller
⑫ Bottom Guide Roller
⑬ Side Guide Roller
⑭ Safety Hook
⑮ Bumfers Spring
⑯ 설치 크레인
⑰ Stopper
⑱ Control Panel

Ⅲ. Lift 종류

1) 산업안전기준에 관한 규칙

① 건설작업용 Lift

동력을 사용하여 가이드레일(Guide Rail)을 따라 상하로 움직이는 운반구를 매달아 화물을 운반할 수 있는 설비 또는 이와 유사한 구조 및 성능을 가진 것으로 건설현장에서 사용하는 것

동력을 사용하여 가이드레일을 따라 움직이는 운반구를 매달아 소형화물 운반을 주목적으로 하는 승강기와 유사한 구조로서 운반구의 바닥 면적이 1㎡ 이하이거나 천정 높이가 1.2m 이하인 것

기종선정

- 속도에 따라
  - 고속: 100m/min
  - 중속: 60m/min
  - 저속: 40m/min

- Cable 운송방식에 따라
  - Drum방식: 드럼통에 케이블이 쌓였다 풀렸다 하는 방식으로 바람의 영향이 작은 곳에 사용
  - Trolley방식: 트롤리가 케이지 운행에 따라 상승 및 하강하는 방식

Lift Car

[1층 전경 및 방호선반]

[1층 전경 및 방호선반]

[운행 중]

[고속 Lift]

[Twin Lift]

2) 각종 기준

① 1개의 마스트에 달린 운반구 개수에 의한 분류: 1본구조식, 2본구조식

② 마스트 개수에 의한 분류: 단일 Mast식, 쌍 Mast식, Crane Mast식

③ 용도에 의한 분류: 화물전용, 인/화 공용식

④ 이동여부에 의한 분류: 고정식, 이동식

Ⅳ. Lift 선정 시 고려사항

① 건물의 높이와 인양자재의 최대 Size를 검토해서 Cage Size 선정

② 풍속을 고려하여 운송방식을 선정

③ 높이에 따른 Cycle Time을 고려하여 운행속도 Type를 결정

Ⅴ. Lift 수량 산정 시 고려사항

① 양중물에 따른 Cycle time을 분석하여 소요시간을 결정한다.

- 1일 양중횟수: 바닥면적당 0.2~0.4회/m^2
- 1일 작업시간: 화물용(평균 8.5시간: 510분), 인화물용(평균 4시간: 240분)

② 높이에 따른 양중 시 소요되는 양중시간을 분석

③ 건물의 평면배치와 수평동선을 고려하여 산정

④ 리프트의 운용비용과 평균가동률을 고려하여 Feedback을 통한 효율성을 검증을 통하여 적정한 리프트 대수를 산정

Ⅵ. 설치 운용 시 고려사항

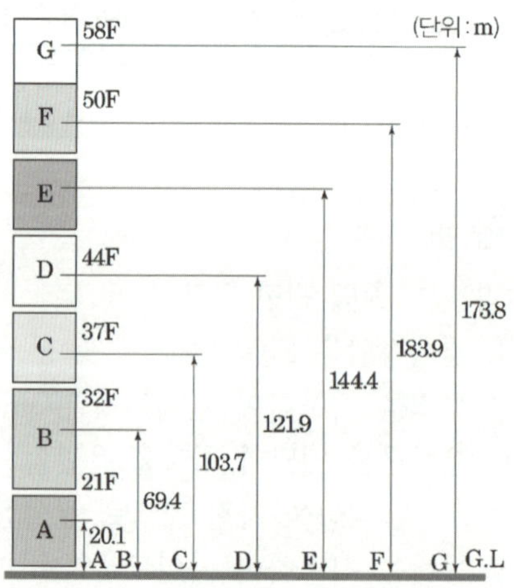

[인원탑승 시 정지층]

- 탑승인원 및 집중시간을 고려하여 운행횟수와 정지층을 분석
- 출퇴근 시 작업집중 Zone의 인원을 동일 시간대에 배치하여 타 작업층 인원의 탑승을 제한하여 정지층에서 소요되는 시간 단축
- 탑승은 정지하는 층을 3~5개층으로 구분하여 정지하는 횟수 축소
- 현재 골조의 최상층을 기준으로 2/3 이상의 높이에 해당하는 작업을 우선
- 상승작업이 하강작업보다 우선

☆☆☆ 3. Lift Car / 기타 95

1-33	곤돌라(Gondola) 운용 시 유의사항	
No. 33		유형: 장비 · 시설 · System

기타

외벽마감설비

Key Point

◩ 국가표준
- KOSHA Guide C-39-2008

◩ Lay Out
- 전동식 곤돌라의 구조 및 각부 명칭
- 수동식 곤돌라
- 선정·방식·설치기준
- 설치 전 검토사항
- 설치 및 작업시작 전 준수사항
- 작업 중 준수사항

◩ 핵심 단어
- What: Wire rope
- Why: 외벽마감
- How: 전용의 승강장치

◩ 연관 용어
- SWC
- SCN
- WPF

[설치전경]

지지대

- 웨이트형 지지대
- 후크형 지지대
- 앵커형 지지대

Ⅰ. 정 의

① Wire rope와 달기발판이 전용의 승강장치에 의하여 상승·하강하는 외벽마감설비

② 고층빌딩의 외장을 설치·수리 및 청소 작업을 위해 사용하는 가설 작업발판으로 사용된다.

Ⅱ. 전동식 곤돌라의 구조 및 각부 명칭

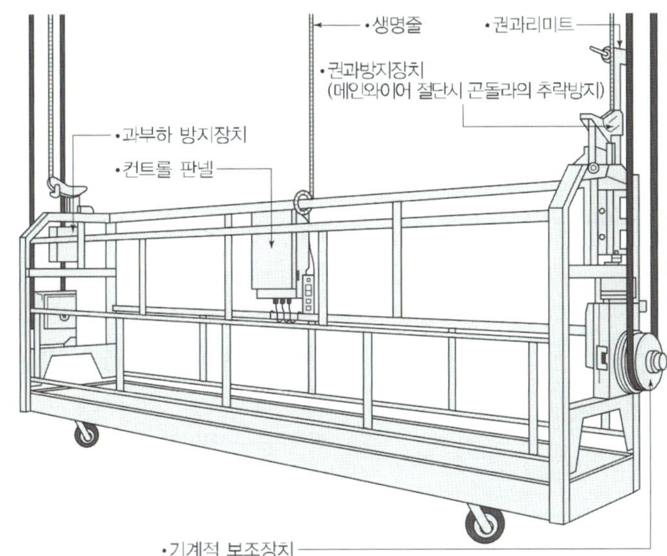

AL창호, 외장패널, 유리설치 및 도장 등에 주로 사용

Ⅲ. 수동식 곤돌라

① 석재 설치공사 등 고하중 외부공사에 사용되며 활하중은 850kg 정도 된다.

② 보통 L 6,000× W 1,000× H 2,000이 일반적이나 현장여건에 맞게 기종 선택

Ⅳ. 설치 전 검토사항

① 설치용도를 고려하여 종류 및 위치선정

② 기종에 따라 허용되는 활하중 초과금지

③ 자중 및 활하중에 대하여 곤돌라가 설치되는 구조체의 안전성 검토

④ 현장여건에 맞는 곤돌라 지지대 Type 선정

기타

[권상장치: Winding device]
- 권동(드럼)에 와이어로프를 감아서 화물을 끌어올리는 장치

[샤클: Shackle]
- 연강환봉을 U자형으로 구부리고 입이 벌려 있는 쪽에 환봉 핀을 끼워서 고리로 하는 것

Ⅴ. 설치 및 작업시작 전 준수사항

① 곤돌라가 전도 이탈 또는 낙하하지 않게 구조물에 와이어로프 및 앵커 볼트 등을 사용하여 구조적으로 견고하게 설치하고 지지
② 운반구의 잘 보이는 곳에 최대적재하중 표지판을 부착하고 바닥 끝 부분은 발끝막이판을 설치
③ 작업시작 전에는 반드시 각종 방호장치, 브레이크의 기능, 와이어로프 등의 상태를 검표에 의거 점검을 실시
④ 곤돌라 작업 시에는 작업자에게 특별안전교육을 실시하고 안전대, 안전모, 안전화 개인보호구를 착용
⑤ 곤돌라의 낙하에 의한 위험을 방지하기 위하여 곤돌라와는 별개로 콘크리트 기둥 견고한 구조물에 구명줄을 설치하고 그 구명줄에 안전대(추락방지대)를 걸고 운반구에 탑승하여 작업

Ⅵ. 작업 중 준수사항

① 곤돌라 상승시에는 지지대와 운반구의 충돌을 방지하기 위하여 지지대 50cm 하단에서 정지해야 한다.
② 2인 이상의 작업자가 곤돌라를 사용할 때에는 정해진 신호에 의해 작업 실시
③ 작업은 운반구가 정지한 상태에서만 실시
④ 탑승하거나 탑승자가 내릴 때에는 반드시 운반구를 정지한 상태에서 행동
⑤ 작업공구 및 자재의 낙하를 방지할 수 있도록 정리정돈을 실시
⑥ 운반구 안에서 발판, 사다리 등을 사용금지
⑦ 곤돌라의 지지대와 운반구는 항상 수평을 유지하여 작업
⑧ 곤돌라를 횡으로 이동시킬 때에는 최상부까지 들어 올리던가 최하부까지 내려서 이동
⑨ 벽면에 운반구가 닿지 않도록 유의하고 필요한 경우에는 운반구 전면에 보호용 고무 등을 부착
⑩ 전동식 곤돌라를 사용할 때 정전 또는 고장 발생 작업원은 승강 제어기가 정지위치에 있는 것을 확인한 후 책임자의 지시를 받아야 한다.
⑪ 작업종료 후는 운반구가 매달린 채 그냥 두지 말고 최하부 바닥에 고정시켜 놓아야 한다.
⑫ 풍속이 초당 10m 이상인 경우 곤돌라 작업으로 인하여 작업자에게 위험을 미칠 우려가 있을 때에는 작업을 중지
⑬ 고압선이 지나는 장소에서 작업할 경우에는 충전전로에 절연용 방호구를 설치하거나 작업자에게 보호구를 착용시키는 등 활선근접 작업 시 감전재해예방조치
⑭ 작업종료 후에는 정리정돈을 하고 모든 전원을 차단

☆☆★ 3. Lift Car / 기타 105.111

1-34	외벽시공 곤돌라 와이어(Wire)의 안전조건	
No. 34	와이어로프(Wire Rope)사용금지 기준	유형: 재료 · 부재 · 안전

기타

외벽마감설비

Key Point

◩ 국가표준
- KCS 21 20 10
- KOSHA Guide C -39-2008

◩ Lay Out
- 구성·기능
- 제원·분류·구분·종류
- 선정·방식·설치기준
- 안전조건·유의사항
- 검토사항·고려사항

◩ 핵심 단어
- 소선을 접합
- 스트랜드
- 일정한 피치

◩ 연관 용어
- 양중
- 타워크레인

Ⅰ. 정 의

양질의 탄소강(C: 0.50~0.85)의 소재를 인발한 많은 소선(Wire)을 집합하여 꼬아서 스트랜드(Strand)를 만들고 이 스트랜드를 심(Core) 주위에 일정한 피치(Pitch)로 감아서 제작한 일종의 로프

Ⅱ. Wire Clip 결속

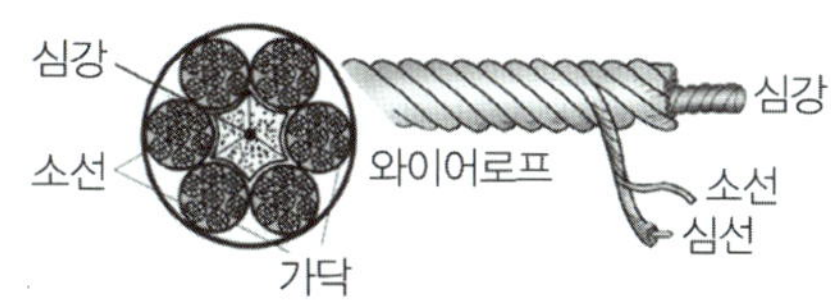

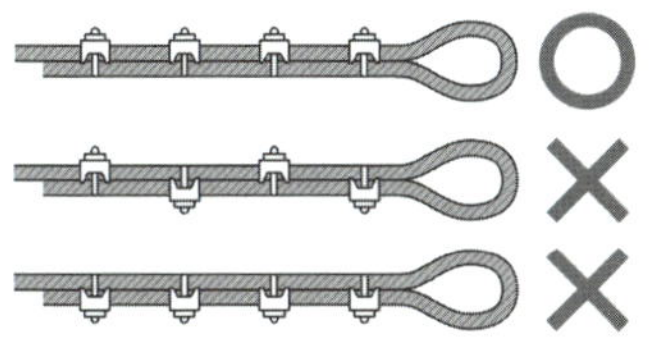

Rope 지름(mm)	클립의 최소수
• 16mm 이하	• 4개
• 16 초과 28mm 이하	• 5개
• 28mm 초과	• 6개

- 클립간의 간격: 로프 지름의 6배 이상
- 클립의 넓은 면이 주선에 닿도록 결속
- 클립의 Saddle은 로프의 힘이 걸리는 쪽에 있을 것

Ⅲ. 곤돌라 와이어의 안전조건

1) 와이어로프 사용금지 기준

① 1꼬임 Pitch내에서 가닥(필러선 제외)수의 10% 이상 절단되지 않을 것

② 지름감소가 공칭지름의 7%를 초과하지 않을 것

③ 꺾이거나 Kink 되지 않을 것

④ 이음매가 있는 것, 꼬인 것, 심하게 변형 또는 부식된 것은 사용금지

⑤ 드럼 내부의 와이어클립 체결상태에 이상이나 변형이 없을 것

⑥ 소선 및 스트랜드가 돌출되지 않을 것

⑦ 승강용 로프: 작업대의 승강용으로 사용하는 주 와이어로프는 최소 2가닥 이상

2) 와이어와 드럼의 연결

① 권동식 곤돌라에서 와이어로프와 드럼, 암, 작업대와의 연결은 소켓고정, 클램프 고정, 코터 고정방법 등에 의한 것

② 권동식 곤돌라 이외의 곤돌라는 와이어로프 끝이 승강장치로 부터 이탈되지 않는 구조

③ 클램프를 가지고 와이어로프를 드럼에 고정하는 경우 클램프는 2개 이상

와이어 종류별 안전율

- 근로자가 탑승하는 경우 10 이상, 화물을 취급하는 경우 5 이상

종류	안전율
• 주 와이어로프 • 암의 기복용 와이어로프 • 암의 신축용 와이어로프 • 보조 와이어로프	10 이상
그 밖의 와이어로프	6 이상

기타

Kink에 의한 파단력 저하

- Rope가 과도하게 굴곡되거나 꺾임을 받으면 영구적인 찌그러짐(kink)이 발생된다. kink가 한번 발생한 Rope 부위는 원 인치로 로프를 수정한다 하여도 정상적인 형태를 갖지 못하고 이그러진 상태로 흔적이 계속 남게 되며, 내력의 저하로 교환해야 된다.

와이어로프 인상각도

- 인상각도는 60° 이내를 유지
- 90° 초과하면 불안전

인상각도	하중의 변화
0°	1.000배
10°	1.004배
30°	1.035배
60°	1.155배
90°	1.414배
120°	2.000배

3) 구명줄로 사용하는 섬유로프

① 안전율은 10 이상일 것

② 부식 또는 현저한 손상이 없고, 꼬임이 풀어지거나 끊어지지 않을 것

4) 와이어의 여장

① 작업대 하강용 와이어로프는 작업대의 위치가 가장 아래쪽에 위치할 때 승강장치의 드럼에 2바퀴 이상 감기어 남아 있어야 한다.

② 암의 기복용 와이어로프는 암의 위치가 가장 아래쪽에 위치할 때 기복장치의 드럼에 2바퀴 이상 감기어 남아 있어야 한다.

③ 암의 신축용 와이어로프는 암의 길이가 가장 짧을 때 신축장치의 드럼에 2바퀴 이상 감기어 남아 있어야 한다.

Ⅳ. 양중용 와이어 로프 매달기 및 안전성 검토

1) 와이어 로프의 양중각도 산정법

구분	2줄 이용 시	3줄 이용 시	4줄 이용 시
양중 형태	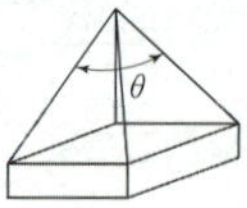 θ	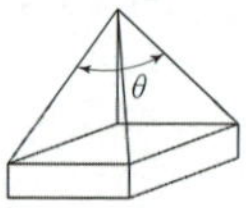 θ	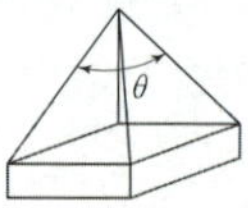 θ
양중 각도	θ =두 와이어 로프 간의 각도	$\theta/2$ =와이어 로프와 가상 수직선과의 각도	θ =대각선으로 마주보는 두 와이어 로프 간의 각도

2) 지지간격에 따른 처짐형상과 휨모멘트도

구분	철근다발 양중	$\frac{a}{l}$(%)
1	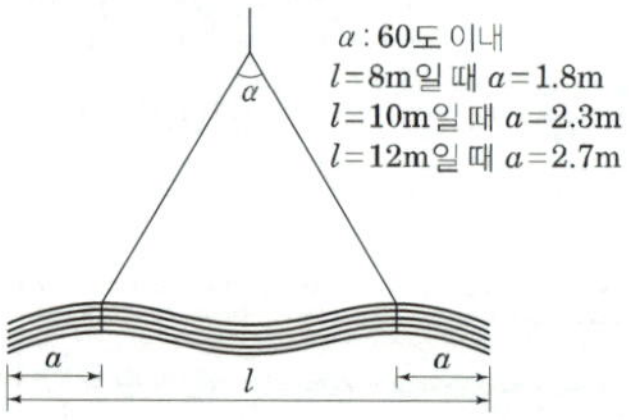 α : 60도 이내 l=8m일 때 a=1.8m l=10m일 때 a=2.3m l=12m일 때 a=2.7m α, a, l, a	16.3
2		22.3
3		28.3

구분	처짐형상	휨모멘트도	비고
1		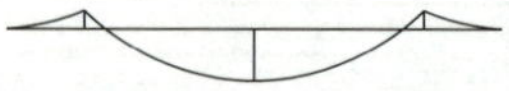	–
2			$\delta_c = \delta_e$ (최소처짐)
3		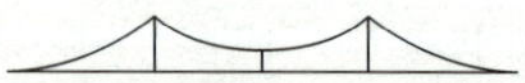	–

(l: 철근길이, a: 철근다발 양 단에서 지지점까지의 거리, α : 양중로프 사잇각, δ_c: 중앙부 처짐 값, δ_e: 단부 처짐 값)

기타

외벽마감설비

Key Point

◩ 국가표준

◩ Lay Out
- System의 구성요소
- 특징
  설치 운용 시 고려사항

◩ 핵심 단어
- What: Wire Rope
- Why: 외벽마감
- How: Winder에 의한 구동

◩ 연관 용어
- SWC
- SCN
- WPF
- 곤돌라

☆☆★ 3. Lift Car / 기타

1-35	Gondola Total System	
No. 35		유형: 장비 · 시설 · System

Ⅰ. 정 의

① 건축물 상단과 하단부에 Bracket을 설치하고 Wire Rope에 작업용 곤돌라를 고정하여 Winder에 의한 구동으로 상승·하강하는 외벽 마감설비

② 수직 그물망을 설치한 후 그물망 내부에서 작업을 할 수 있다.

Ⅱ. System의 구성요소

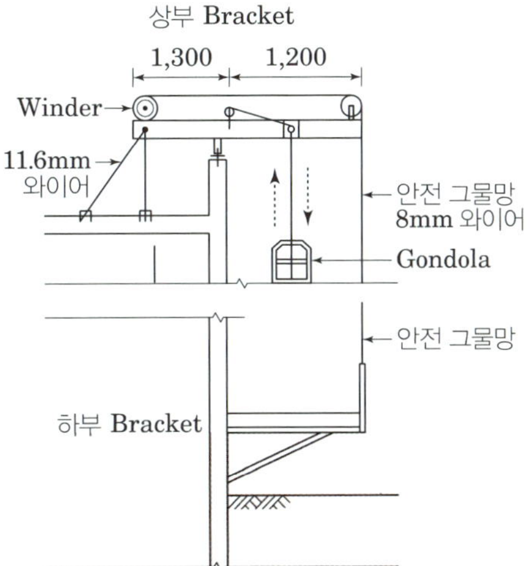

① 장비명: 수직보호망 인양 곤돌라
② 양중량: 400kg 미만
③ Wire Rope:직경 8mm
④ 인양속도: 7.2/min
⑤ 구동장치: Winder

Ⅲ. 특 징

① 하부 낙하물방지대 활용으로 별도의 낙하물방지망 불필요
② 안전망은 Wire Rope 및 상부의 기계장치로 개폐가 가능
③ 강풍 시 안전그물망 일부분만 해체가능

Ⅳ. 설치 운용 시 고려사항

1) 설치

① 설치기준 준수: 상부 Bracket간격은 2m, 하부 Bracket은 Anchor 시공
② 중간 Bracket은 바람의 영향으로 분진망이 밀려오는 것을 방지하기 위하여 보조지지대를 상승 및 하강 시 탈부착이 가능하도록 계획
③ 상부에서 하부까지 80m 높이는 한번에 안전망 설치

2) 운용

① 상부 Anchor 및 Wire Rope의 정기점검 실시
② 자중 및 활하중을 고려하여 초과 금지

☆☆☆ 3. Lift Car / 기타

1-36	Working Platform	
No. 36		유형: 장비 · 시설 · System

Ⅰ. 정 의

① Lift Mast에 수평작업대를 설치하여 전기 Motor의 구동으로 상승·하강하는 외벽마감설비

② Mast에 지지되어 이동하므로 추락 및 낙하위험을 최소화

Ⅱ. System의 구성요소

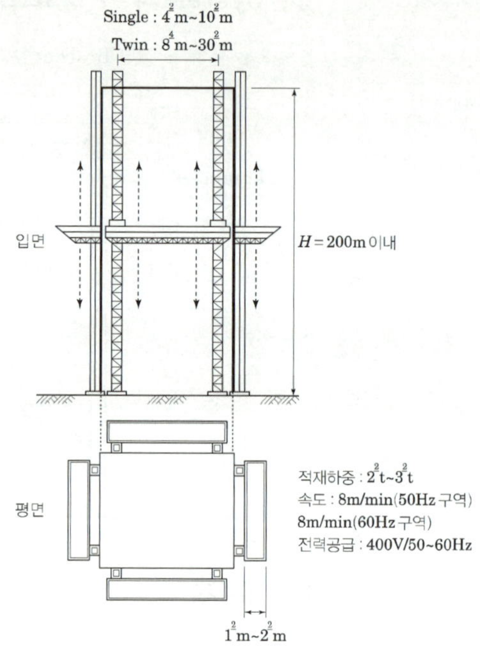

Ⅲ. 설치 운용 시 고려사항

1) 설치

① Mast 하부는 허용지내력 6.0ton/m² 이상 확보

② 수평작업대가 설치될 위치를 확인하고 주위에 간섭 정도를 사전에 파악하여 위치 선정

③ 설치위치는 지면과 Level 유지

2) 운용

① 정격하중 이상 적재 금지

② 운행 중 이동하는 영역에 충돌할 위험이 있는 장애물 확인

③ 마모된 장비의 교체 및 예비부품 구비

기타

외벽마감설비

Key Point

- 국가표준
- Lay Out
  - System의 구성요소
  - 설치 운용 시 고려사항
- 핵심 단어
  - What: Lift Mast에 수평작업대를 설치
  - Why: 외벽마감
  - How: 전기Motor로 구동
- 연관 용어
  - SWC
  - SCN
  - WPF
  - 곤돌라

특징

- 공기: 골조완료 후 3~6개월
- 발주 및 설치: 15일
- 투입: 골조 10층 진행 이후
- 기초: 별도시공 필요
- 작업범위: 넓음
- 곤돌라: 벽이음부 별도시공
- 안전시설: 별도시공
- 원가: 곤돌라 대비 200~250%

기타

외벽마감설비

Key Point

- 국가표준

- Lay Out
  - System의 적용 단면도
  - 특징
  - 설치 Process

- 핵심 단어
  - What: 일체형 작업틀이 체결된 Guide Rail을 Bracket에 고정
  - Why: 상승 · 하강하여 외벽마감
  - How: Oil Hydraulic를 이용하여 한층씩 상승시키면서 외벽마감

- 연관 용어
  - Working Platform
  - SCN
  - WPF
  - 곤돌라

☆☆★ 3. Lift Car / 기타

1-37	Safety Working Cage	
No. 37	외벽 적층공법(Tack System)	유형: 장비 · 시설 · System

Ⅰ. 정 의

① 일체형 작업틀과 Guide Rail을 슬래브 및 벽체 Bracket에 고정하고 Oil Hydraulic Cylinder를 이용하여 한 층씩 상승하는 외벽마감설비

② 고층 건축물의 외벽 마감공사 시 선행 골조공사 작업층 하부 2~3층의 위치에 설치한다.

Ⅱ. System의 적용 단면도

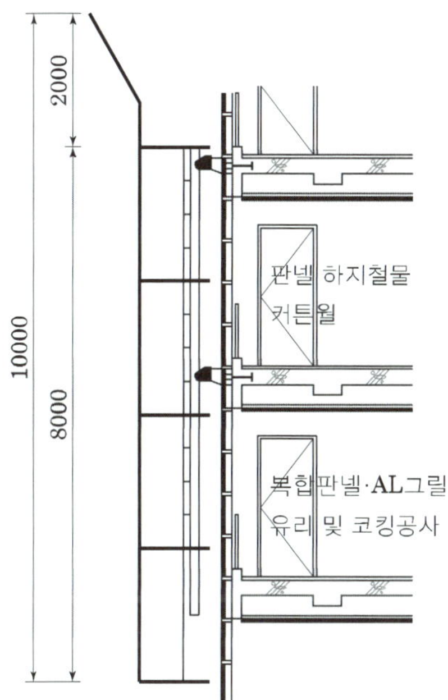

Ⅲ. 특 징

① 투입시기: 골조공사 투입동시(7층 이상 진행 후 착수)

② 안전시설 일체형으로 대체됨(안전관리비 집행 가능)

③ Tack System으로 공사기간 단축

④ 외장마감 완료시점: 골조완료 후 2개월 이내

⑤ 곤돌라 대비 100%

Ⅳ. 설치 Process

Con 및 Coupler 매립 → 슬래브 및 벽식 Bracket 설치 → 이동형 Rail → Cage설치 → 유압Cylinder 체결 → Cage 인양

1-38	Self Climbing Net	
No. 38	외벽 적층공법(Tack System)	유형: 장비 · 시설 · System

기타

외벽마감설비

Key Point

◪ 국가표준

◪ Lay Out
- System의 적용부위
- 특징
- 설치 Process

◪ 핵심 단어
- What: 일체형 작업틀이 체결된 Guide Rail을 Bracket에 고정
- Why: 상승 · 하강하여 외벽 마감
- How: Oil Hydraulic를 이용하여 한층씩 상승 시키면서 외벽마감

◪ 연관 용어
- Working Platform
- SCN
- WPF
- 곤돌라

Ⅰ. 정 의

① 일체형 작업틀과 Guide Rail을 슬래브 및 벽체 Bracket에 고정하고 Oil Hydraulic Cylinder를 이용하여 한 층씩 상승하는 외벽마감설비

② 고층 건축물의 외벽 마감공사 시 선행 골조공사 작업층 하부 2~3층의 위치에 설치한다.

Ⅱ. System의 적용부위

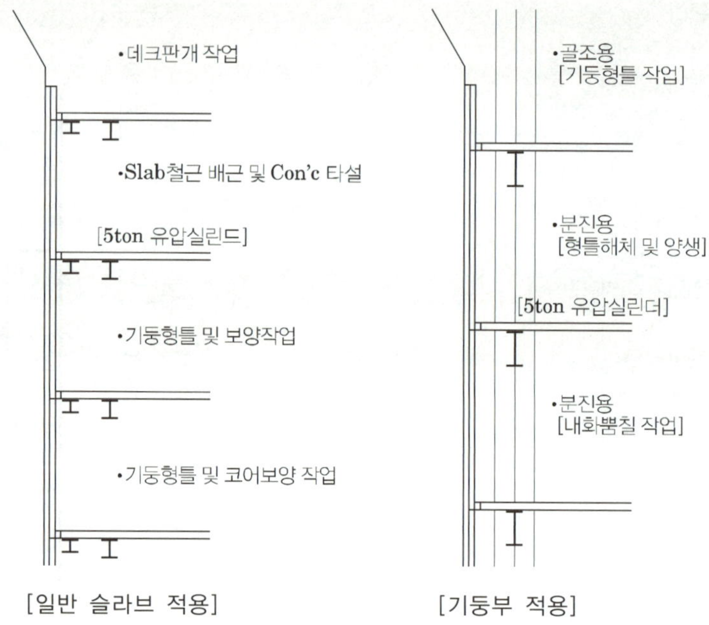

[일반 슬라브 적용] [기둥부 적용]

Ⅲ. 특 징

① 투입시기: 골조공사 투입동시(7층 이상 진행 후 착수)

② Tack System으로 공사기간 단축

③ SWC에 비해 중량물임

④ 전기 Motor+Wire로 인양

⑤ 제작 및 설치: 45일

Ⅳ. 설치 Process

Base Plate 고정 → Guide Rail+구조부재 조립 → 시공 Cage조립 및 설치

기타

내부양중설비

Key Point

◪ 국가표준

◪ Lay Out
- System의 개념 및 적용 효과
- 시스템의 운용 형태

◪ 핵심 단어
- What: 탑승칸 두 대를 연결
- Why: 층과 층사이의 높이가 다르더라도 운행 가능
- How: 동시에 움직이는 2층 엘리베이터

◪ 연관 용어
- 트윈엘리베이터

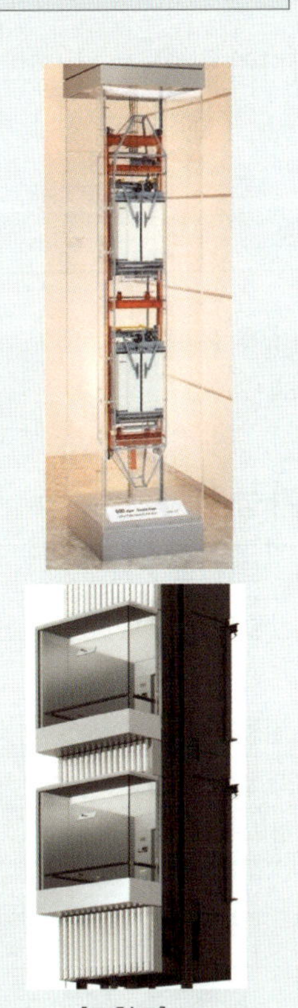

[모형도]

☆☆☆ 3. Lift Car / 기타 104

1-39	더블데크 엘리베이터(Double Deck Elevator)	
No. 39		유형: 장비 · 시설 · System

Ⅰ. 정 의

① 엘리베이터 탑승칸 두 대를 연결해 동시에 움직이는 2층 엘리베이터를 말하며, 자동 층 간격 맞춤장치(Floor Distance Adjustable Device)기술이 적용되어 층과 층사이의 높이가 다르더라도 운행이 가능한 엘리베이터

② 정차시간을 줄이고 일반 엘리베이터와 비교해 운송능력이 2배, 정지층수 감소로 탑승객 대기시간이 줄어들어 효율성이 높다.

Ⅱ. System의 개념 및 적용효과

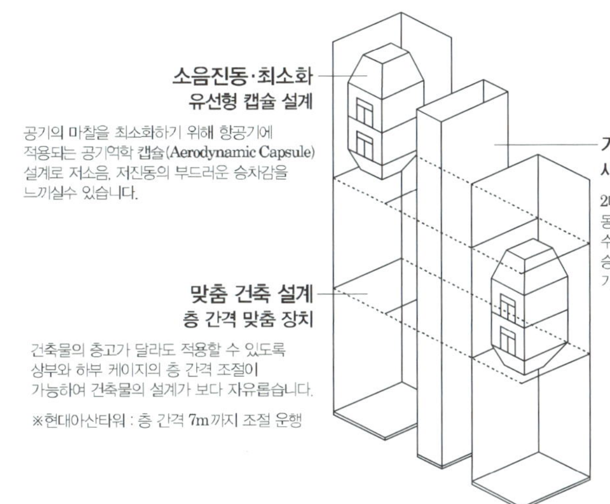

Ⅲ. 시스템의 운용 형태

Exclusive Mode	Core Mode	Free Mode
10F 9F 8F 7F 6F 5F 4F 3F 2F 1F	10F 9F 8F 7F 6F 5F 4F 3F 2F 1F	10F 9F 8F 7F 6F 5F 4F 3F 2F 1F
• 상부 카는 짝수층, 하부 카는 홀수층 운행	• 특정층에 대해서는 상부, 하부 카 운행 모두 가능하도록 운행	• 상부 카는 최하층만, 하부 카는 최상층만 제외하고 모든 층에 운행

☆☆★ 4. 자동화

1-40	건설 Robot	
No. 40		유형: 장비 · 성능 · System

로봇

구비조건 이해

Key Point

◩ 국가표준

◩ Lay Out
- 건설 로봇의 구비조건
- 건설공사 자동화 로봇화의 기대효과
- 현 실정에 맞는 건설로봇의 개발 및 적용가능 분야

◩ 핵심 단어
- 자동제어
- 재프로그램
- 자동 조정장치

◩ 연관 용어
- Smart화

[표면 마무리 로봇]

[바닥미장 레벨정리 로봇]

[커튼월 설치 로봇]

Ⅰ. 정 의

① 고정 또는 움직이는 것으로서 산업자동화 분야에 사용되며 자동제어되고 재프로그램[Reprogramming]이 가능하고 다목적인 3축 또는 그 이상의 축을 가진 자동 조정장치(by IFR, International Federation of Robotics)

② 산업용 로봇은 재프로그램이 가능한 자동 위치조절이 되고 여러 가지 자유도(Degree of Freedom)에서 물건, 부품, 도구 등을 취급할 수 있는 다기능 Manipulator로 작용하거나 다양한 임무수행을 위해 여러 가지 프로그램화된 운동이 고안된 장치로서의 기능을 가진 것이며 그것은 한 손목에 하나 이상의 암을 가진 모습을 갖추고 있다. (by ISO(International Organization for Standardization)

Ⅱ. 건설 로봇의 구비조건

① 시공의 안전성을 확보하기 위하여 원격조작 방식을 채택한 것
② 각 공종별 자재, 시공법 등 복잡한 조건에 대응
③ 작업장의 잦은 이동에 적응하기 위한 이동기능이 편리
④ 복잡한 조작이나 판단이 필요 없을 것
⑤ 유지관리비가 적게 들고 단기 투자비가 과다하지 않을 것

Ⅲ. 건설공사 자동화 로봇화의 기대효과

① 인력 절감 ② 품질의 확보
③ 공사기간의 단축효과 ④ 원가절감
⑤ 에너지의 절감 효과 ⑥ 정밀도 작업의 용이
⑦ 작업 능률의 극대화 ⑧ 안정성의 향상

Ⅳ. 현 실정에 맞는 건설로봇의 개발 및 적용가능분야

건축공사	토공 및 기타
철골조립 로봇	지중 장애물 탐지기
콘크리트타설 Robot	적재위치 화상감지 장치
철골보 자동용접 Robot	진동롤러 원격조작
내화피복 뿜칠 로봇	말뚝 절단기(지중, 수중)
바닥미장 로봇	설비배관 검사 로봇
운반 및 설치 로봇	
외벽도장 로봇	
내부바닥 및 외부 유리 청소로봇	

☆☆☆ 4. 자동화

1-41	건설 공장(Construction Factory)	
No. 41		유형: 시설 · System · 성능

자동화

구비조건 이해

Key Point

◩ 국가표준

◩ Lay Out
- 일본의 빌딩자동화 시스템

◩ 핵심 단어
- 자동으로 이루어지는
- 전천후 지붕공간

◩ 연관 용어
- 전천후 가설지붕

Ⅰ. 정 의

건축물 축조 시 시공 작업이 자동으로 이루어지는 전천후 지붕공간을 구축하여 외부환경의 영향을 받지 않고 시공이 가능하도록 최적화하는 기술

Ⅱ. 일본의 빌딩자동화 시스템

Structure	Type of Plant		System	Company
SRC	Fixed Plant	Pushed-up	Amurad	Kajima
RC	Lifted-up Plant	Outer Mast	Big Canopy	Obayashi
			New Smart	Shimizu
S/SRC	Lifted-up Plant	Inner Mast	Smart	Shimizu
		Mast on Column	Roof Push-up	Takenaka
			ABCS	Obayashi
			T-UP	Taisei
			MCC	Maeda
			Akatsuki-21	Fujita

① 전천후 건설 현장: 바람, 태양, 비의 영향 없음
② 안전한 작업 환경
③ 인력 감축
④ 모듈화 및 조립으로 시공 기간 단축
⑤ 전산 통신 기술에 의한 지능형 시공 관리

1. Amurad System

Amurad의 특징
- 공기: 골조완료 후 1~1.5개월
- 제작 및 설치: 45일
- 투입: 골조공사

1) 개요

지상부분에 구축한 조립공장부분에서 구체 설치장치에 의하여 최상층 부분을 구축하여, 전천후지붕가구로 완성된 공간에서 그 아래층을 Push-up한다.

2) 구성

구분	내용
전천후지붕가구	• 완성층+지상설비
Climbing	• Push-up 장치(전동식)
반송System	• 구체설치장비, 마감 · 설비자재반송장치
계측장치	• 계측관리시스템, 구체응력계측시스템, 풍향풍속 계측장치, 감진계, 철골세우기정도 계측

자동화

[Big Canopy]

[New Smart System]

[Smart System]

2. Big Canopy System

1) 개요

① R.C조 건축물의 상부에 건설공장(CF)을 설치하여 천장주행 Crane을 설치하고, 이 Crane을 이용하여 자재나 부재의 양중 · 반송 · 이동 등을 하는 공법이다. 지상부분에 구축한 조립공장부분에서 구체 설치장치에 의하여 최상층부분을 구축하여, 전천후지붕가구로 완성된 공간에서 그 아래층을 Push-up한다.

② 건물의 세우기가 완료된 후에는 전부 해체 철거된다.

2) 구성요소

구분	내용
전천후지붕가구	• 완성층+지상설비
상승장치	• Push-up 장치(Hydraulic Cylinder)
반송장치	• 구체설치장비, 마감 · 설비자재반송장치
계측장치	• 계측관리시스템, 구체응력계측시스템, 풍향풍속 계측장치, 감진계, 철골세우기정도 계측

3. New Smart System

철골조에 설치하는 Smart System을 RC구조물에 적용한 조립식 운송 System으로 Crane을 이용하여 자재나 부재의 양중·반송·이동 등을 하는 공법이다.

4. Smart System

1) 개요

철골조 건축물의 최상부에 설치한 Hat Truss를 이용하여 지붕면을 구성하는 Frame과 그것을 지탱하는 4개의 가설기둥으로 구성되어 있으며, 지붕Frame 하부에는 수평 · 수직 반송장치가 설치되고, 가설기둥 하부에는 Hat Truss를 밀어 올리는 Lift-up 장치가 편성되어 있다.

자동화

2) 구성

구분	내용
Lift Up	• Lift-up 장치를 동시에 구동시키면서 3.9m를 약 90분에 상승
자동반송 System	• 미리 컴퓨터에 등록된 소정의 위치까지 연속해서 자동적으로 반송
철골 조립 System	• 조립위치 주변에 있는 Operator Room에 작업 명령을 보내면 원격조작 Mode에 의해 기둥에 묶인 Trolley Hoist Wire에 감겨 내려가고 최종적인 조립위치에 도달
자동용접 System	• 용접 Robot은 기둥에 임시로 고정한 Rail에 따라 한바퀴 연속적으로 용접하고 작업이 종료되면 전환하여 용접을 반복
컴퓨터에 의한 현장관리	• 설계도서의 도면정보 Database를 활용하여 CAD시스템에 의해 각종 시공도, 공정표, 부재 리스트 등이 작성된다. 부재 리스트는 세우기 작업절차 정보와 함께 생산관리부터 운송제어 컴퓨터에 입력되고 자동운송이 이루어진다. 시공 결과에 대해서는 생산관리 Personal Computer에 의한 완성고 집계와 기기의 가동실적을 파악하고, 공정관리와 품질관리도 하고 있다.

5. Roof Push-up System

3층 1절의 철골을 옥상 Jib Crane에서 상부로 부터 조립한다. 각층의 보 등은 동일 Jib Crane으로 양중하여, 최상층 Frame에 구축된 구동층 하부에 부착된 천장 Sight Crane에서 완성된 바닥에서 조립하여 설비 등의 선행설치 완성 후, 상부 구동층과 함께 Lift-up하는 것을 반복한다.

[ABCS]

6. ABCS(Automated Building Construction System)

1) 개요

최상층의 골조를 지상에서 구축하여, 이에 Climbing장치, 천장주행 Crane 등을 장착하여, Plant부분(SCF)을 구축한다. Crane으로 철골이나 외벽 등의 부재를 반송·조립하여 1개층이 완성된 후, SCF를 Climbing시킨다.

자동화

KCS 10 70 10

- Machine Guidance
  - 건설기계의 위치와 자세 정보를 이용하여 설계 목표 대비 현재 작업 정보(작업 종류, 작업상황, 목표수치, 지면과의 거리 등)를 건설기계조종사에게 실시간으로 제공하는 기술
- Machine Control
  - 머신가이던스 기술을 활용하여 복잡한 조종이 요구되는 건설 장비 작업(경사면, 비정형면, 수중작업 등)을 반자동화하여 작업 정밀도를 높이고 장비 조종을 용이하고 효율적으로 할 수 있게 하는 기술
- 관성측정장치(Inertial Measurement Unit)
  - 각속도, 가속도, 지자기 센서 등을 조합하여 이동하는 물체의 속도, 가속도와 방향 등을 측정하는 장치
- end-effector
  - 굴착기의 버킷, 도저의 배토판, 그레이더의 블레이드, 점보드릴의 드릴 장치 등 건설기계의 가장 끝단에 위치하여 작업을 수행하는 부분
- Digital Design Model
  - 머신가이던스 운용을 위한 수평, 수직 선형 설계, 비탈면의 시·종점과 기울기를 포함하는 형상 설계 등의 전자 도면 파일
- Machine Guidance 장비
  - 측정장치는 건설기계 및 엔드이펙터의 위치, 이동 속도, 작업 진행상황 등을 측정하기 위한 것으로 적용되는 공종 및 측정 목적에 따라 요구되는 허용오차 이내의 정밀도를 가져야 한다.

2) 구성

구분	내용
전천후 지붕가구	• SCF(Super Construction Factory)는 빌딩 본체의 본설 기둥과 같은 위치에 상승장치를 설치해 놓은 Climbing기둥을 가지고 있어 한개층분의 공사가 완료되면 Climbing하여 SCF를 상승시키고 이것을 반복
Climbing	• Rack & Pinion방식을 채용하여 중앙 톱니가 잘린 기둥(Rack)을 양측 작은 톱니바퀴(Pinion)를 회전시킴으로써 상하로 이동한다.
자동용접 장치	• 2대의 자동용접기계가 분할식 링 주행로 위를 이동하여 용접
중앙제어실	• Climbing 및 Crane의 원격조작, TV화면에 의한 현장작업의 모니터링, 각종 계측기에 의한 바람과 지진 등을 모니터링하게 되며 공사전체를 관리
계측시스템	• SCF의 위치계측과 Climbing 기둥에 적재하중과 Stroke량을 계측

7. T-up New Smart System

코어부를 선행구축하여, 이를 지지대로 하여 최상층구체의 철골부를 이용한 Hat-truss를 구축한다. Hat-truss부 하부에 부착된 천장주행 Crane에 의하여, 각층의 철골 및 Unit을 반송·조립한다. 1개층분의 시공종료 후 코어부분에 지지를 받으며 Guide기둥으로 Climbing

8. M.C.C(Mast Climbing Construction)

최상층부(CF)를 구축하여 CF하부에 설치된 Crane에 의하여, 철골이나 외벽 등의 부재를 반송하여, 자재나 부재의 양중·반송·이동 등을 하는 공법이다.

9. AKATSUKI-21

최상층의 골조를 지상에서 구축하여 전천후공간을 확보하여, 이에 Climbing 자동화시공을 위한 기계장치 등을 장착하여 Plant 부분을 구축한다. 이 기계장치 등에 의하여 철골이나 외벽 등의 부재를 반송·조립하여 1층분이 완성된 후, Plant부를 상승

기타용어

건설 자동화

Key Point

◪ 국가표준
- KCS 10 70 05
- KCS 10 70 10

◪ Lay Out
- 장비
- 창호의 종류와 설치
- 하자원인과 방지대책

◪ 핵심 단어

◪ 연관용어
- OSC
- Smart Construction 요소 기술/4차 산업혁명

용어정리

- 기계화 (Mechanization)
  - 노동력을 대체하기 위한 자연의 에너지나 힘을 이용하여 도구로 대체한 건설 장비, 기계
- 자동화 (Automation)
  - 인력 절감을 주목적으로 하는 기계화된 장비에 센서를 부착하여 사람이 일정한 방법, 규격, 시간을 입력하면 기계는 계속 같은 일을 반복하여 당해 작업을 수행하는 것
- 로봇화 (Robotize)
  - 기계화 자동화된 장비에 인공지능을 부여하여 기능공과 같은 판단 능력을 갖고 스스로 작업을 하는 것

☆☆☆

1	건설 자동화	
	construction automation technology	유형: 기술 · System

Ⅰ. 정 의

건설기술과 정보통신, 전자, 기계 등 다른 분야 기술을 융·복합하여 측량, 부재 제작, 시공, 품질관리 등 건설공사의 전 공정 또는 일부 공정을 자동화하는 기술을 통칭

Ⅱ. 장비

1. Machine Guidance의 구성

1) 측정 장치

- GNSS를 이용한 위치 측정 장치
- 레이저, 초음파 등을 이용한 거리 측정장치
- 엔드이펙터의 움직임을 측정하기 위한 관성측정 장치
- 기타 해당 공종의 시공을 위해 필요한 측정 장치

- 건설기계 및 엔드이펙터의 위치, 이동 속도, 작업 진행상황 등을 측정하기 위한 것으로 적용되는 공종 및 측정 목적에 따라 요구되는 허용오차 이내의 정밀도를 가져야 한다.

2) 해석 장치

- 측정 장치로부터 계측된 데이터를 이용하여 엔드이펙터의 작업 상황 정보와 시공 목표 정보의 차이를 실시간으로 산정할 수 있어야 한다.

3) 입력 장치

- 외부 저장장치로부터 디지털 설계도면, 작업 정보 데이터 등을 머신가이던스 장비로 전송할 수 있어야 하며, 현장에서 직접 제작·입력·수정한 도면 및 데이터 정보를 머신가이던스 장비로 전달할 수 있어야 한다.

4) 출력 장치

- 디지털 설계도면과 측정 장치로부터 계측한 값, 해석 장치로 부터 산정된 결과 등 관련정보를 시각(디스플레이 패널, 불빛 등), 청각(음향 등), 촉각(진동 등) 등을 통해 건설기계조종사에게 관련정보를 제공할 수 있어야 한다.

2. Machine Control의 구성

1) 머신컨트롤 제어기

- 머신가이던스의 측정장치로부터 얻어지는 데이터와 디지털 설계도면 및 작업 정보 데이터를 바탕으로 건설기계의 각 구동부를 조작하여 엔드이펙터의 위치와 움직임 등을 반자동으로 제어할 수 있어야 한다.

2) 머신컨트롤용 조종 장치

- 건설기계 조종 인터페이스(페달, 조이스틱 등)에 기능을 추가하거나 인터페이스에 별도로 부착되어 건설기계조종사가 머신컨트롤 기능을 실행하거나 종료할 수 있어야 한다.

Ⅲ. 시공방법

1) Machine Guidance 및 Machine Control

Machine Guidance	Machine Control
센서 활용한 무인시스템	작업도구를 제어하는 기술
GPS안테나 / 센서 / 모니터에 작업정보안내	장비 / 모니터 / 제어장치
자동차 네비게이션과 유사	차량 운전보조장치와 유사

- 건설기계조종사가 머신가이던스 및 머신컨트롤 장비의 사용절차, 조작 순서, 오류 대응법, 점검 방법 등 사용방법을 숙지하고 있는지 확인해야 한다.
- 시공계획서와 시공상세도에 따라 현장상황을 고려한 단계별 시공 목표치를 설정
- 건설기계조종사는 머신가이던스 및 머신컨트롤 장비의 출력장치에서 제공하는 연직 및 횡방향 위치 등 작업 안내 정보에 따라 작업해야 하며, 중요 지점마다 건설기계 엔드이펙터의 실제 위치와 출력장치에서 제공하는 위치의 부합 여부를 확인
- 건설기계조종사의 작업미숙 등으로 시공 오류가 발생한 경우 재확인 및 설계도면, 시공계획 등을 종합적으로 검토하여 재시공 여부를 결정
- 머신가이던스 장비에 입력된 설계와 작업 정보의 손상 및 입력 오류 등이 발생한 경우, 관련 정보를 재입력

2) 건설자동화 기술 시공

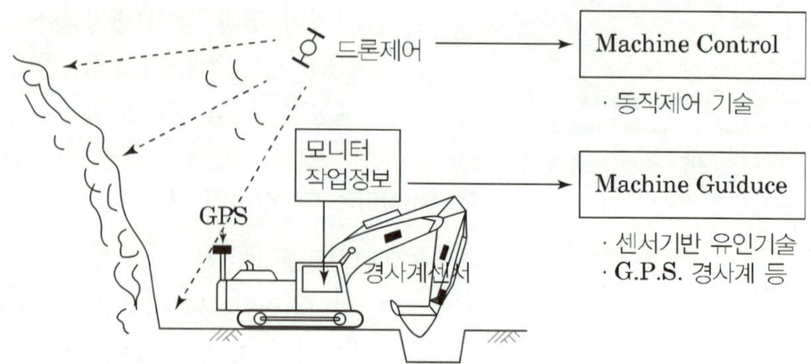

기타용어

- Machine Guidance
  - 건설기계의 위치와 자세 정보를 이용하여 설계 목표 대비 현재 작업 정보(작업종류, 작업상황, 목표수치, 지면과의 거리 등)를 건설기계조종사에게 실시간으로 제공하는 기술
- Machine Control
  - 머신가이던스 기술을 활용하여 복잡한 조종이 요구되는 건설 장비 작업(경사면, 비정형면, 수중작업 등)을 반자동화하여 작업 정밀도를 높이고 장비 조종을 용이하고 효율적으로 할 수 있게 하는 기술
- 관성측정장치(Inertial Measurement Unit)
  - 각속도, 가속도, 지자기 센서 등을 조합하여 이동하는 물체의 속도, 가속도와 방향 등을 측정하는 장치
- end-effector
  - 굴착기의 버킷, 도저의 배토판, 그레이더의 블레이드, 점보드릴의 드릴 장치 등 건설기계의 가장 끝단에 위치하여 작업을 수행하는 부분
- Digital Design Model
  - 머신가이던스 운용을 위한 수평, 수직 선형 설계, 비탈면의 시·종점과 기울기를 포함하는 형상 설계 등의 전자 도면 파일

CHAPTER

02 토공사

Professional Engineer

마법지

1. 지반조사

- 단계와 목적
- 종류와 방법

2. 토공

- 흙파기
- 흙막이(벽식, 지보공, 탑다운)

3. 물

- 피압수
- 차수
- 배수

4. 하자·계측관리

- 토압
- 하자
- 계측관리

단계와 목적

조사단계와 목적

Key Point

◩ 국가표준
- KCS 10 20 20

◩ Lay Out
- 지반조사 단계
- 지반조사의 종류

◩ 핵심 단어
- 지반의 공학적인 특성
- 물리 · 역학적 특성

◩ 연관 용어
- 토질주상도
- N치

★★★ 1. 지반조사

2-1	지반조사	
No. 42		유형: 작업·조사·시험

Ⅰ. 개 요

① 토공사, 지정 및 기초공사에 수반되는 지반의 공학적인 특성을 규명하여 안전하고 경제적인 설계·시공을 수행하기 위하여 실시하는 조사

② 토질시험을 통하여 물리적 역학적 특성을 파악하고, 지층의 구성, 토질분포, 지하수위, 수압, 수량, 동결심도, 지내력, 장애물 상황 등을 파악하기 위하여 실시

Ⅱ. 지반조사 단계

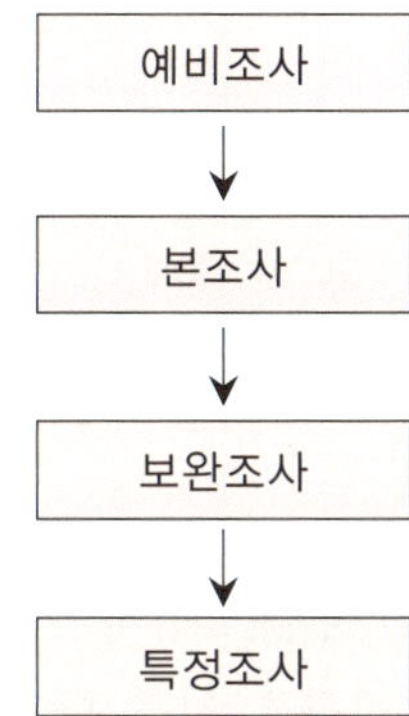

- 구조물 위치를 결정하기 위해 현지답사, 환경조사
- 기초자료조사
- 개략조사(기본설계단계)와 정밀조사(실시설계단계)
- 물리적 탐사, 시추조사, 사운딩, 시험조사
- 시공단계의 굴착 시 노출되는 지반을 관찰
- 본 조사에 준함
- 유지관리 시 보수보강대책을 위한 조사

Ⅲ. 지반조사의 종류

종류	세부항목
지하탐사법	• 짚어보기 • 터파보기 • 물리적 탐사법
Boring	• 오거Boring • 수세식Boring • 회전식Boring • 충격식Boring
Sounding	• 표준관입시험 • Vane Test • Cone 관입시험 • 스웨덴식 Sounding
Sampling	• 비교란 시료 • 교란시료
토질시험	• 물리적 시험 • 역학적 시험
지내력 시험	• 평판재하 시험

☆☆☆ 1. 지반조사

2-2	지하탐사법	
No. 43		유형: 작업·조사·시험

종류와 방법

지하탐사법

Key Point

◩ 국가표준
- KCS 10 20 20

◩ Lay Out
- 시험종류·방법

◩ 핵심 단어
- What: 얕은지층에서
- Why: 개략적인 특성파악
- How: 지반의 내부를 탐사

◩ 연관 용어
- 시험답사

Ⅰ. 정 의

비교적 얕은 지층에서 연경도, 경질지반의 위치, 지하수위 등 지반의 개략적인 특성을 파악하기위해 지반내부를 탐사하는 시험

Ⅱ. 시험종류 및 방법

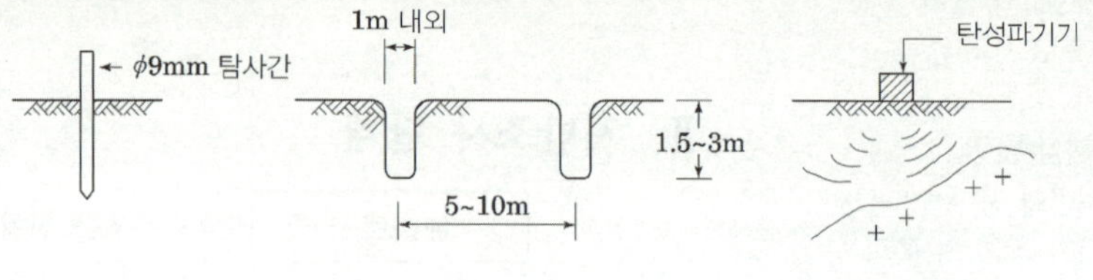

[짚어보기] [터파보기] [물리적 탐사법]

1) 짚어보기(탐사정, Sound Rod)
   ① 직경 ∅9㎜ 철봉을 망치로 박아보는 법
   ② 저항 시 울림, 꽂히는 속도, 박힐 때의 손짐작으로 지반의 단단함을 판단

2) 터파보기(시험파기, Test Pit)
   ① 지반의 토층변화를 직접 확인하고, 토질시료를 충분히 채취하기 위하여 시굴을 실시해야 한다.
   ② 시굴은 최소 2.0×2.0m 크기로 깊이 1.5m 이상이 되도록 굴착

3) 물리적 탐사법(Geo-physical Methods)
   ① 물리탐사는 광범위한 지질 및 지반상태를 파악하기 위하여 실시
   ② 탄성파탐사는 인공 탄성파 발생, 수진기 배열 등이 탐사목적에 부합하는지 확인
   ③ 전자기 탐사는 주변에 설치된 전기시설로 부터 유도된 전류로 인한 영향이 최소화
   ④ 지하레이더(GPR)탐사는 탐지 대상 매설물의 재질/크기/매설예상심도 등의 사전조사 후 적절한 주파수의 GPR안테나를 적용
   ⑤ 주변부의 고압전기시설/철재 구조물 등에 의해 자료의 왜곡이 발생하지 않도록 적절한 탐사 위치를 선정
   ⑥ 지오토모그래피 탐사는 탄성파 발진 간격, 수진기 배열, 발진기와 수진기의 상호 위치(공대공, 지대공, 공대지) 등이 탐사목적에 부합되는지 확인하여 시행
   ⑦ 하향식 탄성파탐사(downhole test)는 시추공 내에 3성분 지오폰의 수진기를 삽입하여 지반의 P파, S파를 측정
   ⑧ 비저항토모그래피 탐사 시 주변 전류로 인한 영향이 최소화되도록 시행

종류와 방법

Boring

Key Point

◪ 국가표준
- KCS 10 20 20
- KS F 2319

◪ Lay Out
- Boring의 방법
- Boring의 종류
- 종류·유의사항
- Boring의 목적
- Boring의 심도
- Boring시 유의사항
- Bit 및 채취시료의 크기

◪ 핵심 단어
- What: Rod를 천공·삽입
- Why: 비교란 시료를 채취
- How: 시추공내 원위치 시험을 통해

◪ 연관 용어
- 토질주상도
- N치
- 표준관입시험
- Sampling

[N치 타격]

★★★ 1. 지반조사

2-3	Boring	
No. 44	시추조사	유형: 작업·조사·시험

Ⅰ. 정 의

① Rod를 지중에 삽입·천공하여 시추공내 원위치 시험을 통해 비교란 시료를 채취하기 위하여 구멍을 만드는 작업

② 표준관입시험과 병행하여 N치를 파악할 수 있으며, 토질 시험용 불교란시료를 채취하여 토질주상도 작성에 필요한 토층의 구성, 토질분포, 지하수위, 점착력 등을 파악할 수 있는 조사방법

Ⅱ. Boring의 방법- 시료채취 방법

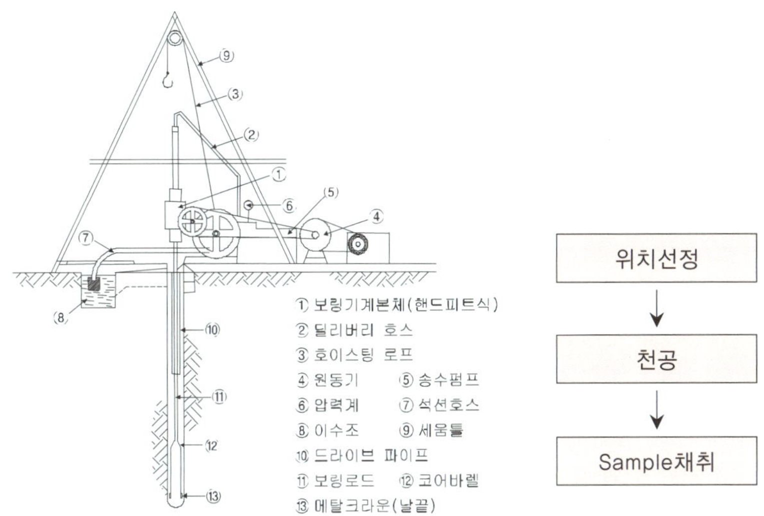

Ⅲ. Boring의 종류

- **Auger Boring**: 깊이 10m 이하의 매우 연약한 점토 및 세립, 중립의 사질토에 적합
- **Wash Boring**: Bit 내부를 통해 뿜어진 압력수에 의해 파진 흙과 물을 지상의 침전조에서 파악하며, 매우 연약한 점토 및 세립토 및 중립의 사질토에 적합
- **Rotary Boring**: Bit의 회전에 의해 천공하면서 시료를 채취하며 거의 모든 지층에 적용 가능
- **Percussion Boring**: Bit의 충격에 의해 파쇄하면서 천공하는 방법으로 토사 및 균열이 심한 암반에 적합

종류와 방법

Ⅳ. Boring의 목적

① 토질관찰
② 토질 시험용 Sample 채취
③ 표준관입시험을 통한 N치 파악
④ 지하수위 파악

Ⅴ. Boring의 심도

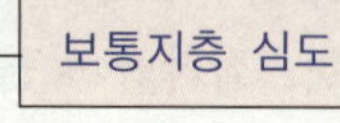

보통지층 심도
- 기초 계획면 또는 깊은기초의 하단에서 하부 1.5B까지 확인
- 전면기초: 단변방향 길이기준으로 연암층 3m 하부까지 확인

연약층 심도
- 지지층 하부 1.5B(기초폭)까지 확인

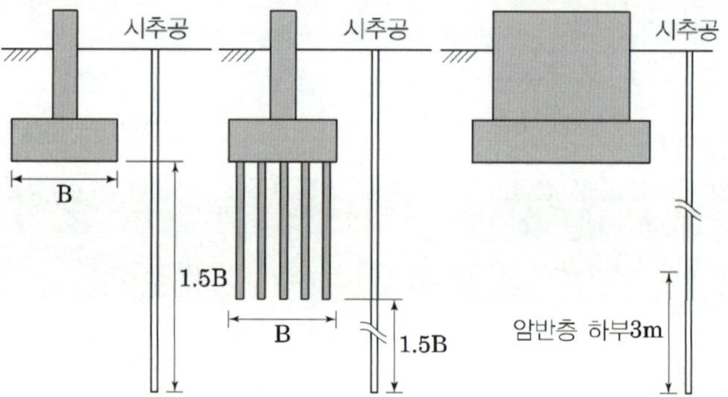

천공 Bit의 용도

- 칼날비트(Blade Bit)
  연약토사
- 금속비트(Metal Bit)
  연암
- Diamond Bit
  경암
- Coring Bit
  암석시료 채취
- Nocoring Bit
  비채취용 비트

Ⅵ. Boring시 유의사항

① 공벽의 보호: 굴착이수를 이용하여 공벽보호 또는 All Casing
② Slime 배제: 이수 순환에 의해 제거
③ 지하수위 측정: Boring 시 지하수가 나타나면 반드시 기록
④ 불교란 Sample 채취 시 충격 및 진동에 주의
⑤ 지반조사가 의심스러울 경우 추가

Ⅶ. Bit 및 채취시료의 크기

구분	Bit		시료의 직경(mm)	Casing	
	내경(mm)	외경(mm)		내경(mm)	외경(mm)
EX	21.5	37.7	22.2	41.3	46
AX	30	48	28.6	50.8	57
BX	42	59.9	41.3	65.1	73
NX	54.7	75.5 2.97in	54	81	83
HX	68.3	98.4	67.5	104.8	114.3

종류와 방법

Sounding

Key Point

◪ 국가표준
- KCS 10 20 20

◪ Lay Out
- 종류

◪ 핵심 단어
- What: Rod선단에 부착한 저항체를
- Why: 지반의 강도 · 변형 조사
- How: 지중에 삽입하여 저항정도로

◪ 연관 용어
- 토질주상도
- N치
- Boring

☆☆★ 1. 지반조사

2-4	Sounding	
No. 45		유형: 시험·측정

Ⅰ. 정 의

① Rod 선단에 부착한 저항체를 지중에 삽입·관입·회전·인발 등을 하여 저항(관입저항: Penetration Resistance)하는 정도로 지반의 강도·변형·성상을 조사하는 지반조사시험

② 관입·회전·인발 등에 따라 그 종류가 구분된다.

Ⅱ. 종 류

1) 표준관입시험

질량(63.5±0.5)kg의 Hammer를 (760±10)mm 자유 낙하시켜 시추 Rod 머리부에 부착한 앤빌(anvil)을 타격하여 시험용 샘플러를 지반에 300mm 관입되는 데 필요한 타격횟수 N(number)치를 구하는 시험

2) Vane Test

① Vane Test는 Rod 선단에 십자(+)형 Vane(직경 50mm, 높이 100mm, 두께 1.6mm)을 장착하여 시추공 바닥에 내리고 지중에 압입한 후, 중심축을 천천히 회전시켜서 Vane주변의 흙이 원통형으로 전단파괴 될 때의 회전Moment를 구하여 점토지반의 점착력(비배수 전단강도)을 구하는 비배수 전단시험

② 목적 및 용도

- 연약점토의 점착력 파악
- 기초저면의 지내력 확인
- 전단강도 파악

3) Cone 관입시험(cone penetration test)

① Cone 관입시험은 Rod 선단에 부착한 원추형 Cone을 일정한 속도로 지중에 압입하여 Cone의 저항값으로 지반의 지지력을 측정하는 지반조사시험

② 지반의 각 깊이에 따른 지지력을 측정할 수 있으나 시료채취가 불가능하고 자갈 혹은 암석이 있는 지층에서는 부정확

③ 관입기는 선단저항력과 주면마찰저항력을 함께 측정할 수 있는 이중관식 콘 관입기(cone penetrometer)를 사용

④ 콘의 선단부 각도는 60°, 콘의 단면적은 $0.001m^2$인 것을 사용

⑤ 관입기에 가해진 정적 하중은 압력계나 변형계, 또는 달리 공사감독자가 승인한 방법에 의해 측정

☆★★ 1. 지반조사 116

2-5	표준관입시험	
No. 46	SPT: Standard Penetration Test	유형: 시험·측정

종류와 방법

Sounding

Key Point

- 국가표준
  - KCS 10 20 20
  - KS F 2307
- Lay Out
  - SPT시험의 N치 측정원리
  - 시험방법 및 N치 측정
  - 유의사항
- 핵심 단어
  - What: Boring작업 후
  - Why: 30cm 관입되는 소요되는 타격횟수 N치
  - How: 63.5kg 추 · 760mm 높이에서 낙하시켜
- 연관 용어
  - 토질주상도
  - N치
  - Boring
  - Vane Test
  - Sounding

• 적용범위
① N<50인 큰 자갈(D10)을 제외한 모든 흙
② 연약점토나 Peat에서 적용 곤란
③ 점성토에서는 신뢰성 저하

Ⅰ. 정 의

① 질량(63.5±0.5)kg의 Hammer를 (760±10)mm 자유 낙하시켜 시추 Rod 머리부에 부착한 앤빌(anvil)을 타격하여 시험용 샘플러를 지반에 300mm 관입되는 데 필요한 타격횟수 N(number)치를 구하는 시험
② 지내력 측정과 토질주상도 작성을 위한 기초자료를 제공

Ⅱ. SPT시험의 N치 측정원리

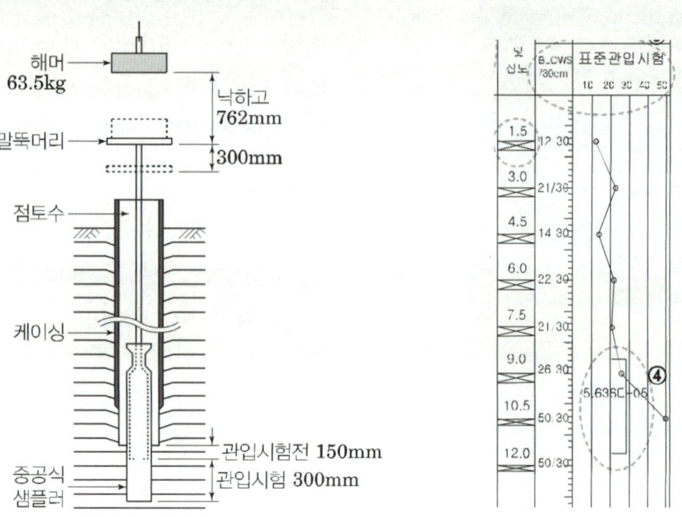

타격에 의해 N치를 측정함과 동시에 시료를 채취하여 지층의 특성파악

Ⅲ. 시험방법 및 N치 측정

① 중공 샘플러를 Drill Rod에 연결시켜 시추공 삽입
② 불교란 지반에 도달하도록 150mm 예비 타격하여 관입
③ 63.5kg Hammer를 760mm 높이 낙하시켜 지반에 Sampler를 300mm 관입시키는데 필요한 타격횟수 N치를 구한다.
④ Rod길이·토질·상재압·입도분포에 따라 N치 수정

Ⅳ. 유의사항

① 최대 2.0m 심도 간격으로, 대표성이 있는 곳이나 지층이 변하는 곳에서 실시
② 점성토지반에서는 실시하지 않는 것을 원칙
③ 사질토지반에서는 시추공 내 수위를 최소지하수위 이상으로 유지
④ 케이싱(casing) 하단에서 실시해야 한다.
⑤ 매 150mm 관입마다 3회 연속적으로 타격수를 기록

★★★ 1. 지반조사 70.88.122

2-6	N(Number)치	
No. 47	N値, N값, N value	유형: 측정·지표·기준

종류와 방법

Sounding

Key Point

◪ 국가표준
- KCS 10 20 20
- KS F 2307

◪ Lay Out
- SPT시험의 N치 측정원리
- 지반별 N치와 N치로 구하는 값

◪ 핵심 단어
- What: Boring작업 후
- Why: 30cm 관입되는 소요되는 타격횟수 N치
- How: 63.5kg 추 · 76cm 높이에서 낙하시켜

◪ 연관 용어
- 토질주상도
- N치
- Boring
- Vane Test
- Sounding

• 적용범위
① N<50인 큰 자갈(D10)을 제외한 모든 흙
② 연약점토나 Peat에서 적용 곤란
③ 점성토에서는 신뢰성 저하

Ⅰ. 정 의

① Boring작업 후 표준관입시험용 Sampler에 연결된 굴착Rod의 상단에 63.5kg의 Hammer를 760mm 높이에서 낙하시켜 300mm 관입되는데 소요되는 타격횟수

② SPT를 통해 구해진 N치는 토질의 지지력을 파악하며, 30cm 관입하는데 타격 Number가 많을수록 단단한 지반

Ⅱ. SPT시험의 N치 측정원리

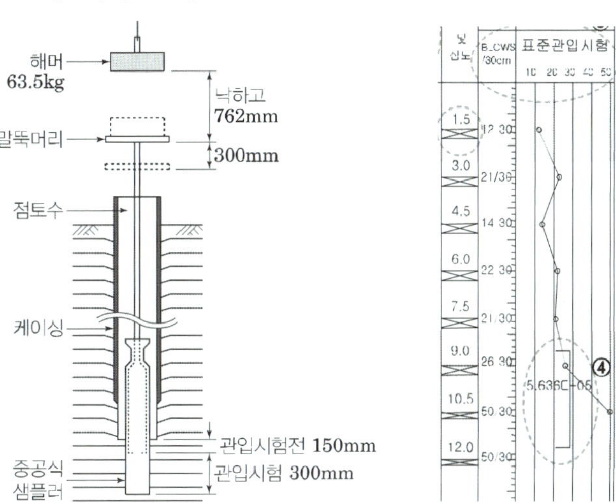

타격에 의해 N치를 측정함과 동시에 시료를 채취하여 지층의 특성파악

Ⅲ. 지반별 N치와 N치로 구하는 값

1) 사질토

N치	흙의 상태	상대밀도	내부마찰각
0~4	Very Loose	0~15%	30° 미만
4~10	Loose	15~35%	30° ~35°
10~30	Medium Dense	35~65%	35° ~40°
30~50	Dense	65~85%	40° ~45°
50 이상	Very Dense	85~100%	45° 초과

종류와 방법

2) 점성토

N치	Consistency	전단강도	일축압축강도
0~2	Very Soft	14kPa	25kPa
2~4	Soft	14~25kPa	25~50kPa
4~8	Medium	25~50kPa	50~100kPa
8~15	Stiff	50~100kPa	50~100kPa
15~30	Very Stiff	100~200kPa	200~400kPa
30 이상	Hard	200kPa	400kPa

Ⅳ. 시험방법 및 N치 측정

① 중공 샘플러를 Drill Rod에 연결시켜 시추공 삽입

② 불교란 지반에 도달하도록 150mm 예비 타격하여 관입

③ 63.5kg Hammer를 760mm 높이 낙하시켜 지반에 Sampler를 300mm 관입시키는데 필요한 타격횟수 N치를 구한다.

④ Rod길이·토질·상재압·입도분포에 따라 N치 수정

종류와 방법

Sounding

Key Point

◩ 국가표준
- KCS 10 20 20

◩ Lay Out
- 시추주상도 사례
- 주상도 기입내용: 작성목적과 활용
- 지반정보에 대한 평가 시 고려사항

◩ 핵심 단어
- Why: 토층단면상태 파악
- What: Boring과 SPT
- How: 축척으로 표시한

◩ 연관 용어
- Boring
- N치
- Boring
- Sounding
- 표준관입 시험
- 투수계수
- 지지력
- 기초의 안정

★★★ 1. 지반조사 78,82,136

2-7	토질주상도	
No. 48	Soil Boring Log	유형: 지표·기록·기준

Ⅰ. 정 의

① 토층 단면상태와 시료의 상태, N값, 지하수위 등의 분포를 입체적으로 파악하기 위하여 Boring과 SPT를 통하여 축척으로 표시한 설계도서

② 지반의 경연상태와 지하수위 등을 파악하여, 토층의 단면상태를 예측하고 흙파기·흙막이 공법의 종류 및 기계·기구의 선정, 기초의 설계·형식 및 안전하고 경제적인 공사를 위한 것

Ⅱ. 시추주상도 사례

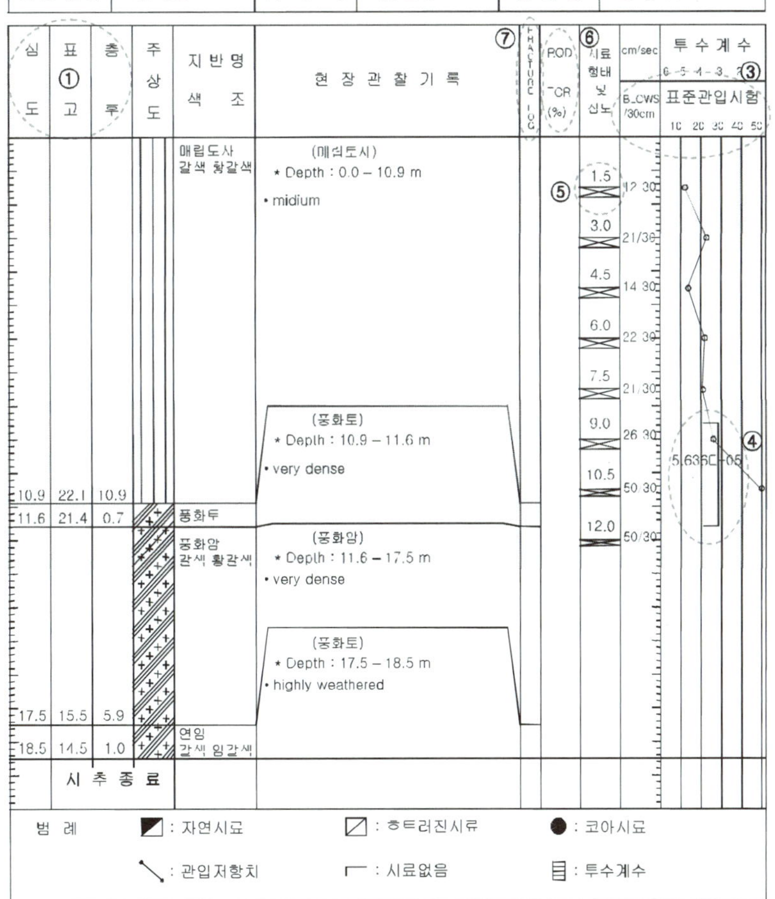

종류와 방법

Ⅲ. 주상도 기입내용 - 작성목적과 활용

1) 지층의 확인

① 주요 위치의 시추 주상도를 연결하여 지층분포 확인

② 건물기초의 지층 확인: Pile의 설계 및 길이산정

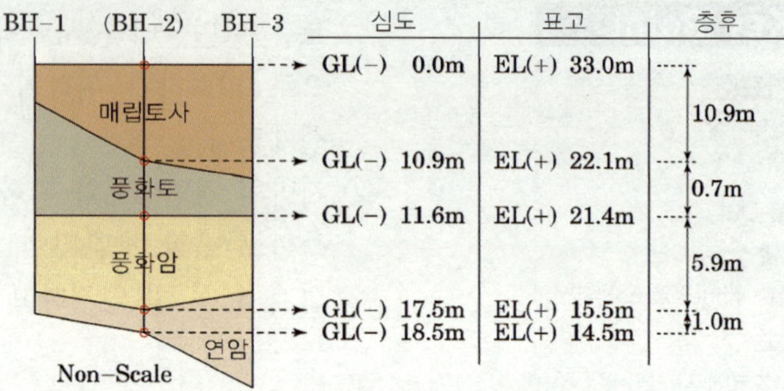

2) 지하수위 확인

① 지하수위 위치: 배수, 차수, 흙막이공법 결정

② 지하수 분포: 양수 요구량 산정

③ 부력에 대한 검토

3) N값 확인

① 지지층별 N치의 확인: N치로 사질토의 상대밀도, 점성토의 전단강도 확인

② 흙의 지지력 산정: 기초설계 및 지지력에 따른 기초의 안정성 여부 확인

4) 투수계수 및 공내수위 확인

시추공 내 물을 뽑아내어 수위를 저하시킨 후, 수위차를 이루는데 걸리는 시간을 측정하여 투수계수 산정

5) 시료채취

① 채취된 시료를 통해 실내 토질시험 실시

② 흙의 물리적, 역학적 성질 확인

투수계수

[Hydraulic Conductivity]
지층의 투수도를 나타내는 지표로 일정 단위의 단면적을 단위시간에 통과하는 수량(水量)

Ⅳ. 지반정보에 대한 평가 시 고려사항

① 현장과 실내 작업 재검토

② 지층 구성과 각 지층의 변화와 연속성

③ 각 층 내부에 존재하는 공동 등의 불규칙성

④ 각 층에 대한 지반조사 자료를 그 범위에 따라 분류

⑤ 지하수위와 계절적 변동 및 수압고려

☆☆★ 1. 지반조사 69

2-8	Vane Test	
No. 49	현장 베인전단시험	유형: 시험·조사·측정

종류와 방법

Sounding

Key Point

◪ 국가표준
- KCS 10 20 20
- KS F 2342

◪ Lay Out
- 시험방법
- 시험의 특징 및 유의사항

◪ 핵심 단어
- What: 십자형 Vane
- Why: 회전시켜 전단파괴 될 때의 회전 Moment
- How: 지중에 압입·회전

◪ 연관 용어
- 토질주상도
- N치
- Boring
- Sounding
- 표준관입 시험

참고사항

여기서, c_u=비배수 점착력
- T=회전 Moment
- D=Vane의 직경
- H=Vane의 높이

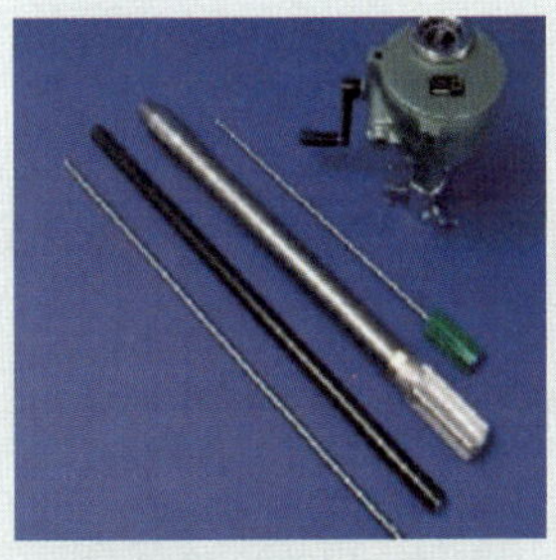

[Vane 시험장치]

Ⅰ. 정 의

① Rod 선단에 십자(十)형 Vane(직경 50mm, 높이 100mm, 두께 1.6mm)을 장착하여 시추공 바닥에 내리고 지중에 압입한 후, 중심축을 천천히 회전시켜서 Vane주변의 흙이 원통형으로 전단파괴 될 때의 회전Moment를 구하는 시험

② 목적 및 용도
- 연약점토의 점착력(비배수 전단강도)
- 기초저면의 지내력 확인
- 전단강도 파악

Ⅱ. 시험방법

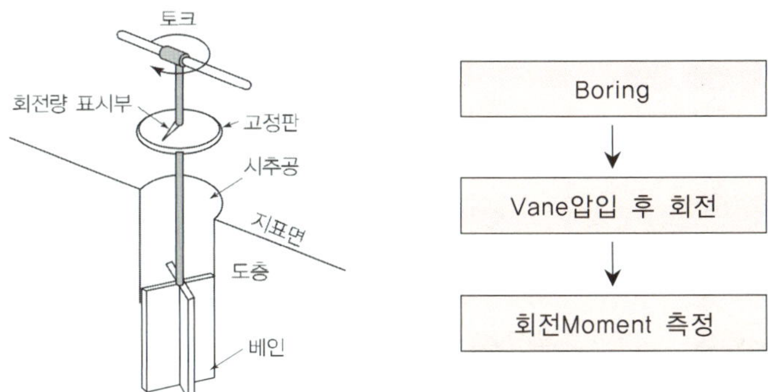

Ⅲ. 시험의 특징 및 유의사항

① Vane시험의 회전속도는 0.1°/sec(360°/hr) 이하의 일정한 속도로 회전유지

② Vane시험은 1m 간격으로 시행하여 깊이에 따르는 전단강도의 변화를 파악하는 것이 좋다.

③ 5분 이내에 최대 저항력 측정이 가능

④ 소성이 클수록 일축압축시험으로 구한 값보다 크게 나타나므로 수정하여 설계에 활용해야 한다.

⑤ Boring 후 공벽유지

⑥ 굳은 지층에서는 사용불가

★★★ 1. 지반조사

2-9	시료채취	
No. 50	Soil Sampling	유형: 시험·지표·기준

종류와 방법

Sampling

Key Point

◪ 국가표준
- KCS 10 20 20
- KS F 2317

◪ Lay Out
- 시료의 분류

◪ 핵심 단어
- Why: 실내시험용 시료채취
- What: Rod선단에 Sampler를 장착
- How: 타격 시 내부에 삽입되는 시료를 채취

◪ 연관 용어
- 토질주상도
- N치
- Boring
- 표준관입 시험

[시료채취]

[시료보관]

- 시료의 교란원인
  - 흙속의 구속압력 제거에 따른 시료의 팽창
  - 샘플러 삽입으로 인한 변형
  - 시추 및 시료회수과정에서 생기는 함수비의 변화
  - 시료의 취급과정에서의 충격 진동방지

I. 정 의

① 지층의 구성과 두께를 파악하고 실내시험용 시료를 채취하기 위하여 Rod 선단에 Sampler를 장착하여 타격 시 내부에 삽입되는 시료를 채취하는 지반조사방법

② 시료채취의 목적 및 용도
- 토층의 구성 및 분포 파악을 위한 실내시험에 사용
- 흙의 물리적 역학적 성질 등을 위한 기초자료
- 소량으로 대표성이 있는 시료를 채취하여 전체를 파악

II. 시료의 분류

1. 불교란 시료(Undisturbed Sample)

1) 정의

흙입자 배열과 흙구조가 보전되고, 원위치의 역학적 특성을 지니고 있는 시료여부 확인

2) 용도

단위중량, 투수성, 압축성, 전단강도 등과 같은 역학적 특성파악

3) 종류

① Thin Wall Sampling
- N값 4~20 정도의 경질 점토 샘플링에 적합

② Composite Sampling
- N값 0~8 정도의 다소 굳은 점토 또는 사질지반

③ Denison Sampling
- 얇은 관으로 관입이 안되는 N값 4~20 정도의 경질 점토 샘플링에 적합

④ Foil Sampling
- N값 0~4 정도의 연약한 점토층에서 연속적으로 채취가능

4) 채취방법

① KS F 2317의 규정에 따라 동일 지층의 경우 2.0m 심도간격으로 채취하며, 지층이 변할 때마다 추가로 채취

② 샘플러(sampler)는 면적비가 15% 이하의 얇은 관(thin-walled tube)을 사용

③ 시료채취 회수율(recovery ratio)을 90% 이상 유지해야 한다.

종류와 방법

④ 샘플러는 관입 후 빼내기 전에 시료의 아랫부분을 절단하기 위해 적어도 두 번 회전시켜야 한다.
⑤ 시료채취 샘플러는 빼낸 즉시 관입깊이와 시료길이를 측정하고 양단의 흐트러진 시료를 완전히 제거한 후 규정의 밀봉 재료를 사용하여 밀봉

2. 교란 시료(disturbed Sample)

1) 정의

원래의 흙입자의 배열과 흙구조가 흐트러져서 원위치의 역학적 특성을 구할 수 없는 시료

2) 용도

입도분석시험, 액·소성한계시험, 함수비 측정, 흙입자의 비중시험, 유기물질 성분결정, 흙의 분류 등과 같은 물리적 특성파악

3) 채취방법 - Remold Sampling

① 지층의 판별 및 분류시험 등을 목적으로 동일 지층의 경우 1.0m 심도 간격으로 채취하며, 또한 지층이 변할 때마다 추가로 채취
② 흙의 수분증발을 방지할 수 있도록 왁스나 기타 밀봉 재료로 밀봉

2-10	암질지수(RQD)	
No. 51	Rock Quality Designation	유형: 시험·지표·기준

종류와 방법

Sampling

Key Point

◪ 국가표준

◪ Lay Out
- 측정방법
- 한국도로공사 암반분류기준
- 측정 시 유의사항

◪ 핵심 단어
- Why: 암석의 품질
- What: 100mm 이상 시편
- How: 총 시추길이로 나눈 백분율

◪ 연관 용어
- 토질주상도
- N치
- Boring
- Sampling
- TCR
- 암반파쇄
- Counter Wall

RQD로 추정

- RQD (Rock Quality Designation)
- 암반의 절리와 층리의 간격, 절리상태, 암질지수, 일축압축강도, 지하수상태 등 5개요소의 가중치를 합산한 값(암반의 내부마찰각, 터널굴착 중 무지보 자립시간 등을 추정)
- 암반의 지지력 추정
- 암반의 사면구배 결정
- 암반의 분류

TCR: 코어회수율

- Total Core Recovery
- 항상 100% 목표로 암석채취 샘플러에 따라 편차발생
- 회수율 = 회수된 코어(콘)의 길이 / 굴착된 암석의 이론 길이

Ⅰ. 정 의

① 암석의 품질을 파악하기 위하여 시추길이에 대한 100mm 이상의 시편길이의 합계를 총 시추 길이로 나눈 백분율로 암반의 상태를 나타내는 암반지수

② 암심(岩心, boring recovery core)에서 시추길이에 대한 100mm 이상의 간격을 갖는 절리(joint) 수를 고려하여 암심의 상태를 수량화시킨 것

Ⅱ. 측정방법

$$RQD = \frac{\Sigma(100\text{mm 이상 시편})}{\text{시추길이(굴착된 암석의 이론적 길이)}} \times 100(\%)$$

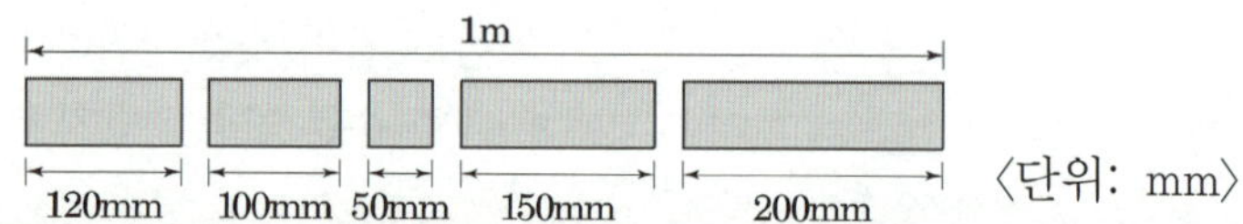

기초암반을 조사하기 위해 길이 1m의 암석 Core를 채취하여 추출한 암편의 길이 측정

Ⅲ. 한국도로공사 암반분류기준

암질 상태		TCR(%)	RQD(%)	일축압축강도
경암	매우 좋음(excellent)	90 이상	70 이상	1,000 이상
보통암	좋음(good)	70~90	40~70	800~1,000
연암	보통(fair)	40~70	20~40	600~800
풍화암	나쁨(poor)	40 이하	20~40	600 이하
풍화토	매우 나쁨(very poor)	-	20 이하	2 이하

Ⅳ. 측정 시 유의사항

① 시추조사 중 깨진 것을 RQD계산에 포함

② 시추기의 회전속도를 조절하여 코어회수율을 높이는 숙련도 필요

③ NX의 이중관 시료채취기를 사용

④ 목적에 따라 5m마다 구분

⑤ 100mm 이상 길이의 합계만 계산

☆☆★ 1. 지반조사

2-11	암석압축강도시험	
No. 52	Rock Compressive Strength	유형: 시험

종류와 방법

Sampling

Key Point

국가표준
- KCS 10 20 20
- kS F 2519

Lay Out
- 시험의 종류

핵심 단어
- Why: 암반의 물리 역학적 특성파악
- What: Core로 채취된 암석시료
- How: 하중을 가하는

연관 용어
- 토질주상도
- TCR
- RQD

Ⅰ. 정 의

① 암반의 물리적·역학적 특성파악과 암반을 분류하기 위하여 Core로 채취된 암석시료에 하중을 가하는 시험

② 시험의 종류

- 점재하시험
- 일축 압축강도시험
- 삼축 압축강도시험

Ⅱ. 시험의 종류

1. 점 재하(Point Load)시험

1) 개요

① 불규칙한 암괴를 상, 하 2개의 Point 사이에 끼워 넣고, 하중을 가하여 간접 인장강도를 구함

② 암석의 이방성 강도비를 구할 수 있는 장점이 있음

2) 원리

불규칙암괴를 집중하중으로 인장, 파괴하면 재하점 사이를 직경으로 구한 구(球)의 응력분포로 볼 수 있다는 개념

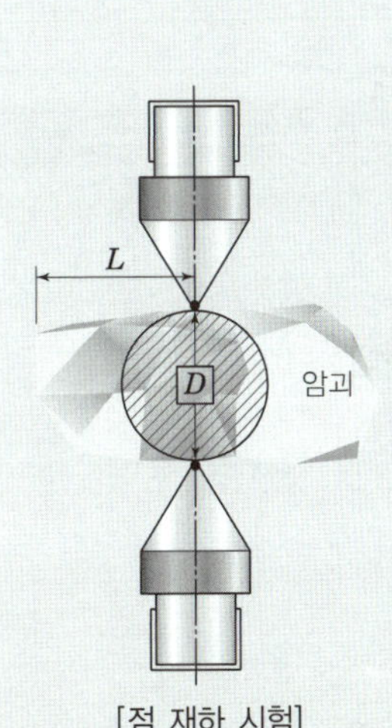

[점 재하 시험]

2. 일축압축강도(Uniaxial Compression Strength Test)시험

1) 개요

① Core로 채취된 암석시료에 축방향 압축으로 파괴시키는 과정에서 축방향 및 직경방향의 변형을 측정하여 압축강도, 탄성계수, 푸아송비 (Poisson's ratio)를 산정

② 공시체에 구속압을 가하지 않은 상태에서 공시체 축방향으로 압축력을 가하여 파괴 시 축방향 하중을 측정

2) 방법

Core의 길이를 직경의 2.5배 이상이 되도록 절단 → 표면연삭기를 이용하여 평활도 0.05mm/50mm 확보 → 일축 압축강도시험기에서 5kg/cm^{2}의 하중속도로 하중재하 → 시료에 층리나 편리가 발달한 경우 층리나 편리의 경사를 기재

3. 삼축압축(Triaxial Compression Test)시험

암석 3축 압축 시험기를 이용하여 Core로 채취된 신선암의 강도를 측정

종류와 방법

물리적 성질

Key Point

◩ 국가표준

◩ Lay Out
- 흙의 삼상도(三相圖) Three Phase of Soil
- 간극비가 클 때의 영향
- 간극비 저감대책

◩ 핵심 단어
- 흙입자의 체적
- 간극의 체적

◩ 연관 용어
- 전단강도
- 압밀침하
- 점착력
- 투수성
- 보일링

참고사항

- 간극률: $n = \frac{V_v}{V} \times 100\%$
- 포화도: $S_r = \frac{V_w}{V}$

☆☆★ 1. 지반조사

2-12	흙의 간극비(Void Ratio)	
No. 53		유형: 지표·성질·기준

Ⅰ. 정 의

① 흙입자의 체적에 대한 간극(공극)의 체적비를 나타낸 값

② 간극비 = $\frac{\text{간극의 체적}}{\text{흙 입자의 체적}}$

Ⅱ. 흙의 삼상도(三相圖) Three Phase of Soil

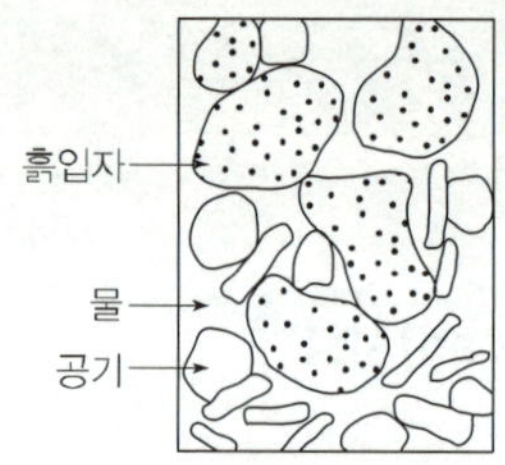

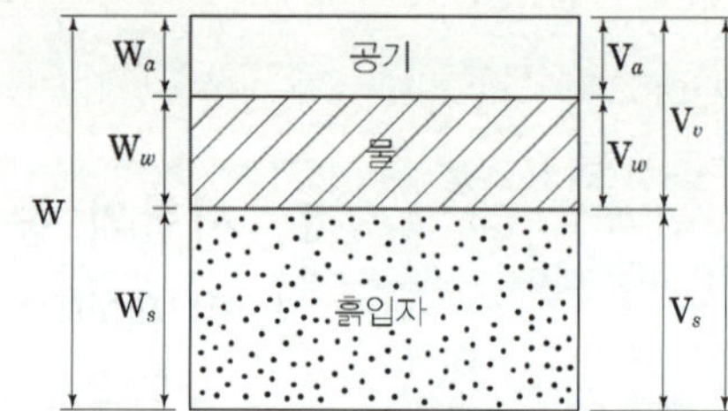

공식: $e = \frac{V_v}{V_s}$ V_s: 흙 입자의 부피, V_v: 간극의 부피

Ⅲ. 간극비가 클 때의 영향

1) 점성토

① 점착력(Cohesion)이 저하

② 전단강도(Shearing Strength)는 감소

③ 압밀침하(Consolidation Settlement)가 증대

④ 지지력(Bearing Capacity)은 감소

2) 사질토

① 투수성(透水性, Transmissibility)은 증대

② 탄성침하(彈性沈下, Elastic Settlement) 증대

③ 내부마찰력(Internal Friction) 감소

④ 보일링(Boiling) 현상 발생가능성 증대

Ⅳ. 간극비 저감대책

① 점성토에서는 장기적인 배수 및 탈수공법 적용

② 점성토에서는 압밀공법 병행

③ 사질토에서는 약액주입을 통하여 지반강화

④ 사질토에서는 다짐공법 병행

종류와 방법

물리적 성질

Key Point

- 국가표준

- Lay Out
  - 흙의 삼상도(三相圖) Three Phase of Soil
  - 함수비가 클 때의 영향
  - 간극비 저감대책

- 핵심 단어
  - 흙 입자의 중량
  - 물의 중량비

- 연관 용어
  - 전단강도
  - 압밀침하
  - 점착력
  - 투수성
  - 보일링

☆☆★ 1. 지반조사

2-13	흙의 함수비(Water Content)	
No. 54		유형: 지표·성질·기준

Ⅰ. 정 의

① 흙 입자의 중량에 대한 물의 중량비를 백분율로 나타낸 값

② 함수비 $= \dfrac{\text{물의 중량}}{\text{흙 입자의 중량}} \times 100(\%)$

Ⅱ. 흙의 삼상도(三相圖) three phase of soil

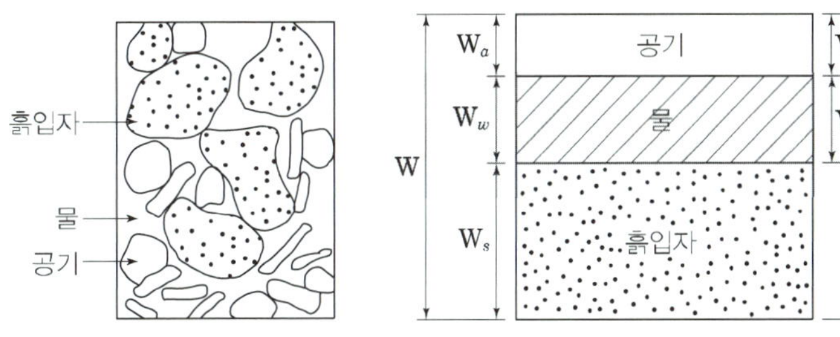

공식: $w = \dfrac{W_w}{W_s} \times 100\%$ V_s: 흙 입자의 부피, V_v: 간극의 부피

Ⅲ. 함수비가 클 때의 영향

1) 점성토

① 점착력(Cohesion)이 저하

② 전단강도(Shearing Strength)는 감소

③ 압밀침하(Consolidation Settlement)가 증대

④ 지지력(Bearing Capacity)은 감소

2) 사질토

① 투수성(透水性, Transmissibility)은 증대

② 탄성침하(彈性沈下, Elastic Settlement) 증대

③ 내부마찰력(Internal Friction) 감소

④ 액상화 및 보일링(Boiling) 현상 발생가능성 증대

Ⅳ. 함수비 저감대책

① 점성토에서는 장기적인 배수 및 탈수공법 적용

② 점성토에서는 압밀공법 병행

③ 사질토에서는 약액주입을 통하여 지반강화

④ 사질토에서는 다짐공법 병행

종류와 방법

물리적 성질

Key Point

◩ 국가표준

◩ Lay Out
- 불교란 점토와 교란점토의 일축압축강도
- 예민비의 성질
- 예민비에 따른 지반의 평가

◩ 핵심 단어
- 자연시료
- 함수율의 변화없이
- 흙의 이김에 의해
- 약해지는 정도

◩ 연관 용어
- 전단강도
- 압밀침하
- 점착력

☆★★ 1. 지반조사

2-14	흙의 예민비(Sensitivity Ratio)	
No. 55		유형: 지표·성질·기준

Ⅰ. 정 의

① 일정한 강도를 지닌 자연시료를 함수율의 변화 없이, 흙의 이김(교란)에 의해서 흙의 강도가 약해지거나 강해지는 정도의 비(比)를 나타낸 값

② 흙의 구조배열(structural arrangement)이 바뀌어져서 접촉점에서의 부착력(bond)이 파괴되기 때문이다.

Ⅱ. 불교란 점토와 교란점토의 일축압축강도

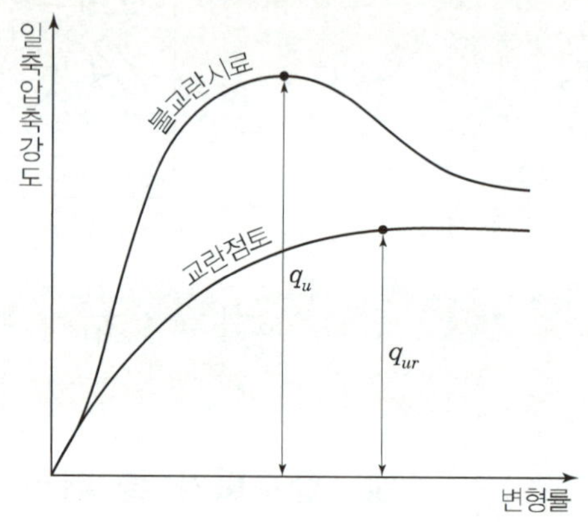

$$예민비(S_t) = \frac{자연상태\ 흙의\ 일축압축강도(q_u)}{교란시킨\ 흙의\ 일축압축강도(q_{ur})}$$

Ⅲ. 예민비의 성질

① 사질토 지반에서는 모래를 이기면 자연상태의 강도보다 커진다.

② 점성토 지반에서는 점토를 이기면 자연상태의 강도보다 작아진다.

Ⅳ. 예민비에 따른 지반의 평가

① 예민비가 커 지반이 교란되면 강도저하가 크게 되므로 지반강도 평가 시 감소해야 한다.

② 용탈(Leaching)로 예민비가 큰 점토를 Quick clay라 하고 충격, 진동시에 액체처럼 크게 유동되고 사면활동 등 지반붕괴가 일어나기 쉽다.

③ 시료채취, 운반, 시험 시 교란방지 및 시공 시 자연지반을 교란시키지 않도록 주의

종류와 방법

물리적 성질

Key Point

◩ 국가표준

◩ Lay Out
- Consistency 한계 (Atterberg 한계)

◩ 핵심 단어
- 함수량의 변화에 따라
- 액성 · 소성 · 반고체 · 고체

◩ 연관 용어
- 전단강도
- 압밀침하
- 점착력
- 투수성
- 보일링
- 액상화

연경도에서 구하는 지수

- 수축지수
  흙의 반고체 상태로 존재할 수 있는 함수비의 범위
- 소성지수
  흙이 소성상태로 존재할 수 있는 함수비의 범위
- 액성지수
  흙이 자연상태에서 함유하고 있는 함수비의 정도

★★★ 1. 지반조사 73.115

2-15	흙의 연경도(Consistency Limits)	
No. 56	애터버그 한계: Atterberg Limits	유형: 지표·성질·기준

Ⅰ. 정 의

① 점착성 있는 흙이 함수량의 변화에 따라 액성·소성·반고체·고체로 변화하며 흙의 강도와 부피가 변화하는 정도

② 건조한 흙에 물을 첨가하면 흙의 상태가 변하고 외력에 대한 유동 및 변형에 저항하는 정도를 나타내는 것으로서 흙의 거동을 개략적으로 판단하는 기준이 된다.

Ⅱ. Consistency 한계(Atterberg 한계)

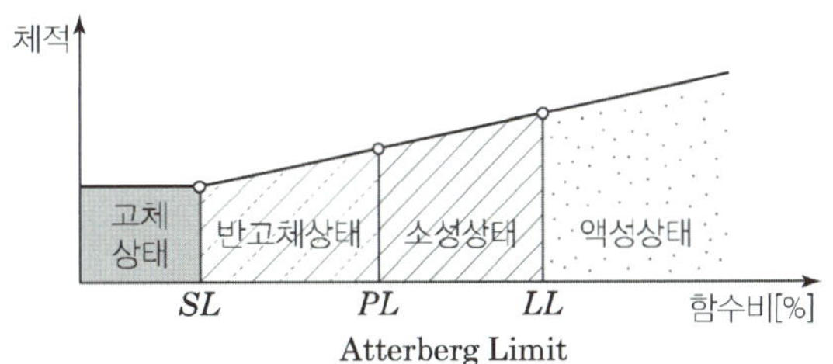

Atterberg Limit

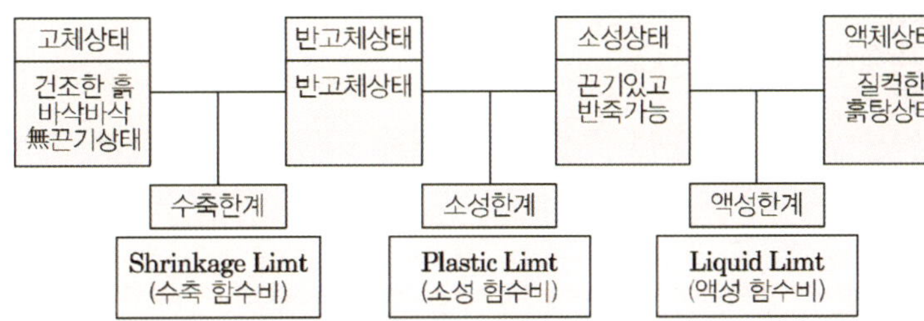

1) 수축한계(SL: Shrinkage Limit)

① 함수량을 감소해도 흙의 체적이 감소하지 않고 함수량이 어느 양 이상으로 늘어나면 흙의 체적이 증대하게 되는 한계의 함수비

② 함수비가 감소하여도 체적변화가 일어나지 않기 시작하는 때의 함수비

2) 소성한계(PL: Plastic Limit)

① 파괴 없이 변형시킬 수 있는 최소의 함수비

② 흙이 반죽되기 쉽고 손가락으로 눌러서 여러 가지 모양으로 만들 수 있는 상태를 소성상태라 하며 소성상태를 갖는데 필요한 최소 함수비

3) 액성한계(LL: Liquid Limit)

① 외력에 전단저항력이 Zero가 되는 최소의 함수비

② 함수비가 증가하면 유동이 일어나기 쉽게 되어 조그만 충격에도 흙입자는 상대이동을 일으킨다. 이때의 함수비

종류와 방법

물리적 성질

Key Point

◩ 국가표준

◩ Lay Out
- 배열구조에 따른 강도회복 과정
- Thixotropy와 예민성의 차이점
- Thixotropy의 영향으로 발생되는 문제점

◩ 핵심 단어
- 흙입자의 배열구조 파괴
- 강도회복

◩ 연관 용어
- 전단강도
- 압밀침하
- 점착력
- 투수성
- 보일링
- 액상화

예민비의 구분

Sensitivity	Classification
$S_t > 2$	비예민 점토
$S_t \geq 4$	보통
$S_t \geq 8$	예민성 점토
$S_t > 8$	Quick clay
$S_t > 64$	Extra Quick Clay

☆☆★ 1. 지반조사

2-16	Thixortropy	
No. 57	강도회복현상	유형: 현상·성질·기준

Ⅰ. 정 의

① 점성토 지반에서 함수비의 변화 없이 자연상태의 점성토 지반을 교란하면 흙입자의 배열구조가 파괴되어 강도가 급격히 저하되고, 이후 일정 시간 방치하면 배열구조가 원상으로 복귀하면서 서서히 강도를 회복하는 현상

② 물체가 외력에 의하여 연화(軟化)와 경화(硬化)를 반복하는 성질

Ⅱ. 배열구조에 따른 강도회복 과정

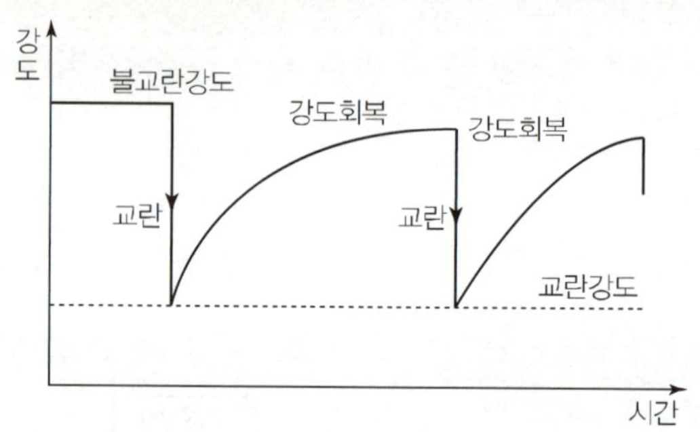

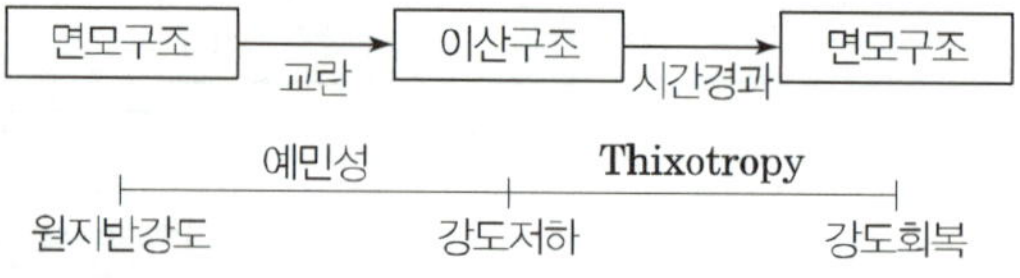

Ⅲ. Thixotropy와 예민성의 차이점

구분	Thixotropy	예민성
상태	경화	교란
흙의 구조	면모구조	이산구조
함수비	변동없음	변동없음
외력	작용없음	작용

Ⅳ. Thixotropy의 영향으로 발생되는 문제점

① 말뚝 박기 및 재하시험 시: 지지력 일시적 감소

② 장비의 주행성: 차량 통행에 따라 주행성 저하

③ 부동침하: 진동 및 충격에 의해 부동침하 발생

④ 지반 연약화: 상부 노상 다짐 시 지반의 연약화

☆☆★ 1. 지반조사 111

2-17	Sand Bulking	
No. 58	샌드벌킹	유형: 현상·성질·기준

종류와 방법

물리적 성질

Key Point

◪ 국가표준

◪ Lay Out
- 모래의 함수율과 단위용적중량
- Bulking현상의 영향
- 시험

◪ 핵심 단어
- 함수량의 변화에 따라
- 부피가 변화하는 정도

◪ 연관 용어
- 전단강도
- 함수
- 역학적 성질
- 점착력

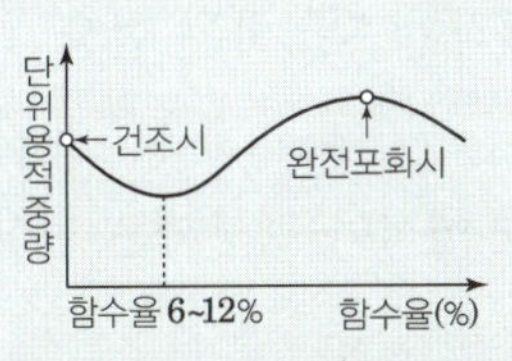

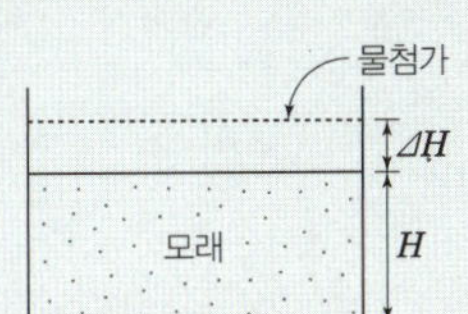

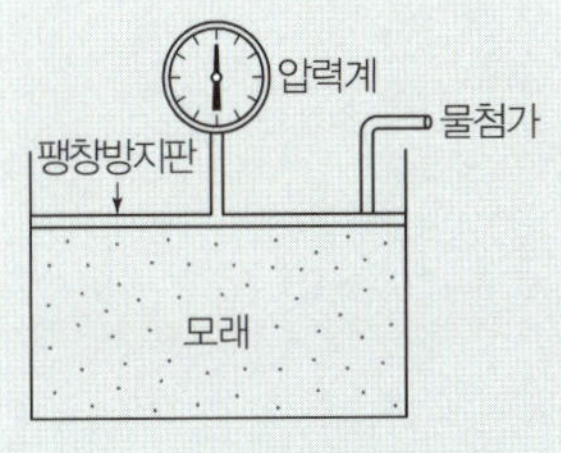

Ⅰ. 정 의

① 모래에 일정량의 물이 흡수되면서 함수비가 증가하게 되면, 모래 입자간에 벌집모양의 구조가 형성되어 용적(부피, 체적)이 커지는 현상

② 모래의 입자간의 수막에 작용하는 표면장력에 의해 발생

Ⅱ. 모래의 함수율과 단위용적중량

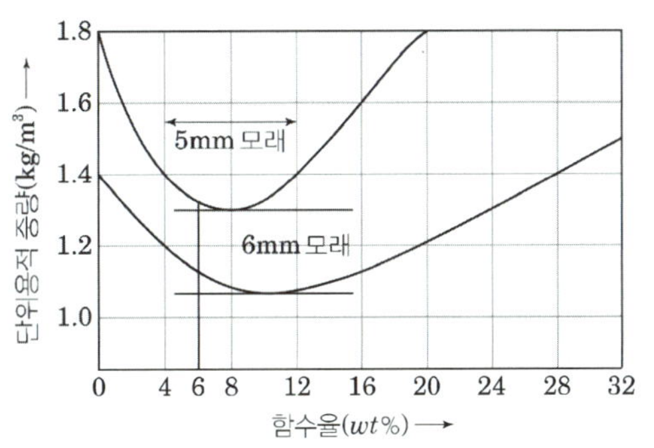

- 함수율 6~12% 사이에서 단위용적중량이 최소
- 절건 상태 보다 단위용적중량이 20~30% 감소, 체적이 15~30% 정도 증가(이것을 Bulking이라 함)
- 함수량이 16~30% 정도가 되면 침수상태가 되어 건조 상태의 부피와 같아진다. (포화수량이 되면 Sand Bulking현상은 소실된다.)

Ⅲ. Bulking현상의 영향

① 계절적인 수축과 팽윤에 따라 도로 포장면의 침하, 융기발생

② 기초의 융기, 균열발생: 깊은기초는 팽창압을 고려하여 설계하고 물다짐하여 간극제거

Ⅳ. 시 험

1) 팽창률 시험

① 압밀시험기에 모래를 넣고 물 첨가

② 팽창이 종료될 때까지 팽창량 측정

③ 팽창률= ΔH/H×100%

2) 팽창압 시험

① 모래 위에 팽창 방지판을 설치하고 물을 첨가하여 팽창 유도

② 압력계를 설치하여 팽창압을 측정

종류와 방법

☆☆★ 1. 지반조사 97

2-18	Swelling, Slacking	
No. 59	팽윤현상, 비화현상	유형: 현상·성질·기준

물리적 성질

Key Point

- 국가표준
- Lay Out
  - 지반에 미치는 영향
  - 팽창현상의 종류
- 핵심 단어
  - 흙입자가 수중에서 분산
  - 체적이 팽창
- 연관 용어
  - Bulking

Ⅰ. 정 의

① Swelling: 점성토지반에 물이 흡수되었을 때, 모세관 작용에 의해 체적이 팽창하며 흙입자가 수중에서 분산되는 현상

② Slacking: 연암석에 물이 흡수되었을 때, 체적이 팽창하면서 입자간의 결합력이 저하되어 부스러지는 현상

Ⅱ. 지반에 미치는 영향

1) 팽윤현상

① 계절에 따라 수축과 팽창에 의해 지반의 침하발생

② 자연적인 원인에 의해 지반의 융기

2) 비화현상

① 절토면의 탈락

② 산사태 발생

Ⅲ. 팽창현상의 종류

1) Bulking

모래지반에 물이 흡수되어 표면장력 때문에 체적이 팽창하는 현상

2) Swelling

점토지반에 물이 흡수되어 모세관 작용에 의해 체적이 팽창하는 현상

3) Slacking

연암석에 물이 흡수되었을 때, 체적이 팽창하면서 입자간의 결합력이 저하되어 부스러지는 현상

팽윤단계

- 1단계: 흙의 간극 속에 물이 채워지는 단계
- 2단계: 흙입자가 물을 흡수하여 팽창하는 단계

비화현상 원인

- 지하수위 변동
- 자연적인 풍화
- 지반을 굴착한 다음 건조된 암석에 수분침투

★★★ 1. 지반조사 71.76.96.114

2-19	흙의 전단강도	
No. 60	Shearing Strength, Coulomb's Law	유형: 지표·성질·기준

종류와 방법

역학적 성질

Key Point

- 국가표준

- Lay Out
  - 전단파괴 발생 Mechanism(힘의 균형파괴)
  - Mohr - Coulomb의 파괴포락선
  - 흙의 종류에 따른 파괴포락선 - 전단응력의 변화
  - 전단시험의 종류

- 핵심 단어
  - Why: 전단응력이 발생
  - What: 전단파괴가 발생할 때
  - How: 전단저항의 최대한도

- 연관 용어
  - 액상화
  - 압밀침하
  - 점착력
  - 내부마찰각

파괴포락선

- A점: 전단파괴가 일어나기 전의 상태
- B점: 전단파괴가 일어난 상태
- C점: 전단파괴가 이미 발생된 상태이므로 이론상 존재할 수 없음

- 유효응력(Effective Stress) 흙 입자끼리 서로 작용하는 힘

참고사항

- 조립토인 경우의 전단강도는 입자간의 (마찰각)에 의하여 좌우된다.
- 점성이 큰 흙의 전단강도는 (점착력)에 의하여 좌우된다.

Ⅰ. 정 의

① 흙에 자중 및 외력이 발생하면 전단응력이 발생하고 활동면에 대한 전단활동이 발생하게 되는데 전단파괴가 발생할 때의 전단저항의 최대한도

② 흙의 전단강도는 흙 입자 사이에 점착력과 내부마찰력으로 이루어져 있으며, 이때 전단응력이 전단강도(전단저항의 한계)보다 크면 전단파괴가 발생한다.

Ⅱ. 전단파괴 발생 Mechanism(힘의 균형파괴)

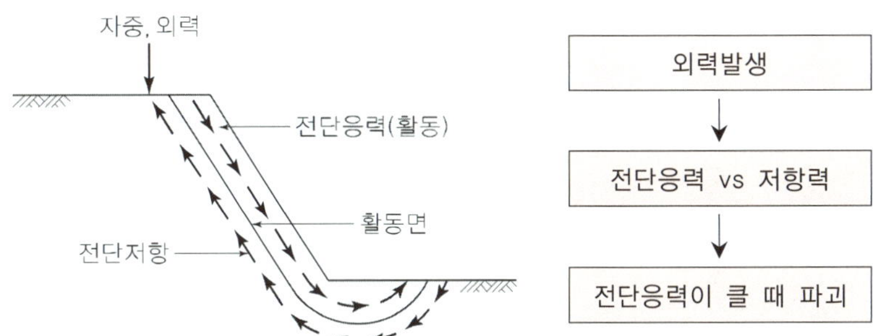

Ⅲ. Mohr - Coulomb의 파괴포락선

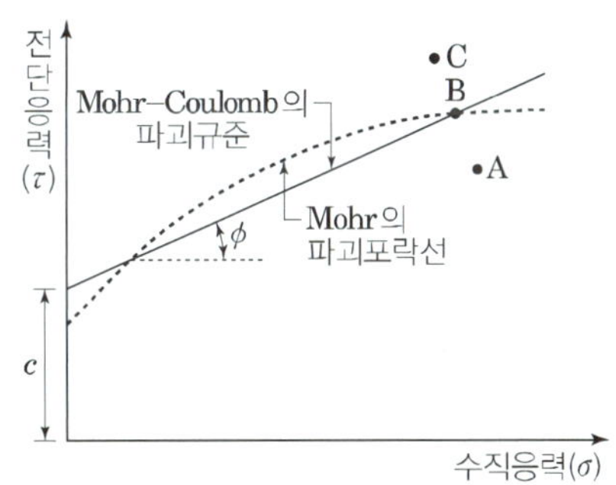

흙의 전단강도는 흙 입자 사이에 작용하는 점착력과 내부마찰력으로 이루어진다.

$\tau = C + \sigma' \cdot \tan\phi$

여기서, τ: 전단강도(N/mm^2)

c: 점착력(N/mm^2)

σ': 수직응력(유효응력)(N/mm^2)

ϕ: 내부마찰각Internal Friction Angle (°)

전단응력이 전단강도보다 크면 전단파괴가 일어난다.

종류와 방법

Ⅳ. 흙의 종류에 따른 파괴포락선 - 전단응력의 변화

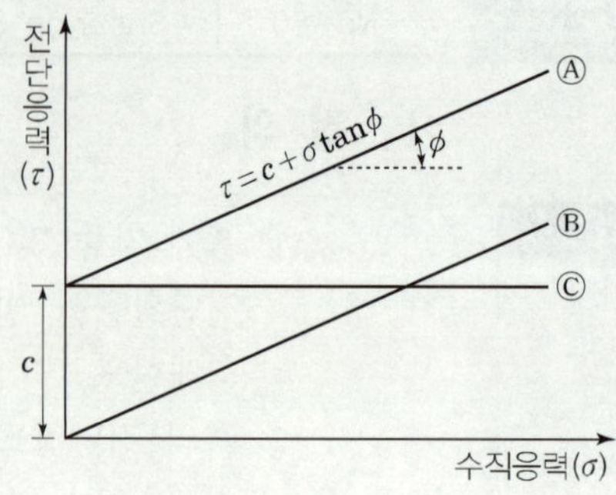

1) 일반흙 (A)

$\tau = C + \sigma' \cdot \tan\phi$

2) 모래 (B)

모래지반에서는 점착력 $C = 0$이므로 $\tau = \sigma' \cdot \tan\phi$

3) 포화점토 (C)

포화점토 지반에서는 내부마찰각 $\phi = 0$이므로 $\tau = C$

Ⅴ. 전단시험의 종류

실내시험	실외시험
직접 전단시험	베인전단시험
일축 압축시험	원추형 관입시험
삼축 압축시험	표준관입 시험

★★★ 1. 지반조사 63

2-20	흙의 투수성(지반투수계수)	
No. 61	Permeability	유형: 지표·성질·기준

종류와 방법

역학적 성질

Key Point

◩ 국가표준
- KS F 2322

◩ Lay Out
- 투수계수
- 투수계수에 영향을 미치는 요소
- 투수계수를 구하는 방법

◩ 핵심 단어
- 입자와 배열에 따라 공극 사이로 통과

◩ 연관 용어
- 전응력
- 유효응력
- 간극수압
- 간극비
- 배수공법
- 모세관현상

다르시의 법칙(Darcy's law)

- 다공질계(토양)에서 물(지하수)의 이동속도를 표시한 법칙

$$Q = K\left(\frac{h1-h2}{L}\right)$$

Q=전투수량

K=투수계수

A=단면적

$\frac{(h1-h2)}{L}$=수두경사

Ⅰ. 정 의

① 흙의 입자와 배열에 따라 공극 사이로 물이 얼마나 잘 통과하는가에 대한 능력

② 배수공사와 지하수 처리에 중요한 영향을 미치며, 투수계수 값이 클수록 투수성이 큰 지반

Ⅱ. 투수계수

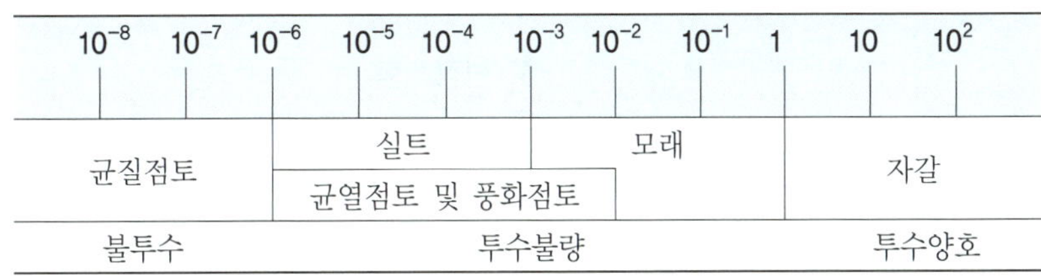

단위: cm/sec

Ⅲ. 투수계수에 영향을 미치는 요소

① 흙 입자의 크기가 클수록 투수계수가 증가한다.

② 물의 밀도와 농도가 클수록 투수계수가 증가한다.

③ 간극비가 클수록 투수계수가 증가한다.

④ 지반의 포화도가 클수록 투수계수가 증가한다.

⑤ 물의 점성계수가 클수록 투수계수가 감소한다.

Ⅳ. 투수계수를 구하는 방법

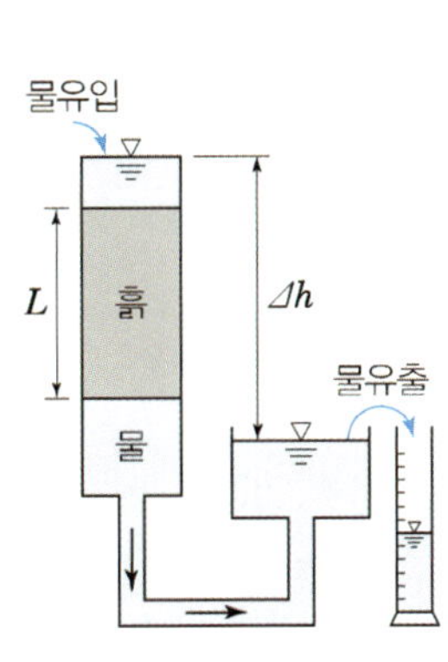

[정수위 투수시험]

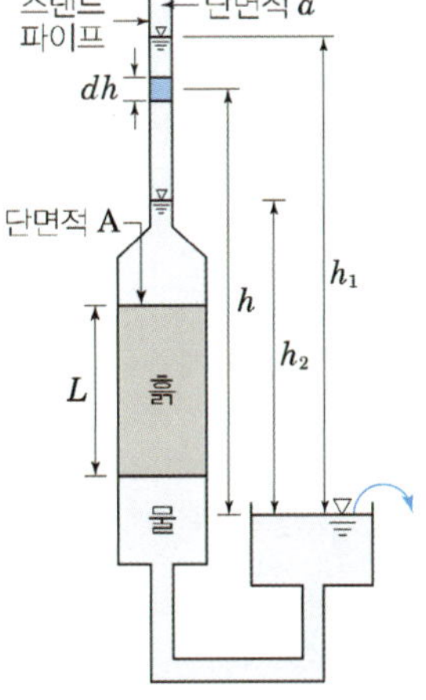

[변수위 투수시험]

종류와 방법

1) 정수위 투수시험(constant head permeability test)

① 적용범위: $K = 10^{-2}$ 10^{-3}cm/sec인 투수계수가 큰 모래지반

② 시험방법: 수두차를 일정하게 유지하면서 일정시간 동안의 유량을 측정

2) 변수위 투수시험(falling head permeability test)

① 적용범위: $K = 10^{-3}$ 10^{-6}cm/sec인 투수계수가 작은 흙

② 시험방법: 물이 스탠드 파이프를 통하여 시료를 통과해 수위차를 이루는데 걸리는 시간을 측정

3) 압밀시험

① 적용범위: $K = 10^{-7}$cm/sec이하의 불투수성 흙

② 시험방법: 압밀시험에 의한 간접적인 시험

4) 현장시험

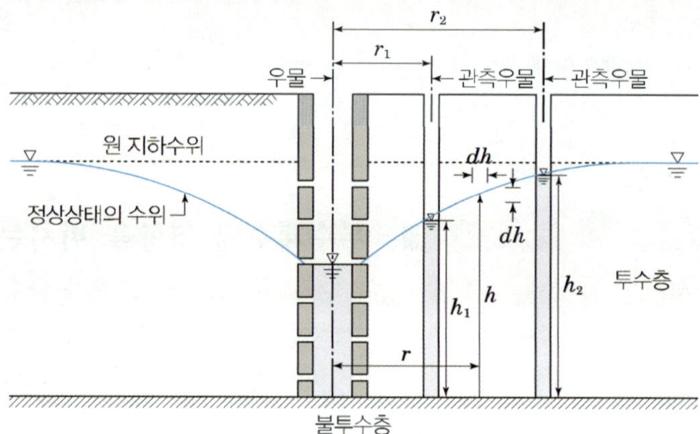

현장의 흐름방향의 평균 투수계수는 양수시험에 의하여 측정

① 깊은 우물(Deep Well)에 의한 방법

② 굴착정(Artesian)에 의한 방법

종류와 방법

역학적 성질

Key Point

◩ 국가표준

◩ Lay Out
- 침투압 산정식
- 침투방향에 따른 평가
- 발생하는 현상

◩ 핵심 단어
- 침투수
- 침투방향
- 단위면적당 침투력

◩ 연관 용어
- 전응력
- 유효응력
- 간극수압
- 간극비
- 배수공법
- 모세관현상

☆☆☆ 1. 지반조사 107

2-21	흙의 투수압	
No. 62	seepage force(침투압)	유형: 지표·현상·성질

Ⅰ. 정 의

① 침투수에 의해 침투방향으로 흙이 받는 단위면적당 침투력

② 침투력은 침투수에 의해 침투방향으로 흙이 받는 힘이며, 침투력은 체적에 대한 침투힘의 크기이며, 물 흐름의 방향이 상향에 있는 곳에서 침투력은 중력과 반대방향으로 작용하고, 흐름의 방향이 하향에 있는 곳에서 침투력은 중력방향으로 작용한다.

Ⅱ. 침투압 산정식

$\Delta h \times \gamma_w$

여기서, Δh: 임의의 두 지점 간의 수두차, γ_w: 물의 단위중량

침투 시 유효응력은 흐름방향에 따라 $\Delta h \times \gamma_w$만큼 변화가 발생되며 $\Delta h \gamma_w$를 침투압(Seepage Pressure)이라 함

Ⅲ. 침투방향에 따른 평가

① 하향침투는 침투압밀공법(Hydraulic Consolidation Method)의 원리에 적용됨

② 상향침투는 분사현상(Quick Sand)의 발생과 관련되며 수두차가 커져 한계동수구배에 이르면 Boiling이 발생됨

Ⅳ. 발생하는 현상

1) 모세관현상(Capillary Action)

흙속의 간극에 표면장력이 작용하게 되면 물이 어느 높이까지 상승하게 되는 현상

2) 피압

지하수위를 갖는 대수층을 자유대수층(Free Aquifer)이라 하며 불투수층 밑의 대수층이 상부 불투수층 영향으로 압력을 받은 상태를 피압이라 하고 이때의 대수층을 피압대수층(Confined Aquifer)이라 함

3) 분사현상(Quick Sand)

모래지반에서 상향의 침투압과 모래의 유효응력이 같게 되면 전단강도가 0이 되는 현상

4) Boiling

분사현상의 결과로 모래입자가 분리되어 끓어지는 상태

5) Piping

Boiling의 결과로 물의 통로가 생겨 pipe 같은 공동이 생기는 현상

☆★★ 1. 지반조사

2-22	간극수압	
No. 63	pore water pressure	유형: 현상·지표·성질

종류와 방법

역학적 성질

Key Point

◩ 국가표준

◩ Lay Out
- 간극수압의 크기
- 간극수압의 특징
- 유효응력과의 관계

◩ 핵심 단어
- 간극내 물이 부담하는
- 응력
- 상향수압
- 간극수

◩ 연관 용어
- 유효응력
- 피에조미터
- 투수압

Ⅰ. 정 의

① 간극을 채우고 있는 물이 부담하는 응력으로 지중에 포함된 물에 의한 상향수압

② 지반의 유효응력·전단강도를 저하시키고, 지하수위로부터 깊어질수록 커지는데 지하수위·지반의 투수성·압밀의 진행 등의 조사에 이용된다.

Ⅱ. 간극수압의 크기

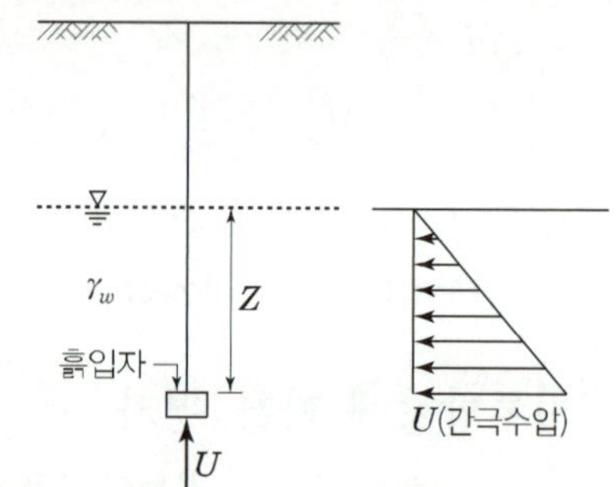

$U = \gamma_w \cdot Z$

U: 간극수압

γ_w : 물의 단위중량

Z: 물의 깊이

Ⅲ. 간극수압의 특징

① 지반 내(內) 유효응력(Effect Stress)을 감소시킨다.

② 지반 내(內) 전단강도(Shearing Strength)를 저하시킨다.

③ 물이 깊을수록 간극수압이 커진다.

④ 피에조 미터(Piezometer)로 측정한다.

Ⅳ. 유효응력과의 관계

유효응력(Effective Stress)σ' : =
전응력(Total Stress, σ) − 간극수압(Pore Water Pressure, μ)

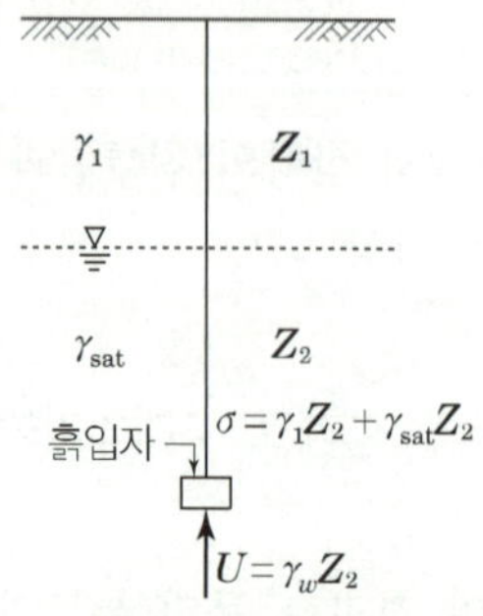

γ_1 : 흙의 단위중량

Z_1 : 흙의 깊이

γ_{sat} : 흙의 포화상태 단위중량

Z_2 : 물의 깊이

유효응력

상향침투 시 유효응력은 침투수만큼 감소하고 간극수압은 침투수만큼 증가

- 전응력: 유효응력+간극수압
- 유효응력: 토립자가 부담하는 응력
- 간극수압: 간극수가 부담하는 응력

- 동수경사[動水傾斜]
hydraulic gradient
동수경사는 두 지점의 지하수위의 차이를 두 지점간의 거리로 나눈 비를 말하며, 지하수의 이동을 일으키는 원동력

★★★ 1. 지반조사 69.87.106.131

2-23	압밀(Consolidation), 압밀침하	
No. 64		유형: 현상· 성질

종류와 방법

역학적 성질

Key Point

◪ 국가표준

◪ Lay Out
- 압밀현상의 발생 Mechanism
- 압밀의 3단계
- 방지대책

◪ 핵심 단어
- Why: 유효상재하중으로
- What: 간극에서의 물이 배출
- How: 간극에서의 물이 배출되면서 장기간에 걸쳐 압축

◪ 연관 용어
- 유효응력
- 압밀도
- 과잉공극수압
- 상대밀도

압밀의 특성

- 연약한 점성토 지반에서 발생
- 장기간에 걸쳐 진행
- 소성적 변형 (Plastic Deformation) 발생

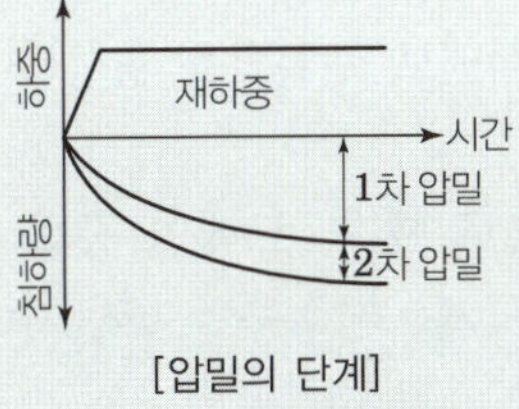

[압밀의 단계]

Ⅰ. 정 의

① 투수성이 작은 점성토 지반위의 유효상재하중으로 인하여 간극에서의 물이 배출되면서 장기간에 걸쳐 압축(침하)되는 현상

② 흙이 하중을 받으면 체적이 감소하여 단위중량이 증가하는데 체적의 감소는 흙입자의 변형이나 재배열, 물의 배출현상 등에 의해 발생하게 된다.

Ⅱ. 압밀현상의 발생 Mechanism(압축 및 체적변화)

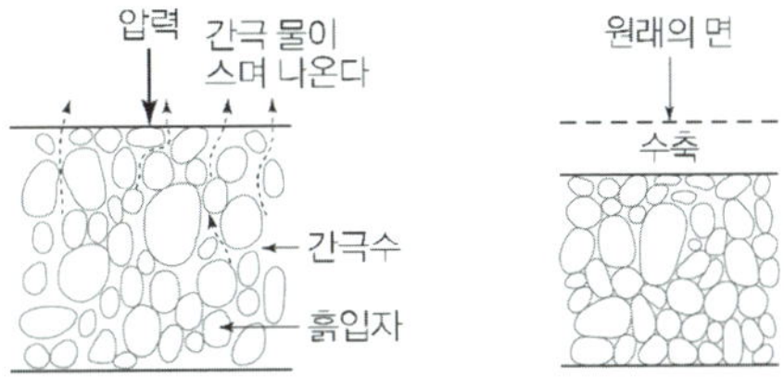

외력에 의해 흙의 간극 내 존재하는 간극수가 배출되면서 압축변형

Ⅲ. 압밀의 3단계

1) 초기압축

연약한 점성토 지반에서 발생하중을 받는 초기에 발생하는 침하

2) 1차 압밀침하(Primary Consolidation Settlement)

일정한 하중을 가했을 대 공극수가 유출되면서 생기는 현상으로 과잉공극수압이 100~0%일 때 발생하는 침하

3) 2차 압밀침하(Secondary Consolidation Settlement)

① 과잉간극수압이 완전히 소실된 후 흙 구조의 소성적 재조정 때문에 생긴 압축변형

② 원인: 지속하중으로 인하여 일어나는 점성토의 Creep 변형

Ⅳ. 방지대책

1) 다짐: 흙의 밀도증가

Sand Compaction(사질토, 점성토)

2) 압밀배수: 압밀촉진, 잔류침하 감소, 지반의 강도 증가

Pre-loading, 연직배수(탈수)공법, 진공압밀공법, 생석회 말뚝공법,

3) 고결 열처리: 전단변형 방지, 침하감소, 활동파괴 방지

표층혼합처리공법, 심층혼합처리공법, 약액주입공법(사질토, 점성토)

4) 치환공법: 침하감소, 활동파괴 방지

굴착치환, 강제치환, 폭파치환

종류와 방법

역학적 성질

Key Point

◩ 국가표준

◩ Lay Out
- 액상화 발생 Mechanism
- 액상화 거동에 영향을 미치는 요소
- 액상화 방지대책

◩ 핵심 단어
- What: 물에 포화된 느슨한 사질지반
- Why: 순간충격 및 지진에 의해 간극수압 상승 간극
- How: 유효응력과 전단저항 감소

◩ 연관 용어
- 간극수압
- 유효응력
- 점착력
- 상대밀도

액상화 발생조건

- 깊이 20m 이내의 두꺼운 모래층
- 느슨한 모래층(간극이 큼)
- N값 20 이하
- 점성토분이 적은 사질토
- 지하수위가 높을 때

- 참고사항
  - 액상화는 1950년대 초에 US. Waterways Experiment Station의 연구팀에 의해 처음으로 실험실에서 시험이 수행되었다.

★★★ 1. 지반조사 71.90.110.130

2-24	액상화(Liquefaction)	
No. 65		유형: 현상

Ⅰ. 정 의

① 물에 포화된 느슨한 사질토 지반에서 순간충격·지진·진동 등에 의해 간극수압의 상승으로, 유효응력과 전단저항이 감소되어 지반이 액체와 같이 변하는 현상

② 액상화로 인하여 부동침하·지반이동 등의 변형을 사전에 방지하기 위하여 배수공법으로 잉여수를 줄이거나 약액을 주입하여 밀도를 높여야 한다.

Ⅱ. 액상화 발생 Mechanism(지반의 배열변화)

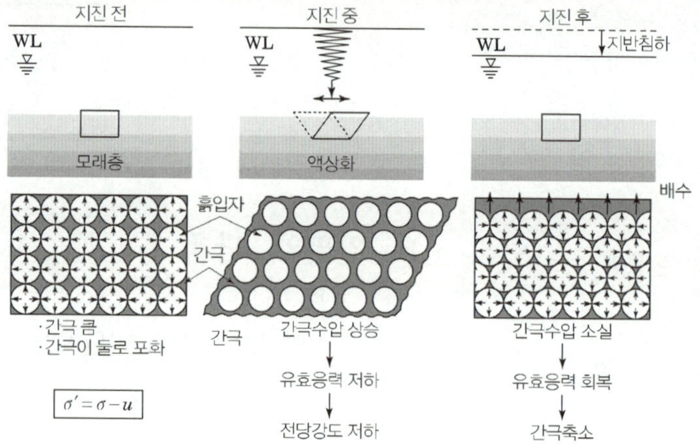

Ⅲ. 액상화 거동에 영향을 미치는 요소

① 모래의 입도 ② 흙의 구조
③ 초기 상대밀도(조밀정도) ④ 응력상태(유효응력)

Ⅳ. 액상화 방지대책

① 느슨한 모래지반은 간극이 큼: 땅속에 모래기둥을 압입하여 지반을 다진다. (Sand Compaction 공법을 통하여 간극 축소)

② 유효응력 증대: 고화재(固化材)로 채운다.(약액주입)

③ 지반의 변형 억제: 지중에 격자형으로 소일시멘트 주열벽을 형성하여 억제

④ 지진 시에 생기는 과잉간극수압을 드레인으로 뺀다. 드레인 공법

⑤ 간극수압 상승 억제 및 간극의 포화상태 억제: 배수공법으로 지하수위와 간극수압 상승을 억제

⑥ 유효응력을 증대시킨다.

⑦ 입도를 개량: 흙의 치환

☆☆★ 1. 지반조사 107

2-25	동상현상, 동결심도	
No. 66	frost heaving, freezing depth	유형: 현상·지표·성질

종류와 방법

역학적 성질

Key Point

◪ 국가표준

◪ Lay Out
- Ice Lense 형성과정
- 동상이 일어나는 조건 및 영향인자
- 동상 방지대책

◪ 핵심 단어
- Why: 얼어서 부피 9% 팽창
- What: 흙속의 공극수
- How: 지표면이 부풀어

◪ 연관 용어
- 동결지수
- 연화현상(Frost Boil)
- 동결선
- 기초설계

아이스렌즈

- 흙이 서서히 동결(凍結)하였을 때에, 흙 속에 형성된 얇은 렌즈 모양의 얼음 층(層)

- 동결심도

$Z = C \cdot \sqrt{F} = C \cdot \sqrt{\theta \cdot t}$

Z=동결심도(cm)

F=동결지수(℃ · day)

C=지역에 따른 상수(3~5)

- 동결지수

0℃ 이하 온도의 지속시간

$F = \theta \cdot t$

θ=0℃ 이하의 온도

t=지속시간

Ⅰ. 정 의

① 흙 속의 공극수가 얼어서 부피가 9% 팽창되기 때문에 지표면이 부풀어 오르는 현상

② 지반면에서 지하 동결선까지의 기온이 0℃ 이하가 되면 지표면의 물이 동결되고 점차로 어는 깊이가 깊어지며, 공극의 물이 얼면 체적이 증가되고, 공극이 작아져서 아래의 지하수가 모관작용에 의하여 다시 상승하여 얼어서 지표면이 부풀어 오르게 된다.

Ⅱ. Ice Lense 형성과정

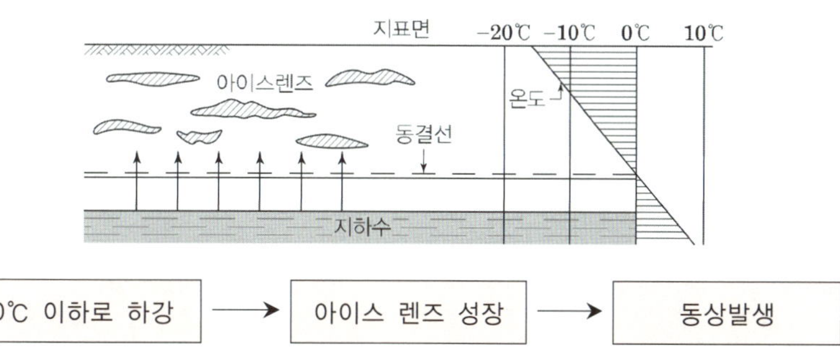

0℃ 이하로 하강 → 아이스 렌즈 성장 → 동상발생

0℃ 이하로 기온이 지속되면 아이스 렌즈가 커지면서 동상(凍上)이 발생

Ⅲ. 동상이 일어나는 조건 및 영향인자

① 동상을 받기 쉬운 흙(실트)이 존재해야 한다.

② Ice Lense를 형성할 수 있도록 물의 공급이 충분해야 한다.

③ 0℃ 이하의 동결온도가 오래 지속되어야 한다.

④ 흙의 모관 상승고가 클수록 영향이 크다.

⑤ 흙의 투수성이 클수록 영향이 크다.

⑥ 지하수위가 동결선 위에 존재 한다.

Ⅳ. 동상 방지대책

① 배수구 등의 설치로 지하수위를 저하시킨다.

② 모관수의 상승을 차단할 수 있는 층(모래, Concrete, 아스팔트)을 지하수위보다 높은 곳에 설치

③ 동결깊이 상부에 있는 흙을 동결되지 않는 조립토(자갈, 쇄석, 석탄재)로 치환

④ 지표의 흙을 화학약액($MgCl_2$, $NaCl$, $CaCl_2$)으로 처리하여 동결온도를 저하시킨다.

☆☆★ 1. 지반조사 116

2-26	건축공사의 토질시험	
No. 67	soil test	유형: 시험

종류와 방법

토질시험

Key Point

◪ 국가표준
- KS F 2306
- KS F 2314

◪ Lay Out
- 토질시험 항목
- 유의사항
- 토질조사와 비교

◪ 핵심 단어
- 물리적
- 역학적
- 화학적

◪ 연관 용어
- 원위치 시험

Ⅰ. 정 의

① 지반이나 흙에 관계된 구조물의 설계나 시공을 할 때에 필요한 흙의 물리적·역학적·화학적인 성질을 구하는 시험

② 시료를 시험실로 가져와서 실시하는 시험

Ⅱ. 토질시험 항목

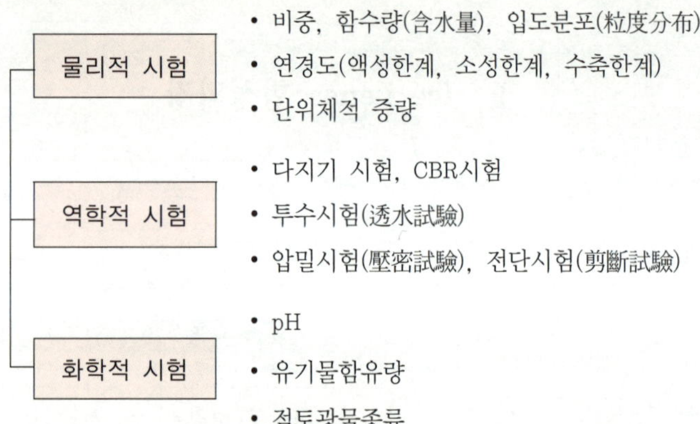

구조물의 설계나 시공에 충분한 도움이 되도록 시료의 채취법·채취장소, 시험의 종류와 방법 등을 적절하게 선택해야 한다.

Ⅲ. 유의사항

① 시료의 상태에 따른 시험종류 및 방법선정

② 현장 및 지반의 상태에 따른 시료의 채취법, 채취장소 고려

③ 지반 내(內) 전단강도를 저하시킨다.

④ 최대한 빨리 시험 실시

Ⅳ. 토질조사와 비교

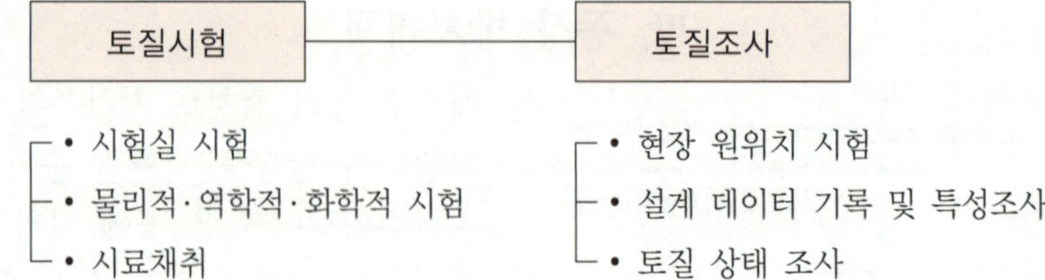

종류와 방법

토질시험

Key Point

◩ 국가표준
- KCS 10 20 20
- KS F 2592

◩ Lay Out
- 시험방법
- 특징
- Cone 관입시험의 분류

◩ 핵심 단어
- Cone
- 압입
- 관입 저항값
- 마찰력
- 지지력 측정
- 간극수압

◩ 연관 용어
- Cone 관입시험
- 투수성
- 간극수압
- 압밀

결과이용

- 비배수강도 결정
- 투수계수 결정
- 압밀계수 결정

☆☆☆ 1. 지반조사 93

2-27	Piezocone 관입시험	
No. 68	피에조콘 관입시험	유형: 시험

Ⅰ. 정 의

Rod 선단에 부착한 전기식 Cone을 일정한 속도로 지중에 압입하여 Cone관입 저항값과 마찰 Sleeve의 마찰력으로 지반의 지지력을 측정하고, 간극수압을 측정하여 흙의 투수성·압밀특성을 추정하는 시험

Ⅱ. 시험방법

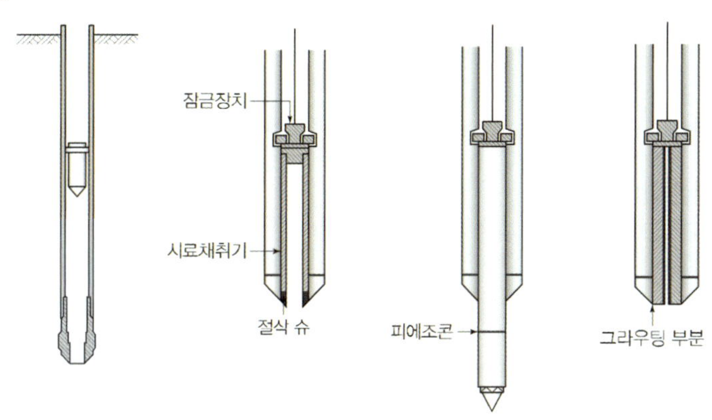

- Piezo meter: 지반의 지지력을 측정
- Cone관입: 지반의 지지력 측정

Ⅲ. 특 징

① 전기식Cone은 연속적으로 자동측정 가능
② 측정오차가 작기 때문에 널리 사용
③ 점토층의 깊이 및 두께 측정

Ⅳ. Cone 관입시험의 분류

- 휴대용 콘관입
  - 얕은 깊이의 지반강도 조사
  - 차량 및 중장비 진입 가능여부 판정
  - 깊이 10cm마다 1cm/sec의 속도로 관입하여 점착력 파악
- 화란식 콘관입
  - 지반에 압입하면서 관입저항력을 측정하여 조밀한 정도 조사
  - 주로 연약한 점성토 지반의 특성 조사
  - 시험간격은 25cm 정도, 시험깊이는 20~30m
- 동적 콘관입
  - 표준관입시험에서 샘플러 대신에 콘을 타격 관입
  - 30cm 깊이마다 낙하횟수 측정
  - 시추공에서 하는 것이 아니라 콘을 타격하여 관입

지반의 심도변화에 따라 연속적인 시험 가능해야 한다.

2-28	압밀도와 시험방법	
No. 69	degree of consolidation	유형: 지표·성질·시험

종류와 방법

토질시험

Key Point

- 국가표준
  - KS F 2316
- Lay Out
  - 압밀시험의 목적
  - 시험방법
  - 과압밀비(過壓密, Over Consolidation Ratio)
  - 시험종류
- 핵심 단어
  - 간극수압
  - 간극수의 배수정도
- 연관 용어
  - 압밀침하
  - 들밀도 시험

Ⅰ. 정 의

① 점성토 지반에서 어느 시점의 과잉간극수압 소산의 정도 또는 압밀의 진행정도를 백분율로 표시한 것(어느 시점의 압밀량과 최종 압밀량의 비율)

② 점성토 지반에 하중을 재하하면 흙 속의 간극수 배수가 원활하지 않아 과잉간극수압이 발생하게 되며, 간극수의 배수 정도에 따라 압밀량을 파악하는 것

Ⅱ. 압밀시험의 목적

① 최종침하량 산정

② 침하속도 산정

③ 흙의 이력상태 파악

④ 투수계수 파악

Ⅲ. 시험방법

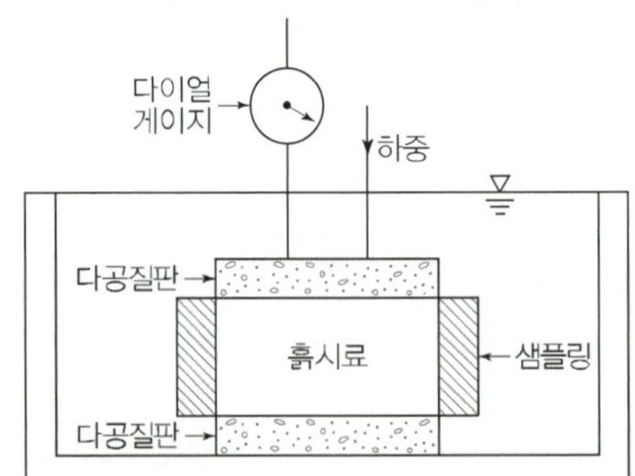

- 시료채취: 현장에서 채취한 흐트러지지 않은 시료 사용
- 공시체 크기: 지름 60mm, 높이 20mm

① 공시체를 압밀링에 넣고 하중을 0.1, 0.2, … 12.8kg/cm^{2}로 가하고, 각 단계마다 6초, 9초, 15초, 30초, … 24시간씩 침하량 측정

② 최종 단계의 압밀이 끝나면 재하를 푼 후 시료의 중량과 함수비 측정

③ 각 단계의 하중마다 압출량-시간곡선을 그린다.

④ 전 단계의 하중에 대한 간극비-하중곡선을 그린다.

- 압밀도

U_i: 초기 과잉간극수압

U_e: 점토층의 임의심도에서 임의시간의 과잉간극수압

$$\frac{U_i - U_e}{U_i} \times 100(\%)$$

종류와 방법

- A: Overconsolidated clay
  - 현재 받고 있는 유효상재 하중이 과거에 받았던 최대 하중보다 작은 하중인 경우
- B: Normally consolidated clay
  - 현재 받고 있는 유효상재 하중이 과거에 받았던 최대하중인 경우
- C: Underconsolidated clay
  - 하중을 가하지 않아도 압밀이 진행되는 점토

Ⅳ. 과압밀비(過壓密, Over Consolidation Ratio)

① 점토지반에서 건축물을 축조할 때 점토지반에 대한 압밀 정도를 알아보는 것
② 건축물 축조 시 지반이 받는 현재의 유효응력에 대한 선행압밀응력의 비
③ 극한 지내력을 안전율로 나눈 값
④ 과압밀비(OCR)= $\dfrac{P_0(\text{선행압밀응력})}{P_c(\text{현재의 유효연직응력})}$

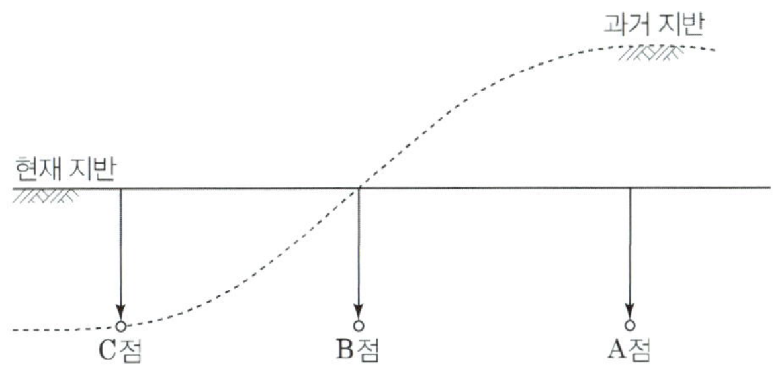

Ⅴ. 시험종류

종류	내용
표준 압밀시험	• 방법: 공시체를 성형하여 압밀상자에 시료를 넣은 후 가압판을 시료위에 올려놓고 변형량 측정장치를 설치하여 재하시간을 24시간으로 하여 재하 – 침하량 측정
	• 특징: 재하비와 재하시간 고정, 1.2차 압밀 측정, 간극수압 측정
일정변형률 압밀시험	• 방법: 시료를 고정 링상자에 설치하고 포화시키며 시험하는 동안 시료의 상부면으로만 배수를 허용한다. 하중을 계속 증가시켜서 변형률이 일정하게 되도록 하고 과잉 간극수압을 측정
	• 특징: 급속압밀, 시험중 변형률 일정(연속하중), 간극수압측정, 2차압밀 곤란
Rowe Cell 압밀시험	• 방법: 시료 위 고무판에 임의의 하중을 가함
	• 특징: 급속압밀, 완속압밀 가능, 간극수압 측정
자중 압밀시험	• 방법: 압축공기를 주입하여 시료를 충분히 교반하여 시간경과에 따라 시료의 계면고를 측정
	• 특징: 자중압밀, 1차압밀 측정, 2차압밀 측정곤란
침투 압밀시험	• 방법: 침투압에 의해 자중압밀
	• 특징: 자중압밀, 1차압밀 측정, 2차압밀 곤란

☆☆☆ 1. 지반조사 82

2-29	지내력 시험	
No. 70	soil bearing test	유형: 시험·측정

종류와 방법

지내력 시험

Key Point

◪ 국가표준
- KS F 2444

◪ Lay Out
- 시험의 종류

◪ 핵심 단어
- 기초저면
- 상부구조의 하중 지지
- 허용지지력

◪ 연관 용어
- 지지력과 지내력
- 부동침하

Ⅰ. 정 의

① 기초저면에서 지반이 상부 구조의 하중을 지지하는 허용지지력을 구하는 시험

② 지내력은 지반의 강도와 변형(침하)에 대한 내력으로서, 지반이 하중을 지지하는 능력인 지지력과 구조물 안전성에 피해를 주지 않는 범위에서 허용되는 허용침하량을 만족시키는 지반의 내력

Ⅱ. 시험의 종류

종류		내용
평판재하시험 (Plate Bearing Test)	정의	• 구조물의 기초가 면하는 지반에 재하판을 통해서 하중을 가하여 지반의 지지력을 산정하는 원위치 시험
	시험 방법	• 최소한 3개소 시험을 하며, 시험개소 사이의 거리는 재하판 지름의 5배 이상 • 예비재하를 한 다음 1Cycle 방식 혹은 다(多) Cycle 방식 중 선정하여 실시 • 하중 증가: $98kN/m^2$ 이하 또는 예상지지력의 1/6 이하의 하중으로 나누고 누계적으로 동일하중을 가함 • 재하시간 간격: 최소 15분 이상, 시간간격 변경 시 일련의 모든 시험에 동일적용 • 침하량 측정: 하중증가 바로 전후, 일정하중 유지 시 동일시간 간격으로 6회 이상 측정
말뚝재하시험 (Load Test of Pile)	정의	• 말뚝 몸체에 발생하는 응력과 속도의 상호관계를 측정하거나 말뚝에 실재하중을 가하는 방법, jack으로 재하하여 하중과 침하량의 관계로부터 지지력을 구하는 시험이다.
	시험 방법	• 정재하시험(압축재하, 인발시험, 수평재하시험) • 동재하 시험
말뚝박기시험 (Pile Driving Test)	정의	• 본말뚝박기에 앞서 말뚝길이, 지지력 등을 조사하는 시험
	시험 방법	• 기초면적 $1500m^2$까지는 2개, $3000m^2$까지는 3개의 단일 시험말뚝을 설치한다. • 실제말뚝과 똑같은 조건으로 시행 • 최종 관입량은 5~10회 타격한 평균침하량으로 본다. • 최종 관입량과 Rebound 측정량으로 지지력을 추정한다.

허용지내력

- 극한 지내력을 안전율로 나눈 값. 안전율은 구조물의 종류, 중요성 등에 의해 결정되지만 일반적으로 1.5~3이다.
- 허용지내력은 허용지지력과 장기침하를 고려한 허용 침하를 동시에 만족시켜야 한다.
- 지반의 허용 지지력과 침하 또는 부동 침하가 허용 한도 내에 드는 힘 중 작은 쪽의 힘 또는 하중도
- 극한지지력: 구조물을 기초가 지지할 수 있는 지반의 최대 저항력

종류 및 방법

지내력 시험

Key Point

◩ 국가표준
- KS F 2444

◩ Lay Out
- 시험기구의 명칭과 기능
- 시험방법
- 시험종결 및 유의사항
- 시험결과의 적용
- 시험결과의 적용 시 유의사항

◩ 핵심 단어
- Why: 허용지지력 산정
- What: 기초저면
- How: 지반에 재하판을 통해서 하중을 가하여

◩ 연관 용어
- 지지력과 지내력
- 부동침하

☆☆★ 1. 지반조사

2-30	평판재하 시험	
No. 71	PBT: Plate Bearing Test	유형: 시험·측정

Ⅰ. 정 의

① 구조물의 기초가 면하는 지반에 재하판을 통해서 하중을 가하여 지반의 허용지지력을 산정하는 원위치 시험

② 적용범위: 재하판 지름의 2배에 해당하는 깊이까지만 자료제공
- 비교란 시료의 채취가 불가능한 경우
- 지층구성이 복잡한 경우
- 온통기초나 독립기초에서 주로 실시

Ⅱ. 시험기구의 명칭과 기능

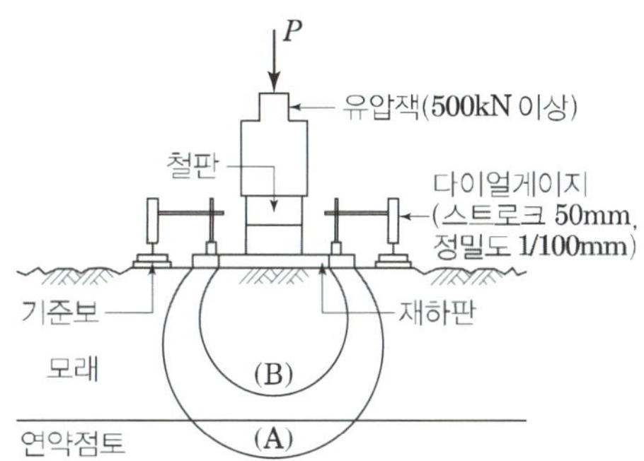

기구명칭	내용
Jack	용량 500kN 이상 또는 최대예상하중 용량
Load Cell	하중을 ±2% 정밀도로 측정
Dial Gauge	스트로크 50mm 이상, 0.01mm 정밀도 필요
재하판	지름 300~750mm(두께 25mm 이상)의 강재원판
지주	시험장소에서 2.4m 떨어진 점에서 지지

Ⅲ. 시험방법

① 재하판: 두께 25mm 이상, 지름 300mm, 400mm, 750mm인 강재 원판을 표준으로 함

② 시험위치: 최소 3개소

③ 시험 개소 사이의 거리: 최대 재하판 지름의 5배 이상 지지점은 재하판으로 부터 2.4m 이상 이격

④ 하중 증가: 계획된 시험 목표하중의 8단계로 나누고 누계적으로 동일 하중을 흙에 가한다.

⑤ 재하시간 간격: 최소 15분 이상

종류 및 방법

Ⅳ. 시험종결 및 유의사항

① 최종침하의 진행과 하중비율 일정할 경우
② 시험기의 용량 이상 하중으로 증가할 경우
③ 침하량 측정: 하중재하가 된 시점에서, 그리고 하중이 일정하게 유지되는 동안 15분까지는 1, 2, 3, 10, 15에 각각 침하를 측정하고 이 이후에는 동일 시간 간격으로 측정한다. 10분간 침하량이 0.05mm/min 미만이거나 15분간 침하량이 0.01mm 이하이거나, 1분간의 침하량이 그 하중 강도에 의한 그 단계에서의 누적 침하량의 1% 이하가 되면, 침하의 진행이 정지된 것으로 본다.
④ 침하종료: 시험하중이 허용하중의 3배 이상이거나 누적 침하가 재하판 지름의 10%를 초과하는 경우에 시험을 멈춘다.

Ⅴ. 시험결과의 적용

- 지반반력계수 $K_v = \dfrac{\Delta P}{\Delta S} = \dfrac{\text{단위면적당 하중변화량}}{\text{하중에 대응하는 침하량}}$
- 단기허용지지력 $q_a = 2q_t + \dfrac{1}{3}\gamma D_f N_q$
- 장기허용지지력 $q_a = q_t + \dfrac{1}{3}\gamma D_f N_q$

여기서, $q_t(\mathrm{t/m^2})$: 항복하중 1/2 또는 극한지지력 1/3 중 최소값
$\gamma(\mathrm{t/m^3})$: 지반의 평균 단위체적 중량
$D_f(\mathrm{m})$: 근접한 최저 지반면에서 기초 밑면까지의 깊이
N_q: 지지력 계수

Ⅵ. 시험결과의 적용 시 유의사항

① 재하판의 크기에 따라 응력분포 범위가 달라지므로 시험지점의 토질주상도 확인필요
② 지중응력 분포범위는 기초 폭의 2배 정도이므로 2배 이상 깊이까지 토질시험으로 하부지층의 성상 확인필요
③ 포화점토 경우는 압밀침하 별도로 고려
④ 허용지지력 결정시에는 허용 침하량도 동시에 고려

토공사
시공계획

시공계획
Key Point

- 국가표준
  - KCS 11 20 00
- Lay Out
  - 시공계획 검토사항
- 핵심 단어
- 연관 용어

★★★ 2. 토공

2-31	토공사 시공계획	
No. 72	Construction Plan For Earth Work	유형: 항목·구분

Ⅰ. 토공사 시공계획의 목적

충분한 사전조사를 통해 흙파기 공법, 흙막이 공법, 계측관리 등을 철저히 계획하여 경제적이고 안전한 토공사를 도모한다.

Ⅱ. 시공계획 검토사항

검토사항	내용	
설계도의 파악	지하공법의 결정	시공성의 확인
	• 지하 굴착부의 형상, 깊이 • 지하 외벽으로 부터 돌출물 • PIT 등의 위치, 형상, 깊이 • 지하 외벽 방수의 유무	• 경간, 층고, 기둥, 보의 위치 • 지하 외벽과 대지 경계의 거리 • 말뚝의 유·무, 종류, 공법 • 철골의 유·무와 범위
시방서의 파악	• 지하 공법에 대한 지시사항: 지정, 배수, 지보공의 공법 • 공해대책의 지시: 소음, 진동, 오염, 분진 방지대책 • 터파기에 대한 지시 • 되메우기에 대한 지시: 되메우기 방법, 재료	
지반조사 보고서의 파악	지하공법의 결정	폐토·잔토의 처리방법 결정
	• 지층의 구성, 흙의 형상, 지반 물성 • 지하수의 상태	• 매립 폐기물 유·무 • 처리 비용 산정 • 폐토, 잔토량의 측정
대지 내의 조사	• 지중 장애물 • 매설물 • 경계선의 위치 • 대지의 고저 • 작업 공간	
대지 주변의 조사	• 인접 구조물의 위치, 형상, 기초 형식 침하방지 • 교통 통제 상황 • 인접 주민의 상황(소음, 진동, 오염, 분진 등으로 인한 인접 주민의 반응) • 전기, 수도, 하수, 가스, 전화 등의 매설관->굴착에 의한 파손, 침하 방지 • 도로상황 • 토사 매립장(법적 규제사항, 잔토 반출계획에 운반시간 반영) • 인접 하천 • 주변 지역의 과거 지하 공사	

흙파기

공법 분류

Key Point

- 국가표준
  - KCS 11 20 15
- Lay Out
  - 공법분류
  - 굴착계획 수립
- 핵심 단어
- 연관 용어

☆☆☆ 2. 토공

2-32	흙파기 공법	
No. 73	excavation 공법	유형: 공법·항목

Ⅰ. 개 요

① 기초공사와 지하 구조체 공사를 위하여 땅을 파는 공법으로, 지하수 대책의 적정성, 흙파기 깊이, 안정성과 경제성, 현장여건 등을 충분히 고려하여 선정한다.

② 공사 전 흙파기 예정지반의 지반조사, 대지경계선 확보, 지하 매설물, 부지 성상·상태 등에 대한 상세한 사전조사가 필요하며 공사시에는 소음·진동·분진·비산먼지 등의 환경 공해를 최소화하는 대책수립이 필요하다.

Ⅱ. 공법 분류

- 온통파기공법
  - 경사 Open Cut 공법
  - 흙막이 Open Cut 공법
- 부분굴착공법
  - Island Cut 공법
  - Trench Cut 공법

Ⅲ. 굴착계획 수립

① 지반형상, 지층상태, 지하수위 등 사전조사 결과를 바탕으로 굴착공법 및 순서, 토사반출 방법

② 공사물량에 따른 소요인원 및 장비 투입 운영계획

③ 굴착예정지의 주변 및 지하매설물 조사결과에 따라 작업에 지장을 주는 가스관, 상·하수도관, 통신케이블 등 장애물이 있는 경우 이설·제거·거치 보전 대책

④ 우수 및 용출수에 대비한 배수(배수장비, 배수경로)처리

⑤ 굴착기계, 운반기계 등의 운전자와 작업자 또는 책임자 상호간 수기신호, 무선통신 등의 연락 신호체계

⑥ 흙막이 지보공 설치 시 계측 종류를 포함한 계측 계획

⑦ 굴착장비별 사용 시 안전대책

⑧ 굴착작업 과정에서 발생되는 작업자 재해요인별 안전시설물 설치방법

⑨ 유해가스가 발생될 수 있는 굴착 작업장소인 경우 유해가스 측정 및 환기계획

⑩ 토사반출을 목적으로 복공구조의 시설을 필요로 할 경우 적재하중 조건을 고려하여 구조계산에 의한 복공판 설치계획

흙파기

공법 분류

Key Point

◩ 국가표준
- KCS 11 20 15

◩ Lay Out
- 종류

◩ 핵심 단어

◩ 연관 용어

☆☆☆ 2. 토공 62

2-33	Open Cut 공법	
No. 74	온통파기, 개착공법(開鑿工法)	유형: 공법

Ⅰ. 정 의

본 구조물의 수평투영면적 부분을 온통 흙파기하는 공법

Ⅱ. 종 류

1) 비탈면 Open Cut

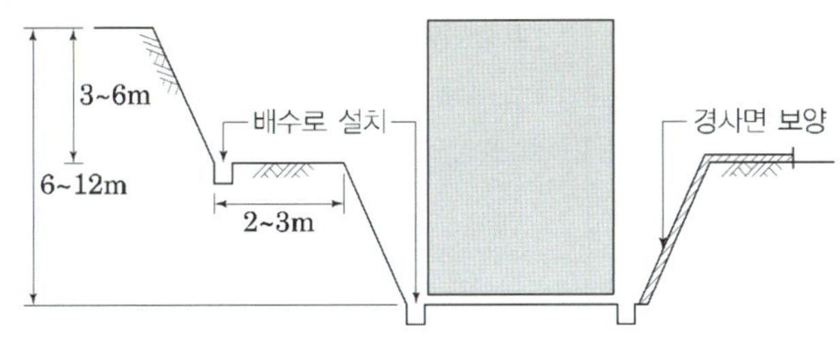

[비탈면 open cut 공법]

2) 흙막이 Open Cut

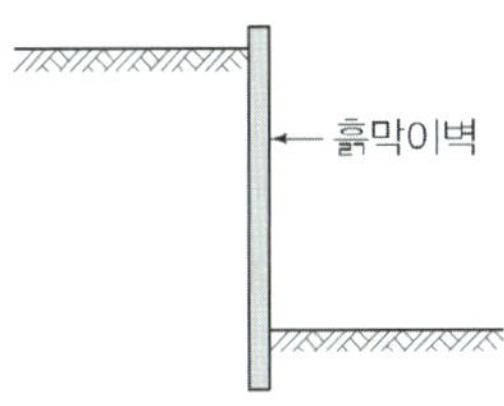

[자립공법]

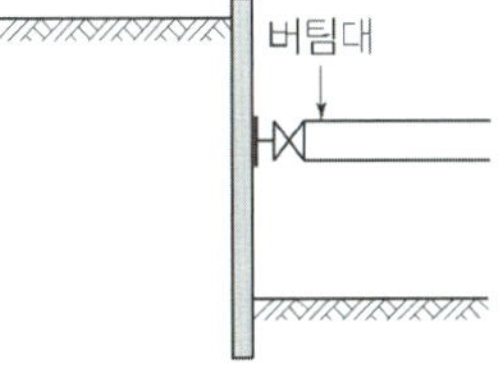

[버팀대공법]

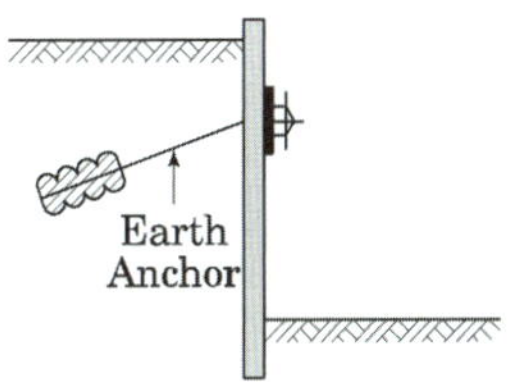

[Earth anchor 공법]

2-34	토사의 안식각(휴식각)	
No. 75	Angle of Repose	유형: 지표·기준

흙파기

공법 분류

Key Point

◩ 국가표준
- KCS 11 20 15

◩ Lay Out
- 토사의 안식각
- 흙의 안식각(대한주택공사, 조경설계기준, 1995)

◩ 핵심 단어
- 비탈면과 원지반
- 사면의 최대경사각
- 최대마찰각
- 함수량

◩ 연관 용어
- 터파기
- 전단강도

Ⅰ. 정 의

① 안정된 비탈면과 원지면이 이루는 흙의 사면(斜面)의 최대 경사각
② 흙의 종류, 함수량에 따라 변하며, 흙 입자간의 최대 마찰력에 의해 정해진다.

Ⅱ. 토사의 안식각

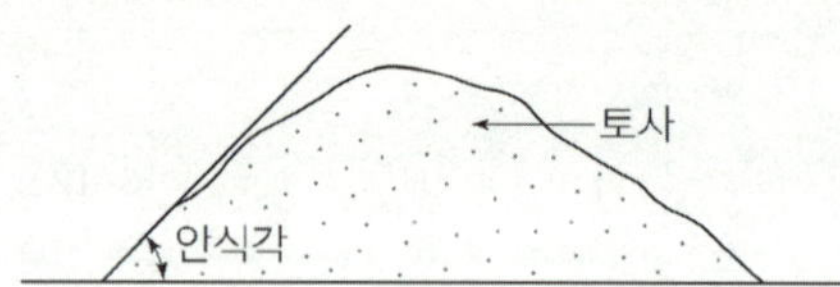

비탈면의 각도는 휴식각보다도 완만하게 한다.

Ⅲ. 흙의 안식각(대한주택공사, 조경설계기준, 1995)

흙의 종류	상태	안식각(°)	마찰계수
점토	• 건조한 것 • 수분이 적은 것 • 수분이 많은 것	• 20~37 • 40~45 • 14~20	• 0.36~0.75 • 0.54~1.00 • 0.25~0.36
모래	• 건조한 것 • 수분이 적은 것 • 수분이 많은 것	• 27~40 • 30~45 • 20~30	• 0.51~0.84 • 0.58~1.00 • 0.36~0.58
자갈	• 건조한 것 • 수분이 적은 것 • 수분이 많은 것	• 30~45 • 27~40 • 20~30	• 0.58~1.00 • 0.51~0.84 • 0.41~0.58
보봉 흙	• 건조한 것 • 수분이 적은 것 • 수분이 많은 것	• 20~40 • 30~45 • 14~27	• 0.36~0.84 • 0.58~2.00 • 0.25~0.51
작은 돌		• 35~48	• 0.70~1.11

Ⅳ. 특성

① 토사의 안식각은 토사의 종류, 함수량, 입자간 최대 마찰력에 따라 변화한다.
② 돋은 흙의 경사면은 깎아낸 경사면보다 각도가 크다
③ 실험적으로 모래를 조금씩 뿌려서 사면을 만들고 그 각도를 재어 구할 수 있음

☆☆☆ 2. 토공

2-35	Island cut 공법	
No. 76	아일랜드 컷	유형: 공법

흙파기

공법 분류

Key Point

- 국가표준
- Lay Out
  - 굴착개념
  - 특징
  - 시공 시 유의사항
- 핵심 단어
  - 중앙부 먼저 흙파기
  - 주변부 흙파기
- 연관 용어
  - 트렌치 컷

I. 정 의

① 흙막이 벽이 자립할 수 있는 만큼의 비탈면을 남기고 중앙부를 먼저 흙파기 하여 지하구조체를 축조하고 수평·경사 Strut로 흙막이 벽을 지지한 후 주변부를 흙파기 하여 구조물을 완성시키는 흙파기 공법

② 경사 Open Cut 공법과 흙막이 Open Cut 공법의 장점만을 절충·보완한 공법으로 지하구조체가 얕고, 흙파기 예정지반이 넓은 경우에 적용한다.

II. 굴착개념

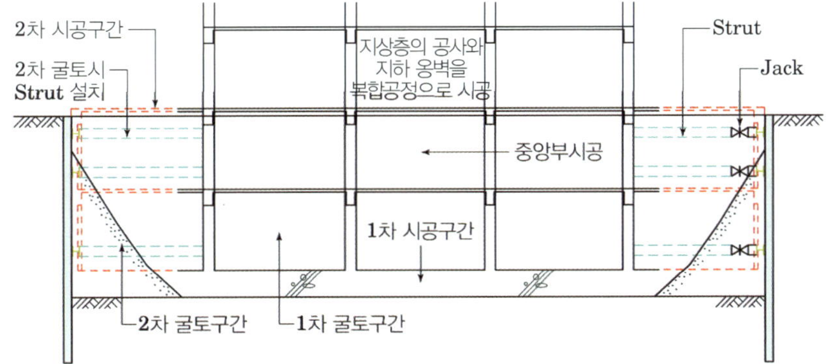

III. 특 징

① 얕은 지하구조물로 건축물 범위가 넓은 공사에 적당

② 연약지반에서는 깊은 굴착 부적당

③ 지하공사 2회 실시로 인하여 공기지연

IV. 시공 시 유의사항

① 굴착 깊이는 안전상 10m 내외로 한정하고 그 이상 깊어질 때는 타 공법과 병용하는 것이 좋다.

② 버팀대 설치 시 균형 및 경사각 유지

③ 비탈면 보강 검토

④ 주변부와 여유치수 확보시공

흙파기

공법 분류

Key Point

◩ 국가표준

◩ Lay Out
- 굴착개념
- 특징
- 시공 시 유의사항

◩ 핵심 단어
- 주변부 먼저 흙파기
- 중앙부 흙파기

◩ 연관 용어
- 아일랜드 컷

2-36	Trench cut 공법	
No. 77	트렌치 컷	유형: 공법

Ⅰ. 정 의

① 주변부를 먼저 흙파기 하여 지하 구조체를 축조하고 수평·경사 Strut로 흙막이 벽을 지지한 후 중앙부를 흙파기 하여 구조물을 완성시키는 흙파기 공법

② 지반이 연약하여 Open Cut 공법 적용이 어렵거나 기초 혹은 지하 구조체가 얕고, 흙파기 예정지반이 넓은 경우에 적용한다.

Ⅱ. 굴착개념

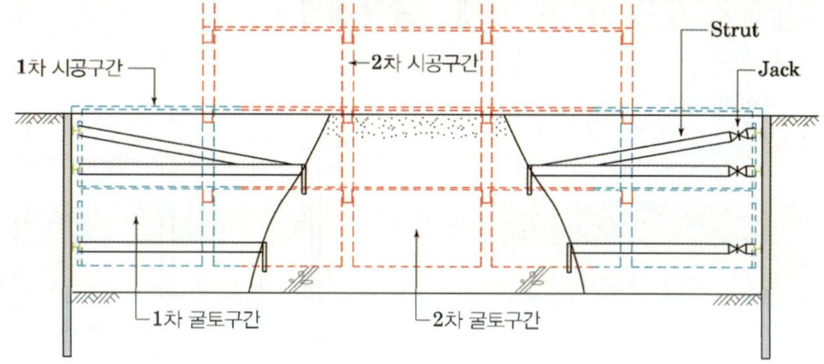

Ⅲ. 특 징

① Heaving 현상이 예상될 때
② 지반이 극히 연약하여 온통파기가 곤란할 때 적용
③ 굴착면적이 넓어 버팀대를 가설하여도 변형이 심히 우려될 때
④ 중앙 부분 공간 활용 가능
⑤ 흙막이벽의 이중설치로 원가상승
⑥ Island Cut공법보다 공기가 길다.

Ⅳ. 시공 시 유의사항

① 굴착 깊이는 안전상 10m 내외로 한정하고 그 이상 깊어질 때는 타 공법과 병용하는 것이 좋다.
② 주변부 굴착 시 양쪽 레벨확인 철저
③ 중앙부 굴착 시 원지반 훼손에 주의

흙파기

공법 분류

Key Point

- 국가표준
  - KCS 11 20 15
- Lay Out
  - 표준발파공법 및 진동규제기준별 이격거리
  - 암발파공법
  - 암파쇄공법
  - 발파진동 경감대책
- 핵심 단어
- 연관 용어

★★★ 2. 토공

2-37	암반파쇄와 발파공법	
No. 78	Rockmass breakage & blasting	유형: 공법

Ⅰ. 개 요

① 터파기 공사에서 암반이 출현했을 때 파쇄와 발파의 방법으로 공사하는 방법이며, 도심지에서는 인접건물에 직접적인 피해를 입히는 진동과 소음공해를 줄이는 것이 중요하다.

② 부지 내외부 구조물에 영향을 최소화 할 수 있는 공법선정이 필요하다.

Ⅱ. 표준발파공법 및 진동규제기준별 이격거리

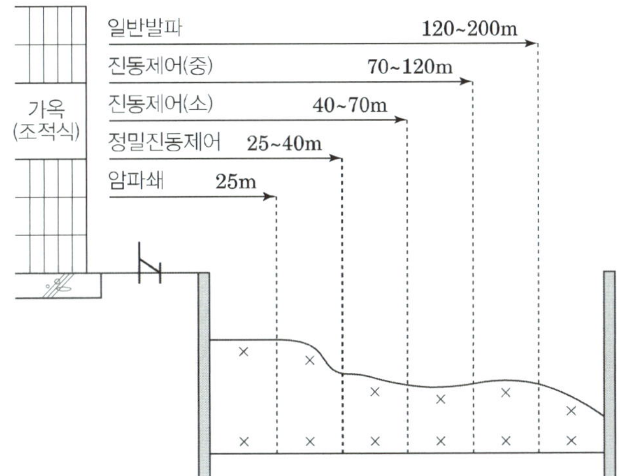

Ⅲ. 암발파공법

구분	정밀진동제어	진동제어	일반
공법	• 소량폭약으로 암반에 균열을 발생시킨 후, 대형브레이커에 의한 2차 파쇄	• 발파영향권내, 보안물건이 존재하는 경우, 시험발파 결과에 의해 발파설계 실시 → 규제기준	• 1공당 최대장약량이 발파규제기준을 충족할 만큼 보안물건과 이격된 영역
사용폭약	에멀젼계열 폭약		
천공지름	Φ51mm 이내	Φ45~76mm	Φ76mm
천공깊이(m)	2.0	2.7~3.2	5.7
천공저항성(m)	0.8	1.0~1.4	1.7
천공간격(m)	0.8	1.2~1.6	1.9

Ⅳ. 암파쇄공법

구분	급속유압 이용법	팽창성파쇄제 이용	전력충격 파암공법
적용공법	Super Wedge 공법	겔파쇄 공법	칼막 플라즈마 공법
원리	• 하나의 쐐기와 2개의 날개를 천공홀 내에 삽입하고 유압 실린더에 압력을 가하면 쐐기가 하강하면서 암반이 파쇄되는 방식	• 겔 상태 액체가 전기충격에 의해 화학반응을 일으키면서 순간적인 고온고압 상태로 전환되어 발생하는 팽창력으로 암반을 파쇄하는 방식	• 칼막 캡슐 내 필라멘트에 전격기를 연결하고 점화로 인한 화학반응으로 고온고압의 팽창력을 발생시켜 암반을 파쇄하는 방식
특징	• 소음, 비산, 분진 피해 없음 • 최소인원 투입	• 소음, 비산, 분진 피해 없음 • 공기단축, 공사비 절감	• 소음, 비산, 분진 피해 없음 • 전격기 설치장소가 필요

Ⅴ. 발파진동 경감대책

1) 발파진동 조절

매 발파마다 진동 및 소음을 계측하고 발파상태를 분석하여 발파규모 조절

2) 발파원으로부터 진동발생 억제

① 지발당 장약량의 조절 (최소 저항선 감소/공간격의 감소/천공경의 감소/벤치 높이의 감소로 지발당 장약량 줄임)

② MS 지발뇌관을 사용한 진동의 상호 간섭이용

③ 동적파괴 효과의 비율이 적은 저폭속 폭약 사용(지반의 탄성파 속도와 비슷한 폭속을 가지는 폭약이 효과적)

④ 분할발파: 발파를 몇 개의 블록으로 분할하여 점화

⑤ 진동이 민감한 지역일수록 Sub-Drilling을 피한 자유파쇄유도

3) 전파하는 진동 차단

① 오픈 트렌치(Open Trench)

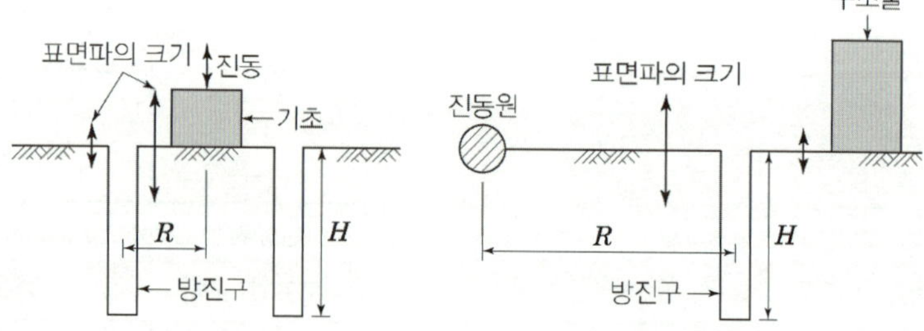

② 채움재 차단벽 (Infilled Trench)

3) 발생폭음 전파차단

① 발파시에 발파 Mat또는 점토 등을 덮어 발생소음 흡수

② 방음용 차단벽(흡음재)를 밀폐시켜 발파음의 회절방지

흙파기

공법 분류

Key Point

◩ 국가표준
- KCS 51 60 05
- KDS 34 20 20

◩ Lay Out
- L값과 C값의 산정식
- 토량환산계수(f)
- 산정 및 적용 시 유의사항

◩ 핵심 단어
- 자연상태 토량
- 흐트러진 상태의 토량
- 다져진 상태의 토량변화

◩ 연관 용어
- 토량변화율

☆☆☆ 2. 토공 100

2-38	토량환산계수에서 L값과 C값	
No. 79		유형: 기준·지표

Ⅰ. 정 의

① 토공 작업 중 절토, 운반, 다짐의 3단계에서 자연 상태의 토량을 기준으로 흐트러진 상태의 L값(Loose)과 다져진 상태 C값(Compact)의 토량변화에 따른 계수

② 토량은 본 바닥의 토량(자연 상태), 흐트러진 토량(운반토량), 다져진 상태의 토량으로 분류하고 흐트러진 흙은 자연 상태에 있을 때와는 체적이 변하므로 운반 시 이를 고려해야 한다.

Ⅱ. L값과 C값의 산정식

구분	산정식
L값	$L = \dfrac{\text{흐트러진 상태의 토량}(m^3)}{\text{자연 상태의 토량}(m^3)}$ → 잔토 처리시 적용
C값	$C = \dfrac{\text{다져진 상태의 토량}(m^3)}{\text{자연 상태의 토량}(m^3)}$ → 다짐시 적용

L값
- L값이 잘못 산정되면 운반계획에 차질 발생

C값
- C값을 작게 예상하면 본바닥을 너무 굴착하게 되어 흙이 남고, 크게 예상하면 흙이 부족하게 된다.

토량 변화율
- 흙의 체적 변화를 체적비에 의해서 표시한 것

Ⅲ. 토량환산계수(f)

구분	자연 상태	흐트러진 상태	다져진 상태
자연상태	1	L	C
흐트러진 상태	1/L	1	C/L
다져진 상태	1/C	L/C	1

Ⅳ. 산정 및 적용 시 유의사항

① 모든 공사의 환산계수는 현장토를 현장시험에 의해 구하는 것을 원칙으로 하며, 부득이한 경우 유사현장의 값을 이용

② L값에 의해 운반량, 운반장비 대수 결정

③ 토량의 배분(운반거리에 따른 공구분할)

④ 토공사 공정계획 수립 시 토량환산계수 적용

☆☆★ 2. 토공

2-39	되메우기 및 뒤채움	
No. 80	Back Filling	유형: 기준·공법

흙파기

되메우기

Key Point

◪ 국가표준
- KCS 11 20 20
- KCS 11 20 25
- KS F 2302
- KS F 2311

◪ Lay Out
- 되메우기 흙의 적정기준
- 다짐의 기준 및 판정기준
- 되메우기 시 유의사항

◪ 핵심 단어
- 터파기한 부분
- 빈공간에 토사를 메워서

◪ 연관 용어
- 다짐

KS F 2302

[흙의 입도 시험방법]

- 고유기질토 이외의 흙으로 75mm 체를 통과한 흙의 입도를 구하는 시험방법에 대하여 규정한다.

KS F 2311

[모래 치환법에 의한 흙의 밀도 시험방법]

- 원 위치의 흙의 밀도를 모래 치환법에 의해 구하는 시험 방법에 대하여 규정한다.최대 입자 지름이 53mm 이하인 흙에 한한다.

Ⅰ. 정 의

① 구조물을 만들기 위해 터파기한 부분에 구조물을 축조한 다음 빈 공간에 토사를 메워서 원상으로 복구하는 작업

② 되메우기 전 적합한 흙을 사전에 확보하도록 한다.

Ⅱ. 되메우기 흙의 적정기준

1) 재료

되메우기 재료	뒤채움 재료
• 구조물의 기초를 시공하기 위하여 터파기한 재료 또는 땅깎기의 재료 • 압축성이 적고 물의 침투에 의해 강도가 저하되지 않아야 하며, 다지기 쉽고 동상의 영향을 받지 않는 재료를 사용 • 구조물과 포장층 아래의 파낸 구덩이와 도랑에 대한 되메우기는 명시된 구조물 쌓기로 하여야 하고, 보통쌓기는 넓은 구역과 조경구역의 땅파기와 도랑의 되메우기에만 허용 • 시멘트 슬러리 되메우기에는 포틀랜드 시멘트, 깨끗하고 입도가 고른 골재 및 물을 혼합한 액상 혼합물을 사용	• 보통쌓기 재료, 구조물쌓기 재료를 이용 • 콘크리트 재료는 이 기준에 명시된 일축압축강도로 사용 • 뒤채움 재료는 압축성이 적고 물의 침투에 의하여 강도가 저하되지 않아야 하며, 다지기 쉽고 동상의 영향을 받지 않는 재료를 선별하여 사용 • 뒤채움 재료는 압축성이 적고 물의 침투에 의하여 강도가 저하되지 않아야 하며, 다지기 쉽고 동상의 영향을 받지 않는 재료를 선별하여 사용

2) 뒤채움 재료의 품질기준

구분	선택층재료 피토고[1)] (3.5m 미만)	양질의 토사 피토고 (3.5m 이상)	비고
최대치수 (mm)	KCS 44 50 05 표 2.2-1, 표 2.2-2 보조기층재료와 동등한 기준의 재료	100 이하	
5 mm 통과량		25 ~ 100	
0.08 mm 통과량		15 이하	노상기준: 25 % 이하
소성지수 (PI)		10 이하	
수정 CBR (%)		10 이상	

- 주 1) 피토고 산정기준은 암거 중심선의 상단에서 길어깨부를 제외한 도로 유효폭원까지의 최소높이를 말한다.

흙파기

뒤채움 시공기준

- 진동 롤러를 사용하는 뒤채움부는 구조물 구체에서 1m 정도 떨어져서 중량 10t 이상의 대형 진동 다짐 롤러를 사용하되, 진동에너지를 크게 하여 다짐 효율이 커지도록 하여야 한다. 대형 장비로 다짐이 어려운 부위는 공사감독자의 승인을 받아 소형 램머(rammer) 등의 소형 다짐 장비를 사용하여 규정된 밀도를 얻을 때 까지 다짐을 실시
- 뒤채움과 접하는 후면 비탈면의 느슨한 부분은 뒤채움부 다짐을 할 때 동시에 진동로울러로 강하게 다져 다짐밀도를 뒤채움부와 맞추어야 한다.
- 골재쌓기 재료는 다져진 150 mm 이하인 연속층으로 재료를 포설하고 다짐밀도 95% 이상 다져야 한다
- 보통쌓기 재료는 다져진 두께가 200 mm 이하인 연속층으로 재료를 포설하고 다짐밀도 95% 이상 다져야 한다.

되메우기 시공기준

- 되메우기 재료는 모래, 석분 또는 양질의 토사를 사용하고 발파석인 경우 최대 입경이 100 mm 이하로 한다.
- 모래로 되메우기 할 경우 충분한 물다짐을 실시하고, 일반 흙으로 되메우기 할 경우에는 두께 약 300 mm마다 이 기준의 다짐밀도 규정 또는 공사시방서에서 요구하는 다짐밀도로 다진다.
- 구조물 상단 1 m와 측벽 되메우기는 승인된 재료 및 다짐장비를 사용하여 박층 다짐을 실시하고 다짐은 최대 건조밀도(C, D 또는 E 방법)의 95% 이상을 확보토록 한다. 다짐두께는 사용재료와 다짐장비에 따라 현장시험에서 결정한다.

Ⅲ. 다짐의 기준 및 판정기준

1) 쌓기 공사 시 다짐의 기준 – 도로의 노체와 노상의 다짐 기준을 준용

① 노체부의 흙쌓기 1층 다짐 완료후의 두께는 300mm 이하이어야 하며, 각 층마다 KS F 2312의 A 또는 B방법에 의하여 정하여진 최대건조밀도의 90% 이상이 되도록 균일하게 다져야 한다.

② 노상부의 흙쌓기 1층 다짐 완료후의 두께는 200mm 이하이어야 하며, 각 층마다 KS F 2312의 C, D 또는 E 방법에 의하여 정하여진 최대건조밀도의 95% 이상이 되도록 균일하게 다져야 한다.

③ 다짐 시공이 완료된 층의 다짐도는 KS F 2311에 따른 흙의 밀도시험 또는 KS F 2310에 따른 평판재하시험으로 판정할 수 있다..

2) 다짐의 판정기준

구분			노체		노상	비고
			암(버력)쌓기	흙쌓기		
1층 다짐 완료후의 두께 (mm)			600	300	200	
다짐도 (%)			–	90 이상	95 이상	KS F 2311 KS F 2312
다짐방법			–	A, B	C, D, E	KS F 2312
평판재하시험	아스팔트 포장	침하량 (mm)	1.25	2.5	2.5	KS F 2310
		지지력 계수 {K_{30} : MN/m^3 (kgf/cm^3)}	196.1(20)	147.1(15)	196.1(20)	
	시멘트 포장	침하량 (mm)	1.25	1.25	1.25	KS F 2310
		지지력 계수 {K_{30} : MN/m^3 (kgf/cm^3)}	196.1(20)	98.1(10)	147.1(15)	

Ⅳ. 되메우기 시 유의사항

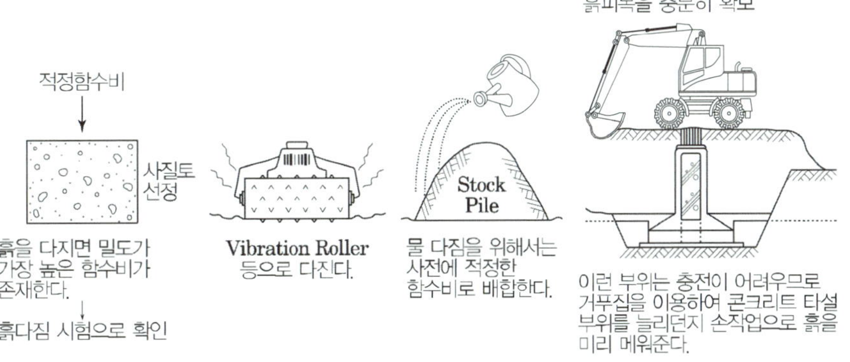

- 기계 되메우기 및 다짐을 시행할 경우에는 적당한 두께로 포설한 후 진동롤러로 다짐하여 다짐밀도 95% 이상을 확보토록 한다.

★★★ 2. 토공

2-40	흙막이 공법	
No. 81	Sheathing Work	유형: 공법·항목

흙막이

공법 분류

Key Point

- 국가표준
- Lay Out
  - 흙막이 공법선정 시 고려사항
  - 공법의 분류 및 특징
  - 굴착계획 시 고려사항
  - 각 공사와의 관련 검토
- 핵심 단어
- 연관 용어

I. 정 의

흙막이 배면에 작용하는 토압과 지하수위 변화에 따른 수압에 안전하게 대응하는 구조물로서, 흙파기에 따른 지반 붕괴와 물의 침입을 방지하기 위한 공법

II. 흙막이 공법선정 시 고려사항

공사 규모·비용·기간, 토질조건, 현장요건, 지하수 대책의 적정성, 시공성, 안정성, 경제성, 해체 용이성, 저공해성 등을 충분히 고려하여 선정

III. 공법의 분류 및 특징

종류		내용
벽식	H-Pile 토류판	• H-Pile에 토류판을 끼워 넣어 흙막이 구축 • 용수 처리에 문제가 있으나 수압이 없어 가설구조물에 유리
	Sheet Pile	• Sheet Pile을 맞물리게 연속으로 시공 • 진동소음 문제 및 수압이 있어 가설구조물 응력이 크다.
	주열식 흙막이	• 벽의 강성이 크고 지수성도 기대되며 Slurry Wall보다 시공성 및 경제성 우수
	Slurry Wall	• 벽강성이 크지만 공벽보호를 위한 안정액 처리가 문제 • 굴착 깊이가 깊은 도심지에 유리
지보공	Strut	• 측압을 수평으로 배치한 Strut로 지지 • 가설부재의 간섭에 따른 문제 • 굴착면적이 넓은 경우나 평면이 부정형인 경우는 부적합
	Earth Anchor	• Anchor가 대지 밖으로 나오는 경우 인접 대지측 동의 필요 • Anchor의 유효한 정착 지층이 없는 경우는 적용 불가
	IPS	• 짧은 H-Beam 받침대에 IPS System을 거치한 후 등분포하중으로 작용하는 토압을 P.C 강연선의 Prestressing으로 지지하는 공법이다. • 버팀굴착 시 버팀보의 사용이 없어지므로 작업공간 확보용이
	PS Beam	• Prestress Strut공법은 띠장에 Cable 또는 강봉을 정착한 겹띠장을 설치하여 양단부에 Prestress를 가하여 Prestress Moment를 이용하여 토압에 저항하는 흙막이 공법이다. • Strut, Post Pile의 간격이 훨씬 늘어나서 작업공간 확보용이
	Town Down	• Strut, Earth Anchor 공법이 불리한 경우, 인접 건축물 손상 우려가 큰 경우 적용 • 지하 5층 이상 지상 20층 이상일 때 이상적

기타 흙막이

- Racker 공법
- PPS 공법
- Jacket anchor공법
- Soil nailing공법

흙막이

Ⅳ. 굴착계획 시 고려사항

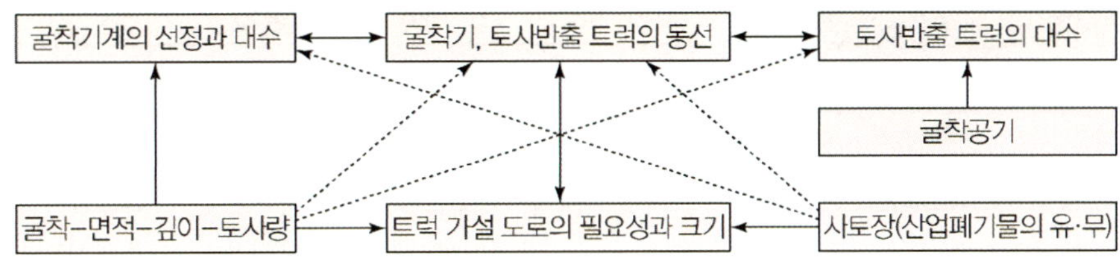

Ⅴ. 각 공사와의 관련 검토

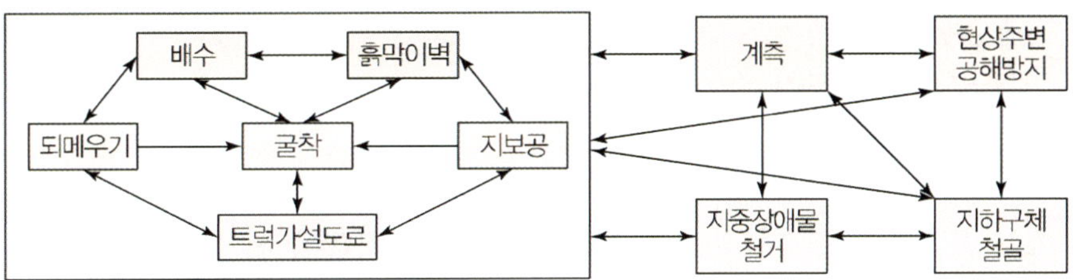

각 공사와의 관련성을 조사하여 작업에 지장을 주거나 능률에 큰 영향을 준다면 굴착이나 흙막이 계획을 재검토한다.

☆☆★ 2. 토공

흙막이

2-41	엄지말뚝+흙막이 판	
No. 82	H-Pile 토류판 공법	유형: 공법·시공·기술

벽식

Key Point

◪ 국가표준
- KCS 21 30 00
- KS F 4603

◪ Lay Out
- 시공개념 및 시공순서
- 특징
- 시공 시 유의사항

◪ 핵심 단어
- H-Pile
- 토류판

◪ 연관 용어
- Strut 공법

적용조건

- 양호한 지반조건에 적용
- 지하수위가 낮은 지반에 적용
- N값이 극단적으로 작은 예민한 점성토에서는 적용불가

Ⅰ. 정 의

① 흙파기면을 따라 일정한 간격으로 H-pile을 박고 흙파기해 내려가면서, H-Pile(엄지말뚝) 사이에 토류판을 끼워서 흙막이 벽을 형성하는 공법

② 일반적으로 지하 1~2층의 소규모 공사에 적용되며 침투수 등의 용수처리 문제가 있으나 수압이 크게 걸리지 않으므로 가시설물로 유리하다.

Ⅱ. 시공개념 및 시공순서

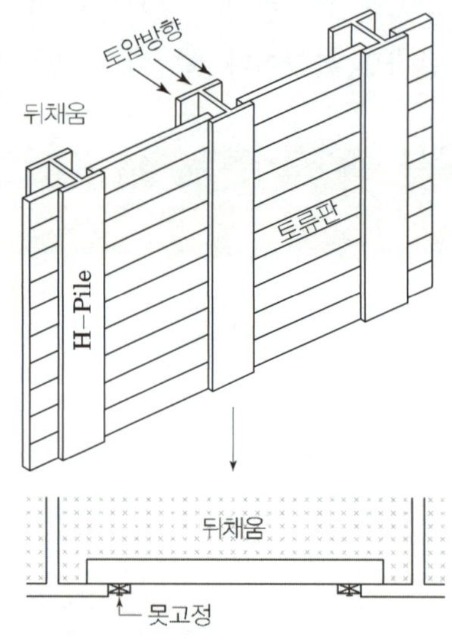

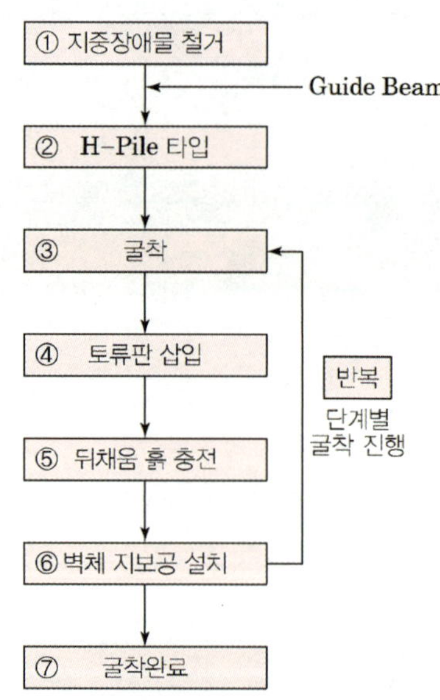

Ⅲ. 특 징

장점
- 공사비 저렴
- 자재 재사용 가능
- 시공성 용이

단점
- 지하수위에 따라 별도의 차수시설 필요
- 지하수 누출 시 토사유출로 인한 지반침하 우려
- 여굴에 따른 주변변위 발생

흙막이

Ⅳ. 시공 시 유의사항

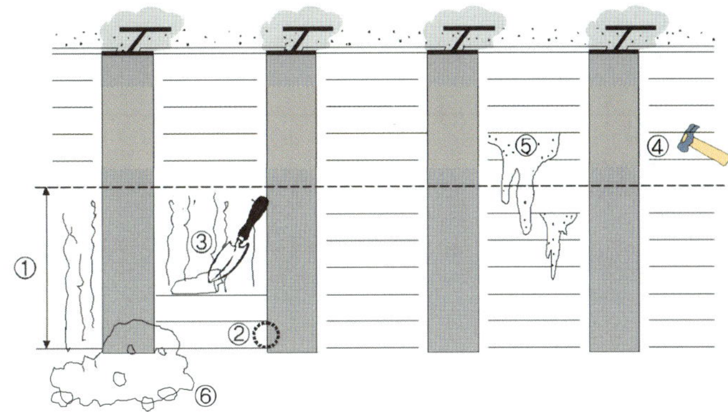

- 토류판 근입 길이

l

못고정

t

40mm & t이상

- 엄지말뚝의 연직도는 공사시방서에 따르며, 근입깊이의 1/100 이내
- 말뚝의 이음은 이음위치가 동일 높이에서 시공금지
- 토사인 경우 굴착저면 아래로 최소한 2m 이상 근입
- 슬라임 하부 최소 1m까지는 정착

1) 굴착 ①
- Transit 등을 이용한 H-Pile의 수직도 확보
- 지반조건에 허용되는 자립높이로 굴착

2) 토류판 ②
- 흙막이설계에 따라 토류판 두께가 결정되며 토류판 반입 시 규격(두께) 및 목재종류 반드시 확인 (일반적으로 60~100mm의 잡목)
- 토류판은 굴토 후 가능한 신속 시공 → 1일 이상 방치금지

3) 뒤채움 ③

자연지반보다 투수계수가 약간 작고 거친(굵은) 입자의 흙을 사용하여 수압을 최소화

4) 뒷면 틈새확인 ④ ⑤

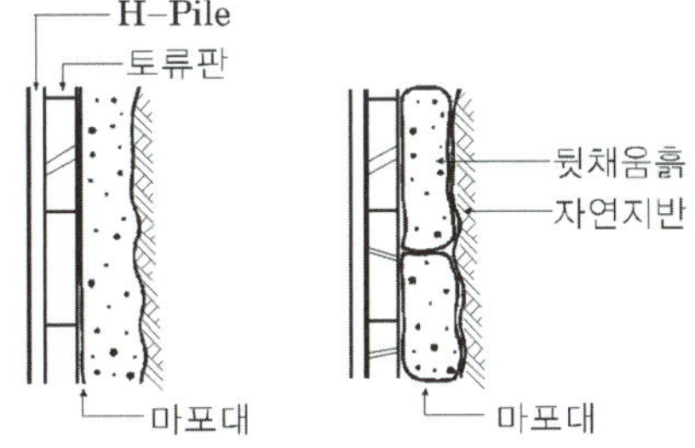

- 배면토사 및 지하수 유출, 지반침하 방지목적
- 공동음(空洞音) 여부 확인, 토사유출 여부확인

5) 장비 Setting ⑥

장비의 Setting 하부는 고르게 하고 버림 Concrete 타설

☆☆☆ 2. 토공

2-42	Sheet Pile공법(강재 널말뚝)	
No. 83	시트파일	유형: 공법·시공·기술

흙막이

벽식

Key Point

◩ 국가표준
- KCS 21 30 00

◩ Lay Out
- 시공 Process
- 이음방식
- 특징
- 시공 시 유의사항

◩ 핵심 단어
- 널 모양
- 이음부를 물리게 하여
- 압입

◩ 연관 용어
- 차수벽
- 배수공법
- 부력

I. 정 의

① 흙막이 공사에서 토압에 저항하고, 동시에 차수 목적으로 서로 맞물림 효과가 있는 수직 타입의 강재 널말뚝

② 적용범위

- 지하수위가 높은 지반
- 도심지를 제외한 지역의 연약지반
- 소음 및 진동문제가 예민하지 않은 지역

Ⅱ. 시공 Process

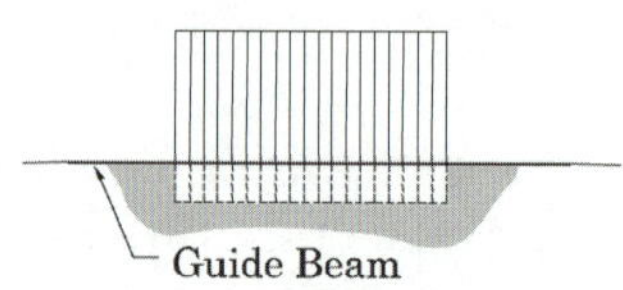

Guide Beam설치 ↓

20장 정도를 세트로 하여 자립(병풍모양)

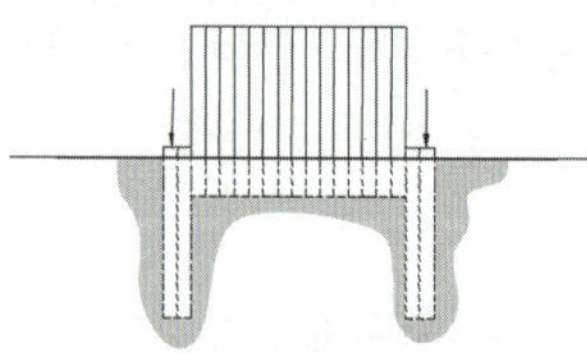

양단부 선행타입 ↓

양단 1~2장을 선행하여 소정 깊이까지 타입

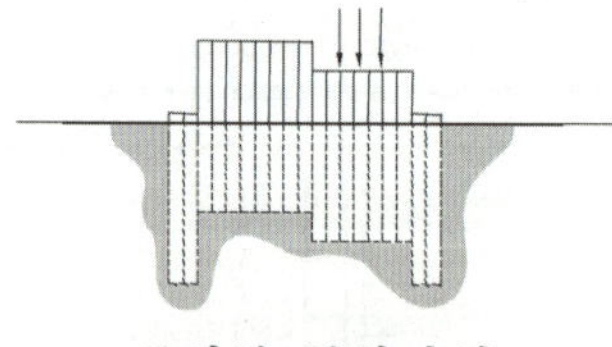

중앙부 분할타입

중간부분을 2~4회에 나누어 타입

타입장비의 적용성

- N<40의 점토, 사질지반은 타입가능
- N>40의 지반(호박돌 및 조밀한 지층)은 천공 후 시공

[Guide Beam설치]

[파일 근입]

흙막이

Ⅲ. 이음방식

[Terres rouges] [Ransom] [Universal joint]

[이음부 형상]

Ⅳ. 특징

- 장점
  - 강성이 우수하다
  - 재료의 재활용에 따른 경제성 우수
  - 시공속도 우수
- 단점
  - 맞물림부의 강성 문제
  - 어긋난 경우 차수성 문제

Ⅴ. 시공 시 유의사항

① 원칙적으로 병풍모양으로 타입

② 정밀도 유지: 타입용 Guide Beam을 설치하여 Pile의 경사, 이음의 어긋남, 비틀림 등을 방지

③ 이음부 어긋남 방지: 겹침 타입으로 시공하고, 그라우팅 보강

④ 안정성 확보: 근입장 깊이를 깊게 하여 지지력 향상

☆★★ 2. 토공 60,66,72

2-43	SCW(Soil Cement Wall) 공법	
No. 84		유형: 공법·시공·기술

흙막이

벽식

Key Point

◪ 국가표준
- KCS 21 30 00

◪ Lay Out
- 시공 Process
- 굴착 방식
- 토질별 배합 및 일축 압축강도

◪ 핵심 단어
- What: 경화제와 흙을 혼합하며 굴착
- Why: 연속된 Soil Cement 주열벽 형성
- How: Cement Milk를 분출 및 혼합

◪ 연관 용어
- 차수벽
- 용출현상
- 배수공법

타입장비의 적용성

- 자갈, 전석층 및 암석층 시공성 저하
- 1축 Auger: 전석, 자갈층 등 굴착이 곤란한 지반에 적용하며 풍화암층까지 시공가능
- 3축 Auger: 간섭장치에 의하여 일체화 되어 서로 역회전을 하므로 수직정도가 높으며 풍화토까지 시공가능

Ⅰ. 정 의

① 굴착Pipe 교반축 선단에 Cutter를 장치하여 경화제와 흙을 혼합하며 굴착한 후 Pipe 선단에서 물, 시멘트비가 100%가 넘는 Cement Milk를 분출 및 혼합 하면서 주열벽을 형성하는 흙막이 공법

② 적용범위
- 지하수위가 높은 지반
- N≤50의 점토·사질지반 적용가능

Ⅱ. 시공 Process

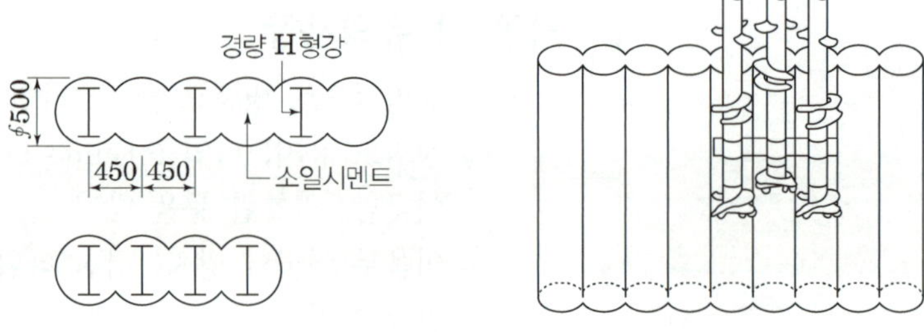

2개공 이내의 간격으로 심재를 삽입

Ⅲ. 굴착 방식

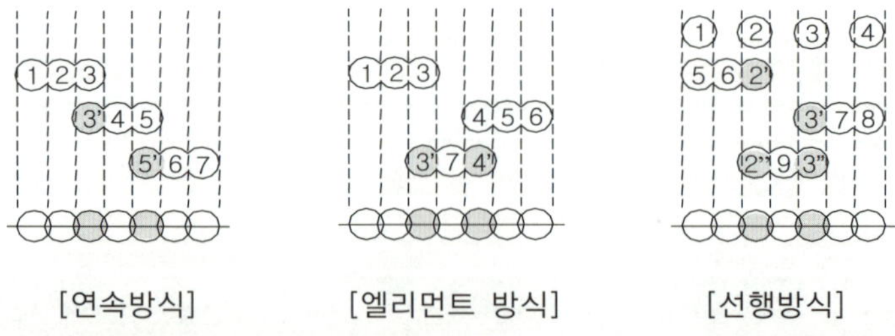

[연속방식] [엘리먼트 방식] [선행방식]

Ⅳ. 토질별 배합 및 일축 압축강도

토질	배합			일축압축강도
	Cement	Bentonite	Water	
점성토	250~400kg	5~15kg	400~800ℓ	5~30kg/cm²
사질토	250~400kg	10~20kg	350~700ℓ	10~80kg/cm²
사력토	250~350kg	10~30kg	350~700ℓ	20~100kg/cm²

흙막이

[인발용 피복작업]

[굴착 및 교반작업]

[심재 삽입]

[흙막이 조성 후 벽면정리]

[본건물 구축 후 인발]

V. 특징

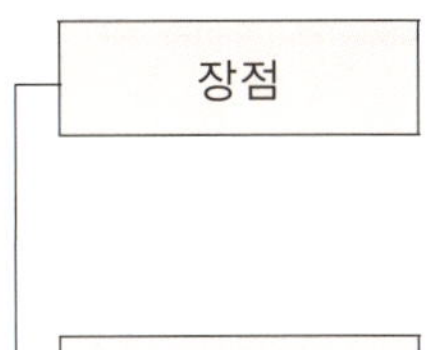

장점
- 시공심도 오차가 1/200로 비교적 정확
- 재료의 재활용에 따른 경제성 우수

단점
- 토층변화가 심한 지반에서 정확한 시멘트 밀크 배합 어려움
- 중요 구조물 방호에 따른 지반보강 효과는 다소 떨어짐

Ⅵ. 시공 시 유의사항

① 수직도 유지
② 간격유지: 심재의 간격은 최대 2개공 이내
③ 근입장 유지: 굴착저면에서 2m 이상 확보
④ 피복두께 유지: 최소 25mm 이상 유지
⑤ 심재세우기 시점: Mortar 주입 후, 하절기에는 15분 이내 동절기에는 약 30분 이내
⑥ 심재이음부: 이음위치가 동일한 높이가 되지 않도록 한다.
⑦ Cement Milk 물시멘트비는 350%를 넘지 않도록 함
⑧ Surging: 소요심도까지 천공을 한 후 공벽이 일부 붕괴될 수 있으므로 흙막이 벽체 내부에 공벽붕괴로 인한 토사층이 형성되지 않도록 하부에 Cement Milk 주입 시 Surging(하부부분에 Milk 분사 반복)에 유의

- 교반

① 교반속도: 사질토(1m/min), 점성토(0.5~1m/min)
② 굴착완료 후: 역회전 교반
③ 벽체하단부: 하부 2m는 2회 교반 실시
④ 인발: Rod를 역회전하면서 인발

흙막이

벽식

Key Point

◪ 국가표준
- KCS 21 30 00

◪ Lay Out
- 시공순서 Process
- 특징
- 시공 시 유의사항

◪ 핵심 단어
- What: 천공
- Why: 연속된 주열벽 형성
- How: 철근망을 넣고 콘크리트를 타설

◪ 연관 용어
- MIP
- PIP
- Preplace Concrete Pile

타입장비의 적용성

- 호박돌층, 전석층 및 암층에서 시공성 저하
- 장비가 소형이므로 도심지 협소한 장소에도 시공 가능

- 적용범위
- 연약지반
- 지하수위가 낮은 지반

☆★★ 2. 토공

2-44	CIP(Cast In Placed Pile)	
No. 85		유형: 공법·시공·기술

Ⅰ. 정 의

지반을 천공한 후 철근망 또는 필요 시 H형강을 삽입하고 콘크리트를 타설하여 연속된 주열벽을 형성하는 현장 현장타설말뚝

Ⅱ. 시공 Process

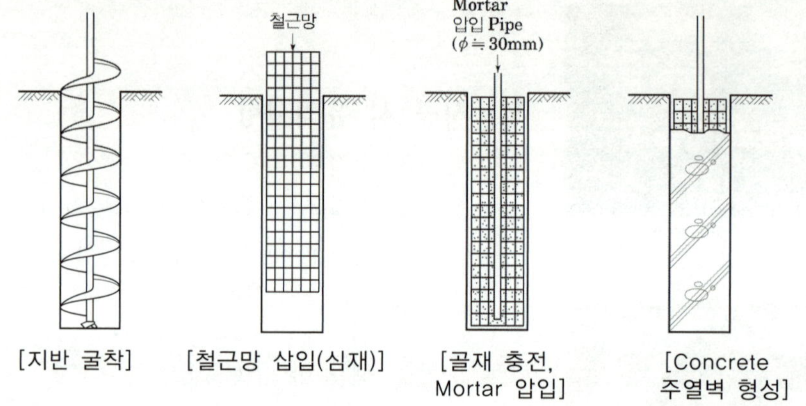

Ⅲ. 특징

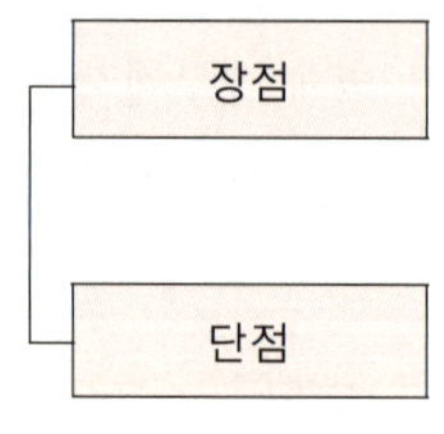

- 벽체의 강성이 높아 인접구조물에 영향이 적음
- 불규칙한 평면에 적용 가능

- 깊은 심도에서는 수직도 저하
- 골재의 재료분리 발생
- 이음부 보강 및 별도의 차수공법 병행필요

Ⅳ. 시공 시 유의사항

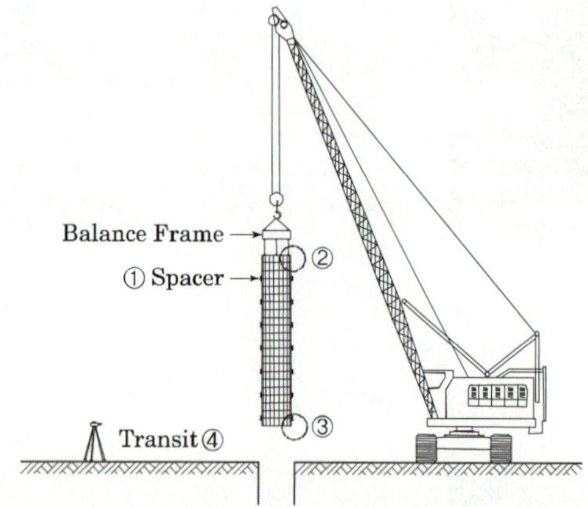

흙막이

[천공위치 Guide Beam]

[철근망 가공]

[철근망 삽입]

[Concrete 타설]

[배면 LW 보강작업]

[굴착 후 버팀대 보강]

1) 철근망

① 피복두께유지

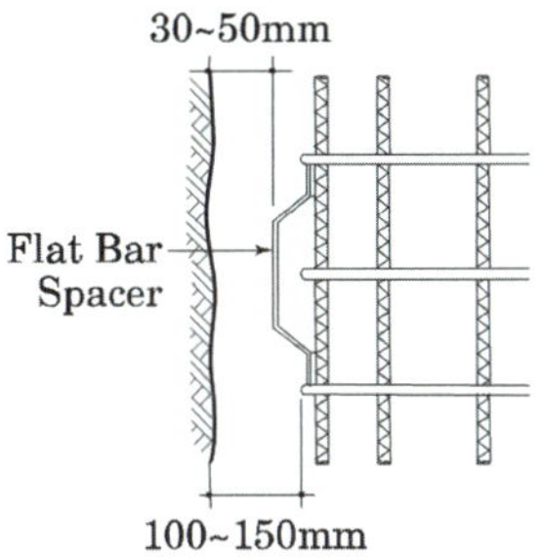

② 철근망의 변형방지

철근망 상부 (②)	보강근	• 운반·건입 시 철근망의 변형방지 • 건입 후 철거
철근망 하부 (③)	보강근 Spacer	• 철근망 하부에서의 치올림 방지 • 하부피복 두께 확보

③ Balance Frame 등을 이용하여 근입 시 흔들림 방지

④ Transit 등을 이용하여 수직정밀도 확인

2) 기타

① 주열식 벽체공과 공 사이에 별도의 차수대책을 세워야 한다.

② 말뚝의 연직도는 말뚝 길이의 1/200 이하

③ 시공의 정확도와 연직도 관리를 위해 높이 1m 이상의 안내벽을 설치

④ CIP 벽체와 띠장 사이의 공간은 전체 또는 일정간격으로 PLATE 용접쐐기 설치 또는 콘크리트채움 등으로 채워야 한다.

⑤ 콘크리트 타설 전에는 반드시 슬라임 처리

⑥ 트레미관의 하단은 콘크리트 속에 1m 정도 묻힌 상태를 유지

흙막이

벽식

Key Point

◩ 국가표준
- KCS 21 30 00

◩ Lay Out
- 시공 Process
- 특징
- 주요공사 중점관리 항목

◩ 핵심 단어
- What: 안정액으로 공벽 보호 후 굴착
- Why: 연속된 벽체를 조성
- How: 내부에 철근망을 세우고 콘크리트 타설

◩ 연관 용어
- 차수벽

★★★ 2. 토공

2-45	Slurry Wall 공법(Diaphragm Wall)	
No. 86	지하연속벽	유형: 공법·시공·기술

Ⅰ. 정 의

① 벤토나이트 안정액을 사용하여 지반을 굴착하고 철근망을 삽입한 후 콘크리트를 타설하여 지중에 시공된 철근 콘크리트 연속벽체로 주로 영구벽체로 사용하는 흙막이 공법

② 적용범위

- 지하수위가 높은 지반
- 인접건물에 영향을 미치는 경우

Ⅱ. 시공 Process

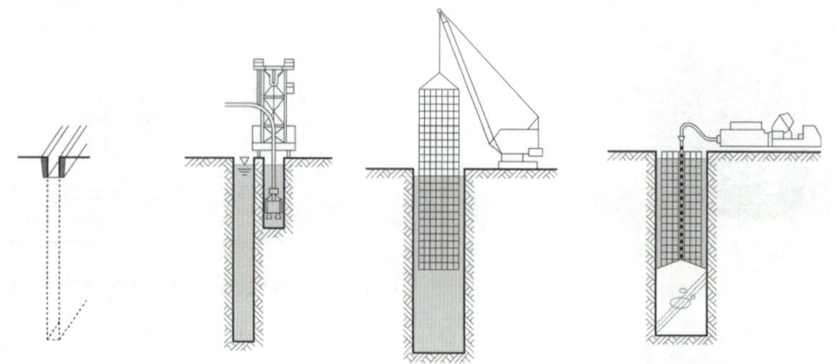

[Guide Wall 설치] [굴착] [철근망 삽입] [콘크리트 타설]

Ⅲ. 특징

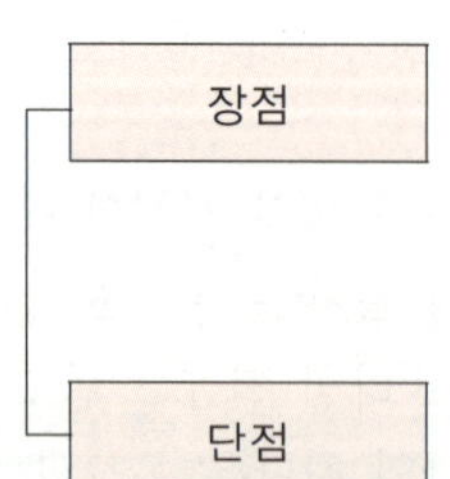

장점
- 지중조건 및 지하수위의 영향을 적게 받는다.
- 주변의 변위를 최소화: 민원발생 방지
- 대지 활용의 극대화

단점
- 벤토나이트 폐액처리에 따른 환경피해 우려
- 넓은 작업공간이 필요

Ⅳ. 주요공사 중점관리 항목

① Guide Wall: 정확한 위치측량 및 50mm 이격거리 유지
② 굴착: 굴착깊이 및 수직정밀도 유지(1/300)
③ 안정액 관리: 비중(1.04~1.2) 및 Slime 처리 철저
④ 철근망: 이음길이 및 강성확보
⑤ Concrete 타설: 타설높이 유지와 중단없이 연속타설

★★★ 2. 토공 127

2-46	Guide Wall(가이드월)	
No. 87	안내벽	유형: 시설물·기능·시설

흙막이

벽식

Key Point

◩ 국가표준
- KCS 21 30 00

◩ Lay Out
- Guide Wall의 설치구조 및 규격
- Guide Wall의 기능과 역할
- Guide Wall 시공 시 유의사항
- 중점관리

◩ 핵심 단어
- What: 가설벽
- Why: 흙막이 벽체 정확한 위치 유도
- How: 굴착구 양측에 설치

◩ 연관 용어
- Guide Bem

[굴착 후 철근배근]

[Concrete 타설]

Ⅰ. 정 의

① 연직의 벽식 흙막이 공법의 시공 시 굴착(천공)작업에 앞서 굴착구 양측에 설치하는 가설벽으로서, 벽체형성체의 상부 지반 붕괴를 방지하고 굴착기계와 흙막이 벽체 등의 정확한 위치 유도를 목적으로 설치하는 안내벽

② 기준선 측량 위치에 지반조건, 지질상태, 인접 건물의 영향, 지하수위에 따라 그 형태를 결정

Ⅱ. Guide Wall의 설치구조 및 규격

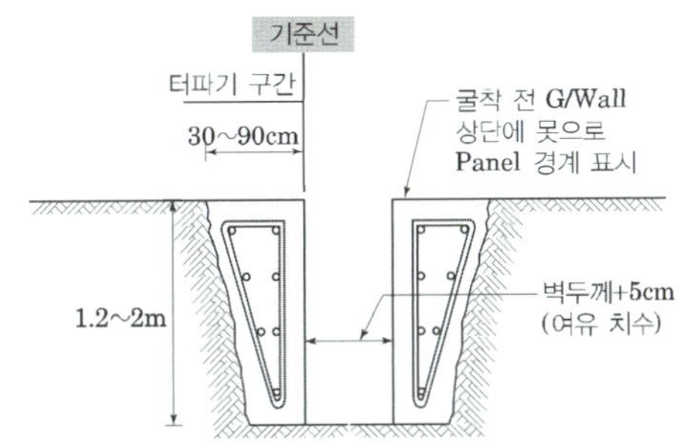

벽두께	깊이(mm)	
600~700	1,200	
800 이상	1,500	
위치	**규격**	
세로근	D13@250	
가로근	상하단	D16@250
	중간	D13@250

Slurry Wall 벽두께에 따라 규격을 조정한다. 연직도 허용오차 1% 이하

Ⅲ. Guide Wall의 기능과 역할

굴착관련
- 굴착 시 안내벽 역할
- 굴착 및 Panel조성 시 Panel Dividing기준
- 굴착 시 수직도, 벽두께, Level 유지

가설관련
- 철근망 및 Tremie Pipe의 거치대 역할
- 굴착장비의 충격으로 부터 표층 침하 또는 붕괴방지
- Grab 굴착 시 굴착기 및 End Pipe 지지대 역할

Ⅳ. Guide Wall 시공 시 유의사항

① Slurry Wall의 계획고보다 1~1.5m 상단에 위치하도록 기준선 측량을 한다.

② Guide Wall 상단이 지하수위보다 1.5~2m 이상이 되도록 설치

③ 내측 Guide Wall 기준선에서 벽두께 +50mm 정도의 여유치수 확보 (깊이가 깊어지면서 수직도 오차에 의한 내경축소 대처)

④ 곡선부가 있을 경우 장비 등이 들어가지 않는 일이 없도록 유의

⑤ 거푸집 시공 시 내부 버팀대 시공 철저(변형방지)

흙막이

V. 중점관리

① 굴착 구멍은 연직으로 하고, 연직도의 허용오차는 1% 이하

② 공급된 슬러리나 파낸 토사가 지하실, 공동구, 설비시설 및 기타 시설물로 누출되지 않도록 한다.

③ 굴착 중에는 수시로 계측해야 하며, 굴착 공벽의 붕괴에 유의

④ 접속 부분이 정확하게 이루어지도록 주의해야 하며, 차수능력이 있어야 한다.

⑤ 철근 또는 보강재 등의 이동방지와 피복 확보를 위하여 간격재를 부착

★★★ 2. 토공 81.98.128

2-47	안정액	
No. 88	stabilizer liquid	유형: 재료·성능·성질·기능

흙막이

벽식

Key Point

◪ 국가표준
- KCS 21 30 00

◪ Lay Out
- 불투수막(Mud Film)형성에 의한 공벽유지 원리
- 안정액의 기능
- 안정액의 종류
- 안정액의 관리기준
- 안정액에 필요한 성질-요구성능
- 안정액 사용 시 유의사항

◪ 핵심 단어
- What: 흙입자에 침투
- Why: 굴착공벽 유지
- How: 불투수막 형성

◪ 연관 용어
- Bentonite
- 일수현상

Filter Cake층

- 슬러리(Slurry)를 여과할 때 거름매체(Filter Medium) 표면에 퇴적하는 고체입자. 일반적으로 거름매체 표면에 퇴적하는 입자층을 의미하고 필터케이크라고 한다.
- 굴착표면에 Filter Cake층이 만들어지면 그 위에 안정액에 포함된 입자가 부착되어 불투수막이 형성된다.

Ⅰ. 정 의

① 흙 입자의 공극에 침투하여 굴착주변에 Filter Cake층이 만들어지면 그 표면에 안정액에 포함된 입자가 부착되어 압밀된 상태의 Impermeable Layer(불투수막-Mud Film)을 형성하여 공벽을 유지하는 비중이 큰 액체

② 액성한계 이상의 수분을 함유한 흙을 대상으로 공벽을 굴착할 경우 공벽의 붕괴 방지를 목적으로 사용하는 현탁액

Ⅱ. 불투수막(Mud Film)형성에 의한 공벽유지 원리

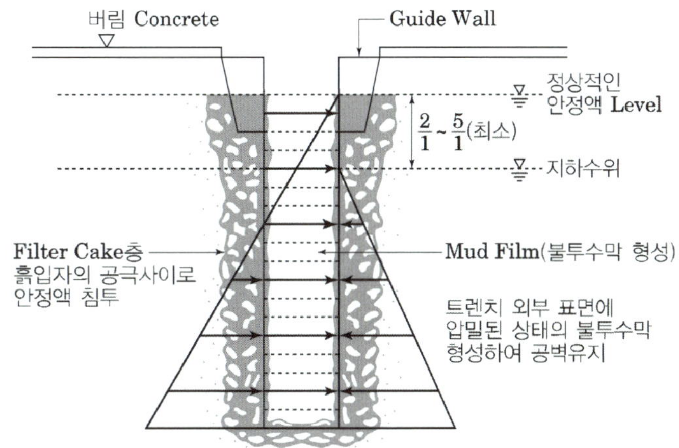

안정액의 액압에 의해 굴착 벽면에 작용하는 토압 및 수압에 저항

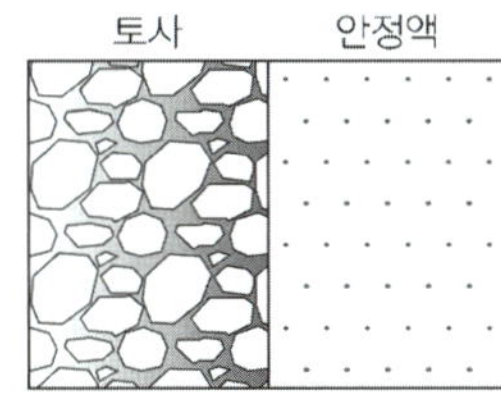

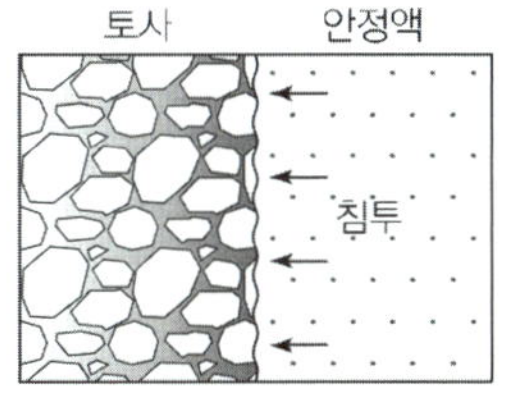

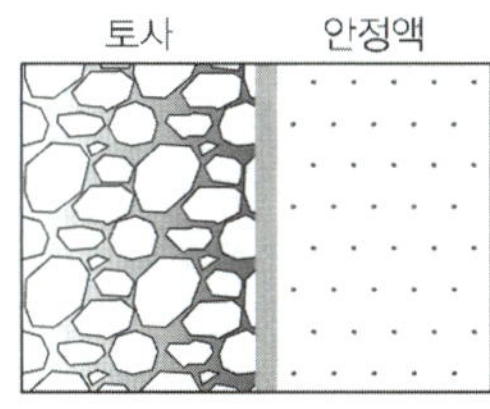

[불투수막 형성 과정]

Ⅲ. 안정액의 기능

1) 굴착벽면의 붕괴방지

① 안정액의 압력으로 굴착벽면에 작용하는 토압 및 수압에 저항하며 지하수의 유입 방지

② 굴착벽면에 불투수층을 형성하여 액압을 작용시키는 동시에 굴착벽면의 표면낙하를 막는다.

③ 안정액이 지반 내 흙 입자사이의 공극으로 침투하여 흙입자에 부착됨에 따라 지반의 붕괴성 및 투수성 감소

흙막이

[안정액 탱크 및 사일로]

[굴착 및 주입]

[비중시험]

[점성시험]

[사분율시험]

2) 부유물의 침전방지
① 굴착 중 안정액에 혼입된 굴착토사는 굴착종료 후 바닥면에 퇴적되고, 철근망의 근입을 곤란하게 하며, 타설된 Concrete의 품질을 저하
② 적절하게 관리된 안정액은 굴착저면에 침전퇴적물의 발생을 억제

Ⅳ. 안정액의 종류

① Bentonite 안정액
② Polymer 안정액
③ Carboxy Methyl Cellulose 안정액
④ 염수 안정액

Ⅴ. 안정액의 관리기준

시험항목		기준 값		시험방법
		굴착 시	Slime 처리 시	
비중		1.04~1.2	1.04~1.1	Mud Balance로 점토무게 측정
점성		22~40초	22~35초	500cc 안정액이 깔대기를 흘러내리는 시간 측정
pH		7.5~10.5		시료에 전극을 넣고 값의 변화가 거의 없을 때
사분율		15% 이하	5% 이하	Screen을 통해 부어넣은 후 남은 시료를 시험관 안에 가라앉힌 후 사분량 기록
조벽성	Mud Film 두께	3mm 이하	1mm 이하	표준 Filter Press를 이용하여 질소Gas로 가압
	탈수량	20cc 이하		

Ⅵ. 안정액에 필요한 성질 - 요구성능

① 물리적 안정성
② 화학적 안정성
③ 적당한 비중
④ 유동에 관한 특성

Ⅶ. 안정액 사용 시 유의사항

① 배합: 현장의 특성과 토질을 고려하여 시험배합 후 배합비를 결정
② 혼합: 물과 벤토나이트와의 혼합은 사이클론 펌프에 의해 행해지며, 벤토나이트 입자가 완전히 수화될 때까지 계속한다.
③ 재사용: 이미 사용된 벤토나이트액의 일부는 다시 사일로에 회수하여 재사용할 수 있으며, 현탁도는 10% 이상 되어서는 안 됨
④ 폐액처리: 재사용이 불가한 폐액은 반드시 허가업체를 통하여 적법 처리해야 함

☆★★ 2. 토공 73.85

2-48	일수현상(逸水現狀)	
No. 89	circulationloss, lost circulation	유형: 현상

흙막이

벽식

Key Point

◪ 국가표준

◪ Lay Out
- 일수현상 발생 Mechanism
- 발생원인 및 발생(유실) 조건
- 방지대책
- 일수 발생 후의 조치사항

◪ 핵심 단어
- Why: 지반내 공극을 통해
- What: 투수성이 큰 지반
- How: 안정액이 유실되는 현상

◪ 연관 용어
- 안정액

I. 정 의

① 투수성이 큰 지반에서 Slurry Wall Trench 굴착 시 안정액이 지반 내 공극을 통해 유실되는 현상

② 슬러리 액면이 급격히 저하되어 액압감소로 인하여 공벽이 붕괴될 수 있으므로 투수계수가 큰 조립 사질토층이나 자갈층을 굴착하는 경우 충분한 양의 안정액을 공급하여 안정액의 Level을 유지시켜야 한다.

II. 일수현상 발생 Mechanism

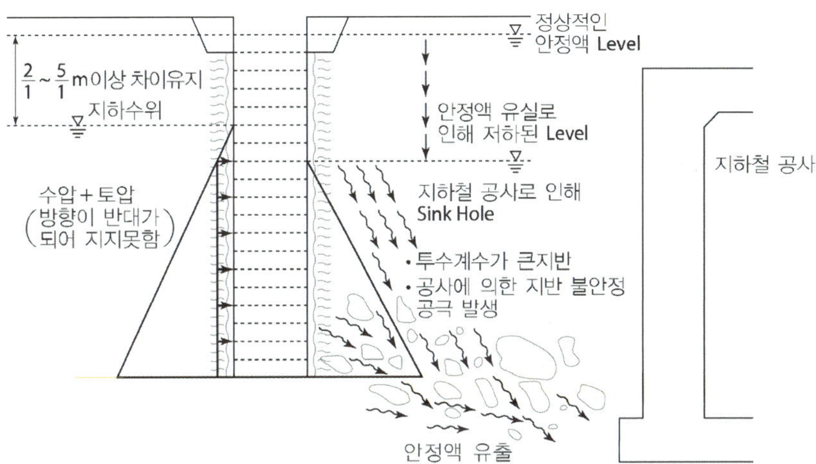

공극으로 인하여 안정액이 유실되면 안정액의 액면(額面)이 저하됨으로써 트렌치 측면의 흙에 주어졌던 액압(液壓)이 감소하여 균형이 무너져 공벽이 붕괴된다.

III. 발생원인 및 발생(유실)조건- Filter Cake층 미흡

① 투수계수가 큰 조립 사질토층이나 자갈층을 굴착

② 인근지역 지하철 공사

③ 지하 매설물 존재로 안정액의 유실

④ 지반의 불안정으로 인해 Filter Cake층 미흡

Ⅳ. 방지대책

1) 안정액의 소요량 산정

① Mud Film 형성에 의한 소비

② 지반 중의 침투, 일수에 의한 소비 및 배토과정에 포함된 소비량

2) 토질조사에 의한 안정액 사용

① 지반에 적합한 양호한 성질의 안정액을 사용한다.

② 머드필름 형성을 양호하게 한다.

3) 안정액의 관리

① 유출저항을 높이기 위해 점성을 높게 한다.

② 적정비중을 유지하여 지하수압에 대한 저항성 증대

③ 일수방지제를 혼입한 안정액을 사용

Ⅴ. 일수 발생 후의 조치사항

① 굴착 및 안정액 순환을 중단하고 안정액을 투입하여 수위를 유지

② Gel Strength(교질강도)가 높은 안정액을 일수층에 공급하여 지속적인 유실이 발생되는지를 살펴본다.

③ 점성이 높은 일수방지제를 투입

흙막이

벽식

Key Point

- 국가표준
- Lay Out
  - 안정액의 순환방식: 회수 및 투입과정
  - Slime의 영향
  - Slime처리 방법
- 핵심 단어
  - 깨끗한 안정액
  - Slime분리 및 사분율
  - 굴착공사 중·후
- 핵심 단어
  - 깨끗한 안정액 재투입
  - 슬라임 제거
- 연관 용어
  - 안정액

[Desander: 토사분리]

[Filter Press]

[1차 처리: Desanding]

[2차 처리: Cleaning]

★★★ 2. 토공

2-49	Slime처리(Desanding, Cleaning) 안정액 환수방식	
No. 90	안정액 순환방식	유형: 작업·방법·기술

I. 정 의

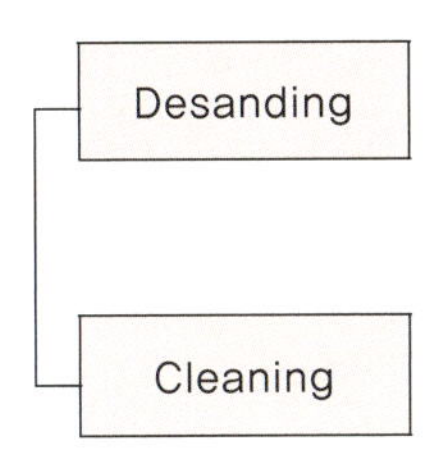

- 안정액 회수배관을 통해 Plant로 회수하여 모래성분을 걸러내고 사분율 5% 이내가 될 때 까지 깨끗한 안정액을 재투입하는 작업
- 굴착공사 후 굴착저면에 침전된 Slime이 침강완료가 되었을 때 공벽내로 장비를 재투입하여 슬라임을 제거하는 작업

II. 안정액의 순환방식-회수 및 투입과정

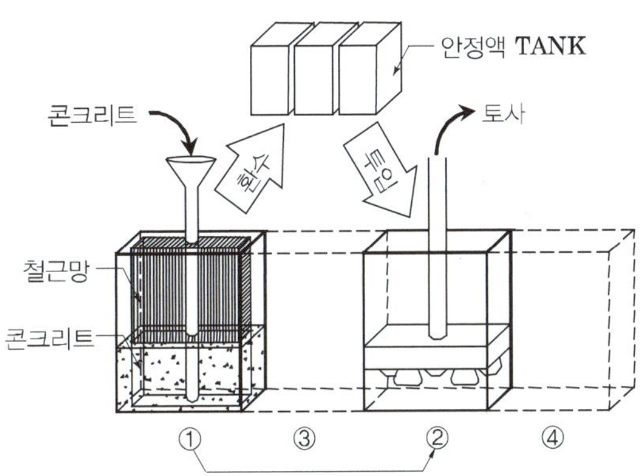

① 타설 중 Panel → ② 굴착 중 Panel → ③ 중간 Panel → ④ 중간 Panel

III. Slime의 영향

① 미제거 Slime은 지하벽체의 지지력저하 및 침하 초래

② 벽체 하부 지수성을 저하시켜 Boiling 현상 등의 발생의 원인

③ Concrete 타설 중 내부로의 혼입될 경우 Concrete 강도 저하

④ 안정액의 물성 저하

IV. Slime처리 방법- 토사와 안정액의 분리

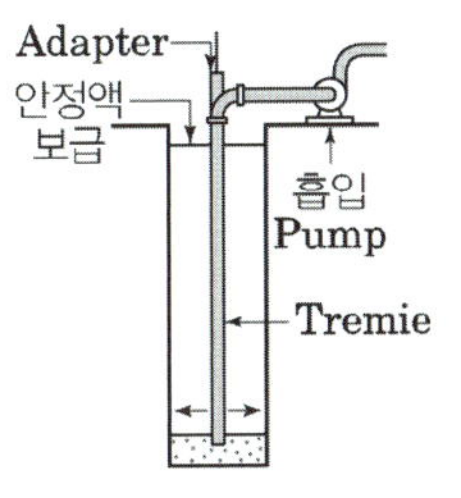

[Treimie응용 흡입펌프]

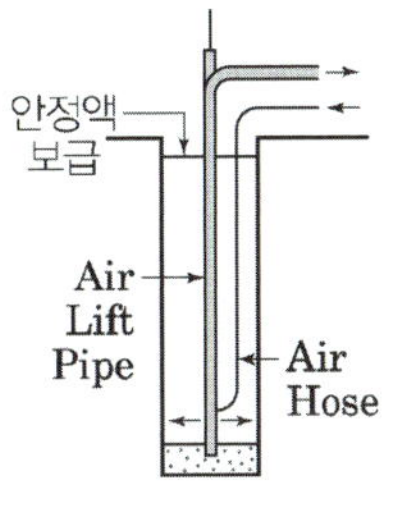

[Air Lift 방식]

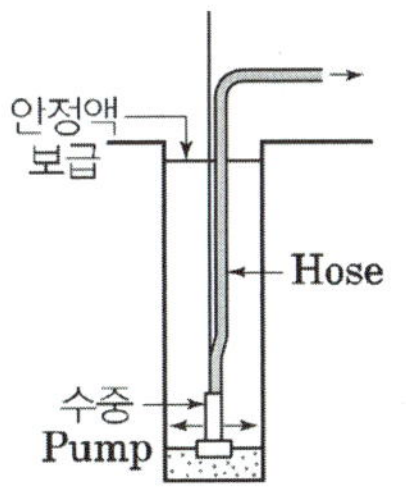

[Sand Pump 방식]

흙막이

벽식

Key Point

◪ 국가표준

◪ Lay Out
- 굴착정밀도 측정원리: 반사되는 초음파 분석
- 수직도 관리기준: 기록지 판독방법
- 측정 시 유의사항
- Koden Test의 목적과 결과활용

◪ 핵심 단어
- What: 굴착공내
- Why: 굴착구간의 벽두께와 수직도 측정
- How: 초음파 송수신기를 이용하여 반사되는 초음파 분석

◪ 연관 용어
- S/W 굴착정밀도
- S/W 벽체 Joint방수
- S/W 벽체마감

[Koden Test]

★★★ 2. 토공 105

2-50	Koden Test	
No. 91	굴착 정밀도 관리	유형: 시험·측정

Ⅰ. 정 의

① 굴착공내에 초음파 송수신기를 이용하여 반사되는 초음파 분석을 통하여 굴착구간의 벽두께와 수직도를 측정하여 굴착정밀도를 확인하는 시험

② 굴착구간 내 굴착 깊이, 수직도, 굴착면의 형상을 측정할 수 있으며, 토질 주상도를 참고하여 허용오차를 확인한다.

Ⅱ. 굴착정밀도 측정원리-반사되는 초음파 분석

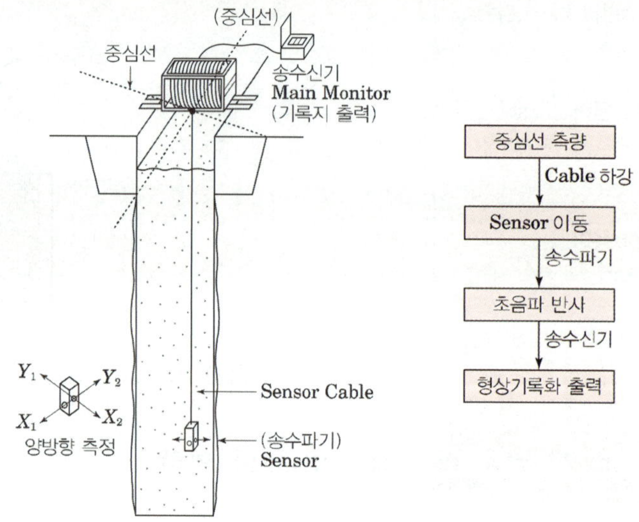

흙막이

Ⅲ. 수직도 관리기준-기록지 판독방법

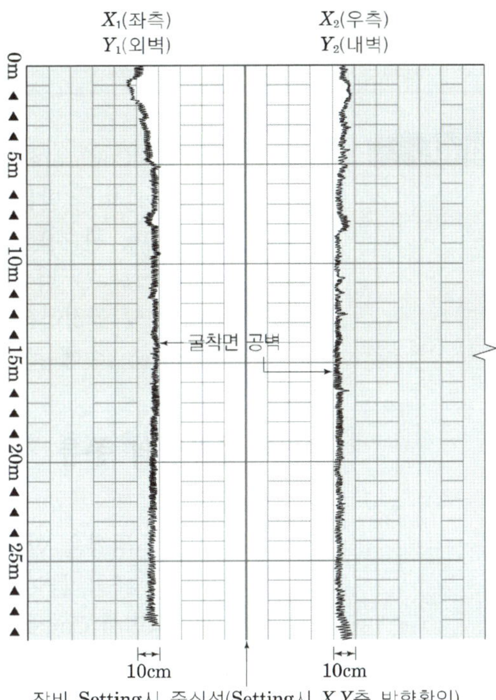

수직 허용오차: 1/300 또는 ±50mm보다 작은 값
파내기 구멍의 최대 수직 허용오차: 1/100 (건축공사표준시방서)

Ⅳ. 측정 시 유의사항

① 측정장비 Setting 시 벽체의 중심선을 기준으로 정확한 위치에서 측정해야 기록지 판독 시 오차를 줄일 수 있다.
② Primary Panel은 Panel의 길이가 길기 때문에 정확성을 위해 양 단부와 중앙부 3곳을 체크
③ 측정결과에 대한 Data가 기록지에 보관되므로 기록지 관리 철저

Ⅴ. Koden Test의 목적과 결과활용

① 굴착수직도 여부에 따라 굴착지반의 상태를 파악하여 보강여부 판단
② 후속 Panel 굴착 시 안정액의 비중과 점성에 대한 조정여부 판단
③ 안정액 일수현상 여부 판단근거 마련
④ Concrete의 과다투입 방지

흙막이

벽식

Key Point

- 국가표준
- Lay Out
  - 타설공법의 종류
  - 설치위치 및 타설방법
- 핵심 단어
- 연관 용어
  - 수중타설

[Tremie Pipe 조립]

[배치 후 타설]

[Plunger 설치]

★★★ 2. 토공 89

2-51	Tremie Pipe	
No. 92	Tremie Pipe 관을 이용한 Concrete 타설	유형: 기구·기계·공법

Ⅰ. 정 의

① 수중 Concrete 및 Slurry Wall의 Concrete타설을 위해 상부에 Concrete를 받는 hopper와 관 끝에 역류 방지용의 마개가 부착되어 있으며, 관 하단을 Concrete속에 삽입한 상태로 관을 끌어 올리면서 Concrete를 타설하는 기구

② 수중 및 안정액속에서 Concrete와의 혼합을 방지하기 위해 1.5m 이상 Concrete속에 묻혀 상부의 자중과 압력으로 Concrete를 타설한다.

Ⅱ. 타설공법의 종류

1) 밑뚜껑식

선단에 뚜껑을 한 Tremie Pipe를 삽입하고, Concrete 투입 시 Tremie Pipe를 조금 들어 올림으로써 Concrete 중량으로 밑뚜껑이 자동적으로 제거되면서 Concrete 타설

2) Plunger식

현재 제일 많이 이용되는 방식으로 Tremie Pipe를 투입구의 관경에 맞는 plunger를 장착하여 Concrete를 투입하면 관내의 안정액을 배제하면서 Concrete를 타설

3) 개폐문식

개폐문을 Tremie Pipe 선단에 설치, 문을 닫은 상태에서 Tremie Pipe를 세워 Concrete를 채운 후 선단을 개방하여 Concrete를 타설

Ⅲ. 설치위치 및 타설방법

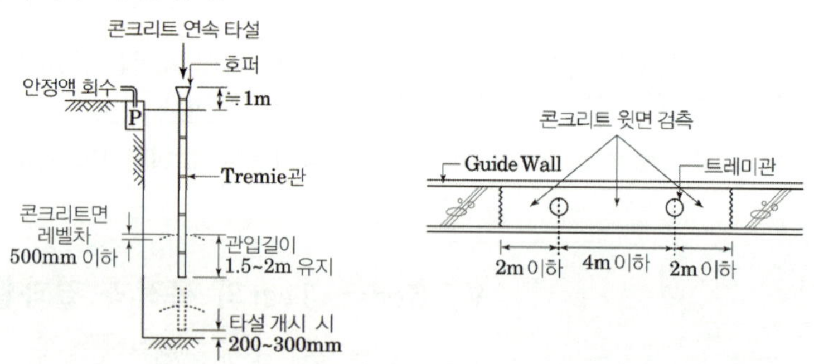

① 플런저(고무공)를 설치하여 Tremie Pipe내에 일정 Concrete량이 찬 후, 타설되도록 유도하여 재료분리 및 안정액과의 혼합방지

② 타설은 굴착 후 12시간 이내에 시작하고, 중단없이 연속타설하는 것이 좋으며, 중단시간은 1시간 이내로 관리

③ 2본 이상의 관으로 타설시 균등한 높이가 되도록 동시타설 한다.

④ Tremie Pipe의 관입길이는 보통 Tremie Pipe 1개의 Size로 한다.

⑤ 타설 중 계산에 의한 타설높이와 추에 의한 심도를 비교 체크

흙막이

벽식

Key Point

◪ 국가표준

◪ Lay Out
- Cap Beam의 설치구조 및 기능
- 시공Process
- 중점관리사항

◪ 핵심 단어
- Why: Panel의 연속성을 가질 수 있도록 연결
- What: 슬라임이 섞여있는 최상단 부분 파쇄
- How: 철근을 배근하여 콘크리트 타설

◪ 연관 용어
- 두부정리
- Slime

[두부정리]

[청소 및 지수]

[철근조립]

★★★ 2. 토공 71

2-52	Slurry Wall에서 Cap Beam	
No. 93		유형: 구조물·기능·작업

Ⅰ. 정 의

① Panel이 연속성을 가질 수 있도록 Slurry Wall 최상단을 두부정리하고, 철근을 배근하여 Concrete를 타설하는 Wall Girder형식의 구조물

② 1층 바닥과의 Level과 연결상태를 고려하여 시공한다.

Ⅱ. Cap Beam의 설치구조 및 기능

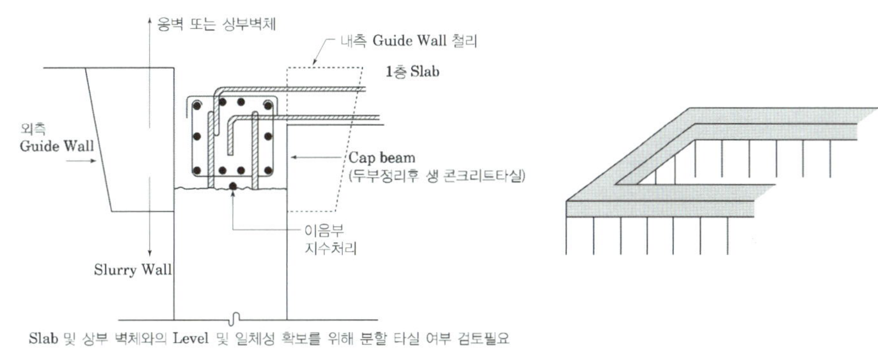

Panel의 연속성을 갖도록 Concrete를 타설하여 테두리보 형태로 연결

- Panel의 결함 정리: 두부정리(Slime 제거)
- Panel의 연속성 확보: 독립 Panel형태를 일체화(토압 대응)

Ⅲ. 시공 Process

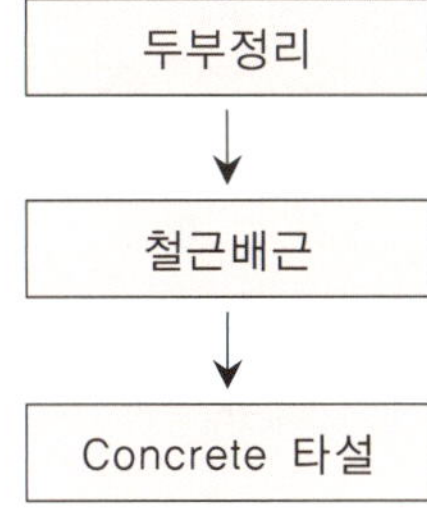

- 내부 Guide Wall을 제거하고 Slime이 섞여있는 상단 부분의 Concrete 파쇄 후 생 Concrete 타설
- 이음부분 지수처리를 한 다음 테두리보 철근배근이 가능한지 Level 검토 후 철근배근
- 거푸집을 설치하고 Concrete 타설

Ⅳ. 중점관리 사항

① Concrete 파취 시 철근배근이 용이하도록 100mm 이상 추가 파취
② 1층 바닥타설 예정높이보다 올라온 철근 절단
③ Concrete 타설 전 이음부위 물청소 실시
④ Slab 시공계획 Level과 연결상태를 고려하여 시공

흙막이

★★★ 2. 토공 112

2-53	Counter Wall	
No. 94	카운터월	유형: 공법·구조물·작업

벽식

Key Point

◩ 국가표준

◩ Lay Out
- Counter Wall의 시공조건
- 시공 Process
- Counter Wall의 연결방법
- 시공 시 유의사항

◩ 핵심 단어
- Why: 굴착효율저하
- What: 암반출현
- How: 하부에 추가로 설치

◩ 연관 용어
- Under Pinning

Ⅰ. 정 의

① 경암반 출현으로 Slurry Wall을 기초 저면까지 내리지 못하는 경우 벽체의 하부를 Underpinning으로 보강하고 하부에 추가로 설치되어 Slurry Wall을 받쳐주는 벽체

② 후속 굴착 시 Soldier Pile을 이용하여 Underpinning보강 후 미굴착 부위의 Slurry Wall을 추가로 형성하는 벽체의 연결 작업

Ⅱ. Counter Wall의 시공조건

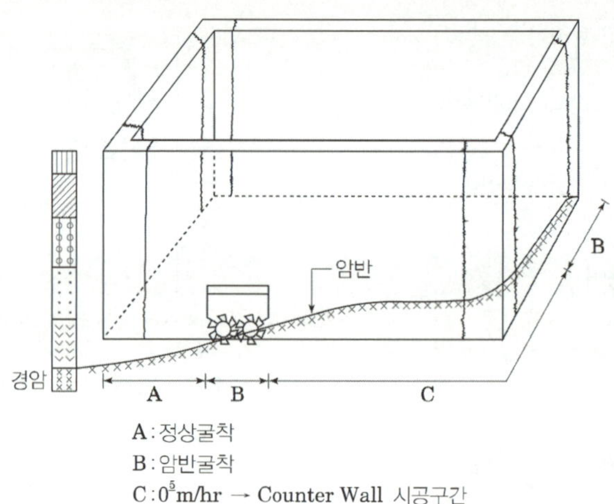

A : 정상굴착
B : 암반굴착
C : 0.5m/hr → Counter Wall 시공구간

하단부 토층 굴착효율이 0.5m/hr 이하일 경우

Ⅲ. 시공 Process

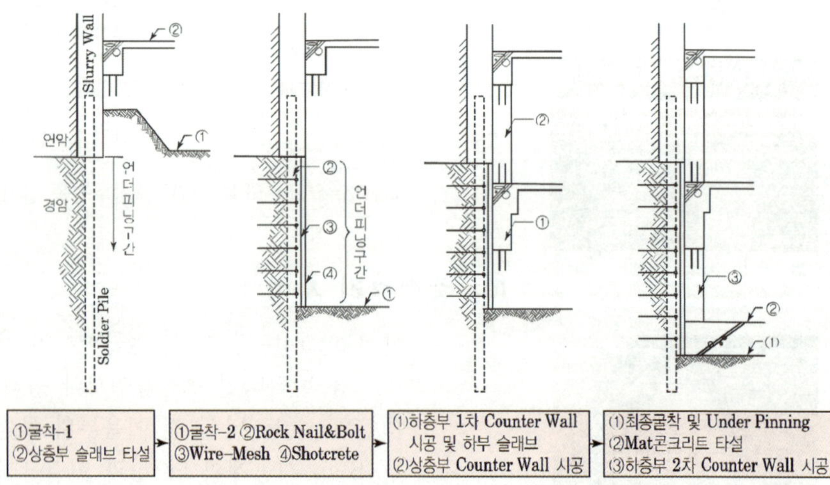

[Soldier Pile 배치]

[Underpinning]]

Ⅳ. Counter Wall의 연결방법

1) 내부 돌출벽 신설

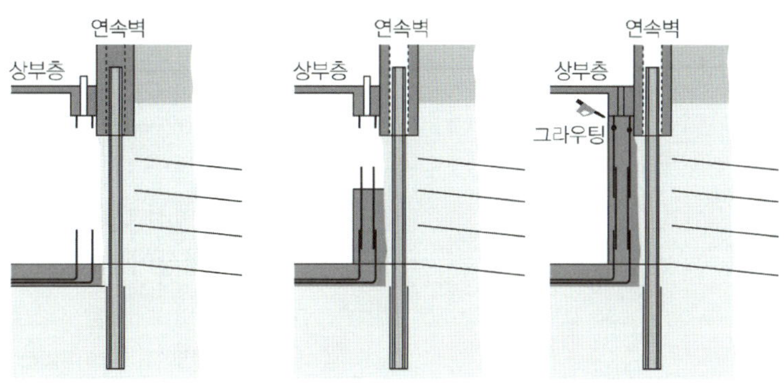

[기초슬래브 콘크리트] [카운터월 1단 콘크리트] [카운터월 완료]

Slurry Wall 하부의 미굴착 암반부위는 그대로 두고, 안쪽으로 연속벽 두께만큼 돌출되어 신설 벽체를 구축하는 방법

2) 원상태로 벽체 연장(할석 처리)

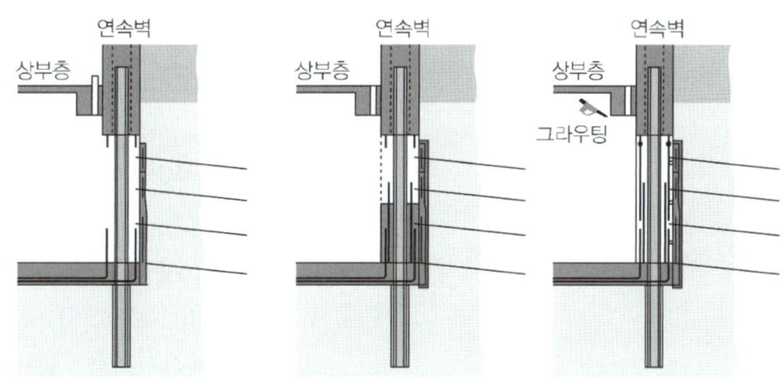

[기초슬래브 콘크리트] [카운터월 1단 콘크리트] [카운터월 완료]

Slurry Wall 하단부 미굴착 부위를 할석 작업하여 원상태의 벽체를 그대로 연장하여 신설벽체를 구축하는 방법

3) 중간부분 절충(할석 처리)

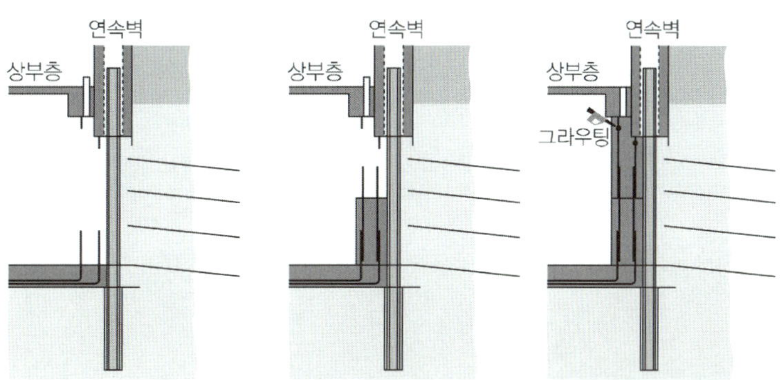

[기초슬래브 콘크리트] [카운터월 1단 콘크리트] [카운터월 완료]

Slurry Wall 하단부 미굴착 부위를 Solder Pile부분까지만 할석 작업하여 중간부분에서 벽체를 돌출 및 연장하여 신설벽체를 구축하는 방법

V. 시공 시 유의사항

1) Casing 및 Soldier Pile 시공

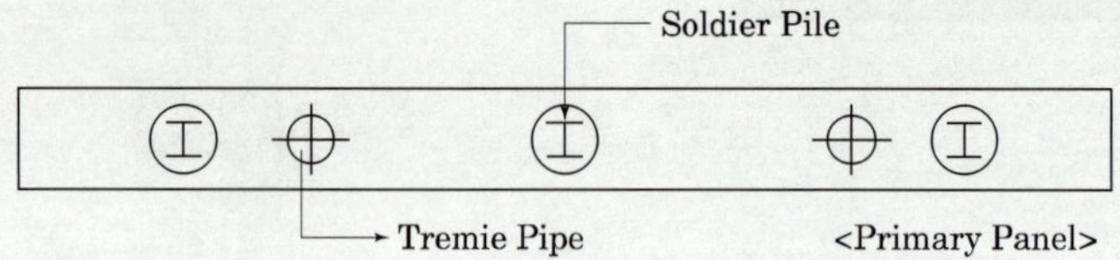

① 선행방식에서 Casing은 Concrete 타설시 측압에 의해 위치가 변형되거나 형상이 변형되지 않도록 내부에 강관을 미리 넣어 변형을 방지

② 후행방식에서 Casing은 강관 파이프 하부로 Concrete가 들어오지 못하도록 하단부 Concrete를 미리 타설하여 철근망 근입 시 삽입

③ Soldier Pile의 하단부는 최종 굴착레벨보다 2~3m 깊게 위치하고, 상단부 또한 Slurry Wall 하단부보다 2~3m 중복되게 설치

2) 굴착 후 Counter 시공

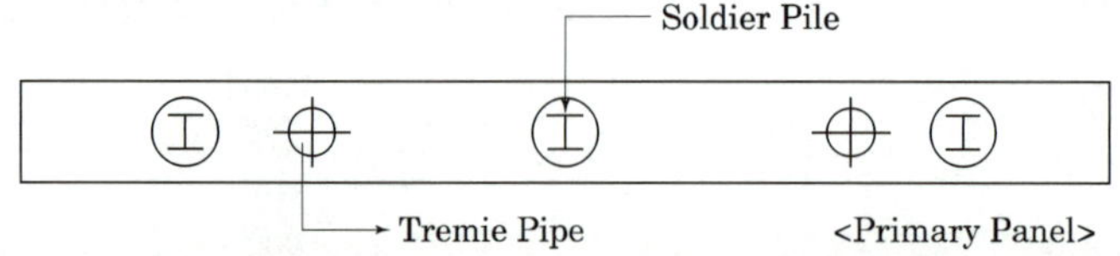

① 벽체의 구축방법은 설계도서의 변경여부와 현장상황을 고려하여 방법을 결정

② Rock Bolt 시공은 경사각에 주의 하여 시공

③ Wire Mesh(100×100×4.2)는 가급적 암반 면에 가깝게 설치하여 Shotcrete(건식사용) 낭비를 방지

④ Shotcrete는 벽면에 골고루 분사되도록 직각으로 분사

⑤ 철근배근은 가스압접 또는 기계적 이음으로 채택

⑥ 누수를 방지하기 위하여 합벽 시공 시 Tie-Less Form을 이용

⑦ 작업 중 암반의 절리선이나 면을 따라 지하수 유입의 경우, 누수의 정도에 따라 배수Hole 설치 여부를 판단

☆☆★ 2. 토공

2-54	Slurry Wall Joint방수	
No. 95		유형: 공법·기능·작업

흙막이

벽식

Key Point

- 국가표준
- Lay Out
  - Joint 방수 시공방법
  - 시공순서 · 중점관리 사항
  - 유의사항
- 핵심 단어
- 연관 용어

Ⅰ. 개 요

① Slurry Wall 각 Panel간 Joint는 Concrete가 분할 타설되고 연결 철근도 없기 때문에 추후 균열에 의한 누수가 발생할 수 있기 때문에 Joint를 방수처리 해야 한다.

② 최하층까지 지하수의 연속적인 유도를 위해 각 층 슬래브 시공 전에 Joint 방수 실시한다.

Ⅱ. Joint 방수 시공방법

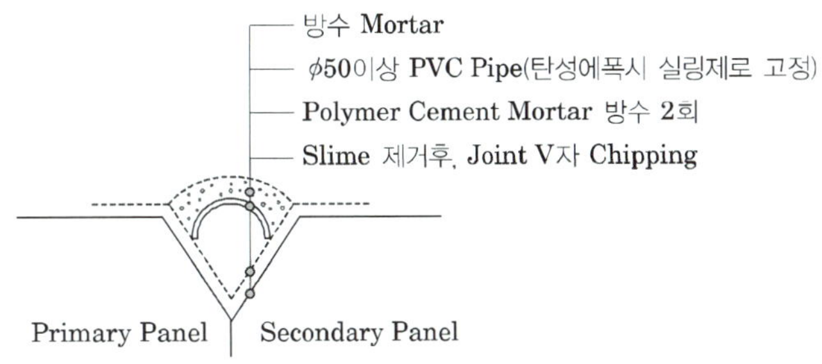

Ⅲ. 시공 시 유의사항

① 방수 전 지하수위 확인

② PVC Pipe는 지하수위 해당 층부터 최하층까지 연속적으로 설치

③ 최하층에서는 배수판 등으로의 배수안 마련

④ 최하층까지 연속적인 유도를 위해 각 층 슬래브 시공 전에 Joint 방수 실시

☆☆★ 2. 토공

2-55	버팀대식 흙막이공법(Strut공법)	
No. 96	Strut공법	유형: 공법

흙막이

지보공

Key Point

◩ 국가표준
- KCS 21 30 30

◩ Lay Out
- Strut의 토압지지원리
- 계획 시 고려사항
- Strut 시공 시 유의사항

◩ 핵심 단어
- Wale · Strut · Post Pile
- 토압에 저항
- 수평으로 배치한 압축재

◩ 연관 용어
- 보강토 옹벽
- 중력식 옹벽
- 압력식 소일네일링

Ⅰ. 정 의

흙막이벽 안쪽에 Wale·Strut·Post Pile을 설치하여 토압에 저항하는 흙막이 지보공법

Ⅱ. Strut의 토압지지원리

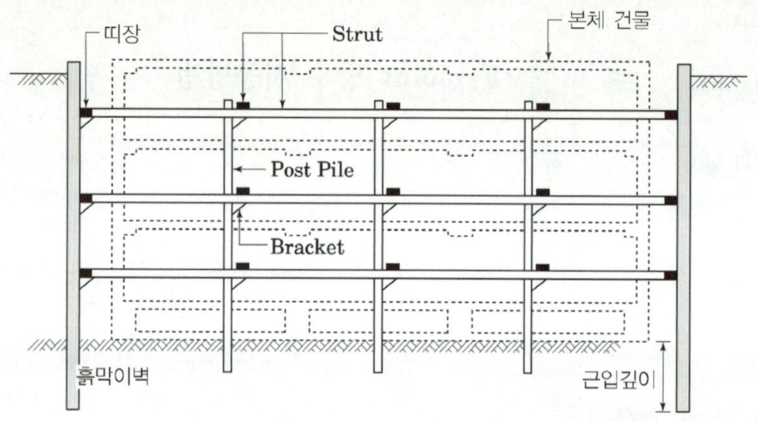

측압을 수평으로 배치한 압축재(Strut)로 지지하는 공법

Ⅲ. 계획 시 고려사항

① Strut 각 단의 설치 Level이 각 층 Slab Level과 작업동선 간격 유지
② 하단부 토압 및 해체 계획에 의한 Strut 간격 고려
③ 평면계획상 Strut와 본 구조물 부재의 간섭 검토
④ Level 변화가 발생하지 않도록 Bracket 등의 보강

Ⅳ. Strut 시공 시 유의사항

① 좌굴방지: 보강철물 및 Packing의 사용으로 강성확보
② Strut와 띠장의 중심잡기: Liner에 의한 축선 보정
③ 교차부 긴결: Angle보강으로 좌굴방지
④ 띠장 Web보강: Stiffener보강으로 국부좌굴 방지
⑤ Strut 귀잡이: 45° 각도 유지

☆☆☆ 2. 토공 119

2-56	PPS(Pre-stressed Pipe Strut)	
No. 97	PPS 흙막이 지보공법 버팀방식	유형: 공법

흙막이

지보공

Key Point

◪ 국가표준

◪ Lay Out
- 토압지지원리
- 특징

◪ 핵심 단어
- What: 대구경 원형 강관 파이프
- Why: Pre-Stress
- How: 무지주 방식

◪ 연관 용어
- Strut 공법

Ⅰ. 정 의

800mm 이상의 대구경 원형 강관 Pipe에 선행가압(Pre-Stress)으로 압축력을 강화해 Post Pile 없이 흙막이를 구축하는 무지주방식의 버팀대 흙막이 공법

Ⅱ. 토압지지원리

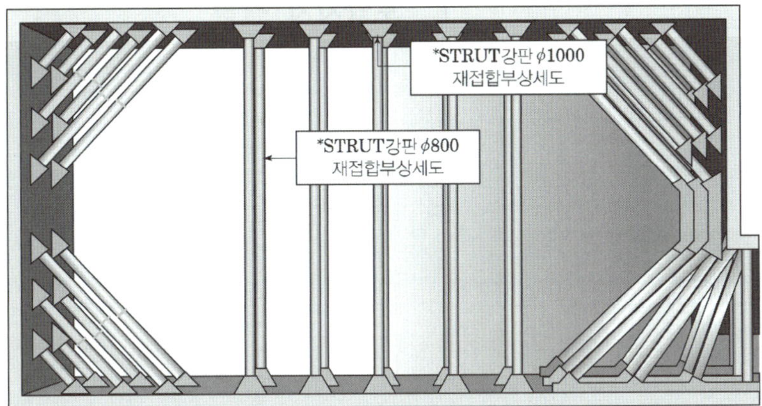

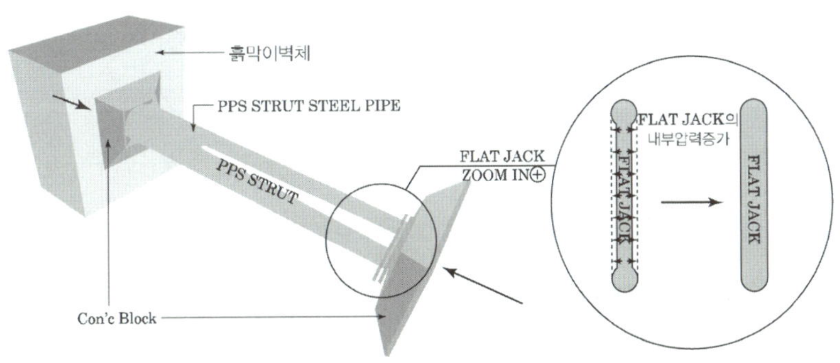

Flat Jack에 의한 내부압력 증가로 토압에 지지

Ⅲ. 특징

① 수평응력 증가로 좌굴 및 비틀림 강성 증대
② 버팀보 수평간격 최대화 가능
③ 소요강재 중량이 Strut공법에 비해 소량임
④ Post Pile 보강 불필요
⑤ 대형 현장일수록 Strut공법 대비 20~30% 공사비 절감

흙막이

지보공

Key Point

◩ 국가표준

◩ Lay Out
- 토압지지 원리
- 특징
- 시공 시 유의사항

◩ 핵심 단어
- What: IPS
- Why: Pre-Stress
- How: 버팀보 대체

◩ 연관 용어
- PS Beam

적용조건

- 굴착폭이 넓은 굴착지반을 버팀보로 지지하기 곤란한 경우
- 지중매설물의 손상이나 사유지 침범이 불가능한 굴착작업 수행 시
- 인근구조물의 피해가 예상되는 도심지 굴착 시
- 앵커시공이 곤란한 경우

★★★ 2. 토공 80.123

2-57	IPS(Innovative Prestressed Support System)	
No. 98		유형: 공법

I. 정 의

① 짧은 H-Beam 받침대에 IPS System을 거치한 후 등분포하중으로 작용하는 토압을 P.C 강연선의 Prestressing으로 토압에 지지하는 흙막이 공법

② 강선과 짧은 받침대를 사용하여 기존의 버팀보들을 대체하는 공법

II. 토압지지 원리

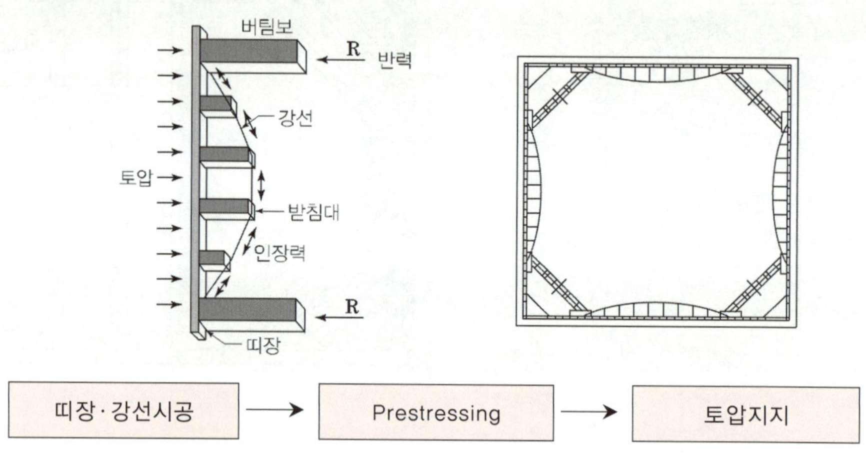

띠장·강선시공 → Prestressing → 토압지지

[코너 버팀보 선행하중 가력] [IPS 띠장 선행하중 가력]

III. 특징

① 버팀굴착 시 버팀보의 사용이 없어지므로 작업공간 확보 용이

② 단순화된 설치 및 해체 공정으로 인하여 공사기간 단축

③ 선행하중효과로 주변시설물의 지반침하 방지

④ IPS 공법의 파괴거동은, 압축 좌굴 파괴가 아닌 연성 휨 파괴이므로, 파괴의 전조가 뚜렷하여 위험 요소에 대한 대처 능력 우수

IV. 시공 시 유의사항

① 터파기 구간을 Zoining하여 터파기와 IPS의 간섭검토

② 개별강선은 2단계로 나누어 설계 장력의 60~100%로 긴장

③ 흙막이 벽체 수직도의 시공오차를 고려하여 IPS 띠장 사이의 여유 공간 고려

④ 띠장용 보걸이의 처짐 검토

☆☆☆ 2. 토공

2-58	PS(Pre-stressed Strut) 공법	
No. 99		유형: 공법

흙막이

지보공

Key Point

- 국가표준
- Lay Out
  - 토압지지 원리
  - 특징
- 핵심 단어
  - What: 겹띠장
  - Why: 토압에 저항
  - How: Prestress Moment
- 연관 용어
  - IPS

적용조건

- IPS와 유사
- PS Beam의 구성

Ⅰ. 정 의

띠장에 Cable 또는 강봉을 정착한 겹띠장을 설치하여 양단부에 Prestress를 가한다음 Prestress Moment를 이용하여 토압에 저항하는 흙막이 공법

Ⅱ. 토압지지 원리

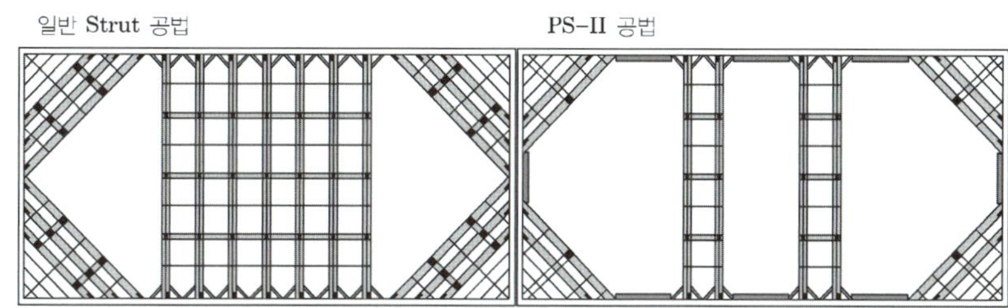

토압에 의해 유발된 띠장 중앙부와 단부의 토압에 대한 휨모멘트가 중앙부에 크게 작용하도록 하는 휨 Moment 재분배 효과를 이용한 공법

[중앙부의 정모멘트 증가] [중앙부의 휨모멘트 감소]

Ⅲ. 특징

구분	일반 Strut 공법	PS-II 공법
시공성	• 강재 사용이 많아 작업능률이 저하 • Strut, Post Pile의 간격이 좁아 토공작업시 능률이 저하 • 본구조물 시공 시 작업공간 협소로 인하여 품질이 저하 • 굴착모양에 따라 많은 제한	• 강재 사용이 감소되어 작업능률 우수 • Strut, Post pile의 간격이 훨씬 늘어나서 작업공간 확보 용이 • 본구조물 시공 시 작업 공간 확보로 인하여 품질향상 • 굴착모양에 제한을 받지 않는다.
안정성	• 현장 시공 시 주변 지반의 변위 발생	• Cable을 이용하여 Prestress를 가하기 때문에 주변지반의 변위량 최소화
경제성	• 강재 사용량이 많아 비경제적 • Strut 설치간격이 좁고 작업공간이 협소하여 굴착작업 시공기간 증대	• 사용 강재가 감소되어 경제적 • Strut 및 Post Pile, Wale이 줄어들어 시공속도가 빠르다.

2-59	Tie Rod 공법	
No. 100	타이로드	유형: 공법

흙막이

지보공

Key Point

◪ 국가표준
- KCS 21 30 30

◪ Lay Out
- 토압지지 원리
- 유의사항

◪ 핵심 단어
- 띠장으로부터 전달되는 측압
- Tie Rod를 설치

◪ 연관 용어
- Strut 공법

Ⅰ. 정 의

강재 널말뚝을 사용한 흙막이 공사에 띠장으로부터 전달되는 측압을 Tie Rod(원형 또는 각형의 봉강이나 강선: 인장재)를 설치하여 정착부재에 전달하는 공법

Ⅱ. 토압지지 원리

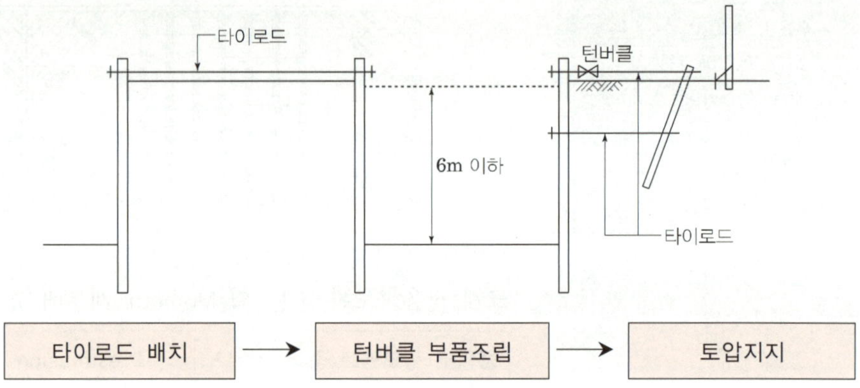

띠장에서 전달되는 측압을 인장재 양단에서 지지하는 공법

Ⅲ. 유의사항

① 타이로드는 힘의 작용방향, 작용효과, 시공성 등을 고려하여 선정하며 원형 또는 각형의 구조용 봉강이나 강선을 사용
② 영구적으로 설치되는 타이로드에는 강선을 사용금지
③ 모든 타이케이블에는 턴버클을 부착하여 길이 조절
④ 시공과정에서 인장력이 유지되도록 턴버클을 사용하여 긴장
⑤ PC Stand 또는 PC 강재를 사용하는 타이로드 방식은 앵커정착방식에 따라 시공
⑥ 타이지지 방식으로 지지할 수 있는 흙파기 깊이는 6m 이내
⑦ 타이로드를 지하수면 아래에 설치하는 경우에는 방청처리
⑧ 타이방식은 지지능력과 부지조건에 따라 앵커판, 경사말뚝, 강널말뚝 또는 기존 구조체에 정착시킬 수 있다.
⑨ 설치된 타이로드는 설계도면에 명시된 시험하중까지 가해야 하며, 하중의 5% 이상 손실되지 않아야 한다.

☆★★ 2. 토공

2-60	Soil Nailing 공법	
No. 101		유형: 공법

Ⅰ. 정 의

① 절토사면 내부를 천공하여 Nail 삽입 후 Grouting에 의해 흙과 Nail의 일체화로 인장력과 전단력에 저항하여 지반의 활동 변위를 억제하기 위한 흙막이 및 사면안정 공법

② 상부지반으로부터 하부로 내려가면서 지반이 완전히 이완되기 전에 Nail과 전면판을 설치한다.

Ⅱ. Nail과 Grouting에 의한 토압지지원리 및 시공순서

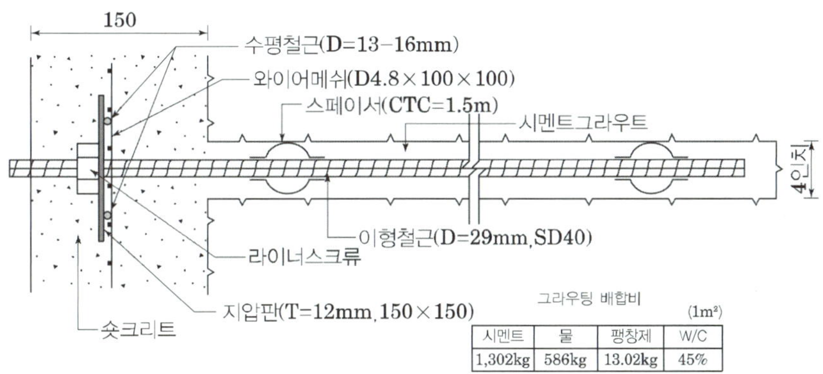

시멘트	물	팽창제	W/C
1,302kg	586kg	13.02kg	45%

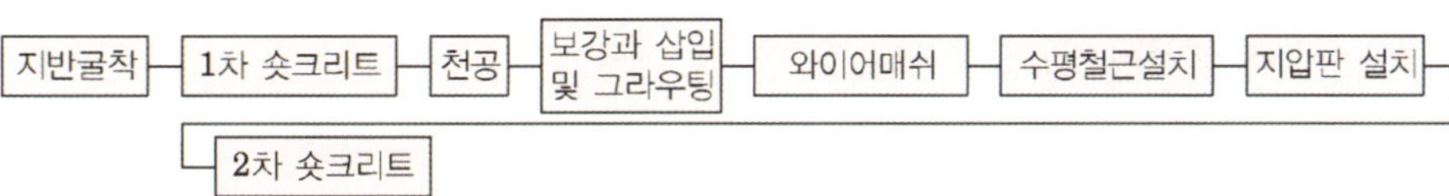

Ⅲ. 특성

1) 보강재(Nail)

① 기능: 보강체 내에서 Grout에 의해 지반과 Nail이 일체가 되어 전단저항 및 인발저항

② 재료: Nail과 Grout사이에 부착력 증대를 위해 D25mm KS D 3504 (철근콘크리트용 봉강) 사용

2) Grouting

시멘트는 KSL 5201에 적합한 보통 포틀랜드 시멘트 및 조강 시멘트를 사용하고 혼화재는 팽창제를 사용토록 한다. 28일 강도가 약 24MPa 정도 확보, 물-시멘트비(W/C)가 40%~50% 범위가 되도록 한다.

흙막이

지보공

Key Point

◪ 국가표준
- KCS 11 70 05
- KS D 3504

◪ Lay Out
- Nail과 Grouting에 의한 토압지지원리 및 시공순서
- 특성
- 시공 시 유의사항

◪ 핵심 단어
- What: Nail · Grouting
- Why: 사면안정
- How: 흙과 네일 일체화

◪ 연관 용어
- 보강토 옹벽
- 중력식 옹벽
- 압력식 소일네일링

적용조건

- 절토를 수반하는 경우
- 지반의 자립고가 1m 이상
  사질토: N>5
  점성토: N>3
- 프리스트레스는 네일별로 압력 게이지가 부착된 네일용 유압잭 사용
- 설계 프리스트레스력의 20% 초과 금지
- 지압판은 쐐기식 정착구에 설치하되 프리스트레스 도입 시 최대장력은 철근에 항복강도의 60% 초과 금지

[Nail 조립]

[1차 Shotcrete 뿜칠]

[전면판 시공]

[2차 Shotcrete 뿜칠]

3) 전면판(Facing)

① 기능: Shotcrete 보강층 사이의 국부적인 안정을 확보하고 굴착 후 지반의 이완방지

② 재료

• Shotcrete 지압판(Plate)

- 임시 구조물 — • PL-150×150×9mm
- 영구 구조물 — • PL-150×150×9mm~PL-2500×250×9mm

• 용접철망(Wire Mesh): ∅4.8mm×100×100 또는 150mm×150mm

4) Shotcrete

① 기능: 지반과의 부착력, 전단력에 의한 저항으로 외력을 지반에 분산

② 재료

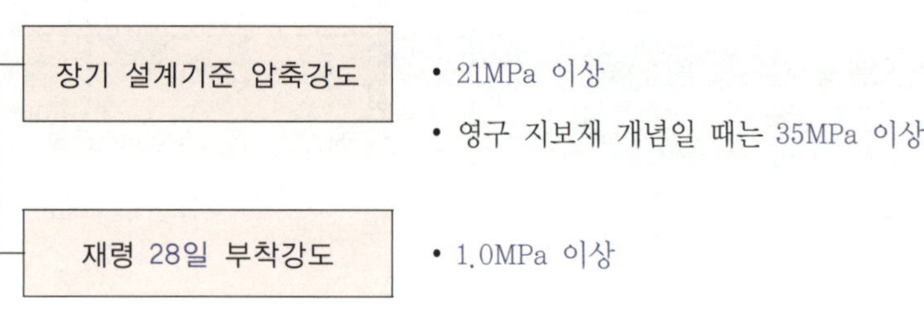

Ⅳ. 시공 시 유의사항

1) Shotcrete 뿜칠

① 노즐각도: 뿜칠면과 직각 유지

② 노즐과 뿜칠면의 거리: 1m

2) 천공

천공각도 10~20° 일 때 최소의 변위 발생

3) 용수대책

① 빗물 및 외부 유입수 방지를 위해 차수시설

② 전면판과 지반 사이에 설치되는 배수시설은 전면판에 돌출되는 Weep Hole과 일치하게 설치, 최소 밀도는 10m²

흙막이

4) 강도관리

Pull Out Test ─── Proof Test 확인시험

- 인발시험(Nail의 1%, 3개 이상)
- 인장시험(Nail의 1%, 3개 이상)

- 대상: 수평열 Nail수량의 5%
- 설계인발 저항력의 125%~150%에 달할 때까지(시험수량 85% 이상 만족)

5) 인발시험

시험횟수는 보강면적이 800m^{2}까지는 최소 3회 실시하며, 보강면적이 300m^2 증가 시마다 1회 이상 추가 실시

- 검증시험(Proof test)

① 검증시험의 경우는 각층별로 시공된 네일 중 하나를 서로 엇갈리게 선정
② 정착판에서 돌출된 네일의 길이는 최소 0.15m 이상
③ 인발시험용 네일은 벽체에서 안쪽으로 0.3m까지만 그라우트 주입
④ 인발은 네일에 가해지는 시험하중의 측정과 하중단계별로 네일 끝의 변위에 대하여 실시
⑤ 재하는 설계하중의 12.5%, 25%, …, 125%까지 단계별로 12.5% 씩 증가
⑥ 하중의 증가는 1분 이내에 가해져야 하며 최대한 2분 초과 금지
⑦ 단, 설계하중의 50%에서는 예외적으로 지속시간을 10분으로 한다.
⑧ 설계하중의 50% 재하 시의 허용변위량(2mm)이 10분 이내에 발생하는 경우에는 추가적으로 50분간을 더 지속
⑨ 시험결과가 좋지 않았을 경우에는 추가시험을 실시

- 인발시험(Pull-out test)

① 깎기가 완료된 후 네일 시공 전에 지반의 극한인발저항력을 확인하기 위한 시험으로 천공 및 네일 길이는 최소 2m 이상으로 하고 변화하는 각 지층상에서 골고루 실시되도록 계획
② 정착판에서 돌출된 네일의 길이는 최소 0.15m 이상
③ 인발시험용 네일은 벽체에서 안쪽으로 0.3m까지만 그라우트 주입
④ 인발은 네일에 가해지는 시험하중의 측정과 하중단계별로 네일 끝의 변위에 대하여 실시
⑤ 재하는 설계하중의 10%, 20%, 30%, 125%까지 단계별로 12.5% 씩 증가
⑥ 시험에서 측정된 자료를 근거로 하중-변위량 곡선, 하중-시간 곡선, 변위량-시간 곡선을 작성
⑦ 하중-변위량 곡선에서 극한인발저항력을 구하여 그라우트가 주입된 부분의 주면마찰면적으로 나누어 극한주면마찰저항 값을 산출

☆☆★ 2. 토공 106

2-61	압력식 Soil Nailing	
No. 102		유형: 공법

흙막이

지보공

Key Point

국가표준

Lay Out
- 인발저항력 증대원리
- 공법의 개념도 및 Packer의 구성도
- 발포우레탄 Packer의 제작과정
- 시공Process별 유의사항
- 공법비교

핵심 단어
- What: 급결성 발포우레탄
- Why: 사면안정 유지
- How: Packer 형성

연관 용어
- 보강토 옹벽
- 중력식 옹벽
- 중력식 소일네일링

공법특성

- 밀폐성: Packer System
- 시공성: 1회 압력 Grouting
- 보강력: 유효지름 증대

I. 정 의

① 원지반 천공 후 Grouting 입구부에 급결성 발포 Urethane(팽창제) 약액을 가압 주입하여 Packer형성을 통하여 Nail(이형철근D25~32) 정착부가 완전 밀폐되어 정착부에 압력 Grouting(0.5~1MPa)으로 유효지름과 인발저항력이 증대되어 사면안정을 유지하는 공법

② 천공지름의 23~35%가 확대되어 부착응력이 증대되고 1회 압력 Grouting에 의해 시공속도가 빠르며, 초기강도가 우수하다.

II. 인발저항력 증대원리

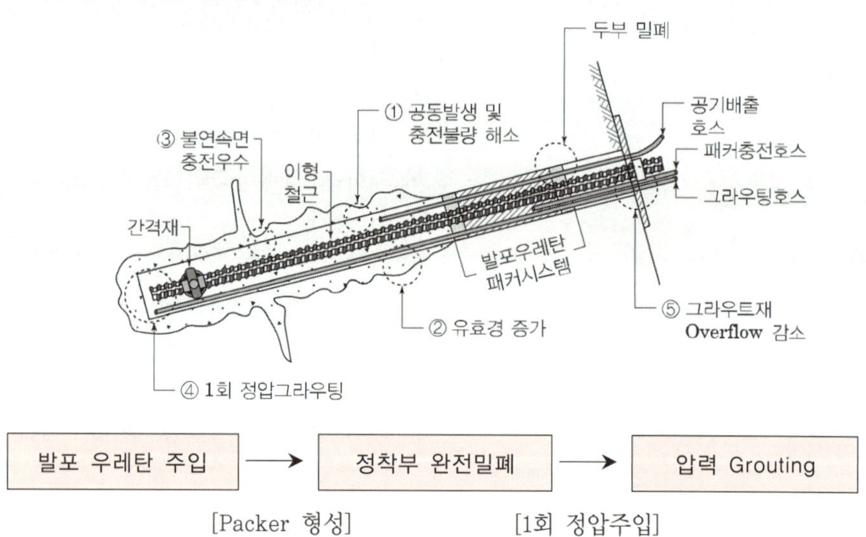

발포 우레탄 주입 → 정착부 완전밀폐 → 압력 Grouting

[Packer 형성] [1회 정압주입]

III. 공법의 개념도 및 Packer의 구성도

1) 압력식 Soil Nailing

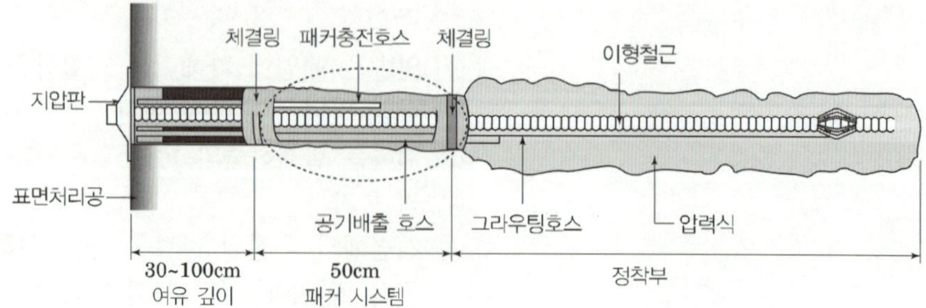

2) 발포우레탄 Packer System

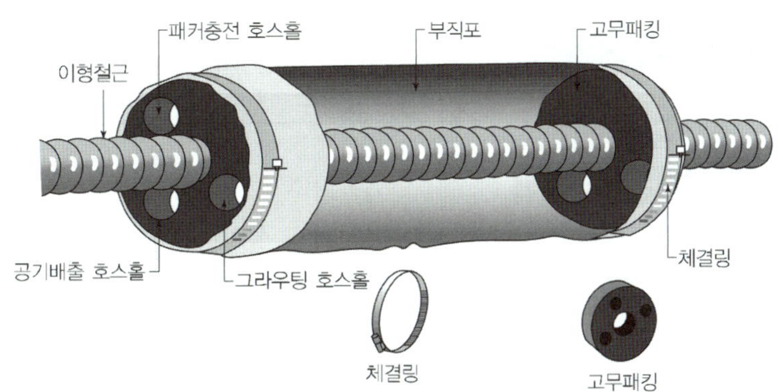

Ⅳ. 발포우레탄 Packer의 제작과정

제작과정	내용
고무판	• 발포 Urethane의 횡방향 팽창을 억제하고 Packer의 기능을 유지하기 위하여 접속부를 고무판으로 고정
주입Hose	• Urethane용액 주입용 Hose를 Packer내부에 설치
Grouting Hose	• Grouting Hose와 주입 시 공기배출용 Air Hose 설치
부직포	• Urethane 발포 시 Urethane을 Packer내에 구속시키는 역할을 하며 고무판을 체결링으로 고정시킴

Ⅴ. 시공 Process별 유의사항

① 지반굴착: 굴착 시 지반의 교란 최소화

② 천공: 천공각도 10~20° 유지, 길이 준수

③ Nail설치: 천공 깊이가 길면 Coupler를 사용하여 연결

④ Packer 충전: 발포는 1분 30초~5분 이내에 완료

⑤ 압력 Grouting: 압력유지를 위해 최소 6시간 후 Grouting실시하고, 15초~3분간 일정압력(0.5~1MPa)을 유지

⑥ 지압판 및 표면보호: 연결철근으로 Nail상호간 횡방향으로 연결시키고 Wire Mesh+Shotcrete를 일정간격 및 두께로 보강하고 필요에 따라 식생공법을 병행한다.

Ⅵ. 공법비교

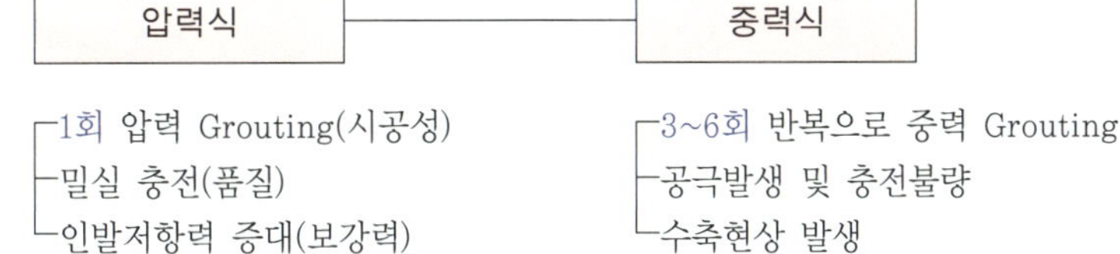

흙막이

지보공

Key Point

◪ 국가표준
- KCS 11 70 05
- KS D 3504

◪ Lay Out
- Rock Bolt의 작용효과
- Rock Bolt의 종류
- Rock Bolt의 선정 및 배치
- 시공 Process별 유의사항

◪ 핵심 단어
- What: Bolt, Nut를 단단히 죔
- Why: 지반의 저항력 증가
- How: 암반에 고정

◪ 연관 용어
- 보강토 옹벽
- 중력식 옹벽
- 중력식 소일네일링

공법특성

- 밀폐성: Packer System
- 시공성: 1회 압력 Grouting
- 보강력: 유효지름 증대

☆★★ 2. 토공

2-62	Rock Bolt공법	
No. 103		유형: 공법

Ⅰ. 정 의

① 지반을 보강하거나 변위를 구속하여 지반의 저항력을 증가시키기 위해 설치하는 부재

② 벽면에 구멍을 뚫고 그 속에 Bolt를 끼운 다음, Nut를 단단히 죔으로써 굴착 시 발파 등으로 인하여 연약해진 암반을 견고하고 안정된 암반에 고정

Ⅱ. Rock Bolt의 작용효과

기능	작용효과
봉합 및 매달음	• 이완된 암괴를 원지반에 고정하여 낙하를 방지
보형성	• 절리가 층상으로 발달된 지반을 조여서 절리면에서의 전단력을 전달하여 합성보로 거동시킨다.
내압작용	• Rock Bolt의 인장력과 동등한 힘이 내압으로 터널 벽면에 작용하면 2축 응력상태에 있던 터널 주변지반이 3축응력 상태로 되는 효과
아치형성	• 내공측으로 일정하게 변형하므로 내하력이 큰 아치형성
지반보강	• 지반의 전단 저항능력이 증대

Ⅲ. Rock Bolt의 종류

1) 선단 접착형

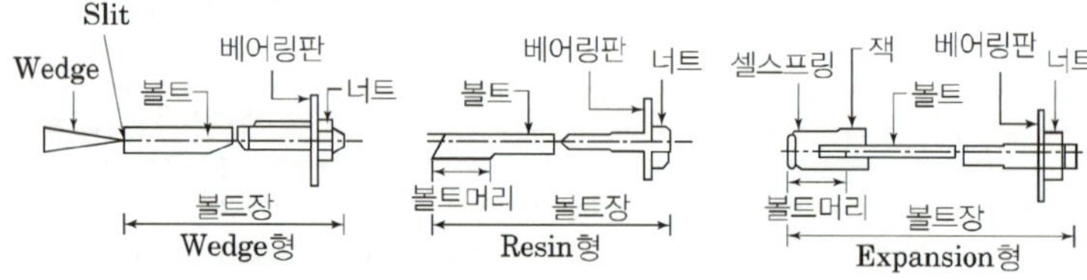

Rock Bolt 선단부를 부착쐐기나 주입재를 사용하여 정착시킨 후 Prestress를 주어 지반의 붕락을 방지

2) 전면 접착형

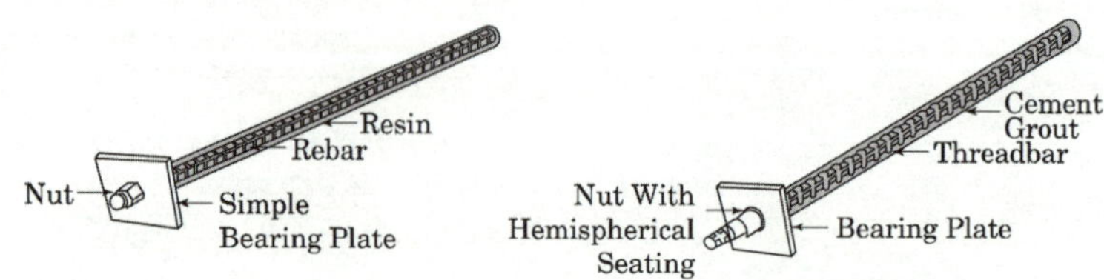

천공경과 Bolt 사이를 접착재를 충전하여 지반에 접착시키는 방식으로 Resin형과 Cement Grouting형으로 구분

흙막이

품질기준

KS D 3504의 SD300 이상

• 지름
– D22~ D25 이상

• 기호
– SD300

• 항복점(N/mm²)
– 300 이상

• 인장강도(N/mm²)
– 440 이상

• 연신율(%)
– 16 이상

단, 변위량이 20mm 이상인 경우 항복점이 500 N/mm² 이상인 제품 사용

• 수지형 그라우트
인발에 대한 저항도가 규정된 록볼트의 강도보다 1.2배 이상이어야 하며 조기에 접착력을 발휘

Ⅳ. Rock Bolt의 선정 및 배치

1) 선정

① 선단 접착형은 경암, 중경암에 한정하여 사용하고 적용성이 광범위한 Bolt는 전면 접착형이다.

② 지반의 강도, 절리, 균열의 상태, 용수상태, 천공경의 확대유무, 공벽의 자립, 천공길이 등을 검토하고 시험 시공과 인발시험을 실시하여 선정

2) 배치

① 터널 횡단방향에 방사상으로 배치

② Bolt길이는 지반상태, 터널단면, 인발내력 등을 고려하여 결정

③ Rock Bolt의 길이는 설치간격의 2배 정도로 하고 설치간격은 최대 1.5m 이하로 한다.

Ⅴ. 시공Process별 유의사항

[Resin식]

1. 천공 38mm
2. 레진삽입
3. 록볼트 회전삽입에 의한 교반
회전 RPM1000
4. 볼트삽입완료
록볼트 SD400 D25
5. 볼트체결
지압판

[Cement Grouting식]

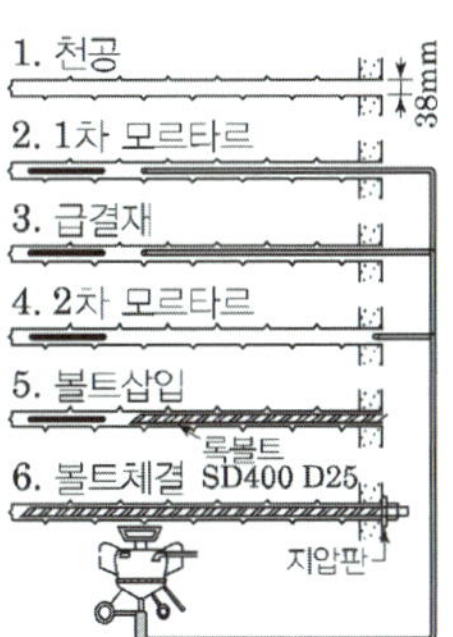

[Resin식] [Cement Grouting식]

① 천공: 부석 등을 제거하고 천공직경, 깊이, 방향을 고려

② 천공경과 천공 깊이: 확대형은 Rock Bolt 길이보다 약간 길게 하고, 쐐기형과 레진형은 받침판 부분을 부착할 수 있게 Rock Bolt 길이보다 짧게 한다.

③ 지압판: 예상되는 응력에 대하여 충분한 면적과 두께, 강도유지(일반적으로 평판은 지압판 면적이 150×150mm 정도이며, 두께는 6mm 정도가 적당하나 팽창성 지반은 9mm 정도로 한다.

④ Rock Bolt 정착 및 조임: 항복강도의 80% 정도로 Pipe Wrench나 Impact Wrench로 조여서 정착(선단 접착형은 접착제 완료 후 조인다.)

흙막이

지보공

Key Point

◩ 국가표준
- KCS 11 60 00
- KDS 11 60 00

◩ Lay Out
- Prestress에 의한 토압 지지원리
- 공법의 구성요소 및 설치기준
- 정착장의 지지방식-응력 분포에 따른 저항
- 시공 시 유의사항

◩ 핵심 단어
- What: Anchor, Grouting
- Why: 토압지지
- How: 자유장에 Prestress

◩ 연관 용어
- 제거식 Anchor
- 중력식 옹벽
- Soil Nailing

적용조건

- 지하수위가 낮은 지반
- 조밀한 토층 및 암반층
- 가압 Grouting의 정착부 지반은 N>10 이상
- 인접지반 소유주 승인 득

구성부재의 기능

- Sheath
  - 자유장의 Grout 부착에 대한 보호기능
- Packer
  - 정착부의 밀폐기능

★★★ 2. 토공

2-63	Earth Anchor공법	
No. 104	Ground Anchor	유형: 공법

I. 정 의

흙막이 벽체를 천공하여 Anchor의 정착부를 Grouting하여 고정시킨 후 신장변형에 자유로운 중간부분(자유장)에 Prestress를 가하여 토압에 지지하는 흙막이 공법

II. Prestress에 의한 토압지지원리

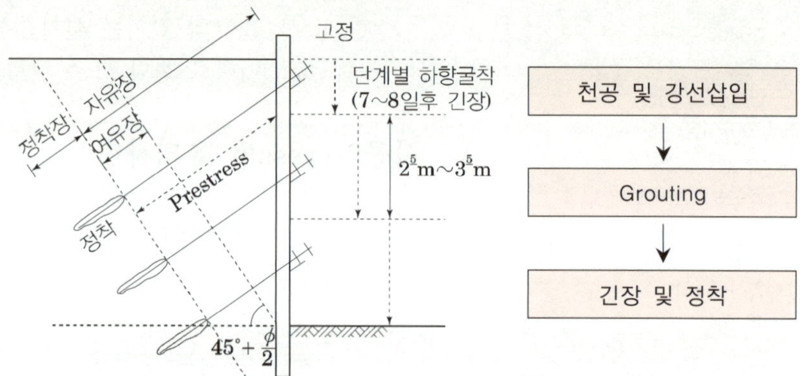

양단을 고정시킨 후 자유장의 PC강선에 Prestress를 가하여 토압에 지지

III. 공법의 구성요소 및 설치기준

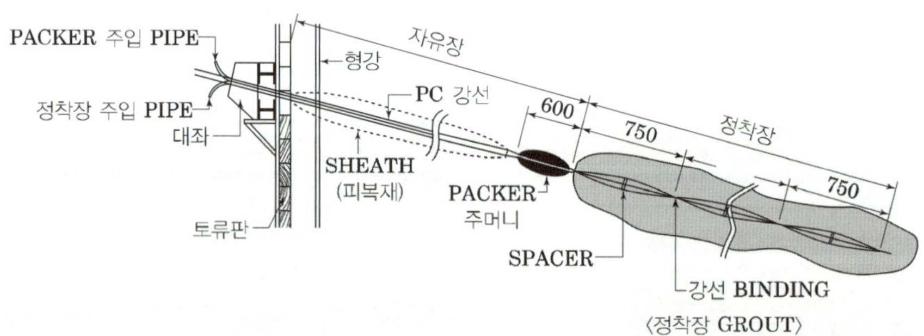

제작과정	내용
Anchor 자유장	• 4.0m 이상(Anchor체의 위치가 활동면보다 깊게)
Anchor 정착장	• 3.0~10m
Anchor 설치간격	• 일반적으로 1.5~2.0m
Anchor 설치단수	• 일반적으로 2.5~3.5m
Anchor 설치각도	• 일반적으로 10~45°

흙막이

Ⅳ. 정착장의 지지방식 - 응력분포에 따른 저항

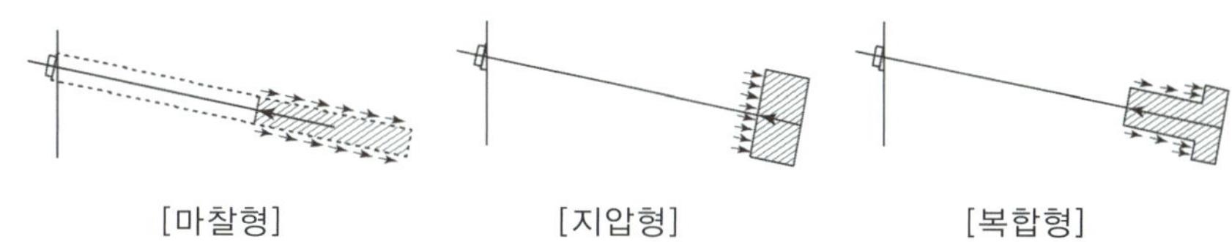

[천공]

[강선제작]

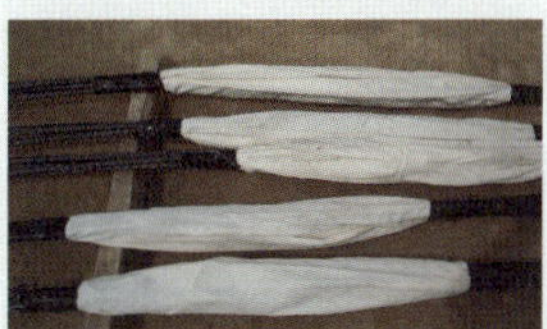
[Packer]

[강선삽입]

[Grouting후 고정준비]

[PC강선 긴장]

Ⅴ. 시공 시 유의사항

1) 천공 전 대책

① 지중장애물조사: 사전에 장애물과의 간섭 검토

② 투수계수 확인: 투수계수가 높은 사질지반에서 순환수 유출에 주의하고 지하수위가 높을 때 Boiling과 Piping에 대비한 차수대책

2) 천공 시 허용오차 기준

① 천공지름 유지: Anchor체의 지름 +25mm 기준

② 천공깊이: 0.5m 여유굴착

③ 천공위치: 100mm

④ 천공각도: 설계축과 시공축의 허용오차 ±2.5°

⑤ 공벽의 휨: 허용 값 3m당 20mm 이하

3) Grouting 방법

① Mortar 주입방법

주입순서	주입압력	주입방법
1차 주입	저압	Mortar를 Overflow시켜 육안으로 Slime이 토출되지 않을 때까지 주입(Slime 제거용)
2차 주입	고압	Packer주입: 자유장의 Grout부착에 대한 보호를 위해 Packer에 고압으로 주입(정착부 밀폐용)
3차 주입	고압	정착부 주입: 주입압력 0.5~1.0MPa

② 주입 시 유의사항

PC강선과 Grout재의 주입은 연속적으로 실시하고 주입량 확인하고 90분 이내에 주입, 동절기의 주입은 그라우트의 온도가 10℃~ 25℃ 이하 유지

4) PC강선의 긴장 및 정착

① 긴장력 가능 시기: Concrete 강도 발현 후 긴장(일반적: 7~8일)

- 가설Anchor: 주입재의 강도 15MPa 이상
- 영구Anchor: 주입재의 강도 25MPa 이상

② 유의사항

- Strand의 yield변형이 일어나지 않도록 일정한 힘과 주기 유지
- 설치각도와 평행유지

5) 인장시험: 편차 및 안정성 확인

편차 및 안정성 확인

흙막이

지보공

Key Point

- 국가표준

- Lay Out
  - 누수경로
  - 경로별 방수처리
  - 공법분류

- 핵심 단어
  - Sleeve주위 누수결로 제거

- 연관 용어
  - 슬러리월 조인트 방수

☆☆☆ 2. 토공 128

2-64	Earth Anchor의 홀(Hole) 방수	
No. 105		유형: 공법·시공·기술

Ⅰ. 정 의

Slurry Wall+Earth Anchor병행 공사 시 사전 매립시킨 천공용 Sleeve를 통해 누수가 발생되므로 누수경로에 대한 시공단계별 조치가 필요

Ⅱ. 누수경로

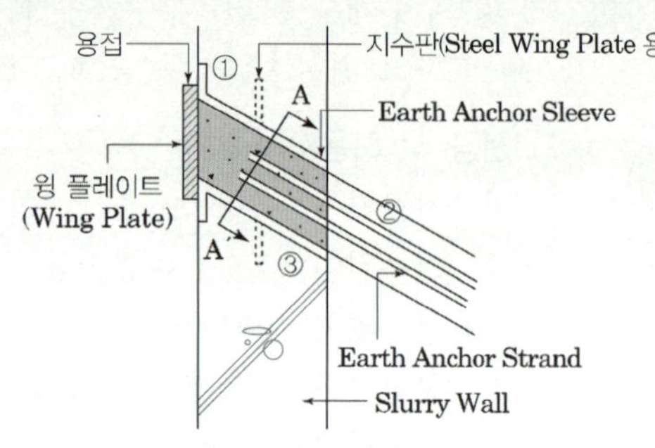

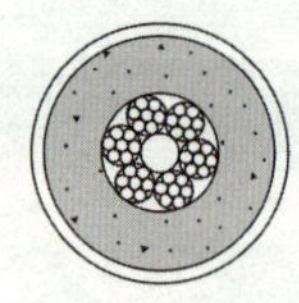

A–A´단면 상세

- 경로① E/A와 Slurry Wall 접합부
- 경로② E/A Strand
- 경로③ E/A Sleeve 내부

Ⅲ. 경로별 방수처리

구분	방수처리 내용	
경로①	• Steel Sleeve 실치 시 지수판 역할을 할 수 있도록 Steel Wing Plate 용접설치	
경로②	• 제거 Anchor	• Strand를 철저히 제거하여 누수경로 차단
	• 영구 Anchor	• Strand를 가능한 짧게 절단 • 자유장과 정착장 경계부위의 자유장 피복과 Strand 접합방수 철저
경로③	• Sleeve 내부는 방수Mortar로 방수 후 Sleeve입구 표면에 철판을 용접 밀봉해 방청처리	

Ⅳ. 공법분류

① Sleeve 내부 방수 Mortar 방수 후 1개월 이상 누수 여부를 확인하고 습기가 없는 상태에서 철판을 용접

② Strand 제거 후 Hole을 통해 다량의 누수와 함께 Piping 현상이 발생되지 않도록 관리

★★★ 2. 토공 70.83

2-65	제거식 U-turn Anchor, Removal Anchor	
No. 106		유형: 공법·시공·기술

흙막이

지보공

Key Point

◩ 국가표준

◩ Lay Out
- 종류
- 제거방식

◩ 핵심 단어
- Anchor체의 잔존물을 남기지 않고 제거

◩ 연관 용어
- Earth Anchor

Ⅰ. 정 의

① 매입식 Anchor로서 소정의 목적 달성 후 지반내에 Anchor체의 잔존물을 남기지 않고 제거하는 Earth Anchor공법

② 매입식의 압축 Type Anchor로서 Unbonded P.C Stand를 내하체에 U자(字)형으로 굽힘 가공하여 매입하고 압축력을 균등하게 분산시켜 마찰력을 동일하게 하여 사용한다.

Ⅱ. 종류

1) U-Turn Anchor 방식

정착부에 내하체를 이용하여 Unbonded P.C strand를 U자형으로 굽힘가공하여 강선을 짝수로만 사용하며 제거시에는 U형 중 한쪽만 인발하여 제거하는 방식

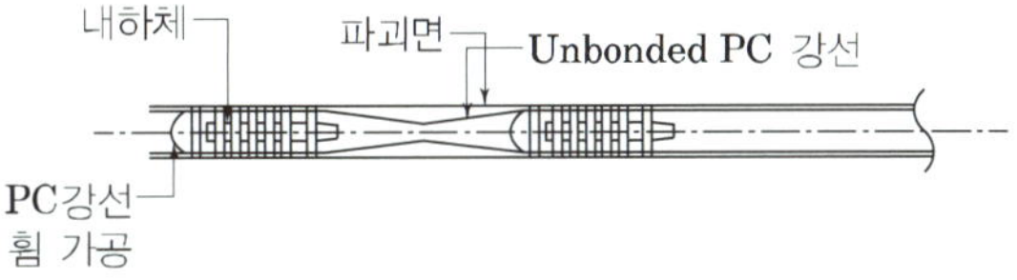

2) 제거식 Anchor 방식

선단부에 해체용 압축 Head를 사용하며 PC 인장용 강선을 짝수가 아닌 외력에 비례하여 인발하는 방식

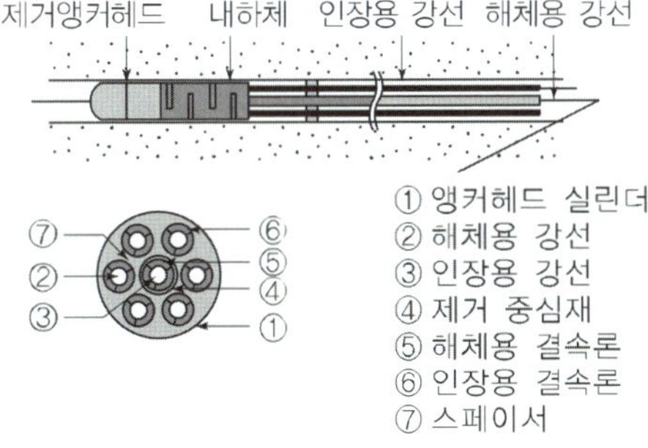

Ⅲ. 제거방식

① Unbonded PC강연선을 사용하여 빼낼 수 있게 한다.

② 앵커체를 파괴 또는 취약하게 한다.

③ 앵커의 중심부에 공극을 만들고 PC강연선을 공극내에 박리시켜 빼내는 방법

④ 내하체로부터 PC강연선을 이탈시키는 방법

흙막이

☆☆☆ 2. 토공 86

2-66	Jacket Anchor	
No. 107		유형: 공법·시공·기술

지보공

Key Point

◪ 국가표준

◪ Lay Out
- 토압지지원리
- 특 징
- 공법분류

◪ 핵심 단어
- Anchor정착부
- Nylon과 면
- Jack Pack으로 보호
- Grout재 주입

◪ 연관 용어
- Earth Anchor

I. 정 의

① Anchor정착부를 Nylon과 면으로 구성된 Jacket Pack으로 보호하고 Grout재를 주입하여 지반 Anchor체를 형성하는 공법

② 정착지층이 매립층이거나 밀도가 느슨하고 간극이 큰 실트층 또는 피압대수층이 있어 일반 Anchor공법으로는 정착이 불가능할 때 소정의 정착력을 확보할 수 있다.

Ⅱ. 토압지지원리

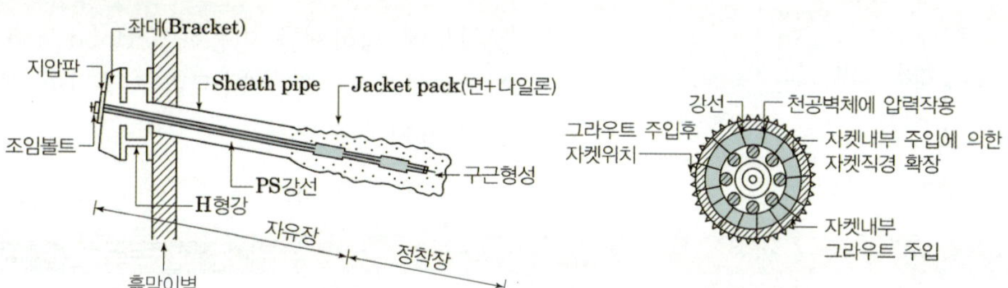

Anchor의 정착부를 Jacket Pack(나일론+면)으로 감싸서 Grouting을 실시하여 그라우트가 유실되지 않고 정착이 가능

Ⅲ. 특 징

① 일반적인 앵커보다 지반마찰력이 2배 정도 증가.
② Jacket으로 인해 탈수효과로 강도증가 효과
③ Jacket으로 인해 인장에 의한 크랙발생이 다소억제
④ Grout가 유실되기 쉬운 지층에서 Jacket으로 Grout 유실 감소되어 강도가 증가

Ⅳ. 공법분류

① 천공 시 정착층이 주상도와 일치하는지 확인
② 천공 시 케이싱으로 공벽보호
③ Casing 위로 주입재가 넘칠 때까지 Grouting
④ Jacket Tendon 내·외부 Grouting시 Over Flow 할 때 까지 주입
⑤ Anchor체 양생 후 내하체 설계 하중을 확인하고 유압기로 정착

흙막이

탑다운

Key Point

- 국가표준
- Lay Out
  - 개념도
  - 공법의 주요구조
  - 공법분류
- 핵심 단어
  - Slurry Wall
  - 1층바닥
  - 지상·지하 병행시공
- 연관 용어
  - SPS Top Down
  - CWS
  - BRD
  - ES Top Down
  - NSTD
  - Strut Tpp Down
  - ACT Column

적용검토

- Strut길이 60m 이상으로 버팀시공이 곤란한 경우
- 인접지반 민원으로 Earth Anchor공법 적용이 곤란한 경우
- 굴토 평면이 부정형일 경우
- 대지의 단차이로 편토압에 의한 흙막이 변형 우려 시

적용검토

- 지상·지하 동시시공으로 공기단축 가능
- 각층 Slab의 지보공 역할로 인해 굴토공사의 안전성 확보 가능

★★★ 2. 토공

2-67	Top Down 공법	
No. 108	역타공법	유형: 공법·System

Ⅰ. 정 의

① Slurry Wall을 선행설치하여 흙막이를 구성하고, 지하구조물을 하향 시공하면서 본구조물의 슬래브 구조체로 흙막이벽체를 직접 지지 시키면서 지상과 지하구조물을 병행 시공하는 공법

② 터파기공사와 같이 시공된 지하구조물 자체가 토압을 지지하는 버팀대 역할하며, 지하와 지상을 동시에 축조하므로 공기단축과 작업공간 확보가 용이하다.

Ⅱ. 개념도

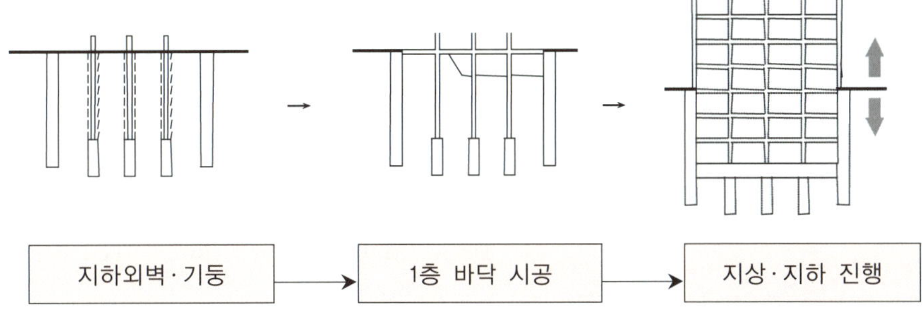

외벽시공 후 1층 바닥을 시공하여 지상 및 지하 골조공사 동시 진행

Ⅲ. 공법의 주요구조

Slurry Wall은 영구 구조물로 사용하고 각층 Slab와 연결

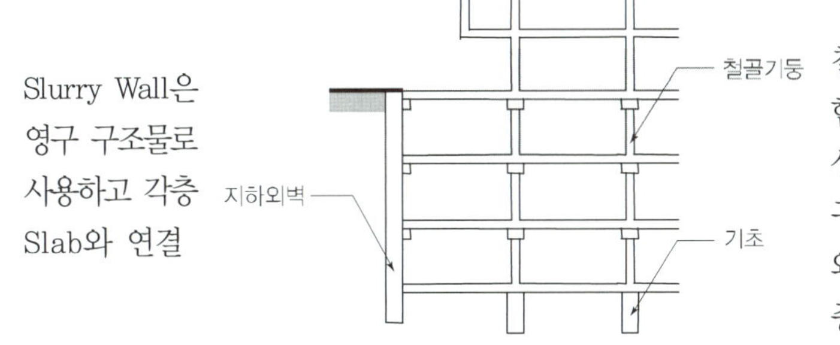

철골기둥과 기초는 함께 선행시공되며 상부하중에 대해 구조적 안전성 검토와 수직도 관리가 중요

굴착 시 벽체의 길이를 확인하여 안정성을 확보하고, 시공단계별 하중산정에 의해 구조적 안정성을 확보하는 것이 중요하다.

흙막이

Ⅳ. 공법분류

1. 완전 탑다운 공법(Full Top Down)

지하층 전체를 탑다운 공법으로 시공하는 공법

2. 부분 탑다운 공법(Partial Top Down)

지하층 일부분만 탑다운 공법을 적용하고 나머지 구간은 오픈 컷 공법을 적용하여 시공하는 공법

3. RC造

1) 지반에 지지

① SOG(Slab On Grade)

② BOG(Beam On Grade)

③ Support Type

2) 무동바리

① NSTD 공법(Non Supporting Top-Down)공법

② BRD 공법(Bracket Supported R.C Downward)

3) King Post이용

ES-TD 공법(Economic Steel Top Downward)

4) Center Pile이용(철골조로도 시공)

DBS; Double Beam System(STD; Strut Top down)

4. 철골조

1) King Post이용

① SPS 공법(Strut as Permanent System Method)

② CWS 공법(Buried Wale Continuous Wall System)

③ ACT Column(Advanced Construction Technology Column)

5. Hybrid Structure(복합구조)

1) Composite Beam(합성보)

① TSC(The SEN Steel Concrete)

② TU합성보

2) 철골+PC합성보

Modularized Hybrid System

☆☆☆ 2. 토공 84

2-68	지하구조물 보조기둥(Shoring Column)	
No. 109	Temporary Column	유형: 공법·부재·기능

흙막이

탑다운

Key Point

◪ 국가표준

◪ Lay Out
- Top Down 적용 시 설치방법
- 설치 Process
- 설치 시 유의사항

◪ 핵심 단어
- 기초타설 전 설치되는
- Core Slab·벽체 하중지지
- 임시기둥

◪ 연관 용어
- Jack Support

Ⅰ. 정 의

① Top Down: Core구조가 RC인 경우, 기초타설 전 설치되는 Core Slab 및 벽체 하중을 지지할 수 있도록 설치하는 임시기둥

② 역타공법에서 지지구조물의 규모를 축소할 수 있다.

③ RC구조물: 상부에 재하되는 작업하중 및 시공하중을 가설 보조기둥을 설치하여 지지기둥과 분배시킴으로써 지하구조물의 균열을 최소화 하고 구조적 안전성을 위해 임시로 설치한 동바리

Ⅱ. Top Down 적용 시 설치방법

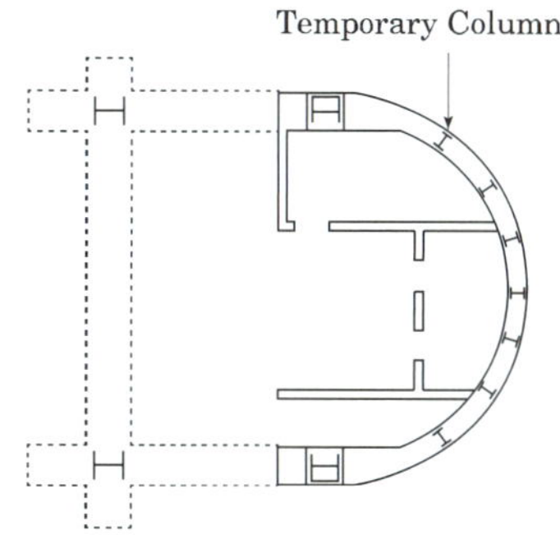

영구 부재 안에 설치되도록 계획하거나 외부에 설치된 경우 골조완료 후 해체

Ⅲ. 설치 Process

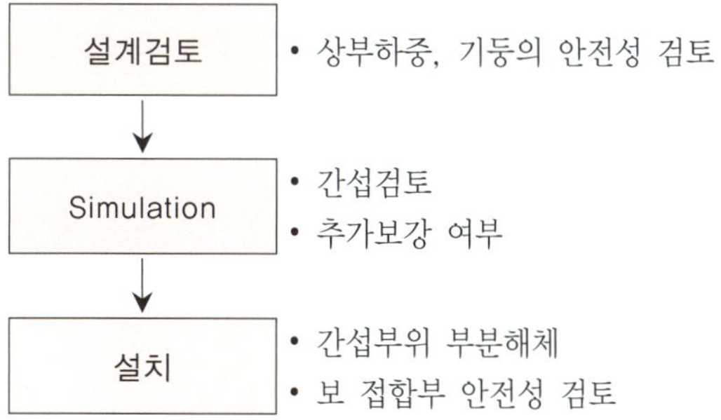

Ⅳ. 설치 시 유의사항

① Core Slab 및 벽체 하중을 지지할 수 있는 하중전달구조

② 시공계획에 의한 하중 조정

③ 수직도에 유의하여 설치

④ Core 시공 완료 후 건축계획 또는 구조체와 간섭되는 부분은 부분해체

흙막이

필요성

- 구조적 안전성
- 작업공간 확보로 인한 작업 환경 개선
- 구조물의 균열방지
- 공기단축

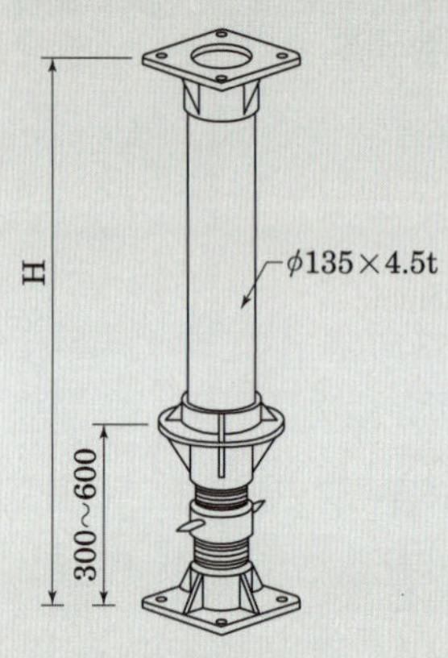

V. Jack Support 개념

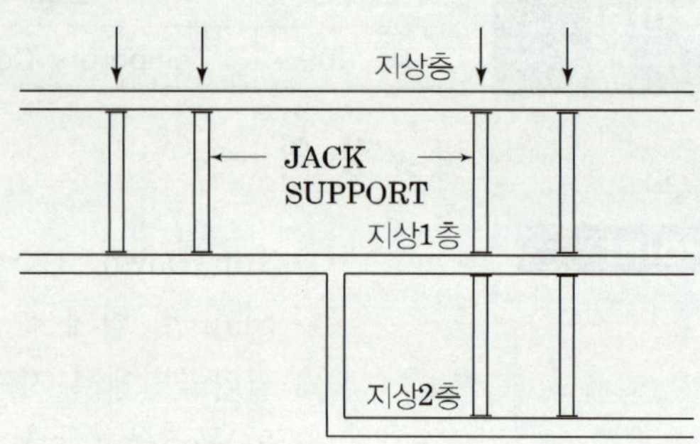

- 구조물의 안전성과 보강검토
- 허용 축하중에 안전율 적용
- 장비의 이동경로 보강
- 야적장비의 무게 산정
- 설치위치 및 간격산정
- 설치방법

지하구조물 상부의 작업하중, 차량 통행 및 중장비 이동 등에 따른 진동 및 충격으로 인한 지하구조물의 균열발생을 방지하기 위하여 설치한 동바리

※ 1장 가설공사 - 24번 참조

흙막이

탑다운

Key Point

◩ 국가표준

◩ Lay Out
- 철골기둥의 Alignment
- 철골기둥의 Deviation
- 철골기둥의 수직도 확보 방법

◩ 핵심 단어
- 철골기둥
- 정위치 조정

◩ 연관 용어
- Deviation

• 지하기둥 상부 단면

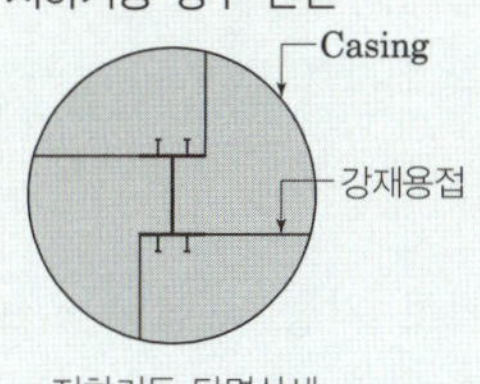

지하기둥 단면상세

• 지하기둥 하부 단면

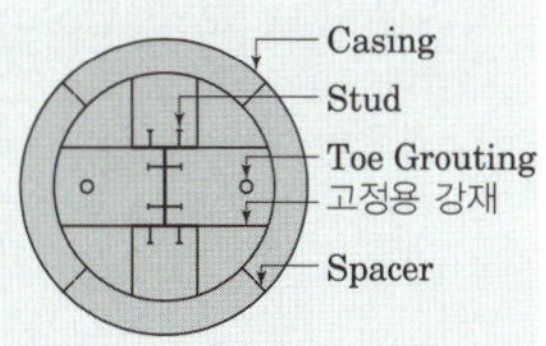

구근 부위 단면상세

• 수평정밀도(10cm)

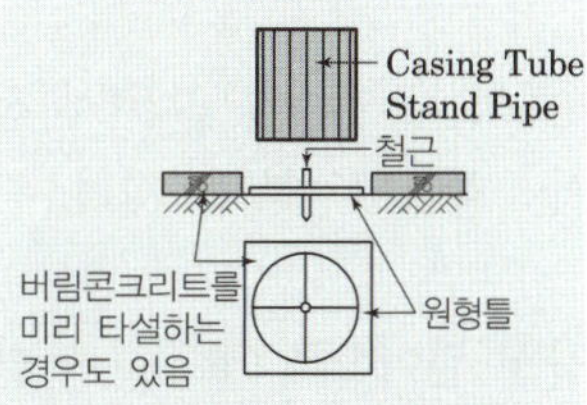

원형틀에 의한 중심잡기

☆★★ 2. 토공 102

2-69	철골기둥의 정렬(Alignment)	
No. 110	철골기둥의 Deviation(편차조정)	유형: 시공·조정·확인

Ⅰ. 정 의

① Top Down공법에서 선행 시공된 철골기둥이 정위치에서 벗어난 경우 이를 조정하는 작업

② Alignment 후 편심이 생기지 않도록 콩자갈로 Back Fill 실시

Ⅱ. 철골기둥의 Alignment

굴토	고정
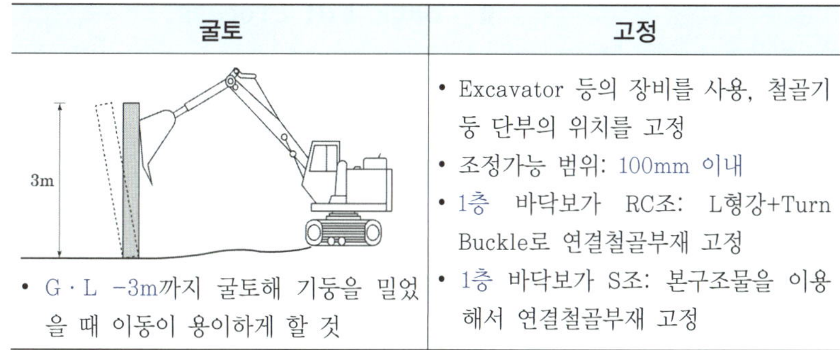 • G·L -3m까지 굴토해 기둥을 밀었을 때 이동이 용이하게 할 것	• Excavator 등의 장비를 사용, 철골기둥 단부의 위치를 고정 • 조정가능 범위: 100mm 이내 • 1층 바닥보가 RC조: L형강+Turn Buckle로 연결철골부재 고정 • 1층 바닥보가 S조: 본구조물을 이용해서 연결철골부재 고정

지하구조물의 구조적 안정성을 확보하기 위해서는 철골기둥의 수직도 확보가 중요

Ⅲ. 철골기둥의 Deviation

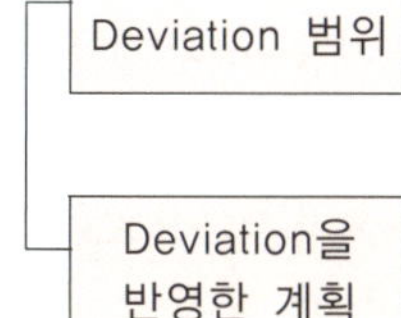

• 굴토깊이 30~40m인 경우 ±50~±70mm 내외

• 기둥과 기둥 사이가 주차용도인 경우 철골기둥 시공오차를 흡수할 수 있도록 계획에 반영

Ⅳ. 철골기둥의 수직도 확보 방법 - 1/300

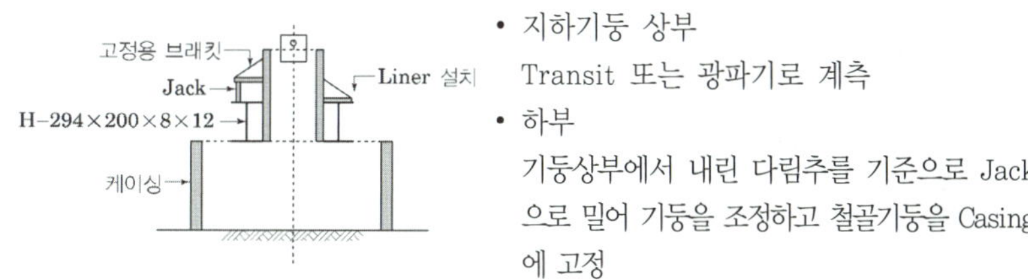

• 지하기둥 상부
Transit 또는 광파기로 계측

• 하부
기둥상부에서 내린 다림추를 기준으로 Jack으로 밀어 기둥을 조정하고 철골기둥을 Casing에 고정

① 굴착 초기 5~6m 근입 시까지 Transit으로 수직도 확인

② RCD 파일 Cut-Off Elevation에서 RCD 중심까지의 수평오차는 50mm를 초과하지 않아야 함

흙막이

탑다운

Key Point

◩ 국가표준

◩ Lay Out
- Back Fill Process
- Casing 인발 전 조치사항
- Casing 인발 시 유의사항

◩ 핵심 단어
- 철골기둥
- 편심이 생기지 않도록
- 자갈을 채워서 고정

◩ 연관 용어
- Deviation
- Alignment

☆★★ 2. 토공

2-70	철골기둥의 뒤채움(Back Fill)	
No. 111		유형: 공법·기능·작업

Ⅰ. 정 의

① Top Down공사에서 철골기둥 시공 후 철골에 편심이 생기지 않도록 심초기초 타설 후 24시간 이상 경과된 후에 자갈로 빈 공간을 채워서 고정시키는 작업

② 철골기둥의 정위치 유지가 목적이다.

Ⅱ. Back Fill Process

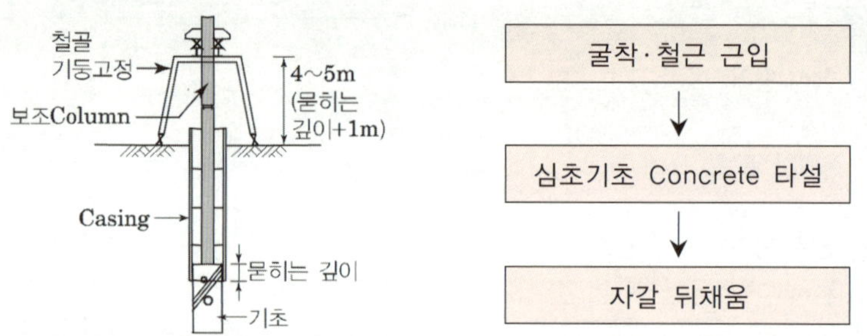

자갈 채우기 전에 RCD 철골을 가고정한 후 작업을 실시하여 철골기둥의 변형을 최소화

Ⅲ. Casing 인발 전 조치사항

① 4~5m(Casing 묻히는 깊이 +1m 이상) 높이로 기둥 고정용 Frame 설치

② Frame 기둥 하부에 800~1,000kN Jack을 설치해 Frame의 상부 Level 수평조정

③ 구조물 철골기둥으로는 Frame에 고정이 어려우므로 보조 Column을 사용하여 고정

Ⅳ. Casing 인발 시 유의사항

① 자갈 뒤채움 공사가 완료되면 가고정된 부분은 해체 한 후 Casing을 인발

② 뒤채움이 부족한 경우 케이싱 인발시, 철골 기둥의 위치가 이동되거나 뒤틀릴 수 있음

③ 철골고정 Bracket을 제거해도 기둥의 침하가 발생하지 않는 시점(일반적으로 Concrete 타설 후 3일)에서, 철골고정부재 제거 후 Casing 인발

④ Concrete 타설 1~2시간 후, Concrete에 묻힌 깊이만큼 Casing 인발

⑤ Concrete 타설 3일 후 전체 Casing 인발

★★★ 2. 토공 94

2-71	Toe Grouting	
No. 112	토우그라우팅	유형: 공법·기능·작업

흙막이

탑다운 기초보강

Key Point

◩ 국가표준

◩ Lay Out
- 시공Process 및 관리사항

◩ 핵심 단어
- What: 공내 잔존하는 슬라임의 침전
- Why: 상부하중에 의한 침하 방지와 선단부 지지력 감소를 보완
- How: 시멘트밀크를 저압 주입

◩ 연관 용어
- RCD
- Top Down기초

RCD 단면

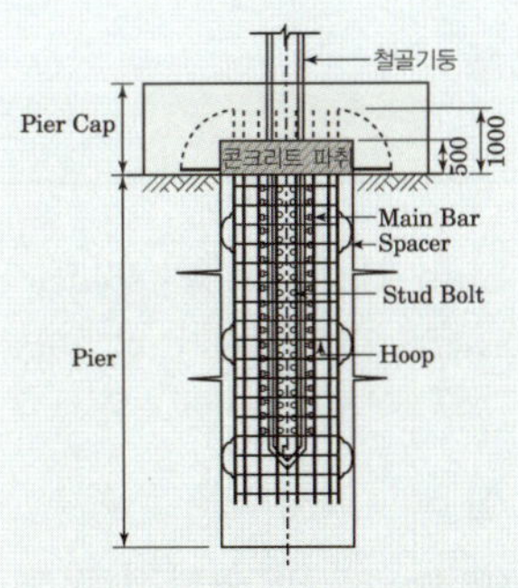

[Milk 주입]

Ⅰ. 정 의

① RCD 굴착 후 공내 잔존하는 Slime의 침전으로 인하여 상부 하중에 의한 침하방지와 선단부 지지력 감소를 보완하기 위해 Cement Milk를 저압(0.5-0.7MPa)으로 주입하여 기초를 보강하는 작업

② 시공목적

- 선단부 파쇄암이 존재할 경우 상부하중에 의한 침하방지
- 굴착으로 인한 원지반의 변형에 대한 보강
- Desanding 작업 후 잔존하는 Slime으로 인한 지지력 감소 보강

Ⅱ. 시공Process 및 관리사항

1) 천공용 Sleeve

Concrete 타설 전 굴착저면까지 ∅100 Steel Pipe를 1개소당 2개 설치

2) 천공

최소 10일 이상 Concrete 양생 후 기초저면보다 0.5~1.0m 추가 천공

3) 공내 청소

천공 후 청수를 이용하여 Slime 제거

4) Sleeve Cap 및 주입용 PVC Hose 설치

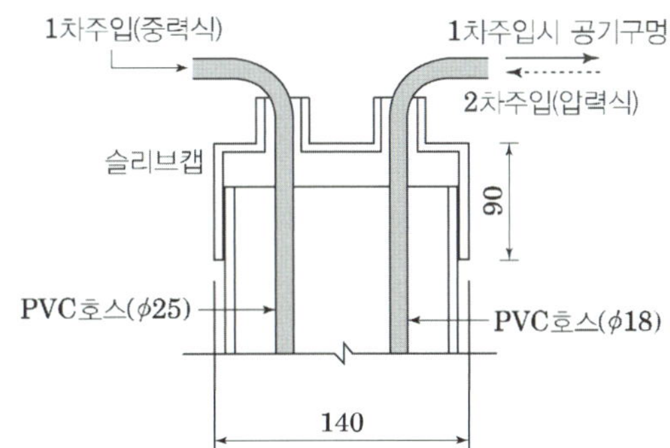

압력 Grouting을 위해 Cap을 설치하고 천공심도까지 주입용 Hose 설치

5) 주입

① 1차 중력식 주입: Cement Milk가 Sleeve 상부로 넘칠 때까지 주입

② 2차 압력식 주입: 중력식 주입구를 밀폐한 후 주입압력을 높여가면서 저압(0.5-0.7MPa)으로 주입

☆★★ 2. 토공

2-72	SOG(Slab On Ground)	
No. 113	지면지지 (슬래브)거푸집 공법	유형: 공법 · System

흙막이

RC 탑다운

Key Point

◪ 국가표준

◪ Lay Out
- 지반을 이용한 Slab 거푸집 지지 및 Down방법
- 시공 시 유의사항

◪ 핵심 단어
- Slab하단 Level
- 토공바닥 정지면
- 지반이 지보공
- RC 무량판구조

◪ 연관 용어
- ES Top Down
- BOG · SOS

Ⅰ. 정 의

① Top Down 지하층 Slab 공사에서 각층 Slab하단 Level까지 터파기를 하고 토공 바닥의 정지면에 코팅합판을 깐다음 지반이 지보공 역할을 하면서 구체공사를 진행하는 지면지지 Slab 거푸집 공법
② 무량판 구조는 거푸집의 형상이 평탄하고 단조롭기 때문에 토공 바닥의 정지면에 구체공사를 진행할 수 있으며, 지반위에 구체공사를 하는 RC 무량판구조의 Top Down Slab 거푸집

Ⅱ. 지반을 이용한 Slab 거푸집 지지 및 Down방법

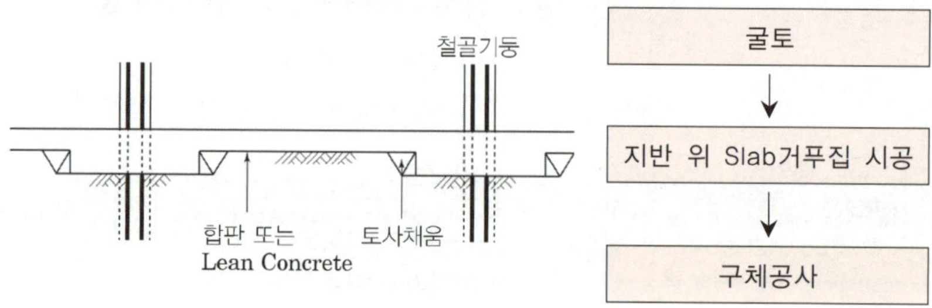

거푸집 지지 바닥 Slab의 형태가 지하외벽을 지지할 수 있는 Diaphragm이 형성되었을 때 굴토 시작하고 구체공사 후 같은 방법으로 반복하강

Ⅲ. 시공 시 유의사항

① 굴토시점: 1층 Slab의 하부 굴토는 1층 Slab Concrete의 강도가 100% 발현된 후 시작하고 각층 하부굴토는 75% 이상의 강도 발현 후 굴토
② 지반면은 다짐기를 이용하여 소요 지내력 확보
③ 바닥정지 작업 시 코팅합판 시공을 고려하여 Level 및 평탄성 유지
④ 기둥과 Slab접합을 위해 기둥주위 Haunch 시공

적용검토

• 토공사
굴착장비 작업고로 인해 층고 3.5m 이상 적용

[S · O · G]

흙막이

RC 탑다운

Key Point

- 국가표준
- Lay Out
  - 지반을 이용한 보+Slab 거푸집 지지 및 Down방법
  - 시공 시 유의사항
- 핵심 단어
  - 보하단 Level
  - 토공바닥 정지면
  - 지반이 지보공
  - RC구조
- 연관 용어
  - SOG·SOS

☆★★ 2. 토공

2-73	BOG(Beam On Ground)	
No. 114	지면지지 (보) 거푸집 공법	유형: 공법·System

Ⅰ. 정 의

① Top Down 지하층 Slab 공사에서 각층 보하단 Level에서 200~250mm까지 터파기를 하고 토공 바닥의 정지면에 보와 Slab거푸집을 제작하여 지반이 지보공 역할을 하면서 구체공사를 진행하는 지면지지 보 거푸집 공법

② 보춤이 다양할 경우 적용이 곤란하며, Slab 거푸집은 Hory Beam+합판 거푸집을 이용하는 RC조 Top Down Slab 거푸집

Ⅱ. 지반을 이용한 보+Slab 거푸집 지지 및 Down방법

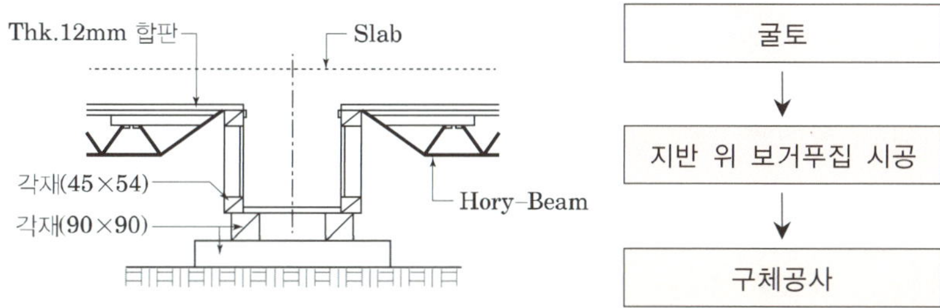

거푸집 지지 바닥 Slab의 형태가 지하외벽을 지지할 수 있는 Diaphragm이 형성되었을 때 굴토시작하고 구체공사 후 같은 방법으로 반복하강

Ⅲ. 시공 시 유의사항

① 굴토시점: 1층 Slab의 하부 굴토는 1층 Slab Concrete의 강도가 100% 발현된 후 시작하고 각층 하부굴토는 75% 이상의 강도 발현 후 굴토

② 지반면은 다짐기를 이용하여 소요 지내력 확보

③ 바닥 정지작업 시 기둥부의 이음철근 시공을 고려하여 기둥부분의 Level을 10% 정도 Down시공

④ 거푸집의 설치 불량으로 인한 Concrete의 유출 방지

⑤ 역타 파이프 설치는 철근 배근이 흐트러질 수 있으므로 선시공

⑥ 철근작업이 완료되고 Concrete 타설 작업 전 역타 Pipe 보양실시

[보 거푸집]

[Slab 하부 Hory Beam]

☆☆☆ 2. 토공

2-74	SOS(Slab On Support)	
No. 115	지면지지 Support공법	유형: 공법·System

흙막이

RC 탑다운

Key Point

◪ 국가표준

◪ Lay Out
- Support를 이용한 보 +Slab 거푸집 지지 및 Down방법
- 시공 시 유의사항

◪ 핵심 단어
- 보 하단 Level 2.5~3m 아래
- 토공바닥 정지면
- 지반에 Support지지
- RC구조

◪ 연관 용어
- SOG·SOS

[기둥 Box 설치]

[보 하부 거푸집 설치]

[Support 설치]

Ⅰ. 정 의

① Top Down 지하층 Slab 공사에서 보 하부 Level보다 2.5~3m 아래로 토공 바닥면을 정지한 후 기둥 측량작업을 거쳐 지면에 Support를 지지하고 Slab 거푸집을 설치하는 RC조 Top Down Slab 거푸집방식

② 적용성

- 연속벽과 RCD파일의 노출길이 과다로 좌굴에 유의
- 토공작업이 효율적이나 거푸집 인양작업 추가 발생
- 보의 춤이 다양할 때 유리하지만 코어부위 역타 어려움

Ⅱ. Support를 이용한 보+Slab 거푸집 지지 및 Down방법

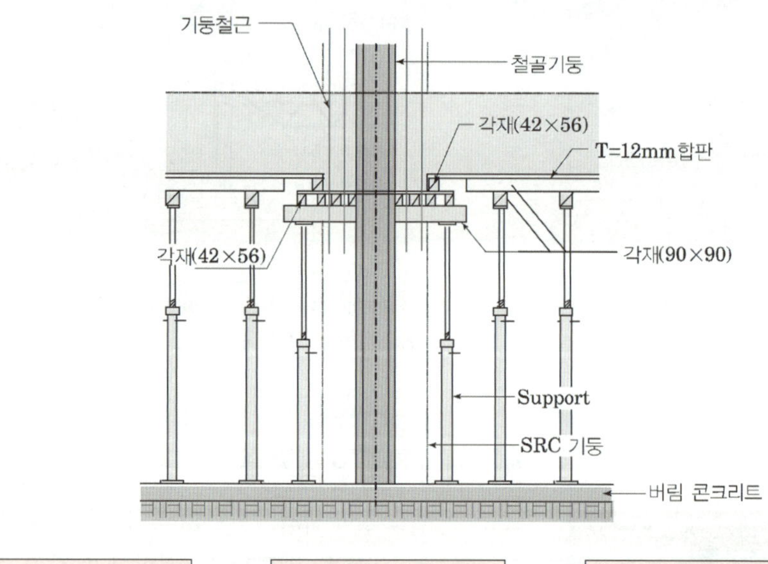

굴토 → 기둥철근·거푸집 → 지상·지하진행

[기둥 Box 설치] [Slab철근+Con'c 타설]

Ⅲ. 시공 시 유의사항

① 기둥의 정밀한 측량과 기둥 Box의 Level 확인 철저

② 거푸집 인양 지게차의 과하중 작용우려

③ 기둥철근의 피복과 간격을 검토하여 박스 바닥에 철근구멍을 뚫음

④ 하부층 이음 방법에 따라 적정한 이음길이 확보

⑤ 시공 시 지반의 침하를 고려하여 버림 Cocrete의 충분한 양생 후 작업 실시

흙막이

RC 탑다운

Key Point

◩ 국가표준

◩ Lay Out
- Skip Floor 시공개념
- 적용 시 검토사항

◩ 핵심 단어
- 2개층 한번에 굴토

◩ 연관 용어
- SOG
- BOG
- SOS

☆★★ 2. 토공 103

2-75	Top Down 공법에서의 Skip시공	
No. 116	Skip Floor	유형: 공법·System

Ⅰ. 정 의

① Top Down에서 Skip시공은 2개층을 한번에 굴토하고, 하단 Slab를 시공한 후 아래층 굴토와 상부 Slab 골조공사를 동시에 진행하여 공기를 단축시키는 공법

② 2개층을 한번에 굴토함에 따라 구조적 보강이 필요하다.

Ⅱ. Skip Floor 시공개념

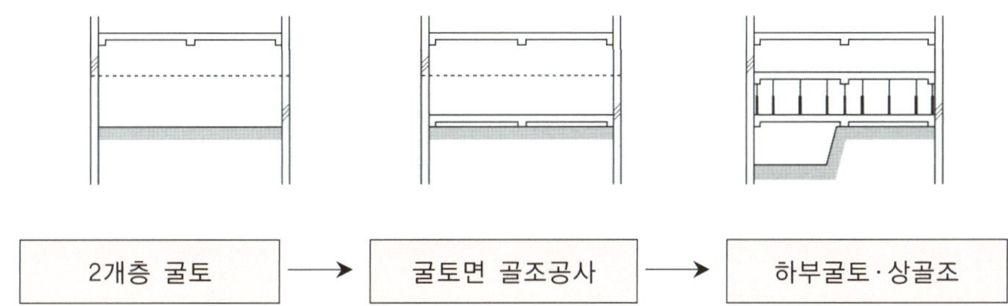

2개층 굴토 ⟶ 굴토면 골조공사 ⟶ 하부굴토·상골조

Ⅲ. 적용 시 검토사항

1) 지점거리

Skip 시공여부, 거푸집공법, Ramp구간의 시공방법에 따라 지하연속벽 지점이 달라지므로 시공 안전성 검토

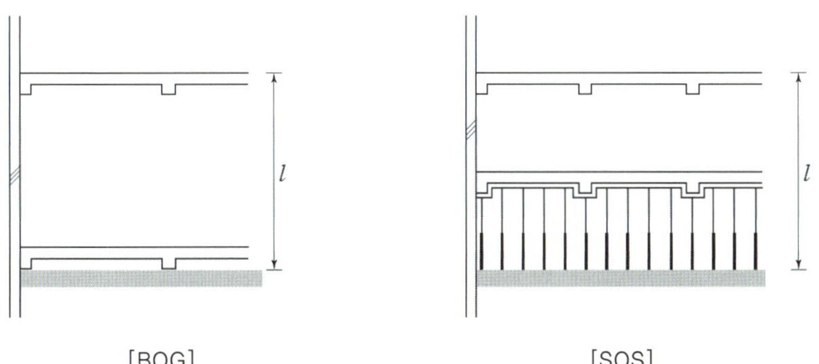

[BOG] [SOS]

- BOG : 지하연속벽체의 지점거리 = ℓ + 1m
- SOS : 지하연속벽체의 지점거리 = ℓ + 2~3m

2) Skip Floor 안전성 검토

2개층을 한번에 굴토함에 따른 구조적 안전성 검토 필요

- 슬래브(1개층은 역타, 1개층은 순타)
  (상황에 따른 인원 및 자재반입계획)

구조

- 지하연속벽의 지점길이 증가: 구조적 보강 필요
- 철골기둥의 좌굴길이 증가: 구조적 안전성 검토

3) Ramp구간

① Ramp구간에서는 일반적으로 시공 중 대략 2개층 높이의 공간이 발생 → 거푸집 및 굴토계획에 근거한 구조검토 필요

② Ramp Way의 모형을 제작하여 시공 중 발생 문제점을 파악

③ 시공시와 공사완료 후 지하연속벽의 휨모멘트 크기 및 위치가 변경되므로 이에 적합한 철근배근 여부 확인 필요

흙막이

RC 탑다운

Key Point

◪ 국가표준

◪ Lay Out
- 유압기와 Wire에 의한 지지 및 Down원리: 1층 바닥 지지
- 시공 시 유의사항

◪ 핵심 단어
- 1층 Slab에 정착 Sleeve
- Wire로 매달아 · Rock Bolt
- 현수장치(유압 상하강기)

◪ 연관 용어
- BRD

적용검토

- 지지방식
- 현수식
- 거푸집
- Span단위의 대형 거푸집
- 제작기간
- 2~3개월 소요
- 거푸집 지지체
- 1층 바닥
- 적용구간
- 지하 1층 바닥부터

☆★★ 2. 토공

2-76	NSTD(무지보 역타)	
No. 117	Non Supporting Top Down	유형: 공법·System

Ⅰ. 정 의

① 1층 Slab에 정착 Sleeve를 설치하고 하부 거푸집을 Wire로 매달아 놓고 Rock Bolt를 긴장시킨 상태에서 현수장치를 이용하여 거푸집 지지틀을 하강 및 고정하는 RC조 무지보 Top Down 공법

② Steel Frame(Girder + Deck)과 Wire를 Rock Bolt로 고정시킨 후 터파기 작업시 Girder Form을 상승시키고 터파기 완료 후 하강시켜 거푸집을 반복 설치한다.

Ⅱ. 유압기와 Wire에 의한 지지 및 Down원리-1층바닥 지지

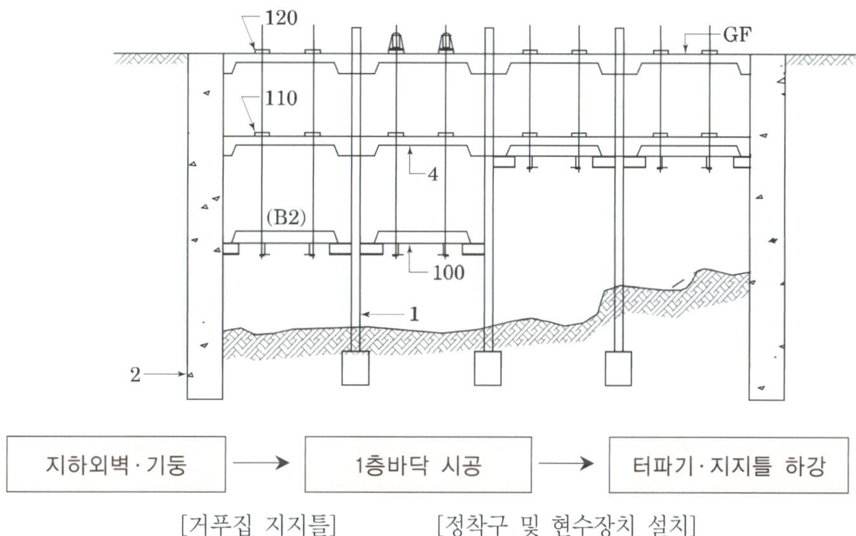

[거푸집 지지틀] [정착구 및 현수장치 설치]

Ⅲ. 시공 시 유의사항

① Panel의 이음부는 견고하고 Concrete 면이 균일하고 Joint가 발생하지 않도록 정밀 시공한다.

② Panel 탈형 시 Out Panel이 간섭이 없도록 독립된 판넬로 제작한다.

③ Zoning으로 발생되는 이음 부위는 Zoning 별로 독립된 구조로 제작한다.

④ 지반 정지작업의 기준높이는 거푸집 지지틀 조립을 고려하여 결정

⑤ Rock Bolt를 설치할 때에 Punching현상 방지를 위해 지압판을 설치한다.

흙막이

RC 탑다운

Key Point

◩ 국가표준

◩ Lay Out
- 유압기와 Bracket에 의한 지지 및 Down원리
- 시공 시 유의사항

◩ 핵심 단어
- Stop Puller
- 거푸집 지지틀
- Bracket
- 현수장치
- 무지보 역타

◩ 연관 용어
- SPS Top Down
- CWS·BRD·DBS
- ES Top Down
- NSTD·Strut Top Down
- ACT Column

적용검토

- 지지방식
  - 현수식
- 지지방식
  - Bracket
- 거푸집
  - Girder 거푸집만 별도제작
- 제작기간
  - 사전제작 가능
- 거푸집 지지체
  - Center Pile기둥
- 적용구간
  - 1층 바닥부터

[BRD]

☆★★ 2. 토공

2-77	Bracket Supported R/C Downward	
No. 118		유형: 공법·System

Ⅰ. 정 의

① 기둥 부위에 Stop Puller를 이용하여 Bracket으로 거푸집틀을 지지하고 현수장치로 지지틀을 하강 및 고정하는 RC조 무지보 Top Down 공법

② 주요 구성요소는 거푸집지지 Girder, Bracket, Stop Puller, 하강장치로 구성되어 있다.

Ⅱ. 유압기와 Bracket에 의한 지지 및 Down원리-Center Pile지지

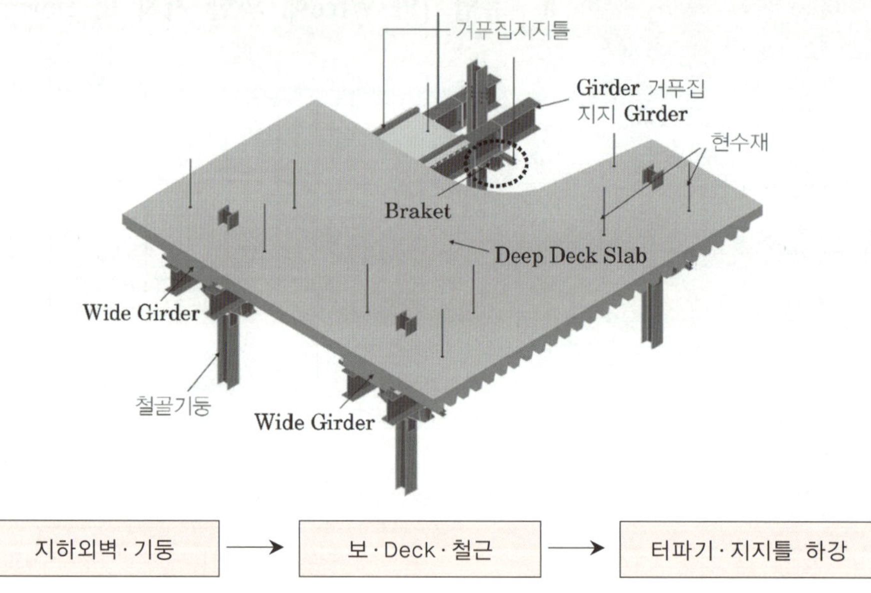

지하외벽·기둥 → 보·Deck·철근 → 터파기·지지틀 하강

[Bracket, 지지 Girder] [Con'c 타설]

기둥에 고정된 Bracket으로 상부구조물을 지지하고 완료 후 유압장치로 하강

Ⅲ. 시공 시 유의사항

① Bracket 설계 시 자중 및 작업하중 검토를 통하여 처짐방지

② 외벽 Dowel Bar와의 Level확인

③ 철골기둥에 Stop Puller Plate의 Bolt접합을 위한 천공 Level 사전 검토

흙막이

RC 탑다운

Key Point

국가표준

Lay Out
- 공법의 구성 및 특징
- 장점

핵심 단어
- king Post · CFT강관
- 전단 지압띠 · 지하 · 지상 동시진행 · RC조

연관 용어
- SPS Top Down
- CWS · BRD · DBS
- ES Top Down
- NSTD · Strut Top Down
- ACT Column

[피어철근과의 이음부]

[전단 연결장치]

[바닥구조와의 연결]

☆★★ 2. 토공

2-78	ES Top Down(Econmical Strong)	
No. 119	원형 CFT를 이용한 선기초 기둥공법	유형: 공법 · System

Ⅰ. 정 의

King Post로 사용되는 CFT강관의 하단부에 Pier철근망과 연결부를 부착하고 각 절에는 각층 바닥과의 접합을 위한 전단 지압띠를 용접하여 Slab와 연결되어 순차적으로 아래로 굴착해가며 지하 구조물과 지상 구조물을 동시에 진행하는 RC조 Top Down 공법

Ⅱ. 공법의 구성 및 특징

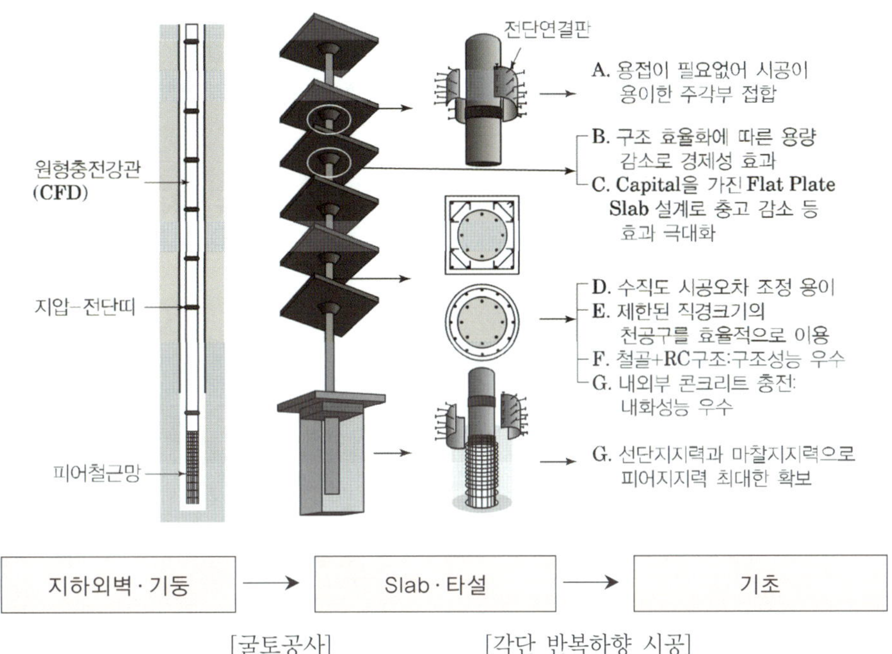

지하외벽 · 기둥 → Slab · 타설 → 기초

[굴토공사] [각단 반복하향 시공]

Ⅲ. 장 점

① 지중 Concrete 타설용 트레미관은 강관 내부에 설치하므로 원형 천공구내에서의 피어철근망 설치, Pier Concrete 및 강관내부의 Concrete타설 등의 시공성 우수

② 천공구내 수직도 시공오차 조절이 용이

③ 피어철근망은 강관의 하부에 직접 연결되기 때문에 지중 천공구내에 설치 시 이탈되지 않으며, 철근이음의 손실이 최소화된다.

④ 기둥 근입부에 Shear Stud 등의 전단연결재와 깊은 근입부가 필요 없어 강재량 최소화

2-79	DBS(Double Beam System)	
No. 120		유형: 공법·System

흙막이

RC 탑다운

Key Point

◪ 국가표준

◪ Lay Out
- Double Strut를 이용한 지지 및 하강원리

◪ 핵심 단어
- Double Beam·지지틀
- 지하·지상 동시진행
- Center Pile

◪ 연관 용어
- SPS Top Down
- CWS·BRD
- ES Top Down
- NSTD·Strut Top Down
- ACT Column

[테두리보]

[Double Strut]

Ⅰ. 정 의

① 철골 Bracket 위에 조립식 버팀보(Double Beam)를 설치하여 지보공 및 RC보의 지지틀로 활용하여 골조공사와 굴착공사를 동시에 진행하며, Concrete 양생 후 조립식 버팀보를 반복 하강시켜 지하 구조물과 지상 구조물을 동시에 진행을 하는 공법으로 Center Pile을 이용하는 RC 및 철골조 Top Down공법

② Double Strut 역할
- 횡토압 지지
- RC 보 지지틀 역할
- 연직하중(자중 및 시공하중) 지지

Ⅱ. Double Strut를 이용한 지지 및 하강원리

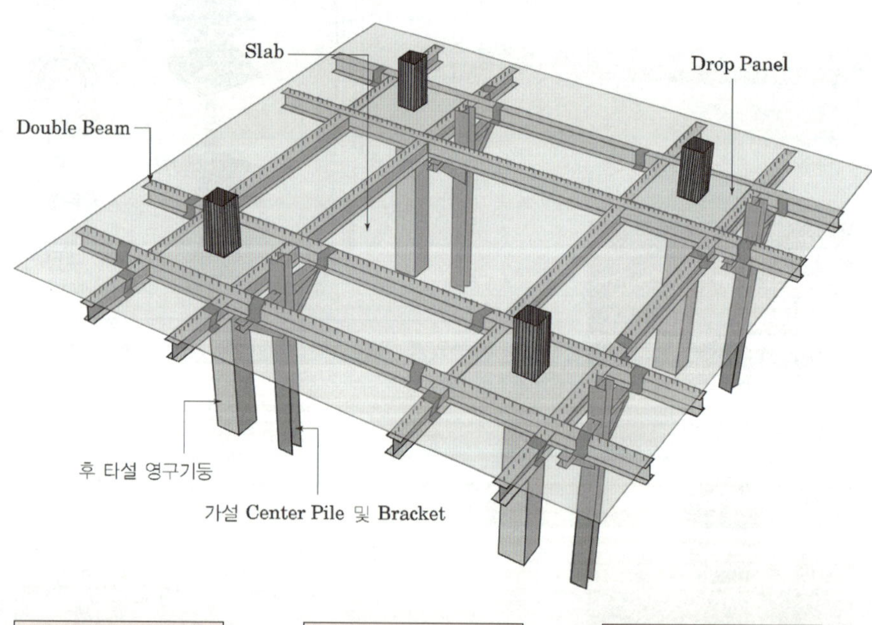

지하외벽·기둥 → Wale·D/S·Slab → 기초

[굴토공사] [각단 반복하향 시공]

기둥에 철골 보를 연결하지 않고 기둥을 중심으로 두 개의 보를 보내는 형태이다. 따라서 기둥 주위에 형상의 H형강으로 구속된 철근 Concrete 주두(Drop Panel)가 형성되며, King Post를 사용하지 않고 가설 중간 말뚝(Center Pile)을 사용하여 본 구조물을 지지한다.

흙막이

S조 탑다운

Key Point

◩ 국가표준

◩ Lay Out
- 공법의 구성 및 Process
- Perimeter Beam
- 시공 Process
- 시공 시 유의사항

◩ 핵심 단어
- 본 구조물용 철골기둥·보
- 지하·지상 동시진행
- King Post·철골조

◩ 연관 용어
- CWS·BRD
- ES Top Down
- NSTD·Srut Top Down
- ACT Column

적용성

- 대지면적 400평 이상, 지하 3층 이상 규모일 때 원가측면 경쟁력 있음
- 현장여건에 따라 최적 시공안 선택(Down-Up/Up-Up/Semi Top Down/Top Down)
- SPS공법을 적용할 경우 부분 굴착이 아닌 온통파기로 시공할 수 있음

★★★ 2. 토공

2-80	SPS(Strut as Permanent System)	
No. 121		유형: 공법·System

Ⅰ. 정 의

지하 본 구조물용 철골기둥·보를 굴토공사 진행에 따라 선시공하여 굴토 공사 중에는 토압에 대해 지지하고, Slab타설 후에는 본구조물로 사용하면서 지하·지상 구조물을 동시에 진행을 하는 철골조 Top Down 공법

Ⅱ. 공법의 구성 및 Process

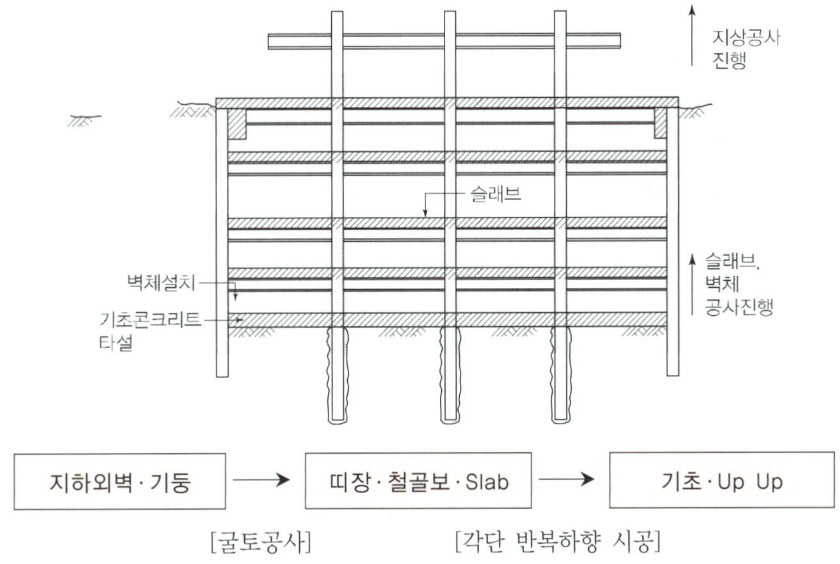

Ⅲ. Perimeter Beam

1) 하중저항 Mechanism

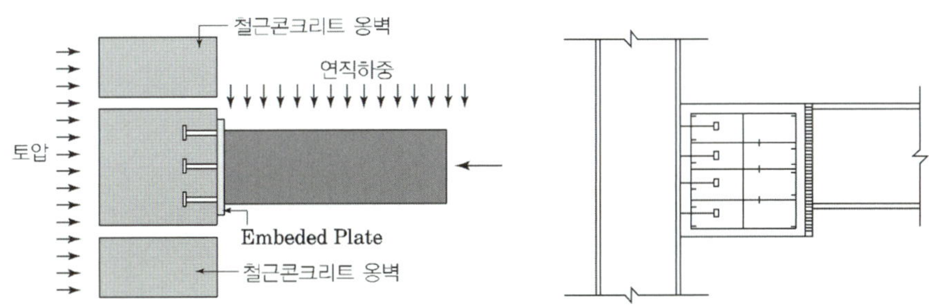

흙막이

[RC 띠장 설치]

2) 설치상세

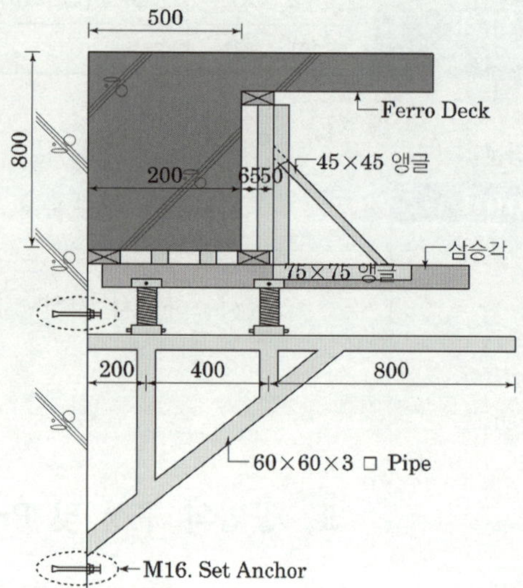

① 지수재 및 철근간섭 고려

② 합벽 후타설을 위한 Metal Lath 및 PVC Pipe@1000 설치

Ⅳ. 시공 Process

① 흙막이 벽과 내부기둥의 설치

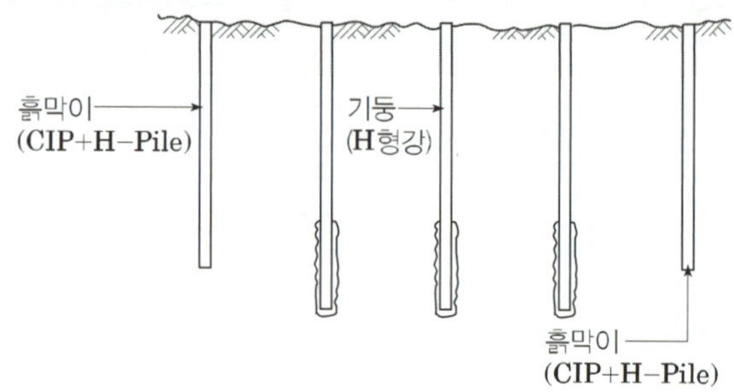

- 기둥은 흙막이를 지지하는 철골보가 연결되는 부분
- 지하공사 완료 후에는 상층부의 축력을 기초로 전달하는 구조재로서 수직도 확보가 중요

흙막이

② 지상 1층 바닥 굴토 및 띠장설치

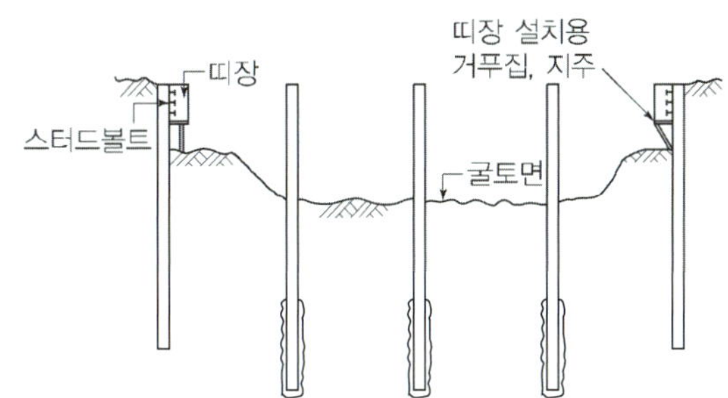

- 굴토장비의 이동을 고려하여 터파기 레벨을 선정한 후 굴착
- 흙막이벽 H-Pile을 노출시켜 플랜지면에 Stud 설치
- 띠장용 형틀을 설치하고 철근 배근
- 지하 1층 벽체콘크리트 타설을 위한 슬리브를 매립

③ 지상 1층 철골보 설치 및 슬래브 부분시공

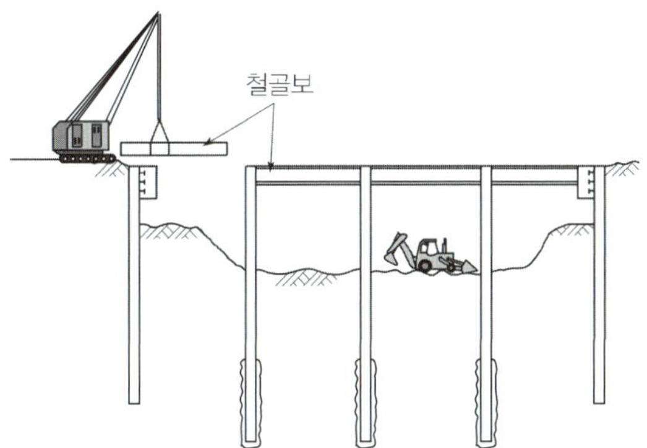

- 하이드로 크레인 등을 이용하여 내부 철골보 설치
- 작업공간을 고려하여 슬래브 부분시공 및 띠장 콘크리트 타설

④ 지하 1층 및 하부층 반복시공

- 지하 1층 바닥까지 굴착하며 굴착시 단부와 중앙부에 단차를 두어 흙막이 벽체에 작용하는 응력을 최소화
- 지하 1층 터파기 및 띠장 설치작업을 병행시 Bracket사용 유리

⑤ 최하층 굴토 및 기초시공

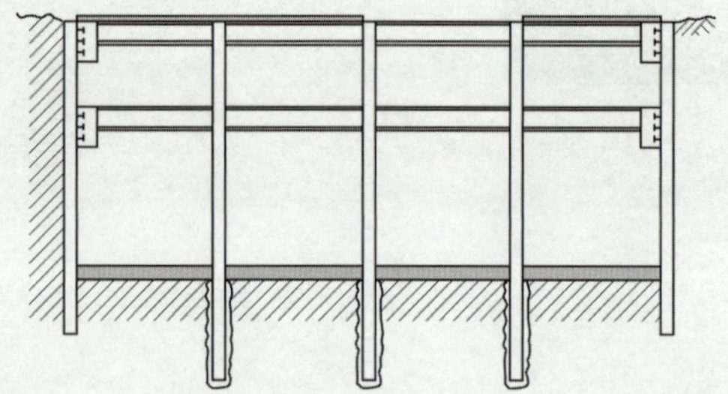

- 최하부층까지 굴토 후 기초 시공
- 내부옹벽을 하부에서 상부로 순차적으로 시공
- 내부 옹벽의 철근배근은 띠장에 미리 설치된 앵커용 철근을 연결하고 띠장에 미리 매입된 슬리브를 통하여 콘크리트 타설

⑥ 슬래브 및 SRC기둥 시공

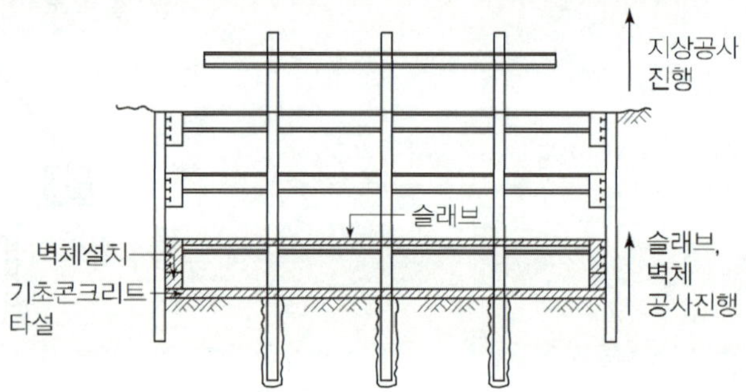

- 내부옹벽과 병행하여 슬래브, 기둥, 코아벽체 등을 점진적으로 시공
- 기초 타설 후 지상 상부 구조물 공사 동시 진행

Ⅴ. 시공 시 유의사항

① Casing설치 단계에서 움직임을 최소화하기 위하여 상부지반에 Guide Concrete를 타설하여 수직정밀도 확보

② 철골간 간격이 넓으므로 띠장 역할을 하는 테두리보 (RC Slab)의 보강필요

③ 편토압을 받는 우각부가 취약하므로 구조검토 후 Slab 보강 등의 보강공법 필요

④ 띠장 설치를 위한 Bracket 개수 산정 시, 굴착 지하층수 고려

⑤ H-Pile 근입 전 수직도 재점검을 통하여 기둥의 수직도 확보

⑥ 지하 각층 Level 고려

⑦ 작업 주 출입구에 대한 복공 Slab 타설에 따른 Slab 하중 고려

⑧ 코어의 RC벽체 시공 시, 벽면 철골보 플랜지의 돌출여부 확인

⑨ 현장 용접시, 철저한 관리필요

흙막이

S조 탑다운

Key Point

◪ 국가표준

◪ Lay Out
- 공법의 구성 및 Process
- Slab 강막작용에 의한 토압저항 Mechanism

◪ 핵심 단어
- 매립형 철골띠장 선시공
- 강막작용으로 저항
- king Post · 철골조

◪ 연관용어
- SPS Top Down
- ES Top Down
- NSTD · Strut Top Down
- ACT Column

특징

- 지지방식
- 공기
  - 가설재의 설치 및 해체공정이 없음
- 시공성
  - 부분적인 Slab타설로 별도의 복공판이 불필요

[철골 띠장 설치]

[띠장 및 벽체 동시타설]

☆☆★ 2. 토공 94

2-81	CWS(Buried wale Continuous Wall System)	
No. 122		유형: 공법 · System

Ⅰ. 정 의

굴토공사 진행에 따라 매립형 철골띠장, 보, 슬래브를 선시공하여 토압 및 수압에 대해 Slab의 강막작용으로 토압에 저항하고 굴토공사 완료 후 지하외벽과 Slab를 연속해서 상향 시공해 나가는 공법으로 King Post 이용하는 철골조 Top Down 공법

Ⅱ. 공법의 구성 및 Process

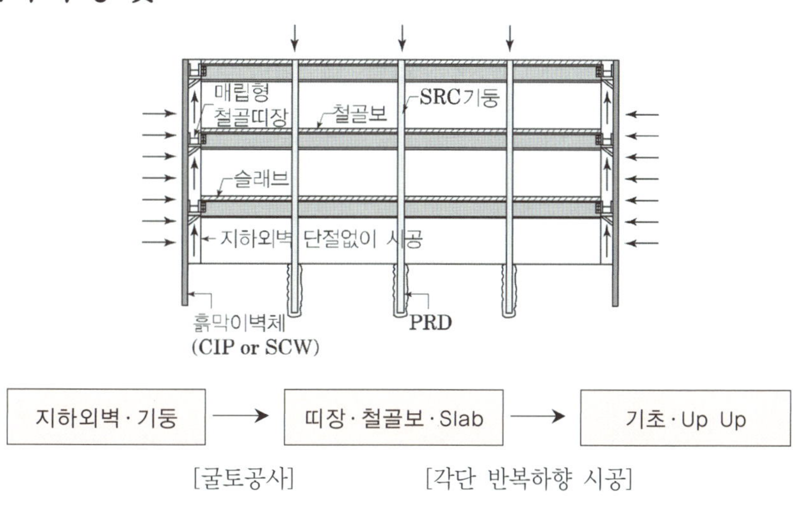

지하외벽 · 기둥	→	띠장 · 철골보 · Slab	→	기초 · Up Up

[굴토공사] [각단 반복하향 시공]

Ⅲ. Slab 강막작용에 의한 토압저항 Mechanism

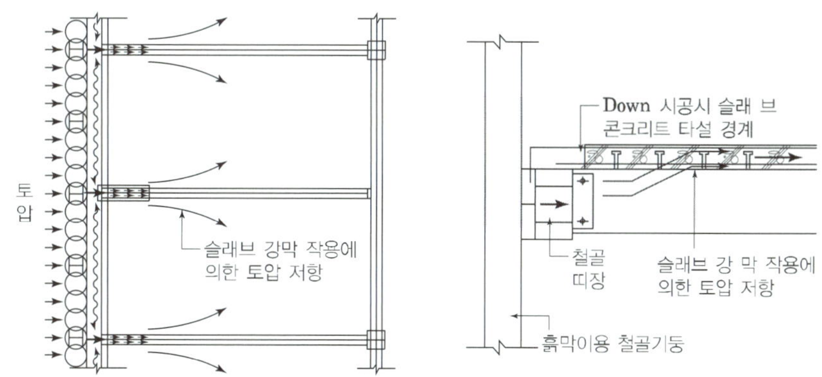

토압 → 외벽과 띠장 연결재 → 영구구조물 보 및 전단연결재 → Slab강막작용

피압수

피압수

Key Point

- 국가표준
- Lay Out
  - 지반 내 피압수의 위치와 개념
  - 피압수의 문제점
  - 방지대책
- 핵심 단어
  - 불투수층
  - 높은 수두
- 연관용어
  - 지하수위
  - 용출현상
  - 배수공법
  - 부력

☆☆★ 3. 물

2-82	피압수	
No. 123	Confined Ground Water	유형: 성질·현상·지표

Ⅰ. 정 의

① 점성토 지반에 있어서, 투수계수가 작아 물이 침투하기 어려운 불투수층 사이에 있는 대수층(帶水層)에 있으며, 지하수위가 상위토층 지하수보다 높은 수두를 갖는 지하수

② 상한과 하한이 점토·실트 등 불투수층(Impermeable Layer) 사이에 가압(加壓)된 상태의 지하수로서, 부력 발생·용출(湧出)·공벽 붕괴 등의 현상이 발생한다.

Ⅱ. 지반 내 피압수의 위치와 개념

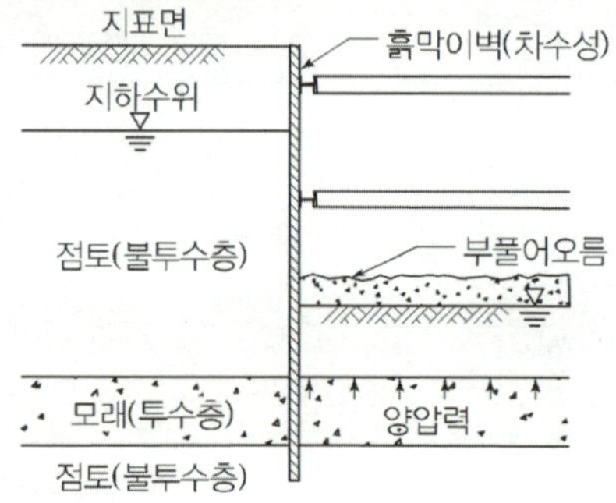

Ⅲ. 피압수의 문제점

① 터파기 시 용출(湧出) 현상: 상부 흙의 하중으로 피압수가 유지되다가 터파기 시 흙이 제거되면서 분출되는 현상

② 현장타설 말뚝 및 Slurry Wall의 공벽 붕괴: 굴착 벽면이 피압수가 스며들면서 공벽을 교란

③ 부력 발생: 압력 수두차에 의해 건물의 기초 저면이 뜨는 현상 발생

Ⅳ. 방지대책

1) 배수공법

토질에 따라 중력 배수 및 강제 배수 등을 적용하여 피압 수위 저하

2) 근입깊이 깊게

지수벽의 근입 깊이를 대수층 이하의 불투수층까지 연장

3) 차수성이 강한 흙막이 선정

차수성이 강한 흙막이 공법을 적용하여 굴착면내를 배수하면서 굴착

4) 약액주입 공법 병행

흙막이 공법 시 배면에 약액주입공법을 병행하여 차수성 확보

피압수

피압수

Key Point

◩ 국가표준

◩ Lay Out
- 발생조건
- 문제점
- 방지대책

◩ 핵심 단어
- 지중 지하수 차단
- 지하수위 저하·상승

◩ 연관용어
- 지하수위
- 수압

☆☆☆ 3. 물 77

2-83	Dam Up 현상	
No. 124		유형: 현상

Ⅰ. 정 의

① 지중에 흐르는 지하수를 어떤 지하구조체가 차단하는 경우, 하류 쪽의 지하수위는 저하되고 상류 쪽의 지하수위는 상승하는 현상
② 지하수위 변화에 따른 수압의 영향으로 인한 균열발생과 누수로 인해 붕괴 우려가 있다.

Ⅱ. 발생조건

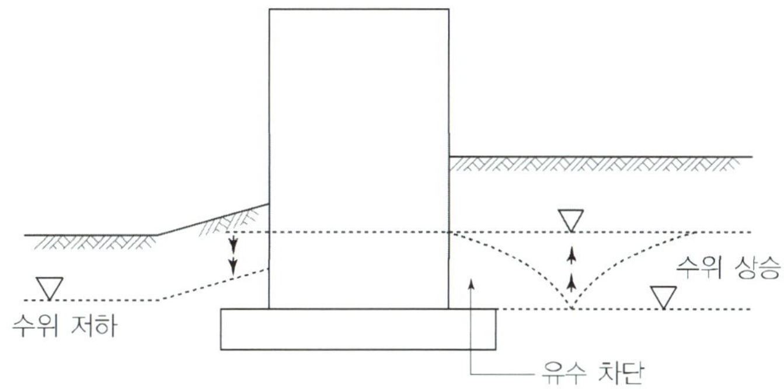

Ⅲ. 문제점

① 수압상승으로 지하 측압의 증대발생
② 하부 측의 수압은 저하되고 상부 측의 수압은 상승되면서 구조물에 발생하는 힘의 불균형 발생
③ 강도·내구성·수밀성 등이 저하되어 구조체에 누수 발생
④ 상류에서 하류로 구조물이 Sliding되어 구조물의 균열·누수·붕괴 현상 초래

Ⅳ. 방지대책

① 수압을 예상한 구조계산 및 설계로 안정성 확보
② 매립부분 전면 방수
③ 지하수 흐름을 구조물에 영향이 없는 쪽으로 우회

★★★ 3. 물

2-84	차수공법	
No. 125	water insulation method	유형: 공법·시공

차수

공법 분류

Key Point

◩ 국가표준
- KCS 11 30 05

◩ Lay Out
- 주입방법의 분류
- 용도에 따른 분류

◩ 핵심 단어
- 주입관 삽입·주입·고결

◩ 연관용어
- 차수
- 지반개량
- 부동침하

차수공법

- 흙막이 공법
  - Slurry Wall, Sheet pile
- 고결공법
  - 생석회, 소결, 동결
- 약액주입 공법
  - LW, SGR, JSP

Ⅰ. 정 의

① 지중에 주입관을 삽입하고 약액을 적당한 압력(저압·고압)으로 흙의 공극에 주입·압입·혼합·충전하여 지반을 고결시키는 공법
② 연약지반강도의 증대 혹은 연약지반의 불투수성(지수·차수·고결·경화·점착력)을 증대시키기 위해 실시

Ⅱ. 주입방법의 분류

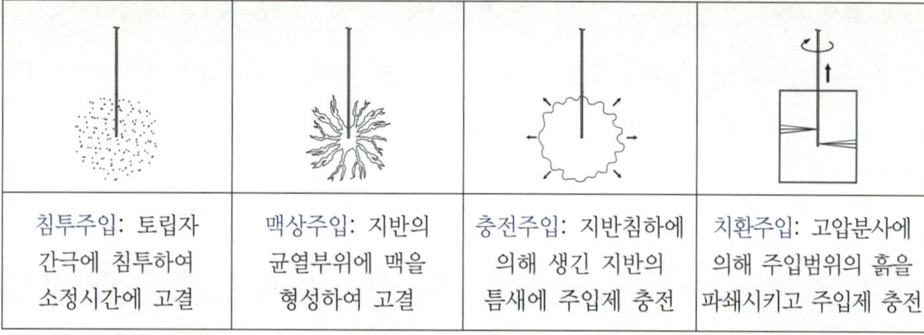

침투주입: 토립자 간극에 침투하여 소정시간에 고결	맥상주입: 지반의 균열부위에 맥을 형성하여 고결	충전주입: 지반침하에 의해 생긴 지반의 틈새에 주입제 충전	치환주입: 고압분사에 의해 주입범위의 흙을 파쇄시키고 주입제 충전

Ⅲ. 용도에 따른 분류

구분	내용
주입재의 혼합방법	• 1.0 Shot System • 1.5 Shot System • 2.0 Shot System
주입압력	• 고압분사 • 저압주입
주입형태	• 침투주입 • 맥상주입 • 충전주입 • 치환주입
주입 스테이지	• 상승식 • 하강식
주입대상	• 암반주입 • 지반주입 • 공동충전
주입재	• 용액형(물유리계, 고분자계) • 현탁액형
주입방식	• Rod 주입(단관, 이중관, 복합) • Strainer 주입(싱글, 이중관)

차수

Ⅳ. 주입효과 확인법

구분		방법	참고사항
육안 확인법	굴착으로 확인	굴착한 시험체 확인	굴착 가능한 경우로서, 역학적 실험이 가능
	색소 판별법	미리 주입재에 색조를 혼입시켜 굴착 눈으로 확인	
투수성 확인법	현장투수시험	현장투수시험에 의한 투수계수를 구함	
	실내투수시험	샘플링한 시료에 의한 실내투수시험을 행함	자료 채집이 곤란 투수시험이 곤란
강도 확인법	표준관입시험	N값 측정	N값 30 이상의 사질토나 연약한 점성토에서는 신뢰성이 부족
	프레셔미터시험	프레셔미터 이용 횡방향 지반반력계수 측정	비교적 고가
	실내강도시험	샘플링하여 일축, 삼축압축강도시험	비교적 정확
	정적관입시험	콘 삽입, 스웨덴 샘플러 등의 정적관입시험을 실시	심도가 얕고, 비교적 강도가 약할 경우 이외에는 적용이 곤란
물리탐사 및 화학적 분석법	전기비저항 탐사	지중의 비저항의 차이를 측정	그라우트(grout)의 비저항이 물에 가까울 시 적용이 곤란
	γ선 밀도 탐사법	γ선을 이용하여 주입 전·후의 밀도를 계측	그라우트의 밀도가 물에 섞여 변화하지 않을 때 적용이 곤란
	중성자수분계	중성자의 흡수력 차에 의해 효과를 조사	그라우트에 붕소를 혼입하여야 함
	화학분석	가스크로매트그래픽법 등에 의해 정성 분석을 함	

Ⅴ. 시공 시 유의사항

① 주입재료는 소정의 보관시설을 구비한 곳에서 보관하며, 주입량의 당일 사용량, 잔량을 명확히 기록

② 주입기계는 연속주입작업을 할 수 있게 점검정비를 철저히 하며, 주입종료 시에는 청소를 깨끗이 해 놓아야 한다.

③ 주입은 해당지층에 균일하고 치밀하게 주입되어야 하며, 주입 부위의 지반 변형으로 주변 지형이나 시설물에 변위가 없도록 수시로 점검하면서 시행

④ 그라우팅은 충분한 경험을 가진 자격 기술인이 시행하도록 하며, 장비의 제원과 성능을 확인 후 시행

★★★ 3. 물 75.108

2-85	JSP(고압분사방식)	
No. 126	Jumbo Special Pattern	유형: 공법

차수

사질토

Key Point

◩ 국가표준
- KCS 11 30 45

◩ Lay Out
- 차수 및 지반개량의 원리
- 특징
- 시공 시 유의사항

◩ 핵심 단어
- What: 압축공기
- Why: 강도증대 차수효과
- How: 고압분사 주입

◩ 연관용어
- 지반개량

Ⅰ. 정 의

① Double Rod 선단에 Jetting Nozzle(3mm)을 장착하여 압축공기와 함께 Cement Milk를 초고압(20MPa)으로 분사하여 지반을 절삭, 파쇄함과 동시에 공극에 그라우팅 주입재를 충전하는 고압분사 주입공법

② 주입재를 수평방향으로 분사하여 주입하는 방법으로 파쇄된 토사와 주입재의 혼합 경화에 의해 원주형의 고결재를 조성하는 공법

Ⅱ. 차수 및 지반개량의 원리

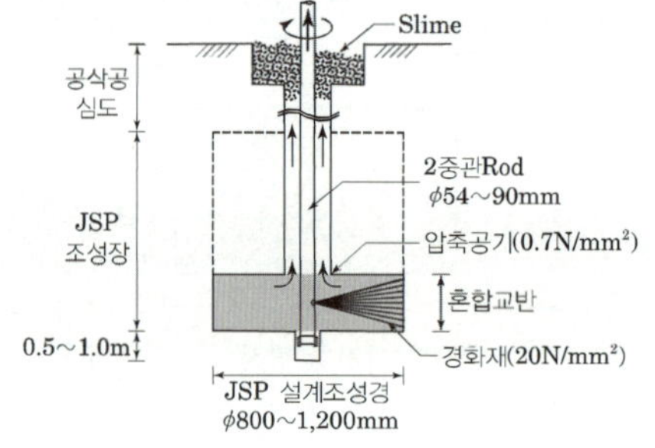

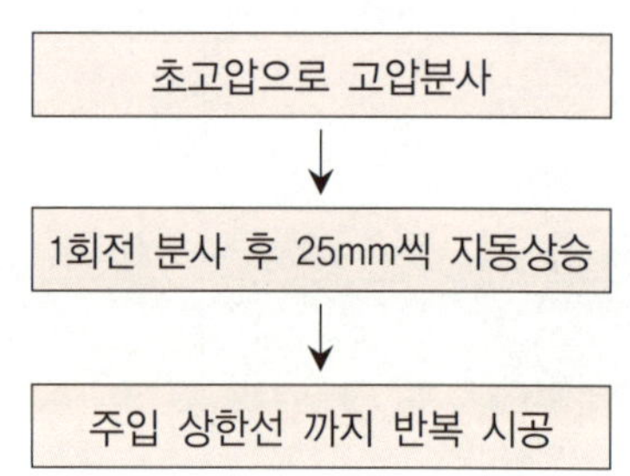

적용범위

- N≥30 이상 지반에서는 시공효과 불확실
- 풍화대까지 적용가능
- 보통의 주입법으로 곤란한 세립토 개량 가능
- 유속의 흐름이 빠른 자갈, 전석층에서는 주입 불확실

Ⅲ. 특 징

장점	단점
• 지반개량 효과 우수 • 차수효과 확실: 투수계수 10^{-5}~10^{-6}cm/sec • 코아 채취가능 • 경사시공 및 협소한 장소 작업가능	• Slime 발생이 많고, 처리를 위한 별도의 공사비 소요 • 지반의 융기, 지하매설물 또는 주변구조물의 변형 발생 • 공사비 고가

주입방식

- 1.0 Shot방식
- 고압주입
- 개량직경범위 0.8~1.2m
- 1Step장 : 25mm

Ⅳ. 시공 시 유의사항

① 공삭공에 사용하는 공사용수는 청수 또는 이수에 관계없이 압력이 4MPa 이하

② 시멘트 밀크로 바꾸어 토출압을 서서히 20MPa까지 높인 후, 0.6~0.7MPa 압력의 공기를 병행 공급하면서 작업을 시작

③ 시멘트 밀크의 분사량은 (60±5)/min를 기준

④ 고압분사 시 토출압은 (20±1)MPa

차수

사질토

Key Point

◪ 국가표준
- KCS 11 30 45

◪ Lay Out
- 유도공간을 통한 복합 주입 원리
- 특징
- 시공 시 유의사항

◪ 핵심 단어
- What: 선단장치 부착
- Why: 강도증대 차수효과
- How: 유도공간

◪ 연관용어
- 지반개량

적용범위

- 실트질 점토층: 불확실
- 주입심도 40m이상의 사력층: 주입효과 저하
- K=1×10^{-5}cm/sec까지 적용 가능
- 유속의 흐름이 빠른 자갈, 전석층: 적용가능

주입방식

- 2.0 Shot방식
- 저압침투주입: 0.1~1N/mm^2
- 주입공 Pitch: 0.8~1.0m
- 효과적인 1Step장: 0.5m (Rocket Tube의 길이 0.3mm)
- 개량직경범위: 0.8~1.2m
- 주입량: 18~20ℓ /min 기준

★★★ 3. 물

2-86	SGR(저압주입방식)	
No. 127	Space Grouting Rocket	유형: 공법

Ⅰ. 정 의

① 이중관(외관+내관)로드(Rod)에 특수 선단장치(Rocket)를 부착시켜 대상지반에 형성시킨 유도공간을 통해 급결성과 완결성의 주입재를 중·저압으로 복합주입하는 공법

② 유도공간: 주입재를 주입노즐을 통해 직접 지반 속으로 방출하는 종래방식과는 달리 유도공간을 통해 방출함으로써 균일한 침투 가능

Ⅱ. 유도공간을 통한 복합주입 원리

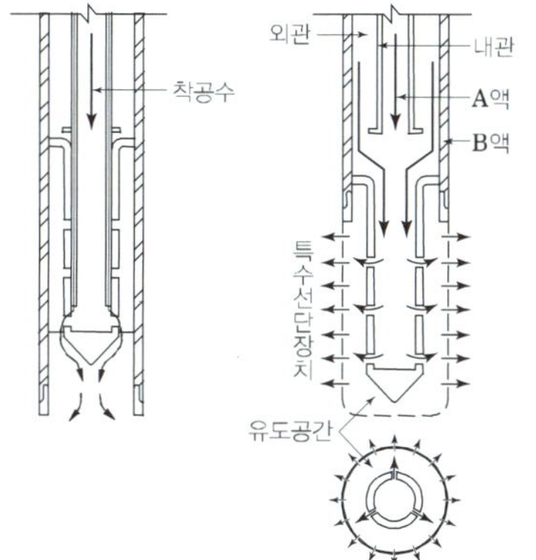

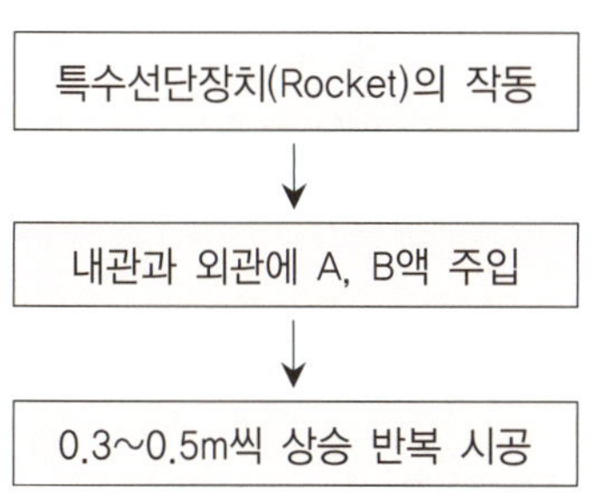

Ⅲ. 특 징

장점	단점
• 유도공간을 형성하여 균일한 작업효과 • 주입압력이 적어 지반교란 적다. • 겔 타임의 조절용이	• 저압, 저속주입으로 주입시간 소요 • 비교적 복잡 (보링기, 믹싱 플랜트) • 공사비 고가

Ⅳ. 시공 시 유의사항

① 소정의 심도까지 천공(지름 40.2mm)한 후, 천공 선단부에 부착한 주입장치(rocket system)에 의한 유도공간(space)을 형성한 후 1단계씩 상승하면서 주입

② 주입방법은 2.0shot 방법으로 실시

③ 급결 그라우트재와 완결 그라우트재의 주입비율은 5:5를 기준으로 하고, 지층 조건에 따라 5:5~3:7로 조정

④ 주입압은 저압(0.3~0.5MPa)

★★★ 3. 물

2-87	LW공법(저압주입방식)	
No. 128	Labiles Wasserglass	유형: 공법

차수

사질토

Key Point

◪ 국가표준
- KCS 11 30 45

◪ Lay Out
- 약액주입 원리
- 특징
- 시공 시 유의사항

◪ 핵심 단어
- What: 규산소다+시멘트
- Why: 고결화
- How: 침전 후 뜬 물 주입

◪ 연관용어
- 지반개량

적용범위

- 0.6mm 이하, 투수계수 10^{-2} cm/sec 이하 세사층: 주입 곤란
- K=1×10^{-3}cm/sec 이상 적용
- 실트섞인 모래지층을 제외한 지층
- 주입심도가 얕으며, 비교적 간극이 적은 모래층
- 공극이 크거나 함수비가 높은 지층에서 효과가 불확실
- 느슨한 사질토: 토립자의 배열을 바꾸지 않고 간극에 주입재가 채워지는 침투주입(Permeation)
- 점토 및 밀실한 사질토: 지반에 침투된 그라우트는 지반을 전단파괴하고 그 틈에 맥상주입(Fracturing Grout)

주입방식

- 1.5Shot방식(2액 1공정-주입관에서 혼합)
- 저압주입: 1~2N/mm^2
- Packer 1Step장: 0.5~1.0m
- 개량직경범위: 0.8~1.2m

Ⅰ. 정 의

① Water-Glass(규산소다)용액에 소량의 시멘트를 혼합시키면 고결화(Gel화)하며 그 시간은 시멘트량에 반비례하는 성질을 이용하여 시멘트의 침전 후, 뜬 물을 주입하는 방법

② 흙막이벽체의 차수성능 보강 및 지반개량을 목적으로 사용된다.

Ⅱ. 약액주입 원리

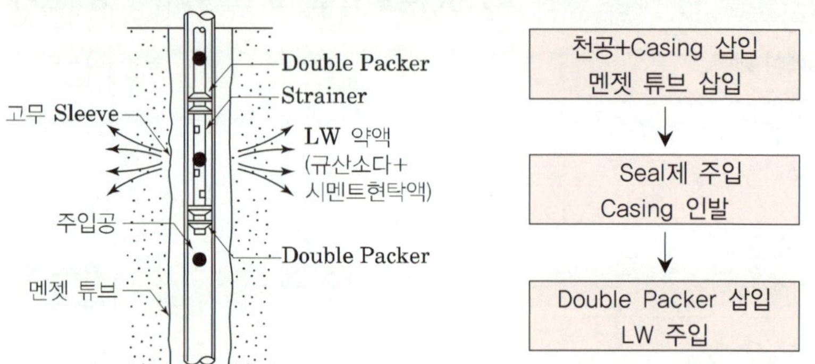

Ⅲ. 특 징

장점	단점
• 토사안정제로서 취급용이	• 24시간의 Seal재 양생시간이 필요
• 약액공법 중 고결강도 높음	• 물유리를 사용하므로 용탈현상 발생
• 천공과 주입의 작업공정 분리 진행가능	• Grout액이 주입되므로 지하수 오염 가능성
• 주입관이 보존되어 결함발생 시 재주입 가능	• 차수 및 지반보강 효과는 높지 않음

Ⅳ. 시공 시 유의사항

① 천공 지름은 100mm, 주입방법은 1.5shot 방법으로 실시

② 멘젯튜브(지름 40mm)를 300~500mm 간격으로 구멍(지름 7.5mm)을 뚫어 고무슬리브로 감고 케이싱 속에 삽입

③ 케이싱과 멘젯튜브 사이의 공간을 실(seal)재로 채운 후 24시간 이상 경과 후에, 굴진용 케이싱을 인발

④ 주입관의 상하에는 패커 부착

⑤ 주입관을 멘젯튜브 속으로 삽입하여 굴삭공의 저면까지 넣고 일정 간격으로 상향으로 올리면서 그라우팅재를 주입

⑥ 주입압력: 0.3~2MPa, 주입 토출량은 8~16ℓ/min 범위

☆☆★ 3. 물

2-88	Leaching(용탈) 현상	
No. 129		유형: 현상

차수

사질토

Key Point

◪ 국가표준
- KCS 11 30 45

◪ Lay Out
- Leaching에 따른 변화
- 특성
- 저감대책

◪ 핵심 단어
- What: 염류
- Why: 용해
- How: 유출

◪ 연관용어
- 예민비
- Quick clay
- 액성한계
- Thixcortropy
- 활성도

Ⅰ. 정 의

① 토립자의 구성물질 중 일부 또는 간극수중의 염류가 지하수 등에 의해 용해, 유출되는 현상

② 시간이 경과하면서 주입초기에 비해 압축강도가 저하되고 투수계수가 증가하게 되어 지반의 강도가 저하되는 현상

Ⅱ. Leaching에 따른 변화

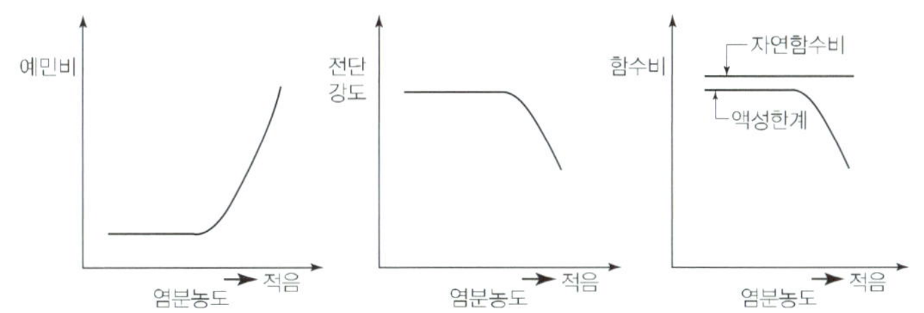

- 예민한 점토로 강도가 적고 충격, 진동 시 교란이 심하게 발생

Ⅲ. 특 성

① 염분 용출 → 부착력 감소 → 전단강도 감소

② 초예민 점토(Quick Clay): 액성한계 감소 → 액성지수(LI) ≥ 1 → 액성상태 초래

③ 해성 점토가 담수화 되는 과정에서 진행성 파괴 및 유동화 발생

④ Leaching 현상으로 생성된 예민한 점토는 강도가 적고 진동 시 교란이 심하게 생기는 토질

Ⅳ. 저감대책

침하저감 공법	침하촉진 공법
• 심층혼합처리공법 • 모래다짐말뚝공법(SCP) • 생석회말뚝공법	• 진공압밀공법 • 연직배수공법 • Preloading

① 염분추가 투입, 투수계수 저하공법

② 예민비가 높은 토사의 경우 치환, 약액주입 등으로 지반개량

③ 농도를 높인 고강도 혼합제 사용

★★★ 3. 물

2-89	배수공법	
No. 130	drainage method	유형: 공법·설비

배수

공법 분류

Key Point

◪ 국가표준
- KCS 11 30 25

◪ Lay Out
- 토립자의 입도 및 배수공법의 적용범위
- 용도에 따른 분류

◪ 연관용어
- 중력배수·강제배수
- 피압수·자유수·지하수위
- 투수계수

Ⅰ. 정 의

① 흙파기면이 지하수위 이하에 있거나, 흙막이 벽체 안쪽으로 물이 유입되는 경우 물을 양수(배수)하여 흙막이 벽체 및 본구조체의 안전성을 확보하기 위해 채택하는 공법

② Boiling · Heaving이 방지되고 Dry Work한 상태로 기초 및 토공사가 진행되지만 압밀침하로 인한 인접건물, 주변지반, 도로 등의 변형·균열·침하, 주변우물 고갈 등에 주의해야 한다.

Ⅱ. 토립자의 입도 및 배수공법의 적용범위

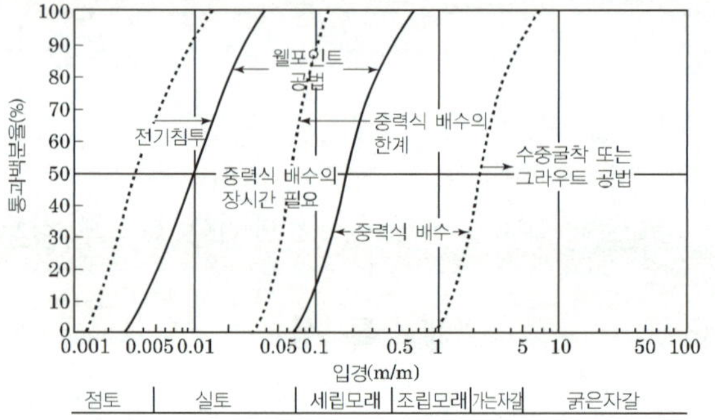

Ⅲ. 용도에 따른 분류

구분	내용
중력배수	• 집수정 배수(Sum-Pit) • Deep Well
	• 중력에 의해 지하수를 집수한 후, 펌프를 이용하여 지상으로 배수
강제배수	• Well Point • Vaccum Well(진공흡입공법) • 전기침투공법
	• 지반에 진공이나 전기에너지를 가하여 강제적으로 지하수를 집수하여 배수
영구배수 (기초바닥배수)	• Trench+다발관배수공법 • Drain Mat • Dual Chamber System • PDD(Permanent Double Drain) • 상수 위 조절배수(자연, 강제)
	• 기초바닥에서 유도관을 이용하여 집수정으로 배수하는 영구배수

☆☆★ 3. 물

2-90	Deep Well 공법	
No. 131	깊은 우물공법	유형: 공법·설비

배수

중력 배수

Key Point

◩ 국가표준
- KCS 11 30 25

◩ Lay Out
- 공법의 모식도 및 배수 원리
- Deep Well의 배치방법
- 설치 및 배수관리 시 유의사항

◩ 핵심 단어
- Deep Well·Pump
- Strainer·Filter
- 지하수위 저하
- 중력배수공법

◩ 연관용어
- 중력배수
- 피압수·자유수·지하수위
- 투수계수

적용조건

투수계수 10^{-2}cm/sec보다 큰 경우 (깊은 양수)

[Strainer]

[Strainer Screen 제작]

Ⅰ. 정 의

① 지반을 굴착하여 지중에 우물을 설치하고 중력에 의하여 지반 내의 지하수가 우물 내부로 흘러 들어오면 이를 양수기로 양수함으로서 지하수위를 목표지점까지 저하시켜 압밀침하를 촉진시키는 공법

② 흙막이 벽체 내부나 외부에 Deep Well(깊은 우물: Ø200~800mm)을 설치한 후 Pump로 양수하여 지하수위를 저하시키는 중력 배수 공법

Ⅱ. 공법의 모식도 및 배수원리

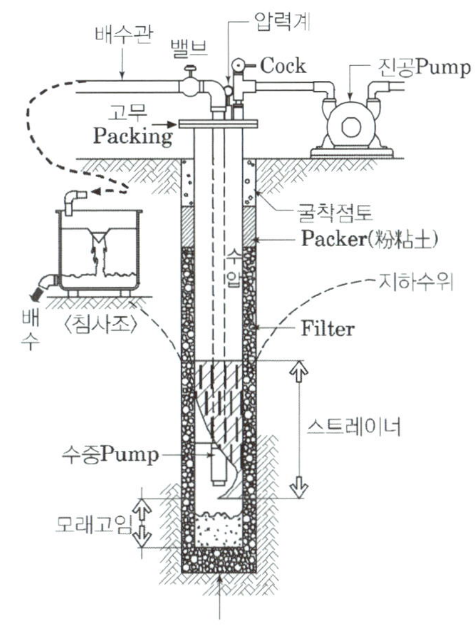

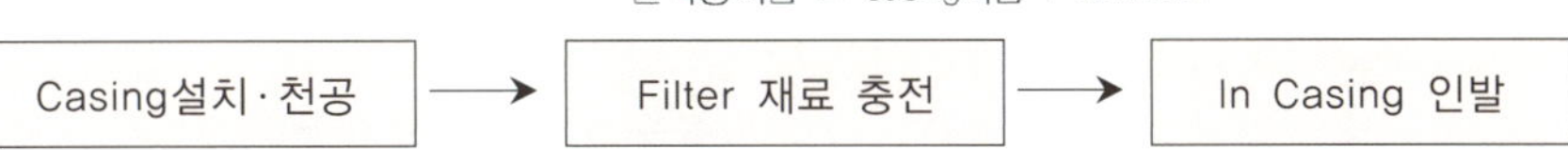

[Strainer Pipe 설치] [Pump설치 및 양수량 산정]

Ⅲ. Deep Well의 배치방법

① 터파기 외부배치 방법

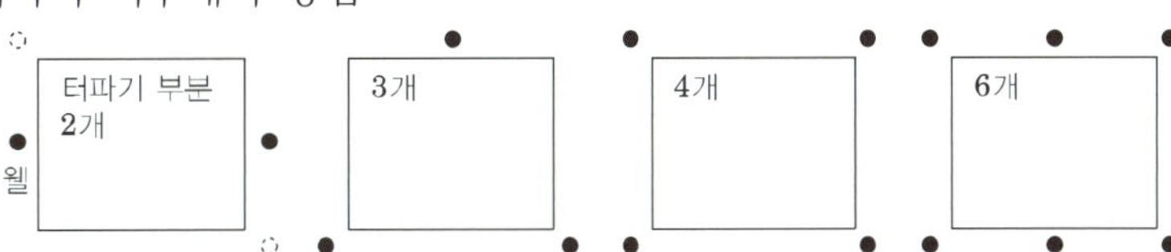

배수

② 터파기 내부배치 방법

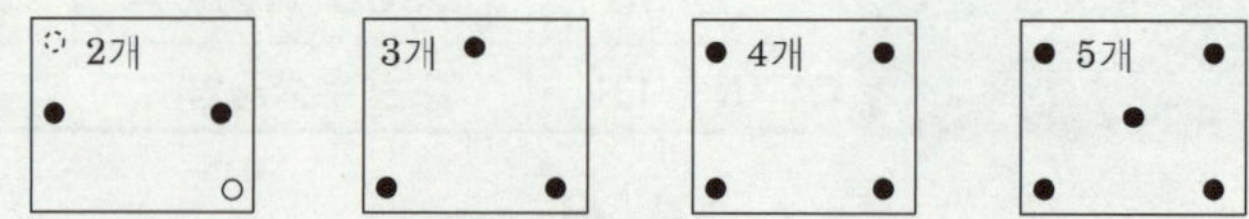

③ 터파기 내·외부 병설시 배치방법

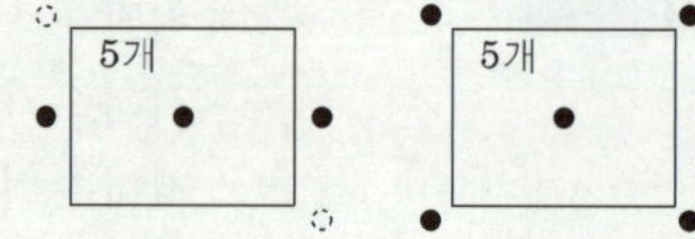

[Deep Well]

Ⅳ. 설치 및 배수관리 시 유의사항

1) 장비 Setting

① 상부 연약층 붕괴방지와 수직도확보를 위해 Out Casing 설치

② 철판으로 지반을 보강한 후 Setting

2) 천공

① In Casing을 연암 상단까지 설치하면서 연함부터는 Bit장비를 이용하여 굴착하고, Slime을 고려하여 2m 이상 여유굴착

② Air Suring: 청수를 공급하면서 제거

③ 우물 깊이는 계획 지하수위보다 10m 정도 낮게 설치

④ Casing Strainer와 우물벽 사이에는 Filter 재료(3~5mm의 콩자갈)로 충전하여 Strainer의 폐색(閉塞)을 사전에 방지

3) Strainer Pipe(D508)설치 및 Filter재료 충전

① Strainer의 개구부율은 15% 이상(300×30mm 직사각형)

② Strainer하부는 이물질침투 방지용 Screen(1.5×1.5mm) 부착

③ 부상방지를 위해 하단은 Strainer 직경보다 크게 하여 용접

④ Filter재료는 3~8mm의 콩자갈을 충전

⑤ Casing인발시 Moving 최소화

4) 양수량 산정

자유수 $Q = 1.36K(H \times H - h_o \times h_o)/\log(R/r_o)$

피압수 $Q = 2.72K(H - h_o)d/\log(R/r_o)$

우물수 $n = 2 \times Q/q$

Q - 양수량 (m^3/min)

K - 대수층 투수계수 (m/min)

H - 자연수위 (m)

h_o - 우물수위 (m)

d - 피압대수층 두께 (m)

r_o - 우물 반지름 (m)

R - 영향 반지름 (m)

q - 우물 1개당 양수량 (m^3/min)

5) 배수관리

지속적으로 양수량 및 지하수위를 확인하고, 예비 발전기 상시대기

☆☆★ 3. 물

2-91	Well Point 공법	
No. 132		유형: 공법·설비

배수

강제 배수

Key Point

◩ 국가표준
- KCS 11 30 25

◩ Lay Out
- Suction Lift를 이용한 배수원리
- 특징
- 설치 및 배수관리 시 유의사항

◩ 핵심 단어
- Well Point
- 진공 Pump
- 지하수위 저하

◩ 연관용어
- 강제배수
- 피압수·자유수·지하수위
- 투수계수

적용조건

- 투수계수 10^{-1}~10^{-4}cm/sec 보다 큰 경우 (깊은 양수)

• Suction Lift(흡입높이)
- 공법의 원리는 공기의 기능과 동작을 이용한 것으로 '그림'과 같은 U자형의 용기에 담수하면 기압이 동일할 때 양쪽이 동일한 수위를 이룬다. U자형 용기의 한쪽에 직접 Pump를 접속시켜 배기하면 Pump측의 기압이 점점 더 압축당하는 상태로 된다. Pump측이 진공이 되면 수위차가 생기며 이 현상을 Suction Lift라 하며, 이 원리를 응용하여 시공 탈수하는 것이 Well Point System 공법이다.

I. 정 의

① 강관의 선단에 웰포인트(well point)를 부착하여 지중에 관입한 다음 관 내부를 진공화함으로서 간극수의 집수효과를 높이는 공법

② 진공도를 고려하여 양정 깊이는 4~6m 정도로 하며 초과시에는 다단식으로 Well Point를 설치한다.

③ 흙막이 외부에 Well Point(흡수관: ∅50~60mm, 길이 1m)와 연결된 Riser Pipe(양수관: ∅32~38mm)를 대수층까지 관입한 후 Well Point에 흡수된 지하수를 진공 Pump의 흡입작용으로 양수하여 지하수위를 저하시키는 강제 배수공법

II. Suction Lift를 이용한 배수원리

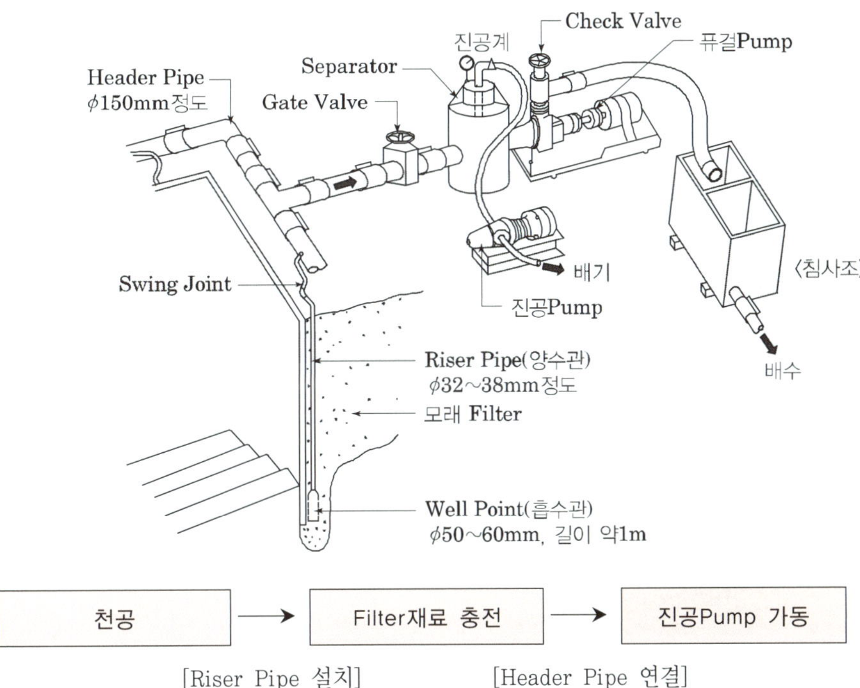

천공 → Filter재료 충전 → 진공Pump 가동

[Riser Pipe 설치] [Header Pipe 연결]

소구경의 Well을 다수 삽입하여 진공Pump를 가동시켜 흡입하여 지하수위를 저하

III. 특 징

① 투수계수가 비교적 낮은 사질 Silt층까지 강제배수

② 배수System의 수량이 많아 비용증대

③ 도심지 인접건물과 공간이 협소한 장소에서 적용불가

④ 굴착지반의 Dry Work가 가능하여 굴착공사를 원활하게 수행가능

배수

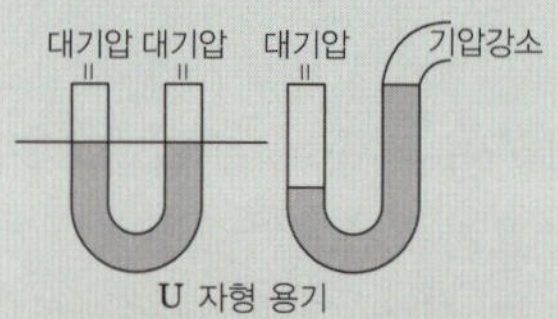

[설치작업]

[Well Point]

[진공 Pump]

[설치전경]

[배수전경]

Ⅳ. 설치 및 배수관리 시 유의사항

① 수량이 많으므로 진공도를 고려하여 Well Point선을 조절한다.
② 지하수위의 저하에 따른 주변지반의 침하에 유의한다.
③ 가동 Pump의 고장을 대비해 여유분의 예비펌프를 함께 설치한다.
④ 주변은 Filter층 형성하여 이물질에 의한 흡입력 저하를 방지한다.

★★★ 4. 하자 및 계측관리 68.106.118

2-92	토압이론(Earth Pressure)	
No. 133	주동토압 수동토압 정지토압	유형: 현상·이론·기준

Ⅰ. 정 의

① 흙과 흙막이벽체·지하벽체·옹벽 등의 구조물이 접촉하고 있을 때 흙에 의해서 접촉면에 작용하는 수평방향의 압력 혹은 흙 속의 어느 면에 작용하는 압력

② 토압은 흙의 구조·입도·내부마찰각·상재하중 전단강도 등에 의해 큰 변화를 가지며, 흙파기 깊이가 깊은 경우 증가한다.

Ⅱ. 흙막이 벽에 작용하는 응력

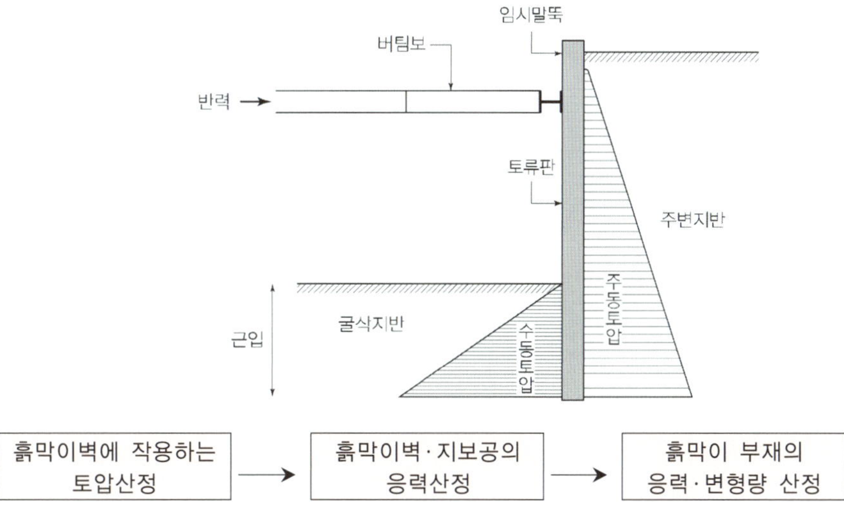

흙막이벽에 작용하는 토압산정 → 흙막이벽·지보공의 응력산정 → 흙막이 부재의 응력·변형량 산정

- 버팀기둥: 토압, 보 반력에 의한 휨모멘트, 전단력, 자중에 의한 압축력
- 가로널 말뚝: 토압에 의한 휨모멘트, 전단력
- 버팀보: 토압, 보 반력에 의한 압축력, 자중에 의한 휨모멘트
- 지보공: 토압, 보 반력에 의한 휨모멘트, 전단력

Ⅲ. 토압의 종류

1) 정지토압(P_0, Lateral Earth Pressure at Rest)

횡방향 변위가 없는 상태에서 수평 방향으로 작용하는 토압

2) 주동토압(P_A, Active Earth Pressure)

벽이 전도되기 전(균형을 이룬) 상태의 토압이며, 용도는 옹벽과 흙막이벽 안정성 계산에 쓰이는 하중 - 주동토압이 더 크면 붕괴됨을 의미

3) 수동토압(P_p, Passive Earth Pressure)

어떤 힘에 의하여 옹벽이 뒷채움 흙 쪽으로 움직인 경우, 뒷채움 흙이 압축하여 파괴될 때의 수평방향의 토압. 용도는 옹벽, 흙막이벽, 건물의 안정성 계산에 사용하는 저항력

토압

토압

Key Point

◩ 국가표준

◩ Lay Out
- 흙막이 벽에 작용하는 응력
- 토압의 종류
- 벽체의 변위와 토압의 대소
- 흙막이 벽에 작용하는 토질별 토압분포

◩ 핵심 단어
- 접촉면에 작용하는
- 수평방향 압력

◩ 연관용어
- 옹벽의 안정
- 앵커의 설계
- 흙막이 설계
- 히빙과 보일링

구조물 설계 시 토압

- 주동토압
  - 토층 위의 옹벽
- 주동토압 또는 정지토압
  - 보를 받친 흙벽
  - 경사말뚝 기초를 위한옹벽
- 정지토압
  - 지하벽체
  - 바위 위의 옹벽

[정지토압의 크기]

흙의 종류	정지토압
연약점토	1.0
느슨한 모래	0.6
굳은 점토	0.8
조밀한 모래	0.4

정지토압은 내부마찰각이 클수록 작아진다.

토압

Ⅳ. 벽체의 변위와 토압의 대소

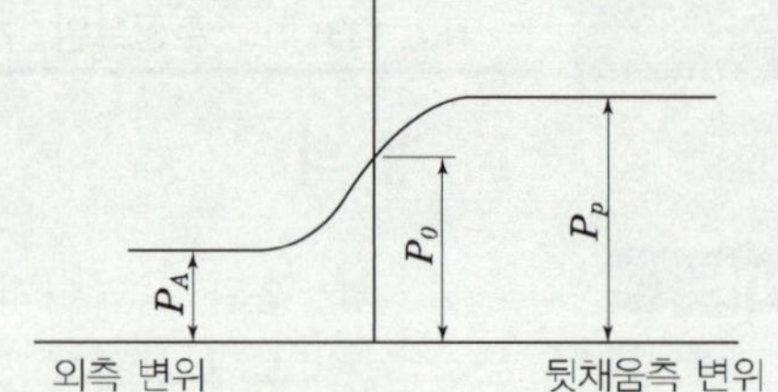

1) 토압계수

수동토압계수(K_p) > 정지토압계수(K_0) > 주동토압계수(K_A)

2) 전토압

수동토압(P_p) > 정지토압(P_0) > 주동토압(P_A)

Ⅴ. 흙막이 벽에 작용하는 토질별 토압분포

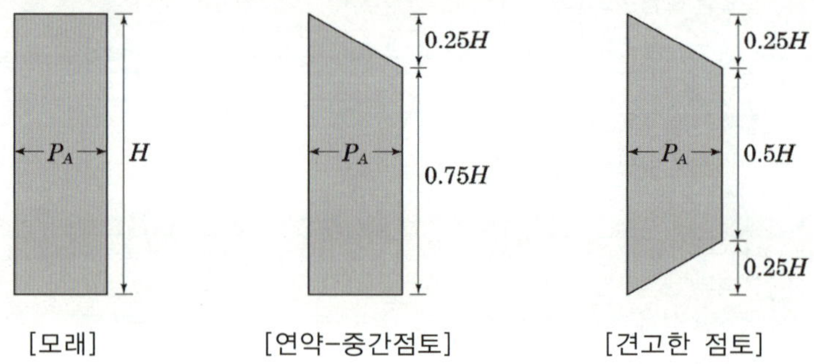

[모래] [연약-중간점토] [견고한 점토]

1) 모래

$P_A = 0.65 \cdot \gamma \cdot K_A$

2) 연약점토, 중간점토

$P_A = \gamma \cdot H - \left(\frac{4 \cdot c}{\gamma \cdot H}\right)$

3) 견고한 점토

$P_A = 0.2 \cdot \gamma \cdot H \sim 0.4 \cdot \gamma \cdot H$

여기서, P_A: 주동토압, K_A: 주동토압계수, γ: 단위 체적중량

하자

현상

Key Point

◩ 국가표준

◩ Lay Out
- Heaving의 발생요인
- 방지대책

◩ 핵심 단어
- What: 연약한 점성토 지반
- Why: 흙의 중량차
- How: 활동면을 따라 미끄러져 내려가면서

◩ 연관용어
- Boiling

★★★ 4. 하자 및 계측관리 60.83.87

2-93	Heaving	
No. 134		유형: 현상·결함

Ⅰ. 정 의

① 연약한 점성토지반에서 상부 흙의 중량이 굴착저면 이하의 지지력보다 커서 지반 내 흙이 활동면을 따라 미끄러져 내려가면서 굴착 바닥면이 부풀어 오르면서 지반이 파괴되는 현상

② 하부 침투압에 의한 지반 융기현상으로 굴착면 아래에 피압 지하수압이 존재하거나 굴착 비탈면의 흙 중량차에 의해 활동면의 파괴가 발생한다.

Ⅱ. Heaving의 발생요인

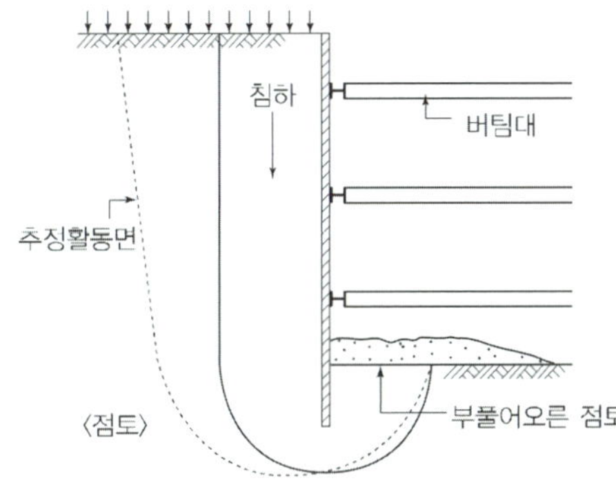

- 굴착으로 인한 굴착면 상재하중의 감소
- 굴착저면에서 양압력 작용
- 배면 침투수로 인한 함수비 증가로 단위중량 증가
- 흙과 암석의 팽창
- 흙의 동상작용

① 연약한 점토지반에서 발생
② 흙막이 벽체의 근입장 부족
③ 흙막이 내외부 중량차
④ 지표 재하중

Ⅲ. 방지대책

① 흙막이 벽을 설계할 때는 예상되는 여러 상황에 대한 안전율을 계산하여 최소 안전율이 1.2 이상이 되도록 근입 깊이를 결정하여 경질지반에 지지한다.
② 설계 및 시공 시 강성이 강한 흙막이 공법 채택
③ 지반개량을 통한 하부지반의 전단강도 개선
④ 지반굴착 시 흙이 흐트러지지 않도록 유의
⑤ 철저한 계측관리를 통한 사전예방
⑥ 흙막이벽체의 안정, 지지구조의 안정, 지하수 처리에 대한 검토
⑦ 부분적으로 모서리 부분의 흙을 남기고 굴착

★★★ 4. 하자 및 계측관리 68.87.94

2-94	Boiling	
No. 135		유형: 현상·결함

하자

현상

Key Point

◩ 국가표준

◩ Lay Out
- 지하수의 흐름과 Boiling의 발생요인
- 방지대책

◩ 핵심 단어
- What: 투수성이 좋은 사질지반
- Why: 흙막이 배면과 굴착면의 지하수위차
- How: 상향의 침투압에 의해 모래의 유효응력이 감소

◩ 연관용어
- Heaving
- 침투수압

Piping

- 수분함유가 많은 사질토 지반에서 흙막이 벽체 배면의 미립 토사가 유실되면서 지반중에 Pipe 모양의 수로가 형성되어 모래와 물이 함께 유실되어 흙막이벽체 안으로 유입되어 흙이 세굴되어가는 현상이다. 토층 위의 옹벽수위차이가 있는 지반 중에 pipe 형태의 수맥이 발생되어 사칠층의 물이 배출되는 현상

Ⅰ. 정 의

① 투수성이 좋은 사질토지반에서 흙막이벽 배면과 굴착면의 지하 수위차에 따라 생기는 상향의 침투수압에 의해 모래의 유효응력이 감소되어 하단의 지지력이 약해지고, 모래입자와 물이 굴착바닥면에서 솟아오르면서 지반이 파괴되는 현상

② 이런 현상이 발생하면 벽체 전체에 미치는 저항과 벽체 하단의 지지력이 없어질 뿐 아니라 흙막이벽과 주변 지반까지 파괴된다. 더구나 한번 보일링을 일으킨 지반은 지지력이 크게 떨어진다.

Ⅱ. 지하수의 흐름과 Boiling의 발생요인

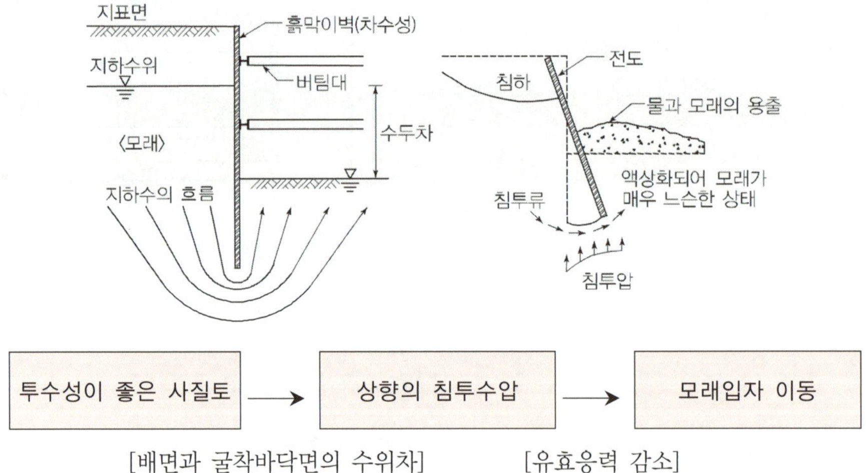

투수성이 좋은 사질토 → 상향의 침투수압 → 모래입자 이동

[배면과 굴착바닥면의 수위차] [유효응력 감소]

Ⅲ. 방지대책

① 흙막이 벽을 설계할 때는 예상되는 여러 상황에 대한 안전율을 계산하여 최소안전율이 1.2 이상이 되도록 근입 깊이를 결정하여 경질 지반에 지지한다.

② 근입 깊이가 벽내외면 수위차의 1/2 이상

③ 적당한 배수공법을 적용하여 배면지반 지하수위 저하

④ 터파기 밑보다 깊은 지반을 개량하여 불투수로 한다.

⑤ 굴착부 근입구간에 지수공법 활용

☆☆★ 4. 하자 및 계측관리

2-95	흙막이 공사의 하자 및 붕괴	
No. 136		유형: 현상·결함

하자

현상

Key Point

◩ 국가표준
- KCS 11 40 10

◩ Lay Out
- 흙막이 붕괴현장 현황 분석
- 붕괴원인

◩ 핵심 단어
- 강성부족
- 근입장 부족
- 뒤채움 부족

◩ 연관용어
- 흙막이 하자
- 주변침하

방지대책

- 흙막이 가시설 설계
  - 현장지형 및 지질조사
  - 흙막이벽 지보형식 선정
  - 안정성 검토
- 흙막이 벽을 설계할 때는 예상되는 여러 상황에 대한 안전율을 계산하여 최소 안전율이 1.2 이상이 되도록 근입깊이를 결정하여 경질지반에 지지한다.
- 굴착부 근입구간에 지수공법 활용
- 근입 깊이가 벽내외면 수위차의 1/2 이상
- 적당한 배수공법을 적용하여 배면지반 지하수위 저하
- 터파기 밑보다 깊은 지반을 개량하여 불투수로 한다.
- 굴착부 근입구간에 지수공법 활용
- 뒤채움 철저
- 계측관리

Ⅰ. 정 의

① 도심지 흙막이 공사에서 흙막이 벽체의 강성부족, 굴착 조건에 따른 흙막이설계 부조화, 근입장 부족, 뒤채움 부족으로 인하여 벽체의 변형과 과도한 토압과 틈새에 의한 토사의 이동으로 흙막이의 붕괴가 발생 된다.

② 흙막이 벽의 안전을 위해서는 흙막이 벽의 안정, 주변지반의 안정, 지지구조의 안정, 굴착저면의 안정이 필요하다.

Ⅱ. 흙막이 붕괴현장 현황분석

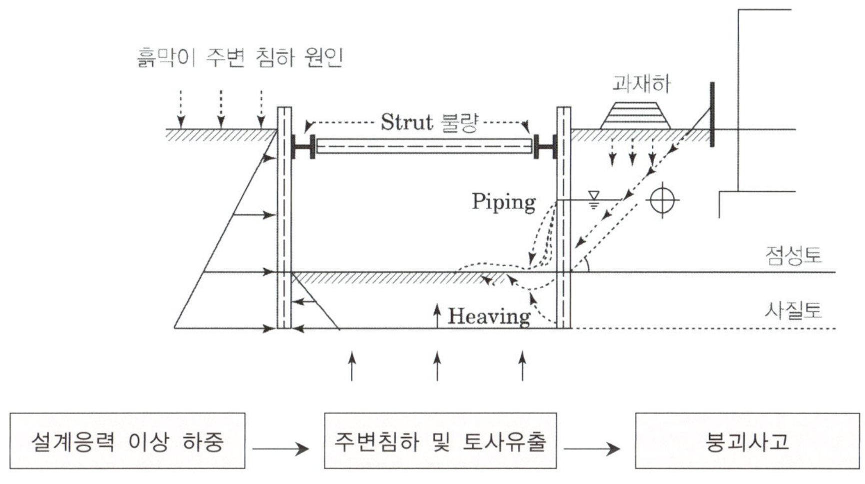

Ⅲ. 붕괴원인

- 과도한 토압
- 강성부족
- 근입장 부족
- 차수성 부족
- 지지구조 보강미흡
- 파이핑 및 토사유출

- 뒤채움 부족
- 지반강도 부족
- 굴착저면 다짐부족
- 피압수(지반 부풀음)
- 히빙
- 보일링

- 지표면 과재하
- 지표면 장비이동
- 주변 공사

★★★ 4. 하자 및 계측관리

2-96	계측관리	
No. 137	process and mechanical automation	유형: 관리·항목

계측관리

계측 일반

Key Point

◩ 국가표준
- KCS 10 50 10
- KCS 11 10 15

◩ Lay Out
- 측정대상 및 방법
- 계측기 위치 선정
- 계측관리기법 및 평가기준
- 계측빈도 및 계측 시 유의사항

◩ 핵심 단어
- 굴착공사 시
- 계측항목 및 배치

◩ 연관용어
- 토압·수압
- 지반침하·계측기기

Ⅰ. 개 요

① 굴착공사 시 가설 흙막이, 주변지반에 발생되는 변형 등을 정량적으로 파악하여 안전하고 합리적인 지하굴착 공사를 수행하는 기초자료로 활용하기 위해 실시한다.

② 계측 항목별로 대상을 선정하여 계측의 범위와 배치 및 방법에 대해 계측빈도와 시기를 정하여 관리한다.

Ⅱ. 측정대상 및 방법

측정대상		측정항목	측정방법(계측기기)
대지내	토류벽	측압 및 수압	벽면 토압계, 벽면 수압계
		응력	변형률계
		변형	경사계, 트랜싯, 변위계
	Strut Wale 엄지말뚝	Strut 축력	변형률계, 유압계, 로드셀
		Wale의 응력	변형률계
		Wale의 휨	변위계
		H-Pile 침하 및 융기	트랜싯
	굴착저면	흙의 융기	Level
		지하수위	관측우물, 간극수압계
	기타	배수량	노치탱크
대지외	주변지반	침하 및 융기	Level
		수평이동	삽입식 경사계
	주변 구조물	침하 및 융기	Level
		경사	경사계, 트랜싯
		균열	Crack Gauge
	매설관	침하 및 융기	Level
	지하수	수위(수압)	관측우물, 간극수압계
	기타	소음	소음계
		진동	진동Level기
		수질오염	수질시험

계측관리

Ⅲ. 계측기 위치 선정

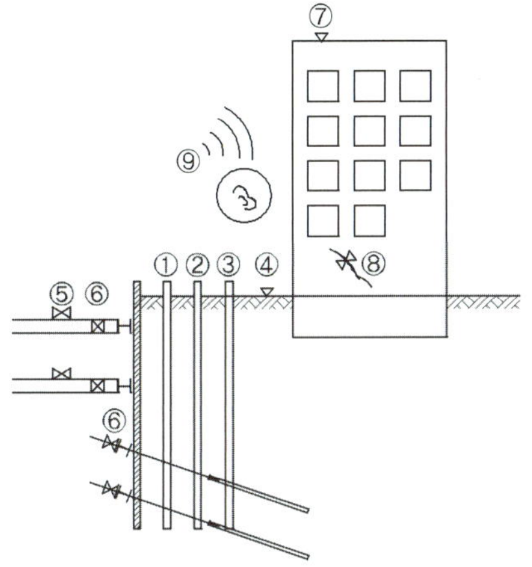

① 지중수평변위 측정계 Inclinometer
② 지하수위계, 간극수압계 Water Level Meter, Piezometer
③ 지중 수직변위 측정계 Extensometer
④ 지표침하계 Measuring Settlement of Surface
⑤ 변형률계 Strain Gauge
⑥ 하중계 Load Cell
⑦ 건물경사계(인접건물 기울기 측정) Tiltmeter
⑧ 균열 측정기 Crack Gauge
⑨ 진동소음 측정기 Vibration Monitor

① 굴착이 우선 실시되어 굴착에 따른 지반거동을 미리 파악할 수 있는 곳
② 지반조건이 충분히 파악되어 있고, 구조물의 전체를 대표할 수 있는 곳
③ 중요 구조물 등 지반에 특수한 조건이 있어서 공사에 따른 영향이 예상되는 곳
④ 교통량이 많은 곳. 다만, 교통 흐름의 장해가 되지 않는 곳
⑤ 지하수가 많고, 수위의 변화가 심한 곳
⑥ 시공에 따른 계측기의 훼손이 적은 곳

Ⅳ. 계측관리기법 및 평가기준

1) 절대치 관리

시공 전에 미리 설정한 관리기준치와 실측치를 비교, 검토하여 그 시점에서 공사의 안전성을 평가하는 방법

2) 예측치 관리

① 이전단계의 실측치에 의하여 예측된 다음 단계의 예측치와 관리기준치를 대비하여 안전성 여부 판정하는 기법
② 실측변위를 입력데이터로 하여 토질정수를 출력데이터로 얻게 되는 역해석 수법이용

Ⅴ. 계측빈도 및 계측 시 유의사항

① 계측빈도는 굴착행위 단계별 계측을 수행하는 것이 원칙
② 굴착기간 동안은 각 항목별로 1주 2회 이상 측정
③ 굴착 완료 후에는 1주 1회 이상 측정
④ 계측기를 지중에 매설할 경우 지하 매설물 유무 및 설치 시의 안전문제를 고려
⑤ 계측기기의 설치 및 초기화 작업은 굴착하기 전, 또는 부재의 변형이 발생되기 전에 완료
⑥ 계측오류 또는 시공 중의 기기 파손 등으로 인한 축적된 자료 손실에 유의

☆☆☆ 4. 하자 및 계측관리

2-97	지표침하계(surface settlement)	
No. 138		유형: 장비·측정

계측관리

계측기기

Key Point

◪ 국가표준
- KCS 10 50 10
- KCS 11 10 15

◪ Lay Out
- 설치 및 측정방법
- 측정 시 유의사항

◪ 핵심 단어
- 인접지반에 침하핀 매설
- 침하량 측정

◪ 연관용어
- 계측기기

진동·소음 측정계

- 진동·소음 측정기는 굴착이나 발파 및 건설장비 운행으로 시공 중에 진동이나 소음을 측정하는 계측기기다.
- 주변지반과 인접구조물의 안전성 및 인접주민들의 민원에 대비

Ⅰ. 정 의

① 굴토공사시 인접지반에 침하핀(HD 25mm 철근)을 매설하여 지표면의 침하량을 측정하는 계측기

② 침하량의 속도 판단 등을 통해 인접지반의 안정성 예측자료로 활용

Ⅱ. 설치 및 측정방법

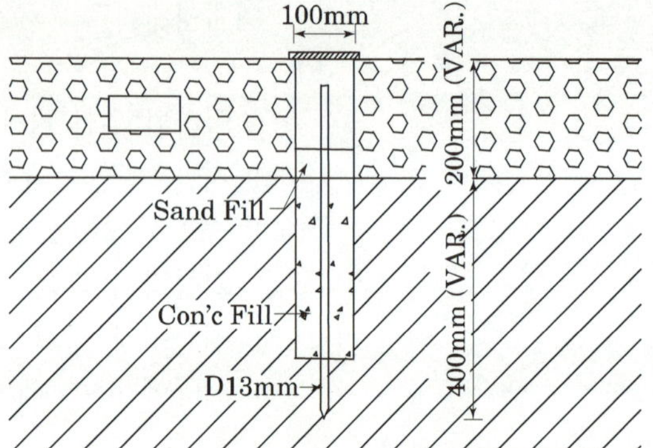

설치방법
- 원지반에서 부터 300mm 깊이로 홀 형성
- 홀 내부에 시멘트 모르타르 주입 후 침하핀 설치

측정방법
- Level을 이용하여 침하핀의 높이 측정
- 측량 시 수준점과 최대한 가깝게 설치

Ⅲ. 측정 시 유의사항

① 수준점과의 거리가 150m 이상일 경우에는 개인차에 의해 측량 오차가 수 mm 이상 발생: 2회 이상 확인

② 측량 시 가급적 수준점을 100m 이내에 설정

☆☆☆ 4. 하자 및 계측관리

2-98	균열측정계(crack gauge)	
No. 139		유형: 장비·측정

계측관리

계측기기

Key Point

◪ 국가표준
- KCS 10 50 10
- KCS 11 10 15

◪ Lay Out
- 설치 및 측정방법
- 측정 시 유의사항측정 시 유의사항

◪ 핵심 단어
- 구조체의 균열상태 변화량
- 균열증감의 유형파악

◪ 연관용어
- 계측기기

적용범위

• 인접구조물 균열 측정

Ⅰ. 정 의

① 흙막이공사로 인한 인접구조물의 기발생된 구조체의 균열상태의 변화량을 설치시점을 기준으로 하여 비교 분석함으로서 균열 증감의 유형을 파악하는 계측기

② 파악된 균열유형을 통하여 발생원인 및 대책을 강구하기 위하여 설치한다.

Ⅱ. 설치 및 측정방법

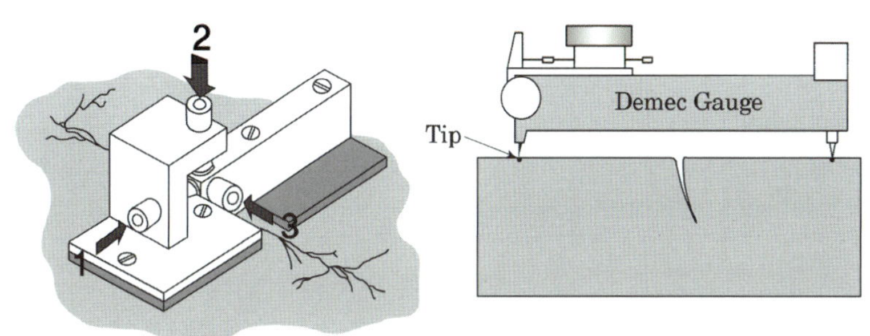

[3차원 균열 측정계] [Demec 게이지형 균열 측정계]

설치방법	• 3차원 측정계: 형판에 있는 2개의 구멍을 통해 앵커위치 표시, 나사못으로 고정 후 접착제로 고정 • Demec 측정계: 구조물 표면에 5~7mm, 깊이 10mm 천공 후 에폭시로 고정
측정방법	• 다이얼 게이지를 이용하여 측정

Ⅲ. 측정 시 유의사항

① Demec 게이지의 경우 균열측정용 첨단에 측점이 한 점으로 구성된 것과 홀 형태로 구성된 두 가지 경우가 있는데 홀 형태의 경우 Demec 게이지를 두 홀간의 최외측에 Bar에 접하도록 하여 측정

② 다이얼 게이지를 이용하여 측정하는 형태이므로 측정인을 자주 변경하지 말고 한 사람을 고정으로 배치하여 개인오차 최소화

2-99	건물 경사계(tiltmeter)	
No. 140		유형: 장비·측정

계측관리

계측기기

Key Point

- 국가표준
  - KCS 10 50 10
  - KCS 11 10 15
- Lay Out
  - 설치 및 측정방법
  - 측정 시 유의사항
- 핵심 단어
  - 굴착공사 시 기울기 측정
- 연관용어
  - 계측기기

적용범위

- 도심지 굴착공사 경우 인접 구조물의 기울기 측정
- 지반 변형으로 인한 건물주위의 경사각 측정

Ⅰ. 정 의

① 굴착공사 시 인접건물이나 옹벽 등에 건물경사계를 설치하고 측정 지점의 기울기를 측정하는 계측기

② 허용기준치와 비교 후 구조물의 안정에 대한 검토 및 조치를 취하기 위하여 설치

Ⅱ. 설치 및 측정방법

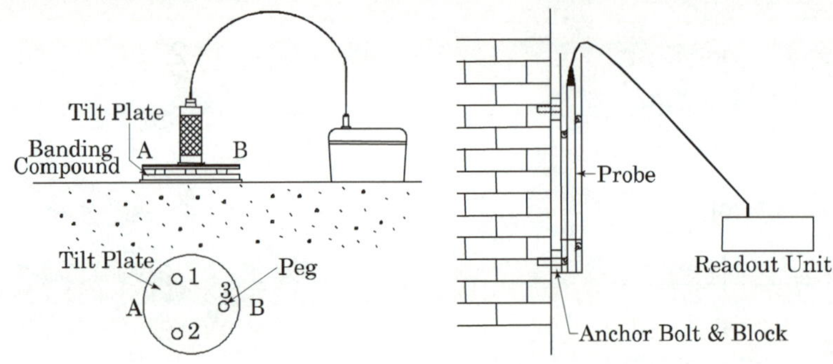

설치방법
- 설치지점을 고르게 정리한 후 이물질 제거
- 에폭시를 사용하여 현장방향으로 향하게 플레이트 부착
- 2~3일 후 보호관 씌움

측정방법
- 측정 시 진동에 의한 영향을 받으므로 주의
- 4개의 방향으로 측정을 실시하여 종축과 횡축의 평균 기울기를 측정

Ⅲ. 측정 시 유의사항

① 건물경사계 측정은 작업진동이 없는 상태에서 실시

② 측정시마다 경사판(Tilt Plate)와 측정센서가 정확히 밀착되지 않으면 측정값의 편차(Offset)가 커지게 되므로 측정 시 주의

③ 가급적 동일한 측정인이 계속하여 측정

계측관리

계측기기

Key Point

◪ 국가표준
- KCS 10 50 10
- KCS 11 10 15

◪ Lay Out
- 설치 및 측정방법
- 측정 시 유의사항

◪ 핵심 단어
- 침하예측

◪ 연관용어
- 계측기기

적용범위

- 기초지반의 침하 및 히빙(Heaving)으로 인한 변위 측정
- 성토지반의 시공중 침하 측정 및 장기적인 침하측정
- 옹벽의 변위 측정
- 연약지반의 압밀측정

☆☆☆ 4. 하자 및 계측관리

2-100	지중침하측정계(extensometer)	
No. 141		유형: 장비·측정

Ⅰ. 정 의

① 지중에 주요구조물을 매설해야 하는 연약지반이나 터파기공사의 경우에 지층구조가 복잡하여 각층에서 일어나는 압축량을 예측하기 곤란한 경우, 원하는 지점에 침하를 측정하는 계측기

② 지반, 가설구조물 및 인접구조물의 안전성 측정 및 시공후의 장기적인 침하를 측정하기 위하여 설치

Ⅱ. 설치 및 측정방법

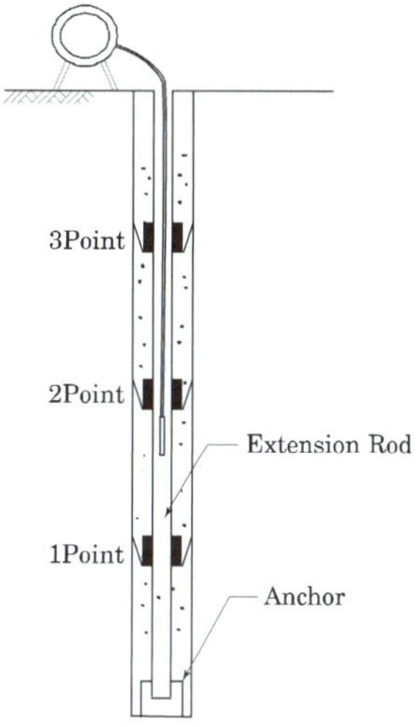

설치방법
- 계획심도에 1~2m를 더하여 천공
- 침하계를 굴착공 내에 설치 후 그라우팅 고정

측정방법
- 감지소자와 감지기(Sensor)가 일치될 때 심도 측정
- Dial Gauge 혹은 Depth Micrometer로 직접 상대변위 측정

☆☆☆ 4. 하자 및 계측관리 99

2-101	지중경사계(Inclinometer)	
No. 142		유형: 장비·측정

계측관리

계측기기

Key Point

◩ 국가표준
- KCS 10 50 10
- KCS 11 10 15

◩ Lay Out
- 설치 및 측정방법
- 측정 시 유의사항

◩ 핵심 단어
- 횡방향 변위

◩ 연관용어
- 계측기기

적용범위

• 사면의 예상활동면의 측정
• 흙막이 변위측정

Ⅰ. 정 의

① 지중경사계는 시공 중에 발생하는 횡방향 변위를 계측하는 계측기
② 공사의 완급을 조절하고 배면의 지반침하 및 벽체에 일어나는 응력을 검토하여 공사 중 또는 공사 후의 안전을 도모하기 위해 설치

Ⅱ. 설치 및 측정방법

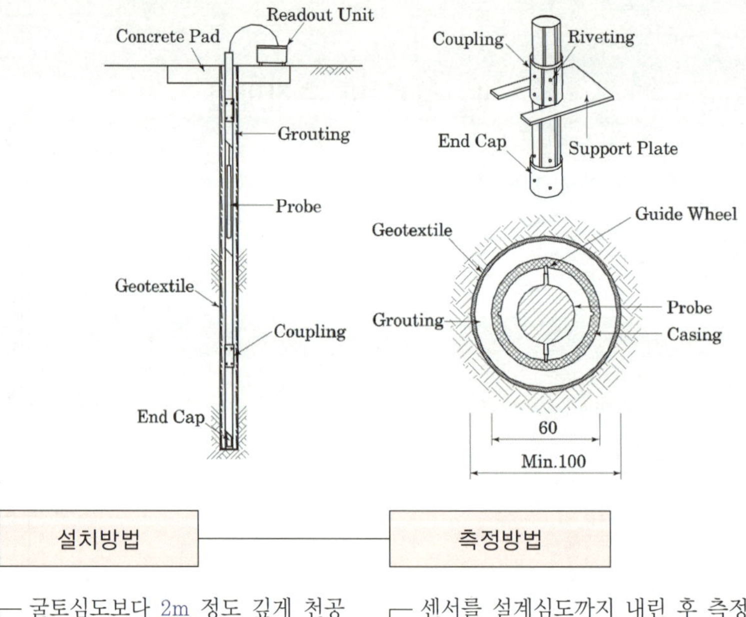

설치방법 ― 측정방법

설치방법
- 굴토심도보다 2m 정도 깊게 천공
- 경사계관 삽입, 고정(그라우팅)

측정방법
- 센서를 설계심도까지 내린 후 측정
- 500mm마다 측정하여 D.B화

Ⅲ. 측정 시 유의사항

① 하부 고정점으로부터 일정간격으로 경사계관의 기울기를 누가적으로 측정
② 계측초보자가 측정하거나 측정자가 수시로 바뀌게 될 경우 계측지점(500mm)의 계측시마다 이상변위 발생가능
③ Servo Accelerometer는 전자기력에 의한 평형상태의 전압을 측정하는 정밀한 센서이므로 굴삭기 작업이나 발파, 말뚝 항타작업 시에는 계측 중단
④ 계측기 설치 직후에는 반드시 Dummy Probe을 사용하여 경사계관의 매설상태를 확인

☆☆☆ 4. 하자 및 계측관리 69

2-102	간극수압계(Piezometer)	
No. 143		유형: 장비·측정

계측관리

계측기기

Key Point

☑ 국가표준
- KCS 10 50 10
- KCS 11 10 15

☑ Lay Out
- 설치 및 측정방법
- 측정 시 유의사항

☑ 핵심 단어
- 간극수압

☑ 연관용어
- 계측기기

적용범위

- 성토 시 지반의 압밀 및 안정성 측정
- 수위 측정
- 연약지반의 탈수나 배수의 효과측정
- 구조물 기초나 사면안정 검토
- 토압과 수압을 분리할 때

Ⅰ. 정 의

① 굴착에 의한 지반내의 간극수압의 증감을 측정하는 계측기

② 주변지반 위의 충격이나 하중에 의해 과잉공극수압의 발생을 측정

Ⅱ. 설치 및 측정방법

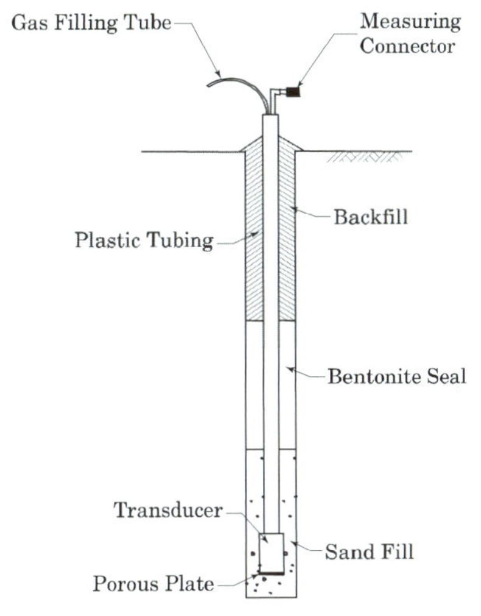

설치방법
- 깊이에 따라 위치 조절
- 연약층의 저면까지 보링을 실시한 후 간극수압계 선단을 원하는 심도에 위치시키고 간극수압계 선단 주위를 상부 1~2m까지 모래를 채워 투수층 형성

측정방법
- LCD상에 표시되는 수치는 최대치를 가리키며, 수렴했을 때의 값을 측정

Ⅲ. 지하수위계와 간극수압계의 차이

관리주체	용도
Casagrande Type	Pneumatic Type
지하수위의 정수압 측정	주변지반 위의 충격이나 하중에 의해 과잉공극수압의 발생을 측정

☆☆☆ 4. 하자 및 계측관리

2-103	지하수위계(water level meter)	
No. 144		유형: 장비·측정

계측관리

계측기기

Key Point

◪ 국가표준
- KCS 10 50 10
- KCS 11 10 15

◪ Lay Out
- 설치 및 측정방법
- 측정 시 유의사항

◪ 핵심 단어
- 수압변동

◪ 연관용어
- 계측기기

적용범위

- 탈수나 배수의 수위변화 측정
- 흙막이공사에 수위변화 측정
- 성토 및 연약지반에 수위변화 측정
- 터파기 배면 수위변화 측정

Ⅰ. 정 의

① 공사 전 정상상태의 수위와 굴착, 그라우팅 등으로 인한 수위, 수압의 변동을 측정하는 계측기

② 수위변화에 따른 배면지반의 거동, 인접구조물의 관리 및 흙막이벽체에 미치는 영향 등을 파악하기 위하여 설치

Ⅱ. 설치 및 측정방법

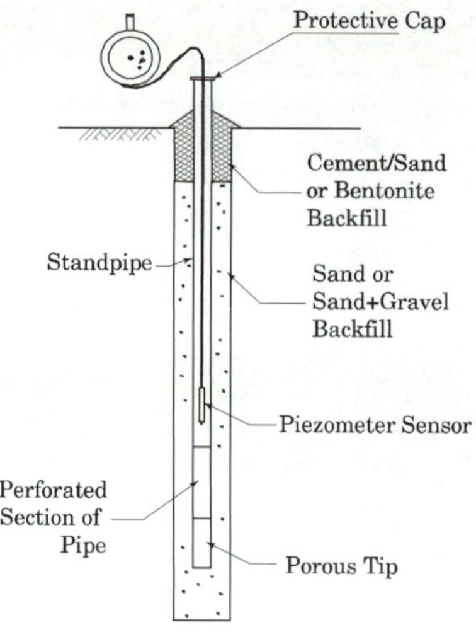

설치방법
- 천공 후 관측용 심정 설치
- 0.5m 정도의 두께로 모래를 채워 투수층을 형성하고 하부는 자유수와의 단절을 위해 Casing을 1m 이상 불투수층에 삽입

측정방법
- 센서를 설계심도까지 내린 후 측정
- 부저와 연결된 감지기를 삽입하여 Hole내부로 내린 다음 감지기가 Pipe내의 수면에 닿아 빨간불이 켜지면서 부저가 울릴 때의 깊이를 측정하여 수위 측정

Ⅲ. 측정 시 유의사항

① 필터 상단을 봉합하지 않으므로 측정수위는 계측기 설치 구간에 형성된 지하수위

② 중요구조물이 인접해 있는 경우 지하수위 가급적 흙막이벽면에 직각방향으로 2~3개소를 설치하여 배면 지하수위의 전반적인 형성상태 파악

☆☆☆ 4. 하자 및 계측관리

2-104	변형률계(strain gauge)	
No. 145		유형: 장비·측정

계측관리

계측기기

Key Point

◪ 국가표준
- KCS 10 50 10
- KCS 11 10 15

◪ Lay Out
- 설치 및 측정방법
- 측정 시 유의사항

◪ 핵심 단어
- 흙막이에 부착하여 변형률 측정
- 부재의 응력이나 휨모멘트

◪ 연관용어
- 계측기기

적용범위

- 흙막이구조물의 엄지·중간말뚝, 버팀보, 띠장 측정
- 기타구조물의 장기적인 변형 측정

Ⅰ. 정 의

① 흙막이구조물의 지지체인 버팀보, 엄지말뚝 및 띠장 등의 표면에 부착하여 나타나는 변형률을 측정하는 계측기

② 부착된 부재의 응력이나 휨모멘트 상태를 파악하므로 강재 자체의 허용상태는 물론 인접된 구조물이나 지반의 거동을 유추하고 나아가 추후의 거동을 예측하여 관리치로 삼기 위한 목적에서 사용

Ⅱ. 설치 및 측정방법

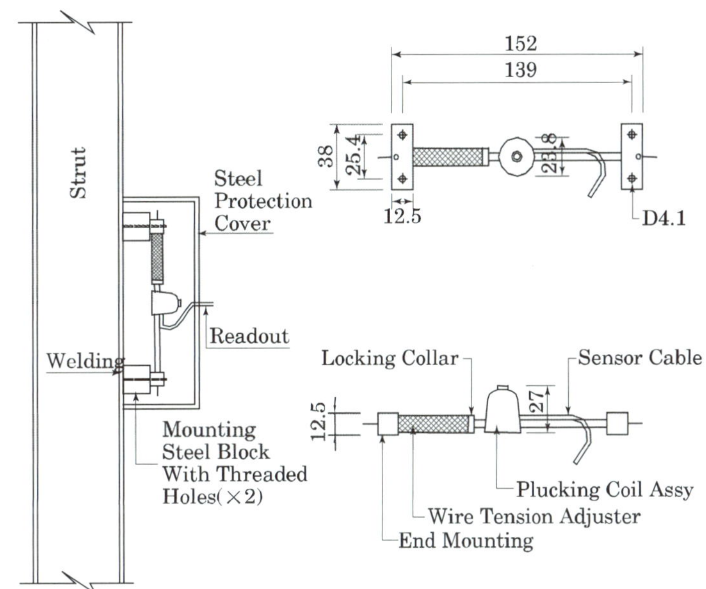

설치방법	• 버팀보, 엄지말뚝, 띠장 등의 표면에 부착 • 접착식 및 용접식
측정방법	• 변형률 센서로 응력 파악 • 온도변화에 민감하므로 온도측정센서가 내장된 기기 사용

Ⅲ. 측정 시 유의사항

① 온도변화에 민감한 계측기기이므로 필히 온도측정센서가 내장된 계측기기를 사용해야 한다.

② 대기온도가 1℃ 변화할 때 버팀보의 축력오차는 10~20kN 내외이므로 온도보정이 이루어지지 않은 계측자료의 신뢰도는 저하

☆☆☆ 4. 하자 및 계측관리

2-105	하중계(load cell)	
No. 146		유형: 장비·측정

계측관리

계측기기

Key Point

◪ 국가표준
- KCS 10 50 10
- KCS 11 10 15

◪ Lay Out
- 설치 및 측정방법
- 측정 시 유의사항

◪ 핵심 단어
- 축력이나 긴장력 측정

◪ 연관용어
- 계측기기

적용범위

- 말뚝, 락볼트, 흙막이, 지중 앵커, 락앵커, 버팀대의 축하중 측정

Ⅰ. 정 의

① Strut 축력이나 Earth Anchor, 긴장력을 측정하는 계측기
② 설계치와 비교, 검토하고 배면지반 및 흙막이구조물의 거동과 정착부의 이상유무 등을 파악하여 Strut 및 Earth Anchor의 전반적인 안정문제를 검토하기 위해 설치

Ⅱ. 설치 및 측정방법

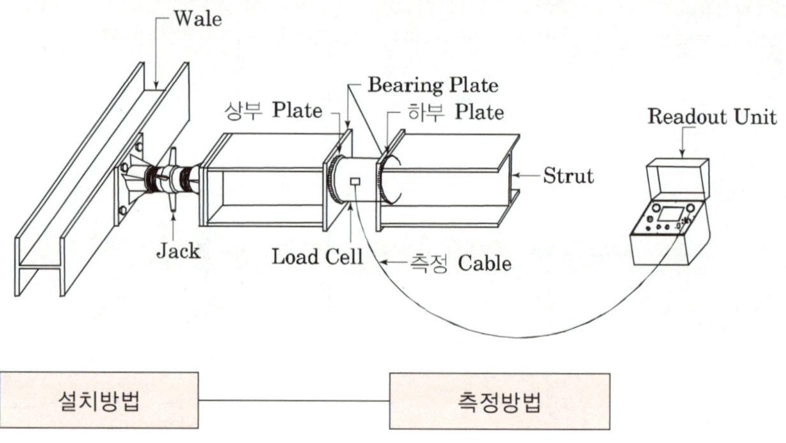

설치방법	측정방법
각 단을 엇갈리게 하여 용접부착 굴착부위 중앙, Strut의 단부에 설치	거치하기 전에 초기 값을 먼저 읽음 부착 후 인장직후의 측정값 기록

Ⅲ. 측정 시 유의사항

① 하중계는 변형률계를 내장한 계측기기이므로 온도변화와 진동에 민감한 기기
② 하중계 측정시 작업진동의 영향이 계측결과에 반영됨은 물론이며 온도측정센서가 내장되지 않은 경우라면 계측자료의 신뢰도에 문제
③ 하중계 설치지점 하부에서 발파 또는 브레이커 작업을 하거나 일교차가 심한 하절기에 온도측정센서가 없는 하중계로 측정했을 경우 편차 발생
④ 측정 시 측정빈도를 불규칙하게 시행하거나 경사계 측정시기와 일치하지 않는 시점에서 계측을 실시하는 경우 편차 발생

계측관리

계측기기

Key Point

◩ 국가표준
- KCS 10 50 10
- KCS 11 10 15

◩ Lay Out
- 설치 및 측정방법

◩ 핵심 단어
- 토압

◩ 연관용어
- 계측기기

적용범위

- 지하연속의 지반과 벽면 사이에 토압 측정
- 성토 시 기초지반의 상재하중에 증가로 인한 토압 측정
- 매립층의 각 방향에 토압 측정

☆☆☆ 4. 하자 및 계측관리

2-106	토압계(pressure cell)	
No. 147		유형: 장비·측정

Ⅰ. 정 의

① 흙막이 벽체에 작용하는 토압을 측정하는 계측기

② 제체 토압계(Embedment Earth Pressure Cell)는 성토공사 시 성토체 내부의 토압을 측정하는 계측기기이며 벽면체 토압계(Jack Pressure Cell)는 흙막이 벽체 중 지중연속벽과 같은 강성 벽체 내에 설치하여 작용토압을 측정한다.

Ⅱ. 설치 및 측정방법

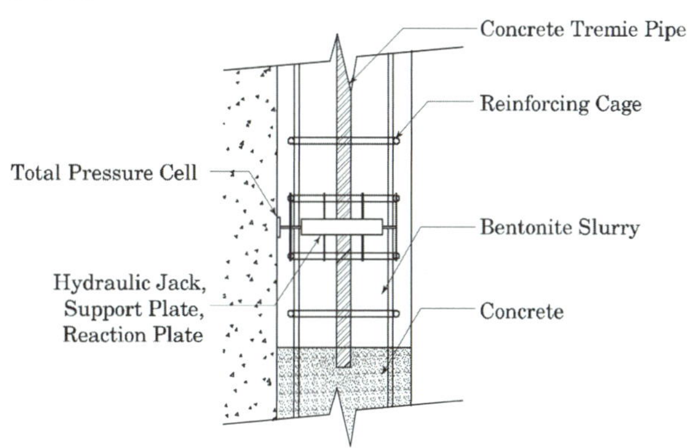

설치방법
- 셀에 잭을 연결한 후 유압튜브(Hydraulic Tube) 설치
- 토압셀에 연결된 케이블과 유압튜브를 보호튜브로 보호하며 철근망을 따라 삽입

측정방법
- 콘크리트 타설 후 측정기로 초기치 산정
- 에틸렌글리콜류의 비압축성 유체로 채워진 압력셀에 토압이 작용하면 셀 내부의 유체로 작용압이 전달되는데 이것을 공압식 또는 진동현식 압력변환기를 사용하여 토압으로 환산

기타용어

☆☆☆

1	Cone 관입시험	
	CPT: Cone Penetration Tes	유형: 시험·측정

① Rod 선단에 부착한 원추형 콘(cone)을 지중에 압입하여 Cone의 저항값으로 지반의 지지력을 측정하는 지반조사시험

② 국내의 경우 서해안 일부와 소수지역에만 적용된다.

☆☆☆

2	스웨덴식 사운딩(Swedish sounding)	
		유형: 시험·측정

① 선단에 Screw Point를 달아 중추(100kg)의 무게와 회전력에 의하여 관입저항을 측정하는 방법

② 장치나 조작이 용이하며 관입 능력도 우수하여 비교적 얕은(10m 정도) 연약층의 조사 및 높이에 대한 제한이 있을 때나 주택 등 소규모 구조물의 지지력 특성을 조사하는 방법으로 이용되고 있다.

☆☆☆

3	흙의 종류와 기본적인 성질	
		유형: 지표·기준

① 흙의 각 구성요소 상호관계는 부피와 중량의 비율 혹은 백분율로 나타내며, 부피관계는 간극비·간극률·포화도로 나타내고, 중량관계는 함수비·함수율로 나타낸다.

② 토질 재료는 흙의 관찰, 입도조성, 액성한계 및 소성지수를 기본으로 하여 분류한다.

삼각좌표

- 삼각좌표는 자갈, 모래, 세립분의 분할을 나타낸다.
- 그림 중 ●는 세립분 40%, 모래 50%, 자갈 10%이므로 사질토로 판정

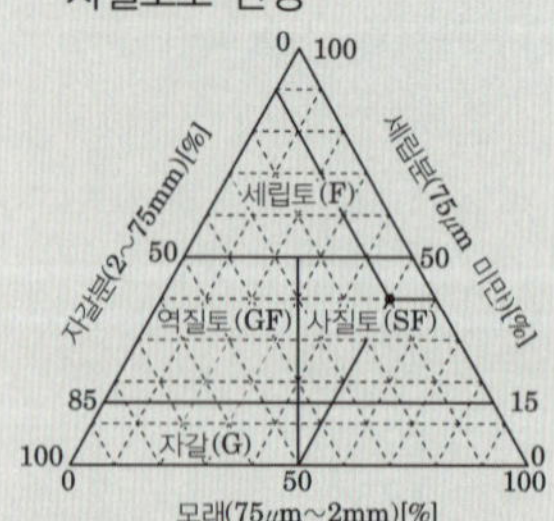

☆☆☆

4	흙의 통일 분류법과 AASHTO(아스토)분류법	
		유형: 지표·기준

기타용어

① 다양한 종류의 흙을 비슷한 성질을 갖는 여러 군으로 기호를 사용하여 분류하는 것

② 대부분의 흙 분류법은 입도분포나 소성지수와 같은 단순한 지수(Index)에 근거를 두고 있다.

③ 지반공학 기술자는 통일분류법을, 도로기술자는 AASHTO분류법을 많이 사용하고 있다.

☆☆☆

5	입도분석(입도분포곡선)	
	particle size distribution curve	유형: 지표·기준

① 체가름 시험을 통해 흙입자의 지름(입경)의 크기와 중량백분율에 의해 구분한 분포상태를 Graph로 나타낸 것

② 흙의 기본적 성질 중에서 공학적으로 중요한 요소는 흙의 입도구성, 광물조성, Consistency, 흙덩어리의 구조 등으로 흙의 분류 기준도 이에 따르고 있다.

입도분석 방법

- 체가름 시험법
- 침강 분석법
- 세립분 체가림 시험

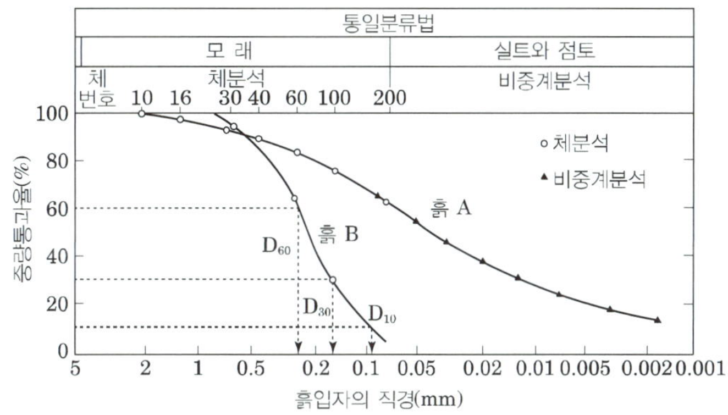

☆☆☆

6	균등계수, 곡률계수	
	uniformity coefficient, coefficient of gradation	유형: 지표·기준

① 조립토의 입도 분포가 좋거나 나쁜 정도를 간단히 나타낸 계수로서, 입도 분석 data를 토대로 작성된 입경 가적 곡선에서 통과 백분율 10%와 60%에 해당하는 입경으로 구한다.

② 곡률 계수는 조립토에 입도 분석 data를 토대로 작성된 입경 가적 곡선에서 통과 백분율 10%, 30%, 60%에 해당하는 입경을 각각 D_{10}, D_{30}, $D60$이라고 할 때, 각 지점에서 구해지는 계수로서, 균등 계수와 함께 입도 분포 한정에 사용된다.

기타용어

☆☆☆

7	CBR(노상토 지지력 시험)	
	CBR: California Bearing Ratio	유형: 지표·기준·시험

① 지반의 지지력 파악, 성토재료의 선정, 도로 포장의 두께 설계 등을 위해, 현장의 흙으로 Mold에 제작한 시험체를 CBR 시험기로 관입에 대한 하중을 측정하여 지지력값을 구하는 시험

② $\text{CBR}=\dfrac{\text{시험하중(시험하중강도)}}{\text{표준하중(표준하중강도)}}\times 100(\%)$

☆☆☆

8	지내력과 지지력	
	bearing capacity of soil, bearing capacity	유형: 지표·기준·성질

① 지반의 강도와 변형(침하)이라는 개념을 도입한 내력으로서, 지반이 하중을 지지하는 능력인 지지력과 해당 구조물의 기능이나 안전성에 피해를 주지 않는 범위에서 허용되는 허용 침하량을 만족시키는 지반의 내력

② 지지력은 지반·직접기초·지지말뚝 등이 하중을 지탱하는 능력 혹은 힘으로서 압력의 단위로 표시되며(t/m^2), 지반의 지지력은 점착력·내부마찰각·단위 체적중량 등 지반 자신의 성질이나 기초 저면의 형상, 기초의 설치 깊이 등에 따라 달라진다.

☆☆☆

9	ACT Column(Advanced Construction Technology Column)	
		유형: 공법

열연 강판을 절곡 냉간성형하여 폐쇄형 강관을 제작, 기존의 H형강 및 Box Column의 성능을 획기적으로 개선한 건축 기둥용 구조부재

① 합성효과에 다른 단면효율성

② 강관과 콘크리트의 구속효과

③ 판폭두께비 저감효과

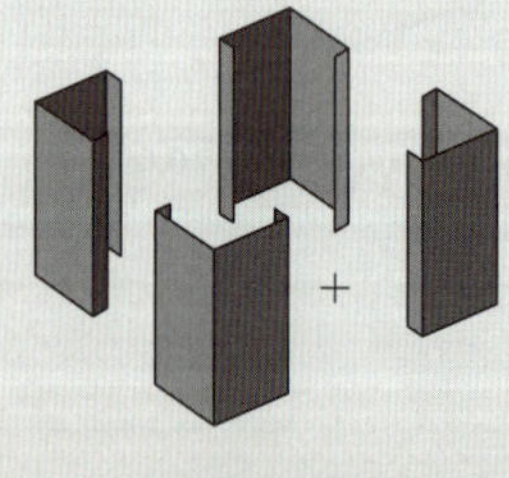

- 플레어 4면 공장용접

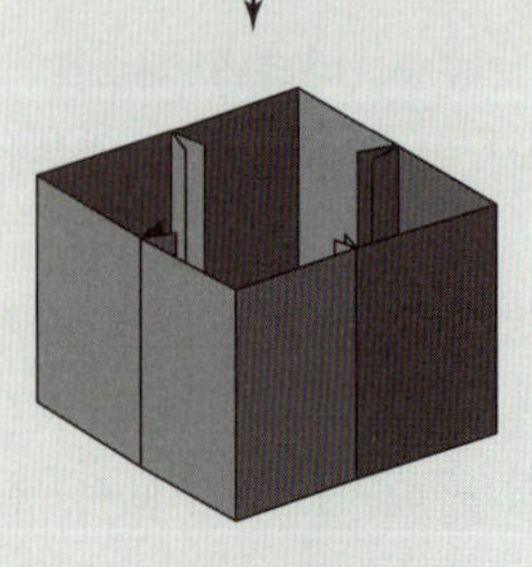

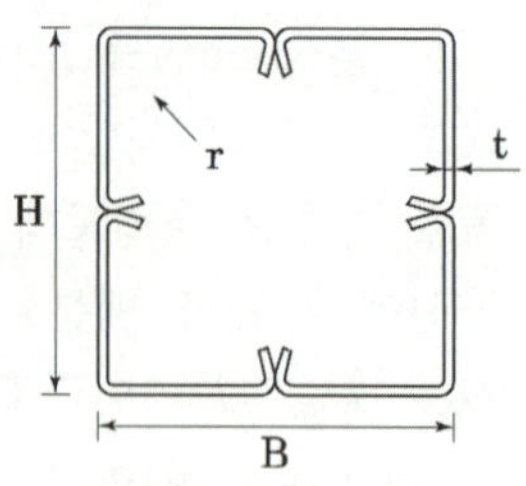

☆☆☆ 115

10	흙막이 벽체의 Arching Effect	
		유형: 현상·결함

기타용어

현상

Key Point

◩ 국가표준
- KCS 11 40 10

◩ Lay Out
- 널말뚝의 Arching Effect
- 특징

◩ 핵심 단어
- 흙막이 배면
- 변위발생부위 토압감소
- 변위 영향지점 토압증대
- 토압재분배

◩ 연관용어
- Heaving
- 침투수압

대상지반

- 실트나 점토질보다 모래에서 더 크며 느슨한 모래보다 조밀한 모래에서 더욱 크게 된다.

Ⅰ. 정 의

① 지중에 설치되는 구조물과 주변 뒤채움 토사 간의 상대적 변위에 의해 구조물에 작용하는 연직토압의 일부가 증가 또는 감소하는 현상

② 흙막이 배면의 일부 지반이 외력이 작용 시 변위가 발생한 지점은 토압이 감소하고, 변위 영향지점은 토압이 증대되는 토압 재분배 현상

③ 토류벽과 같이 변형이 발생하는 구조물에 있어서 변형하려는 부분과 안정된 지반의 접촉면 사이에 전단 저항이 생기게 되면서 전단저항은 파괴하려는 부분의 변형을 억제하기 때문에 파괴되려는 부분의 토압은 감소하게 되고 이에 인접한 부분의 토압은 증가하게 된다.

Ⅱ. 널말뚝의 Arching Effect

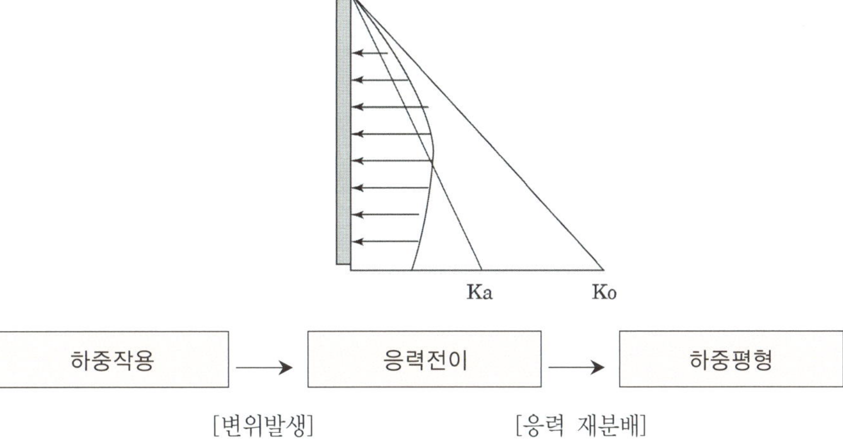

벽체 전체에 미치는 저항과 벽체 하단의 지지력이 없어질 뿐 아니라 흙막이벽과 주변 지반까지 파괴된다.

Ⅲ. 특징

① 벽체 배면의 토압 재분배로 전 토압에는 변화가 없으나, 곡선분포로 형상변화

② 변위가 일어난 부분의 토압은 감소하고, 인접지반의 토압은 증가

③ 조밀한 모래에서 더 크게 발생

④ 한번 보일링을 일으킨 지반은 지지력이 크게 떨어진다.

CHAPTER

03 기초공사

Professional Engineer

마법지

1. 기초유형

- 기초분류
- 지지방법
- 재질
- 형상

2. 기성Con'c말뚝

- 종류
- 시공
- 이음
- 지지력 판정
- 파손
- 항타 후 관리

3. 현장Con'c말뚝

- 종류
- 시공
- 시험

4. 기초의 안정

- 지반개량
- 부력
- 부동침하
- 언더피닝

★★★ 1. 기초유형

3-1	기초의 분류	
No. 148		유형: 구조 · 기준 · 항목

기초분류

기초분류

Key Point

◩ 국가표준
- KDS 11 50 05
- KDS 41 19 00

◩ Lay Out
- 기초의 구성 및 형태
- 기초의 분류

◩ 핵심 단어

◩ 연관용어
- 기초설계
- 허용지지력

Ⅰ. 정 의

① 기초(Foundation, Footing): 건축물의 최하부에서 상부구조물의 하중을 지반으로 전달하는 하부구조물

② 지정(Foundation): 기초 자체를 보강하거나 연약지반의 내력을 증진시키기 위해 지반을 다지거나 개량하는 부분

Ⅱ. 기초의 구성 및 형태

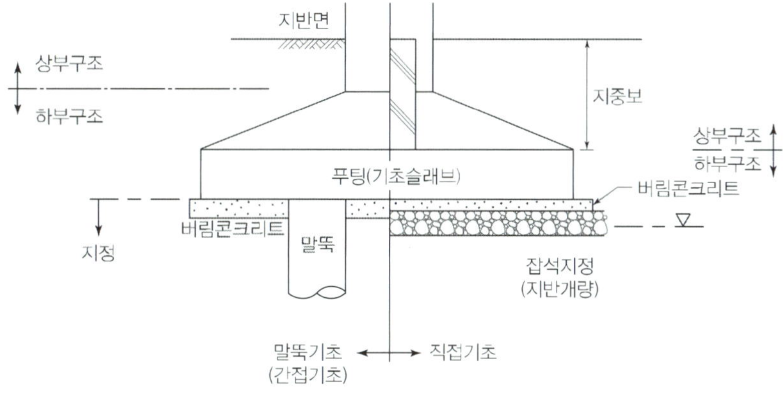

Ⅲ. 기초의 분류

구 분	종 류		
기초판 형식	독립기초, 복합기초, 연속기초, 온통기초		
기타	뜬기초- Floating Foundation(부력기초)		
지정 형식	직접기초	모래지정, 자갈지정, 잡석지정, 콘크리트지정	
	말뚝기초	기능	지지말뚝, 마찰말뚝, 다짐말뚝
		재질	나무 P, 기성 C.P, 현장 C.P, 강재 P
		방법	대구경P, P.H.C말뚝, 무용접 말뚝
		형상	선단확대말뚝, Top base(팽이말뚝)
	깊은기초	Well 공법, Caisson 공법	

기초분류

Ⅳ. 기초판 형식

1) 독립기초: Single footing, Individual footing

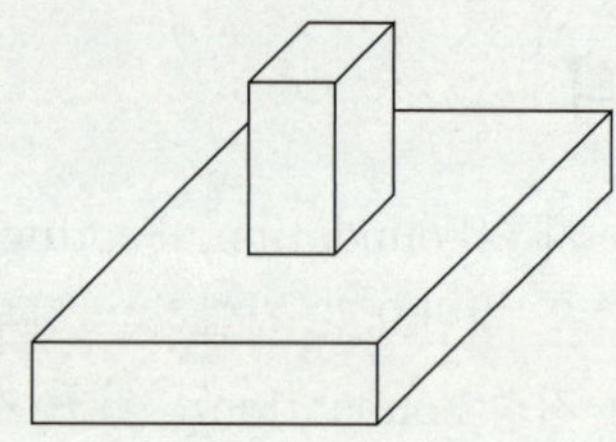

하나의 기둥을 통해 기초판으로 하중을 지지하는 기초이다.

2) 복합기초: Continuous footing

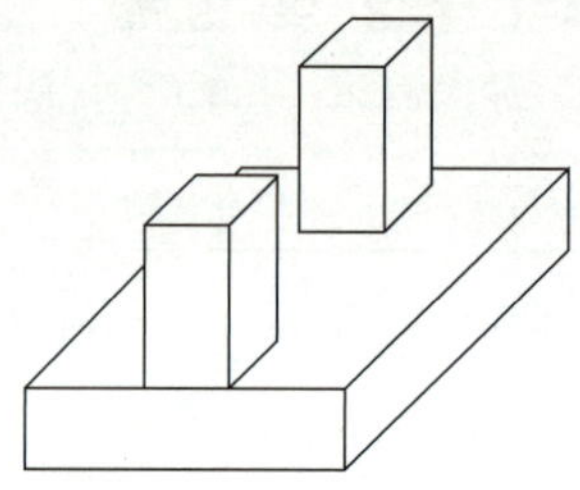

2개 이상의 기둥으로부터의 하중을 하나의 기초판을 통하여 지반으로 전달하는 구조체

3) 연속(줄)기초: Continuous footing

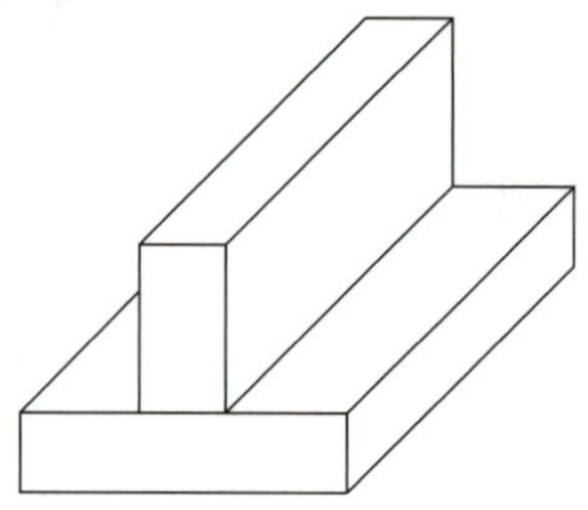

벽 아래를 따라 또는 일련의 기둥을 묶어 띠모양으로 설치하는 기초의 저판에 의하여 상부 구조로부터 받는 하중을 지반에 전달하는 형식의 기초

4) 온통(전면)기초: Mat foundation

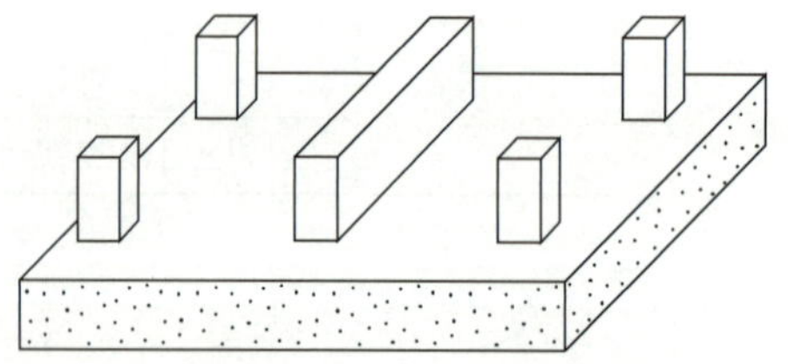

구조물의 기둥이나 벽체 전부를 기초판 전면으로 하중을 지지하는 기초

기초분류

V. 지정형식- 직접기초

1) 모래지정: sandy foundation

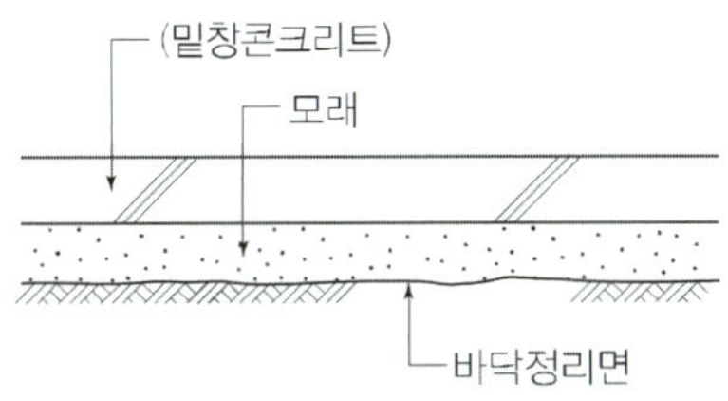

기초 바닥면(기초저면)에서 1~2m 이내에 경질지반이 있으나 그 상부로는 연약지반인 경우, 연약지반을 모래로 치환한 후 30cm 정도마다 물다짐 하는 방법

2) 자갈지정: gravel foundation

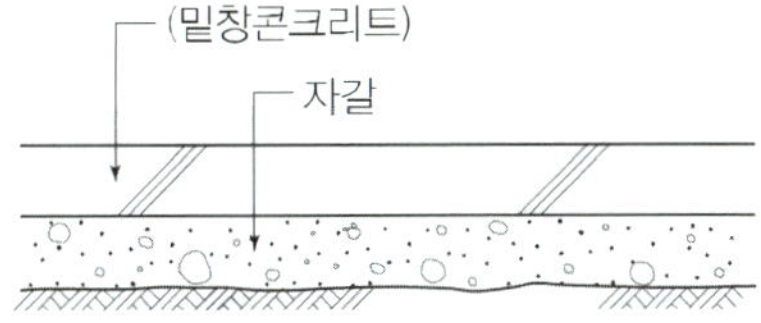

기초저면에 자갈을 깔고 래머(rammer), 바이브로 래머(vibro rammer) 등으로 다지는 방법

3) 잡석지정: broken stone foundation

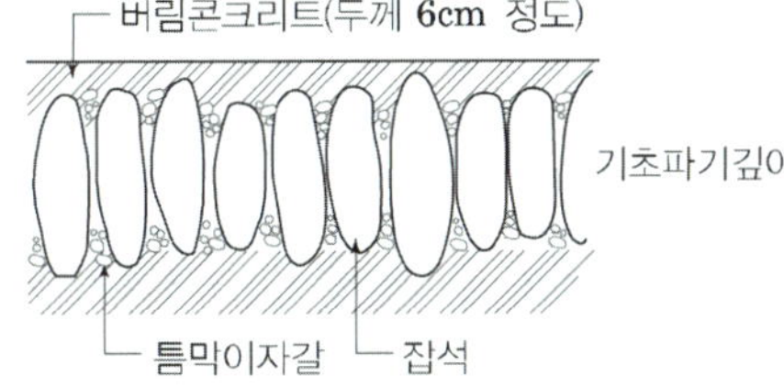

기초파기를 한 밑바닥에 크기 120~1200mm 정도의 잡석을 깔고 틈막이 자갈을 채워 넣고 가장 자리로부터 중앙부를 다지는 지정

4) 밑창콘크리트지정: mud concrete

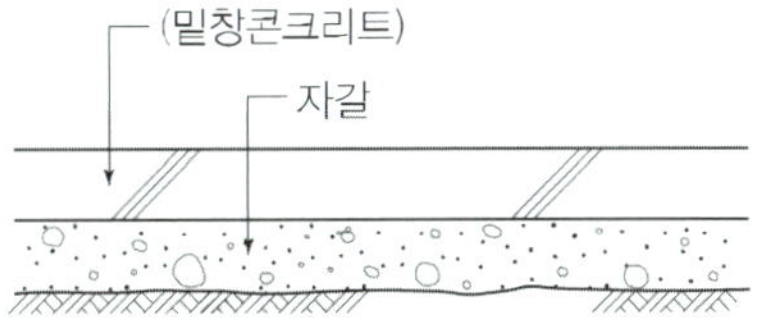

자갈지정, 잡석지정 등의 위에 기초상부 먹매김 등을 하기 위하여 최소두께 60mm 정도의 밑창 Con'c를 하는 것

버림(밑창)콘크리트 135

- 밑창 콘크리트의 품질은 공사시방에 따른다. 이 시방서에서 별도로 정한 바가 없는 경우는 설계기준 강도 15MPa 이상의 것을 사용해야 한다.
- 재령28일 압축강도 16MPa 이상, 공기량 4.5±1.5%, 슬럼프 80±25mm, 굵은골재 최대치수 25mm 이하

☆★★ 1. 기초유형 74.83.90

3-2	Floating Foundation	
No. 149	부력기초, 뗏목기초	유형: 구조 · 기준

기초분류

기초분류

Key Point

◪ 국가표준

◪ Lay Out
- 구조원리
- 종류
- 설계 시 검토사항

◪ 핵심 단어
- What: 연약지반
- Why: 건물의 안정이 유지
- How: 흙파기한 중량과 구조물의 중량이 균형을 이루도록

◪ 연관용어
- 부동침하

개념도

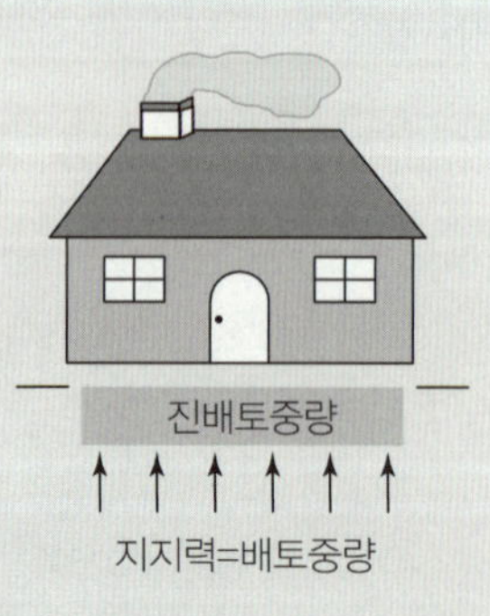

Ⅰ. 정 의

① 연약지반에 구조물을 축조하는 경우, 흙파기한 흙의 중량과 구조물의 중량이 균형을 이루어 건물의 안정을 유지하는 기초

② 연약한 지반에서 건물의 무게를 넓은 범위로 분산시키는 방법과 건물의 무게를 지반을 파낸 흙의 중량 이하로 하여 배를 띄우는 원리와 같이 건물을 띄우는 2가지 방법이 있다.

Ⅱ. 구조원리 - 하중분산 및 Balance유지

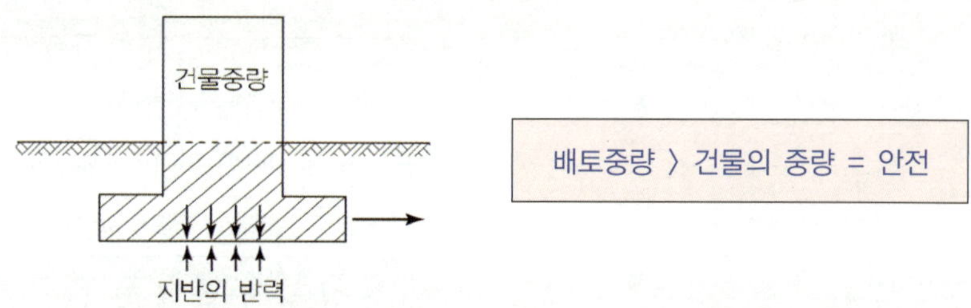

굴착한 흙의 중량 이하의 건물을 축조할 경우, 이론적으로는 침하나 지지력 부족현상이 일어나지 않는다.

Ⅲ. 종류

1) 뗏목기초

건물의 중량을 넓은 범위로 분산시키기 위해 기초밑에 통나무 · 파이프 등을 정자(井字)형태의 뗏목을 짜서 기초를 설치하는 방법

2) 배토중량과 Balance 유지

연약지반에서 기초판을 깊게 하여 건물의 자중 부분에 상당한 배토 중량을 건물 자중보다 크게 하여 건물의 침하를 억제토록 하는 방법

Ⅳ. 설계 시 검토사항

① 흙의 단위 체적 및 무게의 검토

② 구조물의 하중을 균등화한다.

③ 하중의 분포와 Balance를 배려하여 기초저면의 접지압의 분포를 같게 한다.

④ 잔류침하에 의한 부등침하에 대응할 수 있도록 구조물의 강성을 높인다.

기초분류

지지방법

Key Point

- 국가표준
- Lay Out
  - 하중전달 및 지지 원리
  - 특징비교
- 핵심 단어
  - 지지력이 좋은 경질지반
  - 주면마찰력
  - 선단지지력
- 연관용어
  - 허용지지력
  - 다짐말뚝

☆★★ 1. 기초유형

3-3	마찰말뚝과 지지말뚝	
No. 150	friction pile & end bearing pile	유형: 구조 · 기준 · 기능

I. 정 의

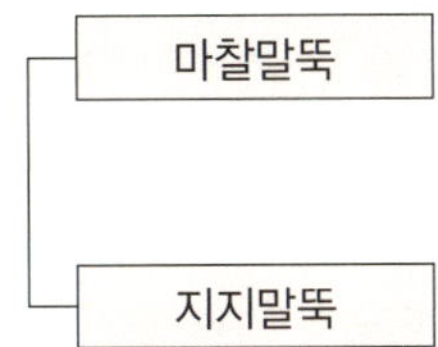

- 연약한 지층이 깊어 지지력이 좋은 경질지반에 말뚝을 도달 시킬 수 없을 때 말뚝 전길이의 주면마찰력에 의해 지지하는 말뚝
- 말뚝을 연약한 지층을 관통하여 지지력이 좋은 경질지반에 도달시켜 상부 구조의 하중을 말뚝의 선단지지력에 의해 지지하는 말뚝

II. 하중전달 및 지지 원리

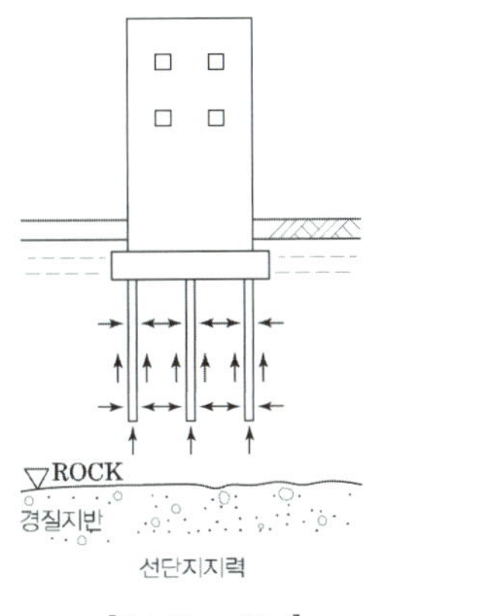

[Friction Pile]

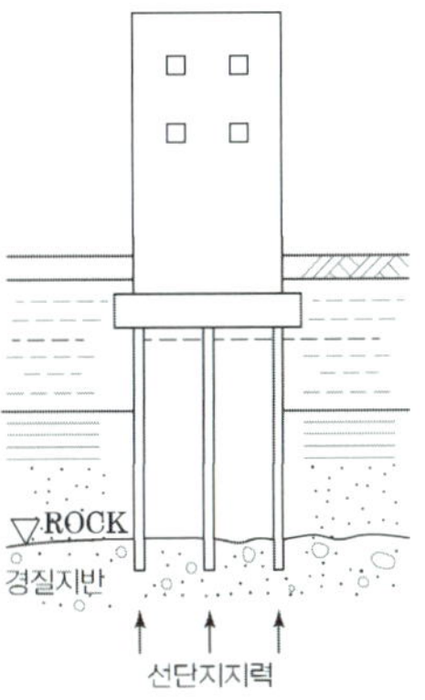

[End Bearing Pile]

III. 특징비교

구 분	마찰말뚝	지지말뚝
지지력	• Pile 주면마찰력	• Pile 선단지지력
시공성	• 지층에 따라 영향이 크다.	• 양호
경제성	• 타격공법보다 비용이 늘어나지만 현장 타설공법 보다는 비용절감	• 타격공법일 때 저렴하지만 현장 타설 말뚝은 비용증가
공기	• 지지층이 깊어 이음공법 적용시 공기지연	• 타격공법일 때 시공속도 빠르지만 현장타설 말뚝은 공기지연
부마찰력	• 발생하지 않음	• 발생

기초분류

지지방법

Key Point

- 국가표준

- Lay Out
  - 지반의 거동비교
  - 특징

- 핵심 단어
  - What: 배토 비배토
  - Why: 인접지반의 변위
  - How: 타입 시 매입 시

- 연관용어
  - 허용지지력
  - 다짐말뚝
  - 타입말뚝
  - 매입말뚝

☆☆★ 1. 기초유형

3-4	변위말뚝과 비변위말뚝: 배토말뚝과 비배토말뚝	
No. 151	Displacement pile, Nondisplacement pile	유형: 효과 · 방식

Ⅰ. 정 의

① 타입말뚝으로 시공 시 지반토가 배토되지 않고 밀려서 인접지반의 변위가 큰 것이 변위말뚝이다. 말뚝시공 시 흙을 횡방향으로 이동시키므로 변위말뚝이라 하며, 흙을 배토하지 않는 비배토말뚝이다.

② Preboring한 다음 지반토를 배출하여 인접지반의 변위가 적은 것이 비변위말뚝이다. 말뚝을 시공하더라도 흙의 응력상태에 변화가 거의 일어나지 않으므로 비변위말뚝이라 하며, 흙을 배토하는 배토말뚝이다.

Ⅱ. 지반의 거동비교

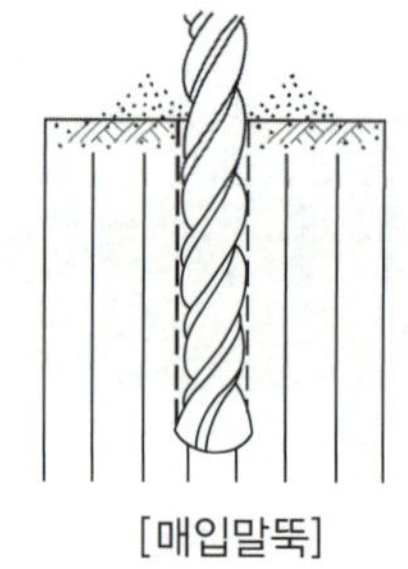

[매입말뚝]

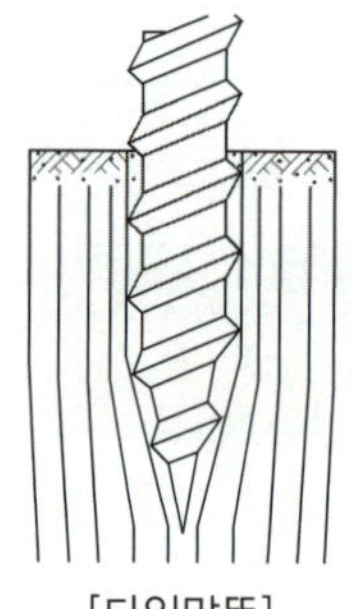

[타입말뚝]

Ⅲ. 특징

1) 비배토말뚝 – 타입말뚝

사용재료	특징
• 목재말뚝	• 지반다짐 효과가 크다. • 말뚝 주면 교란영역이 발생 • 시공과정에서 건설공해가 발생 • 제작된 말뚝 타입으로 시공속도는 빠르다. • 시공이 간단하고 공사비가 비교적 저렴하다.
• 강관폐단말뚝	
• 콘크리트말뚝	

2) 배토말뚝 – 매입말뚝

사용재료	특징
• SIP공법	• 말뚝 주면 교란이 적다. • 지지층확인이 가능하다. • 시공간 건설공해발생이 적다. • 지반다짐효과는 없다. • 깊은 심도까지 시공이 가능하고 시공말뚝 개수를 줄일 수 있다.
• 중공굴착말뚝공법	
• 현장타설 말뚝	

☆★★ 1. 기초유형

3-5	Slip Layer Pile	
No. 152		유형: 공법 · 재료 · 기능

기초분류

지지방법

Key Point

◪ 국가표준

◪ Lay Out
- SL Pile의 구조 및 부마찰력 저감원리
- 구성요소 및 기능
- 부마찰력 설계 적용 시 제외대상

◪ 핵심 단어
- What: 중립점 상부말뚝에
- Why: 부마찰력을 저감
- How: 역청재를 도포하여 미끄럼층을 형성

◪ 연관용어
- 부마찰력

Ⅰ. 정 의

① 부마찰력이 발생되는 중립점 상부말뚝에 역청재(SL Compound)를 도포하여 Pile과 지반 사이에 미끄럼층(Slip Layer)이 형성되어 부마찰력을 저감시키는 Pile공법

② 지반침하 시에도 말뚝에는 마찰력에 걸리지 않도록 하는 공법으로서 부마찰력이 80~90%나 감소시킬 수 있는 공법

Ⅱ. SL Pile의 구조 및 부마찰력 저감원리(전단저항 감소)

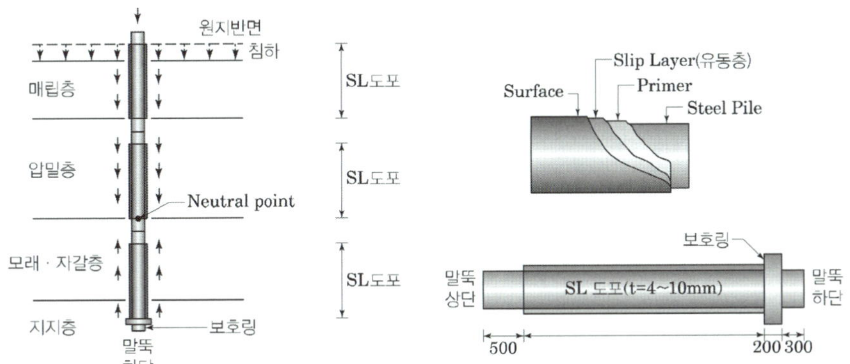

• SL Compound층은 탄성적 거동을 하나, 시공 후 점성체가 되어 전단저항을 감소시킨다.

Ⅲ. 구성요소 및 기능

구성요소	기능
• Primer	• Pile과 활동층의 접착성 형성
• Slip Layer(유동층)	• 미끄럼층으로서 부마찰력 저감
• Surface층	• 보관 시 미끄럼층의 유동변형 방지
• 보호링(Protecive Ring)	• 항타 시 SL 도포층 보호

Ⅳ. 부마찰력 설계 적용 시 제외대상

① 압밀침하 대상 토층의 두께가 15m 이하인 경우

② 지반 침하가 정지된 경우

③ 지반토층 분포양상이 비교적 균일하며 지반침하량이 계속적으로 감소하더라도 침하속도가 2cm/년 이하인 경우

④ 향후 지하수 양수작업 등을 하더라도 지반 침하를 고려하지 않아도 될 경우

[SL Compound 도포]

★★★ 1. 기초유형 96

3-6	파일의 시간경과 효과	
No. 153	Time Effect	유형: 현상 · 변화 · 반응

기초분류

지지력

Key Point

◩ 국가표준
- KDS 11 50 15

◩ Lay Out
- 말뚝 지지력의 시간경과 효과
- 전단강도 및 지지력 증가 Mechanism
- 시간경과 효과의 적용을 통한 예측 및 시공관리

◩ 핵심 단어
- 시간경과에 따라 변화

◩ 연관용어
- 지지력 판정
- 말뚝재하 시험
- 부동침하

토질별 지반변화

- 점성토
  - 말뚝선단부근에서는 구형압력구근(spherical pressure bulb)이 형성되며 말뚝주면부에서는 원통형 공동 확장(cylindrical cavity expansion)과 유사한 지반거동을 유발하며, 과잉간극수압(excess pore water pressure)과 압밀현상 발생 후 시간이 경과함에 따라 유효응력 증대
- 사질토
  - 말뚝이 관입되면 다짐효과로 인하여 흙입자의 재배치(rearrangement), 상대밀도 변화 또는 입자압쇄 등이 발생하며, 말뚝주위에 원지반 상태보다 상대밀도 값이 높은 지반조건이 형성

Ⅰ. 정 의

① 말뚝이 타입된 이후부터 말뚝주변의 지반조건은 시간경과에 따라 변화하게 되며, 말뚝의 지지력도 시간이 경과함에 따라 변화하게 되는 현상

② 현상분류

- Set Up: 항타 후 시간경과에 따라 말뚝의 지지력이 증가
- Relaxtion: 시간경과에 따라 말뚝의 지지력이 감소

Ⅱ. 말뚝 지지력의 시간경과 효과

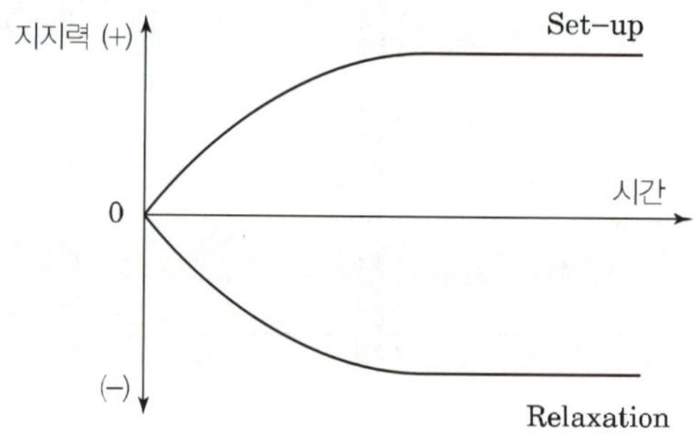

Ⅲ. 전단강도 및 지지력 증가 Mechanism

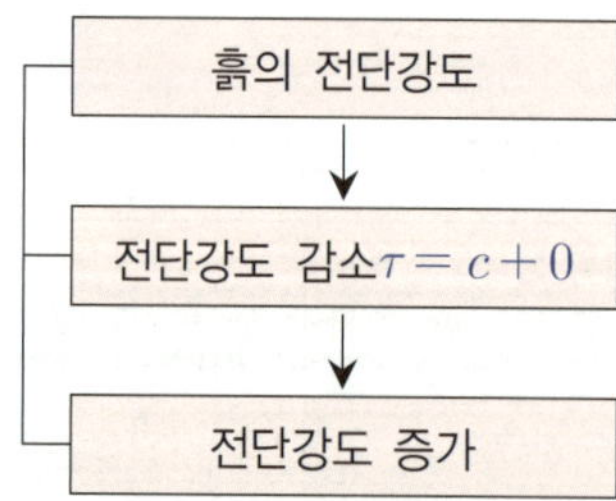

• 항타 진동에 의한 간극수압 상승

• 시간경과에 따른 간극수압 소산으로 유효응력 증가

• $\tau = c + (\sigma - u) \cdot \tan\phi$

여기서, σ' 유효응력 $= \sigma$(전응력) $- u$(간극수압)

Ⅳ. 시간경과 효과의 적용을 통한 예측 및 시공관리

① 시항타 실시 후 일정시간이 지나면 재항타 동재하 시험을 실시하여 시간경과 효과 확인

② Set Up를 고려하여 말뚝을 설계하고 불필요한 과잉설계를 방지한다. (단, 현재의 기술력으로 예측방안의 활용이 곤란하다.)

기초분류

지지력

Key Point

◩ 국가표준

◩ Lay Out
- 정마찰력과 부마찰력의 개념
- 부마찰력 발생 조건 및 원인

◩ 핵심 단어
- 하향의 주면 마찰력

◩ 연관용어
- Slip Layer Pile
- 부동침하

중립점(Neutral Point)

말뚝의 침하량과 주면지반의 침하량이 같은 지점으로써 부마찰력이 정마찰력으로 변화하게 되며, 말뚝의 압축력이 최대가 되는 지점

• 중립점 깊이(L)
(n: 지반에 따른 계수, H:침하층의 두께)
- 마찰말뚝: n=0.8
- 보통모래, 자갈층: n=0.9
- 굳은지반, 암반: n:1.0

★★★ 1. 기초유형 65.71.77.85.91.94.130

3-7	파일의 부마찰력	
No. 154	Negative Skin Friction	유형: 현상 · 변화

Ⅰ. 정 의

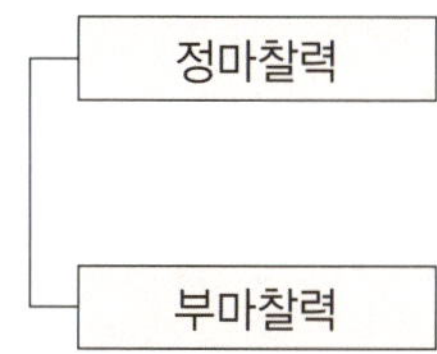

• 건물중량에 의한 Pile에는 압축변형이 발생하지만 Pile 주면 지반에는 변형이 생기지 않은 상태에서 Pile을 침하하게 하지 않으려는 상향의 주면 마찰력

• 연약지반에서 Pile의 침하량 보다 주면 지반의 침하량이 클 경우 Pile 주면 지반이 말뚝을 끌고 내려가려는 하향의 주면 마찰력

Ⅱ. 정마찰력과 부마찰력의 개념

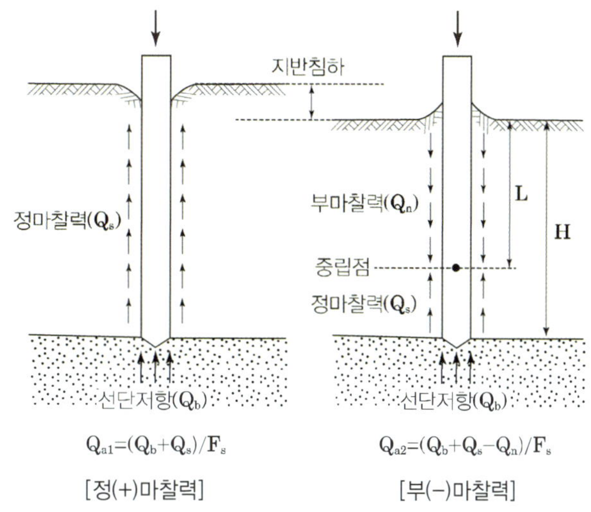

Q_{a1}, Q_{a2} : 정마찰력, 부마찰력 상태의 허용지지력, F_s : 안전율

Ⅲ. 부마찰력 발생 조건 및 원인

정성적 평가	정량적 평가
• 연약지반 상부에 N값≤6 점성토층 또는 실트층 존재	• 지표면의 총 침하량이 100mm 이상 예상될 경우
• 점성토 지반 지하수위 아래에서 물이 천천히 빠져나가면서 1차 압밀	• 항타 후 지면 침하량이 10mm 이상 예상될 경우
• 유기질 점성토에서 흙입자에 포함된 유기물이 부패되어 소실된 공간에서 2차 압밀 발생	• 연약층의 두께가 10m 이상일 경우
• 연약 압밀층에 말뚝을 항타한 인근에서 지하수위 저하공법을 적용한 경우	• 지하수위 저하가 4m 이상일 경우
• 연약 압밀층에 말뚝을 항타함으로서 과잉 간극수압의 발생 및 소산	• 말뚝의 길이가 25m보다 길 경우

Ⅳ. 부마찰력 방지대책

1) 말뚝 지지력 증가방법
   ① 말뚝선단 면적 및 강도 증가
   ② 본수 증가
   ③ 근입 깊이 증가
2) 부주면 마찰력 저감
   ① 이중관 말뚝사용 - Casing이 부주면 마찰력을 받도록 함
   ② Slip Layer 말뚝 - 역청재 도포에 의해 부마찰력을 80%이상 저감
   ③ 군말뚝 적용 - 군효과에 의한 부주면 마찰력 저감
3) 설계변경
   ① 마찰 말뚝 설계
   ② 군말뚝으로 설계 - 군효과에 의한 부주면 마찰력 저감

기초분류

재질상

Key Point

◩ 국가표준
- KCS 11 50 10
- KCS 11 50 15

◩ Lay Out
- 파일의 재질상 종류 및 간격

◩ 핵심 단어

◩ 연관용어

☆☆☆ 1. 기초유형 108

3-8	기초에 사용되는 파일의 재질상 종류 및 간격	
No. 155		유형: 분류 · 항목

Ⅰ. 개 요

① 기초(Foundation, Footing)의 종류는 직접기초, 말뚝기초, 깊은기초로 분류되며, 말뚝기초는 기능과 재료로 분류된다.
② 재질상 종류: 나무말뚝, 기성콘크리트말뚝, 현장타설말뚝, 강재말뚝

Ⅱ. 파일의 재질상 종류 및 간격

구분	특징 및 말뚝 중심간 최소거리(L)의 기준
나무말뚝	• 지지력: 5~10t • 간격: 2.5D 이상 • 특징: 재료의 불균등
기성Con'c 말뚝	• 지지력 50ton 이상 • 간격: 타입말뚝 2.5D 이상, 매입말뚝 2.0D 이상 • 특징: 두부파손 및 전석층 시공어려움
현장Con'c 말뚝	• 지지력 1000ton 이상 • 간격: 2.0D 및 D+1m 이상 • 특징: 시공속도 저하 및 Plant시설 필요
강말뚝	• 지지력 100ton 이상 • 간격: 2.5D 이상 • 특징: 부식 및 부마찰력 대책필요

- 수평하중이 큰 경우: 강말뚝, 합성말뚝
- 수직하중이 큰 경우: 콘크리트 말뚝

☆☆☆ 1. 기초유형

3-9	PHC 말뚝	
No. 156	pretensioned spun high strength concrete piles	유형: 재료 · 자재

기초분류

재질상

Key Point

- 국가표준
  - KS F 4306
- Lay Out
  - 모양
  - 형상
  - PHC 강재
- 핵심 단어
  - 프리텐션 방식
  - 고강도
- 연관용어
  - 합성말뚝

양생 시 압축강도

- 고온 고압증기양생
  - A종: 29.4MPa
  - B종: 39.2MPa
  - C종: 39.2MPa
- 상압 고압증기양생
  - A종: 58.8MPa
  - B종: 58.8MPa
  - C종: 58.8MPa
- 구분
  - A종: 3.92MPa

  - B종: 7.85MPa

  - C종: 9.81MPa

Ⅰ. 개 요

① 원심력을 응용하여 만든 콘크리트의 압축 강도가 78.5MPa(=N/mm^2) 이상의 프리텐션 방식에 의한 고강도 콘크리트 말뚝

② 정식 명칭은 '프리텐션방식 원심력 고강도 콘크리트 말뚝 (Pretensioned Spun High Strength Concrete Piles)'으로서 KS F 4306에 규정

Ⅱ. 모양

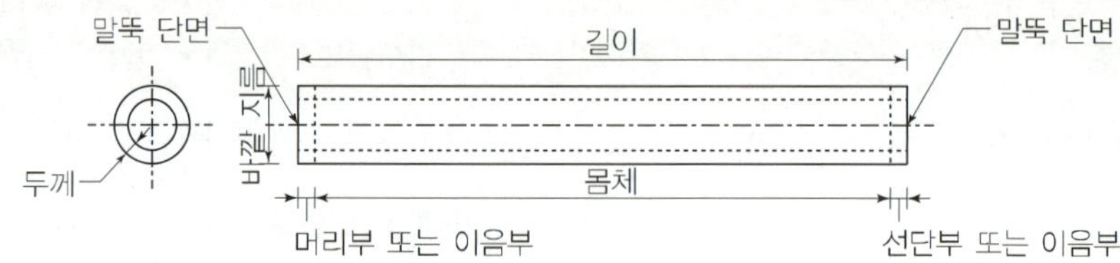

- 선단부, 이음부 및 머리부는 PHC말뚝의 길이에 포함된다.
- 선단부에는 폐쇄형, 개방형 등이 있다.

Ⅲ. 형상

구분		내용
바깥 지름		• 300mm, 350mm, 400mm, 450mm, 500mm, 600mm, 700mm, 800mm, 900mm, 1,000mm, 1,100mm, 1,200mm
유효 프리스트레스	A종	• 3.92MPa(=N/mm^2)
	B종	• 7.85MPa
	C종	• 9.81MPa

- Prestress의 계산 값은 ±5% 범위로 한다.

Ⅳ. PHC 강재

구분	내용
PC강재	• KS D 3505 • KS D 7049 • KS D 7002에 규정하는 강선
철근	• KS D 3504 • KS D 3510 • KS D 3527 • KS D 3552에 규정하는 보통 철선(SWM-B 및 SWM-F) 또는 용접 철망용 철선(SWM-P)

기초분류

재질상

Key Point

◪ 국가표준
- KS F 4602

◪ Lay Out
- 강관말뚝의 특징
- 형상
- 유의사항

◪ 핵심 단어
- 강재
- 단면형상

◪ 연관용어
- 합성말뚝

강관말뚝

- 신규말뚝으로 이음하는 경우 이음부분의 길이가 3.0m 이상 이어야 하며 이은 말뚝은 길이가 긴 부분이 말뚝의 끝단(머리)이 되게 타입하여야 하고, 시공 중 또는 시공 후 말뚝머리에서 이음이 필요한 경우에는 1.0m 이상의 말뚝으로 이음할 수 있다.
- 타입후 지상에 돌출된 잉여말뚝을 산소로 절단한 재생말뚝(또는 재생 재사용 강관말뚝)으로 이음하는 경우, 이음길이가 5.0m 이상이어야 한다.
- 타입하지 않은 잉여말뚝을 절단하여 긴 말뚝에 용접하는 짧은 말뚝의 이음부분 길이(신규말뚝 또는 잉여 재사용 강관말뚝)는 3.0m 이상이어야 한다.

☆☆★ 1. 기초유형

3-10	강관말뚝(Steel Pipe Pile)	
No. 157		유형: 재료 · 공법

Ⅰ. 정 의

① 말뚝의 재질이 강재로 이루어져 있고 말뚝의 단면형상에 의해 분류된다.

② 단단한 지지층(N=50)에 깊게 관입 할 수 있고 지지력이 크지만, 부식의 위험이 있다.

Ⅱ. 강관말뚝의 특징

① 높은 강도 및 깊은 관입 가능

② 압축 인장 모두 강하며, 수평하중 충격에 강함

③ 용접이음으로 모재와 동일강도 확보

Ⅲ. 형상

① 강관말뚝(Steel pipe pile, KS F 4602)

② 강널말뚝(steel sheet pile, 열간압연강 널말뚝, KS F 4604)

③ H-형강말뚝(H-section steel pile, KS F 4603)

④ I-형강말뚝(I-section steel pile)

Ⅳ. 유의사항

1) 파손방지

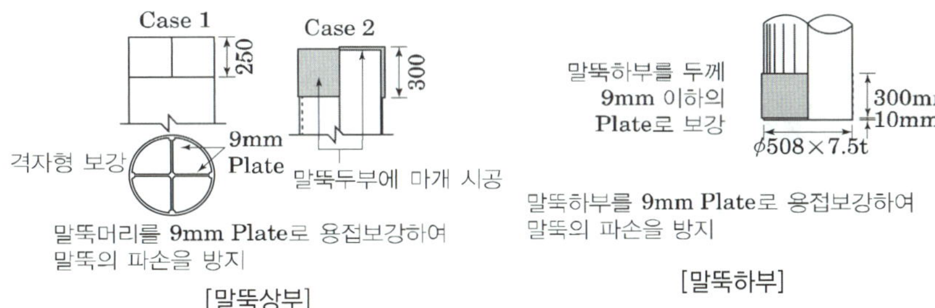

2) 부식

① 부식 예상두께(0.02mm/년)를 감안하여 미리 두께를 증가

② 콜타르와 수지계로 강력한 도장피막을 형성

3) Negative Friction

점성토 다짐지반이나 연약지반의 경우 부주면 마찰력에 주의

4) 용접

① 용접 전 Wire Brush로 오물제거

② 용접 후 Slag 제거

③ 5℃ 이하의 경우 용접을 삼가

☆☆☆ 1. 기초유형 109

3-11	복합파일(Steel & PHC Composite Pile)	
No. 158	합성파일	유형: 재료 · 부재 · 공법

기초분류

재질상

Key Point

- 국가표준
- Lay Out
  - 결합부 개념도
  - 특징
- 핵심 단어
  - 모멘트와 전단력에 저항
  - 축하중 지지
  - 강관파일 PHC파일
- 연관용어
  - 강관파일
  - PHC파일

Ⅰ. 정 의

① 지반 상부는 모멘트와 전단력에 저항할 수 있는 강관Pile을, 지반하부는 축하중 저항에 유리한 PHC Pile을 연결하여 제작 · 시공하는 말뚝

② 강관말뚝의 장점과 콘크리트말뚝의 장점만을 발췌하여 말뚝의 효율을 극대화시킨 공법

Ⅱ. 결합부 개념도

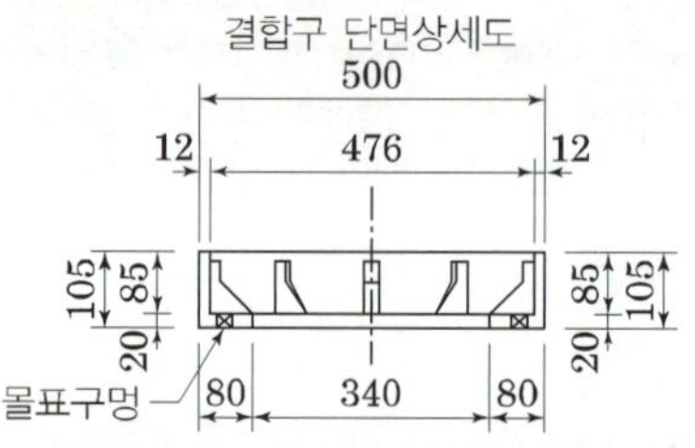

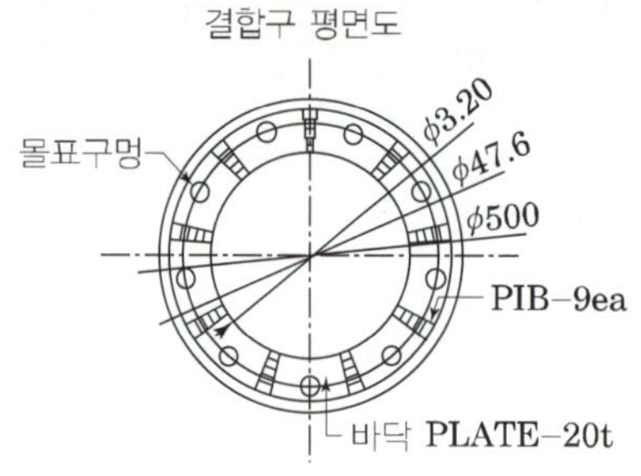

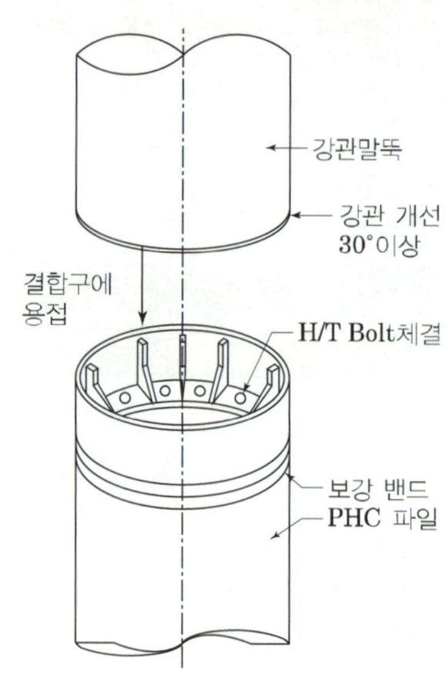

Ⅲ. 특징

1) 구조적 안정성

① 선단부 폐색효과 개선

② 상부는 수평력에 강한 강관말뚝, 하부는 충분한 지지력 확보가 가능한 PHC말뚝을 사용하여 구조적 안전성 확보

2) 이음부 안정성

콘크리트 단면응력 집중 최소화

3) 경제성

용접작업의 단순화

4) 품질

시공품질 지지력, 건전성 확보

☆★★ 1. 기초유형 96

3-12	선단확대 말뚝, Head확장형 Pile	
No. 159	Base Enlarged Pile	유형: 공법 · 재료 · 기능

기초분류

형상별

Key Point

◩ 국가표준
- KDS 11 50 20
- KCS 11 50 10

◩ Lay Out
- 선단지지력 증대원리
- 열림방향에 따른 선단 확대 시공방식
- 시공 시 유의사항

◩ 핵심 단어
- What: 말뚝선단부의 단면을 확대시켜
- Why: 지지력 향상
- How: 지지지반과 접하는 면적을 넓게 만드는

◩ 연관용어
- 부동침하
- PDT말뚝
- EXT말뚝

기성: EXT-Pile

파일선단부에 말뚝직경보다 25mm 큰 보강판을 용접하여 선단부 면적을 확대시킨 기성 Concrete 선단확대말뚝

[확대 보강판]

[용접식]

Ⅰ. 정 의

① 지지력 향상을 위하여 말뚝선단부의 단면을 확대시켜 지지지반과 접하는 면적을 넓게 만드는 현장 및 기성Concrete 말뚝

② 말뚝의 지지력 증대, 말뚝수량 및 길이 절감, 침하량 감소, 공기 단축 및 공사비 절감이 가능하다.

Ⅱ. 선단지지력 증대원리

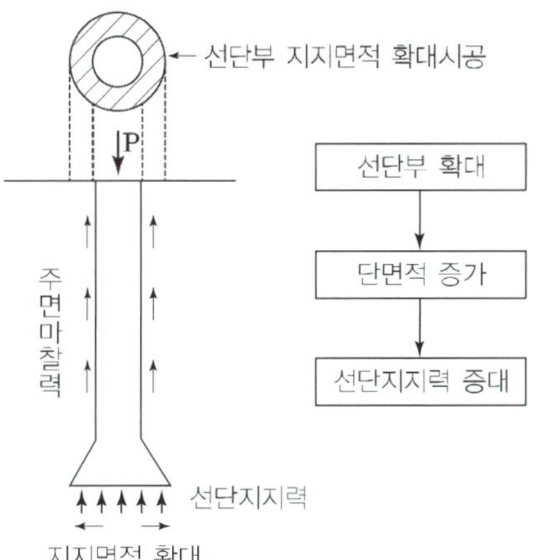

[지지면적 확대에 의한 선단지지력 증대효과]

Ⅲ. 열림방향에 따른 선단확대 시공방식-현장타설 식

1) 위열림 방식

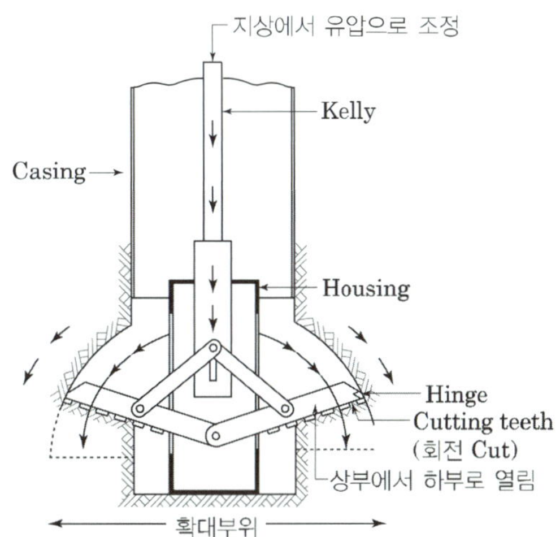

• 우산을 거꾸로 한 형상으로 열리는 방식으로서, 지지층까지 굴착 후 상부에서 유압으로 조작하여 위에서 아래로 열리는 개폐방식이다.

기초분류

[Bolt식]

① 확장판 준비

② 말뚝 선단에 확장판 조립

③ 체결볼트로 체결

허용오차

- 지면에서 잰 중심위치의 변동: 75mm 미만
- 바닥면 지름: 0mm~ 150mm
- 수직축의 변동: 1/40 미만
- 바닥표고 변동: ±50mm 미만

2) 아래열림 방식

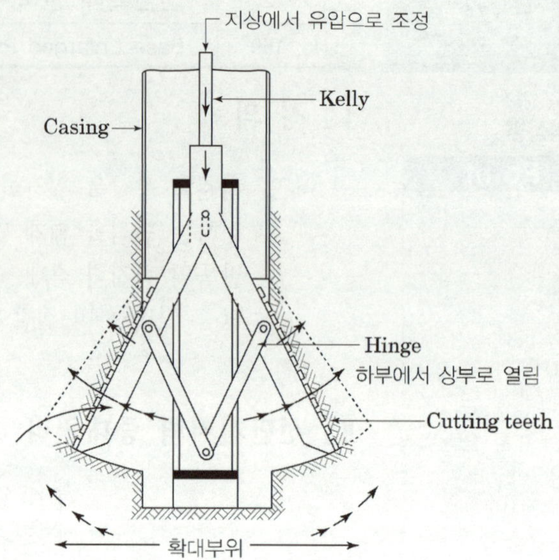

- 우산을 쓰는 형상으로 열리는 방식으로서 상부에서 유압으로 조작하여 위에서 아래로 열리는 개폐방식이다.

Ⅳ. 시공 시 유의사항

1) 주면마찰력을 계산할 때 고려하지 않는 부분

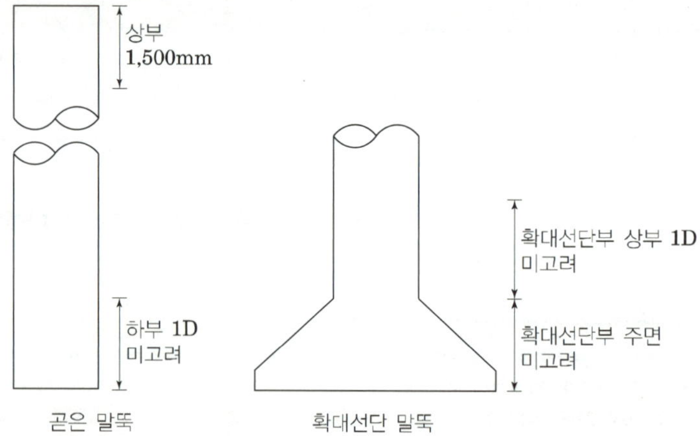

① 확대선단말뚝에서 확대선단부의 주면
② 확대선단말뚝에서 확대선단부의 상단에서 위로 말뚝지름만큼
③ 확대선단부는 무근 콘크리트에 과도한 응력이 발생하지 않도록 설계
④ 확대선단부는 연직선에 대하여 30° 이하의 각도로 경사지게 하고, 바닥면의 지름은 말뚝지름의 3배를 넘지 않도록 한다.
⑤ 확대선단부의 바닥 가장자리 두께는 150mm 이상

★★★ 1. 기초유형 102

3-13	Top Base Pile공법	
No. 160	팽이말뚝	유형: 공법 · 재료 · 기능

기초분류

형상별

Key Point

◪ 국가표준

◪ Lay Out
- 지지력 증대원리 및 역학적 특성
- 제작 및 시공방식 비교
- 시공순서

◪ 핵심 단어
- What: 팽이형 말뚝을 지반에 압입 설치
- Why: 기초를 형성
- How: 말뚝간 공간을 쇄석으로 채우고 콘크리트 타설

◪ 연관용어
- 형상별 말뚝
- 내진 · 액상화 방지
- 선단확대 말뚝

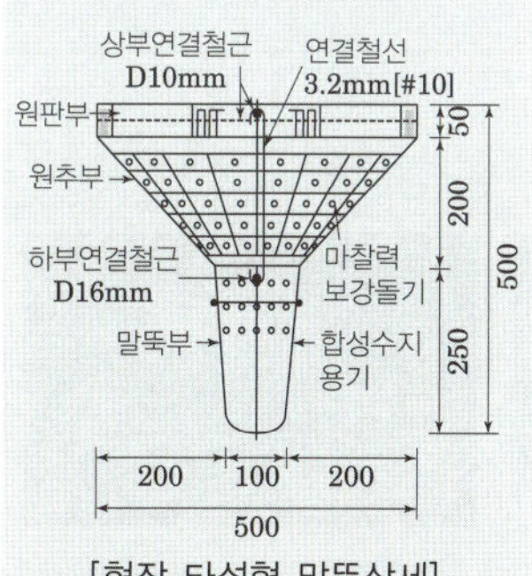

[현장 타설형 말뚝상세]

[공장 제작형 말뚝]

Ⅰ. 정 의

① 짧은 팽이형 말뚝을 지반에 연속압입 설치하고, 말뚝간 공간을 쇄석으로 채우고 진동다짐 후 상부연결 철근을 결속하여 Concrete를 부어 넣어 기초를 형성하는 공법

② 연약지반위의 쇄석층에 팽이말뚝의 원추부가 방석처럼 자리하고 그 아래 지반지층에 팽이말뚝의 말뚝부가 촘촘히 박혀있는 형태로 되어 있으며, 팽이말뚝의 아래와 위쪽은 철근으로 붙잡아 매었으므로 유연성이 있는 강성지반구조로 된다.

Ⅱ. 지지력 증대원리 및 역학적 특성 - 응력분산

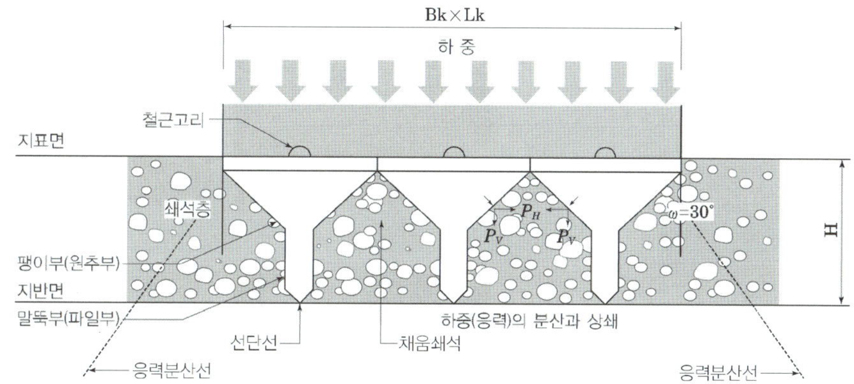

- 팽이말뚝 원추부의 45° 접지면 때문에 연직 재하하중이 수평분력(P_H)와 수직분력(P_V)의 응력으로 분산 및 상쇄되면서 침하량 저감

1) 측방유동(側方流動)의 억제(抑制)
   ① 측방유동: 상재하중에 의하여 토사가 횡방향으로 유동하려는 성질
   ② 팽이기초의 가장 특징적이고 효과적인 Mechanism
   ③ 간극 수압의 측정결과에서 확인
   ④ 일차원적인 침하에서 그치게 함

2) 접지면적 증대
   ① 단순 계산으로도 약 1.5배의 접지면적 증가 효과
   ② 기초저면적을 확대하지 않고도 1.5배 확대한 효과

3) 응력분산 및 상쇄
   ① 재하하중이 기초에서 팽이파일로 전달
   ② 응력이 다시 팽이파일에서 쇄석으로 전달
   ③ 팽이파일이 쇄석을 구속 압축

4) 즉시침하 및 장기 압밀침하의 억제
   실내모형실험, 현장장기침하시험, 수치해석에서 동일한 결과

기초분류

Ⅲ. 제작 및 시공방식 비교

구분	공장 제작형	현장 타설형
제조공정	• 팽이파일 몰드 대량생산화	• 용기형 플라스틱 몰드 제작
시공방법	• 위치철근 설치 • 팽이파일 근입 • 쇄석채움 및 다짐 • 연결철근 설치	• 하부쇄석치환 후 위치철근 설치 • 플라스틱 용기 설치 • 레미콘타설, 철근고리삽입 • 양생 및 쇄석채움 다짐 • 연결철근 설치 후 현장타설
시공성	• 쇄석채움 및 다짐 우수 • 팽이파일의 야적장 필요	• 쇄석채움 및 다짐난해 • 팽이파일 운반 불필요
문제점	• 경질지반 시공의 어려움 • 팽이파일 운반에 따른 장비사용	• 팽이파일 양생시간 필요 • 쇄석 다짐시 팽이파일 손상주의

Ⅳ. 시공순서

1) 공장 제작형

① 시공지반 고르기 ② 위치 철근 ③ 말뚝 압입

④ 쇄석 충전 ⑤ 연결철근 결속 ⑥ 완료

2) 현장 타설형

① 용기하부 조립 ② 설치 ③ 상부 연결철근

④ 콘크리트 타설 ⑤ 쇄석포설 ⑥ 완료

★★★ 2. 기성콘크리트 말뚝

3-14	기성Concrete 말뚝 공법분류	
No. 161		유형: 공법 · 시공 · 종류

공법종류

공법분류

Key Point

- 국가표준
  - KCS 11 50 15
- Lay Out
  - 말뚝공법의 분류
- 핵심 단어
- 연관용어

공법선정 시 고려사항

- 지층의 구성 및 조건
- 공사현장의 위치
- 건물의 형태 및 하중
- 공사기간 및 공사비
- Pile의 수량

유압해머

유압장치에서 보내진 압력유에 의해 램이 일정높이에 이르렀을 때 유압을 개방하여 램을 자유낙하 시키며, 이를 반복하여 연속적으로 말뚝을 박는 방법이다.

파동이론 분석결과

공사착수 전에 공사에 투입예정인 모든 말뚝 타격장비를 대상으로 하여 파동이론분석 (wave equation analysis of pile driving) 결과를 작성하여 사용할 해머의 적정성을 평가한 후 시공계획에 포함하고 공사감독자의 승인을 받아야 한다.

Ⅰ. 개 요

선행굴착 유 · 무, 회전력 · 수직력 등 힘의 방향, 적용기계 · 기구 · 설비 및 최종관입 시 경타의 유무 등에 의해 타격공법과 선행굴착공법 등으로 분류된다.

Ⅱ. 말뚝공법의 분류

1) 타격공법

① 항타기로 말뚝머리를 연속적으로 직접 타격하여 소요깊이까지 박는 공법이다.

② 항타말뚝(driven pile)은 기성말뚝을 지반내로 타입하여 설치하는 말뚝을 말하며 타입장비는 diesel hammer가 주로 사용되며 steam hammer, drop hammer, vibro hammer도 이용한다.

2) 진동공법

① 상하방향으로 진동하는 vibro hammer(진동식 말뚝타격기)에 의해 말뚝을 연속적으로 소요깊이까지 박는 공법이다.

② Vibro hammer의 상하방향진동으로 주변저항 및 선단저항을 감소시키고, 말뚝의 중량과 hammer의 자중을 이용한 말뚝박기 공법이다.

3) 압입공법

유압장치를 갖춘 유압 jack의 반력에 의해 말뚝을 연속적으로 소요깊이까지 박는 공법이다.

4) Preboring

미리 auger로 지중에 원형의 깊은 hole을 뚫고 말뚝을 삽입한 후, 압입 혹은 타격(경타)하여 말뚝을 설치하는 공법이다.

5) Water Jet

고압 Water Jet과 Silent piler를 각 지질 조건에 적합하도록 조합시켜, Pile을 압입하는 공법으로서, Pile 선단에 배관 부재를 설치, 고압수를 분사하여, Pile 선단 및 측면에 대한 흙의 저항과 마찰을 일시적으로 저감시키고, 중간층과 지지층에서의 압입을 하는 공법이다.

6) 중공굴착

기성콘크리트 말뚝의 내부에 auger를 삽입하여 굴진하며 auger 중공부를 통해 압축공기가 주입되어 흙을 배토하고, 소요깊이에 도달하면 선단고정액 주입 및 선단구근형성 후 auger를 서서히 인발하여 말뚝을 설치하는 공법이다.

★★★ 2. 기성콘크리트 말뚝

3-15	SIP공법	
No. 162	Soil-Cement Injected Precasting Pile	유형: 공법

공법분류

매입말뚝

Key Point

◩ 국가표준
- KCS 11 50 15

◩ Lay Out
- SIP공법 시공순서
- 적용대상
- 시공관리

◩ 핵심 단어
- What: Auger굴진
- Why: 주면마찰력 증대
- How: 시멘트 페이스트 주입 및 교반

◩ 연관용어
- DRA공법

[SIP Auger천공]

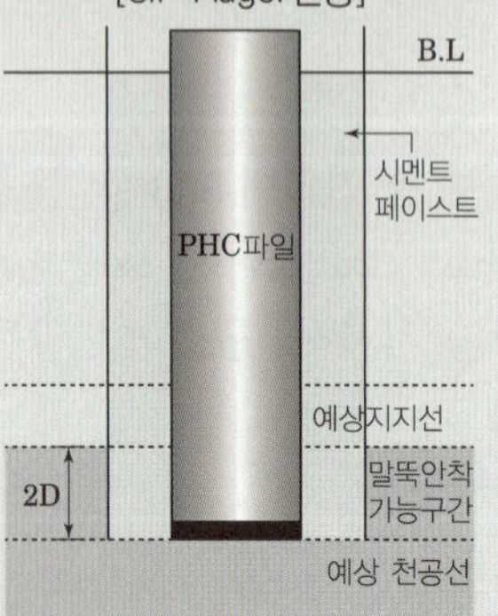

Ⅰ. 정 의

① 설계심도까지 Auger를 굴진하면서 Cement Paste 주입 · 교반하고 기성 말뚝을 압입 후 타격하여 설치하는 말뚝공법

② 하부토사를 교반하여 파일을 삽입시켜 주면마찰력을 증대시키고 선단부에서는 교반된 Soil Cement가 충전되어 침하량 최소화

Ⅱ. SIP공법 시공순서

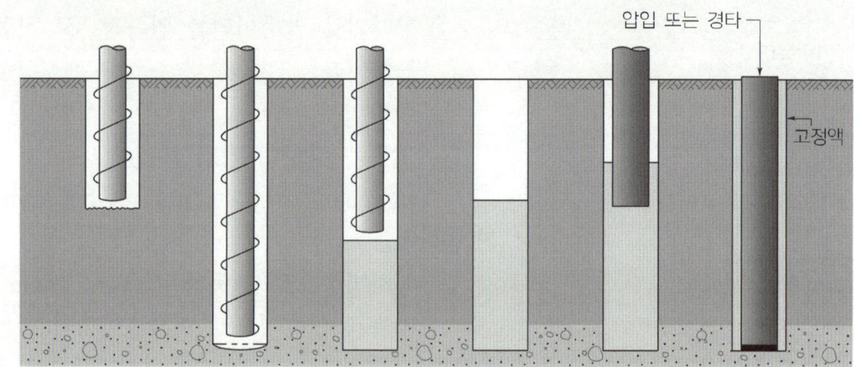

Ⅲ. 적용대상

① 설계심도 이하에도 지반의 상태가 점토 및 실트층이 깊게 분포되어 있을 때 교반을 통해 주면마찰력을 확보해야 하는 경우

② Pile의 설계심도가 직타로 4m 이상 관입이 어려울 경우

③ 지층 중간에 자갈 및 전석층이 매립되어 직타공법이 불가능한 경우

Ⅳ. 시공관리

① 시항타: 시험시공 2주 경과 후 재하시험 결과치 확인 후 본항타

② 굴착심도 확인: N값 50/7 풍화암 까지 근입

③ 천공관리: 파일시공 위치표시 및 장비의 수직도 Check

④ 시멘트 페이스트 배합관리: 시멘트와 물의 배합비를 83%(페이스트m^3 당 물 730kg/시멘트 880kg)로 배합하여 압송로드를 통하여 주입

⑤ 말뚝삽입 및 경타관리: 수직도유지 및 지지층+2D이상 근입

★★★ 2. 기성콘크리트 말뚝 88.121

3-16	DRA(Double Rod Auger) SIP+Casing	
No. 163		유형: 공법

공법분류

매입말뚝

Key Point

◩ 국가표준
- KCS 11 50 15

◩ Lay Out
- DRA공법 시공순서
- 적용대상
- 시공관리

◩ 핵심 단어
- What: Auger와 외부 Casing으로 굴진
- Why: 지지층 까지 말뚝 설치
- How: 경타를 하여 설치

◩ 연관용어
- T4+Casing 공법

[DRA 천공]

- PRD공법(Percussion Rotary Drill): DRA+T4공법
- 지반에 중간 전석층 등이 존재하는 경우 Sing 비트 대신 T4 해머를 장착하여 회전력 대신 타격력으로 굴착하는 공법
- 연약지반 및 일반토사지반에서는 SIP공법보다 시공속도가 느림
- 오거인발 후 외부에서 주입

Ⅰ. 정 의

① 내부 Screw Auger와 외부 Casing으로 굴진(상호 역회전)하며 내부 Auger의 중공부를 통해 압축공기가 주입되어 흙을 배토하고, 소요의 깊이에 도달하면 Cement Paste 주입하고 경타를 하여 설치하는 말뚝공법

② 양호한 지지층까지 말뚝설치가 가능하여 연약지반까지 Casing으로 공벽을 보호하면서 설치하는 공법

Ⅱ. DRA공법 시공순서

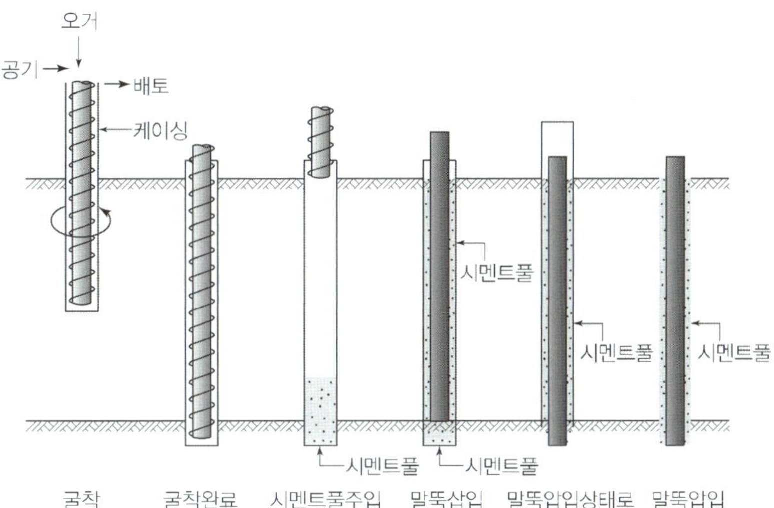

Ⅲ. 적용대상

① Pile 항타 시 소음 및 진동으로 민원발생 우려지역

② Pile의 설계심도가 직타로 4m 이상 관입이 어려울 경우

③ 지층 중간에 자갈 및 전석층이 매립되어 직타공법이 불가능한 경우

Ⅳ. 시공관리

① 시항타: 시험시공 2주 경과 후 재하시험 결과치 확인 후 본항타

② 굴착심도 확인: N값 50/7 풍화암 까지 근입

③ 천공관리: 파일시공 위치표시 및 장비의 수직도 Check

④ 시멘트 페이스트 배합관리: 시멘트와 물의 배합비를 83%(페이스트m^3 당 물 730kg/시멘트 880kg)로 배합하여 압송로드를 통하여 주입

⑤ 말뚝삽입 및 경타관리: Wire Rope 2점지지 방식으로 수직도 확보

★★★ 2. 기성콘크리트 말뚝

3-17	기성콘크리트 말뚝 시공	
No. 164		유형: 공법

시공

시공

Key Point

◩ 국가표준
- KCS 11 50 15

◩ Lay Out
- 말뚝 시공순서

장비

- 장비
  - 해머(말뚝박기 장비)는 말뚝에 손상을 주지 않아야 한다.
- 해머쿠션
  - 해머나 말뚝의 손상방지와 균일한 타입거동 보장을 위하여 소요두께의 해머쿠션 재료를 장착
  - 타입하는 동안 균일한 성능을 유지할 수 있는 내구성을 가진 재료로 제작
  - 타격용 판은 쿠션재료의 균일한 압축을 보장하기 위하여 해머쿠션 위에 설치
  - 해머쿠션은 말뚝 타입을 시작할 때와 말뚝타입 중 쿠션성능이 저하될 때 점검하여야 하며, 해머쿠션은 국부손상이 발생하거나 두께가 25 % 이상 감소 시에 교체
- 항타보조말뚝
  - 보조말뚝은 말뚝머리 부분을 지중 혹은 수중까지 시공하는 경우에 사용하는 것으로써 해머 캡과 말뚝 사이에 사용하여 말뚝머리를 소정의 깊이까지 타설 또는 침설시키는 데 사용
  - 기성말뚝 공사에는 항타보조말뚝의 사용을 피하여야 하나, 해머가 말뚝머리를 직접 타격할 수 없는 경우에는 공사감독자의 승인을 받아 항타보조말뚝을 사용

Ⅰ. 개 요

지반조사와 설계도서 및 토질주상도를 토대로 구조물의 구조 중심선과 각 지층별 pile의 위치, 길이, 타입깊이 등을 정한 후 시공한다.

Ⅱ. 말뚝 시공순서

1) 작업지반

말뚝박기 기계의 접지압에 견딜 수 있도록 미리 원지반을 정비

2) 측량

규준틀 설치는 현장상황에 의해 변위가 발생되지 않도록 견고하게 설치

3) 시험시공말뚝

구조물의 네모서리나 지반이급변한 부위에 실시하고, 재하시험을 고려

4) 말뚝 세우기

① 말뚝을 세운 후 검측은 직교하는 2방향으로부터 해야 한다.

② 말뚝의 연직도나 경사도는 1/50 이내

③ 말뚝박기 후 평면상의 위치가 설계도면의 위치로부터 D/4(D는 말뚝의 바깥지름)와 100mm 중 큰 값 이상으로 벗어나지 않아야 한다.

5) 시공

① 타입말뚝: 말뚝 인입 시, 리더와 와이어의 각도는 30° 이하로 유지하고, 말뚝박기 순서는 공정, 지반조건, 말뚝형상 및 배치, 시공방법과 시공기계, 주변상황 등을 종합적으로 고려

② 선굴착 말뚝: 굴착공의 지름은 말뚝지름보다 100mm 이상 크게 하고, 굴착 시 공벽의 붕괴 우려가 있는 토질에서는 Casing을 사용

6) 현장이음

① 수동용접기 또는 반자동 용접기를 사용한 아크용접 이음을 원칙

② 볼트이음 등 기계식 이음은 공사감독자의 승인을 받아 적용

7) 최종경타

① 말뚝은 수준기로 수직상태를 확인한 다음 경타용 해머로 두부가 파손되지 않도록 박아서 말뚝선단이 천공깊이 또는 그 이상 도달되도록 한다.

② 지하수 유속이 빠른 경우에는 시멘트풀의 배합을 부배합으로 하거나 급결제를 사용

③ 말뚝선단이 소정의 깊이에 도달하면 설계서에 명시된 방법으로 확실하게 선단처리

8) 말뚝머리 정리

타격일지 및 최종관입깊이, 지지력확인, 편심정도 확인, 이음여부 및 품질, 말뚝머리 파손여부 확인 후 말뚝본체를 손상시키지 않게 한다.

시공

시공
Key Point

◩ 국가표준
- KCS 11 50 15

◩ Lay Out
- 주상도에 의한 시항타 시공관리 기준
- 시항타 시 유의사항

◩ 핵심 단어
- 시험적으로 시공하는

◩ 연관용어

시항타 시 준비사항

- 장비
  - 본항타와 동일조건
- 예상심도 표기
  - 말뚝 및 주상도에 천공 및 관입깊이 표기
- 말뚝길이
  - 예상 관입깊이보다 2m 긴 것을 준비
  - 시공성을 확인하는 경우 시공지점에서의 말뚝의 시공성이 충분히 파악되었다면 시험시공말뚝을 생략 가능
  - 지정된 말뚝길이와 심도, 지지력, 최종관입량 등이 평가된 후 본말뚝용 말뚝을 주문토록 하여야 하며 모든 말뚝은 승인된 시공장비로 시공해야 하고 동일한 형식 및 용량에 근거하여 본말뚝을 시공해야한다.
  - 시험시공말뚝이 계획 심도까지 시공되었으나 소요의 지지력이 발휘되지 않는 경우 소요의 지지력이 확보되는 심도까지 이음말뚝으로 시공해야 한다.
  - 항타 해머는 말뚝규격과 낙하고, 타격횟수, 타격에너지를 시험하여 말뚝규격에 맞는 해머를 선정

★★★ 2. 기성콘크리트 말뚝 100

3-18	시항타(시험 말뚝박기)	
No. 165	Pile Driving Test	유형: 공법 · 기준

Ⅰ. 정 의

설계의 적정성, 실제 지반조건, 시공성 등을 파악하기 위하여 사용말뚝(본말뚝) 시공 전 기초부지 인근에 시험적으로 시공하는 별도의 말뚝

Ⅱ. 주상도에 의한 시항타 시공관리 기준

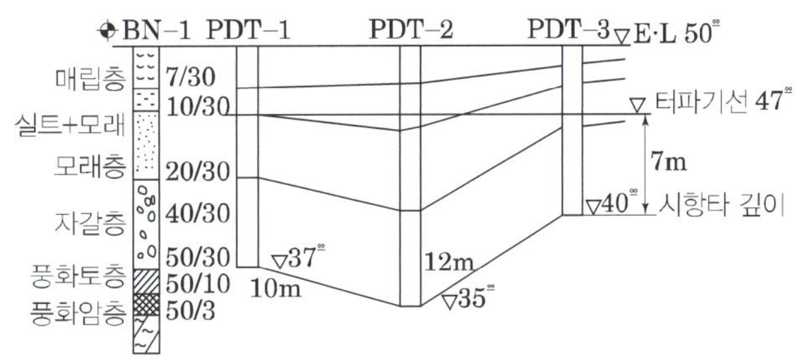

구조물 기초마다 1개 이상(전체말뚝수의 1% 기준)

Ⅲ. 시항타 시 유의사항

1) 타입말뚝

① 항타 종료 시 적정한 최종타격당 관입량이 얻어지지 않는 말뚝은 소요지지력이 확보될 때까지 항타를 실시

② 말뚝길이가 부족할 경우는 이음시공으로 소요지지력을 얻을 때까지 항타

③ 설계심도까지 타격하면서 동재하시험을 실시

④ 설계심도까지 말뚝관입 불능으로 인한 지지력 부족 및 타격회수 과다 시 지반조사 결과와 토질조건 등의 제반사항을 충분히 검토한 후 공사감독자와 협의하여 설계심도 조절이나 항타장비 변경 등을 검토

2) 매입말뚝

① 기초시공 자료의 설계심도까지 일정한 속도로 천공하면서 회전수(RPM)와 전류치(ampere)의 변화를 관찰하여 기록을 유지하고, 오거 선단의 토사를 지반조사 시료 또는 지반조사 시료사진과 대조하여 지지층을 확인

② 시험시공결과 말뚝의 길이, 지름, 시공방법의 변경이 필요한 경우에는 지반조사 결과와 토질조건 등의 제반사항을 충분히 검토한 후 공사감독자와 협의하여 변경 여부를 결정

③ 매입말뚝의 시험시공 시, 설계 천공깊이까지 경타하면서 동재하시험을 실시

④ 설계 천공깊이까지 말뚝관입 불능 또는 경타회수 과다 시 지반조사 결과와 토질 조건 등의 제반사항을 충분히 검토한 후 공사감독자와 협의하여 천공깊이 조절, 케이싱 추가 등을 검토

시공

☆☆★ 2. 기성콘크리트 말뚝

3-19	경사지층에서의 Pile의 시공	
No. 166		유형: 공법

시공
Key Point

◪ 국가표준
- KCS 11 50 15

◪ Lay Out
- 경사지반과 구조물기초의 관계
- 문제점
- 해결방안

◪ 핵심 단어
- What: 경사를 이루고
- Why: Pile의 Sliding
- How: 경사면의 수평처리, 지지층의 도달

◪ 연관용어
- 부동침하

Ⅰ. 개 요

① 테라스하우스(Terrace House), 경사지주거 등으로 인해 해당 구조물의 지반이 경사를 이루고 있는 경우 pile의 sliding과 지지층 도달에 유의하여 시공해야 한다.

② 공사 전 충분한 사전조사와 설계도서 및 토질주상도를 토대로 구조물의 구조 중심선과 각 지반별 pile의 위치, 길이, 타입깊이 및 sliding 대책을 수립해야 한다.

Ⅱ. 경사지반과 구조물기초의 관계

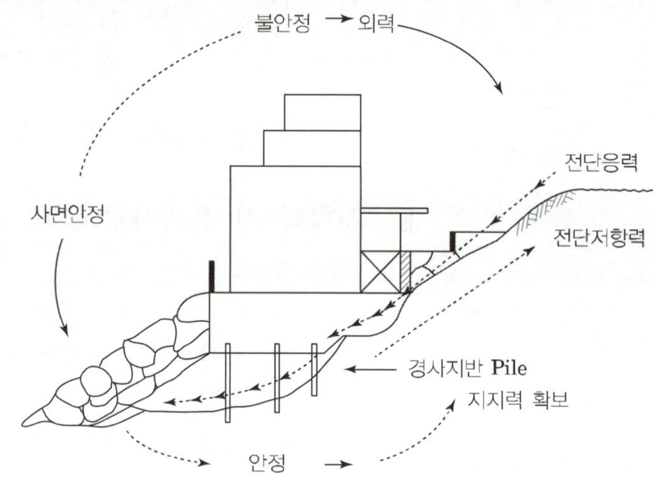

Ⅲ. 문제점

① Pile 항타 시 Sliding 발생
② 지지층 상이
③ 지지력 문제

Ⅳ. 해결방안

① 경사면 지반의 수평처리
② Auger 천공하여 지지선 확인 후 시공
③ 기초보 시공
④ 전도에 대한 안정 및 허용편심량 조사
⑤ 상부 우수처리 및 차단시설 설치

☆★★ 2. 기성콘크리트 말뚝 118

3-20	기성 콘크리트 파일의 이음공법	
No. 167		유형: 공법

이음

이음

Key Point

◩ 국가표준
- KCS 11 50 15
- KS D 0213
- KS F 7001
- KS F 4602

◩ Lay Out
- 말뚝의 이음공법

◩ 핵심 단어
- 15m 초과
- 말뚝 일체화

◩ 연관용어

[용접식 이음]
20개소 1회 이상 자분탐상

[볼트식 이음]

Ⅰ. 정 의

① Pile의 운반을 고려하여 15m 이하의 말뚝이 가공 및 제작되어 사용되므로 15m를 초과하면 2개의 말뚝을 일체화하기 위해 접합부를 이음하여 시공한다.

② 공법선정 및 이음시 고려사항
- 기상조건, 경제성, 시공속도 고려
- 구조적 연속성 및 강도확보
- 내구성 및 내식성 확보

Ⅱ. 말뚝의 이음공법

구분	용접	무용접(Plate+Bolt)
정의 및 시공방법	• Joint 좌판이 부착된 PHC말뚝을 서로 맞대어 용접(V형4mm이하)하는 이음공법	• PHC말뚝 사이에 Joint Plate를 설치하고 Bolt를 이용하여 Plate와 말뚝을 이음하는 공법
	PC강봉, 보강밴드, 용접, 조인트 좌 판	PC강봉, 보강밴드, 스마트 조인트, 볼트, PC너트
특징	• 기상 및 현장조건에 따라 시공성 및 품질변동 큼 • 용접공의 기능도에 따라 좌우 • 용접시간 소요(20분/개소)	• 현장조건과 관계없이 시공 및 품질 확보 용이 • 별도의 숙련도를 요하지 않음 • 시공속도 빠름(5분/개소)
유의사항	• 0℃ 이하일 경우 용접을 금지하며, 부득이한 경우 모재의 접합부로부터 100mm 범위 내에서 36℃ 이상으로 예열 후 용접실시 • 바람이 초속 10m 이상일 때 바람막이 설치 후 용접 • 용접완료 후 1분 이상 경과 후 항타 • 용접완료 후 외관검사 및 자분탐상 시험 실시	• 볼트군의 10%의 볼트 개수를 표준으로 하여 임팩트렌치 또는 일반렌치로 최대로 조여서 접합판이 완전히 접착된 상태를 합격 • 불합격한 볼트군에 대해서는 다시 그 배수의 볼트를 선택하여 재검사 실시

이음

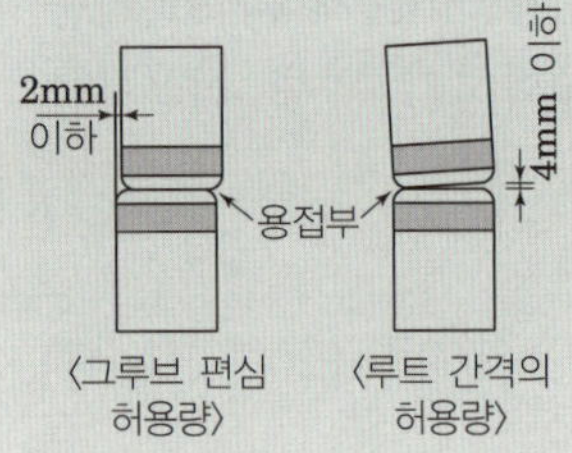

검사기준

- 강관 말뚝
  - 강관말뚝연결 용접부위 25개소마다 1회 이상 비파괴검사를 KS B 0896의 각 용접부의 초음파 탐상 시험방법에 의해 중급기술자 이상의 자격을 갖춘 자가 시행
- 예상심도 표기
  - PS콘크리트말뚝 연결 용접부위는 20개소마다 1회 이상 KS D 0213의 철강 재료의 자분 탐사 시험 방법 및 자분 모양의 분류에 의해 중급기술자 이상의 자격을 갖춘 자가 시행

Ⅲ. 이음 시 구비조건

① 이음 시 강도 확보
② 수직성 유지
③ 내구성 및 내식성 확보
④ 시공이 신속하고 간단

Ⅳ. 공법 선정 시 고려사항

① 구조적 안전성
② 경제성
③ 시공성
④ 안전성
⑤ 무공해성

Ⅴ. 이음 시 유의사항

① 이음부분의 강도확보
② 이음 개소 최소화
③ 이음부분이 부식되지 않을 것
④ 타격 시 이음부분의 변형이 없을 것

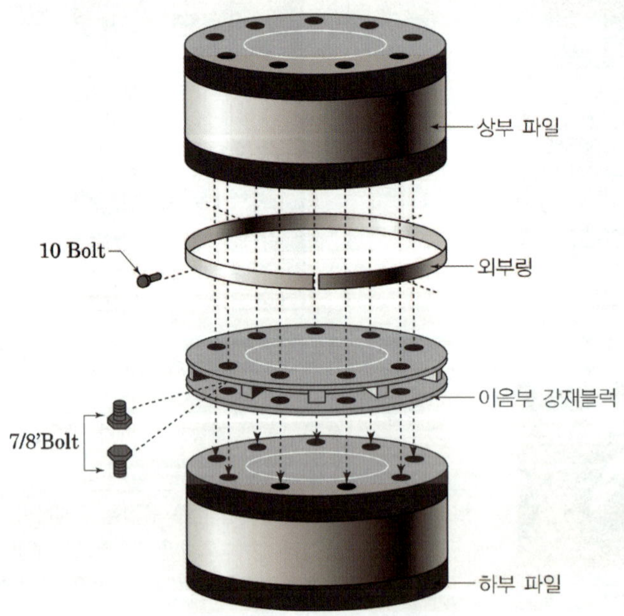

지지력 판단

시험

Key Point

◩ 국가표준
- KCS 11 50 40

◩ Lay Out
- 허용지지력
- 지지력 판정방법

◩ 핵심 단어
- 선단지지력
- 주면마찰력

◩ 연관용어
- 토질주상도
- N치

★★★ 2. 기성콘크리트 말뚝

3-21	파일의 지지력 판단	
No. 168	Evaluation of Pile Bearing Capacity	유형: 시험 · 측정

Ⅰ. 정 의

① Pile의 지지력은 말뚝선단지반의 지지력과 주면 마찰력의 합(合)
② Pile의 허용 지지력은 말뚝의 선단지지력과 주면마찰력의 합계를 안전율로 나눈 것
③ pile의 지지력은 축방향 지지력, 수평 지지력, 인발저항 등이 있으나, 일반적으로 말뚝의 지지력은 축방향 지지력을 지칭한다.

Ⅱ. 허용지지력(allowable bearing capacity)

말뚝의 허용지지력(Allowable Pile Bearing Capacity)

$$R_a = (\text{허용지지력}) = \frac{R_u(\text{극한지지력})}{F_s(\text{안전율})}$$

Ⅲ. 지지력 판정방법

1. 정역학적 추정방법(靜力學, statics)

1) 테르자기(Terzaghi) 공식

$$R_u\text{극한지지력} = R_p\text{선단지지력} + R_f\text{주면마찰력}$$

2) 메이어호프(Meyerhof) 공식(SPT에 의한 방법)

$$R_u = 30 \cdot N_p \cdot A_p + \frac{1}{5}N_s \cdot A_s \cdot \frac{1}{2}N_c \cdot A_c$$

2. 동역학적 추정방법(動力學, dynamics)

1) 샌더(Sander) 공식

$$R_u = \frac{W \times H}{S}, \quad W = \text{hammer무게} \ \ \text{H} = \text{낙하고} \ \ \text{S} = \text{평균관입량}$$

2) 엔지니어링 뉴스(Engineering News) 공식

$$R_u = \frac{W \times H}{S + 2.54}$$

3) 하인리 공식(Hiley)

$$R_u = \frac{e_f \cdot F}{S + \frac{C_1 + C_2 + C_3}{2}} \times \frac{W_H \times e^2 \cdot W_p}{W_H + W_p}$$

R_u: 말뚝의 동역학적 극한 지지력(t) S: 말뚝의최종관입량(cm) F: 타격에너지($t \cdot$ cm)
W_H: hammer의 중량(t) W_P: 말뚝의중량(t) C_1: 말뚝의탄성변형량(cm)
C_2: 지반의탄성변형량(cm) C_3: ∩ cushion의 변형량(cm)
e_f: hammer의 효율(0.6~1.0) e_2: 반발계수-(탄성:$e = 1$, 비탄성:$e : 0$)

지지력 판단

3. 재하시험

1) 동재하 시험(PDA: Pile Driving Analyzer System)

파일몸체에 발생하는 응력과 속도의 상호관계를 측정 및 분석(허용지지력 예측)

R_u극한지지력 $=$ R_p선단지지력 $+$ R_f주면마찰력

2) 정재하 시험(Load Test on Pile): 실제하중을 재하

4. 소리에 의한 추정

파일박기 시 소음과 진동의 크기로 지지층 도달 확인

5. Rebound Check

1) 수동시스템(자립식 측정대 최종 관입량 확인)

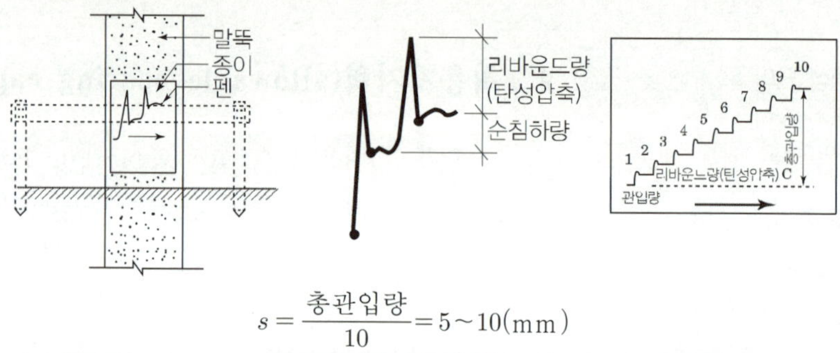

$$s = \frac{총관입량}{10} = 5 \sim 10(\text{mm})$$

2) PDAM(Pile Ariving Automatic Measurement) 자동 항타 검측기 시스템

• 우리기술(주) 참조

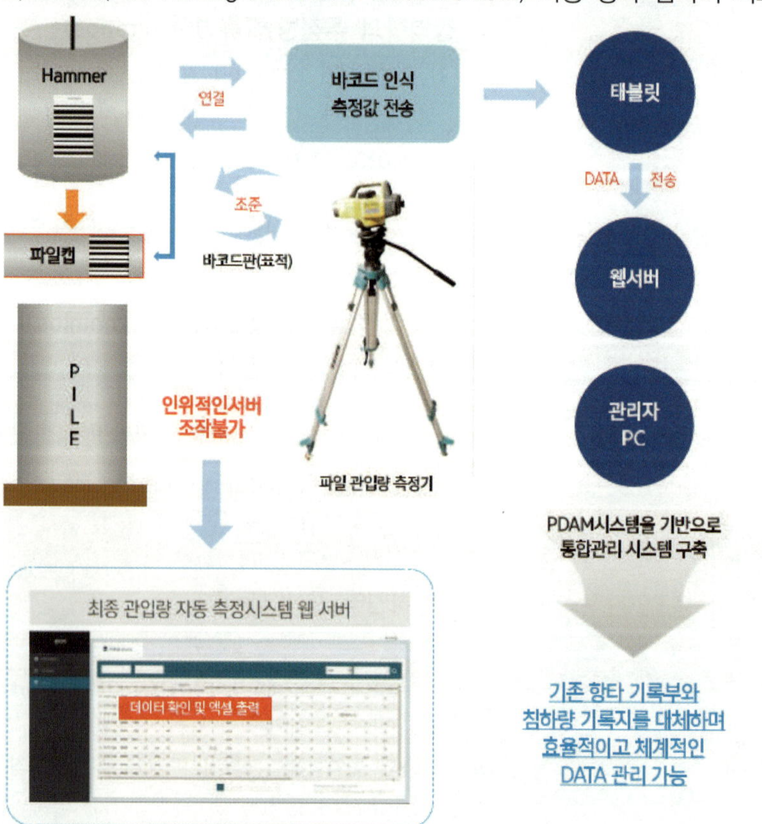

PDAM

- 모든 파일의 정확한 측정값 확보 및 실시간 확인: 모바일 확인
- 와이어파단 없음
- Drop Hammer 감소
- 경타소음 및 비산먼지 축소
- 파일 자재비 감소(1M 이상) 잔여길이 필요없음(500mm)

6. 시험말뚝박기

7. 자료에 의한 방법

★★★ 2. 기성콘크리트 말뚝 69

3-22	동재하 시험	
No. 169	PDA: Pile Dynamic Analysis Test	유형: 시험 · 측정

지지력 판단

시험

Key Point

◪ 국가표준
- KS F 2591
- KDS 41 10 10
- KDS 11 50 15
- KCS 11 50 40

◪ Lay Out
- 항타 측정장치 및 시험방법
- 시험수량 결과분석

◪ 핵심 단어
- 응력과 속도
- 거동과 지지력 산정

◪ 연관용어
- 정재하

재하시험 고려사항

- KDS 11 50 15

① 관련시험규정
② 지지력
③ 변위량
④ 건전도
⑤ 시공방법과 장비의 적합성
⑥ 시간경과에 따른 말뚝지지력 변화
⑦ 부주면마찰력
⑧ 하중전이 특성
⑨ 시험횟수와 방법
⑩ 시험실시 시기
⑪ 시험 및 결과분석 요원의 신뢰도

Ⅰ. 정 의

① 대상 지반에 pile 항타 시 Pile 몸체에 발생하는 응력과 속도의 상호 관계를 측정 · 분석하여 Pile의 거동과 지지력을 산정하는 시험

② 시공 중 동재하시험(end of initial driving test)은 시공장비의 성능 확인, 장비의 적합성 판정, 지반조건 확인, 말뚝의 건전도 판정, 지지력 확인 등을 목적으로 실시

Ⅱ. 항타 측정장치 및 시험방법

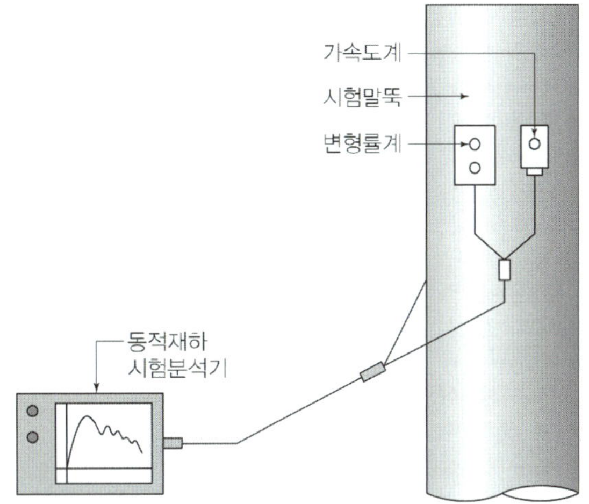

1) 항타장비

① 말뚝에 충격력을 가하기 위하여 일반적인 항타기나 유사 장비사용

② 최소 3/1,000초(3ms)간 말뚝에 타격에너지를 작용시킬 수 있는 장비

③ 항타기 위치는 말뚝의 두부에 대하여 축방향으로 말뚝 중심에 항타가 이루어지도록 정한다.

2) 동적거동 측정기구

시간에 따른 가속도와 변형을 독립적으로 측정할 수 있는 변환기가 포함되어야 한다.

3) 가속도계 (Accelerometer)

① 적분에 의해 속도로 환산되어 분석에 사용되므로 이러한 기능을 갖는 가속도계 및 변환장치가 사용되어야 한다.

② 공명 주파수가 2,500Hz 이상인 것이 사용

③ 최소한 2개가 말뚝중심축을 기준으로 원주방향으로 대칭이 되도록 부착

4) 변형률계 (Strain Transducers)

① 변형률계의 고유 주파수는 2,000Hz 이상

지지력 판단

기본용어

- 재항타(restrike)
  - 말뚝 시공 후 일정한 시간이 경과한 후 실시하는 동재하시험으로 시간 경과에 따른 주면마찰력 및 선단지지력의 증감 등 지지력의 시간경과효과 확인과 함께 말뚝의 허용지지력을 산정하기 위하여 실시하는 시험
- 초기항타(EOID: End Of Initial Driving) 동재하시험
  - 항타관입성, 항타장비의 적정성, 말뚝재료의 건전성 및 지지력 평가를 위한 동재하시험의 실시시기를 정의하는 용어로서 항타 중 또는 직후에 실시하는 동재하시험
- 항타관입성시험(drivability analysis)
  - 동재하시험기를 이용하여 항타 중 말뚝에 발생하는 압축 · 인장응력, 전달되는 최대에너지, 관입저항 등을 연속적으로 측정하여 항타 중 말뚝의 건전도 확인, 해머 선정의 적정성과 지반의 관입저항을 측정하여 말뚝의 항타관입성 등을 확인하는 시험이며, 파동방정식에 의한 항타관리기준(해머낙하고-최종관입량-지지력관계)을 확인 · 검증하거나 새로운 항타관리 기준을 설정하기 위한 시험

② 측정된 변형률은 그 위치에서의 말뚝 순단면적과 동적탄성계수를 이용하여 힘으로 전환

5) 항타분석기(Pile Driving Analyzer)

① 화면(주로 LCD)에 출력되는 기기가 필요

② 자료 취득 및 처리, 신호변환 등의 기능을 실행할 수 있어야 하며 파형분석 프로그램에 적합한 자료처리 기능을 가져야 한다.

6) 시험말뚝의 두부 정리

① 선정된 시험말뚝은 지상 부분의 돌출길이가 3D(D: 말뚝의 지름) 정도

7) 게이지 선정 및 부착

① 게이지는 변형률계와 가속도계가 분리되어 있는 것과 일체로 된 것이 있으며 같은 형태의 것을 선정

② (게이지는 말뚝에 1쌍씩 대칭(180°)으로 부착

③ 말뚝 두부로부터 최소 1.5D 이상(D : 말뚝지름 또는 대각선 길이) 이격

Ⅲ. 시험수량

전체말뚝 개수의 1% 이상(말뚝이 100개 미만인 경우에도 최소 1개)을 실시

① 시공 중 동재하시험(end of initial driving test)

② 시공 후 일정한 시간이 경과한 후 재항타동재하시험(restrike test)을 실시

③ 시공이 완료되면 본 시공 말뚝에 대해서 품질 확인 목적으로 재항타동재하시험을 실시

Ⅳ. 결과분석

① 시험된 말뚝의 지지력 산정에 대한 설명 : 초기항타 또는 재항타 여부 확인 및 재항타 시 시항타 종료 시점과 재항타 시작 시점을 설명

② 측정파와 계산파의 분석 결과로부터 해석한 주면마찰력과 선단지지력

③ 관입 깊이에 따른 주면마찰력의 분포

④ 말뚝 선단과 주면에서의 지반계수(퀘이크, 댐핑)

⑤ 초기항타 시 관입성에 대한 분석

★★★ 2. 기성콘크리트 말뚝

3-23	정재하 시험	
No. 170	Load Test on Pile	유형: 시험 · 측정

지지력 판단

시험

Key Point

◪ 국가표준
- KS F 2445
- KDS 11 41 15
- KCS 11 50 40

◪ Lay Out
- 항타 측정장치 및 시험방법
- 시험 수량

◪ 핵심 단어
- 실제 정적하중
- 압축지지력, 인발 저항력
- 횡방향 하중
- 지지력 확인

◪ 연관용어
- 동재하

측정항목

① 시간
② 시험하중
③ 말뚝머리의 변위량
④ 말뚝 선단 및 중간부의 변위량
⑤ 말뚝의 변형량
⑥ 말뚝머리의 수평변위량
⑦ 반력장치의 변위량

Ⅰ. 정 의

① 대상 지반에 설치된 pile에 실제 정적하중을 가하여 말뚝의 압축지지력 특성, 인발저항력 특성, 횡방향 하중에 대한 말뚝과 지반의 상호작용을 규명하여 지지력을 확인하는 시험

② 설계예상지지력의 약 1.5배 ~ 2배의 하중을 재하하여 그 결과로부터 얻어지는 값들에서 말뚝의 허용지지력을 구하는 방법

Ⅱ. 항타 측정장치 및 시험방법

1) 압축재하

① 정적하중에 의한 말뚝의 압축지지력 특성에 관한 자료를 얻는 것

② 시험말뚝에 하중전이 측정용 센서를 설치하여 지층별 마찰력분포 및 선단지지력을 측정

③ 측정방법: 단계재하방식

④ 시험말뚝 중심과 받침대의 간격: 시험말뚝 최대지름의 3배 혹은 1.5m 이상

⑤ 사용말뚝을 기준점으로 하는 경우 시험말뚝 및 반력말뚝으로부터 각 말뚝지름의 2.5배 이상 떨어진 위치의 것을 이용

⑥ 가설말뚝을 기준점으로 하는 경우 시험말뚝으로부터 그 지름의 5배 이상 혹은 2m 이상

⑦ 반력말뚝으로부터 그 지름의 3배 이상 떨어진 위치에 설치

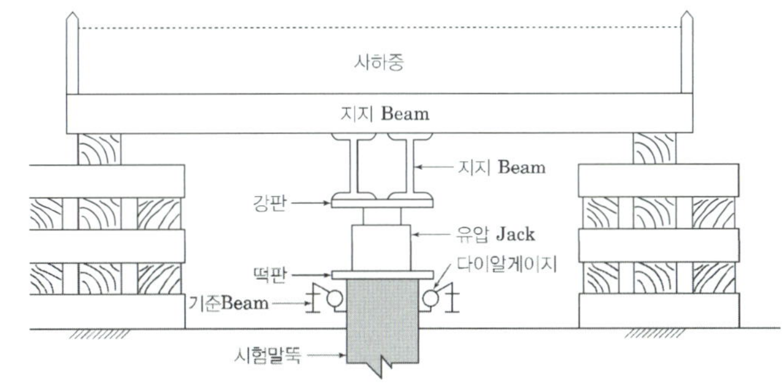

[실물재하]

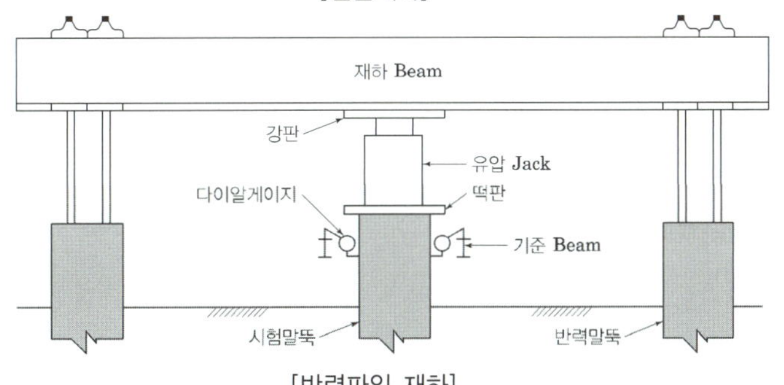

[반력파일 재하]

지지력 판단

측정항목

① 시간
② 하중
③ 말뚝머리의 변위량
④ 선단, 지중부 및 재하점의 변위량
⑤ 말뚝재료의 변형률
⑥ 말뚝머리의 수평변위량
⑦ 반력장치의 변위량
⑧ 말뚝 주변지반의 변위량

측정항목

① 시간, 기후, 온도
② 하중
③ 재하점의 변위
④ 말뚝머리의 경사각
⑤ 반력말뚝의 변위
⑥ 주변지반의 상황
⑦ 말뚝본체의 휨변형
⑧ 말뚝본체의 휨각
⑨ 토압

[단계재하방식에 의한 재하방법]

하중단계수	8단계 이상	
사이클 수	1사이클 혹은 4사이클 이상	
재하속도	하중증가 시 : $\frac{\text{계획최대하중}}{\text{하중단계수}}$/min	
	하중감소 시 : 하중 증가 시의 2배 정도	
각 하중단계의 하중유지시간	신규하중단계	30min 이상의 일정시간
	이력 내 하중단계	2min 이상의 일정시간
	0하중단계	15min 이상의 일정시간

2) 인발재하

① 정적하중정적하중에 의한 말뚝의 인발저항력 특성에 관한 자료를 얻는 것
② 말뚝의 설계인발지지력의 타당성을 확인
③ 단계재하방법: 재하단계 수, 사이클 수 및 각 하중단계의 하중 유지시간을 결정
④ 연속재하방법: 사이클 수 및 재하속도를 결정
⑤ 시험말뚝 반력말뚝과의 중심 간격: 시험말뚝 최대지름의 3배 이상 혹은 1.5m 이상

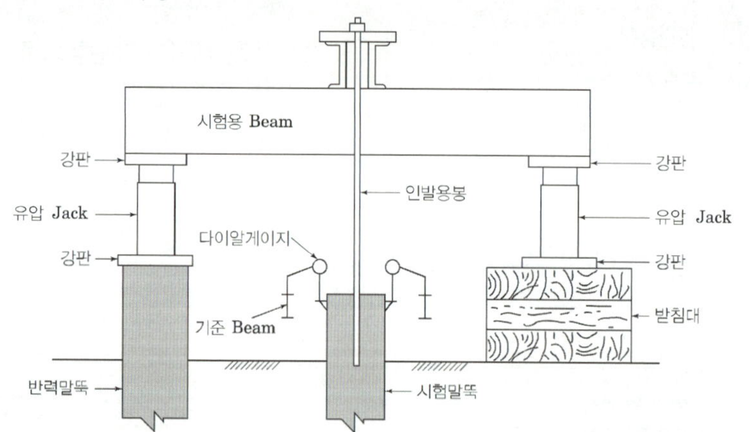

3) 횡방향재하

① 횡방향하중에 대한 말뚝-지반의 상호작용을 규명
② (+)(-)의 반복재하시험, 1방향재하

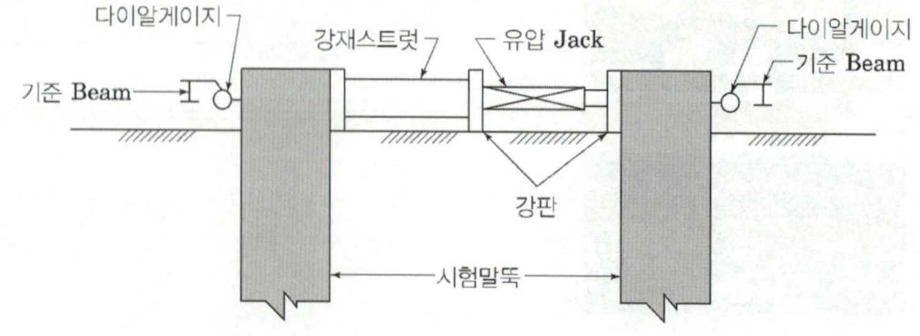

지지력 판단

[반복재하방법]

항목	하중증가 시	하중감소 시
하중속도	8단계 이상	8단계 이상
하중속도	$\frac{\text{계획최대하중}}{8\sim20}$(톤/분)	$\frac{\text{계획최대하중}}{4\sim10}$(톤/분)
하중지속시간	각 하중 단계 3분	각 하중 단계 3분

[1방향 재하방법]

항목	하중증가 시		하중감소 시
하중유지시간	처녀 하중, 이력 내 하중	3분	3분
	0 하중	15분	

Ⅲ. 시험수량

- 전체 말뚝 수량의 1% 이상(말뚝이 100개 미만인 경우에도 최소 1개)을 실시
- 교량하부구조는 말뚝 250개당 1회 또는 구조물별로 1회 실시
- 건축구조기준을 따른 경우는 전체 말뚝개수의 1% 이상(말뚝이 100개 미만인 경우에도 최소 1개) 실시하거나 구조물별로 1회 실시
  - 동재하시험을 선택적으로 적용

★★★ 2. 기성콘크리트 말뚝 70.83

3-24	Rebound Check	
No. 171	리바운드 체크	유형: 시험 · 측정

지지력 판단

시험

Key Point

◩ 국가표준
- KCS 11 50 15

◩ Lay Out
- Rebound Check 방법
- 측정사항
- 시험 시 유의사항

◩ 핵심 단어
- 올라오는 정도
- 탄성변형량
- 허용지지력

◩ 연관용어
- 시항타
- 동재하

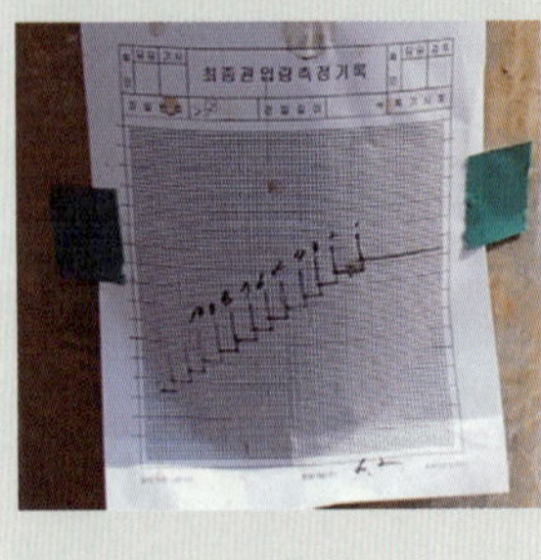

Ⅰ. 정 의

① 기성콘크리트 말뚝 1회 타입 시 반동에 의해 튀어 올라오는 정도를 확인하여 말뚝과 지반의 탄성변형량을 측정하는 방법

② 말뚝마다 최종 관입예정 위치에서 매회 확인한다.

Ⅱ. Rebound Check 방법

1) 수동시스템(자립식 측정대 최종 관입량 확인)

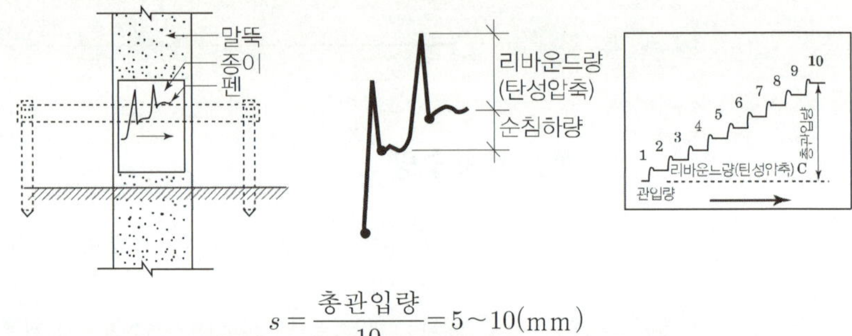

$$s = \frac{총관입량}{10} = 5 \sim 10(\text{mm})$$

① 말뚝의 일정 부위에 graph지 부착

② 말뚝에 인접하여 연필(펜)을 꽂는 장치 부착

③ 항타에 따른 침하 및 반발력을 graph지에 도식

2) PDAM(Pile Ariving Automatic Measurement) 자동 항타 검측기 시스템

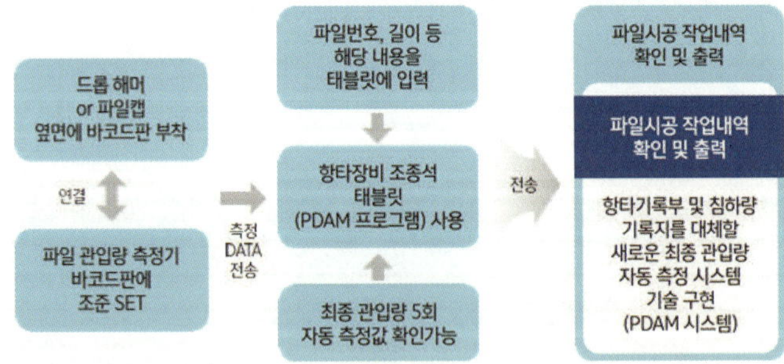

Ⅲ. 측정사항

① 말뚝 착 시 1회 타격의 허용 관입량 결정

② Rebound양 측정

③ Hammer의 낙하고 측정

Ⅳ. 시험 시 유의사항

① 말뚝과 기준대의 수평유지

② 측정용 펜과 말뚝의 수직도 유지

③ 최종 5~10회 타격 시 침하량이 5~10mm 이하면 항타 정지

④ 소정 요구 깊이에 관입되었는지 확인 후 지지력을 판정

★★★ 2. 기성콘크리트 말뚝

3-25	말뚝파손	
No. 172		유형: 결함 · 손상

말뚝파손

말뚝파손

Key Point

◩ 국가표준

◩ Lay Out
- 말뚝의 파손형태
- 파손원인 및 방지대책

◩ 핵심 단어

◩ 연관용어
- 항타 후 관리(보강타)

Ⅰ. 개 요

① 기성콘크리트 파일 타격공법에 의해 파일 설치 시 파일의 상부에 균열이 발생하고 내구성이 저하되는 것

② 말뚝의 파손은 상부구조물의 구조적 안전성에 문제를 가져오므로 말뚝의 강도 확보, cushoin재의 두께 확보, 수직도 확보 등으로 말뚝 두부의 파손을 방지해야 한다.

Ⅱ. 말뚝의 파손형태

구분	두부파손	전단 파괴	횡방향 균열	종방향 균열	폐단 말뚝 끝의 분할
손상 형태	말뚝머리	말뚝머리	말뚝 중간부	말뚝 중간부	폐단 말뚝 끝

Hammer
Hammer Cap
FRP기성제품 완충재
합판 등 쿠션재
Pile

1) 두부 파손
편심 항타, 타격에너지 과다 및 hammer 용량의 과다

2) 전단파괴
편타에 의한 파손과잉 항타, 말뚝 강도 부족, 지반 내 장애물

3) 휨 carck
연약지반 중 선단의 저항이 적을 때, 말뚝에 발생하는 인장응력, 편타에 의한 휨 응력

4) 횡방향 crack
말뚝 두부파손은 편심 항타, 타격에너지 과다 및 hammer 용량의 과다 등의 원인으로 파손

5) 종방향 crack
편타에 의한 휨 응력 발생

6) 폐단 말뚝 끝의 분할
전석층에 의한 파손, Hammer 용량의 과다, 말뚝 강도 부족

Ⅲ. 파손원인 및 방지대책

① Hammer 중량
② 편심항타
③ 타격에너지 과다
④ 낙하고(H)
⑤ 타격횟수
⑥ 축선불일치
⑦ Cushion 두께 부족
⑧ Pile강도 부족
⑨ Pile 수직도 불량
⑩ 경사지반
⑪ 이음불량
⑫ 장애물

☆☆☆ 2. 기성콘크리트 말뚝

3-26	항타 후 관리(두부정리, 위치검사, 보강타)	
No. 173		유형: 결함 · 손상 · 기준

항타 후 관리

허용오차

Key Point

- 국가표준
  - KCS 11 50 15
- Lay Out
  - 항타 후 관리
- 핵심 단어
- 연관용어
  - 두부파손

Ⅰ. 개 요

① 말뚝의 시공완료 후 파손 및 위치 허용오차를 확인하여 보강여부를 파악하며, 소정의 높이로 말뚝 머리를 처리한다.

② 두부정리가 완료된 말뚝은 기초 concrete를 부어 넣기 전까지 충격방지 및 이음부 오염을 방지해야 한다.

Ⅱ. 항타 후 관리

1. 두부정리

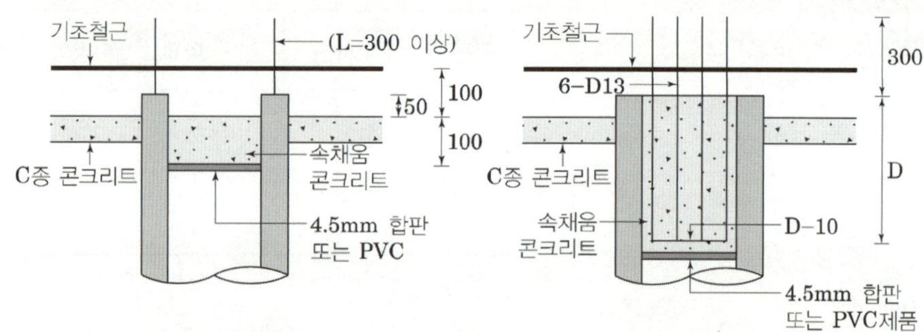

[버림 콘크리트 타설레벨] [철근보강 도해]

① 기존 말뚝 강선노출 시공은 항타완료 말뚝에 Cutting선, 버림concrete 상단면, 지반 조성명 등 3개를 G.L라인과 수평으로 표시

② 말뚝강선이 절단되지 않도록 10mm 이상 깊이로 Cutting 실시

③ Cutting선 300mm 상부에 Hammer 및 유압식 파쇄기로 파쇄 후 300mm 여장길이 확보

현장품질관리

① 소정의 깊이까지 타입(또는 매설)되지 않은 경우

② 소정의 지지력을 얻을 수 없는 경우

③ 시공 도중 경사 또는 파손이 예상되는 경우

④ 말뚝 종류에 따라 이음부 시험을 적절한 방법으로 실시하고, 그 결과를 제출하여 확인을 받은 후 후속 공정을 추진

⑤ 설계에 반영된 경우 또는 지층의 변화가 심하여 완성된 말뚝의 지지력을 확인할 필요가 있을 경우 설계도서 및 KCS 11 50 40에 따라 재하시험을 실시

2. 파손 및 위치허용오차 관리

구 분	오차범위	조치사항
위치오차	75mm 미만	미조치
	75~150mm 이하	철근보강
	150mm 초과	보강타
수직오차	수직도ℓ/50 이상 기울기	보강타

① 거울, 다림추 등으로 매본 중파여부 확인

② 바닥 먹매김을 실시하여 설치위치 오차 측정

항타 후 관리

두부정리 순서

① 절단부분의 15cm 밑에 철 밴드 설치
② 말뚝커터를 사용해 절단면 천공
③ 해머로 절단면을 파괴하여 PC강선노출
④ 잔여말뚝 콘크리트 파쇄
⑤ PC강선을 바르게 세우고 길이 30cm 이상 되게 정리
⑥ 절단면 평활하게 마감

손상된 말뚝 보강

- 말뚝시공법이 말뚝의 균열, 파손 기타 변형을 일으킬 만큼 과도하고 불필요한 힘이 발휘되지 않도록 한다.
- 말뚝의 위치조정을 위해 과도한 힘을 가한다고 공사감독자가 판단될 때는 즉시 중단한다.
- 말뚝내부의 결함이나 부적당한 시공방법으로 인해 손상된 말뚝과 설계서에 표시된 위치를 이탈한 말뚝은 공사감독자의 승인을 얻은 후 아래와 같은 방법 등으로 조치해야 한다.
- 손상된 말뚝 옆에 보강말뚝을 설계위치에 인접하여 추가 설치
- 말뚝중심선 외측으로 벗어난 만큼 기초를 확대시킨다.

3. 보강방법

1) 설계위치에서 벗어난 경우

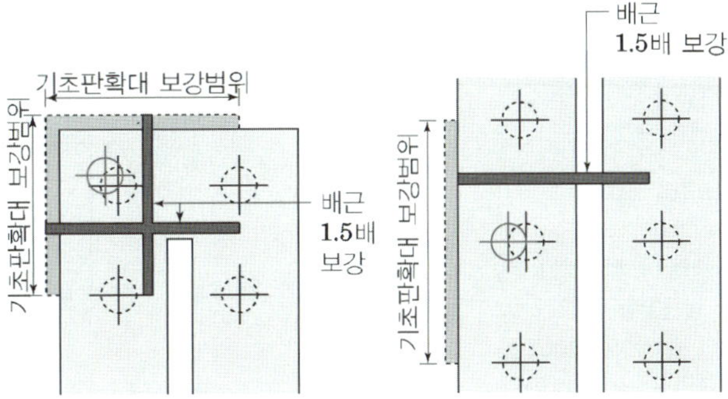

① 75~150mm 미만: 중심선 외측으로 벗어난 만큼 기초판 확대 및 철근 1.5배 보강(독립기초, 줄기초, Mat 기초판 외곽말뚝)하고 내측으로 벗어난 경우 철근만 1.5배 보강

② 150mm 초과: 구조검토 후 추가 항타 및 기초보강

2) 수직시공이 되지 않은 경우 설계위치에서 벗어난 경우

기울기ℓ =50 이상: 보강말뚝 시공

3) 중파된 경우

설계위치에 인접하여 추가 항타 또는 균열부 하단까지 재절단하여 내림 시공

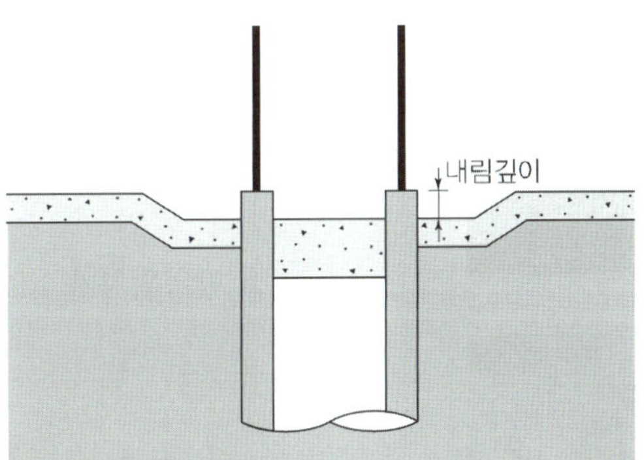

4) 말뚝머리가 전반적으로 낮은 경우

기초판 두께를 증가시키고, 철근량을 D'/D만큼 증대

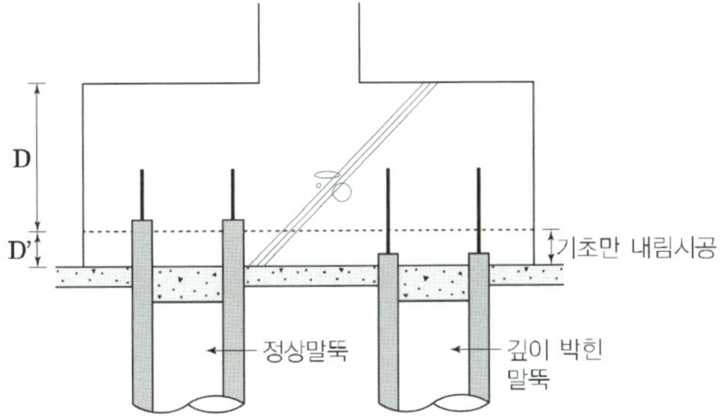

항타 후 관리

5) 말뚝머리가 부분적으로 낮은 경우

① 정착길이가 30cm 미만인 경우

[보강요령1]

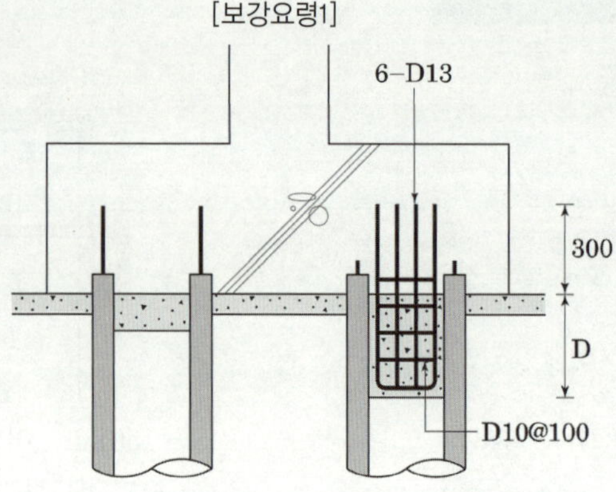

[보강요령2]

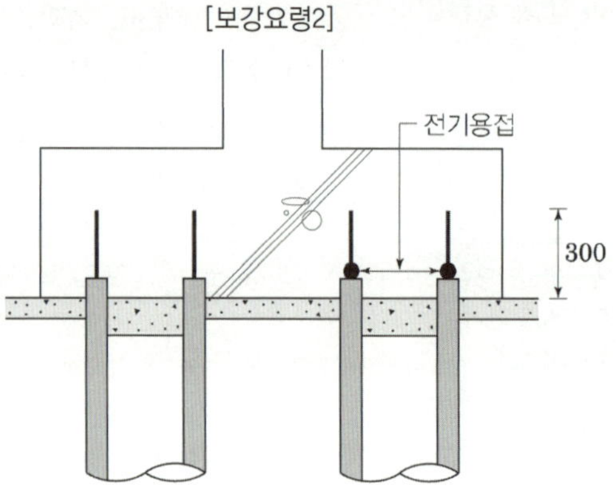

② 말뚝위치가 소요위치보다 낮은 경우

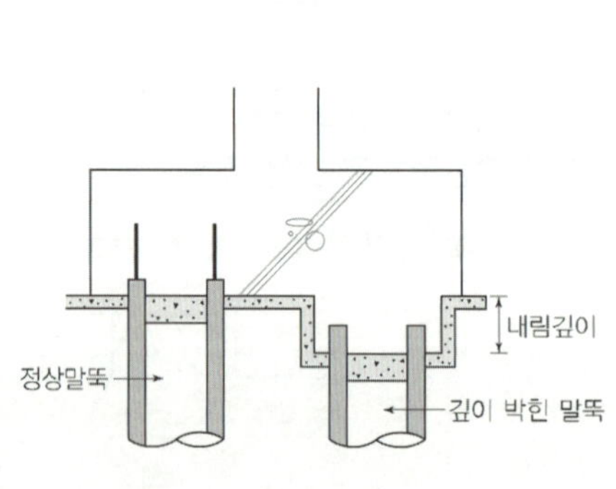

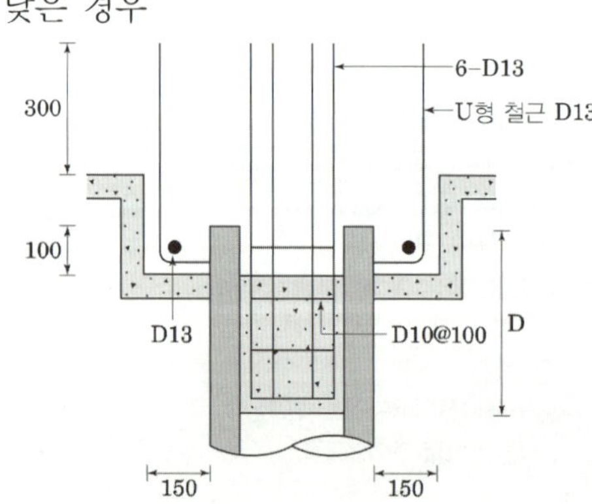

원커팅 공법

① 말뚝을 한번에 절단하고 강선대신 철근망을 삽입
② 항두막이 속채움 콘크리트는 기초콘크리트 강도와 동일 강도로 타설

공법종류

현장타설말뚝

Key Point

◩ 국가표준
- KCS 11 50 10

◩ Lay Out
- 종류
- 종류별 특징
- 시공 시 문제점
- 시공순서

◩ 연관용어

★★★ 3. 현장타설 콘크리트 말뚝

3-27	현장타설 콘크리트 말뚝	
No. 174		유형: 공법

Ⅰ. 개 요

① 지반에 구멍을 미리 뚫어놓고 콘크리트를 현장에서 타설하여 조성하는 말뚝
② 심재 관입방법, 지반굴착 방법, Mortar 주입방법, 철근망의 삽입 유무, 공벽붕괴 방지 공법 등을 기준으로 분류된다.

Ⅱ. 종류

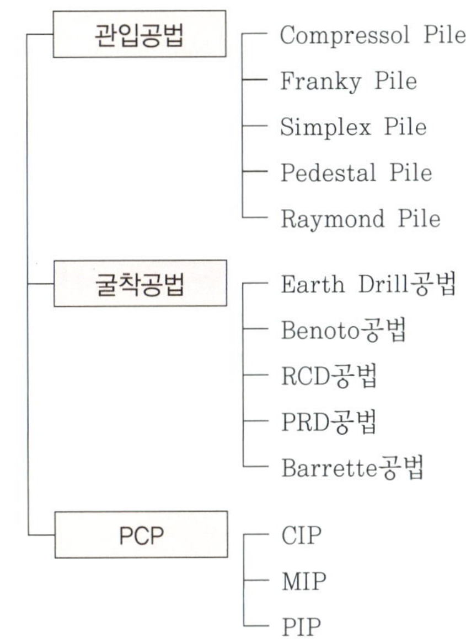

허용오차

- 지면에서 잰 중심위치의 변동: 75mm 미만
- 바닥면 지름: 0mm ~ 150mm
- 수직축의 변동: 1/40 미만
- 바닥표고 변동: ±50mm 미만

Ⅲ. 종류별 특징

1) 관입공법

① Compressol Pile: 3종의 추를 사용하여 최초의 추를 낙하시켜 구멍을 내고, 다음 추로 말뚝 하부의 콘크리트를 흙 속으로 밀어 넣고, 다음 추로 말뚝의 콘크리트를 압축

② Franki Pile: 강관 내부에 콘크리트의 마개를 만들고 추로 이 마개를 내려침으로서 강관을 지반중에 삽입

③ Simplex Pile: 속이 빈 철제관(steel shell)을 소요 깊이까지 박고 concrete를 부어

④ Pedestal Pile: 내관·외관의 2중 강관을 매입하고, 콘크리트를 투입하여 내관으로 콘크리트를 타격하면서 외관을 빼내는 작업을 교대로 반복

공법분류

⑤ Raymond pile: 외관으로 얇은 철판을 사용하여 잘 맞는 내용을 삽입해서 내·외관을 동시에 박아, 소정깊이에 도달하면 내관을 뽑아내고 외관속에 콘크리트를 쳐서 된 말뚝

2) 굴착공법

① Earth Drill공법

② Benoto공법

③ RCD: Reverse Circulation Drill

④ PRD: Percussion Rotary Drill Method

⑤ Barrete공법

3) Prepleced Concrete Pile

① CIP(Cast-In-place Pile)

② PIP(Packed-In-place Pile)

③ MIP(Mixed-In-place Pile)

4) 소구경 파일

① Micro Pile

② 헬리컬 파일(Helical Pile)

③ PDT Pile(Pulse Discharge Technology)

④ PF(Point Foundation)공법

Ⅳ. 시공 시 문제점

① 말뚝체 형상불량 및 콘크리트 불량

② 공벽붕괴

③ 굴착불능/ 능률저하

④ 철근 Cage 부상

⑤ 기구매설

⑥ 지지력 부족/ 지반이완

⑦ 경사편심

Ⅴ. 시공 순서

① 말뚝 중심측량

② 천공 및 공벽보호(Casing삽입)

③ Slime제거

④ Koden Test

⑤ 철근망 및 철골기둥삽입

⑥ 콘크리트 타설

⑦ Casing인발

☆☆★ 3. 현장타설 콘크리트 말뚝

3-28	Earth Drill공법(어스드릴)	
No. 175		유형: 공법

공법분류

굴착공법

Key Point

◩ 국가표준
- KCS 11 50 10

◩ Lay Out
- 시공순서
- 특징
- 시공 시 유의사항

◩ 핵심 단어
- What: 회전식Drilling
- Why: 공벽보호
- How: 안정액

◩ 연관용어
- RCD
- PRD

• 미국의 calweld사가 개발

적용범위

① 지름 0.6~2.0m, 심도 20~50m
② 붕괴되기 쉬운 모래층, 자갈층 및 견고한 지반에 부적합
③ 지하수 없는 점성토에 적합

Ⅰ. 개 요

① 회전식 Drilling Bucket을 이용하여 굴착하고, 안정액으로 공벽을 보호하며, 선조립된 철근망을 삽입한 후 concrete를 부어 넣는 현장타설콘크리트 말뚝

② 소음·진동·분진 등이 적고, 굴착 속도가 빠르며 점토질 지반에 적용된다.

Ⅱ. 시공순서

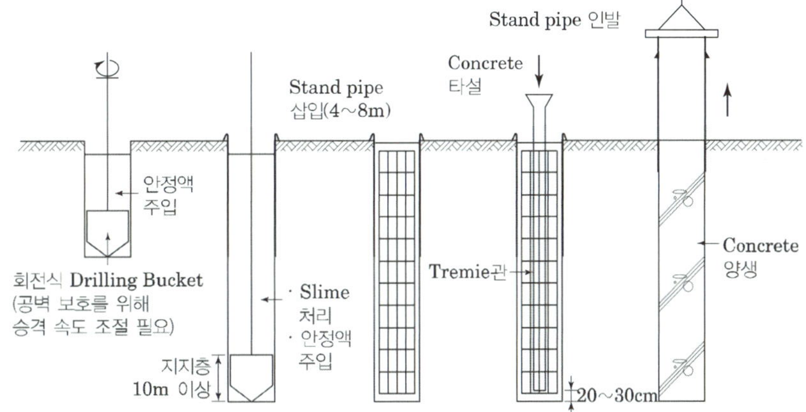

굴착 → Stand Pipe삽입 → Slime 처리(1차) → 철근망 삽입 → Tremie관 삽입 → Slime 처리(2차) → 콘크리트 타설 및 Stand Pipe 인발

Ⅲ. 특징

① 비교적 소형으로 굴착속도가 빠름
② 제자리 현장타설 말뚝 중 진동·소음이 가장 적음
③ 콘크리트가 설계수량보다 5~15% 정도 많이 필요
④ 좁은장소 시공 가능

Ⅳ. 시공 시 유의사항

① 지표부에서 4~8m 정도까지 표층 Casing 시공하여 공벽보호
② 안정액이 Gel화되거나, 모래자갈층으로 유출되지 않게 일수 방지제 사용
③ 지층의 변화 시 단단한 지반이 경사져 있을 때 → 굴착회전 및 속도를 느리게 하여 굴착

☆☆★ 3. 현장타설 콘크리트 말뚝

3-29	Benoto공법(베노토)	
No. 176	All Casing	유형: 공법

공법분류

굴착공법

Key Point

◪ 국가표준
- KCS 11 50 10

◪ Lay Out
- 시공순서
- 특징
- 시공 시 유의사항

◪ 핵심 단어
- What: Casing
- Why: 공벽유지
- How: All Casing, Hammer grab로 굴착

◪ 연관용어
- RCD
- PRD

적용범위

① 지름 0.8~2.0m, 심도 20~50m
② 퇴적층 및 매립토 지반에 적합
③ 대용량의 말뚝기초
④ 자갈 전석, 암반을 관통해야 하는 곳의 말뚝기초

• France의 benoto사가 개발

Ⅰ. 개 요

① casing tube를 오실레이터(oscillator)로 요동·회전시키는 동시에 유압 jack으로 경질지반까지 관입하고, 내부를 hammer grab로 굴착하여 철근망을 삽입한 후 concrete를 부어 넣는 현장타설 콘크리트 말뚝
② 소음·진동이 적고, 굴착속도는 느리지만 거의 모든 지층에 적용가능하며 지지층 확인이 쉽다.

Ⅱ. 시공순서

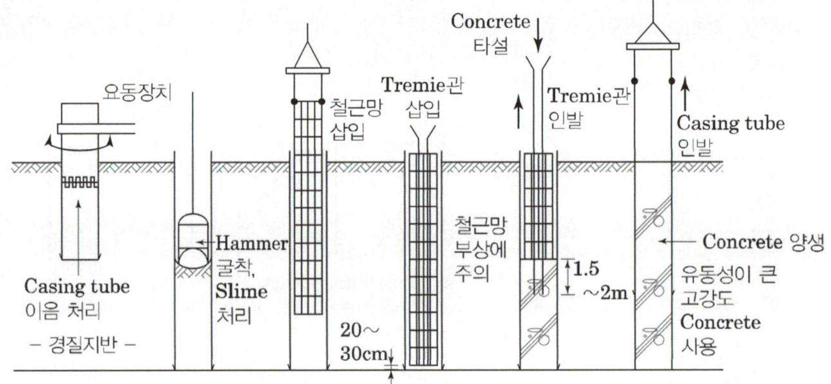

굴착 → Stand Pipe삽입 → Slime 처리(1차) → 철근망 삽입 → Tremie관 삽입 → Slime 처리(2차) → 콘크리트 타설 및 Stand Pipe 인발

Ⅲ. 특징

① 굴착 중 지지층 확인이 용이
② 선단지지층이 암반일 경우 암이 코어의 형태로 채취되므로 그 성분을 확실하게 확인 할 수 있다.
③ 케이싱이 선행하므로 히빙 및 보일링 현상이 없다.
④ 자갈, 전석 등 어떠한 지층이라도 치젤을 사용하지 않고도 굴진이 가능

Ⅳ. 시공 시 유의사항

① 장비가 중량이므로 지반안정에 유의
② Casing 상호간의 확실한 연결
③ Casing의 선행 삽입(Heaving 및 Boiling방지)
④ 하부 Slime의 확실한 처리
⑤ 공내수압 유지: 말뚝선단 및 주변의 지반이완 방지

★★★ 3. 현장타설 콘크리트 말뚝

3-30	RCD공법(역순환 공법)	
No. 177	Reverse Circulation Drill	유형: 공법

공법분류

굴착공법

Key Point

◪ 국가표준
- KCS 11 50 10

◪ Lay Out
- 시공순서
- 특징
- 시공 시 유의사항

◪ 핵심 단어
- What: RCD굴착
- Why: 공벽유지
- How: 정수압

◪ 연관용어
- PRD

적용범위

① 지름 0.8~3.0m, 심도 60m 이상
② 수상작업 가능

• 1954년 독일의 잘츠깃터(Salz Gitter)사에서 개발

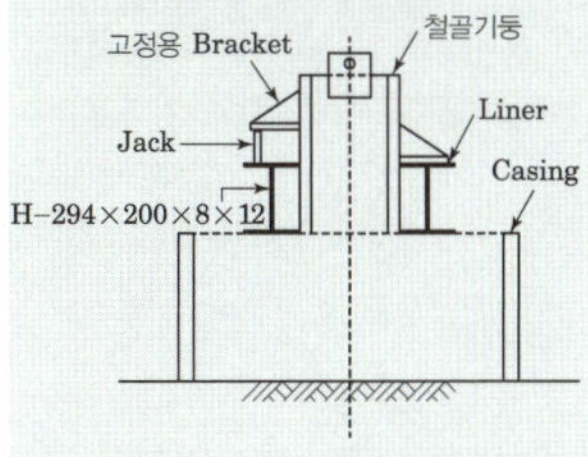

허용오차

• 지면에서 잰 중심위치의 변동: 75mm 미만
• 바닥면 지름: 0mm ~ 150mm
• 수직축의 변동: 1/40 미만
• 바닥표고 변동: ±50mm 미만

Ⅰ. 개 요

① Reverse Circulation Drill을 이용하여 굴착하고, 정수압으로 공벽을 보호하며, Drill Rod 끝에서 물을 빨아올리면서 굴착하고 철근망을 삽입한 후 concrete를 부어 넣는 현장타설 콘크리트 말뚝
② 굴착토사가 굴착 선단으로부터 드릴 파이프의 내부를 통하여 지상으로 순환되므로 "역순환 공법"이라고도 함

Ⅱ. 시공순서

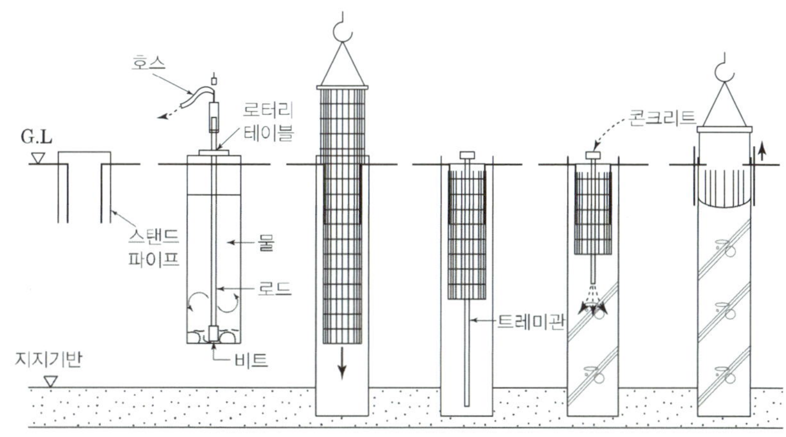

Stand Pipe삽입 → 굴착 → Slime 처리(1차) → 철근망 삽입 → Tremie관 삽입, Suction pump 설치→ Slime 처리(2차) → 콘크리트 타설 및 Stand Pipe 인발

Ⅲ. 특징

① 장비가 상대적으로 경량
② 다량의 물을 필요로 함
③ 세사층 굴착이 가능하나, 호박돌 혹은 자갈층이 존재할 경우 굴착곤란

Ⅳ. 시공 시 유의사항

① 정수압유지: 0.02MPa 이상
② 공내수위: 지하수위보다 2m 이상 높을 것
③ Slime 처리: Concrete 타설 직전의 Slime 양은 10cm 이하로 유지
④ Slime에 대한 보강: Toe Grouting 실시

★★★ 3. 현장타설 콘크리트 말뚝 105.123

3-31	PRD공법	
No. 178	Percussion Rotary Drill	유형: 공법

공법분류

공벽유지 원리

Key Point

◪ 국가표준
- KCS 11 50 10

◪ Lay Out
- 시공순서
- 특징
- 시공 시 유의사항

◪ 핵심 단어
- What: Casing
- Why: 공벽유지
- How: 압축공기로 굴착

◪ 연관용어
- RCD

적용범위

• 도심지 Top down 현장

[기둥철골설치]

[Back Fill]

• 지면에서 잰 중심위치의 변동: 75mm 미만
• 바닥면 지름: 0mm ~ 150mm
• 수직축의 변동: 1/40 미만
• 바닥표고 변동: ±50mm 미만

Ⅰ. 개 요

① Casing을 압입하여 공벽을 보호하고 pile driver에 장착된 hammer bit를 저압의 air에 의해 타격과 동시에 회전시키는 방식으로 지반을 굴착하고 압축공기로 굴착시키는 말뚝기초공법

② 상호 역회전하는 내측 샤프트와 외측 케이싱의 구조를 이용하여 암반 굴진하는 이중역회전식의 기초공사용 전문 천공기

Ⅱ. 시공순서

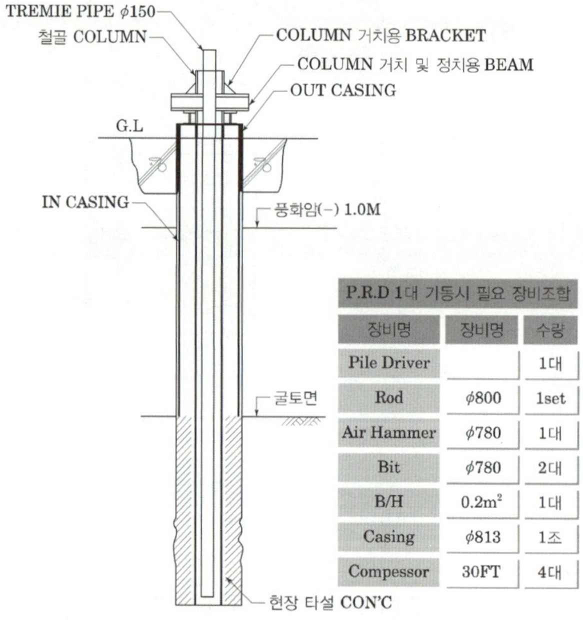

P.R.D 1대 기동시 필요 장비조합

장비명	장비명	수량
Pile Driver		1대
Rod	φ800	1set
Air Hammer	φ780	1대
Bit	φ780	2대
B/H	0.2m²	1대
Casing	φ813	1조
Compessor	30FT	4대

중심선 측량 → Out Casing설치 → In Casing설치/천공 → 철근망/기둥철골설치 → 콘크리트 타설 및 Casing 인발

Ⅲ. 특징

① 시공효율이 높고 시공속도가 비교적 빠름
② 저압 및 저소음장비를 사용하여 민원발생 적음
③ 저압의 Air를 사용하므로 지반교란이 적음
④ Casing 내부의 토사를 Air로 배토시키므로 선단지지층 육안확인가능

Ⅳ. 시공 시 유의사항

① 굴착 시 연직도가 유지되도록 수준기로 수시로 확인
② 굴착은 케이싱 압입깊이 이내에서 실시
③ Slime 처리: Concrete 타설 직전의 Slime 양은 10cm 이하로 유지
④ 철골에 편심이 생기지 않도록 양측에서 Back Fill 실시

☆☆☆ 3. 현장타설 콘크리트 말뚝

3-32	Barrette 공법	
No. 179	바레트 공법	유형: 공법

공법종류

굴착공법

Key Point

◩ 국가표준
- KCS 11 50 10

◩ Lay Out
- 시공순서
- 특징
- 시공 시 유의사항

◩ 핵심 단어
- What: BC Cutter 굴착
- Why: 공벽유지
- How: 안정액 이용

◩ 연관용어
- RCD
- PRD
- 슬러리월

적용범위

- 도심지 Top down 현장

[가이드월]

[콘크리트타설]

Ⅰ. 개 요

① BC Cutter로 지반을 굴착하고, 안정액을 사용하여 공벽을 보호하며, 철근망을 삽입한 후 concrete를 부어 넣는 현장타설 콘크리트 말뚝

② 단면이 항생제의 캡슐(Capsule)과 같은 길쭉한 타원형을 기본형태로서 一(일)자형, 二(이)자형, 十(십)자형, H형 등의 형태로 형성되는 Pier 기초

Ⅱ. 시공순서

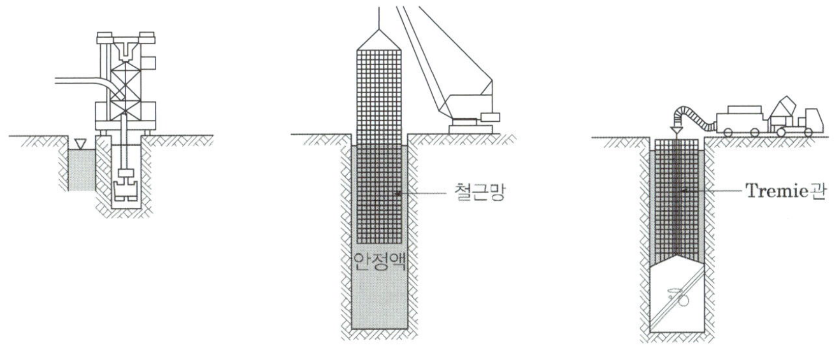

측량 → Guide Wall→ 굴착 → 철근망 삽입 → 철골기둥 설치 → Tremie관 삽입 → 콘크리트 타설

Ⅲ. 특징

① 소음, 진동으로 인한 민원발생 예방
② 시공속도가 빠르고 지하수 영향 적음
③ 장비가 대형으로 좁은 지역에서는 부적합
④ 경암굴착 불가

Ⅳ. 시공 시 유의사항

① 굴착 시 연직도가 유지되도록 수준기로 수시로 확인
② 굴착은 케이싱 압입깊이 이내에서 실시
③ 안정액을 공 내 수위보다 2 m 높게 넣고 시간에 따라 공내 수위를 측정, 선단에서의 유출 여부를 확인
④ Slime 처리: Concrete 타설 직전의 Slime 양은 10cm 이하로 유지
⑤ 철골에 편심이 생기지 않도록 양측에서 Back Fill 실시

★★★ 3. 현장타설 콘크리트 말뚝 74.98.116.129

3-33	Micro Pile	
No. 180	마이크로 파일	유형: 공법

공법분류

소구경

Key Point

- 국가표준
- Lay Out
  - 공벽붕괴 방지대책
  - 특징
  - 시공 시 유의사항
- 핵심 단어
  - What: 스레드바
  - Why: 주면마찰력 극대화
  - How: 저압으로 그라우팅
- 연관용어
  - 형상별 말뚝
  - 선단확대 말뚝
  - 소구경 현장말뚝

적용범위

① 깊은기초 및 부력대응 앵커의 시공이 요구되는 신축구조물의 기초공사
② 기존구조물의 기초보강(지하실 등의 협소한 공간에서도 작업가능)
③ 타워, 굴뚝 및 송전선의 기초파일(압축 및 인장력 동시작용)
④ 연약지반의 기초보강
⑤ 소음 규제 지역의 구조물 기초파일등(천공에 의한 설치)

- 1950년대 이탈리아에서 세계 2차대전동안 역사적으로 중요한 건물의 피해를 underpinning하기 위해 시작

Ⅰ. 개 요

① 천공장비(Crawler Drill)를 이용하여 소요의 깊이까지 천공하고 pipe 및 스레드 바(thread bar)등을 삽입한 후 저압(7~21bar)으로 grouting 하는 직경 30cm 이하의 소구경 pile
② 직경이 작으므로 선단지지력은 무시하고, 파일정착장의 주면마찰력으로 저항하며, 지반과 일체로 거동하여 지반개량효과를 얻을 수 있다.

Ⅱ. 시공 Process

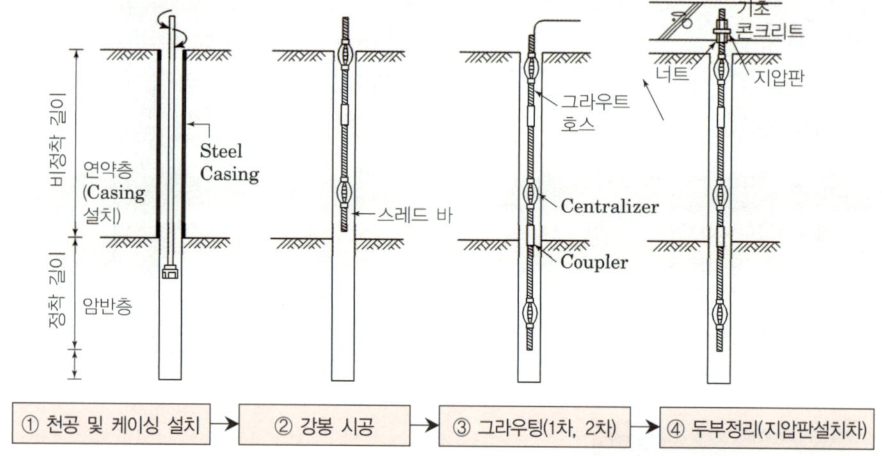

Ⅲ. 시공 Process

① 소음 및 진동이 매우 적어 도심지 공사에 적합
② 연속적인 나선형 Steel Bar를 사용하므로 시멘트 그라우트와 지반의 주면마찰력을 극대화
③ 압축력과 인장력 또는 두 가지 하중이 동시에 작용하는 하중에 대응 가능
④ 기존 구조물의 증·개축 시나 지하실 등 협소한 공간에서도 설치가 가능

Ⅳ. 시공 시 유의사항

① 천공의 수직정밀도 확인
② Grouting 작업 시 Over Flow 될 때까지 시행
③ 선단지지력 저하여부 확인
④ 지속적인 부식방지를 위하여 이중방식 처리 사용

☆☆☆ 3. 현장타설 콘크리트 말뚝

3-34	PDT Pile(Pulse Discharge Technology)	
No. 181	Head 확장형 Pile	유형: 공법

공법종류

소구경

Key Point

◪ 국가표준

◪ Lay Out
- 펄스 축전/ 방전원리-역학적 에너지 변환순서
- 시공순서
- 펄스 파워에 의한 구근 형성 및 지반다짐과정
- 신기술의 특징
- 펄스 파워에 의한 지반다짐

◪ 핵심 단어
- What: 소구경 천공
- Why: 다수의 구근 형성
- How: 임펄스 방전으로 공벽 주변지반을 압축

◪ 연관용어
- 형상별 말뚝
- 선단확대 말뚝
- 소구경 현장말뚝
- EXT 파일(선단확대파일)

Ⅰ. 개 요

① 지반을 직경 250~300mm 정도의 소구경으로 천공한 후 고강도 mortar로 천공 hole을 충전하고 철근망을 삽입한 다음 임펄스(impulse)방전으로 공벽 주변지반을 압축시켜 다수의 구근을 만들어 내는 소구경 현장타설 말뚝공법

② 플라즈마 생성 시 energy 전환에 의해 발생되는 펄스파워를 이용하여 천공벽을 충격파로 여러 번 확장(공동, 구근형성)시켜 기초 말뚝을 조성하는 공법

Ⅱ. 펄스 축전/ 방전원리-역학적 에너지 변환순서

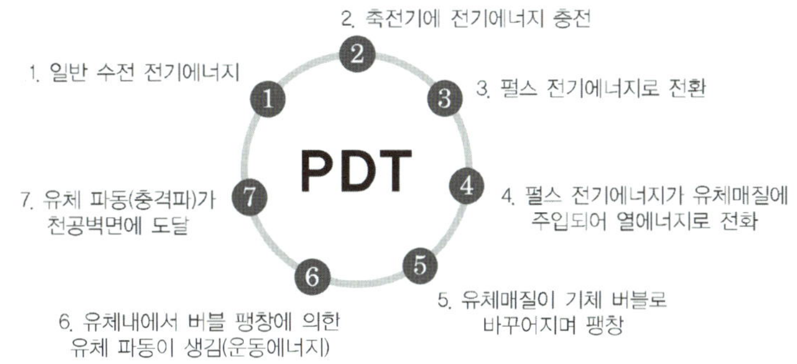

Ⅲ. 시공순서

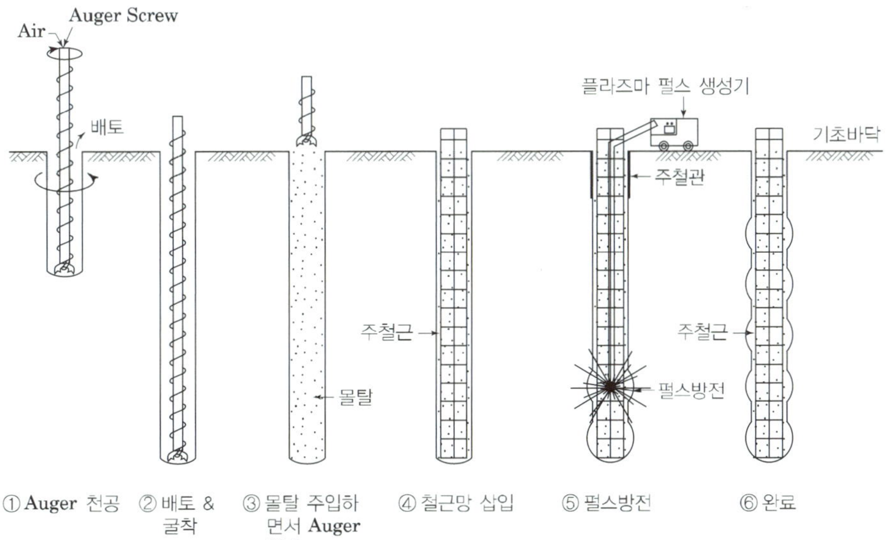

공법종류

Ⅳ. 펄스 파워에 의한 구근형성 및 지반다짐과정

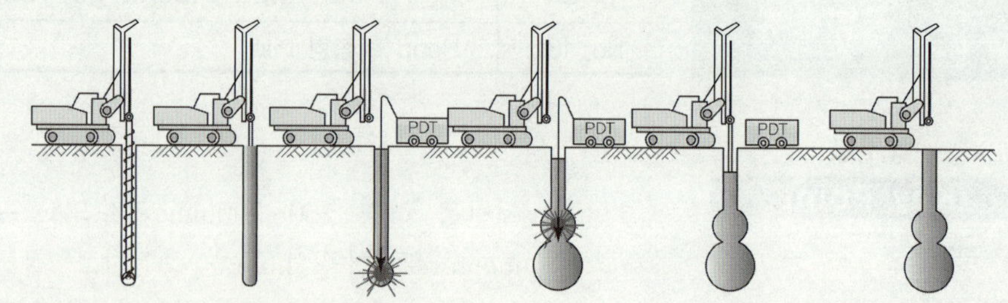

Ⅴ. 신기술의 특징

① 전기 에너지 방출로 인한 빠른 수화작용으로 Mortar의 강도증가 (20~25%)

② 재료분리가 없는 고강도(400kgf/cm^2 이상), 고내구성 및 전도성 물질이 첨가된 응력 몰탈을 사용하여 작은 직경으로도 큰 강도와 지지력을 발휘.

③ 말뚝의 선단과 주면적의 증가로 인한 주위 지반과의 부착력 증가.

④ 저소음, 저진동의 환경친화적인 공법.

⑤ 다양한 규격의 천공장비로 시공이 가능하므로 협소한 공간이나 소규모 현장에서도 적용 가능

Ⅵ. 펄스 파워에 의한 지반다짐

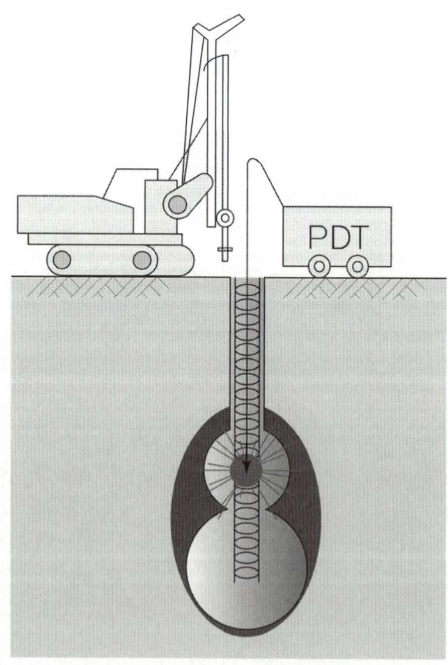

☆☆☆ 3. 현장타설 콘크리트 말뚝 113

3-35	Helical Pile	
No. 182	헬리컬 파일	유형: 공법

공법종류

소구경
Key Point

◪ 국가표준

◪ Lay Out
- Helical 공법원리-지지원리
- 특징
- 시공순서
- 공법비교

◪ 핵심 단어
- What: 나선형 날개
- Why: 압축과 인장력
- How: 회전력을 이용하여 근입

◪ 연관용어
- 형상별 말뚝
- 선단확대 말뚝
- 소구경 현장말뚝

Ⅰ. 정 의

① 고강도 강관파일에 나선형날개(Helix)를 부착하여 만든 파일(Pile)로서 오거의 회전력을 이용하여 지반에 근입하는 공법으로 슬라임이 발생하지 않고 압축과 인장력을 받는 구조물의 안정성확보에 유리한 소구경 강관 파일공법

② 저소음, 저진동 공법으로 민원발생이 최소화되며, 비배토 공법으로 슬라임이 발생하지 않고 먼지발생이 없는 친환경적 공법

Ⅱ. Helical 공법원리-지지원리

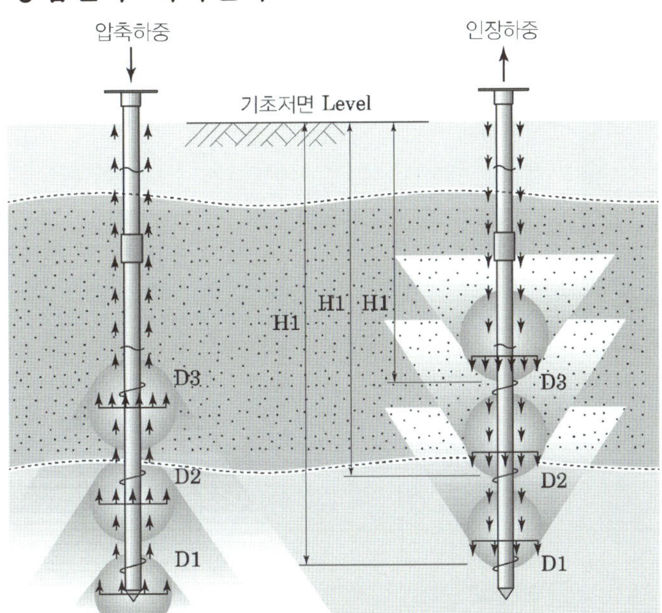

• Helix(주면 마찰력) 및 말뚝선단지지, 연직하중 적용 시 샤프트의 마찰저항과 확장 선단저항으로 지지력 확보

Ⅲ. 특징

① Grouting주입으로 강관주면에 마찰력 증대
② 파일 선단지지력과 나선형 날개의 마찰저항으로 압축하중과 인장하중에 대해 지지력 발생
③ 선단지지력 및 주면마찰력을 극대화
④ 연직지지력 및 인발저항의 복합방식
⑤ 특성화된 장비와 백호우를 결합시켜 일체화된 시공 가능
⑥ 파일 시공 시 슬라임이 발생하지 않음

공법종류

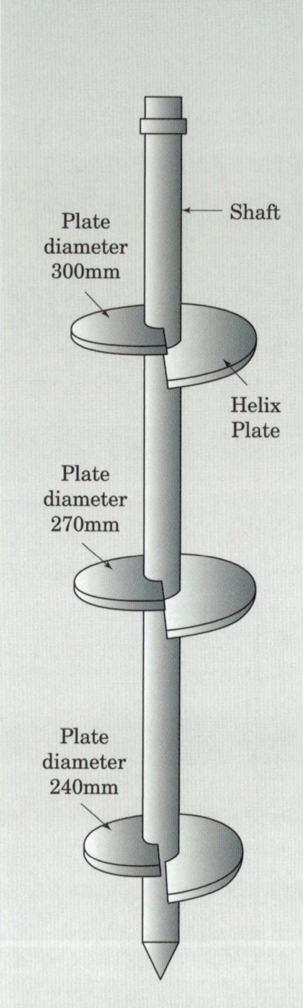

Ⅳ. 시공순서

Ⅴ. 공법비교

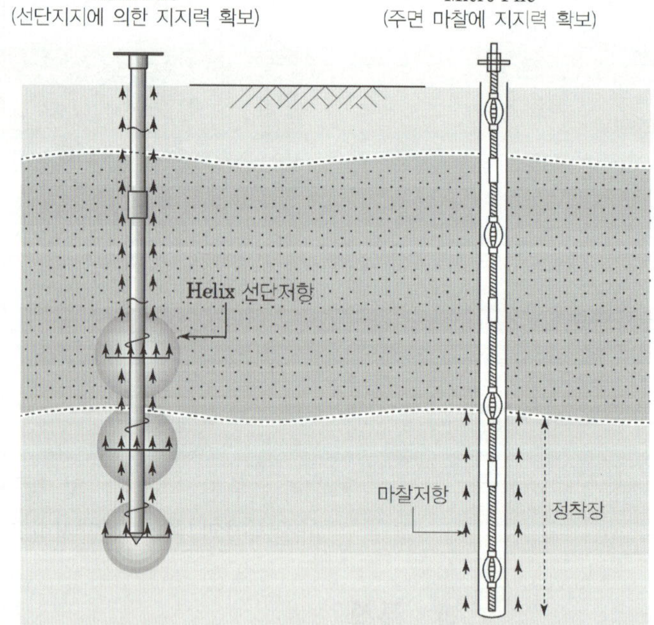

☆☆☆ 3. 현장타설 콘크리트 말뚝 114

3-36	PF(Point Foundation)공법	
No. 183		유형: 공법

공법종류

소구경

Key Point

◩ 국가표준

◩ Lay Out
- 지지 Mechanism
- 특징
- 종류

◩ 핵심 단어
- What: 바인더스
- Why: 지반의 침하제어
- How: 배토된 흙과 교반

◩ 연관용어
- 형상별 말뚝
- 선단확대 말뚝
- 소구경 현장말뚝

Ⅰ. 정 의

① 특수 제작된 교반장치를 이용하여 원위치에서 천공 후 고기능성 고화재인 Bindearth(바인더스)를 배토된 흙과 교반하여 지반의 침하제어 및 지내력을 확보하는 현장타설 기초공법

② 표층, 중층, 심층으로 지반의 상태에 따라 시공되며, 암반에 지지되지 않고 N20~30 이상의 견고한 지층까지 개량을 통하여 지지효과를 기대할 수 있다.

Ⅱ. 지지Mechanism

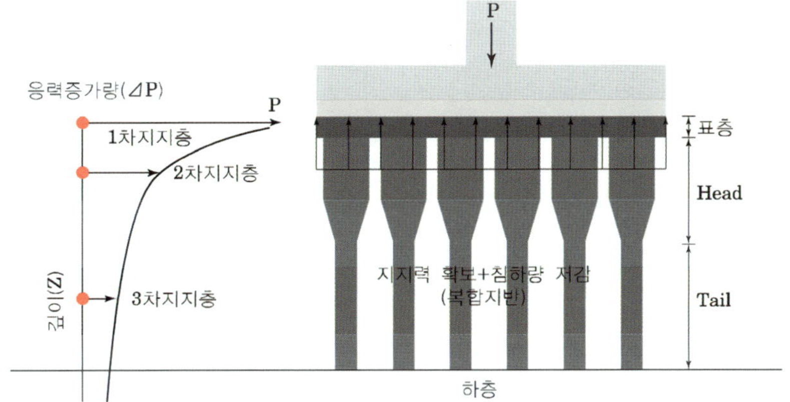

① 표층 0.3~2m: 기초하중을 분산시켜 하부에 전달

② Head 2D~3D: 고개량률로 응력이 큰 상부지반의 지지력 확보 및 침하량 제어

③ Tail: N치 20~30인 견고한 지지층, 저개량률로 응력증가량이 작은 하부지반의 지지력 확보 및 침하량 제어

Ⅲ. 특징

① 연약지반개량을 통한 지내력 확보

② 현장 지질조건을 감안하여 최적화 기초시공 가능

③ 파일기초대비 시공심도 감소

④ 기초공사의 약 20~30% 원가절감 효과

Ⅳ. 종류

① 표층처리: 0~3m까지 굴착하여 100%치환

② 중층처리: 3~11m까지 연약지반에 PF구근체를 형성하여 개량

③ 심층처리: 30m 이상까지 PF구근체를 형성하여 개량

3-37	Preplaced콘크리트 파일	
No. 184		유형: 공법

공법종류

프리플레이스드

Key Point

- 국가표준
- Lay Out
  - 종류
- 핵심 단어
  - 소요 위치에 hole을 뚫고
- 연관용어

Ⅰ. 정 의

기초의 지정공사에서 소요 위치에 hole을 뚫고 주위의 concrete를 부어 넣어 제자리 말뚝을 형성하는 공법

Ⅱ. 종류

1) CIP(Cast In Place Pile)

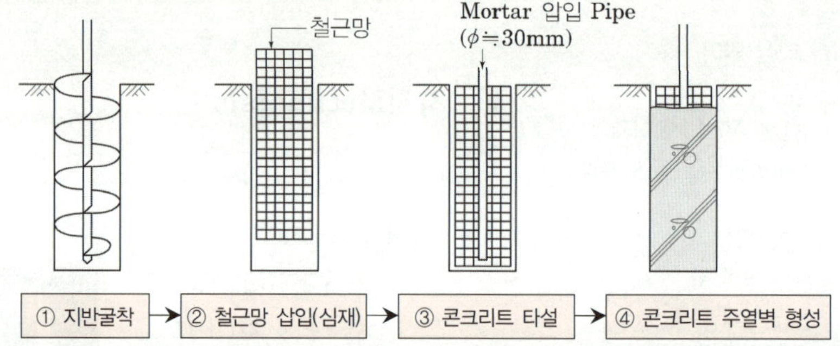

- 지반을 천공한 후 철근망 또는 필요 시 H형강을 삽입하고 콘크리트를 타설하여 제자리 말뚝을 형성하는 공법

2) PIP(Packed In Place Pile)

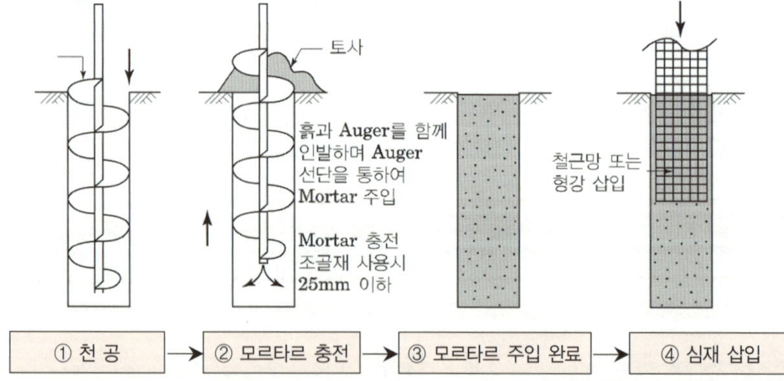

- 연속된 날개가 부착된 screw auger로 hole을 뚫고 소요의 깊이에 도달하면 prepacted mortar 주입과 동시에 auger를 서서히 인발하여 제자리 말뚝을 형성하는 공법

3) MIP(Mixed In Place Pile)

- 중공관인 rod 선단에 굴착 혹은 혼합용 날개가 부착된 auger로 hole을 뚫으며 중공관인 rod를 통하여 cement paste를 주입하는 동시에 흙과 혼합 교반하여 제자리 말뚝을 형성하는 공법

★★★ 3. 현장타설 콘크리트 말뚝 122

3-38	현장타설 말뚝공법의 공벽붕괴 방지 방법	
No. 185		유형: 공법

시공

시공

Key Point

◪ 국가표준
- KCS 11 50 10

◪ Lay Out
- 공벽붕괴 방지방법
- 특징
- 종류

◪ 핵심 단어
- Casing
- 안정액
- 정수압

◪ 연관용어
- RCD
- PRD
- 슬러리월

Ⅰ. 개 요

① 지반에 구멍을 미리 뚫어놓고 콘크리트를 현장에서 타설하여 조성하는 말뚝이므로 공벽유지가 되어야 말뚝을 시공할 수 있다.

② 심재 관입방법, 지반굴착 방법, Mortar 주입방법, 철근망의 삽입 유무, 공벽붕괴 방지 공법 등을 기준으로 분류된다.

Ⅱ. 공벽붕괴 방지 방법

1) Casing으로 공벽 보호

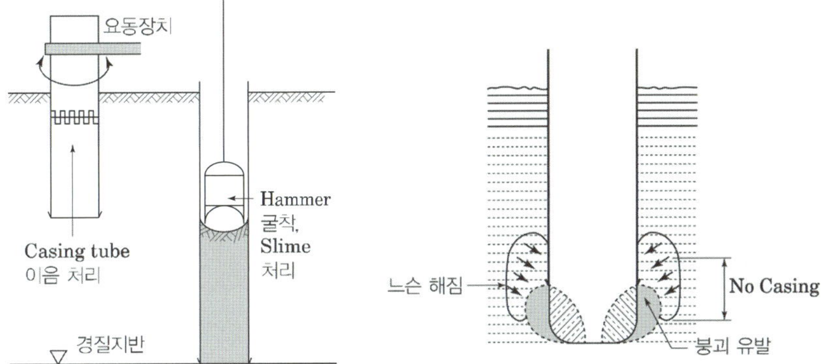

① Casing 상호간의 확실한 연결
② Casing의 선행 삽입(Heaving 및 Boiling방지)
③ 하부 Slime의 확실한 처리
④ 공내수압 유지: 말뚝선단 및 주변의 지반이완 방지

2) 벤토나이트 안정액으로 공벽 보호

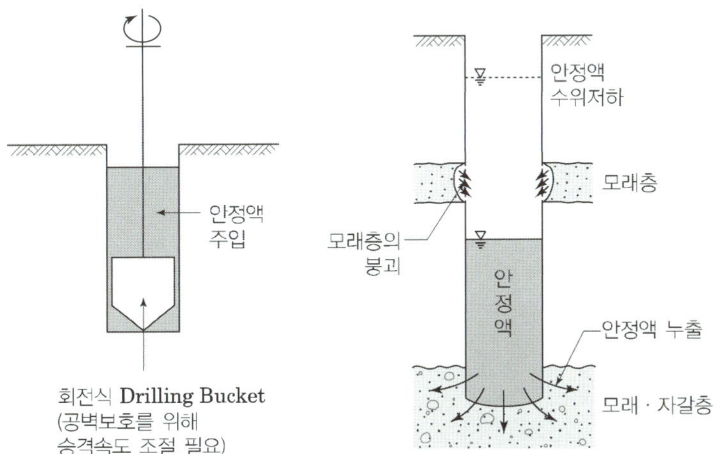

시공

① 지표부에서 4~8m 정도까지 표층 Casing 시공하여 공벽보호

② 안정액이 Gel화되거나, 모래자갈층으로 유출되지 않게 일수 방지제 사용

③ 지층의 변화 시 단단한 지반이 경사져 있을 때 → 굴착회전 및 속도를 느리게 하여 굴착

3) 정수압으로 공벽 보호

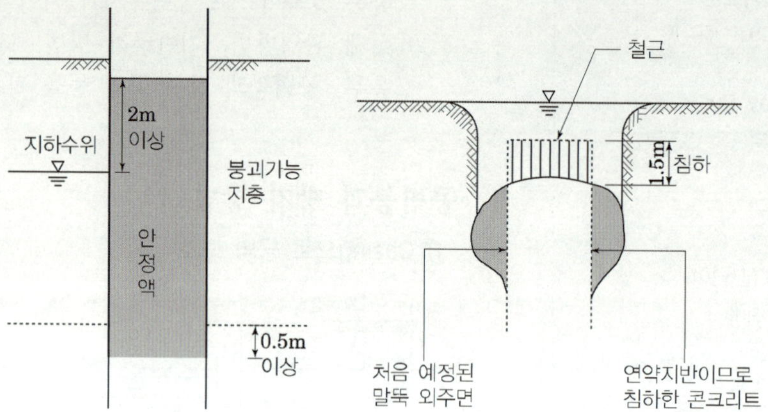

① 정수압유지: 0.02MPa 이상

② 공내수위: 지하수위보다 2m 이상 깊을 것

★★★ 3. 현장타설 콘크리트 말뚝 92.106

3-39	현장 타설 콘크리트 말뚝의 건전도 시험	
No. 186	PIT: Pile Integrity Test	유형: 시험 · 기준 · 측정

시험

결함시험

Key Point

◪ 국가표준
- KCS 11 50 10
- KS F 2388

◪ Lay Out
- 검사방법
- 검사 시 유의사항
- 내부결함 판정기준
- 조치방법

◪ 핵심 단어
- What: 검사용 튜브
- Why: 말뚝 품질상태 확인
- How: 초음파 속도

◪ 연관용어
- 코덴테스트

[검사용 튜브 설치수량]

원형말뚝의 직경 (D) (m)	튜브 수량
D ≤ 0.6	2
0.6 < D ≤ 1.2	3
1.2 < D ≤ 1.5	4
1.5 < D ≤ 2.0	5
2.0 < D ≤ 2.5	7
2.5 < D	8

- 연결 부위는 커플링에 의한 나사연결 방식으로 완전방수
- 검사용 튜브의 하단부는 철근망 하부면과 가능한 일치.

Ⅰ. 개 요

현장타설 말뚝의 두부정리 전 검사용 튜브에 송·수신 센서를 동일 속도로 삽입한 후 Pipe간 Sonic Logging을 통해 초음파 속도와 도달시간으로 말뚝의 품질상태와 결함유무를 확인하는 시험

Ⅱ. 검사방법

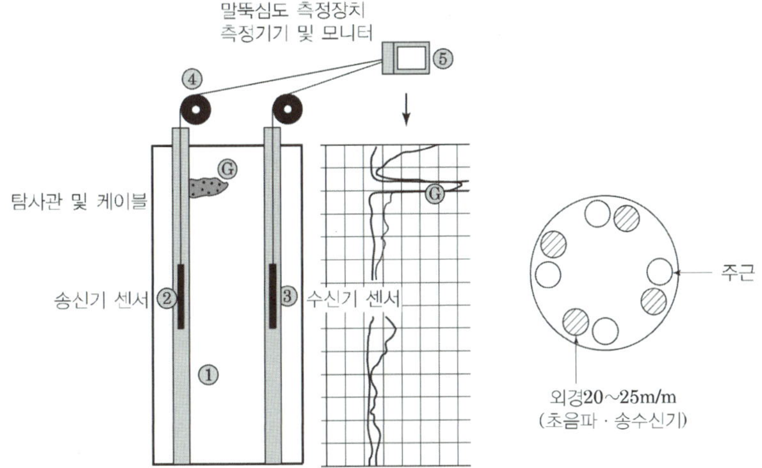

① 나침반을 이용, 기준방향 설정 및 노출 탐사관 상부 일정 길이로 절단
② Tube 상단까지 깨끗한 물을 채운다.
③ 추를 매단 줄자를 넣어 Tube 상태 및 심도를 확인
④ 장비(Encoder)를 Tube 상단에 설치하고 발신기 및 수신기를 넣는다.
⑤ 장비를 초기화하고 Logging을 시작
⑥ 송신기와 수신기를 동시에 내린다.
⑦ Tube 간 사이와 송신기에서 발생한 초음파가 콘크리트를 관통해 수신기에 도달되며, 수신된 Signal은 A/D Card를 통해 컴퓨터로 전송됨
⑧ 결함의 형태와 위치는 모니터에 표시된다.
⑨ 도달 시간이 증가하거나 에너지(신호의 진폭)가 감소되면 결함의 표시임
⑩ 탐사경로를 차례로 바꿔가며 시험한다.

시험

[탐사관(Sonic Guide Pipe) 배치 및 시험경로]

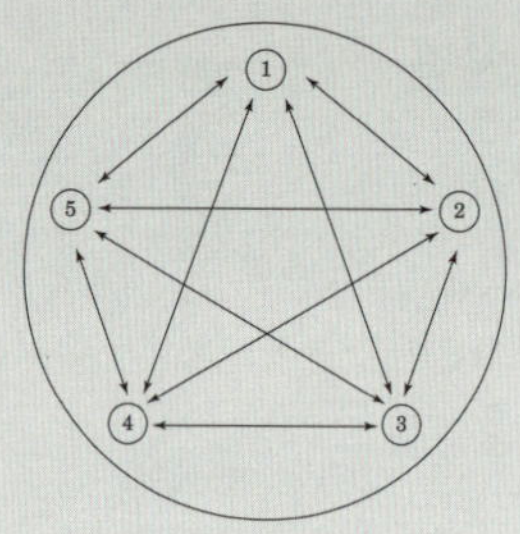

탐사경로 : 10개 경로
1~2, 1~3, 1~4
2~3, 2~4, 2~5
3~4, 3~5
4~5, 5~1

[검사 수량 및 시기]

평균말뚝길이(m)	시험수량(%)
20 이하	10
20 ~ 30	20
30 이상	30

- 타설 후 7일 이후 ~ 30일 이내(보통 2주 후 시행)

Ⅲ. 검사 시 유의사항

① 검사용 튜브 내부의 발신자와 수신자는 말뚝길이 방향과 직교하는 동일 평면상에 놓이도록 케이블의 인입·인발 길이를 조정

② 초음파 발신 및 수신 케이블의 길이는 검사대상 말뚝의 길이를 고려하여 충분한 길이를 확보

③ 초음파 검사의 측정심도는 초음파 발신과 동시에 기록

④ 말뚝의 선단부로부터 발신자와 수신자를 동시에 끌어올리면서 연속적으로 측정

⑤ 한 쌍의 발신자 및 수신자에 대하여 초음파 전파시간, 에너지 강도, 주시곡선의 형태(waveform)를 말뚝 심도에 따라 나타낸 프로파일(profile)을 모니터 화면상 또는 프린트 출력을 통하여 측정

⑥ 검사가 끝난 후 검사용 튜브는 공사감독자의 검사에 대한 판정이 있을 때까지 이물질이 들어가지 않도록 보호덮개를 해야 한다.

Ⅳ. 내부결함 판정기준

등급	판정 기준	결함점수	비고
A (양호)	• 초음파주시곡선의 신호 왜곡(signal distortion)이 거의 없음 • 건전한 콘크리트 초음파 전파속도의 10 % 이내 감소에 해당되는 전파시간 검측	0	V=S/T V: 전파속도 T: 전파시간 S: 튜브간의 거리
B (결함의심)	• 초음파 주시곡선의 신호 왜곡이 다소 발견 • 건전한 콘크리트 초음파 전파속도의 10~20 % 감소에 해당되는 전파시간 검측	30	
C (불량)	• 초음파 주시곡선의 신호 왜곡 정도가 심함 • 건전한 콘크리트 초음파 전파속도의 20 % 이상 감소에 해당되는 전파시간 검측	50	
D (중대결함)	• 초음파 신호 자체가 감지되지 않음 • 전파시간이 초음파 전파속도 1500 m/s에 근접	100	

Ⅴ. 조치방법

① 결함발생 위치까지 보링을 실시한 후 육안검사와 강도시험을 실시

② 보링 홀에 그라우팅을 실시한 후 지지력 시험을 통해 말뚝의 지지력을 확인

③ 보수파일의 위치와 요구조건 명시

★★★ 3. 현장타설 콘크리트 말뚝 85.101.129

3-40	양방향 말뚝재하시험(O-Cell 재하시험)	
No. 187	Osterberg cell	유형: 시험 · 기준 · 측정

Ⅰ. 개 요

① 현장타설말뚝의 선단부 또는 임의 위치에 가압용 재하장치를 설치하여 하향과 상향으로 축하중을 정적으로 가하는 시험

② 말뚝의 선단지지력 특성 또는 주면지지력 특성, 혹은 양자에 관한 자료를 얻는 것이 목적이며 후자는 이미 정해진 말뚝의 설계지지력의 만족 여부를 확인하는 것을 목적으로 한다.

Ⅱ. 시험방법 및 순서

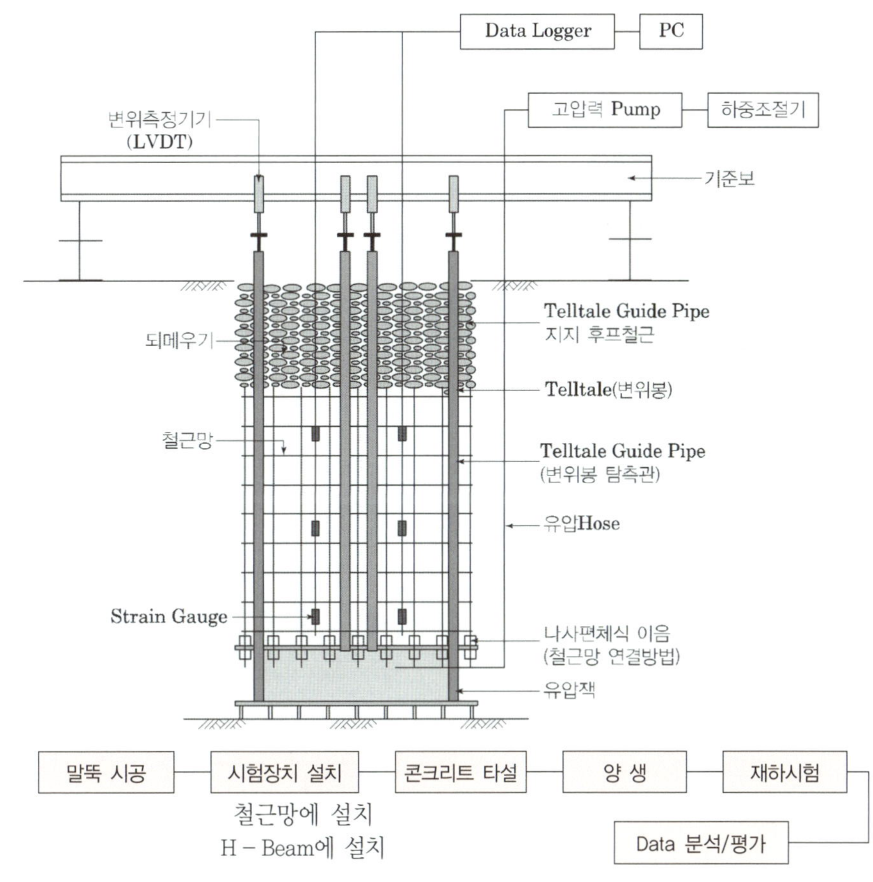

시험

재하시험

Key Point

◩ 국가표준
- KCS 11 50 40
- KS F 7003

◩ Lay Out
- 시험방법 및 순서
- 측정방법 및 기준점
- 재하방법
- 측정항목

◩ 핵심 단어
- What: 가압장치
- Why: 지반저항력
- How: 양방향

◩ 연관용어
- 정재하

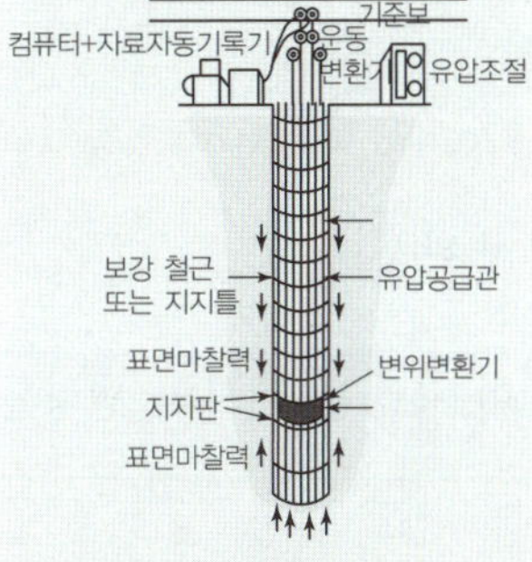

[완속재하방법]
- 하중을 단계적으로 증가시키며, 임의 하중단계에서 일정시간 지속하면서 하중을 재하하는 방법

[양방향 반복재하시험]
- 하중 가력위치를 180도 간격으로 배치하여 양방향으로 재하하는 횡방향재하시험 방법

[일방향 반복재하시험]
- 말뚝의 한 방향으로 일정 간격으로 증가하거나 감소하는 하중을 반복적으로 가하는 횡방향재하시험 방법

[주기재하방법]
- 하중을 주기별로 재하 및 제하하여 시험하는 재하방법

시험

Ⅲ. 측정방법 및 기준점

① 완속재하방법 및 반복재하방법을 사용하는 것을 원칙으로 한다.
② 변위량 측정의 경우 상향 및 하향 변위는 각각 2개소 이상, 그리고 말뚝두부 변위도 2개소 이상 측정
③ 하중전이 측정용 센서의 계측은 일반적으로 양방향말뚝재하시험의 시작부터 종료 시까지 지속적으로 측정
④ 사용말뚝을 기준점으로 하는 경우 시험말뚝으로 부터 각 말뚝지름의 2.5배 이상 떨어진 위치에 있는 것을 이용
⑤ 가설말뚝을 기준점으로 하는 경우 시험말뚝으로부터 그 지름의 5배 이상 혹은 2m 이상 떨어진 위치에 설치

Ⅳ. 재하방법

① 총 시험하중을 설계지지력의 200% 이상으로 8단계 재하
② 재하하중단계가 설계하중의 50%, 100% 및 150% 시 재하하중을 각각 1시간 동안 유지한 후 단계별로 20분 간격으로 재하
③ 침하율이 0.25mm 이하일 경우 12시간, 그렇지 않을 경우 24시간 동안 유지
④ 최대시험하중에서의 재하하중은 설계지지력의 25%씩 각 단계별로 1시간 간격을 두어 재하

Ⅴ. 측정항목

① 시간
② 재하단계별 하중
③ 말뚝두부 및 양방향재하장치의 하향/상향 변위량
④ 선단 및 중간부의 변위량
⑤ 말뚝본체의 변형률(심도별 설치된 하중전이 측정용 센서의 변형률 또는 응력)
⑥ 말뚝 주변지반의 변위량

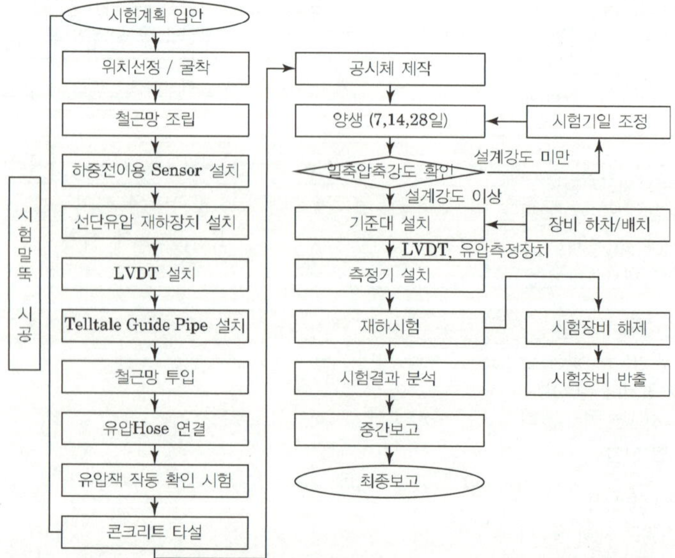

지반개량

공법분류

Key Point

◩ 국가표준
- KCS 11 30 05
- KCS 11 30 10
- KCS 11 30 25
- KCS 11 30 30
- KS F 7003

◩ Lay Out
- 지반개량의 목적
- 지반별 지반개량공법

◩ 핵심 단어
- 지지력 증대 또는 침하의 억제

◩ 연관용어

용어의 정의

- 연약지반 : 구조물의 기초 지반으로서 충분한 지지력과 침하에 대한 안정성을 갖지 못하여 지반 개량 또는 보강 등의 대책이 필요한 지반
- 지반개량 : 지반의 지지력 증대 또는 침하의 억제에 필요한 토질의 개선을 목적으로 흙다짐, 탈수 및 치환 등으로 공학적 능력을 개선시키는 것

★★★ 4. 기초의 안정

3-41	지반개량공법	
No. 188		유형: 공법

Ⅰ. 정 의

① 지반의 지지력 증대 또는 침하의 억제에 필요한 토질의 개선을 목적으로 흙다짐, 탈수 및 치환 등으로 공학적 능력을 개선시키는 것

② 연약지반은 구조물의 기초 지반으로서 충분한 지지력과 침하에 대한 안정성을 갖지 못하여 지반 개량 또는 보강 등의 대책이 필요한 지반이다.

Ⅱ. 지반개량의 목적

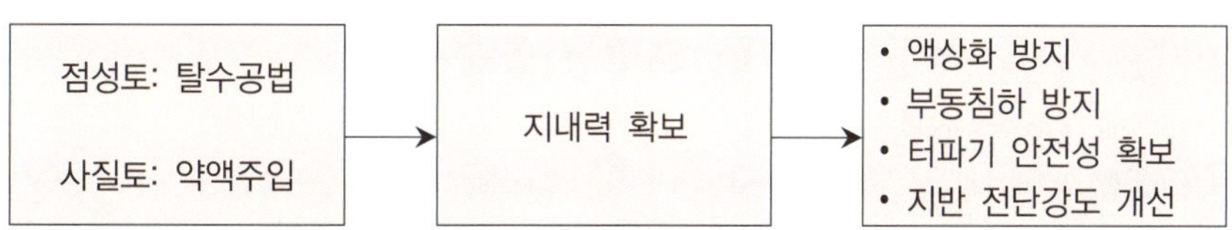

Ⅲ. 지반별 지반개량공법

지 반	지반개량 공법
사질토 N≤10	• 지반 내 간극 감소를 위해 물리적인 힘 또는 진동을 가하여 표면 또는 심층을 다지는 다짐공
	• 모래다짐 공법(Sand Compaction Pile) • Rod Compaction • 진동다짐 공법(Vibro Floatation Method) • 동다짐 공법(Dynamic Compaction) • 배수공법 & 지하수위 저하공법(Deep Well공법: 압밀침하 촉진, Well Point공법: 간극 수 집수효과) • 약액주입 공법(Chemical Grouting Method): 주입효과 확인→ 육안검사(굴착, 색소판별), 화학적 분석법, 투수시험, 강도확인(일축압축강도, 직접전단시험)
점성토 N≤4	• 지반 내 간극수를 배제시켜 압밀을 유도하는 선행재하, 연직배수, 진공압밀
	• 연직배수공법(탈수공법): Sand Drain, Pack Drain, Prefabricated Vertical Drain • 압밀공법: 선행재하, 사면선단재하, 압성토 공법 • 고결공법: 생석회말뚝공법, 소결공법, 동결공법 • 치환공법: 굴착치환, 미끄럼치환, 폭파치환 • 진공압밀공법(대기압공법)
심층혼합 처리공법	• 입도조정 공법 • Soil Cement공법 • 화학약제 혼합공법

• 연약지반의 특성: 지반의 종류, 연약층의 범위, 깊이, 지반 전체의 성상, 공학적 특성고려

☆☆☆ 4. 기초의 안정

3-42	모래다짐공법	
No. 189	S.C.P(Sand Compaction Pile)	유형: 공법

지반개량

사질토

Key Point

◪ 국가표준
- KCS 11 30 05

◪ Lay Out
- SCP 시공순서
- 특징
- 지반조건에 따른 효과

◪ 핵심 단어
- What: 진동하중
- Why: 모래말뚝 형성
- How: 모래압입

◪ 연관용어
- 정재하

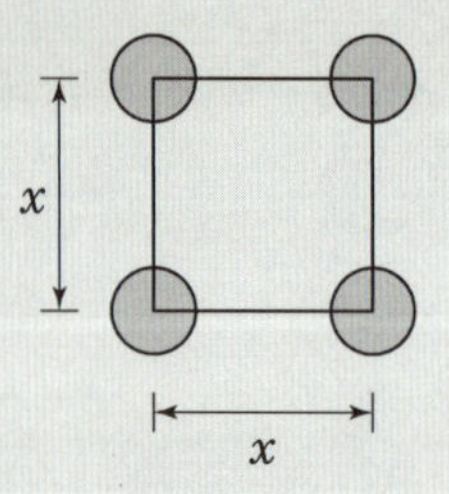

[정방형 배치]

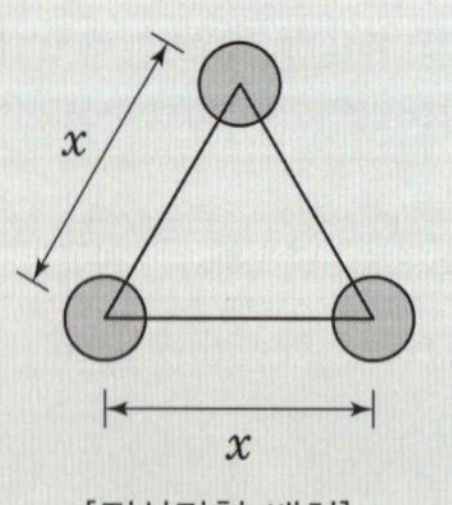

[정삼각형 배치]

x
x
[평행사변형 배치]

Ⅰ. 정 의

① 연약한 사질토지반에 충격 혹은 진동하중을 이용하여 지중에 모래를 압입하여 대직경의 다짐 모래말뚝을 형성하는 공법

② Sand drain으로서의 배수효과와 함께 강제 압입에 의한 주변지반의 다짐효과, 응력집중효과와 지반의 밀도 증가로 인한 액상화 방지, 지반의 지지력 증가, 침하량의 절대치 감소 등의 효과가 있다.

Ⅱ. SCP 시공순서

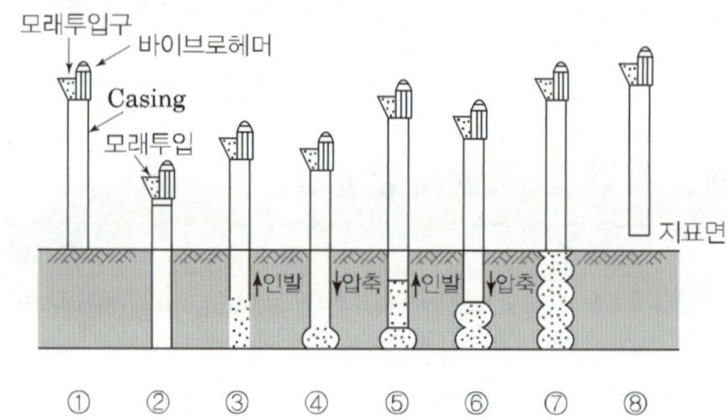

① 위치표시
② 케이싱 내 모래투입
③ 케이싱 인발
④ 케이싱 재관입
⑤ ②~④작업 반복
⑥ 케이싱내 Air Jet정리
⑦ 케이싱 인발
⑧ 다음 위치이동

Ⅲ. 특 징

1) 장점
   ① 적용성이 우수하고 복합지반을 형성하여 지내력과 전단강도 증가
   ② 모래말뚝에 응력 집중현상이 발생하여 압밀량 감소

2) 단점
   ① 모래가 많이 필요하고 점토 함유율이 20% 이상이면 다짐효과 감소
   ② 지표면 가까이 상부층 1~2m에서는 지반의 구속성이 적어서 다짐효과 감소

Ⅳ. 지반조건에 따른 효과

사질토 지반	점성토 지반
• 지진 및 진동 시 액상화 방지 • 지반의 전단강도 증가 • 압축침하의 저감 • 다짐에 의한 균일한 지반 조성	• 복합지반 조성으로 지반의 전단저항 증대 • 지지력의 증가 및 활동파괴 방지 • 압밀침하의 저감(DRAIN효과) • 복합지반 기능으로 부등침하 방지

사질토

Key Point

◩ 국가표준
- KCS 11 30 35

◩ Lay Out
- 동다짐 공법개념과 개량깊이
- 특징
- 개량효과
- 타격방법

◩ 핵심 단어
- What: 무거운 추
- Why: 지반개량
- How: 자유낙하

◩ 연관용어
- 지반개량

☆☆☆ 4. 기초의 안정

3-43	동다짐공법(Dynamic Compaction)	
No. 190		유형: 공법

Ⅰ. 정 의

① 연약지반에 중량 10ton~40ton의 무거운 추(Pounder)를 장착한 전용장비를 이용하여 계획된 높이(10~30m)까지 들어 올린 후 자유 낙하시켜 지반에 충격에너지를 가함으로써 소요심도까지 지반을 개량하는 공법

② 사질, 실트질 세사, 암버럭층, 쓰레기 및 폐기물 매립층등 다양한 토질에 적용이 가능

Ⅱ. 동다짐 공법개념과 개량깊이

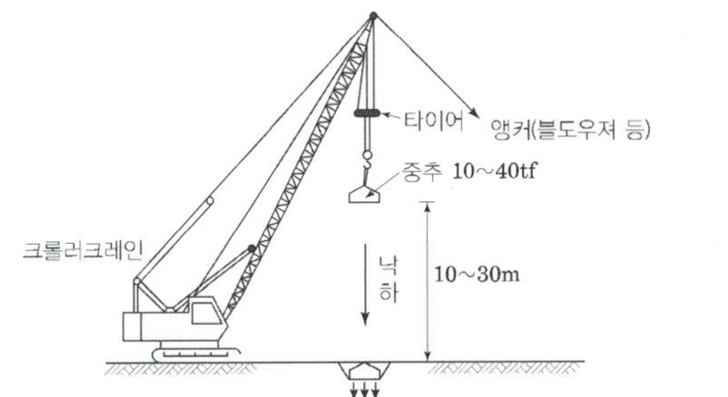

$$D = \frac{1}{2}\sqrt{Wh}$$

D: 영향깊이(m)
W: 중추의 무게(t)
h: 낙하높이(h)

- 다짐에 의한 에너지 전달은 지중으로 갈수록 감소

Ⅲ. 특 징

① 광범위한 토질에 적용이 가능
② 특별한 약품이나 자재 불필요
③ 타공법(파일, 지반고결 등)에 비하여 공사기간이 단축
④ 도심지등 구조물이 밀집된 장소에는 소음과 진동으로 제약

Ⅳ. 개량효과

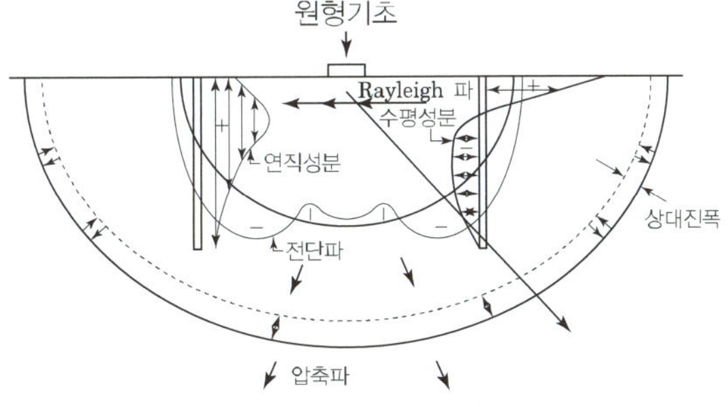

[충격에너지에 의한 탄성파 전달 모식도]

① 분리된 입자들이 조밀하게 재배열되면서 다짐효과 발휘
② 입자간 분리 및 진동으로 인한 재배열을 유발시켜 느슨한 지반을 다지는 효과 발휘

V. 타격방법

1) 중추의 무게 및 낙하고 결정

① 경제적, 기술적인 이유 등으로 중추의 무게보다 낙하고를 증가시키는 쪽이 용이

② 일반적인 중추의 무게는 5~40톤 정도이며, 중추낙하높이는 5~40m 정도

2) 타격점 간 간격 결정

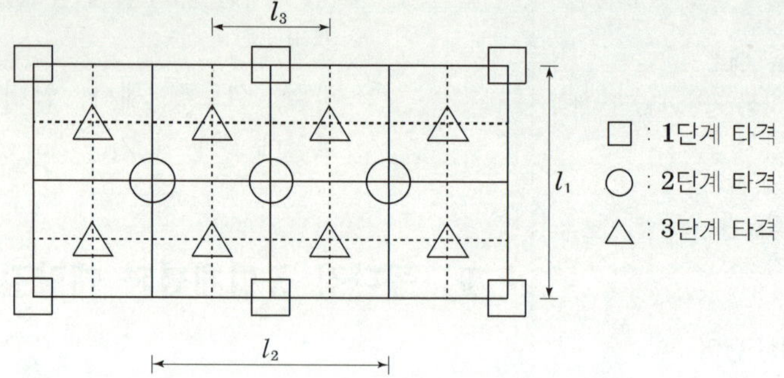

① 기본 타격점간의 간격(L)은 개량깊이와 흙 종류, 중추의 저면적, 그리고 중요 구조물간의 간격 등을 고려하여 결정

② 경험적인 값으로 5~10m 정도로 결정

③ 개량심도와 같은 간격으로 결정

④ 기초나 기타 구조물간의 간격과 같게 결정

지반개량

사질토

Key Point

- 국가표준
  - KCS 11 30 45
- Lay Out
  - 주입방법의 분류
  - 주입공법 분류
  - 주입재의 혼합방식
- 핵심 단어
  - What: 주입관 삽입
  - Why: 강도증대 차수효과
  - How: 주입 혼합
- 연관용어
  - 지반개량

★★★ 4. 기초의 안정

3-44	약액 주입 공법	
No. 191	chemical grouting method	유형: 공법

Ⅰ. 정 의

① 지반 내에 주입관을 삽입하여 약액(주입재)을 압력으로 주입하거나 혼합하여 지반을 고결 또는 경화시켜 강도증대 또는 차수효과를 높이는 공법

② 주입재(약액)는 현탁액형과 용제형으로 구분할 수 있으며 지반특성과 주입목적에 적합한 주입재료와 주입공법을 선정한다.

Ⅱ. 주입방법의 분류

침투주입	맥상주입	충전주입	치환주입
토립자 간극에 침투하여 (Gel Time)에 고결	지반내 균열에 맥을 형성하여 고결	주입재를 지반속에 충전	고압분사에 의해 주입범위의 흙을 파쇄 후 충전

Ⅲ. 주입공법 분류

1) 저압주입공법

구분		LW	SGR	MSG
공법개요		시멘트 밀크 주입에 규산소다용액을 첨가	이중관 Rod에 특수 선단장치를 부착시켜 급결성과 완결성의 주입재를 저압으로 복합주입	이중관 주입로드를 설치한 후 마이크로 시멘트계의 개념을 도입
적용범위		사질토	사질토, 점성토	사질토, 점성토
주입방식		Double Packer Sleeve	2중관	2중관/Double Packer Sleeve
주입압력		0.3~0.6MPa	0.4~0.8MPa	0.4~0.8MPa
개량채		∅0.8~1.2m	∅0.8~1.2m	∅0.8~1.2m
경화제	A액	물+규산소다	물+규산소다	물+규산소다
	B액	시멘트 현탁액	시멘트+(약: 급결)+물	MSG(급결)+물
	C액		시멘트+(약: 완결)+물	MSG(완결)+물

지반개량

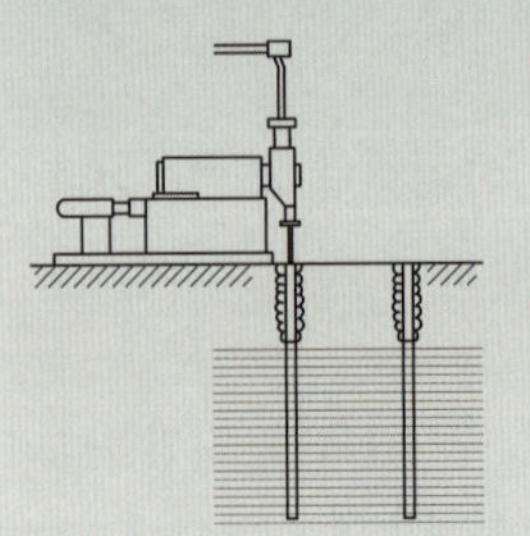

[Rod 주입]

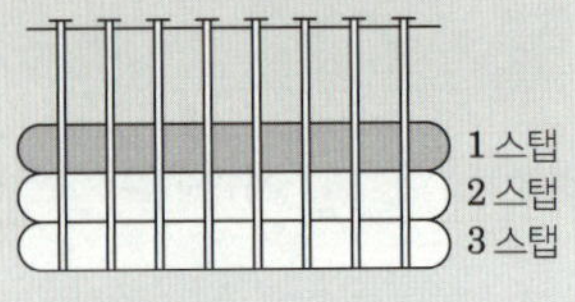

[Strainer 주입]

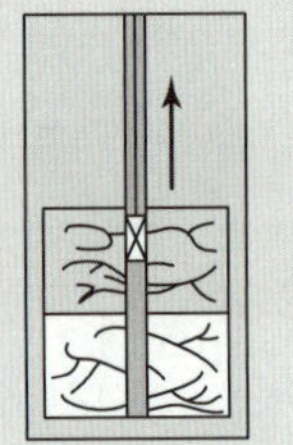

[이중관 Rod 주입]

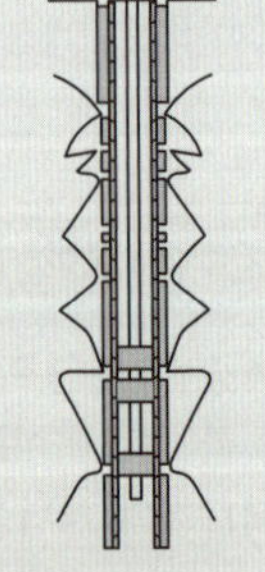

[더블팩커 주입]

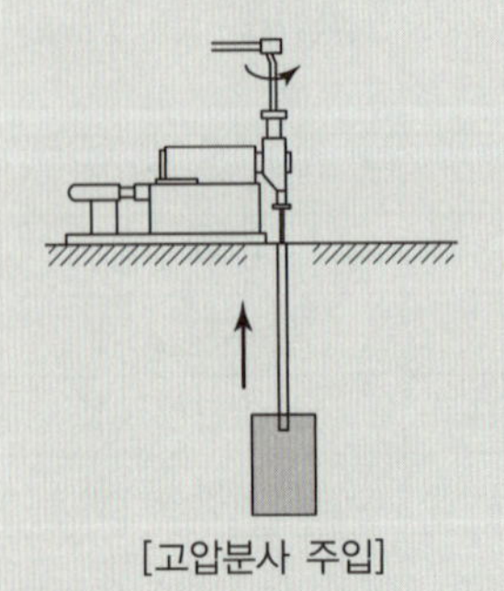

[고압분사 주입]

2) 고압주입공법

구분	JSP	RJP	SIG
공법개요	이중관 Rod 선단에 제팅 노즐을 장착하여 압축공기와 함께 시멘트 밀크를 초고압으로 분사하여 지반을 절삭, 파쇄함과 동시에 그라우팅 주입재를 충전하는 고압분사 방식	초고압수 + 공기 분류체 / 초고압 경화재 + 공기 분류체를 다중관 Rod의 선단에 장착된 Monitor를 통해 합류시키는 2단계 분사시스템	3중관으로 천공 후 공기와 함께 초고압수를 지중에 회전분사 시켜 지반을 절삭하고 경화재로 충전시키는 공법
적용범위	풍화토	일부 풍화암 가능	풍화토
주입방식	2중관	3~4중관	3중관
주입압력	20~40MPa	40~70MPa	40MPa
개량채	∅0.8~1.2m	∅1.2~1.6m	∅1.2~1.6m
경화제	시멘트계	시멘트계	시멘트계

Ⅳ. 주입재의 혼합방식

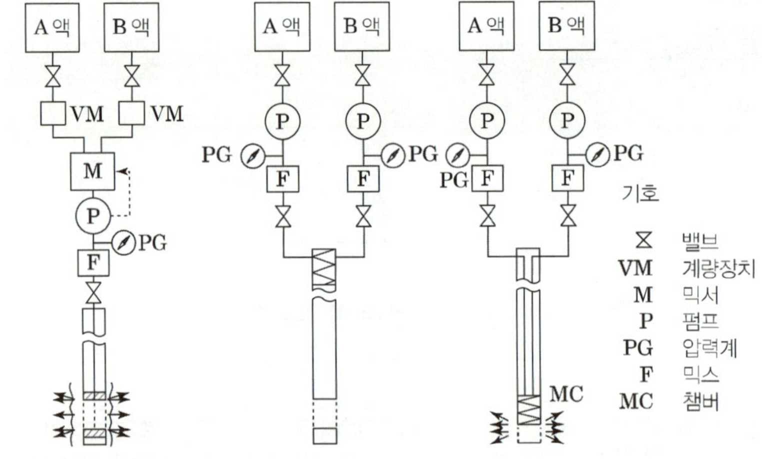

1) 1 shot system

20분 이상의 gel-time, 지하수의 유속이 크지 않을 때

2) 1.5 shot system

2~10분 정도의 gel-time, 간편하고 보편적인 시스템

3) 2 shot system

2분 이하의 gel-time, 지하수의 유속이 클 때나 용수가 많을 때

★★★ 4. 기초의 안정 94

3-45	CGS 공법	
No. 192	Compaction Grouting System	유형: 공법

지반개량

사질토

Key Point

◩ 국가표준
- KCS 11 30 45

◩ Lay Out
- 시공 Process
- 특징
- 용도

◩ 핵심 단어
- What: 모르타르
- Why: 지반개량
- How: 방사형 타입

◩ 연관용어
- 지반개량

Ⅰ. 정 의

① 지반중에 저유동성 주입재인 모르타르를 방사형으로 타입하여 지반을 개량하거나 상대밀도를 증대시키는 주입공법

② 물과 공기를 강제 배출시킴으로서 토립자 사이의 공극을 감소시키는 압축강화 효과에 의한 구근형성

Ⅱ. 시공Process

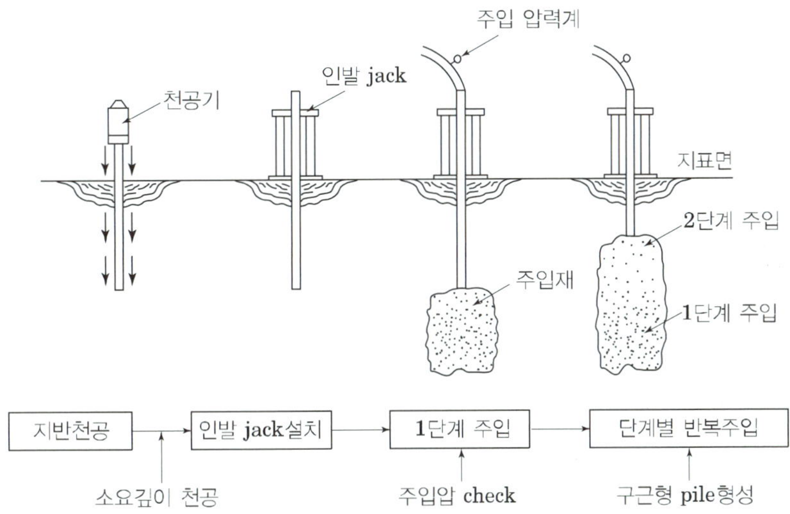

Ⅲ. 특 징

1) 균질한 고결체 형성
   ① 슬럼프치가 1 inch 이하의 저유동성 재료를 사용하기 때문에 주입재가 계획된 장소에서 이탈되지 않고 균질한 고결체 형성 가능

2) 지반개량 효과 우수
   ① 지하수 영향 및 재료분리 현상이 없고 지반의 밀도증가
   ② 계획 위치에 주입된 재료는 주변 지반을 압밀 강화시켜서 지반을 개량
   ③ CGS조성체에 의한 지지파일 효과와 주변지반의 압축강화에 의한 복합지반 형성으로 지반보강효과 우수
   ④ 주입 후 주입재의 수축현상이 발생되지 않으므로 사용 중인 건축구조물에 대하여도 현상태에서 효과적으로 지반보강 가능

3) 개량체의 강도조정 가능
   ① 설계자가 요구하는 기준으로 자유조정 시공 가능
   ② 개량체 조성강도는 3~20MPa로 조정가능

4) 도심지 작업 가능
   ① 소음 및 진동이 작아 도심지 및 주택가에서도 작업이 가능
   ② 시공장비가 소규모로 협소한 작업공간에서도 작업가능
   ③ 주입재가 저유동성 모르타르형으로 대수층에서도 주입재가 유실감소

Ⅳ. 용 도

지반개량

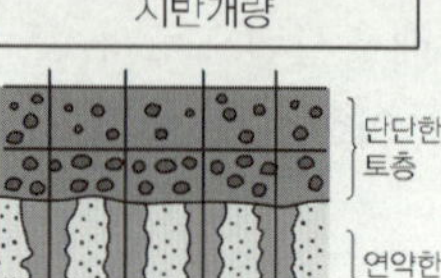

심층에 있는 연약한 토층의 개량
(강제혼합식 시공 불가능 지역)

연약토층에 Compaction Grouting을 실시하여 압밀 개량 시킨다.

부등침하 보강 및 복원

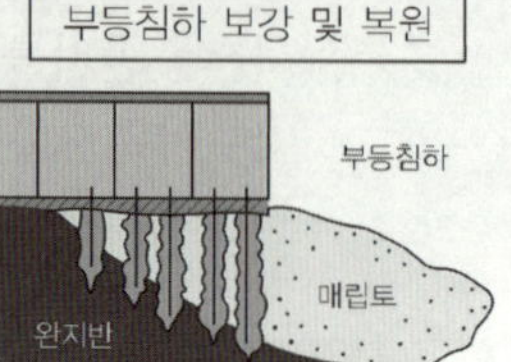

부등침하의 보강 및 복원
(계측기에 의해 측정)

열악한 지반조건 및 기초의 부실로 인한 구조물의 부등침하 발생시 원상태로 복원한다.

액상화 방지

지진시의 액상화 방지
(무진동으로 근접시공가능)

연약토층에 Compaction Grouting을 실시하여 압밀 개량 시킨다.

좁은 실내작업

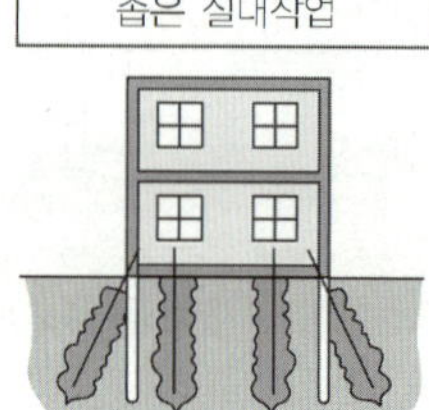

UNDER-PINNING
(좁은 실내에서 작업가능)

기존 구조물의 지반보강시 좁은 실내공간에서도 Air Hand Drill 등을 사용, 작업이 가능하다.

지반보강

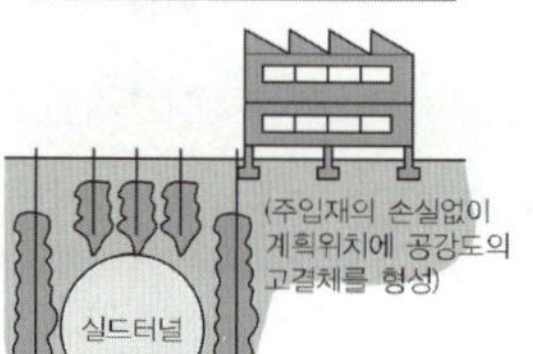

실드터널 주변의 보강

기존 구조물의 근접한 지하 구조 및 터파기 작업 시 지반 보강으로 사용한다.

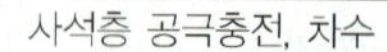

사석층 공극충전, 차수

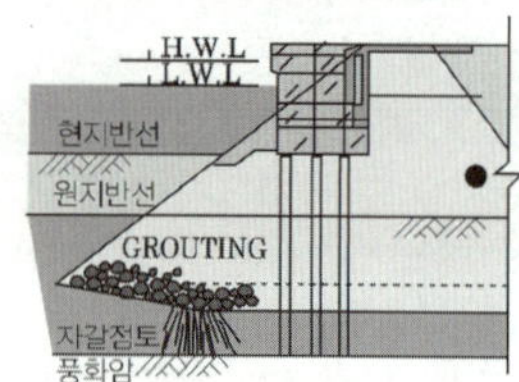

호안 사석층 차수 보강

호안 사석층 차수 및 보강
호안 및 제방 사석매립층의 공극을 비유동성의 주입재로 충전시켜 차수시킨다.

구조물 복원

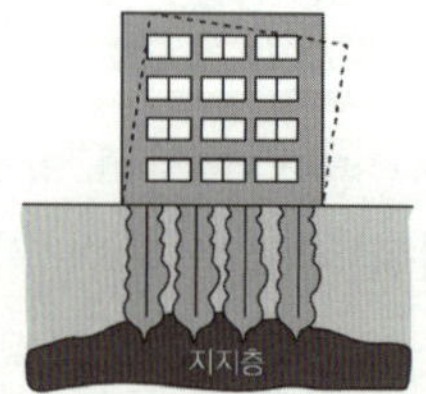

기울어진 구조물복원

부등침하로 인한 기울어진 구조물 하부에 시공하여 인위적인 유기압으로 구조물을 원위치로 복원한다.

SLAB JACKING

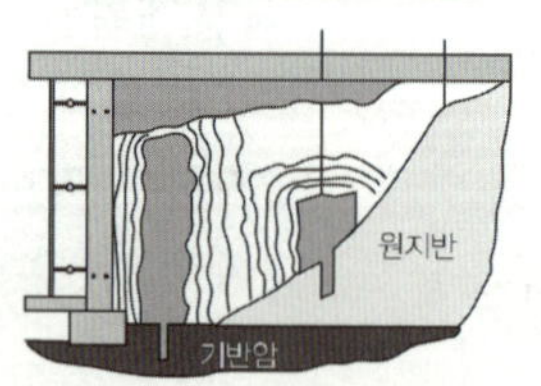

SLAB JACKING

하부지반 연약 혹은 뒷채움 부적절로 인한 SLAB의 처짐 현상을 복원시키고, 지지파일을 형성시킨다.

공동충전

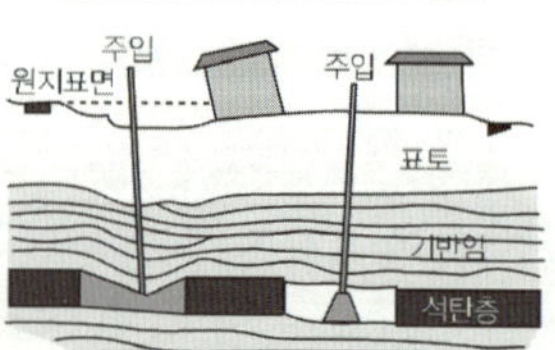

함몰구간 공동충전 전단부 지지를 위한 기둥
공동충전

폐광이나 석회암 동굴 등의 공동을 충전시키고 기둥을 형성한다.

지반개량

점성토

Key Point

◩ 국가표준
- KCS 11 30 20

◩ Lay Out
- 종류

◩ 핵심 단어
- What: 배수기둥
- Why: 지반개량
- How: 간극수 배출

◩ 연관용어
- 지반개량
- 탈수공법
- 연직배수공법

☆★★ 4. 기초의 안정

3-46	탈수공법(연직배수공법)	
No. 193	Vertical drain method	유형: 공법

Ⅰ. 정 의

① 연약지반의 간극수를 빠른 속도로 배출시키기 위하여 지중에 연직 방향으로 배수로(drain system)를 설치하여 간극수를 지표면으로 배출시킴으로써 압밀에 의한 지반을 개량하는 공법

② 현장여건과 지반상태 및 소요공기를 고려하여 정하며, 샌드드레인, 팩드레인 및 토목섬유 연직배수(PVD: Prefabricated Vertical Drain) 등 공법별 각각의 특성에 맞게 설치간격과 깊이를 적용

Ⅱ. 종 류

장점		단점
Sand Drain	정의	• 연약한 기초지반의 압밀을 촉진시키기 위해 배수 기둥을 설치
	특성	• 압밀을 촉진시키기 위해 Preloading공법과 병용 • 단기간 지반의 압축가능 • 압밀효과 큼 • 시공속도가 느리다. • 비용이 저렴
Pack Drain	정의	• 연약한 기초지반의 압밀을 촉진시키기 위해 배수 기둥을 설치하고 강관 내부에 폴리에틸렌 팩을 먼저 밀어 넣고 여기에 모래를 투입
	특성	• 4본을 동시에 타설하므로 시공속도는 빠르다 • 직경이 작은 Sand Pile시공으로 모래사용량이 적어 경제적 • Pack 사용으로 인해 Sand Pile이 절단되지 않는다. • Pack에 모래를 채워 drain의 연속성 확보 • 배수효과 양호
Prefabricated Vertical Drain	정의	• 모래 대신 토목섬유 압입
	특성	• 시공속도는 빠르다. • 시공깊이의 확인이 가능 • 장시간 사용 시 배수효과는 감소

지반개량

점성토

Key Point

◪ 국가표준
- KCS 11 30 20

◪ Lay Out
- 압밀에 의한 간극수 배출원리
- Sand Drain용 모래기준
- 시공 시 유의사항

◪ 핵심 단어
- What: 배수기둥
- Why: 지반개량
- How: 간극수 배출

◪ 연관용어
- 지반개량
- 탈수공법
- 연직배수공법

시공관리

- 케이싱 타입 심도
- 투입된 모래량
- 타입 직전의 지반고
- 샌드드레인의 시공위치, 소요시간, 길이, 기타 시공에 관한 모든 기록

보완대책

- 시공 중 예기치 못한 지층의 변화가 확인된 경우
- 배수재의 타설 위치 및 경사가 허용범위를 초과한 경우
- 배수재가 절단된 경우 또는 재료 투입량이 부족한 경우

☆★★ 4. 기초의 안정 74

3-47	Sand drain 공법	
No. 194	샌드드레인 공법	유형: 공법

Ⅰ. 정 의

연약지반의 간극수를 빠른 속도로 배출시키기 위하여 지중에 연직방향으로 배수기둥(Sand Pile)을 설치하여 간극수를 지표면으로 배출시킴으로써 압밀에 의한 지반을 개량하는 연직배수공법

Ⅱ. 압밀에 의한 간극수 배출원리

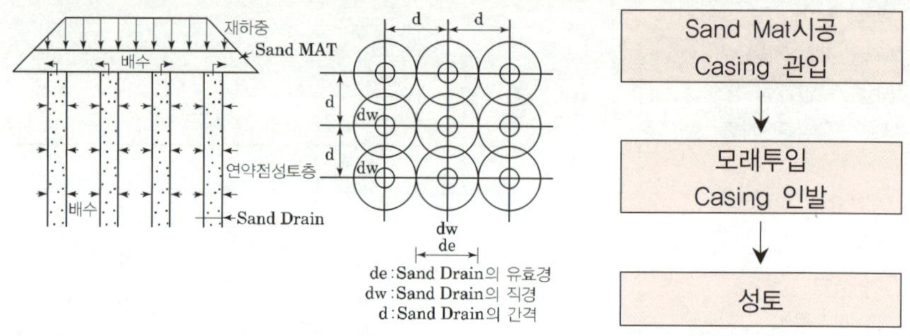

Ⅲ. Sand Drain용 모래기준

① No.200체(0.08mm) 통과량: 3% 이하

② D_{15}: 0.1mm~0.9mm(입경가적곡선에 있어서 통과중량 백분율이 15%에 해당하는 재료의 입경)

③ D_{85}: 1mm~8mm(입경가적곡선에 있어서 통과중량 백분율이 85%에 해당하는 재료의 입경)

④ 투수계수: 1×10^{-3}cm/sec 이상

⑤ 사용 전에 입도시험 실시

Ⅳ. 시공 시 유의사항

① 모래말뚝의 위치에 대한 허용오차는 100mm 이하

② 모래말뚝의 허용 경사각은 2° 이하

③ 시공 피치에 맞도록 시공 위치를 표시

④ 시공 위치는 측량을 실시하여 선정

⑤ 케이싱의 관입을 촉진시키기 위하여 준비한 워터젯(water-jet)은 상부 모래층에 대해서만 사용

⑥ 샌드드레인의 타설방향: 후진으로 진행

⑦ 샌드드레인의 타설: 횡방향 타설 루프를 1사이클(cycle)로 한다.

☆☆★ 4. 기초의 안정

3-48	Pack drain	
No. 195	팩드레인	유형: 공법

지반개량

점성토

Key Point

◪ 국가표준
- KCS 11 30 20

◪ Lay Out
- 압밀에 의한 간극수 배출원리
- 시공 시 유의사항

◪ 핵심 단어
- What: 폴리에틸렌 팩 배수기둥
- Why: 지반개량
- How: 간극수 배출

◪ 연관용어
- 지반개량
- 탈수공법
- 연직배수공법

Pack의 품질

- 팩의 원사는 폴리에틸렌을 100%로 하고, 실의 굵기는 380 데니아(denier)를 기준(허용범위 7%)으로 한다.
- 팩의 포대는 원사를 등폭 평직으로 짜서 2장을 겹친 후 양쪽 끝 부분에서 20mm 내측 부분을 접하여 열 용착하거나 봉제한 것으로 완성된 직경은 120mm 이상

Ⅰ. 정 의

연약지반의 간극수를 빠른 속도로 배출시키기 위하여 지중에 연직방향으로 폴리에틸렌 팩 배수기둥(Sand Pile)을 설치하여 간극수를 지표면으로 배출시킴으로써 압밀에 의한 지반을 개량하는 공법

Ⅱ. 압밀에 의한 간극수 배출원리

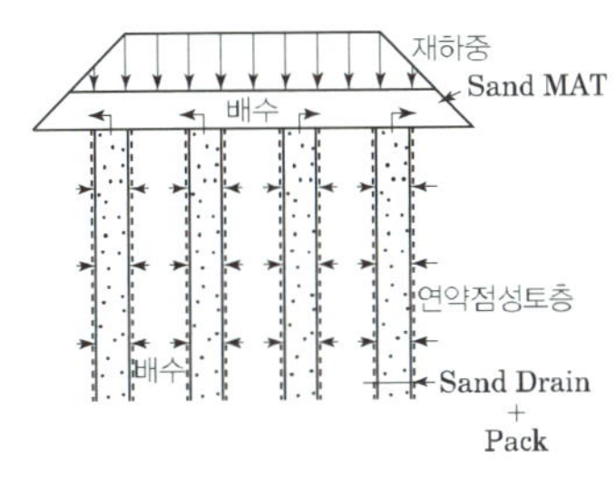

Ⅲ. Pack Drain용 모래기준

① No.200체(0.08mm) 통과량: 3% 이하

② D_{15}: 0.1mm~0.9mm(입경가적곡선에 있어서 통과중량 백분율이 15%에 해당하는 재료의 입경)

③ D_{85}: 1mm~8mm(입경가적곡선에 있어서 통과중량 백분율이 85%에 해당하는 재료의 입경)

④ 투수계수: 1×10^{-3}cm/sec 이상

⑤ 사용 전에 입도시험 실시

Ⅳ. 시공 시 유의사항

① 타설 위치의 허용오차는 300mm 이하이어야 한다.

② 팩드레인의 허용 경사각은 2° 이하

② 팩드레인의 타설방향: 후진으로 진행

④ 팩드레인은 시공면적 50m×50m마다 시험시공 실시

⑤ 관입심도별로 영역을 구분한 후 가장 깊은 곳부터 케이싱 길이를 조절

지반개량

점성토

Key Point

◪ 국가표준
- KCS 11 30 20

◪ Lay Out
- 압밀에 의한 간극수 배출 원리
- 토목섬유 재료기준
- 시공 시 유의사항

◪ 핵심 단어
- What: 토목섬유
- Why: 지반개량
- How: 간극수 배출

◪ 연관용어
- 지반개량
- 탈수공법
- 연직배수공법

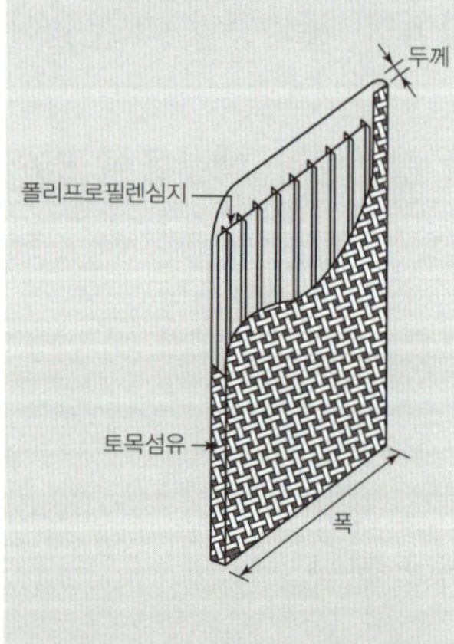

☆☆★ 4. 기초의 안정

3-49	PVD드레인	
No. 196	PVD(Prefabricated Vertical Drain)	유형: 공법

Ⅰ. 정 의

연약지반의 간극수를 빠른 속도로 배출시키기 위하여 지중에 연직방향으로 배수기둥(토목섬유)을 설치하여 간극수를 지표면으로 배출시킴으로써 압밀에 의한 지반을 개량하는 공법

Ⅱ. 압밀에 의한 간극수 배출원리

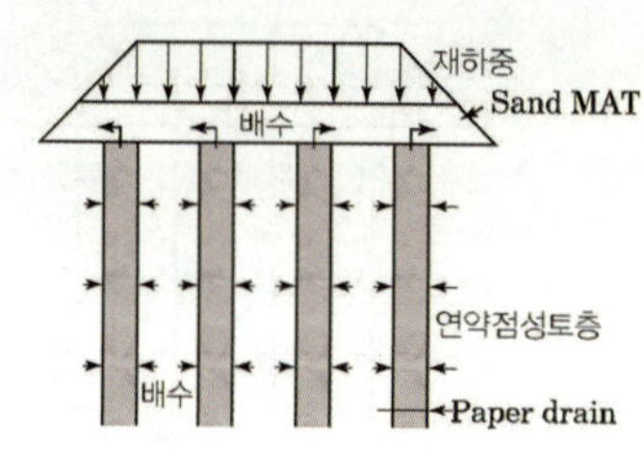

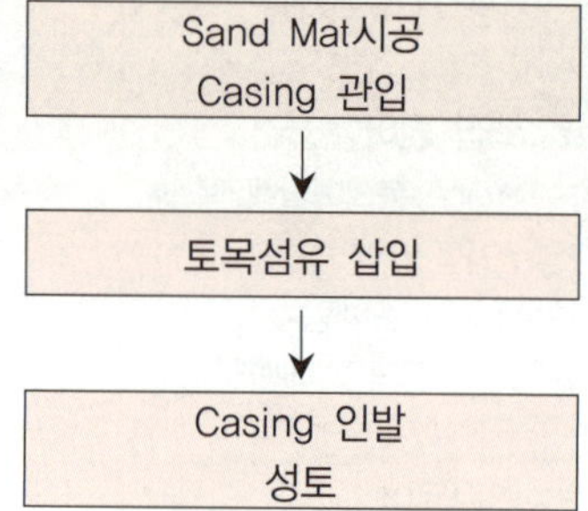

Ⅲ. 토목섬유 재료기준

① 토목섬유 배수재 1롤(roll)의 길이는 200m 이상
② 배수재는 토압에 의한 코아의 손상이 없을 것
③ 절곡 시 배수로의 절단과 막힘이 없어야 한다.
④ 필터재는 압밀간극수의 배출에 충분한 투수계수 확보
⑤ 드레인재 내부로 토립자의 혼입(clogging)을 방지
⑥ 산·알칼리·박테리아에 대한 저항성이 커야 한다.
⑦ 토목섬유 코어재는 재생제품 사용금지

Ⅳ. 시공 시 유의사항

① 토목섬유 연직배수공은 필터의 손상을 방지하기 위하여 가급적 맨드렐방식의 타입기로 시공
② 케이싱의 선단은 지반교란을 최소화할 수 있는 소단면의 폐단면 앵커판을 사용
③ 연직배수재는 과잉간극수압 발생위치까지 설치
④ 수평배수층 상단에서 300mm 이상의 여유를 두고 절단
⑤ 타설 시 수직도 2° 이하 유지
⑥ 사용 중 잔여길이를 연결할 때는 1공 당 1회에 한하여 500mm 이상 포켓방식으로 겹치도록 시공

지반개량

점성토

Key Point

- 국가표준
  - KCS 11 30 20
- Lay Out
  - 압밀에 의한 간극수 배출 원리
  - 성토하중 재하공법 특징
  - 시공 시 유의사항
- 핵심 단어
  - 하중을 미리 재하
  - 지반을 과압밀
- 연관용어
  - 지반개량

☆☆★ 4. 기초의 안정

3-50	Preloading	
No. 197	선행재하공법	유형: 공법

Ⅰ. 정 의

① 포장 및 구조물 시공 후 잔류침하를 경감시키기 위해 연약지반 상에 계획 하중 또는 그 이상의 하중을 미리 재하하여 지반을 과압밀 시키는 공법

② 선행재하공법은 소요공기가 길기 때문에 병행공법과 단계별 재하에 따른 토공계획 및 소요기간 등을 충분히 검토하여 적용

Ⅱ. 압밀에 의한 간극수 배출원리

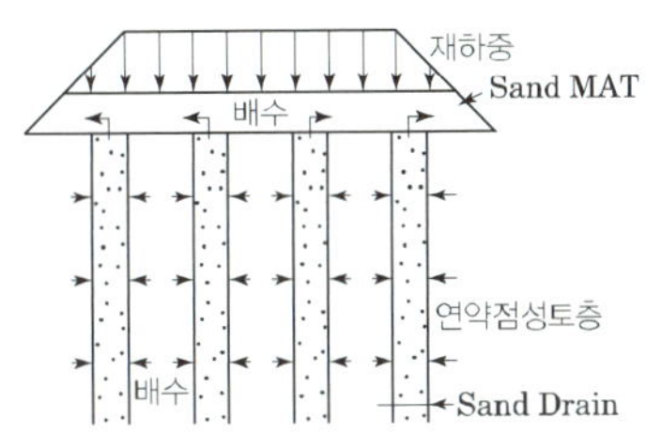

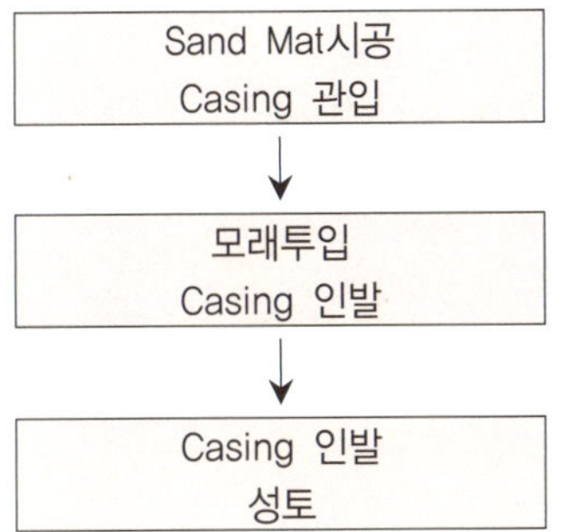

Ⅲ. 성토하중 재하공법 특징

① 설계 하중 이상의 성토하중을 재하하는 공법

② 성토를 하기 위해서는 많은 양의 토사가 필요

③ 성토에 필요한 대량의 토사를 운반하고 압밀 완료 후에 제거

④ 지반의 강도가 작아서 성토를 단계적으로 해야 할 때는 다른 지반 개량공법에 비해 시공 기간이 훨씬 길어진다.

Ⅳ. 시공 시 유의사항

① 과재쌓기 재하 시 흙쌓기의 1층 두께를 300mm 이하

② 일정두께의 초기성토 방법은 현장에서의 시험시공(초기복토 또는 성토체 시공두께 변경)을 통해 결정

③ 과재쌓기 높이는 활동에 대한 안정성 분석과 압밀해석 결과에 의해 결정

④ 우기 시에는 흙쌓기 작업을 중단하고 우수의 침투를 최소화

⑤ 구조물 설치를 위하여 터파기 작업을 할 때에는 원지반을 이완 및 교란시키지 않도록 유의

지반개량

점성토

Key Point

◪ 국가표준

◪ Lay Out
- 압밀에 의한 간극수 배출 원리
- 특징

◪ 핵심 단어
- What: vertical drain
- Why: 압밀
- How: 간극수 탈수

◪ 연관용어
- 지반개량

☆☆☆ 4. 기초의 안정 80

3-51	진공압밀, 진공배수:Vacuum Consolidation	
No. 198	대기압공법	유형: 공법

Ⅰ. 정 의

① Vertical drain내의 기압을 vacuum pump로 강화시켜 지반내의 물(간극수)을 지표면으로 강제로 탈수시켜 지반의 압밀을 촉진·강화시키는 공법

② 기존 재하공법의 성토하중에 의하지 않고 인위적으로 지중을 진공상태로 만들어 이에 작용하는 대기압을 재하하중으로 활용

Ⅱ. 압밀에 의한 간극수 배출원리

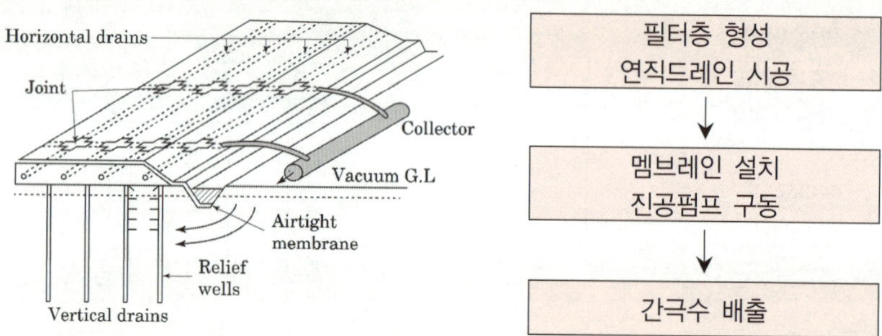

• 유효응력은 간극수압의 감소에 따라 증가하며 압밀이 진행

Ⅲ. 특징

① 등방압축상태가 되어 지반 활동파괴가 발생하지 않으므로 전하중을 순간적으로 가할 수 있다.

② 지표 및 지중까지 동일한 크기의 대기압을 작용시킬 수 있어 균일한 유효응력의 증가를 얻을 수 있다.

③ 성토와 병행하면 상당히 큰 하중을 얻을 수 있다.

④ 지표면이 연약하여 성토가 곤란한 매립지 등 초연약지반의 개량에 유리

⑤ 수심이 깊은 해저에서는 대기압과 병용하여 수압을 재하하중으로 이용

⑥ 성토하중 재하공법에서의 단계성토, 철거 등의 절차가 필요 없이 공기가 많이 단축

⑦ 진공으로 강제 압밀시키므로 정적하중에 비해 2배 이상 단축

⑧ 말뚝기초를 사용하는 경우 말뚝에 작용하는 부마찰력 제거

★★★ 4. 기초의 안정 97.113

3-52	부력과 양압력	
No. 199	Buoyancy	유형: 현상

부력

Key Point

- 국가표준
- Lay Out
  - 부력과 양압력 작용 Mechanism
- 핵심 단어
  - 잠긴부피
  - 단위면적 당 상향수압
- 연관용어
  - 건축물의 부상
  - 부상방지 공법

Ⅰ. 정 의

① 부력: 물과 같은 유체에 잠겨있는 물체가 중력에 반하여 밀어 올려지는 힘. 그 크기는 물체가 밀어낸 부피만큼의 유체 무게와 같다.
② 양압력: 지하수위 이하에 놓인 구조물 저면에 단위면적 당 상향으로 작용하는 물의 압력을 받게 되는 것. 물이 정수위일 때 작용하는 양압력은 정수압과 같다.

Ⅱ. 부력과 양압력 작용 Mechanism

1) 부력

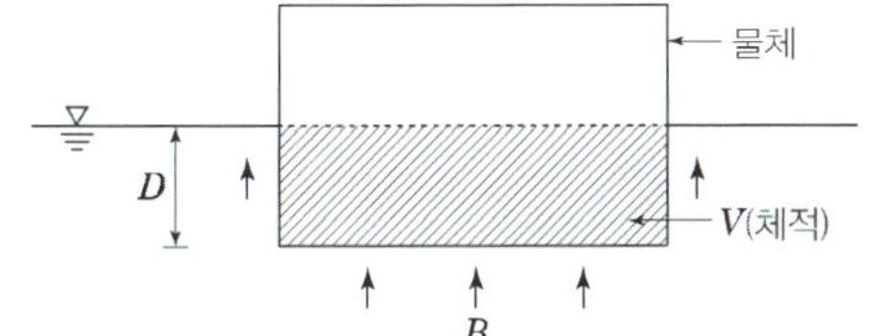

부력(B)=$r_w \times V$(ton)
여기서 r_w: 물의 단위중량
V: 물체가 액체속에 잠겨 있는 부분의 체적

2) 양압력

[발생 조건]
① 지하수위가 높은 지역에서 구조물 완성 후 배수중단 시
② 강우에 의한 지표수 상승 시
③ 구조물 주변에서 상수도관 파열로 인한 지하수 상승 시

① 정수압 상태

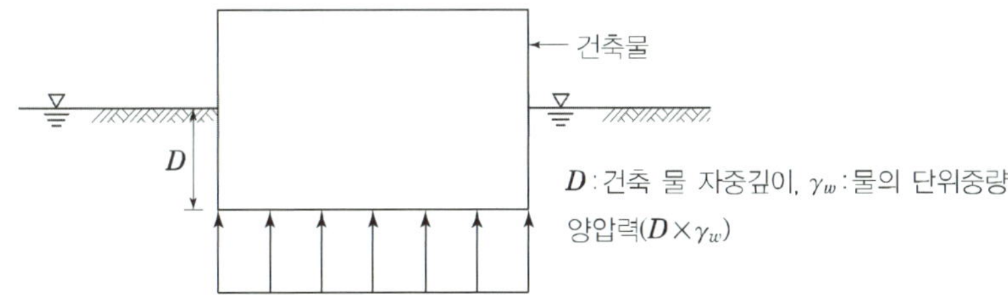

② 침투수압 발생 시

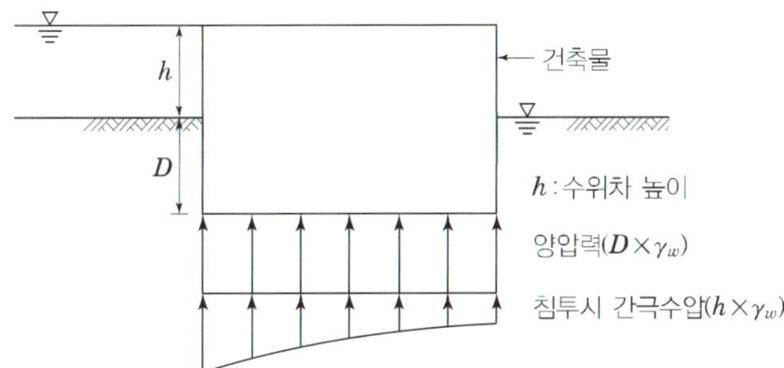

부력 대책

- 대응
  - Bracket
  - Rock Anchor
  - 자중증대
  - 인접건물에 긴결
  - 지하수 유입
  - Micro Pile
  - 마찰말뚝
- 감소
  - Dewatering(강제배수)
  - 맹암거
  - 자연배수

★★★ 4. 기초의 안정 126

3-53	지하수에 의한 부력(浮力) 대처 방안	
No. 200		유형: 현상 · 공법

부력

부력 Key Point

◩ 국가표준

◩ Lay Out
- 부력의 영향
- 공법 선정 시 고려사항
- 부상방지 및 부력저감 방안

◩ 핵심 단어
- 대응공법
- 감소공법

◩ 연관용어
- 건축물의 부상
- 부상방지 공법

Ⅰ. 정 의

① 부력방지공법은 부력에 의한 구조물의 부상을 방지하기 위한 공법으로 설계 시 고려되어야 한다.

② 부력대책: 물에 잠기는 부피 저감(지하수위 저하공법, 대응공법)
양압력 대책: 상향의 수압제거(DCS, PDD, DM공법)

Ⅱ. 부력의 영향

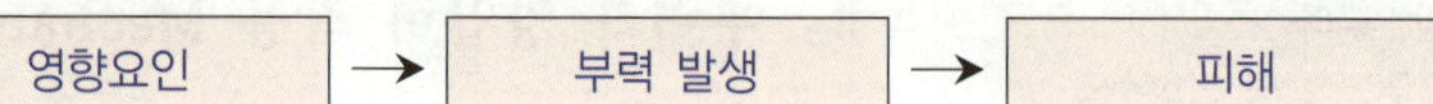

- 지반여건
- 지하수위 변동
- 지하 피압수
- 건축물의 자중

- 건축물 Balance 상실
- 부재의 균열
- 건축물 누수
- 피압수 용출
- 건축물 붕괴

지하구조물은 지하수위에서 구조물 밑면 깊이만큼 부력을 받으며, 자중이 부력보다 적으면 건물의 부상 초래

Ⅲ. 공법 선정 시 고려사항

- 목적: 지하수위 저하의 양과 범위
- 토질: 흙의 입도 및 투수성에 따른 방법
- 지하수위: 지하수 상태 및 기상상태에 따른 수량
- 현장상황: 인접 구조물, 지하매설물
- 공사비: 가설전기 용량 및 유지관리

부력 대책

- 대응
  - Bracket
  - Rock Anchor
  - 자중증대
  - 인접건물에 긴결
  - 지하수 유입
  - Micro Pile
  - 마찰말뚝
- 감소
  - Dewatering(강제배수)
  - 맹암거
  - 자연배수

Ⅳ. 부상방지 및 부력저감 방안

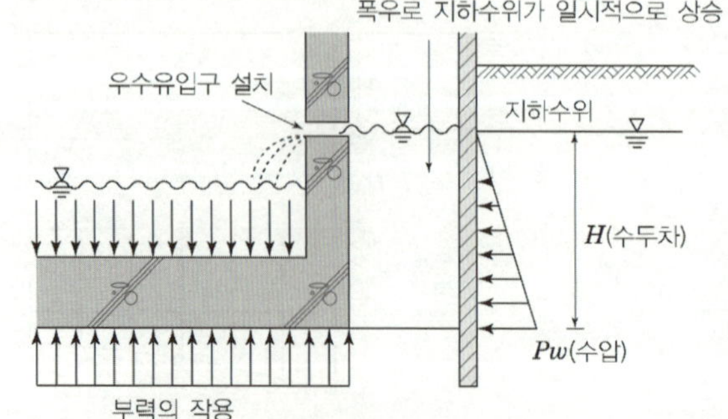

※ 부력의 안전율

- W > P: 안정
- W < P: 불안정

W: 자중, P: 부력

W≥1.25P 정도가 부력에 대한 적절한 자중

부력

적용조건

- 부력과 건축물의 자중차이가 적을 경우
- 지하수위가 낮고 굴착 깊이가 얇은 경우

1. **Bracket 설치: 상부 매립토 하중으로 저항**
2. **Rock anchor: 암반까지 Anchoring**
3. **자중증대**

1) 시공방법

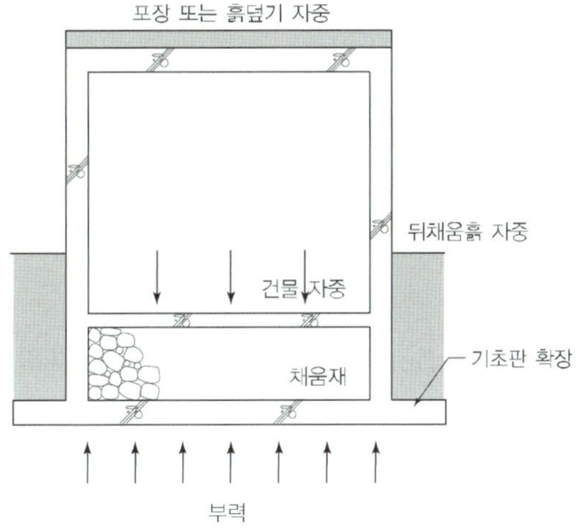

① 구조체의 단면 증대 또는 지하 2중 Slab 내에 자갈, 모래 등을 채워 건물의 자중증가로 부력에 대항

② 기초판을 지하실벽 밖으로 확장하여 건물의 고정하중 증대

2) 시공 시 유의사항

① 부력에 의한 모멘트>저항모멘트 경우

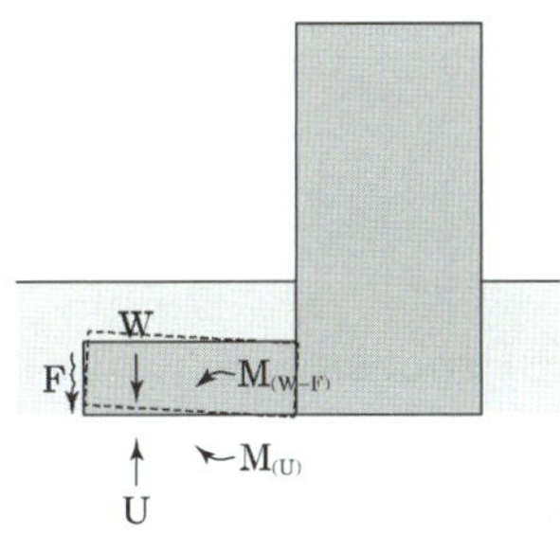

$M_U > M_{(W+F)}$

M_U: 양압력에 의한 휨모멘트

$M_{(W+F)}$: 건물자중과 마찰력에 의한 저항모멘트

고층부에 비하여 넓거나 건물 내에서 그 형태나 지지조건 및 깊이가 서로 상이할 경우, 편심모멘트가 발생하여 경계부위에서 집중적으로 균열 발생

② 대단면 Span일 경우

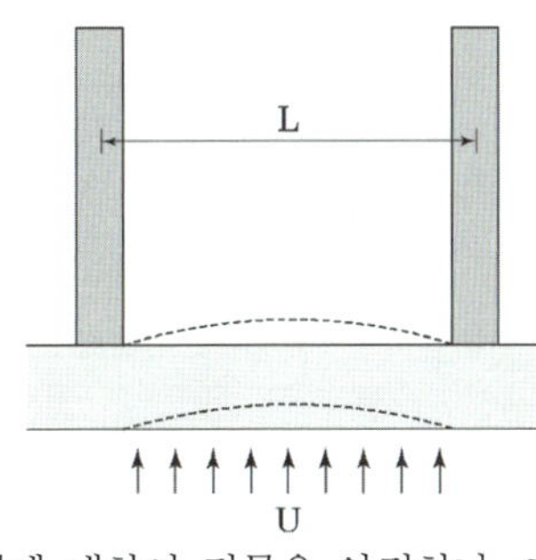

기둥 주위가 충분히 양압력에 견딜 수 있더라도 대단면 스팬일 경우, 중앙부의 변형 발생

부력에 대하여 건물은 안전하나, 단지 내수판 부재인 기초 슬래브가 작용수압에 저항하지 못하여 기둥을 중심으로 원형 형상의 슬래브 균열발생

4. **인접건물 긴결**
5. **지하수 유입: 부상이 발생하는 경계높이에 우수유입구 설치**
6. **마찰말뚝: 마찰력 증대**
7. **Dewatering: 강제배수**

- 수평맹암거

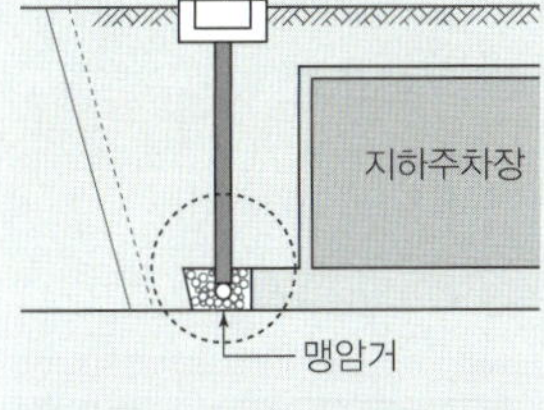

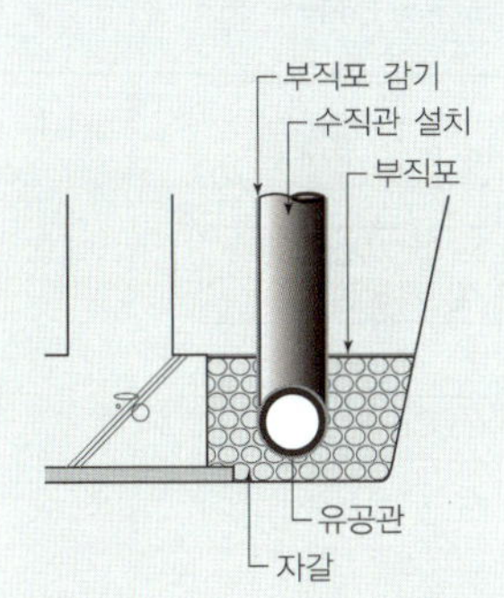

★★★ 4. 기초의 안정

3-54	Rock Anchor공법	
No. 201		유형: 공법

부력

부력

Key Point

◪ 국가표준
- KCS 11 60 00

◪ Lay Out
- Anchor의 구조와 부력 대응원리
- 시공 Process
- 특징
- 시공 시 유의사항

◪ 핵심 단어
- What: Strand삽입
- Why: 부력대응
- How: 암반에 정착

◪ 연관용어
- 부상방지 공법

Ⅰ. 정 의

① 건물하중과 부력의 균형을 검토하여 부족분만큼의 하중을 부력의 반대방향으로 암반층까지 Strand를 천공·삽입 후 암반에 정착하여 부력에 대응하는 공법

② 인장재와 Anchor 두부를 통하여 구조물과 역학적으로 연결되어 부력에 대응하는 영구정착 anchor

Ⅱ. Anchor의 구조와 부력대응원리

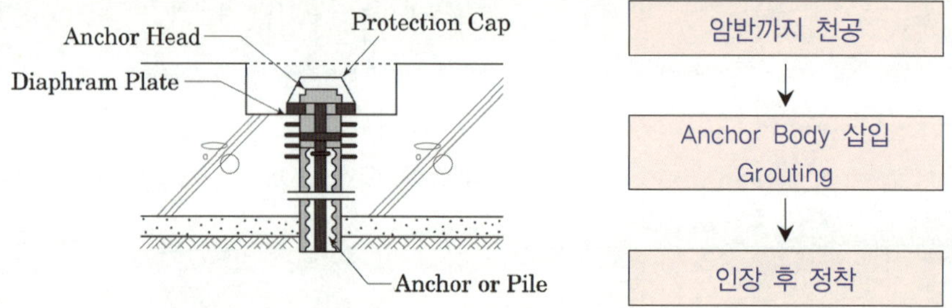

Ⅲ. 시공 Process

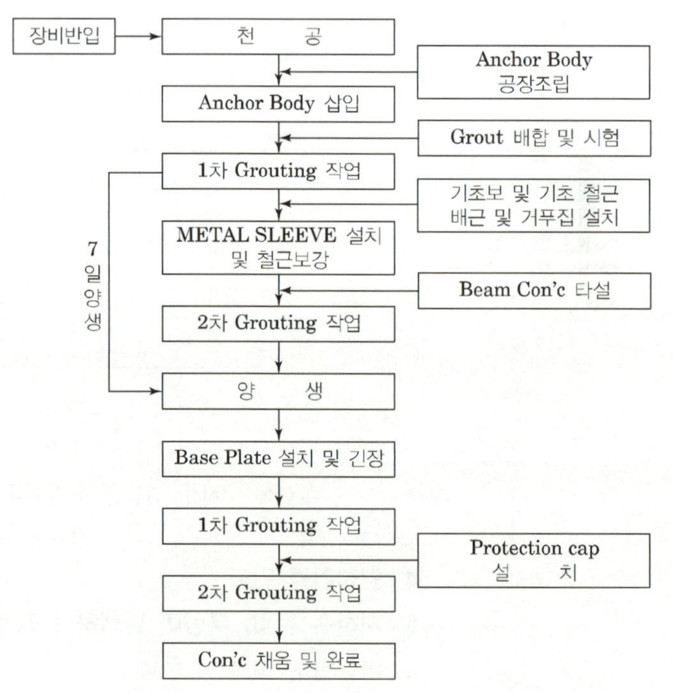

적용조건

- 부력과 건물 자중의 차이가 클 경우
- 부력 중심과 건물 자중의 중심이 일치하지 않을 경우
- 양호한 정착지반(암반)이 얕은 심도에 위치할 경우
- 지하수위의 인위적인 변경이 어렵고 다른 공법을 채택하기 어려운 경우

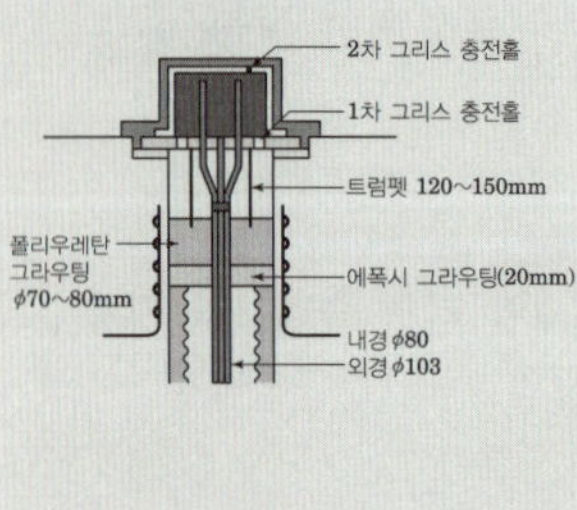

부력

Tip

- 블리딩: 최대 4% 이내 24시간 0%
- 압축강도 7일 후 최소 170kgf/cm^2
- W/C 45% 이하
- 28일 F_{ck} 300 kgf/cm^2
- 앵커테스트: 처음 2개와 나머지 중 10%를 선택하여 시험하고 최대하중은 극한 인장강도의 80%를 넘지 않도록 함

[삽입 후 그라우팅]

[워터스톱]

[거푸집]

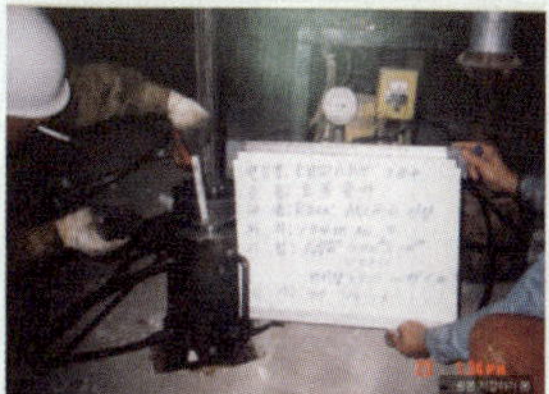
[인장시험]

Ⅳ. 특 징

장점	단점
• 양압력의 크기에 따라 앵커 규모 및 간격 선택 용이 • 부력앵커를 지점으로 해석하므로 기초 슬래브나 지중보에 작용하는 휨모멘트 감소 → 철근배근 + 두께 감소가능 • 조기에 뒤채움 작업이 가능하여 시공공정 유리 • 장기적인 유지관리비 부담이 적음	• 공사비 고가 • 장기적으로 긴장된 강선의 부식 및 스트레스 이완 또는 감소를 고려한 설계 필요 • 장기적 계측/재인장이 필요하며 방수공사가 시행되어야 함 • 지하수위 아래 부재는 내수압 부재로 설계

Ⅴ. 시공 시 유의사항

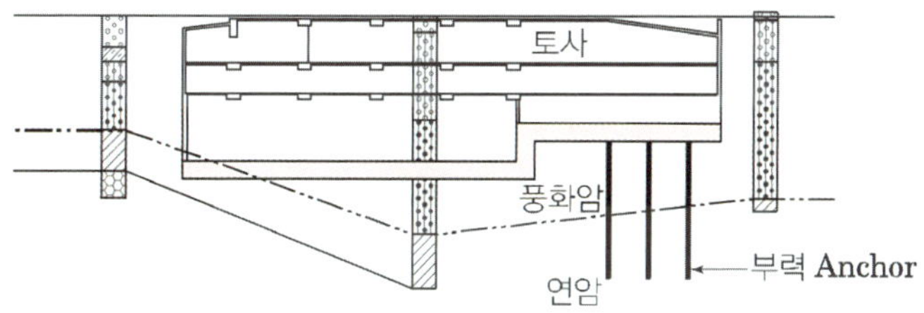

1) 천공
   ① 천공의 위치검토
   ② 천공 깊이는 소요깊이보다 0.5m 이상 천공
2) Anchor Body 삽입
   ① 하부덮개는 천공선보다 0.5m 이상 부유토록 설치
   ② 앵커체가 휘어짐 없이 천공 홀의 중앙에 수직으로 설치
3) 1차 Grouting
   ① 내·외부 그라우트 호수를 통하여 그라우팅
4) 강관슬리브 설치 및 철근보강
   ① 슬리브와 Water Stop의 용접상태 및 슬리브 수직확인
   ② 집중하중 방지용 스파이럴 철근 보강
5) 2차 Grouting
   ① 슬리브와 앵커체 사이 공극 그라우팅
   ② PE Duct와 Strand사이 공극 충전
6) 양생
   ① 7일 이상 압축강도 최소 170kgf/cm^2
7) 인발
   ① 인발은 소요 앵커력에 20% 가산하여 인발

☆★★ 4. 기초의 안정 88.125

3-55	영구배수공법(Dewatering)	
No. 202	Permanent Under Drainage System	유형: 공법 · System

부력

유도배수

Key Point

◩ 국가표준
- KCS 41 80 03

◩ Lay Out
- 침투수 배출원리
- 특징
- 시공 시 유의사항

◩ 핵심 단어
- What: 시스템 배수로
- Why: 부력저하
- How: 유도배수

◩ 연관용어
- 부상방지 공법

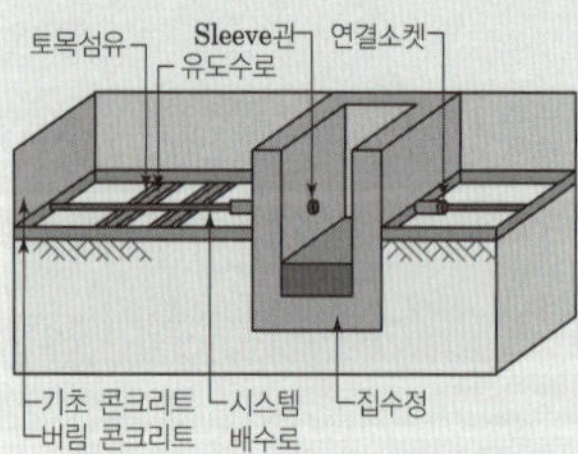

Tip

- 지하수위 검토 시 계절적 변동, 지층의 경사고려
- 저수조, 전기실 등의 집수정을 활용하여 추가설치 최소화
- 지층의 투수계수를 검토하여 영구배수 설치 가능 지반여부 확인(실트질, 점토층은 적용 시 효과저하)
- 정전이나 펌프고장에 대한 대비

Ⅰ. 정 의

① 굴착이 완료된 최하층 기초 바닥 슬래브 저면에 인위적인 배수로를 설치하여 유입된 지하수를 집수정으로 유도하여 펌프에 의한 강제 배수를 통하여 구조물에 작용하는 부력(양압력)을 저감하는 공법
② 상시적으로 기초 바닥슬래브에 작용하는 상향수압에 의한 침투수를 배수처리하므로 영구배수공법이라 한다.

Ⅱ. 침투수 배출원리

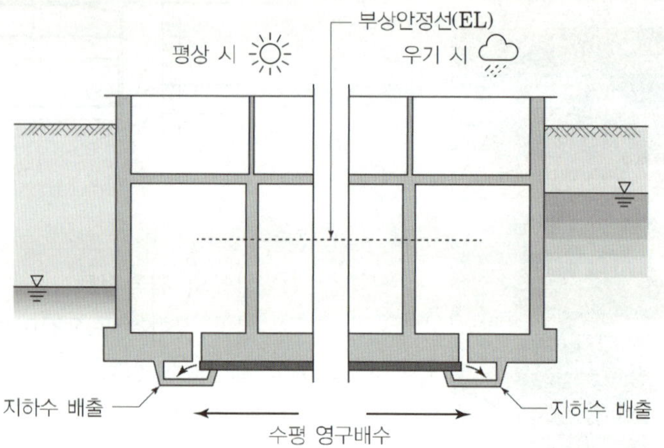

Ⅲ. 특 징

① 지하바닥 슬래브 하부로 유입되는 지하수 처리에 효과적
② 건축물 지하외부의 지하수 처리를 위한 양수작업방법에서 야기되는 주변 침하문제 해결
③ 기초 바닥 슬래브의 경제적 단면설계 가능

Ⅳ. 시공 시 유의사항

① 기초 시공 기준면까지 굴착한 후 부지가 평탄하게 정지
② 토목섬유는 드레인 보드 및 배수관 전면을 감싸도록 설치하며 흙과 접하는 부위는 2겹 이상 설치
③ 토목섬유를 겹침이음 할 경우의 겹침길이는 100mm 이상 확보
④ 드레인 보드 연결 시 100mm 이상 겹침이음
⑤ 주배수관은 50m 이내마다 집수정으로 연결
⑥ 기설치된 주배수관 및 드레인 보드 위에 폴리에틸렌 필름(두께 0.08mm 이상, 2겹)을 사용하고, 연결부는 보호(taping) 처리
⑦ 집수정 내부 유입량의 조절 수위는 유효고를 넘지 않도록 관리

☆★★ 4. 기초의 안정 75.108

3-56	Drain Mat System	
No. 203	드레인 매트 시스템	유형: 공법 · System

Ⅰ. 정 의

① 부지 내 최종 터파기 완료 후 추가 굴착 없이 기초저면(기초 하부)에 시스템 배수로와 일면 판형배수재(Drain board)를 설치하는 영구배수공법

② 유입수 집수를 위한 일면 판형배수재(Drain board)를 통해 집수하고, 사각다발관을 통해 집수정(Sump pit)으로 신속하게 유도

Ⅱ. 시스템 유도수로를 통한 유입수 배수원리

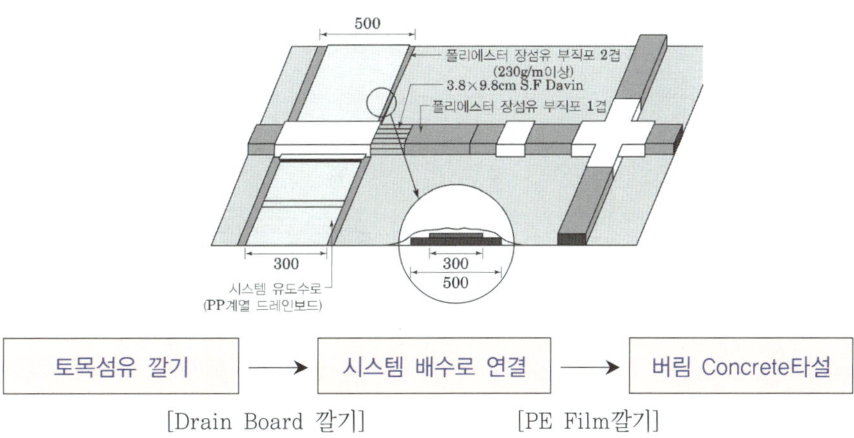

토목섬유 깔기 → 시스템 배수로 연결 → 버림 Concrete타설

[Drain Board 깔기] [PE Film깔기]

Ⅲ. 특 징

① 최종 굴착면에 시공하는 공법으로서 배수로 추가굴착 작업이 필요 없다.

② 수로(Trench) 등의 터파기 공정 생략에 따른 공기 및 공사비 절감 효과가 크다.

Ⅳ. 시공 시 유의사항

① 기초 시공 기준면까지 굴착한 후 부지가 평탄하게 정지

② 토목섬유는 드레인 보드 및 배수관 전면을 감싸도록 설치하며 흙과 접하는 부위는 2겹 이상 설치

③ 토목섬유를 겹침이음 할 경우의 겹침길이는 100mm 이상 확보

④ 드레인 보드 연결 시 100mm 이상 겹침이음

⑤ 주배수관은 50m 이내마다 집수정으로 연결

⑥ 기설치된 주배수관 및 드레인 보드 위에 폴리에틸렌 필름(두께 0.08mm 이상, 2겹)을 사용하고, 연결부는 보호(taping) 처리

⑦ 집수정 내부 유입량의 조절 수위는 유효고를 넘지 않도록 관리

부력

유도배수

Key Point

◩ 국가표준
- KCS 41 80 03

◩ Lay Out
- 시스템 유도수로를 통한 유입수 배수원리
- 특징
- 시공 시 유의사항

◩ 핵심 단어
- What: 시스템 배수로+판형배수재
- Why: 부력저하
- How: 유도배수

◩ 연관용어
- 부상방지 공법

Tip

- 지하수위 검토 시 계절적 변동, 지층의 경사고려
- 저수조, 전기실 등의 집수정을 활용하여 추가설치 최소화
- 지층의 투수계수를 검토하여 영구배수 설치 가능 지반여부 확인(실트질, 점토층은 적용 시 효과저하)
- 정전이나 펌프고장에 대한 대비

☆★★ 4. 기초의 안정

3-57	Dual Chamber System	
No. 204	DCS공법	유형: 공법 · System

부력

유도배수

Key Point

◩ 국가표준
- KCS 41 80 03

◩ Lay Out
- 시스템 유도수로를 통한 유입수 배수원리
- 특징
- 시공 시 유의사항

◩ 핵심 단어
- What: Drain board와 Dual chamber
- Why: 부력저하
- How: 유도배수

◩ 연관용어
- 부상방지공법

Tip

- 지하수위 검토 시 계절적 변동, 지층의 경사고려
- 저수조, 전기실 등의 집수정을 활용하여 추가설치 최소화
- 지층의 투수계수를 검토하여 영구배수 설치 가능 지반여부 확인(실트질, 점토층은 적용 시 효과저하)
- 정전이나 펌프고장에 대한 대비

Ⅰ. 정 의

① 부지 내 최종 터파기 완료 후 추가 굴착 없이 기초저면(기초 하부) 에 지층에 배수 조절장치(Dual Chamber)와 주배수관을 설치하는 영구배수공법

② 유입수 집수를 위한 양면 Drain board와 Dual chamber를 통해 집수하고, 유도관을 통해 집수정으로 신속하게 유도하는 공법

Ⅱ. 시스템 유도수로를 통한 유입수 배수원리

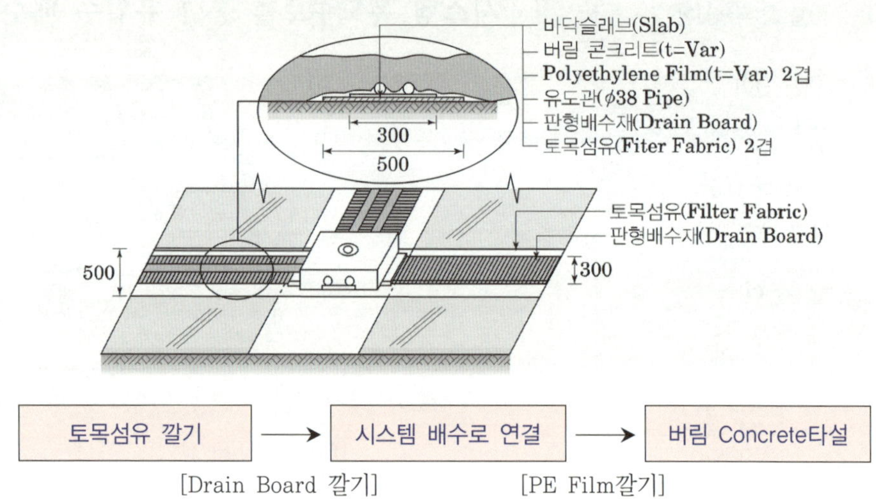

토목섬유 깔기 ⟶ 시스템 배수로 연결 ⟶ 버림 Concrete타설

[Drain Board 깔기] [PE Film깔기]

Ⅲ. 특 징

① 최종 굴착면에 시공하는 공법으로서 배수로 추가굴착 작업이 필요 없다.

② 수로(Trench) 등의 터파기 공정 생략에 따른 공기 및 공사비 절감 효과가 크다.

Ⅳ. 시공 시 유의사항

① 기초 시공 기준면까지 굴착한 후 부지가 평탄하게 정지

② 토목섬유는 드레인 보드 및 배수관 전면을 감싸도록 설치하며 흙과 접하는 부위는 2겹 이상 설치

③ 토목섬유를 겹침이음 할 경우의 겹침길이는 100mm 이상 확보

④ 드레인 보드 연결 시 100mm 이상 겹침이음

⑤ 주배수관은 50m 이내마다 집수정으로 연결

⑥ 기설치된 주배수관 및 드레인 보드 위에 폴리에틸렌 필름(두께 0.08mm 이상, 2겹)을 사용하고, 연결부는 보호(taping) 처리

⑦ 집수정 내부 유입량의 조절 수위는 유효고를 넘지 않도록 관리

☆★★ 4. 기초의 안정 111

3-58	Permanent Double Drain	
No. 205	PDD 공법	유형: 공법 · System

부력

유도배수

Key Point

◪ 국가표준
- KCS 41 80 03

◪ Lay Out
- 시스템 유도수로를 통한 유입수 배수원리
- 특징
- 시공 시 유의사항

◪ 핵심 단어
- What: 판형배수재(Drain board)를 통해 집수
- Why: 부력저하
- How: 유도배수

◪ 연관용어
- 부상방지공법

Tip

- 지하수위 검토 시 계절적 변동, 지층의 경사고려
- 저수조, 전기실 등의 집수정을 활용하여 추가설치 최소화
- 지층의 투수계수를 검토하여 영구배수 설치 가능 지반여부 확인(실트질, 점토층은 적용 시 효과저하)
- 정전이나 펌프고장에 대한 대비

Ⅰ. 정 의

① 부지 내 최종 터파기 완료 후 추가 굴착 없이 기초저면에 PDD관과 일면 판형배수재(Drain Board)를 설치하는 영구배수공법

② 유입수 집수를 위한 일면 판형배수재(Drain board)를 통해 집수하고, 집수와 배수 역할을 동시에 하는 이중관을 통해 집수정(Sump pit)으로 신속하게 유도하는 공법

Ⅱ. 시스템 유도수로를 통한 유입수 배수원리

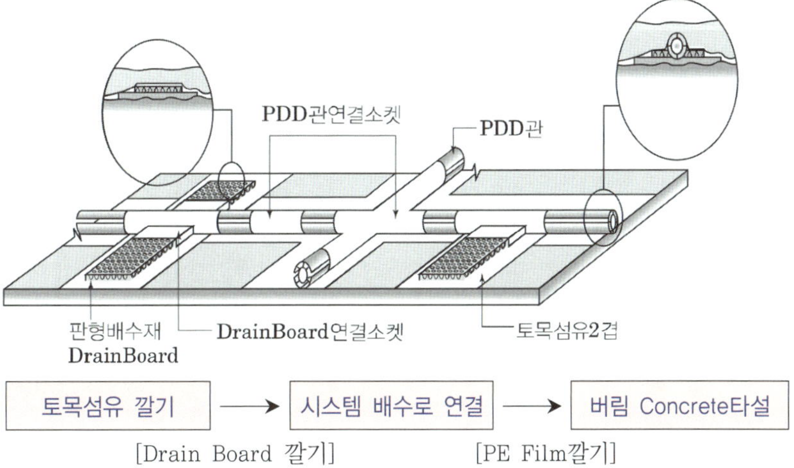

토목섬유 깔기 → 시스템 배수로 연결 → 버림 Concrete타설

[Drain Board 깔기] [PE Film깔기]

Ⅲ. 특 징

① 최종 굴착면에 시공하는 공법으로서 배수로 추가굴착 작업이 필요 없다.

② 수로(Trench) 등의 터파기 공정 생략에 따른 공기 및 공사비 절감 효과가 크다.

Ⅳ. 시공 시 유의사항

① 기초 시공 기준면까지 굴착한 후 부지가 평탄하게 정지

② 토목섬유는 드레인 보드 및 배수관 전면을 감싸도록 설치하며 흙과 접하는 부위는 2겹 이상 설치

③ 토목섬유를 겹침이음 할 경우의 겹침길이는 100mm 이상 확보

④ 드레인 보드 연결 시 100mm 이상 겹침이음

⑤ 주배수관은 50m 이내마다 집수정으로 연결

⑥ 기설치된 주배수관 및 드레인 보드 위에 폴리에틸렌 필름(두께 0.08mm 이상, 2겹)을 사용하고, 연결부는 보호(taping) 처리

⑦ 집수정 내부 유입량의 조절 수위는 유효고를 넘지 않도록 관리

☆★★ 4. 기초의 안정

3-59	상수위 조절배수(상수위자연배수, 상수위강제배수)	
No. 206		유형: 공법 · System

부력

유도배수

Key Point

◪ 국가표준
- KCS 41 80 03

◪ Lay Out
- 수압분포도
- 종류
- System 설명

◪ 핵심 단어
- What: 수직배관
- Why: 상수위 제어
- How: 유도관 배수

◪ 연관용어
- 디워터링

특징

- 유지관리 비용: 하수도 및 전기 사용료 절감
- 지반침하 저하
- 수압의 Auto Leveling에 의한 구조체 안정유지
- 압력배수에 의한 부직포의 반영구적 기능유지
- 우기 시 집수정에서만 월류
- 시공 후 유지관리 용이

시공순서

- 기초하부 배수시트템 및 기초내 수직연결관 설치
- 초기하중에 대한 초과 양압력 제거
- 지하구조물 완료 후 수평연결관 및 연직관 설치
- 상부하중 및 기타 공사완료 후 집수정 내 제어밸브 설치

Ⅰ. 정 의

① 기초저면에 일면 판형배수재(Drain board)를 설치하고, 배수판 상부에 임의의 수직배관을 설치하여 지층에서 유입된 유입수를 집수정 및 건축물 내부 외벽에 유도관을 연직으로 세워 상수위를 제어하는 영구배수공법

② 기초저면(기초 하부) 저면에 배수관과 일면 판형배수재(Drain Board)를 설치하는 영구배수공법

Ⅱ. 수압분포도

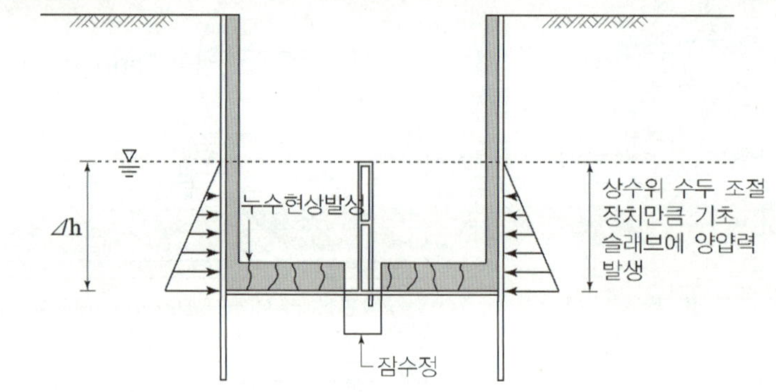

Ⅲ. 종 류

1) 상수위 강제배수

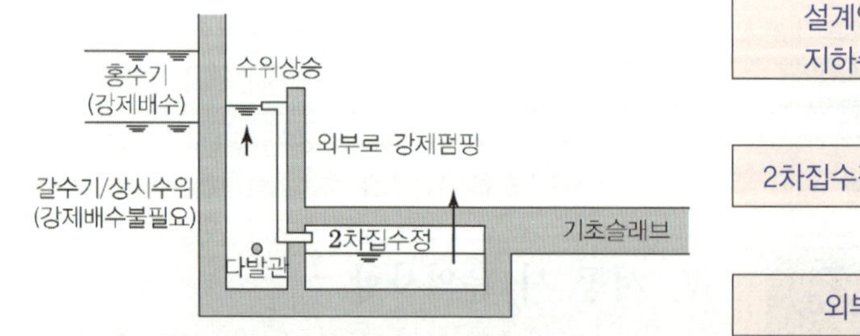

부력

[점검밸브]

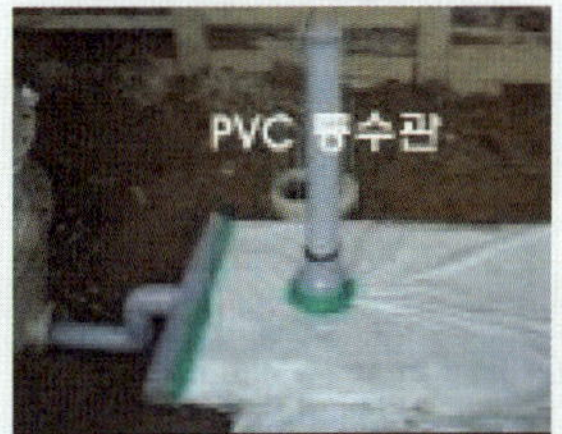

[저수위 연직슬리브]

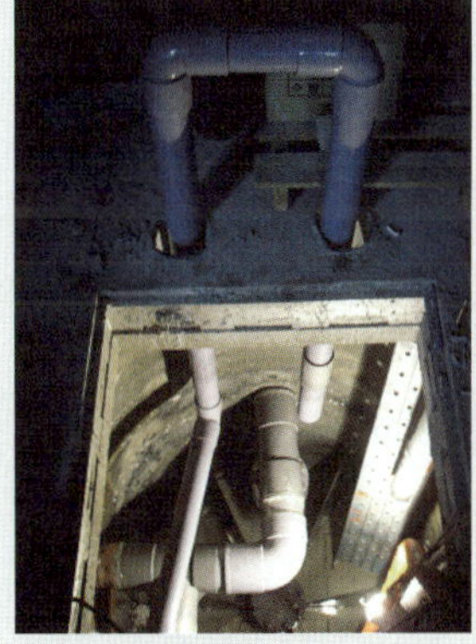
[조절장치]

2) 상수위 자연배수

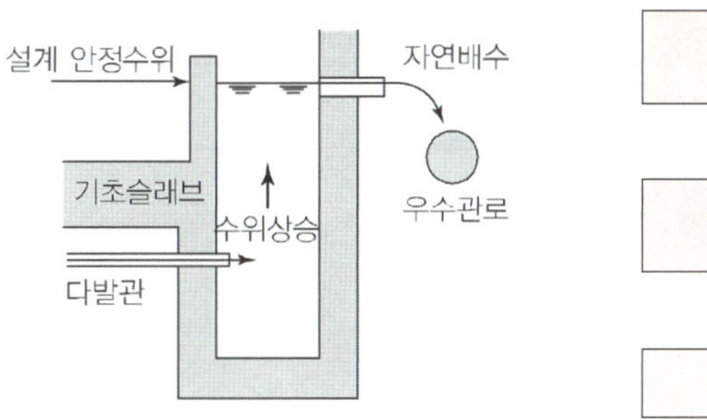

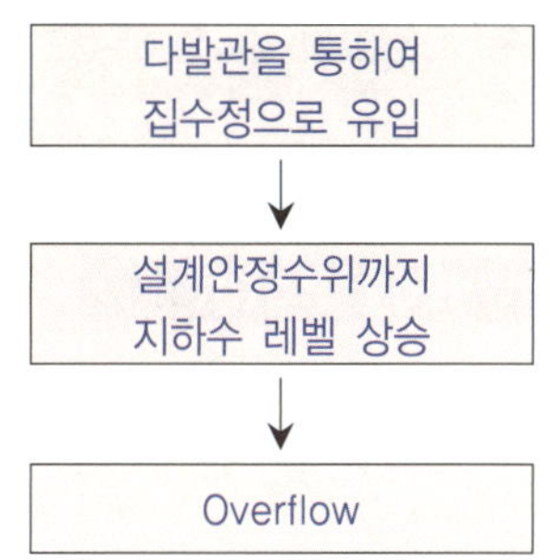

Ⅳ. System 설명

1) 원리

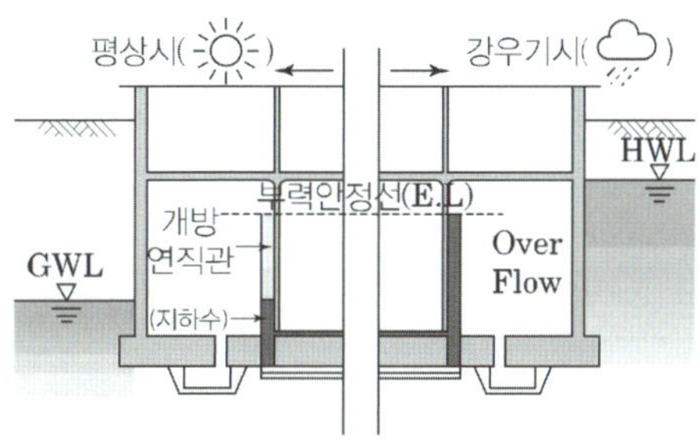

• 상단개방 연직관 및 수평연결관 이용 초과 양압력 제거

2) 구조

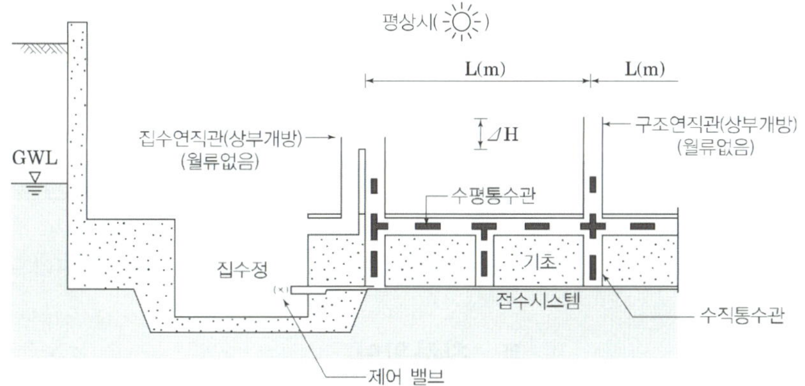

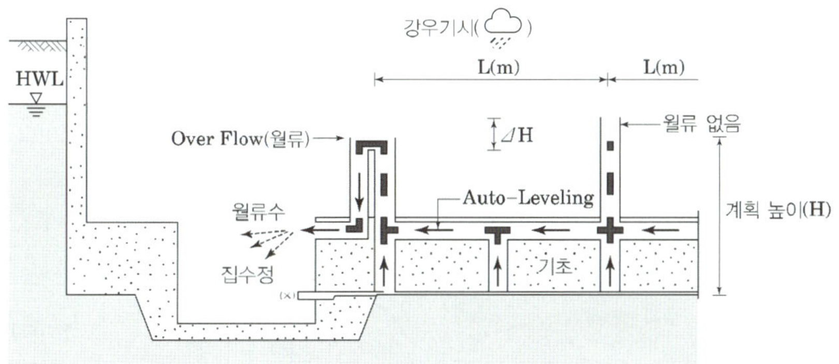

부동침하

침하

Key Point

◩ 국가표준

◩ Lay Out
- 침하의 종류
- 침하원인

◩ 핵심 단어
- 구조물이 불균등하게 침하

◩ 연관용어

★★★ 4. 기초의 안정

3-60	부동침하의 원인과 대책	
No. 207	differential settlement	유형: 현상 · 결함

Ⅰ. 정 의

① 기초의 부동침하는 구조물의 기초지반이 침하함에 따라, 구조물이 불균등하게 침하하며 해당 구조물의 기능이나 안전성에 피해를 준다.

② 건물기초는 구조물 완성후 관찰 및 확인이 어렵고 재시공, 교체, 수정, 보수, 보강이 어렵기 때문에 기초 부실시 상부 구조물에 치명적인 피해가 발생되므로 사전조사 단계에서부터 기초공법 선정, 기초시공까지 종합적인 관리가 필요하다.

Ⅱ. 침하의 종류

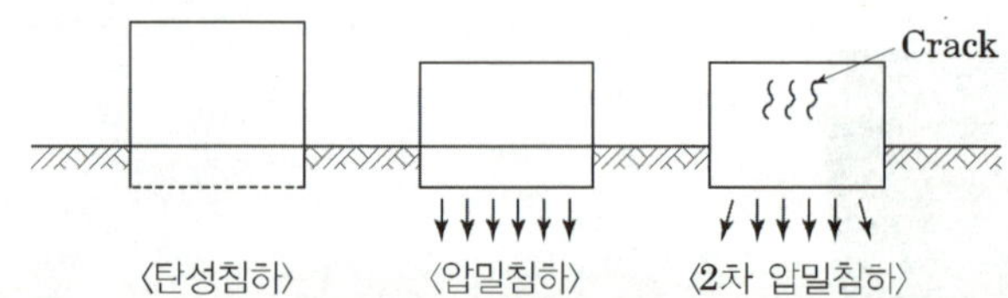

〈탄성침하〉 〈압밀침하〉 〈2차 압밀침하〉

1) 탄성침하(Elastic Settlement, Immediate Settlement, 즉시침하)
   ① 재하와 동시에 일어나며 즉시 침하한다.
   ② 하중을 제거하면 원상태로 환원한다.

2) 압밀침하(Primary Consolidation Settlement, 1차 압밀침하)
   점성토 지반에서 탄성침하 후에 장기간에 걸쳐서 일어나는 침하로 1차 압밀침하라고도 함

3) 2차 압밀침하(Creep Consolidation Settlement, Secondary Compression Settlement)
   ① 점성토의 Creep에 의해 일어나는 침하로 Creep 침하라고도 함

Ⅲ. 침하원인

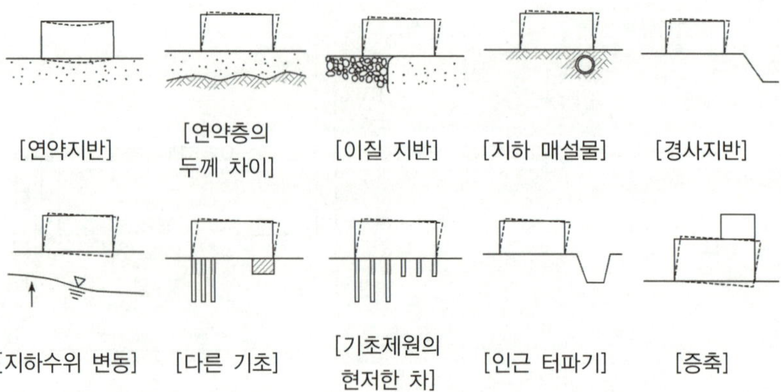

[연약지반] [연약층의 두께 차이] [이질 지반] [지하 매설물] [경사지반]

[지하수위 변동] [다른 기초] [기초제원의 현저한 차] [인근 터파기] [증축]

부동침하의 대책

- 연약지반 개량, 마찰말뚝
- 평면의 길이 단축
- 이질 지반 시 복합기초 시공
- 경질지반에 지지
- 지하실 설치
- 지하수위 변동 방지
- 동일 지반 시 통합기초
- 기초제원 통합
- 건물의 경량화
- Under Pinning 보강, 건축물의 균등 중량

★★★ 4. 기초의 안정 117,129

3-61	Underpinning	
No. 208	언더피닝	유형: 공법

언더피닝

보강

Key Point

- 국가표준
- Lay Out
  - 시공 Process
  - 종류
- 핵심 단어
  - 기존 구조물의 기초보강
- 연관용어
  - 부동침하

적용성

- 건축물이 침하하여 복원이 필요할 경우
- 건축물이 이동해야할 경우
- 기존 건축물의 지지력 부족
- 기존 구조물 밑에 지중 구조물 설치 할 경우

고려사항

- 기존구조물의 가치와 공사비를 비교검토하여 경제성평가
- 기존구조물에 대한 설계도나 작업기록 조사
- 구조물하부 지반에 대하여 지반조사를 하여 지반상태를 확인
- 구조물하중과 지반의 구성형태에 따른 Underpinning공법 선정

Ⅰ. 정 의

① 기존 구조물의 기초 보강 혹은 새로운 기초 설치를 통해 기존 구조물을 보호하는 보강공사 공법

② 기울어진 구조물의 정상화, 흙파기 예정지반의 인근건물, 도로, 상·하수도관 등의 변형·침하 등을 사전에 방지하기 위한 공법

Ⅱ. 시공 Process

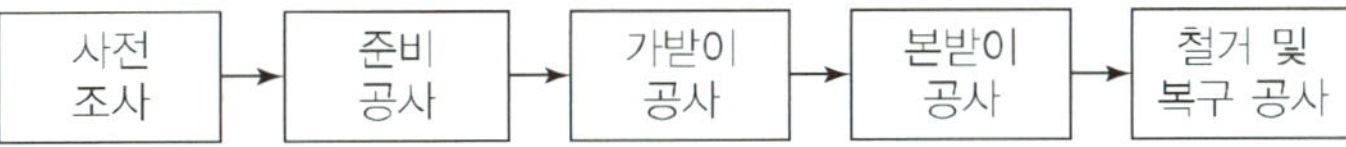

Ⅲ. 종류

1. 가받이 공사

1) 지주에 의한 가받이

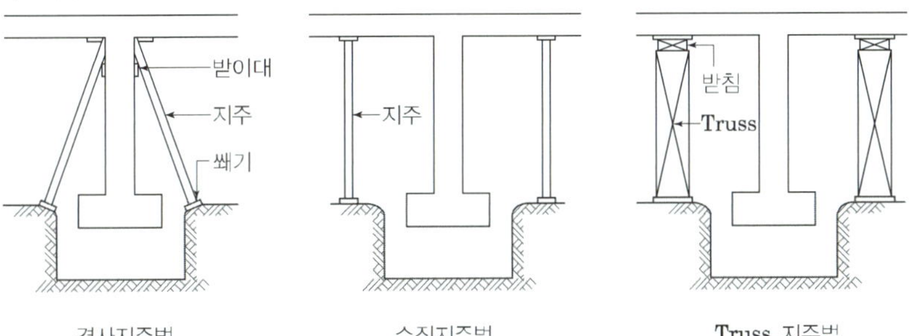

경사지주법 수직지주법 Truss 지주법

2) 신설기초 일부를 이용한 가받이

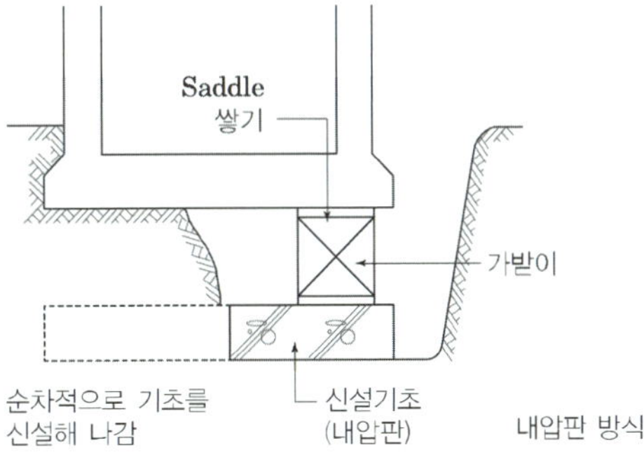

내압판 방식

3) 보에 의한 가받이

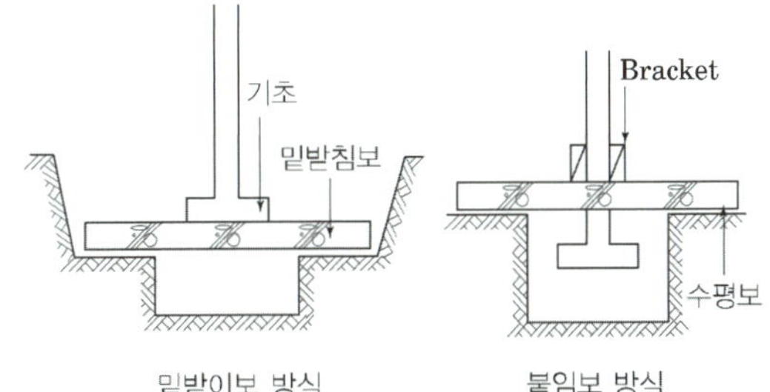

밑받이보 방식 붙임보 방식

언더피닝

시공 시 유의사항

① 흙막이 및 주변 상황 조사
② 하중에 관한 조사를 실시
③ 기초 형식은 기존의 것과 동일한 방식
④ 시공시의 부동침하는 허용값 이내로 관리
⑤ 계측관리를 하여 안전에 대비
⑥ 부동침하가 생기지 않도록 기초형식을 기존의 것과 동일하게 한다.
⑦ 시공시에는 기초의 부동침하가 허용치 이내가 되도록 관리

2. 본받이 공사

1) 바로받이

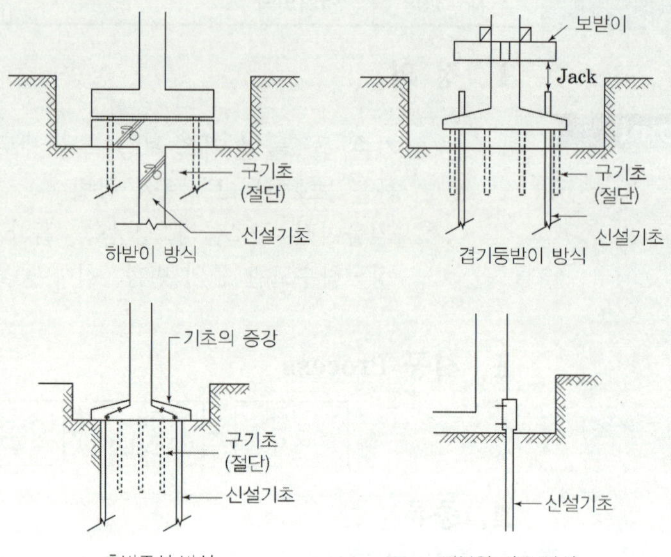

2) 보받이

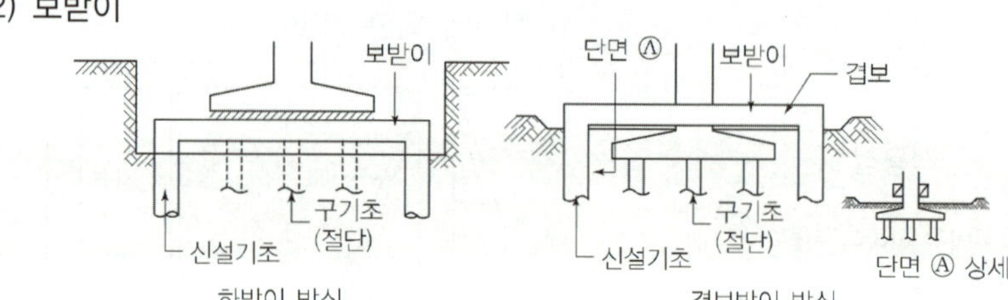

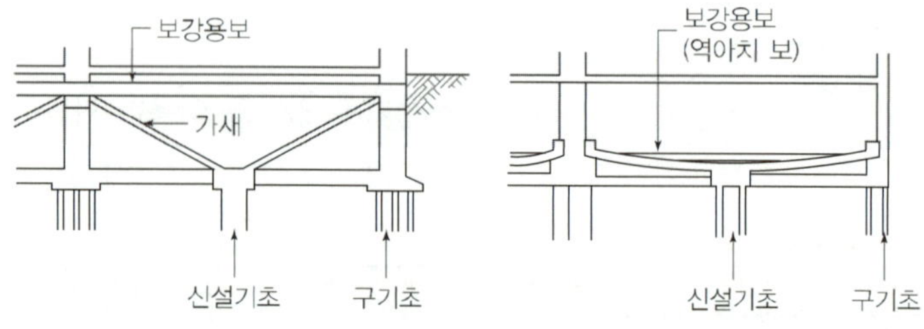

보강용보 방식

3) 바닥받이

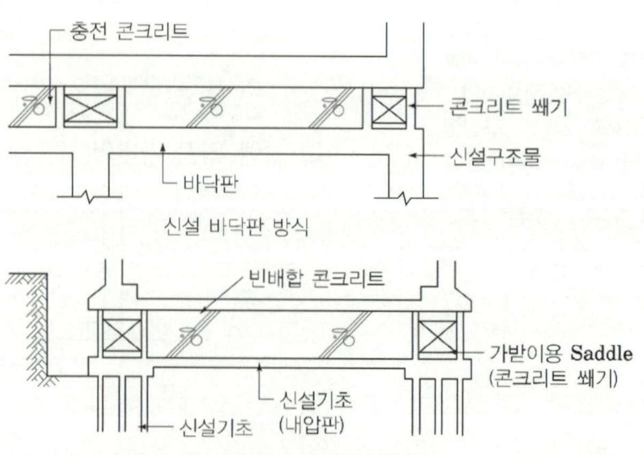

기타용어

☆☆☆

1	무리말뚝(다짐말뚝)	
	group piles	유형: 공법

① 연약한 지층이 깊어 지지력이 좋은 경질지반에 말뚝을 도달시킬 수 없을 때 무리말뚝의 지지력효과(efficiency ratio of group piles)에 의해서 지지하는 말뚝
② 두개 이상의 말뚝을 인접 시공하여 하나의 기초를 구성하는 말뚝의 설치형태를 말한다.(by 구조물기초 설계기준)
③ 시공순서는 무른 지반의 밀도를 높이기 위해 지반의 주변부에서 중앙부로 타입하며, 지반의 무른 정도에 따라 말뚝 간격을 선정한다.

☆☆☆

2	Pier 기초	
		유형: 공법

① 지층에 형성되는 현장타설 concrete pile 혹은 well 공법에서 pile의 길이는 짧고 직경이 큰 기둥 모양의 pile을 의미하며, 일반적으로 직경 D≤90㎝ 이상, 길이 L≤15D 이하인 pile을 총칭한다.
② 기초가 지층에 접하는 단면이 넓어 지지력 증대, 침하량이 감소하고, 소음, 진동 등 주변지반에 대한 영향이 적어 도심지 공사에 적합하나 slime처리, 안정액의 적절한 순환과 배출 및 교체(desanding)가 이루어지도록 안정액의 성질을 측정하고 관리해야 한다.

☆☆☆

3	Well 공법(우물통기초)	
		유형: 공법

① 우물통과 같이 상·하단이 개방된 철근 concrete 조(造) 우물통(직경 1~1.5m)을 지상에서 미리 가공 및 제작하여 내부를 굴착·침하시킨 후 concrete를 부어 넣어 pier를 형성하는 공법
② 우물통 모양은 밑벌린 우물통, 원통형 우물통 등이 있으며, 견고한 지반을 직접 확인 할 수 있어 신뢰성이 높은 깊은 기초공법이다.

기타용어

☆☆☆

4	Open Caisson공법(개방잠함공법)	
		유형: 공법

① 우물통과 같이 뚜껑이 없는 caisson의 내부를 굴착하여 소정의 깊이까지 도달시키는 깊은 기초공법

② 지하 구조물을 지상에서 미리 가공 및 제작하여 외벽 밑에 끝날(shoe)을 설치하고, 내부를 굴착하여 구조물의 자중으로 소정의 깊이까지 침하시키는 공법으로 압축공기를 사용하지 않는다.

☆☆☆

5	Pneumatic caisson 공법(용기잠함공법)	
	uniformity coefficient, coefficient of gradation	유형: 공법

① Pneumatic caisson 공법은 caisson 하부에 작업실을 만들고, 지하수압에 상응하는 고압의 압축공기를 공급하여 지하수의 유입을 사전에 방지하면서 caisson을 인력을 통해 굴착하여 소정의 깊이까지 침하시키는 깊은 기초공법이다.

② 1800년경 영국에서 개발되어 미국에 전파되었고 1867년에 센트 루이스(St. Louis)근처의 교량기초에 처음 시공되었다.

☆☆☆

6	Water jet(워터제트)공법	
		유형: 공법

Water Jet 공법은 고압 Water Jet과 Silent piler를 각 지질 조건에 적합하도록 조합시켜, Pile을 압입하는 공법으로서, Pile 선단에 배관부재를 설치, 고압수를 분사하여, Pile 선단 및 측면에 대한 흙의 저항과 마찰을 일시적으로 저감시키고, 중간층과 지지층에서의 압입을 하는 공법이다.

기타용어

☆☆☆

7	Pre-boring공법	
	선행굴착공법	유형: 공법

① 미리 auger로 지중에 원형의 깊은 hole을 뚫고 말뚝을 삽입한 후, 압입 혹은 타격(경타)하여 말뚝을 설치하는 공법

② 지반내에 조밀층 또는 자갈층 등이 있어 타입이 곤란하거나, 점토층이 있어 타입시 기존 구조물(existing structure) 및 기항타된 말뚝에 영향을 줄 수 있는 경우에는 해당 지층을 선굴착한 후 항타할 수도 있는데 이 경우도 타입공법으로 분류할 수 있다.

☆☆☆

8	중공굴착	
		유형: 공법

① 기성콘크리트 말뚝의 내부에 auger를 삽입하여 굴진하며 auger 중공부를 통해 압축공기가 주입되어 흙을 배토하고, 소요깊이에 도달하면 선단고정액 주입 및 선단구근형성 후 auger를 서서히 인발하여 말뚝을 설치하는 공법

② 압입 혹은 타격(경타)하여 말뚝을 설치하는 공법

☆☆☆

9	Compressol pile(컴프레솔 말뚝)	
		유형: 공법

① 중유럽에서 최초의 제자리 콘크리트 파일(cast-in-situ cocnrete pile)로서 1880년대 프랑스에서 개발되었다.

② 권상기로 3종의 추를 사용하여 무게는 대략 2~3ton인 돌출된 형태의 해머(projectile-shaped hammer)를 약 15m 높이에서 낙하시킨다. 구멍을 내고, 다음 추로 말뚝 하부의 콘크리트를 흙 속으로 밀어 넣고, 다음 추로 말뚝의 콘크리트를 압축하는 방식을 취하고 있다.

③ compressol pile은 프랑스에서 개발되어 널리 쓰이기 시작하였으며 Hennebique Construction Company에 의해 미국에 전수되었다.

기타용어

☆☆☆

10	Franki Pile(프랭키 말뚝)	
		유형: 공법

① 강관 내부에 콘크리트의 마개(栓)를 만들고 추로 이 마개를 내려침으로서 강관을 지반중에 인입시키고 소정 지반에 도달하면 콘크리트를 추로 치면서 말뚝을 만드는 공법이다.

② Franki pile은 제1차 세계대전(First World War) 전 벨기에(Belgium)의 Edgard Frankignoul(1882~1954)가 개발한 말뚝

☆☆☆

11	Simplex pile(심플렉스 말뚝)	
		유형: 공법

① 속이 빈 철제관(steel shell)을 소요 깊이까지 박고 concrete를 부어 넣어 다진 후 철제관을 빼올리는 공법이다.

② 굳은 지반에 외관을 쳐박고 콘크리트를 추로 다져 넣으며, 외관을 빼내는 형식의 것이고 연약한 지반일 때에는 얇은 철판으로된 내관으로 콘크리트를 다지며 외관은 빼낸다.

☆☆☆

12	Pedestal pile(페디스털 말뚝)	
		유형: 공법

① 케이싱을 직접 지반에 타입하여 지지층에 도달시킨 후에 Franki pile과 같은 방법으로 선단에 구근을 만들고, 콘크리트를 타설하여 케이싱을 뽑아 올리고 다지는 일련의 작업을 반복해서 만드는 말뚝이다.

② 내관 · 외관의 2중 강관을 매입하고, 콘크리트를 투입하여 내관으로 콘크리트를 타격하면서 외관을 빼내는 작업을 교대로 반복하여 형성한다.

기타용어

☆☆☆

13	Raymond pile(레이먼드 말뚝)	
		유형: 공법

① 외관으로 얇은 철판을 사용하여 잘 맞는 내용을 삽입해서 내외관을 동시에 박아, 소정깊이에 도달하면 내관을 뽑아내고 외관속에 콘크리트를 쳐서 된 말뚝이다.

② 레인몬드파일은 레이몬드 인터내셔널(Raymond International)에 의해 1897년에 개발되었고, 파일 형태 중 가장 오래되었으며 여전히 북아메리카(North America)를 중심으로 몇 개의 국가에서 사용되고 있다.

☆☆☆ 94

14	현장콘크리트말뚝의 공내재하시험	
	Pressure Meter Test	유형: 시험 · 기준 · 측정

① 보링실시후 시추공의 공벽면을 가압하여 그때의 공벽면 변형량을 측정함으로써 지반의 강도와 변형 특성을 측정하는 시험

② 연약점토지반에서 경암까지 지반 특성의 파악과 암반분류의 지표를 얻기 위해 실시하며 평판재하시험이나 지반의 교란없이 지반의 특성 파악이 가능하다.

☆☆☆

15	전기충격공법	
		유형: 공법

① 지반에 고압으로 물(고압수)을 분사하는 water jet 을 이용하여 굴진하며 지반을 포화상태로 만들고, 방전전극 삽입 후 고압전류를 흘려 지중에서 고압방전을 일으켜 이때 발생하는 충격 energy로 자연상태인 지반을 다지는 공법

② 방전효과는 전기적으로 확인 할 수 있으며, 방전횟수가 많을수록 지반 다짐효과는 크나, 토피압이 작은 지표 부근에서는 지반개량 효과가 미비하다.

기타용어

☆☆☆

16	진동다짐공법	
	Vibro Floataion Method	유형: 공법

① 연약한 사질토지반에 수평방향으로 진동하는 vibro float와 고압으로 물(고압수)을 분사하는 water jet을 이용하여 지중에 모래를 채워 넣고 다져 모래다짐말뚝을 조성하는 공법

② 진동과 물다짐을 병용하여 지지력을 증대시키며, 느슨한 사진지반을 개량하는 공법

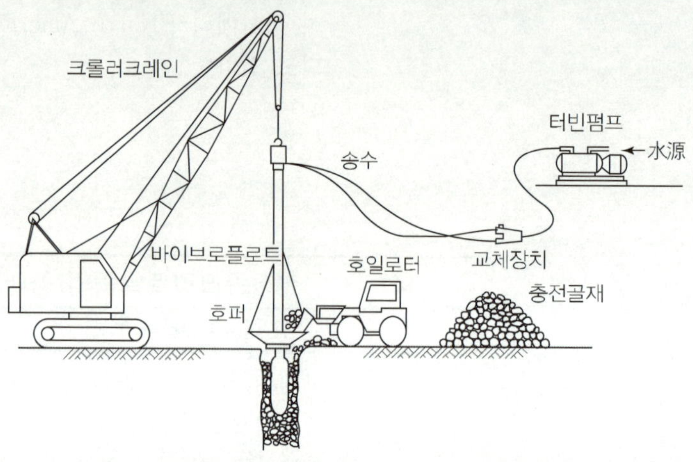

☆☆☆

17	폭약다짐공법	
		유형: 공법

① 연약한 사질토지반의 지중에 내수성이 있는 화약류(dynamite 등)를 폭발시켜 이 때 발생하는 폭파 energy로 자연상태의 지반을 다지는 공법

② 지지력 증가, 미끄럼 파괴 방지, 침하 · 유동 등을 사전에 방지하는 내부다짐공법의 한 종류로, 내부다짐공법에는 폭파다짐공법, 다짐모래 말뚝공법 그리고 지하수위 저하공법 등이 있다.

기타용어

☆☆☆

18	사면선단재하공법	
		유형: 공법

① 성토한 비탈면의 옆부분을 계획선 이상으로 0.5~1.0m 정도 더돋음하여 비탈면 외곽 부분의 전단강도를 증가시킨 후, 더돋음 부분을 제거하여 비탈면을 마무리 하는 공법이다.

② 더돋기 전·후에 비탈면 선단부분을 다짐하여 성토사면의 안정효과를 증대시킨다.

☆☆☆

19	압성토공법	
	Surcharge	유형: 공법

① 성토한 비탈면의 옆부분을 소단모양으로 성토하여 활동에 대한 저항 moment를 증가시켜 성토지반의 활동파괴를 사전에 방지한 후 소단모양의 성토를 제거하여 비탈면을 마무리 하는 공법

② 연약지반에 성토하는 경우 지반의 지지력이 부족하여 과도한 침하와 함께 성토부한 비탈면 옆부분(측방,側方)에 융기가 발생되므로 그 융기부위에 하중(surcharge)을 재하하여 균형을 유지하는 공법

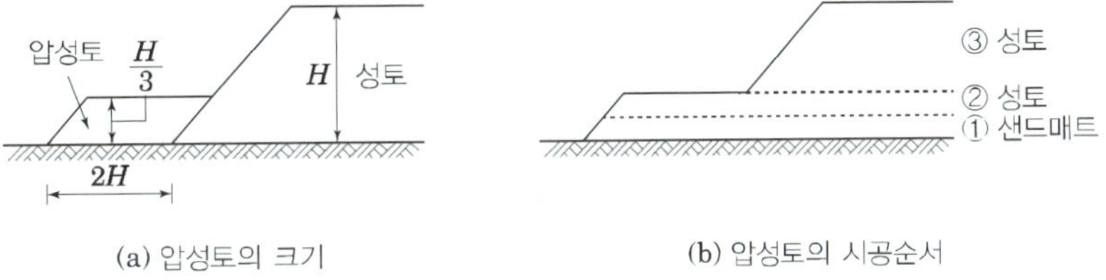

(a) 압성토의 크기

(b) 압성토의 시공순서

☆☆☆

20	고결공법	
		유형: 공법

① 고결재를 지반내에 주입·압입·충전하여 흙의 화학적 고결작용을 통하여, 지반 강도 증진·압축성 억제·투수성의 변화를 촉진시키는 공법

② 생석회말뚝, 소결공법, 동결공법

기타용어

☆☆☆

21	생석회말뚝공법	
		유형: 공법

① 연약한 점성토 지반내에 직경 40~60cm 정도의 casing을 소요깊이까지 압입한 후 hopper로 생석회를 채워 지반내의 물(간극수)과 반응시켜 지반강도증진 · 압축성 억제 · 투수성의 변화를 촉진시키는 공법

② 지반내의 간극수를 급속하게 탈수하는 동시에 말뚝의 체적이 2배로 팽창하여 느슨한 흙을 사방으로 밀어내어 주위지반의 밀도 증가되고 지지력이 증대된다.

☆☆☆

22	동결공법	
	freezing method	유형: 공법

① 냉각액을 순환하는 pipe(동결관)을 지중에 박고 냉각액을 주입하여 지반을 일시적으로 동결시켜 지반의 강도와 투수성의 변화를 통한 차수성을 향상하고, 그 동안 목적된 본공사를 실시하는 일종의 가설공법

② 동결지반은 일시적인 차수벽(impermeable wall), 내력벽(bearing wall)으로 이용되며 적용이 가능한 지반은 사력층, 연약토층, 피압수층 등을 포함한 모든지층에 적용가능하다.

③ 동결을 위한 냉각제의 종류 및 열교환 형식 등에 따라 gas방식과 brine 방식으로 구분되며 공장기초 · 지하 저장 tank · 하수도 · 지하철 굴착 등에 사용된다.

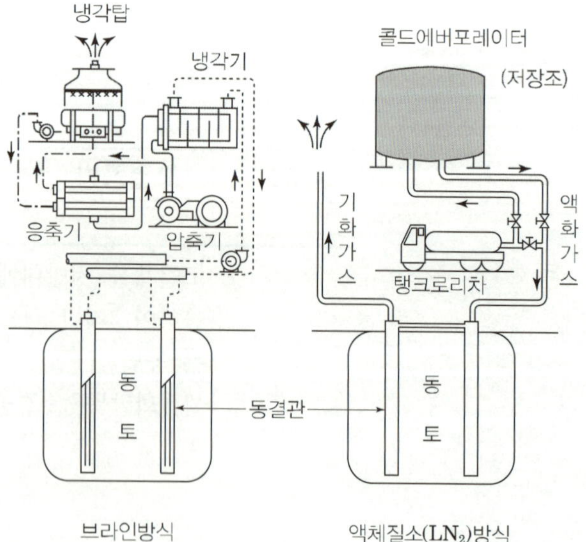

기타용어

☆☆☆

23	치환공법	
	replacement method	유형: 공법

① 연약지반의 일부 혹은 전체 지반을 굴착·압출·폭파 등의 방법으로 연약층을 배제하고 모래 혹은 자갈 등의 양질토로 치환하는 공법

② 굴착치환: 연약층 전체를 굴착하여 치환할 경우 매우 만족할 만한 결과를 얻을 수 있지만 일정깊이 이상으로 굴착하는 데에는 경제적인 부담이 커지고 시공상의 한계를 가지고 있다.

③ 미끄럼 치환: 양질의 재료를 지표면에 과대하게 재하시켜 제방을 축조하는 공법으로, 과대한 하중에 의해 연속적인 전단파괴를 유도하여 연약점토를 압축시키고 치환시키는 공법

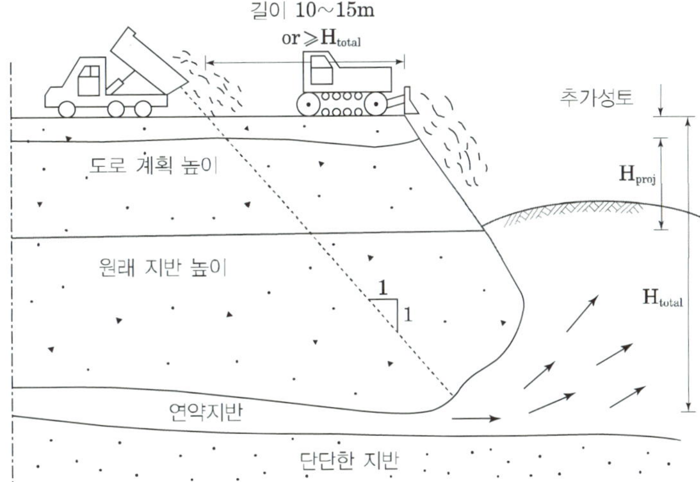

④ 폭파치환공법: 폭발에 의하여 연약층을 제거하고 양질토로 치환하는 공법으로 일반적으로 강제치환공법을 용이하게 시공하기 위해서 적용

☆☆☆

24	동치환공법	
	Dynamic Replacement Method	유형: 공법

① 대형 crawler crane에 소정의 중량물(Pounder)을 낙하시켜 이때 발생하는 충격 energy로 미리 포설하여 놓은 모래·자갈·쇄석 등의 재료를 지중에 압입하여 대직경의 쇄석기둥을 형성하는 공법

② 중량물에 의한 충격 energy는 지표의 쇄석을 지중으로 압입시키고, 중량물이 낙하한 자리에 다시 쇄석을 채우고, 이를 다시 중량물의 낙하로 압입시키는 공정을 반복하여 지중에 대직경의 쇄석기둥을 형성하는 것이다.

기타용어

☆☆☆

25	진동쇄석말뚝공법	
	Vibrate Crushed Stone Compaction Pile	유형: 공법

① 지반에 고압으로 물(고압수)을 분사하는 water jet 을 이용하여 굴진하며 지반을 포화상태로 만들고, 방전전극 삽입 후 고압전류를 흘려 지중에서 고압방전을 일으켜 이때 발생하는 충격 energy로 자연상태인 지반을 다지는 공법

② 방전효과는 전기적으로 확인 할 수 있으며, 방전횟수가 많을수록 지반 다짐효과는 크나, 토피압이 작은 지표 부근에서는 지반개량 효과가 미비하다.

☆☆☆

26	침투압공법	
		유형: 공법

① 연약한 점성토지반에 반투막 중공원통을 삽입하고 그 속에 농도가 높은 용액을 넣어 침투현상을 이용하여 지반내의 물(간극수)을 지표면으로 배제(탈수)시켜 지반의 압밀을 촉진 · 강화시키는 공법

② 침투현상을 이용하지만 점성토중에 물을 배제(탈수)하고 강도를 증가시키는 원리는 sand drain 공법과 같으며 상재하중을 가하지 않고서 간극수압을 작게하여 유효응력을 증가시켜서 수두차를 발생시켜 압밀을 발생시켜 압밀을 촉진한다.

☆☆☆

27	표면처리공법	
		유형: 공법

① 준설매립지와 같은 해안에 인접한 초연약지반을 개량하는 경우는 우선 지반개량용 작업장비의 주행성을 확보하기 위하여 표층개량이 실시되고, 나중에 심층개량이 실시된다. 초연약 점성토 지반에서 건설장비의 주행성 확보를 목적으로 사용되고 있는 표층고화처리 공법은 지반의 표층부분을 대상으로 시멘트 및 생석회와 같은 고화재를 주재료로 하여 원지반과 교반.혼합한 후 고화재의 화학적인 고결작용(cementation)을 이용하여 지반의 강도나 변형특성, 내구성 등을 개선하는 지반개량공법이다.

② 표면에서 1~2m 정도의 표층토를 대상으로 실시되며, 이렇게 고화처리된 지반은 강성이 큰 구조체를 형성하여 하부 미개량층과 분리된 2층 지반의 형태가 된다. 고화처리 메카니즘은 주로 투입되는 고화재의 화학적 성분에 의한 것으로 고화재의 성분구성과 대상토질에 의하여 고화효과가 다르게 나타낸다.

기타용어

☆☆☆

28	전단면 골재포설 공법	
		유형: 공법

① 기초저면에 전단면 자갈포설구간을 추가굴착하고 다발관과 골재(자갈, 쇄석)포설에 의한 주배수로를 설치하는 영구배수공법

② 주 배수로를 배수층 골재(자갈)내부에 설치하여 구조물 기초 슬래브(base slab, foundation slab, 기초판: footing)에 작용하는 상향수압을 효과적으로 해소하는 공법이며, 통수 단면적을 최대한 확보하여 영구배수공법 중 가장 통수기능이 큰 공법

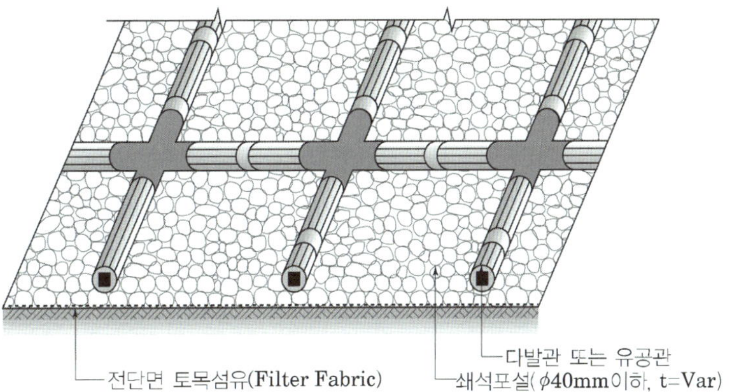

☆☆☆

29	격자형 트렌치(Trench) 공법	
	트렌치+다발관 시스템	유형: 공법

① 기초저면에 격자형으로 Trench를 추가굴착하고 Trench 내부에 다발관과 골재(자갈, 쇄석)포설에 의한 주배수로를 설치하는 영구배수공법

② 전단면 골재포설 공법을 개선한 공법으로 주 배수로를 격자형(Grid)으로 굴착·설치하여 구조물 기초 슬래브(base slab, foundation slab, 기초판: footing)에 작용하는 상향수압을 효과적으로 해소하는 공법

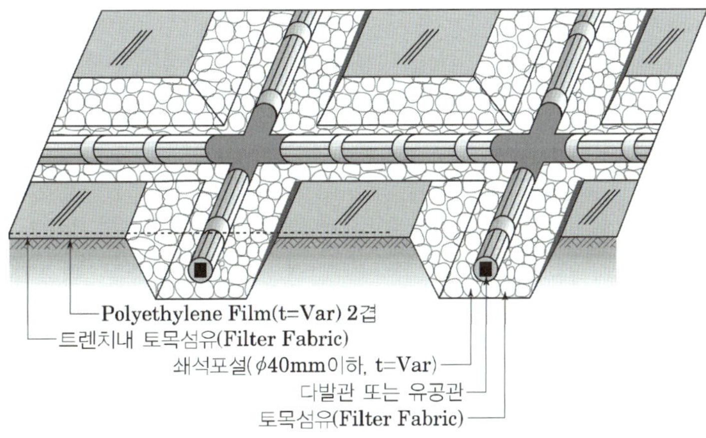

기타용어

☆☆☆

30	부분 트렌치 + 드레인 보드 공법	
		유형: 공법

① 기초저면에 부분적으로 Trench를 추가굴착하고 Trench 내부에 다발관과 자갈(쇄석)포설에 의한 주배수로 설치 및 보조배수재인 양면 판형배수재(Drain board)를 설치하는 영구배수공법

② 굴착 완료 후 기초하부에 Trench를 굴착하고 Trench 내부에 다발관 및 자갈포설을 하여 Drain board로 유도된 지하수를 트렌치의 자갈층을 통하여 다발관이 배수기능을 하게 한 영구배수공법

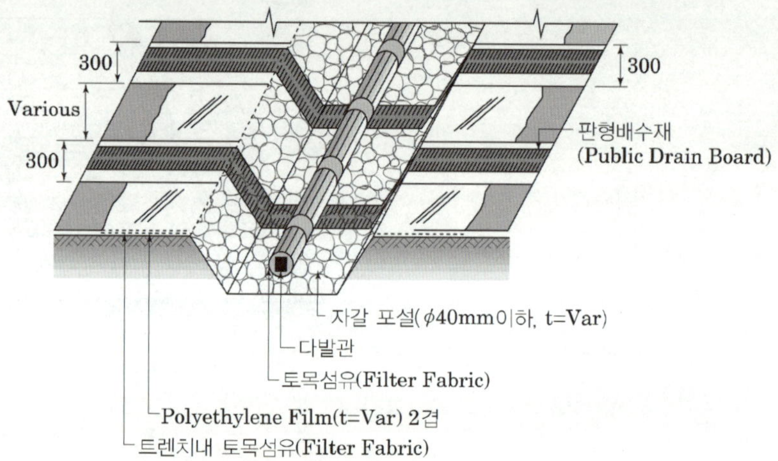

☆☆☆ 135

31	건축물 기초공사 버림(밑창)콘크리트	
		유형: 공법

① 자갈지정, 잡석지정 등의 위에 기초상부 먹매김 등을 하기 위하여 최소두께 60mm 정도의 밑창 Con'c를 하는 것

② 밑창 콘크리트의 표면은 정해진 높이로 마무리 작업을 한다. 타설 두께는 설계도서에 따른다.

③ 밑창 콘크리트의 품질은 공사시방에 따른다. 이 시방서에서 별도로 정한 바가 없는 경우는 설계기준 강도 15MPa 이상의 것을 사용해야 한다.

④ 재령28일 압축강도 16MPa 이상, 공기량 4.5±1.5%, 슬럼프 80±25mm, 굵은골재 최대치수 25mm 이하

⑤ 기초저면이 암반일 경우에는 발파 등으로 인해 금이 간 암석부스러기 등은 제거하고, 시공기준면 보다 더 터파기한 부분은 수급인 부담으로 버림콘크리트를 채워서 평탄하게 마무리하여야 한다.

⑥ 밑창콘크리트 규격은 펌프카로 타설이 가능하도록 설계기준강도를 정해야 한다.

CHAPTER

04 철근콘크리트공사

Professional Engineer

4-1장

거푸집공사

Professional Engineer

마법지

1. 일반사항

- 시공계획
- 설계
- 측압

2. 거푸집의 종류

- 재료별
- 전용거푸집/외벽
- 전용거푸집/연속
- 바닥
- 벽+바닥
- 합벽전용
- 특수
- 동바리

3. 시공

- 시공
- 하자 및 붕괴

4. 존치기간

- 존치기간

★★★ 1. 일반사항

4-1	거푸집 시공계획	
No. 209	공법선정 시 고려사항	유형: 항목·계획

시공계획

공법 선정

Key Point

◪ 국가표준
- KCS 21 50 05

◪ Lay Out
- 공법선정 및 거푸집의 역할
- 시공계획 수립 절차

◪ 핵심 단어

◪ 연관용어
- 전용계획

요구조건

- 강도
- 정확도
- 수밀성
- 형상유지

세부 고려사항

- 작업자의 하루 작업량 계산
- 타공사와의 간섭사항 확인
- 자재반입 가능여부 및 양중량 검토
- 콘크리트 타설 및 양생과정에서 진동 및 자재중량에 대한 구조검토
- 마감관계 선 검토
- 공정, 품질, 원가, 구조, 안전

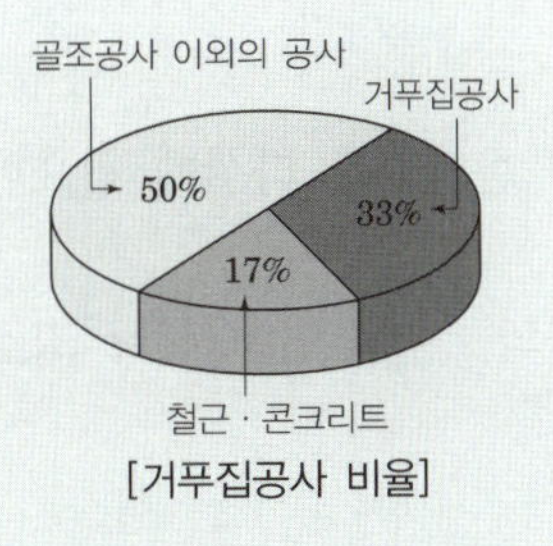

[거푸집공사 비율]

Ⅰ. 개 요

합리적인 거푸집 시공계획을 수립하기 위해서는 건축물의 특징과 시공조건을 고려하여 공기, 품질, 원가, 안정성 관점에서 적합한 거푸집 공법을 검토해야 한다.

Ⅱ. 공법선정 및 거푸집의 역할

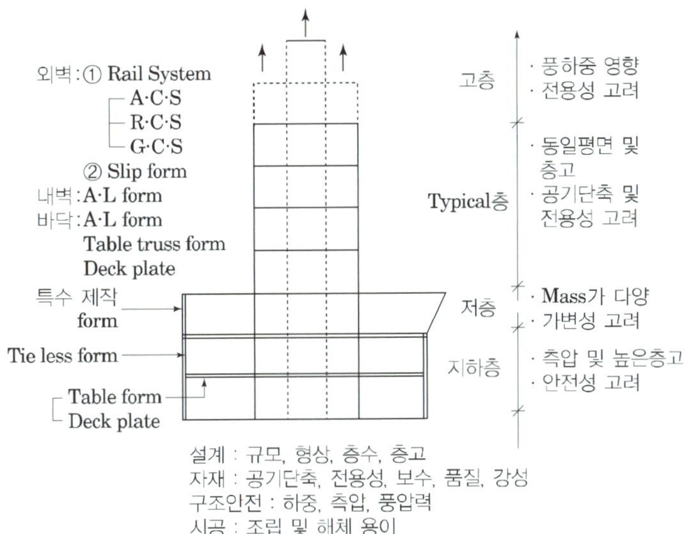

구조적인 역할
- 구조체의 형상과 치수 유지
- 콘크리트 측압 및 하중에 대한 안전
- 콘크리트 강도 확보

마감 바탕역할
- 구조체의 수직 수평 확보
- 콘크리트 평활도 확보
- 개구부 규격의 정밀도 유지

Ⅲ. 시공계획 수립절차

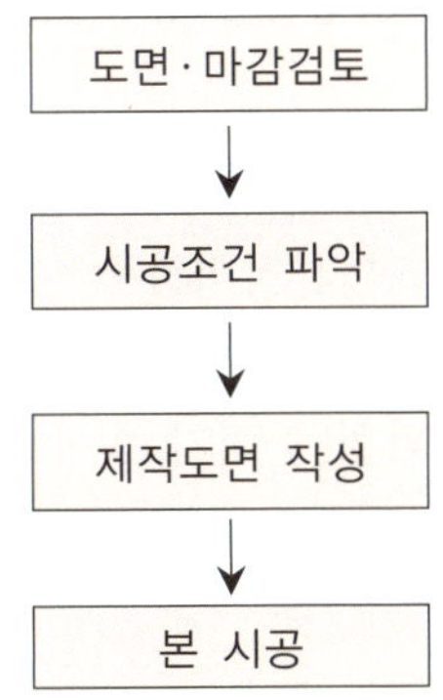

- 형상, 평면, 층고, 스팬, 마감 등 특징파악
- 공장선정
- Sample 시공

★★★ 1. 일반사항 60.96

4-2	거푸집에 작용하는 하중	
No. 210	거푸집의 안전성 검토	유형: 현상·구조

거푸집 설계

고려하중

Key Point

◪ 국가표준
- KDS 21 50 00
- KDS 41 10 15
- KCS 14 20 12

◪ Lay Out
- 설계하중
- 구조설계 순서

◪ 핵심 단어

◪ 연관용어
- 안전성 검토
- 측압

Ⅰ. 정 의

거푸집 및 동바리는 콘크리트 시공 시에 작용하는 연직하중, 수평하중, 콘크리트 측압 및 풍하중, 편심하중 등에 대해 그 안전성을 검토해야 한다.

Ⅱ. 설계하중-거푸집 고려하중

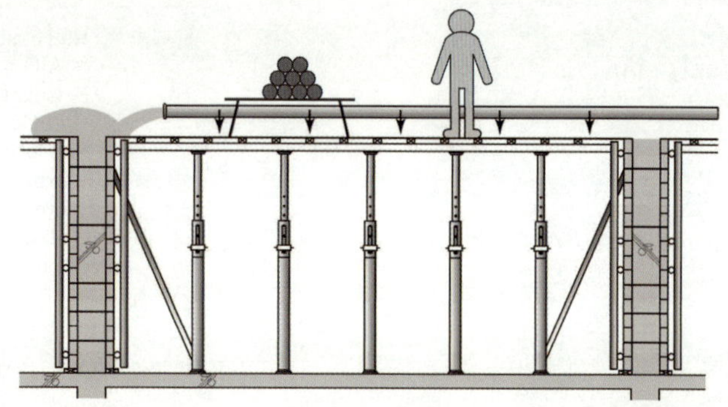

1. 연직하중

- 고정하중(D)+작업하중(L_i)
- 콘크리트 타설 높이와 관계없이 최소 5.0kN/m² 이상으로 거푸집 및 동바리를 설계

1) 고정하중

① 철근 콘크리트 하중 + 거푸집의 하중

② 콘크리트의 단위중량은 철근의 중량을 포함하여 보통 콘크리트 24kN/m³

③ 제1종 경량 콘크리트 20kN/m³, 제2종 경량 콘크리트 17kN/m³

④ 거푸집의 무게는 최소 0.4kN/m² 이상을 적용
다만, 특수 거푸집의 경우에는 그 실제 거푸집 및 철근의 무게를 적용

2) 작업하중

① 철근 콘크리트 하중 + 거푸집의 하중

② 작업원, 경량의 장비하중, 충격하중, 기타 콘크리트 타설에 필요한 자재 및 공구 등의 하중을 포함

③ 콘크리트 타설 높이가 0.5m 미만: 구조물의 수평투영면적 당 최소 2.5kN/m² 이상

부자재

- 간격재(Separator)
  - 거푸집 간격유지와 철근 또는 긴장재나 쉬스가 소정의 위치와 간격을 유지시키기 위하여 쓰이는 부재
- 긴결재(form-tie)
  - 기둥이나 벽체거푸집과 같이 마주보는 거푸집에서 거푸집 널(Shuttering)을 일정한 간격으로 유지시켜 주는 동시에 콘크리트 측압을 최종적으로 지지하는 역할을 하는 인장부재로 매립형과 관통형으로 구분
- 박리제(Form Oil)
  - 콘크리트 표면에서 거푸집 널을 떼어내기 쉽게 하기 위하여 미리 거푸집널에 도포하는 물질

거푸집 설계

- P : 콘크리트의 측압 (kN/㎡)
- W : 굳지 않은 콘크리트의 단위 중량(kN/㎥)
- H : 콘크리트의 타설 높이 (m)

- P : 콘크리트 측압(kN/m²)
- C_w : 단위중량 계수
- C_c : 첨가물 계수
- R : 콘크리트 타설속도 (m/h)
- T : 타설되는 콘크리트의 온도(℃)

④ 콘크리트 타설 높이가 0.5m 이상 1.0m 미만: 3.5kN/m^2, 1.0m 이상: 5.0kN/m^2 다만, 콘크리트 분배기 등의 특수장비를 이용할 경우에는 실제 장비하중을 적용

⑤ 적설하중이 작업하중을 초과하는 경우: 적설하중을 적용

2. 측압

- 사용재료, 배합, 타설 속도, 타설 높이, 다짐 방법 및 타설되는 콘크리트 온도, 사용하는 혼화제의 종류, 부재의 단면 치수 등에 의한 영향을 고려하여 산정
- 측압구분: 거푸집면의 투영면 방향으로 작용하는 것으로 하며, 일반 콘크리트용 측압, 슬립폼용 측압, 수중 콘크리트용 측압, 역타설용 측압 그리고 프리플레이스트 콘크리트(preplaced concrete)용 측압

1) 일반 콘크리트

$$p = WH$$

2) 콘크리트 슬럼프가 175mm 이하이고, 다짐 깊이 1.2m 이하의 일반적인 내부 진동다짐으로 타설되는 기둥 및 벽체의 콘크리트 측압

다만, 측압 공식을 적용하기 위해 기둥은 수직 부재로서 장변의 치수가 2m 미만이어야 하며, 벽체는 수직 부재로서 한쪽 장변의 치수가 2m 이상

① 기둥의 측압

$$P = C_w \cdot C_c \left[7.2 + \frac{790R}{T+18} \right]$$

다만, 측압의 최솟값은 $30C_w$ kN/m^2 이상, 최댓값은 $W \cdot H$값 이하

② 벽체의 측압: 타설속도에 따라 구분

구분 \ 타설속도		2.1m/h 이하	2.1~4.5m/h 이하
타설 높이	4.2m 미만 벽체	$p = C_w C_c \left\{ 7.2 + \frac{790R}{T+18} \right\}$	
	4.2m 초과 벽체	$p = C_w C_c \left\{ 7.2 + \frac{1160+240R}{T+18} \right\}$	
모든 벽체			$p = C_w C_c \left\{ 7.2 + \frac{1160+240R}{T+18} \right\}$

단, 타설높이가 4.2m 초과하더라도 타설속도가 1.1m/h 이하인 벽체는 4.2m 미만 벽체의 식을 적용

③ 슬립 폼(slip form)의 측압: 타설 높이가 높지 않고 타설 속도가 빠르지 않아 다음의 측압으로 낮추어 적용

$$P = 4.8 + \frac{520R}{T+18}$$

거푸집 설계

- I_w : 재현기간에 따른 중요도계수
- T_w : 재현기간(년)
- N : 가시설물의 존치기간(년)
- P : 비초과 확률(60%)

④ 압력용기나 차수용 구조물과 같이 콘크리트의 밀실도를 높이기 위하여 추가로 진동다짐을 할 경우

$$P = 7.2 + \frac{520R}{T+18}$$

3. 풍하중(W)

- 가시설물의 재현기간에 따른 중요도계수(I_w)
  재현기간(T_w) 1년 이하의 경우에는 0.60을 적용
- 이 외 기간

$$I_w = 0.56 + 0.1\ln(T_w)$$

$$T_w = \frac{1}{1-(P)^{\frac{1}{N}}}$$

4. 수평하중

① 동바리에 고려하는 최소 수평하중은 고정하중의 2%와 수평길이 당 1.5kN/m 이상 중에서 큰 값의 하중을 부재에 연하여 작용하거나 최상단에 작용하는 것으로 한다.

② 최소 수평하중은 동바리 설치면에 대하여 X방향 및 Y방향에 대하여 각각 적용

③ 벽체 및 기둥 거푸집의 전도에 대한 안정성 검토 시에는 거푸집면 외측에서 투영면적당 0.5kN/m^{2}의 최소 수평하중이 작용

5. 특수하중

① 콘크리트를 비대칭으로 타설할 때의 편심하중, 콘크리트 내부 매설물의 양압력, 포스트텐션(post tension) 시에 전달되는 하중, 크레인 등의 장비하중 그리고 외부진동다짐에 의한 영향

② 슬립 폼의 인양(jacking) 시에는 벽체길이 당 최소 3.0kN/m 이상의 마찰하중이 작용

Ⅲ. 구조설계 순서

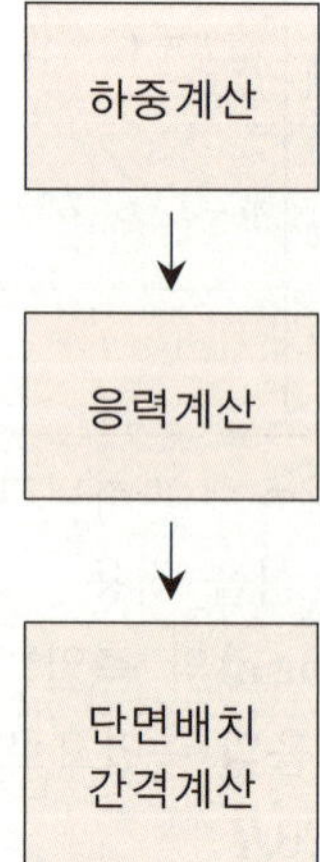

- 동바리에 작용하는 하중의 종류, 크기 산정
  - 수직방향 하중, 수평방향 하중, 특수하중 등
- 하중에 의하여 각 부재에 발생되는 응력 산출
  - 휨모멘트, 전단력, 처짐, 좌굴, 비틀림의 영향 검토
- 각 부재에 발생되는 응력에 대하여 안전한 단면 및 배치간격 결정
  - 거푸집 널, 장선, 멍에, 동바리 배치

★★★ 1. 일반사항 63.64.81.103.107

4-3	콘크리트 측압/ Concrete head	
No. 211		유형: 현상·구조·기준

거푸집 설계

측압과 하중

Key Point

◪ 국가표준
- KDS 21 50 00
- KDS 41 10 15
- KCS 14 20 12

◪ Lay Out
- 타설 높이별 Concrete Head의 변화
- 측압증가에 영향을 주는 요인
- 거푸집에 작용하는 측압
- 측압 대응방법

◪ 핵심 단어
- Concrete 부어넣기 시 거푸집에 가해지는 콘크리트 수평방향의 압력

◪ 연관용어
- 안정성 검토

Ⅰ. 정 의

① 수직 거푸집에 Concrete 부어넣기 시 거푸집에 가해지는 콘크리트 수평방향의 압력

② Concrete 측압은 concrete 부어 넣기 속도·높이, 부재 단면의 두께, 온도·습도, concrete의 종류 및 특성, slump value, consistency, workability, W/C비 등에 따라 변화한다.

Ⅱ. 타설 높이별 Concrete Head의 변화

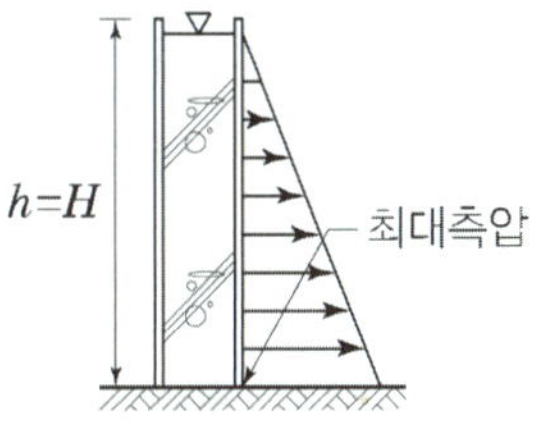

[한 번에 타설하는 경우]

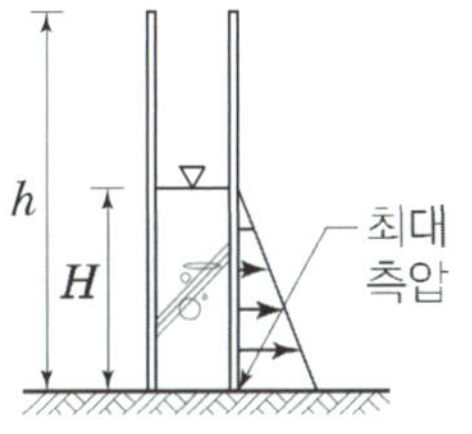

[1차 타설하는 경우]

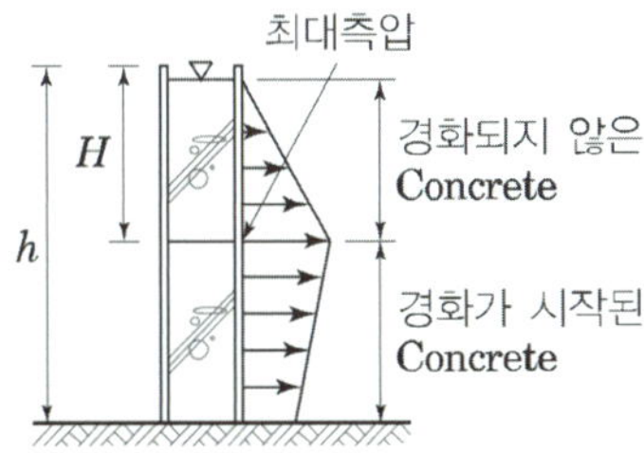

[2차 타설하는 경우]

- H : Concrete Head
  Concrete 부어 넣기 윗면에서부터 최대측압이 발생되는 지점까지의 거리. 층
- h : height
  거푸집의 최고 높이

벽체 두께에 따른 거푸집 측압변화

103회 기출: 출제오류

- 벽체 높이에 도달하면 측압은 더 이상 상승하지 않고 조금씩 줄어든다. 벽체 두께에 따른 거푸집 측압의 변화로 출제한 것은 출제 오류라서 별도의 문제를 만들지 않음

Ⅲ. 측압증가에 영향을 주는 요인

① 부배합(rich mix)일수록
② 슬럼프값이 클수록
③ 타설 속도가 빠를수록
④ 다짐이 과다할 경우
⑤ 습도가 높을수록
⑥ 기온이 낮을수록
⑦ 응결속도가 늦을수록
⑧ 거푸집 수밀성이 클수록
⑨ 철근량이 적을수록
⑩ 거푸집의 높이가 높을 경우

거푸집 설계

- P : 콘크리트의 측압 (kN/m^2)
- W : 굳지 않은 콘크리트의 단위 중량(kN/m^3)
- H : 콘크리트의 타설 높이 (m)

Ⅳ. 거푸집에 작용하는 측압

- 사용재료, 배합, 타설 속도, 타설 높이, 다짐 방법 및 타설되는 콘크리트 온도, 사용하는 혼화제의 종류, 부재의 단면 치수 등에 의한 영향을 고려하여 산정
- 측압구분: 거푸집면의 투영면 방향으로 작용하는 것으로 하며, 일반 콘크리트용 측압, 슬립 폼용 측압, 수중 콘크리트용 측압, 역타설용 측압 그리고 프리플레이스트 콘크리트(preplaced concrete)용 측압

1) 일반 콘크리트

$$p = WH$$

- P : 콘크리트 측압(kN/m^2)
- C_w : 단위중량 계수
- C_c : 첨가물 계수
- R : 콘크리트 타설속도 (m/h)
- T : 타설되는 콘크리트의 온도(℃)

2) 콘크리트 슬럼프가 175mm 이하이고, 다짐깊이 1.2m 이하의 일반적인 내부진동다짐으로 타설되는 기둥 및 벽체의 콘크리트 측압
다만, 측압 공식을 적용하기 위해 기둥은 수직 부재로서 장변의 치수가 2m 미만이어야 하며, 벽체는 수직 부재로서 한쪽 장변의 치수가 2m 이상

① 기둥의 측압

$$P = C_w \cdot C_c \left[7.2 + \frac{790R}{T+18}\right]$$

다만, 측압의 최솟값은 $30C_w$ kN/m^2 이상, 최댓값은 $W \cdot H$값 이하

② 벽체의 측압: 타설속도에 따라 구분

구분 \ 타설속도		2.1m/h 이하	2.1~4.5m/h 이하
타설 높이	4.2m 미만 벽체	$p = C_w C_c \left\{7.2 + \frac{790R}{T+18}\right\}$	
	4.2m 초과 벽체	$p = C_w C_c \left\{7.2 + \frac{1160+240R}{T+18}\right\}$	
모든 벽체			$p = C_w C_c \left\{7.2 + \frac{1160+240R}{T+18}\right\}$

단, 타설높이가 4.2m 초과하더라도 타설속도가 1.1m/h 이하인 벽체는 4.2m 미만 벽체의 식을 적용

③ 슬립 폼(slip form)의 측압: 타설 높이가 높지 않고 타설 속도가 빠르지 않아 다음의 측압으로 낮추어 적용

$$P = 4.8 + \frac{520R}{T+18}$$

④ 압력용기나 차수용 구조물과 같이 콘크리트의 밀실도를 높이기 위하여 추가로 진동다짐을 할 경우

$$P = 7.2 + \frac{520R}{T+18}$$

거푸집 설계

• 기둥타설 시 콘크리트 측압 최소화(3 분할 타설)

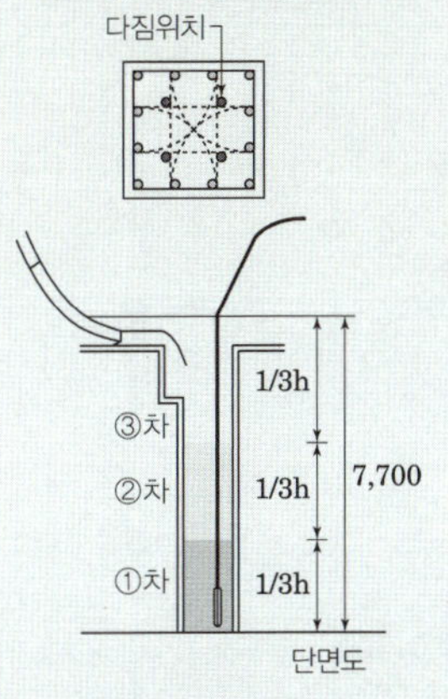

• 한번에 타설할 경우

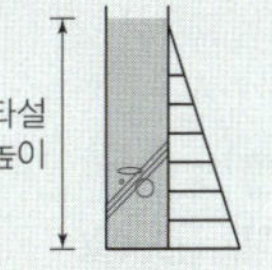

• 1차 타설

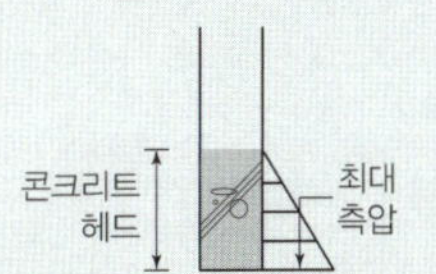

• 2차 타설

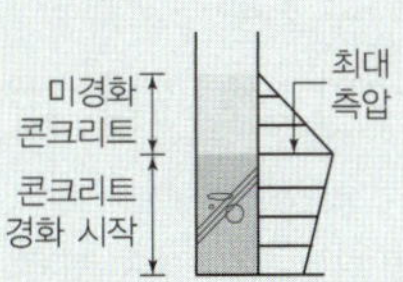

V. 측압 측정방법

1) 수압판에 의한 방법

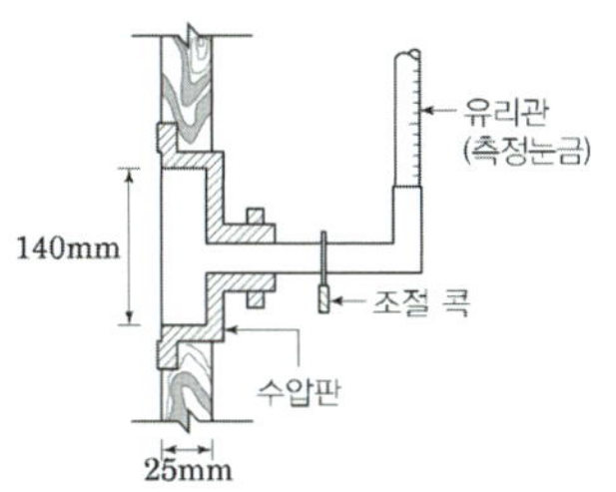

수압판 설치: Con'c와 직접 접촉시켜 측압에 의한 탄성 변형에 의한 측압 측정

2) 수압계에 의한 방법

수압판에 직접 스트레인 게이지를 부착하여 탄성 변형량 측정

3) 죄임철물변형에 의한 방법

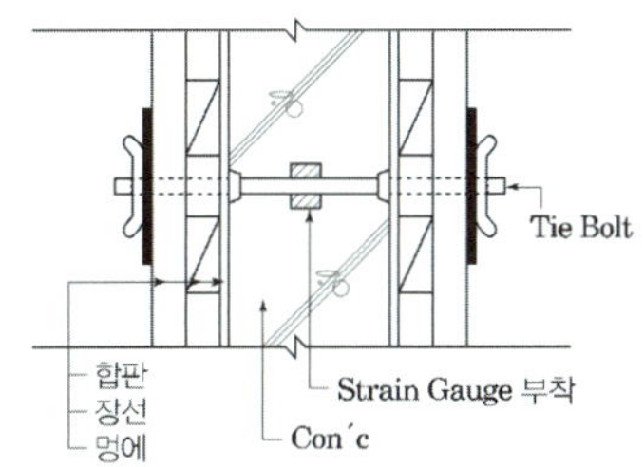

죄임철물(separator)에 strain gauge를 부착하여 변형량으로 측압 측정

4) OK식 측압계

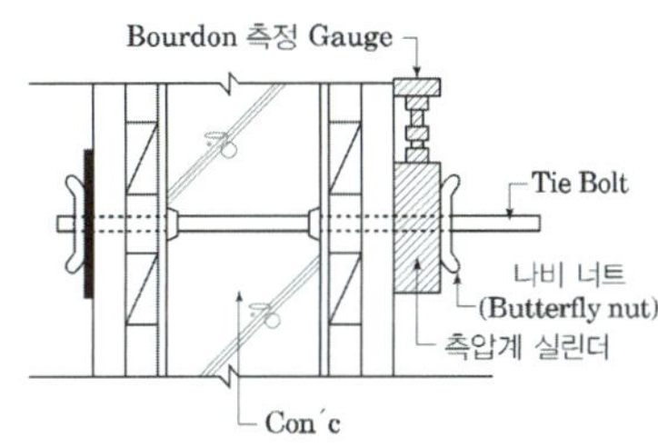

죄임철물 본체에 유압 jack을 장착하여 변화를 측정

VI. 측압 대응방법

① 안정성 검토
② 적정 거푸집 및 부속철물 선정
③ 부위별 보강(하단부, 모서리, 개구부, 계단, 램프구간)
④ 수직도 체크
⑤ 버팀대 설치
⑥ 수평연결재 설치
⑦ 가새 설치
⑧ 시스템 동바리 시공
⑨ 콘크리트 타설속도 유지
⑩ 분할타설
⑪ 진동기 관리

공법분류

구성요소
Key Point

- 국가표준

- Lay Out
  - 거푸집의 분류
  - 거푸집의 구성요소

- 핵심 단어

- 연관용어
  - 안정성 검토

★★★ 2. 거푸집의 종류

4-4	거푸집 공법분류	
No. 212		유형: 재료·공법·System

Ⅰ. 정 의

① 콘크리트를 부어 굳히기 위한 임시 틀
② 재료별, System별, 전용(부위별)System, 특수 System으로 구분할 수 있다.

Ⅱ. 거푸집의 분류

1) 재료와 System에 따른 분류
목재형틀, 철강재 형틀, 알루미늄 형틀, Plastic형틀, 종이, EPS

2) 전용 System에 따른 분류
① 외벽: Gang Form, Climbing Form
② 연속: Slip Form System
③ 바닥: Table Form, Deck Plate, Waffle Form
④ 벽+바닥: Tunnel Form, Traveling Form
⑤ 합벽: Tie Less Form

3) 특수 System에 따른 분류
① Drop : AL Form(Down) Form, Sky Deck(Head)
② 비탈형: PC, EPS, Rib Lath Form, TSC보, CFT, Deck
③ 마감조건: Textile Form, 고무풍선 Form, Stay-in-Place
④ 무지주: Bow Beam, Pecco Beam

Ⅲ. 거푸집의 구성요소

① 거푸집: 타설된 콘크리트가 설계된 형상과 치수를 유지하며 콘크리트가 소정의 강도에 도달하기까지 양생 및 지지하는 구조물
② 거푸집 널(shuttering): 거푸집의 일부로써 콘크리트에 직접 접하는 목재나 금속 등의 판류
③ 동바리: 타설된 콘크리트가 소정의 강도를 얻기까지 고정하중 및 시공하중 등을 지지하기 위하여 설치하는 부재
④ 장선: 거푸집널을 지지하여 멍에로 하중을 전달하는 부재
⑤ 멍에: 장선과 직각방향으로 설치하여 장선을 지지하며 거푸집 긴결재나 동바리로 하중을 전달하는 부재
⑥ 간격재: 거푸집 간격유지와 철근 또는 긴장재나 쉬스가 소정의 위치와 간격을 유지시키기 위하여 쓰이는 부재
⑦ 거푸집 긴결재(form tie): 기둥이나 벽체거푸집과 같이 마주보는 거푸집에서 거푸집 널(Shuttering)을 일정한 간격으로 유지시켜 주는 동시에 콘크리트 측압을 최종적으로 지지하는 역할을 하는 인장부재로 매립형과 관통형으로 구분

재료별

재료별
Key Point
- 국가표준
- Lay Out
  - 구성요소
  - 특징
- 핵심 단어
- 연관용어

• KDS 명칭
- 강제틀 합판 거푸집

☆☆☆ 2. 거푸집의 종류

4-5	Euro Form	
No. 213	유로폼	유형: 재료·공법

Ⅰ. 정 의

① Panel(coating 합판과 steel frame)로 Profile(외곽 프레임), 보강대, Rib Plate로 구성된 Form

② Modular form이라 하여 규격화된 표준 type의 구조물에 적용 되며, 생산성 향상 및 전용횟수 증대를 목적으로 개발되었다.

Ⅱ. 구성요소

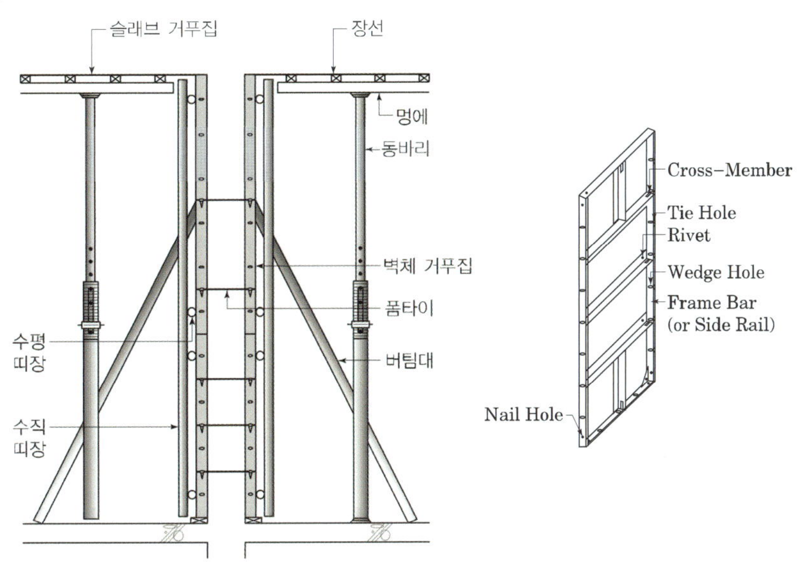

Ⅲ. 특 징

장점	단점
• 자재수급 원활 • 적용범위 넓음 • 견고성 우수 • 경제성 우수 • 규격화하여 설치 및 해체 용이	• 인력의존도 높아 시공속도가 시스템폼에 비해 상대적으로 느림 • 곡면시공 어려움 • 시공정밀도 저하(배부름·터짐·뒤틀림 발생) • 할석 발생으로 구조체 내구성 저하

4-6	Gang Form	
No. 214		유형: 재료·공법·System

공법분류

외벽

Key Point

◪ 국가표준
- KCS 21 50 10
- KOSHA GUIDE

◪ Lay Out
- 구성요소 및 시공 Process
- 구성자재
- 제작 시 안전설비 기준
- 시공 시 유의사항

◪ 핵심 단어
- What: 외부벽체 거푸집+케이지
- Why: 반복사용
- How: 일체로 제작

◪ 연관용어
- Climbing Form

제작 시 고려사항

- 층고, 외벽마감 종류, 공정 등을 고려하여 작업발판 단수 결정
- Tower Crane 기종, 위치 및 평면을 고려하여 나누기 결정
- 내·외부 접합 부위 및 Form Tie Type 결정
- 안전난간, 사다리, 작업발판, 코너부 마무리 안전성 검토

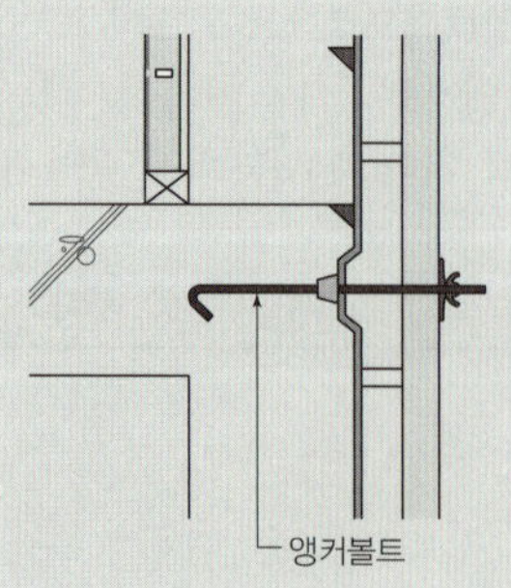

I. 정 의

① 평면상 상·하부 동일 단면 구조물에서 외부벽체 거푸집과 작업발판용 케이지(cage)를 일체로 제작하여 사용하는 대형 거푸집

② 해체하지 않고 Tower Crane으로 인양, T/C 밖에서는 Derrick을 사용하여 인양하며, 반복적으로 전용할 수 있는 form

Ⅱ. 구성요소 및 시공 Process

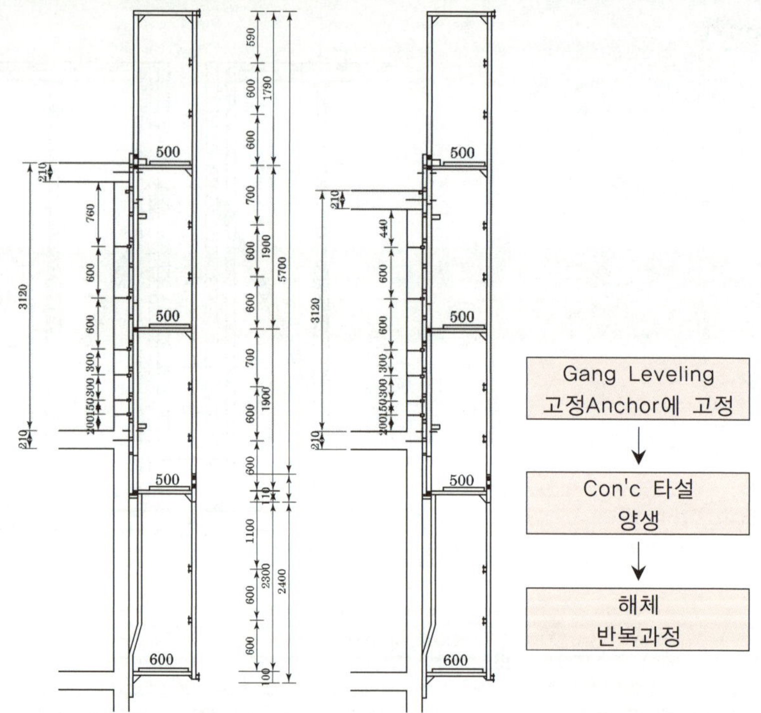

Ⅲ. 구성자재

① 철판: 평판 3.0T

② 수평재(띠장): 각 Pipe 50×30×2.3T 또는 C채널 75×45×2.3T 11개소

③ 수직재(멍에): 각 Pipe 50×30×2.3T×2개 또는 C채널 75×45× @450~600 2.3T×2개

④ Waler: Steel Pipe Ø114.m×4.5T 또는 C채널 100×50× 2개소

⑤ 인양고리: Ø22mm 환봉 용접 2개소

⑥ Bolt Tie: @300~600 이내 5단

System

• 인양고리 수량 및 길이

거푸집 길이(m)	인양고리 수량	인양고리의 전장(cm)
1.5 이하	2	70
1.5~6	2	150
6이상	2	200

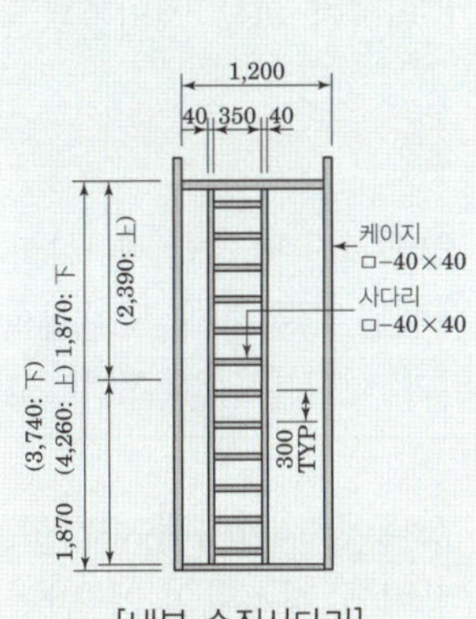

[내부 수직사다리]

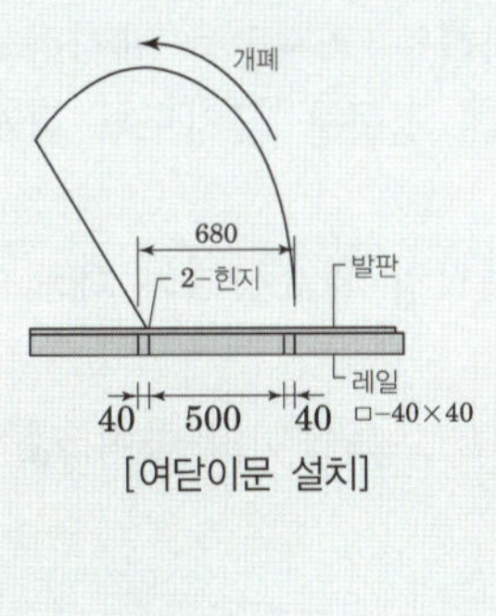

[여닫이문 설치]

Ⅳ. 제작 시 안전설비 기준 - KOSHA GUIDE

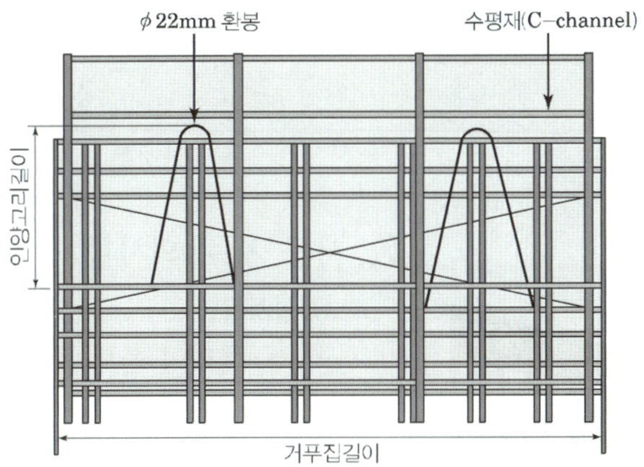

1) 인양고리(Lifting bar) - 129회 기출

① 갱폼의 전하중을 안전하게 인양할 수 있는 안전율 5 이상의 부재를 사용

② 냉간 압연의 Φ22mm 환봉(Round steel bar)을 U-벤딩(Bending) 하여 거푸집 상부 수평재 (C-channel) 뒷면에 용접 고정

③ 환봉 벤딩 시 최소반경(R) 1500mm 이상

2) 안전난간

발판 바닥면으로부터 각각 45cm~60cm 높이에 중간 난간대, 90cm~120cm 높이에 상부 난간대를 바닥면과 평행으로 설치

3) 갱폼 케이지간의 간격

최소한의 간격 20cm를 초과하지 않도록 제작 · 설치

4) 갱폼 케이지간의 간격

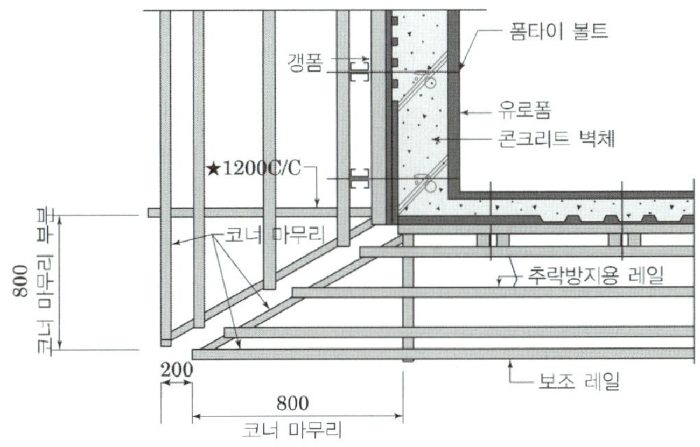

5) 작업발판의 설치

① 상부 3단은 50cm 폭으로, 하부 1단은 60cm 폭으로 케이지 중앙부에 설치

② 내·외측 단부에는 자재, 공구 등의 낙하를 방지하기 위하여 높이 10cm 이상의 발 끝막이판을 설치

System

6) 작업발판 연결통로

① 내부에서 작업발판으로 출입 이동할 수 있도록 작업발판의 연결, 이동 통로를 설치

② 승강사다리의 위치는 작업발판의 각 단에서 서로 엇갈리게 설치하고 갱폼의 양측면에는 안전난간과 안전망을 설치

V. 시공 시 유의사항 - KOSHA GUIDE

1) 설치작업

① 폼타이 볼트는 내부 유로폼과의 간격을 유지할 수 있도록 정확하게 설치

② 폼타이 볼트는 정해진 규격의 것을 사용하고 볼트의 길이가 갱폼 거푸집 밖으로 10cm 이상 튀어나오지 않는 것으로 소요수량 전량을 확인·긴결

③ 설치 후 거푸집 설치상태의 견고성과 뒤틀림 및 변형여부, 부속철물의 위치와 간격, 접합정도와 용접부의 이상 유무를 확인

④ 폼 인양 시 충돌한 부분은 반드시 용접부위 등을 확인·점검하고 수리·보강

⑤ 갱폼이 미끄러질 우려가 있는 경우에는 안쪽 콘크리트 슬라브에 고정용 앵커(타설 시 매입)를 설치하여 와이어로프로 2개소 이상 고정

⑥ 피로 하중으로 인한 갱폼의 낙하를 방지하기 위하여 하부 앵커볼트는 5개층 사용 시마다 점검

- 갱폼 인양조건
  - Slab: 5MPa 이상
  - 전단볼트(D10) 150mm 매립

2) 해체 · 인양작업

① 갱폼 해체작업은 콘크리트 타설 후 충분한 양생기간이 지난 후 실시

② 동별, 부위별, 부재별 해체순서를 정하고 해체된 갱폼자재 적치계획을 수립 해체·인양장비(타워크레인 또는 데릭과 체인블록)를 점검하고 작업자를 배치

③ 갱폼 해체작업은 갱폼을 인양장비에 매단 상태에서 실시해야 하고, 하부 앵커 볼트 부위에 해체 작업 전 인양장비에 결속확인 등 안전표지판을 부착

④ 해체작업중인 갱폼에는 "해체중"임을 표시하는 표지판을 게시하고 하부에 출입금지 구역을 설정하여 작업자의 접근을 금지토록 감시자를 배치

⑤ 갱폼 인양작업은 폼타이 볼트해체 등 해체작업 완료상태와 해체작업자 철수여부를 확인한 후 실시

⑥ 타워크레인으로 갱폼을 인양하는 경우 보조 로프를 사용하여 갱폼의 출렁임을 최소화

★★★ 2. 거푸집의 종류

4-7	Climbing Form	
No. 215	클라이밍 폼	유형: 재료·공법·System

System

외벽

Key Point

◩ 국가표준
- KCS 21 50 10
- KCS 14 20 12
- KOSHA GUIDE

◩ Lay Out
- 종류
- 시공 시 유의사항

◩ 핵심 단어
- What: 갱폼+비계틀
- Why: 반복사용
- How: 일체로 제작

◩ 연관용어

Ⅰ. 정 의

① Gang Form에 거푸집 설치를 위한 비계틀과 기 타설된 concrete의 마감작업용 비계를 일체로 조립·제작한 form

② 인양방식에 따라 외부 크레인의 도움없이 자체에 부착된 유압구동장치를 이용하여 상승하는 자동상승 클라이밍 폼(self climbing form)방식과 크레인에 의해 인양되는 방식으로 구분

Ⅱ. 종류

부착용 유압기 상승	이동용 유압기 상승	인양장비 사용
• Auto Climbing System • SKE 50/100	• Rail Climbing	• Guide Rail Climbing

Ⅲ. 시공 시 유의사항

① 순간풍속이 10m/s 이상이거나 돌풍이 예상될 때에는 작업을 중지

② 크레인을 사용하여 클라이밍폼을 인양할 경우에는 최대 인양하중 및 크레인의 양중 능력을 고려

③ 시스템의 중요 부분 및 구동 장치는 고장이 일어날 때 즉시 간편하게 교체할 수 있는 구조

④ 자동 상승 클라이밍폼 시스템은 상승 시 수평보정 기능을 가지고 있어야 하며, 이를 위하여 시스템의 상승장치는 개별과 동시작동이 모두 가능해야 한다.

⑤ 구조물의 단면변화로 인한 단면축소 혹은 경사진 경우 시스템의 상승 시 발판을 수평으로 유지할 수 있는 기능 구비

⑥ 100m 이상의 고층구조물에 자동 상승 클라이밍폼 시스템을 적용할 경우 거푸집의 설치 및 해체와 무관하게 별도의 철근 조립용 및 콘크리트 타설용 작업발판이 고정 필요

일반사항

- 클라이밍 폼은 전용 횟수를 고려하여 충분한 강성과 강도를 확보
- 층당 사이클에 적합한 양중 방법을 고려
- (클라이밍 폼을 지지하는 앵커는 고정하중, 작업하중, 풍하중 등의 하중에 대한 안전성을 확보
- (크레인을 사용하여 클라이밍 폼을 인양할 경우에는 최대 인양하중 및 크레인의 양중능력을 고려하여 적용
- 작업발판에는 추락재해 방지시설 및 낙하물재해 방지시설을 설치
- 중량의 자재 및 공구 적재 금지
- 자동상승 클라이밍 폼(self climbing form) 시스템의 중요부분 및 구동장치는 고장 시 즉시 간편하게 교체할 수 있는 구조

☆★★ 2. 거푸집의 종류 120

4-8	Rail Climbing Form	
No. 216		유형: 재료·공법·System

Ⅰ. 정 의

① Rail(레일)과 Shoe(슈)가 맞물려 크레인 없이 이동식 실린더의 유압을 이용하여 자립으로 거푸집 인상작업과 탈형 및 설치가 가능한 외벽전용 System

② 거푸집 설치를 위한 작업발판, 비계틀과 콘크리트 타설 후 마감용 비계를 일체로 제작한 Rail 일체형 System

Ⅱ. 유압을 이용한 Climbing 원리

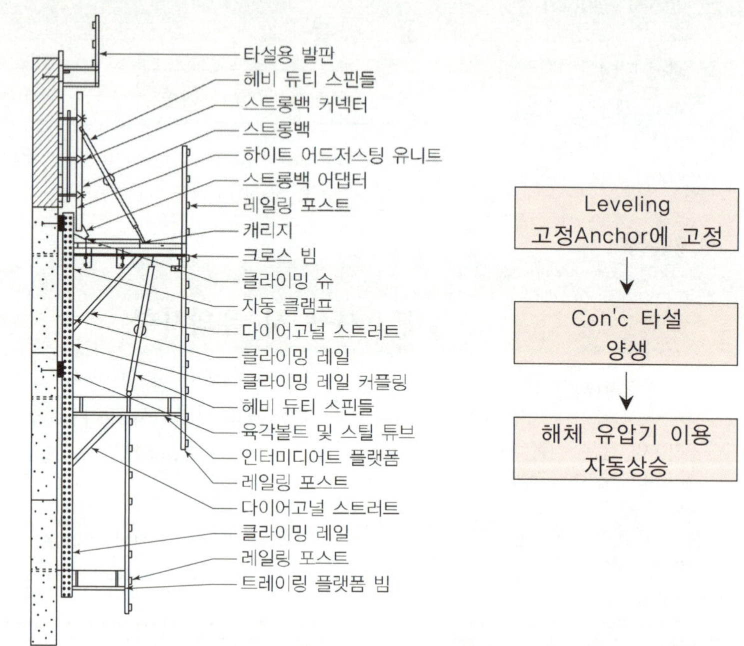

Ⅲ. 구성요소 및 Anchor·Shoe 설치 시 주의사항

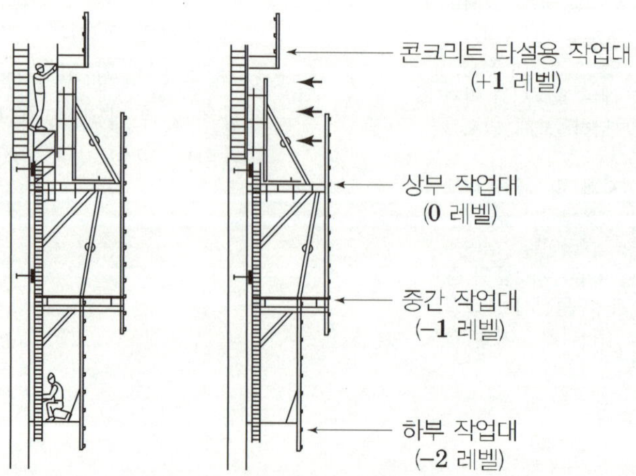

System

외벽

Key Point

◩ 국가표준
- KCS 21 50 10
- KCS 14 20 12
- KOSHA GUIDE

◩ Lay Out
- 유압을 이용한 Climbing 원리
- 구성요소 및 Anchor·Shoe 설치 시 주의사항
- 시공 시 유의사항

◩ 핵심 단어
- What: Rail과 Shoe가 맞물려
- Why: 자립으로 거푸집 인상
- How: 이동식 실린더의 유압

◩ 연관용어
- Climbing Form

일반사항

- 클라이밍 폼은 전용 횟수를 고려하여 충분한 강성과 강도를 확보
- 층당 사이클에 적합한 양중 방법을 고려
- (클라이밍 폼을 지지하는 앵커는 고정하중, 작업하중, 풍하중 등의 하중에 대한 안전성을 확보
- (크레인을 사용하여 클라이밍 폼을 인양할 경우에는 최대 인양하중 및 크레인의 양중능력을 고려하여 적용
- 작업발판에는 추락재해 방지시설 및 낙하물재해 방지시설을 설치

System

[Cone매립]

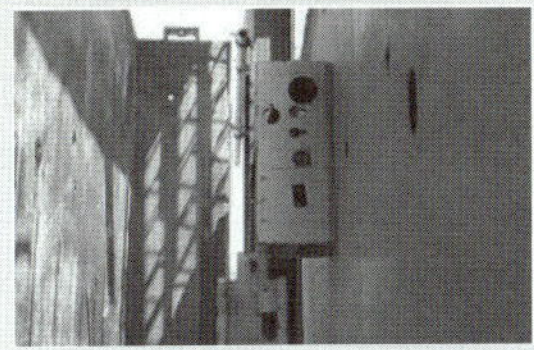
[Cone에 Shoe설치]

[Hydraulic Cylinder]

- 슈(Shoe)
  타설된 콘크리트에 매립된 클라이밍 콘, 디비닥 타이로드, 스레디드 플레이트와 고장력 볼트로 체결되어 레일이 인양하거나 발판이 설치될 때 고정점으로 사용되는 자재
- 클라이밍 콘(Climbing Cone)
  앵커 자재중 하나로 슈와 고장력 볼트로 직접 연결되며 구조체에 전단력을 전달함과 동시에 인장력을 디비닥 타이로드로 전달하는 자재
- 디비닥 타이로드 (Dywidag Tie rod)
  앵커 자재중 하나로 클라이밍 콘과 직접 연결되며 구조체에 인장력을 전달하는 자재

1) System 구성부재

① 시스템폼은 기본적으로 2개 이상의 브라켓 유니트로 구성

② 상부 작업대(0레벨) 중간 작업대(-1레벨), 하부 작업대(-2레벨), 거푸집 및 콘크리트 타설용 발판(+1레벨)로 구성

③ 상부작업대(0레벨)은 거푸집 아래에 있는 작업발판이고 클라이밍 시스템의 메인 크로스빔이 있는 0레벨 발판이며 거푸집 해체·설치 진행

2) 앵커 및 슈 설치 시 주의사항

① 붉은 색 칠이 보이지 않을 때까지 클라이밍 콘과 스레디드 플레이트를 돌려서 체결

② 디비닥 타이로드는 용접 및 화기 접촉을 금지

③ 클라이밍 슈와 월 슈를 설치할 때 구조체와 유격없이 체결

Ⅳ. 시공 시 유의사항

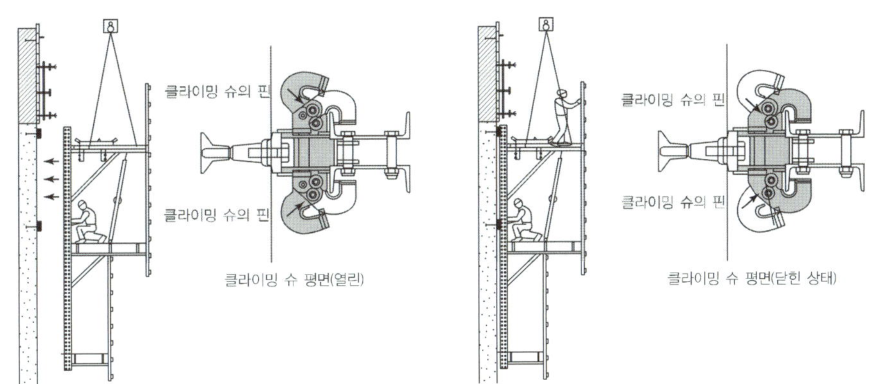

① 구조검토서에서 제시한 콘크리트 강도 최소 10MPa 이상일 때 인양

② 순간풍속이 10m/s 이상이거나 돌풍이 예상될 때에는 작업을 중지

③ 유압 펌프 위에 이물질이나 잡자재, 공구 등 적재 금지

④ 유압 펌프 선이나 전력 케이블 주위에 이물질이 있을 시는 즉시 제거

⑤ 상승 시 수평보정 기능을 가지고 있어야 하며, 이를 위하여 시스템의 상승장치는 개별과 동시작동이 모두 가능해야 한다.

⑥ 구조물의 단면변화로 인한 단면축소 혹은 경사진 경우 시스템의 상승 시 발판을 수평으로 유지할 수 있는 기능 구비

⑦ 100m 이상의 고층구조물에 자동 상승 클라이밍폼 시스템을 적용할 경우 거푸집의 설치 및 해체와 무관하게 별도의 철근 조립용 및 콘크리트 타설용 작업발판이 고정 필요

4-9	Self Climbing Form	
No. 217	(PERI社 A.C.S, DOKA社 SKE50/ 100)	유형: 재료·공법·System

Ⅰ. 정 의

① Rail(레일)과 Shoe(슈)가 맞물려 크레인 없이 개별 실린더의 유압을 이용하여 자립으로 거푸집 인상작업과 탈형 및 설치가 가능한 자동 유압 상승식 외벽전용 System

② 거푸집 설치를 위한 작업발판, 비계틀과 콘크리트 타설 후 마감용 비계를 일체로 제작한 Rail 분리형 System

Ⅱ. 유압을 이용한 Climbing 원리

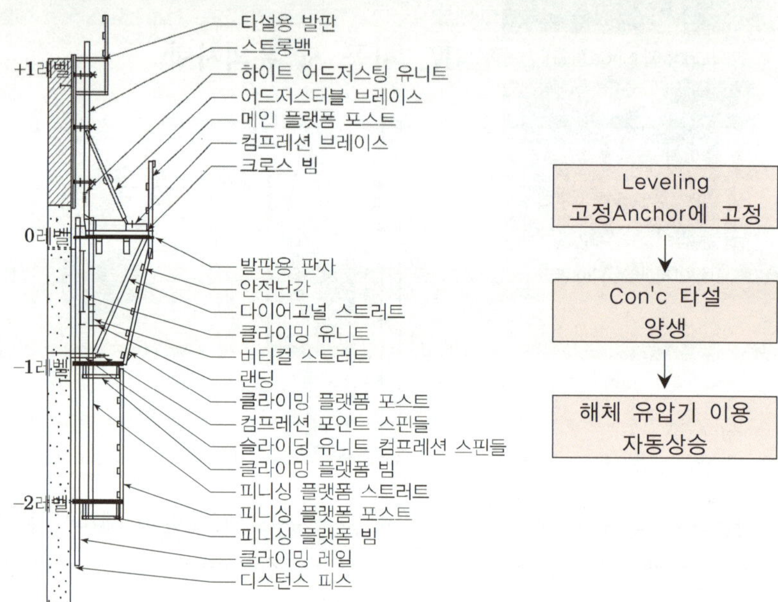

Ⅲ. 구성요소 및 Anchor·Shoe 설치 시 주의사항

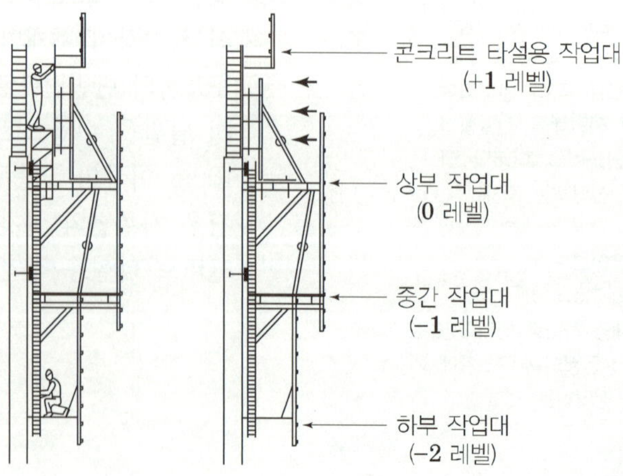

System

외벽

Key Point

◪ 국가표준
- KCS 21 50 10
- KCS 14 20 12
- KOSHA GUIDE

◪ Lay Out
- 유압을 이용한 Climbing 원리
- 거푸집 구성요소 및 작업 방법
- 적용 및 시공 시 유의사항

◪ 핵심 단어
- What: Rail과 Shoe가 맞물려
- Why: 자동유압 상승
- How: 개별 실린더의 유압

◪ 연관용어
- Climbing Form

일반사항

- 클라이밍 폼은 전용 횟수를 고려하여 충분한 강성과 강도를 확보
- 층당 사이클에 적합한 양중 방법을 고려
- (클라이밍 폼을 지지하는 앵커는 고정하중, 작업하중, 풍하중 등의 하중에 대한 안전성을 확보
- (크레인을 사용하여 클라이밍 폼을 인양할 경우에는 최대 인양하중 및 크레인의 양중능력을 고려하여 적용
- 작업발판에는 추락재해 방지시설 및 낙하물재해 방지시설을 설치

System

[Hydraulic Cylinder]

[Hydraulic Pump]

[Hydraulic Piston]

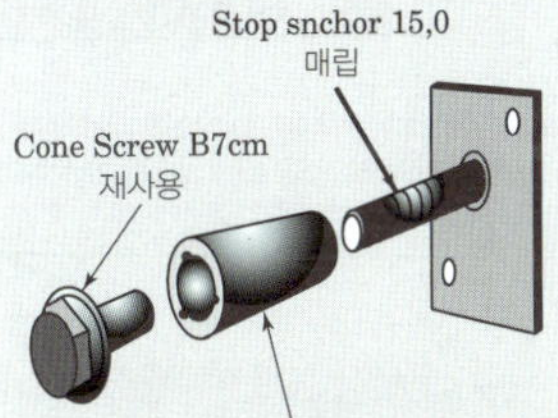

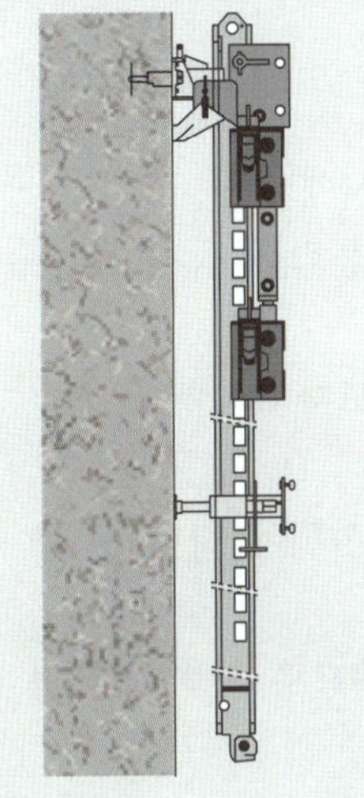

1) Scaffold Unit(작업발판 + 철제 Frame)

① 선타설 부위 벽체에 매립된 Cone에 Shoe를 설치하고 여기에 고정되는 레일과 각종 프레임, 작업발판으로 구성

② 작업발판과 발판을 지지하는 철제 Frame을 지칭

③ 상부작업대(0레벨)은 거푸집 아래에 있는 작업발판이고 클라이밍 시스템의 메인 크로스빔이 있는 0레벨 발판이며 거푸집 해체· 설치 진행

2) Formwork Unit

① Gang Form 형태로 조립되어 +2레벨 작업 발판(콘크리트 타설용 작업발판)을 지지하는 Beam에 체인으로 연결된다.

② 벽체에 부착된 레일을 따라 작업발판이 인상될 때 Form도 같이 인상

3) Hydraulic climbing unit

거푸집을 자동으로 인양할 때 사용되는 System으로 Hydraulic cylinder, Hydraulic hoses, Remote control, Mortor 등으로 구성된 동력전달 장치

Ⅳ. 적용 및 시공 시 유의사항

1) 발주 시

① 코어의 크기 및 작업방법을 검토하여 형태결정

② 제작기간을 검토하여 공정관리에 영향이 없도록 한다.

③ 타공종과의 간섭 검토

- 설비 PFP(Pre Fabricating Pipe) 및 Elevator
- Form Tie Hole과 선조립 철근 또는 각종 매립철물의 위치 검토

④ 거푸집발판 레벨확정 시 매립철물 설치작업을 고려하여 위치결정

⑤ 경미한 구조변경이 예상되는 부분은 공사도중 변형이 가능하도록 검토

2) 설치 · 타설 시

① 고정용 매입Anchor의 위치를 확인

② 거푸집 표면 청소를 철저히 하고 박리제는 수성을 사용

③ 비계앵커의 고정은 거푸집 Panel의 정위치에 고정

④ 운반대의 고정핀을 제거하여 거푸집 Panel 전진 후 고정

⑤ 수직도 및 설치 level을 확인

⑥ 콘크리트 타설 시 각종 Anchor, 매립철물, 양측 Panel 등의 고정상태 및 위치확인

3) 탈형 및 Climbing 시

① 콘크리트 최소양생(10Mpa)을 확인하고 고정철물을 해체

② 유압호스, 컨트롤 박스 등의 장비의 위치와 클라이밍 작업과의 간섭 확인

③ Climbing시 각 부재들이 유기적으로 움직이므로 작업순서를 준수

System

외벽

Key Point

◪ 국가표준
- KCS 21 50 10
- KCS 14 20 12
- KOSHA GUIDE

◪ Lay Out
- Slip Up 원리
- 시공 시 유의사항

◪ 핵심 단어
- What: 수직으로 연속된
- Why: 시공조인트 없이 시공
- How: 연속적으로 이동

◪ 연관용어
- Climbing Form

일반사항

- 4~6시간 내 초기발현 필요
- 시공속도는 3~4m/day로 빠르지만 타설시간이 길다.
- 25℃: 1일 4m, 시간당 17cm
- 10~25℃: 1일3m, 시간당 12.5cm
- 10℃ 이하: 1일2.5~3m, 시간당 10~12.5cm

☆☆★ 2. 거푸집의 종류 90

4-10	Slip Form/ Sliding Form	
No. 218	슬립폼	유형: 재료·공법·System

Ⅰ. 정 의

① 수직으로 연속되는 구조물을 시공조인트 없이 시공하기 위하여 일정한 크기로 만들어져 연속적으로 이동시키면서 콘크리트를 타설하는 공법에 적용하는 거푸집

② 콘크리트가 자립할 수 있는 강도 이상이 되면 거푸집을 상부 방향으로 상승시키면서 연속적으로 철근조립, 콘크리트 타설 등을 실시하여 구조물을 완성시키는 공법

Ⅱ. Slip Up 원리

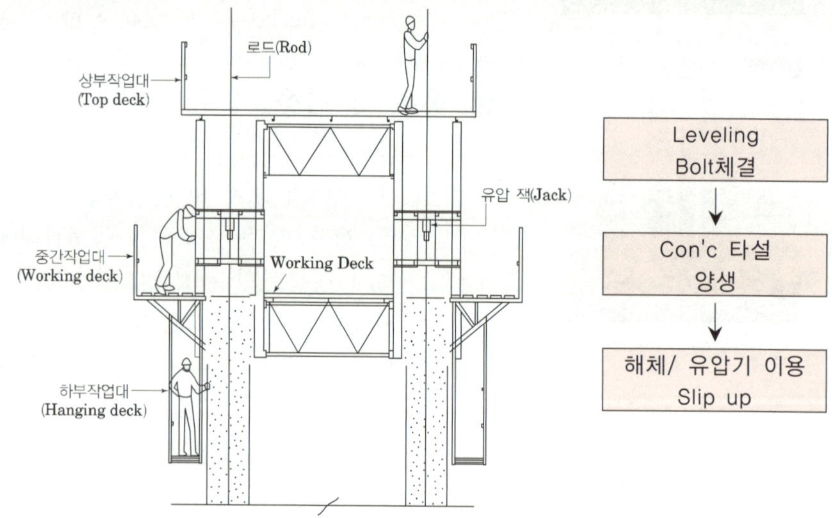

Ⅲ. 시공 시 유의사항

① 거푸집널은 방수처리를 하여 타설 시에 배합수가 흡수되지 않도록 처리

② 거푸집널의 높이는 최소 1.0m 이상

③ 인양(jacking system)은 전체 거푸집이 동시에 이동

④ 콘크리트 타설 전에 가새재를 설치하여 뒤틀림을 방지하고 수평을 유지

⑤ 높이 1.2m를 기준으로 했을 때 상부가 하부보다 3~12mm 좁은 형태의 기울기 유지

⑥ 인양 전에 거푸집의 경사도와 수직도를 검사해야 하며, 시공 중에는 최소 4시간 이내마다 실시

⑦ 슬립업 속도기준은 시간당 10~17cm를 기준으로 하되 기온과 콘크리트 경화속도에 따라 조절

System

바닥

Key Point

- 국가표준
- Lay Out
  - 적용 시 고려사항
  - 시공 시 유의사항
- 핵심 단어
  - 바닥거푸집과 지보공 일체화
- 연관용어
  - Flying Form

★★★ 2. 거푸집의 종류

4-11	Table Form(Flying Shore Form)	
No. 219	테이블폼	유형: 재료·공법·System

I. 정 의

바닥판 거푸집과 지보공을 일체화·unit화하여 table 형상으로 제작한 바닥전용 거푸집

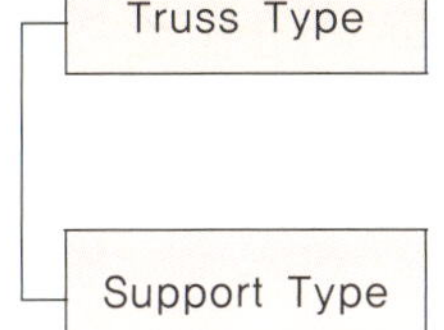

- Truss Type
  - Lowering Device를 하단에 설치 후 해체
  - 양중장비를 이용하여 외부 공간으로 이동 후 상승
- Support Type
  - 이동Shift나 지게차를 이용하여 해체
  - 양중장비를 이용하여 외부 공간으로 이동 후 상승

II. 적용 시 고려사항

1) Truss Type

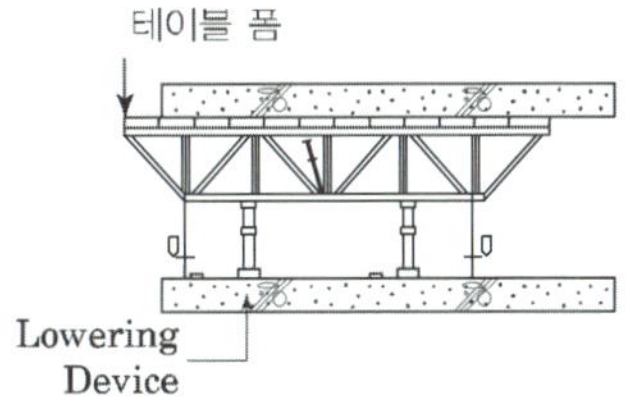

① 거푸집 중량이 무거워 양중부하의 주의

② 1개층을 2~4개 Zone으로 구획하여 순환적인 공정관리 필요

2) Support Type

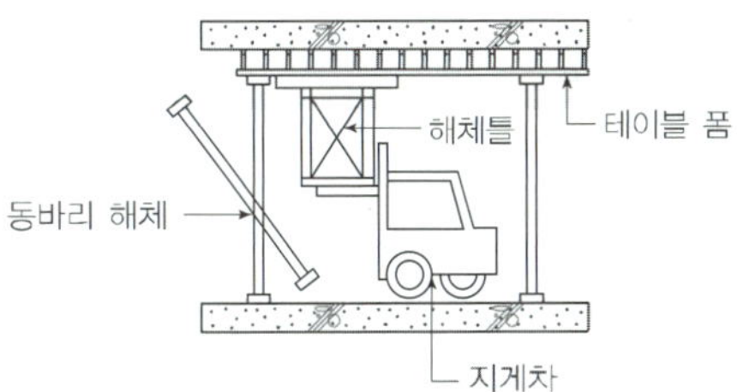

① 기둥과 테이블폼 사이에 Filler 합판을 설치하여 보, 기둥, 슬래브 동시타설 용이

② 폼 분할은 지게차 용량, T/C 양중능력, 차량 수송성 고려

III. 시공 시 유의사항

① 조립, 고정, 해체가 간단하고 작업이 용이하도록 제작

② 양중장비의 용량과 거푸집의 중량 분석 및 여유 용량 확보

③ 수평이동이 쉽도록 바닥면의 평활도를 확보

System

외벽

Key Point

◩ 국가표준

◩ Lay Out
- 구성요소
- 특징
- 시공 시 유의사항

◩ 핵심 단어
- What: 기성재 거푸집
- Why: 장스팬
- How: 특수상자 모형의

◩ 연관용어
- 바닥전용 거푸집

☆☆☆ 2. 거푸집의 종류

4-12	Waffle Form	
No. 220	와플폼	유형: 재료·공법·System

Ⅰ. 정 의

① 무량판구조와 평판구조에서 2방향 장선(長線) 바닥판 구조가 가능하도록 하는 속이 빈 특수상자 모양의 기성재 Form

② 와플(Waffle)은 '벌집' 이라는 네덜란드어(Netherlandic Language)에서 유래한 것으로, 해체는 중앙에 있는 작은 구멍에 압착공기를 보내서 하므로 시간이 짧고 간단히 할 수 있다.

Ⅱ. 구성요소

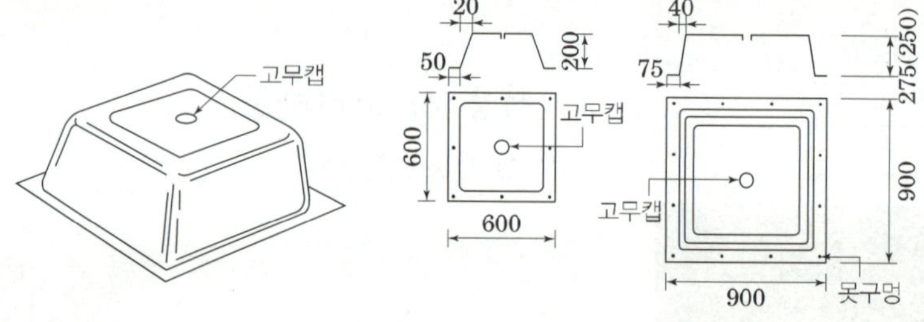

Ⅲ. 특징

① Slab의 장Span 공간확보 가능
② 보가 없어 층고를 낮출 수 있다.
③ 1회용 거푸집으로 전용성이 낮다.
④ 워플폼 해체는 중앙에 있는 작은 구멍에 압착공기를 보내서 하므로 해체시간 단축

Ⅳ. 시공 시 유의사항

① 나누기는 의장 및 구조상 매우 중요하므로 면밀한 검토 필요
② 해체가 용이하도록 박리제 시공철저
③ 압착공기의 주입구 고무캡이 콘크리트에 매립되지 않도록 유의
④ 사전에 적재하중에 대한 안정성 검토

System

바닥

Key Point

◩ 국가표준

◩ Lay Out
- 종류별 특징
- 시공 시 유의사항

◩ 핵심 단어
- What: 벽 바닥 거푸집
- Why: 조립해체 공정 축소
- How: Unit화

◩ 연관용어

☆☆☆ 2. 거푸집의 종류 100

4-13	Tunnel Form	
No. 221	터널폼	유형: 재료·공법·System

Ⅰ. 정 의

① 벽체 거푸집과 바닥 거푸집을 장선·멍에·지주 등과 일체화·unit화 하여 거푸집 조립 및 해체 공정을 줄여 공기단축 및 공사비 절감이 큰 form

② 동일한 형태가 아닌 slab·층고·벽체의 구조물에도 적용 가능

Ⅱ. 종류별 특성

1) Mono Shell

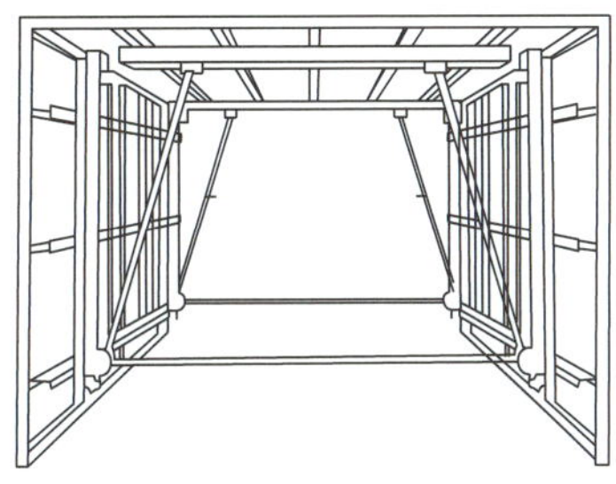

① 건물의 unit에 맞춰 1개의 ㄇ형으로 1개 제작

② Jack으로 Level 조정

③ 수평가새를 조절하여 간격조정

④ 동일한 span의 구조체에 사용

2) Twin Shell

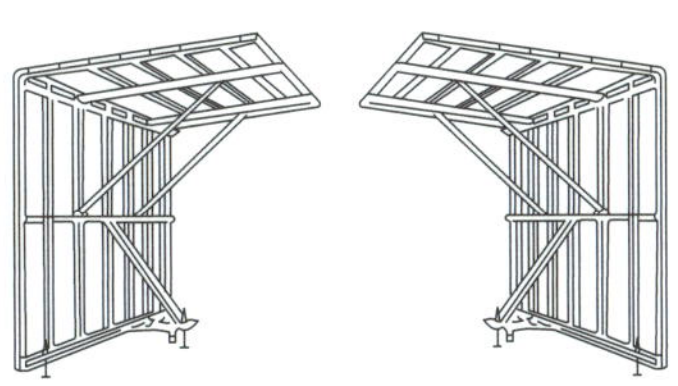

① ㄱ자형의 2개의 거푸집을 맞대고 중간을 이음하는 방식

② Span 간격이 큰 경우 연결부위는 보강

③ 설치·해체·이동이 편리하지만 joint가 발생

Ⅲ. 시공 시 유의사항

① Twin shell form 사용 시 연결부위 joint 접합의 응력 확보

② 양중 시 변형 방지를 위한 거푸집 강도 확보

③ 제작 시 구성재 종류를 최소화하여 경량화

④ 거푸집의 형상, 중량, 양중조건의 적합성 파악

System

벽+바닥

Key Point

◪ 국가표준

◪ Lay Out
- 구성요소
- 특징
- 사용기구

◪ 핵심 단어
- 거푸집판과 가동골조 일체화

◪ 연관용어

적용대상

① 건축공사
쉘(Shell), 아치(arch), 돔(dome) 등의 구조
② 토목공사
터널공사, 대형 수로공사, 지하철공사 등

☆☆☆ 2. 거푸집의 종류

4-14	Traveling Form	
No. 222		유형: 재료·공법·System

Ⅰ. 정 의

① 거푸집 판과 비계틀 혹은 가동골조(이동용 비계, rail, caster) 등이 일체화되어 수평이동이 가능한 대형 system form
② 거푸집 판은 shell, arch, dome 등의 형상으로서, 주로 tunnel, 지하철에 적용되며, 연속적으로 concrete를 부어 넣는 연속시공으로 공기가 단축된다.

Ⅱ. 구성요소

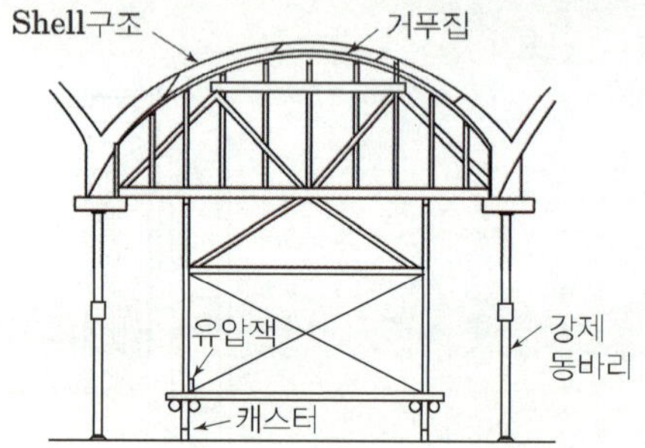

Ⅲ. 특 징

① 연속 시공으로 공기단축
② 초기 투자비용 과다

Ⅳ. 사용기구

① 이동기계: rail방식, caster방식
② 이동 동력: 수동식, 견인방식(winch·hoist·동력차 등)
③ 거푸집 탈착 방식: 기계 jack·유압 jack, 쐐기·roller 등

System

합벽 System

Key Point

- 국가표준
- Lay Out
  - 구성요소 및 측압대응원리
  - 특징
  - 시공 시 유의사항
- 핵심 단어
  - 별도의 타이없이
- 연관용어
  - Brace Frame

☆★★ 2. 거푸집의 종류

4-15	Tie less Form(Soldier system)	
No. 223	무폼타이 거푸집, 합벽 지지대	유형: 재료·공법·System

Ⅰ. 정 의

① 합벽과 같이 단일면으로 작용하는 콘크리트 측압 전체를 별도의 타이 없이 하부 구조물 또는 기초 바닥으로 전달하여 지지하는 거푸집

② 벽체 양면에 거푸집의 설치가 곤란한 경우, 한 면에만 거푸집 판을 설치하고 form tie없이 brace frame으로 concrete의 측압을 지지하는 공법

Ⅱ. 구성요소 및 측압대응원리

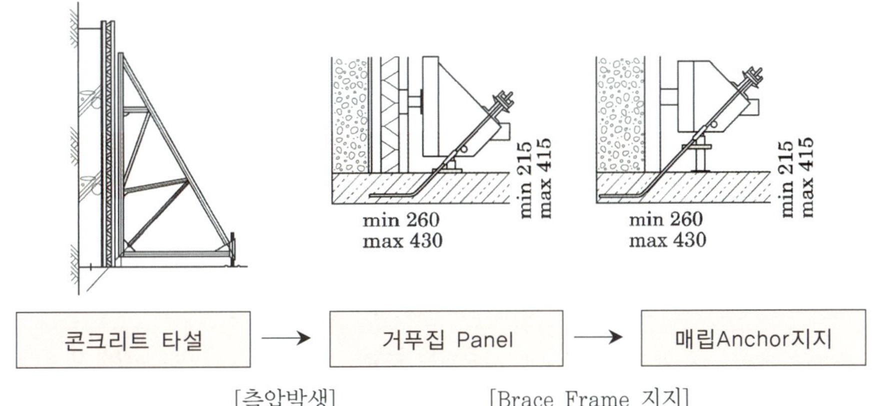

Ⅲ. 특 징

Ⅳ. 시공 시 유의사항

① 기초Anchor 깊이 및 위치 준수

② 기초콘크리트 Level 유지

③ 구조계산에 의한 타설두께 및 높이 설정

④ 자키베이스 레벨 및 수직도 조절

⑤ Anchor 시공 후 지지력 시험실시

☆★★ 2. 거푸집의 종류 104

4-16	거푸집공사에서 Drop Head System	
No. 224	Sky deck	유형: 재료·공법·System

System

System화

Key Point

- 국가표준
- Lay Out
  - Drop Head System
  - 특징
  - 시공 시 유의사항
- 핵심 단어
  - What: Drop Head
  - Why: 동바리와 거푸집 분리
  - How: 하강
- 연관용어
  - Drop Down System

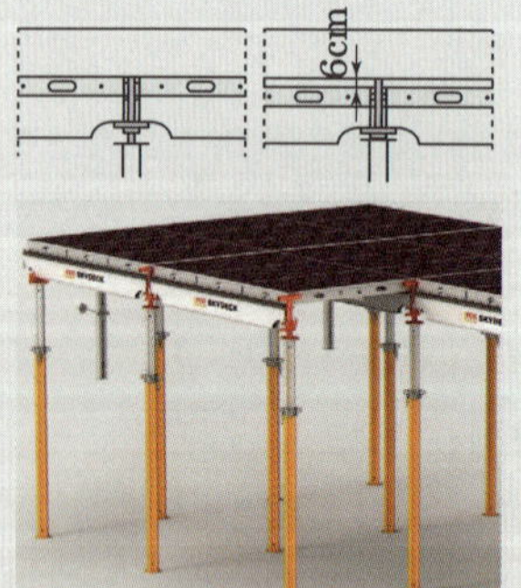

Ⅰ. 정 의

① Panel+Beam+동바리(지주+Drop Head)로 구성되어 있으며 슬래브 거푸집을 일정하게 모듈화한 알루미늄 거푸집

② 동바리 해체 시 Drop Head 부분이 하강하면서 거푸집을 제거하지 않고 슬래브 거푸집만 제거하는 저소음 공법이다.

Ⅱ. Drop Head System

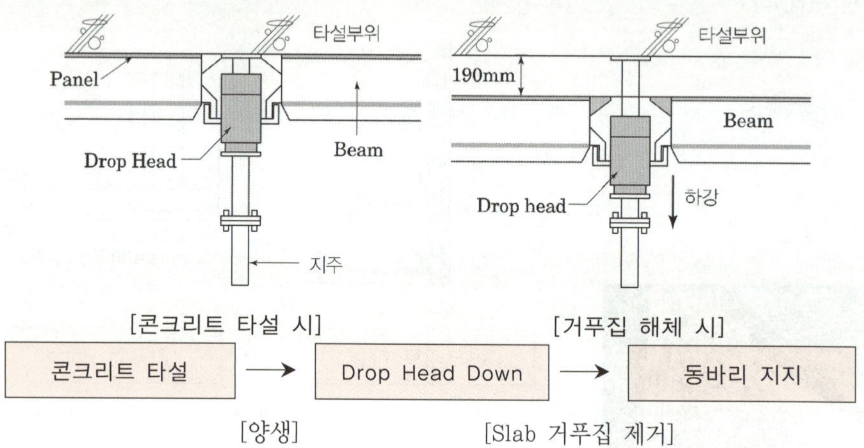

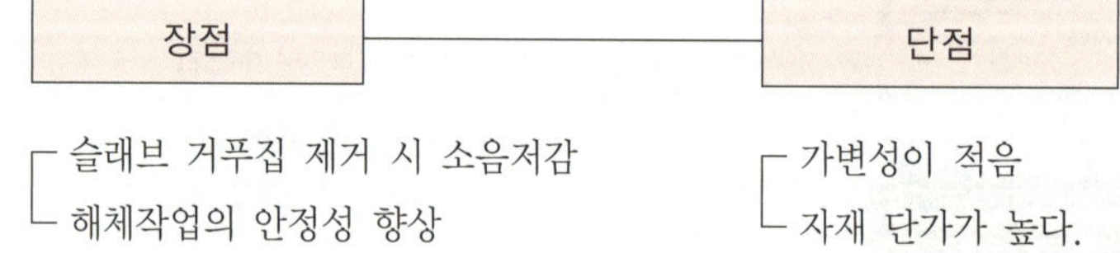

Ⅲ. 특 징

장점	단점
슬래브 거푸집 제거 시 소음저감 해체작업의 안정성 향상	가변성이 적음 자재 단가가 높다.

Ⅳ. 시공 시 유의사항

① 1개층 분량의 패널과 3개층 분량의 동바리 확보

② 파우더 코팅 처리부분 훼손여부 확인

③ 인양장비 확보

★★★ 2. 거푸집의 종류 68.85.97.115.116

4-17	AL폼, 슬래브 거푸집 Drop Down System	
No. 225	알폼	유형: 재료·공법·System

System

System화

Key Point

◩ 국가표준
- KCS 21 50 05

◩ Lay Out
- Drop Down System
- 시공 Process
- 시공 시 유의사항

◩ 핵심 단어
- Aluminium 합금재료를 거푸집 Frame으로

◩ 연관용어
- Drop Head System

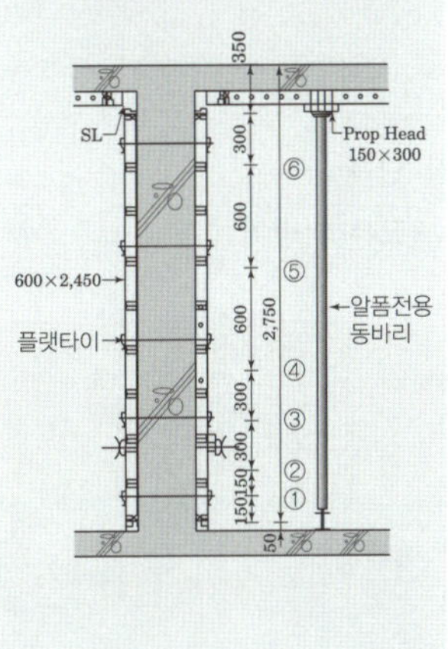

Ⅰ. 정 의

① Aluminium 합금재료를 거푸집 Frame으로 사각틀을 구성하고 Coating 합판을 리벳팅(riveting)하여 반복 사용이 용이하도록 조립·제작된 거푸집

② 슬래브 거푸집 부재를 해체와 동시에 떨어뜨리지 않고 2단계(1단계: 슬래브 거푸집 부재하강, 2단계: 하강된 거푸집 해체)에 걸쳐서 해체하는 공법

Ⅱ. Drop Down System

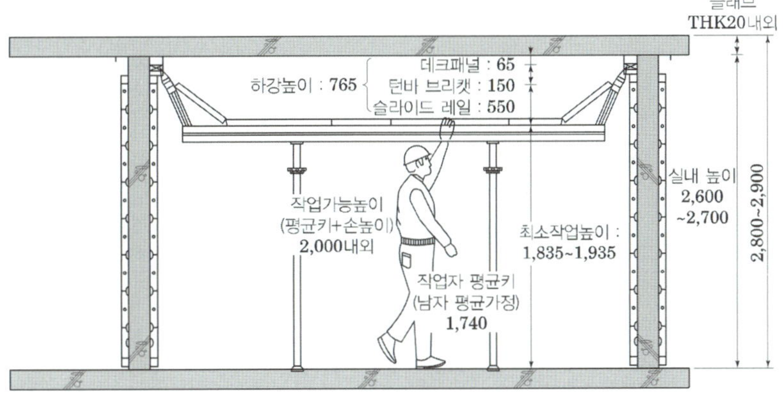

Ⅲ. 시공 Process

[Support 설치] [Filler Support 설치]

Ⅲ. 시공 시 유의사항

항목	일반해체방식	Drop Down 방식
해체방법	자유낙하	1, 2차에 의한 Slide 방식
자재변형	큼	적음
소음	소음발생 과다	소음발생 감소
평활도	단차발생 가능성 큼	단차발생 가능성 적음
전용횟수	100회	150회

특수 System

System화

Key Point

◩ 국가표준
- KCS 21 50 05

◩ Lay Out
- 종류별 특징
- 사용목적
- 시공 시 유의사항

◩ 핵심 단어
- 탈형없이 본구조체로 이용

◩ 연관용어

☆☆★ 2. 거푸집의 종류 99.116

4-18	비탈형 거푸집	
No. 226		유형: 재료·공법·System

Ⅰ. 정 의

① 콘크리트 타설 및 경화 후 탈형없이 본구조체로 이용되는 거푸집
② 해체가 생략되고 별도의 마감을 하지 않고 최종마감을 할 수 있다.

Ⅱ. 종류별 특징

항목	공법	
철재 비탈형	Deck Plate	아연도금 Steel Panel에 콘크리트 타설
	TSC 보	TSC 보 내부에 콘크리트 타설
	CFT 강관	원형강관 내부에 콘크리트 충전
	Act Column	각형 CFT강관에 콘크리트 충전
	Metal Lath 거푸집	Lib Lath를 이용하여 콘크리트 고정
PC	Half PC	슬래브 상부에 Topping Con'c 타설
	중공형 보	U자형 PC 중공형 보에 콘크리트 타설
단열재+석고보드	Stay in Place	내부에 콘크리트 타설

Ⅲ. 사용목적

① 철재와 콘크리트 합성효과에 의한 강도증진
② 내화성 증진
③ 해체공정의 단축으로 공기단축
④ 폐기물 발생량 감소

Ⅳ. 시공 시 유의사항

품질관리
- 타설 후 콘크리트 품질검사 난해
- 콘크리트 시공연도 확보, 재료분리 방지
- 충전성 검사

표면마감
- 손상부위 방청도료 도포
- 아연도금 철재 사용
- 철재 노출부위는 내화뿜칠 마감

특수 System

비탈형

Key Point

◩ 국가표준
- KCS 21 50 05

◩ Lay Out
- 시공과정 및 효과
- 사용목적
- 시공 시 유의사항

◩ 핵심 단어
- 아연도금 Metal lath를 이용

◩ 연관용어

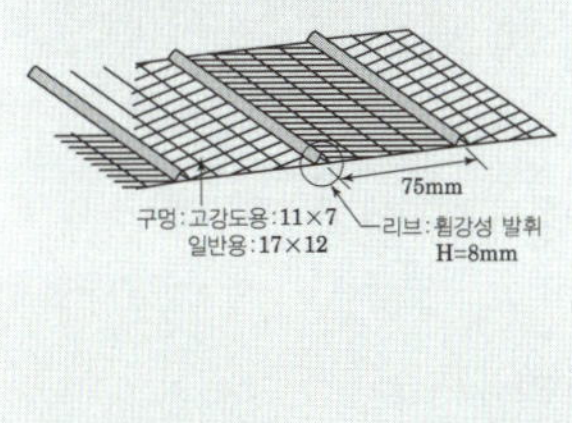

☆★★ 2. 거푸집의 종류 80

4-19	Metal lath거푸집	
No. 227	Lib lath거푸집	유형: 재료·공법·System

Ⅰ. 정 의

① 거푸집 Panel 대신 간격이 조밀한 아연도금 metal lath를 이용하여 콘크리트 이어치기 부위에 접착력을 위해 설치하는 매입형 일체식 거푸집

② 거푸집 해체공정이 생략되고 불필요한 잉여수의 배출로 고품질·고강도의 concrete을 얻을 수 있다.

Ⅱ. 시공과정 및 효과

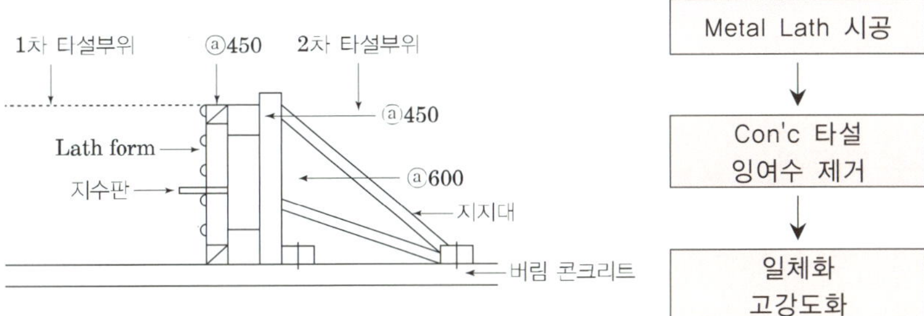

Ⅲ. 사용목적

① 가볍고 설치가 용이하고 작업 시간의 단축
② 측압이 현저히 낮으므로 보강을 위한 가설재의 비용 절약
③ 거푸집 설치 후 배근 및 청소상태를 파악하기가 용이
④ 콘크리트 타설 시 밀실하게 채워져 있는지를 육안으로 확인 가능
⑤ 이어치기 부분의 접착성 증대

Ⅳ. 시공 시 유의사항

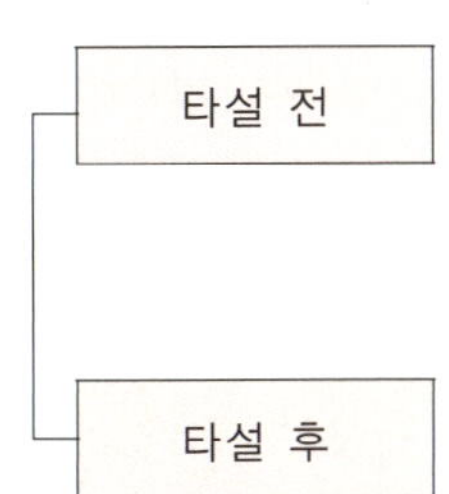

타설 전
- 멍에, 장선재, 리브 라스 고정 형틀의 고정 철저
- 리브는 돌출된 부위가 타설 면 쪽으로 설치
- 횡 방향으로 리브를 100mm 이상 겹침 시공

타설 후
- 서중 한중 타설 시 초기양생 주의
- 시멘트 페이스트 유출 주의
- 돌출된 Lath는 제거하고 면처리

4-20	Stay-in-Place Form	
No. 228		유형: 재료·공법·System

특수 System

비탈형

Key Point

- 국가표준
- Lay Out
  - 구성요소
  - 특징
  - 시공 시 유의사항
- 핵심 단어
  - What: 석고보드 단열재
  - Why: 해체 없이 마감자 활용
  - How: 패널제작
- 연관용어

Ⅰ. 정 의

① 석고보드와 단열재를 이용한 패널을 제작하여 콘크리트 타설용 거푸집으로 사용하고, 이를 해체하지 않고 그대로 실내 마감재로 활용하는 공법

② 합판거푸집+내장마감의 2중 시공을 1회 시공으로 마감공정을 줄일 수 있는 장점이 있다.

Ⅱ. 구성요소

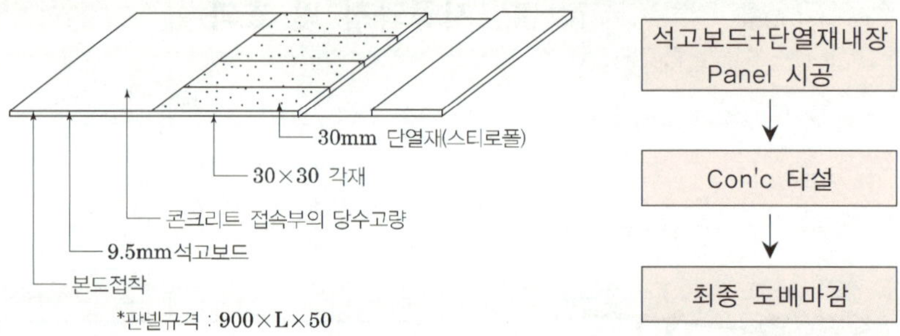

Ⅲ. 특 징

① 공기단축 효과 및 공기단축 10%
② 100% 공장 가공으로 현장 청결 유지
③ 현장 시공이 간단 용이함
④ 시공 인력 50% 절감 효과 및 폐자재 미 발생

Ⅳ. 시공 시 유의사항

① 설치 시 과격한 취급은 피한다.
② 세대간 경계·내벽면에서 부터 차례로 설치
③ 패널 간격은 3mm 이내의 간격을 유지한다.
④ 패널은 보 또는 벽체 거푸집의 마구리면에 맞춘다.
⑤ 깔기 전 띠장목의 간격은 30~50cm의 간격 유지
⑥ 옹벽 거푸집 및 동바리·띠장이 완료된 상태에서 설치
⑦ 패널은 코팅된 면이 위로 하여 설치
⑧ 패널간의 틈은 마스킹 테이프로 테이핑 처리
⑨ 도면에 명시된 순서로 설비 및 전기 Sleeve 앵커 패널을 설치

동바리

일체화

Key Point

◩ 국가표준
- KCS 21 50 05
- KDS 21 50 00

◩ Lay Out
- 구성요소·설치도
- 설치기준
- 동바리 재설치
- 동바리 시공원칙

◩ 핵심 단어
- 위험물 낙하 방지를 위해 설치하는 임시 지지대

◩ 연관용어

☆☆★ 2. 거푸집의 종류

4-21	강관동바리	
No. 229		유형: 재료·공법·System

Ⅰ. 정 의

타설된 콘크리트가 소정의 강도를 얻기까지 고정하중 및 작업하중 등을 지지하기 위하여 설치하는 부재 또는 작업 장소가 높은 경우 발판, 재료 운반이나 위험물 낙하 방지를 위해 설치하는 임시 지지대

Ⅱ. 구성요소 및 설치도

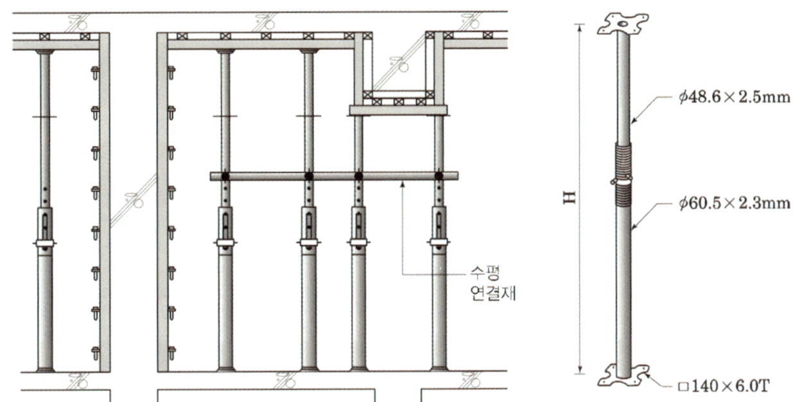

Ⅲ. 설치 기준

① 동바리는 침하를 방지하고, 각 부가 이동하지 않도록 볼트나 클램프 등의 전용철물을 사용하여 고정
② 상부 받이부와 하부 바닥부가 뒤집혀서 시공금지
③ 파이프 서포트와 같이 단품으로 사용되는 강관 동바리는 이어서 사용하지 않는 것이 원칙이며, 2개 이하로 연결하여 사용 가능
④ 동바리의 높이가 3.5m를 초과: 높이 2m 이내마다 수평연결재를 양방향으로 설치
⑤ 경사면에 연직으로 설치되는 동바리는 경사면방향 분력으로 인하여 미끄러짐 및 전도가 발생하지 않도록 안전조치
⑥ 수직으로 설치된 동바리의 바닥이 경사진 경우에는 고임재 등을 이용하여 동바리 바닥이 수평이 되도록 설치
⑦ 동결지반 위에는 동바리를 설치금지
⑧ 지반에 설치할 경우에는 침하를 방지하기 위하여 콘크리트를 타설하거나, 두께 45mm 이상의 깔목, 깔판, 전용 받침철물, 받침판 등을 설치
⑨ 겹침이음을 하는 수평연결재간의 이격되는 순 간격은 100mm 이내
⑩ 볼트나 클램프 등의 전용철물을 사용하여 연결

동바리

⑪ 동바리에 삽입되는 U헤드 및 받침철물 등의 삽입길이는 U헤드 및 받침철물 전체길이의 3분의 1 이상

⑫ 설치높이가 4.0m를 초과하거나 콘크리트 타설 두께가 1.0m를 초과하여 파이프 서포트로 설치가 어려울 경우에는 시스템 동바리 또는 안전성을 확보할 수 있는 지지구조로 설치

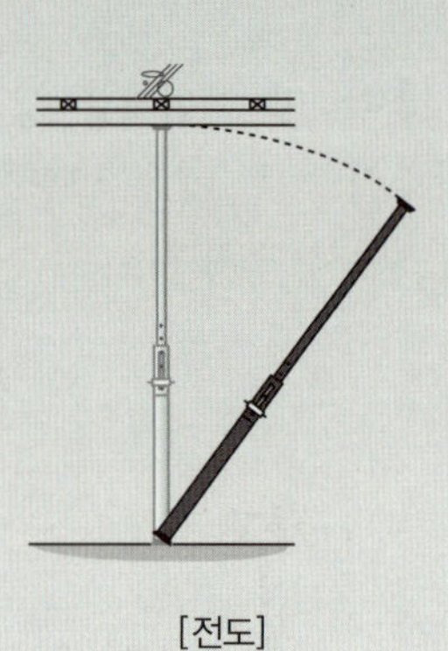

[전도]

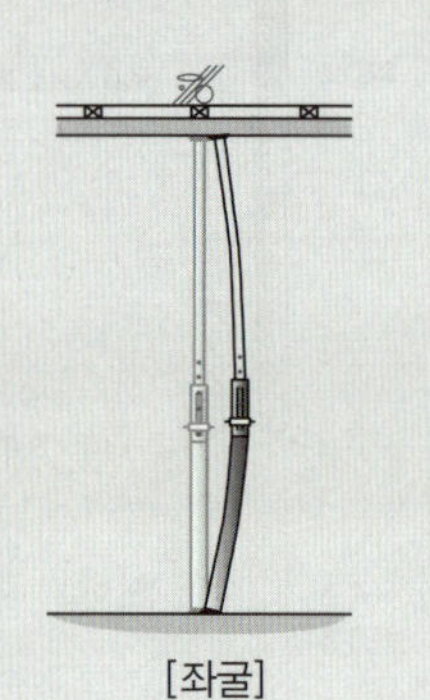

[좌굴]

Ⅳ. 동바리 재설치

① 하부 슬래브 및 보의 지지성능이 부족할 경우, 동바리를 해체하지 않고 존치하거나, 적절한 동바리를 재설치

② 고층건물의 경우 최소 3개 층에 걸쳐 동바리를 재설치.

③ 동일한 위치에 놓이게 하는 것을 원칙

④ 지지하는 구조물에 변형이 없도록 밀착

Ⅴ. 동바리 시공원칙

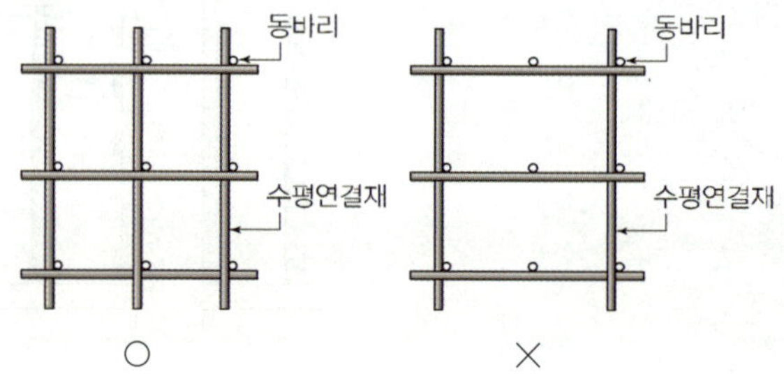

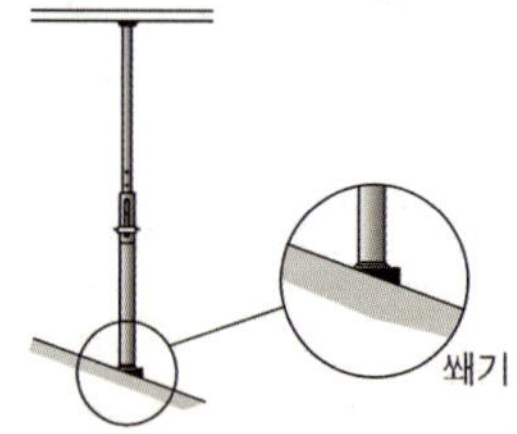

[경사진 바닥면 고정 도해]

[경사진 천장면 고정 도해]

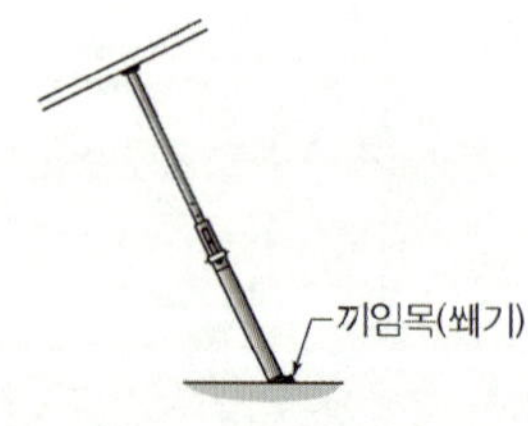

[경사진 동바리 시공 도해]

★★★ 2. 거푸집의 종류 91

4-22	System Support(시스템 동바리)	
No. 230	prefabricated shoring system	유형: 재료·공법·System

동바리

System화

Key Point

◩ 국가표준
- KCS 21 50 05
- KDS 21 50 00
- KS F 8021

◩ Lay Out
- 설치기준

◩ 핵심 단어
- 부재를 공장에서 미리 생산하여 현장에서 조립

◩ 연관용어

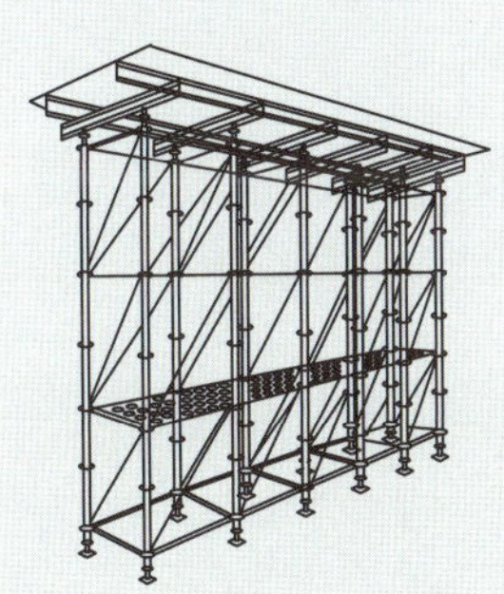

Ⅰ. 정 의

① 수직재, 수평재, 가새재 등 각각의 부재를 공장에서 미리 생산하여 현장에서 조립하여 거푸집을 지지하는 지주 형식의 동바리와 강제 합판 및 철재트러스 조립보 등을 이용하여 수평으로 설치하여 지지하는 보 형식의 동바리

② 수직하중을 지지하는 수직재, 수평하중을 지지하는 수평재, 가새(bracing), 상부 U-head(screw head), 하부(jack base), 수직·수평 연결재 등으로 이루어진 동바리

Ⅱ. 설치기준

1) 지주 형식 동바리

① 구조설계 결과를 반영한 시공상세도에 따라 정확히 설치한 후 검사하여 안전성을 확인

② 지반에 설치할 경우에는 연직하중에 견딜 수 있도록 지반의 지지력을 검토하고 침하 방지 조치

③ 수직재와 수평재는 직교되게 설치해야 하며 이음부나 접속부 등은 흔들림이 없도록 체결수직재, 수평재 및 가새재 등의 여러 부재를 연결한 경우에는 수직도를 유지하도록 시공

④ 수직재, 수평재 및 가새재 등의 여러 부재를 연결한 경우에는 수직도를 유지하도록 시공

⑤ 구조설계에 의해 작성된 조립도에 따라 수직재 및 수평재에 가새재를 설치하고 연결부는 견고하게 고정

⑥ 설치하는 높이는 단변길이의 3배 초과금지

⑦ 수평버팀대 등의 설치를 통해 전도 및 좌굴에 대한 구조 안전성이 확인된 경우에는 3배 초과 설치 가능

⑧ 콘크리트 두께가 0.5m 이상일 경우 조절형 받침철물 윗면으로 부터 최하단 수평재 밑면까지의 순간격이 400mm 이내 설치

⑨ 수직재를 설치할 때에는 수평재와 수평재 사이에 수직재의 연결부위 2개소 이상 금지

⑩ 가새재는 수평재 또는 수직재에 핀 또는 클램프 등의 결합방법에 의해 견고하게 결합

⑪ 동바리 최하단에 설치하는 수직재는 받침철물의 조절너트와 밀착하게 설치

⑫ 편심하중이 발생하지 않도록 수평을 유지

⑬ 멍에는 편심하중이 발생하지 않도록 U헤드의 중심에 위치

⑭ 멍에가 U헤드에서 전도되거나 이탈되지 않도록 고정

동바리

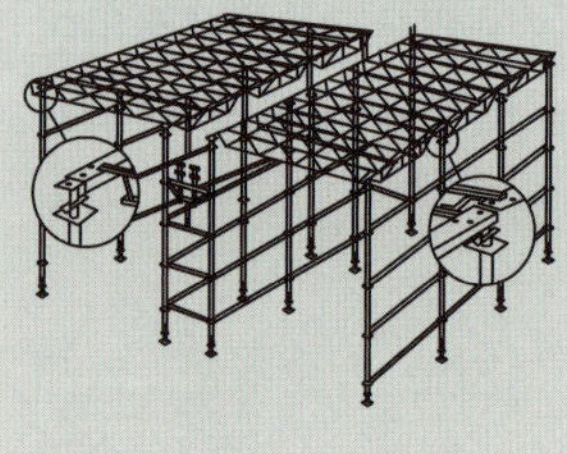

2) 보 형식 동바리

① 동바리 시공 시 공급자가 제시한 설치 및 해체 방법과 안전수칙을 준수

② 동바리는 구조설계 결과를 반영한 시공상세도에 따라 정확히 설치한 후 검사

③ 보 형식 동바리의 양단은 지지물에 고정하여 움직임 및 탈락을 방지

④ 보와 보 사이에는 수평연결재를 설치하여 움직임을 방지

⑤ 보조 브라켓 및 핀 등의 부속장치는 소정의 성능과 안전성을 확보할 수 있도록 시공

⑥ 보 설치지점은 콘크리트의 연직하중 및 보의 하중을 견딜 수 있는 견고한 곳에 설치

⑦ 보는 정해진 지점 이외의 곳을 지점으로 이용금지

동바리

System화

Key Point

- 국가표준

- Lay Out
  - 구성요소
  - 특징
  - 설치기준

- 핵심 단어
  - 수직 수평재를 상하부에서 금속 Cup을 해머로 타격

- 연관용어

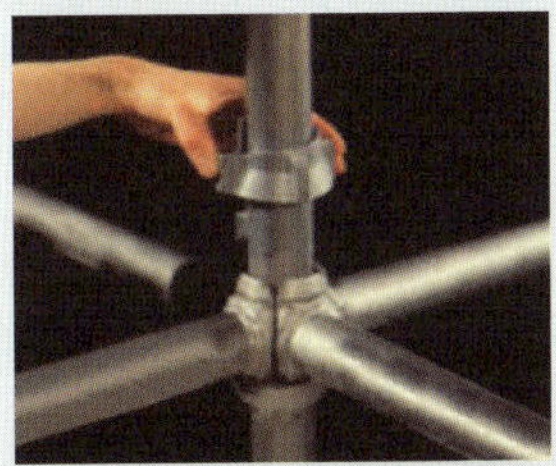

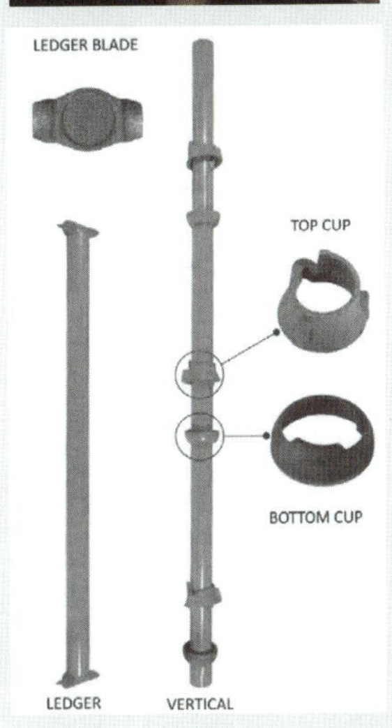

☆☆☆ 2. 거푸집의 종류 117

4-23	Cuplock Support	
No. 231	컵록 서포트	유형: 재료·공법·System

Ⅰ. 정 의

강관동바리의 단점인 설치높이의 증대에 따른 좌굴을 방지하기 위하여 수직 수평재를 상하부에서 금속 Cup을 해머로 타격하여 고정시키는 System Support

Ⅱ. 구성요소 및 체결원리

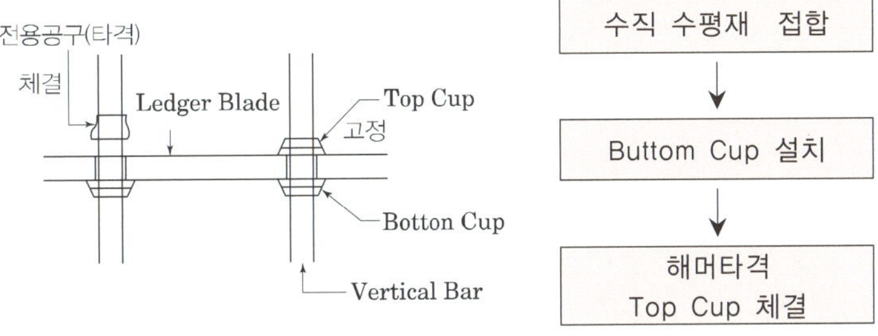

① 수직재는 500mm 또는 1,000mm 간격으로 용접되는 잠금 키트 장착

② 바닥에서 첫 번째 컵은 파이프 바닥에서 80mm~100mm 지점에 배치

③ 원형 파이프는 외경 48mm, 두께 3mm

Ⅲ. 특 징

① 금속 컵을 사용하여 빔을 함께 잠그는 접합

② 높은 액세스 포인트가 필요한 건물, 산업 굴뚝 및 사일로(자재 저장을 위한 높은 타워 사용)와 같은 구조물을 건설

③ 상대적으로 무거운 하중을 지지해야 하는 프로젝트

Ⅳ. 설치기준

① 구조설계 결과를 반영한 시공상세도에 따라 정확히 설치한 후 검사하여 안전성을 확인

② 지반에 설치할 경우에는 연직하중에 견딜 수 있도록 지반의 지지력을 검토하고 침하 방지 조치

③ 직재와 수평재는 직교되게 설치해야 하며 이음부나 접속부 등은 흔들림이 없도록 체결

④ 수직재, 수평재 및 가새재 등의 여러 부재를 연결한 경우에는 수직도를 유지하도록 시공

동바리

⑤ 구조설계에 의해 작성된 조립도에 따라 수직재 및 수평재에 가새재를 설치하고 연결부는 견고하게 고정
⑥ 설치하는 높이는 단변길이의 3배 초과금지
⑦ 수평버팀대 등의 설치를 통해 전도 및 좌굴에 대한 구조 안전성이 확인된 경우에는 3배 초과 설치 가능
⑧ 콘크리트 두께가 0.5m 이상일 경우 조절형 받침철물 윗면으로 부터 최하단 수평재 밑면까지의 순간격이 400mm 이내 설치
⑨ 수직재를 설치할 때에는 수평재와 수평재 사이에 수직재의 연결부위 2개소 이상 금지
⑩ 가새재는 수평재 또는 수직재에 핀 또는 클램프 등의 결합방법에 의해 견고하게 결합
⑪ 동바리 최하단에 설치하는 수직재는 받침철물의 조절너트와 밀착하게 설치
⑫ 편심하중이 발생하지 않도록 수평을 유지
⑬ 멍에는 편심하중이 발생하지 않도록 U헤드의 중심에 위치
⑭ 멍에가 U헤드에서 전도되거나 이탈되지 않도록 고정

☆★★ 2. 거푸집의 종류 76

4-24	Bow beam과 Pecco beam	
No. 232		유형: 재료·공법·System

무지주

System화

Key Point

◩ 국가표준

◩ Lay Out
- 구성요소
- 특징
- 종류별 특성

◩ 핵심 단어
- What: 하부보 지지틀
- Why: 하부 공간 확보
- How: 철골 Truss일체화

◩ 연관용어
- Hory Beam

Ⅰ. 정 의

① 하층의 작업공간을 확보하기 위하여, 하부 지지틀을 철골 truss로 일체화시킨 보 형태의 무지주 공법

② 종류

- span이 일정한 형태에 적용
- 안보를 이용하여 span조절이 가능한 형태에 적용

Ⅱ. 구성요소

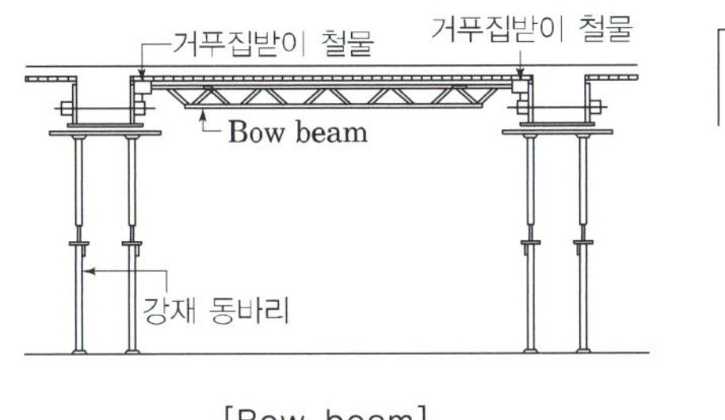

[Bow beam]

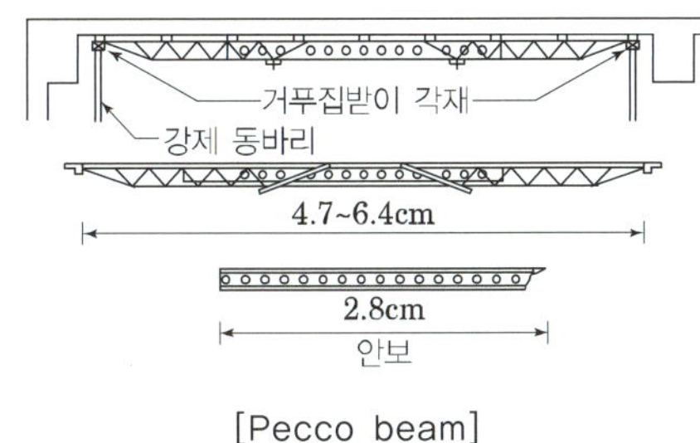

[Pecco beam]

Ⅲ. 특 징

① 지보공을 사용하지 않아 Slab하부 공간활용 확보
② 지보공이 설치되지 않으므로 작업이 신속
③ 가설재가 줄어드는 장점이 있다.

Ⅳ. 종류별 특성

1) Bow beam

① 구조적으로 안전성 확보
② 층고가 높고 큰 span에 유리
③ span이 일정한 형태에 한정적으로 적용
④ 하층의 작업공간 확보에 유리

2) Pecco beam

① 안보를 이용하여 Span 조절이 가능한 형태에 확대적용
② 조립 및 해체 시 간섭축소
③ 최대허용모멘트는 1.5tonf · m
④ 4.7~6.4m까지 Span 조정이 가능

★★★ 3. 거푸집의 시공

4-25	거푸집 및 동바리의 시공오차	
No. 233	변형기준, 처짐기준	유형: 기준 · 하자

시공

정밀도

Key Point

◩ 국가표준
- KCS 21 50 05 2023.01.01

◩ Lay Out
- 거푸집의 시공 허용오차
- 현장품질관리

◩ 핵심 단어

◩ 연관용어

표면등급

- A급: 미관상 중요한 노출면
- B급: 마감이 있는 콘크리트 면
- C급: 미관상 중요하지 않은 노출콘크리트 면

- 순간격(l_n)은 거푸집을 지지하는 동바리 또는 거푸집 긴결재의 지간거리를 의미한다.

인접한 거푸집의 어긋남

- A급: 3mm
- B급: 6mm
- C급: 13mm

Ⅰ. 거푸집의 변형기준

거푸집 널의 변형기준은 표면의 평탄하기 등급에 따라 순 간격(l_n) 1.5m 이내의 변형이 아래도표의 상대변형과 절대변형 중 작은 값 이하가 되어야 한다.

표면등급	상대변형	절대변형
A급	$l_n/360$	3mm
B급	$l_n/270$	6mm
C급	$l_n/180$	13mm

Ⅱ. 거푸집의 시공 허용오차

1) 수직오차

구 분	높이가 30m 이하인 경우	높이가 30m 초과인 경우
선, 면 그리고 모서리	25㎜ 이하	높이의 1/1,000 이하 다만, 최대 150㎜ 이하
노출된 기둥의 모서리, 조절줄눈의 홈	13㎜ 이하	높이의 1/2,000 이하 다만, 최대 75㎜ 이하

2) 수평오차

구 분	허용오차
부재(슬래브, 보, 모서리)	25㎜ 이하
슬래브에 300mm 이하인 개구부의 중심선 또는 300mm 이상인 개구부의 외곽선	13㎜ 이하
슬래브에서 쇠톱자름(sawcuts)이나 줄눈, 그리고 매설물로 인해 약화된 면	19㎜ 이하

3) 단면치수의 허용오차

구 분	허용오차
단면치수가 300mm 미만	+9mm, −6mm
단면치수가 300mm 이상 ~ 900mm 미만	+13mm, −9mm
단면치수가 900mm 이상	+25mm, −19mm

시공

Ⅲ. 현장품질관리

1) 거푸집 동바리의 품질검사

항목	시험방법	시기, 횟수	시기, 횟수
거푸집 널, 동바리, 긴결철물 등	육안검사, 치수측정, 품질표시의 확인	현장반입 시, 조립 중 수시	• 이 기준의 규정에 적합한 것
동바리의 배치	육안검사 및 자 등에 따른 측정	조립 중 수시 및 조립 후	• 거푸집 시공상세도면에 일치하는 것 • 느슨함 등이 없는 것
긴결철물의 위치, 수량	육안검사 및 자 등에 따른 측정	조립 중 수시 및 조립 후	• 거푸집 시공상세도면에 일치하는 것
세우는 위치, 정밀도	자, 트랜싯 및 레벨 등에 따른 측정	조립 중 수시 및 조립 후	• 거푸집 시공상세도면에 일치하는 것
거푸집 널과 최외측 철근과의 간격	자에 따른 측정	조립 중 수시 및 조립 후	• 소정의 피복두께가 확보되어 있는 것

① 거푸집의 조립설치 허용오차한계, 박리제 사용 및 동바리공의 지지하중, 좌굴 등에 대한 검사를 해야 한다.

② 검사 결과 거푸집 및 동바리 시공이 적당하지 않다고 판정된 경우에는 공사감독자의 승인을 받아 적절한 조치를 해야 한다.

2) 콘크리트 타설 전의 검사

① 거푸집 조립 및 청소를 완료한 후 검사를 받아야 한다.

② 거푸집 및 동바리의 제작, 설치가 시공상세도와 일치되었는지를 검사

③ 거푸집 널, 동바리, 거푸집 긴결재 등의 자재기준에 적합여부

④ 콘크리트 부재의 치수와 위치, 거푸집의 선과 수평 및 피복 두께가 시공오차의 범위 이내인지를 검사

⑤ 동바리의 연결고리나 긴결 장치, 동바리 및 가새재 등의 위치와 정밀도는 육안검사 및 장비를 이용하여 거푸집 시공상세도와 일치하는지, 느슨함 등이 없는지를 검사

⑥ 콘크리트 내부로 매설되는 삽입재와 블록아웃 및 이음매의 위치를 확인하고, 들뜸 방지를 위하여 견고하게 긴결되었는지 검사

⑦ 거푸집 청소 및 검사를 위하여 일시적인 개구부를 기둥 및 벽체 등의 하부 적당한 위치에 만들어야 하며, 개구부는 콘크리트 타설 전에 폐쇄

⑧ 거푸집널의 이음부, 교차하는 거푸집 모서리 부위 및 거푸집 긴결재의 설치 누락 여부를 검사하여 모르타르가 새어나오지 않도록 검사

⑨ 동절기 및 해빙기의 경우에는 동바리가 동결된 지반 위에 설치되어졌는지 검사

시공

⑩ 경사진 곳에 설치하는 동바리의 경우 미끄러짐 방지 조치를 했는지 검사
⑪ 콘크리트 타설장비 사용 전 다음 사항을 검사
⑫ 작업을 시작하기 전에 콘크리트 펌프용 장비를 점검하고 이상이 있을 경우에는 즉시 보수
⑬ 구조물의 난간 등에서 작업하는 근로자가 호스의 요동·선회로 인하여 추락하는 위험을 방지하기 위하여 난간 설치
⑭ 콘크리트 타설장비의 붐을 조정하는 경우에는 주변의 전선 등에 의한 위험을 예방하기 위한 적절한 조치
⑮ 작업 중에 지반의 침하, 아웃트리거의 손상 등에 의하여 콘크리트 타설장비가 넘어질 우려가 있는 경우 이를 방지하기 위한 적절한 조치

3) 콘크리트 타설 중과 타설 후의 검사

① 콘크리트 타설 중에는 비정상적인 처짐이나 붕괴의 조짐을 포착하여 안전한 조치를 취할 수 있도록 거푸집의 이탈이나 분리, 모르타르가 새어나오는 것, 이동, 경사, 침하, 접합부의 느슨해짐, 기타의 유무를 수시로 검사
② 동바리의 침하나 거푸집의 터짐 등의 긴급 상황에 대한 대처방안을 사전에 준비하고, 시공 중에 재조정할 수 있는 방법을 강구
③ 콘크리트 타설 중에 발생하는 문제점들이 즉시 보완될 수 있도록 슬래브 거푸집 하부 및 큰 측압이 예상되는 부위에는 관리감독자를 배치하여 검사
④ 콘크리트 타설 장비 등의 이동 및 재배치 등 거푸집 및 동바리에 추가로 발생하는 집중하중에 대한 안정성을 검사
⑤ 거푸집 해체 후에는 구조물의 형태가 승인된 견품의 형상과 구성요건을 충족하고 있는지를 확인

☆☆☆ 3. 거푸집의 시공 82

4-26	Concrete kicker	
No. 234		유형: 공법·기능·부재

시공

일체화

Key Point

◪ 국가표준

◪ Lay Out
- 종류
- 시공 시 유의사항

◪ 핵심 단어
- What: 수평부재
- Why: 처짐방지
- How: 미리 솟음 제작

◪ 연관용어

Ⅰ. 정 의

Slab와 벽체의 연결부위를 일체화 타설하여 구조적 일체성, 구조적 안전성, 누수를 방지하기 위해 설치하는 돌출형 턱

Ⅱ. 종류

1) 공용부위 구획 구분

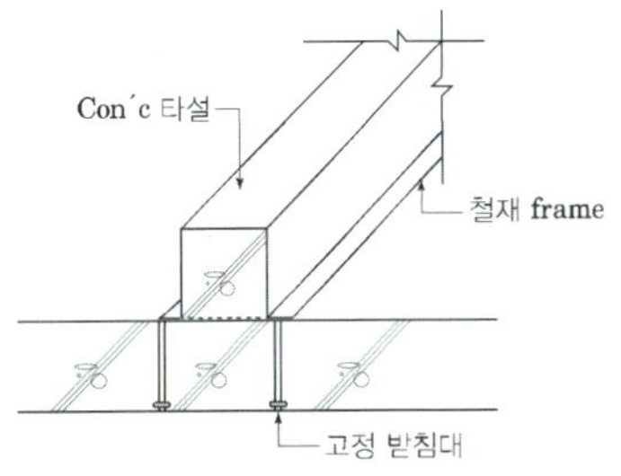

① 골조 타설 시 선타설 방식 or 골조 타설 후 먹매김에 의한 후타설 방식으로 시공

② 창호 Size에 맞추어 사전높이 설정

2) Core 선행공사에서 Slab 접합 시 돌출형 Kicker

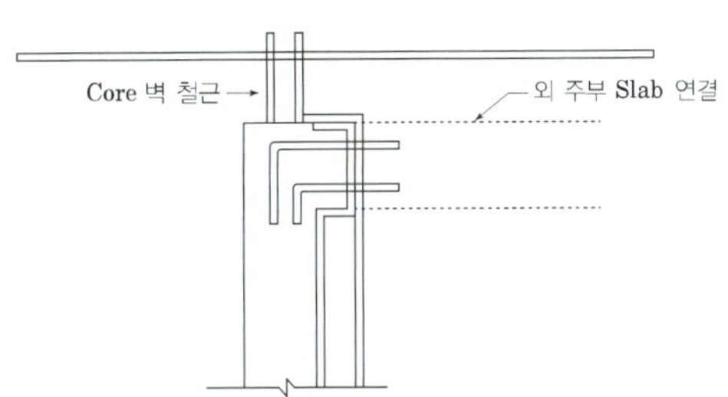

① Core 외주부 Slab와 Core벽체의 연결부분에 돌출형 Kicker 시공

② 벽체 콘크리트가 돌출되므로 전단력 전달에 유리

③ 선매립된 철근을 이용하여 접합

설치위치

물을 사용하는 곳과 사용하지 않는 곳의 분리

- 화장실과 거주공간의 분리
- 발코니와 연결된 부위
- Core 선행공법에서 외주부 Slab와 Core벽체의 연결부분
- 트렌치 설치 부위
- 지하주차장 내벽의 블럭을 쌓는 부위

Ⅲ. 시공 시 유의사항

① 정확한 size와 level 준수

② 타설 시 cement paste의 유출이 없도록 고정 철저

③ 강도확보를 위해 충분한 양생 후 탈형

④ Core 외주부에 적용 시 갱폼 해체에 의한 돌출턱 파손 및 철근간섭에 의한 철근의 구조내력 저하 유의

시공

★★★ 3. 거푸집의 시공 98.120

4-27	Camber	
No. 235	솟음	유형: 공법·기능·구조

처짐방지

Key Point

◪ 국가표준
- KCS 14 00 00
- KCS 14 20 12

◪ Lay Out
- Camber 기준
- Camber의 제작방법
- Camber/Sweep 양 산정 시 주의사항

◪ 핵심 단어
- What: 보·Slab·Truss
- Why: 처짐 및 변형 방지
- How: 상향으로 구부려 올리는 것

◪ 연관용어

일반사항

주로 건축적인 이유로 사용되며, 활하중 처짐이나 바닥 진동을 방지하는 것은 아님
- 경간에 비해 보의 춤이 작아 큰 처짐이 예상되는 경우, 트러스 부재 등의 자중이 커서 부재의 조립 과정 중 큰 처짐이 예상되는 경우 등에 Camber를 두어 설계 처짐량을 줄일 수 있다.

- Camber
  - 부재의 수직면에 대한 곡선
- Sweep
  - 부재의 수평면에 대한 곡선
  - 철골부재의 공장 제작 시 자연적으로 발생하는 Natural Mill Camber/ Sweep과, 필요에 의해 인위적으로 발생시킨 Induced Camber/ Sweep이 있음

Ⅰ. 정 의

① 보·Slab·Truss 등에서 부재의 처짐 및 변형이 건물의 사용성에 문제를 야기할 우려가 있는 경우 정상적 위치 또는 형상으로부터 상향으로 구부려 올리는 것이나 구부려 올린 크기

② 경간 및 Span에 비해 보의 춤이 작아 큰 처짐이 예상되는 경우, Truss 부재의 자중이 커서 부재의 조립 과정 중 큰 처짐이 예상되는 경우 설계 처짐량을 줄일 수 있다.

Ⅱ. Camber 기준

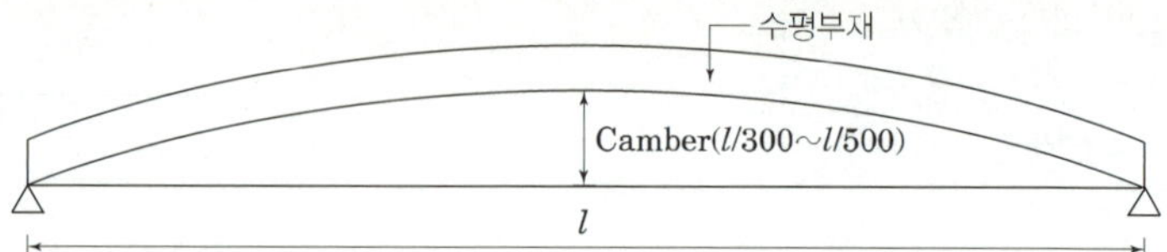

Ⅲ. Camber의 제작방법

1) 강재 보

① 냉간가공(Cold Bending)
- 일반적으로 부재 양쪽을 고정하고 경간 사이에 항복점 이상의 하중을 가해 영구 변형을 발생시킴
- 공장의 장비에 따라 가공 가능한 부재의 치수가 제한적임

② 열간가공(Hot Bending)
- 부재 단면 일부에 열을 가해 팽창시켜 영구변형을 발생시킴
- 열가공에 의한 재료적 변화는 구조적 성능에 미치는 영향이 적음

2) RC 거푸집

Slab 거푸집 설치 후 전체 Leveling 완료 후 처짐 정도를 예상하여 캔틸레버 슬래브 단부 Support를 조절

Ⅳ. Camber/Sweep 양 산정 시 주의사항

① 과도하게 산정될 경우 타설 이후에 경간의 중앙에서 Slab 두께가 설계치보다 작아져서 구조적 문제 발생

② 작업하중에 비해 작게 산정된 경우 중앙부 처짐 발생

③ 실제 시공 상항에 따라 하중이 어떻게 작용할지 정확하게 고려하여 산정

④ 공장 제작 후 현장 반입 시 손실되는 Camber양이 일반적으로 25% 정도임

☆★★ 3. 거푸집의 시공 118

4-28	거푸집의 수평연결재와 가새설치방법	
No. 236		유형: 공법·부재·기능

시공

좌굴방지

Key Point

- 국가표준
  - KCS 21 50 05
- Lay Out
  - 수평연결재 설치방법
  - 가새 설치방법
- 핵심 단어
  - 좌굴방지 수평연결 부재
- 연관용어
  - 가새

Ⅰ. 정 의

① 수평연결재: 콘크리트 타설 시 강관 동바리의 좌굴방지를 위해 직교하는 양방향으로 설치하는 좌굴방지 수평연결 부재

② 가새: 수평방향의 힘에 대한 보강재로 대각선 방향으로 빗대는 경사부재

Ⅱ. 수평연결재 설치방법

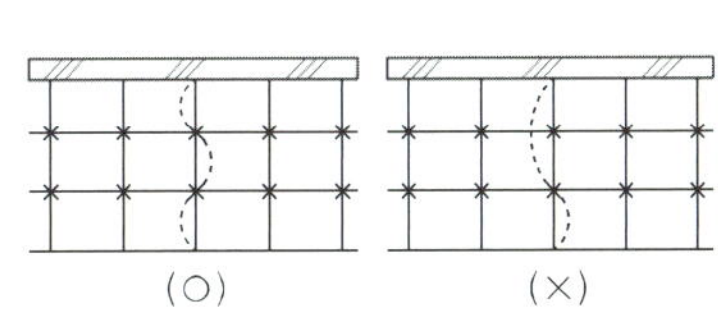

[수평 연결재 설치 입면]

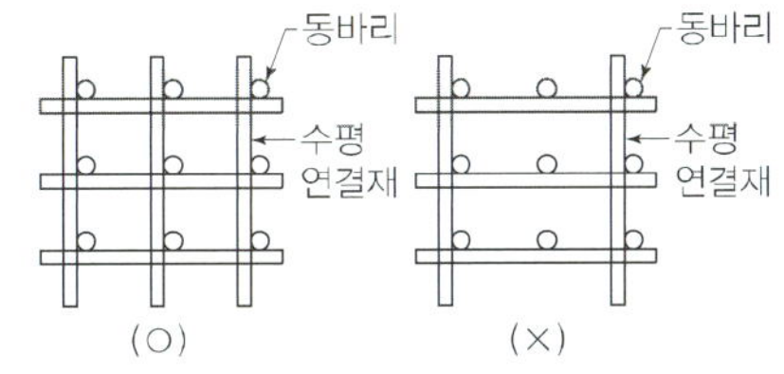

[수평 연결재 설치 평면]

① 동바리의 높이가 3.5m 경우: 높이 2m 이내마다 수평연결재를 양방향으로 설치

② 연결부분에 변위가 일어나지 않도록 수평연결재의 끝 부분은 단단한 구조체에 연결

③ 수평연결재를 설치하지 않거나, 영구 구조체에 연결하는 것이 불가능할 경우에는 동바리 전체길이를 좌굴길이로 계산

④ 겹침이음을 하는 수평연결재간의 이격되는 순 간격은 100 mm 이내

⑤ 각각의 교차부에는 볼트나 클램프 등의 전용철물을 사용

Ⅲ. 가새 설치방법

① 단일부재 가새재 사용이 가능할 경우 기울기는 60° 이내

② 단일부재 가새재 사용이 불가능할 경우

- 이어지는 가새재의 각도는 같아야 한다.
- 겹침이음을 하는 가새재 간의 이격되는 순 간격: 100mm 이내 설치
- 가새재의 이음위치: 각각의 가새재에서 서로 엇갈리게 설치

③ 가새재를 동바리 밑둥과 결속하는 경우: 바닥에서 동바리와 가새재의 교차점까지의 거리가 300mm 이내가 되도록 설치

시공

하자

Key Point

- 국가표준
- Lay Out
  - 하자유형
  - 하자처리기구
  - 하자처리
- 핵심 단어
- 연관용어

방지대책

- 거푸집 및 동바리 시공계획
- 거푸집 및 동바리 설치기준
- 콘크리트 타설 방법
- 콘크리트 양생

★★★ 3. 거푸집의 시공

4-29	거푸집으로 인한 콘크리트의 하자유형	
No. 237		유형: 결함·하자·현상

Ⅰ. 하자유형

1) 표면하자

① 슬래브 균열
② Cold Joint
③ 콘크리트면 박리제 오염에 따른 하자
④ 콘크리트 다짐불량에 의한 재료분리
⑤ 표면박리
⑥ 골조면의 물곰보 발생
⑦ 거푸집 해체 시 모서리 파손

2) 형상하자

① 시공조인트 부위 단차발생
② 배부름
③ 단면 결손
④ Slab 처짐
⑤ 수직도 불량

3) 기타

① 피복두께 불량
② 동해
③ 충전 불량

Ⅱ. 하자처리기구

① 그라인더
② 할석기구
③ Cutting기
④ 와이어 브러시

Ⅲ. 하자 처리

1) 할석

진동과 충격으로 콘크리트를 제거

2) 보수

그라인더 → 모르타르 바탕처리 → 시멘트 풀칠 → 최종마감 진행

시공

붕괴 Mehanism

Key Point

- 국가표준
- Lay Out
  - 가설구조의 붕괴 메커니즘
- 핵심 단어
  - 가새가 없는 상태는 불안정구조
- 연관용어

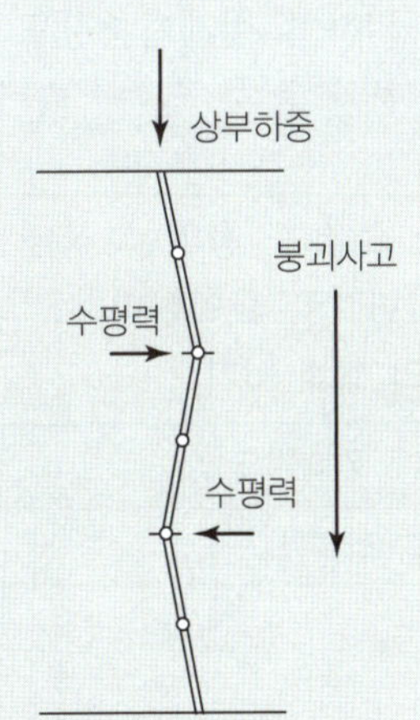

[동바리 붕괴 Mechanism]

★★★ 3. 거푸집의 시공

4-30	가설구조의 붕괴 Mechanism	
No. 238		유형: 현상·하자

Ⅰ. 정 의

가설구조물의 접합부는 핀조건으로 가정하므로, 가새가 없는 상태는 불안정구조며 조립의 정밀도가 작은 경우 시공 및 관리상에 소홀로 일어나기 쉽다.

Ⅱ. 가설구조의 붕괴 메커니즘

1) 전도

[불안정] [안정]

거푸집 동바리에 가해지는 수평하중 P는 고정하중의 2% 이상 또는 동바리 상단의 수평방향 단위 길이당 150kgf/m 이상 중 큰 값으로 함

2) 보의 꺾임

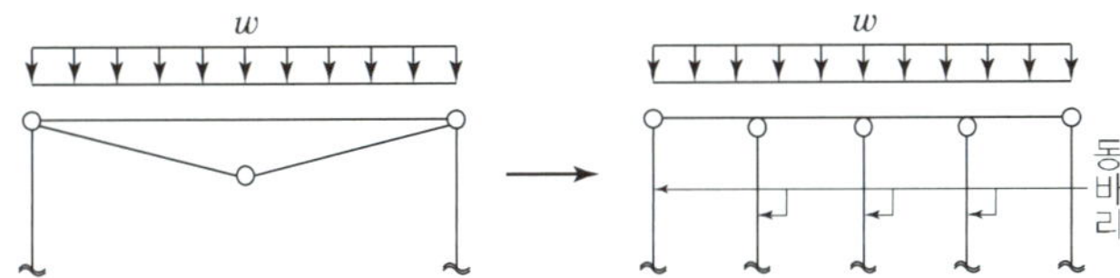

가설구조물은 정정구조물이므로, 1개소에서 소성힌지가 발생하여도 곧장 붕괴로 이어진다.

3) 좌굴

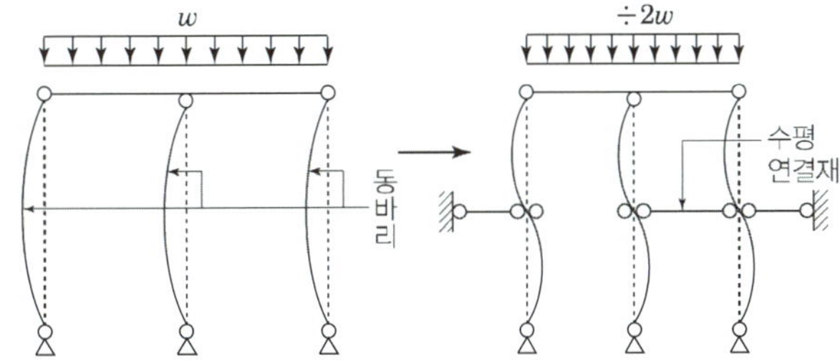

동바리는 압축재이므로 내력이 좌굴길이에 의해 결정되며, 수평연결재로서 좌굴을 방지

★★★ 4. 존치기간 97.108.125.126

4-31	거푸집의 해체 및 존치기간	
No. 239		유형: 기준

존치기간

존치기간 Key Point

◪ 국가표준
- KCS 21 50 05 2023.01.01
- KCS 14 20 12
- KDS 21 50 00
- KOSHA GUIDE C-42-2020

◪ Lay Out
- 거푸집 존치기간
- 거푸집 해체
- 거푸집 존치기간과 강도와의 관계

◪ 핵심 단어

◪ 연관용어
- 구조체관리용 공시체
- 현장 콘크리트 공시체의 양생방법

Ⅰ. 정 의

① 콘크리트 타설 후 구조물의 콘크리트가 소요강도가 확보될 때까지 외력 및 자중을 지탱하기에 충분한 강도에 도달했을 때까지의 거푸집 존치기간

② 거푸집 및 동바리의 해체 시기 및 순서는 시멘트의 성질, 콘크리트의 배합, 구조물의 종류와 중요도, 부재의 종류 및 크기, 부재가 받는 하중, 콘크리트 내부의 온도와 표면 온도의 차이 등을 고려하여 결정

Ⅱ. 거푸집의 존치기간

1) 표준시방서에 의거한 거푸집 존치기간 산출

① 콘크리트를 지탱하지 않은 부위, 즉 기초, 보, 기둥, 벽 등의 측면 거푸집의 경우 콘크리트 압축강도가 5MPa 이상 도달한 경우 거푸집널을 해체할 수 있다.

② 거푸집 널 존치기간 중의 평균 기온이 10℃ 이상인 경우는 콘크리트 재령이 위의 표에서 주어진 재령 이상 경과하면 압축강도 시험을 하지 않고도 해체할 수 있다.

③ 슬래브 및 보의 밑면, 아치 내면의 거푸집 널 존치기간은 현장 양생한 공시체의 콘크리트의 압축강도 시험에 의하여 설계기준강도의 2/3 이상의 값에 도달한 경우 거푸집널을 해체할 수 있다. 다만, 14MPa 이상이어야 한다.

• ②, ③ 강도의 확인은 현장의 가장 불리한 조건과 동일한 상태로 양생된 현장양생 공시체에 대한 압축강도 시험으로 확인한다.

◎ 콘크리트의 압축강도 시험을 하는 경우 거푸집 널의 해체 시기

부재		콘크리트 압축강도 f_{cu}
확대기초, 기둥, 벽, 보 등의 측면		5MPa 이상[1)]
슬래브 및 보의 밑면, 아치 내면	단층구조	$f_{cu} \geq \frac{2}{3} \times f_{ck}$ 또한, 14MPa 이상
	다층구조	$f_{cu} \geq f_{ck}$ (필러 동바리 → 구조계산에 의해 기간단축 가능) 최소강도 14MPa 이상

주 1) 내구성이 중요한 구조물의 경우 10MPa 이상

콘크리트의 압축강도

• 이때 콘크리트의 압축강도는 한국콘크리트학회 제규격 KCI-CT 118에 따라 양생한 현장양생 공시체를 사용하여야 한다.

존치기간

동바리 재설치

① 하부 슬래브 및 보의 지지 성능이 부족할 경우, 동바리를 해체하지 않고 존치하거나, 적절한 동바리를 재설치
② 고층건물의 경우 최소 3개층에 걸쳐 동바리를 재설치
③ 동일한 위치에 놓이게 하는 것을 원칙
④ 지지하는 구조물에 변형이 없도록 밀착

◎ 콘크리트의 압축강도를 시험하지 않을 경우 거푸집 널의 해체 시기(기초, 보, 기둥 및 벽의 측면)

시멘트 / 평균 기온	조강P.C	보통 포틀랜드 시멘트 고로 슬래그 시멘트 (1종) 포졸란 시멘트(1종) 플라이 애시 시멘트(1종)	고로 슬래그 시멘트(2종) 포졸란 시멘트(2종) 플라이 애시 시멘트(2종)
20℃ 이상	2일	4일	5일
10℃ 이상	3일	6일	8일

④ 조강시멘트를 사용한 경우 또는 강도 시험결과에 따라 하중에 견딜 만한 충분한 강도를 얻을 수 있는 경우에는 공사감독자의 승인을 받아 거푸집 널 제거시기를 조정할 수 있다.

⑤ 보, 슬래브 및 아치 하부의 거푸집널은 원칙적으로 동바리를 해체한 후에 해체하도록 한다. 그러나 구조설계로 안전성이 확보된 양의 동바리를 현 상태대로 유지하도록 설계·시공된 경우 콘크리트를 10℃ 이상 온도에서 4일 이상 양생한 후 사전에 책임기술인의 검토 및 확인 후 공사감독자의 승인을 받아 해체할 수 있다.

2) 구조검토를 통한 거푸집 존치기간 산출

① 필러 동바리를 사용하여 타설에 사용된 동바리 전체를 존치시킨 상태에서 슬래브 및 보의 밑면, 아치 내면의 거푸집 널만을 제거하는 경우, 구조검토를 통하여 안전성을 확보한 후 책임기술자의 승인을 받아 거푸집 널의 제거시기를 단축가능하며, 압축강도는 14 MPa 이상

② 타설에 사용한 동바리 일부 또는 전체를 제거한 후 거푸집 널을 해체하는 경우 압축강도 시험을 하는 경우 기준을 준수하여야 한다.

③ 안전성 검토는 콘크리트 강도, 탄성계수 등 양생 중인 콘크리트의 재령에 따른 물성변화를 고려하여 콘크리트에 유해한 균열이나 기타 손상이 발생하지 않도록 하여야 한다.

Ⅲ. 거푸집 해체

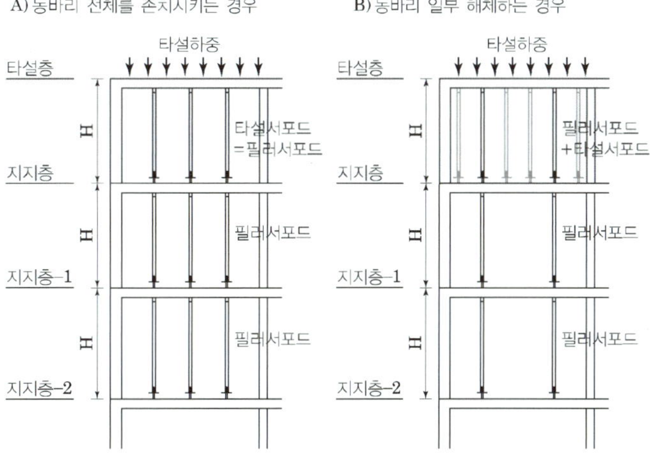

존치기간

① 비·눈 그 밖의 기상상태의 불안정으로 인하여 날씨가 몹시 나쁠 때에는 해체작업을 중지
② 보 및 슬래브 하부의 거푸집을 해체할 때에는 거푸집 보호는 물론 거푸집의 낙하충격으로 인한 근로자의 재해를 방지
③ 콘크리트 표면을 손상하거나 파손하지 않고, 콘크리트 부재에 과도한 하중이나 거푸집에 과도한 변형이 생기지 않는 방법 선택
④ 거푸집 및 동바리는 예상되는 하중에 충분히 견딜 만한 강도를 발휘하기 전에 해체금지
⑤ 거푸집 및 동바리의 해체 시기 및 순서는 시멘트의 성질, 콘크리트의 배합, 구조물의 종류와 중요도, 부재의 종류 및 크기, 부재가 받는 하중, 콘크리트 내부의 온도와 표면 온도의 차이 등을 고려하여 결정
⑥ 거푸집 해체 후 거푸집 이음매에 생긴 돌출부를 제거
⑦ 구멍이 있는 경우에는 구조체에 사용했던 콘크리트와 같은 배합비의 모르타르로 메운다.
⑧ 콘크리트 면이 거칠게 마무리된 경우, 구멍 및 기타 결함이 있는 부위는 땜질하고, 6mm 이상의 돌기물은 제거
⑨ 거푸집 및 동바리를 해체한 직후 구조물에 재하하는 하중은 콘크리트의 강도, 구조물의 종류, 작용하중의 종류와 크기 등을 고려하여 유해한 균열 및 기타 손상이 발생하지 않는 범위 이내로 제한

Ⅳ. 거푸집 존치기간과 강도와의 관계

① 균열 발생
② 처짐 발생
③ 내구성 저하
④ 철근과의 부착강도 저하
⑤ 부재의 형상불량 및 해체 시 파손

Ⅴ. 설계기준압축강도(f_{ck}), 평균압축강도(f_{cm})

① 설계기준압축강도(f_{ck}, Specified Compressive Strength): 콘크리트 부재를 설계할 때 기준이 되는 콘크리트의 압축강도
② 평균압축강도(f_{cm}, 재령 28일에서 콘크리트의 평균압축강도): 크리프변형 및 처짐 등을 예측하는 경우보다 실제 값에 가까운 값을 구하기 위한 것

$$f_{cm} = f_{ck} + \Delta f \,(\mathrm{MPa})$$

- $(f_c')_u$: 콘크리트 극한강도 (ultimate strength)
- $(f_c')_{28}$: 재령이 28일 때의 콘크리트 압축강도
- f_{cm}: Sample mean compressive strength
- f_{cu}: Cube compressive strength
- f_{cy}: Cylindrical compressive strength

☆★★ 4. 존치기간 71

4-32	동바리 바꾸어 세우기(reshoring)	
No. 240		유형: 기준

존치기간

정밀도

Key Point

◪ 국가표준
- KCS 21 50 05
  2023.01.01

◪ Lay Out
- 동바리 전용계획
- 동바리 바꾸어 세우기
- 동바리 재설치

◪ 핵심 단어

◪ 연관용어

Ⅰ. 정 의

① 거푸집 전용을 위해 concrete 강도가 설계기준강도의 2/3 이상 발현 시 동바리를 해체 한 후 새로운 동바리를 별도로 설치하는 것

② 동바리 바꾸어 세우기는 원칙적으로 하지 않으며 처음 동바리 설치 시 해체가 필요 없도록 Filler 처리를 한다.

Ⅱ. 동바리 전용계획

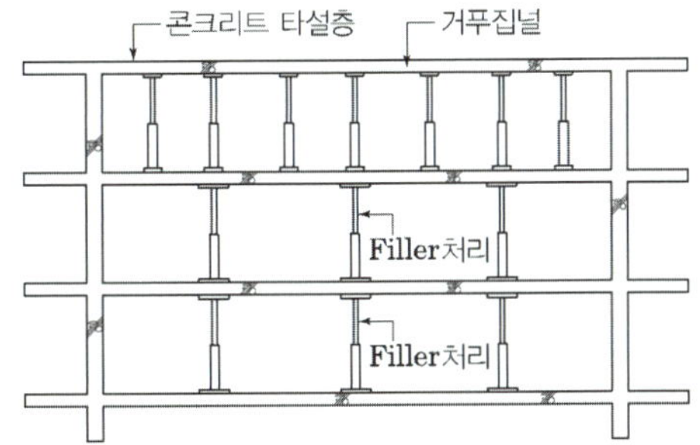

Ⅲ. 동바리 바꾸어 세우기

1) KCS 기준

① 동바리 바꾸어 세우기는 원칙적으로 하지 않는다.

② 부득이 바꾸어 세우기를 할 필요가 발생하는 경우는 그 범위와 방법을 정하여 담당원의 승인을 받는다.

2) LH 기준

① 동바리 바꾸어 세우기는 원칙적으로 하지 않는다.

② 부득이 바꾸어 세우기를 할 필요가 발생할 경우는 그 범위와 방법을 정하여 공사감독자의승인을 받아 동바리를 바꾸어 세울 수 있다.

③ 바로 위층에 현저히 큰 적재하중이 있는 경우는 동바리 바꾸어 세우기를 하면 안 된다.

④ 동바리 바꾸어 세우기는 양생 중인 콘크리트에 진동 및 충격을 주지 않도록 하면서 신속하게 시행하되, 한 부분씩 순차적으로 바꾸어 세운다.

⑤ 라멘구조에서 큰 보의 동바리 바꾸어 세우기를 하면 안 된다.

⑥ 동바리상부에는 300mm 각 이상 크기의 두꺼운 머리 받침판을 둔다.

동바리 재설치

① 하부 슬래브 및 보의 지지 성능이 부족할 경우, 동바리를 해체하지 않고 존치하거나, 적절한 동바리를 재설치

② 고층건물의 경우 최소 3개 층에 걸쳐 동바리를 재설치

③ 동일한 위치에 놓이게 하는 것을 원칙

④ 지지하는 구조물에 변형이 없도록 밀착

존치기간

Ⅳ. 동바리 재설치

① 콘크리트의 타설하중과 동바리 자중에 대하여 하부 슬래브 및 보의 지지성능이 부족할 경우, 하부 슬래브 및 보 타설 시 설치한 동바리를 해체하지 않고 존치하거나, 적절한 동바리를 재설치

② 고층건물의 경우 최소 3개 층에 걸쳐 동바리를 재설치

③ 각 층에 재설치 되는 동바리는 동일한 위치에 놓이게 하는 것을 원칙

④ 동바리 재설치는 지지하는 구조물에 변형이 없도록 밀착하되, 이로 인해 재설치 된 동바리에 별도의 하중이 재하되지 않도록 해야 한다.

⑤ 동바리 해체 시 해당 부재에 가해지는 하중이 구조계산서에서 제시한 그 부재의 설계하중을 상회하는 경우에는 전술한 존치기간에 관계없이 구조계산에 의하여 충분히 안전한 것을 확인한 후에 해체

⑥ 재설치 된 동바리로 연결된 부재들은 하중에 의하여 동일한 거동을 하며, 각 부재들은 각각의 강성에 의하여 하중을 부담하는 것으로 한다.

⑦ 거푸집 및 동바리를 떼어낸 직후의 구조물에 하중이 재하 될 경우에는 콘크리트의 강도, 구조물의 종류, 작용하중의 종류와 크기 등을 고려하여 유해한 균열이나 손상 금지

기타용어

☆☆☆

1	Textile Form	
	투수거푸집	유형: 공법

① 토목공사 중 중력식 댐의 사면 콘크리트 타설 시 갇힌 공기에 의해 생기는 물곰보를 줄이기 위한 목적으로 개발

② 공법의 원리는 우측 그림에서 보듯이 일반 Panel에 거푸집에 10cm 간격으로 3~5mm 정도의 구멍을 천공하고 내측에 공기와 물을 통과하되 시멘트페이스트는 통과할 수 없는 폴리에스테르 직포(약 0.3~0.5mm 두께)를 붙여서 잉여수 및 갇힌 공기를 배출시킴으로서 표면 품질개선 및 내구성을 향상시키는 공법

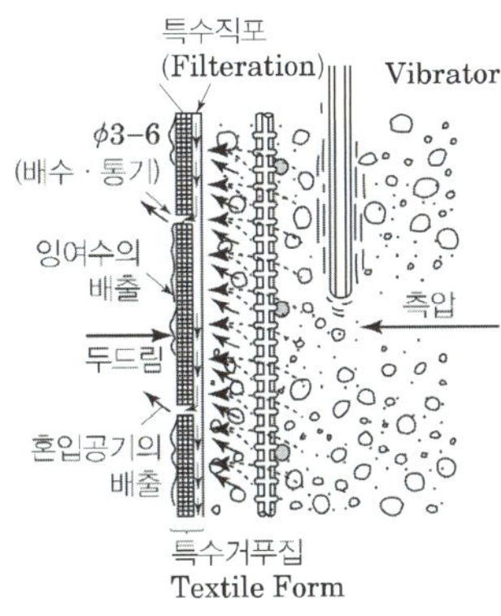

☆☆☆

2	친환경 종이거푸집(e-free from)	
	e-free from	유형: 공법

내수성, 접착재를 겹쳐 원통형으로 만든 것으로 원형기둥이나 본 구조물 내부에 원형의 공동구를 형성할 수 있는 거푸집

☆☆☆

3	기둥밑잡이	
		유형: 공법

거푸집의 최하단부와 바닥 slab가 접하는 곳에 설치하여 concrete 부어넣기시의 충격·진동에 의해 정해진 위치가 이동·이탈되지 않게 고정하며 바닥 slab에 cement paste의 유출을 방지하는 역할

4-2장

철근공사

Professional Engineer

마법지

1. 재료 및 가공

- 종류 및 성질(형상별, 강도별, 용도별)
- 가공

2. 정착

- 정착(길이, 위치)
- 정착위치

3. 이음

- 이음(길이, 위치)
- 이음공법(겹침이음, 용접이음, 가스압접, 기계적이음)

4. 조립

- 조립
- 피복두께

종류와 성질

형상별

Key Point

◩ 국가표준
- KS D 3504

◩ Lay Out
- 이형철근의 형상
- 철근 콘크리트용 봉강 표시방법

◩ 핵심 단어
- 1개마다 표시
- 묶음마다 표시
- 색구별

◩ 연관용어
- 공칭단면적

모양

- 이형 봉강은 표면에 돌기가 있어야 하며 축선 방향의 돌기를 리브(Rib)라 하고, 축선 방향 이외의 돌기를 마디라 한다.
- 마디의 틈은 리브와 마디가 떨어져 있는 경우 및 리브가 없는 경우에는 마디의 결손부의 너비를, 또 마디와 리브가 접속하여 있는 경우에는 리브의 너비를 각각 마디 틈으로 한다.

☆★★ 1. 재료 및 가공

4-33	철근콘크리트용 봉강 식별기준	
No. 241		유형: 기준·지표

Ⅰ. 정 의

철근 1개마다의 표시(1.5m 이하의 간격마다 반복적으로 Rolling에 의해 식별할 수 있는 마크)가 있어야 한다. 다만, 호칭명 D4, D5, D6, D8은 롤링 마크에 의한 표시 대신 도색에 의한 색 구별 표시를 적용한다.

Ⅱ. 이형철근의 형상

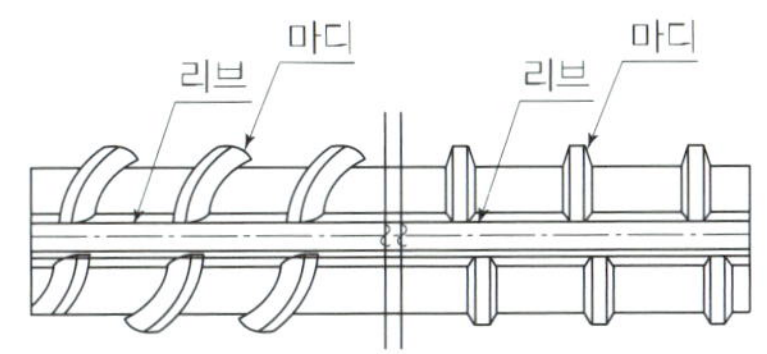

[이형봉강의 리브 및 마디 형상]

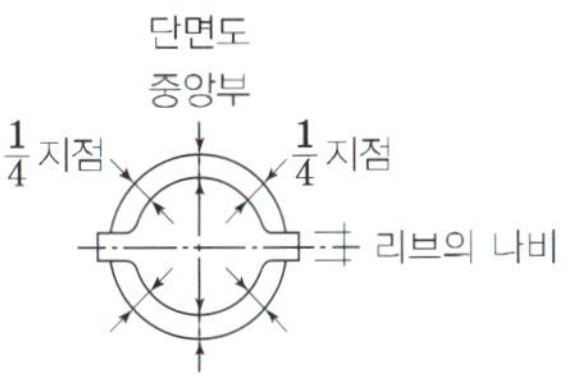

[중앙부 단면]

Ⅲ. 철근 콘크리트용 봉강 표시방법 - KS D 3504

1) 제품 1개마다의 표시

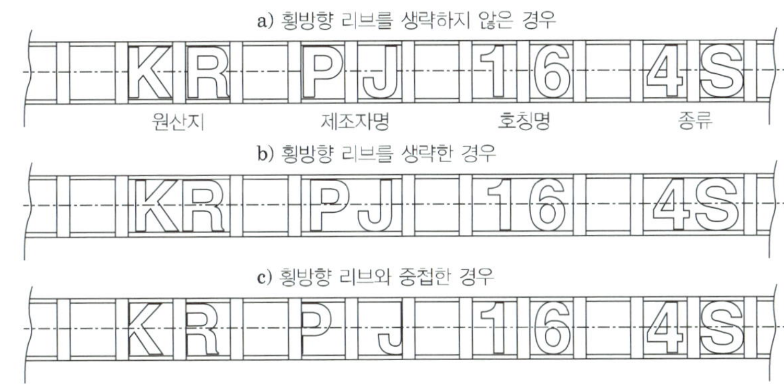

① 원산지: ISO 3166-1 Alpha-2(예: Korea: KR, Japan: JP 등)에 따라 표시
② 제조자명 약호(예: 표준제강(주): PJ)는 2글자 이상 조합으로 구별
③ 호칭명(예: D25: 25)은 숫자로 표시
④ 종류 및 기호(예 SD300: 표시 없음, SD400: 4, SD500: 5, SD600: , SD700: 7 또는 SD400 S: 4S, SD500 S: 5S, SD600 S: 6S, SD700 S: 7S, SD400 W: 4W, SD500 W: 5W)를 표기해야 하며, 특수내진용 철근은 S, 용접용 철근은 W를 사용한다.
⑤ 종방향 리브가 없는 나사 모양의 철근(호칭 S25 이상)은 횡방향 리브의 틈에 표시
⑥ 표시방법은 a),)를 혼용할 수 있다.

종류와 성질

두께가 얇을 경우

- 주로 철망용으로 사용되고 두께가 얇아 양각표기가 곤란한 호칭 명 D4, D5, D6, D8은 도색에 의한 색 구별 표시를 적용
- 1묶음마다 표시

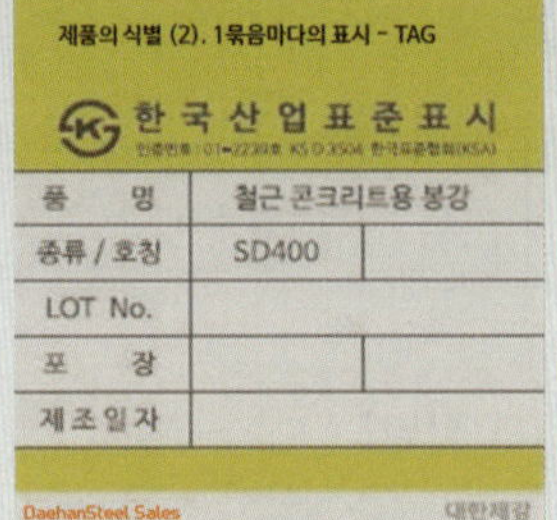

[1묶음마다 표시 TAG]

2) 1묶음마다의 표시

① 종류의 기호

② 레이들 번호

③ 공칭지름 또는 호칭명

④ 제조자명 또는 그 약호

⑤ D4, D5, D6, D8 및 나사 모양의 철근(D22 이하)와 1묶음마다의 표시

종류	기호	구분(TAG색) 1 묶음마다 표시	용도
원형봉강 (Steel Round Bar)	SR240	청색	일반용
	SR300	녹색	
이형봉강 (Steel Deformed Bar)	SD300	녹색	일반용
	SD400	황색	
	SD500	흑색	
	SD600	회색	
	SD700	하늘색	
	SD400W	백색	용접용
	SD500W	분홍색	
	SD400S	보라색	특수내진용
	SD500S	적색	
	SD600S	청색	

종류와 성질

형상별

Key Point

◩ 국가표준
- KS D 3504

◩ Lay Out
- 이형철근의 형상
- 이형봉강의 치수 및 무게

◩ 핵심 단어

◩ 연관용어

용도

• 이형철근의 인장강도 산출
• 이형철근의 항복점 산출

☆☆☆ 1. 재료 및 가공

4-34	철근의 모양(공칭둘레와 단면적)	
No. 242		유형: 재료·부재

Ⅰ. 정 의

① 철근의 호칭지름은 이형철근(D, SD: Steel Deformed bar)을 지칭할 때, 즉 호칭할 때의 지름
② 철근의 공칭지름은 이형철근의 지름을 동일한 길이와 무게를 가진 원형철근(∅, SR: Steel Round bar)의 지름으로 환산한 지름이다.

Ⅱ. 이형철근의 형상

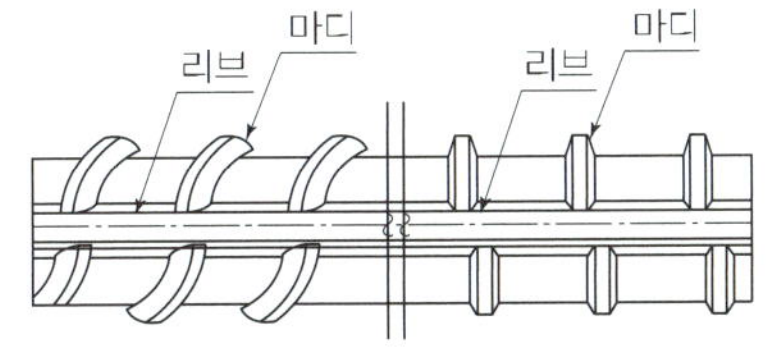

[이형봉강의 리브 및 마디 형상]

[중앙부 단면]

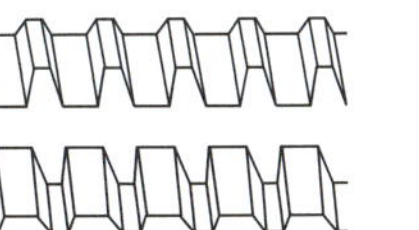

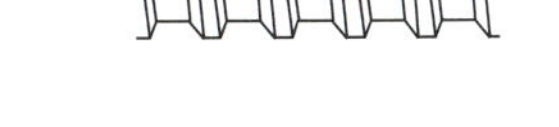

[리브가 없는 나사모양 철근 형상]

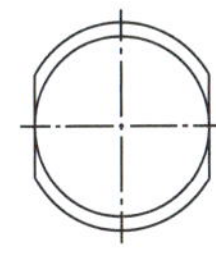

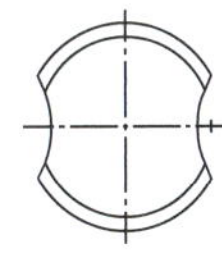

[중앙부 단면]

Ⅱ. 이형봉강의 치수 및 무게

호칭명	단위무게(N/m)	공칭지름 d(mm)	공칭단면적 S(mm^2)	공칭둘레(mm)
D10	5.6	9.53	71.33	30
D13	9.95	12.70	126.7	40
D16	15.6	15.90	198.6	50
D19	22.5	19.10	286.5	60
D22	30.4	22.20	387.1	70
D25	39.8	25.4	506.7	80
D29	50.4	28.60	642.4	90
D32	62.3	31.80	794.2	100
D35	75.1	34.90	956.6	110

종류와 성질

강도별

Key Point

- 국가표준
- Lay Out
  - 철근의 강도구분
  - 고강도 철근의 특징
- 핵심 단어
  - 항복점 550MPa 초과 철근
- 연관용어

★★★ 1. 재료 및 가공 76.81

4-35	고강도철근	
No. 243		유형: 재료·성능·부재

I. 정 의

① 탄소강에 소량의 규소(Si), Mn(망간), Ni(니켈) 등을 첨가한 항복점 400MPa 이상 철근

② 고강도 concrete와 함께 사용되며, 철근량을 줄일 수 있으나 이음 및 정착길이가 증가하며 취성파괴가 주의 깊게 검토되어야 한다.

II. 철근의 강도구분

1) 이형봉강의 형상(SD: Steel Deformed bar)

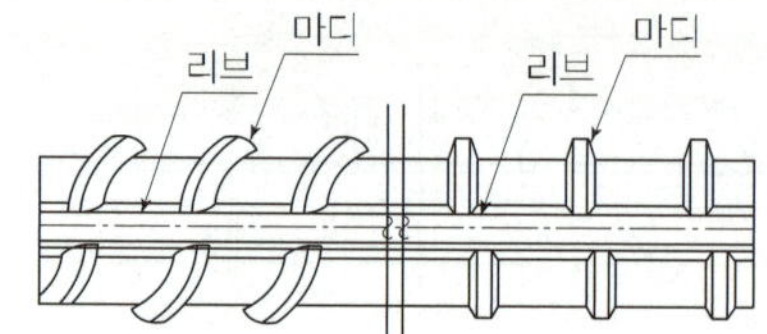

[이형봉강의 리브 및 마디 형상]

[중앙부 단면]

2) 강도에 따른 이형철근의 분류

구분		기호	항복강도(MPa)
이형철근	일반 철근(Mild bar)	SD300	300 이상
	고강도 철근(Hi bar)	SD400	400 이상
		SD500	500 이상
		SD600	600 이상
		SD700	700 이상

III. 고강도 철근의 특징

1) 장점

① 높은 항복강도로 적은 양의 철근 사용 가능

② 철근배근 작업량 감소와 공기단축

③ 일반철근에 비해 철근의 직경이 약 30% 감소

④ 철근 직경 감소로 피복두께(Covering depth)확보 용이

2) 단점

① 정착과 이음길이 증가

② 굵은 고강도 철근 가공 시 굽힘 가공 난해

③ Concrete의 취성파괴 우려 증가

④ 철근가공이 일반철근에 비해 난해

⑤ 가공부위 녹 발생 과다

☆★★ 1. 재료 및 가공 117

4-36	용접철망/철근격자망	
No. 244	Welded Steel Wire Fabric	유형: 재료·기능·부재

종류와 성질

용도별

Key Point

- 국가표준
  - KSD 7017
- Lay Out
  - Wire Mesh 구성도
  - 용접철망의 분류
- 핵심 단어
  - What: 고강도 철선
  - Why: 교차점 접합
  - How: 전기저항용접
- 연관용어
  - 선조립 철근

용도

- 콘크리트 도로포장
- 지하 및 지상 주차장 바닥 보강근
- 지붕 및 도로포장의 균열조정용 보강근
- Precast Concrete 부재의 보강근
- 풀륨(Flume)관 콘크리트 보강근

인장 용접원형철망의 이음

- 소요철근량의 2배 미만인 경우 각 철망의 가장 바깥 교차철선 사이를 잰 겹침길이는 교차철선 한 마디 간격에 50mm를 더한 길이, 1.5 l_d 또는 150mm 중 가장 큰 값 이상풀륨(Flume)관 콘크리트 보강근
- 이음 위치에서 배치된 철근량이 해석 결과 요구되는 소요철근량의 2배 이상인 경우 각 철망의 가장 바깥 교차철선 사이를 잰 겹침길이는 1.5l_d 또는 50mm 중 큰 값 이상

Ⅰ. 정 의

① 콘크리트 보강용 용접망으로서 철근이나 철선을 직각으로 교차시켜 각 교차점을 전기저항 용접한 철선망

② 원형철선(Smooth Wire)과 이형철선(Deformed Wire Fabric)으로 구분

Ⅱ. Wire Mesh 구성도

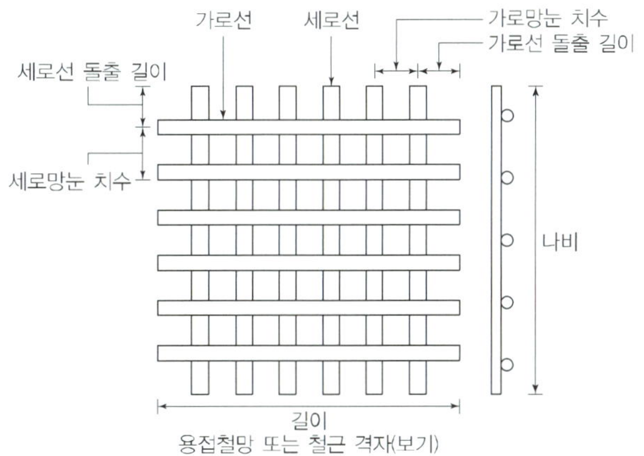

용접철망 또는 철근 격자(보기)

Ⅲ. 용접철망의 분류

1) 용접철망(KS D 7017) 규격

WIRE-MESH		망눈치수 허용차		가로/세로 길이 허용차
선지름				
2.90 이하	±0.06mm	50 75 100 150 200 250 300	±10mm (7.5%)	가로(세로) ±25mm (±0.5%)
2.90~4.00	±0.08mm			
4.00~6.00	±0.10mm			
6.00 초과	±0.13mm			

2) 기계적 성질

구분	WIRE MESH	비고
인장강도	50kgf/mm^2 이상	표점 5db
항복강도	40.8kgf/mm^2 이상	
연신율	8% 이상	
용접점전단강도	15kgf/mm^2 이상	

★★★ 1. 재료 및 가공 125

4-37	내진 철근	
No. 245	Seismic Resistant Steel Deformed Bar	유형: 재료·성능·부재

종류와 성질

용도별

Key Point

◩ 국가표준
- KDS 14 20 80
- KDS 41 17 00

◩ Lay Out
- 일반/ 내진용 철근의 기계적 성질 비교
- 중간 및 특수 콘크리트 구조 시스템의 철근

◩ 핵심 단어
- What: 항복강도 400MPa
- Why: 지진 저항력 증대
- How: 내진용 등급

◩ 연관용어
- 내진

특징

• 신뢰성
- 항복강도 상·하한치 제한 (120MPa 이내)

• 유연성
- 높은 소성능력 확보 (인장강도=항복강도1.25배)
- 지진에 안전한 건축물 설계 가능

• 가공성
- 500MPa 강도180° 굽힘보장 (내진 갈고리 시공가능)
- 500MPa 강도급 내진갈고리 (135° 굽힘요구) 적용에 따른 학교, 필로티 기둥에 적용 가능

Ⅰ. 정 의

① 철근의 항복강도가 400MPa(SD400S) 이상의 철근에 특수 내진용 S등급 철근을 사용하여 지진 저항력을 증대시킨 철근

② 일반철근과 달리 항복비(파단대비 변형능력)가 낮기 때문에 지진 등으로 인한 충격과 진동에 잘 견딜 수 있는 특수철근

Ⅱ. 일반/ 내진용 철근의 기계적 성질 비교

구분		항복강도 (N/㎟)	인장강도 (N/㎟)	시험편	연신율 최솟값	굽힘각도
일반 철근	SD400	400~500	항복강도 1.15배 이상	2호	16%	180°
				3호	18%	
	SD500	500~650	항복강도 1.08배 이상	2호	12%	135°
				3호	14%	
	SD600	600~780	항복강도 1.08배 이상	2호	10%	90°
				3호		
내진용 철근	SD400S	400~520	항복강도 1.25배 이상	2호	16%	180°
				3호	18%	
	SD500S	500~620		2호	12%	180°
				3호	14%	
	SD600S	600~720		2호	10%	90°
				3호		

Ⅲ. 중간 및 특수 콘크리트 구조 시스템의 철근

① 지진력에 의한 휨모멘트 및 축력을 받는 중간모멘트골조와 특수모멘트골조, 그리고 특수철근콘크리트 구조벽체 소성영역과 연결보에 사용하는 철근(KS D 3504, 3552, 7017)은 설계기준항복강도 f_y가 600MPa 이하

② 전단철근의 f_y는 선부재의 경우 500MPa 이하, 벽체의 경우 600MPa 이하

③ 골조나 구조벽체의 소성영역 및 연결보에 사용하는 주철근은 KS D 3504의 특수내진용 S등급 철근을 사용

④ 실제 항복강도가 공칭항복강도를 120MPa 이상 초과 금지

⑤ 실제 항복강도에 대한 실제 인장강도의 비가 1.25 이상

⑥ 횡방향 철근은 단일 후프철근 또는 겹침 후프철근으로 이루어져야 한다.

⑦ 횡철근 간격은 철근 지름의 6배를 초과 금지

☆☆☆ 1. 재료 및 가공

4-38	Epoxy Coated Re-Bar	
No. 246	에폭시 도막철근	유형: 재료·성능·부재

종류와 성질

용도별

Key Point

◩ 국가표준
- KCS 14 20 11

◩ Lay Out
- 에폭시 도막철근의 취급
- Epoxy 도막철근 시
- Epoxy 도막철근 조립 후 유의사항

◩ 핵심 단어
- What: 철근표면
- Why: 녹방지
- How: 에폭시 피복

◩ 연관용어
- 방청
- 하이브리드 FRP보강근

용도

- 일반 에폭시 코팅공법
  - 붓 또는 로라 스프레이로 도막 두께에 따라 일정량을 건조시간에 맞추어 균일하게 도포함.
  - 주용도: 콘크리트, 철구조물, 탱크의 부식방지, 방수.무균 벽, 천정, 음료수조
- 콜타르 에폭시 코팅공법
  - 내약품석, 내수, 내해수성, 내수성이 뛰어나서 다목적으로 사용, 특히 무수정제 콜탈이 갖고 있는 가소성, 경제성 이용 염가 재료공법
  - 주용도: 하수관, 폐수조, 분뇨처리장, 댐, 방조제 수문, Pipe 내외

Ⅰ. 정 의

① 철근의 표면에 에폭시 수지(epoxy resin)를 피복하여 염해 등에 의한 녹을 사전에 방지하기 위한 철근

② Concrete 내의 철근에 녹이 발생·팽창하여 concrete의 균열발생, 피복 concrete의 부착성을 떨어뜨리고, 백화현상이 생기며 구조물의 노화 촉진 등을 근본적으로 방지하기 위한 철근

Ⅱ. 에폭시 도막철근의 취급

① 운반 및 저장 시 에폭시 도막이 손상되지 않도록 취급

② 철근과 철근 또는 묶음과 묶음 간의 충돌과 와이어로프 또는 받침대 등의 접촉으로 인한 에폭시 도막 손상에 주의

③ 도막철근이 위치해야 할 곳에 최대한 가까이 하역

④ 떨어뜨리거나 끌지 않도록 한다.

⑤ 도막이 손상되지 않는 받침대에 올려서 운반 및 저장

⑥ 철근 묶음을 쌓아 올릴 경우 묶음 사이에 나무 또는 고무 등의 완충재를 둘 것

⑦ 실외에 저장할 경우 불투명 폴리에틸렌 시트 또는 보호재로 덮을 것

⑧ 묶음단위로 쌓아 올릴 경우, 쌓아올린 무더기의 경계를 보호재로 덮을 것

⑨ 보호덮개 내부에 습기가 차지 않게 통풍이 잘 되도록 저장

Ⅲ. Epoxy 도막철근 시공

1) 가공

① 도막철근의 휨 가공은 5℃ 이상에서 작업

② 가급적 현장 가공하지 금지 만약

③ 가스 절단금지

④ 커터 절단할 경우 가급적 절단충격 전달 금지

2) 조립

① 철근 상호간의 충돌 및 접촉에 의한 손상을 방지

② 결속재료는 에폭시 도막에 손상을 주지 않는 재료를 사용

3) 손상된 에폭시 도막 보수

① 손상된 에폭시 도막철근은 콘크리트 타설 전 모두 보수

② 에폭시 도막이 손상된 경우, 300mm 길이 당 보수해야 할 표면적이 2% 초과 금지

종류와 성질

③ 300mm 길이 당 보수해야 할 표면적이 2%를 초과하는 에폭시 도막철근은 사용금지
④ 손상된 에폭시 도막에 덧댄 보수재의 면적은 300mm 길이 당 5%를 초과 금지

Ⅳ. Epoxy 도막철근 조립 후 유의사항

① 조립이 끝난 후 에폭시 도막 손상에 대하여 검사
② 에폭시 도막철근 배치 후, 도막 철근 위에 걷는 것을 최소화
③ 가동장비는 도막철근에 손상이 가지 않도록 배치
④ 콘크리트 내부 진동기는 에폭시 도막철근의 손상을 방지하기 위해 비금속 헤드를 장착

종류와 성질

용도별
Key Point

◩ 국가표준

◩ Lay Out
- 단면구조
- 특징
- 일반철근과 비교

◩ 핵심 단어
- What: 유리섬유
- Why: 비부식 보강철근
- How: 샌드코팅

◩ 연관용어
- 방청
- 에폭시 도막철근

☆☆☆ 1. 재료 및 가공 112

4-39	하이브리드 FRP 보강근	
No. 247	Fiber Reinforced Polymer	유형: 재료·성능·부재

Ⅰ. 정 의

① 가격 경쟁력이 우수한 유리섬유를 주로 강화섬유로 적용하고 유리섬유 이외에, 재료의 물성과 내구성이 우수한 탄소섬유를 표면에 배치하여 재료의 물성과 내구성을 향상시킨 비부식 보강철근

② 물이나 공기에 부식되지 않고, 콘크리트 벽이나 바닥, 보 등의 성능 강화를 위해 삽입되는 철근

Ⅱ. 단면구조

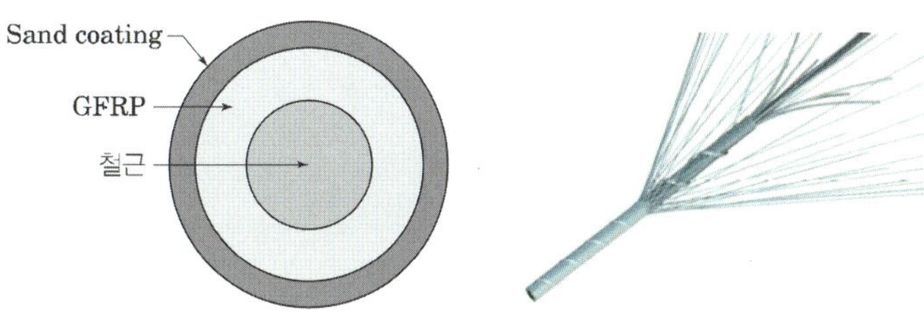

[하이브리드 효과로 탄성계수 향상]

Ⅲ. 특징

① 고탄성계수 재료와 FRP의 하이브리드화 효과로 탄성계수 향상
② 표면에 샌드 코팅(sand coating)처리를 통해 콘크리트와의 부착력을 강화
③ 구조물의 내구성 향상
④ 철근보다 가벼우면서도 인장강도 우수
⑤ 인장성능 향상 및 부식 방지의 역할
⑥ 다양한 섬유의 조합을 통한 강도 및 연성의 조절 가능

Ⅳ. 일반철근과 비교

① 부식: 미발생
② 비용: 단기적으로 비용이 상승하지만 LCC 관점에서 유리
③ 가공: 현장가공 난해

☆☆☆ 1. 재료 및 가공 82

4-40	Tie Bar	
No. 248	띠철근	유형: 재료·기능·부재

종류와 성질

용도별

Key Point

◪ 국가표준
- KDS 14 20 50
- KDS 41 30 20
- KDS 41 20 00 (2022년 10월 11일 개정)

◪ Lay Out
- 띠철근의 배치
- 띠철근의 규정

◪ 핵심 단어
- What: 주둥주근 주위
- Why: 좌굴방지
- How: 축방향 철근의 직각배치

◪ 연관용어
- 좌굴방지
- 전단

• 2022년 10월 11일 개정

띠철근 횡방향 간격

• D10 : 300 mm 이하
• D13 이상 : 400 mm 이하

용도

• 주근의 간격유지
• 주근의 좌굴 방지
• 강도보충
• 콘크리트 부분적 결함 보충

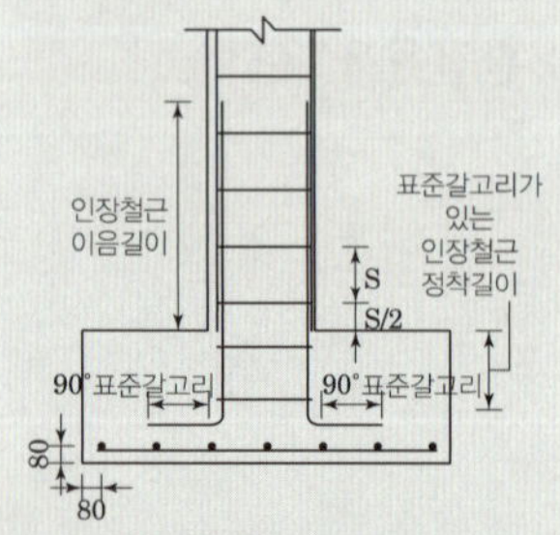

Ⅰ. 정 의

① 축방향 철근의 직각방향으로 배치하여 기둥주근 주위에 전단보강을 통해 좌굴을 방지하고 축방향 철근의 위치확보를 위하기 위하여 배근하는 철근

② 기둥철근에서의 Tie Bar는 기둥의 좌굴을 방지하고 압축강도 및 인성을 높이는 효과가 있다.

Ⅱ. 띠철근의 배치

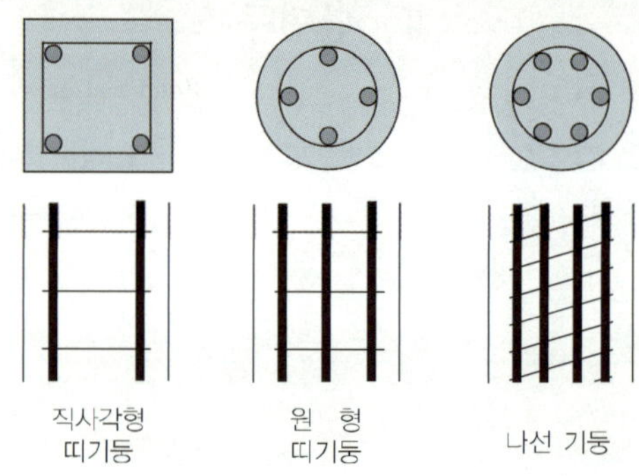

Ⅲ. 띠철근의 규정

① D32 이하의 축방향 철근: D10 이상의 띠철근 사용
② D35 이상의 축방향 철근과 다발철근: D13 이상의 띠철근 사용
③ 수직간격: 축방향 철근지름의 16배 이하, 띠철근이나 철선지름의 48배 이하, 기둥단면의 최소 치수의 1/2 이하. 단, 200mm 이상
④ 모든 모서리 축방향 철근과 하나 건너 위치하고 있는 축방향 철근들은 135° 이하로 구부린 띠철근의 모서리에 의해 횡지지
⑤ 축방향 철근이 원형으로 배치된 경우: 원형 띠철근을 사용가능
⑥ 원형 띠철근을 150mm 이상 겹쳐서 표준갈고리 시공
⑦ 기초판 또는 슬래브의 윗면에 연결되는 압축부재의 첫 번째 띠철근 간격은 다른 띠철근 간격의 1/2 이하
⑧ 슬래브나 지판, 기둥전단머리에 배치된 최하단 수평철근 아래에 배치되는 첫 번째 띠철근도 다른 띠철근 간격의 1/2 이하
⑨ 보 또는 브래킷이 기둥의 4면에 연결되어 있는 경우에 가장 낮은 보 또는 브래킷의 최하단 수평철근 아래에서 75mm 이내에서 띠철근 배치를 끝낼 수 있다. 단, 이때 보의 폭은 해당 기둥면 폭의 1/2 이상
⑩ 횡방향 철근은 기둥 상단이나 주각 상단에서 125mm 이내에 배치

종류와 성질

용도별

Key Point

☑ 국가표준
- KDS 14 20 50

☑ Lay Out
- 변장비에 의한 Slab의 구분
- 1방향 철근콘크리트 슬래브 기준-수축온도철근비

☑ 핵심 단어
- What: 보조철근
- Why: 균열방지
- How: 휨철근에 직각방향

☑ 연관용어
- 균열방지

★★★ 1. 재료 및 가공 65.67.91.109.136

4-41	수축·온도철근(Temperature Bar)	
No. 249		유형: 재료·성능·부재

Ⅰ. 정 의

① 콘크리트의 건조수축·온도변화·기타의 원인에 의하여 콘크리트에 일어나는 인장응력에 대비해서 가외로 더 넣는 보조적인 철근

② 슬래브에서 휨철근이 1방향으로만 배치되는 경우, 이 휨철근에 직각 방향으로 수축·온도철근을 배치해야 한다.

Ⅱ. 변장비에 의한 Slab의 구분

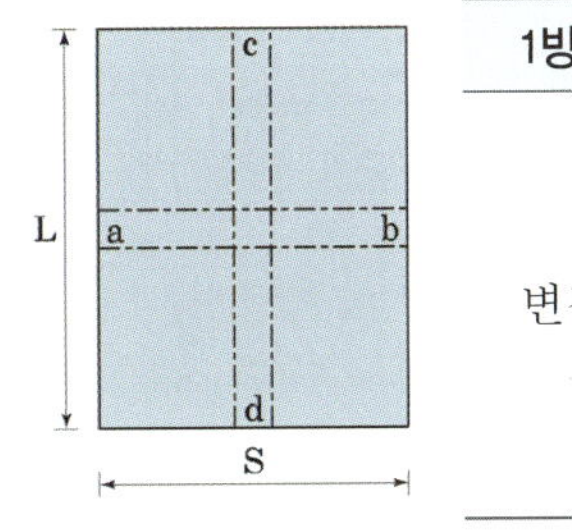

1방향 슬래브(1-Way Slab)	2방향 슬래브(2-Way Slab)
변장비 $= \dfrac{\text{장변 경간}}{\text{단변 경간}} > 2$	변장비 $= \dfrac{\text{장변 경간}}{\text{단변 경간}} \leq 2$

수축 및 온도 변화에 대한 변형이 심하게 구속되지 않은 휨부재에 적용되는 최소 철근량이므로, 심하게 구속된 부재에 대해서는 다른 기준 규정의 하중조합을 고려하여 최소 철근량을 증가시켜야 한다.

Ⅲ. 1방향 철근콘크리트 슬래브 기준-수축온도철근비

1) 수축·온도철근으로 배치되는 이형철근 및 용접철망의 최소철근비
   - ① 어떤 경우에도 0.0014 이상이어야 한다. 여기서, 수축·온도철근비는 콘크리트 전체 단면적에 대한 수축·온도철근 단면적의 비로 한다.
   - ② $f_y = 400\text{MPa}$ 이하: 이형철근을 사용한 슬래브 $\rho = 0.0020$ 이상
   - ③ $f_y = 400\text{MPa}$ 초과: $\rho = 0.0020 \times \dfrac{400}{f_y} \geq 0.0014$

2) 요구되는 수축·온도철근비에 전체 콘크리트 단면적을 곱하여 계산한 수축·온도철근 단면적을 단위 폭 m당 $1{,}800\text{mm}^2$보다 크게 취할 필요는 없다.

3) 수축·온도철근의 간격은 슬래브 두께의 5배 이하, 또한 450mm 이하

4) 수축·온도철근은 설계기준항복강도를 발휘할 수 있도록 정착

용도

- 온도변화에 따른 콘크리트 균열저감
- 주근의 간격유지

종류와 성질

용도별

Key Point

◪ 국가표준

◪ Lay Out
- 변장비에 따른 배근 비교
- 온도철근과 비교

◪ 핵심 단어
- What: 보조철근
- Why: 하중분산 균열을 제어
- How: 주철근에 직각방향

◪ 연관용어
- 온도철근

☆★★ 1. 재료 및 가공 99.109.136

4-42	배력철근	
No. 250	Distribution Bar	유형: 재료·성능·부재

Ⅰ. 정 의

① 하중을 분산시키거나 균열을 제어할 목적으로 주철근에 직각 또는 직각과 가까운 방향으로 배치한 보조철근

② Slab에서는 응력이 작은 장변방향의 스팬(span)의 철근

Ⅱ. 변장비에 따른 배근 비교

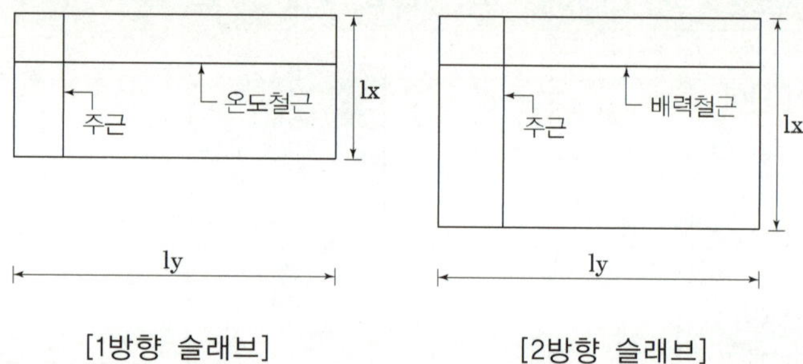

[1방향 슬래브] [2방향 슬래브]

Ⅲ. 온도철근과 비교

구분	온도철근	배력철근
Slab	1방향 Slab	2방향 Slab
변장비	변장비 $= \frac{\text{장변 경간}}{\text{단변 경간}} > 2$	변장비 $= \frac{\text{장변 경간}}{\text{단변 경간}} \le 2$
단변	주근	주근
장변	온도철근	배력철근
목적	건조수축 제어	하중분산

☆☆☆ 1. 재료 및 가공 104

4-43	Coil형 철근, Sprial Bent	
No. 251	나선철근	유형: 재료·기능·부재

종류와 성질

용도별

Key Point

◩ 국가표준
- KCS 14 20 11
- KDS 20 50

◩ Lay Out
- 나선철근의 일반형상
- 역 할
- 나선철근 규정

◩ 핵심 단어
- What: 보조철근
- Why: 기둥전단 보강
- How: 나선상으로 감아

◩ 연관용어
- Hoop
- Tie Bar

Ⅰ. 정 의

① 기둥에서 좌굴이나 전단력을 받아주는 hoop대신 축방향 철근을 이음 없이 나선상으로 감아 전단보강을 하는 보조철근

② 실타래나 코일처럼 철근을 둥글게 만 제품으로 막대형 철근 제품과 달리 코일을 풀어 원하는 길이만큼 절단 사용이 가능하다.

Ⅱ. 나선철근의 일반형상

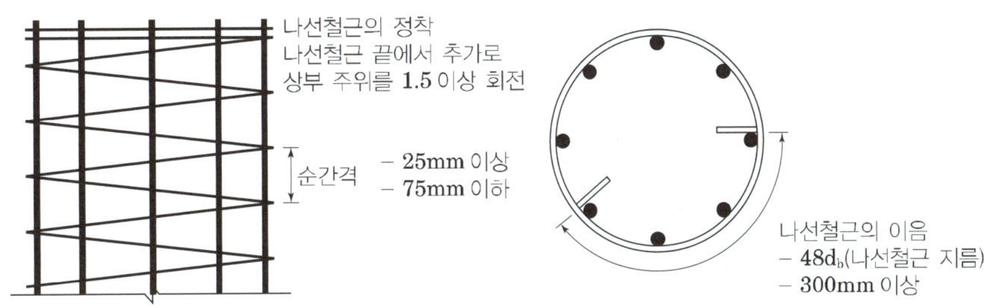

Ⅲ. 역 할

① 콘크리트를 구속하여 core concrete 압축내력 증대(내진설계)

② 수직 보강근의 좌굴 길이를 줄여 보강근의 좌굴파괴 방지(좌굴방지)

③ 전단 보강근의 역할(전단보강)

④ 기둥의 휨 강도 증진

Ⅳ. 나선철근 규정

① 나선철근의 지름: 10mm 이상

② 나선철근의 순간격
- 최소값: 25mm와 골재크기의 4/3배 중 큰 값
- 최대값: 75mm 이하

③ 나선철근의 정착: 나선철근의 끝에서 심부 주위를 1.5 이상 회전

④ 나선철근의 이음
- 겹침이음: 48db 이상(이형철근), 72db 이상(원형, 에폭시 도막 이형철근)
- 기계적이음 혹은 용접이음

⑤ 나선철근은 확대기초판 또는 기초 슬래브의 윗면에서 그 위에 지지된 부재의 최하단 수평철근까지 연장

종류와 성질

용도별

Key Point

◪ 국가표준
- KCS 14 20 11

◪ Lay Out
- 이음의 위치
- 역할
- 시공 시 유의사항

◪ 핵심 단어
- What: 봉강
- Why: 일체성 확보
- How: 하중을 전달

◪ 연관용어
- Slip Bar

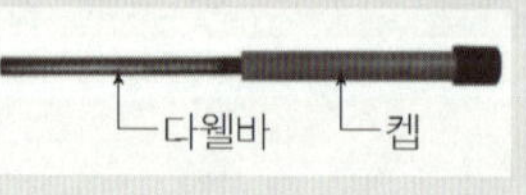

☆★★ 1. 재료 및 가공 81.119

4-44	Mat기초공사의 Dowel bar시공방법
No. 252	유형: 재료·기능·부재

Ⅰ. 정 의

① 하중을 전달하는 기구로서 구조물의 일체성 및 구조 안정상 Joint로 인한 부재의 일체성을 확보하기 설치하는 봉강
② 신축이음부위에 하중통과 등 전단저항이 필요한 곳 또는 턱이 생길 위험이 있는 곳에 침하를 방지하기 위해 설치한다.

Ⅱ. 이음의 위치

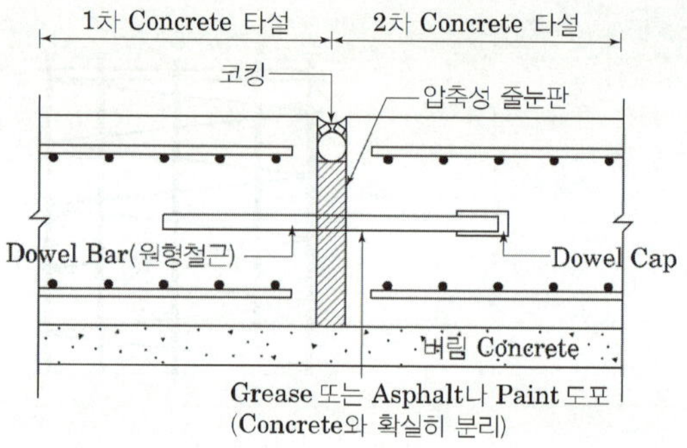

Ⅲ. 역 할

① 전단력보강: 콘크리트의 타설 시 어쩔 수 없이 이음을 해야 하는 경우에 접합부의 전단력을 보완
② 압축력 보강: 기둥의 압축력에 대한 기초 등의 콘크리트 접합면의 압축에 따른 지압파괴를 방지
③ 철근의 응력을 콘크리트 이음부위에서 전달되도록 하기 위해 부가적으로 보완
④ 슬래브의 부등침하로 인해 발생하는 단차(faulting)를 감소

Ⅳ. 시공 시 유의사항

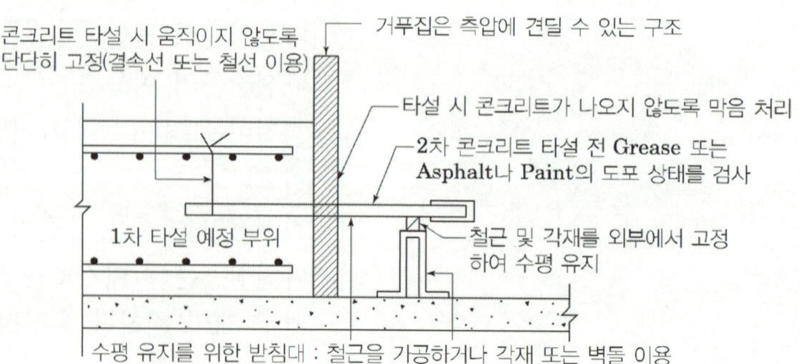

☆☆☆ 1. 재료 및 가공 101

4-45	PAC(Pre Assembled Composite) column	
No. 253		유형: 재료·기능·부재

종류와 성질

용도별

Key Point

◪ 국가표준
- KCS 14 20 11

◪ Lay Out
- 기둥 주근 변경 Process
- PAC Column의 특징
- 시공 시 유의사항

◪ 핵심 단어
- What: Angle
- Why: Prefab
- How: 단순화

◪ 연관용어
- Prefab

Ⅰ. 정 의

기존의 기둥 철근배근에 사용되던 HD 19~25 철근대신에 HD 32~41 또는 Angle을 이용하여 단순화하고 공장 Pre-Fab함으로써 현장에서 Tower Crane을 이용 철근 Cage를 단순 조립하여 철근배근을 완료하는 공법

Ⅱ. 기둥 주근 변경 Process

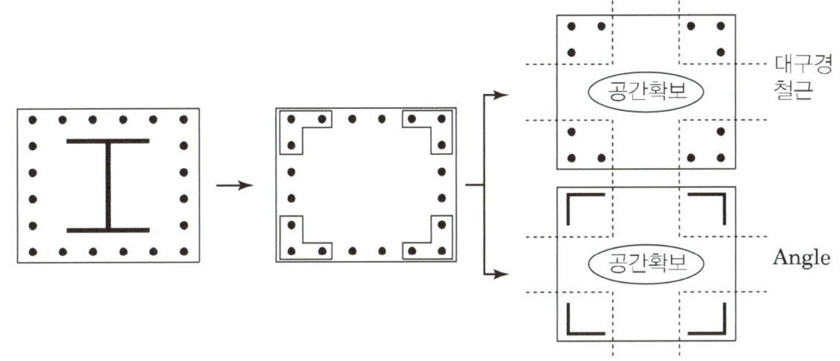

Ⅲ. PAC Column의 특징

① 기둥 철근의 공장 Pre-fab 및 이음공정의 단순화로 공기단축
② 주철근으로 대구경 철근 및 Angle 사용
③ 층고가 높은 현장에 적용이 용이
④ 공업화, 기계화에 의한 노무인력 절감

Ⅳ. 시공 시 유의사항

① 거푸집은 System Form 사용
② 현장타설 concrete의 강도를 40~60MPa의 고강도로 사용
③ 이음방법
- 대구경 철근 이음방법: Mechanical Coupler
- Angle: High Tension Bolt

장점

- 층고가 높은 현장에 적용 용이
- 철근의 공장 pre-fab화 및 이음공정 단순화로 공기단축
- 고강도 concrete에 의한 기둥 단면 축소
- 공업화, 기계화에 의한 노무 인력 절감
- 수직 수평 분리타설로 form 전용성 향상

★★★ 1. 재료 및 가공 102.122.135

4-46	철근부식 허용치	
No. 254	부식: 腐蝕, corrosion, 녹: rust	유형: 현상·기준

종류와 성질

철근 성질

Key Point

◪ 국가표준
- KCS 14 20 11
- KS D3504

◪ Lay Out
- 부식 Mechanism
- 철근 녹 규정
- 부식 종류철근
- 부식에 대한 허용치
- 철근의 저장

◪ 핵심 단어
- What: 염소이온과 수분
- Why: 산소존재
- How: 부동태 피막 파괴

◪ 연관용어

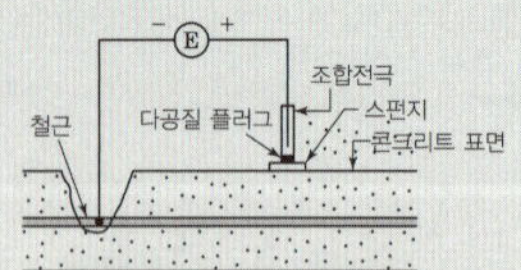

[철근의 자연전위 측정법]

① 측정 장소의 선정
② 통전시험(콘크리트의 일부를 떼어내어 철근을 두군데 이상 노출시키고 그 표면의 녹층을 제거한뒤 직류 저항계를 사용하여 철근간의 저항값을 측정함)
③ 측정점(면적)의 결정
④ 표면처리

- 콘크리트는 PH 값이 평균 12.8인 알칼리성으로, 콘크리트 내부에 배치된 철근은 표면에 두께 $2\sim6\times10^{-6}$mm의 치밀한 부동태 피막이 생성되어 부식되지 않는다.
- 표면이 부식된 철근의 경우에도 콘크리트 내부에 배치된 이후에는 부식이 되지 않는다.
- 표면이 부식된 철근이 콘크리트 내부에 배치된 경우, 철근 체적의 약 1% 이내가 부식된 철근은 부착강도가 증가

Ⅰ. 정 의

① 철근의 부식은 concrete가 탄산화되고 concrete 중의 염소이온과 수분의 존재로 철근의 부동태 피막이 파괴된 후 산소가 존재하게 되면 철근 표면에서는 녹이 발생하게 된다.
② 녹은 철근 주위의 concrete에 팽창압력을 발생시켜 concrete에 균열 유발, 피복 concrete의 박리나 탈락 등을 일으킨다.

Ⅱ. 부식 Mechanism

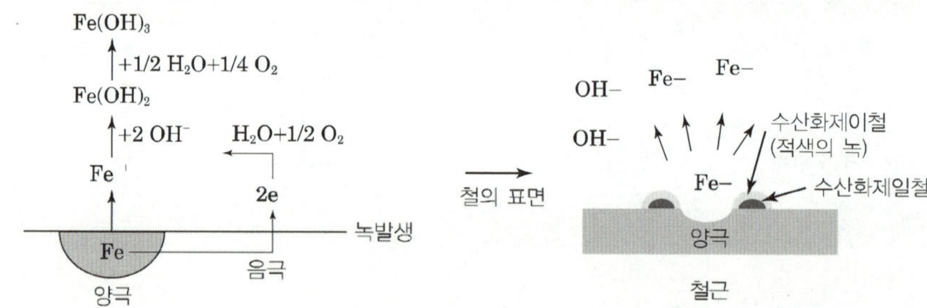

Ⅲ. 철근 녹 규정

1) KCS 14 20 11
① 철근의 표면에는 부착을 저해하는 흙, 기름 또는 이물질 제거
② 경미한 황갈색의 녹이 발생한 철근은 일반적으로 콘크리트와의 부착을 해치지 않으므로 사용가능

2) KS D 3504
① PS 강재를 제외하고 철근의 녹이나 가공 부스러기 또는 그 조합은 KS D 3504에서 요구하고 있는 마디의 높이를 포함하는 철근의 최소 치수와 중량에 미달하지 않는 한 특별히 제거 불필요
② 횡방향 리브의 평균 높이

치수	횡방향 리브의 평균높이	
	최소	최대
D13 이하	공칭지름의 4.0%	최소값의 2배
D13 초과 D19 미만	공칭지름의 4.5%	
D19 이상	공칭지름의 5.0%	

종류와 성질

③ 이형봉강 1개의 무게 허용차

치수	무게의 허용차	적용
D10 미만	+규정하지 않음, -8%	시험재 채취방법 및 허용차 산출방법은 KS D3504 9.4의 규정에 근거
D10 이상 D16 미만	±6%	
D16 이상 D29 미만	±5%	
D29 이상	±4%	

④ 이형봉강 1조의 무게 허용차

치수	무게의 허용차	적용
D10 미만	±7%	시험재 채취방법 및 허용차 산출방법은 KS D3504 9.4의 규정에 근거
D10 이상 D16 미만	±5%	
D16 이상 D29 미만	±4%	
D29 이상	±3.5%	

Ⅳ. 부식 종류

1) 일반적인 부식(Uniform or General Attack)

화학적 혹은 전기화학적 반응에 의하여 강재의 전 표면이나 규모가 크게 작용하여 결과적으로 강재의 지름이 작아지고, 전체적으로 파손

2) 갈바닉 부식(Galbanic Corrosion)

두 다른 종류의 강재 사이에 전류를 흘려보내거나, 용해물질을 투입하면 한쪽은 음극이 다른 한쪽은 양극이 되어 부식이 발생하는 전기화학적 부식

3) 미세 부식(Crevice Corrosion)

일부 취약 부위에 제한적으로 일어나는 부식으로 모래, 먼지, 철근부식 요소 등이 부분적으로 표면에 봉합되어 발생

4) 핏팅 부식(Pitting Corrosion)

국부적으로 부식이 생겨 구멍을 형성하는 것

5) 인터그래뉴랄 부식(Intergranular Corrosion)

강재가 부식할 때 입자(Grain) 경계면을 따라 다른 곳 보다 예민하게 반응하여 발생

6) 리칭 부식(Selective Leaching Corrosion)

한 종류의 물질만 부식을 하는 것으로 예를 들어 아연(Zinc), 철(Iron), 코발트(Cobalt), 크롬(Chromimum) 등의 원소가 선택적으로 부식

7) 침식부식(Erosion Corrosion)

금속표면과 부식산화물사이에서 금속표면이 이온화하거나, 부식산화물이 금속표면에 부식을 생성시키는 것으로 속도가 빠르게 진행

8) 응력부식(Stress Corrosion)

응력의 집중에 의하여 생기는 것

종류와 성질

부식방지-품질관리방안135

① 합금법: 합금철근
② 피막법: 방청페인트
③ 전기법: 음극 및 양극 반응 소멸
④ 제염법: 해사 제염
⑤ 무염사: 무염사 사용
⑥ 낮은 slump 유지
⑦ 낮은 W/C ratio 유지
⑧ 방청제 사용
⑨ 피복두께 유지
⑩ 수밀 concrete
⑪ concrete 표면 마무리

V. 철근부식에 대한 허용치

1) 철근의 부식정도와 부착강도에 대한 연구(한국도로공사)

철근의 부식도가 2%~4%(중량비)이하일 경우 철근 부식이 부착응력에 대한 역기능보다 순기능이 더 크게 작용함.(부착강도 저하 없음)

2) ACI Code(Concrete Inspection)

얇은 박판형태의 녹이나 Mill Scale은 부착력에 지장을 주지 않음

3) ACI Code(Good Painting Practice)

가볍게 녹슨 철재는 콘크리트 속에 들어갈 때에는 유해하지 않음

4) CEB-FIP Model Code(1990)

철근부식도가 철근지름의 1% 이하 또는 철근단면의 3~5%이하이면 인장력에 영향을 주지 않음

5) Building Design And Construction Handbook

심하게 녹슨 철근의 경우 공칭 중량 6% 이하의 부식도는 사용 시 문제가 되지 않음

VI. 철근의 저장

1) 건축공사 표준시방서(철근 및 용접철망의 취급)

① 철근 및 용접철망은 종류별로 정돈하여 저장한다.
② 철근은 직접 지상에 놓지 말아야 한다.
③ 또한 비, 이슬, 바닷바람 등에 노출되지 않도록 하고, 먼지, 흙, 기름 등에 오염되지 않도록 저장한다.
④ 가공 또는 조립된 철근 및 용접철망은 공사현장 반입 후 종류, 직경, 사용개소 등을 구별하여 순서가 흐트러지지 않게 저장한다.

2) 콘크리트표준시방서(철근 및 용접철망의 저장)

① 철근 및 용접철망은 직접 땅에 놓지 않도록 하고, 적당한 간격으로 지지하여 창고 내에 저장하든지 또는 옥외에 적치할 경우에는 적당한 씌우개로 덮어서 저장해야 한다.
② 가공 또는 조립된 철근 및 용접철망은 종류별·지름별·사용부위별로, 철골용 강재는 단면의 형상·치수별로 취급이나 검사에 편리하도록 저장해야 한다.

3) ACI Code(Concrete Inspection)

과도한 녹이 발생될 수 있는 저장상태는 피한다.

4) 철근 부식도 측정방법

녹이 전혀 슬지 않은 철근의 단위 길이당 중량(철근 단중표 참조)과 녹을 제거한 철근의 단위 길이당 중량의 비율로 측정함

☆☆★ 1. 재료 및 가공 131

4-47	철근의 부동태피막	
No. 255	Passivation Layer	유형: 현상·기준

종류와 성질

철근 성질

Key Point

- 국가표준

- Lay Out
  - 염소 이온에 의해 유발되는 철근의 부식 반응
  - 철근 부식에 의한 콘크리트 구조물의 열
  - 부동태 피막 파괴원인

- 핵심 단어
  - What: 표면에 형성되는 피막
  - Why: 부동태 피막
  - How: 수산화 제2철로 이루어진 얇은 막

- 연관용어
  - 방청

Ⅰ. 정 의

① 강알칼리 환경하에서 강재 표면에 형성되는 피막으로, 20~60Å 두께의 수산화 제2철로 이루어진 얇은 막

② 건전한 콘크리트 속의 철근의 경우 pH 12 이상의 강알칼리 환경으로 철근 표면에 부동태피막이 형성되어 철근 위치까지 산소나 수분이 침투해도 철근부식이 발생되지 않는다.

Ⅱ. 염소 이온에 의해 유발되는 철근의 부식 반응

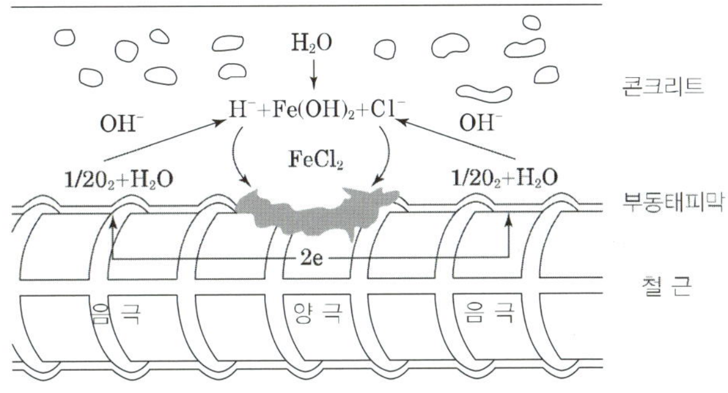

Ⅲ. 철근 부식에 의한 콘크리트 구조물의 열화

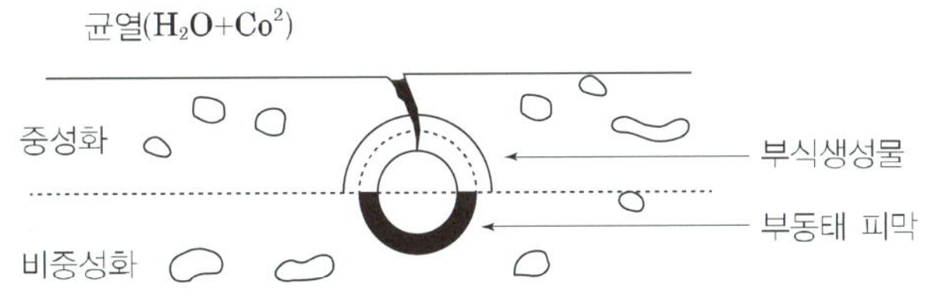

염분의 침투 → 축적 → 부동태 피막 → 파손철근의 부식 → 균열의 발생

피해

- 녹 발생 시 철근체적 2.6배 정도 팽창
- 콘크리트 표면 균열 발생
- 균열로 인한 물과 공기의 침입이 급속히 진행

Ⅳ. 부동태 피막 파괴원인

① $CaO + H_2O \rightarrow Ca(OH)_2 + CO_2 \rightarrow CaCO_3 + H_2O$

② 탄산화 반응으로 pH 8.5~9.5 이하가 될 때

③ 탄산화 속도가 빠를수록 부동태막 파괴가 빠르다.

④ 피복 두께가 얇을수록 부동태막 파괴속도가 빠르다.

★★★ 1. 재료 및 가공

4-48	철근의 방청법	
No. 256	부식: 腐蝕, corrosion, 녹: rust	유형: 현상·기준

종류와 성질

철근 성질

Key Point

- 국가표준
- Lay Out
  - 부식 Mechanism
  - 방청법
- 핵심 단어
  - What: 콘크리트 내부
  - Why: 녹 방지
  - How: 혼합 피복 도금
- 연관용어
  - 방청

부식의 형태

1) 균일부식(Uniform Corrosion)
금속의 전표면에 균일하게 부식되는 균일부식
2) 국부부식(Local Corrosion)
① 금속의 일부분만 부식되는 국부 부식

② 거시적(Macroscopic)
- 전지부식 (Galvanic Corrosion)
- 마식(Erosion Corrosion)
- 틈부식(Crevice Corrosion)
- 공식(Pitting Corrosion)
- 층상부식 (Exfoliation Corrosion)
- 선택부식 (Selective Leaching Corrosion)

③ 미시적(Microscopic)
- 입계부식 (Intergranular Corrosion)
- 응력부식 (Stress Corrosion Cracking, SCC)
- 수소에 의한 손상 (Hydrogen Damage)

Ⅰ. 정 의

① Concrete에 철근부식을 억제하는 혼합물(방청제)을 섞거나, 철근의 표면에 에폭시 수지(epoxy resin)를 피복하거나 아연도금 등으로 막을 입혀 염해 등에 의한 철근의 녹을 방지하기 위한 방법

② 일종의 전기화학반응이며, 양극(+, 陽極, positive electrode) 및 음극(−, 陰極, cathode)반응으로 분류되어 두 반응이 동시에 진행되므로, 이것을 지연하는 것이 방청의 핵심이다.

Ⅱ. 부식 Mechanism

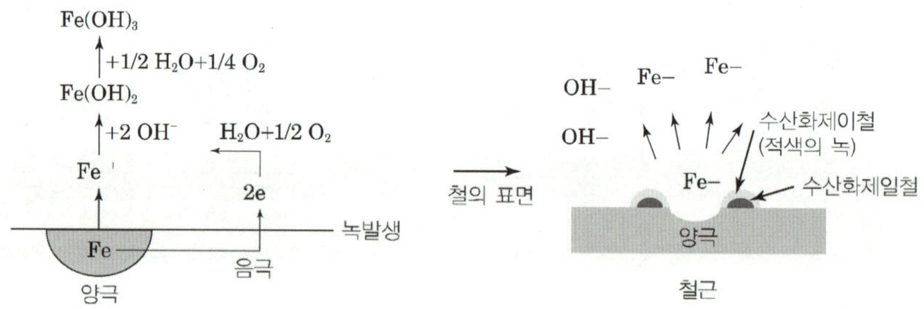

Ⅲ. 방청법

① 합금법: 합금철근
② 피막법: 방청페인트
③ 전기법: 음극 및 양극 반응 소멸
④ 제염법: 해사 제염
⑤ 무염사: 무염사 사용
⑥ 낮은 slump 유지
⑦ 낮은 W/C ratio 유지
⑧ 방청제 사용
⑨ 피복두께 유지
⑩ 수밀 concrete
⑪ concrete 표면 마무리

종류와 성질

철근 성질

Key Point

- 국가표준
  - KCS 14 20 11
- Lay Out
  - 부착강도와 부착시험
  - 부착강도에 영향을 주는 요인
- 핵심 단어
  - 철근이 일체화
- 연관용어

★★★ 1. 재료 및 가공 72.90.118

4-49	철근의 부착강도/철근과 콘크리트의 부착력	
No. 257	Bond Strength	유형: 성능·기준

Ⅰ. 정 의

① 콘크리트와 철근이 일체화되어 탈락하지 않고 견딜 수 있는 정도
② 철근 표면과 이를 감싸고 있는 concrete 경계면에서 철근의 movement가 발생되는 것을 방지하는 성능

Ⅱ. 부착강도와 부착시험

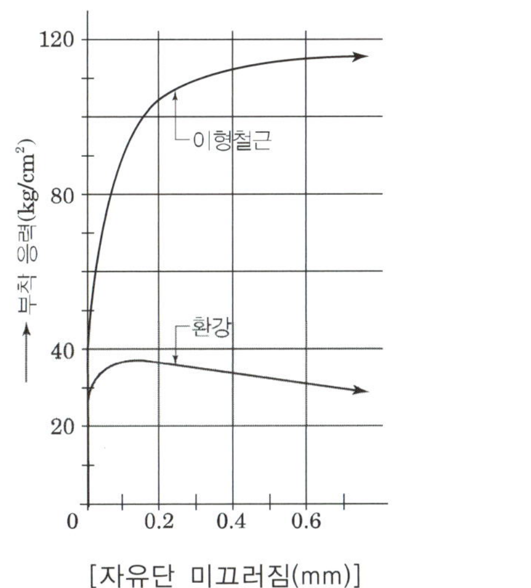

[자유단 미끄러짐(mm)]

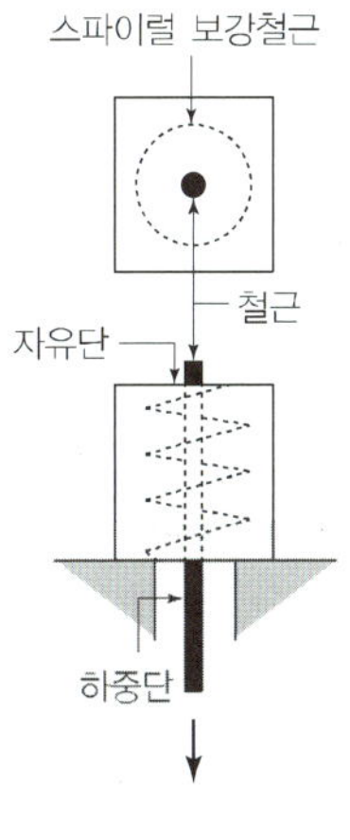

[인발형 부착 시험]

Ⅲ. 부착강도에 영향을 주는 요인

1) 철근의 저장상태
   우수에 노출 등 저장불량에 따른 철근의 녹

2) 철근의 표면상태
   ① 철근에 녹이 있는 경우 허용범위 내 부착강도 증가
   ② 이형철근이 원형철근보다 부착강도가 2배 정도 증가

3) 철근의 직경
   철근의 직경이 작을수록 증가

4) 피복두께
   피복두께가 두꺼울수록 부착강도 증가

5) 콘크리트 배합
   ① W/B 비 낮을수록 부착강도 증가
   ② 콘크리트 속의 공극이 작을수록 부착강도 증가

6) 콘크리트 강도
   콘크리트의 강도가 높을수록 부착강도 증가

가공

가공

Key Point

- 국가표준
  - KCS 14 20 11
  - KDS 14 20 50
- Lay Out
  - 가공치수의 허용오차
  - 표준갈고리
- 핵심 단어
- 연관용어
  - 밴딩마진

표준갈고리 규정

- 스터럽과 띠철근의 표준갈고리는 D25 이하의 철근에만 적용된다. 또한 구부린 끝에서 $6d_b$로 직선 연장한 90° 표준갈고리는 D16 이하의 철근에 적용된다. 실험결과 $6d_b$를 연장한 90° 표준갈고리의 지름이 D16보다 큰 철근인 경우에는 큰 인장응력을 받을 때 갈고리가 벌어지는 경향을 나타내었다.

Banding Margin

- 철근 구부리기 여유길이
- 철근 주문 시 현장 정착 및 도면상의 구부림에 대한 여유길이를 고려하여 공장 가공길이를 결정하며, 실소요 총길이 보다 짧지 않게 여유길이를 확보해야 한다.

☆★★ 1. 재료 및 가공

4-50	철근의 가공	
No. 258		유형: 기준·공법

Ⅰ. 정 의

① 철근의 가공은 철근상세도에 표시된 형상과 치수가 일치하고 재질을 해치지 않는 방법으로 이루어져야 한다.
② 철근상세도에 철근의 구부리는 내면 반지름이 표시되어 있지 않은 때에는 KDS 14 20 50에 규정된 구부림의 최소 내면 반지름 이상으로 철근을 구부려야 한다.
③ 철근은 상온에서 가공하는 것을 원칙으로 한다.

Ⅱ. 가공치수의 허용오차

철근의 종류		부호	허용오차 (mm)
스터럽, 띠철근, 나선철근		a, b	±5
그 밖의 철근	D25 이하의 이형철근	a, b	±15
	D29 이상 D32 이하의 이형철근	a, b	±20
가공 후의 전 길이		L	±20

Ⅲ. 표준갈고리

1) 구부림 형상 및 치수

주철근	스터럽, 띠철근		
180° hook: $4d_b$ 이상, 60mm 이상 / 90° hook: $12d_b$ 이상	$6d_b$ 이상	$12d_b$ 이상	135°, $6d_b$
• 180° 표준갈고리 구부린 반원 끝에서 $4d_b$ 이상, 또한 60mm 이상 • 90° 표준갈고리 구부린 끝에서 $12d_b$ 이상 더 연장	D16 이하	D19~D25	D25 이하

스터럽과 띠철근의 표준갈고리는 D25 이하의 철근에만 적용한다.

가공

2) 철근 구부리기

[180° 표준갈고리와 90° 표준갈고리의 구부림 내면반지름]

철근직경	구부림 내면 반지름
D10~D25	$3d_b$ 이상
D29~D35	$4d_b$ 이상
D38 이상	$5d_b$ 이상

① 스터럽과 띠철근의 표준갈고리는 D25 이하의 철근에만 적용한다.

② 스터럽이나 띠철근에서 구부림 내면 반지름은 D16 이하일 때 $2d_b$ 이상이고, D19 이상일 때는 위의 표를 따라야 한다.

③ 스터럽 또는 띠철근으로 사용되는 용접철망에 대한 표준갈고리의 구부림 내면 반지름은 지름이 7mm 이상인 이형철선은 $2d_b$, 그 밖의 철선은 d_b 이상으로 하여야 한다. 또한 $4d_b$ 보다 작은 내면 반지름으로 구부리는 경우에는 가장 가까이 위치한 용접교차점으로부터 $4d_b$ 이상 떨어져서 철망을 구부려야 한다.

④ 표준갈고리 외에 모든 철근의 구부림 내면 반지름은 위의 표 값 이상이어야 한다. 그러나 큰 응력을 받는 곳에서 철근을 구부릴 때에는 구부림 내면 반지름을 더 크게 하여 철근 반지름 내부의 콘크리트가 파쇄되는 것을 방지해야 한다.

⑤ 모든 철근은 상온에서 구부려야 하며, 콘크리트 속에 일부가 매립된 철근은 현장에서 구부리지 않는 것이 원칙

가공

가공

Key Point

◩ 국가표준
- KDS 14 20 50

◩ Lay Out
- Placing Drawing
- 표현해야 하는 내용
- 작성 시 검토사항

◩ 핵심 단어
- 철근 절단·구부리기 등의 공작을 하기 위해, 철근 모양, 각 부의 치수, 구부림의 형상·위치·지름·길이·본(대)수 등을 정확히 기입

◩ 연관용어
- Placing drawing

Bar list

- 현장 철근공이나 철근 가공 조립, 운반, 수량, 배치 등을 감독할 사람이 일하는데 필요한 수량산출서
- 발주처, 공사명, 현장위치, 공사구분, 업무번호, 관련시공도, 철근 규격 및 강도 표시
- 직선철근, 굽힘철근, 나선철근으로 구분하고, 같은 종류끼리 모아진 철근은 통상 굵은 철근부터 기록하고, 같은 규격 내에서는 길이가 긴 것부터 기록

필요성

- 가공조립의 정밀시공
- 구조적 안정성 확보
- 철근의 Loss 감소

☆☆☆ 1. 재료 및 가공

4-51	철근 공작도(Placing drawing)	
No. 259	배근시공도, 시공 상세도	유형: 기준

Ⅰ. 정 의

① 철근구조도에 의해 현장에서 철근 절단·구부리기 등의 공작을 하기 위해, 철근 모양, 각 부의 치수, 구부림의 형상·위치·지름·길이·본(대)수 등을 정확히 기입하여 부재 제작 및 현장시공이 용이하도록 표기한 도면

② 시공 상세도면으로서 철근 시공 전 작성해야 한다.

Ⅱ. Placing Drawing

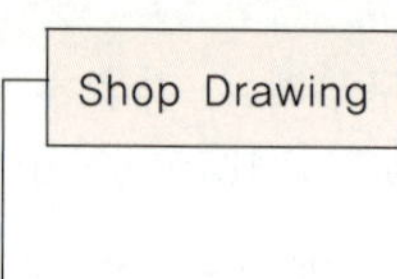

철근의 배근과 조립에 필요한 철근의 개수, 크기, 길이, 위치를 나타내는 시공도라 말할 수 있으며 평면, 입면, 스케줄, 철근가공 목록, 구부림 상세를 포함하여 직접 그리거나 컴퓨터로 작성

Bar-List

Shop Drawing을 근간으로 철근의 절단, 절곡의 형상 및 치수를 정리한 표로서 철근가공, 조립, 운반, 수량파악, 배치 등을 감독할 사람이 필요한 수량산출서

Ⅲ. 표현해야 하는 내용

① 철근을 가공하고 배근하는데 필요한 내용
② 가공형상별 소요길이와 본수
③ 정착의 위치와 길이
④ 이음의 위치와 방법
⑤ 철근 고임재 및 간격재

Ⅳ. 작성 시 검토사항

① 설계도서 및 시방서
② 철근위치
③ 철근지름
④ 부호 기입
⑤ 이음 길이·위치
⑥ 정착 길이·위치
⑦ 피복두께
⑧ 구부림
⑨ 배치간격

☆☆★ 1. 재료 및 가공 98

4-52	철근의 벤딩마진(Bending margin)	
No. 260		유형: 기준·가공·공법

가공

가공 Key Point

◪ 국가표준
- KDS 14 20 50

◪ Lay Out
- 밴딩마진 산정기준
- 철근의 실제 크기를 고려한 배근
- 철근의 구부림 직경(스터럽 및 띠철근)
- 표준갈고리
- 철근의 구부림 직경을 고려한 배근폭

◪ 핵심 단어
- What: 표면에 형성되는 피막
- Why: 부동태 피막
- How: 수산화 제2철로 이루어진 얇은 막

◪ 연관용어
- 가공

기준

- 절단길이는 구부림 시 늘어나는 길이를 계산길이에서 공제

Ⅰ. 정 의

① 철근 구부리기 철근의 인장으로 인해 기존의 철근보다 늘어나는 길이

② 철근 주문 시 현장 정착 및 도면상의 구부림에 대한 여유길이를 고려하여 공장 가공길이를 결정하며, 실소요 총길이 보다 짧지 않게 여유길이를 확보해야 한다.

Ⅱ. 벤딩마진 산정기준

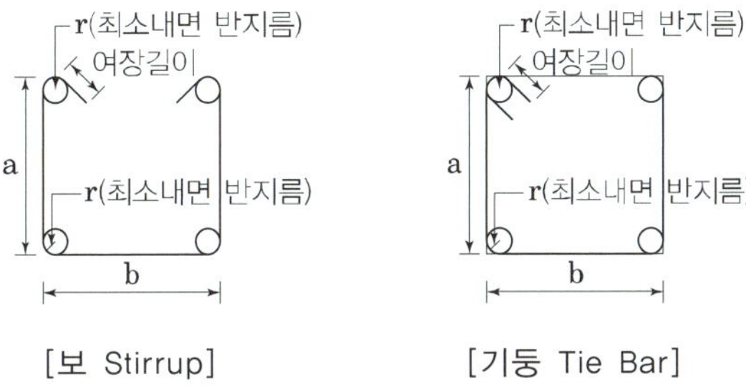

[보 Stirrup]　[기둥 Tie Bar]

1) 보 Stirrup
- 여장길이+최소내면 반지름+a+최소내면반지름+(b/2−db)×2

2) 기둥 Tie bar
- 여장길이+최소내면 반지름+a+최소내면반지름+(b/2−2db)×2

Ⅲ. 철근의 실제 크기를 고려한 배근

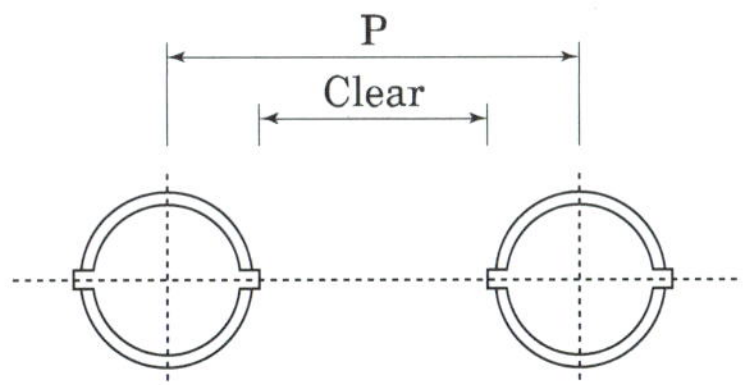

[순간격]
- 25mm
- 철근의 공칭 직경
- 최대 골재치수의 4/3배

Ⅳ. 철근의 구부림 직경(스터럽 및 띠철근)

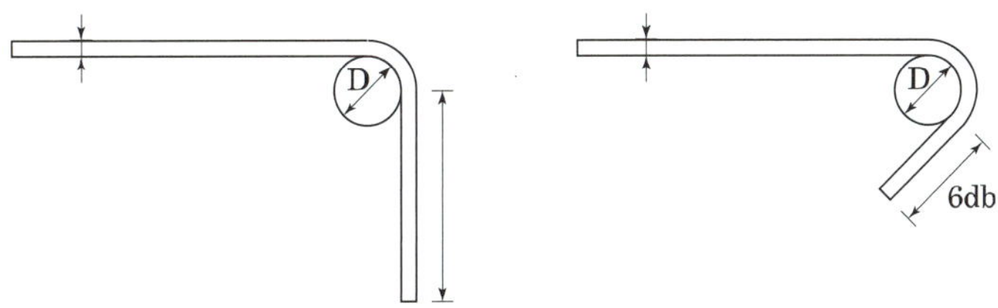

- 고강도 철근의 경우, 철근 가공에 있어 구부림 직경 미준수 시 철근의 표면에 균열이 발생하여 강도발휘에 지장 초래

가공

V. 표준갈고리

1) 구부림 형상 및 치수

주철근	스터럽, 띠철근		
180° hook: $4d_b$ 이상, 60mm 이상 90° hook: $12d_b$ 이상, r	$6d_b$ 이상	$12d_b$ 이상	135°, $6d_b$, r
• 180° 표준갈고리 구부린 반원 끝에서 $4d_b$ 이상, 또한 60mm 이상 • 90° 표준갈고리 구부린 끝에서 $12d_b$ 이상 더 연장	D16 이하	D19~D25	D25 이하

스터럽과 띠철근의 표준갈고리는 D25 이하의 철근에만 적용한다.

2) 철근 구부리기

철근 직경	구부림 내면 반지름
D10~D25	$3d_b$ 이상
D29~D35	$4d_b$ 이상
D38 이상	$5d_b$ 이상

[180° 표준갈고리와 90° 표준갈고리의 구부림 내면반지름]

VI. 철근의 구부림 직경을 고려한 배근폭

D13 스터럽과 D22 주근, 최대 골재치수 25mm를 고려한 배근폭(철근 3가닥 기준)

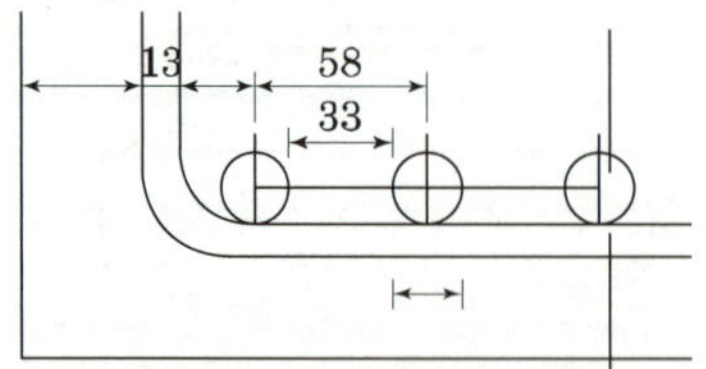

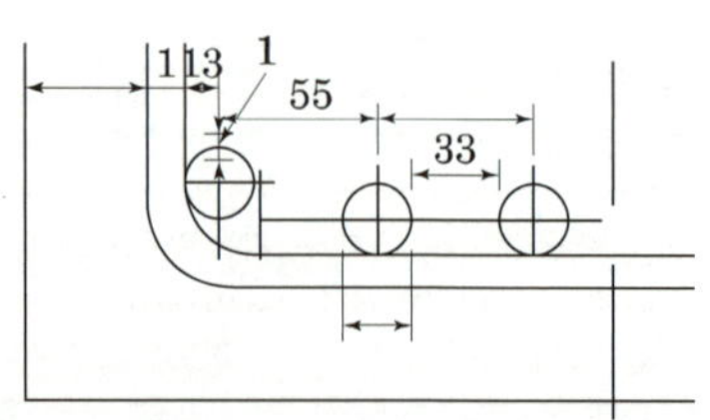

40+13+26+58+58=195mm
구부림 직경, 리브고려

← 21mm차 →

40+13+11+55+55=174mm
구부림 직경, 리브 미고려

구부림 직경, 철근의 리브를 고려하지 않으면, 배근간격을 만족하지 못할 수 있으므로 철근량이 많은 보에서는 철근간격에 대한 검토 필요

가공

가공

Key Point

- 국가표준
- Lay Out
  - Loss절감 시공방법
  - Loss 절감 방안
- 핵심 단어
  - 가공오류, 과잉이음
- 연관용어

Loss 발생원인

- 철근절단 손실
- 과다이음
- 상세도 미흡
- 부재별, 층고별 계획 미흡
- 시공오차
- 과다설계
- 교육미흡
- 가공실수
- 기계화 시공 미흡

☆★★ 1. 재료 및 가공 98

4-53	철근Loss절감 방안(가공조립의 합리화)	
No. 261		유형: 기준·공법

Ⅰ. 정 의

철근 저장·가공·이음·정착·조립·배근·결속 등의 철근공사 시 가공오류, 과잉이음 등으로 인해 버려지거나 추가되는 철근을 관리

Ⅱ. Loss절감 시공방법

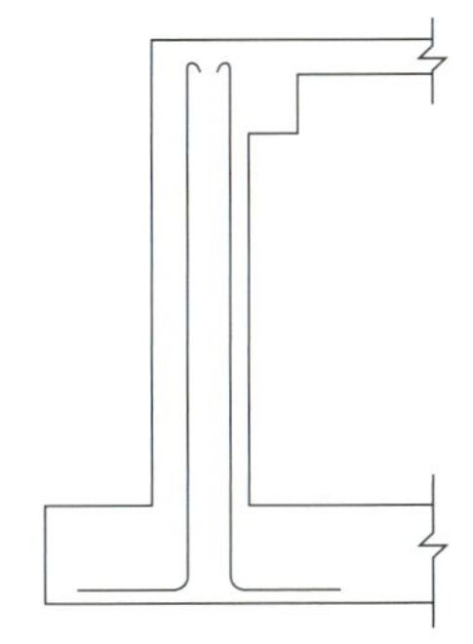

[이음없이 갈고리 처리]

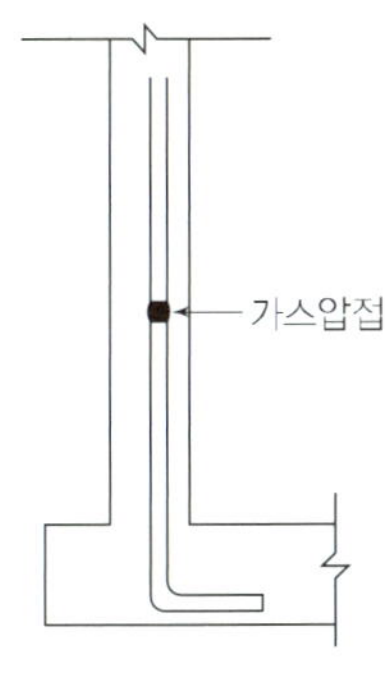

[가스압접 or 기계식 이음]

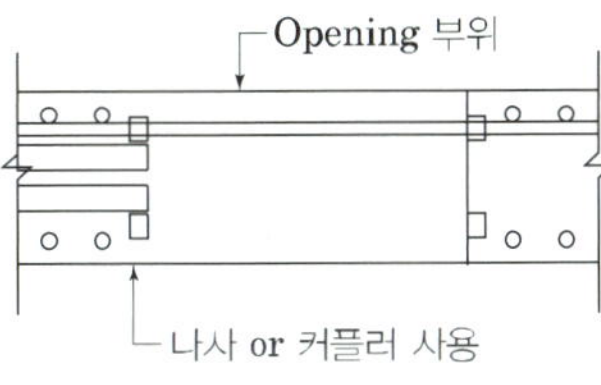

[Opening 부위 기계식 이음]

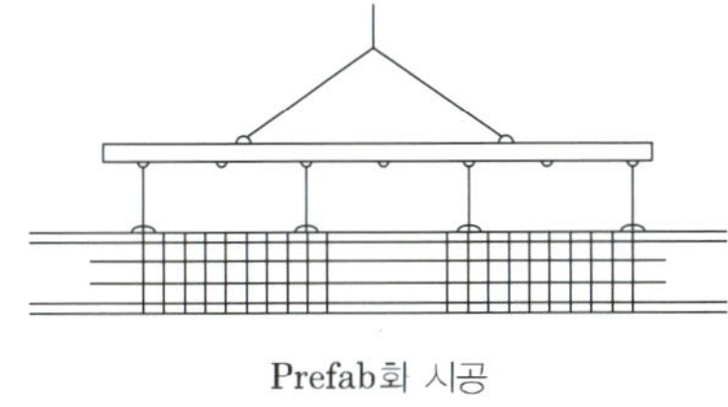

[Prefab화]

Ⅲ. Loss 절감 방안

1) 설계적인 측면
   - ① 구조부재의 표준화, 규격화, 단순화: 대구경, 고강도 철근
   - ② 규격별 사전 상세도에 의한 주문생산

2) 재료적인 측면
   - ① 단척 활용(각종 개구부 및 스터럽 보강)
   - ② 철근 생산길이 다양화
   - ③ 가공길이 조합(절단 손실률이 적은 쪽으로)
   - ④ Coil형 철근의 적용
   - ⑤ 적산시스템 활용
   - ⑥ 공장가공에 따른 철근Loss 최소화

가공

3) 시공적인 측면
① 단척 활용(각종 개구부 및 스터럽 보강)
② 이음공법개선
③ Prefab화: Deck Plate
④ 일체화 시공(가스압접 및 기계적 이음)
⑤ 구조용 용접철망 사용
⑥ 데이터 축적(용도별 사례)

☆☆★ 2. 정착 70

4-54	철근 정착	
No. 262	Development Length	유형: 기준·공법

Ⅰ. 정 의

① 철근 콘크리트 구조물에 매입된 철근이 설계기준 항복강도를 발휘하기 위해 필요한 위험단면으로부터의 최소 묻힘길이
② 철근의 강도 및 콘크리트의 강도에 의해 달라짐

Ⅱ. 정착 길이

1) 인장 이형철근

구분	정착길이	
기준	$l_d = l_{db} \times$ 보정계수 ≥ 300mm	l_d
산정식	$l_{db} = \dfrac{0.6 d_b \cdot f_y}{\lambda \sqrt{f_{ck}}}$	

• 보정계수

조건 / 철근지름	D19 이하의 철근과 이형철선	D22 이상의 철근
기준정착되거나 이어지는 철근의 순간격이 d_b 이상이고, 피복 두께도 d_b 이상이면서 l_d 전 구간에 이 기준에서 규정된 최소 철근량 이상의 스터럽 또는 띠철근을 배치한 경우 또는 정착되거나 이어지는 철근의 순간격이 $2\,d_b$ 이상이고 피복 두께가 d_b 이상인 경우	$0.8\alpha\beta$	$\alpha\beta$
기타	$1.2\alpha\beta$	$1.5\alpha\beta$

α 철근배근 위치계수	• 상부철근(정착길이 또는 이음부 아래 300mm를 초과되게 굳지 않은 콘크리트를 친 수평철근) → 1.3		
	• 기타 철근 → 1.0		
β 철근 도막 계수	• 피복두께가 3_{db} 미만 또는 순간격이 6_{db} 미만인 에폭시 도막 철근 또는 철선 → 1.5		
	• 기타 에폭시 도막철근 또는 철선 → 1.2		
	• 아연도금 철근 및 도막되지 않은 철근 → 1.0		
λ 경량 콘크리트 계수	• f_{sp} 값이 규정되어 있는 경우: $\lambda = \dfrac{f_{sp}}{0.56\sqrt{f_{ck}}} \leq 1.0$		
	• f_{sp}가 규정되어 있지 않은 경우		
	경량 콘크리트	모래경량 콘크리트	보통 중량 콘크리트
	$\lambda = 0.75$	$\lambda = 0.85$	$\lambda = 1.0$

정착

기준

Key Point

◩ 국가표준
- KDS 14 20 52

◩ Lay Out
- 정착 길이

◩ 핵심 단어
- 가공오류, 과잉이음

◩ 연관용어

Development Length l_d

• 콘크리트에 묻혀있는 철근이 힘을 받을 때 뽑히거나 미끄러짐 변형이 발생하지 않고 항복강도에 이르기까지 응력을 발휘할 수 있는 최소한도의 묻힘길이
- $\sqrt{f_{ck}} \leq 8.4$MPa로 규정
• 고강도 콘크리트를 사용하는 경우라도 일정강도 이상 정착력이 증가하지 않기 때문

용어의 이해

• f_y: 철근의 항복강도
• f_{ck}: 콘크리트의 압축강도 ($\sqrt{f_{ck}} \leq 8.4$MPa)
• d_b: 철근 또는 철선의 공칭직경(mm)
• l_d: 이형철근의 정착길이
• l_{db}: 기본정착길이
• l_{dh}: 인장을 받는 표준갈고리의 정착길이
• l_{hb}: 표준갈고리의 기본정착길이
• 압축이형철근 보정계수0.75
- 철근의 간격이 좁은 나선철근이나 띠철근으로 둘러싸인 압축이형철근에 대해서는 횡구속 효과를 반영하여 기본 정착길이를 25%를 감소시킬 수 있다.

정착

2) 압축 이형철근

구분	정착길이
기준	$l_d = l_{db} \times$ 보정계수 ≥ 200mm
산정식	$l_{db} = \dfrac{0.25 d_b \cdot f_y}{\lambda \sqrt{f_{ck}}} \geq 0.043 d_b \cdot f_y$

l_d

- 보정계수

① 해석 결과 요구되는 철근량을 초과하여 배치한 경우 → $\dfrac{소요\ A_s}{배근\ A_s}$.

② 지름 6mm 이상, 나선간격 100mm 이하인 나선철근 또는 중심간격 100mm 이하로 D13 띠철근으로 둘러싸인 경우 → 0.75

3) 다발철근의 정착

- 인장 또는 압축을 받는 하나의 다발철근 내에 있는 개개 철근의 정착길이 는 다발철근이 아닌 경우의 각 철근의 정착길이보다 3개의 철근으로 구성된 다발철근에 대해서는 20%, 4개의 철근으로 구성된 다발철근에 대해서는 33%를 증가시켜야 한다.

4) 표준갈고리를 갖는 인장 이형철근

구분	정착길이
기준	$l_{dh} = l_{hb} \times$ 보정계수 $\geq 8d_b$, 150mm
산정식	$l_{hb} = \dfrac{0.24\beta \cdot d_b \cdot f_y}{\lambda \sqrt{f_{ck}}}$

l_{dh}

① D35 이하 철근에서 갈고리 평면에 수직방향인 측면 피복두께가 70mm 이상이며, 90° 갈고리에 대해서는 갈고리를 넘어선 부분의 철근 피복두께가 50mm 이상인 경우 → 0.7

② D35 이하 90° 갈고리 철근에서 정착길이 l_{dh} 구간을 3_{db} 이하 간격으로 띠철근 또는 스터럽이 정착되는 철근을 수직으로 둘러싼 경우 또는 갈고리 끝 연장부와 구부림부의 전 구간을 3_{db} 이하 간격으로 띠철근 또는 스터럽이 정착되는 철근을 평행하게 둘러싼 경우 → 0.8

③ D35 이하 180° 갈고리 철근에서 정착길이 l_{dh} 구간을 $3d_b$ 이하 간격으로 띠철근 또는 스터럽이 정착되는 철근을 수직으로 둘러싼 경우 → 0.8

④ 전체 f_y를 발휘 하도록 정착을 특별히 요구하지 않는 단면에서 휨 철근이 소요철근량 이상 배치된 경우 → $\dfrac{소요\ A_s}{배근\ A_s}$

추가기준

- 갈고리는 압축을 받는 경우 철근정착에 유효하지 않은 것으로 보아야 한다.
- 부재의 불연속단에서 갈고리 철근의 양 측면과 상부 또는 하부의 피복 두께가 70mm 미만으로 표준갈고리에 의해 정착되는 경우에 전 정착길이 l_{dh} 구간에 3 d_b이하 간격으로 띠철근이나 스터럽으로 갈고리 철근을 둘러싸야 한다. 이때 첫 번째 띠철근 또는 스터럽은 갈고리의 구부러진 부분 바깥 면부터 $2d_b$ 이내에서 갈고리의 구부러진 부분을 둘러싸야 한다. 이때 보정계수 0.8을 적용할 수 없다.
- 설계기준항복강도가 550MPa을 초과하는 철근을 사용하는 경우에는 보정계수 0.8을 적용할 수 없다.

☆☆★ 2. 정착 117,135

4-55	초고층 건축물 시공 시 사용하는 철근의 기계적 정착	
No. 263	Mechanical Anchorage of Re-bar	유형: 기준·공법

정착

기준

Key Point

◩ 국가표준
- KDS 14 20 52

◩ Lay Out
- 확대머리 이형철근 및 기계적 인장 정착

◩ 핵심 단어
- 필요한 위험단면으로 부터의 최소 묻힘길이

◩ 연관용어
- 이음

용어의 이해

- K_{tr} : 횡방향 철근지수, mm
- l_{dt} : 인장을 받는 확대머리 이형철근의 정착길이, mm
- c_{so}: 철근 표면에서의 측면 피복두께
- ψ: 측면피복과 횡보강철근에 의한 영향계수

Ⅰ. 정 의

고강도 철근 사용 시 굽힘가공의 문제를 해결하기 위해 철근의 단부에 갈고리 시공을 하지 않고 정착판을 이용하여 철근을 정착시키는 방법

Ⅱ. 확대머리 이형철근 및 기계적 인장 정착

1) 인장을 받는 확대머리 이형철근의 정착길이

- 확대머리의 순지압면적(A_{brg})은 $4A_b$ 이상
- 확대머리 이형철근은 경량콘크리트에 적용할 수 없으며, 보통중량콘크리트에만 사용

2) 최상층을 제외한 부재 접합부에 정착된 경우

$$l_{dt} = \frac{0.22\beta d_b f_y}{\psi\sqrt{f_{ck}}}$$

$$\psi = 0.6 + 0.3\frac{c_{so}}{d_b} + 0.38\frac{K_{tr}}{d_b} \leq 1.375$$

- 철근 순피복두께는 $1.35d_b$ 이상
- 철근 순간격은 $2d_b$ 이상
- 확대머리의 뒷면이 횡보강철근 바깥 면부터 50 mm 이내에 위치
- 확대머리 이형철근이 정착된 접합부는 지진력저항시스템별로 요구되는 전단강도를 가질 것
- $d/l_{dt} > 1.5$인 경우는 KDS 14 20 54(4.3.2)에 따라 설계(인장력을 받는 앵커의 콘크리트 브레이크아웃강도)

3) 기타 부위

$$l_{dt} = \frac{0.24\beta d_b f_y}{\sqrt{f_{ck}}}$$

- 순피복두께는 $2d_b$ 이상이어야 한다.
- 철근 순간격은 $4d_b$ 이상이어야 한다.

☆★★ 3. 이음

4-56	철근 이음	
No. 264		유형: 기준·공법

I. 정 의

① 한정된 길이의 철근을 서로 겹치거나 용접 혹은 기계적 장치에 의해 연속적인 철근으로 하기 위한 철근의 접합

② 한 곳에 집중되지 않도록 빗나가게 설치하여 이음부를 분산한다.

II. 철근이음 기준

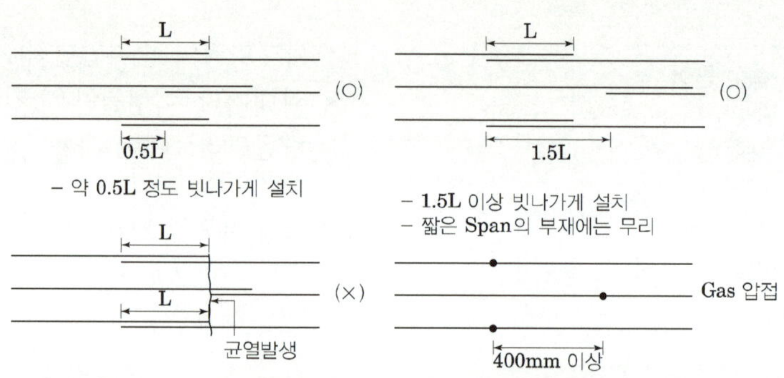

① 응력이 작은 곳, 콘크리트 구조물에 압축응력이 생기는 곳에 설치

② 한 곳에 집중하지 않고 서로 빗나가게 설치(이음부의 분산)

III. 이음길이

1. 용접이음 및 기계적 이음

- 용접이음은 KS D 3504의 용접용 철근을 사용하며, 철근의 설계기준 항복강도 f_y의 125% 이상을 발휘할 수 있는 완전용접이어야 한다.
- 기계적 이음은 f_y의 125% 이상을 발휘할 수 있는 기계적 이음이어야 한다.

2. 겹침이음

1) 이음 구분

$\frac{배치 A_s}{소요 A_s}$	소요 겹침이음 길이내의 이음된 철근 A_s의 최대(%)	
	50% 이하	50% 초과
2 이상	A급이음 $(1.0 l_d)$	B급이음 $(1.3 l_d)$
2 미만	B급이음 $(1.3 l_d)$	B급이음 $(1.3 l_d)$

이음

기준

Key Point

◪ 국가표준
- KDS 14 20 52
- KCS 14 20 11

◪ Lay Out
- 철근이음 기준
- 이음길이

◪ 핵심 단어
- 연속적인 철근으로 하기 위한 철근의 접합

◪ 연관용어
- 정착

이음일반

- D35를 초과하는 철근은 겹침이음을 하지 않아야 한다.
- 휨부재에서 서로 직접 접촉되지 않게 겹침이음된 철근은 횡방향으로 소요 겹침이음길이의 1/5 또는 15mm 중 작은 값 이상 떨어지지 않아야 한다.

이음

인장력을 받는 이형철근의 기계적 이음

① 적합한 등급을 적용
- 배치된 철근량이 소요철근량의 2배 미만이고 동일 이음위치에서 기계적 이음된 철근량이 전체 철근량의 1/2 초과인 경우: 1등급
- 배치된 철근량이 소요철근량의 2배 미만이고 동일 이음위치에서 기계적 이음된 철근량이 전체 철근량의 1/2 이하인 경우 또는 배치된 철근량이 소요철근량의 2배 이상이고 동일 이음위치에서 기계적 이음된 철근량이 전체 철근량의 1/2 초과인 경우: 1등급과 2등급

② 기계적이음은 잔류 변형량에 따라 1등급과 2등급, 3등급으로 분류
- 1등급 기계적 이음: 잔류 변형량 0.3mm 이하
- 2등급 기계적 이음: 잔류 변형량 0.6mm 이하
- 3등급 기계적 이음: 잔류 변형량 1.0mm 이하

③ 인접한 철근의 기계적 이음의 중심간 위치가 철근 길이방향으로 다음 값보다 짧으면 동일 위치에서 기계적 이음된 철근으로 간주한다. 단, 다음 값 대신 $0.6l_d$로 대체할 수 있고, 철근지름이 32mm를 초과하거나 콘크리트 설계기준 압축강도가 21MPa 미만인 경우에는 다음 값 대신 $0.6l_d$를 적용해야 한다.
- 설계기준항복강도 400MPa: 600mm
- 설계기준항복강도 500MPa: 750mm
- 설계기준항복강도 600MPa: 900mm

④ 인장연결재의 철근이음은 인접철근의 중심간 거리는 용접이음은 750mm 이상 떨어져서 서로 엇갈리게 하여야 한다.

2) 인장 이형철근의 겹침이음 기준

구분	내용	이음길이
A급 이음	배근된 철근량이 소요철근량의 2배 이상이고, 소요 겹침이음 길이 내 겹침이음된 철근량이 전체 철근량의 1/2 이하인 경우	$1.0l_d \geq 300\text{mm}$
B급 이음	그 외의 경우	$1.3l_d \geq 300\text{mm}$

※ 주의사항

① l_d : 인장을 받는 이형철근의 정착길이로서 과다철근에 의한 보정계수는 적용하지 않은 값

② 겹침이음 길이는 300mm 이상이어야 함

3) 압축 이형철근의 겹침이음 기준

구분	이음길이	
기준	$f_y \leq 400\text{MPa}$	$0.072f_y \cdot d_b$ 보다 길 필요가 없다. (이하)
	$f_y > 400\text{MPa}$	$(0.13f_y - 24)d_b$ 보다 길 필요가 없다. (이하)
산정식	$l_s = \left(\dfrac{1.4f_y}{\lambda\sqrt{f_{ck}}} - 52\right)d_b \geq 300\text{mm}$	
제한	$f_{ck} < 21\text{ MPa}$: 이음길이를 $\frac{1}{3}$ 증가시켜야 한다. 압축철근의 겹침이음길이는 인장철근의 겹침이음길이보다 길 필요는 없다.	

☆☆★ 3. 이음 118

4-57	철근콘크리트 기둥철근의 이음 위치	
No. 265		유형: 기준·공법

부위별 이음

기준

Key Point

- 국가표준
  - KDS 14 20 52
  - KCS 14 20 11
- Lay Out
  - 기둥철근의 정착 및 이음위치

이음위치

- D35를 초과하는 철근은 겹침이음을 하지 않아야 한다.
- 휨부재에서 서로 직접 접촉되지 않게 겹침이음된 철근은 횡방향으로 소요 겹침이음길이의 1/5 또는 15mm 중 작은 값 이상 떨어지지 않아야 한다.
- 보나 기둥, 직교하는 벽체 내에서는 이음하지 않도록 할 것
- 수평근의 경우 한 스팬마다 기둥에 정착해도 됨
- 철근의 이음 위치는 가능하면 한 곳에 집중되지 않도록 할 것

추가 특별규정

- 계수하중이 작용할 때 철근이 $0.5f_y$ 이하의 인장응력을 받고 어느 한 단면에서 전체 철근의 1/2을 초과하는 철근이 겹침이음되면 B급 이음으로, 전체 철근의 1/2 이하가 겹침이음되고 그 겹침이음이 교대로 l_d 이상 서로 엇갈려 있으면 A급 이음으로 하여야 한다.
- 계수하중이 작용할 때 철근이 $0.5f_y$보다 큰 인장응력을 받는 경우 겹침이음은 B급 이음으로 하여야 한다.

Ⅰ. 정 의

① 한정된 길이의 철근을 서로 겹치거나 용접 혹은 기계적 장치에 의해 연속적인 철근으로 하기 위한 철근의 접합

② 한 곳에 집중되지 않도록 빗나가게 설치하여 이음부를 분산한다.

Ⅱ. 기둥철근의 정착 및 이음위치

1) 주각의 정착

그림 설명	내용
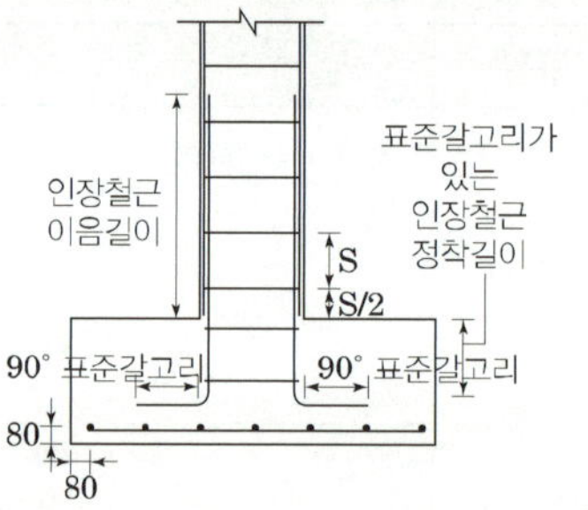 인장철근 이음길이 / 표준갈고리가 있는 인장철근 정착길이 / S / S/2 / 90° 표준갈고리 / 90° 표준갈고리 / 80 / 80	• 특별히 압축정착 표기가 있는 경우에만 압축정착 • 기초 두께가 기둥 주근의 정착 길이 이상 확보되면 표준갈고리를 사용하지 않아도 됨 • 기초 내 기둥철근은 특별히 띠철근에 의해 횡보강 할 필요는 없지만, 일반적으로 300mm 간격으로 시공

2) 기둥철근의 이음위치

그림 설명	내용
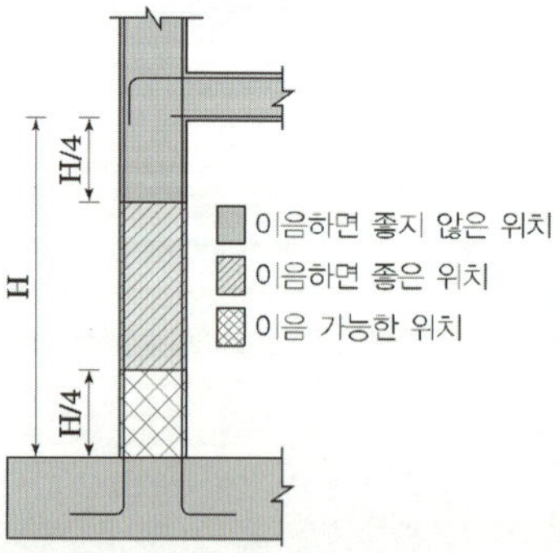 H/4 / H / H/4 / 이음하면 좋지 않은 위치 / 이음하면 좋은 위치 / 이음 가능한 위치	• 횡압축을 받는 경우 – 이음하면 좋은 위치: A급 인장이음 (소요철근량보다 2배 이상 과다 배근되고, 전 철근의 1/2 이용 시) • 순수 축하중만 받는 경우: 압축이음길이 적용

Ⅲ. 기둥 철근이음에 관한 특별규정

① 계수하중에 의해 철근이 압축응력을 받을때 띠철근 압축부재의 경우 겹침이음길이 전체에 걸쳐서 띠철근의 유효단면적이 각 방향 모두 $0.0015hs$ 이상이면 겹침이음길이×계수 0.83, 그러나 겹침이음길이는 300mm 이상

② 나선철근 압축부재의 경우 나선철근으로 둘러싸인 축방향 철근의 겹침이음길이×계수 0.75, 겹침이음길이는 300mm 이상

☆☆☆ 3. 이음

4-58	지중보 정착 및 이음	
No. 266		유형: 기준·공법

부위별 이음

기준

Key Point

- 국가표준
  - KDS 14 20 52
  - KCS 14 20 11
- Lay Out
  - 철근이음
  - 철근정착
- 핵심 단어
- 연관용어

• 범례

▧: 이음해도 좋은 위치

□: 이음하면 좋지 않은 위치

이음위치

- D35를 초과하는 철근은 겹침이음을 하지 않아야 한다.
- 휨부재에서 서로 직접 접촉되지 않게 겹침이음된 철근은 횡방향으로 소요 겹침이음길이의 1/5 또는 15mm 중 작은 값 이상 떨어지지 않아야 한다.

Ⅰ. 정 의

① 한정된 길이의 철근을 서로 겹치거나 용접 혹은 기계적 장치에 의해 연속적인 철근으로 하기 위한 철근의 접합

② 한 곳에 집중되지 않도록 빗나가게 설치하여 이음부를 분산한다.

Ⅱ. 철근이음

1) 수압을 받지 않는 경우(자중 〉 수압)

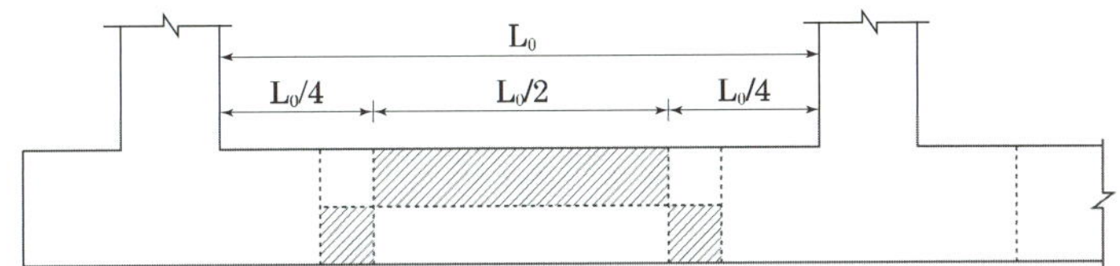

2) 수압을 받는 경우(자중 〈 수압)

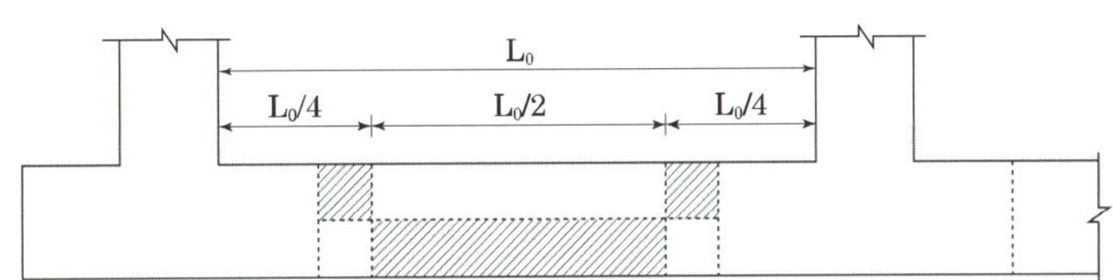

Ⅲ. 철근정착

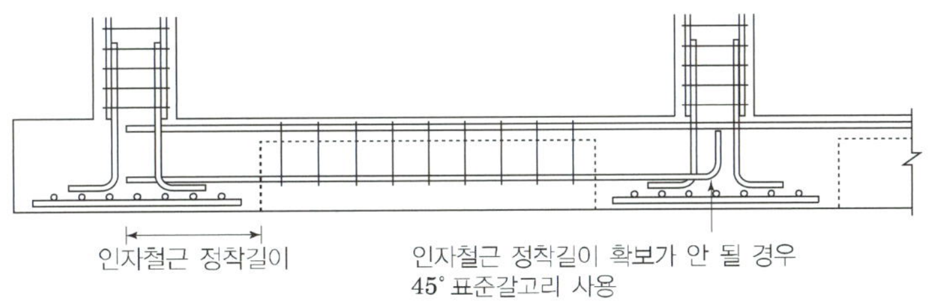

E/D ≤ 1/6인 경우 → 굽힘 철근 사용	E/D ≥ 1/6인 경우
D, 지중보, 기둥, E, 기초	D, 지중보, 기둥, E, 기초

☆☆☆ 3. 이음

4-59	벽철근 정착 및 이음	
No. 267		유형: 기준·공법

부위별 이음

기준

Key Point

- ◩ 국가표준
  - KDS 14 20 52
  - KCS 14 20 11
- ◩ Lay Out
  - 정착위치 및 길이
  - 이음의 위치
- ◩ 핵심 단어
- ◩ 연관용어

Ⅰ. 정 의

① 한정된 길이의 철근을 서로 겹치거나 용접 혹은 기계적 장치에 의해 연속적인 철근으로 하기 위한 철근의 접합

② 한 곳에 집중되지 않도록 빗나가게 설치하여 이음부를 분산한다.

Ⅱ. 정착위치 및 길이

1) 기둥, 보에 정착

일반벽체	측압이 작용하는 벽체	
인장철근 정착길이 ⓐ 인장철근 정착길이	표준갈고리를 갖는 인장철근 정착길이 150 90° 표준갈고리	150 ⓐ 150
• 기둥·보 중앙에 정착 • ⓐ부위는 연속배근해도 됨	• 기동·보 코너에 정착	• 기둥·보 외측에 정착 • ⓐ부분은 연속배근해도 됨

2) 벽과 벽의 접속

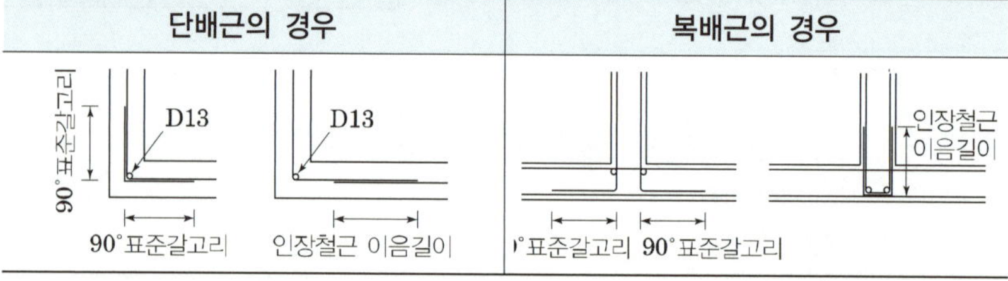

이음위치

- D35를 초과하는 철근은 겹침이음을 하지 않아야 한다.
- 휨부재에서 서로 직접 접촉되지 않게 겹침이음된 철근은 횡방향으로 소요 겹침이음길이의 1/5 또는 15mm 중 작은 값 이상 떨어지지 않아야 한다.

Ⅲ. 이음의 위치

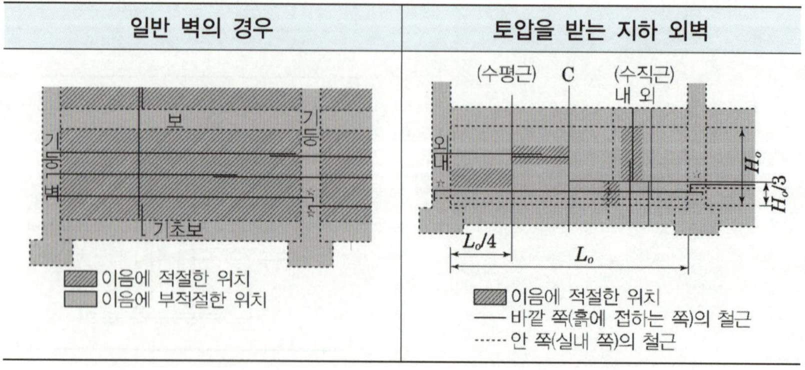

☆☆☆ 3. 이음 132

4-60	보철근 정착 및 이음	
No. 268		유형: 기준·공법

부위별 이음

기준

Key Point

- 국가표준
  - KDS 14 20 52
  - KCS 14 20 11
- Lay Out
  - 정착위치 및 길이
- 핵심 단어
- 연관용어

Ⅰ. 정 의

① 한정된 길이의 철근을 서로 겹치거나 용접 혹은 기계적 장치에 의해 연속적인 철근으로 하기 위한 철근의 접합

② 한 곳에 집중되지 않도록 빗나가게 설치하여 이음부를 분산한다.

Ⅱ. 정착위치 및 길이

1) 내진 상세 비적용+폐쇄형 스터럽 사용

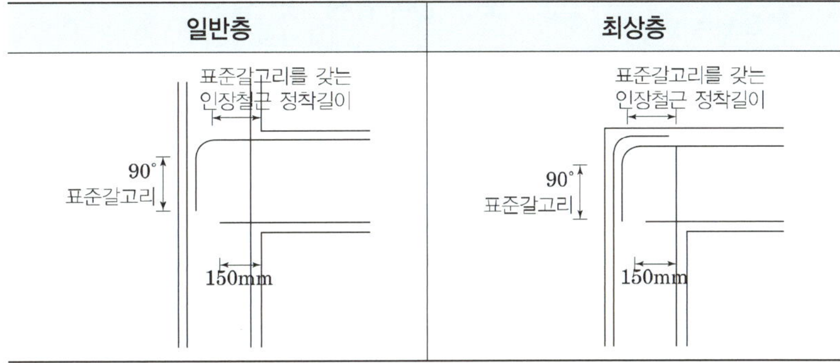

2) 내진 상세 비적용+개방형 스터럽 사용할 경우/ 내진 상세 적용 또는 테두리 보+폐쇄형 스터럽 사용할 경우

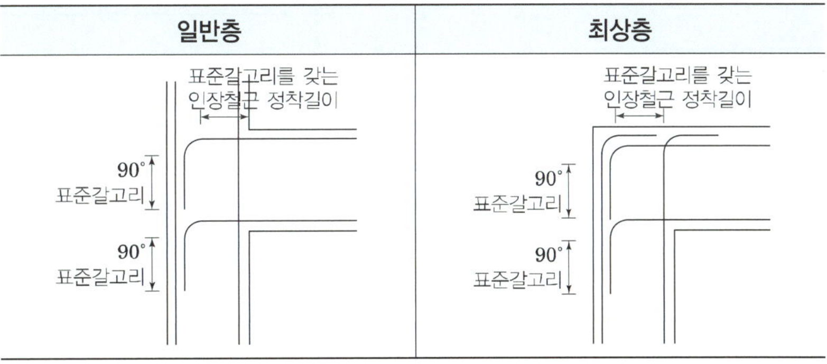

3) 기타

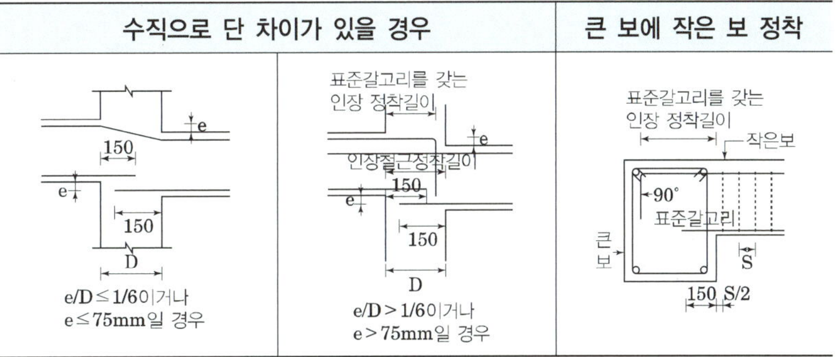

Tip

- 내진상세를 적용해야하는 경우: 지진 저항 시스템이 중강모멘트 골조 또는 중간 모멘트 골조를 가진 이중 골조 시스템일 경우

폐쇄형 보스터럽

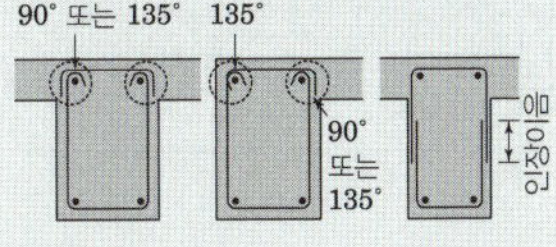

이음위치

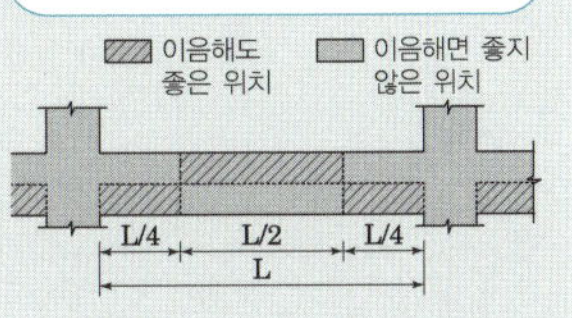

부위별 이음

기준

Key Point

- 국가표준
  - KDS 14 20 52
  - KCS 14 20 11
- Lay Out
  - 정착위치 및 길이
- 핵심 단어
- 연관용어

☆☆☆ 3. 이음

4-61	Slab 철근 정착 및 이음	
No. 269		유형: 기준·공법

Ⅰ. 정 의

① 한정된 길이의 철근을 서로 겹치거나 용접 혹은 기계적 장치에 의해 연속적인 철근으로 하기 위한 철근의 접합

② 한 곳에 집중되지 않도록 빗나가게 설치하여 이음부를 분산한다.

Ⅱ. 정착위치 및 길이

1) 정착

기준층 슬래브	지붕층 슬래브
표준갈고리 있는 인장철근 정착길이 슬래브 90° 표준갈고리 150 S/2 벽체	표준갈고리 있는 인장철근 정착길이 지붕층 슬래브 90° 표준갈고리 150 S/2 150 벽체

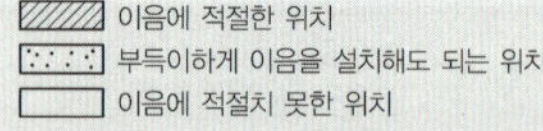

2) 이음

(a) 상단근의 이음	(b) 하단근의 이음
장변 방향 단변 방향 $l_x/4$ l_x $l_x/4$ $l_x/4$ C $l_x/4$	장변 방향 단변 방향 $l_x/4$ l_x $l_x/4$ $l_x/4$ C $l_x/4$

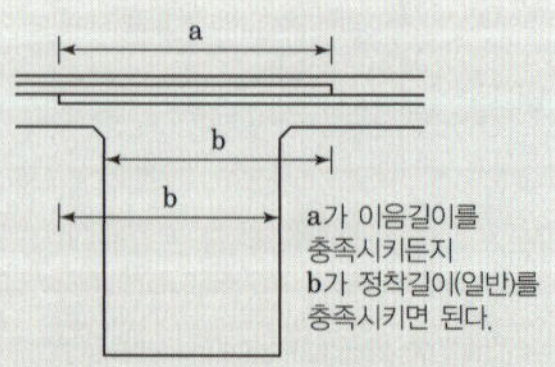

☆★★ 3. 이음 123

4-62	지하공사 시 강재기둥과 철근콘크리트 보의 접합 방법	
No. 270	RC Top Down	유형: 기준·공법

부위별 이음

이음기준

Key Point

- 국가표준
- Lay Out
  - 철골기둥과 RC보의 접합
  - 기둥철근의 배근
- 핵심 단어
  - What: 철골기둥+RC보
  - Why: 접합
  - How: 교차부위 접합
- 연관용어
  - Top Down

[Passing]

[연결철판]

[Bracket]

Ⅰ. 정 의

RC Top Down 공사에서 지하층 공사 시 철골기둥과 철근콘크리트 보의 접합부 시공 시 선행시공된 철골기둥으로 인해 철근배근 시 간섭되는 부분을 접합하는 방법

Ⅱ. 철골기둥과 RC보의 접합

1) 폭이 넓은 (Wide)보를 이용한 철근관통(Passing)처리

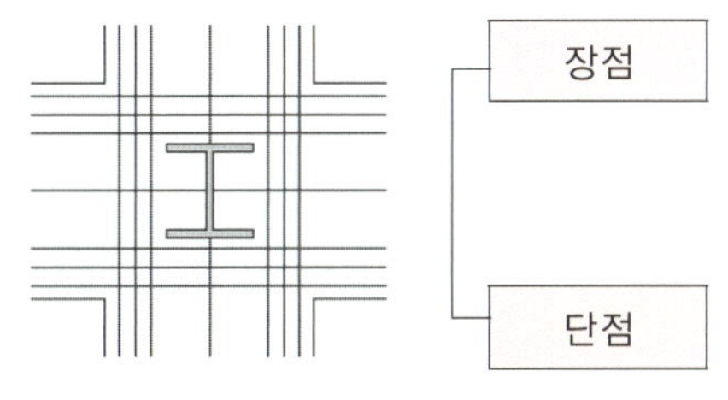

- 장점
  - 철근 시공성 용이
  - 단부 접합부 강성 우수
- 단점
  - 넓은 보설치로 거푸집 시공성 저하
  - Shear Connector 설치 필요

2) 연결철판 설치-Steel Plate 공장용접

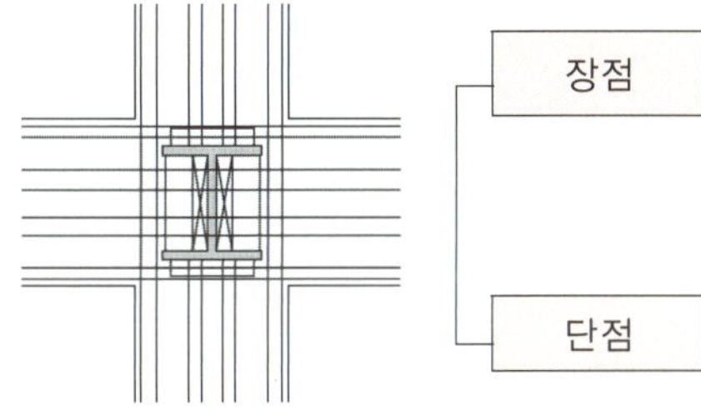

- 장점
  - 공장에서 철판가공 및 설치가능
  - Casing내에 철골기둥 근입 용이
- 단점
  - 보의 2단철근 배근 시 용접성 저하
  - 배근방법에 따라 유효두께 감소

Flange와 만나는 상부철근은 Steel Plate와 용접하고 Web와 만나는 상부철근은 갈고리 정착

3) H형강 내밈받침(Bracket)설치

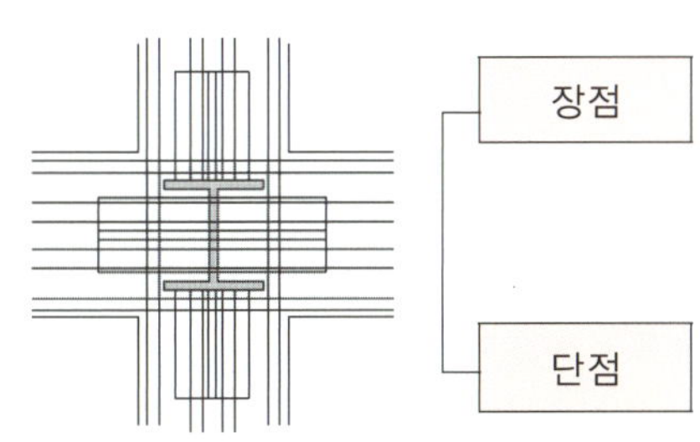

- 장점
  - 정착 및 접합이 가장 용이
  - 전단연결재 거의 불필요
- 단점
  - 다량의 현장용접
  - Bracket과 기둥철근 간섭 조정

Flange, Web에 H-beam Bracket을 현장 전면용접

부위별 이음

[Coupler]

4) Coupler 설치 연결철판 설치-Steel Plate 공장용접

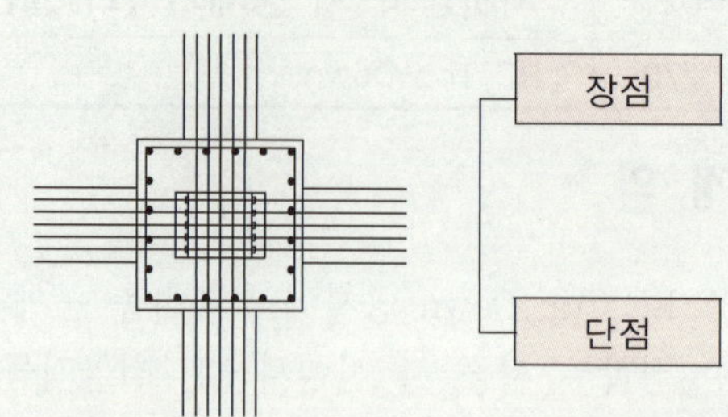

- 장점
  - 공장에서 커플러 설치가능
  - Casing내에 철골기둥 근입 용이
- 단점
  - 다수의 커플러 설치 번거로움
  - 비교적 고가이므로 비경제적임

Ⅲ. 기둥철근의 배근

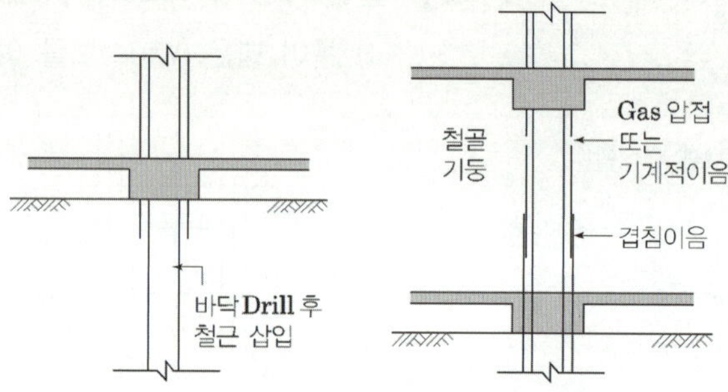

① 상부: 가스압접 또는 기계적 이음
② 하부: 겹침이음

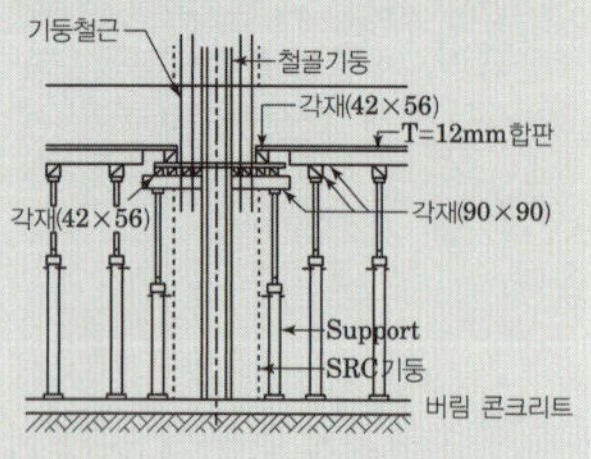

이음공법

공법 분류

Key Point

- 국가표준
  - KDS 14 20 52
  - KCS 14 20 11
- Lay Out
  - 이음공법 종류
- 핵심 단어
- 연관용어

★★★ 3. 이음

4-63	철근이음공법	
No. 271		유형: 공법·기준

Ⅰ. 정 의

① 한정된 길이의 철근을 서로 겹치거나 용접 혹은 기계적 장치에 의해 연속적인 철근으로 하기 위한 철근의 접합

② 사전에 shop drawing, bar List, 구조설계도 등을 검토하여 현장 여건에 적합한 이음공법을 선정한다.

Ⅱ. 이음공법 종류

1) 겹침이음(lap joint)

① 철근의 끝부분을 일정 길이만큼 서로 겹치게 하여 주변 concrete와의 부착력에 의해 응력이 전달되도록 한 철근이음

② D35를 초과하는 철근은 겹침이음을 할 수 없다.

③ 휨부재에서 서로 직접 접촉되지 않게 겹침이음된 철근은 횡방향으로 소요 겹침이음길이의 1/5 또는 150mm 중 작은 값 이상 이격 금지

2) 용접이음

① 철근을 유연하게 녹여서 접합하는 방법

② 용접용 철근을 사용해야 하며, 철근의 설계기준항복강도 f_y의 125% 이상을 발휘할 수 있는 용접

③ D16 이하의 철근에만 허용

④ 철근이 굽혀진 부위에서는 용접이음할 수 없으며, 굽힘이 시작되는 부위에서 철근지름의 2배 이상 떨어진 곳에서부터 용접이음을 시작

⑤ 한 면에만 철근 바깥까지 용접되어야 하고, 이 경우 설계 용접목두께는 $0.3d_b$

3) 가스압접(gas press welding)

철근의 단면을 산소-아세틸렌 불꽃 등을 사용하여 가열하고 기계적 압력을 가하여 용접한 맞댐이음

4) 기계적 이음(Sleeve Joint, mechanical splice)

① 나사를 가지는 슬리브 또는 커플러, 에폭시나 모르타르 또는 용융금속 등을 충전한 슬리브, 클립이나 편체 등의 보조장치 등을 이용한 이음으로 1등급과 2등급, 3등급으로 구분함.

② 종류

- 나사식(나사마디, 단부나사 가공, 나사조임)
- Sleeve 압착(연속이음:Sueeze Joint, 단속압착:Grip Joint)
- Grouting식: Cad Welding)
- 편체식 이음(Coupler)

★★★ 3. 이음 80.102.110.135

4-64	철근의 가스압접	
No. 272	Gas Press Welding	유형: 공법·기준

이음공법

압접원리

Key Point

◪ 국가표준
- KCS 14 20 11
- KS B 0554
- KS D 0249
- KS B 0802

◪ Lay Out
- 철근 압접의 원리
- 가스압접의 가압 및 가열
- 압접부 형상기준
- 압접부의 검사

◪ 핵심 단어
- What: 2개의 철근 단부
- Why: 압접
- How: 산소아세틸렌 가스 가열

◪ 연관용어
- 이음공법

압접 용어

- 중성불꽃 : 산화 작용도 환원 작용도 하지 않는 중성인 불꽃
- 환원불꽃 : 환원성을 가지고 있는 가스불꽃
- 철근단면 절단기 : 철근의 인접단면을 직각으로 절단하는 절단기
- 압접면의 엇갈림 : 압접 돌출부의 정상에서부터 압심면의 끝부분까지의 거리
- 편심량 : 압접된 철근 상호의 압접면에 있어서 축방향 엇갈림의 양

I. 정 의

① 철근의 단면을 산소-아세틸렌 불꽃 등을 사용하여 가열하고 기계적 압력을 가하여 용접한 맞댐이음

② 2개의 철근단부를 맞대어놓고 축방향으로 철근 단면적당 30MPa 이상의 가압을 하고 압접면의 틈새가 완전히 닫힐 때 까지 환원불꽃으로 가열하여 접합시키는 공법

II. 철근 압접의 원리

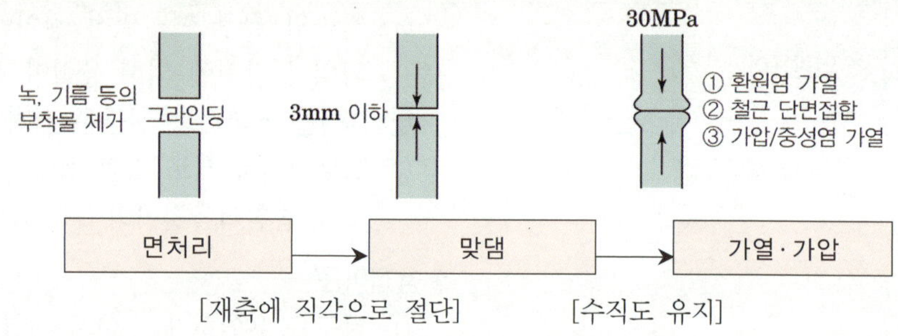

III. 가스압접의 가압 및 가열

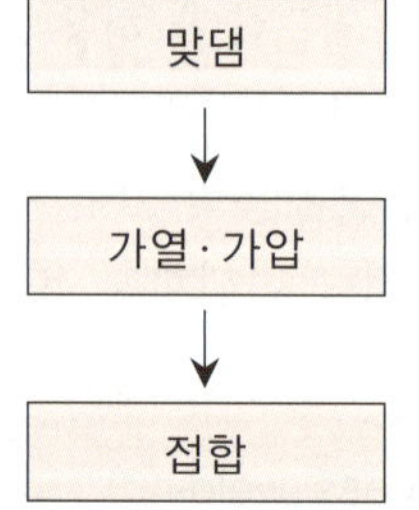

- 두면의 사이 간격은 3㎜ 이하
- 편심 및 휨이 생기지 않는 지를 확인
- 축 방향에 철근 단면적당 30MPa 이상의 가압
- 틈새가 완전히 닫힐 때 까지 환원불꽃으로 가열
- 중성불꽃으로 표면과 중심부의 온도차 없어질 때까지
- 가열범위는 압접부를 중심으로 철근지름의 2배 정도

IV. 압접부 형상기준

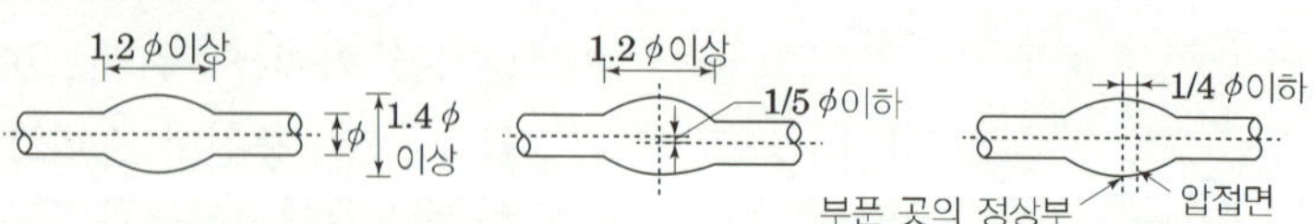

① 압접 돌출부의 지름은 철근지름의 1.4배 이상
② 압접 돌출부의 길이는 철근지름의 1.2배 이상
③ 철근 중심축의 편심량은 철근 지름의 1/5 이하
④ 압접 돌출부의 단부에서의 압접면의 엇갈림은 철근지름의 1/4 이하

이음공법

압접 시 고려사항

- 철근의 압접위치가 설계도서에 표시되지 않은 경우, 압접위치는 응력이 작게 작용하는 부위 또는 직선부에 설정하는 것을 원칙으로 하며 부재의 동일단면에 집중시키지 않도록 한다.
- 철근의 재질 또는 형태의 차이가 심하거나, 철근지름이 7㎜ 넘게 차이가 나는 경우에는 압접을 하지 않는 것을 원칙으로 한다.
- 가스압접의 1개소당 1.0~1.5의 길이가 축소되므로 가공 시 이를 고려하여 절단해야 한다.

[압접부 검사]

V. 철근이음의 검사

종류	항목	시험·검사 방법	시기·횟수	판정기준
겹침 이음	위치	육안 관찰 및 자에 의한 측정	가공 및 조립 때	• 철근상세도와 일치할 것
	이음길이			
가스 압접 이음	위치	외관 관찰, 필요에 따라 자, 버니어켈리퍼스 등에 의한 측정	전체 개소	• 철근상세도와 일치할 것
	외관 검사			• 사용목적을 달성하기 위해 정한 별도의 것
	초음파 탐사검사	KS B 0839	1검사 로트[1] 마다 30개	• 사용목적을 달성하기 위해 정한 별도의 것
	인장시험	KS B 0554	1검사 로트[1] 마다 3개	• 설계기준항복강도의 125 %
기계적 이음	위치	육안 관찰, 필요에 따라 자, 버니어켈리퍼스 등에 의한 측정 (커플러 이음의 헐거움 여부를 중심으로 커플러 내·외경 및 길이, 철근 가공치수 등이 이상 없을 것)	전체 개소	• 철근상세도와 일치할 것
	외관 검사			• 제조회사의 시험 성적서에 사용된 시편과 일치할 것
	인장시험	제조회사의 시험 성적서에 의한 확인 또는 별도 인장시험	설계도서에 의함	• 설계기준항복강도의 125 %
	잔류 변형량 KS B 0802 시험방법으로 시험하고, 각 응력단계의 허용오차는 $\pm 0.005 f_y$이다.	① 기계적 이음장치 양쪽에서 철근 지름의 1/2과 20mm 중 큰 값만큼 떨어진 곳을 표점으로 하고 2개 이상의 변위계를 설치한다. ② 인장응력 $0.2f_y$ 이상을 유발하는 인장력을 가하고, $0.1f_y$와 $0.2f_y$ 사이의 기울기 (MPa/mm)를 구한다. ③ 압축응력 $0.05f_y$ 이상을 유발하는 압축력을 가한다. ④ 압축응력 $0.05f_y$에 가장 가까운 응력의 변형량에서 ②의 기울기로 직선을 그어 변형량 축과 만나는 점의 변형량을 0(영)으로 한다. ⑤ 인장응력 $0.95f_y$ 이상을 유발하는 인장력을 가한다. ⑥ 인장력을 저하시켜 인장응력 $0.02f_y$일 때의 변형량을 잔류 변형량으로 한다.	제품규격별 3개 시험값의 평균값, (제품 형상과 재료, 생산방법 등 성능에 영향을 주는 변화가 있는 경우 재시험)	• 1등급 기계적이음: 잔류 변형량 0.3mm 이하 • 2등급 기계적이음: 잔류 변형량 0.6mm 이하 • 3등급 기계적이음: 잔류 변형량 1.0mm 이하
용접 이음	외관 검사	육안 관찰 및 자에 의한 측정	모든 이음부위 마다	• 용접치수와 용접길이, 철근상세도와 일치, 용접표면 결함이 없을 것
	용접부의 결함	• 외관 관찰, 필요에 따라 스케일, 버니어 캘리퍼스 등에 의한 측정	1검사 로트[1]마다 30개	• KS 또는 강구조공사표준시방서 따를 것
	인장시험	• KS B 0802 • KS B ISO 17660-1	1검사 로트[1]마다 3개	• 설계기준항복강도의 125 %

주) 1검사 로트는 원칙적으로 동일 작업반이 동일한 날에 시공한 압접 또는 용접 개소로서 그 크기는 200개소 정도를 표준으로 함.

☆★★ 3. 이음 61.86.134

4-65	기계적 이음(Sleeve joint)	
No. 273	Mechanical Splice	유형: 공법·기준

이음공법

기계식 이음

Key Point

◪ 국가표준
- KCS 14 20 11
- KS D 0249
- KS B 0802
- KS D 3504

◪ Lay Out
- 종류별 특징
- 철근 기계적이음 등급 평가방법

◪ 핵심 단어
- What: 슬리브
- Why: 접합
- How: 끼움 충전 보조장치

◪ 연관용어
- 이음공법

Ⅰ. 정 의

① 나사를 가지는 슬리브 또는 커플러, 에폭시나 모르타르 또는 용융금속 등을 충전한 슬리브, 클립이나 편체 등의 보조장치 등을 이용한 이음으로 1등급과 2등급, 3등급으로 구분함.

② 기계적 이음을 하는 철근은 재축에 직각으로 가공하고 기계적 이음장치에 유해한 부착물을 완전히 제거해야 한다.

Ⅱ. 종류별 특징

1) 나사식

두 철근의 양단부에 수나사를 만들고, Coupler를 Nut로 지정 Torque까지 조이는 철근이음공법

① 나사마디 이음 - 나사형 철근

철근을 나사와 같이 이음 커플러에 돌려 끼워 접합하는 방식

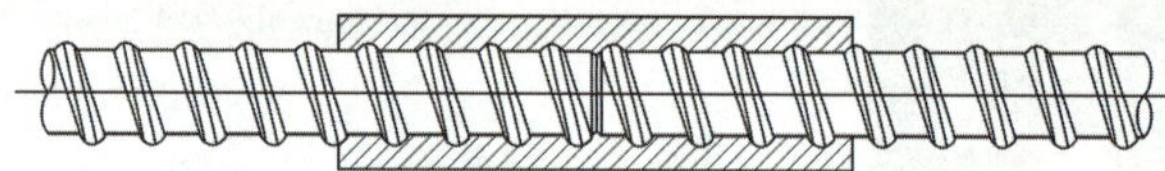

② 단부 나사 가공이음

이형철근의 단부에 나사가공을 하든지, 또는 철근단부에 별도로 나사를 마찰 압접하여 커플러와 너트를 사용하여 접합하는 방식으로 프리캐스트 콘크리트 부재 및 선조립 공법 등의 특수한 목적 등에 사용이 용이한 이음

- 단부 스웨이징(누름) 나사이음: 철근 단부의 마디와 리브를 냉간(상온)에서 스웨이징(누름)하여 전조나사를 가공하여 암나사가 가공된 커플러를 이용하여 연결하는 방법 (국내개발 NT인증제품)
- 풀림 나사이음: 철근의 단부를 냉간(상온)에서 단면을 크게 부풀린 후 절삭 또는 전조나사를 가공하여 암나사가 가공된 커플러를 이용하여 연결하는 방법 (프랑스 Dextra 수입)
- 테이퍼 절삭 나사이음: 철근단부를 테이퍼 형상으로 나사를 절삭 가공하여 연결하는 방법 (미국 Erico사 기술인용)

③ 나사(Bolt) 조임식 이음 - Bar Lock Bolt System

Coupler 상부 Bolt를 이용하여 철근을 조이는 방식(편체식 이음과 비슷)

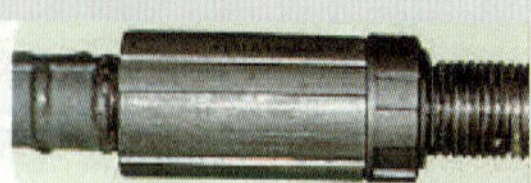

[스웨이징나사]

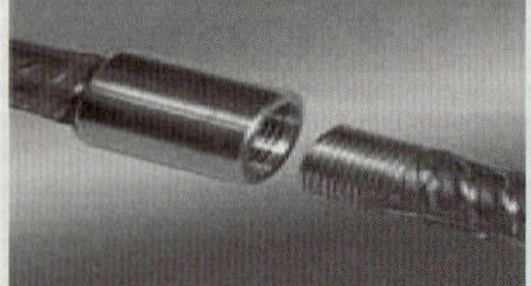

[단부 나사 가공 이음]

[테이퍼 절삭나사]

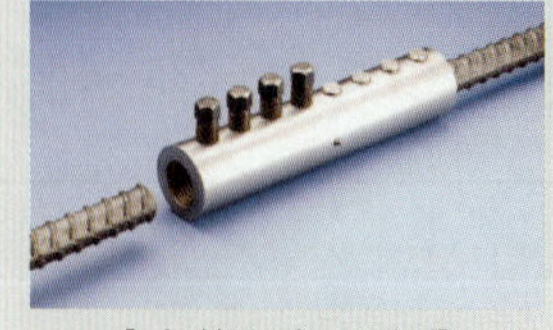

[나사(볼트) 조임식]

이음공법

[슬리브 압착]

[Cad Welding]

[내부 분리형]

[내부 일체형]

2) Sleeve 압착

① 연속 압착이음(Squeeze Joint) - 국내 생산업체 없음

특수 유압잭을 사용하여 Sleeve의 축선을 따라 연속적으로 한 방향으로 압착하는 방식

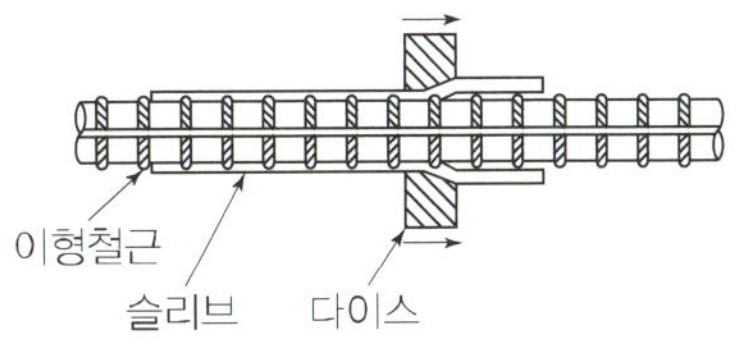

② 단속 압착이음(Grip Joint)

sleeve 속에 이음 할 두 철근을 삽입하고 상온에서 유압 pump·고압 press기 등으로 sleeve를 압착시켜 sleeve와 이형철근의 마디가 밀착 혹은 맞물리도록 하는 공법

- G-Loc Sleeve, G-Loc Wedge, Insert 등을 이용하여 철근을 Sleeve 사이에 끼운 뒤 G-loc Wedge를 Hammer로 내리쳐서 이음

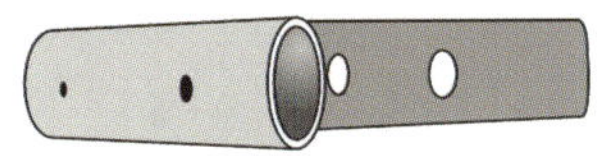

- 상온에서 유압 Pump·고압 Press기 등으로 Sleeve를 압착

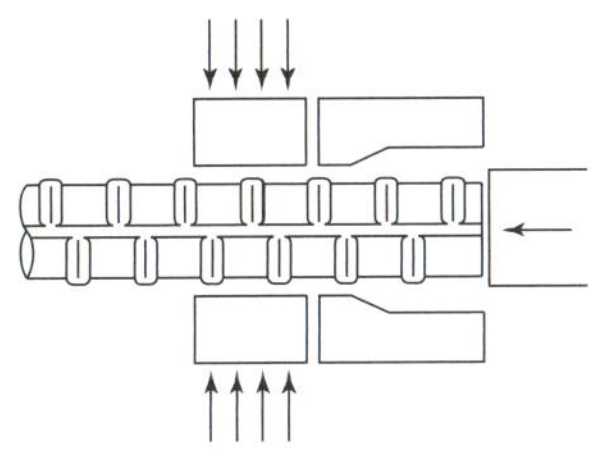

3) Grouting식: (Cad Welding)

- 폭발 압착이음, 용융금속 충전(Cad Welding) - 최근 미사용

화약의 폭발력에 의해 원통형 강관을 이형철근의 마디에 압착시키는 이음

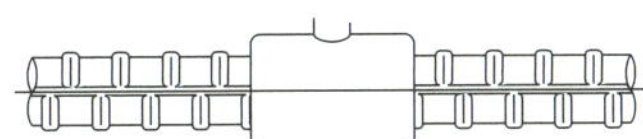

4) 편체식: Coupler

두 철근의 양단부에 수나사를 만들고, Coupler를 Nut로 지정 Torque까지 조이는 철근이음공법

- 내부 분리형: 철근 배근과 동시 작업 가능
- 내부 일체형: 제조회사에 따른 호환성이 좋음

Ⅲ. 철근 기계적이음 등급 평가방법

종류	항목	시험 · 검사 방법	시기 · 횟수	판정기준
기계적 이음	위치	육안 관찰, 필요에 따라 자, 버니어켈리퍼스 등에 의한 측정 (커플러 이음의 헐거움 여부를 중심으로 커플러 내·외경 및 길이, 철근 가공 치수 등이 이상 없을 것)	전체 개소	• 철근상세도와 일치할 것
	외관 검사			• 제조회사의 시험 성적서에 사용된 시편과 일치할 것
	인장시험	제조회사의 시험 성적서에 의한 확인 또는 별도 인장시험	설계도서에 의함	• 설계기준항복강도의 125 %
	잔류 변형량 KS B 0802 시험방법으로 시험하고, 각 응력단계의 허용오차는±0.005 f_y이다.	① 기계적 이음장치 양쪽에서 철근지름의 1/2과 20mm 중 큰 값만큼 떨어진 곳을 표점으로 하고 2개 이상의 변위계를 설치한다. ② 인장응력 0.2f_y 이상을 유발하는 인장력을 가하고, 0.1f_y와 0.2f_y 사이의 기울기(MPa/mm)를 구한다. ③ 압축응력 0.05f_y 이상을 유발하는 압축력을 가한다. ④ 압축응력 0.05f_y에 가장 가까운 응력의 변형량에서 ②의 기울기로 직선을 그어 변형량 축과 만나는 점의 변형량을 0(영)으로 한다. ⑤ 인장응력 0.95f_y 이상을 유발하는 인장력을 가한다. ⑥ 인장력을 저하시켜 인장응력 0.02f_y일 때의 변형량을 잔류 변형량으로 한다.	제품규격별 3개 시험값의 평균값, (제품 형상과 재료, 생산방법 등 성능에 영향을 주는 변화가 있는 경우 재시험)	• 1등급 기계적이음: 잔류 변형량 0.3mm 이하 • 2등급 기계적이음: 잔류 변형량 0.6mm 이하 • 3등급 기계적이음: 잔류 변형량 1.0mm 이하

• 재하속도 30MPa/s 이하로 시험한다.

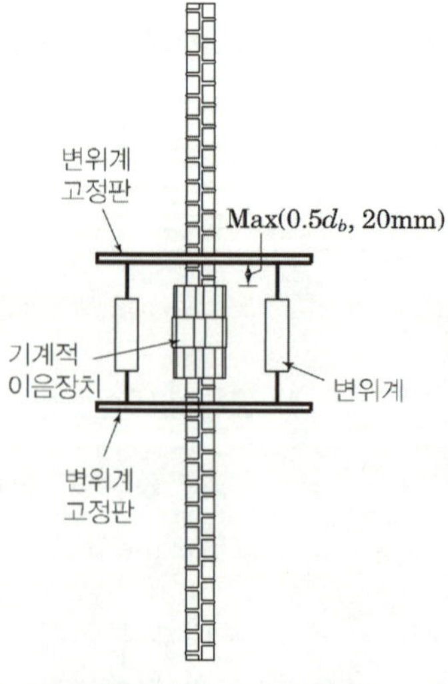

[기계적이음 시험체와 변위계]

☆☆☆ 3. 이음 73

4-66	Grip joint(단속압착)	
No. 274	Sleeve압착	유형: 공법·기준

이음공법

기계식 이음

Key Point

◪ 국가표준

◪ Lay Out
- Sleeve압착 종류

◪ 핵심 단어
- Sleeve를 압착시켜 sleeve와 이형철근의 마디가 밀착

◪ 연관용어
- 이음공법

장점

- 특수한 기능공이 불필요
- 마디 간격이 짧을 경우 짧은 sleeve 사용 가능
- 기둥의 이음에 적당

Ⅰ. 정 의

① Sleeve 속에 이음할 두 철근을 삽입하고 상온에서 유압 pump·고압 press기 등으로 sleeve를 압착시켜 sleeve와 이형철근의 마디가 밀착 혹은 맞물리도록 하는 공법

② 재래식 공법과 달리 고압 press기에 압력을 가하면, 가압시간이 auto control되므로 철근의 종류와 치수에 관계없이 손쉽게 이음할 수 있는 공법

Ⅱ. Sleeve압착 종류

① 연속 압착이음(Squeeze Joint) - 국내 생산업체 없음

특수 유압잭을 사용하여 Sleeve의 축선을 따라 연속적으로 한 방향으로 압착하는 방식

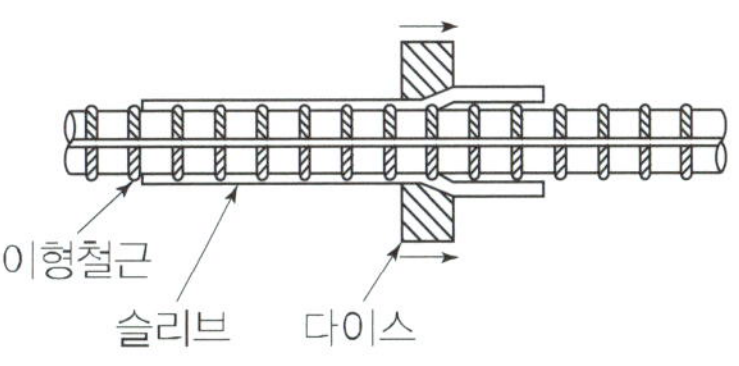

② 단속 압착이음(Grip Joint)

sleeve 속에 이음할 두 철근을 삽입하고 상온에서 유압 pump·고압 press기 등으로 sleeve를 압착시켜 sleeve와 이형철근의 마디가 밀착 혹은 맞물리도록 하는 공법

- G-Loc Sleeve, G-Loc Wedge, Insert 등을 이용하여 철근을 Sleeve 사이에 끼운 뒤 G-loc Wedge를 Hammer로 내리쳐서 이음

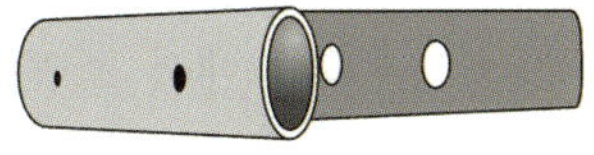

- 상온에서 유압 Pump·고압 Press기 등으로 Sleeve를 압착

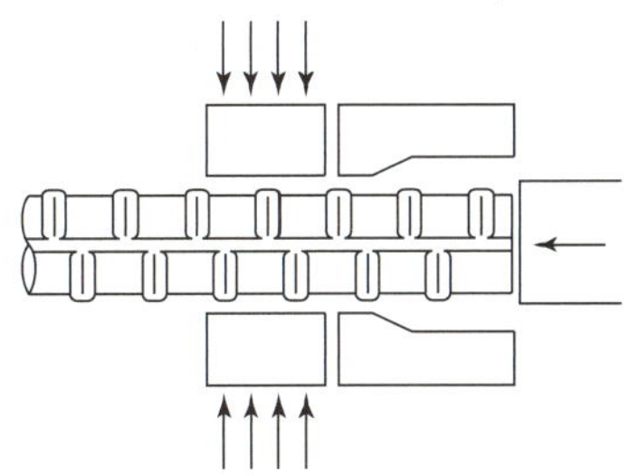

이음공법

기계식 이음

Key Point

- 국가표준
- Lay Out
  - 나사이음의 종류
- 핵심 단어
- 연관용어
  - 이음공법

장점

- 특수한 기능공이 불필요
- 시공이 간편하다.
- 굵은 철근이음에 적당하다.
- 열을 사용하지 않으므로 철근의 변화가 없다.
- 특수한 기계(유압 토크렌치)가 필요하다.

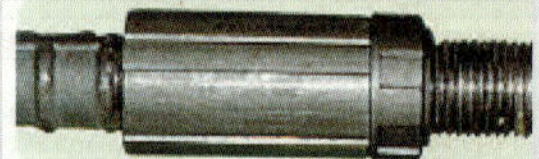
[스웨이징나사]

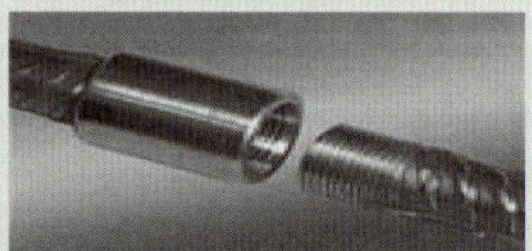
[단부 나사 가공 이음]

[테이퍼 절삭나사]

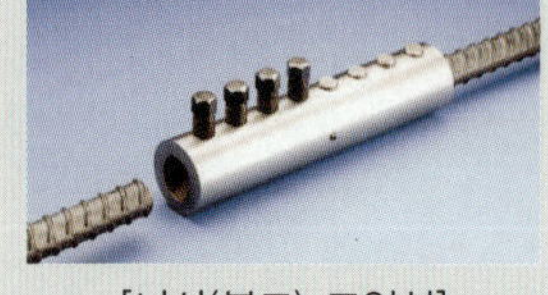
[나사(볼트) 조임식]

☆☆★ 3. 이음 85.111

4-67	나사식이음, 나사형철근	
No. 275		유형: 공법·기준

Ⅰ. 정 의

이음할 철근의 양단부에 수나사를 만들고, coupler를 nut로 지정 torque까지 조이는 철근이음공법

Ⅱ. 나사이음의 종류

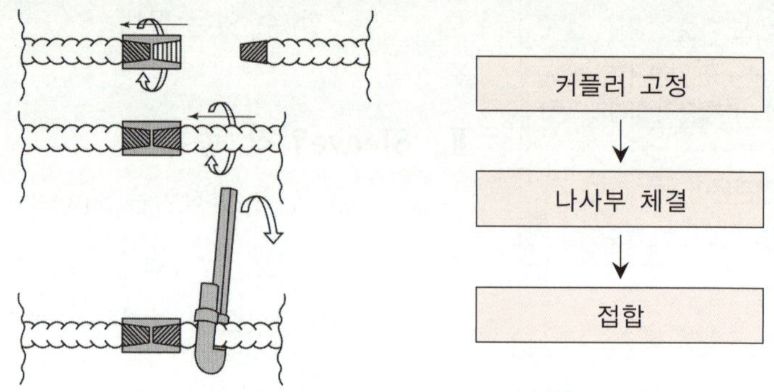

① 나사마디 이음 – 나사형 철근
철근을 나사와 같이 이음 커플러에 돌려 끼워 접합하는 방식

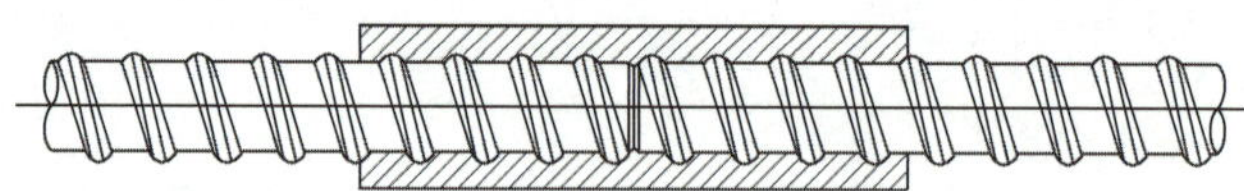

② 단부 나사 가공이음

이형철근의 단부에 나사가공을 하든지, 또는 철근단부에 별도로 나사를 마찰 압접하여 커플러와 너트를 사용하여 접합하는 방식으로 프리캐스트 콘크리트 부재 및 선조립 공법 등의 특수한 목적 등에 사용이 용이한 이음

- 단부 스웨이징(누름) 나사이음: 철근 단부의 마디와 리브를 냉간(상온)에서 스웨이징(누름)하여 전조나사를 가공하여 암나사가 가공된 커플러를 이용하여 연결하는 방법 (국내개발 NT인증제품)
- 풀림 나사이음: 철근의 단부를 냉간(상온)에서 단면을 크게 부풀린 후 절삭 또는 전조나사를 가공하여 암나사가 가공된 커플러를 이용하여 연결하는 방법 (프랑스 Dextra 수입)
- 테이퍼 절삭 나사이음: 철근단부를 테이퍼 형상으로 나사를 절삭 가공하여 연결하는 방법 (미국 Erico사 기술인용)

③ 나사(Bolt) 조임식 이음 – Bar Lock Bolt System
Coupler 상부 Bolt를 이용하여 철근을 조이는 방식(편체식 이음과 비슷)

이음공법

기계식 이음

Key Point

◩ 국가표준

◩ Lay Out
- 접합의 원리- 순간폭발에 의한 공간충전
- 특징
- 종류

◩ 핵심 단어
- Sleeve 구멍을 통해 화약과 합금의 혼합물을 넣고 순간 폭발

◩ 연관용어
- 이음공법

☆☆☆ 3. 이음

4-68	Grouting 이음 방식	
No. 276		유형: 공법·기준

Ⅰ. 정 의

① Sleeve 속에 이음 할 두 철근을 삽입하고, sleeve 구멍을 통해 화약과 합금의 혼합물을 넣고 순간폭발시키면 합금이 녹아 철근과 sleeve 사이의 공간을 충전하여 접합하는 공법

② 기상·기후에 관계없이 작업은 가능하나, 철근규격이 서로 다른 경우에는 사용할 수 없다.

Ⅱ. 접합의 원리- 순간폭발에 의한 공간충전

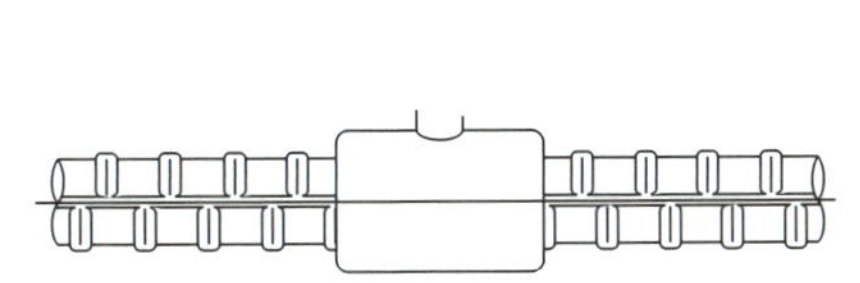

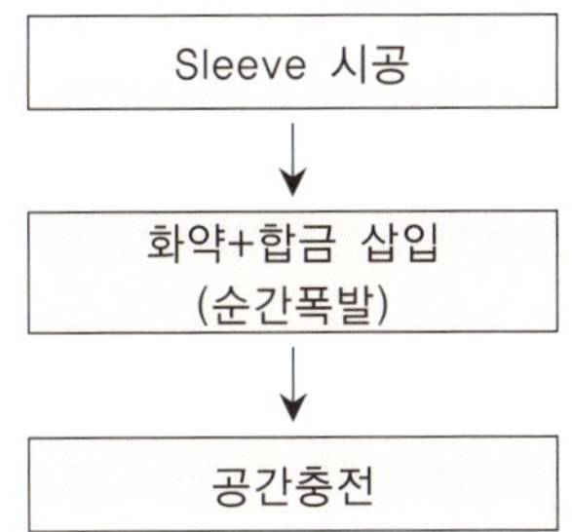

Ⅲ. 특 징

- 예열 및 냉각이 필요 없다.
- 접합부 전달내력 확보 용이
- 육안검사가 불가능
- 철근의 규격이 다른 경우 사용불가
- X-ray·방사선투과법 등의 특수검사 필요
- 장치가 대형으로 현재 사용하고 있지 않음

Ⅳ. 종 류

1) 모르타르 충전이음

강관과 이형철근 사이에 모르타르를 충전

2) 용융금속 충전이음 (Cad Weld)

모르타르 대신에 용융금속을 충전하는 방식

[Cad Welding]

이음공법

기계식 이음

Key Point

- 국가표준
- Lay Out
  - 나사이음의 종류
  - 특징
- 핵심 단어
- 연관용어
  - 이음공법

☆☆☆ 3. 이음

4-69	편체식 이음, Coupler	
No. 277	Coupler	유형: 공법·기준

Ⅰ. 정 의

철근 단부에 별도 가공없이 내부 편체와 이를 구속하는 부품으로 이음하는 공법

Ⅱ. 나사이음의 종류

- 내부 분리형: 철근 배근과 동시 작업 가능
- 내부 일체형: 제조회사에 따른 호환성이 좋음

1) 내부 분리형 편체

철근마디에 상응하는 홈이 가공된 편체를 서로 연결될 철근의 단부에 별도로 체결한 후 일체형 커플러를 사용하여 연결하는 방법

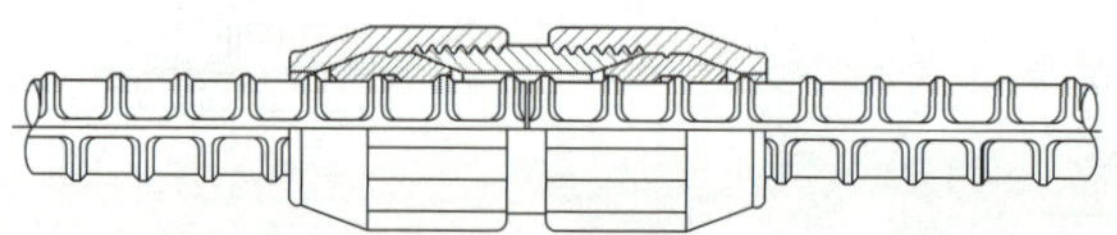

2) 내부 일체형 편체

철근마디에 상응하는 홈이 가공된 편체가 길게 1개로 되어 2개의 철근을 함께 체결하여 연결하는 방법

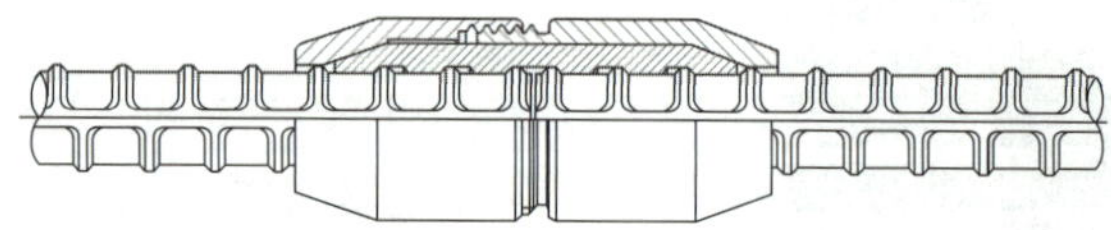

[내부 분리형]

[내부 일체형]

Ⅲ. 특 징

- 철근손실 없음
- 단부 별도가공 없음
- 수직 장철근 이음 시 시공성 저하 예열 및 냉각이 필요 없다.
- 철근에 따른 호환성 저하
- 마디 형상에 따라 적용성 변화

☆☆☆ 4. 조립

4-70	철근의 조립, 위치고정
No. 278	유형: 공법·기준

조립기준

순간격

Key Point

- 국가표준
  - KS D 3552
  - KCS 14 20 11
  - EXCS 14 20 11
- Lay Out
  - 조립기준
  - 위치고정
- 핵심 단어
- 연관용어
  - 결속방법

Ⅰ. 정 의

철근은 설계에 정해진 원칙에 의해 그려진 철근가공조립도에 따라 정확한 치수 및 형상을 가지도록 재질을 해치지 않는 적절한 방법으로 가공하고, 이것을 소정의 위치에 정확하고 견고하게 조립해야 한다.

Ⅱ. 조립의 기준- 순간격

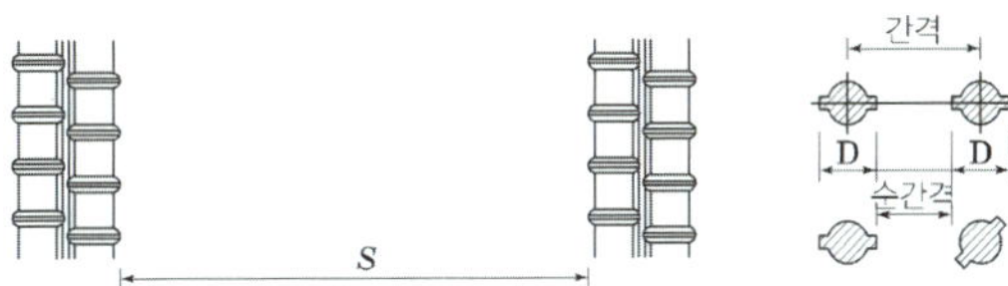

[S=철근의 순간격 = 철근 표면간의 최단거리]

- 이형철근 공칭지름(d_b)의 1.5배 이상
- 굵은골재 최대치수 4/3 이상, 25mm 이상
- 벽체, 슬래브: 두께의 3배 이하, 450mm 이하
- 기둥: 40mm 이상, d_b의 1.5배 이상

Ⅲ. 위치 고정

부위	철근 고임재 및 간격재 수량 또는 배치 기준(강재, 콘크리트재)
슬래브	• 상부근, 하부근 각각 1.3개/m^2 정도
보	• 간격은 1.5m 정도, 단부는 1.5m 이내
기둥	• 상단: 보 밑에서 0.5m 정도 • 중단: 주각과 상단의 중간 • 기둥 폭 방향은 1.0m까지 2개, 1.0m 이상일 때 3개
기초	• 8개/4m^2, 20개/16m^2 정도
지중보	• 간격: 1.5m 정도, 단부는 1.5m 이내
벽 지하 외벽	• 상단: 보 밑에서 0.5m 정도 • 중단: 상단에서 1.5m 간격 정도 • 횡간격: 1.5m 정도 • 단부: 1.5m 이내 • 1.0m 이상 3개

4-71	철근 결속선의 결속기준	
No. 279		유형: 공법·기준

조립기준

결속기준

Key Point

◩ 국가표준
- KS D 3552
- KCS 14 20 11
- EXCS 14 20 11

◩ Lay Out
- 부위별 결속기준
- 가속선의 결속기준

◩ 핵심 단어
- 철근이 교차되는 부분마다

◩ 연관용어
- 고임재 간격재

Ⅰ. 정 의

① 철근의 결속은 위치를 유지하는데 꼭 필요한 재료중의 하나로서 결속선은 #18~20 철선을 불에 달구어 누그린 것을 사용하며 철근의 이음은 1개소마다 2군에 이상 두 겹으로 감아 결속하고, 특히 중요한 부분은 3군데 맬 수도 있다.

② 철근의 결속은 원칙적으로 철근이 교차되는 부분마다 하여야 하나 경미한 부분은 하나 또는 둘 걸러서 결속하되 결속방향은 서로 엇갈리도록 해야 한다.

Ⅱ. 부위별 결속기준

구분	결속기준
기둥	• 네 귀퉁이의 주근과 띠철근은 100% 결속 • 네 귀퉁이 이외의 주근과 띠철근은 50% 이상의 결속
보	
기초	• 100% 결속
슬래브	• 철근 교점의 50% 이상의 결속
벽체	

Ⅲ. 결속선의 결속기준-EXCS 14 20 11

① 결속선은 KS D 3552에 합치해야 하거나 동등 이상의 제품으로, 지름 0.9mm(#20번선) 이상 되는 풀림(annealing) 철선사용

② 철근은 제자리에 놓고, 간격을 맞추고, 명시된 위치에 있는 모든 접합점, 교차점, 겹치는 점에서 단단하게 결속하거나 철선을 감는다.

③ 결속선의 끝은 거푸집 표면에서 떨어지게 해야 한다.

④ 인장철근의 이음은 될 수 있는 대로 피해야 한다.

⑤ 철근의 겹이음은 소정의 길이로 겹쳐서 0.9mm(#20번선) 굵기 이상의 풀림 철선으로 여러 곳을 긴결

⑥ 철근의 피복두께를 정확하게 확보하기 위해 적절한 간격으로 고임재 및 간격재를 배치

조립기준

Ⅳ. 결속방법

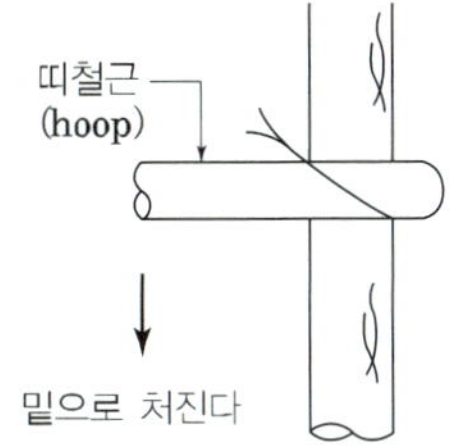

(a) 한쪽 결속의 경우(불량)

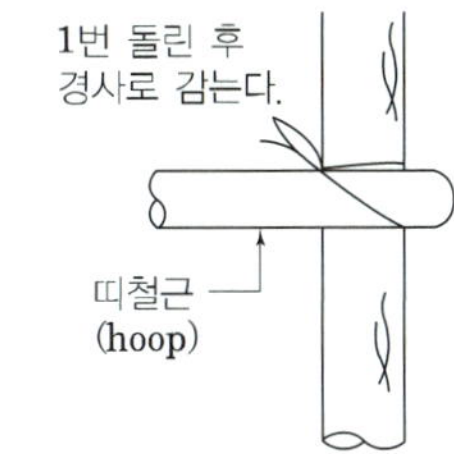

(b) 겹침 결속의 경우(좋음)

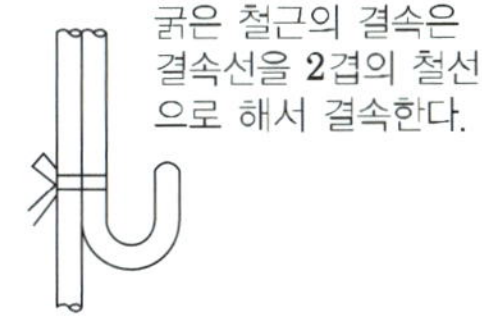

(c) 이음부의 결속방법

Ⅴ. 위치고정

부위	철근 고임재 및 간격재 수량 또는 배치 기준(강재, 콘크리트재)
슬래브	• 상부근, 하부근 각각 1.3개/m^2 정도
보	• 간격은 1.5m 정도, 단부는 1.5m 이내
기둥	• 상단: 보 밑에서 0.5m 정도 • 중단: 주각과 상단의 중간 • 기둥 폭 방향은 1.0m까지 2개, 1.0m 이상일 때 3개
기초	• 8개/4m^2, 20개/16m^2 정도
지중보	• 간격: 1.5m 정도, 단부는 1.5m 이내
벽 지하 외벽	• 상단: 보 밑에서 0.5m 정도 • 중단: 상단에서 1.5m 간격 정도 • 횡간격: 1.5m 정도 • 단부: 1.5m 이내 • 1.0m 이상 3개

부위별 조립

보강기준

Key Point

- 국가표준
- Lay Out
  - 벽 개구부의 보강
  - 개구부 보강방법
- 핵심 단어
  - 부재의 효과적인 보강 및 균열방지
- 연관용어

☆☆☆ 4. 조립

4-72	벽 개구부 철근보강	
No. 280		유형: 공법·기준

Ⅰ. 정 의

개구부는 부재가 부분적으로 없는 상태이므로 기존 부재의 효과적인 보강 및 균열방지를 위해 철근보강이 필요하다.

Ⅱ. 벽 개구부의 보강

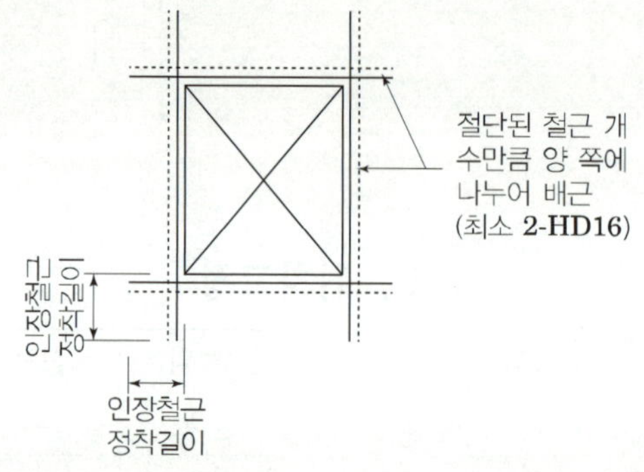

① 보강 시 개구부로부터 피복두께 유지
② 벽 두께가 250mm 이상일 때는 개구부 각 모서리 45° 경사로 정착길이의 2배 길이로 보강

Ⅲ. 개구부 보강방법

① 150mm 미만인 경우 구조적으로 무시
② 개구부에 의해 감소된 철근량은 양측에 나누어 보강배근
③ 슬래브의 두께가 250mm 이상일 때는 상하부에 경사 보강근 배근

Ⅳ. 보강을 생략할 수 있는 경우

- 개구부가 기둥·보에 접하는 부분
- 개구부 최대 지름이 250mm 이하이고, 철근을 완만하게 구부림으로써 (구부림 기울기 ≤1/6) 개구부를 피하여 배근할 수 있는 경우

☆☆☆ 4. 조립

4-73	보 개구부 철근보강	
No. 281		유형: 공법·기준

부위별 조립

보강기준

Key Point

◩ 국가표준

◩ Lay Out
- 보 하단에서 개구부까지의 이격거리
- 개구부 보강방법
- 보 개구부 설치 시 제한사항

◩ 핵심 단어
- 부재의 효과적인 보강 및 균열방지

◩ 연관용어

Ⅰ. 정 의

개구부는 부재가 부분적으로 없는 상태이므로 기존 부재의 효과적인 보강 및 균열방지를 위해 철근보강이 필요하다.

Ⅱ. 보 하단에서 개구부까지의 이격거리

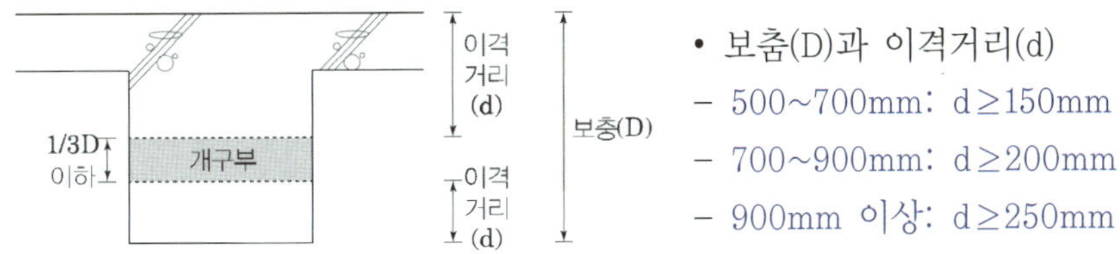

- 보춤(D)과 이격거리(d)
  - 500~700mm: d≥150mm
  - 700~900mm: d≥200mm
  - 900mm 이상: d≥250mm

Ⅲ. 개구부 보강방법

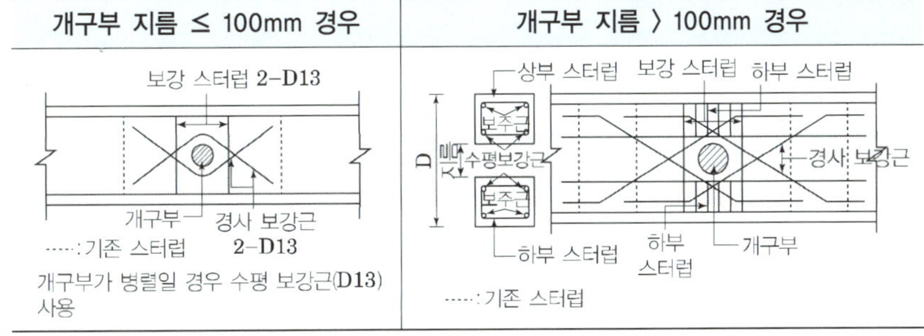

Ⅳ. 보 개구부 설치 시 제한사항

항목	제한사항
설치 위치	• 길이 방향: 전단력이 적은 보 스팬의 중앙 부분 단, 작은 보가 정착되어 있는 큰 보는 가급적 피할 것 • 단면 높이 방향: 보춤의 중심부
형상	• 가급적 원형으로 하고, 장방형으로 하는 것은 지양
지름	• 보춤의 1/3 이하, 중요한 보에는 1/4 이하가 바람직 • 지름이 보춤의 1/10 이하인 때에는 보강하지 않아도 무방
간격	• 개구부는 병렬되게 설치하지 않을 것 부득이한 경우는 개구부 직경의 3배 이상 중심 간격을 유지 중요한 보는 4배 이상이 바람직
보강근	• 보강근은 D13 이상의 이형철근을 사용 • 경사 보강근은 45° 로 배근

☆☆☆ 4. 조립

4-74	Slab 개구부 철근보강	
No. 282		유형: 공법·기준

부위별 조립

보강기준

Key Point

- 국가표준
  - KDS 14 20 70
- Lay Out
  - Slab 개구부 보강방법
  - Slab 개구부의 제한사항
- 핵심 단어
  - 부재의 효과적인 보강 및 균열방지
- 연관용어

Ⅰ. 정 의

개구부는 부재가 부분적으로 없는 상태이므로 기존 부재의 효과적인 보강 및 균열방지를 위해 철근보강이 필요하다.

Ⅱ. Slab 개구부 보강방법

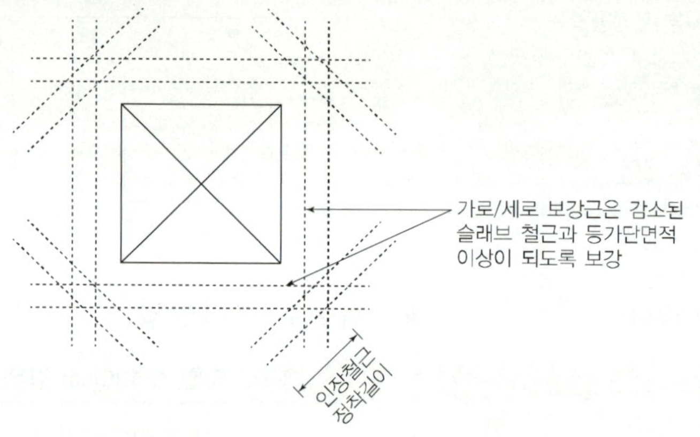

개구부 보강방법

- 150mm 미만인 경우 구조적으로 무시
- 개구부에 의해 감소된 철근량은 양측에 나누어 보강배근
- 슬래브의 두께가 250mm 이상일 때는 상하부에 경사 보강근 배근

Ⅲ. Slab 개구부의 제한사항

보 있는 슬래브

- 양 방향의 중간대가 겹치는 부분은 개구부가 없을 때의 소요철근량을 유지한다면 어떤 크기의 개구부도 둘 수 있다.
- 양 방향의 주열대가 겹치는 부분은 어느 쪽의 경간에서나 주열대 폭의 1/8 이상이 개구부에 의해 절단되지 않아야 한다. 개구부에 의해 절단된 철근량은 개구부 주변에 추가 배치하여야 한다.
- 주열대와 중간대가 겹치는 부분은 어느 설계대에 대해서도 개구부에 의하여 절단되는 철근이 1/4 이하이어야 한다. 개구부에 의해 절단된 철근량은 개구부 주변에 추가 배치하여야 한다.
- 전단에 대한 규정을 만족시켜야 한다.

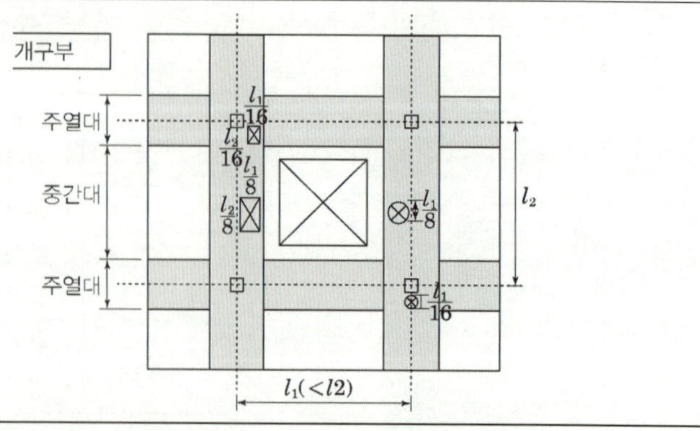

부위별 조립

보강 시 고려사항

- 구조해석에 의하여 설계강도가 소요강도 이상이고 처짐 제한을 포함하여 모든 사용성을 만족할 경우, 어떤 크기의 개구부도 슬래브 시스템 내에 둘 수 있다.
- 개구부 크기가 슬래브 판 크기에 비해 상대적으로 작은 경우 개구부에 의해 절단되는 철근과 같은 단면적의 철근을 개구부 양쪽에 보강하여야 한다.
- 개구부가 슬래브 판 크기에 비해 상대적으로 큰 경우 각 모서리에서 캔틸레버 슬래브로 가정하여 설계할 수 있으며, 인접 슬래브를 설계할 때는 개구부의 영향을 고려하여야 한다.
- 개구부가 크고 한쪽으로 치우쳐서 위치한 경우 3변 연속이고 1변 자유인 슬래브로 취급할 수 있으며, 인접 슬래브를 설계할 때는 개구부의 영향을 고려하여야 한다.

보 없는 슬래브	
구간	제한 사항
① 중간대+중간대	• 어떤 크기의 개구부도 가능
② 주열대+주열대	• 주열대 폭($l_1/2$)의 1/8 이하($=l_1/16$)
③ 주열대+중간대	• 주열대 또는 중간대 폭($l_1/2$)의 1/4 이하($=l_1/8$)

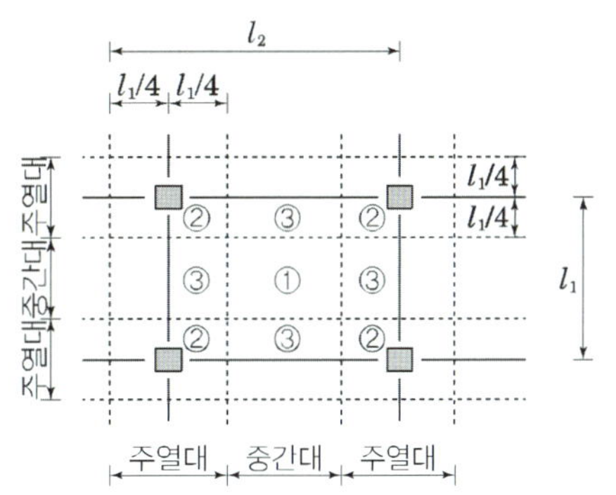

☆☆☆ 4. 조립

4-75	계단철근 시공 시 유의사항	
No. 283		유형: 공법·기준

Ⅰ. 정 의

계단은 모든 구조물 중 가장 까다로운 부위 중 하나이므로 계간의 치수 조정, 연결 부위의 정착철근 배근 및 이음부위의 콘크리트 타설을 철저히 한다.

Ⅱ. 철근의 정착

올라가는 계단 배근	내려가는 계단 배근

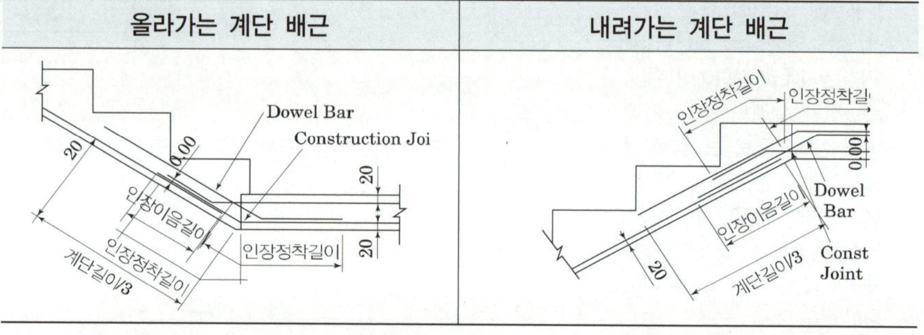

Ⅲ. 거푸집 시공 시 유의사항

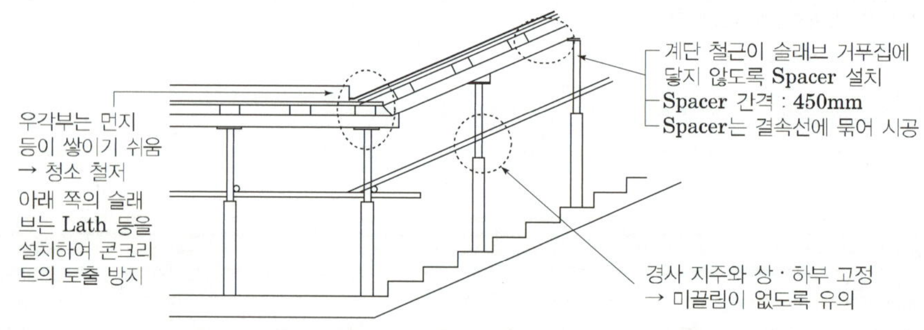

부위별 조립

선조립

Key Point

◪ 국가표준
- KCS 14 20 11

◪ Lay Out
- 철근 선조립 시공 Flow
- 종류

◪ 핵심 단어
- What: 부위별로 unit화된 부재로
- Why: 기계화 시공을 통해 조립·접합
- How: 공장 및 현장에서 미리 조립

◪ 연관용어
- 기계화 시공

전제조건

- 각 부재는 규격화하고 종류를 적게 계획
- 평면의 단순화 및 system화
- 기둥·보 등 각 부재의 주근은 같은 굵기의 철근 사용
- 띠근과 스터럽근은 나선식으로 계획
- 철근의 접합공법은 특성에 맞는 이음공법 채택

시공 시 유의사항

- 운반 및 양중 시 Frame 보강
- 결속선은 #16을 사용
- 각 부재의 접합부 형상을 단순화
- 조립 전 청소
- 조립 허용오차 준수
- 이음길이 준수
- 적절한 접합공법 사용
- 접합부 구조검토

★★★ 4. 조립 86.136

4-76	철근Prefab공법	
No. 284	선조립 공법	유형: 공법·기준

조립공법

선조립

Key Point

◪ 국가표준
- KCS 14 20 11

◪ Lay Out
- 철근 선조립 시공 Flow
- 종류

◪ 핵심 단어
- What: 부위별로 unit화된 부재로
- Why: 기계화 시공을 통해 조립·접합
- How: 공장 및 현장에서 미리 조립

◪ 연관용어
- 기계화 시공

전제조건

- 각 부재는 규격화하고 종류를 적게 계획
- 평면의 단순화 및 system화
- 기둥·보 등 각 부재의 주근은 같은 굵기의 철근 사용
- 띠근과 스터럽근은 나선식으로 계획
- 철근의 접합공법은 특성에 맞는 이음공법 채택

시공 시 유의사항

- 운반 및 양중 시 Frame 보강
- 결속선은 #16을 사용
- 각 부재의 접합부 형상을 단순화
- 조립 전 청소
- 조립 허용오차 준수
- 이음길이 준수
- 적절한 접합공법 사용
- 접합부 구조검토

Ⅰ. 정 의

① 철근을 기초·기둥·벽체·보·바닥 slab 등의 각 부위별로 unit화된 부재로 공장 및 현장에서 미리 조립해 두고 현장에서는 기계화 시공을 통해 조립·접합하는 철근공법

② 현장에서 철근 절단·가공·이음·조립 등의 공정 최소화로 인해 전체적인 공정 단순화, 공기단축 및 공사비 절감이 가능한 공법이다.

Ⅱ. 철근 선조립 시공 Flow

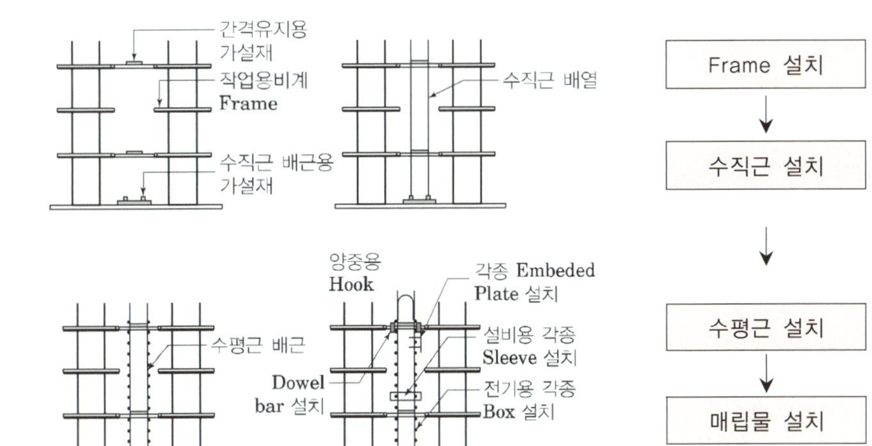

설치 전 조립상태 검토 후 양중 및 설치

Ⅲ. 종 류

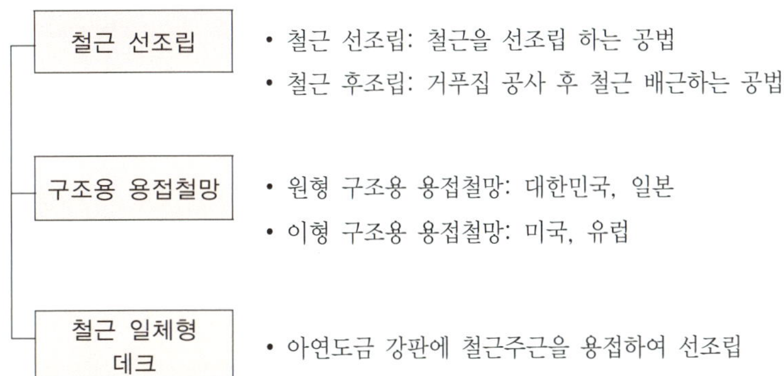

★★★ 4. 조립 79.88.96.104.125.128

4-77	철근의 최소 피복두께	
No. 285	Covering Depth	유형: 기준

피복두께

기준

Key Point

◪ 국가표준
- KDS 14 20 50

◪ Lay Out
- 피복두께 개념
- 철근의 최소피복두께

◪ 핵심 단어
- 가장 외측에 있는 철근의 최소한도

◪ 연관용어
- 내구성, 균열, 부식

목적

- 내구성 확보
- 부착성 확보
- 내화성 확보
- 구조내력상의 안전성
- 방청성 확보
- 콘크리트 유동성 확보

기준

- 철근의 피복은 최외단의 철근을 기준으로 한다.
- 철근의 피복 두께는 시공성과 수명, 안전성을 고려하여 기준값 이상을 적용해야 하며 가능한 철근직경의 1.5배, 골재직경 이상으로 한다.
- 줄눈 부분 등 철근의 피복두께가 부분적으로 감소하는 부위는 방청철근을 사용하든가 줄눈부분에 실링재 등을 사용하여 방청 처리한다.
- 시공 시 최소 피복은 허용오차 이내이어야 한다.
- 철근의 피복은 주근이나 스터럽 등의 구분 없이 최외단 철근을 기준으로 한다.

Ⅰ. 정 의

① 철근콘크리트 부재의 각면 또는 그 중 특정한 위치에서 가장 외측에 있는 철근의 최소한도의 피복두께

② 철근의 부착강도 확보, 부식방지 및 화재로 부터 철근을 보호하기 위해 철근을 concrete로 둘러싼 두께이며, 최외각 철근표면과 concrete 표면의 최단 거리

Ⅱ. 피복두께 개념

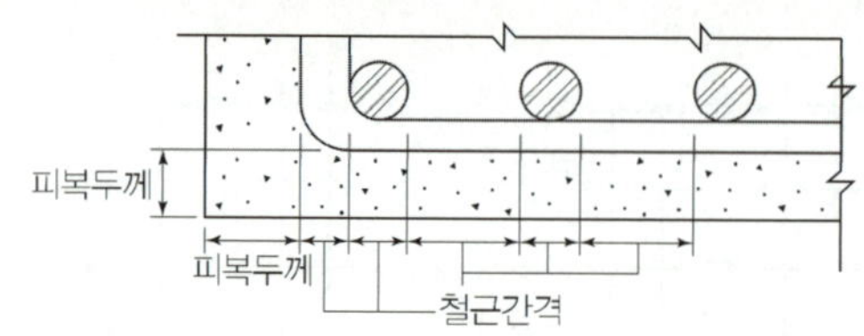

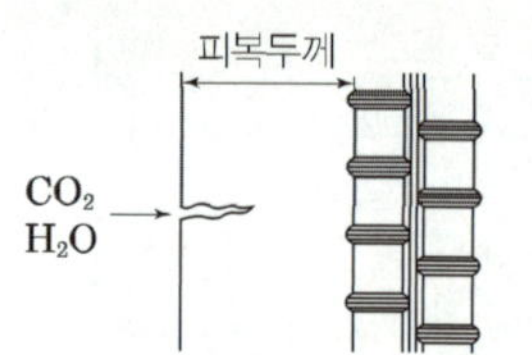

- 피복은 철근 공칭치수의 1.5배 이상 확보
- 피복이 작은 경우 철근에 힘이 가해지면 콘크리트에 균열이 발생

Ⅲ. 철근의 최소 피복두께

KDS 14 20 50 2022.01.11.

종류			최소 피복두께(mm)
수중에 타설하는 콘크리트			100
흙에 접하여 콘크리트를 친 후 영구히 흙에 묻히는 콘크리트			75
흙에 접하거나 옥외의 공기에 직접 노출되는 콘크리트		D19 이상의 철근	50
		D16 이하의 철근	40
옥외의 공기나 흙에 직접 접하지 않는 콘크리트	슬래브, 벽체, 장선	D35 초과하는 철근	40
		D35 이하인 철근	20
	보, 기둥		40
	쉘, 절판부재		20

※ 보, 기둥의 경우 $f_{ck} \geq 40$MPa일 때 피복두께를 10mm 저감시킬 수 있다.

기타용어

☆☆☆

1	Stirrup	
		유형: 재료 · 부재

보의 주철근을 둘러싸고 이에 직각되게 혹은 경사지게 배치한 복부보강근으로서 전단력 및 비틀림moment에 저항하도록 배치한 보강철근

☆☆☆

2	Bent bar(절곡철근)	
		유형: 재료 · 부재

구부려 올리거나 혹은 구부려 내린 부재 길이방향으로 배치된 철근

☆☆☆

3	Offset bent bar	
		유형: 재료 · 부재

기둥 연결부에서 단면 치수가 변하는 경우에 배치되는 구부린 주철근

☆☆☆

4	Haunch	
		유형: 재료 · 부재

① 보·slab 단부(端部)에서 moment·전단력에 대한 강도를 증가시키기 위해 단면을 중앙부보다 크게 한 부분
② Concrete 구조물의 경우 부재의 두께 또는 높이가 변화하는 부분에 응력 집중에 의한 균열발생이 쉽다.
③ 이러한 균열을 사전에 방지하기 위해 수직부재와 수평부재가 접하는 곳의 보강을 위해 구조물의 단면을 크게 한 부분

※ 고내구성 콘크리트의 철근 최소 피복두께(KCS 41 30 03)

종류			최소 피복두께(mm)
흙에 접하지 않은 부분	지붕 및 바닥슬래브, 비내력벽	실내	40[1), 2)]
		실외	50[3)]
	기둥, 보, 내력벽	실내	50[3)]
		실외	60[4)]
	옹벽		60[4)]
흙에 접하는 부분	기둥 · 보 · 내벽력		50
	기초 · 옹벽		70

주

1) 내구성상 유효한 마감이 있는 경우, 발주자 대리인의 승인을 받아 30mm로 할 수 있다.
2) 슬래브의 상단 철근에 있어 내구성상 유효한 마감이 있는 경우, 발주자 대리인의 승인을 받아 30mm로 할 수 있다. 다만, 방수를 한 경우에도 30mm로 할 수 있다.
3) 내구성상 유효한 마감이 있는 경우, 발주자 대리인의 승인을 받아 40mm로 할 수 있다.
4) 내구성상 유효한 마감이 있는 경우, 발주자 대리인의 승인을 받아 50mm로 할 수 있다.

기타용어

용도별
Key Point

◪ 국가표준
- KS D 3872

◪ Lay Out
- STG 형상
- 성질
- 특징
- 제원

◪ 핵심 단어
- 돌기 형상의 표면
- 전조가공
- 중공철근
- 지반보강용 강관

◪ 연관용어
- 용접철망

☆☆☆

5	중공철근 – 지반보강용 강관	
	Steel tube for ground reinforcement	유형: 재료 · 자재

Ⅰ. 정 의

① STG800강관을 음각으로 돌기 형상의 표면을 가지도록 전조(Rolling) 가공한 중공철근으로 항복강도 800N/mm² 이상의 지반보강용 강관
② 돌기 형상의 표면은 콘크리트와의 부착성능을 확보하고 현장에서 결속선 체결을 통한 철근망 제작이 가능하다.

Ⅱ. STG 형상

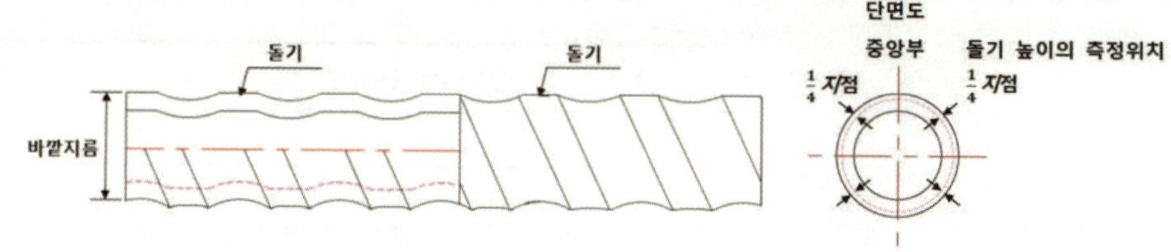

Ⅲ. 성질

1) 기계적 성질

종류의 기호	항목강도 (MPa)	인장강도 (MPa)	연신율(%)	편평성 평판사이의 거리 H (D는 관의 바깥지름)
STG 800	800 이상	860 이상	10 이상	3/4D
STG 1,100H	1,100 이상	1,300 이상	10 이상	3/4D

2) 화학적 성질

종류의 기호	화학성분(%)					
	C	Si	Mn	P	S	Ceq
STG 800	0.18 이하	0.4 이하	2.00 이하	0.030 이하	0.030 이하	0.44 이하

Ⅲ. 특징

① 경량화에 의한 제작효율 증감 및 안전성 향상
- CIP 철근망 제작 시 약 55% 수준으로 경량화 가능

② 가공작업 불필요로 현장 부지 활용도 및 현장 환경 개선, CIP망 적기공급으로 시공 능률 향상

기타용어

- 공장에서 중공 철근망을 제작하여 현장 납품 시 협소한 부지 등에서는 시공성 향상(민원다발 현장 적용 시 사용 효과 증대)

③ 용접이음으로 겹침이음 길이 절감에 따른 재료비 절감
- 이형철근 CIP망 대비 경제적이며, 약 55% 수준으로 경량화, 공장 용접제작에 의한 견고한 품질확보로 시공 효율성 및 시공 안전성 대폭 증대
- 주철근(STG800, KS D 3872) 및 띠철근(용접철망용 철선, KS D 3552) 모두 용접이 가능한 재질

④ 친환경 저탄소 자재
- 이형철근 대비 CO_2 배출량 저감(동일성능 설계 시 m당 CO_2 배출량 50% 저감)
- 이형철근(YS 400MPa)→ 고강도 중공철근(YS 800 MPa)으로 강재 중량 50% 저감

Ⅳ. 제원

분류	D19	D22	D25	D29	D32	D35
외경 (mm)	19.1	22.2	25.4	31.8	31.8	31.8
두께 (mm)	2.8	3.3	3.7	3.7	4.7	5.9
내경 (mm)	13.5	15.6	18.0	24.4	22.4	20.0
단면적 (㎡)	143.3	195.9	252.2	326.6	400.1	480.0
단위중량 (kg/m)	1.13	1.54	1.98	2.56	3.14	3.77
부재력 (kN)	114.6	156.7	201.8	261.3	320.1	34.0

4-3장

콘크리트 일반

마법지

1. 재료 및 배합

- 시멘트 종류 및 성질
- 골재 분류
- 혼화재료
- 배합설계

2. 제조 및 시공

- 공장조사 및 선정
- 운반
- 콘크리트 타설
- 이음
- 양생
- 품질관리

3. 콘크리트 성질

- 굳지않은 콘크리트 성질(미경화 콘크리트 성질, 재료분리, 초기수축)
- 굳은 콘크리트 성질(강도특성, 역학적 특성, 변형특성 및 물성변화)
- 내구성

4. 균열

- 굳지않은 콘크리트 균열
- 굳은 콘크리트 균열

★★★ 1. 재료 및 배합

4-78	시멘트의 성분과 화합물	
No. 286	시멘트의 광물조성	유형: 재료·성질·지표

시멘트

성분

Key Point

◪ 국가표준
- KS L 5201
- KS L 5106

◪ Lay Out
- 화합물의 특성·주원료
- 물리적 성질
- 시멘트의 화학성분

◪ 핵심 단어
- 혼합분쇄
- 고온의 소성로에서 소성

◪ 연관용어
- 수화반응
- 수화열
- 강열감량
- 분말도

Ⅰ. 정 의

① 석회(CaO)·실리카(SiO_2)·알루미나(Al_2O_3)·산화철(Fe_2O_3)·마그네시아(MgO) 등을 함유하는 원료를 적당한 비율로 충분히 혼합분쇄하여 만들어진 조합원료(Raw mix)를 고온(1450℃)의 소성로(Kiln)에서 소성하여 clinker광물이 생성된다.

② clinker에 응결지연제인 석고를 3% 정도 첨가하여 미분말로 분쇄한 것으로 Alite, Belite, Aluminate, Ferrite의 화합물을 합친 중량비는 시멘트 전체의 약 90%를 차지한다.

Ⅱ. 주요 화합물의 특성

구분	규산 제3칼슘	규산 제2칼슘	알루민산 제3칼슘	알루민산철 제4칼슘
분자식	$3CaO \cdot SiO_2$	$2CaO \cdot SiO_2$	$3CaO \cdot Al_2O_3$	$3CaO \cdot Al_2O_3 \cdot Fe_2O_3$
약자	C_3S	C_2S	C_3A	C_4AF
별명	Alite	Belite	Aluminate	Ferrite
수화반응	상당히 빠름	늦음	대단히 빠름	비교적 빠름
조기강도	大	小	大	小
장기강도	中	大	小	小
수화열	大	小	極大	中
건조수축	中	小	大	小
화학저항성	中	大	小	中

Ⅲ. 시멘트의 주원료

원료		주성분	시멘트 1t을 생산하는데 필요한 양
석회질(80%)	석회석	CaO	약 1130kg
점토질(20%)	점토	SiO_2(20~26%) Al_2O_3(4~9%)	약 240kg
	규석	SiO_2	약 50kg
	슬래그	Fe_2O_3	약 35kg
	석고	$CaSO_4 \cdot 2H_2O$	약 33kg

시멘트

Ⅳ. 포틀랜드 시멘트의 물리적 성질

항목 \ 종류			1종	2종	3종	4종	5종
분말도	비표면적(Blaine) (cm^2/g)		2800 이상	2800 이상	3300 이상	2800 이상	2800 이상
안정도	오트클레이브 팽창도(%)		0.8 이하	0.8 이하	0.8 이하	0.8 이하	0.8 이하
	르샤틀리에 (Lechatelier)(mm)		10 이하	10 이하	10 이하	10 이하	10 이하
응결시간	비카트 시험	초결(분)	60 이상	60 이상	45 이상	60 이상	60 이상
		종결(시간)	10 이하	10 이하	10 이하	10 이하	10 이하
수화열(J/g)	7일 28일		–	290 이하 340 이하	–	250 이하 290 이하	–
압축강도 MPa(N/mm^2)	1일		–	–	10.0 이상	–	–
	3일		12.5 이상	7.5 이상	20.0 이상	–	10.0 이상
	7일		22.5 이상	15.0 이상	32.5 이상	7.5 이상	20.0 이상
	28일		42.5 이상	32.5 이상	47.5 이상	22.5 이상	40.0 이상
	91일		–	–	–	42.5 이상	–

비고. 1. 안정도 시험방법은 수요자의 요구에 따라 오토클레이브 시험과 르샤틀리에 시험 중 택일하여 실시한다.
2. 중용열 시멘트의 28일 수화열은 수요자의 요구가 있을 때에 적용한다.
3. 3일 강도는 1일 강도보다, 7일 강도는 3일 강도보다, 28일 강도는 7일 강도보다 커야 한다.
4. 압축강도 중 포장시멘트의 28일 강도, 비포장 시멘트의 7일, 28일 강도는 수요자가 요구하지 않을 때는 생략할 수 있다.

• 시멘트의 강도발현곡선

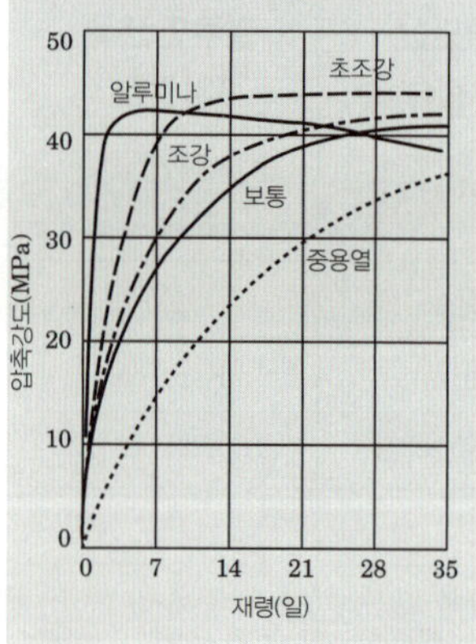

1. 분말도

① 시멘트 입자의 크기 정도를 분말도 또는 비표면적으로 나타내며, 시멘트의 입자가 미세할수록 분말도가 크다.
② 단위 무게당 비표면적

1) 분말도가 큰 시멘트 사용

① 초기강도가 크게 되며 강도가 크다.
② 블리딩이 적고 워커빌리티가 높아진다.
③ 물과 혼합 시 비표면적이 커져서 수화작용이 빠르다.
④ 풍화하기 쉽고 건조수축이 커져서 균열이 발생하기 쉽다.

2) 분말도 시험

① 공기 투과 장치에 의한 시험
② 표준체에 의한 방법

시멘트

2. 응결

1) 시멘트의 응결시간 측정방법
   ① 비카트(Vicat) 침 장치에 의한 방법
   ② 길모어(Gillmore) 침에 의한 방법

2) 응결시간에 영향을 미치는 요인
   ① 분발도가 크면 응결은 빨라진다.
   ② C_3A가 많을수록 응결은 빨라진다.
   ③ 온도가 높을수록 응결은 빨라진다.
   ④ 습도가 낮으면 응결은 빨라진다.

3. 시멘트의 풍화

① 비중이 떨어진다.
② 응결이 지연된다.
③ 강열감량이 증가된다.
④ 강도발현이 저하된다.

4. 시멘트의 비중

① 클링커의 소성이 불충분할 때 비중이 작아진다.
② 혼합물이 섞여 있을 때 비중이 작아진다.
③ 시멘트가 풍화되었을 때 비중이 작아진다.
④ $C_3O \cdot Al_2O_3$가 많으면 비중이 작아진다.

5.안정성

① 시멘트가 경화중에 체적이 팽창하여 팽창 균열이나 휨 등이 생기는 정도
② 시험: 시멘트의 오토클레이브 팽창도 시험방법(KS L 5107)

V. 포틀랜드 시멘트의 화학성분

항목 \ 종류	1종	2종	3종	4종	5종
산화마그네슘(MgO, %)	5.0 이하	5.0 이하	5.0 이하	5.0 이하	5.0 이하
삼산화황(SO_3, %)	3.5 이하	3.0 이하	4.5 이하	3.5 이하	3.0 이하
강열감량(%)	5.0 이하	5.0 이하	5.0 이하	5.0 이하	5.0 이하
규산삼석회C_3S (%)		50 이하			
규산이석회C_2S (%)				40 이상	
알루민산삼석회C_3A (%)		8 이하		6.0 이하	4.0

★★★ 1. 재료 및 배합

4-79	분말도(Finess)	
No. 287	粉末度	유형: 재료·성질·지표

시멘트

품질기준

Key Point

◪ 국가표준
- KS L 5201
- KS L 5106

◪ Lay Out
- 특성·품질기준
- 종류별 분말도

◪ 핵심 단어
- What: 입자의 고운정도
- Why: 수화작용 촉진
- How: 미세할수록 물과 혼합 시 접촉면적이 크므로

◪ 연관용어
- No. 355 시멘트 재료시험 참조

Ⅰ. 정 의

① 시멘트의 분말도는 시멘트 입자의 고운 정도이며, 시멘트는 분말이 미세할수록 물과의 혼합 시 접촉 면적이 크므로 수화작용이 빠르게 되는 특성이 있다.

② 시멘트 입자의 크기 정도를 분말도 또는 비표면적으로 나타내며, 시멘트의 입자가 미세할수록 분말도가 크다.

Ⅱ. 특 성

1) 분말도가 큰 시멘트 사용

① 초기강도가 크게 되며 강도 증가율이 크다.

② 블리딩이 적고 워커빌리티가 낮아진다.

③ 물과 혼합 시 비표면적이 커져서 수화작용이 빠르다.

④ 풍화하기 쉽고 건조수축이 커져서 균열이 발생하기 쉽다.

2) 분말도 시험

① 비표면적시험(Blaine방법): 블레인 공기투과장치를 이용하여 일정한 기공률을 갖도록 만든 시멘트 베드를 통하여 일정량의 공기를 흡인하는 장치로 베드를 통해 흐르는 공기의 속도로 결정

② 표준체에 의한 방법: 시료 50g을 표준체(45㎛, 90㎛)에 넣고 시료를 골고루 물에 적신 다음 1초에 한 번씩 수평으로 저으면서 1분간 세척한다. 105~100℃에서 항량이 될 때까지 건조시키고 무게측정

Ⅲ. 포틀랜드 시멘트의 품질기준

구분	분말도 (m^2/g)	안정도(%)	초결(분)	종결(시간)	압축강도(MPa)		
					3일	7일	28일
KS 규격	2,800 이상	0.8 이하	60 이상	10 이하	12.5 이상	22.5 이상	42.5 이상

Ⅳ. 포틀랜드 시멘트 종류별 분말도

항목 \ 종류		1종	2종	3종	4종	5종
분말도	비표면적(Blaine) (cm^2/g)	2800 이상	2800 이상	3300 이상	2800 이상	2800 이상

시멘트

종류

Key Point

◩ 국가표준
- KS L 5201
- KCS 44 55 05

◩ Lay Out
- 시멘트의 종류
- 중용열 Portland cement
- 조강 Portland cement
- 저열 Portland cement
- 내황산염 포틀랜드 시멘트

◩ 핵심 단어
- 혼합분쇄
- 고온의 소성로에서 소성

◩ 연관용어
- 수화반응
- 수화열
- 강열감량
- 분말도

알루미나 시멘트

- alumina질 원료와 석회질 원료가 균일하게 혼합될 때까지 소성(burning)하여 급격히 냉각시켜 미분쇄한 cement
- 수화반응시 발생하는 발열량이 매우 크므로 물-시멘트비(W/C, Water/Cement)는 40% 이하로 하며 철근의 부식에 유의한다.

★★★ 1. 재료 및 배합

4-80	Cement의 종류	
No. 288	포틀랜드 시멘트	유형: 재료·성질·지표

Ⅰ. 정 의

① 석회(CaO)·실리카(SiO_2)·알루미나(Al_2O_3)·산화철(Fe_2O_3)·마그네시아(MgO) 등을 함유하는 원료를 적당한 비율로 충분히 혼합분쇄하여 만들어진 조합원료(Raw mix)를 고온(1450℃)의 소성로(Kiln)에서 소성하여 clinker광물이 생성된다.

② clinker에 응결지연제인 석고를 3%정도 첨가하여 미분말로 분쇄한 것으로 Alite, Belite, Aluminate, Ferrite의 화합물을 합친 중량비는 시멘트 전체의 약 90%를 차지한다.

Ⅱ. 시멘트의 종류

1) Portland cement – KS L 5201

구분	종류	특징
Portland cement	1종 보통 P.C	일반 건축공사
	2종 중용열 P.C	수화열 및 조기강도 낮고 장기강도는 동등 이상
	3종 조강 P.C	보통 P.C 3일 강도를 1일에 7일 강도를 3일에 발현
	4종 저열 P.C	중용열 P.C 보다 수화열이 낮음
	5종 내황산염 P.C	C_3A를 줄이고 C_4AF를 약간 늘림

2) 혼합 cement

구분		종류	특징
혼합 시멘트	고로 slag cement KS L 5210	1종(5~30%) 2종(30~60%) 3종(60~70%)	내화학 저항성, 내해수성
	Fly ash cement KS L 5211	1종(5~10%) 2종(10~20%) 3종(20~30%)	수화열 및 건조수축이 적음
	Pozzolan cement KS L 5401	1종(5~10%) 2종(10~20%) 3종(20~30%)	수밀성이 높고 내화성성 우수, 초기강도 작음
	저열 혼합시멘트		고로슬래그 미분말 · 플라이 애쉬 등을 혼합하여 제조

시멘트

팽창시멘트

- 경화 과정에서 팽창하는 성질을 가진 cement이며, grout재 혹은 각종 보수공사에 많이 적용된다.
- 팽창방법은 ettringite, 석회·bauxite(보크사이트)를 많이 생성시키는 방법과 수산화칼슘의 결정에 의하여 팽창시키는 방법이 있다.

백색시멘트

- 부성분인 산화철(Fe_2O_3), magnesia(MgO), 아황산(SO_3), alkali(K_2O+Na_2O) 중에서 산화철의 양을 적게 하여 cement의 색을 밝게 한 cement
- 내구성을 위한 구조체보다는 장식용·미장용·인조대리석 제작 등에 주로 적용된다.

DSP시멘트

- 초미립자, 고성능 감수제를 적절히 조합하여 낮은 W/C비에서 수화시켜 경화시킨 cement로서 경화체의 공극을 감소시켜 고강도를 얻는 cement
- D.S.P 경화체는 미수화물 입자가 치밀하게 충진되고, 이 공극에 수화물이 채워지는데, 이 수화물은 silica fume의 pozzolan반응에 의해 생성된 것이다.

3) 특수 시멘트

구분	특징
알루미나 시멘트 KSL 5205	내화학성 우수, 강도발현 빠름. 6~12시간에 일반P.C와 동일
팽창 시멘트 KS L5217	건조수축을 방지
백색 시멘트 KS L 5204	시멘트 원료 중 점토에서 실리카 성분을 제거
초속경 시멘트	6,000cm^2/g으로 미분쇄, 2~3시간에 10MPa에 도달
MDF시멘트	수용성 폴리머를 혼합, 공극 채움
DSP 시멘트	고성능 감수제 혼합. 공극률 감소
벨라이트 시멘트	클링커의 상 조성을 변화시키지 않고 제조 가능. 적은 양의 석고 사용 가능

Ⅲ. 중용열 Portland cement

1) 정의

① 수화열을 작게 하기 위해 C_3S, C_3A(8% 이하) 성분을 줄이고 장기 강도를 내기 위해 규산이석회(belite; C_2S, $2CaO \cdot SiO_2$)량이 많게 제조한 cement

② 수화열이 작고 투수 저항성이 커서 초대형 concrete 구조물, dam 공사 등의 mass concrete 등에 이용되며, 수화열과 건조수축이 적고, 화학저항성이 커서 도로용 cement로도 사용

2) 적용대상

① Mass Concrete

② 서중 Concrete

③ 차폐 Concrete

④ 수밀 Concrete

⑤ 댐(Dam) 및 기초(foundation)과 같은 massive한 구조물

3) 특성

① 초기 강도 발현은 늦으나 콘크리트의 장기 강도에는 유리

② 내화학성의 확보 유리

③ 경화 시 발열량이 적어 건조수축으로 인한 균열이 적다.

④ 수화발열량이 낮아 균열의 발생이 적다.

4) 유의사항

① 동결융해에 대한 저항성은 보통 cement보다 불리한 경우가 많으므로 유의

② Silica 성분의 탄산가스에 의한 중성화가 쉬우므로 유의

③ 콘크리트의 단위수량이 증가하여 강도상 불리할 수 있으므로 유의

시멘트

적용대상

- 한중콘크리트
- 조기강도를 요하는 공사
- 수중공사
- 긴급공사

Ⅳ. 조강 Portland cement

1) 정의

① 초기강도의 발현성이 우수한 alite(C_3S)의 양을 높여 물과 접촉하는 면적을 많게 하기 위하여 cement 입자를 4,000~4,500cm^2/g로 미분쇄하여 단기간에 높은 강도를 발현시키도록 한 cement

② 수화작용이 빨라 보통 portland cement의 28일 강도를 7일 만에 발현하고 저온에서의 강도발현이 양호하여 긴급공사·동절기 공사·지하철 공사·concrete 2차 제품 생산·prestress concrete 등에 이용된다.

2) 특성

① 조기강도의 발현이 빠르다.

② 응결할 때 수화발열량이 크다.

③ 건조수축에 의한 균열이 생기기 쉽다.

3) 유의사항

① 타설할 때까지의 소요온도를 최대한 짧게 유지할 것

② 치수가 큰 구조물 타설 시 1회 타설량 규모가 작을 것

③ 치수가 큰 구조물 타설 시 냉각공법의 고려

적용대상

- 지하연속벽
- L.N.G.지하저장 tank
- 지하연속벽
- Mass concrete 공사

Ⅴ. 저열 Portland cement(Low heat Portland Cement)

1) 정의

① 수화작용 시 발생하는 수화열이 보통 portland cement보다 낮은 cement

② 수화열이 낮은 cement로서 대형 구조물 공사에 적합한 cement 이며 belite(C_2S)의 함유량을 40% 이상으로 규정하고 있다.

2) 특성

① 수화열이 작아 온도균열 제어에 뛰어나고 고유동성, 우수한 고강도

② 재령 초기의 압축강도는 낮지만 장기에 있어서 강도를 발현

③ 건조수축이 적으며, 초기 강도 발현 지연

내황산염 시멘트 특성

- 초기 강도는 보통 포틀랜드 시멘트와 유사하며, 28일 강도는 약 90% 정도이며, 건조수축은 보통 Con'c 보다 적다.
- 황산염으로 인한 침식을 방지하기 위하여 알민화3칼슘(Ca_3Al)이 적은 내황산염 시멘트를 사용한다.
- 온천지대, 해안, 항만 등에 이용

Ⅵ. 내황산염 포틀랜드 시멘트

1) 정의

① aluminate상 C_3A는 황산염에 대한 저항성이 약하기 때문에 그 함유량을 매우 작게(5% 이하)한 cement

② 황산염은 항만, 해양공사, 해수 중, 온천지 부근의 토양, 지하수중, 명반(明礬)을 사용하는 공장의 폐수 중에 함유되어 있으며, 이러한 장소의 공사에 사용된다.

시멘트

종류

Key Point

◪ 국가표준
- KS L 5210

◪ Lay Out
- 특성·용도
- 주의사항

◪ 핵심 단어
- What: 슬래그와 석고 첨가
- Why: 내화학성 향상
- How: 분쇄하여 제조

◪ 연관용어
- 고로슬래그 미분말
- 수화열
- 분말도

고로슬래그 미분말

- 실리카(SiO_2)
- 알루미나(Al_2O_3)
- 마그네시아(MgO)

KS L 5210

- 고로슬래그 함유량
  - 1종: 5~30% 이하
  - 2종: 30~60% 이하
  - 3종: 60~70% 이하

☆☆★ 1. 재료 및 배합

4-81	고로 Slag cement	
No. 289		유형: 재료·성질·지표

Ⅰ. 정 의

① 제철공장의 용광로에서 선철과 동시에 생성되는 slag와 석고를 clinker에 혼합·분쇄하여 만든 Cement

② 수화열이 낮아 온도균열 제어가 뛰어나고, 장기 강도와 내화학성(화학적 저항성, 내화학약품성)이 우수하여 dam 등 mass concrete와 하천과 접하는 곳에 사용

Ⅱ. 특 성

① 수화열, 강도, 내구성 등의 고유한 특성으로 장기강도가 크다.

② 해수, 하수, 지하수, 광천 등의 내침투성 우수

③ 수화열이 낮다.

④ 내열성이 크다.

⑤ 투수성이 적다.

Ⅲ. 고로슬래그 시멘트의 용도

① 댐: 2종 3종을 사용하며, 모체 시멘트에 중용열 포틀랜드 시멘트를 사용하며, 균열방지를 위해 분말도가 거친 slag를 혼합해야 한다.

② 토목공사: 도로, 철도, 교량, 터널

③ 방파제, 케이슨, 수로, 오수처리시설

④ 2차 제품: 원심력 콘크리트관, Prestress concrete pile

Ⅳ. 고로슬래그 시멘트의 사용 시 주의사항

① 초기 경화지연, 조기 건조에 민감하므로 초기의 습윤양생은 주의 깊게 다룰 것

② 동절기 시공에서 내구성을 위한 양생 방법에 대한 주의가 필요

③ Silica 성분의 탄산가스에 의한 중성화가 쉬우므로 유의할 것

④ Pump의 압송 시 저항성이 크므로 유의할 것

⑤ 공기에 노출된 얇은 표면층이 연약하게 되는 경향이 있으므로 표면 양생에 주의

⑥ 콘크리트 타설 초기에는 일시적으로 푸른색을 띄게 되지만 공기 중에 노출되면 점차 황색 내지 백색으로 바뀐다.

⑦ 고로슬래그 시멘트 및 고로슬래그 시멘트 콘크리트에서 유화수소의 냄새가 나지만 2~3일이 지나면 증발

☆☆★ 1. 재료 및 배합

4-82	플라이애시 시멘트	
No. 290	Fly ash cement	유형: 재료·성질·지표

시멘트

종류

Key Point

◩ 국가표준
- KS L 5211

◩ Lay Out
- 강도발현 과정
- 수화열 저감원리
- 특성
- 사용 시 주의사항

◩ 핵심 단어
- What: 유연탄 연소
- Why: 혼합하여 분쇄
- How: 집진장치로 포집

◩ 연관용어
- 수화열
- 수화반응
- 포졸란 반응

KS L 5211

- 플라이애시 함유량
  - 1종: 5~10% 이하
  - 2종: 10~20% 이하
  - 3종: 20~30% 이하

Ⅰ. 정 의

① 화력발전소에서 유연탄을 연소할 때 굴뚝을 통해 대기 중으로 확산되는 재(ash)의 미립자를 집진장치로 포집한 미세한 입자인 Fly ash와 석고를 clinker에 혼합·분쇄하여 만든 Cement

② 수밀성 향상, Workability 증진 효과가 있고, cement와 물이 수화작용할 때의 수화반응에 의해 발생하는 수화열을 감소시키는 효과가 있고 조기강도는 잦으나 장기강도는 크다.

Ⅱ. 강도발현 과정

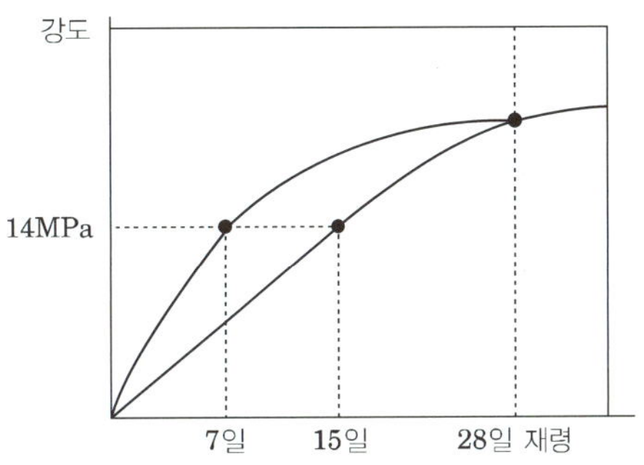

- 실리카 품을 제외한 혼화재를 사용한 경우 초기강도가 낮다.
- 거푸집 공바리 등의 가설재 운용 차질에 유의
- 고성능 감수제를 혼합하여 시멘트 입자를 분산시키고 재응집 방지 필요

Ⅲ. 수화열 저감원리

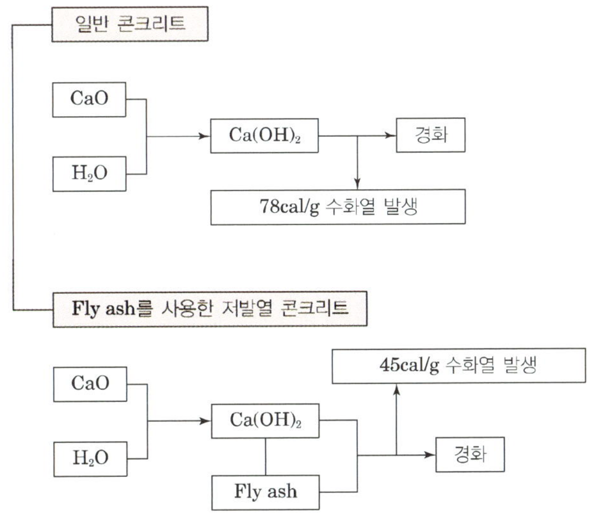

시멘트

Ⅳ. 특 성

특성	내용
유동성 개선	• Fly Ash는 입자모양이 구상이므로 콘크리트 중에서 ball bearing과 같이 움직이기 때문에 Workability 개선 • 소요 반죽질기를 얻기 위한 단위수량을 작게 할 수 있으며, 그 감소 정도는 Fly Ash의 분말도가 높고 강열감량이 적을수록 크다.
장기강도 증진 및 동결융해 저항성	• 콘크리트의 강도는 비교적 초기재령에서 감소 • 포졸란반응에 의해 장기강도 증진 • 단위수량이 감소되어 동결융해 저항성이 증가
수화열 저감	• 플라이애시는 시멘트의 수화생성물과 반응하여 경화성을 발휘하지만 반응속도는 시멘트와 비교하여 상당히 작고 수화발열량도 작다.
알칼리 골재반응 억제	• 포졸란반응에 의한 콘크리트 중의 수산화칼슘량의 저감에 따른 수산이온의 저감 • 비표면적이 큰 저칼슘형 규산칼슘 수화물의 생성과 그것에 의한 알칼리 이온의 흡착, 경화 시멘트 페이스트 조직의 치밀화에 의한 물의 이동속도 저하

Ⅳ. 플라이애시 시멘트 사용 시 주의사항

① 초기양생: 포졸란 반응이 충분히 이루어지는 것이 중요하며, 이러한 의미에서 초기 습윤양생이 중요하며 또한 양생온도에 주의

② 연행공기량 감소: AE콘크리트의 경우 플라이애시내의 미연탄소분에 의해 AE제 등이 흡착되어 연행공기량이 현저히 감소

③ 응결시간 지연: 플라이애시의 미연탄소 함량과 산화바나듐(V205) 성분의 함량이 많을수록 현저해진다.

④ 플라이애시의 고결: 자체의 수경성은 거의 없으나 공기 중의 수분과 반응하여 응집되고 가압상태에서 고결되는 현상에 유의

시멘트

종류

Key Point

◩ 국가표준
- KS L 5401

◩ Lay Out
- 특성
- 용도
- 사용 시 주의사항

◩ 핵심 단어
- 규산질 혼합재

◩ 연관용어
- 포졸란
- 플라이애시

KS L 5401

- 실리카질 함유량
  - 1종: 5~10% 이하
  - 2종: 10~20% 이하
  - 3종: 20~30% 이하

실리카질 재료분류

- 천연 pozzollan
  - 규조토, 응회암, 규산백토, 화산재 등
- 인공 pozzolan
  - fly ash, 소성점토 등

☆☆★ 1. 재료 및 배합

4-83	포틀랜드 포졸란시멘트	
No. 291	Portland pozzolan cement	유형: 재료·성질·지표

Ⅰ. 정 의

① 규산질 혼합재와 석고를 혼합한 Cement
② 수밀성이 높고, 내화학성이 우수하지만 초기강도가 작고, 중성화에 대한 대책이 필요하다.

Ⅱ. 특 성

① 포틀랜드 시멘트로만 된 경우보다 모르타르 내의 공극 충전효과가 크고 투수성이 현저하게 감소
② 성형성이 좋고, 보수성이 좋음
③ Bleeding이 감소하여 백화현상이 적어진다.
④ Con'c의 화학적 저항력이 향상되며, 장기 강도가 증대된다.
⑤ 단위수량의 증가로 강도상 불리할 수 있고, 동결융해에 대한 저항성이 적다.

Ⅲ. 용 도

① 1종: 일반 건축구조용 및 토목용(블리딩이 적고 워커빌리티 증대, 마감이 깔끔하고 투수성 낮음)
② 2종: 미장용(흙손이 잘 돌아가고 표면의 마감이 아름답다. 보수성 우수)
③ 3종: 댐, 기타 부피가 큰 구조물에 사용(경화열이 낮아 온도응력에 의한 온도균열을 방지, 화학저항성우수)

Ⅳ. 포졸란 시멘트 사용 시 주의사항

① 콘크리트의 단위수량이 증가하여 강도상 불리할 수 있으므로 유의
② 포졸란 cement는 탄산가스에 의한 중성화가 쉬우므로 용도에 따라 함유율에 유의
③ 초기 재령의 콘크리트에서 동결융해에 대한 저항성에 불리한 결과 초래
④ 표면활성제 등의 혼화제는 pozzolan에 흡착되어 사용량 증가

4-84	초속경 시멘트	
No. 292	Regulated set cement	유형: 재료·성질·지표

시멘트

종류

Key Point

◩ 국가표준

◩ Lay Out
- 강도발현
- 특성
- 사용 시 주의사항

◩ 핵심 단어
- 2~3시간 내 20~30MPa 강도 발현
- 응결시간 짧고

◩ 연관용어
- 수화열
- 수화반응

용도

- 도로, 다리, 활주로, 항만 등의 긴급보수공사
- 한중 긴급공사
- 연속생산공정 중의 바닥보수공사
- 기계기초 등의 구축 수리

Ⅰ. 정 의

① 2~3시간 내에 20~30MPa의 강도를 발현하는 cement로서 응결시간이 짧고 경화 시 발열량이 큰 cement

② 초속경성을 활용한 cement는 긴급보수공사, cement 2차 제품, 주입식 concrete, shotcrete 등에 사용된다.

Ⅱ. 초속경 시멘트의 강도발현

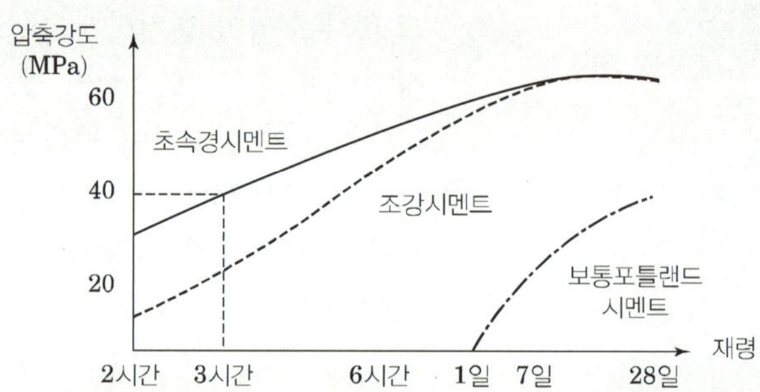

최초로 물과 접촉한 시점부터 급속하게 발생하여 응결이 끝나면 즉시 경화 시작 경화

Ⅲ. 특 징

① 응결시간이 매우 짧다.

② 조기강도발현 우수(3~4시간 내 보통시멘트의 7일 강도 발현)

③ 저온에서도 강도발현

④ 초기 보양이 중요하며 보양 시 살수금지

Ⅳ. 사용 시 주의사항

① 온도가 증가할수록 응결시간이 빨라지므로 현장 타설 시 온도를 측정하고 적정 응결지연제 사용량을 확보하여 가사시간 확보

② 타설 후 20분 이내에 타설 및 표면마무리

③ 온도에 민감하게 반응하므로 양생온도가 높을 경우 표면의 온도차에 주의하여 양생

④ 타설 후 수분의 증발방지를 위해 비닐보양 실시

시멘트

종류

Key Point

◪ 국가표준

◪ Lay Out
- 수용성 폴리머의 종류
- 특성
- 사용 시 주의사항

◪ 핵심 단어
- What: 수용성 폴리머 혼합
- Why: 미세한 분말
- How: 공극을 채우고 압출, 사출 성형

◪ 연관용어
- 고수밀성

적용대상

- 고수밀성이 요구되는 구조
- 공업용 선반의 Plate
- 콘크리트 2차 제품(타일, 창문틀)
- 건축용 구조재

☆☆☆ 1. 재료 및 배합 89

4-85	MDF cement	
No. 293	Macro Defect Free cement	유형: 재료·성질·지표

Ⅰ. 정 의

① 시멘트에 수용성 폴리머를 혼합하여 시멘트 경화체의 공극을 채우고, 압출, 사출방법으로 성형하여 건조상태로 양생하여 제조한 시멘트
② 휨강도 1,000kgf/cm^2 이상으로 입자가 매우 미세한 분말구조로 되어 있는 고수밀성 cement

Ⅱ. 수용성 폴리머의 종류

① polyvinyl alcohol(PVA)
② polyacrylamide(PAA)
③ hydroxypropyl methl-cellulose(HPMC)

Ⅲ. 특 성

① 충전 및 보강효과가 뛰어남
② 치밀한 미수화 클링커 효과
③ 낮은 물시멘트비로 저기공의 콘크리트를 얻을 수 있다.
④ 유동성과 분산성을 높이기 위한 혼화재료 사용

Ⅳ. 사용 시 주의사항

① 수용성 폴리머는 MDF시멘트의 내수성을 저하시킴
② 수분흡수로 팽윤작용과 강도가 저하
③ 수분에 대한 저항성을 높이는 방법 검토
④ 공기 중 수분과 반응하여 풍화되기 쉽다.

4-86	강열감량	
No. 294	Ignition Loss	유형: 시험·성질·지표

Ⅰ. 정 의

① 흙이나 cement 등의 시료에 900~1200℃ 정도(1000℃)의 강한 열을 60분 동안 가했을 때 중량이 감소된 손실량

② 시료 약 0.5g을 도가니(용량 15mL)에 0.1mg까지 정확히 측정하여 취하고 975±25℃로 조절한 전기로에서 15분간 강열하고 데시케이터 안에서 냉각한 후 질량을 측정, 15분씩 강열을 반복하여 항량이 되었을 때의 감량에서 강열감량을 산출

Ⅱ. 강열감량의 정량방법

- 시료 1g을 0.1mg까지 바르게 질량을 재서 채취

↓

- 975±25℃로 조절한 전기로에서 15분간 강열

↓

- 데시케이터 안에서 냉각한 후 질량을 측정

↓

- 15분씩 강열을 반복

↓

- 항량(강열 전후의 질량차가 0.5mg 이하)이 되었을 때의 감량산출

↓

- 시료 약 0.5g을 백금 도가니(용량 15mL)에 0.1mg까지 정확히 측정하여 취한다.(허용차(0.1%)

Ⅲ. 특 성

① 일반적으로 강열감량은 0.6~0.8% 정도

② 강열감량은 시멘트 중에 함유된 H_2O, CO_2의 양이다.

③ 강열감량은 클링커와 혼합하는 석고의 결정수량과 거의 같은 양이다.

④ 시멘트가 풍화하면 강열감량이 커지며, 풍화의 정도를 파악하는데 사용

Ⅳ. 강열감량

- 포틀랜드 시멘트
  - 5% 이하
- Fly ash
  - 1종: 3% 이하
  - 2종: 5% 이하

시멘트

품질

Key Point

◩ 국가표준
- KCS 44 55 05
- KS L 5120

◩ Lay Out
- 정량방법
- 특성
- 강열감량

◩ 핵심 단어
- What: 전기로에서 15분간 강열
- Why: 손실량(풍화)산출
- How: 냉각 후 질량 측정, 5분씩 강열 반복

◩ 연관용어
- 시멘트의 풍화

KS L 5120

- $ig.loss = \frac{m'}{m} \times 100$
- $ig.loss$: 강열감량(%)
- m': 항량이 된 감량(g)
- m: 시료의 질량(g)

- 항량
  - 강열 전후의 질량차
- 풍화
  - 저장된 cement가 대기 중의 공기와 접하면 공기 중의 수분과 수화작용을 하여 탄산염을 생성하며 굳어지는 현상으로 여름철에 많이 발생

시멘트

성질

Key Point

◩ 국가표준
- KCS 44 55 05
- KS L 5120

◩ Lay Out
- 수화발열속도 및 양
- 수화생성물
- 수화열에 영향을 주는 요인

◩ 핵심 단어
- What: 시멘트+물
- Why: 수산화칼슘 생성
- How: 수화반응

◩ 연관용어
- 수화열
- 발열량
- 응결 경화
- 모세관공극(No. 386)
- 이상응결 위응결(헛응결)

수화(Hydration)

- Cement(CaO)와 물(H_2O)이 반응하여 가수 분해되어 수화물$Ca(OH)_2$ 생성

- 수화반응에 필요한 수량
  - 수화물 결정수: 시멘트 양의 약 25%
  - Gel공극 내 공극수: 약 15%
  - 합계: 시멘트 양의 40%

★★★ 1. 재료 및 배합 68,106

4-87	수화반응과 수화과정	
No. 295	Reaction of Hydration	유형: 반응·현상·작용

Ⅰ. 정 의

① cement(CaO)와 물(H_2O)이 접촉하여 수화반응에 따라 열을 방출하는 동시에 굳어지며 수산화칼슘($Ca(OH)_2$)을 생성하는 반응

② 수화과정은 cement paste가 시간이 경과함에 따라 점차 유동성과 점성을 상실하고 고화하여 형상을 그대로 유지할 정도로 굳어질 때까지의 현상인 응결(setting) 되는 과정

Ⅱ. 포틀랜드 시멘트의 수화발열 속도 및 양

$CaO+H_2O \rightarrow Ca(OH)_2$이 반응하여 가수 분해되어 수화물 생성

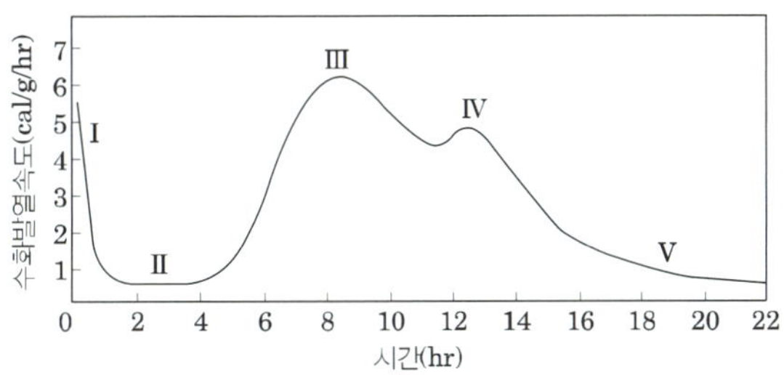

① 제1peak(Ⅰ)
석고가 클링커 광물 중 활성이 큰 알루미네이트상과 반응하여 생성하는 에트린가이트(Ettringite, $C_3A \cdot 2CaSo_4 \cdot 32H_2O$)와 알라이트 표면 용해에 기인하며 유리석회가 다량 존재하면 발열량도 증가

② 유도기(Ⅱ)
제1Peck에서 제2Peck에 걸친 2~4시간은 수화가 진행되지 않고 페이스트 성상도 변화하지 않은 상태를 유지하며, 알루미네이트 입자 주변은 불용성 에트리가이트막이 둘러싸이고, 알라이트 입자의 주변에는 불용성 칼슘 실리케이트막이 둘러싸여 수화가 억제된다.

③ 제2Peak(Ⅲ) 가속기
둘러싸인 칼슘 실리케이트 수화물 막이 내부 침투압으로 팽창 파괴되고, 알라이트의 수화가 다시 시작

④ 제3Peak(Ⅳ) 감속기
알루미네이트 입자를 둘러싼 에트린가이트 막이 팽창압으로 파괴되고, 내부의 C_3A가 수화를 시작할 때 석고의 소진으로 에트린가이트가 모노 설페이트(Monosulfate, $C_3A \cdot CaSo_4 \cdot 12H_2O$)로 변화하면서 발생하는 발열반응

⑤ 제3Peak이후(Ⅴ)
발열피크는 없고 알라이트, 벨라이트는 생성한 칼슘 실리케이트 수화물에 의해 둘러싸여 수화속도는 점차 느려지지만 수화물 간의 접착으로 경화가 시작

시멘트

Ⅲ. 시멘트화합물의 수화생성물

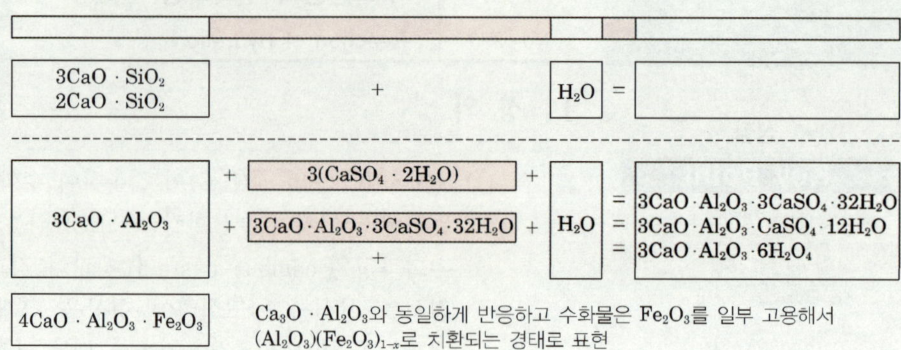

Ⅳ. 수화열에 영향을 주는 요인

① 시멘트의 종류
② 시멘트의 분말도
③ 시멘트중의 석고 혼입량
④ 콘크리트 배합
⑤ 포틀랜드 시멘트에 포함된 클링커 광물

시멘트

성질

Key Point

- 국가표준

- Lay Out
  - 초결시간·종결시간
  - 영향을 주는 요인
  - 유의사항

- 핵심 단어
  - 수화반응
  - 굳어가는 과정
  - 강도발현과정

- 연관용어
  - 수화열
  - 발열량
  - 모세관공극(No. 386)
  - 이상응결 위응결(헛응결)

수화(Hydration)

- Cement(CaO)와 물(H_2O)이 반응하여 가수 분해되어 수화물 $Ca(OH)_2$ 생성

- 수화반응에 필요한 수량
  - 수화물 결정수: 시멘트 양의 약 25%
  - Gel공극 내 공극수: 약 15%
  - 합계: 시멘트 양의 40%

★★★ 1. 재료 및 배합 74.100

4-88	콘크리트에서의 초결시간과 종결시간(응결과 경화)	
No. 296	응결Setting, 경화Hardening	유형: 반응·현상·작용

Ⅰ. 정 의

① cement가 물과 접촉하여 수화반응에 따라 점점 굳어져 유동성을 잃기 시작하여 굳어지는 과정을 응결이라고 하고, 응결과정 이후 강도발현과정을 경화라고 한다.

② 유동성이 없어지는 초결시간과, 시간이 경과하여 응고를 계속하여 고체와 같은 시간을 종결시간이라고 한다.

Ⅱ. 응결기간 중 초결시간과 종결시간

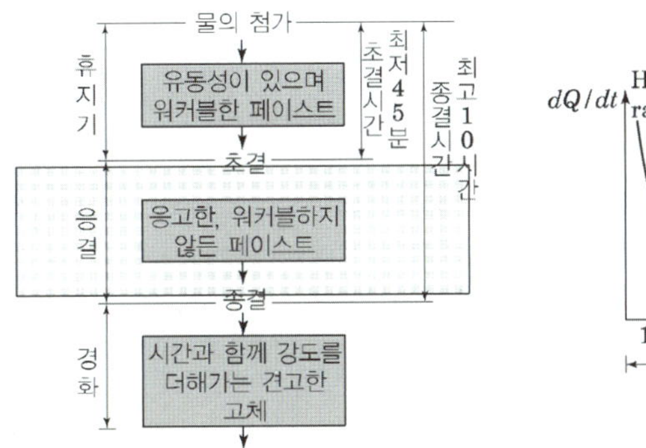

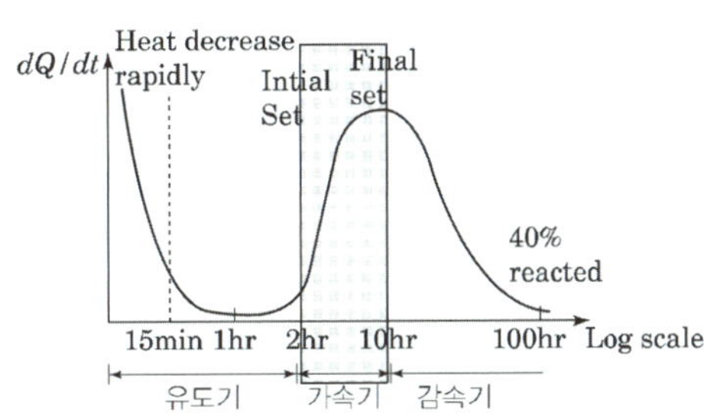

① 초결시간이 느리고 종결시간이 빠를수록 양생이 수월

② 수화개시 후 초결은 60분 종결시간은 10시간 이내

③ 2~4시간 지나면 유도기가 끝나고 페이스트는 유동성을 잃고 굳어가기 시작

Ⅲ. 응결 및 경화에 영향을 주는 요인

① 시멘트의 분말도가 높을수록 빠르다.

② Slump치가 작을수록 응결이 빠르다.

③ 물 결합재비가 작을수록 응결이 빠르다.

④ 온도가 높을수록 응결이 빠르다.

Ⅳ. 응결 및 경화 시 유의사항

① 응결이 진행되고 있을 때 이어치기 시 Cold Joint 발생

② 응결이 진행되고 있을 때 진동 및 충격에 유의

☆☆★ 1. 재료 및 배합

시멘트

4-89	False settting(위응결, 가응결, 헛응결)	
No. 297	Abnormal Setting(이상응결)	유형: 반응·현상·작용

성질

Key Point

- 국가표준
- Lay Out
  - 초결시간·종결시간
  - 영향을 주는 요인
  - False set의 원인
- 핵심 단어
  - What: 물과 혼합할 때
  - Why: 비정상적으로 빨리 응결
  - How: 급격히 수화하여 이수석고로 되면서 경화
- 연관용어
  - 수화열
  - 발열량
  - 모세관공극(No. 386)

수화(Hydration)

- Cement(CaO)와 물(H_2O)이 반응하여 가수 분해되어 수화물 $Ca(OH)_2$ 생성
- 수화반응에 필요한 수량
  - 수화물 결정수: 시멘트 양의 약 25%
  - Gel공극 내 공극수: 약 15%
  - 합계: 시멘트 양의 40%

Ⅰ. 정 의

① 석고를 첨가한 시멘트가 비정상적으로 빨리 응결되는 현상으로 분쇄공정에서 분쇄 밀 (grinding mill)의 강구 마찰과 충격에 의한 반수석고($\beta-C_3SO_4\cdot 1/2\ H_2O$) 또는 무수석고(Ⅲ$-C_3SO_4$)의 생성으로 이것이 물과 혼합할 때 급격히 수화하여 이수석고로 되면서 경화하면서 발생되는 현상

② abnormal Setting(이상응결): 응결의 시작과 끝을 나타내는 초결과 종결이 정상응결의 범위 밖으로 진행되는 것으로 초결은 1시간 이상, 종결은 10시간 이내의 범위를 벗어난 응결

Ⅱ. 응결기간 중 초결시간과 종결시간

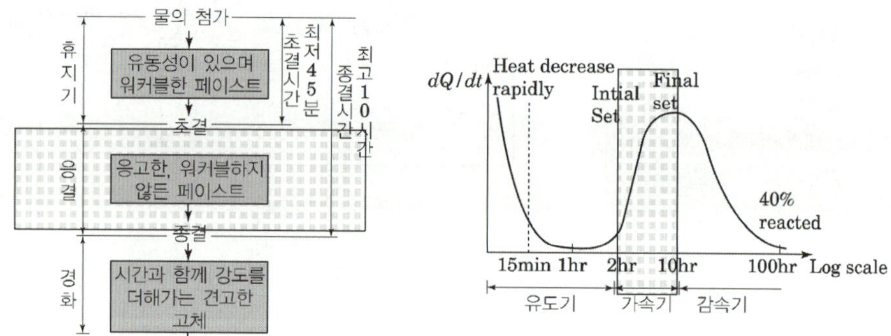

수화개시 후 초결은 60분 종결시간은 10시간 이내

Ⅲ. 응결 및 경화에 영향을 주는 요인

① 시멘트의 분말도가 높을수록 빠르다.

② Slump치가 작을수록 응결이 빠르다.

③ 물 결합재비가 작을수록 응결이 빠르다.

④ 온도가 높을수록 응결이 빠르다.

Ⅳ. False set의 원인

① 알루민산 3칼슘(C_3A)의 수화반응으로 나타나는 현상

② 시멘트에 석고가 첨가하더라도 수화 초기의 페이스트의 Stiffening 현상

③ 시멘트의 풍화

④ 석고가 C_3A와의 수화반응으로 소진되었을 때 수화를 억제하는 기능이 없어져 C_3A의 수화반응이 진행되면서 나타나는 현상(석고부족)

★★★ 1. 재료 및 배합

4-90	포졸란 반응	
No. 298	Pozzolanic Reaction	유형: 반응·현상·성질

시멘트

성질

Key Point

◪ 국가표준

◪ Lay Out
- Mechanism
- 포졸란 반응의 혼화재 특징
- 사용 시 유의사항

◪ 핵심 단어
- What: 포졸란
- Why: 불용성 물질 생성
- How: 수산화칼슘과 반응

◪ 연관용어
- 수화열
- 발열량
- 잠재수경성
- 저발열 콘크리트
- Mass concrete

잠재수경성

- 수경성
  - 시멘트의 광물질은 물과 접촉하여 수화반응을 하는 성질
- 잠재 수경성
  - 물과 접촉하여도 수경성을 나타내지 않지만 소량의 소석회, 황산염 등이 존재하면 수경성이 있는 것처럼 반응하는 성질로 고로 슬래그미분말 등이 잠재수경성이 있다.

Ⅰ. 정 의

① 자체적으로 물과 반응하여 경화하는 성질(Hydraulicity수경성)이 없는 포졸란이 시멘트의 수화과정에서 생성된 수산화칼슘과 반응을 하여 다량의 CSH겔(Calcium Silicate Hydrate Gel)을 생성시키는 반응

② 실리카물질을 주성분으로 하며, 플라이애시, 화산재, 응회암, 규조토 등이 포졸란 반응을 한다.

Ⅱ. 포졸란 반응 Mechanism

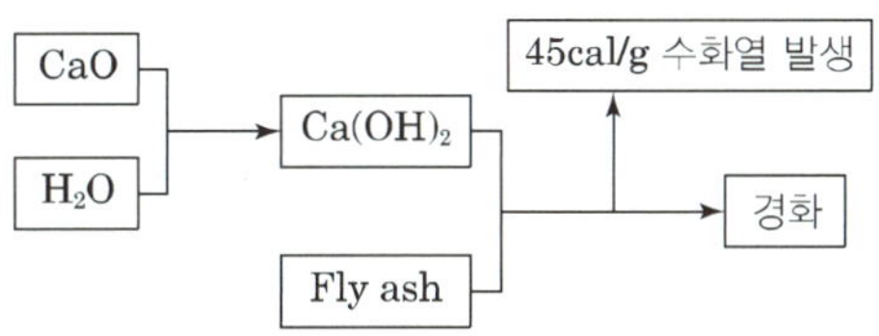

Fly ash를 사용한 시멘트의 포졸란 반응 및 수화열저감 원리

Ⅲ. 포졸란 반응의 혼화재 특징

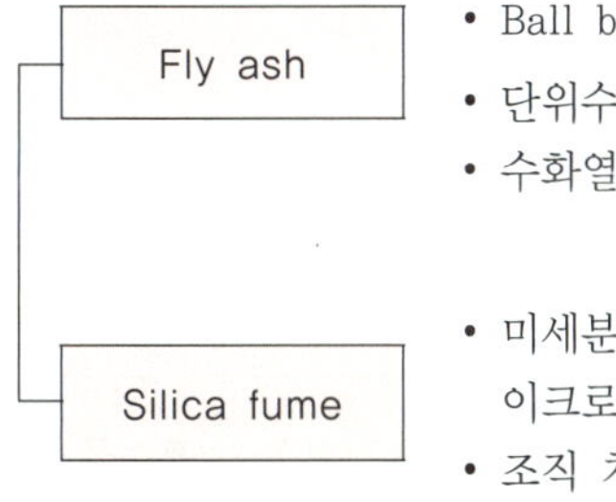

Fly ash
- Ball bearing 작용: Workability 향상
- 단위수량 감소
- 수화열 저감: Mass concrete에 사용

Silica fume
- 미세분말(시멘트 입자의 1/100)로써 공극을 채우는 마이크로 필러(Micro filler)효과로 미세한 공극 감소
- 조직 치밀: 고강도 콘크리트에 사용

Ⅳ. 포졸란계 사용 시 유의사항

① 콘크리트의 단위수량이 증가하여 강도상 불리할 수 있으므로 유의

② 포졸란 cement는 탄산가스에 의한 중성화가 쉬우므로 용도에 따라 함유율에 유의

③ 초기 재령의 콘크리트에서 동결융해에 대한 저항성에 불리한 결과 초래

④ 표면활성제 등의 혼화제는 pozzolan에 흡착되어 사용량 증가

⑤ 고성능 감수제 사용: 뭉쳐있는 시멘트 입자사이에 흡착되어 시멘트 입자간에 정전기적인 반발력으로 입자를 분산시킬 필요 있음

★★★ 1. 재료 및 배합

4-91	골재의 분류	
No. 299		유형: 기준·지표·항목

골재

분류

Key Point

◩ 국가표준
- KCS 14 20 10
- KCS 14 20 21
- KS F 2502
- KS F 2527
- KS F 2534

◩ Lay Out
- 영향요소
- 요구성능
- 골재의 종류

◩ 핵심 단어

◩ 연관용어
- 잔골재율
- 굵은골재 최대치수

Ⅰ. 콘크리트 골재의 영향요소

① 골재는 콘크리트의 모르타르, 석회반죽, 역청질의 혼합물 등과 같이 결합재에 의하여 한덩어리를 이룰 수 있는 건설용 광물질의 재료로써, 굳기 전 콘크리트의 작업성과 굳은 후의 강도, 내구성, 수밀성의 확보에 영향을 미친다.

② 최근 천연골재 품귀현상, 순환골재 사용 등으로 사용골재의 품질관리가 필요하다.

Ⅱ. 골재의 요구성능

① 표면이 거칠고 구형에 가까운 것
② 청정한 것
③ 물리적으로 안정할 것
④ 화학적으로 안정할 것
⑤ 입도가 적절할 것
⑥ 시멘트페이스트와 부착력이 크도록 큰 표면적을 가질 것
⑦ 내화성이 있는 것에 둘러싸여 수화속도는 점차 느려지지만 수화물간의 접착으로 경화가 시작

Ⅲ. 골재의 종류

1) 천연골재 - KS F 2527

입형이 양호하여 회전저항이 감소해 유동성 우수

구분	절건비중 (g/cm^2)	흡수율 (%)	점토 덩어리 (%)	0.08mm체 통과량(%)	이물질 함유량	염화물 (%)
굵은 골재	2.5 이상	3.0 이하	0.25 이하	1.0 이하	-	-
잔골재	2.5 이상	3.5 이하	1.0 이하	3.0 이하	표준색보다 진하지 않음	0.04 이하

2) 부순골재 - KS F 2527

암석을 크러셔 등으로 분쇄하여 인공적으로 만든 골재로 입형이 불량하여 회전저항이 증가해 유동성이 취약해 단위수량 증가

구분	절건비중 (g/cm^2)	흡수율 (%)	안정성	마모율	0.08mm체 통과량
부순 굵은 골재	2.5 이상	3.0 이하	12 이하	40 이하	1.0 이하
부순 잔골재	2.5 이상	3.0 이하	10 이하	-	7.0 이하

골재

3) 경량골재 - KS F 2527

구분		내용
인공경량골재	굵은 골재	• 고로슬래그, 점토, 규조토암, 석탄회, 점판암과 같은 것을 팽창, 소성, 소과하여 생산되는 골재
	잔골재	
천연경량골재	굵은 골재	• 경석, 화산암, 응회암과 같은 천연재료를 가공한 골재
	잔골재	
바텀애시 경량골재	잔골재	• 화력발전소에서 부산되는 바텀애시를 가공한 골재

4) 순환골재 - KCS 14 20 21, KS F 2527

폐콘크리트로부터 생산된 재활용 골재

구분	절건비중 (g/cm^2)	흡수율 (%)	마모감량	점토량 (%)	0.8mm 체 통과량	이물질 함유량	입자모양 판정 실적률
굵은 골재	2.5 이상	3.0 이하	40 이하	0.2 이하	1.0 이하	1.0 이하 (용적)	55% 이상
잔 골재	2.5 이상	3.5 이하	-	1.0 이하	7.0 이하	1.0 이하 (질량)	53% 이항

골재

분류

Key Point

■ 국가표준
- KCS 14 20 10
- KS F 2502

■ Lay Out
- 잔골재의 품질기준
- 굵은골재의 품질기준
- 조립률(FM)-체가름 시험

■ 핵심 단어
- 골재의 크고 작은 알이 섞여있는 정도

■ 연관용어
- 체가름시험
- 잔골재율
- 굵은골재 최대치수

☆☆★ 1. 재료 및 배합 83

4-92	골재의 입도	
No. 300	grading of aggreate	유형: 기준·지표·항목

Ⅰ. 정 의

① 체가름 시험을 하여 알 수 있는 골재의 크고 작은 알이 섞여있는 정도

② 깨끗하고, 강하고, 내구적이고, 알맞은 입도를 가지며, 얇은 석편, 가느다란 석편, 유기불순물, 염화물 등의 유해량 함유하지 않아야 한다.

Ⅱ. 잔골재의 품질기준

1) 요구조건 및 물리적 품질

① 원석의 강도: 단단하고, 강한 것

② 유해물 함유: 유해량 이상의 염분을 포함하지 않아야 하고, 진흙이나 유기 불순물 등의 유해물을 허용량 이상 함유 금지

③ 절대건조밀도: 2.5g/cm^3 이상

④ 흡수율: 3.0% 이하

2) 잔골재의 표준입도

체의 호칭 치수(mm)	체를 통과한 것의 질량 백분율(%)	
	부순 잔골재	부순 잔골재 이외의 잔골재
10	100	100
5	95-100	95-100
2.5	80-100	80-100
1.2	50-90	50-85
0.6	25-65	25-60
0.3	10-35	10-30
0.15	2-15	2-10

• 잔골재(Fine Aggregate)
- 10mm 체를 전부 통과하고, 5mm 체를 거의 다 통과하며, 0.08mm 체에 거의 다 남는 골재, 5mm 체를 통과하고 0.08mm 체에 남는 골재

① 입도 범위 벗어난 경우: 두 종류 이상의 잔골재를 혼합하여 입도를 조정해서 사용

② 혼합 잔골재: 연속된 두 개의 체 사이를 통과하는 양의 백분율이 45% 초과 금지

③ 잔골재의 조립률의 변화: ±0.20 이상의 변화를 나타내었을 때는 배합의 적정성 확인 후 배합 보완 및 변경

④ 잔골재의 안정성: 황산나트륨으로 5회 시험으로 평가하며, 그 손실 질량은 10% 이하

골재

• 굵은골재(Coarse Aggregate)
– 5mm 체에 거의 다 남는 골재, 5mm 체에 다 남는 골재

골재입도와 품질

• 입도가 좋은 골재는 실적률이 크다
• 입도가 좋은 골재는 동일 Slump에서 단위수량이 작아진다.
• 강자갈 사용 시 쇄석보다 단위수량이 5~8% 줄어든다.
• 입도가 좋은 골재를 사용하면 시공연도가 좋아진다.

Ⅲ. 굵은골재의 품질기준

1) 요구조건 및 물리적 품질

① 원석의 강도: 단단하고, 강한 것

② 유해물 함유: 유해량 이상의 염분을 포함하지 않아야 하고, 진흙이나 유기 불순물 등의 유해물을 허용량 이상 함유 금지

③ 절대건조밀도: 2.5g/cm^3 이상

④ 흡수율: 3.0% 이하

2) 굵은골재의 표준입도

골재 번호	체의 호칭 치수(mm) / 체의 크기(mm)	체를 통과하는 것의 질량 백분율(%)												
		100	90	75	65	50	40	25	20	15	10	5	2.5	1.2
1	90~40	100	90~100		25~60		0~15		0~5					
2	65~40			100	90~100	35~70	0~15		0~5					
3	50~25				100	90~100	35~70	0~15		0~5				
357	50~5				100	95~100		35~70		10~30		0~5		
4	40~20					100	90~100	20~55	0~15		0~5			
457	40~5					100	95~100		35~70		10~30	0~5		
57	25~5						100	95~100		25~60		0~10	0~5	
67	20~5							100	90~100		20~55	0~10	0~5	
7	13~5								100	90~100	40~70	0~15	0~5	
8	10~2.5									100	85~100	10~30	0~10	0~5

① 천연 굵은 골재의 점토덩어리 함유량: 0.25%, 연한 석편은 5.0% 이하이어야 하며, 그 합은 5%를 초과 금지

② 순환 굵은 골재의 점토덩어리 함유량 0.2% 이하

③ 굵은골재의 안정성: 황산나트륨으로 5회 시험으로 평가하며, 그 손실질량은 12% 이하

Ⅳ. 조립률(FM)-체가름 시험

$$FM = \frac{\text{10개체에 남은 양의 누적백분율의 합}}{100}$$

① 75mm, 40mm, 20mm, 10mm, 5mm, 2.5mm, 1.2mm, 0.6mm, 0.3mm, 0.15mm의 10개의 체를 이용

② 시험기에 시료를 넣고 각 체의 잔량이 1분간 1% 이상 통과하지 않을 때까지 실시

③ 굵은골재의 적정 조립률: 6~8 정도

☆☆☆ 1. 재료 및 배합 83.131

4-93	골재의 밀도와 흡수율(비중과 함수상태)	
No. 301	states of moisture in aggregate	유형: 기준·지표·항목

골재

밀도

Key Point

◪ 국가표준
- KCS 14 20 10

◪ Lay Out
- 함수상태
- 영향을 주는 요소

◪ 핵심 단어
- 함수상태

◪ 연관용어
- 실적률
- 공극률

- 겉보기 밀도
  - 절대 건조 상태의 체적에 대한 절대 건조 상태의 질량
- 유효흡수율
  $\frac{\text{표건상태질량}-\text{절대건조질량}}{\text{기건상태질량}}$ ×100(%)
- 흡수율
  $\frac{\text{표건상태질량}-\text{기건상태질량}}{\text{절대건조질량}}$ ×100(%)
  - 표면 건조 포화 상태 골재에 함유되어 있는 전체 수량을 절대 건조 상태의 골재 질량으로 나누어 백분율로 표시한 값
- 표면수율
  $\frac{\text{습윤상태질량}-\text{표건상태질량}}{\text{표건상태질량}}$ ×100(%)

함수량에 영향을 주는 요소

- 다공성일수록 함수량 大
- 비중이 클수록 함수량 小
- 구조가 치밀할수록 小

Ⅰ. 정 의

① 골재의 밀도는 실제밀도가 아니라 내부의 미세한 균열과 표면이 가늘게 패인 것을 포함한 상태의 외관밀도를 말하며, 그래서 골재의 함수상태에 의해 밀도의 값이 바뀐다.

② 절건상태부터 기건상태, 표건상태, 습윤상태 등 차례로 함수량이 많은 상태를 말하며, 표건상태는 골재 내부와 표면의 패인 곳이 물로 채워져 표면에 여분의 물을 갖고 있지 않을 때의 사애인 표면 건조 내부포수 상태를 말하고, 콘크리트 배합설계에 기준이 된다.

Ⅱ. 골재의 함수상태 - 밀도와 흡수율

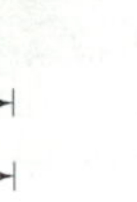

A : 절대 건조 상태의 질량(g)
B : 표면건조내부포화상태의 질량(g)
C : 침지된 시료의 수중 질량(g)

- D_d: 절대 건조 상태의 시료 밀도(g/cm³)
- A: 절대 건조 상태의 시료 질량(g)
- D_A: 겉보기 밀도(g/㎤)
- D_s: 표면 건조 포화 상태의 시료밀도(g/cm³)
- B: 표면 건조 포화 상태의 시료 질량(g)
- C : 침지된 시료의 수중 질량(g)
- ρ_w: 시험 온도에서의 물의 밀도(g/cm³)
- D_A: 겉보기 밀도(g/cm³)

- 절대건조상태의 시료 밀도

$$D_d = \frac{A}{B-C} \times \rho_w$$

- 표면건조 포화상태의 시료 밀도

$$D_s = \frac{B}{B-C} \times \rho_w$$

- 겉보기 밀도

$$D_A = \frac{A}{A-C} \times \rho_w$$

- 흡수율

$$Q = \frac{B-A}{A} \times 100$$

1) 절대건조상태(absolute dry condition of aggregate)의 밀도
골재 내부의 빈틈에 포함되어 잇는 물이 전부 제거된 상태인 골재 입자의 겉보기 밀도로서, 골재의 절대 건조 상태 질량을 골재의 절대 용적으로 나눈 값

2) 기건상태(air dried state of aggregate)의 밀도
골재를 공기 중에 건조하여 골재의 표면은 수분이 없는 상태이고, 내부는 수분을 포함하고 있는 상태

3) 표면건조 포화상태(Saturated surface state of aggregate)의 밀도
골재의 표면은 건조하고 골재 내부의 공극이 완전히 물로 차있는 상태의 골재의 질량을 같은 체적의 물의 질량으로 나눈 값으로 골재의 함수상태를 나타내는 기준

4) 습윤상태(wet state of aggregate)
골재표면은 수분이 있는 상태이고, 내부는 포화상태

☆☆★ 1. 재료 및 배합

4-94	골재의 실적률	
No. 302	solid volume percentage of aggregate	유형: 기준·지표·항목

골재

밀도

Key Point

- ◪ 국가표준
  - KS F 2505
- ◪ Lay Out
  - 실적률·실적률이 클 경우
  - 단위용적질량
- ◪ 핵심 단어
  - 단위용적질량
  - 절대용적과 용기용적과의 비율
- ◪ 연관용어
  - 공극률

Ⅰ. 정 의

① 골재의 단위용적질량 시험 시 용기에 가득 채운 절대용적과 용기용적과의 비율로, 단위용적질량을 밀도로 나눈 값의 백분율

② 골재의 최대치수, 입도분포, 입형 등에 의해 달라지는데, 실적률이 클 경우 물시멘트비가 감소된다.

Ⅱ. 골재의 실적률

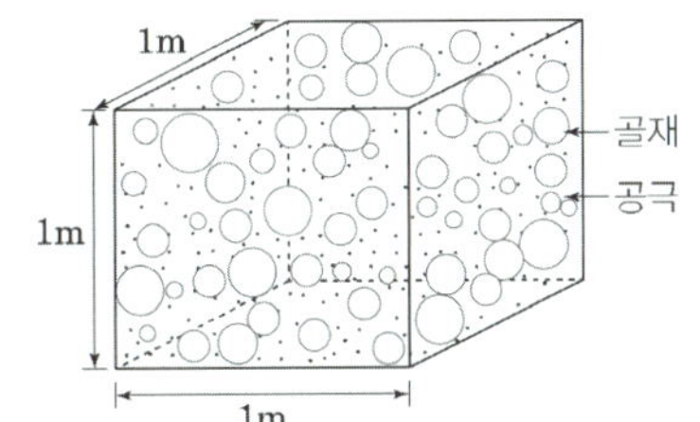

$d=\frac{W}{\rho}\times 100(\%)$

d : 실적률(%)
v : 공극률(%)
ρ : 비중
W : 단위용석 질량(kg/ℓ)

$$d=\frac{W}{\rho}\times 100(\%)$$

d: 실적률(%)

v: 공극률(%)

ρ: 비중

W: 단위용적 질량(kg/ℓ)

- 실적률
  - 실적률 =(단위용적질량/절건밀도) ×100(%)
- 공극률 (voide ratio of aggregate
  - 골재의 단위용적(m^3) 중의 공극을 백분율로 나타낸 값

$$\frac{(\text{밀도}\times 0.0999)-\text{단위용적질량}}{\text{밀도}\times 0.999}$$

Ⅲ. 실적률이 클 경우(공극률이 작을 경우)

① 시멘트양 감소

② 건조수축 감소

③ 단위수량 감소

④ 콘크리트 내구성 증가

⑤ 콘크리트 수밀성 증가

Ⅳ. 골재의 단위용적질량(mass of unit volume of aggregate)

① 일정 용기 안의 골재의 질량을 그 용기의 용적으로 나눈 값

② 특히 잔골재의 경우 흡수상태에 의해 부푸는 현상이 있고 큰 오차가 생길 수 있으므로 측정할 때 건조한 골재를 사용해야 함

☆☆☆ 1. 재료 및 배합

4-95	배합수의 종류 및 판정방법	
No. 303		유형: 기준·지표·항목

배합수

품질

Key Point

- 국가표준
  - KS F 4009
- Lay Out
  - 배합수의 종류 및 판정
- 핵심 단어
- 연관용어

Ⅰ. 정 의

배합수는 콘크리트 용적의 약 15%를 차지하고 있으며, 소요의 유동성과 시멘트 수화반응을 일으켜 경화를 촉진한다.

Ⅱ. 배합수의 종류 및 판정(KS F 4009 부속서 B)

1) 배합수의 종류

구분		내용
상수도물		음용·공업용 등으로 상수원에서 상수도를 통해 공급되는 물이다.
상수도 이외의 물		하천수, 호숫물, 저수지수, 지하수 등으로서 상수돗물로서의 처리가 되어 있지 않은 물 및 공업용수를 말하며 회수수는 제외한다.
회수수	회수수	레디믹스트 콘크리트 공장에서 운반차, 플랜트의 믹서, 호퍼 등에 부착된 콘크리트 및 현장에서 되돌아오는 레디믹스트 콘크리트를 세척하여 잔골재, 굵은 골재를 분리한 세척 배수(이하 콘크리트의 세척 배수라 한다.)로서 슬러지수 및 상징수의 총칭
	슬러지수	콘크리트의 회수수에서 상징수를 일부 활용하고 남은 슬러지를 포함한 물
	상징수	슬러지수에서 슬러지 고형분을 침강 또는 기타 방법으로 제거한 물

2) 상수돗물의 품질기준(상수돗물은 시험을 하지 않아도 사용할 수 있다.)

시험 항목	허용량
색도	5도 이하
탁도(NTU)	0.3 이하
수소 이온 농도(pH)	5.8~8.5
증발 잔류물(mg/L)	500 이하
염소 이온(cl^-)량(mg/L)	250 이하
과망간산포타슘 소비량(mg/L)	10 이하

3) 상수도 이외의 물의 품질기준

시험 항목	허용량
현탁 물질의 양	2g/L 이하
용해성 증발 잔류물의 양	1g/L 이하
염소 이온(cl^-)량(mg/L)	250mg/L 이하
시멘트 응결 시간의 차	초결은 30분 이내, 종결은 60분 이내
모르타르의 압축 강도비	재령(age) 7일 및 재령 28일에서 90% 이상

4) 회수수의 품질기준

시험 항목	허용량
염소 이온(cl^-)량(mg/L)	250mg/L 이하
시멘트 응결 시간의 차	초결은 30분 이내, 종결은 60분 이내
모르타르의 압축 강도비	재령 7일 및 재령 28일에서 90% 이상

★★★ 1. 재료 및 배합 61.84.124

4-96	혼화재료	
No. 304	admixture	유형: 재료·성능·성질

혼화재료

분류

Key Point

◩ 국가표준
- KCS 14 20 10
- KCS 14 20 01

◩ Lay Out
- 분류·특징
- 구비조건
- 사용 시 유의사항

◩ 핵심 단어
- What: 혼화재료
- Why: 특별한 성질을 주기 위해
- How: 혼합

◩ 연관용어
- 혼화재
- 혼화제

Ⅰ. 정 의

① 혼화 재료(admixture) : 콘크리트 등에 특별한 성질을 주기 위해 반죽 혼합 전 또는 반죽 혼합 중에 가해지는 시멘트, 물, 골재 이외의 재료로서 혼화재와 혼화제로 분류

② 혼화재(mineral admixture) : 혼화 재료 중 사용량이 비교적 많아서 그 자체의 부피가 콘크리트 등의 비비기 용적에 계산되는 광물질 재료(KS F 1004 콘크리트 용어_참고)

③ 혼화제(chemical admixture, chemical agent) : 혼화 재료 중 사용량이 비교적 적어서 그 자체의 부피가 콘크리트 등의 비비기 용적에 계산되지 않는 재료

Ⅱ. 혼화재료의 분류

1) 혼화재

종류	효과	특징
고로슬래그 미분말	• 수화속도지연 및 저감 • 장기강도 및 수밀성 증진 • 해수 등에 대한 화학저항성 개선 • 알칼리골재 반응 억제	• 잠재수경성 • 초기강도 저하 • 중성화 촉진
플라이애시	• Workability 개선 및 단위수량 저감 • 수화열에 의한 온도상승 억제 • 장기강도 증진 • 수밀성 및 화학저항성 개선 • 알칼리 골재반응 억제 • 건조수축 저감	• 포졸란 반응 • 초기강도 저하
실리카 흄	• 고강도 발현, 재료분리가 적고 블리딩 감소 • 초미립자로 micro filler효과 • 수밀성 및 화학저항성 증가 • 단위수량 및 건조수축 증가	• 포졸란 반응 • 고성능 감수제와 병용
석회석 미분말	• 작업성, 유동성 및 재료분리 저항성 향상 • 수화발열량 저감 • 수화촉진 및 충전에 의한 초기강도 향상	• 사용량과 혼화제의 종류에 따라 유동성 변화
팽창재	• 건조수축 저감 • 균열저감	• 수영장 및 사일로 • 무수축 그라우팅

2) 혼화제

① 작업성능이나 동결융해 저항성능 향상: AE제, AE 감수제
② 단위수량, 단위시멘트량 감소: 감수제, AE 감수제
③ 강력한 감수효과 및 강도증가: 고성능 감수제
④ 감수효과를 이용한 유동성 개선: 유동화제, 고유동화제
⑤ 응결, 경화시간 조절: 촉진제, 지연제, 급결제
⑥ 염화물에 의한 강재부식 억제: 방청제
⑦ 기포를 발생시켜 충전성, 경량화: 기포제, 발포제
⑧ 점성, 응집작용 등을 향상시켜 재료분리 억제: 증점제, 수중콘크리트용 혼화제
⑨ 방수효과: 방수제
⑩ 기타: 보수제, 방동제 등

Ⅲ. 혼화재료의 조건

① 굳지 않은 콘크리트의 점성 저하, 재료분리, 블리딩을 지나치게 크게 하지 않을 것
② 응결시간에 영향을 미치지 않을 것
③ 수화발열이 크지 않을 것(급결, 조강제는 제외)
④ 경화콘크리트의 강도, 수축, 내구성 등에 나쁜 영향을 미치지 않을 것
⑤ 골재와 나쁜 반응을 일으키지 않을 것
⑥ 인체에 무해하며, 환경오염을 유발시키지 않을 것

Ⅳ. 혼화재료의 사용상 유의사항

① 시험결과, 실적을 토대로 사용목적과 일치하는지 확인
② 다른 성질에 나쁜 영향을 미치지 않을 것
③ 사용 재료와의 적합성 확인
④ 품질의 균일성이 보증될 것
⑤ 운반, 저장 중에 품질변화가 없는지 확인
⑥ 혼합이 용이하고, 균등하게 분산될 것
⑦ 두 종류 이상의 혼화재 사용 시 상호작용에 의한 부작용이 없을 것

☆☆☆ 1. 재료 및 배합

4-97	혼화재	
No. 305	admixture	유형: 재료·성능·성질

혼화재료

혼화재

Key Point

◩ 국가표준
- KCS 14 20 10
- KCS 14 20 01

◩ Lay Out
- 분류·특징
- 구비조건
- 사용 시 유의사항

◩ 핵심 단어
- What: 혼화재료
- Why: 사용양이 많아서
- How: 비비기 용적에 계산

◩ 연관용어
- 혼화재
- 혼화제

Ⅰ. 정 의

① 혼화재(mineral admixture) : 혼화 재료 중 사용량이 비교적 많아서 그 자체의 부피가 콘크리트 등의 비비기 용적에 계산되는 광물질 재료(KS F 1004 콘크리트 용어_참고)

② 시멘트 중량에 대하여 5% 이상 첨가하는 것으로 결합재 용적으로 고려하며, 기능별로 포졸란 작용을 하는 혼화재, 잠재수경성이 있는 혼화재, 콘크리트 팽창재, 콘크리트 착색재 등이 있다.

Ⅱ. 혼화재 종류별 특징

종류	효과	특징
고로슬래그 미분말	• 수화속도 지연 및 저감 • 장기강도 및 수밀성 증진 • 해수 등에 대한 화학저항성 개선 • 알칼리골재 반응 억제	• 잠재수경성 • 초기강도 저하 • 중성화 촉진
플라이애시	• Workability 개선 및 단위수량 저감 • 수화열에 의한 온도상승 억제 • 장기강도 증진 • 수밀성 및 화학저항성 개선 • 알칼리 골재반응 억제 • 건조수축 저감	• 포졸란 반응 • 초기강도 저하
실리카 흄	• 고강도 발현, 재료분리가 적고 블리딩 감소 • 초미립자로 micro filler효과 • 수밀성 및 화학저항성 증가 • 단위수량 및 건조수축 증가	• 포졸란 반응 • 고성능 감수제와 병용
석회석 미분말	• 작업성, 유동성 및 재료분리 저항성 향상 • 수화발열량 저감 • 수화촉진 및 충전에 의한 초기강도 향상	• 사용량과 혼화제의 종류에 따라 유동성 변화
팽창재	• 건조수축 저감 • 균열저감	• 수영장 및 사일로 • 무수축 그라우팅

★★★ 1. 재료 및 배합

4-98	고로Slag 미분말	
No. 306		유형: 재료·성능·성질

혼화재료

혼화재

Key Point

◩ 국가표준
- KS F 2563

◩ Lay Out
- 고로슬래그 미분말의 품질규격
- 고로슬래그의 제법별 용도
- 고로슬래그 미분말을 사용한 콘크리트의 성질
- 사용 시 주의사항

◩ 핵심 단어
- What: 용광로에서 암석성분
- Why: 작은 모래입자 모양
- How: 급격히 냉각

◩ 연관용어
- 고로슬래그 시멘트
- 잠재수경성

Ⅰ. 정 의

① 제철공장의 용광로에서 철광석 중 암석성분이 녹아 쇳물 위에 떠 있게 되는데, 이것을 흘러내리게 하여 물로 급격히 냉각시킴으로써 작은 모래입자 모양으로 만든 것

② 고로슬래그 미분말은 고로슬래그를 다시 분쇄기로 미분말이 되도록 분쇄하여 제조한 것

Ⅱ. 고로슬래그 미분말의 제조

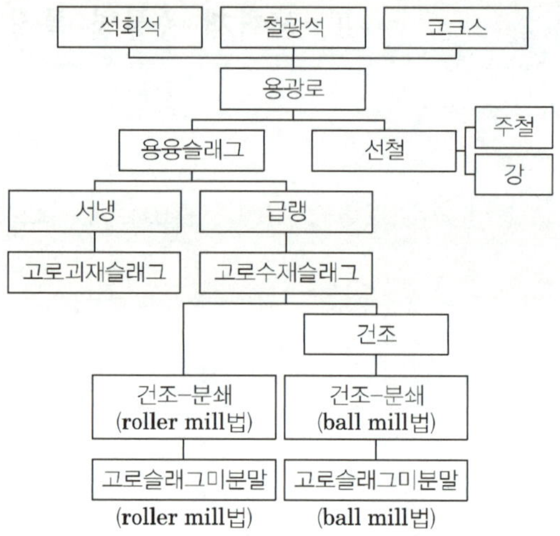

고로슬래그 미분말

- 실리카(SiO_2)
- 알루미나(Al_2O_3)
- 마그네시아(MgO)

Ⅲ. 고로슬래그 미분말의 품질규격

종류 \ 품질	고로슬래그 미분말			
	1종	2종	3종	4종
밀도(g/cm^3)	2.8 이상	2.8 이상	2.8 이상	2.8 이상
비표면적(cm^2/g)	8,000~10,000	6,000~8,000	4,000~6,000	2,750~3,500
플로값 비(%)	95 이상	95 이상	95 이상	95 이상
삼산화황(SO_3)(%)	4.0 이하	4.0 이하	4.0 이하	2.5 이상 4.0 이하
강열감량(%)	3.0 이하	3.0 이하	3.0 이하	3.0 이하
염화물 이온(%)	0.02 이하	0.02 이하	0.02 이하	0.02 이하

혼화재료

잠재수경성

- 물과 접하는 것만으로 자기 촉발적 수화반응을 개시할 수 없는 물질
- 슬래그와 물이 접촉하게 되면 슬래그 입자의 표면에 치밀한 불투수성 겔 박막이 형성되기 때문에 입자 속까지 물이 침입하는 것이 방해되고 더 이상 반응이 일어나지 못한다. $Ca(OH)_2$나 황산염($CaSO_4$)등의 자극을 받으면 이박막이 파괴되면서 슬래그로부터 용출과 불용성의 물질이 석출되면서 경화하는데 이러한 수화기구를 잠재수경성이라고 한다.

Ⅳ. 고로슬래그의 제법별 용도

종류	용도
서냉슬래그(괴상슬래그)	도로용, 콘크리트용 골재, 항만재료, 규산석회 비료 등
급랭슬래그(수쇄슬래그)	고로시멘트용, 콘크리트용 세골재, 콘크리트 혼합재, 경량기포 콘크리트 원료
반급랭슬래그(팽창슬래그)	경량 콘크리트용 골재, 경량 매립재, 기타 보온재

Ⅴ. 고로슬래그 미분말을 사용한 콘크리트의 성질

1) 워커빌리티 및 공기량
   ① 일반콘크리트보다 워커빌리티 향상
   ② 분말도가 크고 치환율이 많을수록 양호
   ③ 소정의 공기량을 얻는데 필요한 AE제의 첨가량은 분말도와 치환율이 증가함에 따라 증가

2) 블리딩률 및 응결시간
   ① 고로슬래그 미분말의 분말도가 커짐에 따라 블리딩률 감소
   ② 고로슬래그 치환율이 증가함에 따라 초결과 종결이 모두 지연

3) 수화열 및 온도상승
   ① 고로슬래그의 치환율 약 30%까지는 수화열 저감
   ② 수화 초기에는 치환율의 증가에 따라 단열온도 상승량이 적어지나 후반부에서는 단열온도 상승에 의하여 수화환경이 고온이 되면 치환율 50%까지는 단열온도 상승량 증가

4) 압축강도
   치환율이 클수록 초기강도 증진이 줄어드는 경향이 있으나 잠재수경성 반응에 의하여 장기강도 증진

5) 중성화
   $Ca(OH)_2$와 고로슬래그의 성분이 반응하여 콘크리트의 알칼리성이 저하되기 때문에 콘크리트의 중성화가 보통 콘크리트에 비해 빠르게 진행된다. 치환율이 클수록 초기강도 증진이 줄어드는 경향이 있으나 잠재수경성 반응에 의하여 장기강도 증진

6) 화학저항성 및 염화물이온 침투 저항성 우수

Ⅵ. 사용 시 주의사항

① 치환율이 클수록 강도발현성 및 기타 물성에 있어서 양생온도의 영향을 크게 받는다.
② 초기 습윤양생과 양생온도의 확보가 중요
③ 타설온도 10℃ 이상으로 하고 양생기간 중 콘크리트 표면온도 10℃ 이상 확보

★★★ 1. 재료 및 배합 110

4-99	Fly ash, CfFA(Carbon-free Fly Ash)	
No. 307	플라이애시	유형: 재료·성능·성질

혼화재료

혼화재

Key Point

◪ 국가표준
- KS L 5405

◪ Lay Out
- 품질기준
- 플라이애시를 사용한 콘크리트의 성질
- 영향요소
- 사용 시 주의사항

◪ 핵심 단어
- What: 유연탄 연소
- Why: 미세한 입자
- How: 집진장치로 포집

◪ 연관용어
- 포졸란 반응

영향요소

- 플라이애시는 중량의 70~80%가 0.07mm체를 통과하는 분말로서 분쇄한 석탄을 연소할 때 발생한다.
- 플라이애시의 화학성분은 원탄성분의 영향을 받으며, 물리적 성질은 석탄에 포함된 휘발성 성분의 양과 연소조건의 영향을 받는다.

사용 시 주의사항

- 강도향상, 수밀성의 향상을 위해 초기양생 중요
- AE제 흡착작용에 의해 연행공기량이 현저히 감소
- 일반 콘크리트에 비해 응결시간 지연
- 콘크리트 내부의 알칼리를 감소시키기 때문에 중성화 촉진

Ⅰ. 정 의

① 화력발전소에서 유연탄을 연소할 때 굴뚝을 통해 대기 중으로 확산되는 재(ash)의 미립자를 집진장치로 포집한 미세한 입자의 재료
② 전기집진장치에서 포집된 재를 EP애시 또는 플라이애시라 하고 석탄재 중 약 70~85%를 차지한다.
③ CfFA: 약 850℃에서 미연탄소를 제거하여 품질향상

Ⅱ. 플라이애시의 품질기준

종류 \ 품질	플라이애시			
	1종	2종	3종	4종
밀도(g/cm^3)	1.95 이상	1.95 이상	1.95 이상	1.95 이상
비표면적(cm^2/g)	4,500 이상	3,000 이상	2,500 이상	1,500 이상
이산화규소(SiO_2)%	45 이상	45 이상	45 이상	45 이상
강열감량(%)	3.0 이하	5.0 이하	8.0 이하	5.0 이하

Ⅲ. 플라이애시를 사용한 콘크리트의 성질

1) 워커빌리티
① 밀도는 시멘트보다 작기 때문에 결합재의 용적은 시멘트만 사용할 때에 비하여 크다.
② 시멘트페이스트의 유동성을 개선시켜 소요의 슬럼프를 확보하기 위한 콘크리트의 단위수량 감소

2) 블리딩
콘크리트 내부에서의 수분이동을 감소시키며 워커빌리티 확보에 필요한 소요의 수량을 줄임으로써 블리딩 억제

3) 수화열 및 온도상승 감소
① 콘크리트의 수화속도 및 수화열 감소하여 온도상승 감소
② 콘크리트의 단위수량 감소

4) 압축강도
콘크리트 재령 28일 이전의 강도는 낮지만 이후 강도는 장기간에 걸친 강도증진에 대한 기여로 높아진다.

5) 알칼리 골재반응
플라이애시 중의 규산질 유리와 시멘트 페이스트 중에 존재하는 수산화알칼리의 반응은 알칼리를 소비하여 알칼리 골재반응 억제에 유효

6) 황산염에 대한 저항성 및 수밀성 향상

☆☆★ 1. 재료 및 배합 71

4-100	Pozzolan	
No. 308	포졸란	유형: 재료·성능·성질

혼화재료

혼화재

Key Point

◪ 국가표준
- KS L 5401

◪ Lay Out
- 특성·재료분류
- 사용 시 주의사항

◪ 핵심 단어
- What: 실리카질 물질로
- Why: 미분상태의 재료
- How: 수산화칼슘과 화합

◪ 연관용어
- 포졸란 반응

천연 포졸란 특징

- 점토질 포졸란은 열처리를 하여 점토광물의 결정구조를 파괴하지 않으면 포졸란 반응성이 낮아서 경화가 잘 진행되지 않는다. 따라서 600~900℃ 정도에서 하소시켜 비정질 구조를 형성시키거나 실리카, 알루미나 구조를 불규칙하게 형성시킴으로서 포졸란 반응성을 높일 수 있다.
- 규조토는 자체의 특수한 미세구조 때문에 콘크리트의 혼합 시 많은 수량이 요구

인공 포졸란 특징

- 인공 포졸란 사용 시 그 품질에 따라 AE제가 흡착되어 사용량이 증가할 수 있으므로 유의
- Silica fume은 생산되는 실리콘이나 합금의 종류에 따라 성질변화
- Fly ash는 ball bearing 작용에 의해 콘크리트에 필요한 단위수량을 감소시키고 작업성 향상

Ⅰ. 정 의

실리카질 물질로 그 자체에는 수경성이 없으나 콘크리트 중의 물에 용해되어 있는 수산화칼슘과 상온에서 서서히 화합하여 물에 녹지 않는 화합물을 만들 수 있는 물질을 함유하고 있는 미분상태의 재료

Ⅱ. 특 성

① 모르타르 내의 공극 충전효과가 크고 투수성이 현저하게 감소
② 성형성이 좋고, 보수성이 좋음
③ Bleeding이 감소하여 백화현상이 적어진다.
④ Con'c의 화학적 저항력이 향상되며, 장기 강도가 증대된다.

Ⅲ. 재료 분류

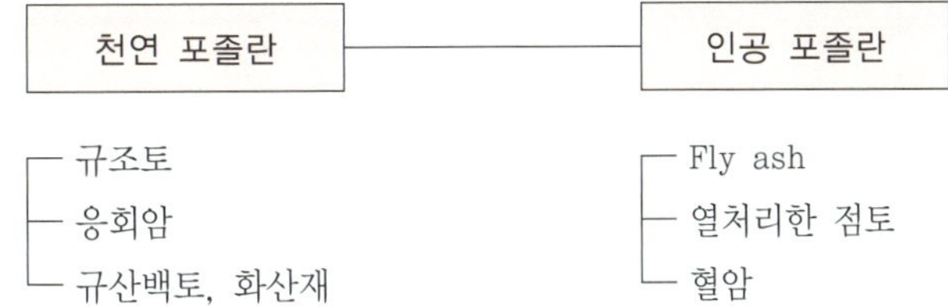

- 천연 포졸란: 비결정질의 표면적이 큰 다공성(단위수량 증가)
- 인공 포졸란: 품질에 따라 물성변화가 심하여 사용에 주의

Ⅳ. 사용 시 주의사항

① 실리카질 포졸란 중에서 규조토는 석회와 반응성이 매주 좋지만 자체의 특수한 미세구조 때문에 콘크리트의 혼합 시 많은 수량이 요구되며 이것이 콘크리트의 내구성과 강도에 악영향을 미친다.
② 규조토에 섞여 있는 점토질 성분이 포졸란 반응을 저해하는 요인이 되므로 혼화재로 사용하기 전에 열처리 필요
③ 규조토가 섞인 포졸란의 경우 단위수량 증가로 인해 동결융해에 대한 저항성 불리
④ 표면활성제 등의 혼화제는 pozzolan에 흡착되어 사용량 증가
⑤ 실리카질 혼합재는 이산화규소를 60% 이상 함유한 것을 사용
⑥ 포졸란 반응에 따른 수산화칼슘 소진으로 콘크리트의 탄산화가 쉬우므로 혼합 시 비율 준수

★★★ 1. 재료 및 배합 87

4-101	Silica Fume	
No. 309	실리카 퓸	유형: 재료·성능·성질

혼화재료

혼화재

Key Point

◪ 국가표준
- KS F 2567

◪ Lay Out
- 품질기준
- 실리카퓸을 사용한 콘크리트의 성질
- 주의사항
- 제품형태

◪ 핵심 단어
- What: 실리콘, 이산화규소
- Why: 초미립자
- How: 집진기로 모아서

◪ 연관용어
- 마이크로 필러효과

제품형태

- 응축 처리된 과립상과 응축 처리되지 않은 분체상, 슬러리 상태인 것 세 가지 형태로 분류
- 포집된 상태로 처리하지 않은 분체 실리카퓸은 단위용적중량이 0.1~0.3t/㎥이고, 입자의 단위용적질량을 증대시키기 위해 처리한 제품의 단위용적질량은 0.3~0.8t/㎥이다.

- Brunauer-Emmett-Teller
  - 고체 시료의 표면에 특정 가스를 흡/탈착시켜 부분 압력별 흡착량을 측정함으로써 재료의 비표면적 및 기공 크기 분포를 계산하는 분석 장비

Ⅰ. 정 의

① Silicon, Fero silicon 등을 제조할 때 발생되는 폐가스 중에 포함되어 있는 SiO_2를 집진기로 모아서 얻어지는 초미립자(1㎛ 이하)의 산업부산물

② 구상의 입자지만 분말도가 2,000㎡/g 정도로 미세하기 때문에 소정의 워커빌리티를 얻기 위해서는 많은 혼합수가 필요하다. 그러므로 고성능감수제를 병용하는 것이 효과를 발현시키기 위한 필수조건이다.

Ⅱ. 실리카퓸의 품질기준

품질	요구조건
비표면적(BET)	≥15(㎡/g)
이산화규소(SiO_2)%	≥85
산화마그네슘((MgO)(%)	≤5.0
강열감량(%)	≤5.0

Ⅲ. 실리카퓸을 사용한 콘크리트의 성질

1) 슬럼프

비표면적이 커서 수산화칼슘과 매우 짧은 시간에 반응하고, 겔상의 물질을 생성하여 점성이 커져 슬럼프가 저하되며 슬럼프 손실도 크다.

2) 압축강도

치환율 10%까지는 직선적으로 증가하고, 20% 전후에서 최고점에 도달한다. 콘크리트의 수화속도 및 수화열 감소하여 온도상승 감소

3) 동결융해

미세공극 충전(micro filler)효과 및 포졸란 반응은 콘크리트 경화조직을 치밀화하여 동결융해 작용 시 물의 침투저항성을 현저히 향상시킨다.

4) 중성화

미세공극 충전(micro filler)효과에 의한 중성화 억제효과

Ⅳ. 사용 시 주의사항

① 경화조직이 치밀해져 내부 증기압이 높아지기 때문에 폭렬 위험성 주의

② 초기재령에 있어서 경화에 따른 자기수축이 크다.

☆☆☆ 1. 재료 및 배합 88

4-102	석회석 미분말	
No. 310	Lime Stone Powder	유형: 재료·성능·성질

Ⅰ. 정 의

① 석회석을 분쇄하여 만든 미분말
② 석회석 미분말의 발생량은 시멘트 생산량의 약 5~10% 정도 된다.

Ⅱ. 특 성

① 크기가 5~6μm로 미세분말
② 분말도 9,000cm^2/g 정도
③ 강열감량이 저감
④ 석회석 미분말을 잔골재로 치환한 경우 강도증진
⑤ 공극충전 효과 및 투수저항성 우수
⑥ 결합재보다 채움재로서의 사용이 효과적
⑦ 재료분리 방지
⑧ 유동성 증가

Ⅲ. 석회석 미분말의 화학적 구성

① $CaCO_3$: 92.5중량% 이상
② MgO: 5중량% 이하
③ SO_3: 0.5중량% 이하
④ Al_2O_3: 1중량% 이하

Ⅳ. 적용방안

① 잔골재의 대체재
② 매스콘크리트의 균열저감
③ 고성능 콘크리트 제조 시 혼화재료로 사용
④ 섬유보강재 혼입에 따른 콘크리트 물성 증대

혼화재료

혼화재

Key Point

- 국가표준
- Lay Out
  - 특성
  - 석회석 미분말의 화학적 구성
  - 적용방안
  - 제조방법
- 핵심 단어
  - 석회석 분쇄
- 연관용어

제조방법

- 일반적으로 통용되는 내용은 시멘트 제조과정에서 예열기 상부에서 집진기에 의하여 포집된 미립자 산업부산물을 의미하지만, 실제 제조과정은 석회석을 직접 분쇄하여 사용하고 있다.
- 대표 제조업체: 대성 MDI, 오미아코리아

☆☆★ 1. 재료 및 배합 128

4-103	혼화제	
No. 311	chemical admixture	유형: 재료·성능·성질

혼화재료

혼화제

Key Point

◩ 국가표준
- KCS 14 20 10

◩ Lay Out
- 특성·조건
- 주의사항

◩ 핵심 단어
- 비비기 용적에 계산되지 않은 재료

◩ 연관용어
- 혼화재

폴리카본산계의 개량

- 폴리카본산계의 고형분을 증가해 혼화제의 물성을 극대화 시켜 고강도 콘크리트에 적용
- 잘못 배합 시 재료분리가 심해짐으로 주의 필요
- 응축 처리된 과립상과 응축 처리되지 않은 분체상, 슬러리 상태인 것 세 가지 형태로 분류

Ⅰ. 정 의

① 혼화제(chemical admixture, chemical agent) : 혼화 재료 중 사용량이 비교적 적어서 그 자체의 부피가 콘크리트 등의 비비기 용적에 계산되지 않는 재료

② 결합재 단위중량에 대하여 0.7~0.9% 첨가하는 화학 약제로, 배합 시 용적으로는 고려하지 않는 재료

Ⅱ. 특 성

구분	AE제	감수제	고성능 감수제
성능	• 공기량 제어	• 단위수량을 줄이고, 유동성 증대	• 단위수량 감소 • 유동성 증대
성분 분류	• 천연수지산염 • 지방산염계 • 인산에스테르계 • 폴리옥시 에틸렌, 알칼리페닐	• 표준제, 지연제, 촉진제 • 리그닌계, 나프탈렌계	• 나프탈렌계 • 멜라민계 • 폴리카르본산계
특징	• 동결융해 저항성 증가 • 작업성 향상 • 감수성능은 미비(별도의 감수제 적용 필요)	• 감수율 8% 이상 효과 • 시공연도 개선 • 수밀성 증대	• 단위수량 대폭감소 • 감수율 12% 이상 • 시공연도 개선 • 수밀성 증대

Ⅲ. 혼화제의 조건

① 굳지 않은 콘크리트의 점성 저하, 재료분리, 블리딩을 지나치게 크게 하지 않을 것

② 응결시간에 영향을 미치지 않을 것

③ 경화콘크리트의 강도, 수축, 내구성 등에 나쁜 영향을 미치지 않을 것

④ 골재와 나쁜 반응을 일으키지 않을 것

Ⅳ. 혼화제의 사용상 유의사항

① 시험결과, 실적을 토대로 사용목적과 일치하는지 확인

② 다른 성질에 나쁜 영향을 미치지 않을 것

③ 사용 재료와의 적합성 확인

④ 품질의 균일성이 보증될 것

⑤ 운반, 저장 중에 품질변화가 없는지 확인

혼화재료

혼화제

Key Point

◩ 국가표준

◩ Lay Out
- 작용

◩ 핵심 단어
- 두 물체간 접촉면
- 표면장력을 줄이는 작용

◩ 연관용어
- AE제
- 감수제
- AE감수제

계면활성제의 분류

- 친유기(親油基): 기름에 녹기 쉽고 물에 녹기 어려운 것
- 친수기(親水基수): 물에 녹기 쉽고 기름에 녹기 어려운 것

☆☆☆ 1. 재료 및 배합

4-104	계면활성제, 표면활성제	
No. 312	Surface Active Agent	유형: 재료·성능·성질

Ⅰ. 정 의

① 계면이란 기체, 액체, 고체 간의 혼합되지 않은 두 물체 간의 접촉면이며, 경계면에는 표면장력 또는 계면장력이 작용하고 있으나, 계면활성제는 이 장력을 줄이는 작용을 하는 물질의 총칭

② 이것에 의해 액체에 거품, 웨팅(wetting), 유화, 세정, 침투 등의 작용이 일어난다.

Ⅱ. 계면활성제의 작용

1) 기포작용(AE제)

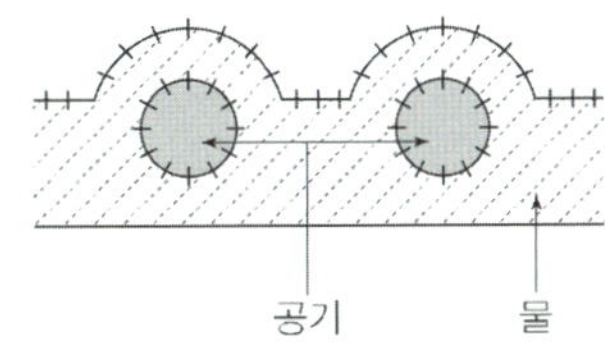

- 계면활성제 용액에 기계적 수단으로 공기를 혼합하여 기포생성
- Ball Bearing 현상으로 Workability 향상

2) 분산작용(감수제)

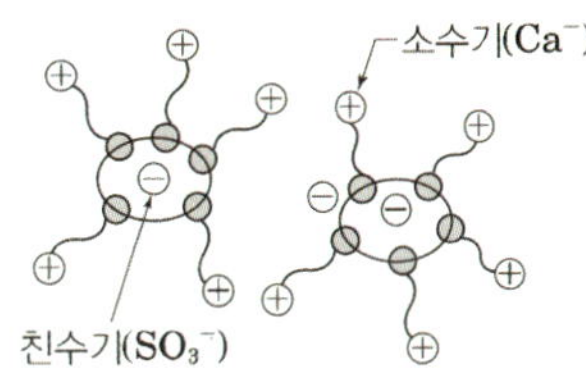

- 응집해 있던 시멘트 입자간의 물과 공기를 분산제를 첨가하여 해방시킴
- 반발작용에 의해 Workability 향상

3) 습윤작용(AE감수제)

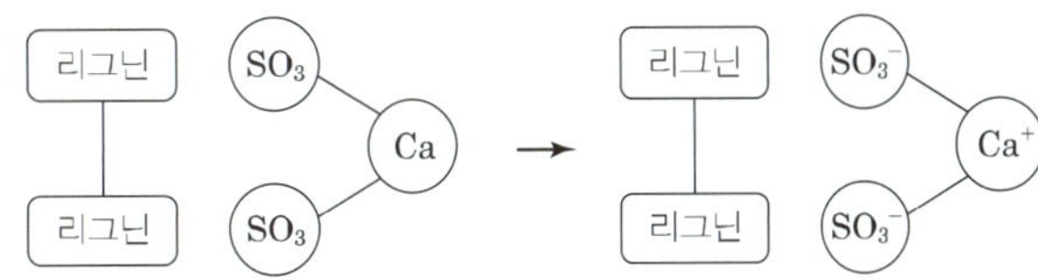

- 계면활성제 용액은 물보다 표면장력이 작아 침투성이 좋음
- 시멘트입자의 표면에 적시어 시멘트 입자와 물을 충분히 접촉시켜 수화작용이 쉬워진다.

★★★ 1. 재료 및 배합

4-105	AE제	
No. 313	Air-Entraining Agent	유형: 재료·성능·성질

혼화재료

혼화제

Key Point

◪ 국가표준
- KCS 14 20 10
- KS F 2560

◪ Lay Out
- 공기량에 따른 물성변화 물성변화
- AE제의 종류
- 사용목적 및 효과
- AE제 사용 시 주의사항

◪ 핵심 단어
- What: 미세한 기포
- Why: 작업성, 동결융해 저항성 증대
- How: 볼베어링

◪ 연관용어
- 계면활성제

갇힌공기 Entrapped Air

- 인위적으로 콘크리트 속에 연행시킨 것이 아니고 본래 콘크리트 속에 함유된 기포
- 갇힌 공기량: 1~2%

공기량의 영향요소

- AE제의 사용량: 공기량 10% 정도까지는 사용량에 비례하여 공기량이 증가
- 고로슬래그 시멘트: 보통포틀랜드시멘트 보다 1.2배 필요
- 플라이애시시멘트: 미연소 탄소에 의해 AE제가 흡착되므로 보통 포틀랜드시멘트보다 1.5~2.6배 많이 소요
- 콘크리트 온도: 온도가 높을수록 공기량 감소, 10℃ 증가당 20~30% 정도 감소
- 혼합시간: 3~5분에서 최고가 되고 그보다 길거나 짧아지면 공기량 감소

Ⅰ. 정 의

① 콘크리트 내부에 미세한 기포(입경 10~100㎛)를 균등하게 발생시켜 Ball bearing 작용을 하여 workability를 향상시키고 동결융해에 대한 저항성을 위해 사용하는 혼화제

② 계면활성제의 일종으로 동결시의 팽창압력을 흡수하여 동결융해에 대한 저항성이 증대된다.

Ⅱ. 공기량에 따른 물성변화

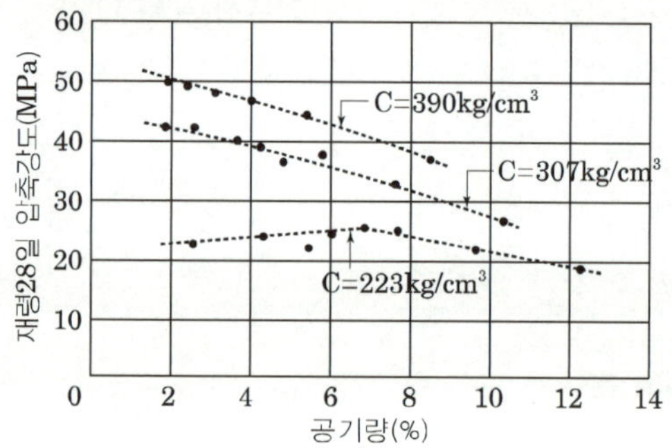

[공기량 1% 증가]
- 압축강도 4~6% 감소
- 슬럼프는 20mm 증가
- 단위수량은 3% 감소
- 휨강도 2~3% 감소
- 탄성계수 $7 \sim 8 \times 10^3$kg/㎠ 감소

Ⅲ. AE제의 종류

1) 음이온계 AE제

시판 콘크리트용 AE제의 대부분이며, 화학적인 주성분은 수지산염, 황산에스테르, 설퍼네이트계가 이용되고 있다.

2) 양이온계 AE제

친수기가 양이온을 띤 것으로서 AE제로는 사용되고 있지 않다.

3) 비이온계 AE제

비이온계는 수용액 중에서 이온으로 해리하지 않으나 분자 자체가 계면 활성 작용을 하는 것으로서 에테르계, 에스테르계가 AE제로 사용됨

혼화재료

Ⅳ. AE제의 사용목적 및 효과

1) 연행공기와 기포작용

① 공기량 10%의 범위 내에서는 AE제 사용량에 정비례하여 증가

② 공기량 2% 이하에서는 동결융해 저항성이 개선되지 않고, 6% 이상이 되면 강도 저하

2) 연행공기의 볼베어링 작용

콘크리트 중에 연행된 미세한 독립기포는 시멘트 입자 또는 골재 부근에 계면 화학적으로 접착하여 볼베어링 및 완충작용을 하여 작업성 개선

3) 골재분리 및 블리딩 감소

콘크리트 중에 연행된 미세한 독립기포는 골재분리가 억제되며, 단위수량도 감소하므로 블리딩이 감소된다.

4) 경화 콘크리트의 동결융해 저항성

콘크리트 중에 연행된 미세한 독립기포는 자유수 동결에 따른 압력의 발생을 완화시키고 자유수의 이동을 가능케 하여 동결융해에 저항성 우수

Ⅴ. AE제 사용 시 주의사항

① AE제는 KS F 2560의 규정에 적합한 것을 사용한다.

② AE제의 사용량은 소량이므로 계량에 주의하고, 깨끗한 물에 희석하여 충분히 혼합시키고, 계량오차는 3% 이하이어야 한다.

③ 공기량이 지나치게 많아지면 콘크리트의 작업성은 좋아지지만 강도가 저하되므로 AE제 사용량에 주의

④ 운반 및 진동다짐에 의해 공기량이 감소하므로 비비기를 할 때 소요 공기량보다 1/4~1/6 정도 많게 한다.

⑤ 콘크리트 내구성은 소요 공기량 외에 골재의 품질, 배합 등의 영향을 받으므로 사전에 충분한 시험을 실시

⑥ 연행공기량의 변동을 적게하기 위하여 잔골재 입도를 일정하게 하는 것이 중요하며, 조립률의 변동은 ±0.1 이하로 억제하는 것이 바람직하다.

⑦ 비빔시간 및 온도는 공기량에 영향을 미치므로 주의

★★★ 1. 재료 및 배합 93

4-106	감수제, AE감수제, 고성능감수제, 고성능 AE감수제	
No. 314	water-reducing admixture	유형: 재료·성능·성질

혼화재료

혼화제

Key Point

◩ 국가표준
- KCS 14 20 10
- KS F 2560

◩ Lay Out
- 감수제, AE 감수제를 사용한 콘크리트의 성질
- 고성능 감수제와 유동화제
- 고성능 AE감수제

◩ 핵심 단어
- What: 공기연행 감수 작용
- Why: 워커빌리티 향상
- How: 분산작용

◩ 연관용어
- 계면활성제

작용과 효과

- 수중에서 기계적으로 시멘트를 혼합시키면 시멘트의 응집력이 수분에 의한 반발력보다 크므로, 시멘트 입자는 분산되지 않고 입자가 서로 집합하여 응집작용이 일어난다. 이러한 입자의 응집작용을 억제하고 수중에서 입자를 분산시키는 작용을 하는 것이 감수제이다.

Ⅰ. 정 의

① 감수제: 공기를 연행하지 않고 시멘트 입자에 대한 습윤, 분산작용에 의해 콘크리트의 workability를 향상시켜 소정의 consistency 및 강도를 얻는데 필요한 단위수량 및 단위시멘트량을 감소시키는 혼화제

② AE감수제: 감수제가 가지는 감수작용과 더불어 AE제의 공기연행(air entrainment)작용에 의해 단위수량을 감소시키며 내동해성을 개선시키는 효과를 발휘하게 한다.

Ⅱ. 감수제, AE 감수제를 사용한 콘크리트의 성질

1) 감수효과

① 감수제 사용의 경우 단위수량 4~8% 감소

② AE 감수제 사용의 경우 분산작용과 공기연행 작용의 상승효과에 의해 10~15%의 감수효과

2) 블리딩

시멘트 매트리스의 미세구조의 개선, 단위수량의 감소, 미세연행 공기포의 작용 등에 의해 재료분리에 대한 저항성이 증가되므로 블리딩 현상 감소

3) 응결시간 조절 효과

① 표준형: 감수제를 첨가하지 않은 콘크리트와 동등한 응결시간

② 지연형: 콘크리트의 응결시간과 시멘트의 수화열 발열속도를 지연시키고 내부온도의 상승을 억제

③ 촉진형: 콘크리트의 응결시간 단축 및 강도 조기발현 효과를 활용하여 동절기 공사에 사용

4) 압축강도

① 단위수량이 감소되고 분산효과가 커지므로 압축강도는 10~20% 증가

② 시멘트량은 6~12% 정도 감소

5) 수밀성

① 단위수량감소, 블리딩 감소, 시멘트 입자의 분산효과에 의한 시멘트 페이스트의 내부구조의 개선에 의하여 재료분리가 줄어들며, 균질성이 좋아지고 치밀해지므로 수밀성은 현저히 개선

② 방수제와 동등 이상의 수밀성 우수

혼화재료

Ⅲ. 고성능 감수제와 유동화제

일반적인 감수제의 기능을 더욱 향상시켜 시멘트를 효과적으로 분산시키고, 지나친 응결지연, 공기연행, 강도저하 등의 악영향이 없다는 특징을 유지하면서 기존의 감수제보다 단위수량을 대폭 감소시킬 수 있는 혼화제를 통칭하여 고성능 감수제 또는 유동화제라고 한다.

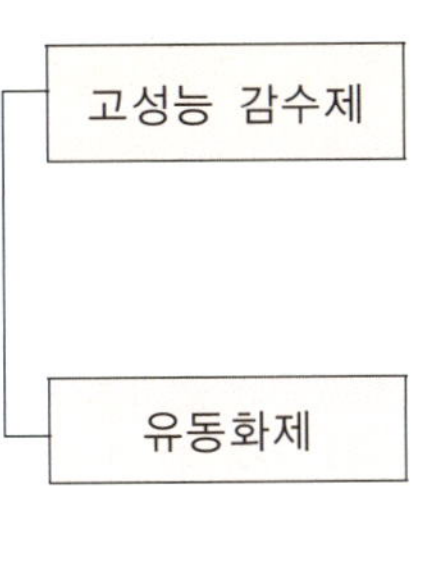

- 감수작용을 이용하여 보통 콘크리트와 같은 성능을 가지면서 물시멘트비 저감을 주목적으로 사용하는 경우 (공장에서 레미콘 제조 시 첨가)
- 동일한 물시멘트비로 작업 성능이 뛰어난 콘크리트 제조를 목적으로 사용하는 경우 (유동화 콘크리트: 현장에서 첨가)

Ⅳ. 고성능 AE감수제

AE감수제에 비해 감수율(20%)이 높고, 슬럼프의 경시 변화를 제어할 수 있다.

① 단위수량 대폭 감소, 고내구성 콘크리트 제조
② 고유동화 콘크리트의 제조에 사용
③ 고강도 콘크리트의 슬럼프 로스방지
④ 장시간 및 장거리 운반이 가능

☆☆☆ 1. 재료 및 배합 121

4-107	콘크리트 배합 시 응결 경화 조절제	
No. 315	water-reducing admixture	유형: 재료·성능·성질

혼화재료

혼화제

Key Point

◪ 국가표준
- KCS 14 20 10

◪ Lay Out
- 촉진제
- 지연제
- 급결제

◪ 핵심 단어
- 수화반응
- 응결시간 촉진 지연

◪ 연관용어
- 한중콘크리트
- mass concrete
- 숏크리트

종류

- 급결제: 응결시간 단축
- 급경제: 조기강도 발현
- 촉진제: 양생시간 단축
- 지연제: 수화지연(서중 및 먼 거리)
- 초지연제: 응결시간 임의로 지연

Ⅰ. 정 의

① 시멘트의 수화반응에 모르타르나 콘크리트의 응결시간이나 또는 초기수화를 촉진, 혹은 지연시킬 목적으로 사용하는 혼화제
② 급결제, 급경제, 촉진제, 지연제, 초지연제 등이 있다.

Ⅱ. 촉진제

1) 특징

① 한중콘크리트 동해방지를 위한 조기 강도 발현이 필요
② 염화칼슘은 저온에서 시멘트의 수화를 촉진시켜 조강시멘트와 유사한 강도를 나타내게 한다.
③ 콘크리트 중의 염화물 규제치를 $0.3kg/m^3$ 이하로 규제하므로 사용량에 유의

2) 성분

① 칼슘이나 나트륨의 염화물, 탄산염, 황산염, 초산염 등의 무기염류
② 대표적인 촉진제로 염화칼슘

Ⅲ. 지연제

1) 특징

① 서중콘크리트의 발열 억제나 수송거리가 먼 레미콘에 첨가하여 cold joint 방지
② 매스콘크리트 수화열 지연 효과
③ 경화 콘크리트의 물성 변화없이 응결만을 24~36시간 지연시킬 때는 초지연제 적용

2) 성분

① 글루콘산, 구연산 등의 옥시 카본산계의 화합물이나 그의 염, 당류, 당알코올류 등이 있다.
② 규불화물이나 인산염 등의 무기계도 지연작용이 있다.

Ⅳ. 급결제

1) 특징

① 굴삭면이나 노출면의 뿜칠 콘크리트와 같은 순간적인 응결과 경화가 요구되는 경우 사용되며, 급경제는 고속도로 노상판의 보수공사, 교량공사, 기계의 바닥기초 등에 사용
② 급결제 사용 시 재령 1~2일까지 콘크리트 강도 증진은 매우 크지만 장기강도 저하 우려

2) 발현기구

C_3A의 수화나 ettringite의 생성을 촉진하는 경우와 시멘트 성분중의 C_3S의 수화를 촉진시키는 경우로 구분

혼화재료

혼화제

Key Point

◩ 국가표준
- KCS 14 20 10

◩ Lay Out
- 사용효과
- 문제점
- 적용 시 유의사항

◩ 핵심 단어
- What: 무염화
- Why: 경화 촉진 혼화제
- How: 저온환경에서 응결 지연을 일으키지 않고

◩ 연관용어
- 한중콘크리트 양생

적용대상

- 한중콘크리트 공사
- 초기동해로 인해 조기강도 확보 어려운 건축물

동결온도(℃) -3 -5 / 6 10 농도(%) / 6~10%배합 / 동결온도 저하 -3~5%

- 내한촉진제의 배합 농도 비율에 따른 허용외기온도 상관관계

☆☆★ 1. 재료 및 배합 111.123

4-108	내한촉진제	
No. 316	water-reducing admixture	유형: 재료·성능·성질

Ⅰ. 정 의

콘크리트 타설 시 초산칼슘, 초산나트륨 등의 무염화, 무알칼리형 약품을 사용하여 콘크리트중의 수분으로 인해 미경화 콘크리트가 -3℃ 정도까지 동결하지 않고 저온 환경하에서 응결지연을 일으키지 않고 경화를 촉진시키는 혼화제

Ⅱ. 사용효과

① 한랭지에서의 토목, 건축 구조물 및 한중콘크리트
② 콘크리트 타설 후 동결의 우려가 있으나 특별한 양생 대책을 취하기 어려운 경우
③ 초기강도를 필요로 하는 경우
④ 초기 탈형을 필요로 하는 경우
⑤ 최저기온 -10℃까지 타설 가능

Ⅲ. 문제점

① 주성분이 염화물인 경우 무근콘크리트에 사용해야 하며, 그 사용량의 상한치도 콘크리트의 품질을 고려하여 최소화 할 것(시멘트 중량의 2% 이하)
② 무염화물형 내한제를 규정량 이상 사용한 경우에는 유동성이 과다해지고 재료분리가 생기기 쉬우므로 주의
② 내동결융해성 향상을 위해서는 AE콘크리트로 하는 것이 바람직
③ 알칼리량이 많은 것을 사용한 경우, 알칼리골재반응성을 가진 골재의 사용을 피하는 것이 필요

Ⅳ. 현장 적용 시 유의사항

① 일 평균 기온 4℃ 이하의 한중콘크리트 적용 시 사용
② 내한촉진제 혼입 후 보양 및 양생관리에 철저
③ 온도에 따른 적정 혼입량(100kg 당 4ℓ) 혼입 준수

배합설계

배합

Key Point

◩ 국가표준
- KCS 14 20 10

◩ Lay Out
- 기본원칙 · 기본요소
- 배합설계 순서 · 시방배합

◩ 핵심 단어
- 콘크리트를 1m³ 만드는 재료의 비율

◩ 연관용어
- 설계기준 압축강도
- 배합강도 · 품질강도
- 내구성강도 · 재령 28일 콘크리트의 평균압축강도

계량

- 배합계량(batching)
- 용적계량 (batching by volume)
- 중량계량 (batching by weight)
- 계량오차(batching error)
- 계량설비 (batching facilities)

배합설계 조건 결정

- 구조물의 종류, 기상조건 및 시공방법, 재료선정 및 물성을 파악하여 배합강도결정, 굵은골재 최대치수 결정, 물-결합재비 결정, 슬럼프 및 공기량 결정, 단위수량 및 잔골재율을 고려하여 시방배합 산정

★★★ 1. 재료 및 배합

4-109	배합설계	
No. 317	mix design	유형: 기준·지표

Ⅰ. 정 의

① 콘크리트의 배합(mix proportion)은 콘크리트를 1m³를 만드는 각 재료의 비율을 말하며 시멘트, 잔골재, 굵은 골재 및 혼화재료를 가장 경제적으로 소요의 워커빌리티, 내구성 및 강도를 얻을 수 있도록 그 혼합비율을 선정하는 것

② 콘크리트의 배합은 소요의 강도, 내구성, 수밀성, 균열저항성, 철근 또는 강재를 보호하는 성능을 갖도록 정해야 한다.

③ 작업에 적합한 워커빌리티를 갖도록 하기 위해서는 거푸집 구석구석까지 콘크리트가 충분히 채워지도록 하고, 다지는 작업이 용이하면서 재료 분리가 생기지 않도록 콘크리트 배합을 정해야 한다.

Ⅱ. 배합설계의 기본원칙

① 충분한 강도를 확보할 것
② 충분한 내구성을 확보할 것
③ 가능한 한 단위수량을 적게 할 것
④ 가능한 한 최대치수가 큰 굵은골재를 사용할 것
⑤ 경제성 있는 배합일 것 점성, 분리, 블리딩이 작을 것

Ⅲ. 배합설계 시 기본요소

1) 물-결합재비와 강도

$f_c' = A + B(C/W)$, f_c'는 콘크리트의 28일 압축강도

2) 워커빌리티

강도, 내구성 및 경제성 등을 결정하는 콘크리트의 기본특성으로 타설 용이성, 반죽질기, 재료분리 저항성 등에 의해 결정되는 작업의 난이도를 의미

3) 내구성

내구성 저하를 유발하는 염해, 탄산화, 알칼리골재반응, 동결융해, 온도변화, 건조수축 등의 유해 작용 고려

Ⅳ. 배합설계 순서

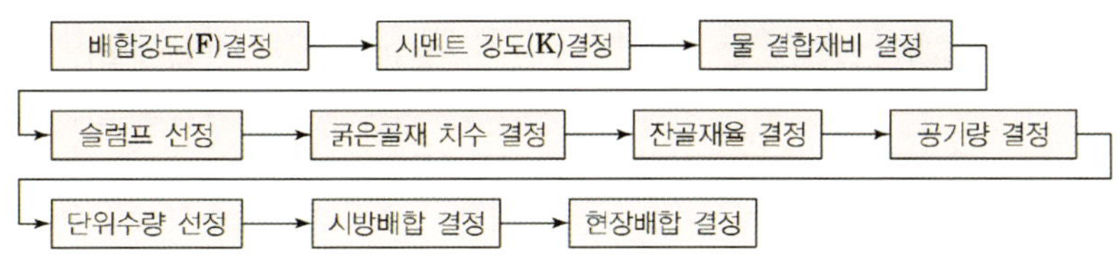

Ⅴ. 시방배합

1) 배합강도(F_{cr})

1) 구조물에 사용되는 콘크리트 압축강도가 소요의 강도를 갖기 위해서는 콘크리트 배합설계 시 배합강도(f_{cr})를 정하여야 한다. 배합강도(f_{cr})는 (20±2) ℃ 표준양생한 공시체의 압축강도로 표시하는 것으로 하고, 강도는 강도관리를 기준으로 하는 재령에 따른다.

2) 품질기준강도(f_{cq})는 구조계산에서 정해진 설계기준압축강도(f_{ck})와 내구성 설계를 반영한 내구성기준압축강도(f_{cd})중에서 큰 값으로 정한다.

   $f_{cq} = \max(f_{ck}, f_{cd})$ (MPa)

3) 기온보정강도(T_n)를 더하여 생산자에게 호칭강도(f_{cn})로 주문해야 한다.

   $f_{cn} = f_{cq} + T_n$ (MPa)

4) 배합강도(f_{cr})는 호칭강도(f_{cn}) 범위를 35 MPa 기준으로 분류한 아래 각 ⓐ ⓑ두 식에 의한 값 중 큰 값으로 정해야 한다.

   ⓐ $f_{cn} \leq 35$ MPa인 경우

   ① $f_{cr} = f_{cn} + 1.34s$ (MPa)

   ② $f_{cr} = (f_{cn} - 3.5) + 2.33s$ (MPa)

   ⓑ $f_{cn} > 35$ MPa인 경우

   ①′ $f_{cr} = f_{cn} + 1.34s$ (MPa)

   ②′ $f_{cr} = 0.9f_{cn} + 2.33s$ (MPa)

   여기서, s ; 압축강도의 표준편차(MPa)

5) 현장 배치플랜트인 경우는 4)항에서 호칭강도(f_{cn}) 대신에 기온보정강도(T_n)을 고려한 품질기준강도(f_{cq})를 사용할 수 있다.

배합설계

배합기준

- 단위수량: 165~170kg/m^3
- 단위시멘트량: 270kg/m^3 이상
- W/B: 48~55%
- 공기량: 4~6%
- 염화물 이온량: 0.3kg/m^3 이하
- 잔골재율 표준값: 조립률 2.8 내외

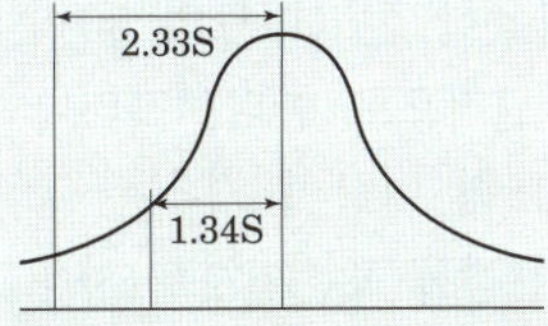

[콘크리트 강도의 기온에 따른 보정값(T_n)]

결합재 종류	재령(일)	콘크리트 타설일로 부터 재령까지의 예상평균기온의 범위(℃)		
보통포틀랜드 시멘트 플라이 애시 시멘트 1종 고로 슬래그 시멘트 1종	28	18 이상	8 이상~18 미만	4 이상~8 미만
	42	12 이상	4 이상~12 미만	-
	56	7 이상	4 이상~7 미만	-
플라이 애시 시멘트 2종	28	18 이상	10 이상~18 미만	4 이상~10 미만
	42	13 이상	5 이상~13 미만	4 이상~5 미만
	56	8 이상	4 이상~8 미만	-
고로 슬래그 시멘트 2종	28	18 이상	13 이상~18 미만	4 이상~13 미만
	42	14 이상	10 이상~14 미만	4 이상~10 미만
	56	10 이상	5 이상~10 미만	4 이상~5 미만
콘크리트 강도의 기온에 따른 보정값 T_n (MPa)		0	3	6

6) 콘크리트 압축강도의 표준편차는 실제 사용한 콘크리트의 30회 이상의 시험실적으로부터 결정하는 것을 원칙으로 한다. 그러나 압축강도의 시험 횟수가 29회 이하이고 15회 이상인 경우는 그것으로 계산한 표준편차에 보정계수를 곱한 값을 표준편차로 사용할 수 있다.

[시험 횟수가 29회 이하일 때 표준편차의 보정계수]

시험횟수	표준편차의 보정계수
15	1.16
20	1.08
25	1.03
30 이상	1.00

위 표에 명시되지 않은 시험횟수는 직선 보간한다.

7) 콘크리트 압축강도의 표준편차를 알지 못할 때, 또는 압축강도의 시험 횟수가 14회 이하인 경우 콘크리트의 배합강도는 아래와 같이 정할 수 있다.

배합설계

[압축강도의 시험 횟수가 14회 이하이거나 기록이 없는 경우의 배합강도]

호칭강도(MPa)	배합강도(MPa)
21 미만	$f_{cn}+7$
21 이상 35 이하	$f_{cn}+8.5$
35 초과	$1.1f_{cn}+5$

2) 물-결합재비

① 물-결합재비는 소요의 강도, 내구성, 수밀성 및 균열저항성 등을 고려하여 정해야 한다.

② 콘크리트의 압축강도를 기준으로 물-결합재비를 정하는 경우 그 값은 다음과 같이 정해야 한다.

③ 압축강도와 물-결합재비와의 관계는 시험에 의하여 정하는 것을 원칙으로 한다. 이 때 공시체는 재령 28일을 표준으로 한다.

④ 배합에 사용할 물-결합재비는 기준 재령의 결합재-물비와 압축강도와의 관계식에서 배합강도에 해당하는 결합재-물비 값의 역수로 한다.

[내구성 확보를 위한 요구조건]

항목		노출범주 및 등급															
		일반	EC (탄산화)				ES(해양환경, 제설염 등 염화물)				EF (동결융해)				EA (황산염)		
		E0	EC1	EC2	EC3	EC4	ES1	ES2	ES3	ES4	EF1	EF2	EF3	EF4	EA1	EA2	EA3
내구성 기준압축강도 f_{cd} (MPa)		21	21	24	27	30	30	30	35	35	24	27	30	30	27	30	30
최대 물-결합재비[1]		–	0.60	0.55	0.50	0.45	0.45	0.45	0.40	0.40	0.55	0.50	0.45	0.45	0.50	0.45	0.45
최소 단위 결합재량 (kg/m³)		–	–	–	–	–	KCS 14 20 44 (2.2)				–	–	–	–	–	–	–
최소 공기량(%)		–	–	–	–	–	–				공기량 표준값				–	–	–
수용성 염소이온량 (결합재 중량비 %)[2]	무근 콘크리트	–	–				–				–				–		
	철근 콘크리트	1.00	0.30				0.15				0.30				0.30		
	프리스트레스트 콘크리트	0.06	0.06				0.06				0.06				0.06		
추가 요구조건		–	KDS 14 20 50 (4.3)의 피복두께 규정을 만족할 것.								결합재 종류 및 결합재 중 혼화재 사용비율 제한 (표 2.2-7)				결합재 종류 및 염화칼슘 혼화제 사용 제한 (표 1.9-4)		

주 1) 경량골재 콘크리트에는 적용하지 않음. 실적, 연구성과 등에 의하여 확증이 있을 때는 5% 더한 값으로 할 수 있음.
2) KS F 2715 적용, 재령 28일~42일 사이

배합설계

3) 단위수량

① 단위수량은 최대 185kg/m^3이내의 작업이 가능한 범위 내에서 될 수 있는 대로 적게 사용하며, 그 사용량은 시험을 통해 정하여야 한다.

② 단위수량은 굵은 골재의 최대 치수, 골재의 입도와 입형, 혼화 재료의 종류, 콘크리트의 공기량 등에 따라 다르므로 실제의 시공에 사용되는 재료를 사용하여 시험을 실시한 다음 정해야 한다.

4) 단위결합재량

① 단위결합재량은 원칙적으로 단위수량과 물-결합재비로부터 정하여야 한다.

② 단위결합재량은 소요의 강도, 내구성, 수밀성, 균열저항성, 강재를 보호하는 성능 등을 갖는 콘크리트가 얻어지도록 시험에 의하여 정해야 한다.

③ 단위결합재량의 하한값 혹은 상한값이 규정되어 있는 경우에는 이들의 조건이 충족되도록 한다.

5) 굵은골재 최대 치수

① 굵은 골재의 공칭 최대 치수는 다음 값을 초과하지 않아야 한다. 그러나 이러한 제한은 콘크리트를 공극 없이 칠 수 있는 다짐 방법을 사용할 경우에는 책임기술자의 판단에 따라 적용하지 않을 수 있다.

- 거푸집 양 측면 사이의 최소 거리의 1/5
- 슬래브 두께의 1/3
- 개별 철근, 다발철근, 긴장재 또는 덕트 사이 최소 순간격의 3/4

② 굵은 골재의 공칭 최대 치수 표준 값

구조물의 종류	굵은 골재의 최대치수(mm)
일반적인 경우	20 또는 25
단면이 큰 경우	40
무근콘크리트	40(부재 최소치수의 1/4을 초과해서는 안됨)

6) 슬럼프 및 슬럼프 플로

① 콘크리트의 슬럼프는 운반, 타설, 다지기 등의 작업에 알맞은 범위 내에서 될 수 있는 한 작은 값으로 정해야 한다.

② 콘크리트를 타설할 때의 슬럼프 표준 값

종류		슬럼프 값
철근콘크리트	일반적인 경우	80~150(180)
	단면이 큰 경우	60~120(150)
무근콘크리트	일반적인 경우	50~150(180)
	단면이 큰 경우	50~100(150)

주 1) 유동화 콘크리트의 슬럼프는 KCS 14 20 31 (2.2)의 규정을 표준으로 한다.
2) 여기에서 제시된 슬럼프값은 구조물의 종류에 따른 슬럼프의 범위를 나타낸 것으로 실제로 각종 공사에서 슬럼프값을 정하고자 할 경우에는 구조물의 종류나 부재의 형상, 치수 및 배근상태에 따라 알맞은 값으로 정하되 충전성이 좋고 충분히 다질 수 있는 범위에서 되도록 작은 값으로 정해야 한다.
3) 콘크리트의 운반시간이 길 경우 또는 기온이 높을 경우에는 슬럼프가 크게 저하하므로 운반중의 슬럼프 저하를 고려한 슬럼프값에 대하여 배합을 정해야 한다.

배합설계

③ 콘크리트의 슬럼프 시험은 KS F 2402에 따르고 슬럼프 플로의 시험은 KS F 2594에 따른다.

④ 된반죽의 콘크리트는 슬럼프 시험 대신에 KS F 2427, KS F 2428과 KS F 2452의 규정에 따라 시험할 수 있다.

7) 잔골재율

① 잔골재율은 소요의 워커빌리티를 얻을 수 있는 범위 내에서 단위수량이 최소가 되도록 시험에 의해 정해야 한다.

② 잔골재율은 사용하는 잔골재의 입도, 콘크리트의 공기량, 단위결합재량, 혼화 재료의 종류 등에 따라 다르므로 시험에 의해 정해야 한다.

③ 공사 중에 잔골재의 입도가 변하여 조립률이 ±0.20 이상 차이가 있을 경우에는 배합의 적정성 확인 후 배합 보완 및 변경 등을 검토해야 한다. 이 때 잔골재율에 대해서도 그 적합 여부를 시험에 의해 확인

④ 콘크리트 펌프시공의 경우에는 펌프의 성능, 배관, 압송거리 등에 따라 적절한 잔골재율을 결정

⑤ 유동화 콘크리트의 경우, 유동화 후 콘크리트의 워커빌리티를 고려하여 잔골재율을 결정

⑥ 고성능AE감수제를 사용한 콘크리트의 경우로서 물-결합재비 및 슬럼프가 같으면, 일반적인 AE감수제를 사용한 콘크리트와 비교하여 잔골재율을 (1~2)% 정도 크게 한다.

8) 공기연행콘크리트의 공기량

① AE제, AE감수제 또는 고성능AE감수제를 사용한 콘크리트의 공기량은 굵은 골재 최대 치수와 노출등급을 고려하여 정하며, 운반 후 공기량은 이 값에서 ±1.5% 이내

[공기연행 콘크리트 공기량의 표준값]

굵은 골재의 최대치수(㎜)	공기량(%)	
	심한 노출 [1)]	보통 노출 [2)]
10	7.5	6.0
15	7.0	5.5
20	6.0	5.0
25	6.0	4.5
40	5.5	4.5

주 1) 노출등급 EF2, EF3, EF4
2) 노출등급 EF1

② 공기연행콘크리트의 공기량은 같은 단위 AE제량을 사용하는 경우라도 여러 조건에 따라 상당히 변화하므로 공기연행콘크리트 시공에서는 반드시 KS F 2409 또는 KS F 2421에 따라 공기량 시험을 실시

배합설계

9) 혼화 재료의 단위량

① AE제, AE감수제 및 고성능AE감수제 등의 단위량은 소요의 슬럼프 및 공기량을 얻을 수 있도록 시험에 의해 정해야 한다.

② 제빙화학제에 노출된 콘크리트 노출등급 EF4에 있어서 플라이 애시, 고로 슬래그 미분말 또는 실리카 퓸을 시멘트 재료의 일부로 치환하여 사용하는 경우 이들 혼화재의 사용량은 규정값을 초과하지 않도록 한다.

[제빙화학제[1]에 노출된 콘크리트 최대 혼화재 비율]

혼화재의 종류	시멘트와 혼화재 전체에 대한 혼화재의 질량 백분율(%)
KS L 5405에 따르는 플라이 애시 또는 기타 포졸란	25
KS F 2563에 따르는 고로 슬래그 미분말	50
실리카 퓸	10
플라이 애시 또는 기타 포졸란, 고로 슬래그 미분말 및 실리카 퓸의 합	50[2]
플라이 애시 또는 기타 포졸란과 실리카 퓸의 합	35[2]

주 1) 노출등급 EF4에 해당한다.
2) 플라이 애시 또는 기타 포졸란의 합은 25 % 이하, 실리카 퓸은 10 % 이하여야 한다.

10) 배합의 표시 방법

[레미콘 배합표]

굵은 골재의 최대 치수 (mm)	슬럼프 범위 (mm)	공기량 범위 (%)	물-결합재비[1] W/B (%)	잔골재율 S/a (%)	단위질량(kg/m^3)					
					물	시멘트	잔골재	굵은 골재	혼화재료	
									혼화재[1]	혼화제[2]

1) 포졸란 반응성 및 잠재수경성을 갖는 혼화재를 사용하지 않는 경우에는 물-시멘트비가 된다.
2) 여러 종류의 것을 사용할 경우에는 각각의 난을 나누어 표시한다.

① 시방배합에서 잔골재는 5mm 체를 전부 통과하는 것을 말하고, 굵은 골재는 5mm 체에 전부 남는 것을 말하며, 잔골재 및 굵은 골재는 각각 표면건조포화상태로서 나타낸다.

② 시방배합을 현장 배합으로 고칠 경우에는 골재의 함수 상태, 잔골재 중에서 5mm 체에 남는 양, 굵은 골재 중에서 5mm 체를 통과하는 양 등을 고려하여야 한다.

배합설계

11) 재료의 계량

① 계량은 현장 배합에 의해 실시하는 것으로 한다.

② 골재의 표면수율 시험방법은 KS F 2550 및 KS F 2509에 따른다. 골재가 건조되어 있을 때의 유효 흡수율 값은 골재를 적절한 시간 흡수시켜서 구한다.

③ 유효 흡수율의 시험에서 골재에 흡수시키는 시간은 공사 현장의 사정에 따라 다르나 실용상으로 보통 15~30분간 침수하여 얻은 흡수율을 유효흡수율로 볼 수 있다.

④ 1배치량은 콘크리트의 종류, 비비기 설비의 성능, 운반방법, 공사의 종류, 콘크리트의 타설량 등을 고려하여 정해야 한다.

⑤ 각 재료는 1배치씩 질량으로 계량해야 한다. 다만, 물과 혼화제 용액은 용적으로 계량한다.

⑥ 계량오차는 1회 계량분에 대하여 규정 값 이하이어야 한다.

재료의 종류	측정단위	1회 계량분량의 한계허용오차(%)
시멘트	질량	± 1
골재	질량 또는 부피	± 3
물	질량	± 1
혼화재1)	질량	± 2
혼화제	질량 또는 부피	± 3

⑦ 연속믹서를 사용할 경우, 각 재료는 용적으로 계량한다. 이때의 계량오차는 믹서의 용량에 따라 정해지는 소정의 시간당 계량분을 질량으로 환산하고, 규정 값 이하이어야 한다.

12) 비비기

① 콘크리트의 재료는 반죽된 콘크리트가 균질하게 될 때까지 충분히 비벼야 한다.

② 재료를 믹서에 투입하는 순서는 믹서의 형식, 비비기 시간, 골재의 종류 및 입도, 단위수량, 단위결합재량, 혼화 재료의 종류 등에 따라 다르므로 KS F 2455에 의한 시험, 강도시험, 블리딩시험 등의 결과 또는 실적을 참고로 해서 정하여야 한다.

③ 비비기 시간은 시험에 의해 정하는 것을 원칙으로 한다. 비비기 시간에 대한 시험을 실시하지 않은 경우 그 최소시간은 가경식 믹서일 때에는 1분 30초 이상, 강제식 믹서일 때에는 1분 이상을 표준으로 한다.

④ 비비기는 미리 정해 둔 비비기 시간의 3배 이상 계속하지 않아야 한다.

⑤ 믹서 안의 콘크리트를 전부 꺼낸 후가 아니면 믹서 안에 다음 재료를 넣지 말아야 한다.

⑥ 연속믹서를 사용할 경우, 비비기 시작 후 최초에 배출되는 콘크리트는 사용되지 않아야 한다.

★★★ 1. 재료 및 배합 68.81.89.1101

4-110	설계기준 강도/배합강도/호칭강도	
No. 318	f_{ck} f_{cr} f_{cn}	유형: 기준·지표

배합설계

배합

Key Point

◪ 국가표준
- KCS 14 20 10

◪ Lay Out
- 강도기준
- 압축강도에 의한 콘크리트의 품질검사

◪ 핵심 단어
- 구조설계
- 배합을 정하는 경우에 목표로 하는 강도
- 레미콘 주문 시 강도

◪ 연관용어
- 품질기준 강도
- 내구성기준 강도
- 재령 28일 콘크리트 평균압축강도

- K: Characteristic Value
- quality guaranteed compressive strength of concrete
- durability strength of concrete

Ⅰ. 정 의

① 설계기준압축강도(Specified Compressive Strength): 구조설계에서 기준으로 하는 콘크리트의 강도를 말하며, 일반적으로 재령 28일의 압축강도(기호: f_{ck})를 기준으로 한다.

② 배합강도(Required Average Concrete Strength): 콘크리트의 배합을 정하는 경우에 목표로 하는 강도를 말하며, 일반적으로 재령 28일의 압축강도(기호: f_{cr})를 기준으로 한다.

③ 호칭강도(Nominal Strength): 레미콘 주문 시 KS F 4009의 규정에 따라 사용되는 콘크리트강도(기호: f_{cn})로서 기온, 습도, 양생 등 사용 환경에 보정 값을 고려하여 주문하는 강도

Ⅱ. 강도의 기준

1) 구조물에 사용되는 콘크리트 압축강도가 소요의 강도를 갖기 위해서는 콘크리트 배합설계 시 배합강도(f_{cr})를 정해야 한다. 배합강도(f_{cr})는 (20±2) ℃ 표준양생한 공시체의 압축강도로 표시하는 것으로 하고, 강도는 강도관리를 기준으로 하는 재령에 따른다.

2) 품질기준강도(f_{cq})는 구조계산에서 정해진 설계기준압축강도(f_{ck})와 내구성 설계를 반영한 내구성기준압축강도(f_{cd})중에서 큰 값

$f_{cq} = \max(f_{ck}, f_{cd})$ (MPa)

3) 기온보정강도(T_n)를 더하여 생산자에게 호칭강도(f_{cn})로 주문해야 한다.

$f_{cn} = f_{cq} + T_n$ (MPa)

4) 배합강도(f_{cr})는 호칭강도(f_{cn}) 범위를 35 MPa 기준으로 분류한 아래 각 ⓐ ⓑ두 식에 의한 값 중 큰 값으로 정해야 한다.

ⓐ $f_{cn} \le 35$ MPa인 경우

①$f_{cr} = f_{cn} + 1.34s$ (MPa)

②$f_{cr} = (f_{cn} - 3.5) + 2.33s$ (MPa)

ⓑ $f_{cn} > 35$ MPa인 경우

①′ $f_{cr} = f_{cn} + 1.34s$ (MPa)

②′ $f_{cr} = 0.9f_{cn} + 2.33s$ (MPa)

여기서, s ; 압축강도의 표준편차(MPa)

5) 현장 배치플랜트인 경우는 4)항에서 호칭강도(f_{cn}) 대신에 기온보정강도(T_n)을 고려한 품질기준강도(f_{cq})를 사용할 수 있다.

배합설계

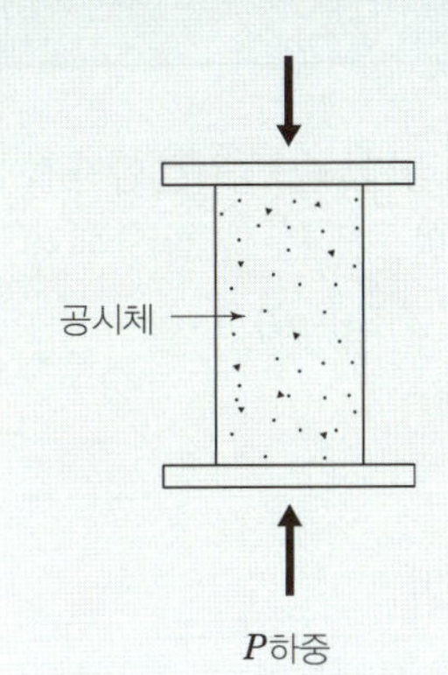

공시체 제작기준

- 제작기준
  - 360m³를 1Lot로 하여 120m³당 1회(3개)
  - 판정을 위해 3회(9개)의 평균값 필요

1일 1층 1개동 타설 공시체

Total: 9+3+6(9)+9
= 일반(27개), LH(30개)

- 28일 압축강도용 공시체 (표준양생 공시체)
  - 360m³: 3회 (9개)
- 7일 압축강도용 공시체(LH) (표준양생 공시체)
  - 360m³: 1회 (3개)
- 구조물 관리용 공시체 (현장에서 제작 후 실제 구조체 콘크리트와 가까운 곳에서 현장양생, 성형 후 24시간 이상 48시간 이내 해체 후 현장수중양생 또는 현장봉함양생)

① 거푸집존치기간 판단용
- 수직부재: 1회(3개)
- 수평부재 :1회(3개)
- 예비: 1회 (3개) - LH기준

計: 2회(6개), 3회(9개) LH

② 구조물 중의 콘크리트 품질검사
- 計: 타설층 3회 (9개)

[콘크리트 강도의 기온에 따른 보정값(T_n)]

결합재 종류	재령(일)	콘크리트 타설일로 부터 재령까지의 예상평균기온의 범위(℃)		
보통포틀랜드 시멘트 플라이 애시 시멘트 1종 고로 슬래그 시멘트 1종	28	18 이상	8 이상~18 미만	4 이상~8 미만
	42	12 이상	4 이상~12 미만	-
	56	7 이상	4 이상~7 미만	-
플라이 애시 시멘트 2종	28	18 이상	10 이상~18 미만	4 이상~10 미만
	42	13 이상	5 이상~13 미만	4 이상~5 미만
	56	8 이상	4 이상~8 미만	-
고로 슬래그 시멘트 2종	28	18 이상	13 이상~18 미만	4 이상~13 미만
	42	14 이상	10 이상~14 미만	4 이상~10 미만
	56	10 이상	5 이상~10 미만	4 이상~5 미만
콘크리트 강도의 기온에 따른 보정값 T_n (MPa)		0	3	6

Ⅲ. 압축강도에 의한 콘크리트의 품질검사

1) 호칭강도로부터 배합을 정하는 경우의 품질검사

종류	항목	시험·검사 방법	시기 및 횟수[1]	판정기준	
				$f_{cn} \leq 35$MPa	$f_{cn} > 35$MPa
호칭강도로부터 배합을 정한 경우	압축강도 (재령 28일의 표준양생 공시체)	KS F 2405의 방법[1]	1회/일, 또는 구조물의 중요도와 공사의 규모에 따라 120m³ 마다 1회, 배합이 변경될 때마다	① 연속 3회 시험값의 평균이 호칭강도 이상 ② 1회 시험값이 (호칭강도-3.5MPa) 이상	① 연속 3회 시험값의 평균이 호칭강도 이상 ② 1회 시험값이 호칭강도의 90% 이상
그 밖의 경우				압축강도의 평균값이 품질기준강도[2] 이상일 것 $f_{cn} = f_{cq} + T_n$ (MPa)	

주 1) 1회의 시험값은 공시체 3개의 압축강도 시험값의 평균값임
2) 현장 배치플랜트를 구비하여 생산·시공하는 경우에는 설계기준압축강도와 내구성 설계에 따른 내구성 기준압축강도 중에서 큰 값으로 결정된 품질기준강도를 기준으로 검사

- 시험체는 구조물에 사용되는 콘크리트를 대표할 수 있도록 채취

2) 구조물 중의 콘크리트 품질검사(현장양생 공시체 의한 콘크리트의 품질검사)

종류	항목	시험·검사 방법	시기 및 횟수[1]	판정기준	
				$f_{cq} \leq 35$MPa	f_{cq}[2] > 35 MPa
현장양생 공시체의 품질검사	압축강도 (재령 28일의 현장양생 공시체)	KS F 2405의 방법[1]	1회/일, 1회/층[3], 1회/타설구획[4], 배합이 변경될 때마다 또는 현장양생조건이 상이한 경우마다 1회	① 연속 3회 시험값의 평균이 품질기준강도 이상 ② 1회 시험값이(품질기준강도-3.5MPa) 이상	① 연속 3회 시험값의 평균이 품질기준 강도 이상 ② 1회 시험값이 품질기준강도의 90% 이상

주 1) 1회의 시험값은 공시체 3개의 압축강도 시험값의 평균값
2) 층은 타설층 기준
3) 품질기준강도(f_{cq})는 콘크리트의 설계기준압축강도(f_{ck})와 내구성기준압축강도(f_{cd}) 중 큰 값으로 정함
4) 타설구획 별로 타설시점이 2/3를 지난 후 실시하며, 레미콘 혼용타설 시 레미콘사별 1회 시험

★★★ 1. 재료 및 배합 122

4-111	물-결합재비	
No. 319	water binder ratio	유형: 기준·지표

배합설계

배합

Key Point

◪ 국가표준
- KCS 14 20 10
- KCS 14 00 00

◪ Lay Out
- 산정방법
- 적정범위

◪ 핵심 단어
- 물과 결합재의 중량비

◪ 연관용어
- 물시멘트비

결합재(binder)

- 시멘트와 같이 접착력이 있는 재료로서 골재 입자들 사이를 채워서 콘크리트 구성재료들을 결합하거나 콘크리트 강도 발현에 기여하는 물질을 생성하는 재료의 총칭. 고로 슬래그 미분말, 플라이애시 , 실리카 퓸, 팽창재 등 분말 형태의 재료

물시멘트 비

- (water cement ratio) : 모르타르나 콘크리트에서 골재가 표면 건조 포화 상태에 있을 때에 반죽 직후 물과 시멘트의 질량비

Ⅰ. 정 의

혼화재로 고로 슬래그 미분말, 플라이 애시, 실리카 퓸 등 결합재를 사용한 모르타르나 콘크리트에서 골재가 표면 건조 포화상태에 있을 때에 반죽 직후 물과 결합재의 질량비(기호: W/B)

Ⅱ. 물-결합재비 산정방법

[내구성 확보를 위한 요구조건]

항목		노출범주 및 등급															
		일반	EC (탄산화)				ES(해양환경, 제설염 등 염화물)				EF (동결융해)				EA (황산염)		
		E0	EC1	EC2	EC3	EC4	ES1	ES2	ES3	ES4	EF1	EF2	EF3	EF4	EA1	EA2	EA3
내구성 기준압축강도 f_{cd} (MPa)		21	21	24	27	30	30	30	35	35	24	27	30	30	27	30	30
최대 물-결합재비1)		–	0.60	0.55	0.50	0.45	0.45	0.45	0.40	0.40	0.55	0.50	0.45	0.45	0.50	0.45	0.45
최소 단위 결합재량 (kg/m^3)		–	–	–	–	–	KCS 14 20 44 (2.2)				–	–	–	–	–	–	–
최소 공기량(%)		–	–	–	–	–	–				공기량 표준값				–	–	–
수용성 염소이온량 (결합재 중량비 %)2)	무근 콘크리트	–	–				–				–				–		
	철근 콘크리트	1.00	0.30				0.15				0.30				0.30		
	프리스트레스트 콘크리트	0.06	0.06				0.06				0.06				0.06		
추가 요구조건		–	KDS 14 20 50 (4.3)의 피복두께 규정을 만족할 것.								결합재 종류 및 결합재 중 혼화재 사용비율 제한 (표 2.2-7)				결합재 종류 및 염화칼슘 혼화제 사용 제한 (표 1.9-4)		

주 1) 경량골재 콘크리트에는 적용하지 않음. 실적, 연구성과 등에 의하여 확증이 있을 때는 5% 더한 값으로 할 수 있음.
2) KS F 2715 적용, 재령 28일~42일 사이

① 물-결합재비는 소요의 강도, 내구성, 수밀성 및 균열저항성 등을 고려하여 정하여야 한다.

② 콘크리트의 압축강도를 기준으로 물-결합재비를 정하는 경우 그 값은 다음과 같이 정하여야 한다.

③ 압축강도와 물-결합재비와의 관계는 시험에 의하여 정하는 것을 원칙으로 한다. 이 때 공시체는 재령 28일을 표준으로 한다.

④ 배합에 사용할 물-결합재비는 기준 재령의 결합재-물비와 압축강도와의 관계식에서 배합강도에 해당하는 결합재-물비 값의 역수로 한다.

배합설계

[시멘트 종류에 따른 W/C의 산출]

시멘트 종류		W/C범위(%)	W/C 산출 공식
포틀랜드 시멘트	보통	40~65	$W/C = \dfrac{51}{f_{28}/k + 0.31}$
	조강	40~65	$W/C = \dfrac{41}{f_{28}/k + 0.17}$
	중용열	40~65	$W/C = \dfrac{66}{f_{28}/k + 0.64}$
고로 슬래그 시멘트	1종	40~65	$W/C = \dfrac{46}{f_{28}/k + 0.23}$
	2종	40~60	$W/C = \dfrac{51}{f_{28}/k + 0.29}$
	3종	40~60	$W/C = \dfrac{44}{f_{28}/k + 0.31}$

Ⅲ. 물-결합재비 적정범위

구분	물 결합재 적정범위
폴리머 시멘트 콘크리트	30~60% 이하
프리스트레스 콘크리트	45% 이하
고강도 콘크리트	50% 이하
수밀 콘크리트	50% 이하
차폐 콘크리트	50% 이하
수중 콘크리트(일반)	50% 이하
수중콘크리트(현장타설말뚝)	55% 이하
장수명 콘크리트	55% 이하
경량골재 콘크리트	60% 이하
한중콘크리트	60% 이하

★★★ 1. 재료 및 배합 75.105

4-112	콘크리트 배합의 공기량	
No. 320	air content	유형: 기준·지표

배합설계

배합

Key Point

◪ 국가표준
- KCS 14 20 10
- KS F 4009
- KS F 2421(압력법)

◪ Lay Out
- 물성변화 · 공기량
- 영향요소 · 허용오차

◪ 핵심 단어
- 미세한 기포

◪ 연관용어
- 물시멘트비

공기량의 영향요소

- AE제의 사용량: 공기량 10% 정도까지는 사용량에 비례하여 공기량이 증가
- 고로슬래그 시멘트: 보통포틀랜드시멘트 보다 1.2배 필요
- 플라이애시시멘트: 미연소 탄소에 의해 AE제가 흡착되므로 보통 포틀랜드시멘트보다 1.5~2.6배 많이 소요
- 콘크리트 온도: 온도가 높을수록 공기량 감소, 10℃ 증가당 20~30% 정도 감소
- 혼합시간: 3~5분에서 최고가 되고 그보다 길거나 짧아지면 공기량 감소

- 콘크리트별 함유량(%)±1.5
  - 보통 콘크리트: 4.5
  - 경량골재콘크리트: 5.5
  - 포장콘크리트: 4.5
  - 고강도 콘크리트: 3.5

Ⅰ. 정 의

① 콘크리트 전체 용적에서 점유하는 기포의 전체용적의 비율을 백분율로 표시한 값

② 콘크리트에 적정한 공기량을 확보하는 것은 내동해성을 향상시키고 워커빌리티 개선에 유효

Ⅱ. 공기량에 따른 물성변화

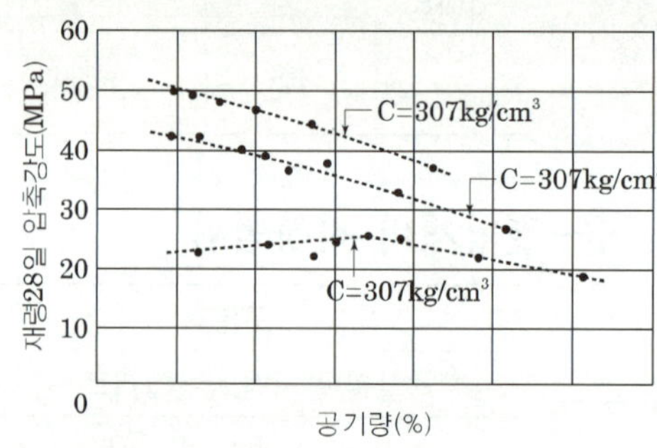

[공기량 1% 증가]
- 압축강도 4~6% 감소
- 슬럼프는 20mm 증가
- 단위수량은 3% 감소
- 휨강도 2~3% 감소
- 탄성계수 $7\sim8\times10^3$kg/cm^2 감소

Ⅲ. 공기연행콘크리트의 공기량

① AE제, AE감수제 또는 고성능AE감수제를 사용한 콘크리트의 공기량은 굵은 골재 최대 치수와 노출등급을 고려하여 정하며, 운반 후 공기량은 이 값에서 ±1.5% 이내

[공기연행 콘크리트 공기량의 표준값]

굵은 골재의 최대치수(mm)	공기량(%)	
	심한 노출[1)]	보통 노출[2)]
10	7.5	6.0
15	7.0	5.5
20	6.0	5.0
25	6.0	4.5
40	5.5	4.5

주 1) 노출등급 EF2, EF3, EF4
2) 노출등급 EF1

② 공기연행콘크리트의 공기량은 같은 단위 AE제량을 사용하는 경우라도 여러 조건에 따라 상당히 변화하므로 공기연행콘크리트 시공에서는 반드시 KS F 2409 또는 KS F 2421에 따라 공기량 시험을 실시

★★★ 1. 재료 및 배합 61.93.130

4-113	잔골재율	
No. 321	fine aggregate ratio	유형: 기준·지표

배합설계

배합

Key Point

◪ 국가표준
- KCS 14 20 10

◪ Lay Out
- 잔골재율 산정 · 유의사항
- 영향을 주는 요인

◪ 핵심 단어
- 전체 골재량에 대한 절대용적비를 백분율로 나타낸 것

◪ 연관용어
- 굵은골재 최대치수

S/a에 영향을 주는 요인

- 잔골재의 입도
- 콘크리트의 공기량
- 단위시멘트량
- 혼화재료의 종류

콘크리트에 미치는 영향

- 잔골재율을 작게 하면 소요의 워커빌리티를 가지기 위한 단위수량이 감소
- 잔골재율을 작게 하면 단위시멘트량이 감소하여 경제적
- 잔골재율을 작게 하면 콘크리트는 거칠어지고 재료의 분리현상 발생
- 잔골재율을 크게 하면 concrete pump 압송 plug현상이 발생됨

Ⅰ. 정 의

① 골재 중 5mm체(sieve)를 통과한 부분을 잔골재로 보고, 5mm체에 남는 부분을 굵은 골재로 보아 산출한 잔골재량의 전체 골재량에 대한 절대용적비를 백분율로 나타낸 것

② 잔골재율을 작게 하면 소요의 workability를 얻는데 필요한 단위수량과 단위 cement량이 적어져 경제적이지만 너무 작으면 concrete가 거칠고 재료분리의 발생 및 워커블(workable)한 concrete를 얻기 어렵다.

Ⅱ. 잔골재율 산정

$$\text{잔골재율(S/a)}=\frac{\text{잔골재량의 절대용적}}{\text{전체골재량의 절대용적}}\times100=\frac{\text{Sand의 절대용적}}{\text{G의 절대용적+S의 절대용적}}\times100$$

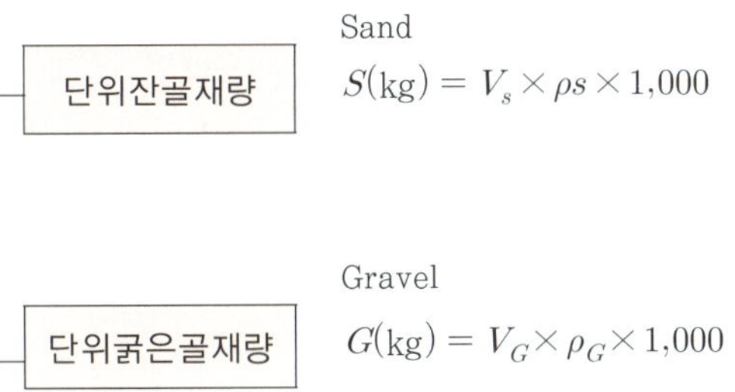

ρs=잔골재, ρ_G=굵은골재

일반적으로 적절한 잔골재율은 보통 35~45% 정도의 범위

Ⅲ. 잔골재율 산정 시 유의사항

① 잔골재율은 소요의 워커빌리티를 얻을 수 있는 범위 내에서 단위수량이 최소가 되도록 시험에 의해 정해야 한다.

② 공사 중에 잔골재의 입도가 변하여 조립률이 ±0.20 이상 차이가 있을 경우에는 배합의 적정성 확인 후 배합 보완 및 변경 등을 검토해야 한다.

③ 콘크리트 펌프시공의 경우에는 펌프의 성능, 배관, 압송거리 등에 따라 적절한 잔골재율을 결정

④ 유동화 콘크리트의 경우, 유동화 후 콘크리트의 워커빌리티를 고려하여 잔골재율을 결정

⑤ 고성능AE감수제를 사용한 콘크리트의 경우로서 물-결합재비 및 슬럼프가 같으면, 일반적인 AE감수제를 사용한 콘크리트와 비교하여 잔골재율을 (1~2)% 정도 크게 한다.

☆☆☆ 1. 재료 및 배합 99

4-114	콘크리트 시험비비기(시방배합과 현장배합)	
No. 322	specified mix, field mix	유형: 기준·지표

배합설계

배합

Key Point

◩ 국가표준
- KCS 14 20 10

◩ Lay Out
- 기본원칙·순서
- 특징비교

◩ 핵심 단어
- 시방서
- 배합비 조정

◩ 연관용어
- 배합강도
- 배합설계

Ⅰ. 정 의

① 시방배합: 시방서 또는 책임기술자에 의해 지시된 배합으로 골재는 표면건조포화상태이고 잔골재는 5mm체에 전부 통과하는 것, 굵은 골재는 5mm체에 전부 남는 것을 사용한 경우의 배합

② 현장배합: 콘크리트 표준배합에 기초하여 현장에서 투입할 재료의 상태를 고려해 배합비를 조정한 배합

Ⅱ. 배합설계의 기본원칙

① 충분한 강도를 확보할 것

② 충분한 내구성을 확보할 것

③ 가능한 한 단위수량을 적게 할 것

④ 가능한 한 최대치수가 큰 굵은골재를 사용할 것

⑤ 경제성 있는 배합일 것 점성, 분리, 블리딩이 작을 것

⑥ 점성, 분리, 블리딩이 작을 것

Ⅲ. 배합설계 순서

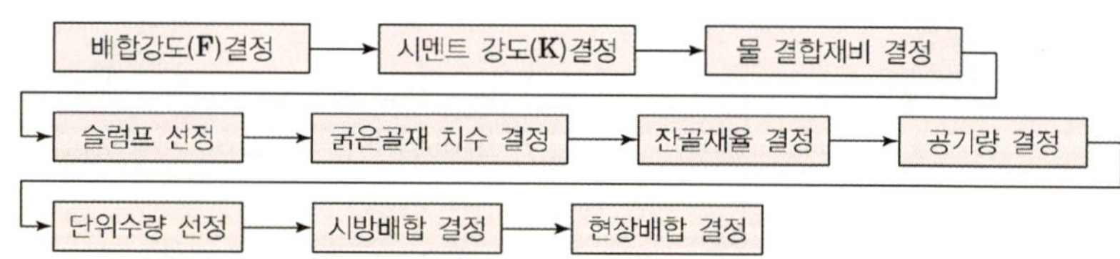

배합설계 조건 결정

- 구조물의 종류, 기상조건 및 시공방법, 재료선정 및 물성을 파악하여 배합강도결정, 굵은골재 최대치수 결정, 물-결합재비 결정, 슬럼프 및 공기량 결정, 단위수량 및 잔골재율을 고려하여 시방배합 산정

Ⅲ. 특징 비교

구분	시방배합	현장배합
정의	시방서 기준	현장에서 계량
골재의 함수상태	표면건조 포화상태	현장조건에 따라 다르며, 기건상태 또는 습윤상태
단위량	$1m^3$	1Batch
계량	중량계량	중량 또는 부피계량

☆☆★ 1. 재료 및 배합 61,93

4-115	빈배합과 부배합	
No. 323	Lean mix, Rich mix	유형: 기준·지표

배합설계

배합

Key Point

◪ 국가표준
- KCS 14 20 10

◪ Lay Out
- 배합원칙
- 배합순서
- 특징

◪ 핵심 단어
- 단위시멘트량

◪ 연관용어
- 수화열

I. 정 의

① 빈배합은 콘크리트 배합 시 단위시멘트양이 적은 배합으로 $1m^3$ 배합 시 240kg 이하의 시멘트를 사용할 때의 배합을 말하며, 부배합은 시멘트양이 많은 콘크리트의 배합으로 $1m^3$ 배합 시 350kg 이상을 사용하는 배합

② 빈배합은 수화열이 적어 균열발생이 적고 알칼리골재반응이 줄어들며 서중콘크리트에 유리한 반면, 배합 시 비빔시간이 길어지고 구조체 강도가 저하되며 재료 분리현상이 발생하게 된다.

II. 배합의 기본원칙

① 충분한 강도를 확보할 것
② 충분한 내구성을 확보할 것
③ 가능한 한 단위수량을 적게 할 것
④ 가능한 한 최대치수가 큰 굵은골재를 사용할 것
⑤ 경제성 있는 배합일 것
⑥ 점성, 분리, 블리딩이 작을 것

III. 배합설계 순서

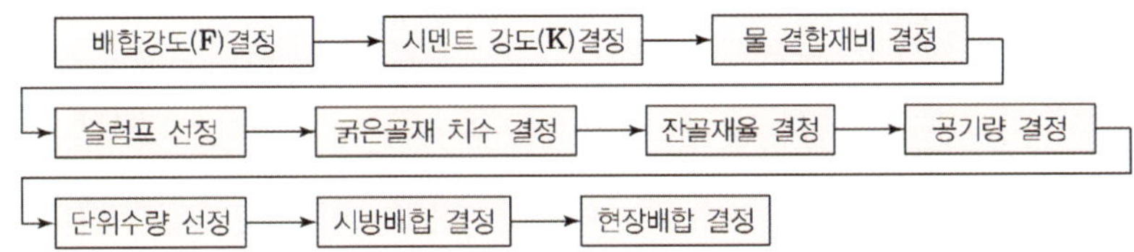

IV. 특 징

빈배합
- 수화열이 적어 균열 발생이 적다.
- 알칼리 골재반응이 줄어든다.
- 경화 시 콘크리트의 온도상승이 적어 서중콘크리트에 유리
- 재료분리 현상이 발생하기 쉽다.

부배합
- 수화열의 과다 발생으로 균열발생이 증가
- 콘크리트의 온도가 높아져 precooling 등 필요
- 조기강도가 높아 한중콘크리트 타설 시 유리
- 비경제적인 배합

☆☆★ 2. 제조 및 시공

4-116	공장조사 및 선정	
No. 324		유형: 항목·관리

제조관리

선정기준

Key Point

◩ 국가표준
- KS F 4009
- 건설공사 품질관리 업무 지침

◩ Lay Out
- 사전조사 항목
- 선정 시 고려항목

◩ 핵심 단어
- 제조능력
- 품질관리
- 운반거리

◩ 연관용어
- 콘크리트 제조

선정 시 고려사항

① KS 표시인증 공장
② 상주하는 기술자의 자격 및 인원
③ KS F 4009의 규정 및 심사기준 참고
④ 사용재료
⑤ 지정한 콘크리트의 품질을 실제로 얻을 수 있다고 인정되는 공장
⑥ 현장까지의 운반시간
⑦ 운반차의 수
⑧ 콘크리트의 제조능력
⑨ 공장의 제조설비
⑩ 품질관리상태

Ⅰ. 정 의

① KS F 4009 및 KS인증심사기준에 따라 사용재료, 제 설비, 품질관리 상태 등을 조사하여 사용목적에 맞는 공장을 선정하거나 설치해야 한다.
② 현장까지의 운반 시간, 배출시간, 콘크리트의 제조능력, 운반차의 수, 공장의 제조 설비, 품질관리 상태 등을 고려해야 한다.
③ 단일 구조물, 동일 공구에 타설하는 콘크리트는 가능한 1개 공장의 레디믹스트 콘크리트를 사용해야 한다. 부득이 2개 이상의 공장을 선정하는 경우 품질관리계획서에 의해 동일한 성능이 확보되도록 책임기술자가 확인해야 한다.

Ⅱ. 공장 사전조사 항목/ 선정 시 고려항목

구분	세부사항	
제조능력 생산설비 및 생산규모	B/P(대)	
	믹서 최대 용량(m^3)	
	여유 혼화제 탱크	
	여유 사일로	
	보유 차량대수	
	1일 생산량(m^3)	
	연평균 생산량(m^3)	
사용재료	시멘트	사용업체
		분말도
	모래	조립률
	굵은 골재	조립률
		마모율
		흡수율
	석산보유 여부	
품질관리 수준	고강도 생산실적	
	시험장비	실내믹서
		강도시험기
	한중생산	물
		콘크리트 온도
	서중생산	물
		콘크리트 온도
기타사항	생산 의지	
	운반거리(km)	
	운반시간(분)	
	특수 콘크리트 기술 수준	

제조관리

공장점검

① 사전점검: 레미콘 설계량 1,000m³ 이상 시
② 정기점검: 레미콘 설계량 3,000m³ 이상 시(반기별)
③ 특별점검
- 수요자가 불량자재 공급 등으로 사회적 물의를 야기한 생산자로부터 자재를 공급받아야 하는 경우로서 발주청 또는 공급원 승인권자가 필요하다고 인정하는 경우
- 공급원 승인권자가 감독자 또는 수요자로부터 생산자의 불량 자재 폐기 사실이 허위임을 통보받은 경우
- 발주청이 자체공사에 대한 시공실태 점검결과 자재의 품질에 문제가 있다고 판단되는 등 특별점검이 필요하다고 인정되는 경우
- 원자재 수급 곤란으로 불량자재 생산이 우려되어 특별점검이 필요하다고 인정되는 경우

점검부위	점검 항목	점검 결과	조치 결과
골재 저장 설비	1. 1일 최대출하량 이상의 골재를 저장할 수 있으며, 규격별로 저장용량이 표시되어 있는가?		
	2. 적당한 배수시설이 설치되어 있는 등 저장시설 바닥의 배수는 용이한가?		
	3. 바닥은 토사가 골재에 혼입되지 않도록 콘크리트 등 강성 바닥으로 되어 있는가?		
	4. 규격별 골재의 혼입을 방지하기 위한 칸막이가 설치되어 있는가?		
	5. 우수, 빙설, 직사광선에 보호될 수 있는 시설이 설치되어 있는가?		
	6. 함수율 관리를 위한 살수장치가 설치되어 있는가?(하절기)		
옥외시험 및 검사	1. 레미콘의 슬럼프, 공기량, 염화물이온량(Cl^-) 등 품질시험을 실시한 결과는 적정한가?		
	2. 운반차의 드럼 내 잔수를 폐레미콘 재생설비에서 제거 후 레미콘을 적재하고 있는가?		
시멘트 저장 설비	1. 사일로는 방습을 위한 보호시설이 되어 있는가?		
	2. 종류별 · 제조사별로 보관하고 식별표시는 되어 있는가?		
	3. 투입구는 풍화방지를 위한 장치가 되어 있는가?		
혼화 재료 저장 설비	1. 혼화제는 직사광선, 동해 또는 우수의 침입에 의해 변질되지 않도록 저장되어 있는가?		
	2. 종류별 · 제조사별로 보관하고 식별표시는 하고 있는가?		
	3. 혼화제는 희석시 침전되지 않도록 교반기를 설치하고 가동되는가?		
	4. 혼화재 사일로는 방습을 위한 보호시설이 되어 있는가?		
	5. 플라이애시, 고로슬래그 미분말 사이로 내 시료 채취구 설치 여부		
운반장치	1. 골재 저장장치 하부 개폐장치가 닫힌 상태에서 belt conveyer 부분으로 우수 등이 침투되어 누수되는 곳은 없는가?(포화상태의 골재 투입여부 확인)		
	2. 잔골재·굵은골재 운반용 belt conveyer 등 시설이 파손되어 운반 중 재료손실이 발생할 부분은 없는가?		
	3. 옥외에 설치된 운반장치는 우수로부터 보호되어 있는가?		
회수수 처리시설 및 폐레미콘 처리시설	1. 회수수를 집수하기 위한 시설주변에 이물질 등이 투입될 가능성은 없는가?		
	2. 회수수 설비 내 불순물은 없으며, 교반기는 정상적으로 작동하고 있는가?		
	3. 폐레미콘 처리시설이 설치되어 있고 적정하게 가동하여 사용하고 있는가?		

제조관리

점검부위	점검 항목	점검 결과	조치 결과
믹서 등 기계장치	1. 교반날개 끝부분과 믹서내벽과의 간격이 20mm 이하인가? (믹서 확인이 불가한 경우, 정기적으로 점검 · 관리하고 있는지 기록으로 확인)		
	2. 믹서 및 호퍼에서 재료의 누출은 없는가?		
	3. 점검구는 개폐가 용이한가?		
	4. 시멘트, 물, 골재, 혼화재료 계량장치는 교정필증이 부착되어 있는가?		
	5. 기계실내 누유, 누수 등이 발생하여 믹서내로 투입되는 곳은 없는가?		
운전실	1. 입력한 배합대로 생산하고 일일 현장배합표와 일치하는가? (자동계량기록지 출력물과 현장배합표를 상호 비교)		
	2. 골재의 표면수율(일 2회 이상 또는 $150m^3$마다), 골재입도 (일 1회 이상)를 측정하여 일일 현장배합으로 보정하고 있는가?		
	3. 원자재의 밀도변화, 골재의 조립율 변동 등 변화에 따라 시방배합을 보정하고 있는가?		
	4. 〈삭제〉		
	5. 계량조에는 믹서로 배출 후 영점 관리가 되고 있는가?		
	6. 계량기 교정검사에 따른 보정값을 반영하고 있는가?		
	7. 각 재료별 계량오차의 허용범위 내에서 계량되고 작동상태는 정상적인가?		
	8. 정하중검사(년 2회 이상), 동하중검사(일 1회 이상)를 실시하고 있는가?		
시험실	1. 시험기구의 교정관리는 규정대로 실시하고 있는가?		
	2. 각종 시험기구의 설치 및 작동상태는 정상적인가?(마모시험기 철구무게, 체가름시험기 고정상태, 양생수조 온도 등)		
	3. 공장 품질관리 업무를 수행하는 건설기술인은 자체시험항목에 대한 KS규정에 의한 시험방법을 숙지하고 있는가?		
품질관리 기록 등	1. 레미콘 생산시 공장의 품질관리 직원이 상주하여 품질관리 업무를 수행하고 있는가?		
	2. 상시 레미콘의 압축강도, 슬럼프, 공기량, 염화물이온량(Cl^-) 등 품질시험을 실시하고 기록은 유지하고 있는가?		
	3. 골재 시험항목에 대하여 정기적으로 자체시험 또는 품질검사 전문기관에 의한 시험을 실시하고 기록은 유지하고 있는가? (필요시 기록내용 확인을 위한 시험병행) ※ 밀도, 흡수율, 입도, 조립률, 0.08mm체 통과량, 입자모양 판정 실적율, 염분함유량(NaCl), 마모감량은 월 1회 이상 또는 골재원 변경시마다, 안정성과 알칼리골재반응 시험은 년 1회 이상 또는 골재원 변경시마다 실시		

제조관리

점검부위	점검 항목	점검 결과	조치 결과
품질관리 기록 등	4. 원자재는 승인된 자재를 사용하고 있는가?		
	5. 해당공사 시방규정에 적합한 골재를 계속 사용할 수 있는가?		
	6. 시멘트의 검사항목에 대하여 입고시 제조사의 시험성적서를 관리하고, 월 1회(KS제품은 2월 1회) 이상 자체시험 또는 건설기술 진흥법상 품질검사전문기관에 의한 시험(분말도)을 실시하고 기록은 유지하고 있는가?		
	7. 〈삭제〉		
	8. 혼화재(플라이애시, 고로슬래그, 팽창재, 실리카퓸 등)에 대해 제조사 시험성적서가 관리되고 있으며, 월 1회(KS제품은 2월 1회) 이상 자체시험 또는 건설기술 진흥법상 품질검사전문기관에 의한 시험(강열감량, 분말도)을 실시하고 기록은 유지하고 있는가?		
	9. 혼화재(플라이애시, 고로슬래그, 팽창재, 실리카퓸 등) 사용 시 공급원 승인권자와 혼화재 품질 등에 관하여 협의 후 사용하는가?(계약서, 납품서 등의 비치 및 기록 확인, 혼화재 품질시험 기록 확인)		
	10. 혼화재료의 반입시기를 기록하고 유지하고 있는가?		
	11. 혼화제 저장설비에 대해 주기적으로 청소를 실시하고 기록은 유지하고 있는가?		
	12. 믹서의 혼합시간 결정시험은 제대로 하고 있는가?		
	13. 11번에서 결정된 근거대로 믹서의 혼합시간이 준수관리되고 있으며, 생산기록지에 표기되고 있는가?		
	14. 사용수(년 1회 이상)와 회수수(일 1회 이상)의 수질검사를 실시하고 기록은 유지하고 있는가?(단, 회수수는 고형분율에 대해 검사를 실시함)		
	15. 회수수 설비에 대한 점검을 실시하고 기록은 유지하고 있는가?		
	16. 혼합골재를 사용하는 경우 혼합하는 골재의 종류, 혼합비율, 혼합방법을 명시하고 정기적으로(월 1회 이상) 품질시험을 실시하고 기록은 유지하고 있는가?		
	17. 운반차(트럭 애지테이터)에 대한 성능시험을 주기적으로 실시하고 기록은 유지하고 있는가?		
	18. 운반차(트럭 애지테이터)의 운전요원에 대해 주기적으로 교육훈련을 실시하고 기록은 유지하고 있는가?		
	19. 원자재 및 제품 품질시험 등은 원시데이터(Raw data : 최종 시험 결과가 도출되기까지의 중간과정을 기록한 기록지)가 관리되고 있는가?		
기타	기타 품질관리에 영향을 미치는 사항		

제조관리

☆☆☆ 2. 제조 및 시공

4-117	제조설비(Batcher plant)	
No. 325		유형: 시설·설비·system

제조설비

Key Point

- 국가표준
  - KS F 4009
- Lay Out
  - 제조공정
- 핵심 단어
  - 1배치(batch)씩 mixing
- 연관용어
  - 재료저장설비

Ⅰ. 정 의

concrete의 기본 구성재료인 cement, 물, 굵은 골재, 잔골재, 혼화재료를 1배치(batch)씩 mixing 하여 구입자가 지정한 concrete의 품질을 실제로 얻을 있도록 concrete를 생산하는 설비

Ⅱ. 레미콘 제조공정

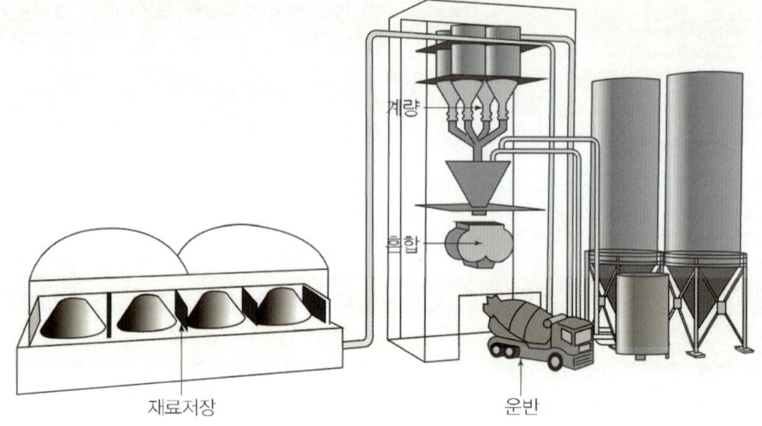

1) 배합
   ① 잔골재의 조립률
   ② 굵은 골재의 실적률
   ③ 슬러지수의 농도
   ④ 잔골재의 표면수율

2) 재료계량

재료의 종류	측정단위	1회 계량분량의 한계허용오차(%)
시멘트	질량	± 1
골재	질량 또는 부피	± 3
물	질량	± 1
혼화재	질량	± 2
혼화제	질량 또는 부피	± 3

3) 혼합
   ① 강제식: 1분 이상
   ② 가경식: 1분 30초 이상

제조설비

- 시멘트 저장설비
- 골재저장 설비 및 운반설비
- 혼합재료 저장설비
- Batcher Plant
- 믹서
- 콘크리트 운반차

☆☆☆ 2. 제조 및 시공 101

4-118	해사의 제염	
No. 326		유형: 작업·공법·시설

제조관리

제조설비

Key Point

◩ 국가표준

◩ Lay Out
- 세척 메커니즘
- 세척방법

◩ 핵심 단어
- 물리적인 방법으로 염분 제거

◩ 연관용어
- 염해

Ⅰ. 정 의

① 콘크리트에 해사를 혼입하기 전 미리 물로 씻어 부착염분을 물리적인 방법으로 제거하는 방법

② 콘크리트에 염화물 이온이 증가하게 되면 염화물 이온이 부동태 피막의 취약부에 흡착하여 국부적으로 피막을 파괴시켜 철근부식의 촉매적 작용을 하여 구조물의 내구성을 저하시킨다.

염분 함유량 기준

- 해사: 염분의 한도 0.04% 이하
- 혼합수: 염소이온량으로 0.04kg/m³ 이하
- 콘크리트: 염소이온량으로 0.3kg/m³ 이하

Ⅱ. 세척 Mechanism

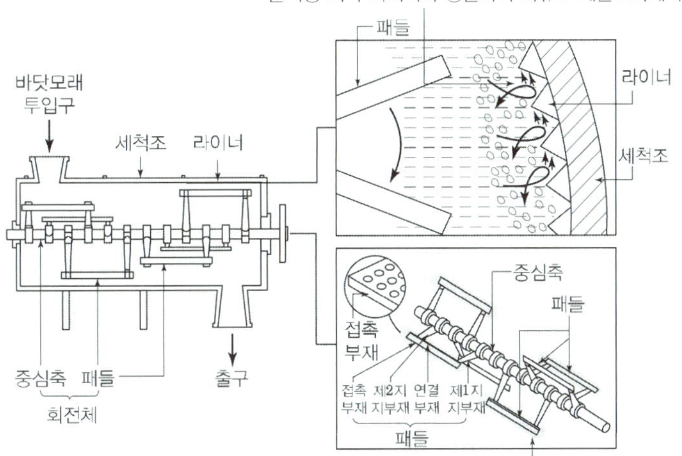

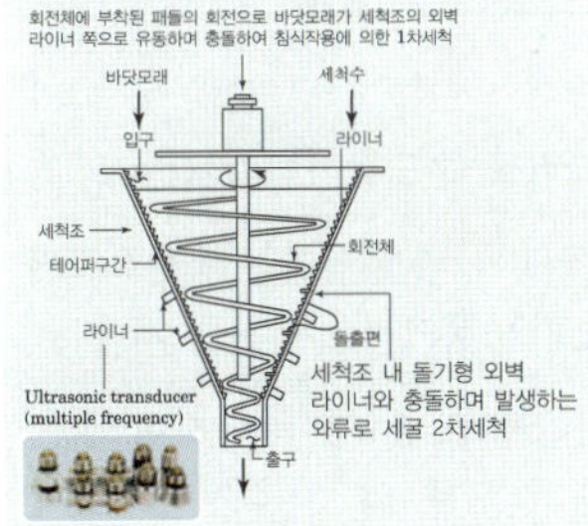

Ⅲ. 세척 방법

구분	특징
자연강우	강우량 많은 계절에 계획
Sprinkler 및 수조 시스템	Sprinkler 시스템으로 물을 분사하여 세척
초음파 세척기술	피세척물에 부착된 오염물질을 초음파와 세척액에 의해 제거
강모래와 혼합	Sprinkler 시스템으로 물을 분사하여 세척 한 후 강모래와 혼합
제염세	제염제가 고가이므로 사용량 및 용도에 맞게 선정

★★★ 2. 제조 및 시공 89

4-119	재료의 Pre-cooling	
No. 327	선 냉각	유형: 공법·기능

제조관리

제조관리
Key Point

- 국가표준

- Lay Out
  - 냉각수단·냉각방법 특징
  - 온도자감 가능범위

- 핵심 단어
  - 배합 시 온도를 낮추는 방법

- 연관용어
  - 파이프 쿨링

선 냉각 방법의 선정

프리쿨링 조건 설정
- 균열발생 확률 4% 이하
- 운반시간
- 타설능력

↓

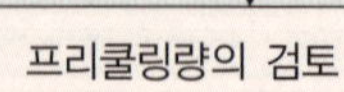

프리쿨링량의 검토

↓

프리쿨링 대상의 콘크리트량 산정

↓

프리쿨링공법 비교검토
- 프리쿨링 능력
- 시공성
- 비용

Ⅰ. 정 의

Concrete의 기본 구성재료인 cement·물·굵은 골재·잔골재 중 전부 혹은 일부를 냉각시켜 concrete 배합 시 온도를 낮추는 방법

Ⅱ. 콘크리트 재료의 냉각수단

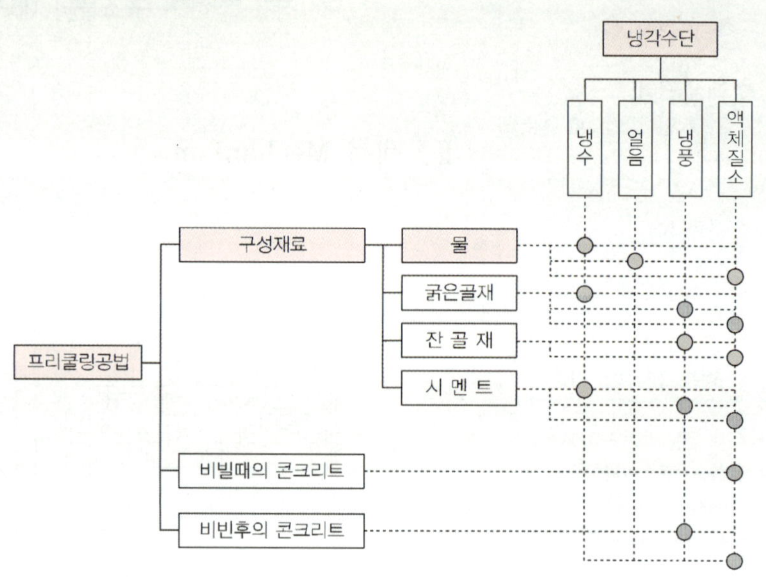

Ⅲ. 냉각 방법의 특징

구분	방법	효과
냉수(혼합수)	콘크리트의 혼합수에 냉각수를 사용하여 비비기 온도 저감	혼합수 온도를 4℃ 저감함에 따라 콘크리트 온도를 1℃ 저감
얼음 (혼합수 대체)	콘크리트 혼합수의 일부로 얼음을 사용하여 비비기 온도 저감	약 8~10kg의 얼음을 사용함으로써 약 1℃의 콘크리트 온도를 저감
냉수를 굵은 골재에 살수	굵은골재에 냉수를 살수하여 재료 온도를 저감	굵은골재에 냉수를 살수하여 굵은 골재 온도를 약 3~4℃ 저감함에 따라 콘크리트 온도를 약 1℃ 저감
액체질소 직접분사	액체질소를 직접 B/P 혹은 레미콘차에 분사하여 비빈 후의 콘크리트 온도를 저감	액체질소를 12~16kg/m^{3}를 직접 분사함에 따라 콘크리트 온도를 약 1℃ 저감
액체질소로 잔골재 냉각	잔골재의 표면수를 액체질소에 의해 동결시켜 콘크리트 비비기 온도를 저감	잔골재이 온도를 약 50~80℃ 저감하여 동결시킴에 따라 20℃ 이상 콘크리트 온도를 저감

제조관리

Ⅳ. 선냉각 방법에 의한 재료의 온도저감 가능범위

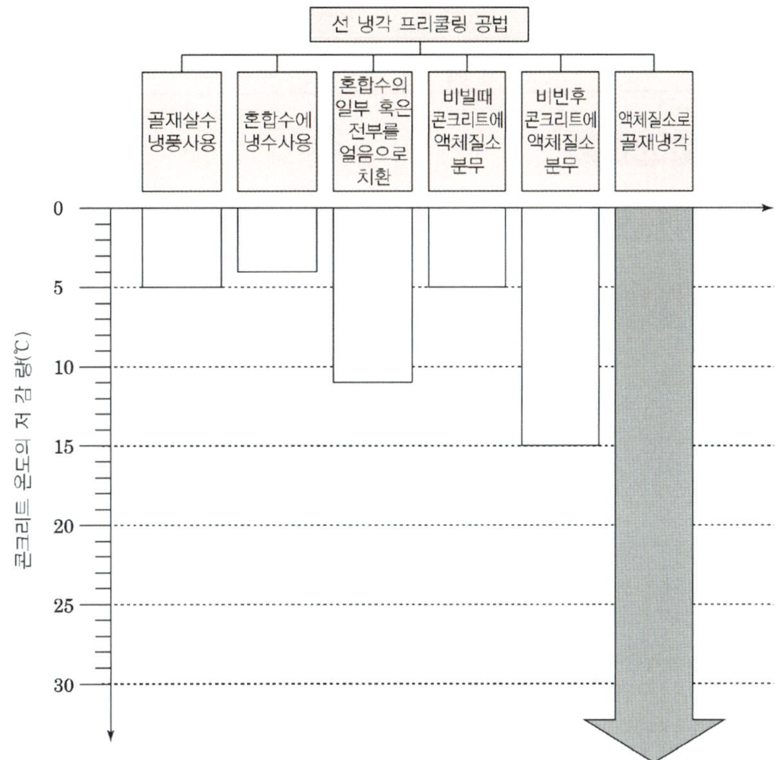

☆☆☆ 2. 제조 및 시공

4-120	레디믹스트 콘크리트	
No. 328	Ready-mixed concrete, 레미콘, REMICON	유형: 재료·규격·지표

제조관리

생산규격

Key Point

◩ 국가표준
- KS F 4009
- KCS 14 20 10

◩ Lay Out
- 종류

◩ 핵심 단어
- 전문공장 대규모 플랜트
- 주문생산
- 운반차로 판매

◩ 연관용어

반입 때의 제출물

- 레디믹스트 콘크리트 배합표
- 레디믹스트 콘크리트 현장 배합표
- 레디믹스트 콘크리트 납품서
- 레디믹스트 콘크리트 구성재료 시험 성적서
- 구조물 부위별 사용 레디믹스트 콘크리트 종류 기록서
- 콘크리트 압축강도 시험 성과표

Ⅰ. 정 의

① 콘크리트 제조 전문 공장의 대규모 배치 플랜트에 의하여 각종 콘크리트를 주문자의 요구에 맞는 배합으로 계량, 혼합한 후 시공 현장에 운반차로 운반하여 판매하는 콘크리트

② 정비된 콘크리트 제조설비를 갖춘 공장으로부터 수시로 구입할 수 있는 굳지 않은 콘크리트

Ⅱ. 레디믹스트 콘크리트의 종류

콘크리트 종류	굵은 골재의 최대 치수 (mm)	슬럼프 또는 슬럼프 플로 (mm)	호칭강도 MPa													
			18	21	24	27	30	33	35	40	45	50	55	60	휨 4.0 1)	휨 4.5 1)
보통 콘크리트	20, 25	80, 120, 150, 180	○	○	○	○	○	○	○	–	–	–	–	–	–	–
		210	–	○	○	○	○	○	○	–	–	–	–	–	–	–
		500[2], 600[2]	–	–	–	○	○	○	○	–	–	–	–	–	–	–
	40	50, 80, 120, 150	○	○	○	○	○	○	○	–	–	–	–	–	–	–
경량 콘크리트	13, 20	80, 120, 150, 180, 210	○	○	○	○	○	○	○	○	–	–	–	–	–	–
포장 콘크리트	20, 25, 40	25, 65	–	–	–	–	–	–	–	–	–	–	–	–	○	○
고강도 콘크리트	13, 20, 25	120, 150, 180, 210	–	–	–	–	–	–	–	○	○	○	–	–	–	–
		500[2], 600[2], 700[2]	–	–	–	–	–	–	–	○	○	○	○	○	–	–

주 1) 휨 4.0, 휨 4.5는 포장용 콘크리트에서 휨 호칭강도를 의미한다.
2) 슬럼프 플로 값을 의미한다.

제조관리

생산규격

Key Point

- 국가표준
  - KS L 5220
- Lay Out
  - 제조원리·제품
- 핵심 단어
  - 시멘트 모래 성질개선재 미리 혼합
  - 건비빔
- 연관용어

특징

- 원재료 정밀 혼합
- 우수한 품질
- 우수한 작업성
- 작업능률 향상
- 인건비 절감
- 작업능률 향상

☆☆☆ 2. 제조 및 시공

4-121	Dry Ready Mixed Cement Mortar	
No. 329	건조 시멘트 모르타르	유형: 재료·규격·지표

Ⅰ. 정 의

① 공장에서 생산한 건조 상태의 시멘트계 모르타르로서 포틀랜드 시멘트, 고로 슬래그 시멘트 또는 메이슨리 시멘트 등에 선별한 모레를 혼화재료 등과 함께 혼합하여 제조한 제품

② 일반 소비자 또는 공사 현장에서 단지 물만 섞어 잘업할 수 있도록 한 것이다.

Ⅱ. 제조원리

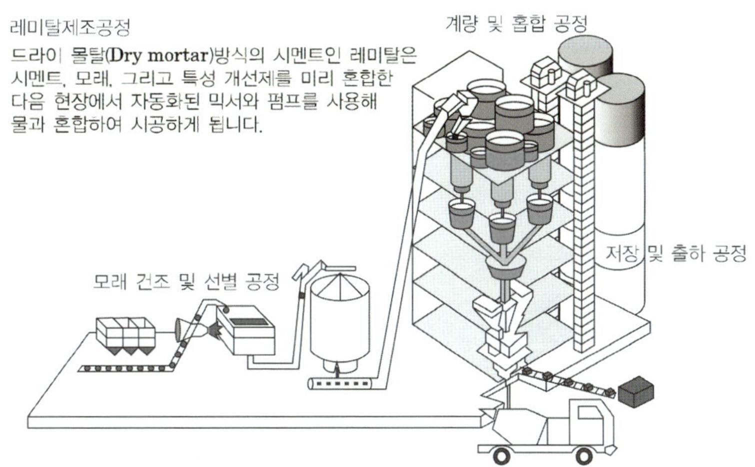

Ⅲ. 제품

구분		제품
건축용	미장용	• 단열용, 수지플라스터, 견출용, 뿜칠미장용, 일반미장용
	조적용	• 줄눈용, 점토벽돌전용, 사춤용, 조인트 Ⅰ, Ⅱ, 조적용
	바닥용	• 자동수평레미탈(SL), BIO 바닥용, 바탕고름용, 기포용, 바닥용
	타일용	• 고성능 압착용, 백시멘트, 고급탄성줄눈용, 줄눈용, 폴리픽스 Ⅰ, Ⅱ, 타일압착용, 타일 떠붙임용
토목용	그라우트용	• 레미그라우트, 경량그라우트
	보수보강용	• 레미가드, 숏패치용
	혼합시멘트	• 오메가, 마이크로시멘트, 저발열시멘트
소포장		• 위생도기부착용, 초속경 바닥보수용(S.L), 고급칼라줄눈용, 타일줄눈용(백색, 회색), 빠른 보수용, 타일보수용, 다용도 보수용)

제조관리

생산규격

Key Point

◪ 국가표준
- KS F 4009
- KCS 14 20 10

◪ Lay Out

◪ 핵심 단어
- 사용 환경에 따른 보정값을 고려하는 주문하는 강도

◪ 연관용어
- 받아들이기 품질거사
- 설계기준압축강도

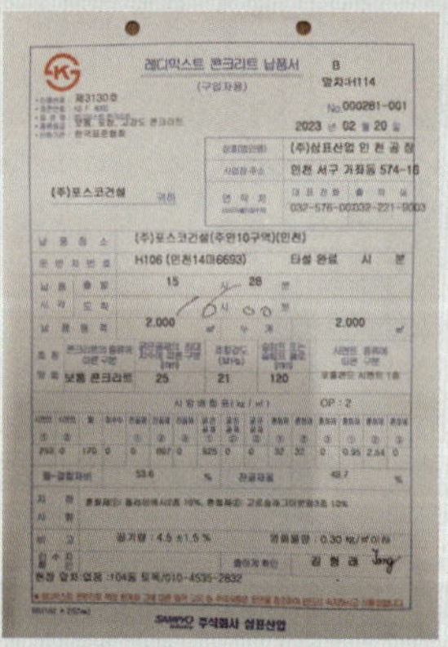
레디믹스트 콘크리트 납품서
(구입자용)
No.000281-001
2023 년 02 월 20 일
(주)삼표산업 인 천 공 장
인천 서구 가좌동 574-16
(주)포스코건설 귀하
(주)포스코건설(주안10구역)(인천)
H106 (인천14마6693)
15 시 28 분
2,000
보통 콘크리트 25 21 120
주식회사 삼표산업

반입 때의 제출물

- 레디믹스트 콘크리트 배합표
- 레디믹스트 콘크리트 현장 배합표
- 레디믹스트 콘크리트 납품서
- 레디믹스트 콘크리트 구성재료 시험 성적서
- 구조물 부위별 사용 레디믹스트 콘크리트 종류 기록서
- 콘크리트 압축강도 시험 성과표

☆☆★ 2. 제조 및 시공 97

4-122	레디믹스트 콘크리트 납품서(송장)	
No. 330		유형: 기준·규격·지표

Ⅰ. 정 의

① 호칭강도: 레미콘 주문 시 KS F 4009의 규정에 따라 사용되는 콘크리트강도(기호: f_{cn})로서 기온, 습도, 양생 등 사용 환경에 보정값을 고려하여 주문하는 강도

② KS F 4009에 있어서 콘크리트의 강도구분을 나타내는 호칭으로서 시방서에서 규정한 설계기준강도와 구별하기 위해 만든 용어로 레미콘 제품으로서의 강도를 나타내는 겉보기용 강도

Ⅱ. 레디믹스트 콘크리트 납품서(구입자용)

- 납품장소납품장소
- 운반차번호
- 납품시각(출발 도착)
- 납품용적
- 호칭방법(콘크리트의 종류에 따른 구분, 굵은 골재의 최대치수에 따른 구분)
- 호칭강도
- 슬럼프 또는 슬럼프 플로 시멘트 종류에 따른 구분
- 시방배합표
- 지정사항(혼화재 종류 및 첨가량)
- 비고(공기량, 염화물량)
- 인수자 확인
- 출하계 확인

타설 전 관리

운반관리

Key Point

◩ 국가표준
- KS F 4009
- KCS 14 20 10

◩ Lay Out
- 운반과정
- 시공 시 유의사항
- 현장 내 운반방식
- 품질시험

◩ 핵심 단어
- 운반과정 품질

◩ 연관용어
- 이어치기 시간

• 받아들이기 품질검사
- NO 357 품질검사 참조

운반 시 온도

• 외기온도 30℃ 이상 또는 0℃ 이하 시에는 차량에 특수 보온시설을 해야 한다.
• 레디믹스트 콘크리트는 배출 직전에 드럼을 고속 회전시켜 콘크리트를 균일하게 한 다음 배출한다.

★★★ 2. 제조 및 시공

4-123	콘크리트 운반	
No. 331		유형: 기준·공법

Ⅰ. 정 의

① 콘크리트의 운반은 운반차의 배출지점 전의 운반과 배출지점 후의 운반으로 분류되고, 운반과정에서 수분의 유입 등에 의한 콘크리트 품질이 변화하지 않도록 하여야 한다.

② 공사를 시작하기 전에 콘크리트의 운반은 콘크리트의 종류, 품질 및 시공 조건에 따라 적합한 방법에 의하여 분리, 누출 및 품질의 변화가 가능한 적게 되도록 충분한 계획을 세워놓아야 한다.

Ⅱ. 운반과정

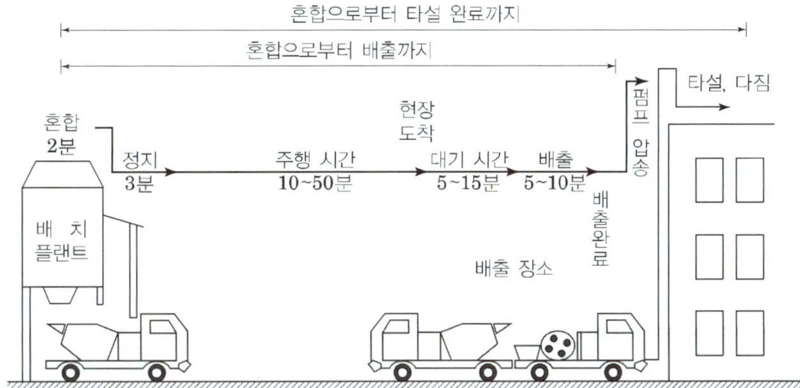

구분	KS F 4009	KCS 14 20 10	
한정	혼합 직후부터 배출직전	혼합 직후부터 타설 완료	
한도	90분	외기온도 25℃ 이상	90분
		외기온도 25℃ 미만	120분

Ⅲ. 시공 시 유의사항

구분	내용
Central mixed concrete	• Plant의 mixer에서 반죽 완료된 concrete를 truck agitator로 현장 운반되며, 근거리에 사용
Shrink mixed concrete	• Plant의 mixer에서 약간 혼합된 concrete를 truck mixer로 현장 운반 중에 비비기를 완료하는 방법으로, 중거리에 사용
Transit mixed concrete	• Plant에서 계량 완료된 재료를 truck mixer로 현장 운반 중에 비비기를 완료하는 방법으로, 장거리에 사용

타설 전 관리

콘크리트 온도측정

- 서중 및 매스콘크리트: 35℃ 이하
- 수밀콘크리트: 30℃ 이하
- 고내구성 콘크리트: 3~30℃
- 한중콘크리트: 5~20℃

Ⅳ. 현장 내 운반방식

- Bucket 방식
  ① Crane을 이용하여 Bucket에 Con'c를 담아 직접 타설
  ② Crane(Tower, Truck) 이용하여 Bucket을 올려 직접 타설
  ③ 재료분리가 없고, 이동이 간단하나 양중장비 및 안전대책이 필요
  ④ 최상층은 시공이 용이하나 중간층 타설은 곤란
- Chute 방식
  ① 콘크리트 타설용 철제관(반원모양)을 통해 높은 곳에서 중력 타설
  ② 연결부가 새지 않게 하고 재료분리 방지
  ③ 운반거리(3~6m)는 짧게, 경사는 27° 이상
- Cart 방식
  ① 손수레를 이용한 인력 소운반 타설
  ② 간단한 타설시 이용하며, 운반거리는 40m 이내
  ③ 재료분리 발생 방지
- Pump 방식
  ① Con'c 수송용 Pump(Piston식, Squeeze식)를 이용하여 타설
  ② Pipe의 설치 및 이동시 철근·거푸집에 변형 발생 금지

Ⅴ. 콘크리트 품질시험

시험종목	시기 및 횟수
슬럼프 또는 슬럼프 플로	• 최초 1회 시험을 실시하고 이후 압축강도 시험용 공시체 채취 시 및 타설 중에 품질변화가 인정될 때 실시 • 1일 타설량 150m³ 미만인 경우: 1일 타설량마다 • 1일 타설량 150m³ 이상인 경우: 150m³마다 ※ KCS 14 20 10: 120m³마다 또는 배합이 변경될 때마다
공기량	
염화물 함유량	
한국콘크리트학회 제규격(KCI-RM101)에 따른 굳지 않은 콘크리트의 단위수량시험	
압축강도	• 1회/일, 구조물의 중요도와 공사의 규모에 따라 120m³마다 1회, 또는 배합이 변경될 때마다

타설 전 관리

타설 준비

Key Point

◩ 국가표준
- KCS 14 20 10

◩ Lay Out
- 타설 순서
- 타설 계획
- 타설 준비

◩ 핵심 단어
- 콘크리트 종류 수량

◩ 연관용어
- 시공계획

☆☆☆ 2. 제조 및 시공

4-124	타설 전 계획	
No. 332		유형: 계획·항목

Ⅰ. 정 의

① 콘크리트 타설을 원활하게 하기 위하여 콘크리트 타설에 앞서 납품일시, 콘크리트의 종류, 수량, 배출 장소 및 운반차의 대수 및 이동계획 등을 생산자와 충분히 협의해 둔다.

② 콘크리트 타설 중에도 생산자와 긴밀하게 연락을 취하여 콘크리트 타설이 중단되는 일이 없도록 한다.

③ 콘크리트를 배출하는 장소는 운반차가 안전하고 원활하게 출입할 수 있으며, 배출하는 작업이 쉽게 될 수 있는 장소로 한다.

Ⅱ. 콘크리트 타설 순서

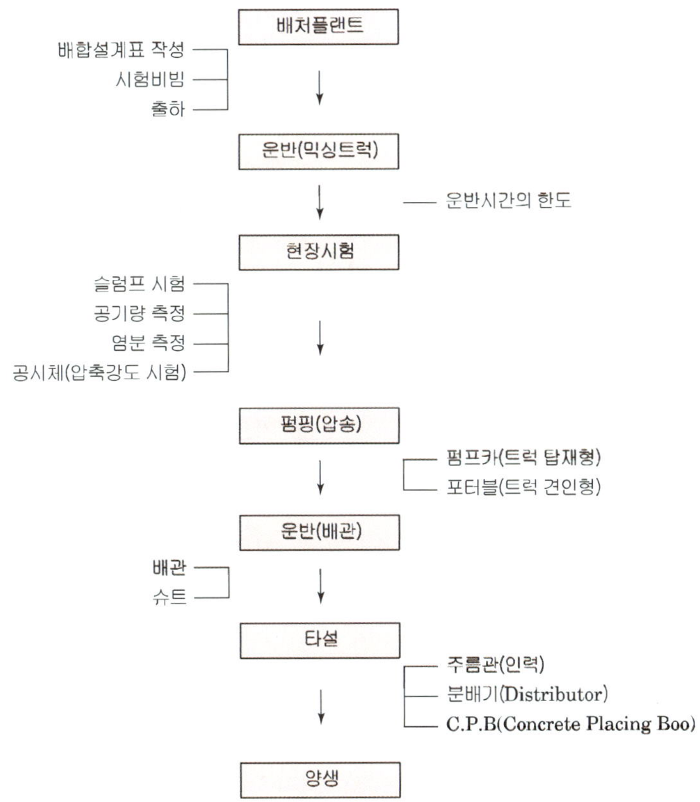

구조적 안전성, 소요의 강도, 내구성, 균열저항성, 수밀성 등을 고려하여 소요품질의 concrete를 경제적이고 안정적으로 확보하고 시공하는데 목적이 있다.

타설 전 관리

Ⅲ. 타설 계획

- 설계도서 검토
  ① 콘크리트 강도 및 배합
  ② 이음부분확인
  ③ 1회 타설 수량 결정
- 타설방법 및 구획결정
  ① 운반방법
  ② 타설장비
  ③ 타설방법
  ④ 다짐방법
  ⑤ 레미콘 공급관리
- 타설 순서 검토
  ① 시공이음의 위치
  ② 타설량
  ③ 타설 소요시간
- 시공이음 처리
- 다짐 및 표면 마무리
- 양생방법 결정

Ⅳ. 타설 준비

- 거푸집 및 철근검사
  ① 위치 및 수직성·수평성
  ② 지보공의 안전성
  ③ 타설시 변형유무 점검
  ④ 피복두께 확보
  ⑤ 철근의 순간격 및 이음길이
- 다짐장비
  ① 가동대수 및 예비대수
  ② 배치
- 양생도구
  기상에 따른 비닐, 양생포, 살수장비, 열풍기, 차단막, 외부보양시설
- 일기예보
  강우 및 강설에 대한 대처
- 타설부위 검사
  시공이음부위 및 매입철물 고정상태
- 타설장비 및 인원
  규모에 맞게 배치

타설 중 관리

펌프압송

Key Point

■ 국가표준
- KCS 14 20 10

■ Lay Out
- 초입부 관리
- 장비선정
- 콘크리트 타설 시 검토사항

■ 핵심 단어
- 장비선정
- 최대 콘크리트 압력

■ 연관용어
- 타설장비 선정
- 초고층 콘크리트 타설

워커빌리티

- 굳지 않은 콘크리트의 워커빌리티는 운반, 타설, 다지기, 마무리 등의 작업에 적합한 것
- 워커빌리티의 검사는 구조물의 구조조건이나 시공 조건 등을 고려하여 적절한 시험에 의해 실시
- 워커빌리티는 굵은 골재의 최대 치수와 슬럼프를 사용하여 설정

★★★ 2. 제조 및 시공 92

4-125	콘크리트 펌프타설 시 검토사항	
No. 333		유형: 공법

Ⅰ. 정 의

시공 여건에 맞는 장비 소요 출력을 산정하고, 출력, 타설량, 최대 콘크리트 압력을 비교하여 장비를 선정한다.

Ⅱ. 콘크리트 펌프압송장비 연결 및 초입부 관리

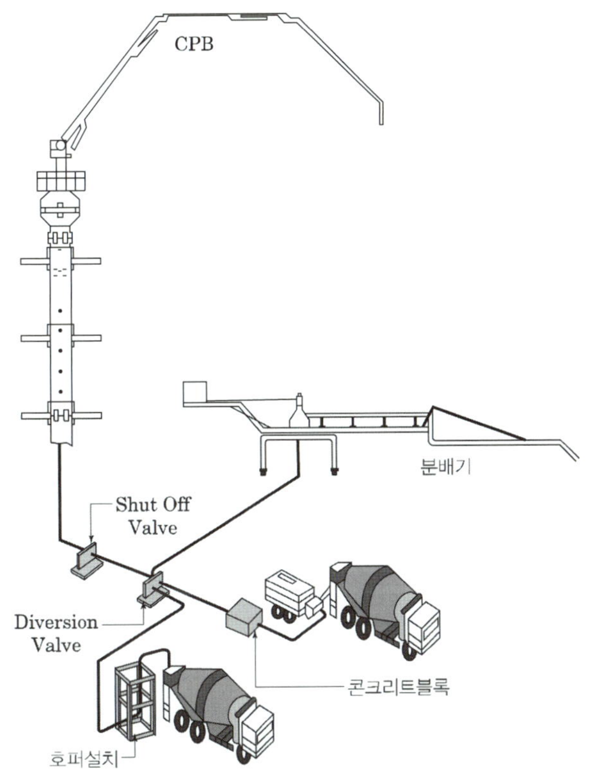

① Pipe와 Pump 사이의 인장력을 줄여 안전성 확보
② 펌프에 직접 연결되는 파이프라인은 콘크리트 블록 등에 고정하여 수평유지
③ Diversion Valve 뒤에 (수직배관방향)위치한 Pipe는 이동을 용이하게 하기 위하여 가고정
④ Pipe Line 연결 시 급격한 방향전환 금지
⑤ Shut Off Valve: 펌핑 시 콘크리트가 낙하하는 것을 방지하고 파이프라인 내부에 문제 발생을 대비하여 설치
⑥ Diversion Valve: 파이프라인을 분기하는 위치에 설치하여 타설 후 배관 내 콘크리트 반출

타설 중 관리

펌퍼빌리티

- 굳지 않은 콘크리트의 펌퍼빌리티는 펌프 압송작업에 적합한 것
- 펌퍼빌리티는 수평관 1m 당 관내의 압력손실로 정할 수 있다. 이때 1m 당 관내의 압력손실로부터 배관 전체길이에 대한 소요 압송압력을 계산하고, 소요 압송압력을 고려하여 안전을 충분히 확보할 수 있는 배관 및 펌프를 선정해야 한다.

- 서중기 압송
  - 콘크리트 온도상승으로 폐색가능: 가능한 중단 없이 연속타설(배관의 햇빛 가리개 설치)
- 한중기 압송
  - 콘크리트 동결로 폐색가능: 가능한 중단 없이 연속타설(배관의 보온)

Ⅲ. 압송장비 선정

1) 압송장비 선정 순서

① 발생 압력 산정: 배관의 전체길이 및 이음개소 고려

구분	적용기준	구분	적용기준
최초 발생압력	20 Bar	Concrete Placing Boom	6 Bar
수직 파이프 라인	1 Bar/4m	End Hose	15 Bar
90° 곡관	1 Bar/1EA	Friction Loss	1 Bar/100m
45° 곡관	1 Bar/2EA	Security Factor	
Pipe Coupling	1 Bar/10EA	계	계×0.2

② 시간당 타설량: 작업효율을 고려한 타설량 산정

③ 장비 필요 출력 산정:

P(kw)=0.04×시간당 타설량(m³/h)×타설압력(Bar)

2) 압송관 호칭치수

굵은골재의 최대치수(mm)	압송관의 호칭치수(mm)
20	100 이상
25	100 이상
40	125 이상

3) 선정 시 고려사항

구분	내용
건물의 규모 (수직 수평 타설거리)	• 일반 압송장비로는 약 100m 높이까지는 가능하나 그 이상은 고압장비 및 고압배관 필요
1회 타설량	• 1회 1일 타설량 고려
콘크리트 물성	• 콘크리트 강도: 초고층 건물일 경우 고강도 콘크리트 배합을 고려 • 슬럼프: 슬럼프 80mm 이내이거나, 180mm 이상은 압송 곤란 • 고유동화콘크리트 적용 시 슬럼프는 높으나 점성이 있어 일반 장비 사용이 불가능

Ⅳ. 콘크리트 타설 시 검토사항

[Slump의 표준값(mm)]

종류		슬럼프 값
철근콘크리트	일반적인 경우	80~150
	단면이 큰 경우	60~120
무근콘크리트	일반적인 경우	50~150
	단면이 큰 경우	50~100

타설 중 관리

① 콘크리트 펌프를 사용하여 시공하는 콘크리트는 소요의 워커빌리티를 가지며, 시공 시 및 경화 후에 소정의 품질 확보
② 압송하는 콘크리트의 슬럼프는 작업에 적합한 범위 내에서 되도록 작게
③ 압송관의 지름 및 배관의 경로는 콘크리트의 종류 및 품질, 굵은 골재의 최대 치수, 콘크리트 펌프의 기종, 압송 조건, 압송작업의 용이성, 안전성 등을 고려하여 선정
④ 콘크리트 펌프의 종류 및 대수는 콘크리트의 종류 및 품질, 수송관의 지름 및 배관의 수평 환산거리, 압송부하, 토출량, 단위시간당 타설량, 막힘에 대한 안전성 및 시공장소의 환경조건 등을 고려하여 결정
⑤ 콘크리트 펌프의 형식은 피스톤식 또는 스퀴즈식을 표준
⑥ 콘크리트 펌프의 기종은 압송능력이 펌프에 걸리는 최대 압송부하보다도 커지도록 선정
⑦ 경량골재 콘크리트, 고로 슬래그 굵은 골재를 사용한 콘크리트, 고강도 콘크리트, 부배합의 콘크리트, 낮은 슬럼프를 갖는 콘크리트, 빈배합의 콘크리트, 강섬유보강 콘크리트, 수중 불분리성 콘크리트, 유동화 콘크리트, 고성능 AE 감수제를 사용한 콘크리트 등의 압송 혹은 높은 곳으로의 압송, 낮은 곳으로의 압송, 장거리 압송, 수중 콘크리트의 압송, 서중 및 한중에 있어서의 압송 등, 특수한 조건에서의 압송과 같이 콘크리트의 압송에 곤란이 예상되는 경우에는 미리 시공 조건에 가까운 배관조건에서 시험압송을 실시하여 콘크리트 펌프의 작업상태, 압송부하 및 토출되는 콘크리트의 상태 등을 확인
⑧ 콘크리트의 압송에 앞서 콘크리트 중의 모르타르와 동일한 정도의 배합을 가지는 모르타르를 압송하여 콘크리트 중의 모르타르가 펌프 등에 부착되어 그 양이 적어지지 않도록 한다.
⑨ 압송은 계획에 따라 연속적으로 실시
⑩ 콘크리트가 장시간에 걸쳐 압송이 중단될 것이 예상되는 경우에는 펌프의 막힘을 방지하기 위해 시간 간격을 조절하면서 운전을 실시
⑪ 장시간 중단에 의해 막힘이 생길 가능성이 높은 경우에는 배관 내의 콘크리트를 배출

타설 중 관리

펌프압송

Key Point

◩ 국가표준
- KS 4009
- KCS 14 20 10

◩ Lay Out
- Mechanism
- 원인 및 사전대책

◩ 핵심 단어
- What: 펌프공법
- Why: 배관막힘
- How: 콘크리트 배합, 배관 불량

◩ 연관용어
- 재료분리

막힘현상 징후 및 조치

- 징후
  - 압송압력의 급상승
  - 배관의 맥동현상 증가
- 조치
  - 역타설 운전 시도 (2~3회 반복)
  - 폐색된 배관의 신속한 분리 후 배관 내 콘크리트 폐기
- 서중기 압송
  - 콘크리트 온도상승으로 폐색가능: 가능한 중단 없이 연속타설(배관의 햇빛 가리개 설치)
- 한중기 압송
  - 콘크리트 동결로 폐색가능: 가능한 중단 없이 연속타설 (배관의 보온)

★★★ 2. 제조 및 시공 134

4-126	Plug현상	
No. 334	콘크리트 압송 시 막힘현상	유형: 현상

Ⅰ. 정 의

① concrete pump 공법으로 concrete 타설 시 pipe line 청소불량, pipe 노후화, pipe 연결 혹은 곡선부 불량, 첫 윤활 mortar 부족, pump 능률저하 등의 이유로 pipe가 막히는 현상

② 서중기 혹은 한중기 등 기상상태가 극한 경우 빈번하게 발생하며 concrete 타설 전·중·후 등 단계적으로 소요 품질의 콘크리트를 경제적이고 안정적으로 확보할 수 있도록 관리해야 한다.

Ⅱ. Plug현상 발생 Mechanism

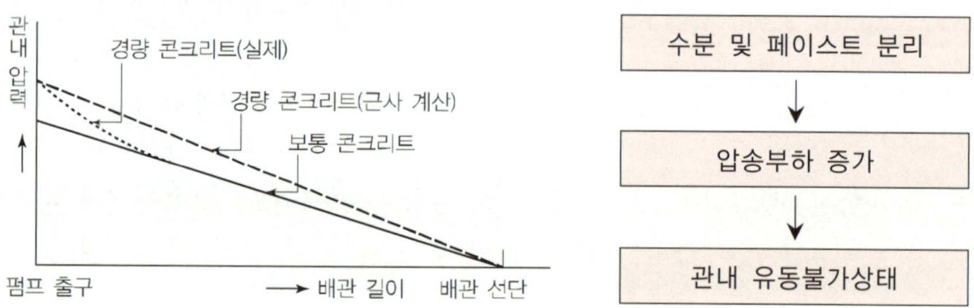

Ⅲ. 막힘현상의 원인 및 사전대책

발생원인		대처방안
배관 내 이물질	• 콘크리트의 사용 재료에 이물질 포함	• 콘크리트 펌프의 호퍼에 스크린 사용
배관의 형상변화	• 벤트관, 내림배관	• 펌핑가능한 배합선정 • 압송 중단 방지
블리딩이 많은 콘크리트	• 비빔시간 또는 비빔 수량 과다 • 잔골재율의 과소	• 비빔 시간의 준수 • 콘크리트 배합변경
압송시작 시점에서 막힘	• 잘못 배합된 선송 모르타르 • 선송모르타르의 사용량 부족 • 배관 청소 불량 • 동절기 배관 내 얼음	• 선송 모르타르 배합 변경 및 충분한 사용 • 배관교체 • 배합변경
반복적인 막힘	• 잔골재율, 슬럼프 너무 낮음 • 콘크리트의 슬럼프 변화	• 콘크리트 배합변경 • 장시간 대기 콘크리트 폐기

★★★ 2. 제조 및 시공 65.84.119

4-127	Concrete Placing Boom(CPB)	
No. 335	콘크리트 플래싱 붐	유형: 장비·공법

Ⅰ. 정 의

① 펌프에서 배관을 통해 압송된 콘크리트를 Tubular Mast에 설치된 CPB Boom을 이용하여 콘크리트 타설 위치에 포설하는 장치

② Boom의 작업반경이 20m~50m 내외로 Core wall선행 시공시 골조 진행 2개 층마다 마스트 클라이밍을 통하여 타설한다.

Ⅱ. 설치 부위별 특징

1) Core wall 내부설치

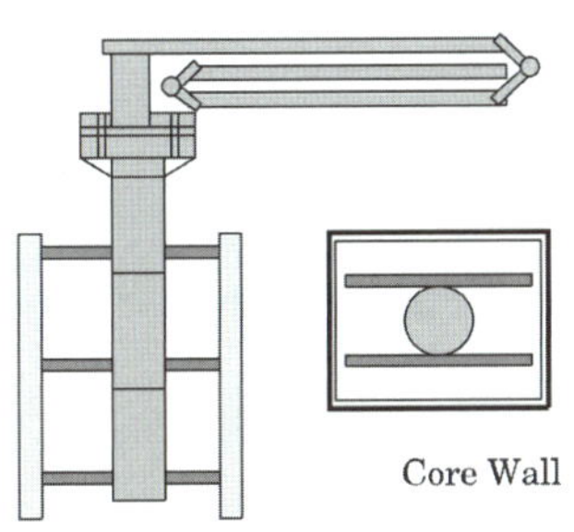

① 장점: 작업범위 최대 활용, Jack up 시간 단축

② 단점: 매층 Core wall 내부에 4개의 Opening hall이 필요

2) Slab 중앙설치

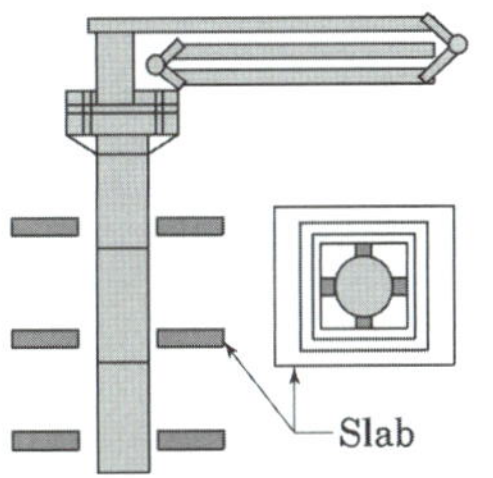

① 장점: 설치 해체용이, 플래싱 붐의 상승속도 빠름

② 단점: Core wall선행 시 적용불가, 매 층 Opening hall 필요

3) Wall bracket에 고정

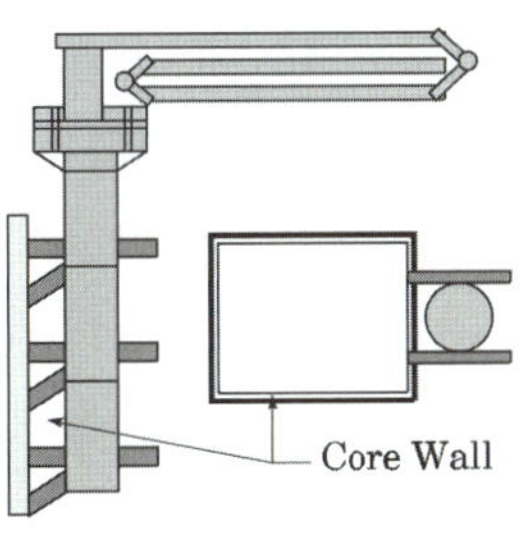

① 장점: 슬래브 Opening hall 불필요, 슬래브의 진행에 관계없이 타설

② 단점: Embeded plate 설치 시간 소요, Jack up시간 소요 과다

타설 중 관리

펌프압송

Key Point

◪ 국가표준

◪ Lay Out
- 특징·선정조건
- 유의사항

◪ 핵심 단어
- 튜블러 마스트
- CPB Boom

◪ 연관용어
- 분배기(Distributor)

선정 조건

- Core wall 선행 시공 시
- 초고층 대형건물
- 층고가 높을 때
- Column과 Slab의 콘크리트 강도가 상이할 때(1회/층)
- Column 및 Wall과 Slab의 분리 타설 시(2회/층)
- 플래싱 붐 작업반경 이내일 때

타설 중 관리

펌프압송

Key Point

- 국가표준

- Lay Out
  - 타설방법·특징
  - 유의사항

- 핵심 단어
  - 회전 작용하는 장비

- 연관용어
  - C.P.B

[Distributor]

☆☆★ 2. 제조 및 시공

4-128	콘크리트 분배기(Distributor)	
No. 336		유형: 장비

Ⅰ. 정 의

Concrete Pump에서 배관을 통해 압송된 Concrete를 자체관(Pipe)의 수직·수평·회전 작용을 이용하여 타설하는 장비

Ⅱ. Distributor의 타설방법

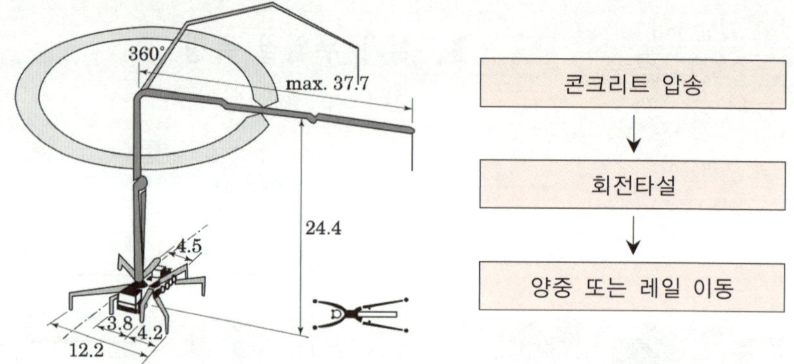

Ⅲ. 특 징

① 철근 배근 간격 이동 및 이탈 방지
② 고층계단 및 외벽 타설 시 작업반경 확보
③ 회전반경에 의한 일정한 양의 타설 가능
④ 타설하중 최소화 가능

Ⅳ. 사용 시 유의사항

① 구조물의 형상에 따라 Boom 반경과 맞추어 이동 최소화 장비 선정
② 이동횟수를 고려하여 고정식과 이동식에 선정
③ 장비의 하중을 고려하여 하부 동바리 보강
④ 타설 시 장비 양중시점을 고려하여 현장 양중작업 배분
⑤ 타설 완료 후 하역 시 배관청소 철저

★★★ 2. 제조 및 시공

4-129	타설방법(부어넣기 시 유의사항)	
No. 337		유형: 공법·기준

타설 중 관리

타설 방법

Key Point

◩ 국가표준
- KCS 14 20 10

◩ Lay Out
- 타설방법

◩ 핵심 단어
- 콘크리트 타설

◩ 연관용어
- 콘크리트 타설

타설순서

- 시공이음이 적은 순서대로
- 처짐 및 변위가 큰 부위부터
- Moment가 큰 곳부터
- 선 타설된 콘크리트에 진동 전달이 적은 순서로

Ⅰ. 정 의

① 콘크리트 타설을 원활하게 하기 위하여 콘크리트 타설에 앞서 납품일시, 콘크리트의 종류, 수량, 배출 장소 및 운반차의 대수 및 이동 계획 등을 생산자와 충분히 협의해 둔다.

② 콘크리트 타설 중에도 생산자와 긴밀하게 연락을 취하여 콘크리트 타설이 중단되는 일이 없도록 한다.

③ 콘크리트를 배출하는 장소는 운반차가 안전하고 원활하게 출입할 수 있으며, 배출하는 작업이 쉽게 될 수 있는 장소로 한다.

Ⅱ. 타설 방법

1) 타설 방법

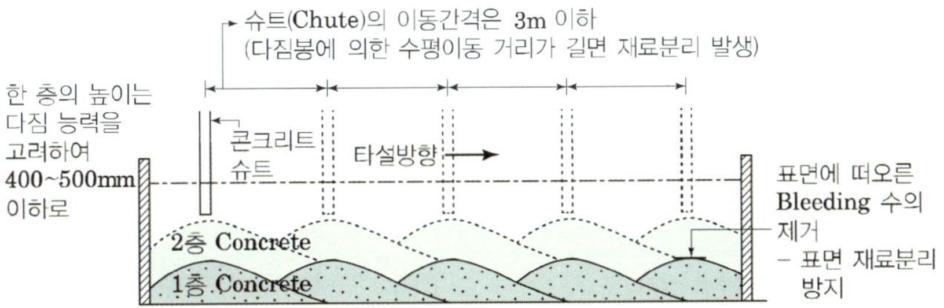

① 철근 및 매설물의 배치나 거푸집이 변형 및 손상되지 않도록 주의
② 콘크리트를 거푸집 안에서 횡방향으로 이동 금지
③ 재료분리를 방지할 방법을 강구
④ 한 구획내의 콘크리트는 타설이 완료될 때까지 연속해서 타설
⑤ 그 표면이 한 구획 내에서는 거의 수평이 되도록 타설
⑥ 콘크리트 타설의 1층 높이는 다짐능력을 고려하여
⑦ 콘크리트를 2층 이상으로 나누어 타설할 경우, 상층의 콘크리트 타설은 원칙적으로 하층의 콘크리트가 굳기 시작하기 전에 해야 하며, 상층과 하층이 일체가 되도록 시공

2) 허용이어치기 시간간경의 표준

외기온도	허용 이어치기 시간간격
25℃ 초과	2.0시간
25℃ 이하	2.5시간

콜드조인트가 발생하지 않도록 하나의 시공구획의 면적, 콘크리트의 공급능력, 이어치기 허용시간간격 등을 고려

타설 중 관리

강우 시 이음 일반사항

- 2024년 1월 신설
- 시공이음은 될 수 있는 대로 전단력이 작은 위치에 설치하고, 부재의 압축력이 작용하는 방향과 직각이 되도록 한다.
- 부득이 전단이 큰 위치에 시공이음을 설치할 경우에는 시공이음에 장부 또는 홈을 두거나 적절한 강재를 배치하여 보강
- 설계에 정해져 있지 않은 이음을 설치할 경우에는 구조물의 강도, 내구성, 수밀성 및 외관을 해치지 않도록 시공계획서에 정해진 위치, 방향 및 시공 방법을 준수
- 외부의 염분에 의한 피해를 받을 우려가 있는 해양 및 항만 콘크리트 구조물 등에 있어서는 시공이음부를 되도록 두지 않는다
- 부득이 시공이음부를 설치할 경우에는 만조위로부터 위로 0.6 m와 간조위로부터 아래로 0.6 m 사이인 감조부 부분을 피해야 한다.

타설 중단된 면

- 타설 중 강우, 강설로 인하여 작업을 중지하는 경우에는 타설 중단된 면은 3.6에 준하는 처리를 하여야 하며, 기 타설한 부위는 콘크리트 압축강도 시험을 통하여 구조물의 안전성 여부를 평가하여 조치를 취하여야 한다.
- 타설 중 강우, 강설로 인하여 작업을 중지하는 경우에는 타설 중단된 면은 이음기준에 따라 처리를 하여야 하며, 기 타설한 부위는 콘크리트 압축강도 시험을 통하여 구조물의 안전성 여부를 평가하여 조치를 취하여야 한다.

3) 타설 높이 제한

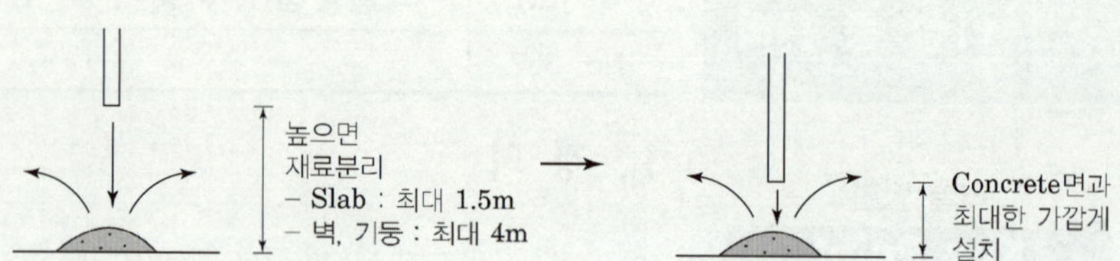

① 거푸집의 높이가 높을 경우, 재료 분리를 막고 상부의 철근 또는 거푸집에 콘크리트가 부착하여 경화하는 것을 방지하기 위해 거푸집에 투입구를 설치

② 연직슈트 또는 펌프배관의 배출구를 타설면 가까운 곳까지 내려서 콘크리트를 타설

③ 슈트, 펌프배관, 버킷, 호퍼 등의 배출구와 타설 면까지의 높이는 1.5m 이하

4) 표면수 제거

① 콘크리트 타설 도중 표면에 떠올라 고인 블리딩수가 있을 경우에는 이를 제거한 후 타설

② 고인 물을 제거하기 위하여 콘크리트 표면에 홈 시공 금지

5) 타설 속도

① 벽 또는 기둥과 같이 높이가 높은 콘크리트를 연속해서 타설할 경우에는 타설 및 다질 때 재료 분리가 될 수 있는 대로 적게 되도록 콘크리트의 반죽질기 및 타설속도 조절(일반적으로 1~1.5m/30min)

② 타설 속도가 빠르면 측압이 증가하고 거푸집의 변형이 발생

6) 강우, 강설로 인한 작업 중지

① 강우, 강설로 인해 콘크리트의 강도, 내구성 등 콘크리트 품질에 유해한 영향을 미칠 것으로 예상되는 경우 원칙적으로 타설을 금지

② 수분의 유입을 방지할 수 있는 조치를 취하거나 콘크리트 품질 저하에 미치는 영향이 크지 않은 경우 책임기술자의 승인 후 타설

7) 다짐

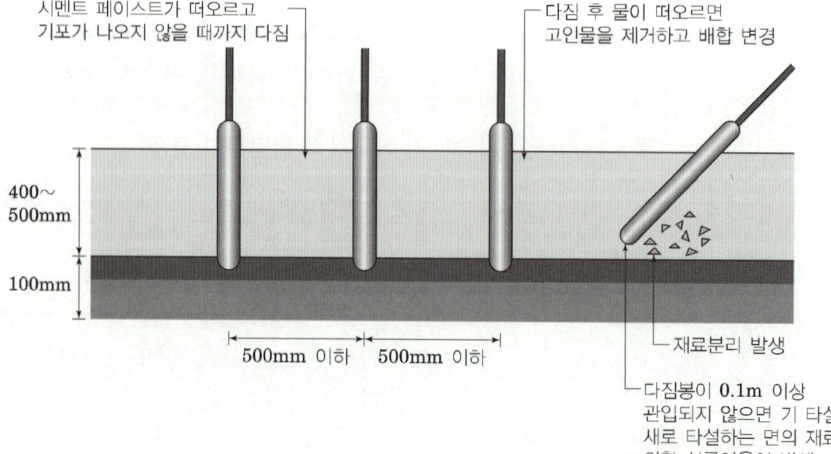

☆☆★ 2. 제조 및 시공

4-130	구조 Slab용 Level Space	
No. 338	슬래브 타설방법	유형: 부재·기능·공법

타설 중 관리

타설 방법

Key Point

◩ 국가표준

◩ Lay Out
- 타설방법
- 시공 시 점검사항

◩ 핵심 단어
- 슬래브 타설시 레벨표시

◩ 연관용어
- 레벨봉

요구성능

- 가시성: 타설 시 눈에 잘 보이는 색상
- 정밀성: Level의 정밀도
- 내구성: 위치복원 성능
- 시공성: 손쉬운 설치 제거

슬래브 표면고르기

- 초벌 고르기
- 나무흙손 고르기
- 쇠흙손 고르기

Ⅰ. 정 의

① Slab의 콘크리트 타설 시 두께를 일정하게 유지하기위해 타설기준 높이를 표시해주는 Level 표시용 전용 자재

② 설치 및 Level 조정이 용이하고 타설 후 제거가 간편하다.

Ⅱ. 슬래브 콘크리트의 타설 방법

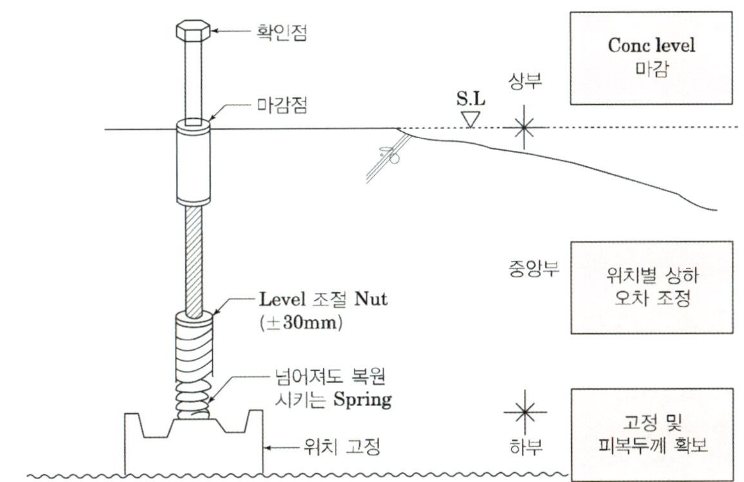

Ⅲ. 시공 시 점검사항

1) 설치 시

① 설치간격 준수

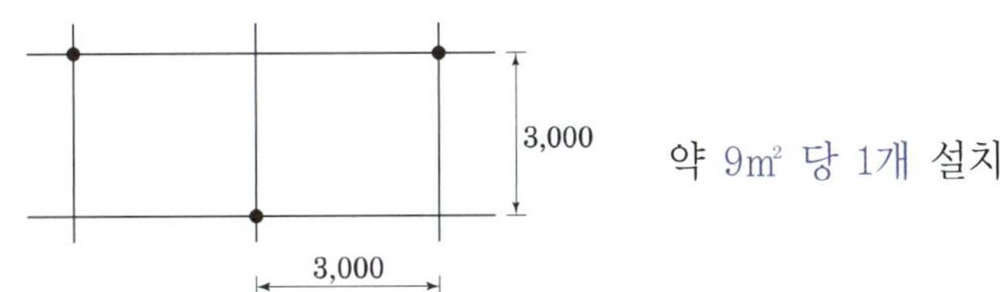

약 9m² 당 1개 설치

② 위치별 최종 Level 검측

2) 타설 후

① 확인점 제거

② 타설 후 스페이서 부위 Tamping 실시

★★★ 2. 제조 및 시공 81

4-131	콘크리트 타설 시 진동다짐 방법	
No. 339		유형: 공법·기준

타설 중 관리

타설 방법

Key Point

☑ 국가표준
- KCS 14 20 10

☑ Lay Out
- 다지기

☑ 핵심 단어
- 콘크리트 타설

☑ 연관용어
- 콘크리트 타설

타설 순서

- 시공이음이 적은 순서대로
- 처짐 및 변위가 큰 부위부터
- Moment가 큰 곳부터
- 선 타설된 콘크리트에 진동 전달이 적은 순서로

Ⅰ. 정 의

① concrete 타설 시 진동다짐은 내부진동기의 사용을 원칙으로 하나, 얇은 벽 등 내부진동기의 사용이 곤란한 장소에서는 거푸집 진동기를 사용해도 좋다.

② concrete는 타설 직후 바로 충분히 다져서 concrete가 철근 및 매설물 등의 주위와 거푸집의 구석구석까지 잘 채워져 밀실한 concrete가 되도록 한다.

Ⅱ. 다지기

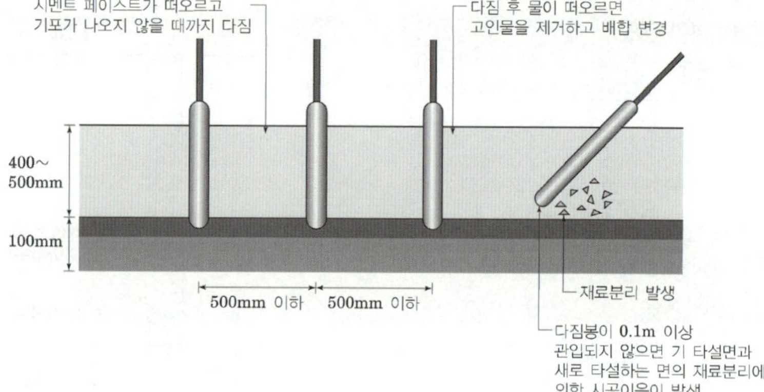

① 내부진동기의 사용을 원칙으로 하나, 얇은 벽 등 내부진동기의 사용이 곤란한 장소에서는 거푸집 진동기를 사용

② 내부진동기를 하층의 콘크리트 속으로 0.1m 정도 찔러 넣는다.

③ 내부진동기는 연직으로 찔러 넣으며, 그 간격은 진동이 유효하다고 인정되는 범위의 지름 이하로서 일정한 간격으로 한다.

④ 삽입간격은 0.5m 이하

⑤ 1개소당 진동 시간은 다짐할 때 시멘트풀이 표면 상부로 약간 부상하기까지로 한다.

⑥ 내부진동기는 콘크리트로부터 천천히 빼내어 구멍이 남지 않도록 한다.

⑦ 내부진동기는 콘크리트를 횡방향으로 이동시킬 목적으로 사용하지 않아야 한다.

⑧ 진동기의 형식, 크기 및 대수는 1회에 다짐하는 콘크리트의 전 용적을 충분히 다지는 데 적합하도록 부재 단면의 두께 및 면적, 1시간당 최대 타설량, 굵은 골재 최대 치수, 배합, 특히 잔골재율, 콘크리트의 슬럼프 등을 고려하여 선정

⑨ 거푸집 진동기는 거푸집의 적절한 위치에 단단히 설치

⑩ 재진동을 할 경우에는 콘크리트에 나쁜 영향이 생기지 않도록 초결이 일어나기 전에 실시

★★★ 2. 제조 및 시공

4-132	Tamping	
No. 340		유형: 공법·기준

Ⅰ. 정 의

① 콘크리트 타설 후 콘크리트 표면의 일부분이 굳기 시작하여 물빛이 사라질 무렵 나무흙손 등으로 철근 위에 드러난 침하균열을 두들겨 침하균열을 제거하는 작업

② 벽 또는 기둥의 콘크리트와 연속되어 있는 슬래브 또는 보의 콘크리트는 침하균열을 방지하기 위하여 벽 또는 기둥의 콘크리트 침하가 거의 끝난 다음 슬래브, 보의 콘크리트를 타설해야 한다.

③ 콘크리트가 굳기 전에 침하균열이 발생한 경우에는 즉시 다짐이나 재진동을 실시하여 균열을 제거해야 한다.

Ⅱ. Tamping을 통한 침하균열 제거과정

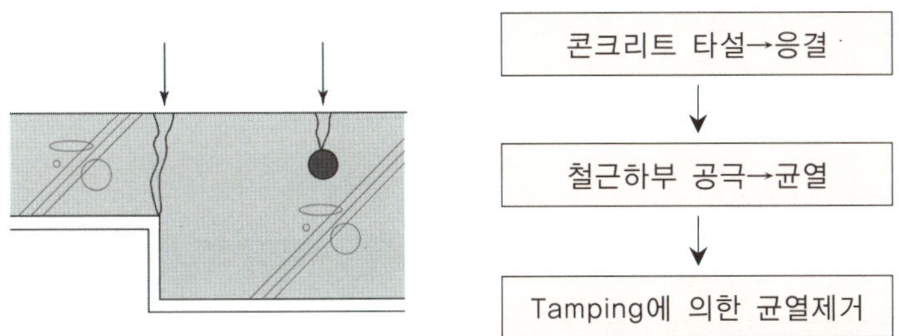

콘크리트가 굳기 전에 침하균열이 발생한 경우에는 즉시 다짐이나 재진동을 실시하여 균열을 제거

Ⅲ. Tamping의 종류 및 작업시점

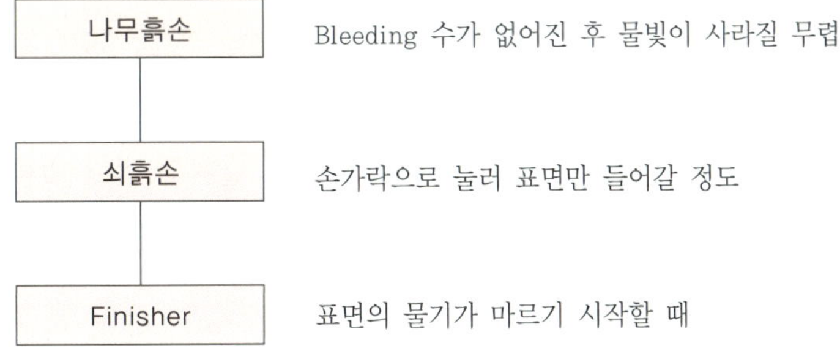

Ⅳ. 시공 시 주의사항

① 과도한 Tamping 시 골재 침하로 재료분리 발생

② 과도한 Tamping 시 Bleeding 증가

③ 과도한 Tamping 시 강도 및 내구성 저하

타설 중 관리

타설 방법

Key Point

◩ 국가표준
- KCS 14 20 10

◩ Lay Out
- 침하균열 제거과정
- 작업시점
- 주의사항

◩ 핵심 단어
- What: 콘크리트 표면
- Why: 침하균열 제거
- How: 굳기 시작하여 물빛이 사라질 무렵 두들겨

◩ 연관용어
- 침하균열
- No 381 침하균열

표면 마감처리

- 타설 및 다짐 후에 콘크리트의 표면은 요구되는 정밀도와 물매에 따라 평활한 표면 마감을 해야 한다.
- 블리딩, 들뜬 골재, 콘크리트의 부분침하 등의 결함은 콘크리트 응결 전에 수정 처리를 완료해야 한다.
- 기둥, 벽 등의 수평이음부의 표면은 소정의 물매와 거친 면으로 마감해야 한다.
- 콘크리트 면에 마감재를 설치하는 경우에는 콘크리트의 내구성을 해치지 않도록 해야 한다.
- 이미 굳은 콘크리트에 새로운 콘크리트를 칠 때는 전단전달을 위한 접촉면은 깨끗하고 레이턴스가 없도록 해야 한다.

4-133	강우 시 콘크리트 타설	
No. 341		유형: 공법·기준

타설 중 관리

타설 방법

Key Point

◪ 국가표준
- KCS 14 20 10
- 강우 시 콘크리트 타설을 위한 가이드라인

◪ Lay Out
- 강우 시 콘크리트 타설
- 시공요령
- 콘크리트 타설 시 수분 유입의 영향
- 강우량 판단 방법
- 시공

◪ 핵심 단어

◪ 연관 용어

- 위치
  - No 344 이음위치 참조
- 중단의 판단기준
  - 3mm/hr 초과 시 수분 유입 방지 조치를 취하지 않는 한 타설 중지 및 보호조치
- 사전조치
  - 레미콘 차량 빗물 유입 방지조치, 현장 천막설치
- 사후조치
  - 강우, 강설 시 콘크리트를 타설한 부위는 현자오가 동일한 조건에서 양생한 공시체로 압축강도시험 실시
- 기록관리
  - 강우, 강설 시 콘크리트를 타설한 경우 별도로 콘크리트 시험·검사 실적을 관리하고, 사전·사후 조치사항 등 기록 철저
- 공사관계자 역할
  - 공사현장을 공공(건진법) 일반(건축법), 주택(주택법) 현장으로 구분

Ⅰ. 정 의

① 시간당 3mm/hr 이하의 강우 시 부득이하게 콘크리트 공사를 진행하게 되는 현장에서 콘크리트 품질저하를 방지하고, 적절한 품질확보를 위해 적용한다. 다만, 부득이 강우·강설 시 타설할 경우 수분유입에 따른 품질저하 방지조치를 취하고, 책임기술자의 승인을 받는 경우 타설 가능

② 물의 양은 concrete 강도에 가장 큰 영향을 주는 요인이므로 강우일수가 많은 하절기에는 concrete의 운반·타설·양생중에 빗물 등의 유입으로 concrete의 강도를 저해시킬 우려가 있으므로 철저한 대비를 해야 한다.

Ⅱ. 강우 시 콘크리트 타설

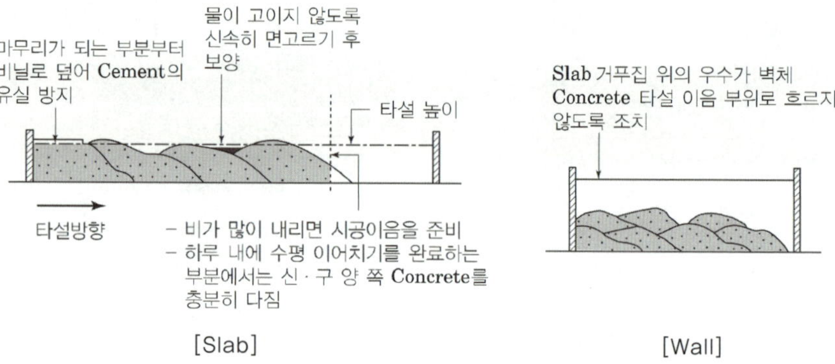

[Slab] [Wall]

Ⅲ. 시공요령

① 운반: 콘크리트 운반 시 빗물이 첨가되면 콘크리트는 재료분리를 일으키기 쉬우므로 타설 중 비가 내릴 경우 운반차량의 호퍼(Hopper)에 덮개를 씌워 빗물의 유입을 방지

② 기운반된 콘크리트는 신속하게 치고 충분히 다져야 하며 비비기로부터 치기가 끝날 때까지는 1.5시간 이내에 완료

③ 타설 중 많은 비가 내려 더 이상 타설이 어려운 경우 구조상 안전한 부위(전단력이 작은 위치)에 시공이음을 설치하고 중단

④ 콘크리트 타설 도중 표면에 떠올라 고인 블리딩수가 있을 경우에는 이를 제거한 후 타설

⑤ 고인 물을 제거하기 위하여 콘크리트 표면에 홈 시공 금지

⑥ 타설 후에는 천막, 비닐 등으로 덮어 빗물에 의한 곰보가 생기지 않도록 표면을 보호

타설 중 관리

Ⅳ. 콘크리트 타설 시 수분 유입의 영향

종류	특징
시공성 측면	• 수분 유입이 과다할 경우 재료분리 발생 • 콘크리트 경화가 지연되어 후속 공정이 지연됨 • 펌프카 호퍼에 빗물 과다 유입 시, 펌프 압송 중 재료분리에 따른 Plug 현상(배관폐색) 유발
강도 및 품질 측면	• 콘크리트 압축강도 저하 • 블리딩 증가에 따른 레이턴스 형성으로 신·구 콘크리트 접착 불량 • 재료분리에 의한 침하균열 발생 • 콘크리트 표면 내마모성 저하
내구성 측면	• 치밀하지 못한 조직구조 형성으로 콘크리트 내구성 저하 • 건조수축 증가에 따른 균열발생 유발 • 콘크리트 구조물의 내구수명 감소

Ⅴ. 강우량 판단 방법

1. 기상청 일기예보

- 강우량 수치는 기상청의 일기예보 데이터를 제공하는 공식 서비스인 『기상청 날씨누리』의 해당 지역 예보를 통해 확인하며, 책임기술자는 이 기상청 데이터를 통해『강우 시 콘크리트 타설 계획서』승인
- 콘크리트 타설 전날, 당일 아침 기상청 데이터를 통해『강우 시 콘크리트 타설 계획서』에 기록한 예상 기상정보와 변동사항 확인

2. 현장 실측 강우량

- 실측 강우량: 기상청 일기예보 외 강수량계를 별도로 설치하여 실제 강우량에 대한 적절성 여부를 판단
  (강수량 측정기 또는 직경 200mm의 원통형 용기사용)
- 시공기록: 현장에서의 강우량을 실측하여 기록해두어야 하며, 국지성 호우 내지는 갑작스런 기상변화로 인한 예상치 못한 강우에 대응하기 위해 최대 30분 이내의 간격으로 강우량 측정값을 기록

Ⅵ. 시공

1. 시공계획

- 콘크리트 타설계획서를 작성하여 책임기술자에게 승인을 받아 시공
- 비닐시트,천막과 같은 도구를 상시 구비해두어 눈, 비로부터 타설 부위를 즉시 보호
- 콘크리트 타설구획에 대한 계획을 수립하고, 타설 구획별 전단력이 작은 위치에서 시공이음부가 될 수 있도록 구조 안전성에 대하여 사전 검토
- 비상주 감리대상 소규모 공사 현장의 경우에는 콘크리트 타설 금지

타설 중 관리

2. 레디믹스트 콘크리트 주문

- 시공자는 호칭강도에 강우를 고려한 보정강도를 반영하여 주문하는 것을 고려
- 생산자는 호칭강도보다 배합강도를 크게 정하여 표준양생된 공시체의 강도로서 호칭강도에 대한 책임을 다하도록 해야 한다.
- 배합강도 결정 시 콘크리트 품질기준강도에 강우보정강도를 더하는 것을 반영

3. 레디믹스트 콘크리트 운반

[운반차량 호퍼 덮개 설치]

- 콘크리트 운반 시 빗물이 첨가되면 콘크리트는 재료분리를 일으키기 쉬우므로 타설 중 비가 내릴 경우 운반차량의 호퍼(Hopper)에 덮개를 씌워 빗물의 유입을 방지

4. 현장 품질관리

- 반입 시 반드시 단위수량 검사를 실시하여 강우 유입에 따른 품질변동이 없는지 품질상태를 확인
- 타설 부위에서 시료를 채취하여 공시체 제작 후, 재령 28일 압축강도가 구조체 콘크리트의 품질기준강도를 만족하는지 여부 확인
- 압축강도 공시체는 KS F 2403(콘크리트의 강도 시험용 공시체 제작방법)에 따라 타설구획별 1회/일 공시체를 제작하고, 한국콘크리트학회의 제규격 KCI-CT 118(현장 콘크리트 공시체의 양생방법)에 따라 양생
- 타설 부위에서 시료를 채취하여 공시체 제작 후, 재령 28일 압축강도가 구조체 콘크리트의 품질기준강도를 만족하는지 여부 확인

[현장 천막 설치]

[펌프카 호퍼외부 천막설치]

[타설부위 비닐시트 보호]

5. 타설

1) 타설 전 준비사항

- 타설일에 대한 기상예보를 사전에 확인하여 타설량, 타설 시 보양방법 등 콘크리트 타설계획을 면밀하게 수립
- 호퍼외부에 천막, 가림막 등을 설치하여 유입을 차단

2) 강우 시 타설방법

- 한 구획 내의 콘크리트는 타설이 완료될 때까지 연속해서 타설될 수 있도록 하며, 완료되는 부위는 그 즉시 비닐시트 등으로 덮어 보호
- 타설 재개 시 거푸집이나 콘크리트 표면에 고인물이 있을 경우에는 적당한 방법으로 제거하고 콘크리트 타설을 진행

타설 중 관리

3) 다짐 시 유의사항

- 비닐시트로 콘크리트 타설면을 덮는 보호조치로 인하여 내부진동기를 사용하는 데에 곤란함이 발생하는 경우는 거푸집 진동기를 사용
- 거푸집 진동기를 타설된 콘크리트가 고르게 다져질 수 있도록 거푸집의 적절한 위치에 단단히 설치

4) 강우로 인한 타설이음 설치방법

[메탈라스 설치]

[기성재 PVC 타설

- 콘크리트 타설 중 폭우와 같은 급격한 기상변화로 인하여 예정된 구획까지 타설을 진행하지 못하고 갑작스런 시공이음을 설치하여야 하는 경우는, 타설 재개 시 이음부의 일체화 형성을 고려하여 메탈라스를 사용하거나 기성재 PVC 콘크리트 타설막이를 사용하여 신속하게 타설 중단을 위한 조치를 한다.
- 부득이 전단력이 크게 작용하는 위치에 시공이음을 설치하는 경우에는 필요 시 보강철근 설치를 고려
- 허용 이어치기 시간간격의 표준에 따라 외기온도 25℃ 이하일 경우 2.5시간 내에 해야 하며, 25℃를 초과할 경우 2시간 내에 타설
- 새 콘크리트를 타설할 때는 구 콘크리트와의 일체화 형성이 중요하므로 밀착되게 다짐을 철저
- 시공이음부가 되는 콘크리트 면이 경화가 시작되면 가능한 빨리 와이어 브러쉬나 잔골재 분사 등으로 면을 거칠게 하며 충분히 습윤 상태로 양생
- 콘크리트 타설 도중 폭우로 인하여 일정 시간 내에 시공이음이 불가능한 경우에는 비닐시트로 기타설면을 즉시 보호
- 구 콘크리트의 시공이음 면은 쇠솔이나 쪼아내기 등에 의하여 거칠게 하고, 수분을 충분히 흡수시킨 후 새 콘크리트 타설

6. 사후조치

1) 양생

- 충분한 강도를 발현할 때까지는 콘크리트 표면부가 빗물에 씻기지 않도록 철저히 보호

2) 콘크리트 구조물 검사

- 현장에서 양생한 공시체의 압축강도 검사: 재령 28일 압축강도 측정 (압축강도의 기준값은 호칭강도 대신 품질기준강도를 적용)
- 재하시험에 의한 구조물의 성능시험: 현장에서 채취한 코어 공시체의 콘크리트 압축강도시험 결과로부터 강도에 문제가 있다고 판단되는 경우, 책임기술자가 필요하다고 인정하는 경우에 재하시험 실시
- 시험 결과, 구조물의 압축강도, 내구성 등에 문제가 있다고 판단되는 경우에는 책임기술자의 지시에 따라 구조물을 보강

★★★ 2. 제조 및 시공 63

4-134	VH 분리타설	
No. 342	Vertical horizontal	유형: 공법·기준

타설 중 관리

타설 방식

Key Point

◩ 국가표준
- KCS 14 20 10

◩ Lay Out
- 타설 기준
- 시공 시 유의사항

◩ 핵심 단어
- 수직수평 분리타설

◩ 연관용어
- 침하균열

Ⅰ. 정 의

① 수직·수평 부재 강도차가 발생 할 때 수직부위를 먼저 타설 후 수평부재를 타설하는 방법

② 타설 중 균열의 길이가 짧고 무방향성으로 생기는 침하균열을 사전에 방지하기 위해 기둥·벽체 등 수직부재와 수평부재인 slab를 분리 타설하는 공법

Ⅱ. 기둥 혹은 벽체 콘크리트 강도 별도 적용 시 타설기준

1) 바닥판 콘크리트 강도의 1.4배 이하(4면이 보나 Slab로 구속된 경우)

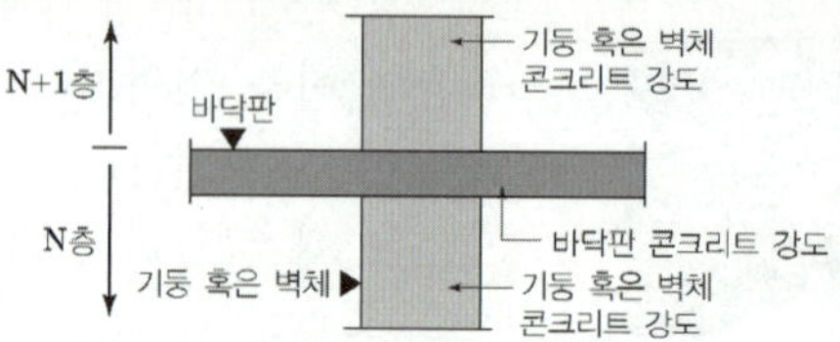

- $\frac{\text{수직부재의 강도}}{\text{수평부재의 강도}} \leq 1.4$인 경우
- 수평재 해당구간은 모두 수평재 강도로 시공

2) 바닥판 콘크리트 강도의 1.4배 초과

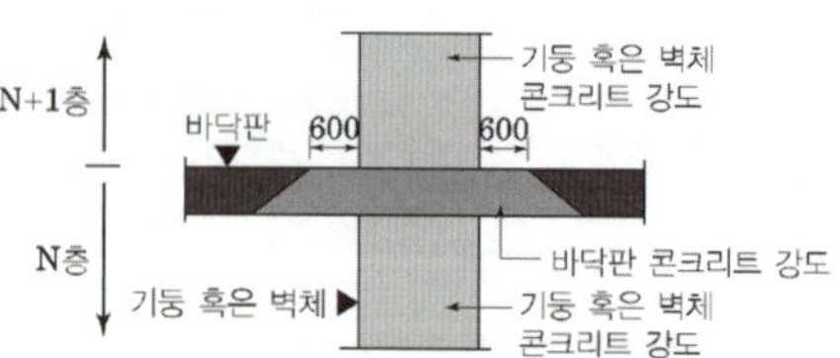

- $\frac{\text{수직부재의 강도}}{\text{수평부재의 강도}} > 1.4$인 경우
- 기둥 주변의 바닥판: 기둥과 동일한 강도를 가진 콘크리트로 타설
- 강도가 높은 콘크리트를 먼저 타설 한 후 소성성질을 보이는 동안에 낮은 강도의 콘크리트를 쳐서 두 콘크리트가 일체가 되도록 충분히 진동다짐
- 기둥 콘크리트는 바닥 콘크리트와 일체를 이루어야 하고, 기둥 콘크리트의 상면은 기둥면으로부터 슬래브 내로 600mm 정도 확대시공

강도의 1.4배 이하

$\frac{\text{수직부재의 강도}}{\text{수평부재의 강도}} \leq 1.4$인 경우

기둥강도	바닥판강도
27 MPa	21 MPa
30 MPa	24 MPa
35 MPa	27 MPa
40 MPa	30 MPa

Ⅲ. 시공 시 유의사항

기둥면에서 600mm 내밀어 타설한 후 슬래브를 타설할 경우 Joint면에서 Cold Joint가 생길 우려가 크므로 강도차를 1.4 이하로 해서 수직·수평부재를 일체로 타설하는 것이 품질 확보면에서 유리

★★★ 2. 제조 및 시공 87

4-135	콘크리트 조인트(Joint) 종류	
No. 343		유형: 공법·기능

이음

줄눈

Key Point

- 국가표준
  - KCS 14 20 10
- Lay Out
  - 종류·특징
- 핵심 단어
- 연관 용어

I. 정 의

① Concrete joint의 종류는 concrete 구조체가 온도변화, 건조수축 균열이 발생하는 것을 사전에 방지·유도·제어를 위해 설치되는 movement joint과 현장 타설 concrete에 의한 construction joint로 크게 분류된다.

② Joint는 설계단계부터 고려되어야 하며 균열의 깊이, 길이, 온도응력 발생 정도, 구조물의 종류, 단면형상, 단면치수, 현장조건, 기상조건, 공사 시기·기간, 시공방법 등을 종합적으로 검토하여 적절한 joint 공법을 선정하여 정밀 시공한다.

II. 줄눈의 종류

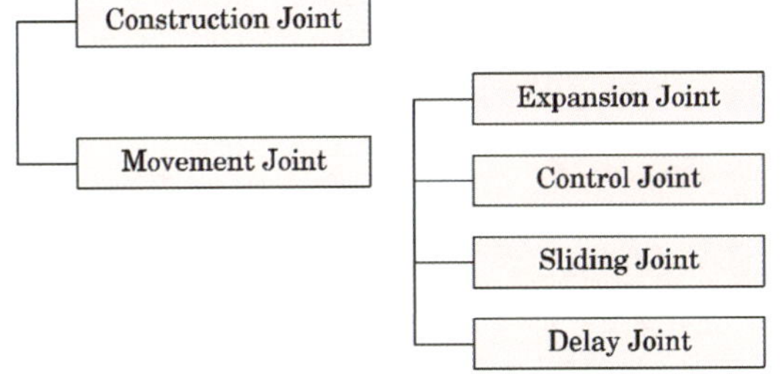

III. 특 징

종류	특징
Construction	Concrete 시공과정 중 작업관계로 굳은 Concrete에 새로운 Concrete를 이어붓기 함으로써 일체화되지 못해 발생
Expansion Joint	건조수축과 팽창, 계절의 온도차에 의한 변위 등으로 인한 균열을 사전에 방지하기 위해 설치하는 Joint
Control Joint	구조물의 온도변화에 따른 건조수축 등에 의한 균열을 벽면 중의 일정한 곳으로 유도하기 위해 단면결손부위로 균열을 유도하여 구조물의 단면 및 외관손상을 최소화하는 Joint
Delay Joint	Concrete가 건조수축에 대해서 내외부의 구속을 받지 않도록 수축대를 두고, Concrete를 타설한 다음 초기수축 4~6주를 기다린 후 수축대 부분을 Concrete로 타설하는 Joint
Sliding Joint	보·slab 등의 수평부재가 기둥·벽체 등의 수직부재에 단순지지된 경우, 구속 응력을 해소시키기 위해 자유롭게 미끄러지게 한 joint로, 사전에 계획된 joint

★★★ 2. 제조 및 시공 76.77.88.108

4-136	시공이음(Construction joint)	
No. 344	콘크리트 이어붓기면에 요구되는 성능과 위치	유형: 공법·기능

이음

줄눈

Key Point

◪ 국가표준
- KCS 14 20 10

◪ Lay Out
- 이음위치
- 부위별 시공이음
- 시공방법

◪ 핵심 단어
- 작업관계
- 이어붓기
- 일체화 되지 못해 발생

◪ 연관용어

이음부위의 요구성능

- 구조적 연속성
- 방수성능 확보
- 부착성능 확보
- 강도 확보

이음 일반사항

- 설계에 정해져 있지 않은 이음을 설치할 경우에는 구조물의 강도, 내구성, 수밀성 및 외관을 해치지 않도록 시공계획서에 정해진 위치, 방향 및 시공 방법을 준수
- 외부의 염분에 의한 피해를 받을 우려가 있는 해양 및 항만 콘크리트 구조물 등에 있어서는 시공이음부를 되도록 두지 않는다
- 부득이 시공이음부를 설치할 경우에는 만조위로부터 위로 0.6 m와 간조위로부터 아래로 0.6 m 사이인 감조부 부분을 피해야 한다.

Ⅰ. 정 의

① 시공과정 중 작업관계로 굳은 concrete에 새로운 concrete를 이어붓기함으로써 일체화되지 못해 발생되는 joint

② 시공이음은 접합상세와 구조물 특성에 따라 적합한 형식을 선택해야 하며 이음 시 구조적 연속성, 강도확보, 수직도·수평도 확보, 내구성 및 내식성 확보와 시공이 용이해야 한다.

Ⅱ. 이음위치

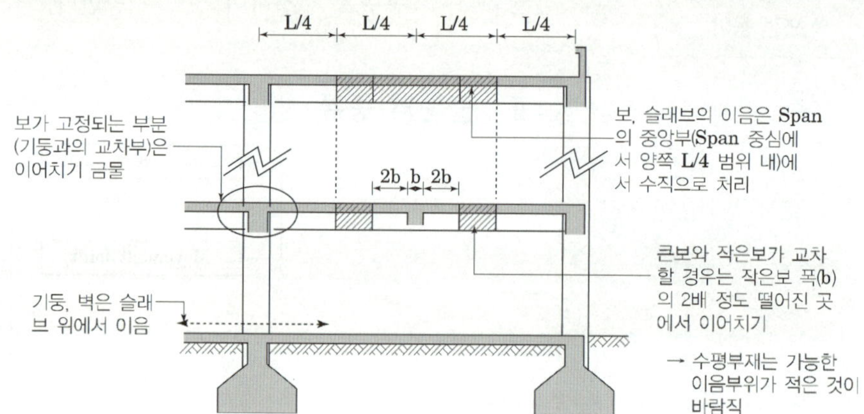

① 시공이음은 될 수 있는 대로 전단력이 작은 위치에 설치하고, 부재의 압축력이 작용하는 방향과 직각이 되도록 하는 것이 원칙이다.

② 부득이 전단이 큰 위치에 시공이음을 설치할 경우에는 시공이음에 장부 또는 홈을 두거나 적절한 강재를 배치하여 보강해야 한다.

Ⅲ. 부위별 시공이음

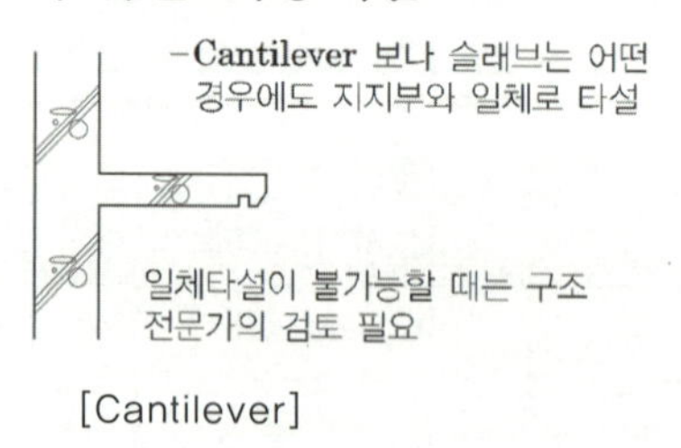

[Cantilever]

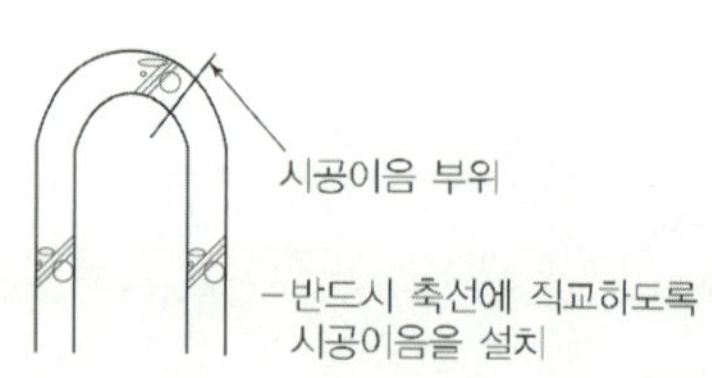

[Arch]

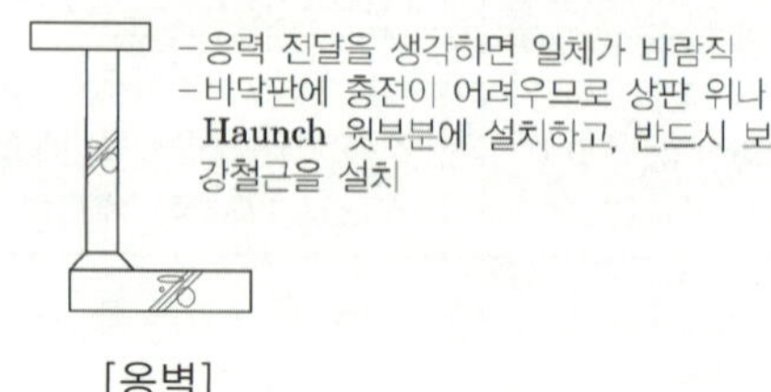

[옹벽]

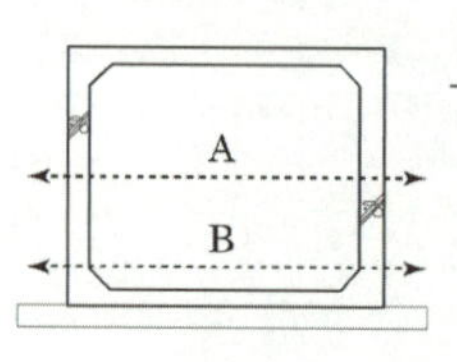

[공동구]

이음

이음부위의 강도

- 수평 시공이음 부위
  - 구 콘크리트면에 Laitance를 제거하지 않은 경우 약 45%
  - 이음부위 면을 조면처리 후 시멘트페이스트로 바른 경우 약 93%
- 수직 시공이음 부위
  - 구 콘크리트면에 그대로 이어 친 경우 약 57%
  - 이음부위 면을 조면처리 후 시멘트페이스트로 바른 경우 약 83%

- 거푸집 제거시기
  - 콘크리트를 타설하고 난 후 여름에는 4~6시간 정도, 겨울에는 10~5시간 정도

Ⅲ. 시공줄눈의 시공방법

1) 수평시공이음

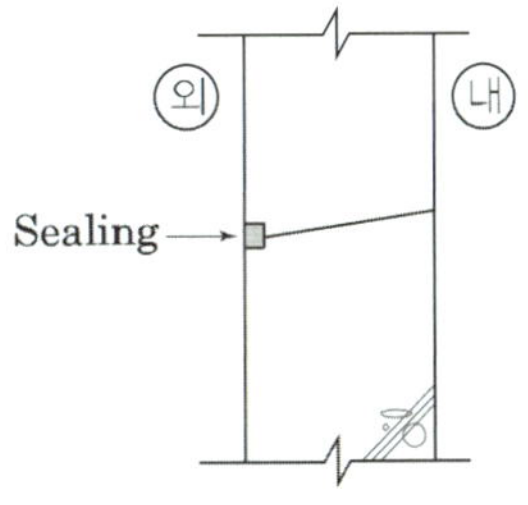

[바깥쪽으로 물매를 준 경우]

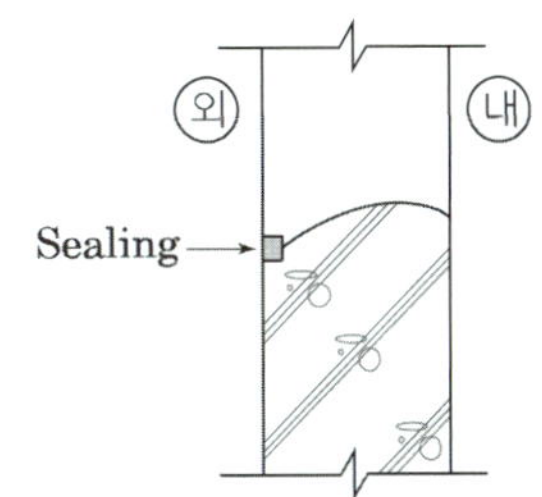

[가운데를 볼록하게 올린 경우]

① 수평시공이음이 거푸집에 접하는 선은 될 수 있는 대로 수평한 직선이 되도록 한다.

② 콘크리트를 이어 칠 경우에는 구 콘크리트 표면의 레이턴스, 품질이 나쁜 콘크리트, 꽉 달라붙지 않은 골재 입자 등을 완전히 제거하고 충분히 흡수시켜야 한다.

③ 새 콘크리트를 타설하기 전에 거푸집을 바로 잡아야 하며, 새 콘크리트를 타설할 때 구 콘크리트와 밀착되게 다짐을 잘 해야 한다.

④ 시공이음부가 될 콘크리트 면은 경화가 시작되면 되도록 빨리 쇠솔이나 잔골재 분사 등으로 면을 거칠게 하며 충분히 습윤 상태로 양생해야 한다.

2) 수직시공이음

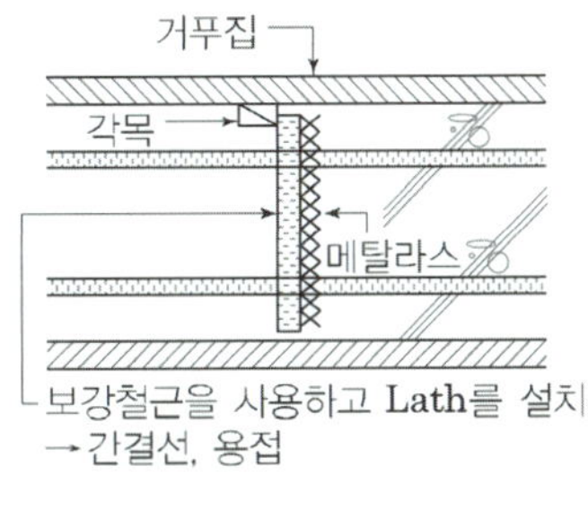

[벽]

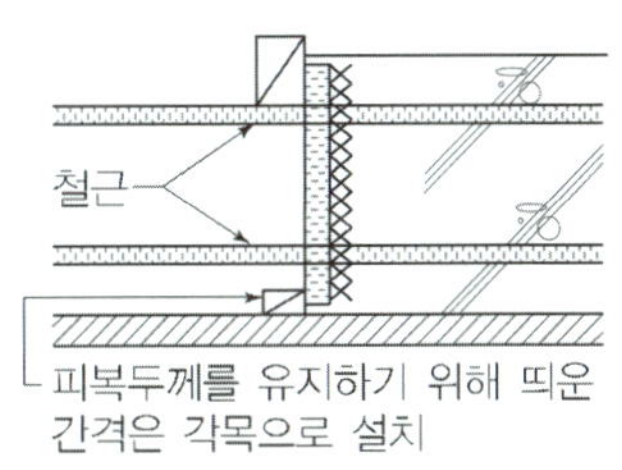

[Slab · 보]

① 시공이음면의 거푸집을 견고하게 지지하고 이음부분의 콘크리트는 진동기를 써서 충분히 다져야 한다.

② 구 콘크리트의 시공이음 면은 쇠솔이나 쪼아내기 등에 의하여 거칠게 하고, 수분을 충분히 흡수시킨 후에 시멘트풀, 모르타르 또는 습윤면용 에폭시수지 등을 바른 후 새 콘크리트를 타설하여 이어나가야 한다.

③ 새 콘크리트를 타설할 때는 신·구 콘크리트가 충분히 밀착되도록 잘 다져야 한다. 또, 새 콘크리트를 타설한 후 적당한 시기에 재진동 다지기를 한다.

④ 시공이음면의 거푸집 철거는 콘크리트가 굳은 후 되도록 빠른 시기에 한다. 여름에는 4~6시간 정도, 겨울에는 10~15시간 정도

이음

줄눈

Key Point

◩ 국가표준
- KCS 14 20 10

◩ Lay Out
- 설치위치 · 목적 효과
- 구조형식 · 설치기준
- 종류 · 시공 시 유의사항

◩ 핵심 단어
- What: 건조수축 팽창
- Why: 균열 방지
- How: 신축이음재 설치

◩ 연관용어
- Delay Joint

★★★ 2. 제조 및 시공 83.88

4-137	Expansion Joint(신축이음)	
No. 345		유형: 공법 · 기능

Ⅰ. 정 의

① 콘크리트 양생 과정에서 발생하는 건조수축과 팽창, 계절의 온도차에 의한 변위, 지진(Seismic Activity), 풍력에 의한 움직임(Wind Sway), 기초의 부동침하 등으로 인한 균열을 사전에 방지하기 위해 균열이 예상되는 위치에 신축 이음재를 설치하는 Joint

② 양쪽의 구조물 혹은 부재가 구속되지 않는 구조이어야 하며 필요에 따라 줄눈재, 지수판 등을 배치한다. 예상되는 위치에 신축 이음재를 이용하여 구조물을 분리시키는 Joint

Ⅱ. 설치 위치

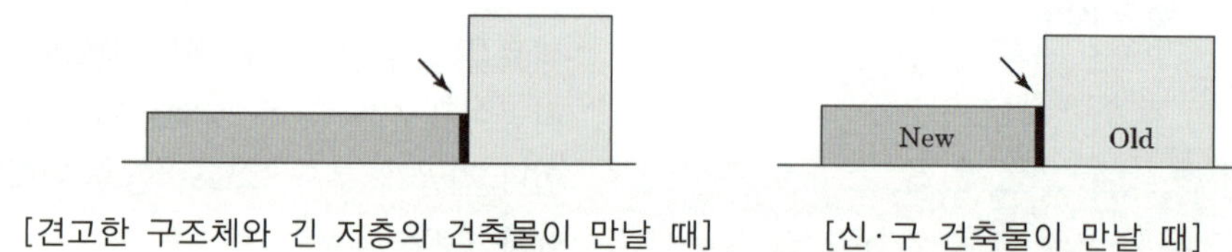

[견고한 구조체와 긴 저층의 건축물이 만날 때] [신·구 건축물이 만날 때]

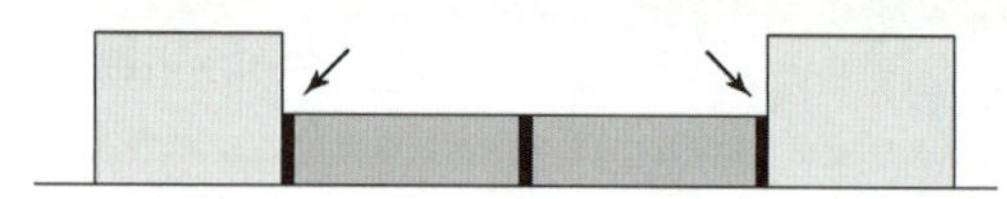

[양쪽의 견고한 구조체 사이에 있을 때]

① 하중조건이 크게 다른 고층과 저층이 접하거나 부동침하 예상 경계부위

② 견고한 구조체와 길이가 긴 구조물 접합부위나 양쪽에 견고한 구조체 존재

③ 증축으로 인한 신, 구 건물 접합부위

④ Wall의 방향과 단면의 변화가 심한 곳

⑤ 건물의 형상이 L형, T형, Y형, U형 등 비정형 구조물

⑥ 길이가 115m 이상의 긴 건물

Ⅲ. 설치목적 및 효과

이음

Ⅳ. 구조형식

1) Double Girder Method

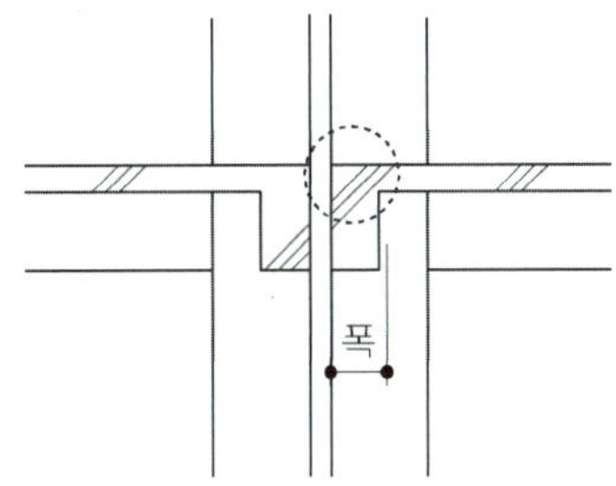

2) Cantilever 형식

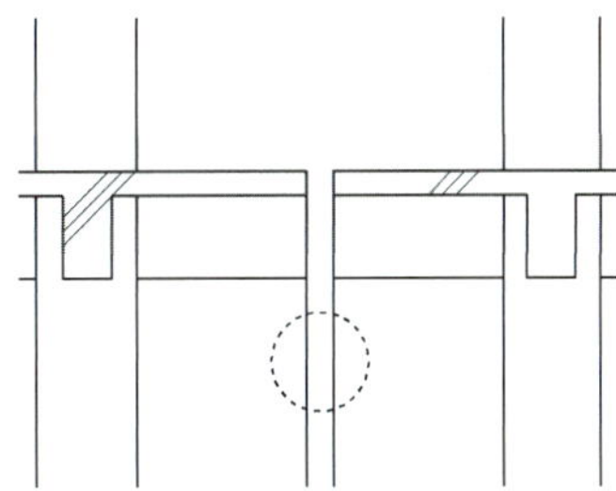

3) Bracket 형식

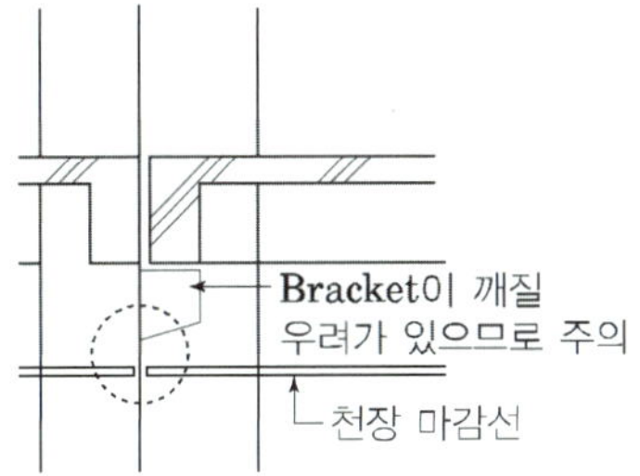

Ⅴ. 설치기준

1) 설치간격

① Beam 및 Column 구조, 기초의 Hinge 접합, 난방 건축물에 적용

② 설치 간격은 보통 45~60m 정도지만 온도변화에 따른 지역적인 특성에 따라 90m 이내마다 설치

③ 설치 넓이는 3~6cm(1~2inch)정도

2) 설치조건

① 신축이음은 양쪽의 구조물 혹은 부재가 구속되지 않는 구조여야 한다.

② 신축이음에는 필요에 따라 이음재, 지수판 등을 배치해야 한다.

③ 신축이음의 단차를 피할 필요가 있는 경우에는 장부나 홈을 두든가 전단 연결재를 사용하는 것이 좋다.

이음

Ⅵ. Joint의 종류

구분	Joint 형태	특징
겹침형(O)형		• 이질 E/ J를 사용하지 않고 끝단을 겹친다. • 방수가 힘듬 • 외부에는 적용곤란 • 천장, 내벽, 지붕에 적용
맞댐형(R)형		• E/J 한쪽을 고정하고 다른 쪽은 Sliding 시킨다. • 지수성확보 곤란 • 내부에 주로 사용되며 외부는 지수처리병용 • 벽, 내벽, 바닥, 천장, 지붕
경첩형(H)형	경첩	• E/J 한쪽을 경첩, 스프링 등으로 고정하고 다른 편은 Sliding 시킨다. • 지수성 확보 곤란 • 내부에만 사용 • 바닥, 내벽
미로형(L)형		• 양쪽에 고정한 E/J를 여유를 두고 미로 형태로 만듦 • 지수성 양호 • 면적을 많이 차지 • 외벽, 천장
변형형(D)형	Sealant	• 변형 가능한 E/J를 양쪽 끝에 고정 • 지수성 양호 • 미관 및 내구성문제 • 외벽, 지붕, 내벽

Ⅶ. 시공 시 유의사항

1) 마감재 및 Type
   ① Joint는 변위량, 내구성, 마감, 미관, 방화성능, 방수성능을 고려하여 선정
   ② 구조 및 마감에 적합한 제품과 연결형식에 맞는 공법 적용

2) 선형처리 및 고정
   ① 설치 폭, 벽, 바닥, 천장의 선형과 동일한 형태로 처리할 것
   ② 콘크리트 타설시 레벨 등을 고려할 것
   ③ 흔들리지 않도록 고정할 것

이음

3) Wall

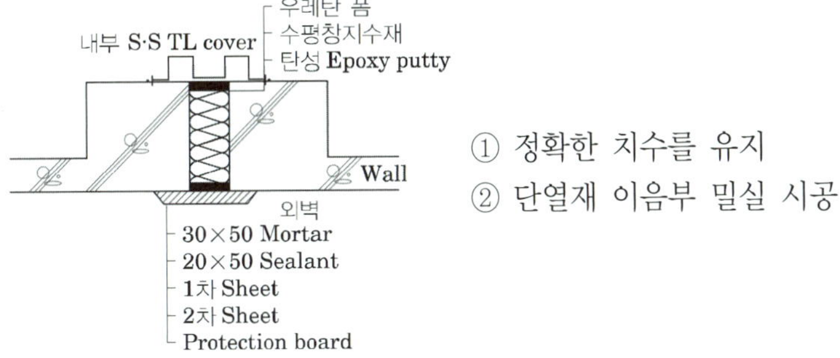

① 정확한 치수를 유지
② 단열재 이음부 밀실 시공

4) Slab

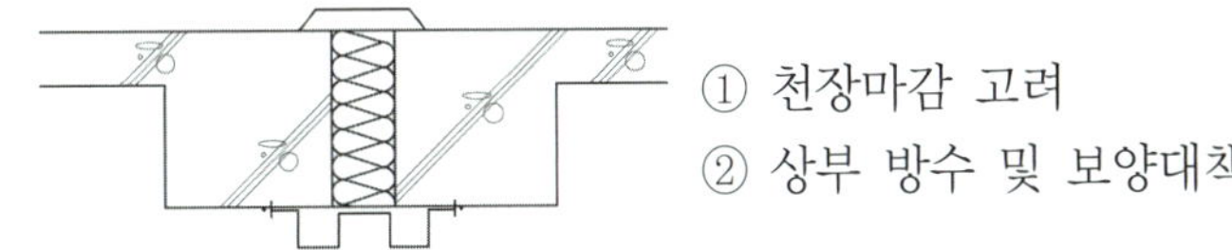

① 천장마감 고려
② 상부 방수 및 보양대책

5) Roof

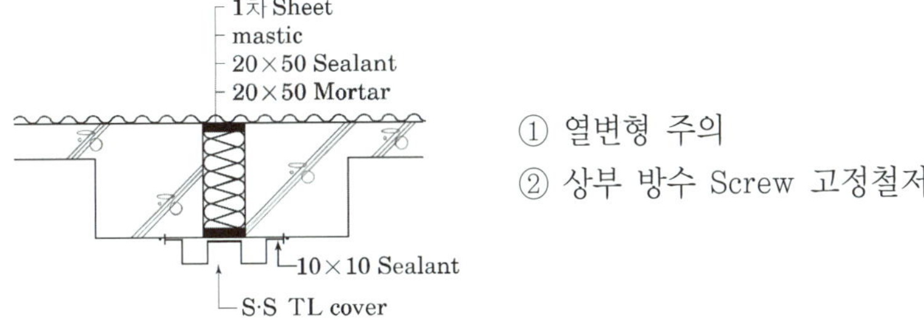

① 열변형 주의
② 상부 방수 Screw 고정철저

6) Founding
① 단열재는 바닥에 밀착 시공하여 콘크리트가 밀려오지 않게 한다.
② 상부바닥 마감선을 고려하여 시공

7) 외부마감
① 외부에 시공시에는 건물의 미관을 고려하여 조화를 이룰 것
② 외부 Joint는 누수에 대한 마감처리를 확실히 할 것
③ 외부에 시공시에는 방수성, 기밀성, 단열성, 차음성 확보
④ 외부에 시공하는 Sealant는 내구성을 확보할 것
⑤ 변색 및 탈락에 주의할 것.

8) 온도변화 고려
① 설치시기는 계절적인 상황과 기후를 고려할 것
② 수축 팽창에 의한 변형을 고려

이음

9) 구조보강

① 부재의 거동에 의한 Crack에 대비한 철근보강 필요

② Bracket형식은 원활한 Sliding을 위해 접촉면에 철판을 시공

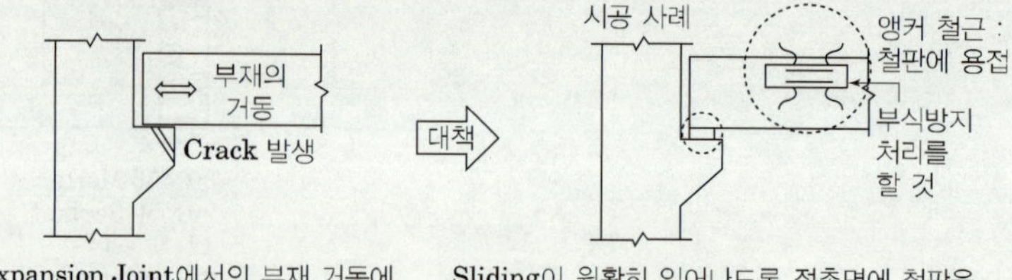

Expansion Joint에서의 부재 거동에 따라 브래킷 모서리가 깨져나감

Sliding이 원활히 일어나도록 접촉면에 철판을 시공하고 브래킷에 철근 보강

★★★ 2. 제조 및 시공 62.68.84

4-138	Control joint(Dummy joint), 조절줄눈	
No. 346	균열유발줄눈의 유효단면감소율	유형: 공법·기능

이음

줄눈

Key Point

◩ 국가표준
- KCS 14 20 10

◩ Lay Out
- 설치기준·기능
- 설치위치·시공 시 유의사항

◩ 핵심 단어
- What: 구조물의 온도변화에 따른 건조수축
- Why: 외관손상 최소화
- How: 균열을 일정한 곳으로 유도

◩ 연관용어
- 수축줄눈

유효단면 감소율

- 벽체구조물의 경우 온도균열 및 콘크리트의 수축에 의한 균열을 제어하기 위해서 구조물의 길이 방향에 일정 간격으로 단면 감소 부분을 만들어 그 부분에 균열이 집중되도록 하고 나머지 부분에서는 균열이 발생하지 않도록 하여 균열이 발생한 위치에 대한 사후 조치를 쉽게 하기 위해 수축이음을 설치할 수 있다.
- 계획된 위치에서 균열 발생을 확실히 유도하기 위해서 수축이음의 단면 감소율을 35% 이상으로 해야 한다.

Ⅰ. 정 의

① 구조물의 온도변화에 따른 건조수축 등에 의한 균열을 일정한 곳으로 유도하기 위해 단면결손부위로 균열을 유도하여 구조물의 단면 및 외관손상을 최소화하는 joint

② 수축에 의한 구조체의 움직임을 흡수하고, 수축줄눈 위치에서만 균열발생이 일어나도록 균열을 제어하여 다른 곳의 균열발생을 억제하므로 control joint라고 한다.

Ⅱ. 설치 기준

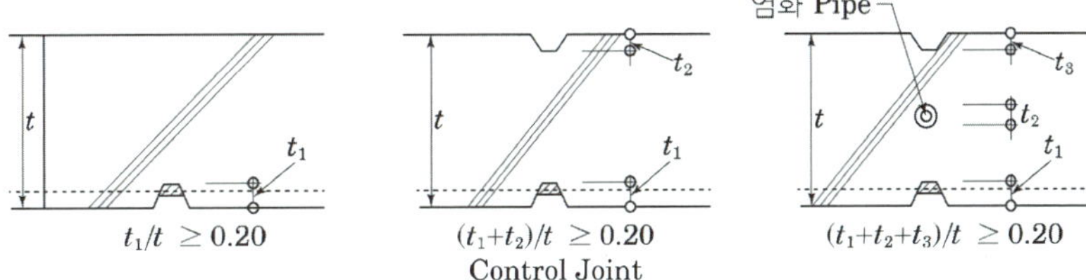

Control Joint

① 미관이 고려되는 부위에 단면의 변화 등으로 균열이 예상되는 곳에 설치

② 구조물의 균열이 발생하면 균열 사이에 구속이 완화되어 다른 곳의 균열 발생 억제

Ⅲ. 기 능

① 건조수축, 외력 등 변형 억제

② 단면 결손부를 설치하여 균열 유도

③ 수화열, 온도·습도에 의한 수축에 대응

Ⅳ. 설치위치

① 외벽의 개구부 주위

② 건축물의 코너 부위

③ 창·문틀 주위

④ 배수구 및 기타 구멍 주위

Ⅴ. 시공 시 유의사항

① 깊이는 벽두께의 1/5 이하

② 외벽의 색깔과 비슷한 코킹재 사용

③ 코킹은 중간에 끊어지지 않고 연속적으로 시공

④ Mass 콘크리트에서 계획된 위치에서 균열 발생을 확실히 유도하기 위해서 수축이음의 단면 감소율을 35% 이상으로 해야 한다.

★★★ 2. 제조 및 시공 63.67.80.122

4-139	Delay Joint(지연줄눈)	
No. 347		유형: 공법·기능

이음

줄눈

Key Point

☑ 국가표준
- KCS 14 20 10

☑ Lay Out
- 설치방법·특징
- 시공 시 유의사항

☑ 핵심 단어
- What: 콘크리트 건조수축
- Why: 건조수축 균열 저감
- How: 초기수축을 기다린 후 타설

☑ 연관용어
- 수축줄눈

Ⅰ. 정 의

① Concrete가 건조수축에 대해서 내외부의 구속을 받지 않도록 일정한 폭을 두고, concrete를 타설하고 초기수축을 기다린 후 남겨둔 부분을 concrete로 채워 처리하는 joint

② 초기수축이 이루어진 후(약 4주) 수축대(600~900mm) 부분에 철근을 배치 및 배근하고 수축대에 concrete를 타설하여 일체화하는 joint이다.

Ⅱ. 설치 방법

- 타설 시점은 ⓐ와 ⓑ의 타설 후 4주 후에 타설
- 보통 1개월 내 총 Shrinkage의 40% 발생
- 잔여 Shrinkage 응력은 Concrete의 인장응력이 부담

Shrinkage Strip
(보통 600~900mm)

철근의 이음 길이보다 넓게 시공

ⓑ ⓐ

Lap Bar

- Shrinkage Joint의 간격
: 30~45m(응력이 많이 발생하는 Core나 기둥 전에 끊어 주도록 조치)

후 타설시 이물질이 축적되므로, 청소를 철저히 시행

철근 이음이 아닌 경우
- 교대로 Bend시키는 것이 바람직

• Metal Lath를 이용하여 부착력 확보 및 이음부 청소 철저

[Delay Joint]

Ⅲ. 특 징

① 신축줄눈에 비해 마감비용 절감
② 구조체 일부가 후 시공부위 오염 및 기상조건에 따른 제약
③ 거푸집 존치기간이 길어짐

Ⅳ. 시공 시 유의사항

① 바닥 및 벽체 이음부위 타설 시 청소 철저
② 선타설 부위 콘크리트 잔여물 정리 후 타설
③ 노출된 철근부위 보양처리
④ 접합부 방수처리 시 내외부 모두 실시
⑤ 콘크리트 타설 시 타설면이 선 타설면보다 같거나 약간 높게 타설

☆☆☆ 2. 제조 및 시공 66

4-140	Sliding Joint	
No. 348		유형: 공법·기능

이음

줄눈

Key Point

◪ 국가표준
- KCS 14 20 10

◪ Lay Out
- 설치방법
- 재료
- 시공 시 유의사항

◪ 핵심 단어
- What: 보 슬래브 단순지지
- Why: 구속응력 해소
- How: 자유롭게 미끄러지게

◪ 연관용어
- 슬립조인트

Ⅰ. 정 의

① 보·slab 등의 수평부재가 기둥·벽체 등의 수직부재에 단순지지된 경우, 구속 응력을 해소시키기 위해 자유롭게 미끄러지게 한 joint로, 사전에 계획된 joint

② Sliding joint의 직각방향에서 하중이 발생할 우려가 있는 곳에 설치하며, 줄눈 재료로는 네오프렌(Neoprene) felt, asphalt compound, 고무류 등이 사용된다.

Ⅱ. 설치 방법

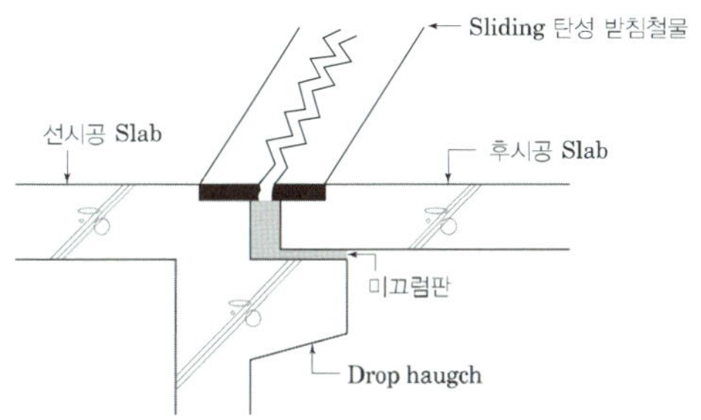

Metal Lath를 이용하여 부착력 확보 및 이음부 청소 철저

Ⅲ. 재료

① 역청 컴파운드
② 네오프렌 펠트
③ 철판(steel plate)
④ 고무류

Ⅳ. 시공 시 유의사항

① 일체 타설 방식에서는 규정간격 준수
② 선 후 구분 타설 방식에서는 걸침턱 시공 시 면처리 철저
③ 타설 부위 레벨 관리 철저
④ 탄성 받침철물 설치 시 고정부위 레벨 및 Size 확인

Slip joint

- 조적조와 concrete의 이질재료가 접하는 부위의 온도·습도·환경 등으로 인해 각 부재의 움직임이 서로 다르게 되는데 이를 해소시키기 위해 상호구조부재가 자유롭게 미끄러지게 한 joint로, 사전에 계획된 joint
- 일반적으로 조적벽과 R.C. slab 사이에 접합을 사전에 방지하고, 상호구조부재가 자유롭게 미끄러지게 하기 위해 설치하는 joint

이음

줄눈

Key Point

◪ 국가표준
- KCS 14 20 10

◪ Lay Out
- Mechanism·발생원인
- 시공 시 유의사항

◪ 핵심 단어
- 응결하기 시작한 콘크리트
- 이어붓기
- 일체화되지 못해 발생되는 조인트

◪ 연관용어

KCS 원문 정의

- 기계 고장, 휴식 시간 등의 여러 요인으로 인해 콘크리트 타설 작업이 중단됨으로써 다음 배치의 콘크리트를 이어치기할 때 먼저 친 콘크리트가 응결 혹은 경화함에 따라 일체화되지 않음으로 생기는 이음 줄눈

외기온도	허용 이어치기 시간간격
25℃ 초과	2.0시간
25℃ 이하	2.5시간

☆☆★ 2. 제조 및 시공 70.89.126

4-141	콜드조인트(Cold Joint)	
No. 349		유형: 현상·결함

Ⅰ. 정 의

① 시공과정 중 먼저 타설하여 응결하기 시작한 concrete에 새로운 concrete를 이어붓기함으로써 일체화되지 못해 발생되는 joint

② 설계상 계획된 joint가 아니라 시공상 예기치 못해 줄눈을 두는 경우로서, 시공불량으로 구조적 연속성이 저하되어 누수의 원인이 되며, 강도상 취약한 부분이 된다.

Ⅱ. Cold Joint 발생 Mechanism

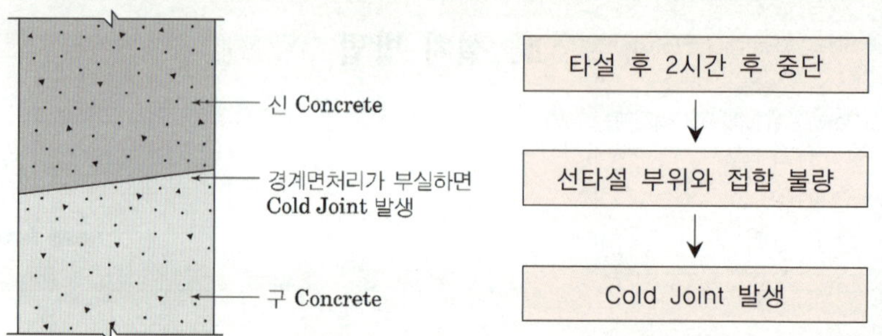

일체 Concrete는 타설 후 2시간이면 응결이 시작되고 뒤에 타설한 Concrete와 조화를 이루지 못하면 전단력, 인장력에 대한 강도저하

Ⅲ. 발생원인

① 장시간 운반 및 대기로 재료분리가 된 콘크리트 사용 시
② 넓은 지역의 순환 타설 시 돌아오는 시간이 2시간 초과
③ 계획 설계 시 movement joint의 누락 및 미시공

Ⅳ. 시공 시 유의사항

① 허용 이어치기 시간간격 준수
② 사전에 철저한 운반 및 타설계획 수립
③ 레미콘 배차계획 및 간격을 철저히 엄수
④ 타설구획의 순서를 철저히 엄수
⑤ 여름철 콘크리트는 응결지연제 등의 혼화제 계획 필요
⑥ 레미콘의 운반 및 대기시간을 검사하여 사전에 remixing
⑦ 중용열 portland cement 등 분말도가 낮은 cement 사용

★★★ 2. 제조 및 시공 79

4-142	콘크리트 공사의 양생방법	
No. 350	Curing method	유형: 공법·기능

양생

양생 Key Point

◩ 국가표준
- KCS 14 20 10

◩ Lay Out
- 양생의 종류
- 양생조건의 영향

◩ 핵심 단어
- 소요기간까지 경화에 필요한 온도 습도조건 유지

◩ 연관용어

I. 정 의

① 콘크리트는 타설한 후 소요기간까지 경화에 필요한 온도, 습도조건을 유지하며, 유해한 작용의 영향을 받지 않도록 충분히 양생해야 한다.

② 구체적인 방법이나 필요한 일수는 각각 해당하는 조항에 따라 구조물의 종류, 시공 조건, 입지조건, 환경조건 등 각각의 상황에 따라 정해야 한다.

II. 양생의 종류

구분	습윤양생	온도제어 양생
종류	수중, 담수, 살수, 막양생	① 매스콘크리트: 파이프쿨링, 연속살수 ② 한중콘크리트: 단열, 가열, 증기, 전열 ③ 서중콘크리트: 살수, 햇빛 덮개 ④ 촉진양생: 증기, 급열

III. 콘크리트강도에 미치는 양생조건의 영향

1) 양생온도의 영향

① 양생온도를 높이면 수화에 따른 화학반응을 촉진시켜 후기 재령에서의 강도에 나쁜 영향을 주지 않고 콘크리트의 조기강도에 유리하게 영향을 준다.

② 콘크리트 칠 때나 응결기간에서 높은 온도로 하면 초기강도는 증가하지만 7일 이후의 강도에는 불리한 영향을 준다.

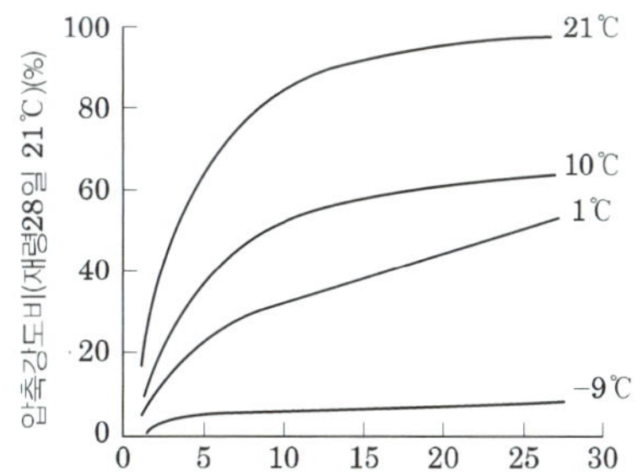

[콘크리트 압축강도에 대한 타설 및 양생온도의 영향]

- -9℃~21℃까지의 서로 다른 온도로 양생하였을 때 압축강도에 대한 양생온도의 영향을 나타낸 도표
- 양생온도가 낮아질수록 재령 28일까지의 압축강도가 감소하는데, 1℃로 양생한 콘크리트의 압축강도는 21℃로 양생한 경우의 1/2 수준이었으며, -9℃로 양생하는 경우 압축강도는 거의 증가하지 않음

양생

2) 양생재령의 영향

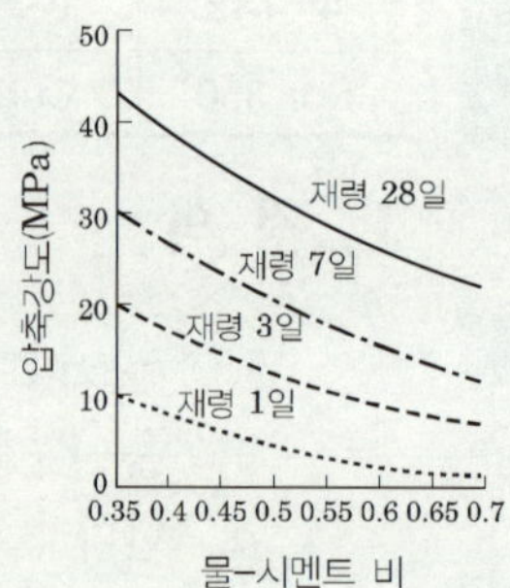

[콘크리트 압축강도에 대한 습윤양생 및 물-시멘트비의 영향]

- 상온에서 습윤양생하는 경우 물-시멘트비가 동일하다면 양생기간이 길어질수록 압축강도는 지속적으로 증가
- 콘크리트의 강도는 재령과 온도와의 함수로서, 즉 강도는 Σ(시간×온도)의 함수로 표시되는데 이를 적산온도라 함

3) 습윤양생의 영향

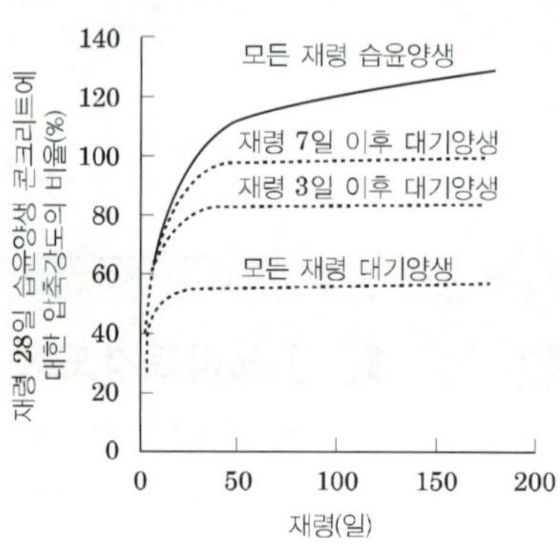

[강도에 대한 양생조건의 영향]

- 습윤양생한 콘크리트의 압축강도는 대기 양생한 경우보다 3배 정도 높게 나타난다.
- 보통 포틀랜드 시멘트를 사용한 경우 최소 7일간 습윤양생을 실시해야 하는 것이 바람직

4) 급격한 건조 및 온도변화의 영향

① 습윤양생을 하기 전에 콘크리트를 건조시키면 콘크리트로부터 물의 증발이 빨라져 이로 인해 Plastic Crack이 발생한다.

② 초기양생을 끝낸 후라도 급격하게 건조하면 콘크리트 표면과 내부의 수축차에 의해 표면에 인장응력이 발생하기 때문에 표면 근처에서 수축이 일어나 균열이 발생한다.

5) 양생중의 진동·충격이나 과대하중의 영향

콘크리트의 응결이 끝날 때까지 계속적인 진동을 준 경우 콘크리트의 강도는 오히려 증가하지만 시공줄눈의 강도나 철근의 부착강도에는 나쁜 영향을 준다. 또한 계속적인 진동을 주었을 때 콘크리트 강도는 저하된다. 습윤양생을 하기 전에 콘크리트를 건조시키면 콘크리트로부터 물의 증발이 빨라져 이로 인해 Plastic Crack이 발생한다.

☆☆★ 2. 제조 및 시공 101.127

4-143	시멘트의 종류별 습윤양생기간	
No. 351	Wet Curing	유형: 공법·기능

양생

양생 Key Point

◩ 국가표준
- KCS 14 20 10

◩ Lay Out
- 양생방법·양생기간의 표준
- 습윤양생의 영향

◩ 핵심 단어
- 응결이 끝난 후 물을 직접 뿌리는 양생

◩ 연관용어

Ⅰ. 정 의

① 구조적 안전성, 소요의 강도, 내구성, 수밀성, 균열저항성, 철근 혹은 강재 보호성능, 경제성 등을 얻을 수 있도록 응결이 끝난 후 물을 직접 뿌리는 양생

② 수분 공급 방법에는 분무·살수·젖은 모래·젖은 흙·젖은 톱밥·젖은 짚 등으로 덮거나, 젖은 마포·젖은 면포(綿布) 등의 매트(mat)로 덮든지 급수가 가능한 흡습성의 cover를 concrete 위에 깔아도 된다.

Ⅱ. 습윤양생 방법

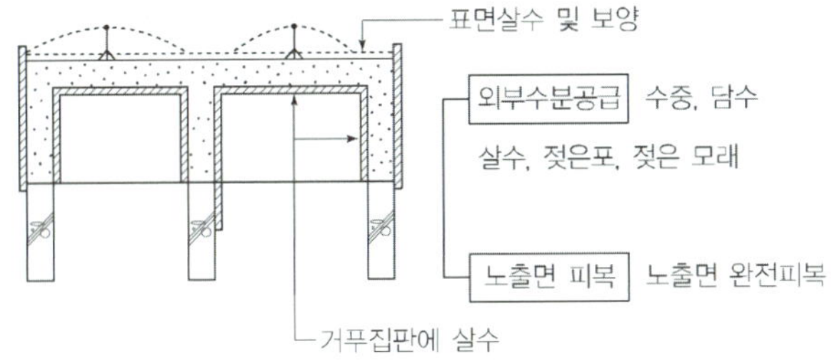

Ⅲ. 습윤양생 기간의 표준

구분	조강 포틀랜드 시멘트	보통 포틀랜드 시멘트	고로 슬래그 시멘트 2종 플라이 애쉬 시멘트 2종
15℃ 이상	3일	5일	7일
10℃ 이상	4일	7일	9일
5℃ 이상	5일	9일	12일

Ⅳ. 습윤양생의 영향

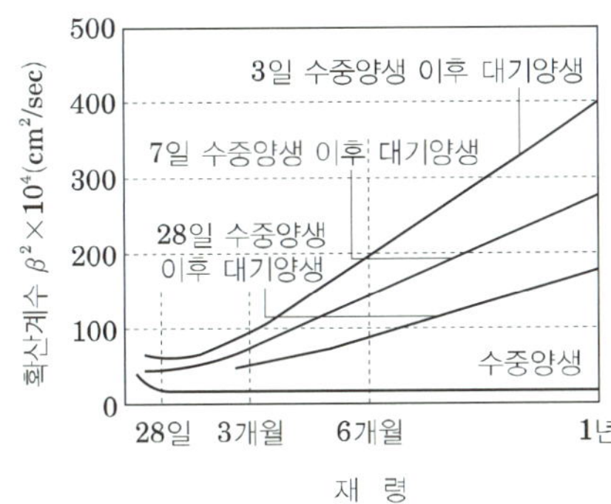

[습윤양생 일수가 수밀성에 미치는 영향]

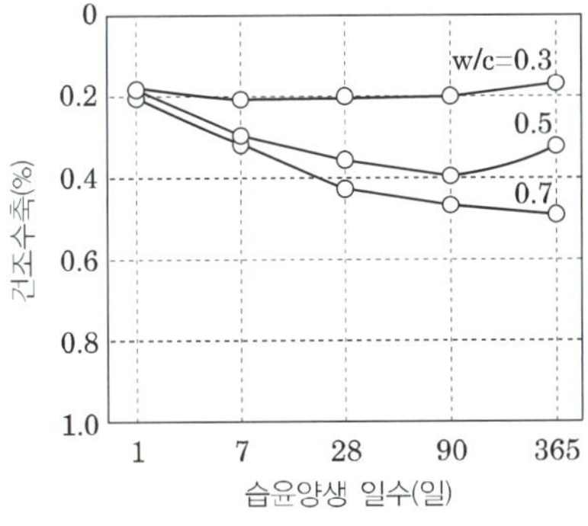

[습윤양생 일수가 건조수축에 미치는 영향]

- 습윤양생 종류
  - 수중, 담수, 살수
  - 젖은 포(양생 매트, 가마니), 젖은 모래
  - 막양생(유지계, 수지계)

- 습윤양생 방법과 선정
① 콘크리트의 강도, 내구성, 수밀성 등의 품질을 높이기 위해서는 장시간 습윤 상태로 유지하는 것이 좋다.
② 방법: 외부로부터 수분을 공급하는 방법과 노출면을 완전히 피복하여 수분의 증발을 막는 방법
③ 거푸집을 존치하는 기간을 양생기간으로 한다.
④ 양생방법의 선정: 기상조건, 구조물의 종류, 시공방법, 공사비 등을 고려하여 선정

양생

양생

Key Point

- 국가표준
  - KCS 14 20 10
- Lay Out
  - 양생의 종류
  - 밀봉양생의 종류
- 핵심 단어
  - 막양생제
- 연관용어
  - 피막양생

★★★ 2. 제조 및 시공 77

4-144	현장 봉함(밀봉)양생	
No. 352	Seal Curing	유형: 공법·기능

Ⅰ. 정 의

① 공사현장에서 콘크리트 온도가 기온의 변화에 따르도록 하면서 콘크리트로부터 수분의 발산이 없는 상태에서 행하는 콘크리트 공시체의 양생

② 방수지 및 플라스틱 시트 또는 막양생제를 사용하여 노출면의 수분증발을 방지하는 양생방법

Ⅱ. 양생의 종류

구분	습윤양생	온도제어 양생
종류	수중, 담수, 살수, 막양생	• 매스콘크리트: 파이프쿨링, 연속살수 • 한중콘크리트: 단열, 가열, 증기, 전열 • 서중콘크리트: 살수, 햇빛 덮개 • 촉진양생: 증기, 급열

Ⅲ. 밀봉양생 종류

1) 피막양생(Curing Membranes)

① 막양생제는 액상으로서 콘크리트면에 도포하면 곧바로 막이 형성된다.

② 백색안료를 섞어서 직사광선의 반사를 잘 하게 한 것이 많이 쓰이고 있다.

③ 도포시기: 표면에 뜬 물이 없어지는 시기가 더욱 효과적

2) 방수지 또는 Plastic sheet 양생

① 방수지나 플라스틱 시트는 콘크리트 표면이 손상되지 않을 정도로 콘크리트가 충분히 굳어졌을 때 콘크리트에 충분한 수분을 가한 후 곧바로 덮어 주어야 한다.

② 플라스틱 시트는 방수지보다 유연성이 더 좋고, 복잡한 모양에도 적용이 가능하므로 더 많이 이용

③ 플라스틱 필름은 흡수성 재료와도 잘 부착되므로 콘크리트로부터 증발하는 수분을 보유하여 재분배함으로써 양생을 개선시킨다.

☆★★ 2. 제조 및 시공 66

4-145	피막양생	
No. 353	Membrane Curing	유형: 공법·기능

Ⅰ. 정 의

타설한 콘크리트의 표면에 피막형성용 액체인 비닐이나 아스팔트 유제 등을 뿌려 피막을 만들어 수분의 증발을 방지하는 양생방법

Ⅱ. 성분 및 성질

① 1형: 담색(淡色)으로, 일시적 염료가 함유되어 있어도 좋으며, 콘크리트 표면에 사용 후 적어도 4시간 동안 쉽게 식별할 수 있어야 한다.

② 2형: 미분 백색 안료와 전색제로 구성되며, 기폐줌을 조합하지 않고 즉시 사용할 수 있어야 한다.

③ 3형: 미분 담회색 안료와 전색제로 구성되며, 기존 제품을 조합하지 않고 즉시 사용할 수 있어야 한다.

④ 막양생제는 액상으로서 콘크리트면에 도포하면 곧바로 막이 형성된다.

Ⅲ. 피막의 성질

① 연속된 밀착 박막을 형성해야 한다.

② 건조했을 때 피막은 연속하여 유연하고, 찢어지거나 구멍이 없어야 하며, 시험실 공시체에 대하여 사용 후 적어도 7일 동안 찢어지지 않는 피막으로 유지되어야 한다.

Ⅳ. 건조시간 및 습기유지

- 건조 시간
  - 온도(20±3℃), 상대 습도(50±10℃), 최대 공기 유속 180n/min의 표준 시험실 조건에서 4시간 이내에 건조하여 붙으면 안된다.
  - 12시간 후 그 위를 걸었을 때 자국이 나거나 붙지 않아야 하며, 미끈미끈한 면이 되면 안된다.
- 습기 유지
  - 72시간 동안 표면에서 물이 0.55k/㎡보다 더 손실되면 안 된다.

양생

양생 Key Point

◪ 국가표준
- KCS 14 20 10
- KS F 2540

◪ Lay Out
- 성분 및 성질
- 피막의 성질
- 건조시간 및 습기유지

◪ 핵심 단어

◪ 연관용어
- 밀봉양생

액상피막 형성제의 종류

- 1형
  - 투명 또는 반투명
- 1-D형
  - 투명 또는 퇴색이 잘 되는 염료를 지닌 반투명
- 2형
  - 백색 안료 사용
- 3형
  - 담회색 안료 사용
- 4형
  - 흑색

도포시기

- 표면에 뜬 물이 없어지는 시기가 더욱 효과적

양생

★★★ 2. 제조 및 시공 66

4-146	온도제어양생	
No. 354	Temperature Controlled Curing	유형: 공법·기능

양생
Key Point

- 국가표준
  - KCS 14 20 10
- Lay Out
  - 양생의 종류
  - 온도제어 양생
  - 고온에서 촉진양생
- 핵심 단어
- 연관용어

Ⅰ. 정 의

① 콘크리트는 경화가 충분히 진행될 때까지 경화에 필요한 온도조건을 유지하여 저온, 고온, 급격한 온도 변화 등에 의한 유해한 영향을 받지 않도록 필요에 따라 온도제어 양생을 실시해야 한다.
② 온도제어 양생을 실시할 경우에는 온도제어방법, 양생 기간 및 관리방법에 대하여 콘크리트의 종류, 구조물의 형상 및 치수, 시공 방법 및 환경조건을 종합적으로 고려하여 적절히 정해야 한다.
③ 증기 양생, 급열 양생, 그 밖의 촉진 양생을 실시하는 경우에는 콘크리트에 나쁜 영향을 주지 않도록 양생을 시작하는 시기, 온도상승속도, 냉각속도, 양생온도 및 양생시간 등을 정해야 한다.

Ⅱ. 양생의 종류

- 습윤양생 종류
  - 수중, 담수, 살수
  - 젖은 포(양생 매트, 가마니), 젖은 모래
  - 막양생(유지계, 수지계)

구분	습윤양생	온도제어 양생
종류	수중, 담수, 살수, 막양생	• 매스콘크리트: 파이프쿨링, 연속살수 • 한중콘크리트: 단열, 가열, 증기, 전열 • 서중콘크리트: 살수, 햇빛 덮개 • 촉진양생: 증기, 급열

Ⅲ. 온도제어 양생

1) 파이프 쿨링
① 콘크리트 속에 묻은 파이프 안에 냉수를 보내 콘크리트를 냉각
② 매스 콘크리트 수화열 저감에 이용

2) 단열양생
① Sheet나 단열재 등으로 콘크리트 표면보양
② 한중콘크리트 초기동해 방지

3) 촉진양생
① 증기: 거푸집을 조기에 탈형하기 위해 고온의 증기로 양생
② 급열: 콘크리트 초기동해 방지를 위해 열원을 이용하여 콘크리트 타설 공간을 가열하는 방법

양생

Ⅳ. 고온에서 촉진 양생

1. 상압증기 양생

1) 정의

① 증기를 콘크리트 주변에 보내 습윤상태로 가열하여 콘크리트의 경화를 촉진시키는 양생방법

② 대기압에서 행하기 때문에 상압증기양생이라고 한다.

2) 적용대상

① 콘크리트 제품의 제조

② 한중콘크리트

③ Precast Concrete

④ ALC Block 및 Panel

3) 특성

① 콘크리트의 양생온도를 높이면 강도 증진의 속도가 빨라지므로 콘크리트 강도는 증기양생에 의하여 급속하게 증진한다.

② 증기양생은 콘크리트를 비빈 후 약 2~3시간 내에 온도의 급상승은 물-시멘트비가 높고 조강포틀랜드 시멘트 쪽이 현저하게 강도증진에 불리하다.

③ 급히 가열시킨 양생은 실온에서 습윤양생한 콘크리트에 비하여 장기 강도가 1/3 정도 저할 때도 있다.

4) 증기양생시의 양생 사이클

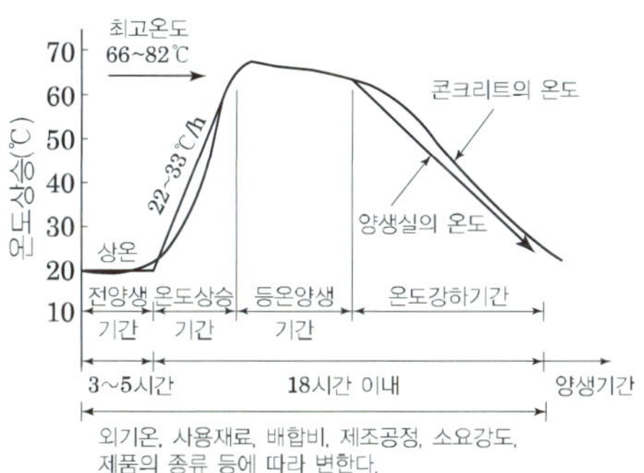

[증기양생시의 양생 사이클]

- 양생조건: 3~5시간의 전양생시간을 갖는다.
- 속도: 22~23℃/h의 속도로 최고온도 66~82℃까지 가열한다.
- 최고온도를 계속 유지시키면서 가열을 중단하고 콘크리트를 여열(余熱)과 수증기 속에서 습윤 상태로 유지
- 최후는 냉각기간으로서 전양생 사이클(전양생은 제외)은 18시간 이내가 바람직

양생

2. 고압 증기 양생

1) 정의

① 용기를 오토클레이브(autoclave)라 하며, 고압증기를 이용하여 양생하는 고압 증기양생

② 대기압을 초과하는 압력이 필요하기 때문에 양생실은 수증기를 공급할 수 있는 압력용기 형식으로 할 필요가 있다. 과열증기가 콘크리트에 접촉해서는 안 되므로 여분의 물이 필요하다.

2) 적용대상

① 규산석회벽돌

② Precast Concrete

3) 특성

① 높은 조기강도: 표준양생의 28일 강도를 약 24시간만에 달성할 수 있다

② 좋은 내구성: 황산염이나 기타 화학적 침식성 화합물 및 동결융해에 대한 콘크리트의 저항성을 향상시키고, 백화현상을 감소시킬 수 있다.

③ 건조수축과 수분이동의 감소

④ 보통양생한 것에 비해 철근의 부착강도는 약 1/2 감소한다.

4) 양생방법

① 최적의 양생온도는 0.8MPa의 증기압으로 약 177℃

② 시멘트에 미분쇄한 실리카를 첨가하면 C_3S의 수화할 때 생기는 $Ca(OH)_2$와 실리카와의 화학반응이 일어나기 때문에 고압증기양생은 더욱 효과적

③ 증기양생 사이클: 180℃(1MPa에 대응하는)의 최고 온도가 될 때까지 3시간 이상에 걸쳐 천천히 상승시킨다. 이 최고 온도를 5~8시간 유지시킨 다음 약 20~30분 내에서 압력을 풀어주고, 급속히 감압시켜 주면 콘크리트의 건조를 촉진시켜 그 후의 현장에서 건조수축을 감소시켜 준다.

④ 증기양생은 포틀랜드시멘트에만 적용해야 하며, 알루미나시멘트나 고황산염시멘트에 적용하면 고온에 의해 불리한 영향을 받게 된다.

★★★ 2. 제조 및 시공

4-147	콘크리트 재료실험	
No. 355		유형: 재료·시험·지표

품질관리

재료시험

Key Point

- 국가표준
  - KS L 5101~5112
  - KS F 2501~2511
- Lay Out
  - 시멘트
  - 골재
- 핵심 단어
- 연관 용어

Ⅰ. 정 의

콘크리트를 구성하고 있는 시멘트와 골재의 각 성질 및 화학상태, 구성물에 따라 품질의 정도를 알 수 있다.

Ⅱ. 시멘트

1. 시료채취(KS L 5101)

1) 정의

시료는 어떤 정한 양에 대하여 시멘트의 평균 품질을 나타내도록 시멘트의 시료채취 방법에 따라 채취한다.

2) 시험방법

① 시료의 수: 물리 및 화학 시험용 시료는 별도의 규정이 없는 한, 300톤(7,500포대)다 채취

② 시료의 양: 시료의 양은 5kg 이상

③ 시료채취 방법: 벌크상태의 경우 100톤마다 시료를 채취하여 평균 혼합시료로 하며, 포대의 경우 4톤(100포대)마다 1포대씩 대각선으로 넣어 시료를 채취하여 평균 혼합시료로 한다.

• 시료채취 기구

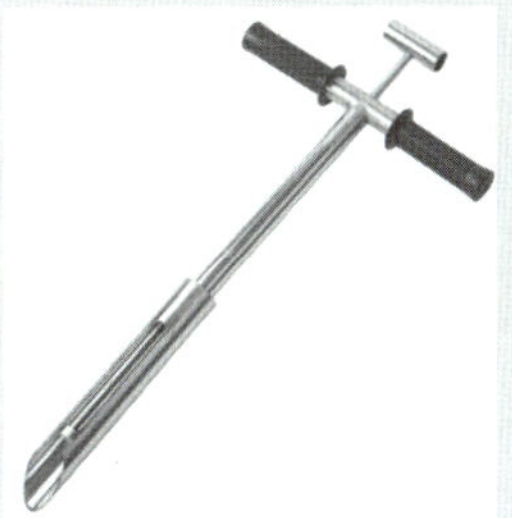

2. 시멘트 밀도시험(KS L 5110)

1) 정의

① 시멘트의 밀도는 소성상태, 혼합물의 첨가, 화학성분 증에 의해 달라지며, 이물질의 혼화물이 첨가되면 비중이 저하되므로 그의 소성 정도, 혼화물의 유무를 판별한다.

② 콘크리트의 배합설계 시 필요하며, 시멘트의 개략적인 품질 정도를 파악하는 지표가 된다.

2) 시험방법

① 시료: 포틀랜드 시멘트 약 64g 정도(1회분), 비중이 약 0.83인 완전 탈수된 등유(Kerosine)나 나프타(Naphtha)

② 시험방법: 르 샤틀리에 비중병에 0~1mℓ 사이 눈금선 까지 광유를 채운다음 실온으로 일정하게 되어 있는 물 중탕에 넣어 광유의 온도 차가 0.2℃의 이내로 되었을 때의 눈금을 읽어 기록하고, 비중병을 경사지게 하거나 돌려서 내부의 공기를 없앤 다음에 비중병을 물 탱크 안에 넣어 광유 온도차가 0.2℃ 이내로 되었을 때 눈금을 읽는다.

• 르 샤틀리에 비중병

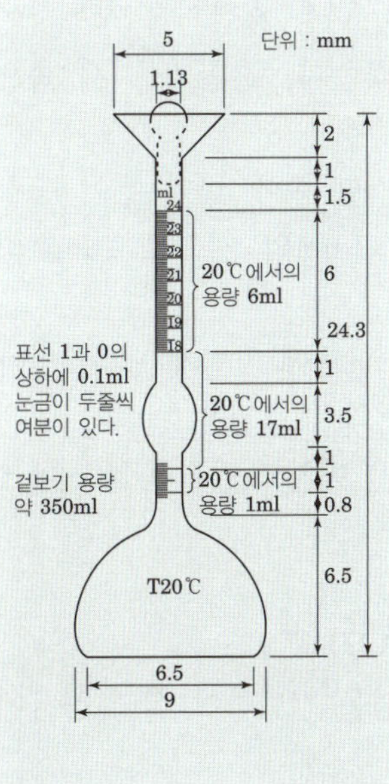

품질관리

• 브레인 공기투과장치.

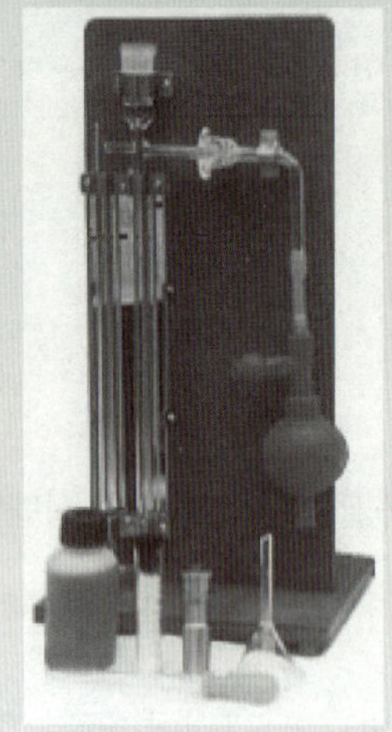

• Vicat(비카) 시험장치

• 길모아 시험장치

3. 시멘트 분말도시험(KS L 5106, 5112)

1) 정의

① 시멘트의 조세(粗細) 정도에 따라 모르타르 또는 콘크리트에 미치는 성질을 예측할 수 있다.

② 응결시간 및 강도와 관련하여 분말도가 클(미세할)수록 표면적은 증가하여 수화작용은 빨라지며, 강도는 커지지만 지나치게 되면 비경제적이 되고, 풍화가 촉진된다.

2) 시험방법

① 비표면적시험(Blaine방법): 블레인 공기투과장치를 이용하여 일정한 기공률을 갖도록 만든 시멘트 베드를 통하여 일정량의 공기를 흡인하는 장치로 베드를 통해 흐르는 공기의 속도로 결정

② 표준체에 의한 방법: 시료 50g을 표준체(45㎛, 90㎛)에 넣고 시료를 골고루 물에 적신다음 1초에 한 번씩 수평으로 저으면서 1분간 세척한다. 105~100℃에서 항량이 될 때까지 건조시키고 무게 측정

4. 시멘트 응결 시험(KS L 5103, 5108)

1) 정의

① 시멘트의 응결시간을 측정함으로써 콘크리트의 응결시간도 추정할 수 있기 때문에 운반, 타설, 다짐 등의 시공계획을 세울 때 참고가 된다.

② 시멘트의 분말도, 풍화 정도와 물 시멘트비, 온도에 따라서도 응결에 영향을 준다.

2) 시험방법

① 시료: 시멘트 500g(1회용)

② 시멘트 반죽조제: 혼합수 전량을 혼합용기 안에 붓고 시멘트를 물안에 넣고 물이 흡수되도록 30초 동안 둔 다음 혼합기를 작동하여 30초 동안 반죽 전부를 긁어내려 모아 놓는다. 혼합기를 제2속으로 변속하여 60초 동안 혼합

③ 비카장치: 20분 동안 움직이지 않고 습기함 속에 넣어 두어 응결할 시간을 주며, 30분 후부터 15분마다 1mm의 침으로 25mm의 침입도를 얻을 때까지 시험

④ 길모어침: 침을 수직 위치로 놓고, 패드의 표면에 가볍게 댄다. 알아볼 만한 흔적을 내지 않고 패드가 길모어의 초결침을 받치고 있을 때를 시멘트의 초결로 하고, 길모어 종결침을 받치고 있을 때를 시멘트의 종결로 한다.

5. 시멘트 오토클레이브 팽창도(안정도)시험(KS L 5107)

① 포틀랜드 시멘트 및 혼합 시멘트의 안정성을 검토하여 실제 공사에 적합 여부를 판정하기 위해 실험한다.

품질관리

- 안정성
  - 시멘트가 경화될 때 용적이 팽창 혹은 수축하는 정도

② 안정성이 불량한 시멘트는 사용 후 콘크리트 또는 모르타르에 균열 또는 뒤틀림을 일으켜 구조물의 내구성을 해치게 된다. 시멘트의 조세(粗細) 정도에 따라 모르타르 또는 콘크리트에 미치는 성질을 예측할 수 있다.

6. 시멘트 압축강도시험(KS F 5105)

시멘트의 압축강도 시험을 통해 시멘트의 강도를 검사할 수 있고, 같은 시멘트로 만든 콘크리트의 압축강도를 추정할 수 있다.

7. 시멘트 모르타르의 인장강도시험(KS F 5104)

시멘트의 인장강도 시험을 통해 시멘트의 강도를 검사할 수 있고, 같은 시멘트로 만든 콘크리트의 압축강도를 추정할 수 있다.

Ⅲ. 골재

1. 시료채취(KS F 2501)

① 공사현장 주변에서 채취: 산지의 대표적인 시료채취
② 시장판매품: 완성품에서 채취(생산공장, 운반차량에서 채취)

2. 골재의 체가름시험(KS F 2502)

① 골재의 입도상태 조사
② 각 체를 통과하는 시료의 전 중량에 대한 백분율
③ 각 체에 잔류하는 시료의 전 중량에 대한 백분율
④ 최대치수 및 조립률을 구한다.

3. 굵은골재의 밀도 및 흡수율시험(KS F 2503)

① 굵은골재의 일반적인 성질을 판단
② 콘크리트 배합설계에 있어서 굵은골재의 절대용적을 알기위해 실시
③ 굵은골재의 공극상태를 알고 사용수량 조절하기 위해 실시

4. 잔골재의 밀도 및 흡수율시험(KS F 2504)

① 잔골재의 일반적인 성질을 판단
② 콘크리트 배합설계에 있어서 잔골재의 절대용적을 알기위해 실시
③ 잔골재의 공극상태를 알고 사용수량 조절하기 위해 실시

5. 기타

① 골재의 단위용적질량 및 실적률 시험방법: KS F 2505
② 골재의 안정성 시험방법: KS F 2507
③ 굵은 골재의 마모율 시험방법: KS F 2508
④ 잔골재의 표면수 측정방법: KS F 2509
⑤ 콘크리트용 모래에 포함되어 있는 유기불순물시험방법: KS F 2510
⑥ 골재에 포함된 잔입자(0.08mm체를 통과하는 시험): KS F 2511

4-148	시멘트 강도 시험용 표준사	
No. 356	Standard Sand	유형: 재료·시험·지표

품질관리

재료시험

Key Point

◩ 국가표준
- KS L ISO 679: 2009

◩ Lay Out
- 입도분포 기준·취급 시 유의사항
- 검증시험

◩ 핵심 단어
- 사용 모래알의 차이에서 오는 영향을 없애고 시험조건 동일

◩ 연관용어
- Cement Test methods Determination of strength

• 주문진산 천연사
- KS K 5100 시멘트 강도시험용 표준사는 현재 사용하고 있지 않음

• ISO 기준사
- 제한된 비축량을 기준 원료로 유지되는 ISO 기준사는 천연 규산질이다. 이는 둥근 입자로 구성되고, 이산화규소 함량을 적어도 98%를 함유해야 한다.

Ⅰ. 정 의

① 시멘트 모르타르 압축강도를 시험하기위해 시멘트 모르타르 제조에 사용되는 모래로서 모래알의 차이에서 오는 영향을 없애고, 시험조건을 동일하게 하기 위해 지정한 시험용 국제표준 모래

② 이 방법은 치수 40mm×40mm×160mm인 각주형 시험체의 압축강도 및 선택적인 휨 강도의 측정을 하기 위함이며, 시험체는 질량으로 시멘트 1, ISO 표준사 3 및 물 0.5(물/시멘트 비 0.5)의 비율로 모르타르를 성형한다.

Ⅱ. ISO 기준사의 입도 분포 기준

구분	기준					
체 눈의 크기(mm)	2.00	1.60	1.00	0.50	1.06	0.08
체에 누적된 잔분(%)	0	7±5	33±5	67±5	87±5	99±1

• ISO 기준사는 CEN 기준사(Cemite Eurpeen de Normalisation)

Ⅲ. ISO 표준사 취급 시 유의사항

① 표준사는 적어도 총 질량 1,345g의 모래 시료로 체 분석 결과 ISO 입도분포 기준 준수

② 체 거름은 각각의 체를 통과하는 모래의 양이 0.5g/min보다 적게 될 때까지 연속적으로 해야 한다.

③ 습분은 대표 시료를 105℃와 110℃ 사이의 온도에서 건조시킨 후에 질량 감소를 측정(0.2% 미만이고, 건조 시료의 질량에 대한 백분율로 표시)

④ 생산하는 동안에는 최소한 1일에 1번 이상 측정해야 한다.

⑤ 사용 전 습기로 인한 손상 또는 오염을 방지하기 위하여 주의하여 보관

Ⅳ. ISO 표준사의 검증시험

① 초기 품질시험(생산공장): 적어도 3개월 간의 생산기간 중 3개의 독립된 모래 시료들이 출시 시점에 채취되어 요구사항 충족 검증

② 검증시험(적합성 시험): 자동제어시험 수행, 출시서점에 시료들이 일별 시험을 위해서는 1일에 1번씩, 월별 시험을 위해서는 1달에 1번씩 채취하여 요구사항 충족 확인

③ 연간 확정시험(지속적인 검증): 검증시험 기록을 검사, 무작위 모래 시료는 출시 시점에 채취하여 요구사항 충족여부 검증

품질관리

받아들이기 검사

Key Point

- 국가표준
  - KCS 14 20 10
  - KS F 4009
- Lay Out
  - 받아들이기 품질검사
- 핵심 단어
- 연관용어

★★★ 2. 제조 및 시공

4-149	콘크리트 받아들이기 품질검사	
No. 357		유형: 시험·기준·지표

Ⅰ. 정 의

① 완성된 구조물이 소요성능을 가지고 있다는 것을 확인할 수 있도록 합리적이고 경제적인 검사계획을 정하여 공사 각 단계에서 필요한 검사를 실시해야 한다.

② 검사는 미리 정한 판단기준에 적합한 지의 여부를 필요한 측정이나 시험을 실시한 결과에 바탕을 두어 판정하는 것에 의해 실시한다.

Ⅱ. 콘크리트 받아들이기 품질검사

항목		시험· 검사방법	시기 및 횟수	판정기준
굳지 않은 콘크리트의 상태		외관 관찰	콘크리트 타설 개시 및 타설 중 수시로 함	워커빌리티가 좋고, 품질이 균질하며 안정할 것
슬럼프		KS F 2402	최초 1회 시험을 실시하고, 이후 압축강도 시험용 공시체 채취 시 및 타설 중에 품질변화가 인정될 때 실시	• 30mm 이상 80mm 미만: 허용오차 ±15mm • 80mm 이상 180mm 이하: 허용오차 ±25mm
슬럼프 플로		KS F 2594		
공기량		KS F 2409의 방법 KS F 2421의 방법 KS F 2449의 방법		허용오차: ±1.5%
온도		온도측정		정해진 조건에 적합할 것
단위 용적질량		KS F 2409의 방법	필요한 경우 별도로 정함	정해진 조건에 적합할 것
염화물 함유량		KS F 4009 부속서 A의 방법	바닷모래를 사용한 경우 2회/일, 그밖에 염화물 함유량 검사가 필요한 경우 별도로 정함	원칙적으로 0.3kg/m³ 이하
배합	단위수량	한국콘크리트학회 제규격(KCI-RM101)에 따른 굳지 않은 콘크리트의 단위수량시험[1]	1회/일, 120 m³ 마다 또는 배합이 변경될 때마다	시방배합 단위수량 ± 20 kg/m³ 이내
	단위 결합재량	결합재의 계량 값	전 배치	KS F 4009의 재료 계량 오차 이내
	물-결합재비	굳지 않은 콘크리트의 단위수량과 시멘트의 계량치로부터 구하는 방법	필요한 경우 별도로 정함	참고 자료로 활용함
	기타, 콘크리트 재료의 단위량	콘크리트 재료의 계량값	전 배치	KS F 4009의 재료 계량 오차 이내
펌퍼빌리티		펌프에 걸리는 최대 압송부하의 확인	펌프 압송 시	콘크리트 펌프의 최대 이론 토출압력에 대한 최대 압송부하 이하

주1) 각 현장마다 구비된 측정기기와 시험인원 등을 고려하여 한국콘크리트학회 제규격(KCI-RM101)에 규정된 시험방법 중 한 가지 시험방법을 정하여 시행한다.

품질관리

받아들이기 검사

Key Point

◩ 국가표준
- KCS 14 20 10
- KS F 2402(슬럼프테스트)
- KS F 2594(슬럼프플로)

◩ Lay Out
- 측정시험·시험방법

◩ 핵심 단어
- 반죽질기와 그에 따르는 작업의 난이 정도

◩ 연관용어
- No. 407 고유동 콘크리트

★★★ 2. 제조 및 시공 64.69

4-150	유동성 평가, 콘크리트의 Workability 측정시험	
No. 358		유형: 시험·기준·지표

Ⅰ. 정 의

① 아직 굳지 않은 콘크리트에서 반죽질기와 그에 따르는 작업의 난이 정도를 평가하는 시험

② 슬럼프 플로 시험을 실시하고 난 후 원형으로 넓게 퍼진 콘크리트의 지름(최대 직경과 이에 직교하는 직경의 평균)으로 굳지 않은 콘크리트 유동성을 나타낸 값

③ 일반 콘크리트에서는 Slump Test, 고유동 콘크리트에서는 Slump Flow 시험에 의해 유동성을 평가한다.

Ⅱ. Workability 측정시험(유동성 평가, 시공연도, 반죽질기)

평가특성		측정항목	하중	평가 시험
일반 콘크리트	유동성	최종 변형량	자중	• 슬럼프 시험 • VB 시험 • 리몰딩 시험(폐지)
고유동 콘크리트	유동성	최종 변형량	자중	• 슬럼프 플로 • L형 플로, Box형
			외력	• 슬럼프 플로
		변형속도	자중	• 슬럼프 플로 • L형 플로 속도 • V로트 유하시험
	부착성	부착력 점착력	외력	• 평판 플라스터 미터
	분리저항성	골재량	자중	• 체가름 시험 • 배근 박스형 시험
			외력	진동침강 시험
	간극 통과성	유량 유동속도	자중	• V로트 시험 • 배근 Load유하시험 • 배근 박스 유하시험 • 배근 L플로시험
	충전성	충전상황	자중	• 장애물 설치한 거푸집 충전시험

Ⅲ. 시험방법

1. Slump 시험 - 일반콘크리트

아직 굳지 않은 콘크리트의 반죽질기(Consistency)를 측정하는 시험

시험방법	판정방법	
Slump (mm) 100mm 300mm 200mm Slump Corn의 형태와 규격	일반적인 경우 Corn의 중심	재시험 필요 재시험을 필요로 하는 경우 30mm 이상 Corn의 중심축 퍼짐의 중심축 50mm 이상 Corn의 중심축 퍼짐의 중심축

① 100mm 높이마다 다짐막대로 고르고 25회 찔러 다짐
② 3단계로 반복하고 시작해서 끝날 때까지 3분 이내에 실시
③ Slump Cone의 제거는 2~3초 이내로 천천히 올림

2. Slump Flow Test- 고유동 콘크리트

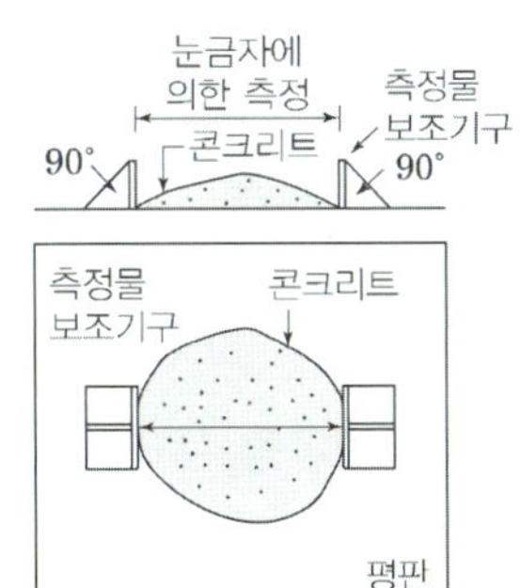

• 콘크리트의 움직임이 멎은 후, 콘크리트의 퍼진 지름이 최대가 되는 지름과 그것에 직교하는 위치의 지름 평균값을 슬럼프 플로로 평가

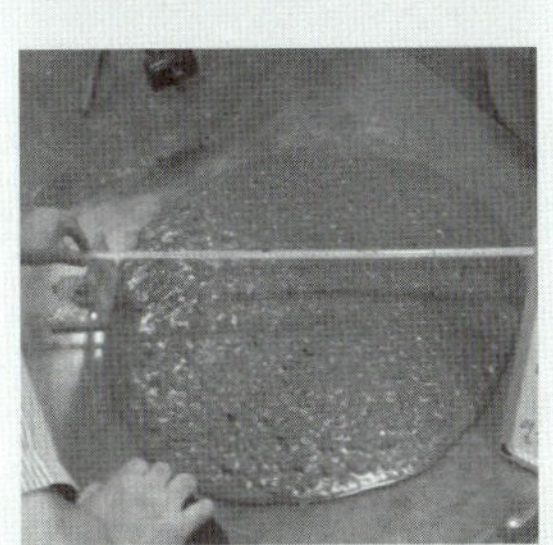

[Slump Flow Test]

① 시료 채우기: 슬럼프콘에 콘크리트를 채우기 시작하고 나서 끝날 때까지의 시간은 2분 이내로 한다. 다지거나 진동을 주지 않은 상태로 한꺼번에 채워 넣는다. 필요에 따라 3층으로 나누어 채운 후 각 층마다 다짐봉으로 5회 다짐을 한다.

② 슬럼프 플로의 측정: 콘크리트의 윗면을 슬럼프콘의 상단에 맞춘 후 슬럼프콘을 연직방향으로 들어 올린다.(높이 300mm에 2~3초, 시료가 슬럼프콘과 함께 솟아오르고 낙하할 우려가 있는 경우에는 10초

품질관리

• Slump Flow 허용오차

슬럼프 플로	슬럼프 플로의 허용차(mm)
500	±75
600	±100
700[1]	±100

- 주1) 굵은 골재의 최대치수가 15mm인 경우에 한하여 적용한다.

• 고유동 콘크리트
- 고유동 콘크리트(high fluidity concrete) : 굳지 않은 상태에서 재료 분리 없이 높은 유동성을 가지면서 다짐 작업 없이 자기 충전이 가능한 콘크리트

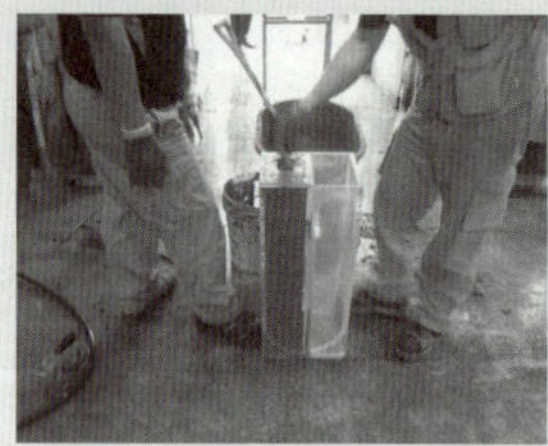

[Box형 시험]

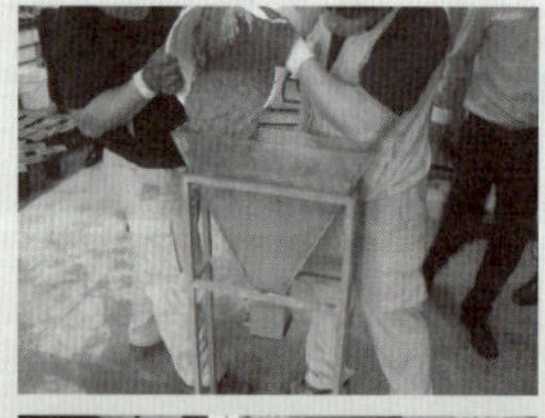

[V로트형 시험]

③ 500mm 슬럼프 플로 도달 시간의 측정: 슬럼프콘을 들어 올리고 개시 시간으로부터 확산이 평평하게 그렸던 지름 500mm의 원에 최초에 이른 시간까지의 시간을 스톱워치로 0.1초 단위로 측정

④ 슬럼프 플로 유동정지 시간의 측정: 슬럼프콘을 들어 올리는 시점으로부터 육안으로 정지가 확인되기까지의 시간을 스톱워치로 0.1초 단위로 측정

3. Box형 Test- 고유동 콘크리트

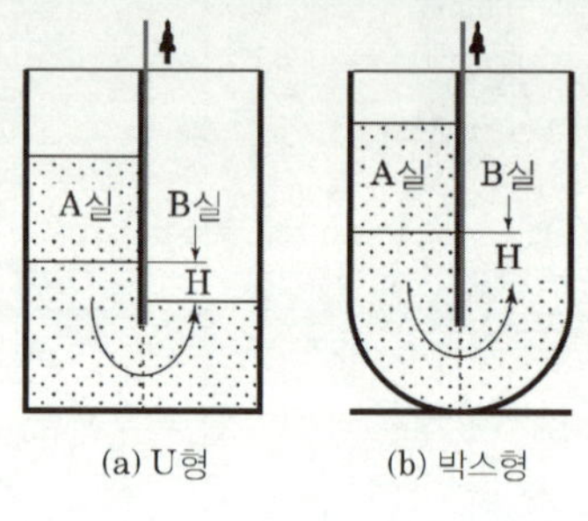

• 2실의 한쪽 편에 콘크리트를 채우고 출구를 열어 다른 한편으로 유동시켜 정지했을 때의 2실의 높이 차(헤드에 의한 압력차이), 플로 값 및 변형속도 등을 평가

4. L자형 Test- 고유동 콘크리트

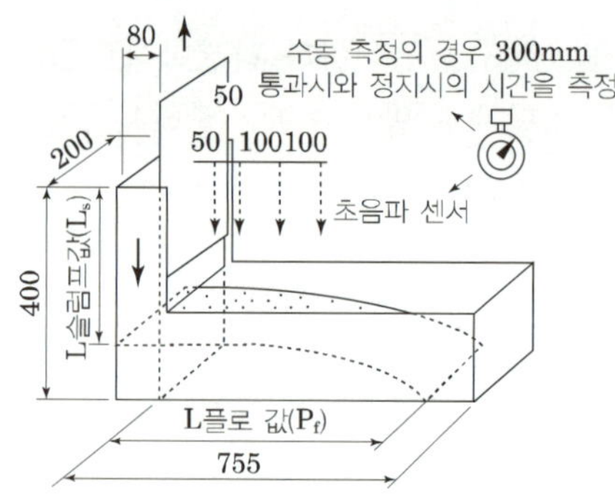

• 시료를 일방향으로만 유동시키기 때문에 측정 값의 편차가 적고, 플로 값 및 플로 시간의 측정에 관한 개인차가 적은 것이 특징이다.
• 플로 속도는 개구부에서 50mm 및 100mm 지점을 통과하는 시간을 적외선 또는 초음파 센서로 측정할 수 있다.
• 스톱워치로 시작부터 300mm까지의 통과 시간과 정지까지의 시간을 측정할 수 있다.

5. V Lot형 Test- 고유동 콘크리트

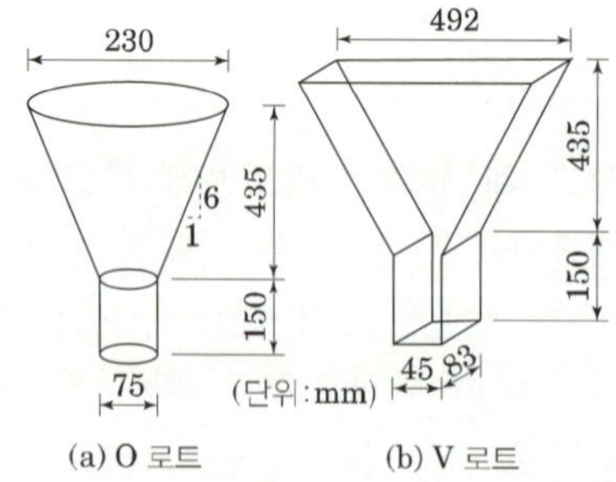

• 소정량의 콘크리트가 로트부를 낙하하는 시간을 측정하고 유량(유하속도, 일종의 변형속도)을 구하는 방법

☆☆★ 2. 제조 및 시공

4-151	Slump Test	
No. 359	슬럼프 시험	유형: 시험·기준·지표

품질관리

받아들이기 검사

Key Point

- 국가표준
  - KCS 14 20 10
  - KS F 2402(슬럼프테스트)
- Lay Out
  - 시험방법·표준값
- 핵심 단어
  - 유동성
  - 반죽질기
  - 워커빌리티
- 연관용어
  - 받아들이기 시험

Ⅰ. 정 의

아직 굳지 않은 콘크리트에서 유동성을 나타내는 것으로, 슬럼프콘을 들어 올렸을 때 본래의 콘크리트 높이에서 내려앉은 치수를 밀리미터(mm) 나타낸 값

Ⅱ. Slump 시험 - 일반콘크리트

시험방법	판정방법	
Slump (mm) 100mm 300mm 200mm Slump Corn의 형태와 규격	일반적인 경우 Corn의 중심	재시험 필요 재시험을 필요로 하는 경우 30mm 이상 Corn의 중심축 / 퍼짐의 중심축 50mm 이상 Corn의 중심축 / 퍼짐의 중심축

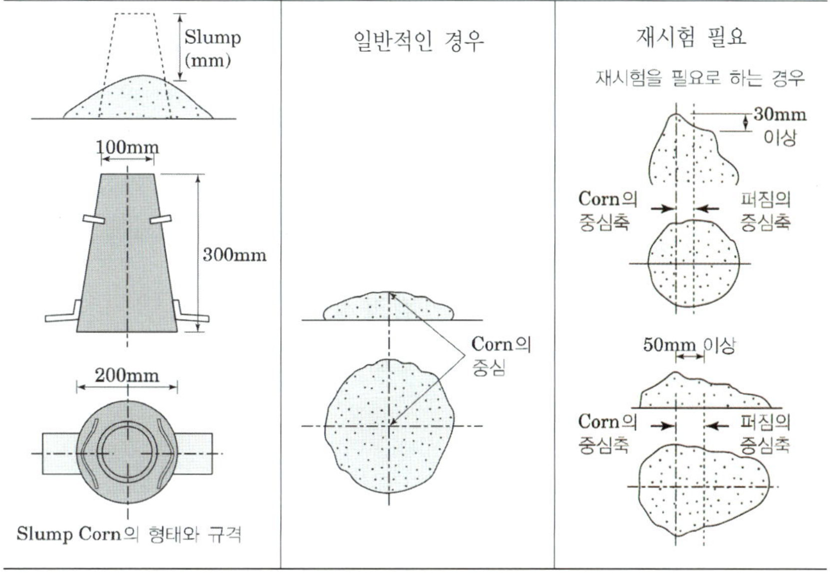

① 100mm 높이마다 다짐막대로 고르고 25회 찔러 다짐

② 3단계로 반복하고 시작해서 끝날 때까지 3분 이내에 실시

③ 콘크리트의 윗면을 슬럼프콘의 상단에 맞춰 고르게 한 후 즉시 슬럼프콘을 가만히 연직방향으로 들어 올리고(높이 300mm에서 2~3초), 콘크리트의 중앙부에서 공시체 높이와의 차를 5mm 단위로 측정한다.

Ⅲ. 슬럼프 표준값(mm)

슬럼프	슬럼프 허용차(mm)
25	±10
50 및 65	±15
80~180 이상	±25

☆☆★ 2. 제조 및 시공 75.105

4-152	공기량시험/공기량규정목적	
No. 360	Air content	유형: 시험·기준·지표

Ⅰ. 정 의

① 콘크리트의 전체 용적에서 점유하는 기포의 전체용적의 비율을 백분율로 표시한 값
② 다만, 골재 내부의 공기는 포함하지 않음

Ⅱ. 시험방법

① 시료를 용기의 약 1/3까지 넣고 고른 후 다짐봉으로 규정다짐횟수만큼 균등하게 다지며, 다짐 구멍이 없어지고 콘크리트 표면에 큰 기포가 보이지 않을 때까지 용기의 바깥쪽을 10~15회 고무망치로 두들긴다.
② 용기의 약 2/3까지 시료를 넣고 앞에서와 같은 조작을 반복
③ 다짐봉의 다짐 깊이는 거의 그 앞 층에 이르는 정도로 한다.
④ 용기에 약간 넘칠 정도로 시료를 넣고 같은 조작을 반복한 후, 금속제의 직선자로 여분의 시료를 깎아내며 고른다.

Ⅲ. 결과계산

1. 단위 용적 질량

$$M = \frac{W}{V}$$

여기에서
M: 콘크리트의 단위 용적 질량(kg/m^3)
W: 용기 중의 시료의 질량(kg)
V: 용기의 용적(m^3)

2. 공기량

$$A = \frac{T-M}{T} \times 100$$

여기에서
A: 콘크리트 중의 공기량(%)
T: 공기가 전혀 없는 것으로 계산한 콘크리트의 단위 용적 질량(kg/m^3)
V: 용기의 용적(m^3)

$$T = \frac{M_1}{V_1} \times 100$$

M_1: 콘크리트 1m^{3}당 구성재료의 질량 합(kg)
T_1: 콘크리트 1m^{3}당 구성재료의 절대 용적 합(m^3)

품질관리

받아들이기 검사

Key Point

◪ 국가표준
- KCS 14 20 10
- KS F 2409

◪ Lay Out
- 시험방법
- 결과계산

◪ 핵심 단어

◪ 연관 용어
- AE제

다짐횟수

- 용기의 안지름 140mm
  - 다짐봉에 따른 각층의 다짐 횟수 10회
- 용기의 안지름 240mm
  - 다짐봉에 따른 각층의 다짐 횟수 25회

종류	함유량(%)	허용 오차
보통 콘크리트	4.5	±1.5
경량골재 콘크리트	5.5	
포장 콘크리트	4.5	
고강도 콘크리트	3.5	

공기량 규정 목적

- 공기량 1% 증가하는데 슬럼프는 20mm 증가
- 공기량 1% 증가하는데 단위 수량은 3% 감소
- 공기량 1% 증가하는데 압축 강도는 4~6% 감소
  - Workability 향상
  - 내구성 향상
  - 강도 증대
  - 동결융해 저항
  - 단위수량 감소

★★★ 2. 제조 및 시공 129

4-153	굳지 않은 콘크리트의 단위수량 시험방법	
No. 361	Standard Test Method to Measure Rapidly Unit Water of Fresh Concrete	유형: 시험·기준·지표

품질관리

받아들이기 검사

Key Point

- 국가표준
  - KCS 14 20 10
  - KCI-RM 101: 2023
- Lay Out
  - 시험방법·시험절차
- 핵심 단어
  - 물의 양
- 연관용어
  - 받아들이기 시험

Ⅰ. 정 의

① 단위수량은 아직 굳지 않은 콘크리트 1m³ 중에 포함된 물의 양(골재내 수량은 제외)으로 콘크리트강도, 내구성 등 콘크리트 품질에 직접적인 영향을 미치는 요소

② 현장에서 레미콘에 가수로 인한 콘크리트 품질저하문제로 단위수량을 구체적인 방법으로 시험

Ⅱ. 시험 방법

1. 정전용량법(Capacitance Method)

1) 기본 데이터 입력

① 콘크리트의 시방배합, 결합재의 밀도, 잔골재의 밀도 및 흡수율, 굵은 골재의 밀도 및 흡수율 등을 입력한다.

② 공기량은 KS F 2421에 따라 측정한 공기량을 입력한다.

③ 뚜껑을 포함한 시료가 들어있지 않은 상태의 측정 용기의 질량을 1g 단위로 측정하여 입력한다.

2) 시료준비

① 콘크리트의 시료 채취는 KS F 2401에 따르며, 채취량은 5ℓ로 한다.

② 채취한 콘크리트 시료를 KS A 5101-1에서 규정하고 있는 4.75m로 wet screening하여 굵은 골재를 분리한 모르타르를 채취한다.

ⓐ 손에 의한 체가름의 경우, 철제 재질의 스크레퍼 등을 이용하여 일정한 힘으로 체 상부에 굵은 골재만 남을 때까지 충분히 고른 후, 고무망치를 이용하여 체의 옆면을 4면에 걸쳐 골고루 두드린다.

ⓑ 기계식 체 진동기를 사용하는 경우, 진동이 지속되는 동안 철제 재질의 스크레퍼 등을 이용하여 시료를 고르게 펼치고 체 상부에 굵은 골재만 남을 때까지 충분히 진행한다.

③ wet screening하여 채취한 시료를 측정 용기에 2회에 나누어 충전하고 다짐봉으로 15회씩 다짐한 후 상면을 평활하게 고른 후 전극 접점부와 외부에 묻은 이물질을 마른 천으로 깨끗이 제거한다.

- 단위 수량 측정 횟수
  - 단위 수량 측정은 콘크리트 120m³마다 콘크리트 타설 직전 1회 이상 측정하며, 필요에 따라 품질관리자와 협의하여 측정 횟수를 조정할 수 있다. 단, 120m³ 이하로 콘크리트를 타설하는 경우에는 콘크리트타설 직전 1회 측정하는 것으로 한다.
- 판정기준
  - 시방배합 단위수량 ±20 kg/m³ 이내

품질관리

3) 단위수량 측정

① 기본 데이터가 정확히 입력되었는지를 확인하고 준비된 시료(시료+용기)의 질량을 1g 단위로 측정하여 그 값을 입력한다.
② 측정기기의 영점 조정 후 시료가 담긴 측정 용기를 단위 수량 측정기기에 연결하여 단위 수량을 측정한다. 단위 수량 측정은 동일 시료에 대해 3회 반복 측정한 후, 그 평균값을 콘크리트의 단위 수량값으로 한다.

2. 단위용적질량법(주수법)(Specific Weight Method)

2-1 단위용적질량법(A방법)

1) 기본 데이터 입력

① 콘크리트의 시방배합, 결합재의 밀도, 잔골재 및 굵은 골재의 밀도, 시멘트 습윤밀도 등을 입력한다.
② KS F 2421에 따라 측정한 골재 수정계수를 입력한다.

2) 시료준비

① 콘크리트의 시료 채취는 KS F 2401에 따르며, 채취량은 25ℓ로 한다.
② 채취한 콘크리트 시료를 측정 용기에 3회에 나누어 충전하고 다짐봉으로 각 층에 25회씩 균등하게 다진다. 다짐 구멍이 없어지고 콘크리트의 표면에 큰 거품이 보이지 않도록 용기의 옆면을 4면에 걸쳐 3회씩 고무망치로 골고루 두드린다.

3) 단위수량 측정

① 용기에 뚜껑을 장착한 후, 시료+용기+뚜껑의 질량을 1g 단위로 측정하여 그 값을 입력한다.
② 주수구와 에어밸브를 개방하고 주수구를 통하여 물을 주수한다. 용기에 묻어 있는 물과 이물질을 제거한 후 시료+용기+뚜껑+물의 질량을 1g 단위로 측정하여 그 값을 입력한다.
③ 압력펌프를 이용하여 측정 용기에 압력을 가한 후 초기압력을 결정한다.
④ 주밸브를 열고 공기압이 평형을 이루도록 고무망치로 용기의 옆면을 4면에 걸쳐 3회씩 고무망치로 골고루 두드린다. 공기압이 평형되었을 때의 평형 공기압을 측정하여 입력한다.
⑤ 이상의 데이터가 정확히 입력되었는지 확인한 후 단위 수량을 측정한다. 단위 수량 측정은 동일 시료에 대해 3회 반복 측정한 후, 그 평균값을 콘크리트의 단위 수량 값으로 한다.

품질관리

[B방법 단위수량 계산]

1) Air meter법으로 얻는 단위 용적 질량

$$\gamma_c = \frac{M_2}{V_2 - V_3 \times A_2 \times 0.01}$$

- γ_c: 에어미터법으로 얻은 단위 용적질량(g/m^3=kg/m^3)
- M_2: 시료의 질량(g)
- V_2: 시료의 용적(L)
- V_3: 공기량 시험기 아래 용기의 용적(L)
- A_2: 시험에서 얻은 공기량(%)

2) 가수량(W')

$$\frac{\gamma_c(1-(A+\delta) \cdot 0.01)\gamma_{c0}}{1-\gamma_c \cdot 0.001}$$

- W': 가수량(kg/m^3)
- A: 시방배합상의 공기량(%)
- δ: 시멘트 입자에 물이 스며들어 부피가 감소된 비율
- γ_{c0}: 시방배합의 단위용적질량(공기량 등 보정 전)(kg/m^3)

3) 추정 단위수량가수량(W)

$$\frac{\gamma_c(1-(A+\delta)\cdot 0.01)\gamma_{c0}}{1-\gamma_c \cdot 0.001}$$

- $W = W^1 + W'$
- W: 추정 단위수량(kg/m^3)
- W_1: 배합표상의 단위수량(kg/m^3)

[참고자료]

$$\frac{g}{L} = \frac{g \times \frac{1kg}{1000g}}{L \times \frac{1m^3}{1000L}} = \frac{kg}{m^3}$$

[고주파 가열법 측정]

- M_0: 종이호일과 시료팬의 질량(g)
- M_2: 가열거조 후 시료의 질량(g)
- M_2': 가열건조 후 시료와 종이 호일과 시료팬의 질량(g)

2-2 B방법

1) 기본 데이터 확인

① 콘크리트의 시방배합을 확인한다.
② KS F 2421에 따라 측정한 골재 수정계수를 확인한다.

2) 시료준비 및 단위수량 측정

- 시료준비: A방법과 동일
- 측정 : 공기량 측정 후 *(각주)B방법 단위수량 계산에 따라 결과 확인

3. 고주파가열법(Microwave Oven Drying Method)

1) 사용 재료의 기본 물성 측정

① 잔골재 흡수율 사용 잔골재의 흡수율을 KS F 2504에 따라 측정한다.
② 혼화제의 고형분율 레미콘 제조에 사용되는 혼화제의 고형분을 KS M 0009에 따라 측정한다.

2) 시료준비

① 시료 채취는 KS F 2401에 따르며, 채취량은 5ℓ 이상으로 한다.
② 채취한 콘크리트 시료를 3회에 나누어 KS A 5101-1에서 규정하고 있는 4.75mm체로 wet screening하여 굵은 골재를 분리한 모르타르를 채취한다.
ⓐ 손에 의한 체가름의 경우, 철제 재질의 스크레퍼 등을 이용하여 일정한 힘으로 체 상부에 굵은 골재만 남을 때까지 충분히 고른 후, 고무망치를 이용하여 체의 옆면을 4면에 걸쳐 골고루 두드린다.
ⓑ 기계식 체 진동기를 사용하는 경우, 진동이 지속되는 동안 철제 재질의 스크레퍼 등을 이용하여 시료를 고르게 펼치고 체 상부에 굵은 골재만 남을 때까지 충분히 진행한다.
③ 종이 호일을 시료 팬에 놓고, wet screening하여 채취한 시료 중 (400±1) g을 종이 호일 중심부에 위치하도록 담은 후에 시료 팬의 밑면과 옆면을 고무망치로 두드려서 공기포를 제거하고 시료가 균일한 두께가 되도록 한다. 시료 개수는 2개로 하며, 건조 전 시료의 질량을 0.1 g 단위로 측정한다.
④ 고주파가열장치 내의 스페이서 위에 종이 호일을 올려놓고 6분 동안 시료를 건조한 후, 꺼내어 건조 후(종이 호일+시료팬+시료) 질량을 0.1 g 단위로 측정한다.

3) 고주파가열법 측정

- $M_2 = M_2' - M_0$

품질관리

• 마이크로파법은 사용되는 전자기파의 투과특성으로 인해 골재가 흡수한 수분의 약 66.6%까지 측정되며, 단위수량에서는 골재가 흡수한 물량은 제외하여야 한다. 레미콘생산 시 $1m^3$당 골재는 일반적으로 약 1,750kg 내외로 사용되고 있으며, 산림골재의 흡수율은 평균적으로 0.9% 내외이다. 이를 활용하여 골재 총 흡수율의 66%를 적용하면 약 10kg이 된다.(1,750kg/m^3×0.9%×66%≒10kg/m^3), 따라서, 정확한 흡수율을 산정할 수 없는 경우, −10을 입력하는 것을 권장한다.

4. 마이크로파법

1) 기본 데이터 입력

① 단위수량 측정기기에서 콘크리트에 사용된 재료의 입도(fine/normal/coarse)를 선택한다.

Fine	Normal	Coarse
굵은골재가 적은 경우 굵은골재 비율이 낮아, 잔골재와 바인더의 비율이 높아지는 경우	일반 콘크리트	고강도 콘크리트 1. 굵은 골재 비율이 높은 경우 2. 단위수량 160kg/m^3 이하로 고성능 감수제가 사용된 경우

② 단위수량 측정기기에 콘크리트에 사용된 골재의 흡수율의 2/3에 해당하는 값을 입력한다.

2) 시료 준비

① 콘크리트의 시료 채취는 KS F 2401에 따르며, 채취량은 20ℓ 이상으로 한다.

② 채취한 콘크리트 시료를 측정 용기에 3회에 나누어 충전하고 다짐봉으로 각 층에 25회씩 균등하게 다진 후 고무망치로 용기의 옆면을 4면에 걸쳐 3회씩 골고루 두드린다.

③ 상부면은 곧은 자로 여분의 시료를 깎아서 평탄하게 한다.

3) 단위수량 측정

① 준비된 시료의 단위 용적 질량을 다음 식으로 구한 후, 단위수량 측정기기에 입력한다.

$$M = \frac{W}{V}$$

M: 콘크리트 시료의 단위 용적 질량(kg/m^3)
W: 용기 중의 시료의 질량(kg)
V: 용기의 용적(m^3)

② 용기 가장자리에서 중심부로 프로브 측정면이 향하도록 프로브를 충분히 삽입하고, 프로브 위로 30mm 이상의 콘크리트의 두께가 확보되도록 한다.

③ 삽입된 프로브 위치에 가까운 용기 옆면을 고무망치로 4~8회 두드려서 프로브 측정면에 콘크리트가 밀실하게 다져지도록 한다.

④ 이상의 과정이 정확히 실행되었는지 확인한 후 시료의 단위수량을 1회 측정한다. 가 밀실하게 다져지도록 한다.

⑤ 프로브 측정부에 묻은 콘크리트를 제거하고, 동일시료에 대해 각각 다른 위치에 삽입하여 5회 반복 측정한 후, 그 평균값을 콘크리트 단위수량 값으로 한다.

품질관리

Ⅲ. 신속측정 시험 절차

1. 정전용량법(Capacitance Method)

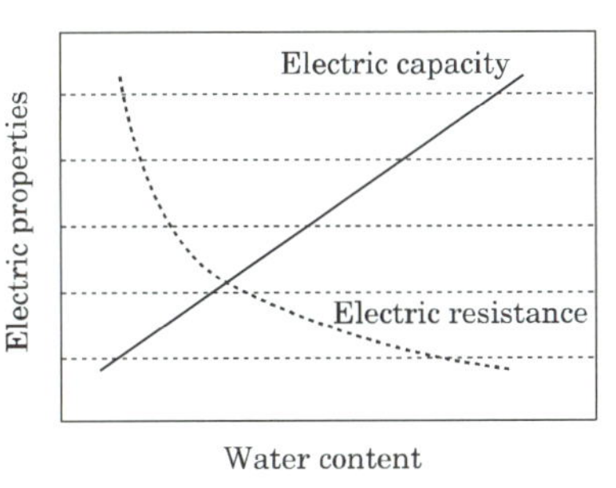

[수량과 전기특성의 관계]

- 물질 중에 함유된 수분량 증가에 따라 저항은 감소되지만 전하를 축적하는 능력의 정도인 정전용량(capacity)은 거의 직선적으로 증가한다.
- 굳지 않은 콘크리트 시료에 고주파 전압을 걸었을 때 유전율이 다른 재료에 비하여 매우 높은 물의 양에 따라 정전용량이 선형적으로 변화되는 원리를 이용한다.

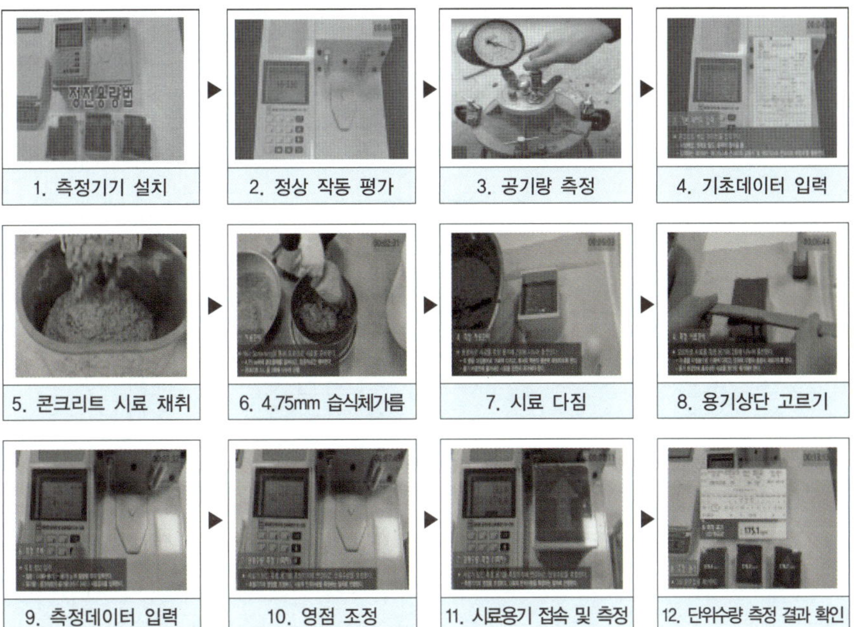

2. 단위용적질량법(주수법)(Specific Weight Method)

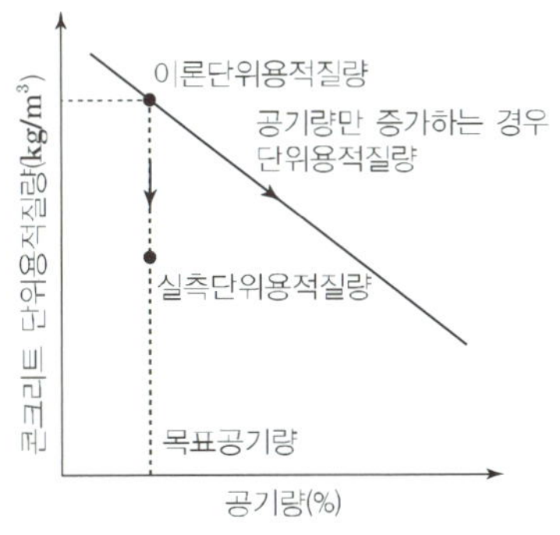

[공기량과 단위용적질량과의 관계]

- 물의 밀도는 약 1.0으로서 시멘트, 골재 등과 같은 다른 재료에 비하여 낮고 배처 플랜트에서 계량오차가 거의 없기 때문에 이론 단위용적질량과 비교한 실측 단위용적질량이 낮은 경우 밀도가 낮은 물의양이 증가한 것으로 판정할 수 있는 원리를 이용한다. 시방배합의 단위용적질량과 측정시료의 단위용적질량의 차이를 통한 추정식을 도출하여 단위수량을 추정한다.

품질관리

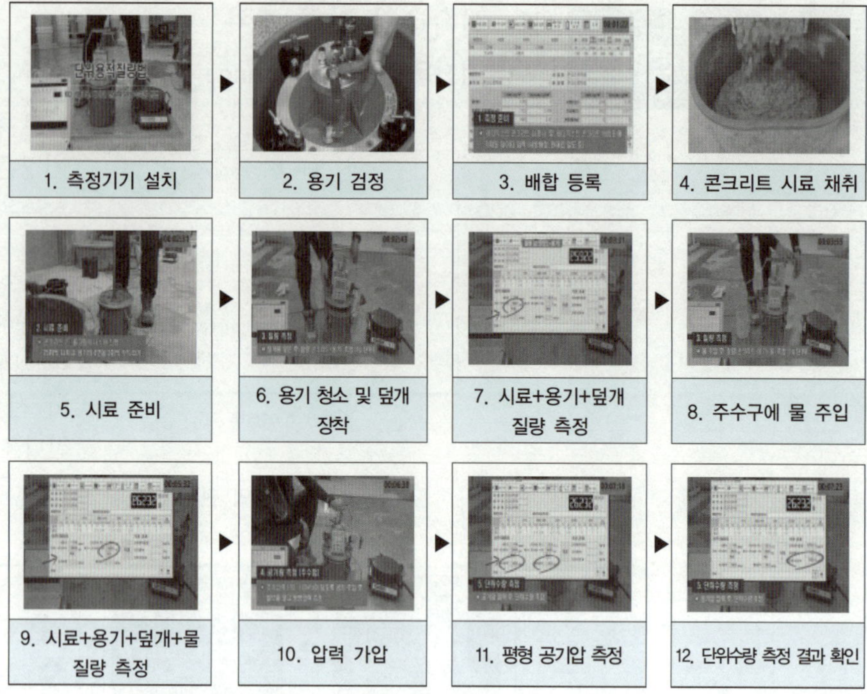

- 단위용적질량법(A방법) 시험절차, B방법은 단위수량 계산 및 결과 확인

3. 고주파가열법(Microwave Oven Drying Method)

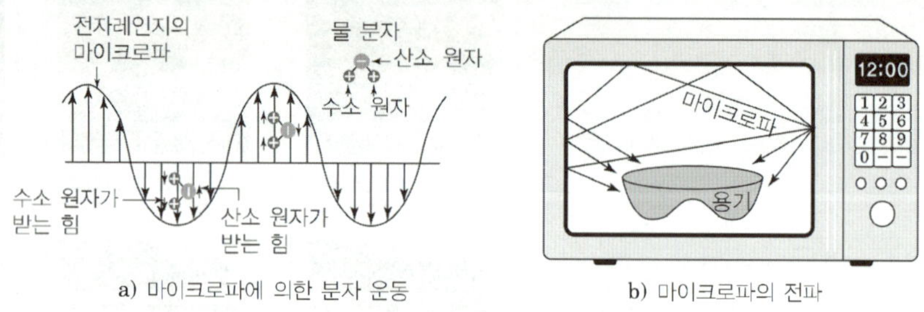

a) 마이크로파에 의한 분자 운동　　b) 마이크로파의 전파

- 콘크리트로부터 습식 체가름(wet screening)한 모르타르를 마이크로웨이브 오븐을 이용하여 가열 건조시켜 증발되는 수분량으로부터 콘크리트 단위수량을 추정하는 원리이다.

4. 마이크로파법(Microwave Method ; TDR)

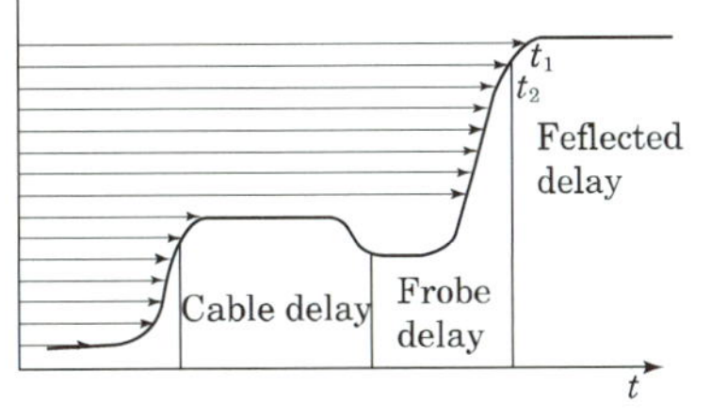

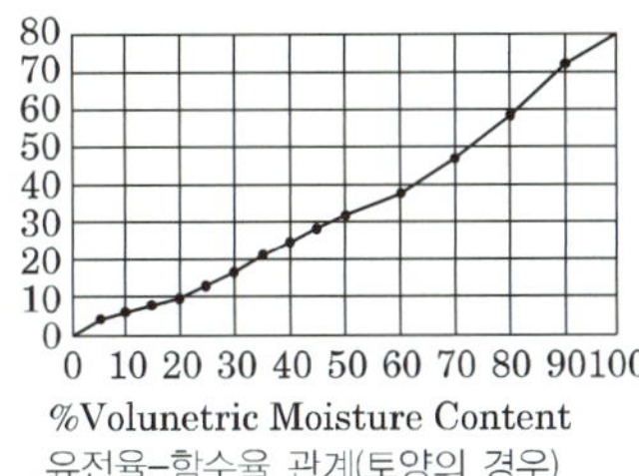

유전율-함수율 관계(토양의 경우)

- 굳지 않은 콘크리트에 마이크로파를 투과시킨 후, 물 분자에 의해 흡수되어 마이크로파가 감쇄되는 원리를 이용한다. 매질 내 수분 변화에 따른 유전율 변화를 반사파의 세기에 따라 회로 내에 걸리는 전압차 또는 전류의 세기차를 시간차(time difference, frequency count)로 변환하여 콘크리트의 단위수량을 측정한다. 또한, 매질에 삽입한 탐침에 신호를 보내어 신호가 반향되어 돌아오는 시간으로 매질의 유전상수(비유전율)를 측정하고, 그 유전상수로부터 수분 함량을 추정한다.

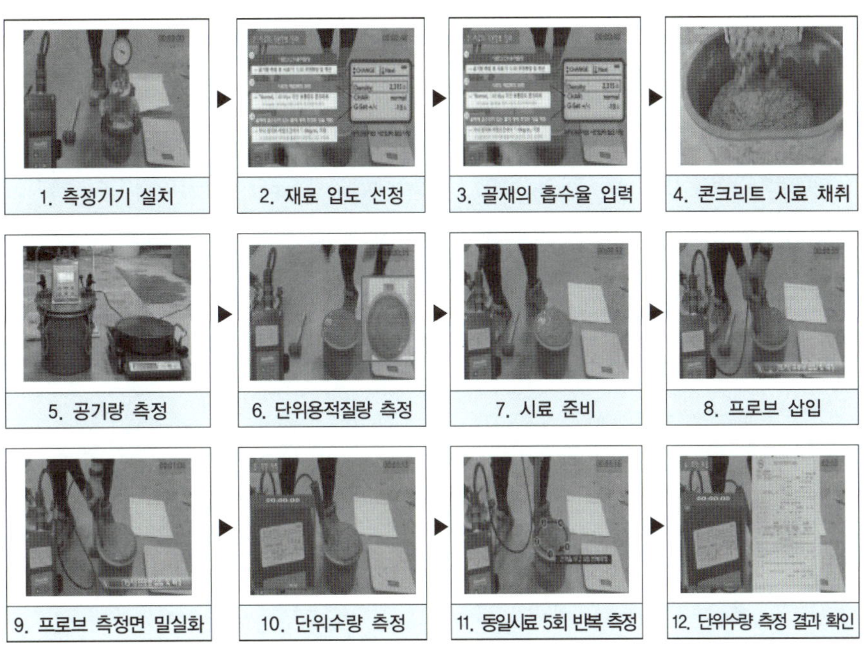

4-154	염화물 함유량 시험	
No. 362	Test for chloride concrete	유형: 시험·기준·지표

품질관리

받아들이기 검사

Key Point

◩ 국가표준
- KCS 14 20 10
- KS F 2527

◩ Lay Out
- 요구조건
- 염화물 함유량 기준

◩ 핵심 단어
- 염소이온 총량

◩ 연관용어
- 받아들이기 시험
- No. 370 내구성 시험

• 염해대책
- 아연도금 철근 사용
- 제염제 사용
- 방청제 혼합
- 에폭시 도막철근 사용

Ⅰ. 정 의

콘크리트 중의 염화물 함유량은 콘크리트 중에 함유된 염소이온의 총량으로 표시한다.

Ⅱ. 내구성 확보를 위한 요구조건

[28일 경과한 굳은 콘크리트의 수용성 염소 이온량]

항목		노출범주 및 등급															
		일반	EC (탄산화)				ES(해양환경, 제설염 등 염화물)				EF (동결융해)				EA (황산염)		
		E0	EC1	EC2	EC3	EC4	ES1	ES2	ES3	ES4	EF1	EF2	EF3	EF4	EA1	EA2	EA3
내구성 기준압축강도 f_{cd} (MPa)		21	21	24	27	30	30	30	35	35	24	27	30	30	27	30	30
최대 물-결합재비[1]		–	0.60	0.55	0.50	0.45	0.45	0.45	0.40	0.40	0.55	0.50	0.45	0.45	0.50	0.45	0.45
최소 단위 결합재량 (kg/m^3)		–	–	–	–	–	KCS 14 20 44 (2.2)				–	–	–	–	–	–	–
최소 공기량(%)		–	–	–	–	–	–				공기량 표준값				–	–	–
수용성 염소이온량 (결합재 중량비 %)[2]	무근 콘크리트	–	–				–				–				–		
	철근 콘크리트	1.00	0.30				0.15				0.30				0.30		
	프리스트레스트 콘크리트	0.06	0.06				0.06				0.06				0.06		
추가 요구조건		–	KDS 14 20 50 (4.3)의 피복두께 규정을 만족할 것.								결합재 종류 및 결합재 중 혼화재 사용비율 제한 (표 2.2-7)				결합재 종류 및 염화칼슘 혼화제 사용 제한 (표 1.9-4)		

주 1) 경량골재 콘크리트에는 적용하지 않음. 실적, 연구성과 등에 의하여 확증이 있을 때는 5% 더한 값으로 할 수 있음.

2) KS F 2715 적용, 재령 28일~42일 사이

품질관리

염화물 함유량 기준

- 해사: 염분의 한도 0.04% 이하
- 콘크리트 배합수: 염소 이온(Cl^-)량 250(mg/L) 이하
- 콘크리트: 염소이온량(Cl^-)으로 0.30kg/m^3 이하

Ⅲ. 염화물 함유량 기준

① 콘크리트 중의 염화물 함유량은 콘크리트 중에 함유된 염소이온의 총량으로 표시한다.

② 굳지 않은 콘크리트 중의 염화물 함유량은 염소이온량(Cl^-)으로서 원칙적으로 0.30kg/m^3 이하로 해야 한다.

③ 상수도 물을 혼합수로 사용할 때 여기에 함유되어 있는 염소이온량이 불분명한 경우에는 혼합수로부터 콘크리트 중에 공급되는 염소이온량을 250mg/L로 가정할 수 있다. 다만, 시험에 의한 경우 그 값을 사용한다.

④ 외부로부터 염소이온의 침입이 우려되지 않는 철근콘크리트나 포스트텐션 방식의 프리스트레스트 콘크리트 및 최소 철근비 미만의 철근을 갖는 무근콘크리트 등의 구조물을 시공할 때, 염화물 함유량이 적은 재료의 입수가 매우 곤란한 경우에는 방청에 유효한 조치를 취한 후 책임기술자의 승인을 얻어 콘크리트 중의 전 염화물 함유량의 허용상한값을 0.60 kg/m^3로 할 수 있다.

⑤ 재령 28일이 경과한 굳은 콘크리트의 수용성 염소 이온량은 기준값을 초과하지 않도록 해야 한다.

⑥ 철근이 배치되지 않은 무근콘크리트의 경우는 이 조의 규정을 적용하지 않는다.

★★★ 2. 제조 및 시공 68

4-155	콘크리트의 압축강도 시험	
No. 363	Compressive strength test	유형: 시험·기준·지표

품질관리

받아들이기 시험

Key Point

◩ 국가표준
- KCS 14 20 10
- KS F 2401
- KS F 2403
- KS F 2405
- KS F 2425(시험실시료)

◩ Lay Out
- 강도시험·품질검사

◩ 핵심 단어
- 최대압축력

◩ 연관용어
- 구조체 관리용 공시체

• 강도시험의 목적
- 배합결정
- 거푸집 해체시기 결정
- Concrete 품질확인

• 공시체의 표준지름
- 100mm
- 125mm
- 150mm

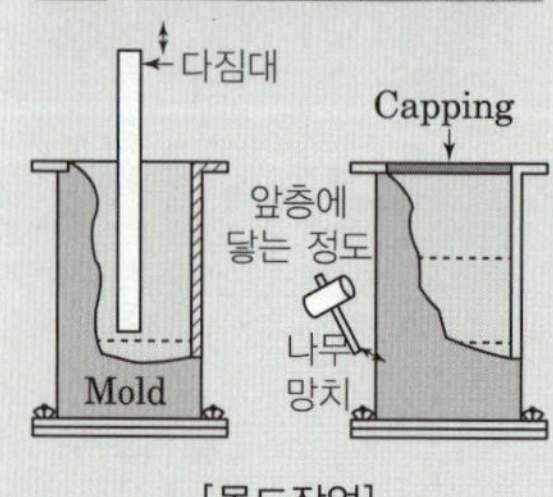

[몰드작업]

Ⅰ. 정 의

① 콘크리트 부재가 지지할 수 있는 최대압축력을 받았을 때의 응력을 확인하는 시험

② 콘크리트 구조설계기준에서 제시하는 콘크리트압축강도는 일반적으로 28일간 20±3℃로 습윤양생한 표준 원주형 공시체(ø150mm×300mm)의 1축 압축강도를 의미

Ⅱ. 공시체의 강도시험

1) 공시체 제작방법

① 원주형 ø150mm×h300mm×ø100mm×h200mm(지름과 높이 비는 2배)

② 시료를 2층으로 나누어 채우고 각층 25회씩 다짐(지름 150m, 높이 300mm의 공시체의 경우는 3층으로 나누어 채운다.

③ 흙손으로 표면을 고르고 유리 또는 금속판으로 덮음 → 수분증발방지

④ Slump가 75mm 미만 시 진동기 사용

⑤ 단면요철: 0.05mm 이내

⑥ 공시체의 치수: 공시체이 지름은 굵은 골재 최대치수의 3배 이상 및 100mm 이상, 높이는 공시체 지름의 2배 이상으로 한다.

2) Capping

① 두께: 공시체 지름의 2% 이하

② 시기

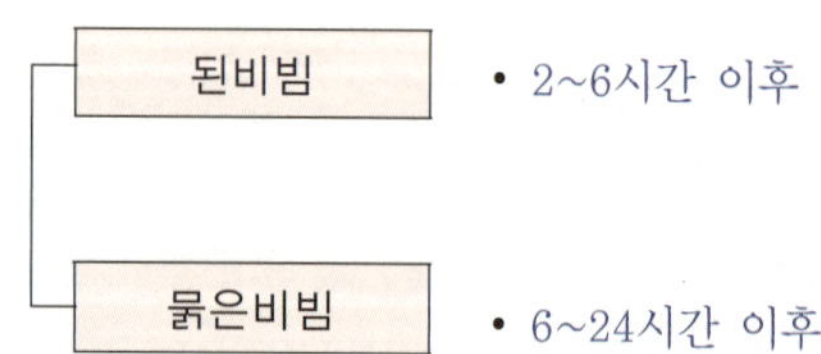

③ Laitance를 Wire Brush로 제거

④ 물방울로 표면 습윤상태 유지한 후(5~10분) 물기 제거

⑤ Capping용 Cement Paste의 사용

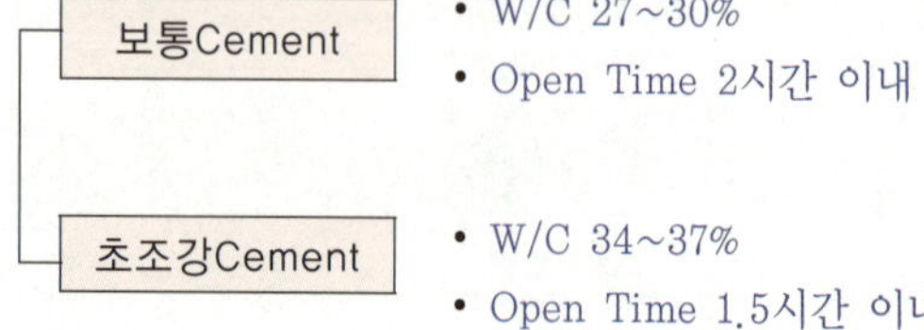

⑥ Capping의 평탄도 3번 이상 측정(본체와 일체 유지)

품질관리

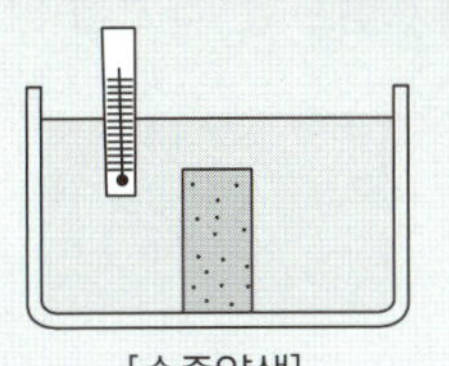

[수중양생]

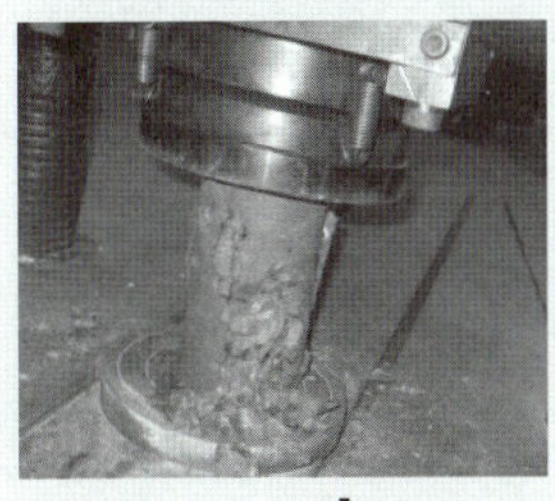

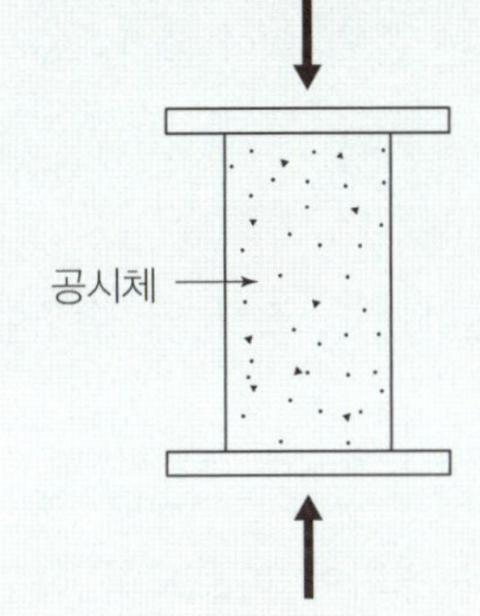

[압축강도 시험]

공시체 제작기준

- 제작기준
  - $360m^3$를 1Lot로 하여 $120m^3$당 1회(3개)
  - 판정을 위해 3회(9개)의 평균값 필요

3) 공시체 제작기준

① 시험횟수: KCS 14 20 10: $360m^3$를 1Lot로 하여 $120m^3$당 1회(3개)

② 28일 압축강도용 공시체: $360m^3$ 마다 3회(9개)씩 제작

③ 7일 압축강도용 공시체: 1회(3개) 제작 (LH현장 기준)

④ 구조체 관리용(거푸집 존치기간의 판단을 위한 공시체): 3회(9개) 제작

⑤ 현장 양생 콘크리트 공시체: $360m^3$ 마다 3회(9개)씩 제작

4) 수중양생

① 성형 후 24시간 이상 48시간 이내에 거푸집 해체 후 수중양생

② 20±2℃의 수조에서 양생

5) 시험방법

① 공시체 축과 가압판 축을 일치시킴

② 하중의 계속적 가압 → KS F 2403: 하중증가율 0.6±0.4MPa/초)

③ 파괴될 때까지 가압

④ 공시체가 받은 최대하중(P)을 읽음(유효숫자 3자리)

$$F_c' \frac{P}{\pi(d/2)^2}$$

F_c': 압축강도(N/㎟), P: 최대하중(N), d: $(d_1+d_2)/2$

d_1, d_2: 직교하는 두 방향 지름 유효숫자 4자리 0.1mm까지 측정

Ⅲ. 압축강도에 의한 콘크리트의 품질검사

1) 호칭강도로부터 배합을 정하는 경우의 품질검사

종류	항목	시험·검사 방법	시기 및 횟수[1]	판정기준	
				$f_{cn} \le$ 35MPa	$f_{cn} >$ 35MPa
호칭강도로부터 배합을 정한 경우	압축강도 (재령 28일의 표준양생 공시체)	KS F 2405의 방법[1]	1회/일, 또는 구조물의 중요도와 공사의 규모에 따라 $120m^3$ 마다 1회, 배합이 변경될 때마다	① 연속 3회 시험값의 평균이 호칭강도 이상 ② 1회 시험값이(호칭강도 −3.5MPa) 이상	① 연속 3회 시험값의 평균이 호칭강도 이상 ② 1회 시험값이 호칭강도의 90% 이상
그 밖의 경우				압축강도의 평균값이 품질기준강도[2] 이상일 것 $f_{cn}=f_{cq}+T_n$ (MPa)	

주 1) 1회의 시험값은 공시체 3개의 압축강도 시험값의 평균값임

2) 현장 배치플랜트를 구비하여 생산·시공하는 경우에는 설계기준압축강도와 내구성 설계에 따른 내구성 기준압축강도 중에서 큰 값으로 결정된 품질기준강도를 기준으로 검사

- 압축강도에 의한 콘크리트의 품질관리는 일반적인 경우 조기재령에 있어서의 압축강도에 의해 실시한다. 시험체는 구조물에 사용되는 콘크리트를 대표할 수 있도록 채취
- 7일 강도용과 거푸집 존치기간 판단용은 50% 시점에서 채취(LH)

2) 구조물 중의 콘크리트 품질검사

- 품질기준 강도 적용: 현장양생 공시체 의한 콘크리트의 품질검사 실시

★★★ 2. 제조 및 시공 89

4-156	구조체관리용 공시체	
No. 364		유형: 시험·기준·지표

품질관리

받아들이기 시험

Key Point

◩ 국가표준
- KCS 14 20 10
- KS F 2403
- KS F 2405
- KCI-CT-118_2022

◩ Lay Out
- 제작·시험

◩ 핵심 단어
- 최대압축력

◩ 연관용어
- 콘크리트 압축강도시험

• 강도가 작게 나오는 경우
- 압축강도시험 결과 규정을 만족하지 못하거나 또는 현장에서 양생된 공시체의 시험 결과에서 결점이 나타나면, 구조물의 하중지지 내력을 충분히 검토해야 하며, 적절한 조치
- 콘크리트의 압축강도 시험 결과 규정을 만족하지 못할 경우 시료의 적절성 및 시험기기나 시험방법의 적절성을 검토하여 부적절한 경우를 제외하고 평가
- 강도가 부족하다고 판단되면 관리재령의 연장을 검토
- 강도가 부족하다고 판단되고 관리재령의 연장도 불가능할 때에는 문제된 부분에서 코어를 채취하여 KS F 2422에 따라 코어의 압축강도의 시험을 실시
- 코어 강도의 시험 결과는 평균값의 85%를 초과하고 각각의 값이 75%를 초과하면 적합한 것으로 판정
- 시험 결과 부분적인 결함이라면 해당부분을 보강하거나 재시공
- 전체적인 결함이라면 재하시험을 실시

Ⅰ. 정 의

① 콘크리트 부재가 지지할 수 있는 최대압축력을 받았을 때의 응력을 확인하는 시험

② 거푸집의 해체시기를 위한 압축강도 판별에 사용되는 강도시험

Ⅱ. 구조체 관리용 공시체 제작 및 시험

1) 양생방법 및 합격기준

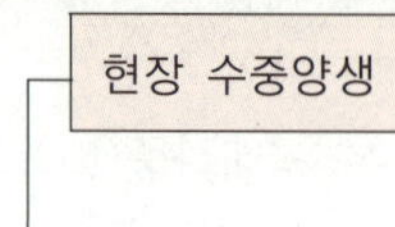

현장 수중양생
- 재령 28일의 시험결과가 설계기준강도의 85% 이상
- 재령 90일 이전에 1회 이상의 시험결과가 설계기준강도 이상인 경우 합격

현장 봉합양생
- 방법: 랩이나 비닐로 감싸 구조물 옆에 보관
- 계획된 재령에서 강도시험

온도추종 양생
- 구조물의 일부 부위와 동일한 온도이력이 관리되도록 제조된 양생용기에서 양생

① 현장 수중양생(field underwater curing)
- 공사현장에서 기온의 변화에 따라 수온이 변하는 구조체 옆 수조에서 행하는 콘크리트 공시체의 양생

② 현장봉합 양생(field sealed curing)
- 공사현장에서 콘크리트 공시체 온도가 기온의 변화에 따르도록 하면서 콘크리트 공시체제작부터 시험시까지 밀봉이 잘 되는 금속 캔, 플라스틱 용기 또는 폴리에틸렌 필름 등을 사용하거나 액상으로 도포하여 막을 형성함으로써 콘크리트 공시체로부터 수분의 증발을 막는 양생

③ 온도추종 양생(temperature history tracking curing)
- 현장 콘크리트 공시체의 양생온도를 구조체 콘크리트의 온도와 동일하게 되도록 양생하는 방법
- 구조체 콘크리트에 온도를 측정할 수 있는 계측장비를 설치하여 온도를 측정하고, 공시체의 보관 용기에 온도조절장치를 가동하여 공시체의 양생온도가 타설된 구조체의 온도와 동일하게 되도록 하는 양생. 현장 콘크리트 공시체의 양생온도를 구조체 콘크리트의 온도와 동일하게 되도록 양생하는 방법.

품질관리

2) 콘크리트의 압축강도 시험을 하는 경우 거푸집 널의 해체 시기

부재		콘크리트 압축강도 f_{cu}
확대기초, 기둥, 벽, 보 등의 측면		5MPa 이상
슬래브 및 보의 밑면, 아치내면	단층구조	$f_{cu} \geq \frac{2}{3} \times f_{ck}$ 또한, 14MPa 이상
	다층구조	$f_{cu} \geq f_{ck}$ (필러 동바리 → 구조계산에 의해 기간단축 가능) 최소강도 14MPa 이상

→ 7일 강도용 1개조(3개) 3개조(9개)

3) 현장 콘크리트 공시체의 양생방법

① 품질기준강도에 대한 구조체 콘크리트 강도의 적합성 확인

- 전체의 양생기간 중에 콘크리트 공시체는 강도를 추정하고자 하는 구조체 콘크리트와 가능한 가까운 위치에서 실제의 구조체 콘크리트의 온도 및 습도와 가능한 한 가깝게 되도록 현장양생을 해야 한다.
- 온도이력 추종양생을 하는 경우에는 구조체 콘크리트의 특정 위치에서 측정한 온도이력을 공시체의 양생온도로 설정해야 한다.
- 구조체의 온도는 수평부재인 경우 타설 콘크리트의 최하부 철근의 하부 2곳 이상, 수직부재인 경우 타설 콘크리트의 최하면에서 직상 5~30cm 위치의 횡단면 도심 위치와 외측철근 위치에서 측정하는 것이 좋지만, 구체적으로는 감리자와 협의하여 결정한다. 측정된 온도의 평균값을 공시체 양생온도로 한다.
- 하루 평균기온이 18℃ 이상인 경우일지라도 콘크리트 공시체로부터 수분이 손실되지 않도록 봉함양생을 해야 한다.

② 거푸집 및 동바리 해체시기의 결정을 목적으로 하는 경우

- 거푸집 및 동바리 해체시기의 결정을 위한 콘크리트 공시체도 실제 구조체 콘크리트의 온도 및 습도와 가능한 한 가깝게 되도록 현장양생을 실시

③ 한중 콘크리트 초기양생 중단시기의 결정을 목적으로 하는 경우

- 실제 구조체 콘크리트의 온도 및 습도와 가능한 한 가깝게 되도록 현장양생을 실시
- 현장 수중양생 할 경우 양생수가 동결할 염려가 있으므로 탈형 후부터 시험 직전까지 현장봉함양생을 원칙으로 한다.

현장 양생(field curing)

- 구조체 콘크리트의 품질기준강도 적합성 확인, 거푸집 및 동바리해체시기의 결정, 한중 콘크리트의 초기 양생 혹은 계속 양생의 중단 시기 결정을 위해 구조체 콘크리트의 강도를 추정하기 위한 목적으로 사용하는 현장 콘크리트 공시체를 대상으로 구조체 콘크리트와 동일조건으로 이루어지는 양생

품질관리

구조물 검사

Key Point

◩ 국가표준
- KCS 14 20 10

◩ Lay Out
- 콘크리트 표면 상태의 검사
- 콘크리트 부재의 위치 및 형상치수의 검사
- 철근피복 검사
- 시험 및 강도 결과

◩ 핵심 단어

◩ 연관용어
- 표면 마무리
- No. 340 Tamping

★★★ 2. 제조 및 시공

4-157	콘크리트 구조물 검사	
No. 365		유형: 시험·기준·검사

Ⅰ. 정 의

① 콘크리트 구조물을 완성한 후, 적당한 방법에 의해 표면의 상태가 양호한가, 구조물의 위치, 형상, 치수 등이 허용오차 이내로 만들어졌는가, 구조물 중의 콘크리트 품질이 소요의 품질인가, 구조물의 각 부위가 충분히 그 기능을 발휘할 수 있도록 만들어져 있는가 등에 관한 검사를 실시해야 한다.

② 검사결과 불합격이 되었을 경우 또는 비파괴검사 등의 결과로부터 상세 검사의 필요성이 생긴 경우의 조치는 책임기술자의 지시에 따라야 한다.

Ⅱ. 콘크리트 표면 상태의 검사

항목	검사 방법	판정기준
노출면의 상태	외관 관찰	평탄하고 허니컴, 자국, 기포 등에 의한 결함, 철근피복두께 부족의 징후 등이 없으며, 외관이 정상일 것
균열	스케일에 의한 관찰	균열폭은 KDS 14 20 30(4.1)에 따르되, 구조물의 성능, 내구성, 미관 등 그의 사용목적을 손상시키지 않는 허용값의 범위 내에 있을 것
시공이음	외관 및 스케일에 의한 관찰	신·구 콘크리트의 일체성이 확보되어 있다고 판단되는 것

주) 현장 여건에 따라 공사감독자와 협의하여 드론 등을 이용한 영상촬영 데이터를 검사에 활용할 수 있다.

- 이상이 확인된 경우에는 책임기술자의 지시에 따라 적절한 보수보강을 실시

Ⅲ. 콘크리트 부재의 위치 및 형상치수의 검사

① 콘크리트 부재의 위치 및 형상치수의 검사는 그 구조물의 특성에 적합한 별도의 규준을 정하여 실시

② 이상이 확인된 경우에는 콘크리트를 깎아 내거나 재시공 또는 콘크리트 덧붙이기 등 적절한 조치

Ⅳ. 철근피복 검사

① 표면상태 검사에 의해 철근피복이 부족한 조짐이 있는 경우에는 비파괴시험 방법 등에 의해 철근피복 검사를 실시하여 소정의 철근피복이 확보되어 있는지 평가

② 불합격된 경우에는 적절한 조치를 강구

품질관리

콘크리트 품질의 검사

① 콘크리트의 받아들이기 검사 또는 시공 검사에서 합격 판정되지 않은 경우
② 검사가 확실히 실시되지 않은 경우에는 구조물 중의 콘크리트 품질 검사를 실시
③ 구조물 중의 콘크리트의 품질 검사는 압축강도에 의한 콘크리트의 품질 검사 실시
④ 구조물 중의 콘크리트 품질 검사 시 필요할 경우에는 비파괴시험에 의한 검사를 실시
⑤ 종합적으로 판단한 결과, 구조물의 성능에 의심이 가는 경우에는 적절한 조치

구조물 중의 품질의 검사

- 책임기술자는 실제의 구조물에서 콘크리트의 보호와 양생이 적절한지를 검토하기 위하여 현장양생공시체를 사용하여 강도시험을 실시하여야 한다.

V. 시험 및 강도 결과

1) 현장에서 양생한 공시체의 제작, 시험 및 강도 결과

① 현장과 동일한 조건에서 양생된 공시체를 사용하여 강도시험을 실시
② 현장양생공시체는 KS F 2403에 따라 제작하고, 한국콘크리트학회의 제규격KCI-CT118-2022에 따라 양생한다.
③ 현장양생공시체는 콘크리트 타설위치에서 같은 시간에 동일한 시료를 사용하여 만들어져야 한다.
④ 현장양생공시체의 품질검사는 Detail 용어 P580 현장양생 공시체 의한 콘크리트의 품질검사 표를 참조

2) 시험 결과 콘크리트의 강도가 작게 나오는 경우

① 압축강도시험 결과 규정을 만족하지 못하거나 또는 현장에서 양생된 공시체의 시험 결과에서 결점이 나타나면, 구조물의 하중지지 내력을 충분히 검토해야 하며, 적절한 조치
② 콘크리트의 압축강도 시험 결과 규정을 만족하지 못할 경우 시료의 적절성 및 시험기기나 시험방법의 적절성을 검토하여 부적절한 경우를 제외하고 평가
③ 강도가 부족하다고 판단되면 관리재령의 연장을 검토
④ 강도가 부족하다고 판단되고 관리재령의 연장도 불가능할 때에는 문제된 부분에서 코어를 채취하여 KS F 2422에 따라 코어의 압축강도의 시험을 실시
⑤ 코어 강도의 시험 결과는 평균값의 85%를 초과하고 각각의 값이 75%를 초과하면 적합한 것으로 판정
⑥ 시험 결과 부분적인 결함이라면 해당부분을 보강하거나 재시공
⑦ 전체적인 결함이라면 재하시험을 실시

3) 재하시험에 의한 구조물의 성능시험

① 공사 중에 콘크리트가 동해를 받았다고 생각되는 경우, 공사 중 현장에서 취한 콘크리트 압축강도시험 결과로부터 판단하여 강도에 문제가 있다고 판단되는 경우, 그 밖의 공사 중 구조물의 안전에 어떠한 근거 있는 의심이 생긴 경우 등으로서 책임기술자가 필요하다고 인정하는 경우에는 재하시험을 실시
② 구조물의 성능을 재하시험에 의해 확인할 경우 재하시험 방법은 그 목적에 적합하도록 정해야 한다. 이 경우 재하방법, 하중 크기 등은 구조물에 위험한 영향을 주지 않도록 정해야 한다.
③ 재하 도중 및 재하 완료 후 구조물의 처짐, 변형률 등이 설계에 있어서 고려한 값에 대해 이상이 있는지를 확인
④ 시험 결과, 구조물의 내하력, 내구성 등에 문제가 있다고 판단되는 경우에는 책임기술자의 지시에 따라 구조물을 보강하는 등의 적절한 조치

품질관리

구조물 검사

Key Point

◪ 국가표준
- KCS 14 20 10

◪ Lay Out
- 표면상태의 검사
- 평탄성 표준값
- 보수방법

◪ 핵심 단어
- 최대압축력

◪ 연관용어
- 콘크리트 구조물 검사
- No. 340 Tamping

• 표면결함
- Honey Comb
- 백화
- Air Pocket(기포)
- Cold Joint
- 균열
- 요철
- Pop Out
- Scaling
- 콘크리트 블리스터(Blister)
- 오염

★★★ 2. 제조 및 시공 85

4-158	표면마무리/ 콘크리트 표면에 발생하는 결함	
No. 366		유형: 현상·결함

Ⅰ. 정 의

콘크리트에서 균일한 노출면을 얻기 위해서는 연속해서 일괄작업으로 끝마쳐야 하며 마무리의 평탄성을 유지하여 부재의 위치, 단면치수의 오차가 표준허용차 내에 존재하도록 한다.

Ⅱ. 콘크리트 표면 상태의 검사

항목	검사 방법	판정기준
노출면의 상태	외관 관찰	평탄하고 허니컴, 자국, 기포 등에 의한 결함, 철근피복두께 부족의 징후 등이 없으며, 외관이 정상일 것.
균열	스케일에 의한 관찰	균열폭은 KDS 14 20 30(4.1)에 따르되, 구조물의 성능, 내구성, 미관 등 그의 사용목적을 손상시키지 않는 허용값의 범위 내에 있을 것
시공이음	외관 및 스케일에 의한 관찰	신·구콘크리트의 일체성이 확보되어 있다고 판단되는 것

주) 현장 여건에 따라 공사감독자와 협의하여 드론 등을 이용한 영상촬영 데이터를 검사에 활용할 수 있다.

• 이상이 확인된 경우에는 책임기술자의 지시에 따라 적절한 보수·보강을 실시

Ⅲ. 콘크리트 마무리의 평탄성 표준값

콘크리트 면의 마무리	평탄성	참고	
		기둥, 벽의 경우	바닥의 경우
마무리 두께 7mm 이상 또는 바탕의 영향을 많이 받지 않는 마무리의 경우	1m당 10mm 이하	바름 바탕 띠장 바탕	바름 바탕 이중마감 바탕
마무리 두께 7mm 이하 또는 양호한 평탄함이 필요한 경우	3m당 10mm 이하	뿜칠 바탕 타일압착 바탕	타일 바탕 융단깔기 바탕 방수 바탕
제물치장 마무리 또는 마무리 두께가 얇은 경우	3m당 7mm 이하	제물치장 콘크리트 도장 바탕 천붙임 바탕	수지 바름 바탕 내 마모 마감 바탕 쇠손 마감 마무리

품질관리

Ⅳ. 표면결함 마무리 및 보수방법

구분	내용
거푸집판에 접하지 않은 면의 마무리	• 다지기를 끝내고 거의 소정의 높이와 형상으로 된 콘크리트의 윗면은 스며 올라온 물이 없어진 후나 또는 물을 처리한 후가 아니면 마무리 금지 • 마무리에는 나무흙손이나 적절한 마무리기계를 사용 • 마무리 작업은 과도하게 되지 않도록 주의 • 마무리 작업 후 콘크리트가 굳기 시작할 때까지의 사이에 일어나는 균열은 다짐 또는 재 마무리에 의해서 제거 • 필요에 따라 재 진동을 실시한다. • 매끄럽고 치밀한 표면이 필요할 때는 작업이 가능한 범위에서 될 수 있는 대로 늦은 시기에 쇠손으로 강하게 힘을 주어 콘크리트 윗면을 마무리
거푸집판에 접하는 면의 마무리	• 평활한 모르타르의 표면이 얻어지도록 치고 다져야 하며, 최종 마무리된 면은 설계 허용오차의 범위 내 시공 • 콘크리트 표면에 혹이나 줄이 생긴 경우에는 이를 매끈하게 따내야 한다. • 허니컴과 홈이 생긴 경우에는 그 부근의 불완전한 부분을 쪼아내고 물로 적신 후, 적당한 배합의 콘크리트 또는 모르타르로 땜질을 하여 매끈하게 마무리 • 거푸집을 떼어낸 후 온도응력, 건조수축 등에 의하여 표면에 발생한 균열은 필요에 따라 적절히 보수
마모를 받는 면의 마무리	• 마모에 대한 저항성을 높이기 위해 강경하고 마모저항이 큰 양질의 골재를 사용 • 물-결합재비를 작게하고, 밀실하고 균질한 콘크리트로 되게 해야 하며, 동시에 충분히 양생 • 마모에 대한 저항성을 크게 할 목적으로 철분이나 수지 콘크리트, 폴리머 콘크리트, 섬유보강콘크리트, 폴리머함침 콘크리트 등의 특수 콘크리트를 사용할 경우에는 각각의 특별한 주의 사항에 따라 시공
특수 마무리	• 단면손상, 조직의 느슨함 등 구조물 전체에 나쁜 영향을 주지 않도록 주의

품질관리

★★★ 2. 제조 및 시공 114.128

4-159	콘크리트의 표면층박리(Scaling)	
No. 367		유형: 현상·결함

구조물 검사

Key Point

- 국가표준

- Lay Out
  - Mechanism·발생요인
  - 방지대책

- 핵심 단어
  - 반복되는 저온환경
  - 동해
  - 건조수숙으로 균열
  - 표면층 박리

- 연관용어
  - 동해
  - Pop Out

• 방지대책
- 콘크리트의 압축강도가 일정 강도 이상 될 때까지 동결되지 않도록 한다.
- AE제, AE감수제, 고성능 가수제 사용: 소정의 연행공기를 확보하여 체적증가에 따른 수압완화
- 재령 28일의 강도를 24MPa 이상 발휘하도록 한다.
- 단위수량 저감
- 다공질 골재 사용
- 조기강도 획득, 초기강도 5Mpa 이상 확보

Ⅰ. 정 의

① 콘크리트가 반복되는 저온 환경일 때 콘트리트의 표면에 시멘트 모르타르나 페이스트가 작은 조각상으로 떨어져 나가는 표면층 박리 현상

② 동해 중 가장 빈번하게 발생되는 것으로 시멘트페이스트가 콘크리트 표면으로 분리되어 층상을 이루다가 건조수축으로 균열이 발생하면서 박리된 것

Ⅱ. Scaling 현상 Mechanism

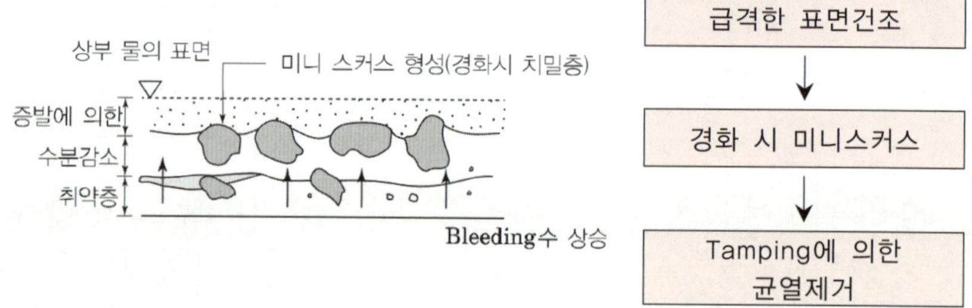

Ⅲ. 발생요인

① 물-시멘트비가 큰 콘크리트가 동결융해 작용을 받음으로써 발생하는 일반적인 Scaling (미관상 용도상 문제 유발)

② 해수, 눈을 녹이는 융설제 등에 포함된 염류와 동결융해 작용으로 발생하는 Scaling(해수가 첨가되어 작용, 제설제 사용으로 인한 문제)

③ Bleeding수가 치밀한 마감 표면층 밑에 모여짐으로써 이 부분에서 박리하는 시공 부실에 의한 Scaling

- 타설 직후의 콘크리트에 있어서 골재나 시멘트 입자가 침하하고, 블리딩수가 떠오르는 단계
- 콘크리트의 표면이 급속히 건조하게 되면 표면의 골재 사이에 물의 미니스커스(Miniscus)가 형성
- 모세관압에 의해 콘크리트의 표면 부분에 치밀한 층이 형성
- 이 취약층이 손상을 받아 상부의 치밀한 층을 박리
- 블리딩이 종료되기 전에 무리한 쇠흙손마감 시 과도한 치밀화에 의해 발생

품질관리

구조물 검사

Key Point

- 국가표준
- Lay Out
  - Mechanism·종류
  - 방지대책
- 핵심 단어
  - What: 수분
  - Why: 팽창압으로 박리
  - How: 결빙점 이상과 이하 반복으로 동결팽창에
- 연관용어
  - 표면결함
  - Scailing
  - 동결융해
  - 한중콘크리트

• Pop Out 종류
- 흡수율이 큰 골재를 사용할 때
- 염분 환경하에서 동결융해 작용과 염분의 복합적인 작용
- 알칼리 골재 반응: 알칼리 골재반응으로 표면의 골재가 팽창하면서 박리

★★★ 2. 제조 및 시공 75.99

4-160	콘크리트 동해의 Pop out	
No. 368		유형: 현상·결함

Ⅰ. 정 의

① concrete 중에 존재하는 수분이 결빙점 이상과 이하를 반복하며, 동결팽창에 의해 수분이 동결하면 물이 약 9% 팽창하여, 이 팽창압으로 concrete 표면의 골재·mortar가 박리·박락을 일으키는 현상

② 혼화제의 일종인 A.E.제를 사용하여 기포간격계수가 작은 적당량의 공기를 연행시키며 기포의 특성이 동일한 경우 물-시멘트비를 작게 하여 조직이 치밀한 concrete로 배합설계한다.

Ⅱ. Pop Out 현상 발생 Mechanism

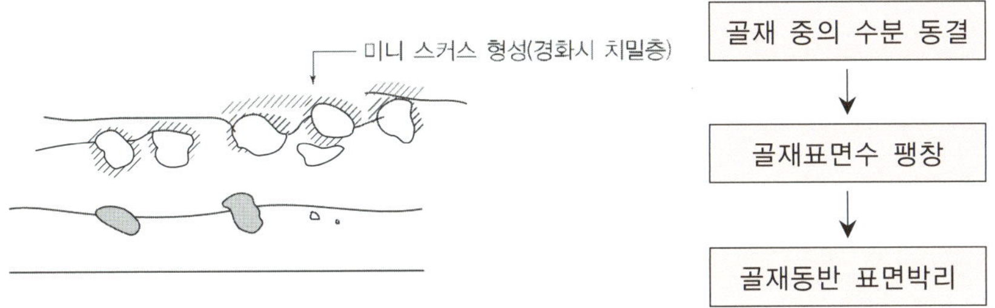

Ⅲ. 동결융해 Mechanism(체적팽창)

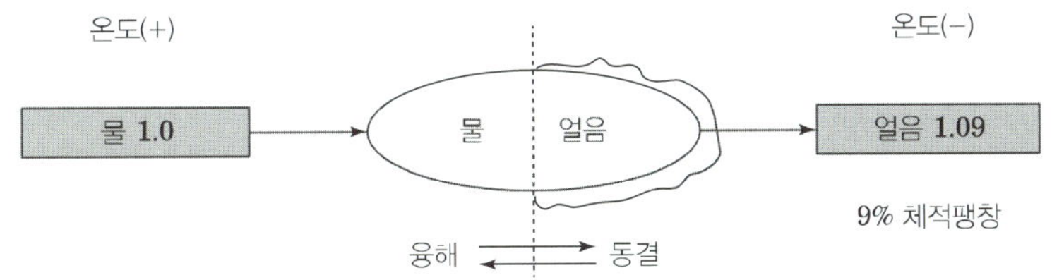

Ⅳ. 방지대책

① 콘크리트에 적정량의 AE제를 첨가하여 Ball Bearing 작용으로 팽창력을 흡수

② 단위수량을 줄이고, W/B 비를 작게 한다.

③ 콘크리트의 수밀성을 좋게 하고 물의 침입방지

④ 저 알칼리형 시멘트 사용

⑤ 적정 양생온도를 유지하고 양생기간 준수

품질관리

구조물 검사

Key Point

◪ 국가표준

◪ Lay Out
- Mechanism·발생원인
- 방지대책

◪ 핵심 단어
- What: 표면마감 시 블리딩 수 존재
- Why: 시멘트 페이스트층 박리
- How: 블리딩수가 내부에 갇혀 미세모래 연약층과 부착강도 저하

◪ 연관용어
- 표면결함
- Scailing
- Finsher 마감
- 콘크리트 층분리

★★★ 2. 제조 및 시공 98.116

4-161	콘크리트 블리스터(Blister)	
No. 369		유형: 현상·결함

Ⅰ. 정 의

① 굳지않은 Concrete 표면 마감 시 블리딩수가 존재한 상태에서 조기에 Finsher로 마감을 하면 치밀한 층에 블리딩수가 갇혀 미세모래 연약층과 부착강도가 저하되어 시멘트 페이스트층이 박리되는 현상
② 시멘트입자가 부유하였다가 시간이 경과하면 입자 크기가 큰 순서대로 비례하여 미세모래입자가 먼저 가라앉고, 맨 나중에 시멘트 입자가 가라앉으면서 층상으로 쌓이게 된다.

Ⅱ. Blister 현상 발생 Mechanism

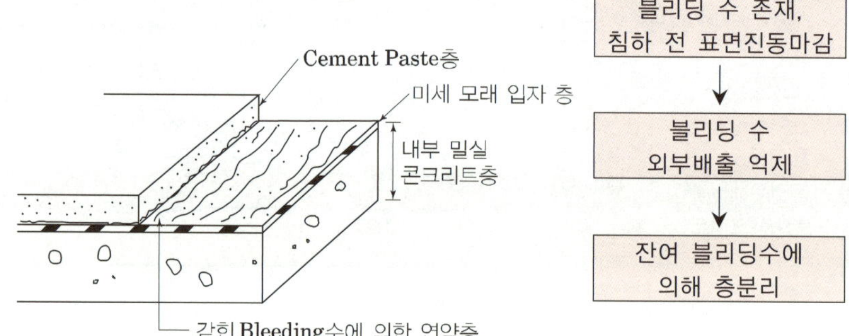

Ⅲ. 발생원인

① 블리딩수가 존재한 상태에서 표면마감하여 블리딩수의 외부배출 억제상태에서 경화
② 시멘트페이스트 하부의 미세모래층이 부착강도를 충분히 발휘하지 못하여 시멘트페이스트 층 분리
③ 표면 상부의 물이 증발하여 건조되면서 최상층부의 시멘트 페이스트가 수축하여 균열발생
④ 타설 완료 후 갇힌 블리딩수의 건조수축에 의한 균열 발생 시 시멘트 페이스트층과 내부 콘크리트층과의 계면에서 층분리 현상 발생
⑤ 계면이 발생한 상태에서 신축에 의한 열화발생

Ⅳ. 방지대책

① 단위수량을 적게 하여 Bleeding 감소
② Tamping을 하여 균열방지
③ 콘크리트에 적정량의 AE제를 첨가하여 Workability 확보
④ 표면마감 적정시기를 계절별로 조절

☆☆☆ 2. 제조 및 시공 101

4-162	콘크리트 내구성 시험	
No. 370	Durability test	유형: 시험·기준·지표

품질관리

구조물 검사

Key Point

◩ 국가표준
- KS F 2515
- KS F 2596
- KS F 2585
- KS F 2456

◩ Lay Out
- 관련시험

◩ 핵심 단어

◩ 연관용어

• A
- 시험에 사용된 0.1N 질산은 용액 소비량(mL)

• B
- 바탕 시험에 사용된 0.1N 질산은 용액 소비량(mL)

• W
- 시료의 절대건조질량(g)

Ⅰ. 정 의

concrete 구조물의 주어진 환경조건하에서 장기간에 걸치 물리적, 화학적 작용에 의해 재질 및 형상 변화가 생기는가를 조사하는 시험

Ⅱ. 내구성 시험의 종류

1. 골재 중의 염화물 함유량 시험 방법(KS F 2515)

① 시료를 충분히 혼합하여 500g을 비커(1,000mL)에 취하고 (105±) 5℃의 온도로 건조 후 절대건조질량(W)을 구한다.

② 건조시킨 시료에 증류수 500mL를 가하여 3시간 후에 약 5분 간격으로 3회 이상 휘저어준 다음 은박지로 덮고 부유물질이 침전하도록 놓아둔다.

③ 상등액 50mL에 5% 크롬산칼륨 용액 1mL를 첨가한 후 0.1N 질산은 용액을 한 방울씩 천천히 가한다.

④ 이때 용액의 색이 황색에서 적갈색으로 변하는 질산은 용액의 양을 구한다. (A)시험은 2회 이상 실시

⑤ 바탕 시험으로 시험에 사용된 증류수 50mL에 크롬산칼륨 용액을 약 1mL 가하고, 0.1N 질산은 용액으로 적정하여, 여기에 소요된 질산은 용액의 양을 구한다. (B)시멘트의 밀도는 소성상태, 혼합물의 첨가, 화학성분 강가에 의해 달라지며, 이물질의 혼화물이 첨가되면 비중이 저하되므로 그이 소성 정도, 혼화물의 유무를 판별한다.

$$\text{염화물 함유량(\%)} = 0.00584 \times \frac{(A-B)\times 10}{W} \times 100$$

2. 탄산화 깊이 측정 방법(KS F 2596)

① 탄산화 측정 대상면의 준비
- 실험실 또는 현장에서 제작된 콘크리트 공시체를 이용하는 경우
- 코어 공시체를 이용하는 경우
- 콘크리트 구조물에서 깎아 낸 면에서 측정하는 경우

② 측정면의 처리가 종료된 후 바로 측정면에 시약을 분무기로 액체가 떨어지지 않을 정도로 분무

③ 측정 장소에 대해 콘크리트 표면으로부터 적자색으로 변색한 부분까지의 거리를 0.5mm 단위로 측정

품질관리

- Xi: 재령 $i$dp 있어서 공시체의 다이얼 게이지 눈금값
- sX_i: 동시에 측정한 표준자의 다이얼 게이지 눈금값
- X_{ini}: 공시체 탈형 시의 다이얼게이지 눈금값
- sX_{ini}: 동시에 측정한 표준자의 이지 눈금값
- L: 유효 게이지 길이(게이지 플러그 안쪽 단면 간의 거리)

- 내구성 지수 (durability factor)
  - 콘크리트 등 구조재료의 동결, 융해에 대한 내구성을 정량적으로 표시하는 방법

내구성관련 시험

- 기상작용에 대한 내구성
  - 동결융해작용
  - 건습반복
  - 중성화
- 해수 및 화학약품에 대한 내구성
  - 해수작용
  - 화학약품
- 침식에 대한 내구성
  - 공동현상(Cavitation)
  - 유수 및 유사에 의한 마모
- 전류에 의한 내구성
- 알칼리 골재반응에 의한 내구성

④ 측정은 분무 후 바로 수행하거나 변색된 부분이 안전화 되고 나서 행한다.

⑤ 측정위치에 굵은 입자가 있는 경우 입자의 양단 탄산화 위치를 연결하여 직선상에서 측정

⑥ 선명한 적자색 단면까지의 거리를 탄산화 깊이로서 측정함과 동시에 연한 적자색부분가지의 거리도 함께 측정

⑦ 평균 탄산화 깊이는 측정값의 합계를 측정 개수로 나누어 구하고, 소수점 이하 한 자리까지 구한다.

3. 알칼리 실리카 반응성 시험(KS F 2585)

① 측정항목

- 공시체의 길이 변화를 1,2,3,4,5 및 6개월의 재령마다 측정

② 측정방법

- 길이 변화는 (20±3)℃로 제어된 실내에서 KS F 2424의 다이얼 게이지 방법에 따라 측정
- 공시체는 측정 24시간 전에 저장 용기 또는 항온실로부터 꺼내어 측정실로 옮긴 후, 피복한 그대로 식히며 공시체 온도를 측정실의 온도와 가깝게 유지해 준다.
- 길이 변화를 측정한 공시체는 신속하게 원래대로 피복하고, 저장 용기 또는 항온실로 다시 가져다 둔다.
- 공시체는 측정 후 이전의 저장 방법과는 다르게 공시체의 상하를 거꾸로 하여 저장한다.

③ 측정재령

- 길이 변화 측정 시 1,2,3,4,5 및 6개월의 재령에서 팽창률을 측정

④ 팽창률의 산출

$$\text{팽창률(\%)} = \frac{(X_i - sX_i) - (X_{ini} - sX_{ini})}{L} \times 100$$

⑤ 판정

- 공시체 3개의 평균 팽창률이 6개월 후 0.100% 미만의 경우 대상콘크리트는 “반응성 없음”이라고 판정, 0.100% 이상의 경우는 “반응성 있음” 판정

품질관리

동결 융해 사이클

- 동결 융해 1사이클은 공시체 중심부의 온도를 원칙으로 하며 원칙적으로 4℃에서 -18℃로 떨어지고, 다음에 -18℃에서 4℃로 상승되는 것으로 한다.
- 각 사이클에서 공시체 중심부의 최고 및 최저 온도는 각각(4±2)℃ 및 (-18±2)℃의 범위 내에 있어야 하고, 언제라도 공시체의 온도가 -20℃ 이하 또는 6℃ 이상이 되어서는 안 된다.
- 동결 융해 1사이클의 소요시간은 2시간 이상, 4시간 이하로 한다. 시험방법 A에서는 융해 시간을 총 시간의 25%, 시험방법 B에서는 총 시간의 20%보다 적게 사용하여서는 안 된다.
- 임의의 공시체 중심에서의 온도가 3℃에서 -16℃로 떨어지는 데 소요되는 시간은 냉각 시간의 1/2 이하가 되어서는 안 되고, 또 -16℃에서 3℃로 상승하는 데 소요되는 시간은 가열 시간의 1/2 이하가 되어서는 안 된다. 상호 비교를 목적으로 하는 공시체에서는 임의의 공시체의 중심 온도가 2℃에서 -12℃로 변화하는 데 소요되는 시간이 다른 공시체에서 소요되는 냉각 시간의 1/6 이상 차이가 나서도 안 된다. 또한 임의의 공시체의 중심 온도가 -12℃에서 2℃로 변하는 데 소요되는 시간이 다른 공시체에서 소요되는 가열 시간의 1/3 이상 차이가 나서는 안 된다.
- 공시체의 중심과 표면의 온도차는 항상 25℃를 초과해서는 안 된다.
- 동결 융해에서 상태가 바뀌는 순간의 시간이 10분을 초과해서는 안 된다.

4. 동결융해시험(Freezing and thawing test-KS F 2456

① 시험방법

- 수중 급속 동결 융해 시험방법(방법A): 동결 융해 사이클 동안 언제나 약 3mm 정도의 물로 완전히 둘러 싸여 있어야 한다. 공시체와 공시체를 둘러싼 물이 동결 융해 장치 안에 있는 동안 적당한 용기내에 있어야 한다.
- 기중 급속 동결 융해 시험방법(방법 B): 동결 단계 시 공기 중, 융해 단계 시 수중에 놓이도록 배치되어야 한다. 공시체가 용기 내에만 보존하도록 하는 것은 아니다.
- 소정의 양생 기간이 끝나면 즉시 공시체를 (6±3)℃의 상태로 옮겨 변형 진동의 1차 공명 진동수와 질량을 KS F 2437에 따라 측정한다.
- 공시체는 14일간 양생한 후 동결 융해 시험을 시작한다.
- 사이클 중 동결 상태의 초기에 융해수 내에 공시체를 넣고 동결융해 시험을 시작한다. 동결융해 사이클이 36사이클을 초과하지 않는 범위의 간격으로 융해 상태에서 장치로부터 공시체를 꺼낸다. 다음에 바로 (6±3)℃의 온도 조건하에서 가로 1차 주파수 시험을 하고, 질량을 잰 후 다시 시험장치 내로 옮긴다. 공시체를 장치에서 꺼내는 동안 함수량의 손실이 없도록 보호하고, 다시 넣을 때는 양 끝이 반대가 되도록 돌려 놓는다.
- 시험의 종료는 300사이클로 하며, 그때까지 상대 동 탄성 계수가 60% 이하가 되는 사이클이 있으면 그 사이클에서 시험을 종료

② 판정

- 상대 동 탄성 계수

$$P_c = \left(\frac{n^{2_c}}{n^{2_0}} \right) \times 100$$

- P_c : 동결 융해 C사이클 후의 상대 동 탄성 계수(%)
- n_0 : 동결 융해 0사이클에서의 변형 진동의 1차 공명 진동수(Hz)
- n_c : 동결 융해 C사이클에서의 변형 진동의 1차 공명 진동수(Hz)

- 내구성 지수

$$DF = \frac{PN}{M}$$

- DF: 시험용 공시체의 내구성 지수
- P : N사이클에서의 상대 동 탄성 계수(%)
- N: 상대 동 탄성 계수가 60%가 되는 사이클 수 또는 동결 융해의 노출이 끝나게 되는 사이클 수
- M: 동결 융해에의 노출이 끝날 때의 사이클 수

품질관리

구조물 검사

Key Point

◩ 국가표준

◩ Lay Out
- 비파괴 검사의 분류

◩ 핵심 단어
- 결함을 제품이나 구조물을 파괴하지 않고 검사

◩ 연관용어

☆★★ 2. 제조 및 시공 91

4-163	콘크리트의 비파괴 검사	
No. 371	non destructive test	유형: 시험·기준·지표

Ⅰ. 정 의

콘크리트의 재료, 제품, 구조부재, 구조물 등에 대하여 내부의 공동이나 균열 등의 결함을 제품이나 구조물을 파괴하지 않고 외부에서 검사하여 건전성을 판단하는 방법

Ⅱ. 비파괴 검사의 분류

사용용도		측정방법	개요
강도 추정		슈미트해머법	• Concrete 표면을 타격했을 때의 반발경도에서 강도를 추정하는 방법
내부 탐사	균열 결함 공극	초음파속도법	• Concrete 속을 전파하는 초음파의 속도에서 동적 특성이나 강도를 추정하는 방법
		인발법	• Concrete 속에 매입한 Bolt 등의 인발내력에서 강도를 측정하는 방법
		조합법	• 반발경도, 초음파 속도, 인발내력 등에서 2종류 이상의 비파괴 시험값을 병용해서 강도를 추정하는 방법
		탄성파법	• 초음파 충격파의 전파 속도나 반사파의 파형을 분석해서 Concrete 속의 결함부나 균열을 탐사
		Acoustic Emission법	• 미소 파괴에 수반하여 발생하는 탄성파의 파형이나 발생빈도를 분석하여 성능 저하의 상황, 파괴원 위치 등을 조사하는 방법
		적외선법	• 피측정물의 표면 온도 분포를 적외선 복사 온도계로 측정하여 마감재의 박리, 내부 결함, 균열 등을 조사
	철근 위치 강재 부식	자기법	• 내부 철근의 존재에 의한 자기의 변화를 측정하여 철근의 위치, 지름, 피복 두께 등을 추정하는 방법
		방사선투과법	• Concrete 속을 투과하는 방사선의 강도를 사진촬영하여 내부 철근이나 공동 등을 조사하는 방법
		레이저법	• Concrete 속에 수백 MHz~수 MHz 정도의 전자파를 안테나에서 발사하고, 반사파를 분석해서 내부 철근이나 공동 등을 조사하는 방법
		자연 전극 전위법	• Concrete 속의 철근과 Concrete 표면 위에 대조 전극과 전위차(자연 전위)를 측정해서 내부 철근의 부식상황을 추정하는 방법

품질관리

구조물 검사

Key Point

◩ 국가표준
- KS F 2730

◩ Lay Out
- 시험방법·종류
- 유의사항

◩ 핵심 단어
- 타격을 하여 반발계수 계측

◩ 연관용어
- 비파괴시험

내부 기구

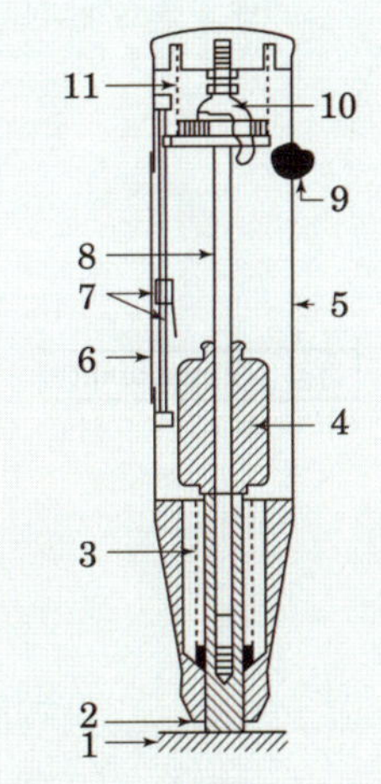

1. 콘크리트 표면
2. 플런저
3. 임펙트 스프링
4. 해머
5. 케이스
6. 스케일
7. 지침
8. 해머 가이드 바
9. 푸시버튼
10. 홀드 패스트
11. 압축 스프

★★★ 2. 제조 및 시공 73.115

4-164	슈미트 해머(반발경도법)	
No. 372	schmidt rebound hammer	유형: 시험·기준·지표

Ⅰ. 정 의

경화된 concrete 표면에 스프링과 추에 의해 타격을 하여 반발계수를 계측하여 그 재료의 반발경도를 측정하는 비파괴시험

Ⅱ. 시험방법(KS F 2730)

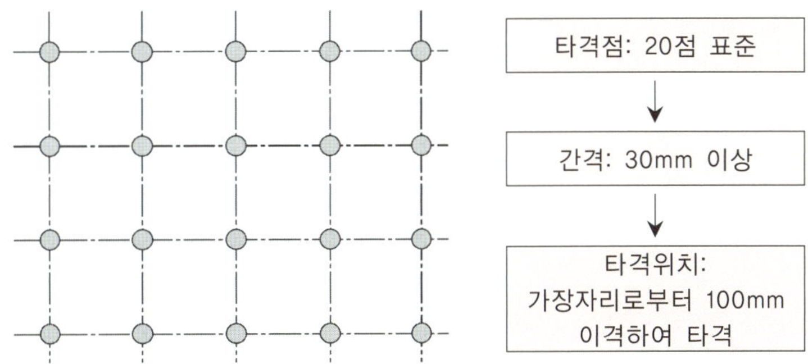

① 위치선정: 품질을 대표하며, 측정이 용이한 곳
② 콘크리트 표면의 처리: 마감재나 정벌바름층은 제거
③ 콘크리트 두께가 최소 100mm 이상인 경우에 적용
④ 타격면에서 직각으로 타격하고 수직을 유지하기 어려울 경우 보정
⑤ 측정값은 정수값으로 읽음
⑥ 측정결과가 평균값보다 ±20% 이상인 경우 해당값을 버리고, 나머지 시험값의 평균을 구함. 단, 범위를 벗어나는 시험값이 4개 이상인 경우는 전체 재시험

Ⅲ. 슈미트 해머의 종류

기종	사용범위	측정범위(MPa)	비고
N형	보통 콘크리트용	15~60	NR형: 보통 콘크리트 (Recorder 내장)
M형	매스 콘크리트용	60~100	
L형	경량골재 콘크리트용	10~60	
P형	저강도 콘크리트용	5~15	

미경화
콘크리트성질

★★★ 3. 콘크리트의 성질

4-165	굳지 않은 콘크리트의 성질	
No. 373	fresh concrete	유형: 성질·현상·지표

콘크리트 성질

Key Point

- 국가표준
- Lay Out
  - 굳지 않은 콘크리트의 성질
- 핵심 단어
- 연관용어

요구조건

- 균질한 품질을 가질 것
- 운반, 타설, 다짐 및 표면마감의 각 시공단계에 있어서 작업을 용이하게 할 수 있을 것
- 타설 전 후 재료분리가 적을 것

Ⅰ. 정 의

① 반죽에서 운반, 타설 직후까지 굳기 전의 콘크리트

② 믹싱 초기상태의 워커빌리티를 가지고 있어 의도된 방법으로 거푸집에 타설이 가능한 콘크리트이며, 굳은 콘크리트에서 좋은 품질을 얻기 위해서는 굳지 않은 콘크리트의 품질관리가 중요하다.

Ⅱ. 굳지 않은 콘크리트의 성질

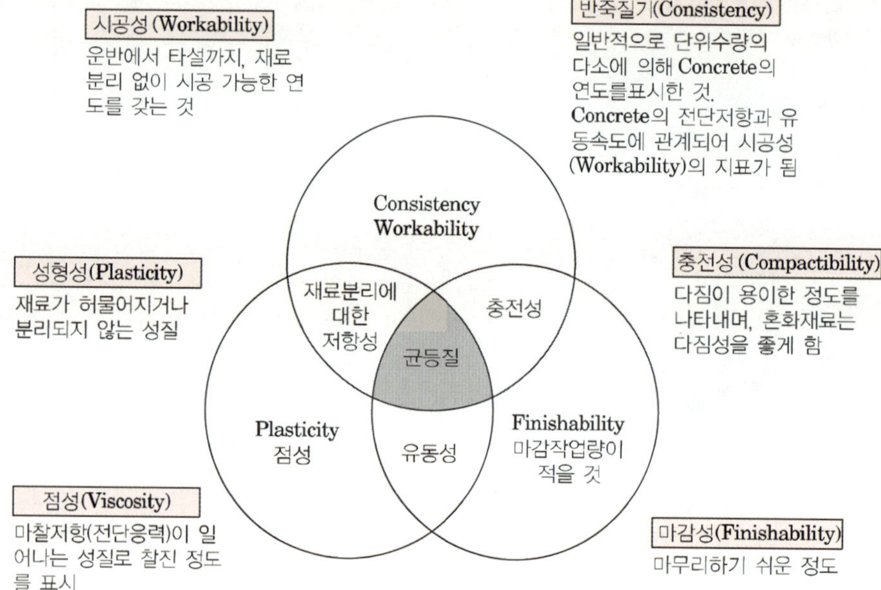

미경화
콘크리트성질

콘크리트 성질
Key Point

- 국가표준
- Lay Out
  - 콘크리트 시공성에 영향을 주는 요인
- 핵심 단어
  - 작업이 용이하게 될 수 있는 정도
- 연관용어

• 슬럼프의 경시변화

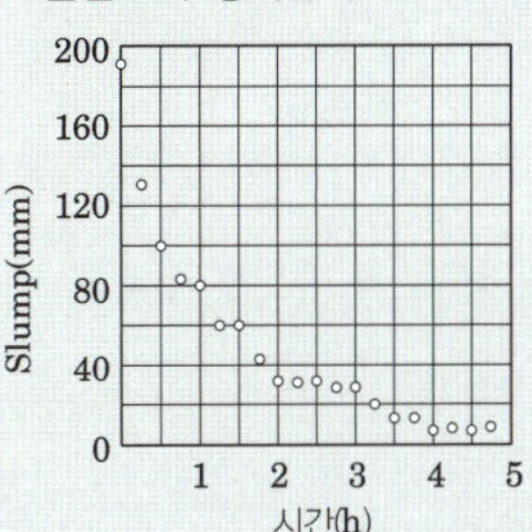

• 슬럼프에 미치는 온도의 영향

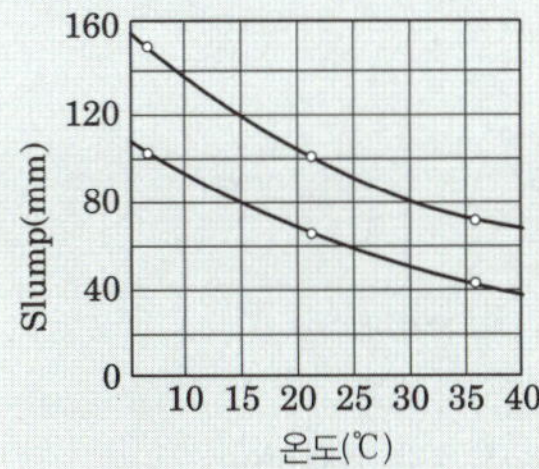

• 단위수량에 미치는 온도의 영향

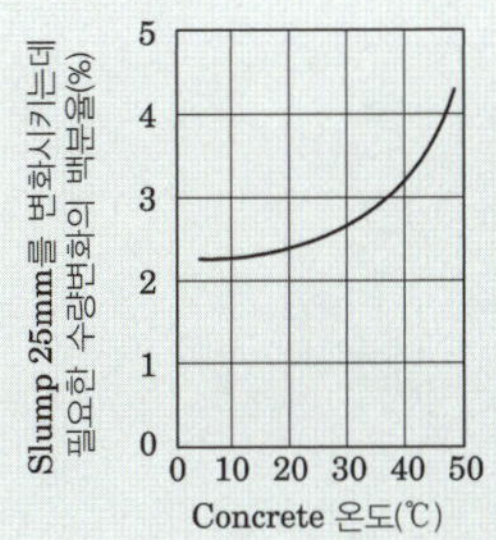

★★★ 3. 콘크리트의 성질 121

4-166	콘크리트의 시공연도	
No. 374	Workability	유형: 성질·현상·지표

Ⅰ. 정 의

① 재료분리를 일으키는 일 없이 운반, 타설, 다짐, 마무리 등의 작업이 용이하게 될 수 있는 정도를 나타내는 굳지 않은 concrete의 성질

② 시공연도에 영향을 주는 요인은 cement의 성질, 골재의 입형 및 입도, 혼화재료, 물-시멘트비, 굵은 골재 최대치수, 잔골재율, 단위수량, 공기량, 비비기 시간, 비비기 온도 등이 있다.

Ⅱ. 콘크리트 시공성에 영향을 주는 요인

1) 시멘트의 성질
① 분말도가 높은 시멘트는 시멘트 풀의 점성이 높아지므로 시공연도는 적게 된다.
② 풍화한 시멘트나 이상응력을 나타낸 시멘트는 Workability 저하

2) 골재의 입도
① 골재 중 0.3mm 이하의 세립분은 콘크리트의 점성을 높여주고, 성형성을 좋게 한다.
② 입자가 둥근 강자갈의 경우는 시공연도가 좋고, 평평하고 세장한 입형의 골재는 재료가 분리되기 쉽다.

3) 혼화재료
① 감수제는 반죽질기를 증대시키며 10~20%의 단위수량을 감소한다.
② Pozzolan을 사용하면 시공연도가 개선되며, 특히 Fly Ash는 구형(求型)으로 Ball Bearing역할을 하므로 시공연도를 개선한다.

4) 물시멘트비
물시멘트비를 높이면 시멘트의 농도가 묽게 되어 시공연도가 향상되나, 물시멘트비를 너무 높이면 콘크리트의 강도를 저하시키는 요인이 된다.

5) 골재 최대치수(Gmax)
① 굵은 골재의 치수가 작을수록 시공연도가 향상된다.
② 입도가 균등할수록 작업성이 좋다. 쇄석은 시공연도 감소 및 골재분리 우려

6) 잔골재율
① 잔골재율이 클수록 콘크리트의 시공연도는 향상된다.
② 잔골재율이 커지게 되면 단위수량이 증가하고 강도를 저하시키는 요인이 되므로 유의

7) 단위수량
① 단위수량이 커지면 Consistency와 Slump치가 증가하지만 강도는 저하된다.
② 재료분리가 생기지 않는 범위 내에서 단위수량을 증가하면 시공연도가 좋아진다.

8) 공기량
콘크리트에 적당량의 연행공기를 분포시키면 Ball Bearing 작용을 하여 시공연도가 향상된다. 공기량이 1% 증가하면 Slump는 20mm 정도 커지고, 단위수량은 3% 감소한다. 강도는 4~6% 감소하므로 주의해야 한다.

미경화
콘크리트성질

★★★ 3. 콘크리트의 성질 88.130

4-167	콘크리트의 재료분리	
No. 375	segregation	유형: 성질·현상·지표

재료분리
Key Point

- ☑ 국가표준
- ☑ Lay Out
  - 굵은골재의 분리원인
  - 시멘트 풀 및 물의 분리
- ☑ 핵심 단어
- ☑ 연관용어

Ⅰ. 정 의

① Concrete가 중력이나 외력 등의 원인에 의해 콘크리트를 구성하고 있는 재료들의 분포가 당초의 균일성을 잃는 현상으로 굵은 골재가 국부적으로 집중되거나 bleeding을 보이는 현상

② 굵은골재가 국부적으로 집중하거나 수분이 콘크리트 상면으로 모이는 현상

Ⅱ. 굵은골재의 분리원인

① 굵은골재와 모르타르의 비중차

② 굵은골재와 모르타르의 유동 특성차

③ 굵은골재 치수와 모르타르 중의 잔골재 치수의 차(단위수량 및 물 시멘트비, 골재의 종류·입도·입형, 혼화재료, 타설 방법)

재료분리 방지대책

- 배합설계
  - 물-결합재비를 낮게 조정
  - 단위수량은 적게 조정
  - 적정 혼화제(AE제, 감수제) 사용
  - 입경이 작고 표면이 거친 구형의 골재사용
- 타설관리
  - 부재단면높이가 높을 경우에는 분할타설
  - 타설 시 다짐기를 콘크리트 밀어넣기 목적으로 사용금지
  - 타설 시 타설조닝당 다짐기는 2대 이상 사용
  - 신구 콘크리트 이음부는 레이턴스를 제거

Ⅲ. 시멘트 풀 및 물의 분리

1) Bleeding 현상

비중이 서로 다른 물질의 배합(Cement 약 3.15, 골재 약 2.65, 물 1.0)으로 콘크리트 타설·다짐 후 잉여수가 떠오르는 현상

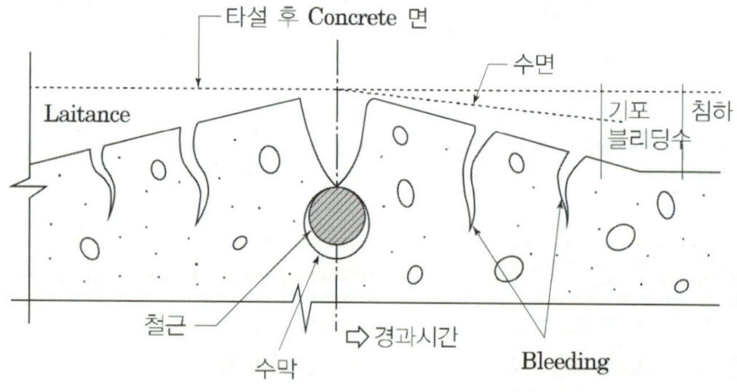

침하량 정도 : 부재두께(h)=300~1000mm일 때
묽은 비빔 1~2%
중간 정도 0.5~1%

2) Bleeding의 원인

① 물-결합재비가 클 경우

② 골재의 최대치수가 너무 작거나 클 때

③ 과도한 다짐 또는 다짐속도가 지나치게 빠른 경우

④ 부어넣는 높이가 높거나 단면적이 넓을 때

☆☆★ 3. 콘크리트의 성질 124

4-168	콘크리트 수분증발률	
No. 376		유형: 성질·현상·지표

미경화 콘크리트성질

초기수축(수분증발)

Key Point

- 국가표준

- Lay Out
  - 수분 증발률 계산

- 핵심 단어
  - 대기온도 상대습도 풍속 콘크리트 온도
  - 시간당 1kg/m²/h 이상

- 연관용어
  - 건조수축
  - 초기수축

측정방법

- 사례: 조건
  - 대기온도 23℃ 및 습도 40%
  - 콘크리트 온도 27℃
  - 풍속 8km/hr

- 수분증발률 간이 측정법
  - 구조물 시공위치에 상·하부 면적이 같은 Pan에 물을 가득 채워 준비
  - 콘크리트 타설 직전 (Pan+물)의 중량을 측정
  - 15분 또는 20분 간격으로 중량 측정
  - 중량측정차이 산정
  - 중량차이를 1시간 단위로 환산
  - 이것을 다시 1m²에 대하여 환산

Ⅰ. 정 의

① 표면 수분증발에 영향을 미치는 요인: 대기온도, 상대습도, 풍속, 콘크리트 온도

② 수분 증발률이 1시간당 1kg/m²/h 이상 또는 증발량이 블리딩 초과 시 균열발생

Ⅱ. 수분 증발률 계산

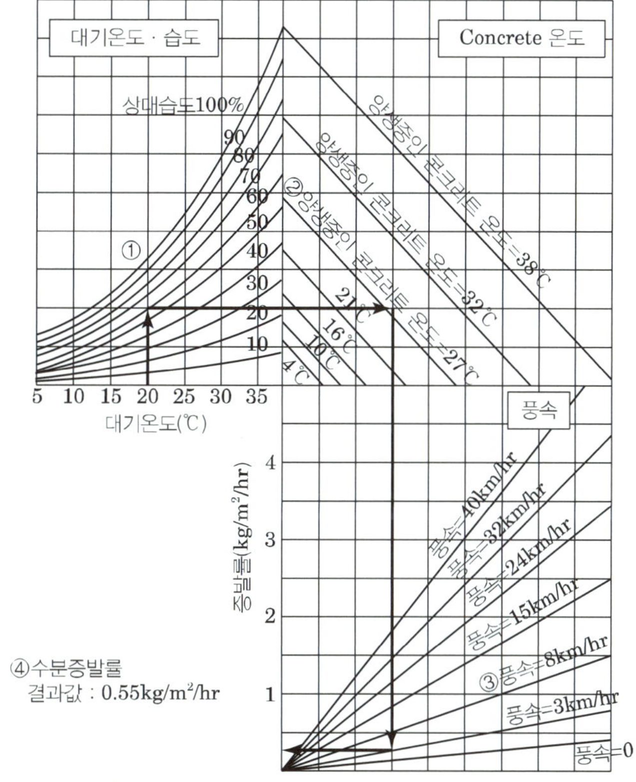

① 현장의 대기온도와 상대습도를 측정 후 상기 표에서 찾음

② 양생중인 콘크리트 온도를 측정 후 표(우측상단)에 대입

③ 현장의 풍속을 측정하여 우측 하단의 표에 적용

④ 표의 좌측에 표기된 수분증발률 값 확인

☆☆★ 3. 콘크리트의 성질 70.124

4-169	Bleeding	
No. 377	블리딩	유형: 성질·현상

미경화 콘크리트성질

초기수축(수분증발)

Key Point

- 국가표준
  - KCS 14 20 10
- Lay Out
  - 개념·원인
  - 방지대책
- 핵심 단어
  - 혼합수 일부가 유리되어 상승
- 연관용어
  - 소성수축
  - 초기수축

Bleeding 방지대책

- 배합설계
  - 물-결합재비를 낮게 조정
  - 단위수량은 적게 조정
  - 적정 혼화제(AE제, 감수제) 사용
  - 입경이 작고 표면이 거친 구형의 골재사용
- 타설관리
  - 부재단면높이가 높을 경우에는 분할타설
  - 타설 시 다짐기를 콘크리트 밀어넣기 목적으로 사용금지
  - 타설 시 타설조닝당 다짐기는 2대 이상 사용
  - 신구 콘크리트 이음부는 레이턴스를 제거

Ⅰ. 정 의

굳지 않은 콘크리트에서 고체 재료의 침강 또는 분리에 의하여 콘크리트에서 물과 시멘트 혹은 혼화재의 일부가 콘크리트 윗면으로 상승하는 현상

Ⅱ. Bleeding 현상의 개념

비중이 서로 다른 물질의 배합(Cement 약 3.15, 골재 약 2.65, 물 1.0)으로 콘크리트 타설·다짐 후 잉여수가 떠오르는 현상

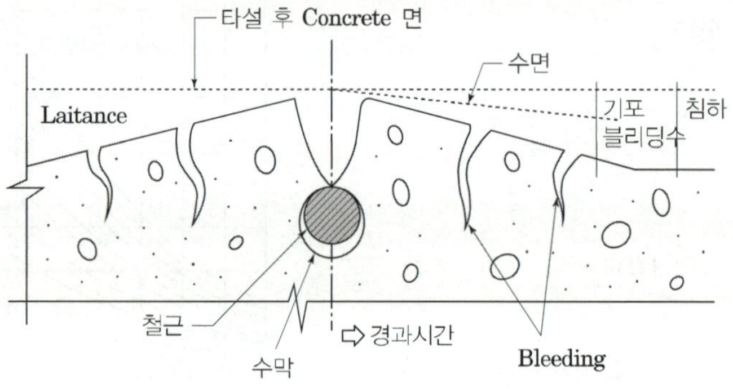

침하량 정도 : 부재두께(h)=300~1000mm일 때
묽은 비빔 1~2%
중간 정도 0.5~1%

Ⅲ. Bleeding의 원인

① 물-결합재비가 클 경우
② 골재의 최대치수가 너무 작거나 클 때
③ 과도한 다짐 또는 다짐속도가 지나치게 빠른 경우
④ 부어넣는 높이가 높거나 단면적이 넓을 때

☆☆☆ 3. 콘크리트의 성질 89

4-170	Laitance	
No. 378	레이턴스	유형: 성질·현상

미경화 콘크리트성질

초기수축(수분증발)

Key Point

◩ 국가표준
- KCS 14 20 10

◩ Lay Out
- 개념·원인
- 방지대책

◩ 핵심 단어
- 혼합수 일부가 유리되어 상승

◩ 연관용어
- 소성수축
- 초기수축

Laitance 방지대책

• 배합설계
- 물-결합재비를 낮게 조정
- 단위수량은 적게 조정
- 적정 혼화제(AE제, 감수제) 사용
- 입경이 작고 표면이 거친 구형의 골재사용

• 타설관리
- 부재단면높이가 높을 경우에는 분할타설
- 타설 시 다짐기를 콘크리트 밀어넣기 목적으로 사용금지
- 타설 시 타설조닝당 다짐기는 2대 이상 사용
- 신구 콘크리트 이음부는 레이턴스를 제거

Ⅰ. 정 의

① 콘크리트 타설 후 블리딩에 의해 부유물과 함께 내부의 미세한 입자가 부상하여 콘크리트의 표면에 형성되는 경화되지 않은 층
② 굳지 않은 콘크리트, 굳지 않은 모르타르, 굳지 않은 시멘트풀(Cement paste=시멘트+물)에서 고체 재료의 침강 또는 분리에 의해 혼합수의 일부가 유리되어 상승하는 현상

Ⅱ. Laitance의 개념

비중이 서로 다른 물질의 배합(Cement 약 3.15, 골재 약 2.65, 물 1.0)으로 콘크리트 타설·다짐 후 잉여수가 떠오르고 남은 찌꺼기

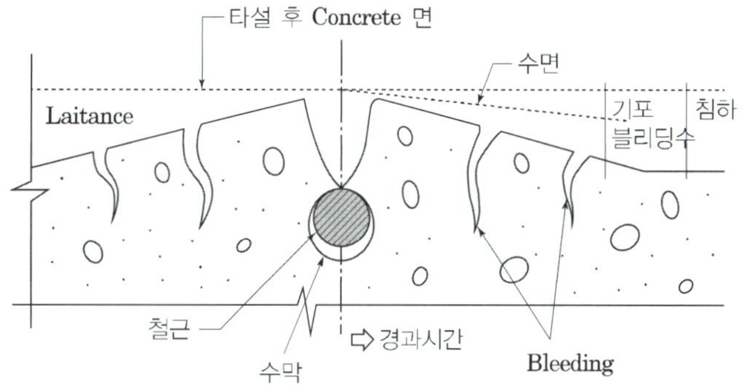

침하량 정도 : 부재두께(h)=300~1000mm일 때
묽은 비빔 1~2%
중간 정도 0.5~1%

Ⅲ. 원 인

① 물-결합재비가 클 경우
② 골재의 최대치수가 너무 작거나 클 때
③ 과도한 다짐 또는 다짐속도
④ 부어넣는 높이가 높거나 단면적이 넓을 때

4-171	Water gain	
No. 379	워터게인	유형: 성질·현상

미경화 콘크리트성질

초기수축(수분증발)

Key Point

- 국가표준
  - KCS 14 20 10
- Lay Out
  - 개념·원인
  - 방지대책
- 핵심 단어
  - Bleeding에 상승된 물이 표면에 고이는 현상
- 연관용어
  - 소성수축
  - 초기수축

Ⅰ. 정 의

굳지 않은 콘크리트에서 고체 재료의 침강 또는 분리에 의하여 콘크리트에서 물과 시멘트 혹은 혼화재의 일부가 콘크리트 윗면으로 상승하는 현상을 Bleeding이라고 하며, Bleeding에 상승된 물이 표면에 고이는 현상

Ⅱ. Water gain의 개념

비중이 서로 다른 물질의 배합(Cement 약 3.15, 골재 약 2.65, 물 1.0)으로 콘크리트 타설·다짐 후 잉여수가 떠올라 고이는 현상

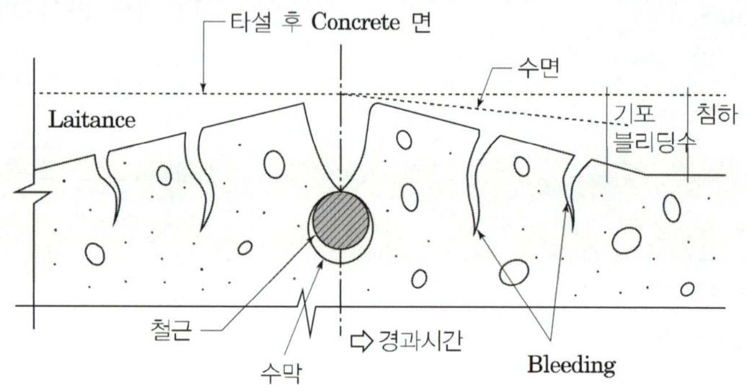

침하량 정도 : 부재두께(h)=300~1000mm일 때
묽은 비빔 1~2%
중간 정도 0.5~1%

Water gain 방지대책

- 배합설계
  - 물-결합재비를 낮게 조정
  - 단위수량은 적게 조정
  - 적정 혼화제(AE제, 감수제) 사용
  - 입경이 작고 표면이 거친 구형의 골재사용
- 타설관리
  - 부재단면높이가 높을 경우에는 분할타설
  - 타설 시 다짐기를 콘크리트 밀어넣기 목적으로 사용금지
  - 타설 시 타설조닝당 다짐기는 2대 이상 사용
  - 신구 콘크리트 이음부는 레이턴스를 제거

Ⅲ. 원 인

① 물-결합재비가 클 경우
② 골재의 최대치수가 너무 작거나 클 때
③ 과도한 다짐 또는 다짐속도
④ 부어넣는 높이가 높거나 단면적이 넓을 때

미경화 콘크리트성질

초기수축(수분증발)

Key Point

- 국가표준
- Lay Out
  - 균열발생 Mechanism · 원인
  - 방지대책
- 핵심 단어
  - 수분증발속도가 블리딩 속도보다 빠를 때
- 연관용어
  - 소성수축
  - 초기수축
  - Tamping

표면 마감처리

- 타설 및 다짐 후에 콘크리트의 표면은 요구되는 정밀도와 물매에 따라 평활한 표면 마감을 해야 한다.
- 블리딩, 들뜬 골재, 콘크리트의 부분침하 등의 결함은 콘크리트 응결 전에 수정 처리를 완료해야 한다.
- 기둥, 벽 등의 수평이음부의 표면은 소정의 물매와 거친 면으로 마감해야 한다.
- 콘크리트 면에 마감재를 설치하는 경우에는 콘크리트의 내구성을 해치지 않도록 해야 한다.
- 이미 굳은 콘크리트에 새로운 콘크리트를 칠 때는 전단 전달을 위한 접촉면은 깨끗하고 레이턴스가 없도록 해야 한다.

★★★ 3. 콘크리트의 성질 88.118.125

4-172	소성수축균열	
No. 380	Plastic Shrinkage Crack	유형: 성질·현상

Ⅰ. 정 의

① 콘크리트 타설 후 강도가 발현되기 전 소성상태에서 콘크리트 표면의 수분증발속도가 Bleeding 속도보다 빠를 때 콘크리트의 수분손실이 발생하며 이로 인한 체적이 감소하는 현상

② 거푸집을 통한 누수가 심한 경우, 주변 환경이 건조가 심한 경우 등 여러 요인에 의해 발생

Ⅱ. 초기 소성수축(플라스틱 수축)균열의 Mechanism

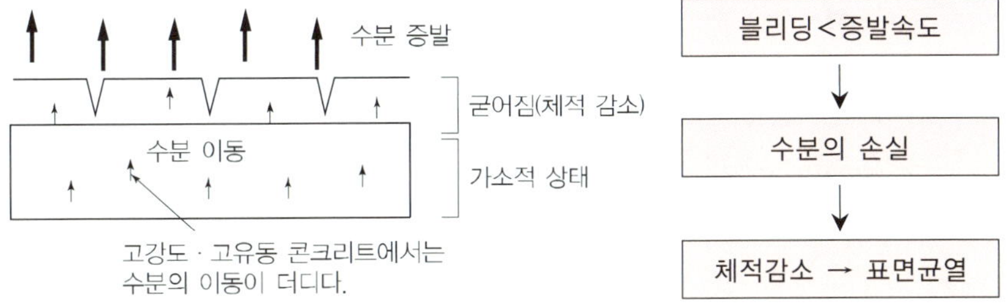

Ⅲ. 발생원인

① 물-결합재비가 클 경우
② 풍속이 강할 경우
③ 상대습도가 낮을 경우
④ 콘크리트의 온도가 높을 경우
⑤ 거푸집의 수밀성이 부족하여 수분의 손실

Ⅳ. 방지대책

① 바탕면과 거푸집을 적신다.
② 콘크리트 표면의 풍속을 저하시키기 위하여 임시적인 바람막이를 한다.
③ 콘크리트 표면온도를 저하시키기 위하여 해가리개를 세운다.
④ 타설과 양생개시의 사이를 단축한다.
⑤ 미장 마감 종료 직후에 마포, 살수, 또는 양생재로 보호한다.
⑥ 재진동을 가한다.

★★★ 3. 콘크리트의 성질 81.119.126

4-173	침하균열/ 침하균열의 예방법과 현장조치 방법	
No. 381	settlement cracking	유형: 결함·현상·공법

미경화
콘크리트성질

블리딩

Key Point

◩ 국가표준
- KCS 14 20 10

◩ Lay Out
- Tamping을 통한 침하균열 제거과정
- 원인
- 방지대책

◩ 핵심 단어
- bleeding에 의해 concrete 상면이 침하하기 때문에

◩ 연관용어
- 소성수축
- 초기수축
- Tamping
- No 340 Tamping

표면 마감처리

- 타설 및 다짐 후에 콘크리트의 표면은 요구되는 정밀도와 물매에 따라 평활한 표면 마감을 해야 한다.
- 블리딩, 들뜬 골재, 콘크리트의 부분침하 등의 결함은 콘크리트 응결 전에 수정 처리를 완료해야 한다.
- 기둥, 벽 등의 수평이음부의 표면은 소정의 물매와 거친 면으로 마감해야 한다.
- 콘크리트 면에 마감재를 설치하는 경우에는 콘크리트의 내구성을 해치지 않도록 해야 한다.
- 이미 굳은 콘크리트에 새로운 콘크리트를 칠 때는 전단전달을 위한 접촉면은 깨끗하고 레이턴스가 없도록 해야 한다.

Ⅰ. 정 의

① Concrete 타설 후 bleeding에 의해 concrete 상면이 침하하기 때문에 철근 등의 상부를 따라 콘크리트 표면에 발생하는 균열

② 침하균열은 보와 넓은 면적을 갖는 slab의 상부 철근을 따라 concrete 타설 직후 1~3시간 내에 발생

Ⅱ. Tamping을 통한 침하균열 제거과정

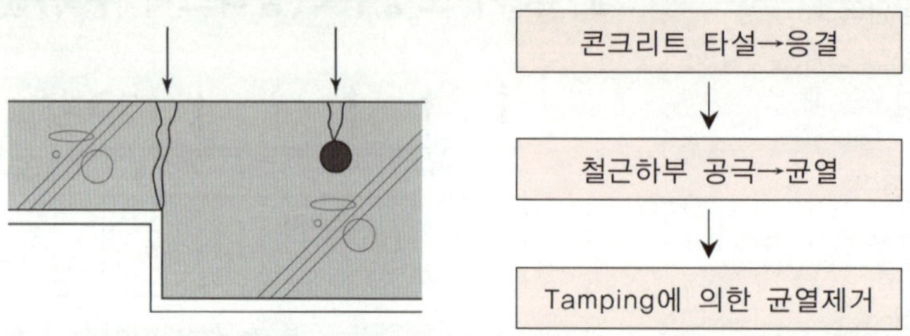

콘크리트가 굳기 전에 침하균열이 발생한 경우에는 즉시 다짐이나 재진동을 실시하여 균열을 제거

Ⅲ. 원 인

① 콘크리트 다짐과 마무리가 끝난 후 하중차이에 의해 발생
② 철근 직경이 클 경우
③ 슬럼프가 클 경우
④ 진동다짐이 충분하지 못할 경우
⑤ 철근 피복두께가 작을 경우

Ⅳ. 방지대책

① 진동다지기를 할 때에는 내부진동기를 하층의 콘크리트 속으로 0.1m 정도 찔러 넣는다.
② 내부진동기는 연직으로 찔러 넣으며, 삽입간격은 0.5m 이하로 한다.
③ 1개소당 진동 시간은 다짐할 때 시멘트풀이 표면 상부로 약간 부상하기까지로 한다.
④ 가능한 낮은 슬럼프의 콘크리트 사용
⑤ 침하가 완료되는 시간까지 타설시간 및 간격 조정
⑥ Tamping 실시

☆☆★ 3. 콘크리트의 성질

4-174	압축강도에 미치는 영향인자	
No. 382		유형: 성질·현상·지표

굳은 콘크리트성질

강도특성

Key Point

◪ 국가표준
- KCS 14 20 10
- KS F 2405

◪ Lay Out
- 압축강도에 영향을 미치는 인자

◪ 핵심 단어
- 구성재료의 물성
- 배합
- 혼합
- 다짐
- 양생

◪ 연관용어
- No. 350 양생

Ⅰ. 정 의

① Concrete의 압축강도에 미치는 중요 요인으로는 콘크리트 구성 재료의 물성과 품질, 물/결합재비, 공기량, 골재 등의 배합, 혼합, 다짐 등의 콘크리트의 초기 취급 및 시공방법, 양생, 온도조건 및 구조물 특성 등의 경화 콘크리트의 환경에 의해 좌우된다.
② 압축강도의 증진을 위해서는 구조물의 설계조건과 시공조건에 따라 철저한 품질관리가 필요하다.

Ⅱ. 압축강도에 영향을 미치는 인자

1. 구성재료의 영향

1) 시멘트

① 응결에 미치는 요인과 같이 시멘트의 조성, 입도, 물비, 수화온도 등의 요인이 큰 영향을 미친다.
② 시멘트 경화체는 미수화 시멘트 입자, 시멘트 겔, 공극 등 3부분으로 이루어지고, 그 양적 비율이 강도의 크기를 좌우한다.
③ 미분쇄한 시멘트는 물과의 접촉면적이 크기 때문에 수화도 빠르고, 특히 단기강도가 증가한다.
④ 미세한 시멘트는 골재와 균일하게 혼합되어 골재간 결합을 강하게 하기 때문에 강도는 증대

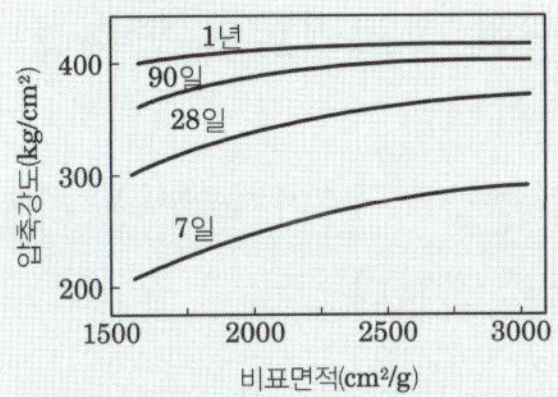

[시멘트의 분말도와 콘크리트 강도]

2) 굵은골재

① 골재에 부착되어 있는 점토 성분, 미립분 및 연질골재에 의해서 압축강도는 영향을 크게 받는다.
② 표면이 완전히 매끄러운 골재의 경우가 부순 굵은골재와 같이 표면이 매우 거친 골재의 경우보다 콘크리트의 강도를 10% 정도 감소
③ 굵은골재의 치수가 큰 것을 사용하게 되면 단위중량당 시멘트 풀과 접촉할 골재의 표면적이 감소하므로 소요수량이 적게 요구되고 물-시멘트비가 감소하면서 강도는 증가.
④ 골재의 입도가 작아지면 동일 slump를 유지하기 위한 단위수량이 증가하기 때문에 배합보정이 이루어지지 않으면 압축강도는 감소
⑤ 골재의 입형이 납작하거나 모가 나면 실적률도 작기 때문에, 세골재 특히 모래를 많이 필요로 하게 되고 단위수량이 증가하기 때문에 배합보정이 없으면 압축강도가 감소

내구성(durability)

- 구조물이 장기간에 걸친 외부의 물리적 또는 화학적 작용에 저항하여 변질되거나 변형되지 않고 소요의 공용기간 중 처음의 설계조건과 같이 오래 사용할 수 있는 구조물의 성능

3) 물

물의 양 뿐만 아니라 물에 포함된 불순물의 영향도 매우 크다. 또한 슬러지수 사용량 및 농도에 따라 콘크리트 압축강도에 영향을 준다.

굳은 콘크리트성질

• 빈배합과 부배합
– 빈배합의 경우 1㎥당의 단위 사용수량이 부배합의 경우보다 더 적어져 빈배합 콘크리트 내의 공극이 상대적으로 적게 되므로 강도가 증가한다는 의미는 건조되는 물의 양이 상대적으로 적으므로 공극발생량이 감소하여 강도가 증가된다는 의미이며, 빈배합 자체가 부배합보다 강도가 증가한다는 의미는 아니다.

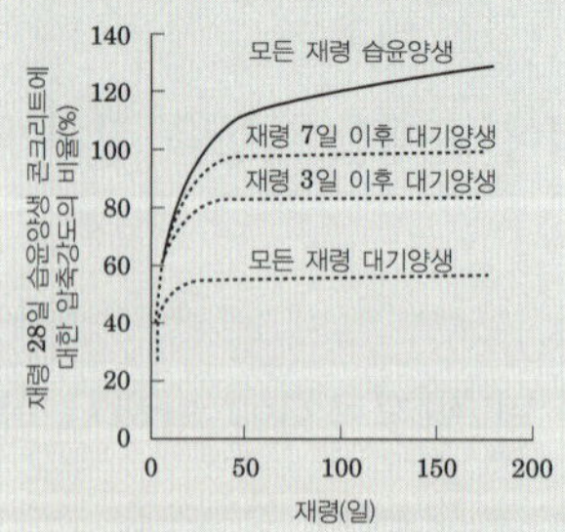

[강도에 대한 양생조건의 영향]

2. 콘크리트 배합의 영향

1) 물-시멘트비
① 다지기가 충분한 경우 물-시멘트비가 낮을수록 콘크리트강도는 증가
② 다지기가 충분하지 못하면 물-시멘트비가 낮더라도 강도가 감소

2) 부배합 및 빈배합
① 빈배합의 경우 물-시멘트비가 감소
② 콘크리트 $1m^3$당의 단위 사용수량이 부배합의 경우보다 더 적어져 빈배합 콘크리트 내의 공극이 상대적으로 적게 되므로 강도가 증가

3. 시공방법의 영향

1) 비비기 시간
① 비비기 시간이 길수록 시멘트와 물의 접촉이 좋아져 강도가 증가
② 빈배합일수록, 된반죽일수록, 골재치수가 작을수록 비비기 시간이 길게 요구된다.

2) 가수
① 가수량에 따라 강도가 감소
② $1m^3$에 25kg의 물을 추가하면 강도는 약 20% 감소하고, 50kg의 물을 가하면 40%의 강도감소를 초래

4. 양생

1) 습윤양생
① 동일한 물-시멘트비에서 180일간 습윤양생한 콘크리트의 압축강도는 대기양생한 경우보다 3배 정도 높게 나타난다.
② 콘크리트의 배합수는 수화반응에 필요한 수분보다 많기 때문에 타설 후 불투수성 막이 형성되면 강도발현이 우수해진다.

2) 양생기간
① 동일한 물-시멘트비에서 양생기간이 길어질수록 압축강도는 지속적으로 증가
② 단면이 얇은 콘크리트 부재 내부의 수분이 모세관공극으로부터 증발하여 손실된다면 강도는 재령이 경과해도 증가하지 않는다.

3) 양생온도
① 양생온도를 높이면 수화에 따른 화학반응을 촉진시켜 후기 재령에서의 강도에 나쁜 영향을 주지 않고 콘크리트 조기강도에 유리하게 영향을 준다. 그러나 콘크리트를 칠 때나 응결기간에서 높은 온도로 하면 초기강도는 증가하지만 대략 7일 이후의 강도에는 불리한 영향을 준다.
② 콘크리트는 타설온도보다 양생온도가 더 중요하므로 충분한 시간동안 특정 최소온도 이상을 유지해야 한다.

굳은 콘크리트성질

★★★ 3. 콘크리트의 성질 62.92.106.123

4-175	크리프(Creep) 현상	
No. 383		유형: 현상·결함·성질

변형특성

Key Point

◩ 국가표준

◩ Lay Out
- 변형과 시간과의 관계
- Creep에 영향을 주는 요인

◩ 핵심 단어
- 일정한 크기의 하중이 지속적으로 가해진 후
- 하중증가 없이 변형이 시간과 함께 증가

◩ 연관용어
- 응력과 변형률

응력과 변형률

- 상대적으로 저강도의 경우 응력이 작은 범위에서는 거의 직선적이며, 응력이 커짐에 따라 기울기가 완만해지면서 위로 볼록한 곡선이 되어 최대응력에 도달
- 응력의 종별 조건에 따라 다름 (1축, 2축, 3축, 압축, 인장, 휨, 비틀림, 전단)
- 하중조건: 순간적으로 작용하는 충격하중 반복하중, 지속적 하중에 따라
- 환경조건: 저온, 상온, 고온, 건조, 습윤조건

- 탄성계수
  - 골재와 시멘트 풀의 탄성계수에 의해 좌우되며, 골재의 탄성계수는 일정하게 유지되지만 물-시멘트비에 따라 시멘트 풀의 공극률이 변화하므로 시멘트 풀의 탄성계수가 달라지면 콘크리트 강도도 영향을 받는다.

Ⅰ. 정 의

① Concrete에 일정한 크기의 하중이 지속적으로 가해진 후 건습이나 온도변화에 의한 변형 이외에 하중의 증가 없이도 변형이 시간과 함께 증가하는 현상

② Creep 변형은 하중을 제거하게 되면 원래대로 회복되는 탄성변형보다 크며 지속응력의 크기가 정적 강도의 80% 이상이 되면 파괴현상이 발생하는데 이 파괴를 creep 파괴라고 한다.

Ⅱ. 변형과 시간과의 관계

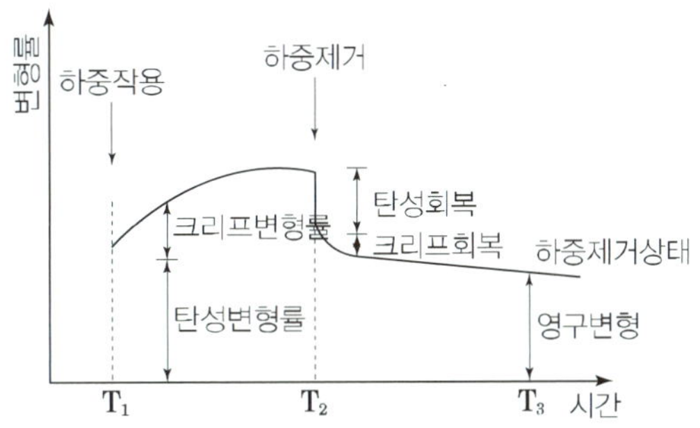

[Creep 변형-시간곡선]

Ⅲ. Creep에 영향을 주는 요인

요인	세부요인
콘크리트 성질	골재(종류, 물리적 성질, 콘크리트 중에 점유한 체적률), 시멘트와 물(시멘트의 종류와 물리적 성질, 시멘트 풀의 체적률, 물시멘트비), 혼화재료
콘크리트 제작 방법	비빔시간, 다짐방법
실험시의 콘크리트 상태	재령, 수화도, 양생방법, 함수량, 공시체의 형상, 치수
하중 조건	지속하중의 종류와 크기, 하중지속시간
환경 조건	온도, 습도, 공기의 흐름

① 물-결합재비가 클수록
② 재령이 짧을수록
③ 부재의 치수가 작을수록
④ 재하응력이 클수록
⑤ 대기의 습도가 작을수록
⑥ 대기의 온도가 높을수록

굳은 콘크리트성질

변형특성

Key Point

◩ 국가표준

◩ Lay Out
- 건조수축을 발생시키는 힘
- 건조수축과 크리프에 영향을 미치는 인자
- 건조수축균열 발생원인
- 건조수축 저감방안
- 건조수축 균열 Mechanism
- 수축의 종류

◩ 핵심 단어
- 시멘트에 흡착된 수분의 경화로 건조 후 방출

◩ 연관용어
- No. 376 수분증발률
- No. 380 소성수축
- No. 386 모세관 공극
- Expansion Joint
- Delay Joint

비가역성 수축

- 건조된 시편에 가습을 하게 되면 팽창이 발생하지만 그 팽창량은 이미 발생된 수축량보다 작으며, 이렇게 회복되지 못하는 수축량은 초기 건조수축량과 시간에 비례하여 증가한다. 이렇게 회복되지 않는 건조수축을 비가역성 수축이라고 한다. 초기 건조수축에서만 발생

★★★ 3. 콘크리트의 성질 98

4-176	콘크리트의 건조수축(체적변화)/균열	
No. 384	drying shrinkage	유형: 현상·결함·성질

Ⅰ. 정 의

① Concrete가 수화된 시멘트에 흡착되었던 수분이 응결 및 경화 후 concrete의 건조에 의해 함유된 수분을 방출함으로써 체적(volume)이 감소 혹은 수축하는 현상

② 건조수축에 의해 concrete의 체적이 감소 혹은 수축하면 concrete 속의 철근이 이를 억제하기 때문에 concrete에는 인장응력이 발생하고, 이 응력으로 인한 균열이 발생한다.

Ⅱ. 가역성 건조수축을 발생시키는 힘

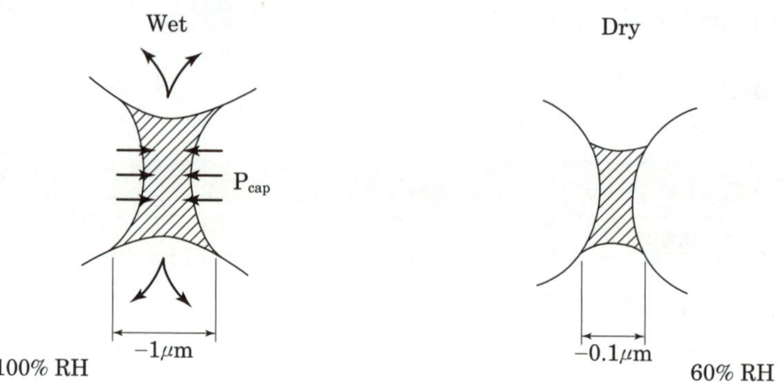

[모세관 응력 capillary pressure]

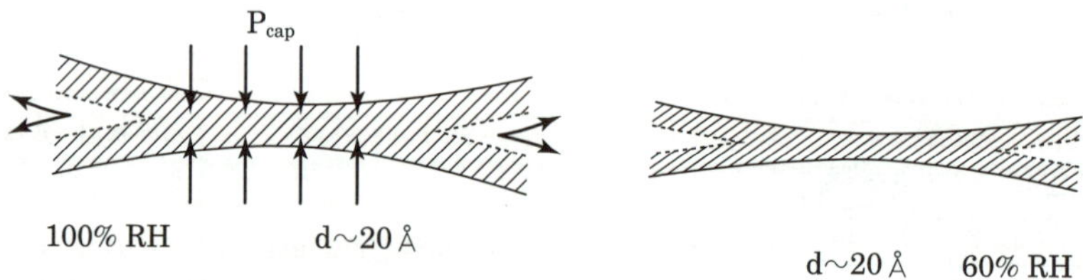

[이완응력 disjoining pressure]

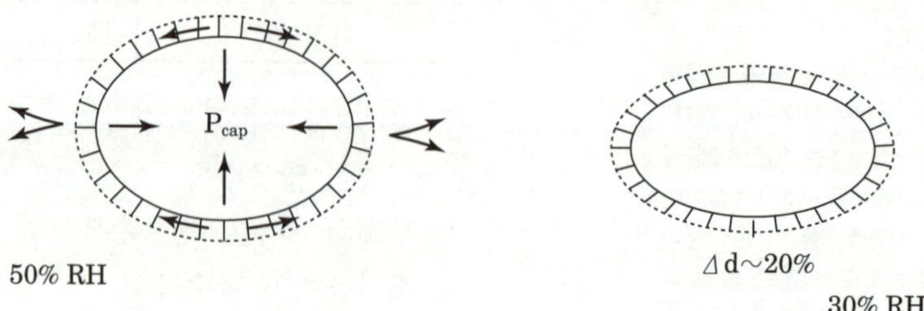

[표면장력 surface tension]

굳은
콘크리트성질

공극

- C-S-H겔은 시멘트입자를 둘러싼 솜털처럼 보이는 평균 길이 1μm, 두께 30Å 정도인 콜로이드 크기의 매우 작은 입자로서, 크기가 작기 때문에 비표면적이 커서 표면에 다량의 물을 흡착하고 있으며, 이 흡착된 수분이 증발할 때 건조수축이 발생한다.
- 상대습도 45% 이하의 건조한 상태에서만 증발한다.
- 수화된 시멘트 입자 사이에 형성되는 보다 큰 공극이 모세공극이다. 모세공극에서 수분 손실이 일어나는 경우 수분 손실량에 비례하는 상당한 수축이 발생한다.

1) 모세 응력–capillary pressure

① 작은 모세 공극 안의 수분은 공극 내벽에서 존재하는 표면 장력의 상호작용 영향을 받는다.

② 수분의 증발이 발생하게 되면 곡면의 크기가 작아지면서 입자들이 가까워지게 되므로 외형적으로 수축이 발생하게 된다.

③ 건조가 더욱 진행되어 모세곡면을 형성하지 못할 정도가 되면 인접한 입자들이 벌어지면서 더 이상 수축력을 발휘하지 못하게 된다.

2) 이완 응력–disjoining pressure

① 이완응력에 의한 건조수축은 상대습도 45% 이하에서 10% 범위에 주로 발생

② C-S-H겔 표면에 흡착되는 수분의 양과 두께는 상대습도가 증가할수록 증가하게 된다.

③ C-S-H겔과 같은 콜로이드 크기의 입자는 인접한 입자들끼리 서로 끌어당기는 반데르발스력이 작용하고 있는 동시에 친수성 물질이기 때문에 물분자를 끌어당기는 힘도 작용하고 있다.

④ 흡착된 수분이 주변의 입자들을 밀어내는 힘이 이완응력이다.

⑤ 물분자를 흡착하는 힘과 입자들 사이의 인력이 서로 평행을 이루는 상태에서 정지된다.

3) 표면 장력–surface tension

① 상대습도가 10% 이하로 떨어지면 고체의 표면장력에 의하여 추가 수축력이 작용한다.

② 고체의 표면을 물분자가 둘러싸고 있는 경우에는 입자의 표면에 액체의 표면장력이 작용하고 이 장력에 의하여 고체는 수축력을 받게 된다.

③ 고체의 표면장력이 액체의 표면장력보다 크므로 수분 증발은 시멘트 수축을 가져오게 된다.

④ 고체표면에 흡착된 수분이 증발하면 고체 자체의 표면장력에 의하여 증가된 수축력에 의한 건조수축이 발생하게 된다.

굳은 콘크리트성질

건조수축 메커니즘

- 시멘트의 미세조직
  - 수화된 시멘트의 주성분은 C-S-H겔과 수산화칼슘(Calcium Hydroxide)인데, 수산화칼슘은 결정질 물질로서 물에 쉽게 녹으며, 팽창압이 없기 때문에 건조수축에는 거의 영향을 미치지 못하는 물질이다.
  - 건조수축과 Creep에 영향을 미치는 물질은 C-S-H겔이다. 크기가 작기 때문에 비표면적이 커서 표면에 다량의 물을 흡착하고 있으며, 흡착된 수분일 증발할 때 건조수축이 발생한다.
- 시멘트 내의 물 (No.386 모세관 공극 참조)
  - 결정수, 겔공극수, 모세공극수, 자유수

포졸란계 혼화재

- 일반적으로 둥근 모양의 Fly ash 입자는 시멘트풀의 유동성을 개선시키며, 소요의 슬럼프를 확보하기 위한 콘크리트의 단위수량을 감소시킨다. 하지만 탄소량이 많은 플라이애시는 거친 입자의 함유비율이 높아 일반적으로 단위수량을 증가시키는 경우가 많으므로 잘 정제된 고품질의 플라이애시 사용을 해야 한다.

Ⅲ. 건조수축과 크리프에 영향을 미치는 인자

분야	인자	관련인자
노출조건(환경)	기후	상대습도, 온도, 풍속
	기간	건조기간, 건조시점
재료	시멘트	화학성분, 분말도
	골재	골재량(골재율), 골재 강성, 체적-표면적비
	혼화재	유동화제, 포졸란, 고로슬래그, 경화촉진제
배합	물-시멘트비	단위수량, 단위시멘트량
양생	양생조건	양생온도, 양생기간(재령), 증기양생, 습윤양생
부재형상	구속력	부재크기, 두께
기타	품질관리	공극률, 균열, 다짐 정도

Ⅳ. 건조수축균열 발생원인

① 분말도가 높은 시멘트
② 흡수율이 큰 골재
③ 단위수량이 클수록
④ 잔골재율이 클수록
⑤ 온도가 높고 습도가 낮을수록

Ⅴ. 건조수축 저감방안

① 적정 분말도 확보(2,800~3,200cm^2/g)
② 골재의 흡수율이 작을수록
③ 단위수량 작게
④ 잔골재율 줄인다.
⑤ 가수 금지
⑥ 수축조절 줄눈, Delay Joint 시공
⑦ 습윤양생 실시

Ⅵ. 건조수축 균열 Mechanism

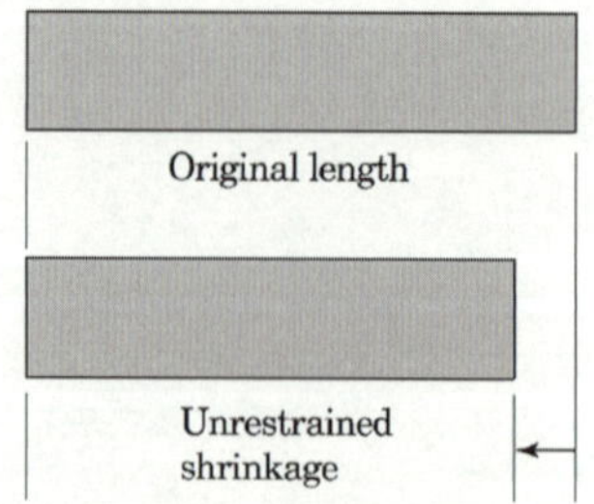

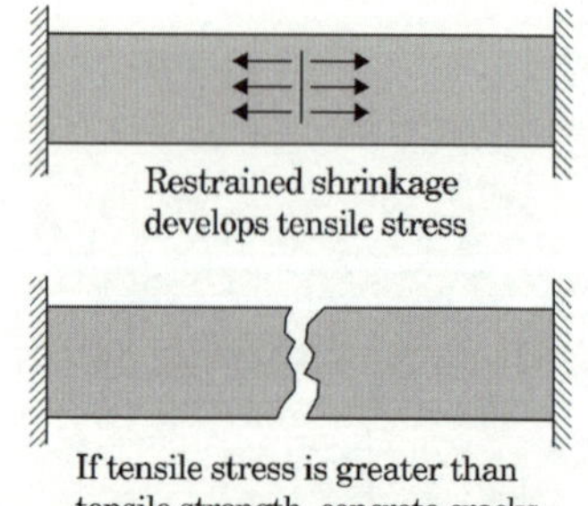

수축현상이 외부조건에 의해 구속되었을 때 인장응력이 유발되어 발생

Ⅶ. 수축의 종류

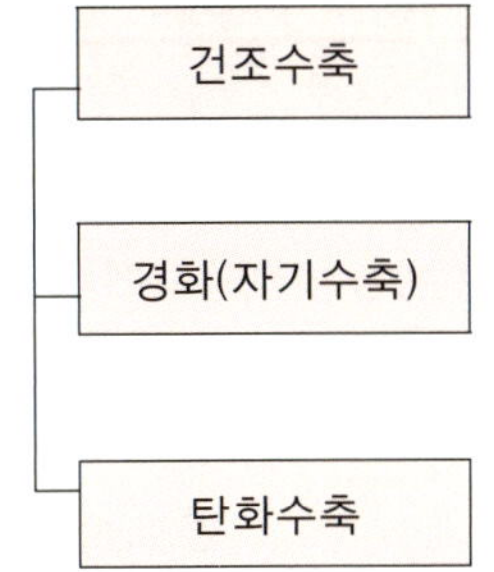

- 시멘트 수화물 내에 존재하는 수분이 장기간에 걸쳐 증발하면서 발생하는 수축
- 시멘트의 화학반응 결과물인 시멘트 수화물의 체적이 시멘트와 물의 체적 합보다 작기 때문에 발생하는 수축
- 시멘트 경화체 내의 수산화칼슘이 공기 중의 이산화탄소와 반응하여 분해되면서 수축

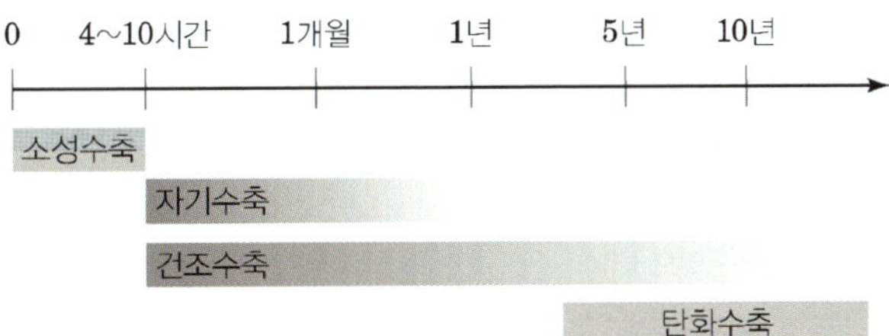

굳은 콘크리트성질

변형특성

Key Point

◪ 국가표준

◪ Lay Out
- Mechanism
- 영향을 미치는 요인
- 저감대책

◪ 핵심 단어
- What: 초결 이후
- Why: 체적이 감소하여 수축
- How: 수화반응에 의해 내부에 건조진행

◪ 연관용어
- No. 376 수분증발률
- No. 380 소성수축
- 공극

★★★ 3. 콘크리트의 성질 92.113.133

4-177	콘크리트 자기수축	
No. 385	autogenous shrinkage	유형: 현상·결함·성질

Ⅰ. 정 의

① Concrete의 초결 이후 시멘트 수화반응에 의해 내부에 건조가 진행되어 콘크리트, 모르타르 및 시멘트페이스트의 체적이 감소하여 수축하는 현상
② 하중, 온도, 습도 등 외부의 영향에 의하지 않고 콘크리트의 체적 변화

Ⅱ. 자기수축의 Mechanism

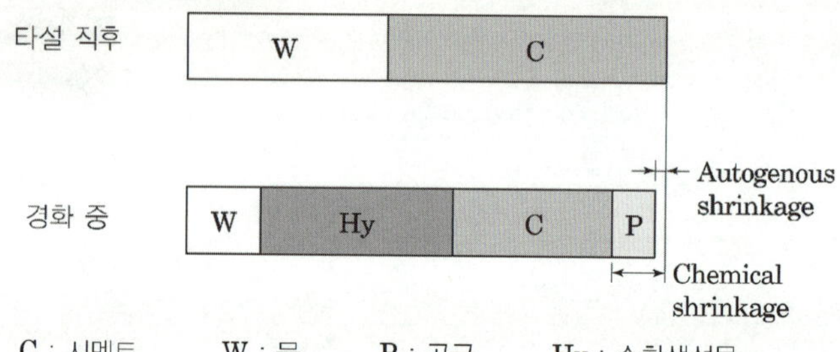

양생기간 동안 추가 수분 공급이 없는 경우는 외부로의 수분 유출이 없어도 수화반응에 의해 내부에서 건조가 진행된다.

Ⅲ. 자기수축에 영향을 미치는 요인

① 시멘트 종류: 저열시멘트 < 중용열 포틀랜드 시멘트 < 보통 포틀랜드 시멘트 < 조강 포틀랜드 시멘트
② 배합설계: 물-결합재비가 작은 고강도 콘크리트에서 자기수축이 커진다.
③ 혼화재료: 고로슬래그 및 실리카 퓸은 자기수축이 커지며, 플라이애시는 감소
④ 양생: 초기 콘크리트 타설온도가 높을수록 자기수축이 커진다.

Ⅳ. 저감대책

① 시멘트: 수화열이 적은 중용열 포틀랜드 시멘트 사용
② 혼화재료: 팽창재, 수축 저감제 사용
③ 콘크리트 용도 및 기온에 따른 배합설계의 최적화
④ 양생: 습윤양생 실시

☆★★ 3. 콘크리트의 성질 100

4-178	콘크리트의 모세관 공극	
No. 386	concrete void	유형: 현상·결함·성질

굳은 콘크리트성질

변형특성

Key Point

◪ 국가표준

◪ Lay Out
- 개념도
- 겔에 흡착된 물

◪ 핵심 단어
- What: C-S-H겔
- Why: 수화물에 의해 충전되면서 남은 공극
- How: 수화된 시멘트입자 사이에 흡착된 물이 수화가 진행

◪ 연관용어
- 수화반응
- 건조수축

모세공극

- 모세공극은 구성 재료들 틈새에 형성되는 것으로서 충분히 다져진 콘크리트의 경우에도 모세공극이 형성되는 것을 피할 수 없다.
- 모세공극은 다량의 수분을 포함하고 있으며, 상대습도, 40% 이상에서 증발하지만 수분 손실에 따른 수축력은 중간 정도의 크기를 갖는다.
- 자체에 내포된 수분이 증발하기도 하지만 시멘트 수화물의 내부에 존재하는 물을 이동시키는 통로 역할을 함으로써 전체적인 건조수축량을 증가시키는 동시에 건조수축의 비균질성을 완화시키는 기능을 한다.

Ⅰ. 정 의

① C-S-H겔은 시멘트입자를 둘러싼 솜털처럼 보이는 평균 길이 1μm, 두께 30Å 정도인 콜로이드 크기의 매우 작은 입자로서, 수화된 시멘트 입자 사이에 흡착된 물이 수화가 진행되면서 수화물에 의해 충전되면서 구성 재료들 틈새에 형성되는 공극

② C-S-H겔은 크기가 작기 때문에 비표면적이 커서 표면에 다량의 물을 흡착하고 있으며, 이 흡착된 수분이 증발할 때 건조수축이 발생한다.

Ⅱ. 시멘트 수화물 중 C-S-H겔 결정과 물의 개념도

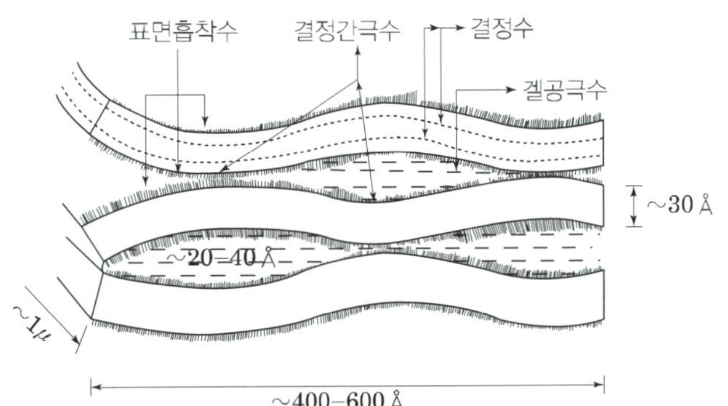

Ⅲ. C-S-H겔에 흡착된 물

① 결정수: 화학적으로 결합된 물로서 고온으로 가열되기 전에는 증발하지 않기 때문에 건조수축과는 무관한 물이나 그 양은 시멘트 무게의 24%로 항상 일정하다.

② 겔공극수: 겔표면으로부터 13Å 이내의 거리에 있는 물로서 시멘트 수화물의 인력 영향권 내에 있기 때문에 일반적인 물과는 전혀 다른 특성을 가지며, 상대습도가 45% 이하는 경우에만 증발되기 시작하고 물의 양은 시멘트 무게의 18%로 항상 일정하다.

③ 모세공극수: C-S-H겔 표면으로부터 13Å과 1mm 사이의 거리에 위치한 물로서 상대습도 45% 이상에서도 증발되기 때문에 건조수축에 가장 많은 영향을 주는 물이다.

④ 자유수: 콘크리트 내에 존재하는 1mm 이상의 커다란 공극에 존재하는 물로서 수분이 증발해도 건조수축에는 거의 영향을 미치지 않는 물

굳은 콘크리트성질

내구성 및 열화

Key Point

◩ 국가표준
- KCS 14 20 10
- KS F 4009

◩ Lay Out
- 열화의 진행과정
- 염해방지대책
- 염분 함유량
- 부식에 미치는 영향

◩ 핵심 단어
- What: 염화물
- Why: 팽창압으로 성능 저하
- How: 철근부식으로 체적 팽창

◩ 연관용어
- No. 254~256 철근 부식
- No. 362 염분함량 기준

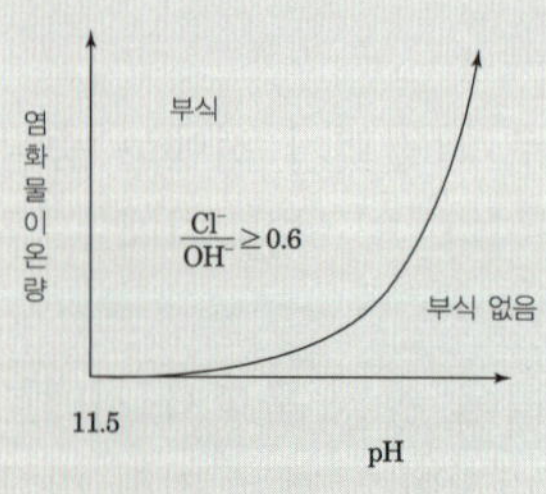

[염화물이온과 pH가 부식발생에 미치는 영향]

염화물 함유량 기준

- 해사: 염분의 한도 0.04% 이하
- 콘크리트 배합수: 염소 이온(Cl^-)량 250(mg/L) 이하
- 콘크리트: 염소이온량(Cl^-)으로 0.30kg/m^3 이하

★★★ 3. 콘크리트의 성질

4-179	염해	
No. 387	chloride attack	유형: 현상·결함·성질

Ⅰ. 정 의

Concrete 중에 존재하는 염화물(CaCl) 혹은 염화물 이온(Cl^-)에 의해 철근이 부식하면서 체적이 팽창(약 2.6배)하고 이 팽창압으로 concrete에 여러 가지 성능을 저하시키는 현상

Ⅱ. 염해 열화의 진행과정

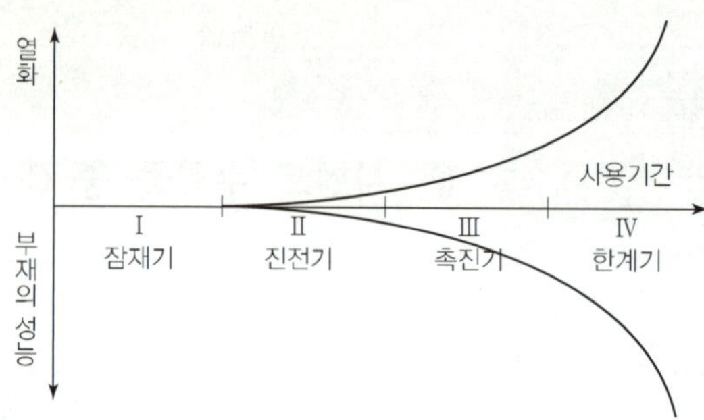

- 잠재기(Δt_1): 외부 염화물이온의 침입 및 철근근방에서 부식발생 한계량까지 염화물이온의 축적단계
- 진전기(Δt_2): 강재의 부식 개시로부터 부식균열 발생까지의 기간
- 촉진기(Δt_3): 부식균열 발생 이후 부식속도가 증가하는 기간
- 한계기(Δt_4): 부식량이 증가하여 부재로서의 내하력에 영향을 미치는 단계
- 부식인자: Cl^-와 OH^-의 농도비, 염화물 이온량, 환경조건(온도, 습도, 건조, 습윤의 정도)

Ⅲ. 염해 방지대책

항목	내용
환경으로부터 부식성 물질 제거	온도·습도제어, 탈염 및 탈수
배합	1m^3 중의 염화물량은 염소이온으로서 0.3kg 이하
	물시멘트비 55% 이하
	방청제는 KS F 2561의 규정에 적합
철근	최소피복두께 확보
	에폭시 수지 도장 철근
시공	허용 균열폭
제어 및 제거	전위제어(전기방식 공법), 탈염공법(염소이온 제거)
마감	에폭시 등의 레진콘크리트, 균열억제제 사용

★★★ 3. 콘크리트의 성질 79

4-180	탄산화	
No. 388	carbonation	유형: 현상·결함·성질

굳은 콘크리트성질

내구성 및 열화

Key Point

◩ 국가표준

◩ Lay Out
- 탄산화
- 방지대책

◩ 핵심 단어
- What: 수화반응
- Why: 알칼리성을 상실
- How: 수산화칼슘+탄산가스 반응으로 탄산칼슘으로 변하면서

◩ 연관용어
- No. 254~256 철근 부식
- No. 362 염분함량 기준

중성화 속도 영향요인

- 시멘트 및 골재의 종류
- 혼화재료
- 양생조건
- 환경조건
- 표면마감재의 종류

Ⅰ. 정 의

① 시멘트의 수화반응으로 발생한 수산화칼슘이 대기 중의 탄산가스와 반응하여 탄산칼슘으로 변하면서 concrete가 alkali성을 상실하고 중성화하는 현상

② 수산화칼슘은 pH12~13 정도의 강알칼리성을 나타내며, 약산성의 탄산가스(약0.03%)와 접촉하여 탄산칼슘과 물로 변화한다. 탄산칼슘으로 변화한 부분의 pH가 8.5~10 정도로 낮아지는 것으로 인하여 탄산화로 불린다.

Ⅱ. 탄산화

1) 탄산화의 진행에 따른 구조물의 수명

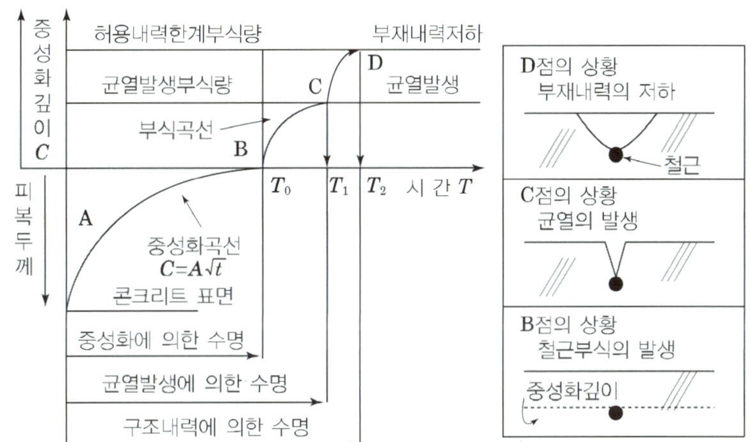

[탄산화의 진행 및 철근 부식에 따른 구조물의 수명]

여기에서, t_1은 탄산화 깊이가 철근의 표면에 도달하는 시점
t_2를 콘크리트 수명 산정점으로 정의

2) 탄산화의 메커니즘 및 속도

$Ca(OH)_2+CO_2 \rightarrow CaCO_3+H_2O$

수산화칼슘은 pH12~13 정도의 강알칼리성을 나타내며, 약산성의 탄산가스(약0.03%)와 접촉하여 탄산칼슘과 물로 변화한다. 탄산칼슘으로 변화한 부분의 pH가 8.5~10 정도로 낮아지는 것으로 인하여 탄산화로 불린다.

굳은 콘크리트성질

① 탄산화 깊이와 경과년수와의 관계식

$X = R\sqrt{t}$

여기서, X: 기준이 되는 콘크리트 탄산화 깊이(cm)

t: 경과년수(년)

R: 시멘트, 골재의 종류 환경조건, 혼화재료, 표면마감재 등의 정도를 나타내는 상수로서 실험에 의하여 구할 수 있음

② 콘크리트 종류를 변수로 한 탄산화율을 도입한 속도식

물 - 시멘트비가 60% 이상인 경우

$$t = \frac{0.3(1.15 + 3W)X^2}{R^2(W - 0.25)}$$

물 - 시멘트비가 60% 이하인 경우

$$t = \frac{7.2X^2}{R^2(4.6W - 1.76)^2}$$

여기에서, W: 물-시멘트비

X: 탄산화 깊이(cm)

t: 기간(년)

R: 탄산화율($= r_c \times r_a \times r_s$)

$r_c \times r_a \times r_s$:시멘트, 골재, 혼화제[1]의 종류에 관한 상수

1) 일본 논문자료 인용

- AE제
- AE감수제

Ⅲ. 탄산화 방지대책

항목	내용
재료	양질의 골재
배합	물-시멘트비를 가능한 작게
시공	균열발생 최소화
철근	최소 피복두께 준수
마감	탄산화 억제효과가 큰 투기성이 낮은 마감재 사용
균열발생 시	피복 콘크리트를 제거하고 철근의 녹 털어내기를 한 후 콘크리트를 보수한 다음 철근부식 억제를 위한 마감

굳은 콘크리트성질

☆☆★ 3. 콘크리트의 성질 99

4-181	알칼리(Alkali) 골재반응	
No. 389		유형: 결함·현상

내구성 및 열화

Key Point

◪ 국가표준

◪ Lay Out
- Mechanism
- 종류
- 발생원인
- 방지대책

◪ 핵심 단어
- What: 알칼리 이온과 실리카 성분의 결합
- Why: 국부적인 팽창압력
- How: 주위의 수분을 흡수

◪ 연관용어
- No. 254~256 철근 부식
- No. 362 염분함량 기준

피해
- 콘크리트의 팽창으로 균열 발생
- 압축강도 및 인장강도 저하
- 백화발생

Ⅰ. 정 의

Cement중의 알칼리이온이 골재 중의 비결정질 실리카 혹은 열역학적으로 불안정한 실리카 성분과 결합하여 알칼리-실리카겔(Alkali-Silica Gel)을 형성하고, 이 겔이 주위의 수분을 흡수하여 콘크리트 내부에 국부적인 팽창압력을 유발하는 반응

Ⅱ. 알칼리-실리카 반응의 Mechanism

$SiO_2+2NaOH+nH_2O$ → $Na_2SiO_3 \cdot n \cdot H_2O$ → 팽창

$Na_2SiO_3 \cdot nH_2O$ → $Ca(OH)_2$ → $CaSiO_3 \cdot nH_2O+2NaOH$ → 팽창

시멘트의 알칼리반응성 골재에의 확산 → 골재의 표면에 림(rim)이라 불리는 알칼리-실리케이트겔의 반응층이 형성되고 내부에 생성물 침입 → 반응층의 팽창압으로 골재 주변에 미소균열 발생

Ⅲ. 종 류

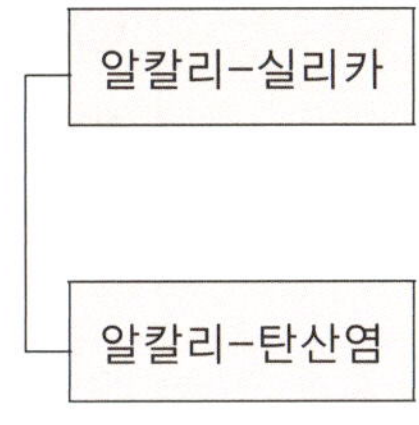

골재 중의 비결정질 실리카 혹은 열역학적으로 불안정한 실리카 성분과 결합하여 알칼리-실리카겔을 형성하고, 이 겔이 국부적인 팽창압력을 발생

돌로마이트질 석회암이 알칼리 이온과 반응하여 그 생성물이 팽창하거나 암석 중에 존재하는 점토광물이 수분을 흡수·팽창하여 콘크리트에 균열 발생

Ⅳ. 발생원인

① 알칼리 반응성 물질(Silica, 황산염)의 양이 많은 경우
② 시멘트 중의 수산화알칼리용액의 양이 많은 경우
③ 단위시멘트량이 많은 경우

Ⅴ. 방지대책

항목	내용
골재	알칼리 반응성이 없는 골재 사용
시멘트	등가알칼리량이 0.6% 이하인 저알칼리 시멘트 사용 고로슬래그시멘트, 플라이애시시멘트 사용
알칼리량	알칼리 총량을 콘크리트 $1m^3$당 3kg 이하로 제한
마감	수밀성이 높은 마감

★★★ 3. 콘크리트의 성질

4-182	동결융해	
No. 390		유형: 성질·현상

굳은 콘크리트성질

내구성 및 열화

Key Point

◪ 국가표준

◪ Lay Out
- Mechanism
- 종류
- 발생원인
- 방지대책

◪ 핵심 단어
- What: 수분이 결빙점 이상과 이하를 반복
- Why: 동결팽창에 의해 수분이 동결하면 물이 약 9% 팽창
- How: concrete에 팽창균열·박리·박락 등의 손상

◪ 연관용어
- No. 367~369 Scaling Pop out Blister

동해열화의 형태와 진행

- 박락(Spalling)
- Pop out
- 표면박리(Scaling)

원인

- 흡수율이 큰 골재 사용
- 물-결합재비가 큰 경우
- 양생불량
- 저온에서 타설

Ⅰ. 정 의

① Concrete 중에 존재하는 수분이 결빙점 이상과 이하를 반복하며, 동결팽창에 의해 수분이 동결하면 물이 약 9% 팽창하며, 이 팽창압으로 concrete에 팽창균열·박리·박락 등의 손상을 일으켜 concrete 내구성이 저하되는 현상

② AE제, AE감수제를 사용하여 적당량의 공기를 연행시키며, W/C비를 55% 이하로 작게 하여 조직이 치밀한 concrete로 배합설계하고 2℃ 이하에서는 concrete 타설을 금지하며, 타설 및 다짐은 균일하고 밀실하게 한다.

Ⅱ. 동결융해 발생 Mechanism

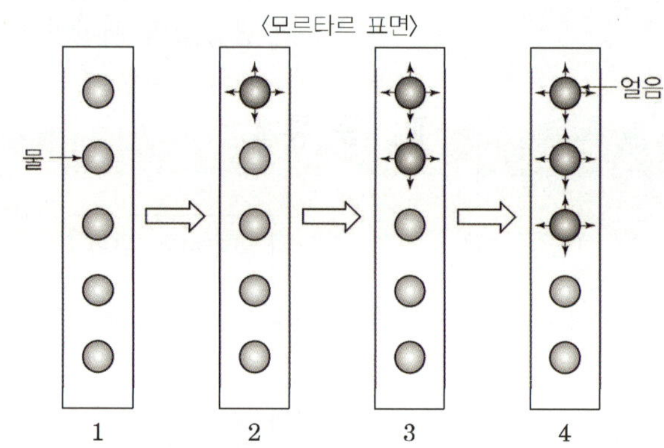

[콘크리트에서 수분동결 과정]

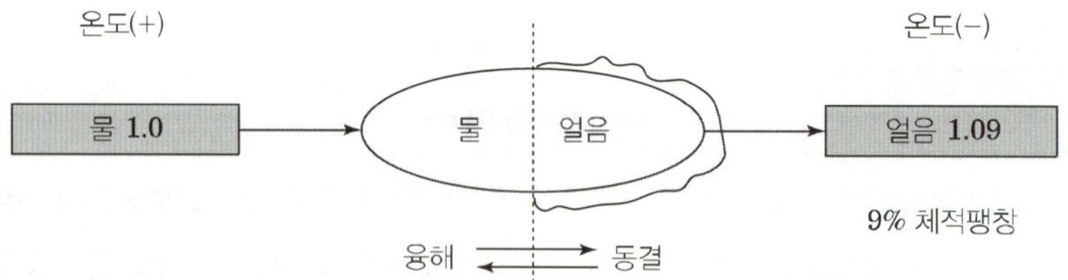

Ⅲ. 방지대책

① 콘크리트에 적정량의 AE제를 첨가하여 Ball Bearing 작용으로 팽창력을 흡수

② 단위수량을 줄이고, W/B 비를 작게 한다.

③ 콘크리트의 수밀성을 좋게 하고 물의 침입방지

④ 저 알칼리형 시멘트 사용

균열

균열

Key Point

- 국가표준
- Lay Out
  - 균열의 종류
  - 균열의 검사
  - 균열원인과 방지대책
  - Deck Plate 위 콘크리트 균열
  - 균열의 평가
  - 보수보강
- 핵심 단어
- 연관용어

★★★ 4. 균열

4-183	콘크리트의 균열	
No. 391		유형: 결함·현상

Ⅰ. 정 의

① 콘크리트 구조물에 발생하는 균열은 그것이 구조적·비구조적인 원인에 의한 것이건, 또는 재료, 시공, 구조, 환경적 원인에 의한 것이건 간에 대개는 2가지 이상의 원인이 복합되어 나타나는 것이 일반적이다.

② 균열의 원인을 정확히 이해해야 보수대책을 수립할 때 원인과 그로 인한 영향(거동)을 반영할 수 있다.

Ⅱ. 균열의 종류

1) 구조적인 균열

- 구조적 균열
  - 구조물이나 구조부재가 각종 작용하중의 영향으로 발생
  - 설계오류, 설계하중을 초과하는 외부하중, 단면부족, 물리적인 손상, 철근 부식으로 인한 성능저하
- 비구조적 균열
  - 구조물의 안전성 저하는 없으나 내구성, 사용성 저하를 초래할 수 있은 균열
  - 급속한 건조에 의한 소성수축 균열, 건조수축 시 구속에 의한 균열, 수화열에 의한 온도응력, 철근의 피복두께 부족, Cold Joint

2) 콘크리트 경화에 따른 균열

- 미경화 Con'c균열
  - 소성수축 균열
  - 침하균열
- 경화 Con'c균열
  - 건조수축으로 인한 균열, 열응력으로 인한 균열
  - 화학적 반응으로 인한 균열, 자연의 기상작용으로 인한 균열
  - 철근 부식으로 인한 균열, 시공불량으로 인한 균열, 시공 시의 초과 하중으로 인한 균열, 설계오류로 인한 균열, 외부작용하중으로 인한 균열

Ⅲ. 균열의 검사

① 육안검사
② 비파괴 검사
③ 코어검사

균열

Ⅳ. 균열원인과 방지대책

구분	소분류	원인	방지대책
설계단계	온도균열, 수축균열	• 부재의 대단면 • 건조수축 대비 조인트 설계 미흡	• 부재 단면 축소 • E.J 및 D.J • 최소 철근량의 배치
	철근부식에 의한 균열	• 피복두께 부족	• 최소 피복두께 준수
	휨균열	• 전단 보강근 미시공	• 전단 보강근 시공
재료	(재료) 시멘트 골재	• 시멘트 이상응결 • 시멘트 수화열 • 골재에 함유되어 있는 분말 • 저품질의 골재 • 반응성 골재	• 최적정재료 선정(시멘트 및 골재) • 중용열 시멘트, Fly Ash사용 • 단위수량 및 단위시멘트량 적게
	콘크리트	• 콘크리트에 포함된 염화물 • 콘크리트의 침하·블리딩 • 콘크리트의 건조수축	
시공	(콘크리트) 비비기 운반 다져넣기 다짐 양생 이어치기	• 혼화재료의 불균일한 분산 • 장시간 비비기 • 펌프압송시 배합의 변경 • 다져넣기 순서 부적절 • 불충분한 다짐 • 경화전 진동과 재하 • 초기양생중의 급격한 건조 • 초기동해 • 부적당한 이어치기의 처리	• 배합기준 준수 • 타설소요시간 및 현장여건 파악공 구별/ 부위별 속도조정 • 높이 1.5m 이하 • 진동기는 0.1m 정도 찔러 넣고 0.5m 이하의 간격으로 다짐 • Tamping실시 • 이음부위 레이턴스 제거, 수밀성 유지
	철근	• 배근의 흐트러짐 • 피복두께 부족	• 최소 피복두께 준수
	거푸집	• 거푸집의 변형 • 누수 • 거푸집의 초기제거 • 지보공의 침하	• 긴결재 강도유지 • 동바리 간격유지 • 존치기간 준수
사용·환경	(물리적) 온도 · 습도	• 환경온도·습도의 변화 • 부재양면의 온도·습도의 차이 • 동결융해의 반복화재 • 표면가열	• 표면보양 및 비닐보양(수분증발 방지) 후 살수 • 타설 후 3일 이상 충격, 진동방지 • 최소 5일 • 5℃ 이상 유지
	화학적	• 산·알칼리 등의 화학작용 • 중성화에 의한 내부 철근의 녹 • 침입 염화물에 의한 내부 철근의 녹	• 콘크리트 수밀성 유지
구조·외력	하중	• 설계하중 이내 및 초과의 영구하중 ·장기하중·동적하중·단기하중	
	구조설계	• 단면·철근량 부족	
	지수조건	• 구조물의 부동침하 • 동상	• E.J 및 D.J

균열

V. Deck Plate에서 균열

1) 균열발생 요인

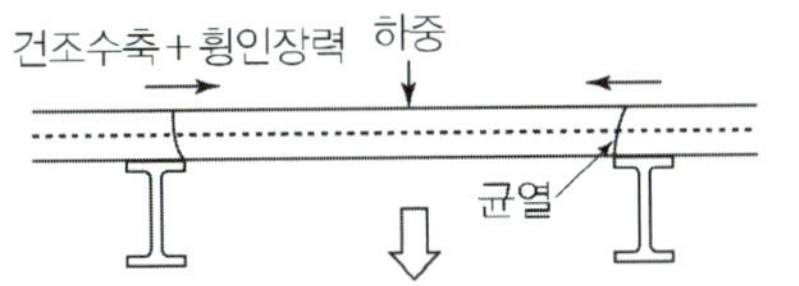

[건조수축과 활하중에 의한 인장력]

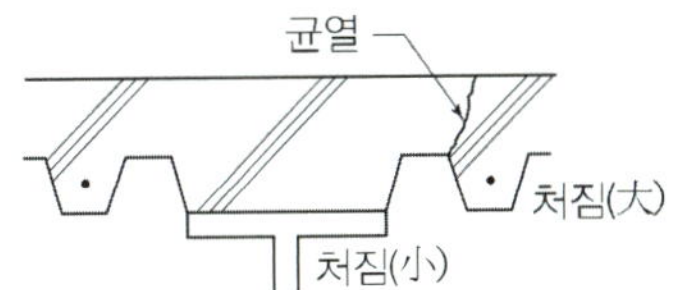

[리브 머리 부분의 균열]

① 1방향 Slab: 단순지지에 따른 Slab 초기 처짐 발생
② 1방향 Slab의 적은 철근량으로 구속력이 부족
③ 잉여수가 빠지기 곤란
④ 공사 중 진동에 따른 구조적 균열
⑤ 단면요철이 있는 Deck Plate는 얇은 단면부에 균열발생

2) 균열 억제대책

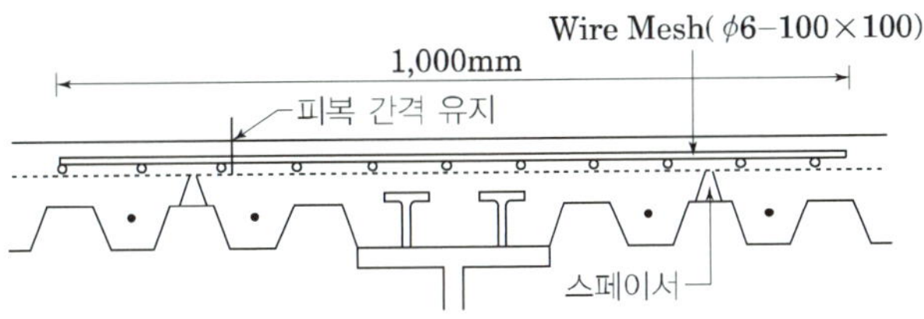

① Girder위에 Wire Mesh 설치
② Bleeding 수(水) 제거
③ 표면 마감은 제물마감시공
④ W/C비가 낮은 Concrete 타설
⑤ 살수양생으로 급격한 건조방지
⑥ Concrete 두께 100mm 이상 타설

Ⅵ. 균열의 평가

1) 재료적 성질에 관계된 요인

구분		발생시기	규칙성	형태	변형원인
1	시멘트의 이상응결	24시간 이내	무	표층	수축
2	콘크리트의 침하	24시간 이내	유	표층	침하
3	시멘트의 수화열	5~6일 혹은 수개월	유	표층·관통	수축
4	시멘트의 이상팽창	수개월	무	표층·관통	팽창
5	골재에 함유되어 있는 점토	5~6일 또는 수개월	무	표층·망상	수축
6	반응성 골재의 사용	2~10년	무	표층·망상	팽창
7	콘크리트 건조수축	2~3일 이상	유	표층·망상	수축

균열

2) 시공에 관계된 요인

	구분	발생시기	규칙성	형태	변형원인
1	혼화재의 불균일한 분산	수개월	무	망상	수축·팽창
2	장시간의 비빔	24시간 이내 혹은 수개월	유	표층·망상·관통	수축
3	압송 시 시멘트량	24시간 이내 혹은 수개월	유	표층·망상·관통	수축
4	잘못된 타설순서	24시간 이내 혹은 수개월	유·무	관통	침하·전단
5	급속한 타설속도	24시간 이내	무	표층	침하
6	불충분한 다짐	수개월	무	표층	휨·전단
7	부적당한 이어치기	24시간 이내 혹은 수개월	유·무	관통	휨·전단
8	거푸집 배부름	24시간 이내	무	표층	침하
9	거푸집에서 누수	24시간 이내	유	표층	수축
10	지보공의 침하	24시간 이내 혹은 2~3일	유	표층·관통	침하
11	거푸집의 조기제거	5~6일	유	표층	수축
12	경화전의 진동이나 재하	24시간 이내	무	표층	침하·휨
13	초기양생 중의 급속 건조	24시간 이내	무	표층·관통	수축

3) 균열 보수

구분	내용
균열 폭이 3mm 미만	• 사용성에 지장이 없으면 보수 불필요 • 바닥마감이 비닐시트, 타일 카펫인 경우 보수 불필요
균열 폭이 3mm 이상	• Slab에 진동 및 Deck에 해(害)를 입히지 않는 Cutter로 V-Cutting • 콘크리트 구조물 보수용 에폭시 수지 모르타르(Epoxy Resin Mortar for Restoration in Concrete Structure, KS F 4043) 충전
마감모르타르가 뜰 때	• 콘크리트 구조물 보수용 에폭시 수지 모르타르 주입 고정

• 보수보강 공법
  - NO 873 보수보강 공법 참조

Ⅶ. 균열의 보수 보강

보수

• 표면처리법
• 충전법
• 주입법

보강

• 강재 보강공법
• 단면증대 공법
• 탄소섬유시트 보강공법
• 복합재료 보강공법

☆☆★ 4. 균열 86

4-184	사인장균열	
No. 392	diagonal tension crack	유형: 결함·현상

Ⅰ. 정 의

① 전단력을 포함한 면내력을 받는 부재에서 주인장응력에 의해 경사방향으로 발생하는 콘크리트 균열

② 콘크리트 부재에 전단력 또는 비틀림모멘트가 작용할 경우에 경사방향의 인장력이 발생하여 부재의 중심축과 경사방향으로 발생하는 균열

Ⅱ. 단순보의 균열형태

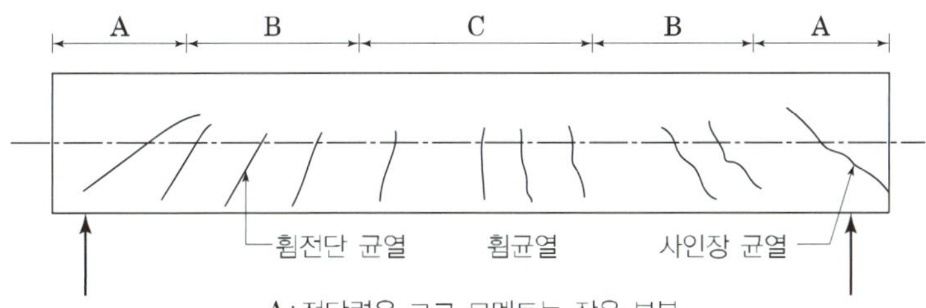

Ⅲ. 균열 발생원인

① 콘크리트의 전단응력 부족

② 전단 보강용 철근량의 부족

③ 콘크리트 상부의 과하중

Ⅳ. 보 스터럽의 배근방법

1) 폐쇄형 스터럽

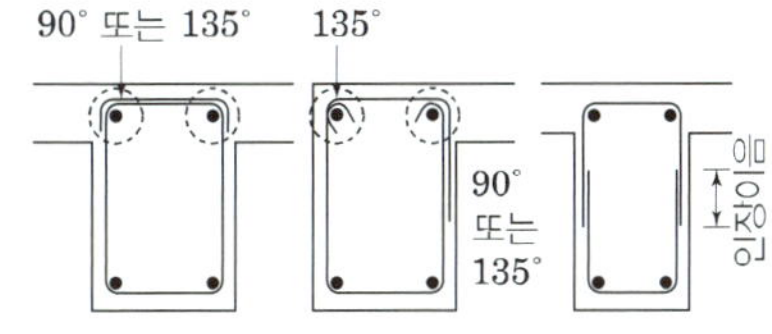

전단과 비틀림을 동시에 받는 보 또는 내진상세를 적용하는 경우

2) 개방형 스터럽

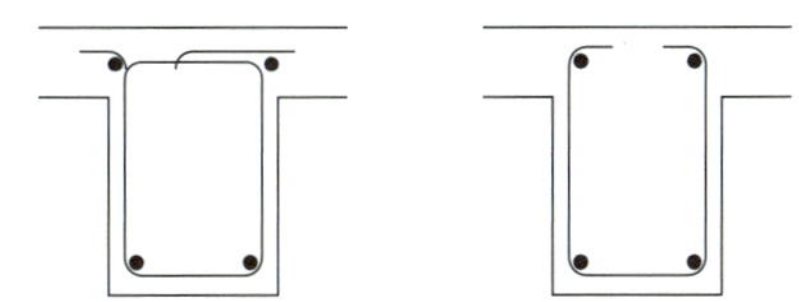

비틀림의 영향이 없고 전단에 의하여 배근이 되는 보 또는 내진 상세를 적용하지 않는 경우

균열

균열 Key Point

◪ 국가표준

◪ Lay Out
- 균열형태·발생원인
- 보 스터럽의 배근방법

◪ 핵심 단어
- 전단력을 받는 부재
- 주인장응력
- 경사방향 균열

◪ 연관용어

• 비 내진구조 스터럽
- 철근콘크리트 부재인 경우 $d/2$ 이하
- 프리스트레스트 콘크리트 부재일 경우 $0.75h$ 이하
- 어느 경우이든 600mm 이하

• 내진구조 스터럽
- 보 부재의 양단에서 지지부재의 내측 면부터 경사 중앙으로 향하여 보 깊이의 2배 길이 구간에는 후프철근을 배치
- 첫 번째 후프철근은 지지부재면부터 50mm 이내의 구간에 배치
- 후프철근의 최대간격 $d/4$, 감싸고 있는 종방향 철근의 최소 지금의 8배, 후프철근 지름의 24배, 300mm 중 가장 작은 값 이하

☆☆★ 4. 균열 115

4-185	철근콘크리트 할렬균열	
No. 393		유형: 결함·현상

균열

균열
Key Point

◩ 국가표준

◩ Lay Out
- 균열형태·발생원인
- 균열 방지대책

◩ 핵심 단어
- 인장철근 주위
- 철근방향 균열

◩ 연관용어

I. 정 의

인장철근의 피복두께와 철근 순간격이 시방서 기준의 최소값 이하가 될 때, 인장철근 주위의 콘크리트가 철근배근방향 또는 콘크리트 외부방향으로 생기는 균열

II. 철근콘크리트 할렬균열 형태

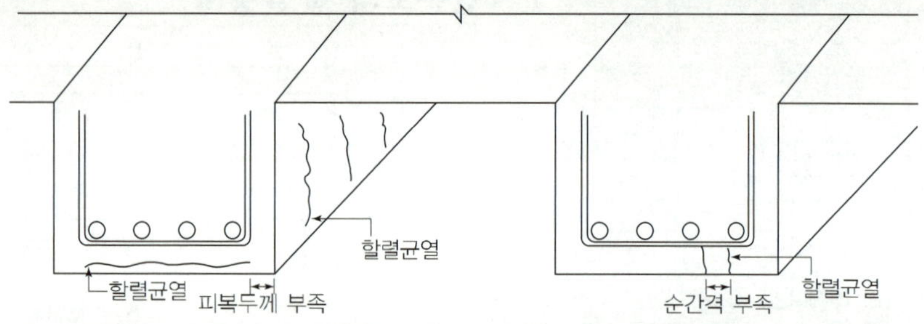

III. 균열 발생원인

① 철근피복 부족
② 철근간격 시방규정보다 좁을 때
③ 국부적 지압응력 발생
④ 과도한 집중하중

IV. 균열 방지대책

① 부위별 철근의 피복두께 준수
② 철근의 순간격 준수
③ 콘크리트의 재료분리 방지 및 다짐 철저

기타용어

☆☆☆

1	운반시간이 초과된 콘크리트의 처리	
		유형: 공법·기준

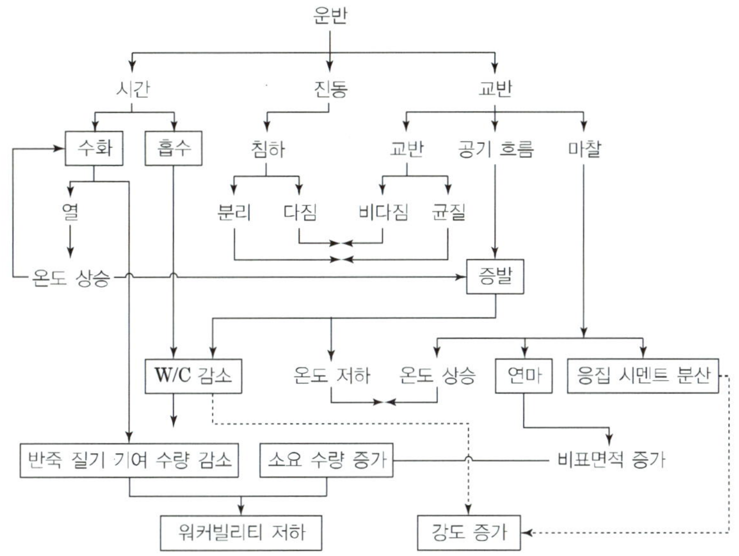

[운반시간이 콘크리트의 품질에 미치는 영향]

운반시간의 관리

- 운반차의 도착시간 기록
- 콘크리트 종류, 운반시간 등 확인양생불량
- 시간 초과 시 반품처리
- 타설시간을 감안하여 배차 간격 조정

1. 운반시간의 한도를 변경할 수 있는 경우

① 외기온도가 25℃보다 낮은 경우 고성능 감수제를 비교적 다량으로 사용한 경우

② 그 밖의 방법(분리 저감형 유동화제 투입 등)으로 현장에서 콘크리트 유동성을 개선시킨 경우, 담당자의 승인을 얻어 운반시간 한도의 변경 가능

2. 유동화를 위한 에지테이터 트럭의 교반

① 교반장치에서 배출되는 콘크리트의 약 1/4과 3/4에서 채취한 시료의 슬럼프 차가 30mm 이내 될 때까지 교반

② 에지테이터 트럭의 교반 회전수는 30회 이상으로 고속의 경우는 최소 2~3분 정도, 중속은 3~5분 정도 교반

3. 운반시간이 초과된 콘크리트의 관리

1) 반품 처리 시 검토해야 할 사항

① 반품된 제품의 처리과정 확인 및 기록비치

② 불량 레미콘 폐기 확인 및 기록 비치

2) 불량 레미콘 폐기확인서 청구

① 반품 처리된 레미콘의 타 현장 반입 방지

② 운전자, 공장장 등

☆☆☆ 132

2	현장 배합 시 잔골재의 표면수율
	유형: 시험·기준

① 현장에서 잔골재를 물속에 넣어 그 양만큼 물을 배제시키는 원리를 적용시킴으로써, 그 잔골재가 가지고 있는 표면수를 측정하는 방법에 대하여 규정

② 이 시험의 정밀도는 이 잔골재가 표면건조 포화상태에 있을때의 비중을 정확하게 측정하는데 따라 좌우된다. 시료의 크기 및 용기의 치수만 적당하게 수정한다면 동일한 시험방법으로써 굵은 골재에 대한 표면수 측정도 할 수 있다.

1. 제조공정에 있어서의 검사

종류	항목	시험 및 검사방법	시기 및 횟수	판정기준
배합	시방배합	시방배합을 하고 있는 것을 나타내는 자료에 의한 확인	공사 중 적절히 실시함	시방배합에 적합할 것
	잔골재의 5mm체 남는율	KS F 2502의 방법	1회/일 이상	시방배합으로부터 현장배합으로의 수정이 적절하게 되어 있을 것
	굵은 골재의 5mm체 통과율	KS F 2502의 방법		
	잔골재의 표면수율	KS F4009 부속서B의 방법		
	굵은 골재의 표면수율	KS F 2550의 방법		
	슬러지 고형분율	KS F4009 부속서B의 방법		
계량	계량오차 (동하중)	임의의 운반차 5대분에 대하여 각 재료 계량기별로 실시		계량오차 기준에 적합할 것
비비기	재료의 투입순서	외관 관찰	공사 중 적절히 실시함	투입순서가 올바를 것
	비비기 시간	설정치의 확인		소정의 양일 것
	비비기량	설정치의 확인		소정의 값일 것

2. 시험방법– KS F 2509

- 시험하는 동안 용기 및 그 내용물의 온도는 15~25℃의 온도 범위 내에서 가능한 한 일정하게 유지한다. 동시에 채취한 시료에 대하여 2회 실시한 평균값으로 나타내고, 그 차는 0.3% 이하여야 한다.

기타용어

시험기구 및 시료준비

- 저울
  - 저울은 칭량 2kg 이상, 눈금량 0.1g 또는 이것보다 좋은 것
- 용기: 용량(500~1000)㎖
  - 일정 용량을 나타내는 표시가 있는 유리 용기
  - 눈금이 있는 유리 용기
  - 비중병
  - 윗면을 가공한 유리제 용기
- 시료
  - 시료는 대표적인 것을 400g 이상 채취
  - 채취한 시료는 가능한 한 함수율의 변화가 없도록 주의하여 2분하고 각각을 1회의 시험의 시료로 한다.
  - 2회째의 시험에 사용하는 시료는 특히 시험을 할 때까지의 사이에 함수량이 변화하지 않도록 주의한다.

질량법

- $m = m_1 + m_2 - m_3$

m_1: 시료의 질량(g)

m_2: 용기와 물의 질량(g)

m_1: 용기, 시료 및 물의 질량(g)

용적법

- $V = V_2 - V_1$

V: 시료에서 치환된 물의 양(㎖)

V: 시료와 물의 부피의 합(㎖)

V_1: 시료를 덮도록 넣은 물의 양(㎖)

표면수율% (H) 계산

- $H = \dfrac{m - m_s}{m_s - m} \times 100$

m: 시료에서 치환된 물의 질량(g)

m_1: 시료의 질량(g)

d_s: 시료에서 치환된 물의 질량(g) KS F 2504 또는 KS F 2529에 따라 구한 잔골재의 표건밀도(g/cm³)

m_s: $\dfrac{m_1}{d_s}$

기타용어

1) 질량법에 의한 측정

시료의 질량(m_1) 0.1g까지 측정→비중병에 표시된 선까지 물을 채우고 질량(m_2)을 측정→비중병을 비우고 시료를 덮기에 충분한 물을 넣은 다음 시료를 넣어 흔들거나 또는 휘저어서 공기를 충분히 빼낸 후 비중병에 표시된 선까지 물이 적은 경우에는 물을 채우고 물이 많은 경우에는 물을 빼낸 후 질량(m_3)을 측정

2) 용적법에 의한 측정

시료의 질량(m_1)을 측정→시료를 덮기에 충분한 수량(V_1)을 측정→시료를 용기에 넣고 시료와 물을 흔들거나 휘저어서 공기를 충분히 빼낸다.→눈금이 있는 용기를 사용할 때는 시료와 물의 부피의 합(V_2)의 눈금을 읽고, 표시가 있는 용기를 사용할 때는 시료와 물의 부피의 합(V_2)은 넣은 양을 알 수 있도록 하여 물을 표시 선까지 채우고 이 물의 부피를 용기의 용량에서 빼서 구한다.

☆☆☆

3	Slip joint	
		유형: 공법·기능

내부 조적조와 concrete의 이질재료가 접하는 부위의 온도·습도·환경 등으로 인해 각 부재의 움직임이 서로 다르게 되는데 이를 해소시키기 위해 상호구조부재가 자유롭게 미끄러지게 한 joint

☆☆☆

4	탄화수축(carbonation Shrinkage)	
		유형: 현상·성질·결함

내부 습도와 평형상태를 유지하는 수산화칼슘 결정에 압력이 가해진 상태에서 탄산화가 진행되면 그 결정이 분해되기 때문에 수축이 일어난다. 대기 중에 이산화탄소의 양(~0.04%)은 시멘트 풀과 화학적 반응을 일으키며 이러한 반응은 수축을 동반한다.

☆☆☆

5	화학적 침식/부식	
		유형: 현상·성질·결함

① 콘크리트가 외부로부터의 화학작용을 받아 시멘트 경화체를 구성하는 수화생성물이 변질 또는 분해하여 결합 능력을 잃는 열화현상을 총칭하여 화학적 부식이라고 한다.

② 화학적 부식을 일으키는 요인은 산류, 알칼리류, 염류, 유류, 부식성 가스 등 다양하며, 그 결과로 생기는 열화상황도 일정하지 않다.

4-4장

특수 콘크리트

Professional Engineer

마법지

1. 기상 · 온도

- 한중콘크리트
- 서중콘크리트
- 매스콘크리트

2. 강도 · 시공성 개선

- 장수명
- 고강도
- 고성능
- 고유동
- 섬유보강
- 유동화

3. 저항성 · 기능발현

- 저항성능(물, 불, 균열, 방사선)
- 기능발현(경량, 스마트)

4. 환경 · 조건

- 시공법(노출, 진공, Shotcrete)
- 특수한 환경(수중, 해양)
- 친환경

한중콘크리트

한중콘크리트
Key Point

- 국가표준
  - KCS 14 20 40
  - KS F 2560
  - KS L 5201
- Lay Out
  - 적용기간 · 특성변화
  - 자재 · 시공
- 핵심 단어
  - 일평균기온 4℃
  - 24시간 동안 일최저기온 0℃ 이하
- 연관용어
  - 초기동해
  - 동결융해

용어정리

- 급열 양생(heat curing) : 양생기간 중 어떤 열원을 이용하여 콘크리트를 가열하는 양생
- 단열양생(insulating curing) : 단열성이 높은 재료로 콘크리트 주위를 감싸 시멘트의 수화열을 이용하여 보온하는 양생
- 피복양생(surface-covered curing) : 시트 등을 이용하여 콘크리트의 표면 온도를 저하시키지 않는 양생
- 현장봉함양생(sealed curing at job site) : 공사현장에서 콘크리트 온도가 기온의 변화에 따르도록 하면서 콘크리트 공시체 제작부터 시험시까지 밀봉이 잘 되는 금속 캔, 플라스틱 용기 또는 폴리에틸렌 필름 등을 사용하거나 액상으로 도포하여 막을 형성함으로서 콘크리트 공시체로부터 수분의 증발을 막는 양생

★★★ 1. 기상과 온도 78.90

4-186	한중콘크리트의 적용범위	
No. 394		유형: 공법 · 기준

I. 정 의

① 타설일의 일평균기온이 4℃ 이하 또는 콘크리트 타설 완료 후 24시간 동안 일최저기온 0℃ 이하가 예상되는 조건이거나 그 이후라도 초기동해 위험이 있는 경우 한중 콘크리트로 시공해야 한다.

② 일평균기온(daily average temperature) : 하루(00~24시) 중 3시간별로 관측한 8회 관측값(03, 06, 09, 12, 15, 18, 21, 24시)을 평균한 기온

II. 지역별 적용기간

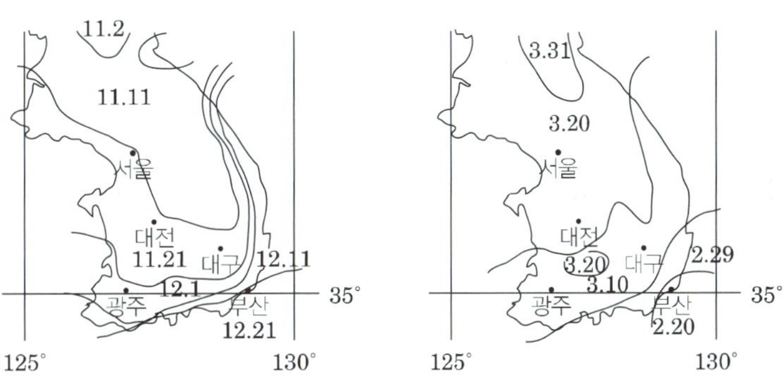

III. 한중콘크리트의 특성변화

1) 초기동해(Early Frost Damage) 발생요인

① 타설 후 콘크리트가 동결하기까지 경과시간이 짧을수록
② 콘크리트의 동결시간이 길수록
③ 콘크리트의 동결온도가 낮을수록
④ 콘크리트 동결 시 강도가 작을수록, 특히 인장강도가 작을수록
⑤ 물-시멘트비가 클수록
⑥ 적절한 공기 연행제를 사용하지 않을수록

2) 초기동해의 발생 Mechanism

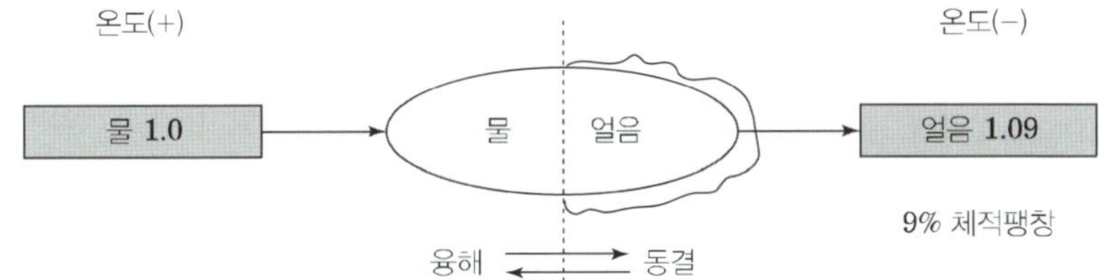

① 냉각은 노출면부터 서서히 내부로 진행된다.
② 표면보다 내측의 어떤 층이 충분히 낮은 온도로 되면 가장 큰 세공내의 물이 동결한다.

③ 이 부분은 잠열에 의해 동결하는 사이에 일정 온도를 유지하고 형성된 얼음의 결정은 보다 작은 세공중의 미결정물과 접촉하여 물을 흡수하여 성장을 계속한다.[아이스렌즈(Ice Lens)의 형성]

④ 콘크리트의 강도가 약하다면 콘크리트의 열화면은 동일 평면상에서 형성되고 수분의 보급이 끝난 단계에서 냉각은 보다 하부로 진행한다.

⑤ 다음의 동결은 전의 동결층에 영향이 없는 부분, 즉 어느 정도 떨어져 보다 내측의 위치에 생긴다.

3) 저온에 의한 콘크리트 강도 발현의 지연

시멘트의 수화반응속도는 일반적으로 온도의 영향을 받게 되어 양생온도가 높으면 수화반응 속도가 빠르고, 낮으면 수화반응이 늦어져 콘크리트의 강도발현이 지연된다.

Ⅳ. 자재

1. 구성재료

1) 시멘트

시멘트는 KS L 5201에 규정되어 있는 포틀랜드 시멘트를 사용하는 것을 표준, 단, 필요에 따라 KS L 5211에 규정되어 있는 플라이 애시 시멘트, KS L 5210에 규정되어 있는 고로슬래그 시멘트를 사용할 수 있다.

2) 골재

골재가 동결되어 있거나 빙설이 혼입되어 있는 골재 사용금지

3) 혼화제

① AE제, AE 감수제 및 고성능 AE 감수제 사용(단위수량 감소)

② 내한성 혼화제: 촉진제 또는 촉진형 감수제는 성분에 따라 수산화칼슘을 가수분해하여 탄산화를 촉진시키므로 무염화 촉진제를 사용

4) 재료의 가열

① 재료를 가열할 경우, 물 또는 골재를 가열하는 것으로 하며, 시멘트는 어떠한 경우라도 직접 가열 금지

② 골재의 가열은 온도가 균등하게 되고 또 건조되지 않는 방법을 적용

2. 배합

1) 배합원칙

① 공기연행 콘크리트를 사용하는 것을 원칙으로 한다.

② 단위수량은 초기동해 저감 및 방지를 위하여 소요의 워커빌리티를 유지할 수 있는 범위 내에서 되도록 적게 정해야 한다.

③ 초기동해 피해 방지를 위한 소요 압축강도가 초기양생 기간 내에 얻어지고, 콘크리트의 설계기준압축강도가 소정의 재령에서 얻어지도록 정해야 한다.

④ 물-결합재비는 원칙적으로 60% 이하로 해야 한다.

⑤ 호칭강도 및 물-결합재비는 적산온도방식에 의해 결정할 수 있다. 단, 이 경우 기온보정강도값을 적용하지 않는다.

한중콘크리트

- Ice Lens
  - 흙이나 콘크리트가 서서히 동결(凍結)하였을 때에, 그 속에 형성된 얇은 렌즈 모양의 얼음 층(層). 아이스렌즈가 성장하여 커지면 동상(凍上)이 발생한다.

- 예상평균기온(estimated average air temperature) : 기상청 통계 데이터로부터 산출된 10년 이상의 기온 평년값
- 예상평균양생기온(estimated average curing air temperature) : 초기보온양생 기간동안 구조체 콘크리트 표면 위치에서의 예상평균양생온도와 그 이후 목표 재령까지의 외기온도에 따른 예상평균기온의 합으로부터 구한 평균온도
- 기온보정강도값(strength correction value for curing temperature) : 품질기준 압축강도에 콘크리트 타설로부터 구조체 콘크리트의 강도측정 재령까지 기간의 예상평균양생기온에 따르는 콘크리트의 강도 보정값

- 감수제, 고성능 감수제
  - 감수제는 10~15%의 단위수량 감소
  - 고성능 감수제는 20~30%의 단위수량 감소

혼화재 사용량 기준

- 시멘트와 혼화재 전체량에 대한 혼화재의 질량 백분율(%)
  - 플라이 애시: 15%
  - 고로슬래그 미분말: 30%
  - 혼합사용 시: 30%(플라이 애시 사용량은 최대 15%)

한중콘크리트

기온에 따른 보정 값

- 한중 콘크리트에서 레디믹스트콘크리트 사용자는 KCS 14 20 10 (2.2.2)의 식 (2.2-2)에 따라 기온보정강도값(T_n)을 더하여 생산자에게 호칭강도(f_{cn})로 주문하여야 한다.
- 초기보온 양생기간동안 구조체 콘크리트의 예상평균양생온도를 높이거나 보온양생기간을 연장하여 재령(n)일까지의 예상평균양생기온이 4℃ 이상이 될 경우 일반콘크리트의 기온보정강도(T_n)값을 적용할 수 있다.
- 재령 28일 예상평균기온이 4℃ 미만일 경우, 기온 보정강도 6MPa를 적용하고, 재령 28일 이내에 품질기준강도가 발휘될 수 있도록 초기 및 계속 보온 양생 계획을 수립하여 책임기술자의 승인을 받아야 한다. 단, 특별한 보온양생 방법, 배합설계 또는 공법을 적용하지 않을 경우 기온보정강도(T_n) 9MPa를 적용한다.
- 한중 매스콘크리트는 재령 28일에서 기온보정강도값(T_{28})을 3MPa을 적용한다. 다만, 28일 재령에서 재료배합 및 초기양생방법의 개선 등을 통하여, 호칭강도 확보방안이 강구된 경우나 또는 소요 재령(n)일을 연장하는 경우 책임기술자의 승인을 받아 이를 적용하지 않을 수 있다.

Ⅴ. 시공

1. 비비기

① 비빈 직후의 온도는 기상조건 운반 시간 등을 고려하여 타설할 때에 소요의 콘크리트 온도가 얻어지도록 해야 한다.

② 가열한 재료를 믹서에 투입하는 순서는 시멘트가 급결하지 않도록 정한다.

③ 비빈 직후의 온도는 각 Batcher Plant마다 변동이 작아지도록 관리

2. 운반

콘크리트의 운반은 열량의 손실을 가능한 한 줄이도록 해야 한다.

3. 거푸집 및 동바리

① 거푸집은 보온성이 좋은 것을 사용

② 지반의 동결 융해에 의하여 변위를 일으키지 않도록 지반의 동결을 방지하는 공법으로 시공

③ 현장여건이 여의치 않을 경우에는 동결심도 이하에 말뚝기초로 시공해야 한다.

④ 콘크리트가 갑자기 냉각되면 콘크리트 내외부의 온도차가 커져 균열이 생길 우려가 있으므로 거푸집 제거는 콘크리트의 온도를 갑자기 저하시키지 않도록 해야 한다.

4. 타설

1) 타설온도

① 타설할 때의 콘크리트 온도는 구조물의 단면 치수, 기상 조건 등을 고려하여 (5~20)℃의 범위에서 정해야 한다.

② 기상 조건이 가혹한 경우나 단면 두께가 300mm 이하인 경우에는 타설 시 콘크리트의 최저온도를 10℃ 이상 확보해야 한다.

2) 타설부위 검사

① 콘크리트를 타설할 때에는 철근이나, 거푸집 등에 빙설이 부착되어 있지 않아야 한다.

② 콘크리트를 타설할 마무리된 지반은 콘크리트 타설까지의 사이에 동결하지 않도록 시트 등으로 덮어놓아야 한다.

③ 이미 지반이 동결되어 있는 경우에는 적당한 방법으로 이것을 녹인 후 콘크리트를 타설해야 한다.

3) 타설방법 및 마무리

① 시공이음부의 콘크리트가 동결되어 있는 경우는 적당한 방법으로 이것을 녹여 이음원칙에 따라 콘크리트를 이어 타설해야 한다.

② 타설이 끝난 콘크리트는 양생을 시작할 때까지 콘크리트 표면의 온도가 급랭할 가능성이 있으므로, 콘크리트를 타설한 후 즉시 시트나 기타 적당한 재료로 표면을 덮고 특히, 바람을 막아야 한다.

★★★ 1. 기상과 온도 74.84.105

4-187	콘크리트의 적산온도	
No. 395		유형: 공법·기준

한중콘크리트

한중콘크리트

Key Point

◩ 국가표준

◩ Lay Out
- 적산온도 방식에 의한 배합강도 결정방법
- 적용 시 유의사항

◩ 핵심 단어
- 양생온도와 양생시간의 곱

◩ 연관용어
- 한중콘크리트

적용 시 유의사항

- 초기양생 온도가 0℃ 이하가 되지 않도록 할 것
- 가열양생시에는 시험가열로 온도를 확인
- 표준양생온도의 초기강도 확보에 노력할 것
- 초기양생온도를 기록하여 적산온도를 구할 것
- 적산온도에 의한 강도시험을 실시하고 재령을 결정할 것
- 매스 콘크리트에는 적용 불가
- M이 210°D · D 이상인 경우에 적용한다.

Ⅰ. 정 의

① Concrete 양생온도와 양생시간의 곱(℃ x Hr)의 적분함수로 나타내며 계획배합은 물-시멘트비, 양생온도 및 시간을 정하는 방식

② 적산온도를 통해 concrete 강도 증진에 대한 예측이 가능하며 적산온도에 의해 강도를 추정하여 거푸집 해체시기를 인정할 수 있는 초기강도(5MPa)를 예측할 수 있고, 한중 concrete에서는 초기강도 확보 및 동결융해 관리 시 concrete 양생온도와 양생기간을 추정강도에 관한 판별식(判別式)으로 산정할 수 있다.

Ⅱ. 한중환경에서 적산온도 방식에 의한 배합강도 결정방법

$M = \sum(\theta + A)\Delta t$

M: 적산온도(°D · D(일), 또는 ℃ · D)

A: 정수로서 일반적으로 10

Δt: 시간(일)

θ: Δt 시간 중의 콘크리트의 일평균 양생온도(℃)
단, 보온양생을 하지 않을 경우는 예상 일평균기온

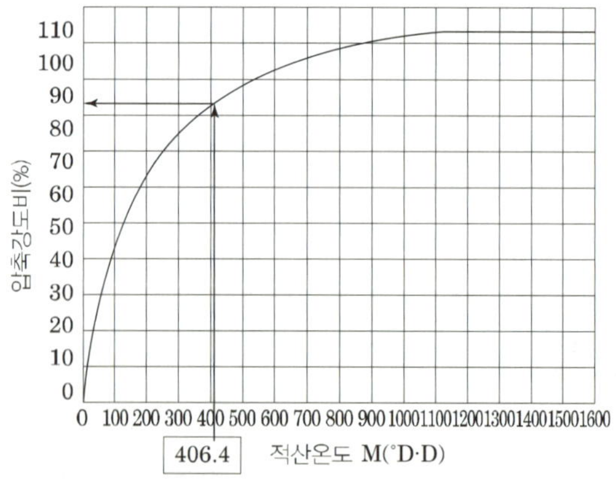

[Plowman에 의해 제시된 적산온도와 추정강도에 관한 그래프]

※ M이 210 °D · D 이상인 경우에 적용한다.

- 적용조건 예

  어떤 지역의 월 평균기온이 표와 같을 때 이 지역에서의 월 3일에서 4주 동안의 적산온도 M값 및 압축강도 산정

상순	중순	하순
8.3℃	4.5℃	1.5℃

M=(8.3+10)×8+10+(4.5+10)×10+(1.5+10)×10=406.4(D° D·D)

△표에 의해, 이때의 강도는 28일 압축강도비의 82%로 추정할 수 있음

★★★ 1. 기상과 온도 108

4-188	한중 콘크리트의 양생방법	
No. 396		유형: 공법·기준

한중콘크리트

한중콘크리트
Key Point

◪ 국가표준
- KCS 14 20 40

◪ Lay Out
- 급열장치 설치 예시·초기양생
- 보온양생·현장품질관리

◪ 핵심 단어
- 구조물의 소요강도

◪ 연관용어
- 초기동해
- 동결융해

용어정리

• 급열 양생(heat curing) : 양생기간 중 어떤 열원을 이용하여 콘크리트

I. 정 의

① 콘크리트 타설이 종료된 후 초기동해를 받지 않고 구조물의 소요강도를 얻을 수 있을 때까지 실시한다.

② 초기양생 방법 및 양생 기간은 외기 온도, 배합, 구조물의 종류 및 크기 등을 고려하여 정해야 한다.

II. 급열장치 설치 예시

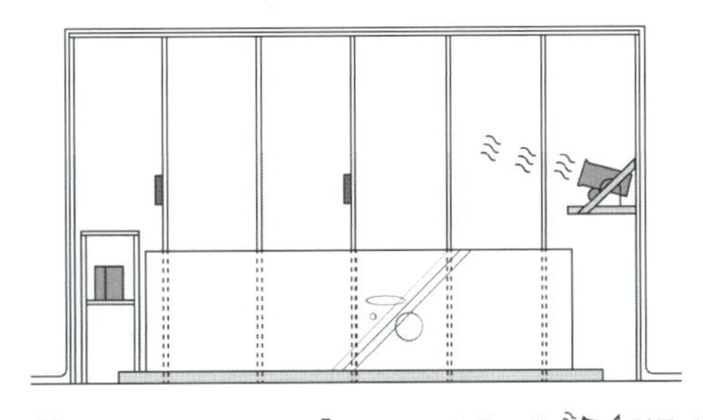

[기초 및 지하층]

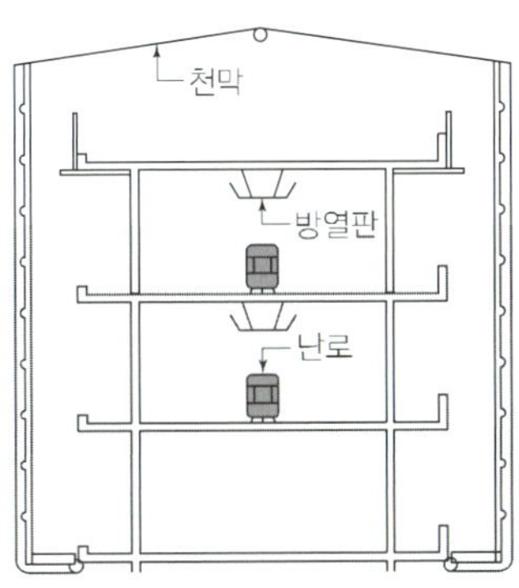

[지상층 내부 급열양생]

III. 초기양생

1) 초기양생 방법

① 초기양생 방법 및 양생 기간은 외기 온도, 배합, 구조물의 종류 및 크기 등을 고려하여 결정

② 구조물의 모서리나 가장자리의 부분은 보온하기 어려운 곳이어서 초기동해를 받기 쉬우므로 초기양생에 주의

③ 콘크리트를 타설한 직후에 찬바람이 콘크리트 표면에 닿는 것을 방지

④ 소요 압축강도가 얻어질 때까지 콘크리트의 온도를 5℃ 이상으로 유지

⑤ 소요 압축강도에 도달한 후 2일간은 구조물의 어느 부분이라도 0℃ 이상이 되도록 유지

⑥ 매스 콘크리트의 초기양생은 단열보온 양생에 준하여 콘크리트를 타설할 때 콘크리트의 온도, 시멘트의 종류, 시멘트량, 혼화제의 종류, 부재의 주변온도 및 구속조건 등에 따라 콘크리트의 중심온도가 과도하게 높아지지 않도록 하고, 또한 부재의 온도차이가 크지 않도록 계획

한중콘크리트

[버블시트]

[버블시트]

[열풍기]

[외부보양]

[자기 온도기록계]

⑦ 초기양생은 구조체 관리용 공시체를 제작하여 소요압축강도가 얻어졌는지 확인 후 책임기술자의 승인을 받아 종료해야 한다. 이때, 구조체 관리용 공시체는 타설된 구조체와 동일한 조건으로 양생한 후 압축강도 시험을 실시(현장양생공시체를 사용)

⑧ 단면의 두께가 얇고 보통의 노출상태에 있는 콘크리트는 초기양생 종료 후 계속 특별한 보온 양생을 하지 않는 경우 콘크리트 노출면은 시트, 기타 적절한 재료로 덮어서 초기양생 완료 후 2일간 이상은 콘크리트의 온도를 0℃ 이상으로 보존

2) 초기양생 기준

[한중콘크리트의 양생 종료 때의 소요 압축강도의 표준(MPa)]

단면mm / 구조물의 노출	300 이하	300초과 800 이하	800 초과
(1) 계속해서 또는 자주 물로 포화되는 부분	15	12	10
(2) 보통의 노출상태에 있고 (1)에 속하지 않는 부분	5	5	5

[소요의 압축강도를 얻는 양생일수의 표준(보통의 단면)]

시멘트의 종류 / 구조물의 노출		보통 포틀랜드 시멘트	조강 포틀랜드 보통 포틀랜드+촉진제	혼합 시멘트 B종
(1) 계속해서 또는 자주 물로 포화되는 부분	5℃	9일	5일	12일
	10℃	7일	4일	9일
(2) 보통의 노출상태에 있고 (1)에 속하지 않는 부분	5℃	4일	3일	5일
	10℃	3일	2일	4일

Ⅳ. 보온양생

1) 배치

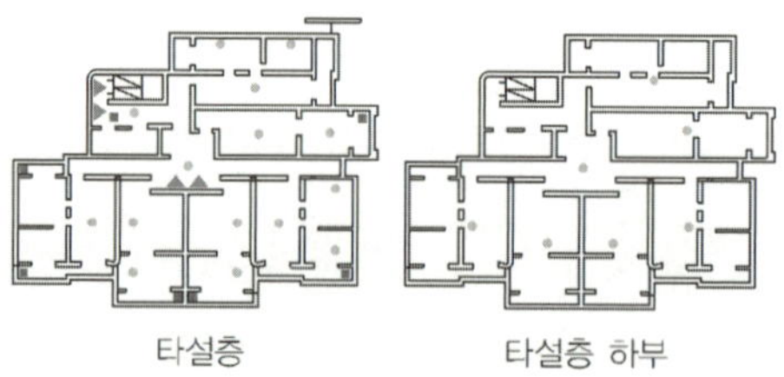

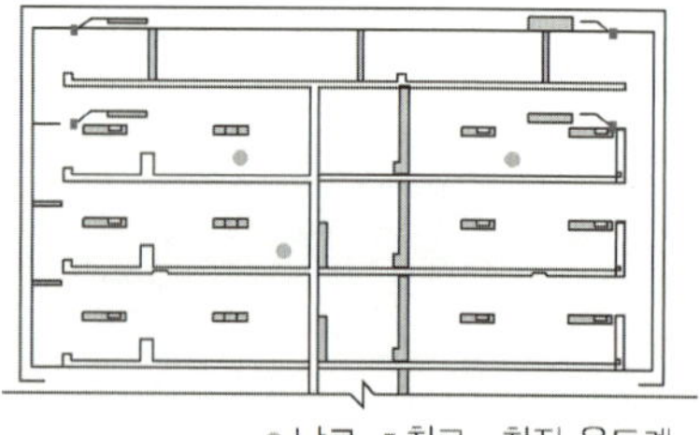

2) 양생방법

① 급열양생, 단열양생, 피복양생 및 이들을 복합한 방법 중 한 가지 방법을 선택해야 한다.

② 콘크리트에 열을 가할 경우에는 콘크리트가 급격히 건조하거나 국부적으로 가열되지 않도록 해야 한다.

한중콘크리트

③ 급열양생을 실시하는 경우 가열설비의 수량 및 배치는 시험가열을 실시한 후 결정

④ 단열양생을 실시하는 경우 콘크리트가 계획된 양생 온도를 유지하도록 관리하며 국부적으로 냉각되지 않도록 해야 한다.

⑤ 보온양생 또는 급열양생을 끝마친 후에는 콘크리트의 온도를 급격히 저하시키지 않아야 한다.

⑥ 보온양생이 끝난 후에는 양생을 계속하여 관리재령에서 예상되는 하중에 필요한 강도를 얻을 수 있게 실시

Ⅴ. 현장 품질관리

1) 양생관리

① 현장 콘크리트와 가급적 동일한 상태에서 양생한 공시체의 강도시험에 의하거나 콘크리트의 온도기록에 의한 적산온도로 부터 추정한 강도에 의해 정해야 한다. 다만, 시험체의 양생은 20±2℃인 수중양생

$$Z_{20} = \frac{M}{30}\text{(일)}$$

여기서, Z_{20}: 압축강도 시험을 할 재령(일)

M : 배합을 정하기 위하여 사용한 적산온도의 값(°D · D)

② 양생을 끝낼 시기, 거푸집 및 동바리를 해체할 시기에 대하여는 한국콘크리트학회 제규격 KCI-CT 118에 따라 현장 콘크리트와 동일한 상태에서 양생한 공시체의 강도시험에 따른다.

③ 양생기간 중에는 콘크리트의 온도, 보온된 공간의 온도 및 기온을 자기기록 온도계로 기록한다. 다만, 콘크리트가 동결할 위험성이 적은 경우에는 그 주위의 기온만을 기록하여 양생관리 할 수 있다.

2) 온도관리 및 검사

[한중콘크리트의 온도관리 및 검사]

항목	시험·검사방법	시기·횟수	판정 기준
외기온	온도 측정	공사 시작 전 및 공사 중	일평균 기온 4℃ 이하
타설 때의 온도			5~20℃ 이내 및 계획된 온도의 범위 내, 계획하는 온도의 범위는 운반 타설기준에 적합할 것
양생 중의 콘크리트 온도 혹은 보온 양생된 공간의 온도			계획된 온도 범위 내, 계획할 온도 범위는 양생기준에 적합할 것

서중콘크리트

서중콘크리트
Key Point

◪ 국가표준
- KCS 14 20 41
- KS F 2560

◪ Lay Out
- 기온별 적용기간 · 특성변화
- 자재 · 시공
- 양생 · 현장품질관리

◪ 핵심 단어
- 하루 평균기온이 25℃ 초과

◪ 연관용어
- Cold Joint
- 습윤양생

★★★ 1. 기상과 온도 74.91

4-189	서중콘크리트의 적용범위	
No. 397	hot weather concreting	유형: 공법 · 기준

Ⅰ. 정 의

① 높은 외부기온으로 인하여 콘크리트의 슬럼프 또는 슬럼프 플로 저하나 수분의 급격한 증발 등의 우려가 있을 경우에 시공하는 콘크리트

② 타설일의 일 평균기온이 25℃를 초과하거나 콘크리트 타설 후 24시간 동안일 최고기온이 30℃를 초과할 것이 예상되는 경우 서중콘크리트로 시공해야 한다.

Ⅱ. 기온별 적용기간

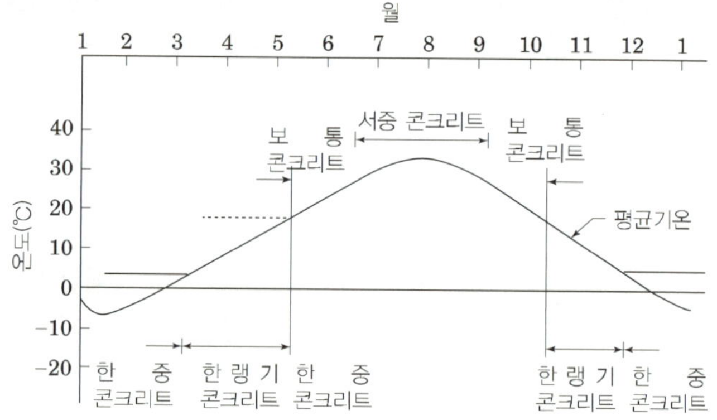

Ⅲ. 서중콘크리트의 특성변화

1) 굳지 않은 콘크리트

① 슬럼프감소

② 공기량 감소

③ 응결시간 단축

2) 굳은 콘크리트

초기 재령강도가 증대되는 반면에 28일 강도는 저하되는 경향이 있다.

3) 문제점

① 콘크리트의 온도상승으로 운반 도중에 슬럼프의 손실증대

② 연행공기량 감소

③ 응결시간의 단축

④ 워커빌리티 및 시공성 저하

⑤ Cold Joint 발생

⑥ 표면수분의 급격한 증발에 의한 소성수축 균열 발생

⑦ 수화열에 의한 온도균열 발생

⑧ 소요 단위수량 증가로 인하여 재령 28일 및 그 이후의 압축강도 감소

서중콘크리트

Ⅳ. 자재

1. 구성재료

1) 시멘트

① 저발열 시멘트(벨라이트시멘트) 또는 혼합시멘트를 사용한다.
② 저장용 사일로에 단열시설을 설치하고 주기적으로 살수하여 온도상승을 방지

2) 골재

① 골재 저장고에 지붕이나 덮개를 설치하여 직사광선을 피하고 물을 뿌려 기화열에 의해 골재온도가 낮아지도록 한다.
② 냉각수를 굵은골재에 살수
③ 강제적으로 골재에 공기를 순환시키는 방법

3) 배합수

① 물탱크나 수송관에 직사광선을 차단할 수 있는 차양시설 및 단열시설을 갖추어야 한다.
② 냉각장치를 사용하여 배합수를 냉각하는 방법
③ 액체질소를 사용하여 배합수를 냉각하는 방법
④ 얼음을 이용하여 배합수를 냉각하는 방법
⑤ 액체질소를 이용하여 콘크리트를 냉각하는 방법

4) 혼화제

① AE 감수제 및 고성능 AE 감수제사용
② 지연형의 감수제 사용

2. 배합 및 비비기

1) 단위수량 및 시멘트량

① 소요의 강도 및 워커빌리티를 얻을 수 있는 범위 내에서 단위수량 및 단위 시멘트량을 적게 해야 한다.
② 서중콘크리트를 비빌 때의 목표 슬럼프 및 공기량은 고온조건에서 운반과 타설 동안의 슬럼프 및 공기량 변화 정도를 고려하여 정해야 한다.

2) 배합온도 관리

비빈 직후의 콘크리트 온도는 기상 조건, 운반시간 등의 영향을 고려하여 타설할 때 소요의 콘크리트 온도가 얻어지도록 낮게 관리

Ⅴ. 시공

1) 운반

① 애지테이터 트럭을 햇볕에 장시간 대기시키는 일이 없도록 사전에 배차계획까지 충분히 고려하여 시공계획을 세워야 한다.
② 펌프로 운반할 경우에는 관을 젖은 천으로 덮어야 한다.
③ 운반 및 대기시간의 트럭믹서 내 수분증발을 방지하고 폭우가 내릴 때 우수의 유입 방지와 주차할 때 이물질 등의 유입을 방지할 수 있는 뚜껑을 설치

서중콘크리트

2) 타설부위 검사

① 타설 전에는 지반, 거푸집 등 콘크리트로부터 물을 흡수할 우려가 있는 부분을 습윤상태로 유지해야 한다.

② 거푸집, 철근 등이 직사일광을 받아서 고온이 될 우려가 있는 경우에는 살수, 덮개설치 등의 적절한 조치를 해야 한다.

3) 타설온도

콘크리트를 타설할 때의 온도는 35℃ 이하이어야 한다.

4) 타설시간 및 방법

① 비빈 후 즉시 타설해야 하며 지연형 감수제를 사용하더라도 1.5시간 이내에 타설해야 한다.

② 신 콘크리트 타설 전까지 기 타설 부위는 습윤상태 유지

③ Cold Joint가 발생되지 않도록 신속한 시공, 타설계획·순서·배차계획 준수, 지연제 사용, 1회 타설량 제한 등의 대책을 세워야 한다.

Ⅵ. 양생

[스프링 쿨러]

1) 초기양생

① 24시간 동안 노출면이 건조되지 않도록 살수 또는 양생포 등을 덮어 습윤상태 유지

② 5일 이상 습윤양생 실시

③ 건조가 일어날 우려가 있는 경우에는 거푸집도 살수

2) 균열관리

① 타설 후 1일까지는 보행금지

② 3일까지는 진동, 충격 등을 가하지 않도록 한다.

③ 경화가 진행되지 않은 시점에서 갑작스런 건조로 인하여 표면균열이 발생할 경우에는 즉시 재진동 다짐 또는 Tamping을 실시하여 제거해야 한다.

Ⅴ. 현장 품질관리

항목	시험·검사방법	시기·횟수	판단기준
외기온	온도측정	공사시작 전 및 공사 중	일평균 기온 25℃를 초과하는 경우
재료온도		계획한 온도 범위 내	
비빔온도		계획한 온도 범위 내	
타설온도		공사 중	35℃ 이하 및 계획한 온도의 범위 내 계획하는 온도 범위는 타설기준에 적합할 것. 매스콘크리트의 경우는 시공기준에 적합할 것
운반시간	시간의 확인	공사시작 전 및 공사 중	비비기로부터 타설 종료까지의 시간은 1.5시간 이내 및 계획한 시간 이내일 것

★★★ 1. 기상과 온도

4-190	Mass Concrete	
No. 398	매스 콘크리트	유형: 공법·기준

매스콘크리트

매스콘크리트 Key Point

◩ 국가표준
- KCS 14 20 42

◩ Lay Out
- 적용대상 · 특성변화
- 자재 · 시공
- 양생· 현장품질관리

◩ 핵심 단어
- 두께 0.8m 이상, 하단이 구속된 벽체의 경우 두께 0.5m 이상
- 시멘트의 수화열에 의한 온도 상승 및 강하를 고려

◩ 연관용어

용어정리

- 관로식 냉각(pipe-cooling): 매스 콘크리트의 시공에서 콘크리트를 타설한 후 콘크리트의 내부온도를 제어하기 위해 미리 묻어 둔 파이프 내부에 냉수 또는 공기를 강제적으로 순환시켜 콘크리트를 냉각하는 방법으로 포스트 쿨링(post-cooling)이라고도 함
- 내부구속(internal restraint): 콘크리트 단면 내의 온도 차이에 의한 변형의 부등분포에 의해 발생하는 구속 작용

Ⅰ. 정 의

① 부재 혹은 구조물의 치수가 커서 시멘트의 수화열에 의한 온도 상승 및 강하를 고려하여 설계·시공해야 하는 콘크리트

② 매스 콘크리트로 다루어야 하는 구조물의 부재치수는 일반적인 표준으로서 넓이가 넓은 평판구조의 경우 두께 0.8m 이상, 하단이 구속된 벽체의 경우 두께 0.5m 이상으로 한다.

Ⅱ. Mass Concrete 적용대상

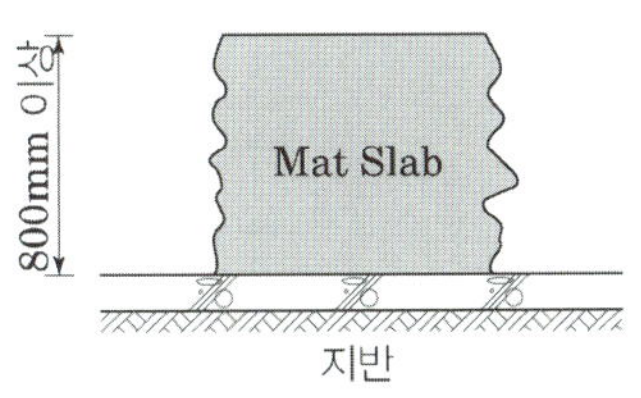

[지반에 따라 하부가 구속]

[내압판에 따라 하부가 구속]

큰 단면 → 수화열에 의한 온도상승 → 온도균열 발생

Ⅲ. Mass Concrete의 특성변화

1) 내부구속에 의한 균열발생

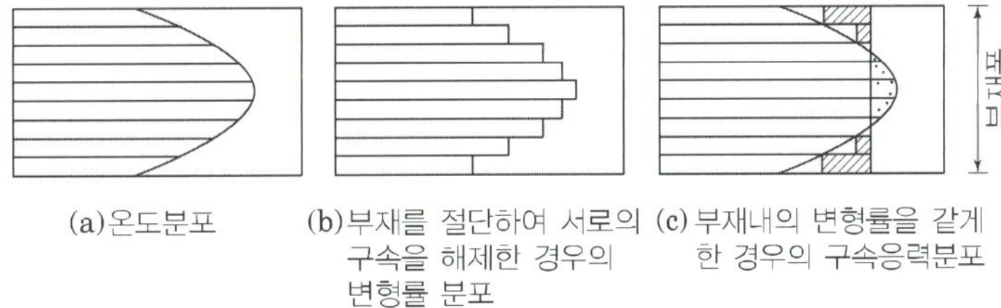

① 단면 내외의 온도차에 의해 표층에 균열발생

② 중앙부와 표면부의 변형률이 서로 다르기 때문에 내부구속응력이 발생하여 표면부에서 폭 0.2mm 이하의 미세한 균열발생

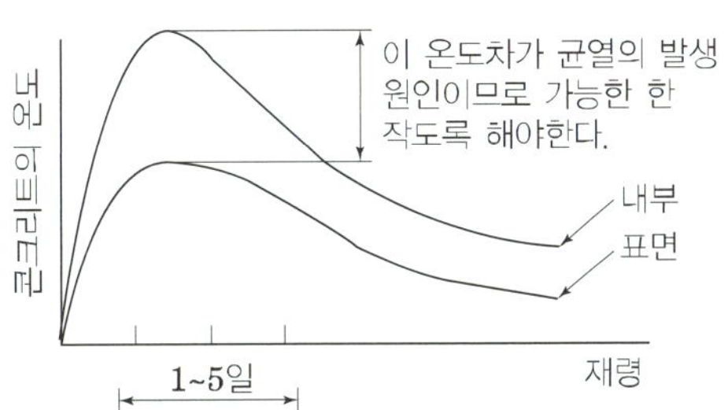

이 시기에 균열발생가능성이 높음

매스콘크리트

- 단열온도상승곡선(adiabatic temperature rise curve): 단열상태에서 시간에 따른 콘크리트 배합의 온도상승량을 도시한 곡선으로서 콘크리트의 수화발열 특성을 나타냄
- 보온 양생(insulation curing): 단열성이 높은 재료 등으로 콘크리트 표면을 덮어 열의 방출을 적극 억제하여 시멘트의 수화열을 이용해서 필요한 온도를 유지하고 부재의 내부와 표면의 온도차이를 저감하는 양생
- 선행 냉각(pre-cooling): 매스 콘크리트의 시공에서 콘크리트를 타설하기 전에 콘크리트의 온도를 제어하기 위해 얼음이나 액체질소 등으로 콘크리트 원재료를 냉각하는 방법
- 수축 · 온도철근(shrinkage-temperature reinforcement): 수축과 온도 변화에 의한 균열을 억제하기 위해 쓰이는 철근

2) 외부구속에 의한 균열발생

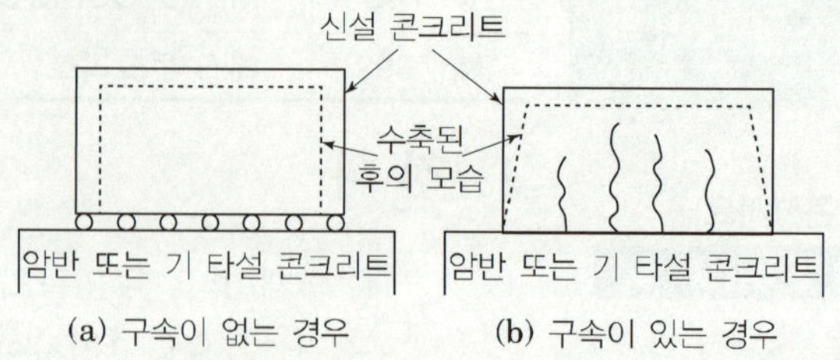

[외부구속에 의한 균열발생 기구]

① 밑부분의 구속으로 인장응력이 발생해 관통되는 균열 유발 가능
② 균열폭 1~2mm의 관통 균열로 누수 및 구조적인 문제야기

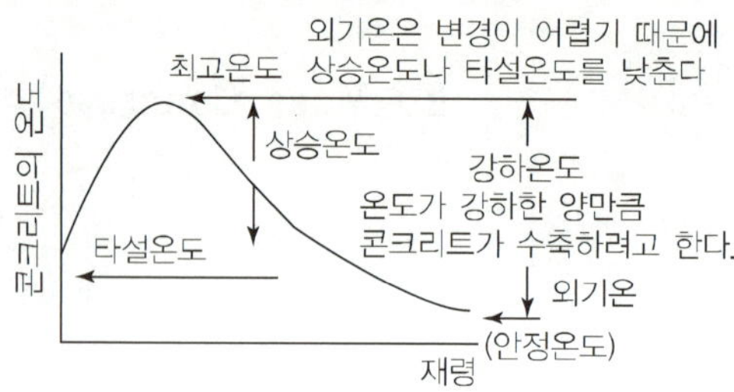

Ⅳ. 온도균열의 제어

1. 온도균열의 제어

① 구조물에 필요한 기능 및 품질을 손상시키지 않도록 온도균열을 제어
② 콘크리트의 품질 및 시공 방법의 선정
③ 수축·온도철근의 배치 등의 적절한 조치
④ 균열의 폭, 간격, 발생 위치에 대한 제어를 실시
⑤ 시멘트, 혼화 재료, 골재 등의 재료 및 배합의 적절한 선정
⑥ 블록분할과 이음 위치, 콘크리트 타설의 시간간격의 선정, 거푸집 재료 및 종류와 구조, 콘크리트의 냉각 및 양생 방법의 선정 등을 검토
⑦ 구조물을 설계할 때에 신축이음이나 수축이음을 계획하여 균열 발생을 제어할 수도 있으며, 이때 구조물의 기능을 고려하여 위치 및 구조를 정하고 필요에 따라서 배근, 지수판, 충전재를 설계한다.
⑧ 그 밖의 균열방지 및 제어방법으로는 콘크리트의 선행 냉각, 관로식 냉각 등에 의한 온도저하 및 제어방법, 팽창콘크리트의 사용에 의한 균열방지방법, 또는 수축·온도철근의 배치에 의한 방법 등이 있는데, 그 효과와 경제성을 종합적으로 판단

매스콘크리트

- 수축이음(contraction joint): 온도균열 및 콘크리트의 수축에 의한 균열을 제어하기 위해서 구조물의 길이 방향에 일정 간격으로 단면 감소 부분을 만들어 그 부분에 균열이 집중되도록 하고, 나머지 부분에서는 균열이 발생하지 않도록 하여 균열이 발생한 위치에 대한 사후 조치를 쉽게 하기 위한 이음으로 수축줄눈, 균열유발이음, 균열유발줄눈이라고도 함
- 온도균열지수(thermal crack index):매스 콘크리트의 균열 발생 검토에 쓰이는 것으로, 콘크리트의 인장강도를 온도에 의한 인장응력으로 나눈 값
- 온도제어양생(temperature-controlled curing): 콘크리트를 타설한 후 일정 기간 콘크리트의 온도를 제어하는 양생
- 외부구속(external restraint): 새로 타설된 콘크리트 블록의 온도에 의한 자유로운 변형이 외부로부터 구속되는 작용

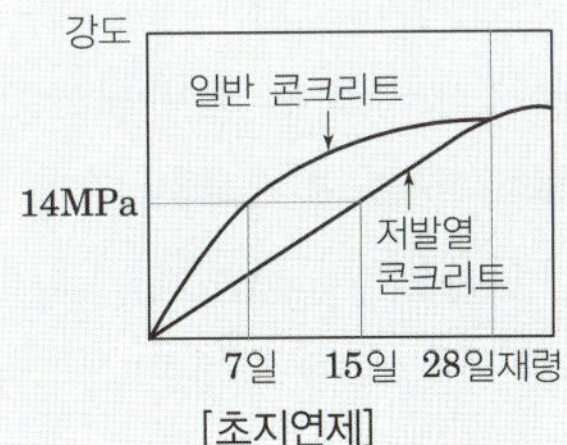

[초지연제]

2. 온도응력 완화대책

1) 수축이음

① 벽체 구조물의 경우 온도균열을 제어하기 위해서는 구조물의 길이 방향에 일정 간격으로 단면 감소 부분을 만들어 그 부분에 균열이 집중되도록 하고, 나머지 부분에서는 균열이 발생하지 않도록 한다.

② 계획된 위치에서 균열 발생을 확실히 유도하기 위해서는 수축이음의 단면 감소율을 35% 이상으로 해야 한다.

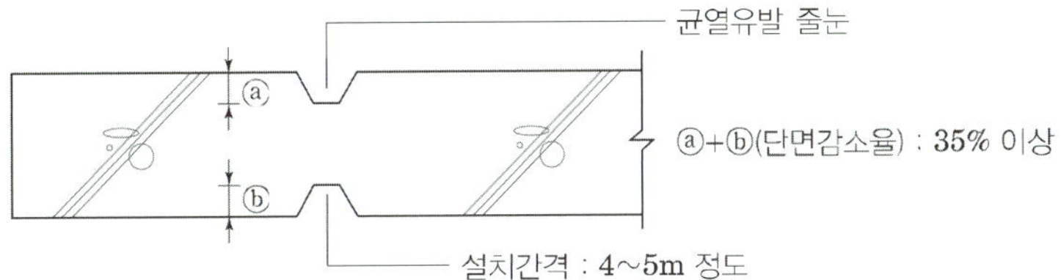

2) 블록분할

타설구획의 크기와 이음의 위치 및 구조는 온도균열 제어를 하기위한 방열 조건, 구속 조건과 공사용 Batcher Plant의 능력이나 1회의 콘크리트 타설 가능량 등 시공할 때의 여러 조건을 종합적으로 판단하여 결정해야 한다.

3) 초지연제에 의한 응결시간 조절

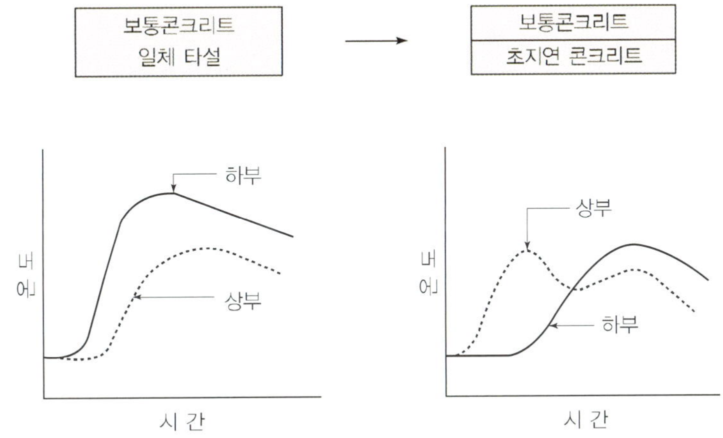

초지연제 의한 응결시간을 조절하여 상부 콘크리트의 온도균열 저감

3. 균열지수에 의한 평가

1) 정밀한 해석방법에 의한 평가

$$\text{온도균열지수} I_{cr}(t) = \frac{f_{sp}(t)}{f_t(t)}$$

여기서,

$f_t(t)$: 재령 t일에서의 수화열에 의하여 생긴 부재 내부의 온도응력 최댓값(MPa)

$f_{sp}(t)$: 재령 t일에서의 콘크리트의 쪼갬 인장강도로서, 재령 및 양생 온도를 고려하여 구함(MPa)

2) 온도균열지수 선정

온도균열지수를 선정하기 위해서는 콘크리트 구조물의 기능 및 중요도, 환경조건 등을 고려해야 한다. 이는 실제 구조물에 있어서 균열관측 결과 및 실험결과를 정리하여 구한 값이다.

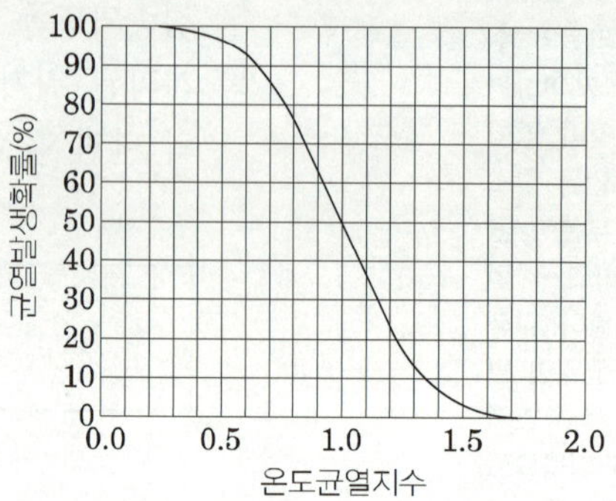

[온도균열지수와 발생확률]

[온도균열 제어 수준에 따른 온도균열지수 표준 값]

온도균열 제어 수준	온도균열지수(I_{cr})
균열 발생을 방지해야 할 경우	1.5 이상
균열 발생을 제한할 경우	1.2 이상~1.5 미만
유해한 균열 발생을 제한할 경우	0.7 이상~1.2 미만

4. 온도응력 해석

① 온도응력은 새로 타설한 콘크리트 블록 내의 온도 차이만으로 발생하는 내부구속응력과 새로 타설한 콘크리트 블록의 온도에 의한 자유로운 변형이 외부로 구속되기 때문에 발생하는 외부구속응력이 있으며, 외부구속체가 경화 콘크리트 또는 암반 등인 경우에는 구속체와 새로 타설한 콘크리트와의 경계면에서는 활동이 발생하지 않는 것으로 간주하여 그 구속효과를 산정하는 것을 원칙으로 한다.

② 부재 크기가 매우 큰 부재의 경우 최종 안전온도에 도달했을 때의 응력도 고려

5. 온도균열 폭의 제어

① 기존의 실적으로부터 온도응력 및 온도균열 발생이 문제가 되지 않는다고 판단되는 경우나 온도응력으로부터 계산한 온도균열지수가 1.5 이상이면 별도의 온도균열제어 대책을 수립하지 않을 수 있다.

② 구조물의 내구성에 손상을 줄 수 있는 큰 폭의 유해한 온도균열을 철근에 의해 제어할 경우에는, 먼저 기존에 배치된 철근으로 균열 폭이 제어되는지 검토하고 철근량이 부족할 경우 추가의 온도철근을 배치해야 한다.

매스콘크리트

V. 자재

1. 구성재료

1) 시멘트

① 콘크리트 부재의 내부온도 상승이 적은 것을 택하며, 구조물의 종류, 사용 환경, 시공 조건 등을 고려하여 적절히 선정

② 고로 슬래그 미분말을 혼입하는 경우 슬래그는 온도의존성이 크기 때문에 콘크리트의 타설온도가 높아지면 슬래그를 사용하지 않는 경우보다 발열량이 증가하여 오히려 콘크리트 온도가 상승하는 경우도 있으므로 사용할 때에 시험에 의해 그 특성을 확인

2) 골재

① 소요의 내구성을 가지며 온도 변화에 의한 체적 변화가 되도록 적은 것을 선정

② 굵은 골재의 최대치수는 작업성이나 건조수축 등을 고려하여 되도록 큰 값을 사용

3) 배합수

하절기의 경우 콘크리트의 비비기 온도를 낮추기 위해 되도록 저온의 것을 사용하며, 얼음을 사용하는 경우에는 비빌 때 얼음덩어리가 콘크리트 속에 남아 있지 않도록 해야 한다.

4) 혼화제

① 저발열형 시멘트에 석회석 미분말 등을 혼합하여 수화열을 더욱 저감시킨 혼합형 시멘트는 충분한 실험을 통해 그 특성 확인

② 저발열형 시멘트는 장기 재령의 강도 증진이 보통 포틀랜드 시멘트에 비하여 크므로, 91일 정도의 장기 재령을 설계기준압축강도의 기준 재령으로 하는 것이 바람직하다.

③ AE감수제 지연형, 고성능 AE감수제 지연형, 감수제 지연형을 사용한다.

2. 배합

1) 단위수량 및 시멘트량

① 소요의 강도 및 워커빌리티를 얻을 수 있는 범위 내에서 단위수량 및 단위 시멘트량을 적게 해야 한다.

② 10℃의 상승에 대하여 단위수량은 (2~5)% 증가하므로 소요의 압축강도를 확보하기 위해서는 단위수량에 비례하여 단위 시멘트량의 증가를 검토

2) 배합온도 관리

비빈 직후의 콘크리트 온도는 기상 조건, 운반시간 등의 영향을 고려하여 타설할 때 소요의 콘크리트 온도가 얻어지도록 낮게 관리

매스콘크리트

Ⅵ. 시공

1) 타설 시간 간격

① 구조물의 형상과 구속조건에 따라 적절히 정해야 한다.

② 온도 변화에 의한 응력은 신구 콘크리트의 유효탄성계수 및 온도 차이가 크면 클수록 커지므로 신구 콘크리트의 타설 시간 간격을 지나치게 길게 하는 일은 피해야 한다.

③ 몇 개의 블록으로 나누어 타설할 경우, 타설 시간 간격을 너무 짧게 하면 선 타설한 콘크리트 블록이 새로 타설한 콘크리트 블록의 온도에 영향을 주고, 콘크리트 전체의 온도가 높아져서 균열 발생 가능성이 커질 우려가 있으므로 이를 고려하여 타설 계획을 수립

2) 타설온도

물, 골재 등의 재료를 미리 냉각시키는 선행냉각 방법

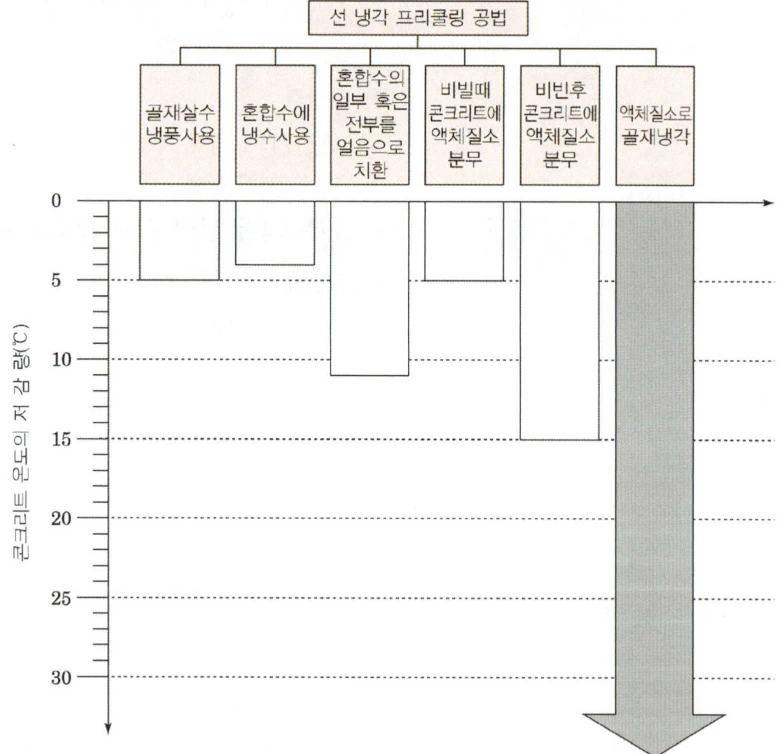

매스콘크리트

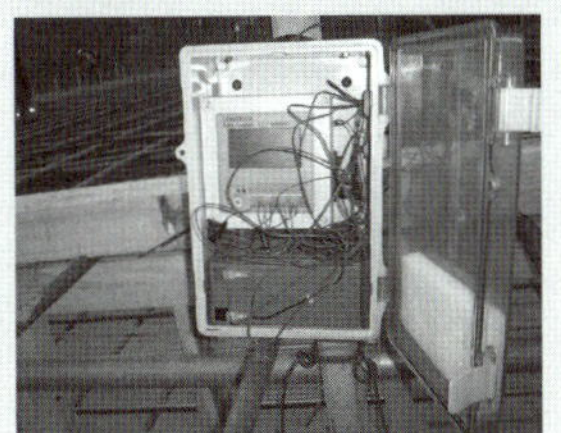

[수화열 측정]

[수화열 측정]

[파이프 쿨링]

3) 양생 때의 온도제어
   ① 가능한 천천히 외기온도에 가까워지도록 하기 위해 필요에 따라 콘크리트 표면의 보온 및 보호조치 등을 강구해야 한다.
   ② 파이프의 재질, 지름, 간격, 길이, 냉각수의 온도, 순환 속도 및 통수기간 등을 검토하여 관로식 냉각을 적용한다.

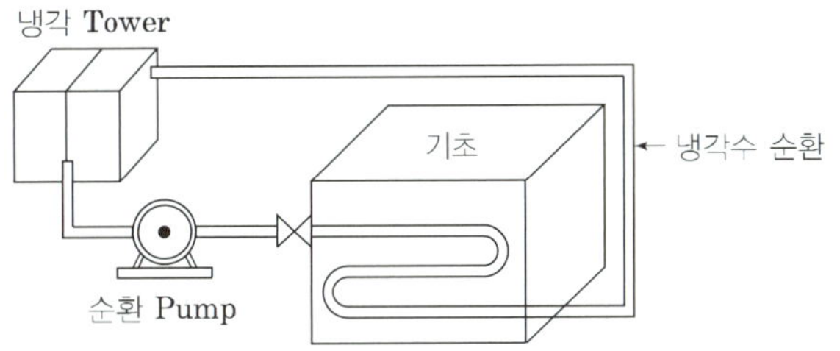

유속 : 1^{35} m/sec
간격 : @1,000m/m 직렬배관
통수량 : 18l/분

4) 타설방법

넓은 면적에 걸쳐 콘크리트를 타설할 경우에는 Cold Joint가 생기지 않도록 하나의 시공구간의 면적, 콘크리트의 공급능력, 이어치기의 허용시간 등을 고려하여 시공 순서를 결정

Ⅶ. 온도균열 저감대책

대책	구체적인 대책		
배합	발열량의 저감	저발열형 시멘트의 사용	
		시멘트량 저감	양질의 혼화재료 사용
			슬럼프를 작게 할 것
			골재치수를 크게 할 것
			양질의 골재 사용
			강도 판정시기 연장
시공	온도변화의 최소화		양생온도의 제어
			보온(시트, 단열재)가열 양생 실시
			거푸집 존치기간 조절
			콘크리트의 타설시간 간격 조절
			초지연제 사용에 의한 Lift별 응결시간 조절
	시공 시 온도상승을 저감할 것		재료의 쿨링
	계획온도를 엄격히 관리할 것		
설계	설계상 배려		균열유발줄눈의 설치
			철근으로 균열을 분산시킴
			별도의 방수 보강

Ⅷ. 현장품질관리

<table>
<tr><th>항목</th><th>시험 · 검사방법</th><th>시기 · 횟수</th><th>판정기준</th></tr>
<tr><td>콘크리트 타설온도</td><td rowspan="2">실시간 온도측정 및 분석</td><td rowspan="3">시공 중의 적절한 측정 및 검사 주기는 협의하여 정함</td><td rowspan="2">계획된 온도관리 기준에 부합할 것</td></tr>
<tr><td>양생중의 콘크리트 온도 혹은 보온양생 되는 공간의 온도</td></tr>
<tr><td>균열</td><td>외관관찰</td><td>예상된 온도균열 수준일 것</td></tr>
</table>

★★★ 1. 기상과 온도 86.113

4-191	Mass Concrete 온도균열지수	
No. 399		유형: 지표·기준

매스콘크리트

매스콘크리트 Key Point

◩ 국가표준
- KCS 14 20 42

◩ Lay Out
- 평가

◩ 핵심 단어
- 콘크리트의 인장강도를 온도에 의한 인장응력으로 나눈 값

◩ 연관용어

Ⅰ. 정 의

① 매스 콘크리트의 균열 발생 검토에 쓰이는 것으로, 콘크리트의 인장강도를 온도에 의한 인장응력으로 나눈 값

② 콘크리트 구조물의 기능 및 중요도, 환경조건 등을 고려 이는 실제 구조물에 있어서 균열관측 결과 및 실험결과를 정리하여 구한 값이다.

Ⅱ. 온도균열지수에 의한 평가

1) 정밀한 해석방법에 의한 평가

온도균열지수 $I_{cr}(t) = \dfrac{f_{sp}(t)}{f_t(t)}$

여기서,

$f_t(t)$: 재령 t일에서의 수화열에 의하여 생긴 부재 내부의 온도응력 최댓값(MPa)

$f_{sp}(t)$: 재령 t일에서의 콘크리트의 쪼갬 인장강도로서, 재령 및 양생 온도를 고려하여 구함(MPa)

2) 온도균열지수 선정

온도균열지수를 선정하기 위해서는 콘크리트 구조물의 기능 및 중요도, 환경조건 등을 고려해야 한다. 이는 실제 구조물에 있어서 균열관측 결과 및 실험결과를 정리하여 구한 값이다.

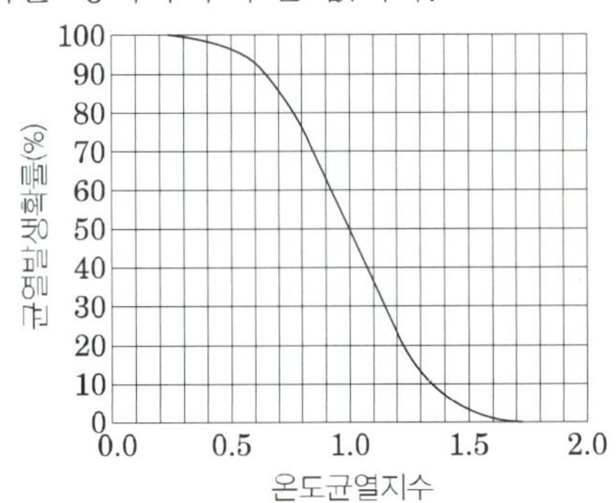

[온도균열지수와 발생확률]

[온도균열 제어 수준에 따른 온도균열지수 표준 값]

온도균열 제어 수준	온도균열지수(I_{cr})
균열 발생을 방지해야 할 경우	1.5 이상
균열 발생을 제한할 경우	1.2 이상~1.5 미만
유해한 균열 발생을 제한할 경우	0.7 이상~1.2 미만

★★★ 1. 기상과 온도 86.113

4-192	Mass Concrete 온도균열	
No. 400		유형: 현상·결함

매스콘크리트

매스콘크리트
Key Point

◪ 국가표준
- KCS 14 20 42

◪ Lay Out
- 적용대상
- 특성변화
- 균열검토

◪ 핵심 단어
- 콘크리트 내외부 온도차

◪ 연관용어

Ⅰ. 정 의

① 매스 콘크리트에서 온도가 낮은 표면 부분의 콘크리트가 수축하려고 하는 것을 온도가 높은 내부의 콘크리트가 구속하면서 표면에 인장응력이 작용하여 발생하는 균열

② 타설 직후 경화 중에 cement와 물의 반응으로 인한 수화열(heat of hydration)이 축적되어 concrete의 내부온도가 상승하여 concrete 부재표면과 내부와의 열전도를 통한 온도차

Ⅱ. Mass Concrete 적용대상

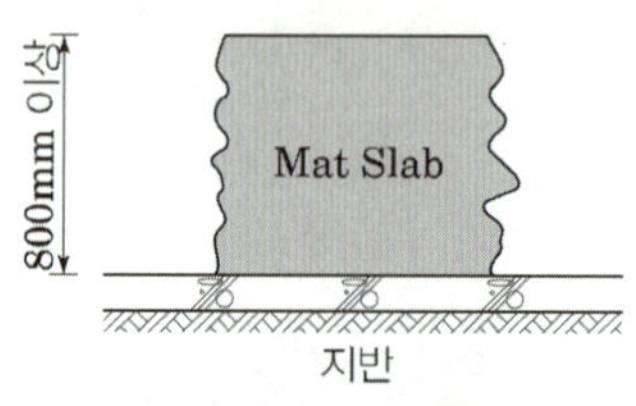

[지반에 따라 하부가 구속]

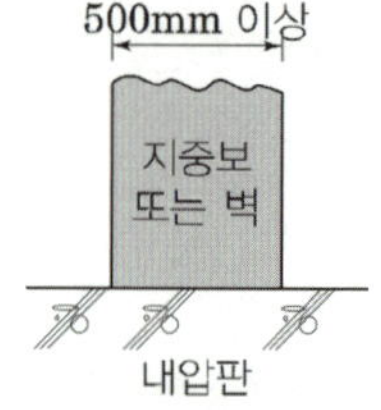

[내압판에 따라 하부가 구속]

큰 단면 → 수화열에 의한 온도상승 → 온도균열 발생

Ⅲ. Mass Concrete의 특성변화

1) 내부구속에 의한 균열발생

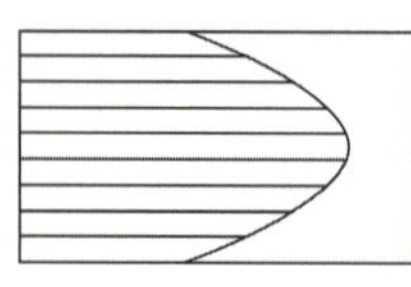
(a) 온도분포

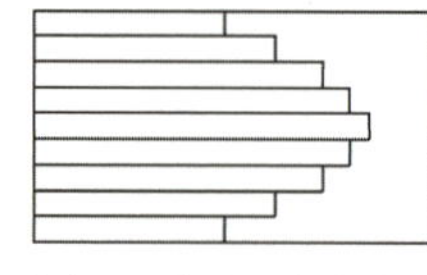
(b) 부재를 절단하여 서로의 구속을 해제한 경우의 변형률 분포

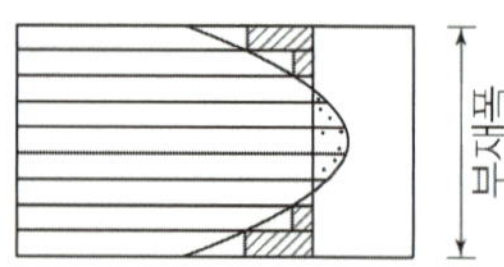

(c) 부재 내의 변형률을 같게 한 경우의 구속응력분포

① 단면 내외의 온도차에 의해 표층에 균열발생

② 중앙부와 표면부의 변형률이 서로 다르기 때문에 내부구속응력이 발생하여 표면부에서 폭 0.2mm 이하의 미세한 균열발생

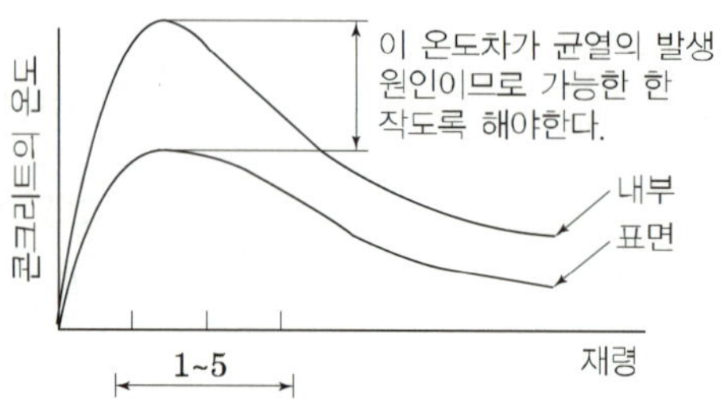

이 시기에 균열발생가능성이 높음

매스콘크리트

2) 외부구속에 의한 균열발생

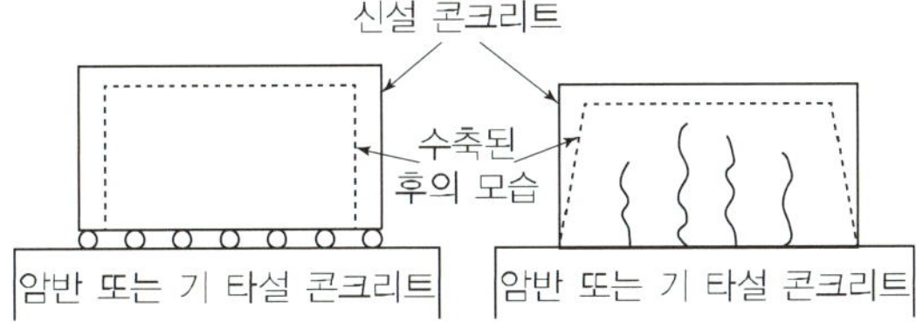

(a) 구속이 없는 경우 (b) 구속이 있는 경우

[외부구속에 의한 균열발생 기구]

① 밑부분의 구속으로 인장응력이 발생해 관통되는 균열 유발 가능
② 균열폭 1~2mm의 관통 균열로 누수 및 구조적인 문제야기

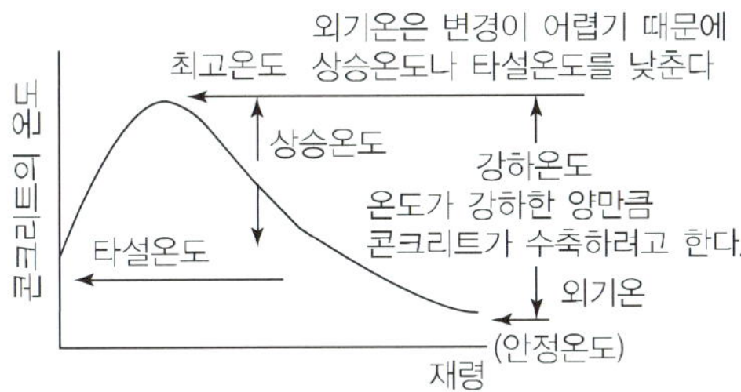

Ⅳ. 온도균열 발생 검토

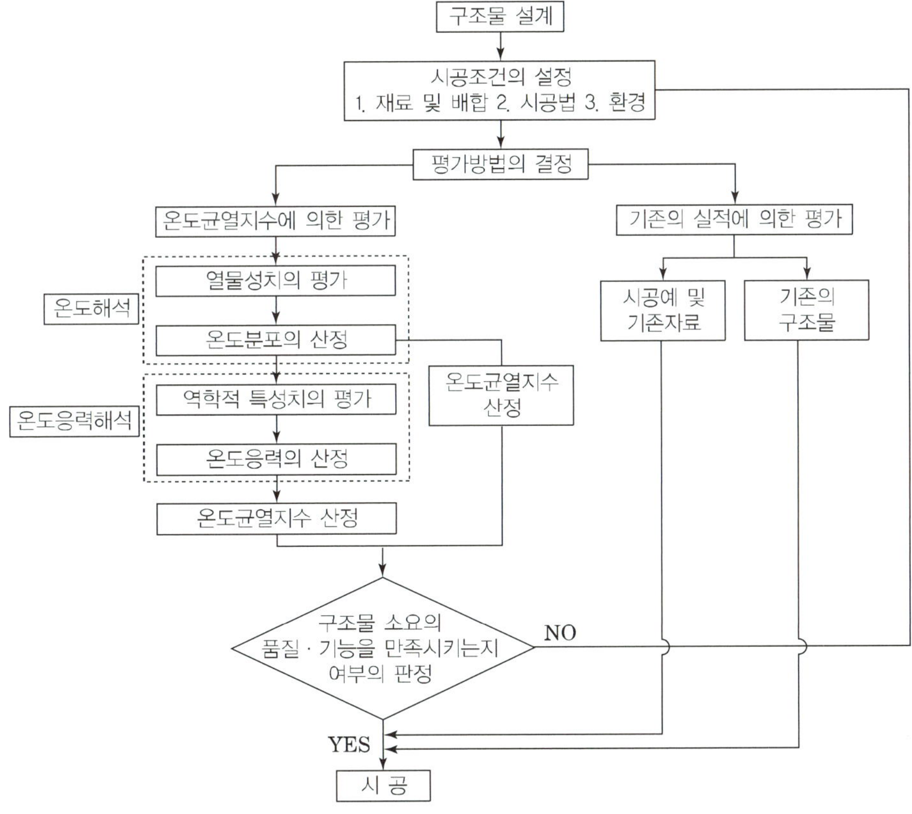

매스콘크리트

매스콘크리트
Key Point

◪ 국가표준
- KCS 14 20 42

◪ Lay Out
- Mechanism

◪ 핵심 단어
- 발열과정과 냉각과정에서의 온도변화
- 콘크리트 내외부 온도차

◪ 연관용어

☆☆☆ 1. 기상과 온도 102

4-193	Mass Concrete 온도충격(Thermal Shock)
No. 401	유형: 현상·결함

Ⅰ. 정 의

① 매스 콘크리트에서 발열과정과 냉각과정에서 온도변화와 온도 차이에 의한 비정상적인 온도구배가 생기면서 발생하는 열변형

② 타설 직후 경화 중에 cement와 물의 반응으로 인한 수화열(heat of hydration)이 축적되어 concrete의 내부온도가 상승하여 concrete 부재표면과 내부와의 열전도를 통한 온도차

Ⅱ. Mass Concrete의 온도충격 Mechanism

1) 발열과정

① 단면 내외의 온도차에 의해 표층에 균열발생

② 중앙부와 표면부의 변형률이 서로 다르기 때문에 내부구속응력이 발생하여 표면부에서 폭 0.2mm 이하의 미세한 균열발생

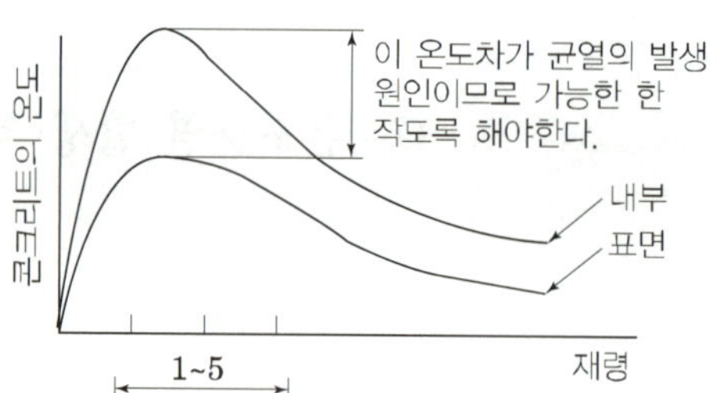

이 시기에 균열발생가능성이 높음

2) 냉각과정

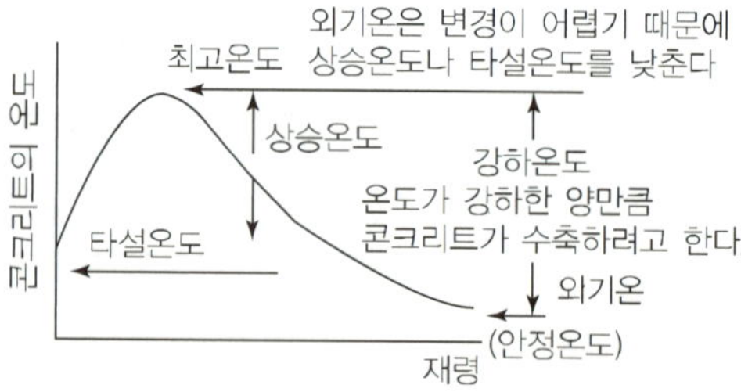

★★★ 1. 기상과 온도 71

4-194	Mass Concrete 온도구배	
No. 402		유형: 현상·결함

매스콘크리트

매스콘크리트 Key Point

◩ 국가표준
- KCS 14 20 42

◩ Lay Out
- 발생과정
- 온도구배

◩ 핵심 단어
- 콘크리트 내외부 온도차

◩ 연관용어

Ⅰ. 정 의

① 타설 직후 경화 중에 cement와 물의 반응으로 인한 수화열(heat of hydration)이 축적되어 concrete의 내부온도가 상승하여 concrete 부재표면과 내부와의 열전도를 통한 온도차

② 온도구배에 의한 온도응력(temperature stress) 및 온도균열은 구조물에 악영향을 미치므로, 온도구배를 최소화하기 위해서는 배합전 재료를 Pre-cooling하는 방법과 양생시 부재표면과 내부와의 온도차를 줄이는 Pipe-cooling 방법 등이 있다.

Ⅱ. Mass Concrete의 온도균열 발생과정

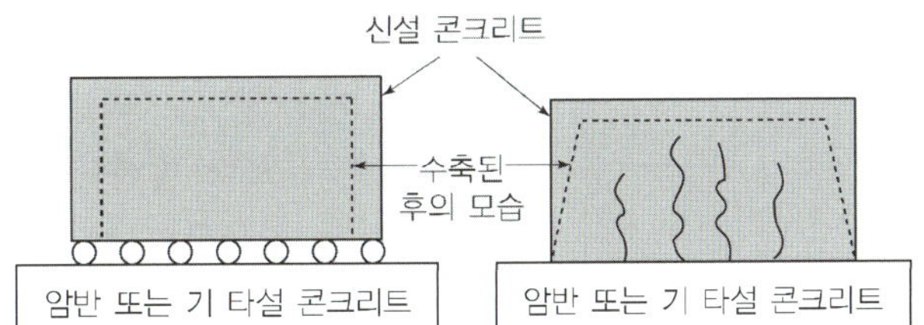

(a) 구속이 없는 경우 [지반에 따라 하부가 구속]　(b) 구속이 있는 경우 [내압판에 따라 하부가 구속]

큰 단면 → 수화열에 의한 온도상승 → 온도균열 발생

Ⅲ. Mass Concrete의 온도구배

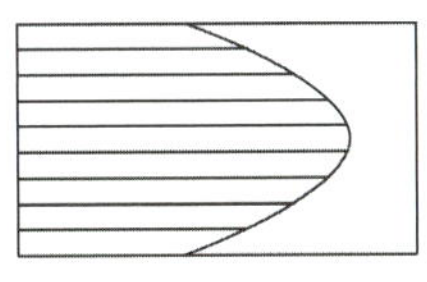

(a) 온도분포

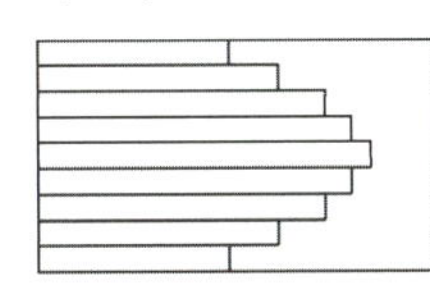

(b) 부재를 절단하여 서로의 구속을 해제한 경우의 변형률 분포

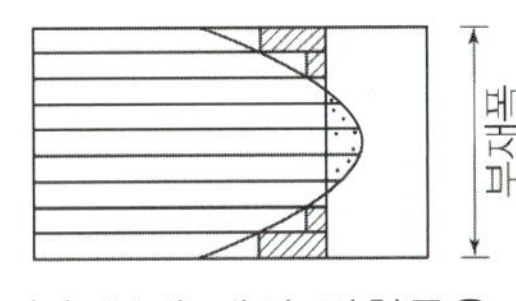

(c) 부재 내의 변형률을 같게 한 경우의 구속응력분포

① 단면 내외의 온도차에 의해 표층에 균열발생

② 중앙부와 표면부의 변형률이 서로 다르기 때문에 내부구속응력이 발생하여 표면부에서 폭 0.2mm 이하의 미세한 균열발생

매스콘크리트

매스콘크리트
Key Point

◪ 국가표준
- KCS 14 20 42

◪ Lay Out
- 수화열 저감방안

◪ 핵심 단어
- 수화열 저감 방법 강구

◪ 연관용어

★★★ 1. 기상과 온도 94

4-195	Mass Concrete의 수화열 저감방안	
No. 403		유형: 재료·성능·공법

Ⅰ. 정 의

매스콘크리트는 단면이 두꺼워 수화열이 내부에 축적되어 내부온도가 상승하여 부재표면과 온도차가 발생하므로 수화열을 저감할 수 있는 방법을 강구해야 한다.

Ⅱ.수화열 저감방안

1. 구성재료

1) 시멘트

① 콘크리트 부재의 내부온도 상승이 적은 것을 택하며, 구조물의 종류, 사용 환경, 시공 조건 등을 고려하여 적절히 선정

② 고로 슬래그 미분말을 혼입하는 경우 슬래그는 온도의존성이 크기 때문에 콘크리트의 타설온도가 높아지면 슬래그를 사용하지 않는 경우보다 발열량이 증가하여 오히려 콘크리트 온도가 상승하는 경우도 있으므로 사용할 때에 시험에 의해 그 특성을 확인

2) 골재

① 소요의 내구성을 가지며 온도 변화에 의한 체적 변화가 되도록 적은 것을 선정

② 굵은 골재의 최대치수는 작업성이나 건조수축 등을 고려하여 되도록 큰 값을 사용

3) 배합수

하절기의 경우 콘크리트의 비비기 온도를 낮추기 위해 되도록 저온의 것을 사용하며, 얼음을 사용하는 경우에는 비빌 때 얼음덩어리가 콘크리트 속에 남아 있지 않도록 해야 한다.

4) 혼화제

① 저발열형 시멘트에 석회석 미분말 등을 혼합하여 수화열을 더욱 저감시킨 혼합형 시멘트는 충분한 실험을 통해 그 특성 확인

② 저발열형 시멘트는 장기 재령의 강도 증진이 보통 포틀랜드 시멘트에 비하여 크므로, 91일 정도의 장기 재령을 설계기준압축강도의 기준 재령으로 하는 것이 바람직하다.

③ AE감수제 지연형, 고성능 AE감수제 지연형, 감수제 지연형을 사용한다.

매스콘크리트

2. 배합

1) 단위수량 및 시멘트량

① 소요의 강도 및 워커빌리티를 얻을 수 있는 범위 내에서 단위수량 및 단위 시멘트량을 적게 해야 한다.

② 10℃의 상승에 대하여 단위수량은 (2~5)% 증가하므로 소요의 압축강도를 확보하기 위해서는 단위수량에 비례하여 단위 시멘트량의 증가를 검토

2) 배합온도 관리

비빈 직후의 콘크리트 온도는 기상 조건, 운반시간 등의 영향을 고려하여 타설할 때 소요의 콘크리트 온도가 얻어지도록 낮게 관리

3. 시공

1) 타설 시간 간격

온도 변화에 의한 응력은 신구 콘크리트의 유효탄성계수 및 온도 차이가 크면 클수록 커지므로 신구 콘크리트의 타설 시간 간격을 지나치게 길게 하는 일은 피해야 한다.

2) 타설온도

물, 골재 등의 재료를 미리 냉각시키는 선행냉각 방법

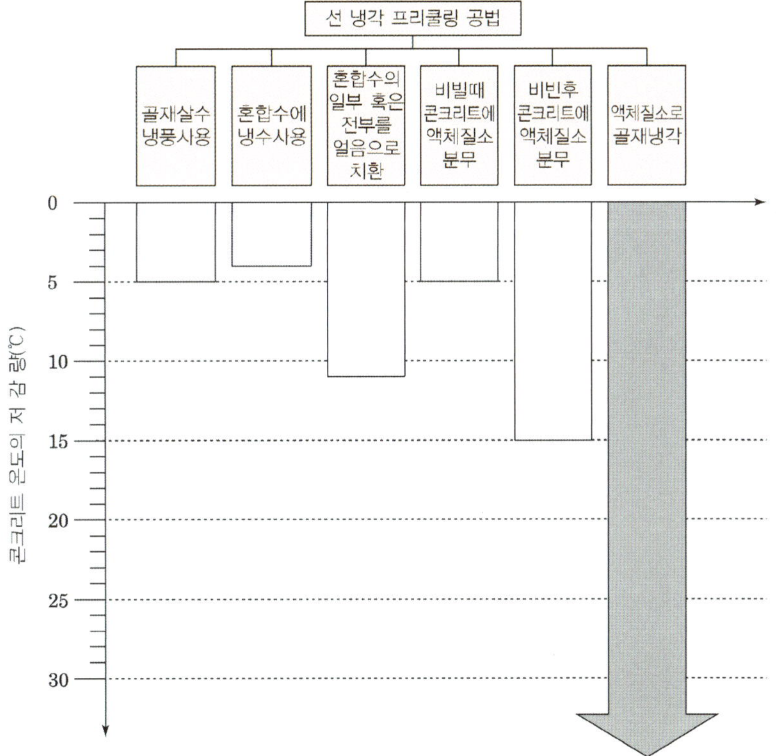

3) 양생 때의 온도제어

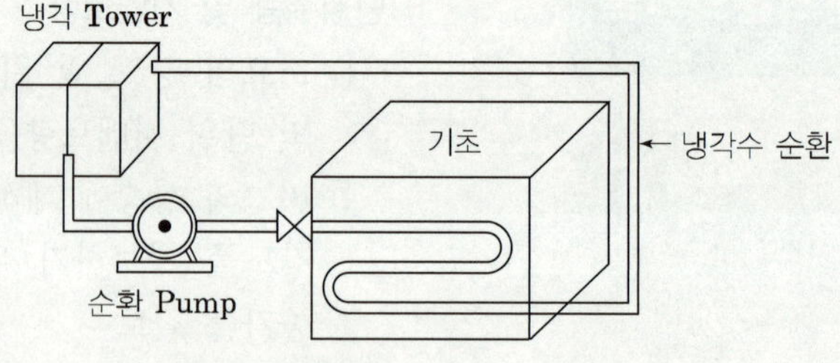

- 유속 : $1^{\underline{35}}$ m/sec
- 간격 : @1,000m/m 직렬배관
- 통수량 : 18l/분

★★★ 2. 강도 및 시공성능개선 96

4-196	고강도 콘크리트	
No. 404	high strength concrete	유형: 재료·성능·공법

강도성능

강도성능 개선

Key Point

◪ 국가표준
- KCS 14 20 33

◪ Lay Out
- 고강도화 방법
- 배합
- 시공

◪ 핵심 단어

◪ 연관용어

고강도 콘크리트의 특징

- 장점
  - 부재의 경량화 가능
  - 소요단면 감소
  - 시공능률 향상
- 단점
  - 강도발현에 변동이 커서 취성파괴 우려
  - 시공시 품질변화우려
  - 내화에 취약

Ⅰ. 정 의

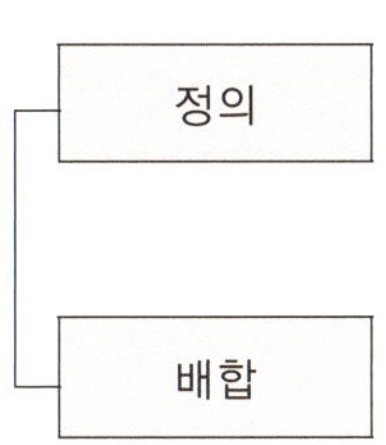

- 설계기준압축강도가 보통(중량)콘크리트에서 40MPa 이상
- 경량골재 콘크리트에서 27MPa 이상인 경우의 콘크리트

- 물시멘트비= 50% 이하, 슬럼프 150mm 이하(유동화 콘크리트로 할 경우 슬럼프 플로의 목표값은 설계기준압축강도 40MPa 이상, 60MPa 이하의 경우 500mm, 600mm, 700mm로 구분)

Ⅱ. 콘크리트의 고강도화 방법

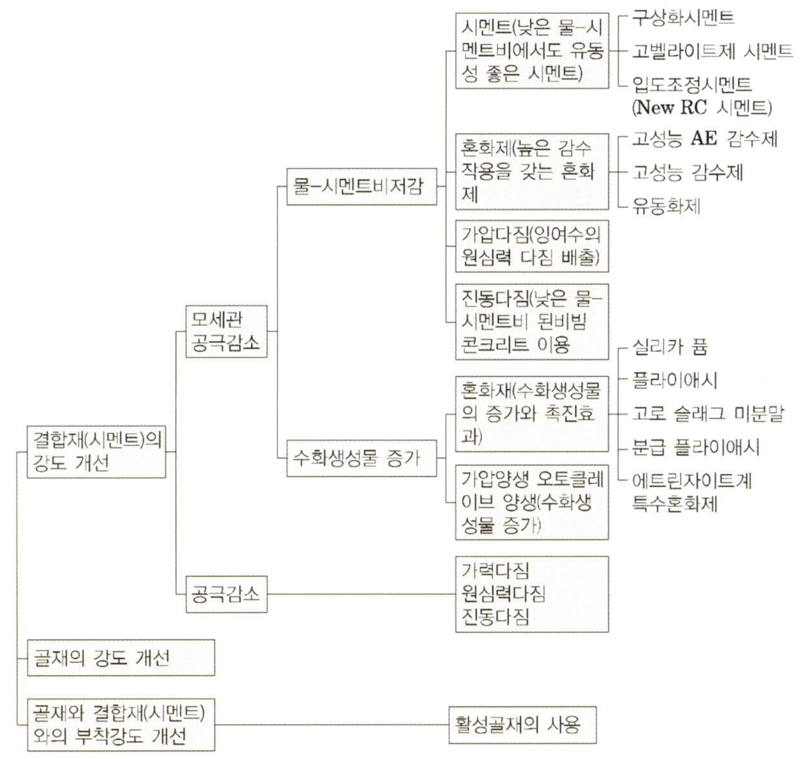

Ⅲ. 배합

1) 물-결합재비

① 고강도 콘크리트의 물-결합재비는 소요의 강도와 내구성을 고려하여 선정

② 실제로 사용하는 콘크리트와 거의 동일한 재료를 사용하여 소요 슬럼프값 또는 슬럼프 플로, 소요 공기량이 얻어지는 콘크리트에 관하여 물-결합재비와 콘크리트 강도의 관계식을 시험 배합으로부터 구한다.

③ 배합강도에 상응하는 물-결합재비는 시험에 의한 관계식을 이용하여 결정

2) 단위시멘트량

소요의 워커빌리티 및 강도를 얻을 수 있는 범위 내에서 가능한 한 적게 되도록 시험에 의해 정해야 한다.

3) 단위수량

소요의 워커빌리티를 얻을 수 있는 범위 내에서 가능한 작게 해야 한다.

4) 잔골재율

소요의 워커빌리티를 얻도록 시험에 의하여 결정해야 하며, 가능한 작게 하도록 한다.

5) 슬럼프

① 작업이 가능한 범위 내에서 되도록 작게 한다.

② 유동화 콘크리트로 할 경우 슬럼프 플로의 목표값은 설계기준압축강도 40MPa 이상 60MPa 이하의 경우 구조물의 작업 조건에 따라 500, 600 및 700 mm로 구분

6) 공기연행제 사용

기상의 변화가 심하거나 동결융해에 대한 대책이 필요한 경우를 제외하고는 공기연행제를 사용하지 않는 것을 원칙으로 한다.

Ⅳ. 시공

1) 운반

① 콘크리트는 재료의 분리 및 슬럼프 값의 손실이 적은 방법으로 신속하게 운반

② 운반 시간 및 거리가 긴 경우에 사용하는 운반차는 트럭믹서, 트럭 애지테이터 혹은 건비빔 믹서로 해야 하며, 고성능 감수제 등을 추가로 투여하는 등의 조치

③ 콘크리트 운반 차량은 운반지연으로 인한 급격한 슬럼프 값 저하 가능성에 대비하여 고성능 감수제 투여장치 등의 보조 장치를 준비

④ 버킷의 구조는 콘크리트를 투입하고 배출할 때 재료 분리를 일으키지 않는 것, 또는 버킷에서의 콘크리트 배출이 용이한 것 사용

강도성능

• 실리카 퓸을 사용한 압축강도

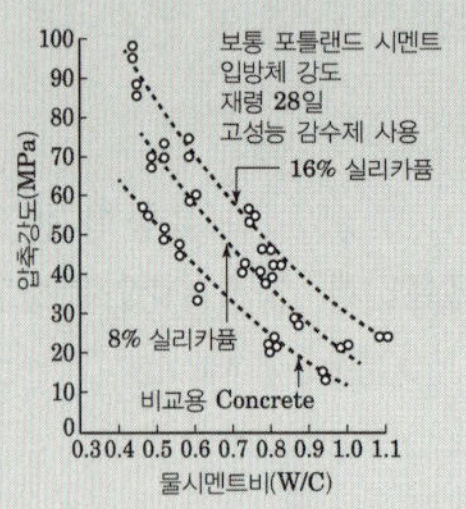

• 고강도용 혼화재의 첨가율과 압축강도

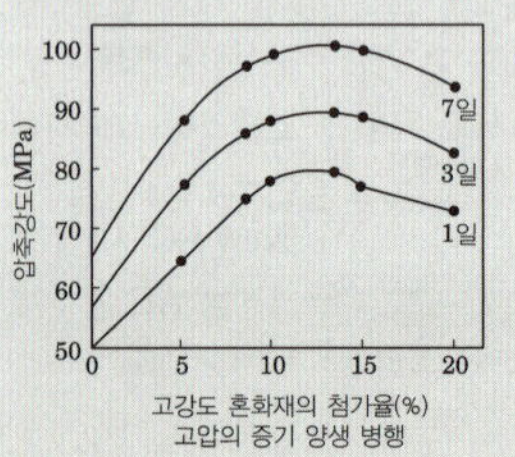

• 오토클레이브 양생한 압축강도

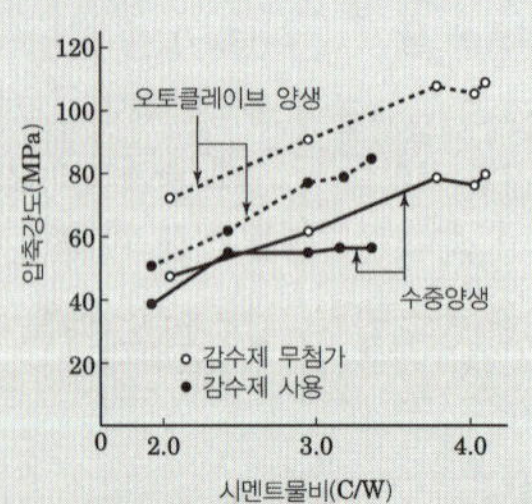

• 선 모르타르 비빔방법

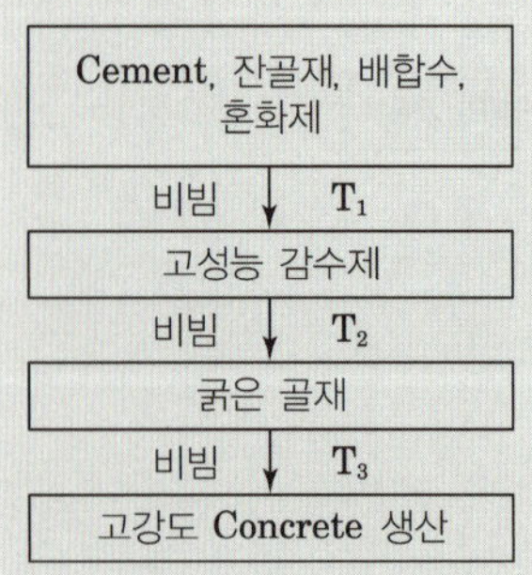

강도성능

2) 타설

① 타설 순서는 구조물의 형상, 콘크리트의 공급 상태, 거푸집 등의 변형을 고려하여 결정

② 기둥과 벽체 콘크리트, 보와 슬래브 콘크리트를 일체로 하여 타설할 경우에는 보 아래면에서 타설을 중지한 다음, 기둥과 벽에 타설한 콘크리트가 침하한 후 보, 슬래브의 콘크리트를 타설

③ 콘크리트는 운반 후 신속하게 타설

④ 타설할 때는 받침 또는 투입구를 설치

⑤ 타설 간격은 콘크리트 면이 거의 수평을 이루는 때로 정한다.

⑥ 다짐에 사용되는 다짐기의 기종은 고강도 콘크리트의 높은 점성 등을 고려하여 선정

⑦ 수직부재에 타설하는 콘크리트의 강도와 수평부재에 타설하는 콘크리트 강도의 차가 1.4배를 초과하는 경우에는 수직부재에 타설한 고강도 콘크리트는 수직-수평부재의 접합면으로부터 수평부재 쪽으로 안전한 내민 길이를 확보

3) 양생

① 고강도 콘크리트는 콘크리트를 타설한 후 초기강도 발현을 위한 경화에 필요한 온도 및 습도를 유지

② 진동, 충격 등의 유해한 작용의 영향을 받지 않도록 충분한 조치

③ 고강도 콘크리트는 낮은 물-결합재비를 가지므로 철저히 습윤 양생

V. 품질검사

종류	항목	시험 및 검사 방법	시기 및 횟수	판정기준
배합	압축강도	KS F 2405	• 받아들이기 시점 • 1회/일 또는 구조물의 중요도와 공사의 규모에 따라 120m^{3}마다 1회	KCS 14 20 10 (표 3.5-3)에 준함
유동성	슬럼프 또는 슬럼프 플로	KS F 2402 KS F 2594 또는 KCI-CT103	상동	• 슬럼프: 설정값±25mm (180mm 이하의 경우) 설정값±15mm(180mm를 초과하는 경우) • 슬럼프 플로: 설정값 ±50mm

강도성능

강도성능 개선

Key Point

- 국가표준
- Lay Out
  - 특징·성능혁신방향
  - 종류
- 핵심 단어
  - 강도, 연성, 인성
- 연관용어

★★★ 2. 강도 및 시공성능개선 74.84

4-197	고성능 콘크리트	
No. 405	High Performance Concrete	유형: 재료·성능·공법

Ⅰ. 정 의

① 콘크리트의 강도와 내구성 및 유동성 측면에서 기존의 보통 콘크리트보다 한층 개선된 성능을 발휘하는 기술의 진일보를 모색한 것

② 고성능 콘크리트는 강도 증진 측면, 연성과 인성 증진 측면, 강도와 연성(인성)을 모두 증진

Ⅱ. 초고성능 콘크리트 특징

① 높은 초기재령 강도

② 장기적인 역학적 특성의 개선

③ 체적 안정성과 높은 탄성계수

④ 열악한 환경에서 구조물의 수명을 개선(내구성)

⑤ 재료분리가 없이 타설 및 다짐이 쉬운 것 또는 다짐을 하지 않아도 되는 자기충전성 보유 등이 있다.

Ⅲ. 콘크리트의 성능혁신 방향

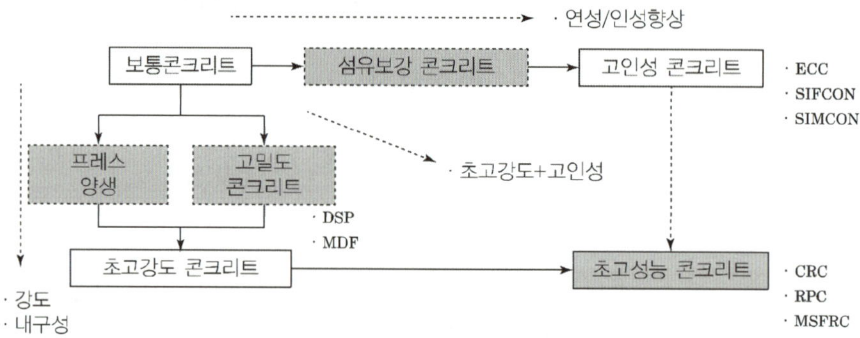

Ⅳ. 고성능 콘크리트의 종류

1. 초고강도 콘크리트(Ultra high strength concrete)

콘크리트의 미세공극을 채우고 밀도를 높여 미세구조(Microstructre)를 개선함으로써 강도를 증진

1) DSP(Densified with Small Particle)

① 입경이 작은 입자들을 사용하여 밀도를 높인 것

② 고성능 감수제와 실리카 퓸의 사용으로 공극률을 크게 낮춘 것

③ 화강암, 현무암과 같은 매우 높은 강도의 골재를 사용함으로써 압축강도 150~400MPa 범위의 콘크리트를 만들어 냈다.

강도성능

2) MDF(Marcro Defect Free)

① 폴리머 모르타르를 이용하여 콘크리트의 공극을 채움으로써 매우 강하고 치밀한 매트릭스를 만드는 것

② 알루미나 시멘트를 사용하기도 하며, 200MPa에 달하는 매우 높은 휨강도를 발휘하지만 그 제조 조건이 까다롭고 배합 이후 여러 차례 롤러다짐을 해야 하는 문제 외에도 물에 민감하고 과도한 크리프에 의한 손상 등의 이유로 실용성이 떨어지는 재료로 간주된다.

2. 고인성 콘크리트(high toughness concrete)

연성과 인성(에너지 흡수능력)을 갖도록 개량된 섬유의 사용과 혼합비율 등을 조절한 것

1) SIFCON(slurry infiltrated fibered concrete)

① 거푸집 속에 섬유 뭉치(bulk fibers)를 넣고 유동성의 슬러리 모르타르(fluid mortar slurry)를 주입하여 만드는 것

② 시공(타설)중 워커빌리티 문제를 야기하지 않도록 많은 양의 섬유(5~15%)가 필요한 기술이다.

③ 적절한 채움 효과를 얻기 위해 슬러리는 매우 묽게 되어야 하므로 다른 섬유보강 콘크리트에 비해 물-시멘트비가 크게 증가한다.

④ 특별한 타설기법이 적용되어야 하는 문제가 있고, 직접인장강도가 낮으므로 섬유는 비표면적이 높은 것(high length-diameter ratio)을 사용해야만 한다.

2) SIMCON(slurry infiltrated mat concrete)

① 비교적 긴 섬유로 필터모양의 강섬유 매트를 만들고, 여기에 그라우트를 주입하는 것으로 휨강도가 매우 큰 재료이다.

② SIFCON과 동일한 수준의 휨강도 및 에너지 흡수능력(인성)을 얻는 데 필요한 섬유의 양은 절반 이하로도 충분하다.

3) ECC(engineered cementitious composites)

① 길이가 20mm 이내로 비교적 짧고 직경도 0.5mm 이하로 매우 가느다란 합성섬유(synthetic fibers)를 혼입한 시멘트계 복합재료로서 압축강도는 통상 70MPa를 넘지 않는다.

② 인장강도는 동일한 압축강도 수준의 섬유보강하지 않은 콘크리트보다 10% 이상 증가하지 않으나, 직접 인장(direct tension)에서는 균열의 분산(multicracking)과 변형률 경화현상을 나타내며 매우 큰 연성을 보인다.

강도성능

3. 초고성능 콘크리트(Ultra-High-Performance Concrete)

1) 정의

DSP 계열의 원리를 사용하여 강도와 내구성을 향상시킨 고밀도(compactness, 고밀도 콘크리트: dense concrete, high density concrete)의 특성을 갖고, 압축강도를 기준으로 150MPa 이상의 초고강도이면서 단섬유를 다량으로 사용 또는 단섬유와 긴섬유를 혼합(multi-scale)하여 높은 인장강도 또는 휨인성을 보유하도록 보강된 콘크리트 또는 시멘트계 복합재료를 기존의 고성능 콘크리트 또는 고인성 콘크리트와 구별하여 초고성능 콘크리트(Ultra-High- Performance Concrete)로 정의한다.

2) 종류

① CRC(Compact Reinforced Composites)
CRC는 덴마크의 Aalborg Portland 사에 의해 개발된 것으로 직경 0.15mm, 길이 6mm의 강섬유를 5~10% 첨가시킨 것

② RPC(Reactive Power Concrete, 반응성 분체 콘크리트)
RPC는 프랑스의 Bouygues 사에 의해 개발된 것으로 직경 0.16mm, 길이 0.13mm의 미세 강섬유를 2.5% 첨가한 것

③ MSFRC(Multi Scale Fiber Reinforced Concrete)
MSFRC는 프랑스의 LCPC(Labortoire Central des Ponts et Chaussees)에 의해 개발된 것으로 섬유의 길이가 짧은 것과 긴 것을 혼합하여 다중 크기(multi-scale)의 섬유에 의한 균열 억제 능력을 최대로 하여 초고강도-고인성으로 한 새로운 재료들이다.

강도성능

강도성능 개선

Key Point

◩ 국가표준
- KCS 41 30 03

◩ Lay Out
- 시공
- 콘크리트 종류

◩ 핵심 단어
- 보통 콘크리트에서는 21MPa 이상 40MPa 이하
- 자기충진성

◩ 연관용어

☆☆☆ 2. 강도 및 시공성능개선

4-198	고내구성콘크리트	
No. 406	High Durable Concrete	유형: 재료·성능·공법

Ⅰ. 정 의

① 해풍, 해수, 황산염 및 기타 유해물질에 노출된 콘크리트로서 고내구성이 요구되는 콘크리트 공사의 자재 및 시공에 대한 일반적이고 기본적인 사항을 규정한다.

② 고내구성콘크리트는 설계기준강도는 보통 콘크리트에서는 21MPa 이상, 40MPa 이하, 경량골재 콘크리트에서는 21MPa 이상, 27MPa 이하를 기본으로 하고 있으며, 여기에 자기충전성을 확보하기 위하여 고유동 콘크리트의 개념을 도입하고 있다.

Ⅱ. 시공

1) 품질 및 배합

① 설계기준강도는 보통 콘크리트에서는 21MPa 이상, 40MPa 이하, 경량골재 콘크리트에서는 21MPa 이상, 27MPa 이하

② 슬럼프는 120mm 이하

③ 유동화 콘크리트를 사용하는 경우에는 베이스 콘크리트의 슬럼프는 120mm 이하

④ 유동화 콘크리트의 슬럼프는 210mm 이하

⑤ 내구성을 확보하기 위한 자재·배합

- 단위수량은 175kg/m^3 이하
- 단위시멘트량의 최소값은 보통 콘크리트에서는 300kg/m^3
- 경량골재 콘크리트에서는 330kg/m^3
- 콘크리트에 함유된 염화물량은 염소이온량으로 0.20kg/m^3 이하
- 타설 시의 콘크리트 온도는 3℃ 이상, 30℃ 이하

[물결합재비의 최대값(%)]

구분	보통 콘크리트	경량골재 콘크리트
포틀랜드 시멘트 고로 슬래그 시멘트 1종 포졸란 시멘트 1종 플라이 애시 시멘트 1종	60	55
고로 슬래그 시멘트 1종 포졸란 시멘트 2종 플라이 애시 시멘트 2종	55	55

강도성능

2) 타설

① 콘크리트의 비빔 시작으로부터 타설이 끝나는 시간의 한도는 외기 온도가 25℃ 미만일 때는 90분, 25℃ 이상일 때는 60분
② 콘크리트를 이어붓는 경우는 이음면의 레이턴스 및 취약한 콘크리트를 제거하고 건전한 콘크리트면을 노출시킨 후, 물로 충분히 습윤
③ 철근, 철골 및 금속제 거푸집의 온도가 50℃를 넘는 경우는, 콘크리트의 타설 직전에 살수하여 냉각
④ 거푸집, 철근, 이어붓기 부분의 콘크리트에 살수한 물은 콘크리트의 타설 직전에 고압공기 등으로 제거
⑤ 한 층의 타설 두께는 600mm 내외
⑥ 벽부분의 콘크리트는 각 부분이 항상 거의 동일한 높이가 되도록 타설
⑦ 콘크리트의 자유낙하높이는 콘크리트가 분리하지 않는 범위
⑧ 층고가 높은 기둥, 벽 등의 콘크리트를 타설하는 경우는 슈트 또는 파이프 등을 거푸집 안에 삽입하든가, 거푸집의 중간에 설치한 개구부로부터 타설
⑨ 기둥·벽의 콘크리트와 보·슬래브의 콘크리트를 일체로 하여 타설한 경우에는, 기둥 및 벽에 타설한 콘크리트의 침하가 종료한 후에 보·슬래브의 콘크리트를 타설

3) 다짐

① 다짐은 충분한 기술과 경험을 가진 숙련된 작업원이 조작하는 콘크리트 봉형 진동기 및 거푸집 진동기를 주로 하고 필요에 따라 다른 기구를 보조적으로 사용
② 콘크리트 봉형 진동기는 타설장소의 단면 및 배근상태에 따라 가능한 직경과 성능이 큰 것을 사용
③ 콘크리트 봉형 진동기의 삽입간격은 600mm 이하로 하고, 콘크리트가 분리하지 않는 범위에서 충분히 다짐

4) 마무리

[콘크리트 부재의 위치 및 단면치수의 허용차의 표준 값]

항 목	허용오차(mm)
설계도에 표시된 위치에 대한 각 부분의 위치	±20
기둥, 보, 벽의 단면치수	−5, +15
바닥슬래브, 지붕슬래브의 두께	−0, +15
기초의 단면치수	−5

강도성능

Ⅲ. 고내구성 콘크리트의 종류

1. 고강도

① 고강도화: 공극을 작게하고, 물시멘트비를 가능한 저감하고 보다 작은 단위수량의 콘크리트제조
② 혼화재: 실리카 퓸, 분급 플라이애시, 고로 슬래그 초미분말
③ 실리카 퓸은 비표면적이 200,000cm²/g 정도로 매우 매끈한 구형의 초미립자이며, 미세공극의 충진과 포졸란 반응에 의해 고강도화를 촉진함과 동시에 구형의 미립자이므로 유동성을 향상
④ 고로 슬래그 미분말도 비표면적이 6,000~15,000cm²/g 정도의 것이 외국에서는 실용화되고 있다.
⑤ 골재와 매트릭스와의 부착강도를 향상시키기 위하여 콘크리트의 강도가 높을수록 골재강도의 영향은 크게 되므로 고강도의 골재를 사용하는 것이 바람직

2. 고내구성

1) 균열 억제
① 타설 후 균열발생을 적극적으로 억제하는 것이 중요
② 시멘트 사용량이 많으므로 시멘트 수화열에 의한 온도균열이나 알칼리 골재반응에 의한 균열발생 위험성이 크다.
③ 온도균열의 위험성 저감을 위해서는 콘크리트로서 단열온도 상승량을 작게 하는 것이 필요

내구성능 평가

- 탄산화저항성
- 염분침투 저항성
- 동결융해 저항성

2) 강재의 보호
① 강재에 대한 콘크리트의 보호 작용은 탄산화의 진행과 콘크리트 중의 염화물이온에 의한 강재 표면의 부동태피막의 파괴가 원인이 되어 저하한다.
② 고내구성 콘크리트는 탄산화 진행이 종래의 콘크리트와 비교하여 매우 적고 염화물 이온량 침투를 억제하는 것에 의해 콘크리트 중의 강재부식 위험성을 작게 할 수 있다.
③ 고내구성콘크리트에서는 믹싱시에 콘크리트 중에 포함되는 염화물 이온의 총량을 원칙으로 0.2kg/m³ 이하

3) 내동해성
고내구성 콘크리트는 매우 우수한 내동해성을 가져야 하며, 콘크리트의 동결융해저항성시험에 의해 300사이클 시험 종료 후에도 상대동탄성계수가 100% 이상이 되는 것을 규정하고 있다.

3. 자기충진성

① 고내구성 콘크리트는 설계기준강도가 21~40MPa 이상을 기본으로 하므로 분체계 혹은 병용계가 사용된다.
② C_3A 및 C_4AF의 양이 적은 시멘트나 중용열 포틀랜드 시멘트가 바람직하다.

☆☆★ 2. 강도 및 시공성능개선 114

4-199	고유동 콘크리트/ 자기충전(Self-Compaction)	
No. 407	High Flowable Concrete	유형: 재료·성능

강도성능

유동성

Key Point

◪ 국가표준
- KCS 14 20 32

◪ Lay Out
- 유동성 비교
- 자기충전 등급
- 시공
- 품질

◪ 핵심 단어
- What: 굳지 않은 상태에서
- Why: 자기 충전성이 가능한 콘크리트
- How: 재료분리 없이 높은 유동성을 가지면서

◪ 연관용어
- No. 358 유동성 평가
- 자기충전 콘크리트

용어정의

- 결합재(binder): 물과 반응하여 콘크리트의 강도 발현에 기여하는 물질을 생성하는 것의 총칭으로 시멘트, 고로 슬래그 미분말, 플라이 애시 및 실리카 퓸 등을 함유하는 것
- 분체(powder): 시멘트, 고로 슬래그 미분말, 플라이 애시 및 실리카 퓸 등과 같은 반응성을 가진 것과 석회석 미분말과 같이 반응성이 없는 무기질 미분말 혼합물의 총칭

Ⅰ. 정 의

① 굳지 않은 상태에서 재료분리없이 높은 유동성을 가지면서 다짐작업 없이 자기 충전성이 가능한 콘크리트

② 타설 시 다짐작업 없이 철근이 배근된 거푸집 내부를 재료분리 없이 스스로 유동하여 밀실하게 충전되는 콘크리트

Ⅱ. 콘크리트의 유동성 비교

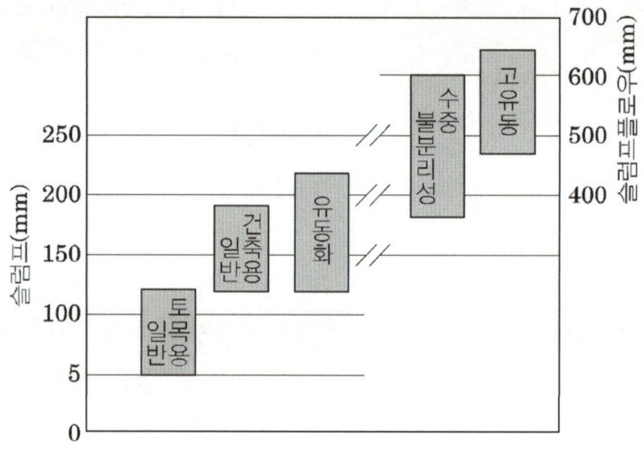

Ⅲ. 고유동 콘크리트의 자기충전 등급

등급	내용
1등급	최소 철근 순간격 35~60mm 정도의 복잡한 단면 형상, 단면 치수가 적은 부재 또는 부위에서 자기 충전성을 가지는 성능
2등급	최소 철근 순간격 60~200mm 정도의 철근 콘크리트 구조물 또는 부재에서 자기 충전성을 가지는 성능
3등급	최소 철근 순간격 200mm 정도 이상으로 단면 치수가 크고 철근량이 적은 부재 또는 부위, 무근 콘크리트 구조물에서 자기 충전성을 가지는 성능

일반적인 철근 콘크리트 구조물 또는 부재는 자기 충전성 등급을 2등급으로 정하는 것을 표준으로 한다.

Ⅳ. 시공

1) 거푸집

① 거푸집은 시멘트 페이스트 또는 모르타르가 이음면으로부터 누출되지 않도록 밀실하게 조립

② 폐쇄공간에 고유동 콘크리트를 타설하는 경우에는 거푸집 상면의 적절한 위치에 공기빼기 구멍을 설치

강도성능

- 슬럼프 플로(slump flow): KS F 2594에 의거 슬럼프 플로 시험을 실시하고 난 후 원형으로 넓게 퍼진 콘크리트의 지름(최대 직경과 이에 직교하는 직경의 평균)으로 굳지 않은 콘크리트 유동성을 나타낸 값
- 슬럼프 플로 도달시간 (reaching time of slump flow) : 슬럼프 플로 시험에서 소정의 슬럼프 플로에 도달(일반적으로 500mm)하는데 요하는 시간
- 유동성(fluidity): 중력이나 밀도에 따라 유동하는 정도를 나타내는 굳지 않은 콘크리트의 성질
- 자기 충전성 (self-compacting ability): 콘크리트를 타설할 때 다짐 작업 없이 자중만으로 철근 등을 통과하여 거푸집의 구석구석까지 균질하게 채워지는 정도를 나타내는 굳지 않은 콘크리트의 성질
- 재료 분리 저항성 (resistance to segregation): 중력이나 외력 등에 의한 재료 분리 작용에 대하여 콘크리트 구성재료 분포의 균질성을 유지시키려는 굳지 않은 콘크리트의 성질
- 증점제(viscosity-modifying agent) : 굳지 않은 콘크리트의 재료 분리 저항성을 증가시키는 작용을 갖는 혼화제

③ 기포가 미관상 결점이 되는 구조물에는 거푸집 판재의 재질이나 박리제의 종류 등에 주의

2) 운반

① 재료 분리 및 슬럼프 플로 값의 손실이 적은 방법으로 신속하게 운반
② 애지테이터 트럭으로 운반하는 경우에는 배출 직전에 10초 이상 고속으로 혼합한 다음 배출
③ 콘크리트 혼합으로부터 타설 종료까지의 시간한도는 유동성과 자기 충전성을 고려

3) 시공

① 콘크리트 펌프의 기종, 대수, 수송관의 지름, 배관거리 등은 시험 결과나 실적 등을 충분히 고려
② 펌프에 의한 운반을 실시하는 경우, 필요한 펌퍼빌리티를 확보
③ 수평관 1m 관내의 압력 손실을 산정하여 펌퍼빌리티를 평가
④ 1m 당 관내 압력 손실로부터 배관 전체 길이에 대한 소요 압송 압력을 계산하고, 소요 압송 압력을 고려하여 안전을 충분히 확보할 수 있는 배관과 펌프를 산정
⑤ 고유동 콘크리트의 타설 속도는 배합, 구조조건, 시공 조건 등을 고려하여 시험결과나 실적에 기초하여 산정
⑥ 펌프의 압송 관 직경은 (100~150)mm를 사용
⑦ 타설 시 고유동 콘크리트의 최대 자유 낙하높이는 5m 이하
⑧ 최대 수평 유동거리는 15m 이하

V. 고유동 콘크리트의 품질

① 굳지 않은 콘크리트의 유동성은 슬럼프 플로 600mm 이상으로 한다.
② 굳지 않은 콘크리트의 재료분리 저항성은 다음 규정을 만족하는 것으로 한다.
- 슬럼프 플로 시험 후 콘크리트 중앙부에는 굵은골재가 모여 있지 않고, 주변부에는 페이스트가 분리되지 않아야 한다.
- 슬럼프 플로 500mm 도달시간 3~20초 범위를 만족해야 한다.

[자기 충전성의 현장 품질관리]

등급	시험 및 검사방법	시기 및 횟수	판정기준
1등급	간극 통과성 시험	50m³ 당 1회 이상	충전높이 300mm 이상일 것
2등급	간극 통과성 시험	50m³ 당 1회 이상	충전높이 300mm 이상일 것
3등급	간극통과 장치를 갖는 전량 시험 및 품질관리 담당자의 관찰	전량 대상	전량 시험장치를 전 콘크리트가 통과할 것. 관찰에 의해 재료분리가 확인되지 않을 것

★★★ 2. 강도 및 시공성능개선 62.64.79.84.127

4-200	섬유보강 콘크리트	
No. 408	Fiber Reinforced Concrete	유형: 재료·성능·공법

강도성능

강도성능 개선

Key Point

◩ 국가표준
- KCS 14 20 22

◩ Lay Out
- Mechanism·사용목적
- 종류·특성
- 자재·시공

◩ 핵심 단어
- What: 보강용 섬유
- Why: 인성, 균열억제
- How: 분산 혼입

◩ 연관용어

• 섬유 혼입률(fiber volume fraction) : 섬유보강 콘크리트 $1m^3$ 중에 포함된 섬유의 용적백분율(%)

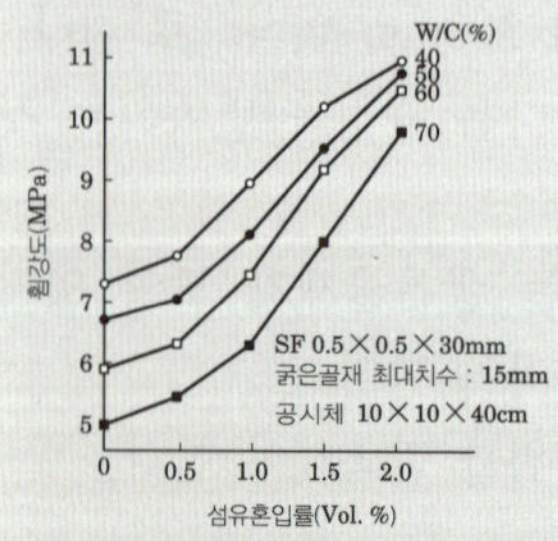

[SFRC의 휨강도와 섬유혼입률 관계]

Ⅰ. 정 의

① 강(Steel), 유리(Glass), 탄소(Carbon), 나일론(Nylon), 폴리프로필렌(Polypropylene), 석면(Asbestos) 등의 보강용 섬유를 혼입하여 주로 인성, 균열 억제, 내충격성 및 내마모성 등을 높인 콘크리트

② 섬유 혼입률(Fiber Volume Fraction)은 콘크리트 용적의 0.5~2% 정도

Ⅱ. 섬유보강콘크리트의 강화 Mechanism

1) 혼합법칙 이론

① 섬유는 응력방향과 나란히 배향되어 있다.

② 매트릭스에 균열이 생기기 전에는 매트릭스와 충분히 부착되어야 한다.

③ 매트릭스와 섬유와의 포아송비는 0이다.

2) 섬유간격 이론

$$s = 5\sqrt{\frac{\pi}{V}} \times \frac{d}{\sqrt{V_f}} = 13.8d\sqrt{\frac{1}{V_f}}$$

- β: 섬유의 축방향 투영길이($\beta = 0.45\ell$를 사용)
- d: 섬유의 지름
- V_f: 복합체 중의 섬유의 절대용적비(%)

Ⅲ. 사용목적

① 콘크리트의 피로저항, 휨인성, 전단력, 유연성 증대

② 충격저항, 파기저항 증대

③ 건조수축 저항성 증대

④ 내마모성, 내침식성, 내부식성 증대

⑤ 균열억제

Ⅳ. 종류별 특성

1) SFRC(강섬유보강 콘크리트), steel fiber reinforced concrete

① 강섬유의 길이는 20~40mm, 단면적 0.06~0.3㎟ 정도

② 재질은 탄소강 또는 스테인리스강으로 제조

③ 기본적인 형상, 치수 및 품질특성은 제조법에 의해 크게 좌우

④ 인장 및 휨특성 증대, 전단 및 부착특성 증가, 내충격성 및 피로강도 증가, 내구성 증대, 수축변형량 감소

강도성능

2) GFRC(유리섬유보강 콘크리트), glass fiber reinforced concrete

① 고온의 용융유리에서 만든 무기섬유(25~38mm 정도)를 Cement Paste나 Concrete 중에 5~6% 혼합 분산시켜 만든 콘크리트

② 효과: 고인성, 충격저항, 파괴저항, 내마모성, 균열억제

③ 섬유의 배향과 보강효율: 섬유의 배향에 따라 좌우되며, premix법과 같은 3차원 랜덤 배향의 경우 보강효율은 매우 낮고 spray법은 2차원 배향으로 보강효율은 premix법보다 높지만 적층법과 같은 2차원 또는 1방향 배향에 비해 상당히 낮아 GRC의 강도 증진을 위해서는 premix법 및 spray법 사용 시 net 등의 연속섬유를 병용하는 것이 좋다.

3) CFRC(탄소섬유보강 콘크리트), carbon fiber reinforced concrete

① pan계 탄소섬유는 폴리아크릴로니트릴(Poly-acrylnitrile, pan)이라는 탄소화에 적합한 원료 유기물을 이용하여 제조된 것으로서 pan계 탄소섬유는 탄소 95%(탄소섬유)~100%(흑연섬유)로 이루어지고, 섬유축 방향으로 흑연결정망면이 강하게 배열되어 있으며, 탄소의 충진도는 완전흑연결정의 80%(탄소섬유)~90%(흑연섬유)로서 약간 혼합된 내부구조로 되어있다.

② 우수한 화학적 안정성 및 생화학적 안정성, 내화성, 내마모성 우수, 내충격성, 동결융해 저항성 우수

4) AFRC(아라미드 섬유보강 콘크리트), aramide fiber reinforced concrete

① 나일론과 같은 아라미드 결합-CONH-을 갖는 합성섬유

② Kevlar 및 Technora 등의 para계 아라미드 섬유는 고강도·고탄성으로서 고무, 플라스틱, 무기물 등의 각종 매트릭스보강재로 적합

③ 내충격성, 내열성, 내알칼리성, 내부식성, 고강도화 및 경량화

5) VFRC(비닐론섬유보강 시멘트 복합체), vinylon fiber reinforced concrete

① 비닐론은 원료수지 그 자체이고, 독특한 방법으로 제조되기 때문에 다른 합성수지에 비해 고강력, 저신도, 고탄성이고, 내후성, 친수성 및 내산·내알칼리성이 우수하며, 섬유표면의 복잡한 주름에 의해 우수한 접착성을 나타낸다.

② 시멘트에 접착성 우수, 내알칼리성, 내약품성

V. 자재

1) 보강용 섬유

① 강섬유는 KS F 2564의 기준에 적합한 것

② 초고성능 섬유보강 콘크리트(UHPFRC:Ultra-high performance fiber reinforced concrete)에 사용되는 강섬유의 인장강도는 2,000MPa 이상

③ 시멘트계 복합재료용 섬유로 강섬유, 유리섬유, 탄소섬유 등의 무기계 섬유와 아라미드섬유, 폴리프로필렌섬유, 비닐론섬유, 나일론섬유 등의 유기계 섬유를 사용

2) 배합

① 믹서는 강제식 믹서를 사용하는 것을 원칙

② 섬유를 믹서에 투입할 때에는 섬유를 콘크리트 속에 균일하게 분산시킬 수 있는 방법

Ⅵ. 시공

1) 유의사항

① 요구성능을 충족하는 자재선정

② 소요품질을 확보할 수 있는 범위 내에서 단위수량을 적게 한다.

③ 배합의 표시방법은 섬유의 형상, 치수, 섬유 혼입률을 명시

④ 뭉침현상(Fiber ball)이 발생하지 않도록 혼입 시 균일 분산 투입과 충분한 비빔과정을 거친다.

⑤ 평활도 시험과 마모 저항도 시험을 통해 요구성능 확인

2) 현장 품질관리

[강섬유 혼입률에 대한 품질 검사]

항목	시험 · 검사 방법	시기 · 횟수	판정기준
강섬유 혼입률	KCI-SF102	강도용 시험체를 채취할 때와 품질변화를 보였을 때	허용오차(%) ±0.5
강섬유 혼입률 (숏크리트)	KCI-SF103	강도용 시험체를 채취할 때와 품질변화를 보였을 때	허용오차(%) ±0.5

[휨강도 및 인성에 대한 품질 검사]

항목	시험 · 검사 방법	시기 · 횟수	판정기준
휨강도 및 휨인성계수	KS F 2566	강도용 시험체를 채취할 때와 품질변화를 보였을 때	설계할 때에 고려된 휨인성지수 값에 미달할 확률이 5% 이하일 것
압축인성	KCI-SF105	강도용 시험체를 채취할 때와 품질변화를 보였을 때	설계할 때에 고려된 압축인성 값에 미달할 확률이 5% 이하일 것

강도성능

강도성능 개선

Key Point

◩ 국가표준
- KCS 14 20 23

◩ Lay Out
- 폴리머 복합체의 분류·폴리머 필름 형성과정
- 종류·특성
- 자재·시공

◩ 핵심 단어
- What: 결합재
- Why: 인장강도 증가
- How: 시멘트+폴리머

◩ 연관용어

용어정의

- 시멘트 개질용 폴리머 또는 폴리머 혼화재(polymer for cement modifier, polymeric admixture): 시멘트 페이스트, 모르타르 및 콘크리트의 개질을 목적으로 사용하는 시멘트 혼화용 폴리머 분산제 및 재유화형 분말수지의 총칭
- 시멘트 혼화용 재유화형 분말수지(redispersible polymer powder): 시멘트 혼화용 폴리머(또는 폴리머 혼화재)의 일종으로 고무라텍스 및 수지 에멀션에 안정제 등을 첨가한 것을 건조시켜 얻은 재유화가 가능한 분말형 수지

☆☆★ 2. 강도 및 시공성능개선

4-201	Polymer Cement Concrete	
No. 409	폴리머 시멘트 콘크리트	유형: 재료·성능·공법

Ⅰ. 정 의

① 결합재로 시멘트와 시멘트 혼화용 폴리머(또는 폴리머 혼화재)를 사용한 콘크리트

② 혼합할 폴리머로 스틸렌부타디엔고무(SBR), 폴리아크릴산 에스테르(PAE), 폴리초산비닐(PAVC) 등이 많이 쓰이며 강도, 내마모성, 수밀성 및 기밀성 등의 향상, 휨강도와 인장강도의 증가 등의 효과가 있다.

Ⅱ. 콘크리트-폴리머 복합체의 분류

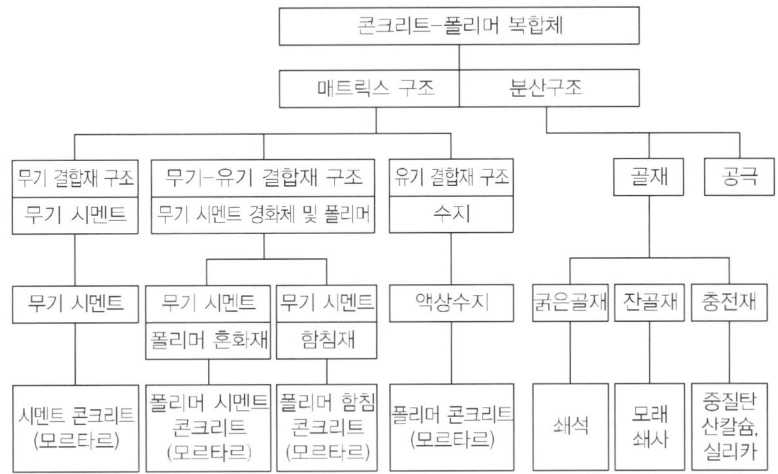

Ⅲ. 폴리머 필름 형성과정

1. 혼합 직후

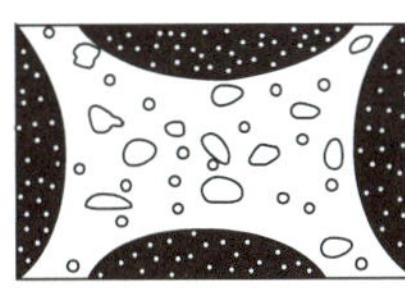

골재
미수화 시멘트 입자
폴리머 입자

2. 1단계

미수화 시멘트 입자와 시멘트겔의 혼합

3. 2단계

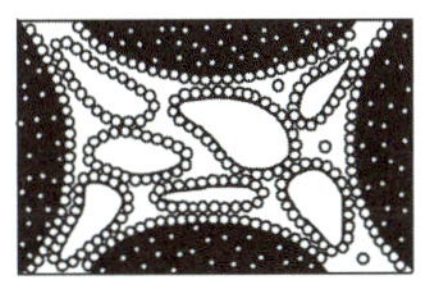

치밀한 폴리머 입자층으로 감싸여진 시멘트겔과 미수화 시멘트 입자의 혼합

4. 3단계

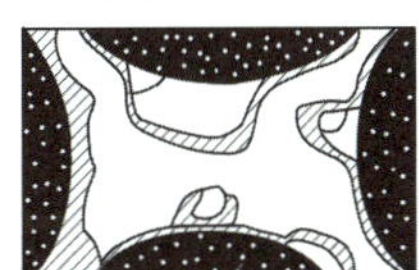

폴리머 필름으로 감싸여진 시멘트 수화물

강도성능

- 시멘트 혼화용 폴리머 분산제(polymer dispersion): 시멘트 혼화용 폴리머(또는 폴리머 혼화재)의 일종으로 수중에 입경 (0.05 ~ 1) ㎛의 폴리머 미립자가 분산되어 있는 것으로, 미립자가 고무인 경우를 라텍스(latex), 합성수지의 경우를 에멀션(emulsion)이라 함
- 폴리머 시멘트 모르타르(polymer-modified mortar, PMM 또는 polymer-cement mortar, PCM): 결합재로 시멘트와 시멘트 혼화용 폴리머(또는 폴리머 혼화재)를 사용한 모르타르
- 폴리머 시멘트비(polymer-cement ratio, P/C): 폴리머 시멘트 페이스트, 모르타르 및 콘크리트에 있어서 시멘트에 대한 시멘트 혼화용 폴리머 분산제 및 재유화형 분말수지에 함유된 전 고형분의 질량비
- 폴리머 시멘트 페이스트(polymer-modified paste, PMP 또는 polymer-cement paste, PCP): 결합재로 시멘트와 시멘트 혼화용 폴리머(또는 폴리머 혼화재)를 사용한 페이스트

Ⅳ. 종류

1. Polymer Cement Concrete

1) 정의

결합재로 시멘트와 시멘트 혼화용 폴리머(또는 폴리머 혼화재)를 사용한 콘크리트

2) 폴리머 시멘트의 개질원리

① 폴리머 dispersion에 의한 개질
- 시멘트 풀 속에 폴리머 미립자가 분산
- 계면활성제가 혼합되어 있기 때문에 시멘트 풀속에 분산된다.
- 계면활성제의 분산효과, 폴리머 입자의 볼 베어링 효과 등에 의해 워커빌리티, 공기 연행성, 재료분리에 대한 저항성 등이 개선

② 재유화형 분말수지에 의한 개질
재유화형 분말수지를 혼입하면 믹싱할 때 바로 재유화 하고, 그 후에 폴리머 디스퍼션과 같은 양상으로 거동하여 성능을 개선한다.

③ 수용성 폴리머에 의한 개질
- 시멘트콘크리트의 작업성을 개선할 목적으로 이용
- 수용성 폴리머의 계면활성 작용에 의한 것이지만 배합수의 점도 증가와 얇은 폴리머 필름의 형성에 기인한 밀봉효과에 의하여 응집성 및 보수성 향상

3) 사용재료

① 고무라텍스나 수지엘멀션과 같은 수성 폴리머 디스퍼션
② 에틸렌과 초산비닐의 공중합체와 같은 재유화형 분말수지
③ 셀룰로오스 유도체나 푸르푸랄 알코올과 같은 수용성 폴리머

4) 특성

① 경화 전: 계면활성제에 의해 공기가 연행되는 동시에 작업성, 보수성, 블리딩 및 재료분리저항성 개선
② 경화 후: 폴리머 필름의 밀봉효과에 의하여 수밀성, 기밀성, 내약품성 및 동결융해 저항성 향상, 인장, 휨, 부착강도 증진

2. Polymer Concrete

1) 정의

에폭시수지, 불포화 폴리에스테르수지, MMA수지 등을 결합재로 하고 건조시킨 잔골재와 굵은골재를 사용하여 만든 콘크리트

2) 용도

맨홀, FRP 복합관, 고강도 말뚝, 프리캐스트 제품

3. Polymer Impregnated Concrete

1) 정의

① 경화한 시멘트 콘크리트의 성질을 개선할 목적으로 콘크리트 부재에 폴리머를 침투시켜 제조된 콘크리트

강도성능

② 콘크리트 속에 폴리머나, 중합해서 폴리머가 되는 모노모 등을 침투시킨 후에 중합조작을 하여 콘크리트와 폴리머를 일체화한 콘크리트

2) 용도

고소도로 포장, 댐의 보수공사 및 지붕슬래브의 방수공사

Ⅴ. 구성재료

1) 혼화재료

① 증점제, 보수제, 감수제, 경화 촉진제, 경화 지연제 등의 혼화제는 시멘트 혼화용 폴리머 분산제 및 재유화형 분말수지의 안정성과 시멘트의 수화반응을 저해하지 않는 것을 사용

② 고로 슬래그 미분말, 팽창재, 섬유류 등의 혼화재는 시멘트 혼화용 폴리머 분산제 및 재유화형 분말수지의 안정성과 시멘트의 수화반응을 저해하지 않는 것을 사용

2) 배합

① 물-결합재비는 워커빌리티를 나타내는 플로 값 또는 슬럼프 값으로 부터 결정

② 시멘트 혼화형 폴리머 분산체 및 재유화형 분말수지 중의 수분과 거기에 첨가된 물의 양을 합하여 산정

③ 물-결합재비는 (30~60)%의 범위에서 가능한 한 적게

④ 폴리머-시멘트비는 (5~30)%의 범위

⑤ 최종적으로 예상되는 시공 조건에서 시험배합을 통해 배합산정

Ⅵ. 시공

1) 혼합

① 가사시간을 고려하여 1회의 시공량에 대응하는 소정량의 재료를 계량하여 균일하게 혼합

② 기계식 믹서로 혼합하여 제조회사에서 지정한 가사시간 내에 사용

2) 타설

① 시공온도는 (5~35)℃를 표준

② 제조회사에서 지정한 가사시간 내에 사용

③ 바탕이 건조한 경우는 물로 촉촉하게 하거나 흡수조정재로 처리하며 시공

④ 흙손 마감의 경우는 수회에 걸쳐 누르며 필요 이상의 흙손질 금지

3) 양생

① 시공 후 1~3일간 습윤 양생을 실시하며, 사용될 때까지의 양생 기간은 7일을 표준

② 동절기 시공 등 초기동해의 우려가 있는 경우는 동결되지 않도록 필요한 대책을 강구

③ 하절기의 옥외시공 등 급격한 건조가 우려되는 경우는 살수양생 등의 대책을 강구

☆☆☆ 2. 강도 및 시공성능개선

4-202	유동화 콘크리트	
No. 410	Superplasticized Concrete	유형: 재료·성능·공법

시공성능

시공성능 개선

Key Point

◩ 국가표준
- KCS 14 20 31

◩ Lay Out
- 유동성 비교·자재
- 시공

◩ 핵심 단어
- What: 베이스 콘크리트
- Why: 유동성 증대
- How: 유동화제 첨가

◩ 연관용어
- 고유동화 콘크리트

용어정의

- 유동화제(plasticizer) : 배합이나 굳은 후의 콘크리트 품질에 큰 영향을 미치지 않고 미리 혼합된 베이스 콘크리트에 첨가하여 콘크리트의 유동성을 증대시키기 위하여 사용하는 혼화제
- 구성재료: 공기연행제, 감수제, 공기연행감수제 및 고성능 공기연행감수제

- 품질검사
- 슬럼프 및 공기량 시험은 50㎥마다 1회씩 실시

Ⅰ. 정 의

① 미리 비빈 베이스 콘크리트에 유동화제를 첨가하여 이것을 교반하여 유동성을 증대시킨 콘크리트

② 유동화 콘크리트를 제조할 때 유동화제를 첨가하기 전 기본배합의 콘크리트를 베이스콘크리트라고 한다.

Ⅱ. 콘크리트의 유동성 비교

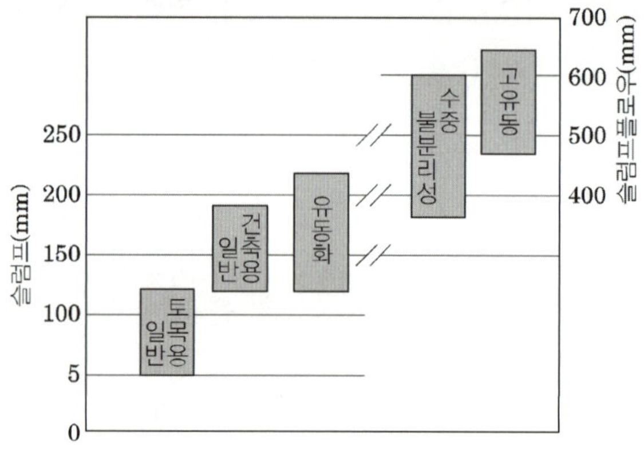

Ⅲ. 자재

1) 구성재료

공기연행제, 감수제, 공기연행감수제 및 고성능 공기연행감수제

2) 배합

① 베이스 콘크리트의 배합 및 유동화제의 첨가량은 소요의 워커빌리티, 강도, 탄성적 성질, 내구성, 수밀성 및 강재를 보호하는 성능 등을 가지며, 품질변동이 적어지도록 산정

② 유동화 콘크리트의 슬럼프 증가량은 100mm 이하

③ (50~80)mm를 표준

[유동화 콘크리트의 슬럼프(mm)]

콘크리트의 종류	베이스 콘크리트	유동화 콘크리트
보통 콘크리트	150 이하	210 이하
경량골재 콘크리트	180 이하	210 이하

시공성능

Ⅳ. 시공

1. 유동화 방법

1) Central Mix(공장첨가 방식)

레디믹스트 콘크리트 공장에서 트럭교반기(에지테이터 트럭)의 베이스 콘크리트에 유동화제를 첨가하여 즉시 고속으로 교반하여 유동화

2) Shrink Mix(공장 유동화)

레디믹스트 콘크리트 공장에서 트럭교반기(에지테이터 트럭)의 베이스 콘크리트에 유동화제를 첨가하여 저속으로 교반하면서 운반하고 공사 현장 도착 후에 고속으로 교반하여 유동화

3) Truck Mix(현장첨가 방식)

배치플랜트에서 운반한 베이스 콘크리트에 공사 현장에서 트럭교반기(에지테이터 트럭)에 유동화제를 첨가하여 균일하게 될 때까지 교반하여 유동화

2. 유동화 원칙

① 유동화 콘크리트의 재유동화는 원칙적 금지
② 부득이한 경우 책임기술자의 승인을 받아 1회에 한하여 재유동화
③ 유동화제는 책임기술자의 승인을 받아 원액 또는 분말을 사용하여, 미리 정한 소정의 양을 한꺼번에 첨가
④ 계량은 질량 또는 용적으로 하고, 그 계량 오차는 1회에 ±3%

저항성능

물에 저항

Key Point

◪ 국가표준
- KCS 14 20 30

◪ Lay Out
- 일반사항 · 자재
- 시공

◪ 핵심 단어
- 수밀성이 큰
- 투수성이 적은

◪ 연관용어

용어정의

- 균열저감제(crack reducing agent): 콘크리트의 블리딩을 저감시키고, 시공 후 수화과정에서 콘크리트의 결함부를 충전하는 불용성 혹은 난용성 화합물을 생성시켜 소성수축, 건조수축 등에 대한 저항성을 향상시킴으로써 수축균열을 억제하는 기능성 혼화 재료
- 수밀 혼화재(waterproofing admixture): 콘크리트의 수밀성을 보다 높게 향상시키기 위한 목적으로 사용하는 콘크리트용 혼화재

4-203	수밀 콘크리트	
No. 411	Watertight Concrete	유형: 재료·성능·공법

Ⅰ. 정 의

① 수밀성이 큰 콘크리트 또는 투수성이 적은 콘크리트
② 투수, 투습에 의해 안전성, 내구성, 기능성, 유지관리 및 외관 변화 등의 영향을 받는 구조물인 각종 저장시설, 지하구조물, 수리구조물, 저수조, 수영장, 상하수도시설, 터널 등 높은 수밀성이 필요한 콘크리트 구조물에 적용

Ⅱ. 수밀콘크리트 일반사항

① 설계 내용을 충분히 검토하여 균열, 콜드조인트, 이어치기부, 신축이음, 허니컴, 재료 분리 등 외부로부터 물의 침입이나, 내부로부터 유출의 원인이 되는 결함이 생기지 않도록 해야 한다.
② 균일하고 치밀한 조직을 갖는 콘크리트가 만들어질 수 있도록 재료, 배합, 비빔, 타설, 다지기 및 양생 등 적절한 조치
③ 이음부 및 거푸집 긴결재 설치 위치에서의 수밀성이 확보되도록 필요에 따라 방수

Ⅲ. 자재

1) 구성재료

① 혼화 재료는 공기연행제, 감수제, 공기연행감수제, 고성능공기연행감수제 또는 포졸란 등을 사용
② 팽창재, 방수제 등을 사용할 경우에는 그 효과를 확인하고 사용 방법을 충분히 검토

2) 배합

① 소요의 품질이 얻어지는 범위 내에서 단위수량 및 물-결합재비는 되도록 작게 할 것
② 단위 굵은 골재량은 되도록 크게 할 것
③ 소요 슬럼프는 되도록 작게 하여 180mm 초과 금지
④ 콘크리트 타설이 용이할 때에는 120mm 이하
⑤ 워커빌리티를 개선시키기 위해 공기연행제, 공기연행감수제 또는 고성능공기연행감수제를 사용하는 경우라도 공기량은 4% 이하
⑥ 물-결합재비는 50% 이하

저항성능

Ⅳ. 시공

1) 시공일반

① 적당한 간격으로 시공 이음을 두어야 하며, 그 이음부의 수밀성에 대하여 특히 주의

② 콘크리트는 가능한 연속으로 타설하여 콜드조인트가 발생 금지

③ 누수 원인이 되는 건조수축 균열의 발생이 없도록 시공

④ 0.1mm 이상의 균열 발생이 예상되는 경우 누수를 방지하기 위한 방수를 검토

2) 타설

① 연속 타설 시간 간격은 외기온도가 25℃를 넘었을 경우에는 1.5시간, 25℃ 이하일 경우에는 2시간 초과 금지

② 콘크리트 다짐을 충분히 하며, 가급적 이어치기금지

③ 연직 시공 이음에는 지수판 등 물의 통과 흐름을 차단할 수 있는 방수처리제 등의 재료 및 도구 사용

3) 양생

① 수밀콘크리트는 충분한 습윤 양생을 실시

② 팽창재와 방수제의 콘크리트 응결지연에 대한 영향을 확인한 후 양생기간, 거푸집 및 동바리 해체시기 결정

4-204	비(非)폭열성 콘크리트	
No. 412	Anti-Spalling Concrete	유형: 재료·성능·공법

저항성능

불에 저항

Key Point

◩ 국가표준

◩ Lay Out
- 폭렬현상 원인
- 방지대책

◩ 핵심 단어
- 화재중의 고온 하에서
- 고열을 차단
- 외력에 견디며, 고열을 차단

◩ 연관용어
- 폭렬현상

폭렬방지

- 온도상승 억제
- 내부수분을 빠르게 외부로 이동
- 폭렬에 따른 콘크리트 비산을 구속력으로 억제하는 방법
- 콘크리트의 배합조건 선정에 있어서 함수율 및 물-시멘트비(W/C)를 낮추는 방법
- 콘크리트 표면의 내화피복을 통하여 고온을 차단하는 방법
- 콘크리트 부재단면의 횡구속을 설치하여 내부에서 발생하는 횡변위에 저항하는 방법
- 콘크리트에 유기질 섬유를 혼입하여 수증기압을 외부로 배출하는 방법

- ITZ (Interfacial Transition Zone)
  - 결정체의 모서리(면과 면 사이에 끼인) 계면전이 구역

Ⅰ. 정 의

① 화재 중의 고온 하에서 부재가 받는 모든 외력에 견디며, 붕괴되지 않고, 고열을 차단하고 인접부가 발화하지 않을 만큼 적당한 단열성을 갖고 있는 콘크리트

② 화재 종료 시에는 약간의 보수 및 보강으로 재사용이 가능할 정도로 피해가 적을 것

Ⅱ. 폭렬현상 원인

① 흡수율이 큰 골재 사용

② 콘크리트 내부 함수율이 높을 때

③ 내·외부 조직이 치밀해서 화재 시 수증기가 배출되지 못할 때

④ 구속조건: 구조의 부재인 기둥·보의 경우에는 양단이 구속된 상태이기 때문에 화재에 의하여 급격한 고온에 노출되면 표면층에서 압축응력이 발생하게 되며, 일반적으로 폭렬은 압축영역에서 발생될 가능성이 높다.

Ⅲ. 폭렬현상 방지대책

① 배합
- 내화성 골재의 선정
- 수분함유량을 전체 콘크리트 중량의 3% 이하 유지
- 수분 ITZ의 두께를 20㎛ 이하로 조정하여 삼투압발생 억제
- 수분과 잔골재를 적게 배합하여 골재사이로 수증기 이동 유도
- PP합성섬유 혼입: 화재 시 고온의 수증기를 외부로 분출하는 효과로 폭렬현상 저하
- 혼화재: 플라이애시 및 실리카 퓸의 적정배합을 통하여 수화열상승 억제
- Mock Up Test 실시 후 배합결정

② 원심성형에 의한 콘크리트의 타설
원심성형으로 인하여 콘크리트 내부의 잉여수가 밖으로 방출되어 수증기압에 기인되는 폭렬이 방지

③ 내화피복: 내화 모르타르 시공하여 열의 침입을 차단
- 보드(패널) 부착공법: 외부 마감재를 이용하여 직접 고온이 콘크리트 구조물에 접하지 않게 하는 방법
- 내화성 뿜칠공법: 구조체의 외부에 섬유복합 모르타르, 내화도료 및 미장재료등과 같은 내화성 재료를 뿜칠하여 마감

④ 콘크리트의 박리를 방지: 메탈라스를 시공하여 비산방지 및 횡구속

저항성능

불에 저항

Key Point

◪ 국가표준
- 고강도 콘크리트 기둥·보의 내화성능 관리기준

◪ Lay Out
- Mechanism·발생정도
- 분류
- 고강도 콘크리트 기둥·보의 내화성능 관리기준
- 내화성능 시험방법
- 내화성능 관리

◪ 핵심 단어
- 화재발생
- 내외부 조직 치밀(공극구조 미세)
- 수증기압

◪ 연관용어
- 비폭렬 콘크리트

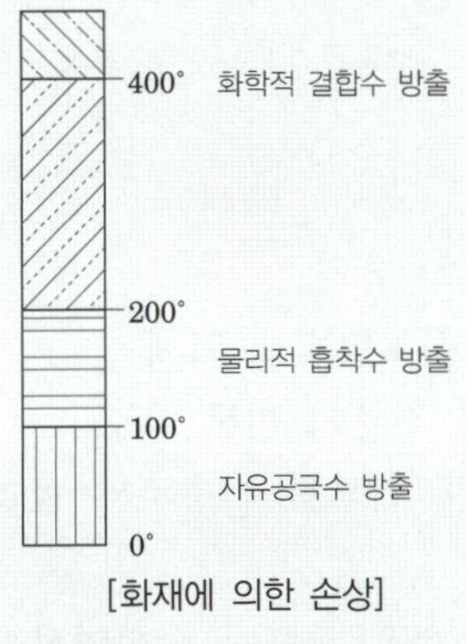

[화재에 의한 손상]

★★★ 3. 저항성능 및 기능발현 103.135

4-205	폭렬현상	
No. 413	Spalling Failure	유형: 현상·결함

Ⅰ. 정 의

① 화재발생 시 내 외부 조직이 치밀하여 고온에 의한 수증기가 외부로 분출되지 못한 수증기압이 콘크리트의 인장강도보다 크게 될 때 콘크리트 부재표면이 심한 폭음과 함께 박리되는 현상

② 이를 방지하기위해 콘크리트 내부의 수증기를 외부로 분출 시키는 것이 무엇보다 중요하다.

Ⅱ. 폭렬현상 발생 Mechanism

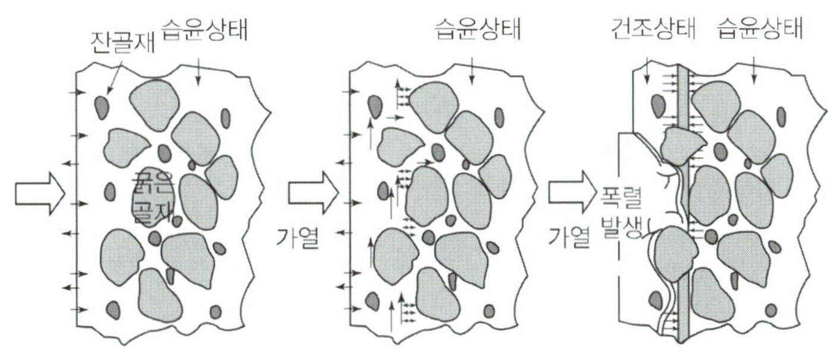

1단계 : 가열 후 초기 2단계 : 가열 후 중반 3단계 : 가열 후 종반

화재 시 일반적으로 압축강도 50~60MPa 이상의 고강도 콘크리트에서 발생하며, 콘크리트 표면의 폭발적 취성파괴로 인하여 단면 결손이 발생하는 현상을 말하며, 공극구조가 미세하여 수증기가 외부로 유출되는 통로가 없어 내부의 수증기압에 의해 팽창압이 크게 발생

Ⅲ. 폭렬의 발생정도

분류	SPALLING			
	Progressive Spalling			Explosive Spalling
	Aggregate Spalling	Surface Spalling	Corner Spalling	
피해정도	하	중	중 ~ 상	상
철근 영향	없음	가능함	가능함	심각함
피해범위	표면	표면으로부터 5~10mm	피복두께이상	전체 부분
발생시기	초기		초·중기	전 기간
발생문제	미관 문제	단면 결손	단면 결손	부분 붕괴
Spalling 이론	골재 변형 수증기압	골재 변형 열 응력	수증기압 열 응력	공극압력 삼투압
발생 원인	열을 받은 골재표면에 국부 박락 현상 발생	표면골재로 인한 콘크리트 파편 발생	코너부의 수증기압	콘크리트 내부의 급격한 응력 발생

저항성능

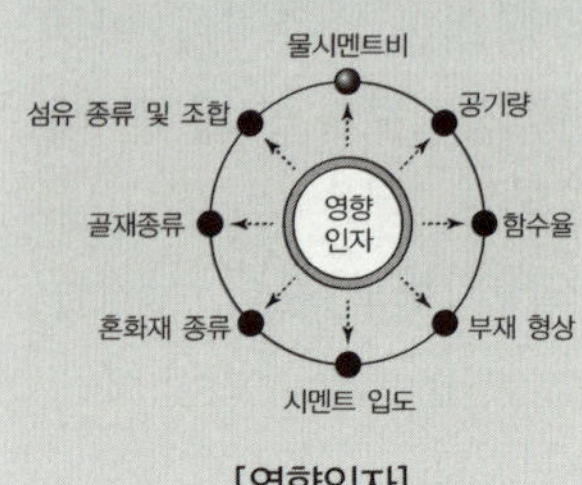

[영향인자]

폭렬방지

- 온도상승 억제
- 내부수분을 빠르게 외부로 이동
- 폭렬에 따른 콘크리트 비산을 구속력으로 억제하는 방법
- 콘크리트의 배합조건 선정에 있어서 함수율 및 물-시멘트비(W/C)를 낮추는 방법
- 콘크리트 표면의 내화피복을 통하여 고온을 차단하는 방법
- 콘크리트 부재단면의 횡구속을 설치하여 내부에서 발생하는 횡변위에 저항하는 방법
- 콘크리트에 유기질 섬유를 혼입하여 수증기압을 외부로 배출하는 방법

- ITZ (Interfacial Transition Zone)
- 결정체의 모서리(면과 면 사이에 끼인) 계면전이 구역

Ⅳ. 폭렬현상 분류

1) 점진적 폭렬(Progressive Spalling)

- 수증기압 이론
  고온 가열시 콘크리트 자유수와 결합수의 증발로 인한 열 특성에 의해 점차적으로 변형이 발생(표면박락)
- 골재 변형이론
  서로 다른 열팽창률을 갖고 있는 콘크리트의 표면골재가 고온 노출 시 국부적인 변형을 발생
- 열응력 이론
  비선형적인 온도분포가 콘크리트 단면에 영향을 주어 최대변형이 발생할 경우

2) 폭발성 폭렬(Explosive Spalling)

- 폭발성 이론
  부재가 한쪽 표면으로부터 일방향으로 고온을 받으면 내부의 자유수는 고온표면에서 증발을 하거나 상대적으로 저온인 콘크리트 공극사이로 이동하게 되고 이때 공극압력을 발생하는 원인이 되어 폭렬발생
- 삼투압 이론
  고온 가열 시 콘크리트를 구성하는 두 성분의 서로 다른 열 특성에 의해 발생한다. 내부 공극의 수증기의 증발로 인해 수축을 하는 반면 골재는 열에 의한 팽창을 하게 되어 상반된 변형이 발생하며 이러한 다공질의 ITZ(Interfacial Transition Zones)가 발생 하게 되며 내부공극이 크기 때문에 수분을 흡수하려는 삼투압 현상이 발생하게 된다.

Ⅴ. 폭렬현상 방지대책

① 배합

- 내화성 골재의 선정
- 수분함유량을 전체 콘크리트 중량의 3% 이하 유지
- 수분 ITZ의 두께를 20㎛ 이하로 조정하여 삼투압발생 억제
- 수분과 잔골재를 적게 배합하여 골재사이로 수증기 이동 유도
- PP합성섬유 혼입: 화재 시 고온의 수증기를 외부로 분출하는 효과로 폭렬현상 저하
- 혼화재: 플라이애시 및 실리카 흄의 적정배합을 통하여 수화열상승 억제
- Mock Up Test 실시 후 배합결정

저항성능

② 원심성형에 의한 콘크리트의 타설
- 원심성형으로 인하여 콘크리트 내부의 잉여수가 밖으로 방출되어 수증기압에 기인되는 폭렬을 방지

③ 내화피복: 내화 모르타르 시공하여 열의 침입을 차단
- 보드(패널) 부착공법: 외부 마감재를 이용하여 직접 고온이 콘크리트 구조물에 접하지 않게 하는 방법
- 내화성 뿜칠공법: 구조체의 외부에 섬유복합 모르타르, 내화도료 및 미장재료 등과 같은 내화성 재료를 뿜칠하여 마감

④ 콘크리트의 박리를 방지: 메탈라스를 시공하여 비산방지 및 횡구속

Ⅵ. 고강도 콘크리트 기둥·보의 내화성능 관리기준

1) 열전도 설치 및 온도측정 위치

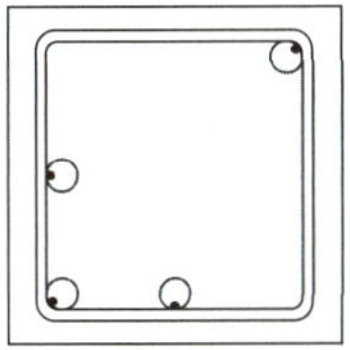
[철근콘크리트 구조]

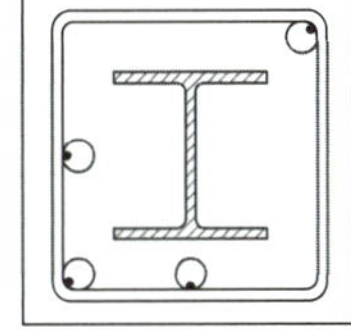
[철골철근콘크리트 구조]

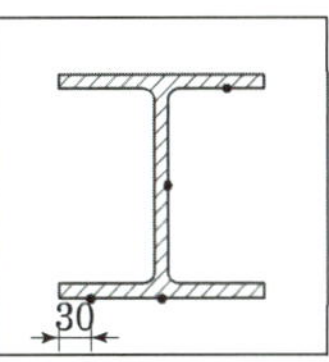

[철골조]

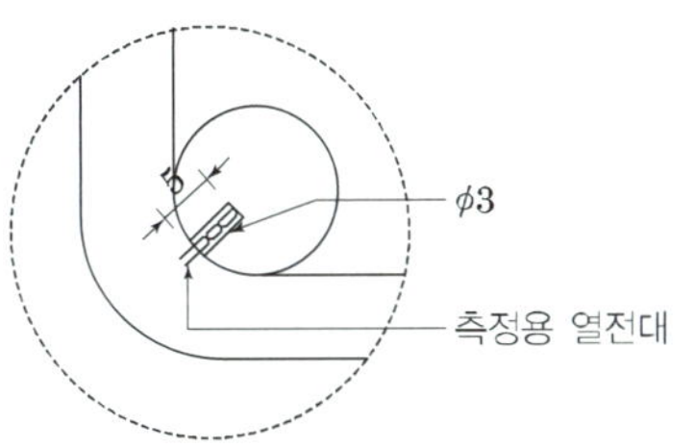

[철근콘크리트 구조, 철골철근콘크리트 구조]

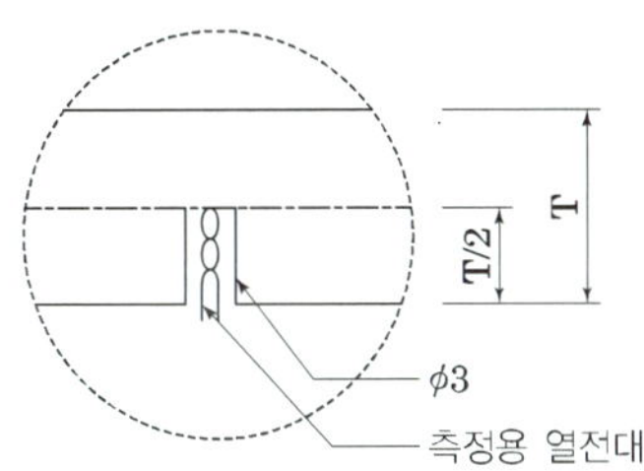

[철골조(관리대상 콘크리트 적용)]

- 내화성능 시험용 기둥의 높이는 1.5m로 한다.
- 온도측정은 시험체의 1/2 높이에서 주철근에서 측정
- 온도측정용 열전대는 타설 전에 피복방향의 주철근 표면에 고정을 위한 구멍을 뚫고 철근내부에 온도센서를 미리 삽입하여 설치
- 양생은 상온의 실내에서 실시하며, 양생기간은 3개월 이상

저항성능

Ⅶ. 시험체 제작방법

1) 대상부재(설계기준강도 50MPa 이상의 콘크리트)

관리대상 콘크리트를 사용한 기둥 및 보를 대상으로 하며 내화성능 확인을 위한 시험체는 현장과 동일한 재료, 공법, 철근배근 및 피복두께 등을 반영한 기둥형 시험체로 제작·시험한다.

2) 시험체의 구성

관리대상 콘크리트 내화성능 시험체는 콘크리트와 철근, 철골 등으로 구성되며 기둥 또는 보에 내화성능 확보를 위한 재료 및 공법을 포함한 것으로 한다. 다만 수시로 변경 가능한 최종 마감재는 제외

Ⅷ. 관리대상 콘크리트 내화성능 시험방법

1) 시험절차

① 관리대상 콘크리트 부재의 내화시험은 91일 압축강도가 설계기준강도 이상임을 확인한 후 시험을 수행

② 시험은 동시에 제작된 2개의 시험체에 대하여 실시

③ 시험종료 후, 시험체를 파괴하여 제출된 시험체 확인사항과 동일여부를 확인

2) 시험방법

• 시험체 설치

시험은 수평가열로를 이용하여 시행

- 수평가열로 하부에 ALC패널 등을 이용하여 시험체 중앙이 화구의 높이에 맞도록 설치
- ALC 등의 패널 위에 세라믹울을 50mm 설치하여 시험체 하부로의 열전달을 막는다.
- 시험체는 양측면의 화구로부터 등간격이 되도록 시험체의 중심과 로의 중심선이 일치하게 설치
- 시험체간의 거리는 ALC등의 패널위에서 가능한 멀리 이격
- 시험체 상부에 세라믹울을 50mm 이상 덮어 상부로의 열전달을 차단하고, 철사 또는 벽돌 등으로 고정

Ⅸ. 내화성능 관리

① 인정을 받은 시험기관에서 시험하여 내화성능기준에 적합한 경우, 내화성능이 있는 것으로 본다.

② 관리대상 콘크리트 중 설계기준강도 60MPa 이하의 경우 내화성능기준에 적합하도록 구조보강을 하여 구조기술사가 이를 확인·서명한 경우에는 시험을 실시 제외

저항성능

• 내화성능 기준
- 규정에 의한 시험을 실시한 결과, 시험체 모두 내화구조 성능기준에서 규정한 시간까지 주철근의 온도가 평균 538℃, 최고 649℃ 이하이어야 한다.

③ KS F 2257-7 또는 ISO 834-7의 재하가열시험방법에 의하여 국외의 시험기관에서 성능이 확인된 경우, 해당구조의 내화성능 인정
④ 관리대상 콘크리트 내화성능시험을 실시하여 내화성능이 있는 것으로 확인한 경우, 그 설계기준강도 이하의 콘크리트를 사용한 기둥 또는 보에 동일한 재료, 공법 등을 적용한 경우에는 별도의 시험을 실시하지 않을 수 있다. 다만, 기둥형 시험체의 단면적보다 작은 경우에는 적용에서 제외
⑤ 관리대상 콘크리트의 내화시험 성적서 유효기간은 3년

★★★ 3. 저항성능 및 기능발현 72.85.129

저항성능

4-206	팽창 콘크리트	
No. 414	Expansive Concrete	유형: 재료·성능·공법

균열저항

Key Point

◪ 국가표준
- KCS 14 20 24

◪ Lay Out
- Mechanism
- 자재 및 제조
- 시공

◪ 핵심 단어
- 팽창재
- 팽창시멘트
- 팽창성 부여
- 건조수축 보상

◪ 연관용어
- 균열저감

용어정의

- 팽창재(expansive additive): 시멘트와 물의 수화반응에 의해 에트린가이트 또는 수산화칼슘 등을 생성하고 모르타르 또는 콘크리트를 팽창시키는 작용을 하는 혼화 재료

Ⅰ. 정 의

① 팽창재 또는 팽창시멘트의 사용에 의해 팽창성이 부여되어 건조수축 보상에 따른 균열저감 등 내구성 개선을 위해 사용되는 콘크리트

② 이 기준에서 대상으로 하는 팽창 콘크리트는 수축보상용 콘크리트, 화학적 프리스트레스용 콘크리트 및 충전용 모르타르와 콘크리트로 한다.

Ⅱ. 팽창성 도입 및 팽창 Mechanism

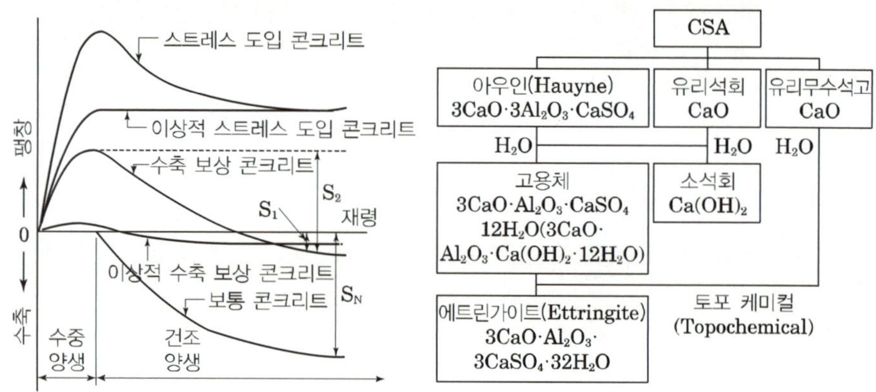

에트린가이트, $Ca(OH)_2$ 생성(체적팽창)

Ⅲ. 자재 및 제조

1) 사용방법

종류	주성분	수화생성물	사용방법	판매형태
K형	$3CaO \cdot Al_2O_3 \cdot CaSO_4$, CaO, $CaSO_4$	Ettringite	Portland Cement에 혼입: 5~15%	팽창 시멘트 팽창재
M형	알루미나시멘트 $CaSO_4$	Ettringite	Portland Cement에 혼입: 5~15%	팽창재
S형	포틀랜드시멘트 중의 C_3A와 $CaSO_4$를 많게 함	Ettringite	직접 혼입	팽창 시멘트
O형	CaO	$Ca(OH)_2$	Portland Cement에 혼입: 8~10%	팽창재

- 포대 팽창재는 지상 0.3m 이상의 마루 위에 쌓아 운반이나 검사에 편리하도록 배치하여 저장
- 포대 팽창재는 12포대 이하로 쌓아야 한다.
- 포대 팽창재는 사용 직전에 포대를 여는 것을 원칙
- 3개월 이상 장기간 저장된 팽창재는 저장기간이 길어진 경우에는 시험을 실시

저항성능

사용목적

- 콘크리트의 건조수축을 보상함으로써 균열을 저감시킨다.
- 콘크리트의 팽창에 의해 철근에 인장력을 도입시키며, 그 응력으로 콘크리트에 케미컬 프리스트레스(압축응력)를 도입함으로써 콘크리트 인장응력 및 휨 응력을 더 많이 받을 수 있다.
- 충전 콘크리트 혹은 충전 모르타르를 이용하여 그 팽창성 혹은 무수축성에 의해 주변이 구조물 혹은 암반 등에 밀착시키기 위한 목적으로 사용된다.

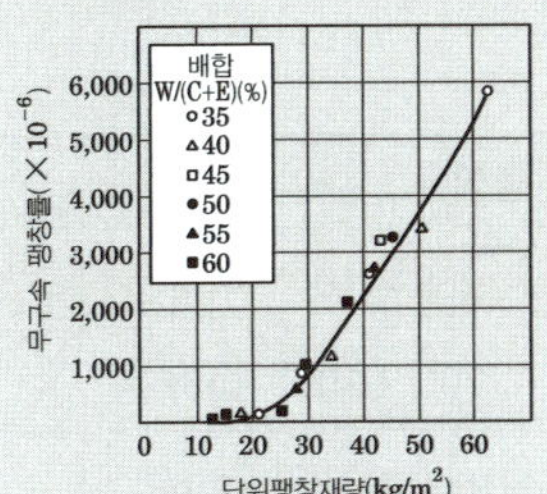

[단위팽창재량과 무구속 팽창률과의 관계]

2) 배합

① 시험배합을 통한 단위팽창재량 선정

② 최소 단위시멘트량

- 보통 콘크리트: 260kg/m³ 이상
- 경량골재 콘크리트: 300kg/m³ 이상

③ 표준 소요공기량

- 보통 콘크리트: 4%
- 경량골재 콘크리트: 5%

3) 재료의 계량

① 팽창재는 다른 재료와 별도로 질량으로 계량하며, 그 오차는 1회 계량분량의 1% 이내

② 포대 팽창재를 사용하는 경우에는 포대수로 계산

4) 비비기

① 믹서에 투입할 때 팽창재가 호퍼 등에 부착되지 않도록 하고, 만약 부착된 경우에는 굳기 전에 바로 제거

② 팽챙재는 다른 재료를 투입할 때 동시에 믹서에 투입

③ 콘크리트의 비비기 시간

- 강제식 믹서 1분 이상
- 가경식 믹서: 1분 30초 이상

Ⅳ. 시공

1) 운반

콘크리트를 비비고 나서 타설을 끝낼 때까지의 시간은 기온·습도 등의 기상 조건과 시공에 관한 등급에 따라 1~2시간 이내

2) 타설

① 굳지 않은 콘크리트의 온도는 제조·운반·타설 중 콘크리트의 소요 품질에 현저한 변화가 생기지 않는 값

② 한중 콘크리트의 경우 타설할 때의 콘크리트 온도는 10℃ 이상 20℃ 미만

③ 서중 콘크리트인 경우 비비기 직후의 콘크리트 온도는 30℃ 이하, 타설할 때는 35℃ 이하

④ 시공이음부는 설계도서에서 정한 시공이음부 위치에서 실시

⑤ 새로운 콘크리트의 타설에 앞서 기존 콘크리트의 이음면은 재료 분리가 발생한 콘크리트, 접착불량의 골재 등을 제거하고 살수하여 충분히 흡수

⑥ 내·외부 온도차에 의한 온도균열의 우려가 있으므로 팽창 콘크리트에 급격하게 살수할 수 없다.

저항성능

3) 양생

① 콘크리트를 타설한 후에는 습윤 상태를 유지

② 직사일광, 급격한 건조 및 추위에 대하여 적당한 양생을 하며 콘크리트 온도는 2℃ 이상을 5일간 이상 유지

③ 노출면 습윤 상태가 유지

- 적당한 시간간격으로 직접 노출면에 살수
- 양생매트로 덮고 양생기간 중 양생매트가 충분히 물을 머금고 있도록 적절히 살수
- 시트로 빈틈없이 덮는다.
- 막양생제를 도포

④ 보온 양생, 급열 양생, 증기 양생 그 밖의 촉진 양생을 실시할 경우에는 소요의 품질이 얻어지는지를 시험에 의해 확인

⑤ 거푸집을 제거한 후 콘크리트의 노출면, 특히 슬래브 상부 및 외벽면은 직사일광, 급격한 건조 및 추위를 막기 위해 필요에 따라 양생 매트·시트 또는 살수 등에 의한 적당한 양생을 실시

⑥ 콘크리트 거푸집널의 존치기간 준수

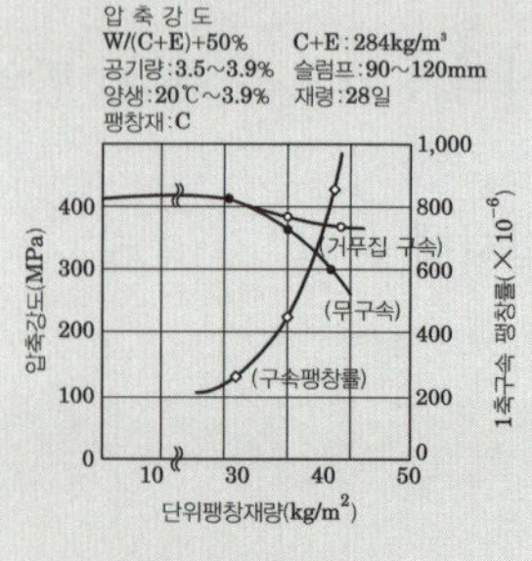

단위팽창재량과 강도

V. 현장 품질관리

1) 팽창률

용도	팽창률
수축보상용	150×10^{-6} ~ 250×10^{-6} 이하
화학적 프리스트레스용	200×10^{-6} ~ 700×10^{-6} 이하
공장제품	200×10^{-6} ~ $1,000 \times 10^{-6}$ 이하

콘크리트의 팽창률은 일반적으로 재령 7일에 대한 시험값을 기준

☆☆★ 3. 저항성능 및 기능발현 95.124

4-207	자기치유 콘크리트	
No. 415	Self healing Concrete	유형: 재료·성능·공법

저항성능

균열저항

Key Point

- 국가표준
- Lay Out
  - Mechanism
  - 종류
- 핵심 단어
  - 보수작업 없이 스스로 치유
- 연관용어
  - 균열저감
  - 친환경 콘크리트

기대효과

- 구조물의 내구수명 향상
- 유지보수 비용절감
- 저탄소 및 친환경

Ⅰ. 정 의

① 콘크리트에 발생된 균열을 추가외력 및 보수작업 없이 스스로 치유하고 복구하는 기능을 가진 콘크리트

② 자기 치유의 메카니즘은 사용재료, 환경조건 등 많은 변화인자와 조건 등에 의해 결정되고 균열을 충전하는 스마트 콘크리트

Ⅱ. 자기치유 Mechanism

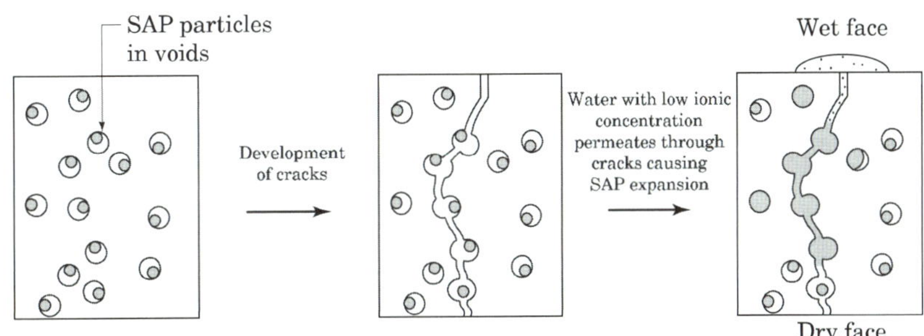

Ⅲ. 종 류

1) 미생물 활용기술

① 휴면상태에서 깨어난 미생물이 증식하여 균열을 치유

② 박테리아의 표면은 (-) 전하를 띠며, 주위에서 Ca^{2+}를 포함한 카치온(나트륨, 칼륨, 칼슘 등의 원소)을 유인해서 자신의 표면에 탄산칼슘을 추출시킨다.

③ 탄산칼슘 결정들은 균열 중심보다 상대적으로 물의 속도가 느린 균열면에 침전하게 되고, 점차 물의 속도가 늦춰 지면서 탄산칼슘의 침전이 계속 이루어지면서 결국 균열이 탄산칼슘에 의해 막히게 되는 것

2) 마이크로캡슐 활용기술

① 100μm 정도 되는 마이크로캡슐 안에 균열을 치유할 수 있는 물질을 넣어서 콘크리트를 타설할 때 혼입

② 콘크리트에 균열이 생겼을 때 마이크로캡슐이 깨지면서 캡슐 안에 들어있던 물질이 흘러나와 균열을 치유하는 방법

3) 무기계 혼화제 활용기술

① 균열 발생 시 팽창반응과 함께 수축균열 제어

② 화력발전 부산물 활용

4-208	자기응력 콘크리트	
No. 416	Self Stress Concrete	유형: 재료·성능·공법

저항성능

균열저항

Key Point

◩ 국가표준

◩ Lay Out
- 종류·특성
- 기능 및 용도

◩ 핵심 단어
- 스스로 신장(伸張)되는

◩ 연관용어
- 균열저감
- 친환경 콘크리트

적용

- 일반 철근 콘크리트, 고층 빌딩 건축이나 아파트 건축
- 지하 철도 터널을 포함한 지하 공사
- 물과 석유 제품을 위한 탱크와 같은 여러 가지 용도의 탱크
- 스포츠 시설을 포함한 지붕의 덮개, 인공 스케이트 코스와 빙판의 토대
- 도로와 비행장의 포장

Ⅰ. 정 의

① 스스로 신장(伸張)되는 거대한 화학에너지를 보유하고 있으며, 이 에너지를 이용하여 경화 시 철근 콘크리트 구조물의 물성을 악화시키거나 파괴하지 않고 강력하게 팽창시켜 구조물의 내구성을 증진시킬 수 있는 콘크리트

② 철근을 팽팽하게 하고 콘크리트의 내구성을 일시적이거나 지속적으로 감소시키지 않으면서도 콘크리트 사이의 결합을 파괴하지 않고 압착할 수 있으면서 신장되는 콘크리트

Ⅱ. 종 류

1) 비가열 시멘트(NASC: Non Autoclave Stressed Cement)

상온에서 주로 거푸집으로 된 단단한 철근 콘크리트에서 경화되는 자기응력 철근 콘크리트 구조물과 건축물의 콘크리트와 일체화를 위한 자기응력 시멘트

2) 가열 시멘트(ASC: Autoclave Stressed Cement)

열 가습 가공으로 제조 시 처해 있는 조립식 자기응력 철근 콘크리트 제품의 콘크리트를 일체화를 위한 자기응력 시멘트

Ⅲ. 자기응력 시멘트의 수화물 특성

① 수축저감 및 체적팽창
② 자기응력 및 강도 증대
③ 수화열 억제
④ 내구성 향상
⑤ 작업성(점성과 유동성): 재료분리 현상이 나타나지 않고 물을 적게 사용해도 문제발생 없음

Ⅳ. 기능 및 용도

기능	용도
급경성	긴급공사, 지반개량
고강도성	고강도 콘크리트 제품, 내마모 라이닝
팽창성	수축보상 콘크리트, 케미컬 프리스트레스 콘크리트

4-209	스마트 콘크리트	
No. 417	Smart Concrete	유형: 재료·성능·공법

저항성능

균열저항

Key Point

- 국가표준
- Lay Out
  - 종류
- 핵심 단어
  - 생명체가 가지고 있는 속성을 가지고 살아있는 생명체 처럼 거동
- 연관용어
  - 자기치유 콘크리트
  - 자기응력 콘크리트

Ⅰ. 정 의

① 콘크리트 구조가 살아있는 생명체가 가지고 있는 속성을 가지고 살아있는 생명체처럼 거동하는 콘크리트

② 무생물인 구조물이 생명체가 가지는 속성인 감각과 외부 자극에 대한 대응력을 갖게 되어 똑똑한 구조물이 된다는 의미

Ⅱ. 종 류

1. 자기치유 콘크리트

1) 정의

콘크리트에 발생된 균열을 추가외력 및 보수작업 없이 스스로 치유하고 복구하는 기능을 가진 콘크리트

2) 종류

① 미생물 활용기술

② 마이크로캡슐 활용기술

③ 무기계 혼화제 활용기술

3) 기대효과

① 구조물의 내구수명 향상

② 유지보수 비용절감

③ 저탄소 및 친환경

2. 자기응력 콘크리트

1) 정의

스스로 신장(伸張)되는 에너지를 이용하여 경화 시 철근 콘크리트 구조물의 물성을 악화시키거나 파괴하지 않고 강력하게 팽창시켜 구조물의 내구성을 증진시킬 수 있는 콘크리트

2) 종류

① 비가열 시멘트(NASC: Non Autoclave Stressed Cement)

② 가열 시멘트(ASC: Autoclave Stressed Cement)

3) 특성

① 수축저감 및 체적팽창

② 자기응력 및 강도 증대

③ 수화열 억제

④ 내구성 향상

저항성능

☆☆☆ 3. 저항성능 및 기능발현

4-210	차폐콘크리트	
No. 418	Radiation Shielding Concrete	유형: 재료·성능·공법

방사선저항

Key Point

◩ 국가표준
- KCS 14 20 34

◩ Lay Out
- 요구성능
- 자재 및 제조
- 시공

◩ 핵심 단어
- 물체의 방호를 위하여 X선, γ선 및 중성자선을 차폐

◩ 연관용어
- 중량골재

골재의 종류

- 철(Iron, Steel)
- 자철광(Magnetiteore)
- 사철(Irone sand)
- 갈철광(Limoniteore)
- 적철광(Hematiteore)
- 베라이트(중정석, Barite)
- 현무암(Basalt)
- 사문암(Serpentine)

Ⅰ. 정 의

① 주로 생물체의 방호를 위하여 X선, γ선 및 중성자선을 차폐할 목적으로 사용되는 콘크리트

② 방사선 차폐용 콘크리트는 필요 성능으로 밀도, 압축강도, 설계허용온도, 결합수량, 붕소량 등을 확보해야 한다.

Ⅱ. 요구성능

① 어느 부분에서든 높은 품질로서 소요밀도를 보유한 콘크리트이어야 하며, 건조수축이나 온도응력에 의한 균열이 없어야 한다.

② 방사선 조사에 의한 유해물질 발생이 없고 열전도율이 크고, 열팽창률이 적어야 한다.

③ 방사선 차폐의 성능은 차폐물체의 단위면적당 중량에 대부분 비례

④ 콘크리트 구조물을 설계할 때에는 방사선 조사에 의한 강도나 탄성계수, 크리프 등의 변화를 미리 파악해서 반영하는 것이 중요

⑤ 골재는 차폐성이 높고 밀도가 큰 골재를 선정

⑥ 단위수량을 감소시키고, 단위용적중량을 증가시킬 혼화재를 사용

Ⅲ. 자재 및 제조

1) 골재

① 차폐구조물의 두께를 크게 해야 할 경우 양질의 보통 골재를 사용

② 실험용 원자로의 관망용 창문이나 차폐구조물의 두께를 작게 해야 할 경우에는 고가인 중량 골재를 사용

2) 배합

① 콘크리트의 슬럼프는 작업에 알맞은 범위 내에서 가능한 한 작은 값, 일반적인 경우 150mm 이하

② 물-결합재비는 50% 이하

③ 워커빌리티 개선을 위하여 품질이 입증된 혼화제를 사용

Ⅳ. 시공

① 특히 방사선 차폐용 콘크리트를 공사할 때는 이어치기 부분에 대하여 기밀이 최대한 유지될 수 있는 방안을 강구

② 설계에 정해져 있지 않은 이음은 설치 금지

③ 이어치기의 위치 및 이어치기면의 형상은 특별히 정한 바가 없을 때에는 이어치기 부분으로부터 방사선의 유출을 방지할 수 있도록 그 위치 및 형상을 결정

☆☆☆ 3. 저항성능 및 기능발현 93

4-211	경량 콘크리트	
No. 419	Light Weight Concrete	유형: 재료·성능·공법

기능발현

기능발현 Key Point

◩ 국가표준
- KCS 14 20 20

◩ Lay Out
- 분류
- 종류별 특징

◩ 핵심 단어
- 단위중량 축소

◩ 연관용어

I. 정 의

단위중량을 줄임으로써 단면과 기초의 크기를 축소하고 이를 통해 구조물의 효용성을 높이며, 단열, 방음성 등을 개선할 수 있는 콘크리트

II. 분류

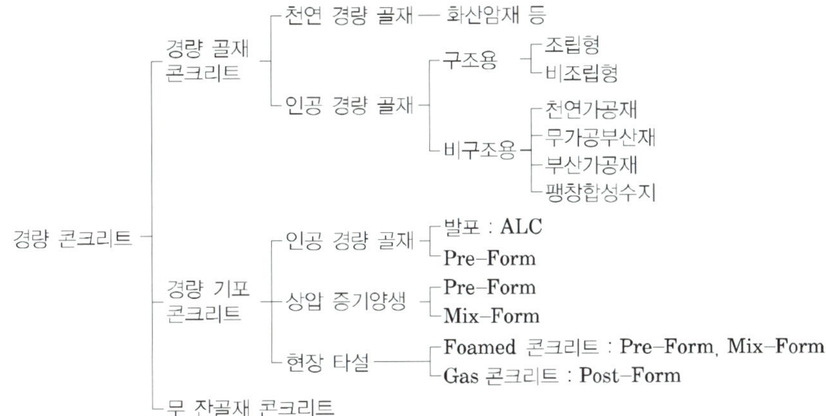

III. 종류별 특징

1) 경량골재 콘크리트(Lightweight Aggregate Concrete)

사용한 골재에 의한 콘크리트의 종류	사용골재	기건 단위질량 (kg/m^3)	레디믹스트 콘크리트로 발주 시 호칭강도(MPa)
경량 골재 콘크리트 1종	굵은골재를 경량골재로 사용하여 제조	1,800 ~ 2,100	18, 21, 24, 27, 30, 35, 40
경량 골재 콘크리트 2종	굵은골재와 잔골재를 주로 경량골재로 사용하여 제조	1,400 ~ 1,800	18, 21, 24, 27

- 굵은골재 최대치수는 15mm 또는 20mm로 지정
- 단위질량은 KS F 2462에 제시된 기건 단위질량을 기준으로 한다.
- 기건 단위질량은 3회 시험한 평균값이 설계에서의 기준 값 이하이어야 한다.
- 압축강도는 KS F 2405에 준하여 시험하고 KCS 14 20 10에 따라 3개 공시체의 평균값으로 한다. 단, 기건 단위질량 측정 시와 동일한 방식으로 만든 기건 상태의 공시체에 대해 시험한다.
- 콘크리트의 인장강도는 28일 재령에서 2MPa 이상

기능발현

2) 경량기포 콘크리트

구분	경량기포콘크리트	경량 폴 콘크리트	경량기포 폴 콘크리트
배합구성	시멘트+물+기포제	시멘트+물+모래+폴	시메트+물+기포제+폴
배합비	시멘트: 8.8포/m^3	시멘트: 4포/m^3 모래: 0.38m^3/m^3 폴: 0.84m^3/m^3	시멘트: 8포/m^3 폴: 0.35m^3/m^3

① 7일 압축강도 9.18kgf/cm^2 이상

② 28일 압축강도 14.288kgf/cm^2 이상

③ 열전도율 0.13kcal/mh℃

3) 무잔골재 콘크리트

배합에서 잔골재를 넣지 않고 10~20mm의 굵은골재, 시멘트, 물로만 만들어진 콘크리트

★★★ 3. 저항성능 및 기능발현

4-212	경량골재 콘크리트	
No. 420	Light Weight Aggregate Concrete	유형: 재료·성능·공법

기능발현

기능발현 Key Point

◪ 국가표준
- KCS 14 20 20

◪ Lay Out
- 경량골재 콘크리트의 종류 및 품질
- 자재

◪ 핵심 단어
- 경량골재

◪ 연관용어
- 경량콘크리트
- No. 660~661 경량기포 콘크리트

용어정의

- 경량골재(lightweight aggregate): 일반 골재보다 낮은 밀도를 가지는 골재로서 KS F 2527에서는 발생원에 따라 천연경량골재, 인공경량골재, 바텀애시경량골재로 분류함.
- 천연경량골재(natural lightweight aggregate): 경석, 화산암, 응회암 등과 같은 천연재료를 가공한 골재로, KS F 2527에서는 천연경량잔골재(NLS, natural lightweight sand)와 천연경량굵은골재(NLG, natural lightweight gravel)로 구분함

Ⅰ. 정 의

① 골재의 전부 또는 일부에 천연경량골재, 인공경량골재, 바텀애시경량골재 등을 사용하여 제조한 경량골재 콘크리트

② 설계기준압축강도가 15MPa 이상으로 기건 단위질량이 2,100kg/m^3 이하의 범위에 해당하는 것으로 한다.

Ⅱ. 경량골재 콘크리트의 종류 및 품질

사용한 골재에 의한 콘크리트의 종류	사용골재	기건 단위질량 (kg/m^3)	레디믹스트 콘크리트로 발주 시 호칭강도(MPa)
경량 골재 콘크리트 1종	굵은골재를 경량골재로 사용하여 제조	1,800 ~ 2,100	18, 21, 24, 27, 30, 35, 40
경량 골재 콘크리트 2종	굵은골재와 잔골재를 주로 경량골재로 사용하여 제조	1,400 ~ 1,800	18, 21, 24, 27

- 굵은골재 최대치수는 15mm 또는 20mm로 지정
- 단위질량은 KS F 2462에 제시된 기건 단위질량을 기준으로 한다.
- 기건 단위질량은 3회 시험한 평균값이 설계에서의 기준 값 이하이어야 한다.
- 압축강도는 KS F 2405에 준하여 시험하고 KCS 14 20 10에 따라 3개 공시체의 평균값으로 한다. 단, 기건 단위질량 측정 시와 동일한 방식으로 만든 기건 상태의 공시체에 대해 시험한다.
- 콘크리트의 인장강도는 28일 재령에서 2 MPa 이상

Ⅲ. 자재

1. 경량골재

1) 일반사항

① 천연경량골재(잔골재 및 굵은골재), 인공경량골재(잔골재 및 굵은골재), 바텀애시경량골재(잔골재)로 분류

② 천연경량골재: 경석, 화산암, 응회암과 같은 천연재료를 가공한 골재

③ 인공경량골재: 고로슬래그, 점토, 규조토암, 석탄회, 점판암과 같은 원료를 팽창, 소성, 소괴하여 생산되는 골재

④ 바텀애시경량골재: 화력발전소에서 부산되는 바텀애시를 파쇄·선별한 골재

기능발현

- 인공경량골재(artificial lightweight aggregate): 고로슬래그, 점토, 규조토암, 석탄회, 점판암과 같은 원료를 팽창, 소성, 소괴하여 생산되는 골재로, 인공경량잔골재(ALS, artificial lightweight sand)와 인공경량굵은골재(ALG, artificial lightweight gravel)로 구분함
- 바텀애시경량골재(bottom ash lightweight aggregate): 화력발전소에서 발생되는 바텀애시를 가공한 골재로 잔골재(BLS, bottom ash lightweight sand)의 형태인 것
- 부립률(float ratio) : 일반적으로 경량골재 입자의 크기가 클수록 밀도가 감소하는데, 품질관리를 위해 정의한 경량골재 중 물에 뜨는 입자의 백분율.
- 프리웨팅(pre-wetting) : 경량골재를 건조한 상태로 사용하면 경량골재 콘크리트의 제조 및 운반 중에 물을 흡수하므로, 이를 줄이기 위해 경량골재를 사용하기 전에 미리 흡수시키는 조작

⑤ 경량골재는 단위용적질량 기준을 만족시키고, 적절한 입도를 가지며 콘크리트 및 강재에 나쁜 영향을 주는 유해 물질을 함유금지

⑥ 경량골재는 일반 골재에 비하여 물을 흡수하기 쉬워 이를 건조한 상태로 사용하면 콘크리트의 비비기, 운반, 타설 중에 품질이 변동하기 쉽다.

⑦ 시공 및 내구성 조건을 고려하여 경량골재의 적정한 함수율을 정하여 물을 충분히 흡수시키는 프리웨팅 처리

2) 입도

① KS F 2502 체가름시험에 따라 측정

② 경량골재에 포함된 잔 입자(0.08mm체 통과량)는 KS F 2511 씻기 시험에 따라 측정

③ 굵은골재는 1% 이하, 잔골재는 5% 이하

3) 물리적 품질

① 경량골재의 단위용적질량은 KS F 2505에 따라 기건 상태에서 측정

② KS F 2527 표준에 적합한 소요의 단위용적질량을 가져야 한다.

[경량골재의 단위 용적 질량]

종류	단위용적질량의 최댓값(kg/m^3)	
	인공·천연 경량골재	바텀 애시 경량골재
잔골재 굵은골재 잔골재와 굵은골재의 혼합물	1,120 이하 880 이하 1,040 이하	1,200 이하

③ 경량골재의 단위용적질량은 골재 시험 성적서에 제시된 값과의 차이가 ±10% 미만

④ 경량골재 중 굵은골재의 부립률은 KS F 2531에 따라 측정하고, 질량 백분율로 10% 이하

⑤ 경량골재의 흡수율은 KS F 2529 또는 KS F 2533에 따라 측정하여, 사전에 제시된 범위 내

⑥ 경량골재 콘크리트의 건조 수축은 KS F 2527에 따르며, 골재의 최대 치수가 13mm 이하인 때에는 50mm×50mm×280mm의 강제몰드를 이용

⑦ KS F 2462에 따라 7일간 습윤실에서 양생 후 공시체를 꺼낸 후 곧 초기 길이를 측정

⑧ 7일간 습윤실에서 양생 후 꺼냈을 때의 초기 길이와 재령 100일에서의 측정길이의 차를 0.01% 정밀도로 각 공시체에서 측정

4) 유해물 함유량의 한도

① 강열감량 측정은 KS L 5120에 따르며, 5% 이하

② 점토 덩어리량 측정은 KS F 2512에 따르며, 2% 이하

③ 경량골재의 철 오염물 시험은 KS F 2468에 따르며, 진한 얼룩이 생기지 않아야 한다.
④ 진한 얼룩이 생길 경우 화학적 시험을 실시하고, 1.5mg 이상의 산화철(Fe_2O_3)을 함유하고 있는 것을 사용금지
⑤ 바텀애시경량골재의 삼산화황(SO_3) 성분은 0.8% 이하

5) 내구성
① 경량골재 중 굵은골재의 안정성은 KS F 2507에 따라 측정하여, 그 손실량이 12% 이하
② 경량골재 중 잔골재의 안정성은 KS F 2507에 따라 측정하여, 그 손실량이 10% 이하
③ 바텀애시경량골재의 염화물(NaCl 환산량) 함유량 측정은 KS F 2515에 따르며, 0.025g/cm^3 이하

2. 배합

1) 일반사항
① 강재를 보호하는 성능을 갖는 범위 내에서 단위수량을 가능한 작게
② 공기연행 콘크리트로 하는 것을 원칙

2) 물-결합재비
① 최대 물-결합재비는 60 % 이하
② 내구성을 기준으로 물-결합재비를 정할 경우, 노출상태에 따라 최소 설계기준압축강도를 27MPa, 30MPa, 또는 35MPa로 설정

3) 단위 결합재량
① 단위수량과 물-결합재비로부터 정해야 한다.
② 단위 결합재량의 최솟값은 300kg/m^3 이상

4) 슬럼프
① 작업에 알맞은 범위 내에서 작게
② 일반적인 경우 대체로 80mm에서 210mm를 표준

5) 공기량
① KS F 2449에 따른 용적법으로 측정하며, 경량골재의 흡수율이 적으면 KS F 2421(압력법)의 방법
② 공기량은 5.5%를 기준으로 그 허용오차는 ±1.5%다.

Ⅳ. 시공

① 콘크리트를 타설할 때 재료분리 및 콘크리트의 품질변화가 최소화 될 수 있는 공법과 기기를 선정하여 시공
② 재료분리가 발생하지 않도록 다짐 방법 및 다짐 기구의 선정에 유의
③ 고유동 콘크리트 등과 같이 슬럼프 및 플로가 커서 다짐이 필요 없다고 판단되는 경우에는 책임기술자와 협의하여 다짐을 생략

기능발현

- 모래경량 콘크리트(sand lightweight concrete): KDS 14 20 10 또는 ACI 318-14에서 경량콘크리트계수를 정의하기 위해 사용하는 분류법으로, 잔골재는 일반 골재(또는 일반골재와 경량골재 혼용)를 사용하고, 굵을 골재를 경량골재로 사용한 콘크리트를 지칭함
- 전경량 콘크리트(all-lightweight concrete) : KDS 14 20 10 또는 ACI 318-14에서 경량콘크리트계수를 정의하기 위해 사용하는 분류법으로, 잔골재와 굵은골재 모두를 경량골재로 사용한 콘크리트를 지칭하며 경량골재 콘크리트 2종에 해당함
- 평형상태밀도(equilibrium density) : ASTM C 567에서 정의한 경량골재 콘크리트의 단위질량으로, 현장에서의 양생 조건이 제시되어 있지 않은 경우 경량골재 콘크리트 공시체를 (16 ~ 27)℃의 온도로 수분의 증발이나 흡수가 없이 7일간 양생하고, (23±2)℃에서 24시간 침지시킨 후 온도 (23±2)℃와 상대습도 (50±5)%에서 건조시킨 공시체의 질량 변화가 0.5% 이하가 되었을 때 측정한 단위질량

★★★ 4. 시공 및 특수한 환경

4-213	노출콘크리트	
No. 421	Exposed Concrete	유형: 공법

특수한 시공법

시공법

Key Point

◪ 국가표준
- KCS 14 20 60

◪ Lay Out
- 설계요소
- Design 4요소
- 시공계획
- 자재
- 시공
- 요구조건

◪ 핵심 단어

◪ 연관용어

용어정의

- 모따기(chamfering): 날카로운 모서리 또는 구석을 비스듬하게 깎는 것
- 외장용 노출 콘크리트(architectural formed concrete): 부재나 건물의 내외장 표면에 콘크리트 그 자체만이 나타나는 제물치장으로 마감한 콘크리트
- 요철(reveal): 노출 콘크리트 시공 후 모르타르나 매트릭스에서 돌출된 굵은 골재의 정도(projection)를 말함
- 흠집(blemish): 경화한 콘크리트의 매끄럽고 균일한 색상의 표면에 눈에 띄는 표면 결함

Ⅰ. 정 의

① 거푸집에 콘크리트를 타설하고 양생 후에 거푸집을 탈형한 콘크리트 면이 마감 면이 되는 콘크리트

② 노출 콘크리트에 특히 요구되는 성능은 색채 균일 성능, 균열 발생 억제 성능, 충전 및 재료분리 저항성능, 내구성능 등이 있으며, 노출 콘크리트의 재료선택, 배합설계 및 시공을 할 때 이들 요구성능에 대한 검토가 이루어져야 한다.

Ⅱ. 노출콘크리트의 설계요소

항목	내용
품질기준	현장조건에 따른 시공방법 및 순서
공사비 및 공사기간	현실적인 품셈 및 일위대가를 반영
면의 분할	모듈조합의 선택 및 이음부 간격 및 크기에 따른 콘 선택
면의 질감	일반노출, 광택노출, 무늬노출 등 결정에 따른 거푸집 선정
균열저감 및 코팅	균열을 방지하기 위해 균형 있게 응력이 분포되도록 유도하고 균열유발 줄눈의 배치와 영구적인 유지를 위해 표면 코팅재의 선택

Ⅲ. Design 4요소

① 점(点, Dot): 일정한 간격을 통해 배치된 콘 구멍의 배치

② 선(線, Line): 수평, 수직 이어치기 줄눈, 균열을 집중시키기 위한 균열유발 줄눈 및 치장줄눈의 간격

③ 면(面, Face): 배합 및 색상, 질감의 변화를 통한 면처리 기법의 적용

④ 양(量, Mass): 노출부위의 양적 설계에 따라 필요한 부재를 노출

Ⅳ. 시공계획

① 노출거푸집의 설계(골조도, 패널, 줄눈, 콘 분할도)

② Mock-UP 실험을 통한 시공조건 및 문제점 파악

- 콘크리트: 시멘트 색상, 골재 크기, 물, 혼화제, 설계기준강도, 슬럼프, 공기량, 염분 혼입량 등
- 거푸집 : 거푸집 자재, 표면처리상태, 코너주위 처리상태, 각종 줄눈 상태, 콘 주위 상태, Open-Box (각종 창문, 전기설비, 소화전) 주위상태
- 마감 : 표면 품질상태, 콘크리트 색상, 표면 코팅재 선정
- 기타 : 철근 피복상태, 타설 방법, 진동기 사용방법, 양생 방법, 탈형 방법, 보양 방법, 코팅방법, 유지관리 보수

특수한 시공법

V. 자재

1. 배합

1) 일반사항

① 색채 균일 성능, 균열 발생 억제 성능, 충전 성능 및 재료 분리 저항 성능, 내구성능 등을 갖추어 노출면의 품질을 확보할 수 있도록 배합에 대한 계획을 수립

② 건조수축 균열을 최소화하기 위하여 단위수량을 감소시키거나, 팽창재나 수축저감제를 사용하는 등의 대책을 수립

③ 골재는 모르타르 충전성 향상 및 골재 분리 방지를 위하여 굵은 골재 최대치수 20mm 이하

④ 레이턴스 및 블리딩이 적게 발생하는 배합설계

⑤ 노출 콘크리트는 직접 외부 환경에 노출에 따른 중성화, 염해에 의한 철근 부식 및 동해 등의 내구성을 고려한 배합설계

2. 배합설계

① 물결합재비는 50% 이하로 한다. 단, 시험 시공을 통해 품질이 확인된 경우 물결합재비를 60%까지 증가시킬 수 있다.

② 단위수량은 175kg/m^3 이하

③ 단위결합재량은 360kg/m^3 이상으로 한다.

④ 노출 콘크리트의 굵은 골재의 최대 치수는 20mm로 한다.

⑤ 슬럼프는 150mm 이상, 210mm 이하로 한다.

3. 거푸집 널

1) 합판 거푸집널

① KS F 3110의 규정에 적합한 것 중에 최상등급의 합판을 사용하되, 표면이 우레탄 코팅 또는 필름 Laminating 동등 이상의 표면가공 콘크리트 거푸집용 합판을 사용

② 거푸집의 전용횟수는 1회를 원칙으로 하되 목업 시험(mock-up test)을 통해 검증된 경우 2회까지 사용이 가능

③ 판표면의 평활도, 손상, 저층부의 틈, 비틀림, 지정된 두께나 형상에 이상이 없는 것을 사용

④ 노출 콘크리트 합판의 휨탄성계수는

[거푸집 합판의 탄성계수 최솟값]

표시두께(mm)	휨탄성계수(GPa 또는 10^{3}N/mm^2) 길이 방향 스팬용	
	길이방향 스팬용	축방향 스팬용
12	7.0	2.5
15	6.5	
18	6.0	
21	5.5	
24	5.0	

2) 문양 거푸집널

재질은 견본시공을 통하여 최종 결정

3) 박리제

노출 콘크리트에서 박리제는 사용하지 않아야 하며, 사용해야 하는 경우 책임기술자의 승인을 받아 콘크리트 표면에 얼룩 등의 결함이 발생하지 않도록 한다.

4) 긴결재

① 부위에 따라 노출 콘크리트용 매립형 폼타이 또는 플랫타이를 사용하며 위치 및 수량은 목업 시험에서 결정

② 매립형 폼타이의 규격: 콘 규격은 직경 30mm, 로드는 9.5mm (인장강도 34 kN)

③ 긴결재의 품질은 100개당 1개씩 발취하여 검사

5) 긴결재 구멍의 마감재

노출 콘크리트용 매립형 폼타이 또는 플랫타이 제거 후 마감재는 무수축, 방수성능이 있는 모르타르를 사용하며 색상은 목업 시험을 통해 결정

6) 줄눈재

각종 줄눈재(수평/수직 이어치기 줄눈, 균열 유발 줄눈, 치장 줄눈)의 규격, 재질, 디자인은 책임기술자와 협의하여 정한다.

Ⅵ. 시공

1. 거푸집 설치

1) 거푸집 설치 일반

① 거푸집은 작용하중, 콘크리트의 자중 및 측압, 타설 시의 진동 및 충격, 수평하중 등의 외력에 견딜 수 있는 것으로 한다.

② 거푸집널로 인해 손상된 콘크리트 표면은 폴리머 시멘트 페이스트 등으로 보수하고 콘크리트의 돌기부를 제거

③ 치장마감의 종별

종별	표면 마감의 정도	거푸집널의 정도
A종	흠이음, 요철(凹凸) 등이 지극히 작고 양호한 면으로 한다.	KS F 3110(콘크리트 거푸집용 합판) 규정에 의한 표면가공품의 거푸집널로 거의 손상이 없는 것으로 한다.
B종	흠이음, 요철(凹凸) 등이 작고 양호한 면으로 글라인더 처리 등에 따라 평활하게 조정되는 것으로 한다.	KS F 3110(콘크리트 거푸집용 합판)규정의 거푸집널로 거의 손상이 없는 것으로 한다.
C종	제물치장 그대로인 상태에서 흠이음 제거를 행한 것으로 한다.	KS F 3110(콘크리트 거푸집용 합판) 규정의 거푸집널로 사용상 지장이 없는 정도의 것으로 한다.

특수한 시공법

시공관리 단계

• 거푸집
- 전개도에 의한 합판 및 폼타이, 콘, 줄눈재를 고려하여 제작
- 녹 발생 방지를 위해 도금된 제품 사용
- 이음부위에 코킹 및 테이핑 처리
- 먹물은 흰색 사용

• 철근
- 철근의 순간격, 피복두께 준수
- 결속선 결속 후 안쪽으로 구부려 넣어 시공
- 노출면에는 스페이셔를 끼우지 않고 비노출 부분에 시공

• 콘크리트 타설 방법
- 배합: 색채의 균일성을 위해 동일한 레미콘 사용, 가능한 작은치수 골재 사용
- 기둥이나 벽체는 트레미관이나 트레미 호스를 이용하여 하부로부터 고주파 바이브레이터로 진동 한 후 2차 타설
- 다짐은 내부와 외부의 다짐 작업을 병행
- 벽치기용 바이브레이터와 고무망치는 고주파 바이브레이터 사용이 불가능한 곳에 제한적으로 사용
- 나무망치는 1차 콘크리트 타설이 완료되어 바이브레이터 작업이 끝난 후 하부로부터 상부로 10cm 정도의 간격으로 이동하면서 2~3회씩 반복하여 두드려 준다.

④ 거푸집널에 접한 콘크리트 표면은 거푸집 격리제의 구멍, 모래 노출 줄무늬, 움푹한 면 등을 폴리머 시멘트 페이스트 등으로 보수하고 콘크리트의 돌기부를 제거

⑤ 콘크리트마감 평탄도의 표준 값

콘크리트의 내외장 마감	평탄도	적용부위에 의한 마감기준	
		기둥·보·벽	바닥
콘크리트가 들여다보이는 경우 또는 마감두께가 지극히 얇은 경우 그 밖에 양호한 표면상태가 필요한 경우	3m 당 7mm 이하	화장 노출 콘크리트, 도장마감, 벽지붙임, 접착제에 의한 도자기질 타일 붙임	합성수지코팅바닥, 비닐계 바닥재 붙임, 바닥 콘크리트 고르게 다듬는 마감 프리엑세스플로어
마감두께가 7mm 미만의 경우 그 밖의 상당히 양호한 평탄도가 필요한 경우	3m 당 10mm 이하	마감도재칠	카페트 붙임, 방수바탕, 셀프레벨링재 칠
마감두께가 7mm 이상의 경우 또는 바탕의 영향을 그다지 받지 않는 마감의 정도	1m 당 10㎜ 이하	시멘트모르타르에 의한 도자기질 타일 붙임, 모르타르칠,	타일붙임, 모르타르칠, 이중바닥

2) 청소 및 검사를 위한 개구부의 설치

① 거푸집 내부 오염으로 인한 노출 콘크리트의 품질저하를 최소화하기 위해 필요한 경우 청소 및 검사를 위한 임시 개구부를 설치

② 콘크리트 모르타르 손실을 방지하기 위해 거푸집과 단단히 고정되도록 설치

3) 모따기

현장타설 노출 콘크리트는 가장자리에 모따기 금지

3) 폼 라이너

① 폼 라이너는 처짐이나 탈락을 방지하기 위하여 설치 전 뒷받침을 견고하게 하고 고정

② 폼 라이너 작업 시 페이스트 및 모르타르의 누출을 방지하기 위해 실란트 등으로 충분히 조치

③ 증가된 비표면적으로 인해 단순 표면 노출 콘크리트 폼보다 제거가 어려우므로 박리제 또는 충전재 작업에 신중

2. 배근 및 매립물 설치

① 배근 및 매립물을 설치할 경우 미관을 확보를 위해 와이어 타이의 끝 등을 콘크리트 내측면을 향하도록 설치

② 유리섬유강화플라스틱 폼-타이를 사용하는 경우 절단 또는 마모시켜 매립

특수한 시공법

- 타설 시 주의사항
  - 고 충전성이 요구되는 곳에는 고유동 콘크리트를 적용
  - 개구부나 창문 주위는 공기구멍을 두어 확인
  - 동절기나 직사광선이 강한 시기에는 양생포로 콘크리트 표면을 양생하고 하절기는 적당히 살수를 실시
  - 콘크리트 타설 중 슬래브 철근이 손상되지 않도록 주의
- 탈형 및 양생
  - 탈형: 충격을 최소화, 코너부위 파손주의
  - 기 타설된 노출면의 오염주의
- 표면마감 및 유지관리 단계
  - 오염부위 청소 및 보호장치 설치
  - 표면마감재 시공

3. 줄눈

1) 시공줄눈: 면과 수직으로 설치

① 주철근에 수직으로 시공줄눈을 설치

② 40mm 이상의 키로 연결된 시공줄눈을 형성

③ 경간의 3분의 1지점에서 보, 슬래브, 장선 및 대들보의 접합부를 배치

④ 보-대들보의 교차점에서 보 폭의 최소 두 배 거리에 있는 대들보에서 시공줄눈의 간격을 띄운다.

⑤ 바닥, 슬래브, 보, 대들보의 밑면과 바닥 슬래브 위에서 벽과 기둥에 수평 이음매를 배치

⑥ 벽에 수직 이음매를 일정한 간격을 두고 배치

⑦ 벽과 일체인 기둥 옆, 가까운 모퉁이 및 가능한 경우 숨겨진 위치에 시공줄눈을 설치

2) 균열유발줄눈

① 취약부의 균열유발줄눈을 선에 맞게 형성

② 콘크리트의 강도와 외관이 손상되지 않도록 현장 타설 노출 콘크리트의 표면에 수직으로 설치

③ 균열을 유발하기 위한 조치들이 노출 콘크리트 품질에 영향을 미치지 않도록 계획

4. 콘크리트 타설

① 노출 콘크리트를 타설하기 전에 거푸집 공사, 거푸집 박리제, 보강재, 매립철물의 설치와 필요한 검사가 완료되었는지 확인

② 콘크리트는 연속 타설하여 콜드조인트가 발생하지 않도록 시공구획 설정 시 충분한 검토를 실시

③ 레미콘 수급불안 및 현장 작업지연 등 특이 상황을 대비하여 사전에 목업(mock-up) 등을 통해 현장에서 유동화 콘크리트를 제조하는 경우 품질 변동성 등을 검토

④ 시공줄눈이 발생하지 않도록 연속적으로 타설하며, 타설 시 재료분리가 발생금지

⑤ 노출 콘크리트 타설 시 이전 층의 다짐 깊이는 150mm 이상 삽입

5. 마감

① 벽체 상단이나 수평적으로 표면 품질이 상이한 경우 책임기술자와 협의하여 인접한 표면과 유사한 질감이 들도록 보완

② 시공줄눈 설치 시에는 일체성이 확보될 수 있도록 조치

6. 양생

① 양생 시 노출 콘크리트가 얼룩지거나 변색 및 착색이 되지 않도록 해야 하며, 이를 위해 살수 또는 양생포를 이용

② 양생포를 사용하는 경우 300mm 이상 겹치도록 시공

특수한 시공법

③ 양생 기간 중 양생포가 찢기거나 구멍이 발생하는 경우 즉시 보수
④ 양생 시 매립철물에 의한 녹으로 인한 오염이 발생에 유의
⑤ 피막양생제를 사용하여 양생을 실시하는 경우 이어치기 구간의 콘크리트와 콘크리트 또는 철근과 콘크리트 사이의 부착강도가 저해되지 않도록 해야 한다.

Ⅶ. 요구조건

구분	영향요인	관리방법
색채 균일성	• 사용재료 (시멘트, 골재, 굵은골재 등) • 배합설계 및 제조방법 • 거푸집 및 박리제 • 타설방법 • 경화 중 콘크리트 상태	• 동일회사 재료 사용(1개의 레미콘 공장에서 사용재료 반입)
균열발생 억제성능	• 콘크리트 자체의 건조 수축 • 다짐/ 양생 • 부재의 형상 및 크기 • 균열유발줄눈 유무 • 강풍/ 폭염 • 개구부 및 설비배관 주위의 건조수축	• 양질의 골재사용 • 슬럼프 값 낮추어 단위수량 저감 • AE 감수제 사용으로 단위수량 저감 • 팽창제/ 수축 저감제 사용
콘크리트 충전성 및 재료분리저항성	• 슬럼프치 • 골재치수 • 타설방법 • 철근간격/ 피복두께	• 규정된 콘크리트 슬럼프 준수 • 지연제/ 고성능AE감수제 사용 • 골재는 가능한 작은치수 사용 • 레이턴스/ 블리딩이 적게 발생하는 배합설계 • 잔골재율 증가 • 철근피복두께/ 콘크리트 타설속도 • W/C비 낮춤 • 규정공기량확보 • 콘크리트 내 염소이온 총량 규제 준수 • 피복두께를 통상보다 10mm 증가시킴 • 발수제/ 침투성 흡수방지제 마감
내구성	• 콘크리트 중성화 • 염해 및 동해에 의한 철근부식	

4. 시공 및 특수한 환경 78.80.91.116

4-214	진공배수 콘크리트, 진공탈수 콘크리트 공법	
No. 422	Vacuum Concrete	유형: 공법

특수한 시공법

시공법 Key Point

- 국가표준
- Lay Out
  - 진공배수 원리
  - 특징
  - 시공 시 유의사항
- 핵심 단어
  - What: 콘크리트 표면에
  - Why: 대기압, 진공펌프
  - How: 진공매트를 덮고 진공상태를 만들어
- 연관용어

용도

- 공장, 전시장 등의 넓은 바닥
- 동절기 공사
- 콘크리트 도로 공사

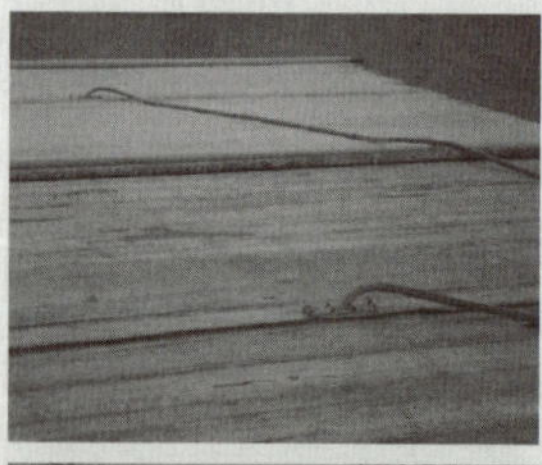

[진공배수 콘크리트]

Ⅰ. 정 의

① 콘크리트 표면에 진공매트를 덮고 진공상태를 만들어 80~100kN/m² 의 대기압이 매트에 작용하게 하여 잉여수가 표면으로 나오면 진공펌프로 배출

② 잉여수 제거를 통하여 물-결합재비를 낮추어 잉여수 제거를 통하여 밀실한 콘크리트 구조물을 조성

Ⅱ. 진공배수 원리

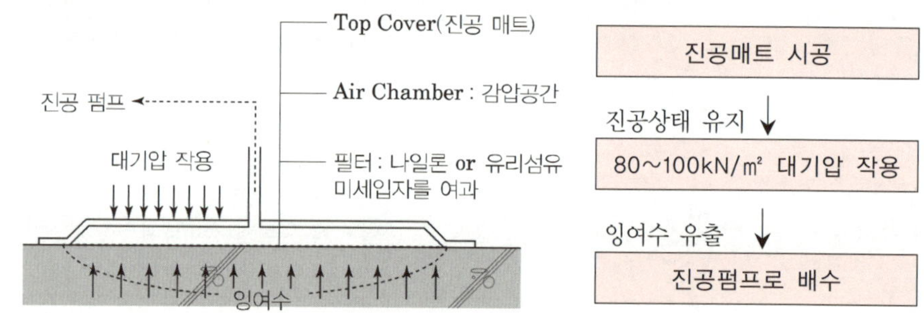

Ⅲ. 특 징

① 물-결합재비의 감소로 인한 콘크리트 강도 증진

② 건조수축량의 감소

③ 표면경도의 증대에 의한 마모저항 증대

④ 수밀성 증대

⑤ 동해에 대한 저항성 증가

⑥ 조기강도 발현

Ⅳ. 시공 시 유의사항

① Joint: 표면마감 및 진동기 사용 시 Guide Rail역할과 콘크리트 레벨을 결정하므로 레일이 수평정밀도 유지

② 봉형진동기: 두께 100mm 이상일 때 다짐

③ Filter 깔기: 미집자의 통과 방지

④ Top Cover: 가장자리 부분은 잘 밀봉하여 배수의 효율을 높일 것

⑤ 피니셔: 최종마감은 피니셔로 마감하여 마감의 정밀도를 높일 것

☆☆★ 4. 시공 및 특수한 환경

4-215	Shotcrete	
No. 423		유형: 재료·성능·공법

특수한 시공법

시공법
Key Point

◩ 국가표준
- KCS 14 20 51

◩ Lay Out
- 요구조건 및 성능
- 자재
- 시공

◩ 핵심 단어
- What: 컴프레셔
- Why: 급결 보강
- How: 압축공기 뿜어서 만든 콘크리트

◩ 연관용어

용어

- 급결제(accelerator): 터널 등의 숏크리트에 첨가하여 뿜어 붙인 콘크리트의 응결 및 조기의 강도를 증진시키기 위해 사용되는 혼화제
- 노즐(nozzle): 일정한 방향을 가지고 콘크리트를 압축 공기와 함께 뿜어붙이기 면에 토출시키기 위한 압송호스 선단의 통

Ⅰ. 정 의

① 컴프레셔 혹은 펌프를 이용하여 노즐 위치까지 호스 속으로 운반한 콘크리트를 압축공기에 의해 시공면에 뿜어서 만든 콘크리트
② 숏크리트 방식의 선정에 있어서는 적용대상 구조물의 용도, 목적, 크기, 숏크리트 두께, 터널의 연장, 단면의 크기, 굴착공법 및 용수의 유무를 충분히 검토하여 정해야 한다.

Ⅱ. 요구조건 및 성능

1. 요구조건

1) 요구조건

① 지반과의 부착 및 자체 전단 저항효과로 숏크리트에 작용하는 외력을 지반에 분산시키고, 터널 주변의 붕락하기 쉬운 암괴를 지지하며, 굴착면 가까이에 지반 아치가 형성될 수 있도록 한다.
② 강지보재 또는 록볼트에 지반 압력을 전달하는 기능을 발휘
③ 굴착된 지반의 굴곡부를 메우고 절리면 사이를 접착시킴으로써 응력집중 현상 금지
④ 굴착면을 피복하여 풍화방지, 지수, 세립자 유출 등을 방지
⑤ 보수, 보강재료로 사용되어 소요의 강도와 내구성 등 구조물이 충분한 보수 및 보강성능을 발휘
⑥ 비탈면, 법면 또는 벽면 보호 공법으로 적용되어 충분한 안전성을 확보

2) 영구 지보재로 적용할 경우

① 지반과 숏크리트와의 부착강도와 콘크리트(숏크리트)의 전단강도는 암괴를 지지할 수 있는 강도확보
② 지반과의 부착력으로 하중을 분산시키는 작용 필요
③ 암괴를 지지할 수 있도록 휨강도 확보
④ 지반하중에 의하여 지속적으로 발생하는 압축력에 저항할 수 있도록 숏크리트는 강도 확보
⑤ 휨하중, 전단하중 등에 대하여 충분히 저항해야 하며 균열 발생에 대비하여 높은 인성이 확보
⑥ 수밀성, 동결융해저항성 등 장기 내구성이 우수
⑦ 숏크리트 라이닝이 최종 노출면이 될 수 있으므로 필요할 때는 화재에 대한 안전성을 확보
⑧ 소요의 두께 및 층별 기능을 위해 각 층별로 다른 성능의 숏크리트 타설가능

특수한 시공법

- 영구 지보재(permanent support): 숏크리트의 내구성을 확보하고 장기하중에 대한 안정성을 확보하며, 우수한 수밀성을 가지게 하거나 뿜어붙임 형식의 방수 멤브레인(sprayable water proofing membrane) 또는 PCL(precast concrete lining) 등을 적용하여 숏크리트 층과 2차 콘크리트 라이닝 사이의 방수시트를 생략할 수 있도록 하여 숏크리트가 영구적인 구조물로 역할하도록 하는 지보재
- 용접철망(welded steel wire fabrics): 콘크리트 보강용 용접망으로서 철근이나 철선을 직각으로 교차시켜 각 교차점을 전기저항용접한 철선망
- 임시 지보재(temporary support): 터널 및 지하공간 구조물의 조기 안정화와 초기 및 중간 기간의 하중에 대하여 안전성 확보를 목적으로 한 지보재
- 토출배합(mix proportion at the outlet of a nozzle): 숏크리트에 있어서 실제로 노즐로부터 뿜어 붙여지는 콘크리트의 배합으로 건식방법에서는 노즐에서 가해지는 수량 및 표면수를 고려하여 산출되는 숏크리트의 배합
- 휨인성(flexural toughness): 균열 발생 후 구조부재가 하중을 지지할 수 있는 에너지 흡수 능력

⑨ 조명, 환기, 등 기타 부대설비를 충분히 고정시킬 수 있을 만큼 숏크리트의 강도와 부착성능을 확보

2. 성능

1) 성능 설정

① 숏크리트의 뿜어붙이기 성능은 반발률, 분진 농도 및 초기강도로 설정

② 유사 시공사례가 없으며 반발률과 분진농도의 관계가 불명확하고 새로운 혼화 재료를 사용하여 숏크리트를 시공하려고 할 경우 분진농도와 초기강도 이외에 뿜어붙이기 성능의 하나로서 반발률의 상한치를 설정해야 하는데 일반적으로 (20~30)%의 값을 표준

③ 유사 시공사례가 있거나 반발률과 분진농도의 관계가 분명하게 되어 있는 경우에서 숏크리트의 뿜어붙이기 성능은 분진농도와 숏크리트의 초기강도로 설정

[분진 농도의 표준값]

환기 및 측정 조건	분진농도(mg/m^3)
• 환기조건: 갱내 환기를 정지한 환경 • 측정방법: 뿜어붙이기 작업개시 5분 후로부터 원칙으로 2회 측정 • 측정위치: 뿜어붙이기 작업 개소로부터 5m 지점	5 이하

[숏크리트의 초기강도 표준값]

재령	숏크리트의 초기강도(MPa)
24시간	5.0 ~ 10.0
3시간	1.0 ~ 3.0

영구 지보재 개념으로 숏크리트를 적용할 경우의 초기강도는 3시간 1.0 ~ 3.0MPa, 24시간 강도 5.0 ~ 10.0MPa 이상으로 하며, 장기강도의 감소를 최소화해야 하며, 장기강도를 만족하도록 해야 한다.(28일 재령 설계기준압축강도는 35MPa 이상)

④ 섬유보강 숏크리트의 성능은 초기 및 장기 강도 이외에 휨강도와 휨인성 설정필요

⑤ 섬유 뭉침현상 및 노즐막힘 현상이 발생금지, 설정된 초기, 장기강도와 휨강도, 휨인성을 만족할 수 있도록 적정 혼입률을 결정

2) 숏크리트의 장기강도

① 장기 설계기준압축강도는 재령 28일로 설정하며 그 값은 21MPa 이상으로 한다. 단, 영구 지보재 개념으로 숏크리트를 타설할 경우에는 설계기준압축강도를 35MPa 이상

② 영구 지보재로 숏크리트를 적용할 경우 재령 28일 부착강도는 1.0MPa 이상

③ 영구 지보재로 숏크리트를 적용할 경우 절리와 균열의 거동에 저항하기 위하여 휨인성 및 전단강도가 우수해야 한다.

특수한 시공법

3) 숏크리트의 장기강도
① 숏크리트의 휨강도 및 휨인성의 성능 목표는 재령 28일 값을 기준으로 설정
② 휨강도 시험은 KS F 2408, 휨인성 시험은 KS F 2566 또는 ASTM C 1550 방법의 방법에 따라 실시하며, 목표 휨인성의 설정은 등가 휨강도 및 휨인성지수로 설정

Ⅲ. 자재

1. 구성재료

1) 골재
① 노즐의 막힘 현상이나 반발량을 최소화할 수 있도록 굵은골재의 최대치수를 13mm 이하
② 알칼리 골재 반응에 무해한 골재를 사용

2) 혼화 재료
① 급결제의 첨가량은 시공 조건, 사용재료, 조기 강도 발현 효과, 장기강도의 저하정도 등을 고려하여 결정
② 숏크리트의 조기 강도 발현 효과가 좋고 장기강도의 감소를 최소화할 수 있으며, 인체에 유해한 영향을 최소화하기 위해 알칼리 프리 급결제와 시멘트 광물계 급결제를 우선 사용
③ 건식 숏크리트와 습식 숏크리트의 경우 동결융해 저항성을 확보하기 위하여 AE제를 사용
④ 동결융해 저항성 향상: AE제 사용해야 한다.
⑤ 펌핑성 및 유동성 향상: 기연행제, AE 감수제, 감수제 및 고성능 감수제, 고성능 AE 감수제 등을 사용
⑥ 펌핑성 및 붙임성 향상: 실리카 퓸, 플라이 애시 사용

3) 보강재
① 철망을 사용할 경우에는 원칙적으로 용접철망 사용
② 강섬유는 숏크리트 공법에 적합한 것을 사용

2. 배합

1) 배합일반
① 숏크리트 적용 목적(터널 및 지하공간의 지보재, 법면 보호 및 보수·보강)
② 터널 및 지하공간에 적용할 때 숏크리트 역할(영구 지보재 또는 임시 지보재)
③ 건식

시멘트, 골재, 급결재 등이 혼합된 마른 상태의 재료를 압축공기에 의해 압송하여 노즐 또는 그 직전에서 압력수를 가하고 뿜어 붙이는 방식

- 굵은골재의 최대 치수
- 잔골재율
- 단위 시멘트량
- 물-결합재비
- 혼화 재료의 종류 및 단위량

④ 습식

시멘트, 골재, 급결재 등이 혼합된 젖은 상태의 재료를 펌프 또는 압축공기로 압송시켜 노즐 부근에서 급결제를 첨가시키면서 뿜어 붙이는 방식

건식 5개 항목에 대하여 선정하고, 베이스 콘크리트를 펌프로 압송할 경우 슬럼프는 120mm 이상

⑤ 섬유의 뭉침현상과 노즐 막힘현상이 발생금지

Ⅳ. 시공

1) 시공의 일반

- 건식 숏크리트는 배치 후 45분 이내에 뿜어붙이기를 실시
- 습식 숏크리트는 배치 후 60분 이내에 뿜어붙이기를 실시
- 숏크리트는 타설되는 장소의 대기 온도가 32℃ 이상이 되면 건식 및 습식 숏크리트 모두 뿜어붙이기 금지
- 보강재 및 뿜어붙일 면의 온도 역시 38℃보다 낮은 온도로 사전 처리를 한 후 뿜어붙이기를 실시
- 숏크리트는 대기 온도가 10℃ 이상일 때 뿜어붙이기를 실시하며 그 이하의 온도일 때는 적절한 온도 대책을 세운 후 실시한다.
- 숏크리트 재료의 온도가 10℃보다 낮거나 32℃보다 높을 경우 적절한 온도 대책을 세워 재료의 온도가 (10~32)℃ 범위에 있도록 한 후 뿜어붙이기를 실시

2) 뿜어 붙일 면의 사전처리

① 작업 중 낙하할 위험이 있는 들뜬 돌, 풀, 나무 등은 제거

② 뿜어붙일 면에 용수가 있을 경우에는 배수파이프나 배수필터를 설치하는 등 적절한 배수처리

③ 뿜어붙일 면이 흡수성인 경우에는 뿜어붙인 재료로부터 과도한 수분이 흡수되지 않도록 미리 붙일 면에 물을 뿌리는 등 적절한 처리

④ 비탈면이 동결하였거나 빙설이 있는 경우에는 녹여서 표면의 물을 없앤 다음 뿜어 붙여야 한다.

⑤ 절취면이 비교적 평활하고 넓은 벽면은 수축에 의한 균열 발생이 많으므로 세로방향의 적당한 간격으로 신축이음을 설치

⑥ 숏크리트의 층간을 작업할 때 1차 숏크리트면에 부착된 이물질을 완전히 제거

특수한 시공법

⑦ 숏크리트에 의한 보수, 보강을 할 때는 미리 콘크리트의 손상부를 충분히 제거

3) 보강재의 설치

① 보강재는 숏크리트 작업에 의하여 이동이나 진동 등이 일어나지 않도록 적절한 방법으로 설치, 고정

② 보강재는 뿜어 붙일 면과 20~30mm 간격을 두고 근접시켜 설치

③ 철망의 망눈 지름은 5mm 내외, 개구 크기는 100×100mm 또는 150×150mm를 표준으로 하고 숏크리트가 철망의 뒷부분까지 충분히 채워질 수 있는 것

4) 타설

① 두께: 숏크리트는 뿜어 붙인 콘크리트가 흘러내리지 않는 범위의 적당한 두께를 뿜어 붙이고 소정의 두께가 될 때까지 반복해서 뿜어 붙여야 한다.

② 강재 지보재를 설치한 곳에 숏크리트를 실시할 경우에는 뿜어 붙일 면과 강재 지보재와의 사이에 공극이 생기지 않도록 뿜어 붙이고, 또한 숏크리트와 강재지보재가 일체가 되도록 주의하여 실시

③ 숏크리트 작업에서 반발량이 최소가 되도록 하고 동시에 리바운드 된 재료가 다시 혼합되지 않도록 주의

5) 부위별 타설

① 아치 및 측벽부

- 노즐은 항상 뿜어 붙일 면에 직각이 되도록 유지하고, 적절한 뿜어 붙이는 거리와 뿜는 압력을 유지
- 숏크리트의 타설 작업은 하부로부터 상부로 진행
- 숏크리트의 1회 타설 두께는 100mm 이내
- 숏크리트 작업에서 반발량이 최소가 되도록 하고, 동시에 리바운드 된 재료가 다시 혼입되지 않도록 해야 한다.
- 시공된 숏크리트 면은 평탄하게 하되 각 경우별로 평탄성의 허용값을 설정
- 숏크리트 타설 작업원은 골재의 반발이나 분진의 위해가 있을 경우에 대비하여 보호 장비를 착용

② 용수지역

뿜어 붙일 면에 용수가 있을 경우에는 배수파이프나 배수필터를 설치하는 등 적절한 배수처리

③ 영구 지보재로서 숏크리트 작업

- 뿜어 붙이기는 2회 이상 중복하여 뿜어 붙이기
- 타설 이음매가 지그재그가 되도록 뿜어 붙이기

4-216	수중콘크리트	
No. 424	Underwater Concrete	유형: 공법

환경과 조건

수중

Key Point

◩ 국가표준
- KCS 14 20 43

◩ Lay Out
- 종류
- 트레미 공법
- 자재
- 시공

◩ 핵심 단어
- 수중에서 타설

◩ 연관용어

용어

- 공기 중 제작 공시체(specimen of anti-washout concrete cast in air): KS F 2403에서 규정하고 있는 거푸집을 사용하여 공기 중에서 수중 불분리성 콘크리트를 충전하여 제작한 공시체
- 수중 불분리성 콘크리트(anti-washout concrete under water): 수중 불분리성 혼화제를 혼합함에 따라 재료 분리 저항성을 높인 수중 콘크리트

Ⅰ. 정 의

수중(담수, 안정액, 해수)에서 타설하는 콘크리트로 수면아래에 트레미관을 내려 펌프로 연속적으로 타설하면서 관을 끌어 올리는 공법

Ⅱ. 수중 콘크리트의 종류

- 일반 수중 콘크리트
- 수중 불분리성 콘크리트
- 현장타설말뚝 및 지하연속벽용 수중콘크리트

Ⅲ. 트레미 공법(Tremie Method)

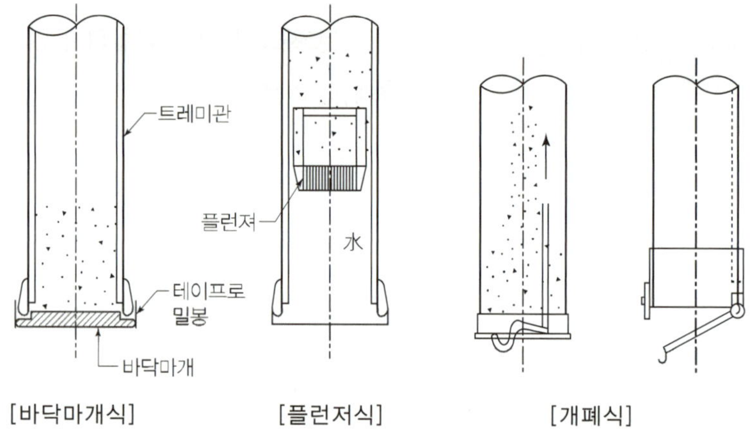

[바닥마개식] [플런저식] [개폐식]

① 트레미관을 통한 물의 역류를 방지하기 위하여 트레미관 하단에 장치를 부착하는데, 하단 부착장치 방식에 따라 바닥마개식, 플런저식, 개폐식 등으로 구분

② 플런저식이 가장 많이 사용되며 물의 흐름이 빠르거나 부력이 큰 경우에는 바닥 마개식 또는 개폐식을 사용

③ 트레미관 연결 방법: 플랜지 연결방식과 소켓 연결방식

④ 플랜지 연결식은 연결 부위가 견고하기 때문에 수심이 깊고 대량 콘크리트 타설에 주로 사용되며, 소켓 방식은 수심이 얕고 소량 타설에 적합

환경과 조건

- 수중 불분리성 혼화제(anti-washout admixture): 콘크리트의 점성을 증대시켜 수중에서도 재료 분리가 생기지 않도록 하는 혼화제
- 수중유동거리(underwater moving distance): 콘크리트를 타설할 때 타설 위치로부터 주위로 향하여 콘크리트가 유동한 거리
- 수중 제작 공시체(specimen of anti-washout concrete cast in water): KCI-CT102에서 규정하고 있는 거푸집에 수중 불분리성 콘크리트를 수중에서 낙하시켜 제작한 공시체
- 수중 콘크리트(underwater concrete): 담수 중이나 안정액 중 혹은 해수 중에 타설되는 콘크리트
- 수평 환산거리(converted horizontal distance): 콘크리트의 배관이 수직관, 밴트관, 튜브관, 유연성이 있는 호스 등을 포함하는 경우에, 이들을 모두 수평 환산길이에 의해 수평관으로 환산하여 배관 중의 수평관 부분과 합한 전체의 거리

Ⅳ. 자재

1. 구성재료

① 굵은 골재의 최대 치수는 20 또는 25mm 이하

② 부재 최소 치수의 1/5 및 철근의 최소 순간격의 1/2 초과금지

③ 수중 불분리성 콘크리트는 타설할 때 수중 불분리성을 가지며 다지지 않아도 시공이 될 정도의 유동성을 유지하고, 경화 후에는 소정의 강도 및 내구성을 가져야 한다. 수중 불분리성 혼화제의 품질은 한국콘크리트 학회 규준 KCI-AD102에 적합한 것이어야 한다.

④ 수중 불분리성 콘크리트는 혼화제의 증점효과와 소정의 유동성을 확보하기 위하여 일반 수중 콘크리트보다도 단위수량이 크게 요구되므로 감수제, 공기연행감수제 또는 고성능 감수제를 사용

⑤ 수중 불분리성 콘크리트의 수중분리 저항성은 수중분리도 혹은 수중·공기중 강도비로 설정

⑥ 수중분리도는 현탁 물질량은 50mg/ℓ 이하, pH는 12.0 이하, 또 수중·공기중 강도비는 수중분리 저항성의 요구가 비교적 높은 경우 0.8 이상, 일반적인 경우에는 0.7 이상으로 설정

2. 배합

1) 배합강도

① 일반 수중 콘크리트는 수중에서 시공할 때의 강도가 표준공시체 강도의 (0.6~0.8)배가 되도록 배합강도를 설정

② 현장타설말뚝 및 지하연속벽 콘크리트는 수중에서 시공할 때 강도가 대기 중에서 시공할 때 강도의 0.8배, 안정액 중에서 시공할 때 강도가 대기 중에서 시공할 때 강도의 0.7배로 하여 배합강도를 설정

2) 물-결합재비 및 단위 시멘트량

[수중 콘크리트의 물-결합재비 및 단위 시멘트량]

종류	일반 수중 콘크리트	현장타설말뚝 및 지하연속벽에 사용하는 수중 콘크리트
물-결합재비	50% 이하	55% 이하
단위 결합재량	370 kg/m³ 이상	350 kg/m³ 이상

[내구성으로부터 정해진 수중불분리성콘크리트의 최대 물-결합재비(%)]

환경 \ 종류	무근콘크리트	철근콘크리트
담수중、해수중	55	50

지하연속벽을 가설만으로 이용할 경우 단위 시멘트량은 300kg/m³ 이상

환경과 조건

3) 유동성

[일반 수중 콘크리트의 슬럼프의 표준값(mm)]

시공방법	일반 수중 콘크리트	현장타설말뚝 및 지하연속벽에 사용하는 수중 콘크리트
트레미	130 ~ 180	180 ~ 210
콘크리트펌프	130 ~ 180	-
밑열림상자, 밑열림포대	100 ~ 150	-

① 현장타설말뚝 및 지하연속벽에 사용하는 수중 콘크리트에서 일반적으로 설계기준압축강도가 50MPa을 초과하는 경우 높은 유동성이 요구되므로 슬럼프 플로의 범위는 500mm~700mm

② 수중 불분리성 콘크리트의 슬럼프 플로

[수중 불분리성 콘크리트의 슬럼프 플로 표준값(mm)]

시공 조건	슬럼프플로의 범위(mm)
• 급경사면의 장석(1:1.5~1:2)의 고결, 사면의 엷은 슬래브(1:8 정도까지)의 시공 등에서 유동성을 작게 하고 싶은 경우	350~400
• 단순한 형상의 부분에 타설하는 경우	400~500
• 일반적인 경우, 표준적인 철근콘크리트 구조물에 타설하는 경우	450~550
• 복잡한 형상의 부분에 타설하는 경우 • 특별히 양호한 유동성이 요구되는 경우	550~600

③ 공기량 (4.0±1.5)% 이하

④ 현장타설말뚝 및 지하연속벽의 콘크리트는 일반적으로 트레미를 사용하여 수중에서 타설하기 때문에 슬럼프 값은 (180~210)mm 표준

⑤ 철근간격이 좁은 경우 등 슬럼프가 큰 콘크리트를 타설할 필요가 있을 때는 유동화제를 사용한 부배합 콘크리트로서 시공해야 하나 슬럼프가 240mm 초과 금지

⑥ 수중 불분리성 콘크리트의 비비기는 제조 설비가 갖추어진 배치플랜트에서 물을 투입하기 전 건식으로 (20~30)초를 비빈 후 전 재료를 투입하여 비비기 실시

⑦ 수중 불분리성 콘크리트는 일반 콘크리트에 비하여 믹서에 걸리는 부하가 크기 때문에 소요 품질의 콘크리트를 얻기 위하여 1회 비비기량은 믹서의 공칭용량의 80% 이하

⑧ 강제식 믹서의 경우 비비기 시간은 90~180초

환경과 조건

V. 시공

1. 시공일반

1) 타설원칙

① 수중 콘크리트는 시멘트의 유실, 레이턴스의 발생을 방지하기 위해 물막이를 설치하여 물을 정지시킨 정수 중에서 타설
② 유속은 50mm/s 이하
③ 콘크리트를 수중에 낙하시키면 재료 분리가 일어나고 시멘트가 유실되기 때문에 콘크리트는 수중에 낙하 금지
④ 콘크리트 면을 가능한 한 수평하게 유지하면서 소정의 높이 또는 수면 상에 이를 때까지 연속해서 타설
⑤ 타설하는 도중에 물을 휘젓거나 펌프의 선단부분을 이동금지
⑥ 콘크리트가 경화될 때까지 물의 유동을 방지
⑦ 한 구획의 콘크리트 타설을 완료한 후 레이턴스를 모두 제거하고 다시 타설
⑧ 수중 콘크리트를 시공할 때 시멘트가 물에 씻겨서 흘러나오지 않도록 트레미나 콘크리트 펌프를 사용해서 타설

2) 트레미에 의한 타설

① 트레미의 안지름은 수심 3m 이내에서 250mm, 3~5m에서 300mm, 5m 이상에서 300~500mm 정도, 굵은 골재 최대 치수의 8배 이상
② 트레미 1개로 타설할 수 있는 면적은 30㎡ 이하
③ 트레미는 콘크리트를 타설하는 동안 하반부가 항상 콘크리트로 채워져 트레미 속으로 물이 침입하지 않도록 해야 하며, 트레미는 콘크리트를 타설하는 동안 수평 이동금지
④ 콘크리트를 타설하는 동안 트레미의 하단은 타설된 콘크리트 면보다 (300~400)mm 아래로 유지

3) 콘크리트 펌프에 의한 타설

① 콘크리트 펌프의 안지름은 (100~150)mm
② 수송관 1개로 타설할 수 있는 면적은 $5m^2$
③ 배관을 이동할 때에는 선단부분에 역류밸브 부착

4) 수중 불분리성 콘크리트의 타설

① 타설은 유속이 50mm/s 정도 이하의 정수 중에서 수중낙하 높이 0.5 m 이하
② 타설은 콘크리트펌프 또는 트레미 사용을 원칙
③ 압송압력은 보통 콘크리트의 2~3배, 타설 속도는 1/2~1/3
④ 수중 유동거리는 5m 이하

환경과 조건

2. 타설

1) 철근망태

① 철근망태는 비틀림을 방지하기 위해 철근을 외측으로 경사지게 하여 격자형으로 배치

② 철근의 피복두께를 100mm 이상

③ 외측 가설벽, 차수벽의 경우, 철근의 피복두께를 80mm 이상

④ 간격재는 깊이방향으로 3~5m 간격, 같은 깊이 위치에 4~6개소 주철근에 설치.

2) 현장타설말뚝 및 지하연속벽 타설

① 진흙 제거는 굴착 완료 후와 콘크리트 타설 직전에 2회 실시

② 트레미의 안지름은 굵은 골재의 최대 치수의 8배 정도

③ 관지름이 (200~250)mm의 트레미를 사용

④ 콘크리트 속의 트레미 삽입깊이는 2m 이상 관입

⑤ 트레미는 가로 방향 3m 이내의 간격에 배치하고 단부나 모서리에 배치

⑥ 콘크리트의 타설속도는 먼저 타설하는 부분의 경우 4~9m/h, 나중에 타설하는 부분의 경우 8~10m/h로 실시

⑦ 콘크리트 상면은 콘크리트의 설계면보다 0.5m 이상 높이로 여유 있게 타설하고 경화한 후 이것을 제거

☆☆☆ 4. 시공 및 특수한 환경

4-217	Preplaced concrete	
No. 425	프리플레이스드 콘크리트	유형: 공법

환경과 조건

수중

Key Point

◩ 국가표준
- KCS 14 20 50

◩ Lay Out
- 종류
- 주입모르타르의 품질
- 자재
- 시공

◩ 핵심 단어
- 미리 거푸집속에
- 굵은 골재를 채워 놓고
- 간극에 모르타르 주입하여 제조

◩ 연관용어

용어

- 골재의 실적률(solid volume percentage of aggregate): 용기에 채운 골재의 절대 용적을 그 용기의 용적으로 나눈 값의 백분율
- 굵은골재 최소 치수(minimum size of coarse aggregate): 질량비로 95% 이상 남는 체 중에서 최대 치수인 체의 호칭치수로 나타낸 굵은골재의 치수
- 팽창재(expansive agent): 주입 모르타르에 혼입하여 팽창 작용을 일으키는 무기 또는 유기 혼화 재료

Ⅰ. 정 의

① 미리 거푸집 속에 특정한 입도를 가지는 굵은 골재를 채워놓고 그 간극에 모르타르를 주입하여 제조한 콘크리트

② 시공속도가 (40~80)m^3/h 이상 또는 한 구획의 시공면적이 (50~250)m^2 이상일 경우에는 대규모 프리플레이스트 콘크리트의 규정에 따른다.

Ⅱ. 종 류

구분	특징
일반 프리플레이스트 콘크리트	• 소규모 프리플레이스트 콘크리트 공사에 적용
대규모 프리플레이스트 콘크리트	• 시공면적 50~250m^2 이상 • 주입 모르타르 시공속도 40~80m^3/h
고강도 프리플레이스트 콘크리트	• 물-결합재비 40% 이하로 하여 재령 91일 압축강도 40MPa 이상

Ⅲ. 주입모르타르의 품질

1) 유동성

① 유하시간의 설정 값은 16~20초를 표준으로 한다. 다만, 고강도 프리플레이스트 콘크리트의 유하시간은 25~50초

② 모르타르가 굵은 골재의 공극에 주입될 때 재료 분리가 적고 주입되어 경화되는 사이에 블리딩이 적으며 소요의 팽창을 해야 한다.

2) 재료분리 저항성

블리딩률의 설정 값은 시험 시작 후 3시간에서의 값이 3% 이하가 되는 것으로 하고, 고강도 프리플레이스트 콘크리트의 경우에는 1% 이하

3) 팽창성

① 팽창률의 설정 값은 시험 시작 후 3시간에서의 값 5~10%

② 고강도 프리플레이스트 콘크리트의 경우 2~5%

Ⅳ. 자재

1. 구성재료

① 혼화 재료는 유동성 및 보수성을 향상시키고, 재료 분리 저항성 및 팽창성을 가지는 것

② 굵은골재의 최소 치수는 15mm 이상, 굵은골재의 최대 치수는 부재단면 최소 치수의 1/4 이하, 철근콘크리트의 경우 철근 순간격의 2/3 이하
③ 굵은골재의 최대 치수는 최소 치수의 2~4배 정도로 한다.
④ 규모 프리플레이스트 콘크리트를 대상으로 할 경우, 굵은골재의 최소 치수는 40mm 이상

2. 배합

1) 주입모르타르의 일반사항
① 대규모 프리플레이스트 콘크리트에 사용하는 주입모르타르는 시공 중에 재료 분리를 작게 하기 위해 부배합으로 산정
② 팽창률은 블리딩률의 2배 이상

2) 비비기
① 모르타르 믹서는 5분 이내에 소요 품질의 주입모르타르를 비빌 수 있는 것
② 한 배치가 $(0.2{\sim}1.5)m^3$ 정도의 용량이고, 1조, 2조, 3조식
③ 믹서에 재료투입은 물, 혼화제, 혼화재, 시멘트, 잔골재의 순
④ 시멘트나 혼화재 등의 입자를 강력히 분산시키는 구조
⑤ 애지테이터 날개의 회전수는 (125~500)rpm 정도
⑥ 비비기 시간은 2~5분 정도
⑦ 애지테이터의 용량은 시간당 비비기량과 주입펌프의 용량을 고려하여 보통 믹서 용량의 3~5배 정도
⑧ 약 1.5배의 고성능 모르타르 믹서를 사용

Ⅳ. 시공

1) 주입관의 배치
① 주입관의 안지름은 수송관과 같거나 그 이하
② 연직주입관의 수평 간격은 2m 정도를 표준
③ 수평주입관의 수평 간격은 2m 정도, 연직 간격은 1.5m 정도를 표준

2) 압송
① 펌프의 압송압력은 보통 주입 모르타르의 2~3배가 되므로 피스톤식보다 스퀴즈식 펌프를 사용
② 수송관의 연장을 짧게 한다.
③ 수송관의 연장이 100m를 넘을 때는 중계용 Agitator와 Pump를 사용
④ 모르타르의 평균 유속은 0.5~2m/s 정도

3) 주입작업
① 주입이 중단될 경우 중단된 지 2~3시간 정도 이내이고, 이미 주입된 모르타르가 아직 응결되지 않아 충분한 유동성을 지니고 있을 경우에만 특별한 조치를 취하지 않고서도 다시 주입금지

환경과 조건

② 주입은 최하부로부터 시작하여 상부로 향하면서 시행
③ 모르타르면의 상승속도는 0.3~200m/h
④ 주입은 거푸집 내의 모르타르 면이 거의 수평으로 상승하도록 주입 장소를 이동하면서 실시
⑤ 펌프의 토출량을 일정하게 유지하면서 적당한 시간 간격으로 주입관을 순차적으로 주입
⑥ 연직주입관은 관을 뽑아 올리면서 주입하되 주입관의 선단은 0.5~2.0m 깊이의 모르타르 속에 묻혀 있는 상태로 유지

4) 모르타르의 상승높이 측정

① 주입모르타르가 상승하는 상황을 확인하기 위하여 모르타르 면의 취치를 측정
② 검사관의 배치는 주입관과 동일한 숫자로 하는 것이 바람직하며 주입모르타르 표면의 유동경사는 1 : 3 이하

5) 계절별 시공

① 한중: 주입모르타르의 팽창지연이 없도록 보온 및 급열을 해야 한다. 주입모르타르의 온도를 올리기 위해 물의 온도는 40℃ 이하로 가열
② 서중: 비벼진 온도가 25℃를 넘을 경우 품질이 저하될 수 있으므로 수송관 주변의 온도를 낮추고 유동성을 크게 한다.

☆☆★ 4. 시공 및 특수한 환경

4-218	해양 콘크리트	
No. 426	Offshore Concrete	유형: 공법

환경과 조건

해양

Key Point

◪ 국가표준
- KCS 14 20 44

◪ Lay Out
- 자재
- 시공

◪ 핵심 단어
- 해양에 위치

◪ 연관용어

용어

- 간만대 지역(tidal zone): 평균 간조면에서 평균 만조면까지의 범위
- 내구성(durability): 시간의 경과에 따른 구조물의 성능 저하에 대한 저항성
- 내동해성(freeze thaw resistance): 동결융해의 되풀이 작용에 대한 저항성
- 물보라 지역(비말대)(splash zone): 평균 만조면에서 파고의 범위
- 방청제(corrosion inhibitor): 콘크리트 중의 강재가 사용재료 속에 포함되어 있는 염화물에 의해 부식되는 것을 억제하기 위해 사용하는 혼화제

Ⅰ. 정 의

① 항만, 해안 또는 해양에 위치하여 해수 또는 바닷바람의 작용을 받는 구조물에 쓰이는 콘크리트로 설계기준강도는 30MPa 이상

② 해양 콘크리트 구조물은 염해를 받기 쉬운 환경이기 때문에 콘크리트의 열화 및 강재의 부식에 의해 그 기능이 손상되지 않도록 해야 한다.

Ⅱ. 자재

1. 구성재료

① 시멘트: 해수에 의한 침식이 심한 경우에는 시멘트 콘크리트 이외에도 폴리머 시멘트 콘크리트와 폴리머 콘크리트 또는 폴리머 함침 콘크리트 등을 사용

② 골재: 깨끗하고, 단단하며, 내구적이고 적당한 입도를 가지며 먼지, 흙, 유기불순물, 염분 등의 유해물이 허용치 이상 함유금지

③ 경량골재의 품질은 내마모성 및 내동해성도 검토

2. 배합

1) 물-결합재 비

[내구성으로 정하여진 공기연행 콘크리트의 물-결합재비(%)]

환경조건 \ 시공조건	일반 현장 시공의 경우	공장제품 또는 재료의 선정 및 시공에서 공장제품과 동등 이상의 품질이 보증될 때
해중	50	50
해상 대기 중	45	50
물보라 지역, 간만대 지역	40	45

2) 단위 결합재량

[내구성으로 정하여진 최소 단위 결합재량(kg/㎥)]

환경 구분 \ 굵은골재의 최대치수(mm)	20	25	40
물보라 지역, 간만대 및 해상 대기 중	340	330	300
해중	310	300	280

3) 공기량의 표준 값(%)

환경 조건		굵은 골재의 최대 치수(mm)		
		20	25	40
동결융해작용을 받을 염려가 있는 경우	물보라, 간만대 지역	6	6	5.5
	해상 대기 중	5	4.5	4.5
동결융해 작용을 받을 염려가 없는 경우		4	4	4

Ⅲ. 시공

1) 균일한 콘크리트 확보

타설, 다지기, 양생 등에 주의하여 균일한 콘크리트가 되도록 관리

2) 시공이음

① 시공이음이 생기지 않도록 관리한다.

② 만조위로부터 위로 0.6m, 간조위로부터 아래로 0.6m 사이의 감조부분에는 시공이음이 생기지 않도록 시공계획을 세운다.

3) 초기보양

① 해수에 콘크리트가 씻겨 모르타르 부위가 유실되지 않도록 5일간 보호

② 고로 슬래그 시멘트 등 혼합시멘트를 사용할 경우에는 이 기간을 설계기준압축강도의 75% 이상의 강도가 확보될 때까지 연장

③ 강재와 거푸집판과의 간격은 소정의 피복을 확보

④ 간격재의 개수는 기초, 기둥, 벽 및 난간 등에는 2개/m² 이상, 보 및 슬래브 등에는 4개/m² 이상

환경과 조건

- 알칼리골재반응(alkali aggregate reaction): 알칼리와의 반응성을 가지는 골재가 시멘트, 그 밖의 알칼리와 장기간에 걸쳐 반응하여 콘크리트에 팽창균열, 팝아웃(pop out)을 일으키는 현상
- 에폭시 도막철근(epoxy coated bar): 에폭시를 정전 분사한 이형철근 및 원형철근
- 프리캐스트콘크리트(precast concrete): 콘크리트가 굳은 후에 제자리에 옮겨 놓거나 또는 조립하는 콘크리트 부재를 말함
- 해양대기중(marine atmosphere): 물보라의 위쪽에서 항상 해풍을 받는 열악한 환경
- 해양환경(marine exposure): 해양환경은 해안선을 기준으로 바다 쪽을 해상부, 육지 쪽을 해안 지역이라 구분하여, 해수 접촉부위별로 해양대기중, 물보라 지역, 간만대 지역, 해중으로 구분함
- 화학적 침식(chemical attack): 산이나 황산염 등의 침식물질에 의해 콘크리트의 용해·열화 현상

환경과 조건

루나

Key Point

- 국가표준
- Lay Out
  - 생산과정
  - 물리적 특성
  - 달의 일반적 특성
- 핵심 단어
- 연관용어

4-219	루나콘크리트	
No. 427	Lunar Concrete	유형: 재료·성능·공법

Ⅰ. 정 의

달 표면에서 추출한 흙을 원료로 하여 만든 모르타르를 이용하여 만든 콘크리트

Ⅱ. 달에서의 콘크리트 생산과정

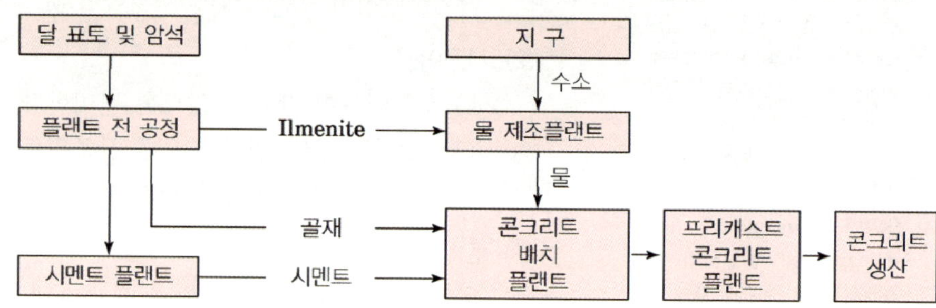

달의 암석에서 시멘트 생산 → 지구에서 수소를 운반하여 물을 생산

Ⅲ. 루나콘크리트의 물리적 특성

① 중량감소: 진공상태에 노출된 시멘트의 중량감소

② 변형률: 진공상태에 노출된 모든 시료는 상당한 건조수축 발생

③ 모르타르 강도: 시멘트의 수화는 진공상태에서도 계속 진행되며, 수중 양생한 시료의 압축강도보다 높다.

Ⅳ. 달의 일반적 특성

① 대기: 대기가 없으므로 기계에서 발생되는 열을 분산시키기 위한 복사 장비의 사용 필요

② 온도: 달 표면의 온도가 낮에는 120℃에서 저녁에는 -150℃까지 떨어져 260℃의 온도변화 고려

③ 방사능: 자기장이 부족한 것과 대기부족으로 방사능에 영향

④ 중력: 지구 중력의 약 1/6이므로 반력을 이용하는 기술 필요

⑤ 지반특성: 유기물질과 점토광물이 없고, 마찰을 일으키기 쉬운 고운 먼지성분

★★★ 4. 시공 및 특수한 환경 64.66.69.75.86.97.107

4-220	Enviromentally Friendly Concrete(Porous Concrete)	
No. 428	친환경, 에코, 식생, 다공질	유형: 재료·성능·공법

친환경

친환경

Key Point

◩ 국가표준

◩ Lay Out
- 용도
- 구조
- 배합특성

◩ 핵심 단어
- 환경부하의 감소
- 생물대응

◩ 연관용어

포러스 콘크리트 범주

- 생물대응형
  - 식물이나 토중 미생물, 해초류, 어류 등 각종 식생물이 자연스럽게 서실할 수 있는 생식장 확보에 활용되는 콘크리트
  - 하천 및 법면 보호용 식생 콘크리트, 인공어초, 생물막의 형성에 의해 수질정화 콘크리트
- 환경부하 저감형
  - 지구환경에 미치는 부하를 저감시키는 콘크리트
  - 도로포장재로서 사용되는 투수성 또는 배수성 콘크리트 포장, 투수성 트렌치, 흄관, 배수파이프 및 우수저장시설

Ⅰ. 정 의

① 지구환경 부하의 감소에 기여함과 동시에 인류를 포함한 생물과의 interface에 친환경적인 콘크리트

② 보통 콘크리트와는 달리 연속된 공극을 많이 포함시켜 물과 공기가 자유롭게 통과할 수 있도록 연속공극을 균일하게 형성시킨 다공질의 콘크리트

Ⅱ. 에코콘크리트의 범주 및 용도

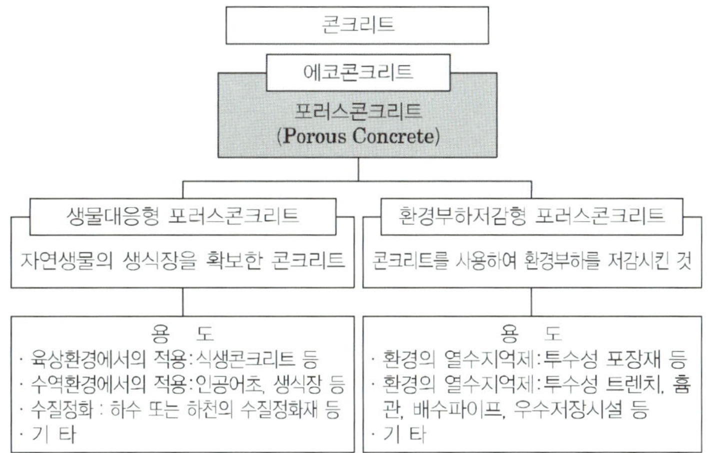

Ⅲ. 포러스 콘크리트의 구조

① 다공질 재료로 물이나 공기를 자유롭게 통과하는 성질 구비

② 셀구조체 중 3차원 폼으로 분류되는 경화체이며, 경화체 내에 균질한 연속공극을 보유

③ 다공질의 세라믹체나 소결알루미늄 다공체는 충전된 고체입자의 표면 용해에 의해 제조

④ 골재인 고체입자에 점소성 결합재(무기계에는 시멘트나 석고 등, 유기계에는 불포화폴리에스테르수지나 에폭시 수지)를 피복시켜 제조

Ⅳ. 배합특성

① 배합계산 시 모든 공극을 평가하는 전공극률이 이용되지만 실제 콘크리트의 성능은 연속공극률에 의해 좌우

② 설계기준 강도: 실제의 압축강도가 18MPa 정도를 목표로 제조

③ 물-결합재비: 공극률 25~30%에서 압축강도 10MPa 이상 확보해야 하는 경우 물-결합재비는 25% 전후가 바람직

☆☆★ 4. 시공 및 특수한 환경

4-221	순환골재 콘크리트	
No. 429	Recycled Aggregate Concrete	유형: 재료·성능·공법

친환경

친환경

Key Point

◪ 국가표준
- KCS 14 20 21

◪ Lay Out
- 품질
- 사용비율

◪ 핵심 단어

◪ 연관용어
- 친환경 콘크리트

용어

- 산지(place of production) : 순환골재 제조 전의 폐콘크리트 발생지
- 순환골재(recycled aggregate): 건설폐기물을 물리적 또는 화학적 처리과정 등을 통하여 순환골재 품질기준에 적합하게 만든 골재

Ⅰ. 정 의

① 건설폐기물을 물리적 또는 화학적 처리과정 등을 거쳐 품질기준에 적합한 골재로 만든 Concrete

② 순환골재 일부 또는 전부를 사용하여 제작한 콘크리트

Ⅱ. 순환골재의 품질

항목		순환굵은골재	순환 잔골재	관련시험 규정
절대 건조 밀도(g/mm^3)		2.5 이상	2.3 이상	KS F 2503(굵은골재) KS F 2504(잔골재)
흡수율(%)		3.0 이하	4.0 이하	KS F 2503
마모 감량(%)		40 이하	-	KS F 2508
입자 모양 판정 실적률(%)		55 이상	53 이상	KS F 2527
0.08mm체 통과량 시험에서 손실된 양(%)		1.0 이하	7.0 이하	KS F 2511
알칼리 골재반응		무해할 것		KS F 2545
점토 덩어리량(%)		0.2 이하	1.0 이하	KS F 2512
안정성(%)		12 이하	10 이하	KS F 2507
이물질 함유량(%)	유기이물질	1.0 이하(용적)		KS F 2576
	무기이물질	1.0 이하(질량)		

Ⅲ. 배합 및 순환골재 사용비율

설계기준압축강도	사용 골재	
	굵은골재	잔골재
27MPa 이하	굵은골재 용적의 60% 이하	잔골재 용적의 30% 이하
	혼합사용 시 총 골재 용적의 30% 이하	

① 순환골재를 계량할 경우, 1회 계량 분량에 대한 계량오차는 ±4%

② 설계기준압축강도는 27MPa 이하로 하며, 서중 및 한중콘크리트를 제외한 특수콘크리트에는 사용금지

③ 순환굵은골재의 최대 치환량은 총 굵은 골재 용적의 60%, 순환잔골재의 최대 치환량은 총 잔골재 용적의 30% 이하

④ 순환골재를 혼합사용하여 설계기준압축강도 27MPa 이하의 콘크리트를 제조할 경우에 사용되는 순환골재의 최대 치환량은 총 골재 용적의 30%

⑤ 순환골재 콘크리트의 공기량은 보통골재를 사용한 콘크리트보다 1% 크게

☆☆★ 4. 시공 및 특수한 환경 127

4-222	저탄소 콘크리트	
No. 430	Low Carbon Concrete	유형: 재료·성능·공법

친환경

친환경

Key Point

◩ 국가표준
- KCS 14 20 01

◩ Lay Out
- 효과
- 생산방법
- 품질기준

◩ 핵심 단어
- 이산화탄소를 저감
- 고로슬래그미분말을 혼합

◩ 연관용어
- 지오폴리머 콘크리트
- 친환경 콘크리트

Ⅰ. 정 의

① 시멘트 대체 혼화재로서 플라이 애시 및 콘크리트용 고로슬래그 미분말을 결합재로 대량 치환하여 제조된 삼성분계 콘크리트 중 치환율이 50% 이상, 70% 이하인 콘크리트

② 콘크리트구조물이 생애주기 동안 환경에 미치는 영향을 고려하고 재료의 선정 및 시공에 있어 긍정적인 환경영향을 증가시키고 부정적인 환경영향을 저감시키는 것을 목적으로 한다.

Ⅱ. 효과

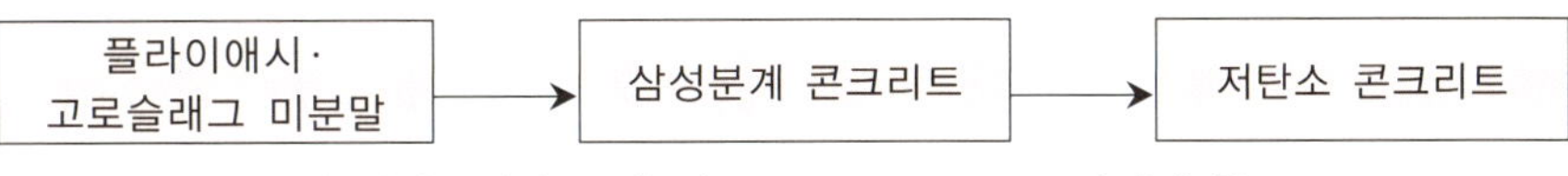

[대량 치환: 시멘트 량 감소] [CO_2 발생저감]

① 탄소배출 50% 저감
② 염해 저항성 증가
③ 내구수명 4배 이상 향상
④ 내부 조직이 견고해 염분의 침투속도를 줄이는 효과

Ⅲ. 저탄소 콘크리트의 종류

콘크리트 종류	굵은 골재의 최대 치수 (mm)	슬럼프 또는 슬럼프 플로(mm)	호칭강도 MPa(=N/mm²)1)					
			18	21	24	27	30	35
저탄소 콘크리트	20, 25	80, 120, 150, 180, 210	○	○	○	○	○	○
		500*, 600*	-	-	-	○	○	○

* 슬럼프 플로값을 의미함.

주 : 1) 예전 단위의 시험기를 사용하여 시험할 경우 국제단위계(SI)에 따른 수치의 환산은 1kgf=9.8 N으로 환산한다. 즉, 1MPa=10.2kgf/cm²가 된다.

콘크리트공사시 CO_2 배출

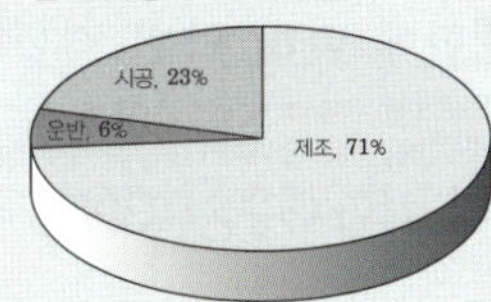

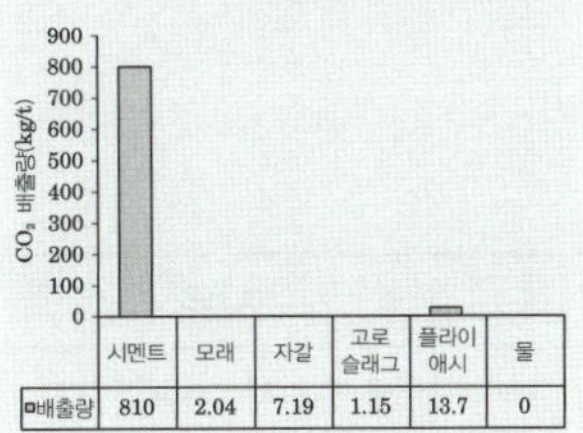

Ⅳ. 저탄소 콘크리트 품질기준-KS F 4009

1) 품질기준

① 혼화재 대량 사용에 따라 품질관리가 미흡할 경우 초기 강도발현지연, 탄산화 저항성 감소 등 내구성 변동에 영향이 크므로 용도와 타설부위에 따라 단위 결합재량의 조정, 혼합비율 및 치환율 조정, 조강형 고성능 화학 혼화제 사용 등 별도의 조치 및 검토가 필요

친환경

온실가스 배출 저감 계획

- 시공자는 환경관리 및 친환경 시공계획서에 에너지 소비 및 온실가스 배출 저감 계획을 포함해야 한다.
- 콘크리트공사에 사용되는 각종 자재는 환경 성적 표지, 탄소 성적 표지 등의 공인된 친환경 재료를 우선 사용해야 한다.
- 에너지 소비 및 온실가스 배출 저감 계획이 공사 중 계속 유효하도록 정기적인 관리를 수행해야 한다.

혼화재료

- 혼화재는 KS에 적합한 플라이 애시와 콘크리트용 고로슬래그 미분말에 한정하며 석회석 미분말, 규산질 미분말 등과 같은 기타의 혼화재는 저탄소콘크리트에 사용하지 않는다.
- 플라이 애시와 콘크리트용 고로슬래그 미분말은 시험배합을 통해 품질을 확인한 후 사용해야 한다.
- 혼화제는 KS F 2560에 적합한 제품을 사용해야 하고 시험 배합을 통해 적합 여부를 결정해야 한다.
- 초기강도 발현 지연, 탄산화 저항성 감소 등을 고려하여 품질확보에 필요한 혼화제 사용을 검토해야 하며 책임기술자의 승인을 득해야 한다.

② 시공 시 양생방법, 양생기간 및 마감재 코팅 등의 적절한 조치를 통해 콘크리트의 성능을 확보해야 한다.

2) 강도 및 내구성

① 저탄소콘크리트는 설계기준강도 40MPa 미만의 보통콘크리트 강도 범위에 적용

② 강도는 일반적인 구조물의 경우 표준양생을 실시한 콘크리트 공시체의 재령 28일 강도를 기준으로 한다. 다만, 혼화재의 사용량에 따라 책임기술자의 승인 하에 91일 이내에서 관리재령을 선택

③ 구조물의 소요 강도를 확보하기 위해 현장배합과 양생방법의 개선, 양생기간의 연장 등 시공시 각별한 주의가 필요하며 조강제 사용 등의 조치

④ 탄산화 저항성이 감소하는 특성을 고려하여 물-결합재비, 피복두께, 양생기간 및 방법, 마감재 코팅 등의 조치를 검토·적용하여 콘크리트의 내구성을 확보

⑤ 저탄소콘크리트를 부재 단면이 작거나 탄산가스 노출 환경 등 탄산화가 빠르게 진행될 수 있는 특수한 조건에서 사용하는 경우에는 표면마감 등 내구성에 문제가 없도록 사용

3) 배합

① 저단위수량은 원칙적으로 185kg/m³ 이하로 하며, 소요 강도, 내구성, 수밀성, 균열저항성 및 작업에 적합한 워커빌리티를 갖는 범위 내에서 단위수량을 가능한 적게

② 저탄소콘크리트는 시멘트가 혼화재로 대량 치환되는 콘크리트이므로 재령초기의 강도발현을 고려하여 시험 배합에 따라 단위 결합재량을 결정

③ 배합 시 단위 시멘트량은 125kg/m³ 이상, 단위 결합재량은 250kg/m³ 이상

V. 저탄소 콘크리트의 생산방법

구분	방법	사유
방법 1	혼화재료 레미콘 플랜트 혼합	레미콘사 자체 원료 공급 관리
방법 2	KS L 5210(고로슬래그시멘트), KS L 5211 (플라이애시 시멘트)에서 규정된 시멘트를 구입하여 레미콘 플랜트에서 혼합	시멘트 저장 Silo 관리 문제

- 대부분의 레미콘 생산공장은 혼화재료를 직접 구입하여 배합관리를 실시

친환경

Ⅵ. 환경관리 및 친환경 시공계획 일반

1. 재료선정

① 콘크리트 재료는 배합설계, 생산·제조단계 뿐만 아니라 구조물의 시공단계, 사용단계, 해체 및 재활용단계 등 생애주기 동안 환경에 미치는 영향이 고려된 것을 우선적으로 선정

② 콘크리트 재료의 선정 시에는 품질에 영향을 미치지 않는 범위 내에서 순환자원의 사용을 검토

③ 콘크리트 제조 시 시멘트, 혼화재, 골재 등 중량이 큰 재료는 인근에서 생산되어 운송에너지가 적게 드는 것을 우선적으로 사용

④ 구조물의 사용수명을 연장함으로써 환경영향을 저감시키기 위해서는 콘크리트 내구성을 향상시킬 수 있는 재료와 공법을 우선적으로 적용

⑤ 고로슬래그 시멘트, 플라이 애시 시멘트 등 산업부산물을 활용한 혼합시멘트를 우선적으로 사용하며, 강도 및 내구성에 영향을 미치지 않는 범위 내에서 혼화재료의 혼합비율을 높인 시멘트를 우선적으로 사용

2. 자원의 효율적인 관리 계획

① 양질의 자재와 철저한 품질시공으로 부실시공에 따른 재시공을 억제하여 천연자원의 낭비를 최소화

② 해당 공사에 대한 주요 건설폐기물의 종류 및 예상 발생량을 포함하고, 주요 건설폐기물에 대한 재사용 및 재활용 목표를 사전에 설정

③ 현장 내 기존 건축물 등 구조물의 해체는 재활용이 가능하도록 분리 선별 해체로 수행하고, 해체 후 폐기물의 재사용 및 재활용, 현장 외 반출 및 폐기 계획을 수립한 후에 시행

④ 현장 내 도로 등 기존 아스팔트 포장 및 콘크리트 포장은 가능한 공사에 활용하도록 계획한다. 해체하는 경우, 보도 경계석 등을 포함하여 최대한 재사용 및 재활용하도록 계획

⑤ 해당 공사와 관련하여 발생한 건설폐기물은 그 종류, 물량, 현장 내 재사용 및 재활용, 매립, 소각, 기타 목적으로의 반출 등 관리 상황을 정기적으로 책임기술자에게 서면으로 보고

⑥ 상기 항과 같은 건설폐기물 저감 및 산업폐기물 재활용 계획이 공사 중 계속 유효하도록 정기적인 관리를 수행

3. 온실가스 저감을 고려한 배합설계

① 콘크리트의 배합단계에서 CO_2 배출량의 평가는 ISO 13315-2:2014에서 요구하는 시스템 경계 내에서 각 구성재료들의 생산, 운반 그리고 콘크리트 생산공정 단계를 기본적으로 포함

② 콘크리트 배합단계에서 고로슬래그, 플라이 애시 및 실리카 퓸 등의 혼화재 치환율은 목표 CO_2 저감률을 달성할 수 있도록 결정

③ 콘크리트 배합단계에서 단위 결합재량은 목표 CO_2 저감률에 대한 혼화재 치환율과 배합강도를 고려하여 결정해야 한다.

친환경

☆☆★ 4. 시공 및 특수한 환경 95

4-223	Geopolymer Concrete	
No. 431	지오폴리머 콘크리트	유형: 재료·성능·공법

친환경

Key Point

◩ 국가표준

◩ Lay Out
- 경화과정
- 재료와 방법

◩ 핵심 단어
- 이산화탄소를 포틀랜드 시멘트보다 적게 배출

◩ 연관용어
- 저탄소 콘크리트
- 친환경 콘크리트

I. 정 의

① 이산화탄소를 포틀랜드 시멘트보다 적게 배출하는 친환경·고성능 콘크리트로서 미래사회가 요구하는 개념에 부합하는 콘크리트

② 시멘트 페이스트 대신에 지오폴리머를 결합재로 사용하며 내화·내열 섬유복합체, 밀폐제 등 다양한 분야에서 적용이 가능하다.

Ⅱ. 경화과정

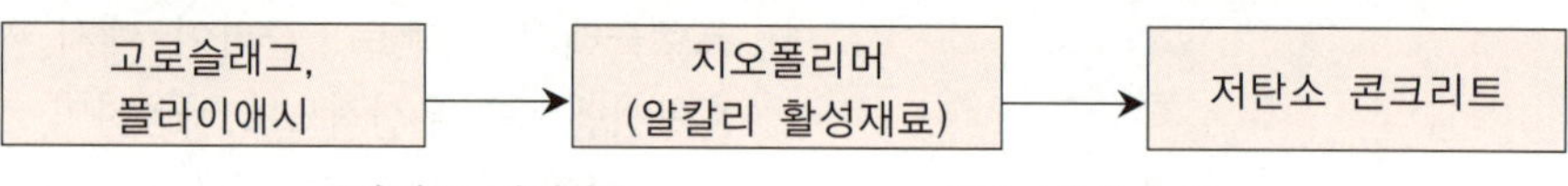

- 지오폴리머의 원재료의 성상은 고온에서 구성성분들이 용융되어 있다가 급결에 의해 결정화되지 못한 유리질이다. 유리질인 원재료는 물과 만나더라도 원활한 반응이 일어나지 않기 때문에 자극제를 통해 유리질인 원재료를 용해시켜 반응을 유도→알칼리 자극제에 의해 고로슬래그 미분말이 활성화→시멘트와 유사한 수화반응을, 플라이애시나 메타카올린은(축)중합반응을 일으켜 경화

Ⅲ. 지오폴리머 콘크리트의 재료와 방법

1) 결합재

① 플라이애시와 고로슬래그 사용

② 유리섬유 보강

③ CaO, Al_2O_3 및 SiO_2를 주요 구성성분으로 갖는 유리질의 산업부산물(원재료)과 알칼리금속이온으로 구성

2) 골재

조골재의 규격은 10~20mm를 주로 사용

3) 알칼리 용액 활성화(Alkaline solution activation)

① 알칼리 자극제에 의해 고로슬래그 미분말이 활성화

② 자극제의 특성 및 농도는 지오폴리머의 유동성과 강도발현 특성에 중요한 영향을 미친다.

기타용어

☆☆☆

1	동결융해작용을 받는 콘크리트공사	
		유형: 공법

① 동결융해작용을 받는 콘크리트 공사의 자재 및 시공에 대한 일반적이고 기본적인 사항을 규정한다.
② 이 기준에서 대상으로 하는 동결융해작용을 받는 콘크리트 공사는 우수에 노출되는 슬래브, 파라펫, 계단 및 지면과 접하는 외벽 부분 등으로서 동결융해작용에 대하여 내구성을 필요로 하는 콘크리트 공사이며, 구체적인 적용 장소 및 위치는 공사시방서에 따른다.
③ 물결합재비는 45% 이하로 하고, 단위수량은 콘크리트의 소요 품질이 얻어지는 범위 내에서 가능한 한 적게 한다.
④ 목표공기량의 허용편차는 ±1.5% 이내이어야 한다.

☆☆☆

2	초속경 콘크리트	
		유형: 재료·성능·공법

① 초속경 시멘트를 결합재로 하여 콘크리트 타설 후 13시간 정도에 소요의 강도를 얻을 수 있는 콘크리트로서 긴급공사에 적용
② 초속경성 성분을 함유하는 시멘트를 제조하거나, 초속경성 성분을 첨가하여 혼합시멘트로 제조

☆☆☆

3	조습 콘크리트	
	Humidity Controlling Concrete	유형: 재료·성능·공법

① 흡, 방수성이 우수한 제올라이트를 혼합하여 만든 콘크리트로 조습성이 좋아 병원, 박물관, 미술관 등 습기의 피해를 줄이는 데 사용
② 도서관이나 미술관 등의 구조물은 습도관리가 매우 중요하기 때문에 천연 제올라이트 성분을 함유하고 있는 광물과 합성 제올라이트 등을 콘크리트에 사용하여 패널을 제작한 후 수장고에 활용

기타용어

☆☆☆

4	내화 콘크리트(Fire Resistant Concrete)	
		유형: 재료·성능·공법

① 화재 중의 고온 하에서 부재가 받는 모든 외력에 견디며, 그 중에서도 인간과 동물에게 피해를 줄 수 있는 붕괴를 일으키지 않을 것
② 고열을 차단하고, 인접부가 발화하지 않을 만큼 적당한 단열성을 지닐 것
③ 화재 종료 시에는 약간의 보수 및 보강으로 재사용이 가능할 정도로 피해가 적을 것

☆☆☆

5	간이콘크리트공사	
		유형: 공법

소규모의 문, 담장 등 거주의 용도로 사용하지 않는 경미한 구조물 및 경미한 기계받침 등으로 사용하는 콘크리트 공사

☆☆☆

6	무근콘크리트공사	
		유형: 공법

보강철근이 필요 없는 콘크리트 공사

☆☆☆

7	원자력발전소콘크리트공사	
		유형: 재료·성능·공법

① 발전소 부지 내에 건설되는 안전관련 구조물인 내진범주 I 급 구조물의 철근콘크리트 구조요소에 대한 최소한의 요건을 규정
② 이 기준의 규정이 적용되는 안전관련 구조물 및 구조부재는 원자력 안전성등급 시스템 또는 구성 요소를 지지하거나, 수용하거나, 또는 보호하는 원자력 안전성 등급 시스템 구성요소의 일부분인 콘크리트 구조물이다.
③ 아치, 탱크, 수조, 사일로, 방폭구조, 연돌 등의 특수한 구조물에 대해서도 이 기준을 우선 적용한다.

4-5장

철근콘크리트 구조일반

Professional Engineer

마법지

1. 일반사항

- SI단위
- 재료와 단면의 성질
- 보강

2. 구조설계

- 설계 및 하중
- 철근비 & 파괴모드
- RC구조 사용성(처짐, 균열, 진동)

3. Slab & Wall

- 변장비
- 주요슬래브

4. 지진

- 내진 면진 제진

☆☆★ 1. 일반사항 95

4-224	강도의 단위로서 Pa(Pascal)
No. 432	유형: 구조·기준

SI단위

단위

Key Point

- 국가표준
- Lay Out
  - 압축강도(kg/㎠) 단위환산 방법
  - SI 접두사 (SI Prefix)
  - 구조계산에 사용되는 그리스 문자
- 핵심 단어
- 연관용어

SI단위 실례

- $1kgf/cm^2 = \frac{9.81}{100} N/mm^2$ =0.0981MPa (0.1MPa)
- $1MPa = 1N/mm^2$
- $1kPa = 1kN/m^2$
- $1GPa = 1kN/mm^2$

Ⅰ. 정 의

① Pa(Pascal): 1제곱미터(단위면적)에 1N(Newton)의 힘을 가하였을 때 작용하는 힘, 즉 압력의 단위로 $1N/m^2$

② 압축강도의 단위 kgf/cm^2은 단위면적당 가해지는 힘으로, 1MPa는 단위면적 cm^2당 10kg의 하중을 견딜 수 있는 강도

Ⅱ. 압축강도(kg/cm^2) 단위환산 방법

- 1kg은 지구상의 힘 또는 무게의 단위를 의미
- N은 국제적인 힘의 단위로 질량을 1kg의 물체를 $1m/s^2$의 속도로 움직이는 힘(1N=9.8kgf)
- 질량 1kg의 물체를 $9.8m/s^2$의 속도로 움직이는 힘은 9.8N(=9.8kg·m/s^2)
- Pa(파스칼): 단위면적당 작용하는 힘 (압력의 단위로 N/m^2)
- $1kgf/cm^2 = \frac{9.81}{100} N/mm^2$=0.0981MPa(0.1MPa)

- $1kgf/m^2$= 약 0.1MPa
- $1kN/m^2$=약 $100kgf/m^2$
- 1kgf=9.8N
- 1N=1/9.8kgf이므로 1N=0.102kgf으로 변환(1N= 약 0.1kgf)
- 구조계산서에서 활하중 $5kN/m^2$은 $500kgf/m^2$로 변환 가능 (1kN=1,000N)
- $1m^2$ 당 500kg까지 적재 가능

Ⅲ. SI 접두사 (SI Prefix)

Plefix	Symbol	Multiplication Factor
tera	T	10^{12} = 1 000 000 000 000
giga	G	10^9 = 1 000 000 000
mega	M	10^6 = 1 000 000
kilo	k	10^3 = 1 000
hecto	h	10^2 = 100
deka	d	10^1 = 10
deci	d	10^{-1} = 0.1
centi	c	10^{-2} = 0.01
milli	m	10^{-3} = 0.001
micro	μ	10^{-6} = 0.000 001
nano	n	10^{-9} = 0.000 000 001
pico	p	10^{-12} = 0.000 000 000 001

Ⅳ. 구조계산에 사용되는 그리스 문자

대문자	소문자	이름	발음	대문자	소문자	이름	발음
A	α	alpha	알파	N	ν	nu	뉴
B	β	beta	베타	Ξ	ξ	xi	크사이, 크시
Γ	γ	gamma	감마	O	o	omicron	오미크론
Δ	δ	delta	델타	Π	π	pi	파이
E	ε	epsilon	엡실론	P	ρ	rho	로
Z	ζ	zeta	지타	Σ	σ	sigma	시그마
H	η	eta	이타	T	τ	tau	타우
Θ	θ	theta	시타	Υ	υ	upsilon	윱실론
I	ι	iota	요타	Φ	φ	phi	파이
K	κ	kappa	카파	X	χ	chi	카이, 카
Λ	λ	lambda	람다	Ψ	ψ	psi	프사이, 프시
M	μ	mu	뮤	Ω	ω	omega	오메가

- 건축구조 분야에서 그리스 문자의 의의

  자연의 물리적인 현상을 수학식으로 표현할 때 영어의 대문자 및 소문자 알파벳만으로 한계가 있으므로 그리스 문자를 알파벳과 같이 채택하여 다양한 물리적인 현상에 대한 내용을 표현하고 있다.

★★★ 1. 일반사항 93

4-225	철근콘크리트구조체의 원리	
No. 433		유형: 구조·기준

재료와 단면의 성질

구조일반

Key Point

- 국가표준
- Lay Out
  - 철근콘크리트 구조체의 원리
  - 철근콘크리트 구조체의 성립조건
- 핵심 단어
  - 압축강도
  - 인장력
- 연관용어

장단점

- 장점
  - 철근과 콘크리트가 일체화 되어 내구적
  - 철근이 콘크리트에 의해 피복되므로 내화적
  - 부재의 형상과 치수가 자유롭다.
- 단점
  - 부재의 단면과 중량이 크다.
  - 습식구조이므로 동절기 공사가 어렵다.
  - 공사기간이 길며 균질한 시공이 어렵다.
  - 재료의 재사용 및 제거작업이 어렵다.

Ⅰ. 정 의

① 압축강도는 강하지만 인장력에 취약한 콘크리트를 인성(靭性, toughness) 재료인 철근으로 보강하여 일체화시킨 것

② 콘크리트는 압축강도(compressive strength)에 비해 인장강도(tensile strength)가 매우 작을 뿐만 아니라, 인장변형률(引張變形率, tensile strain)도 작기 때문에 콘크리트에 인장력이 작용하게 되면 균열이 쉽게 발생하는 결점이 있어 인장응력은 철근이 부담하고 압축응력은 콘크리트가 부담하는 구조체

Ⅱ. 철근콘크리트 구조체의 원리

① 단순보에 하중이 작용

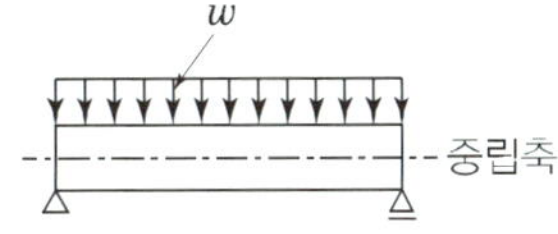

② 부재 중립축의 상부는 압축력, 하부는 인장응력이 발생하여 인장균열 발생

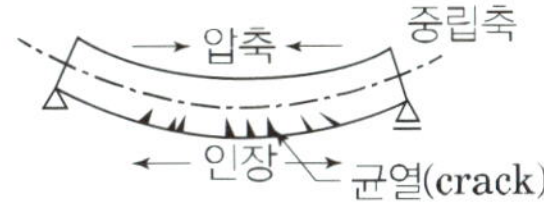

③ 철근으로 보강하여 인장력에 저항

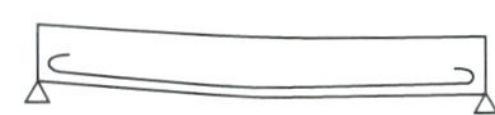

Ⅲ. 철근콘크리트 구조체의 성립조건

① 하중 분담

- 중립축 상부: 콘크리트가 압축력(Compression) 부담
- 중립축 하부: 철근이 인장력(Tension) 부담

② 재료적인 측면에서 부착성(Bond)이 우수하여 콘크리트 내부에서 철근의 상대적인 미끄러짐을 방지하여 일체로 거동

③ 온도변화에 대한 열팽창계수(선팽창계수)가 거의 유사

철근	콘크리트
1.2×10^{-5}/℃	$1.0\sim1.3\times10^{-5}$/℃

④ 철근은 콘크리트 피복에 의해 부식이 방지된다.

재료와 단면의 성질

호칭정리

- c: Compressive
- k: Characteristic Value

- $(f_c')_u$: 콘크리트 극한강도 (ultimate strength)
- $(f_c')_{28}$: 재령이 28일 때의 콘크리트 압축강도
- f_{cm}: Sample mean compressive strength
- f_{cu}: Cube compressive strength
- f_{cy}: Cylindrical compressive strength

Ⅳ. 콘크리트의 재료적 특성

1) 콘크리트의 압축응력(f_c , Compressive Strength)

① 공시체: 직경 150mm×높이 300mm 원주형(∅150×300)표준

② $f_c = \dfrac{P}{A} = \dfrac{P}{\dfrac{\pi D^2}{4}}$ MPa 하중 분담

2) 설계기준압축강도(f_{ck}), 평균압축강도(f_{cm})

① 설계기준압축강도(f_{ck}, Specified Compressive Strength): 콘크리트 부재를 설계할 때 기준이 되는 콘크리트의 압축강도

② 평균압축강도(f_{cm}, 재령 28일에서 콘크리트의 평균압축강도): 크리프변형 및 처짐 등을 예측하는 경우보다 실제 값에 가까운 값을 구하기 위한 것

$$f_{cm} = f_{ck} + \Delta f\,(\mathrm{MPa})$$

3) 배합강도(f_{cr}, Required Average Concrete Strength)

① 구조물에 사용되는 콘크리트 압축강도가 소요의 강도를 갖기 위해서는 콘크리트 배합설계 시 배합강도(f_{cr})를 정해야 한다. 배합강도(f_{cr})는 (20±2)℃ 표준양생한 공시체의 압축강도로 표시하는 것으로 하고, 강도는 강도관리를 기준으로 하는 재령에 따른다.

② 품질기준강도(f_{cq})는 구조계산에서 정해진 설계기준압축강도(f_{ck})와 내구성 설계를 반영한 내구성기준압축강도(f_{cd})중에서 큰 값으로 정한다.

$$f_{cq} = \max(f_{ck}, f_{cd})(MPa)$$

③ 기온보정강도(T_n)를 더하여 생산자에게 호칭강도(f_{cn})로 주문해야 한다.

$$f_{cn} = f_{cq} + T_n(MPa)$$

4) 쪼갬인장강도(f_{sp}, Splitting Strength)

콘크리트의 인장강도는 압축강도의 10% 정도이므로 구조설계 시 무시

재료와 단면의 성질

구조일반

Key Point

◩ 국가표준

◩ Lay Out
- 구조형상에 따른 분류
- 구조시스템 비교

◩ 핵심 단어
- 기둥 보 바닥으로 구성

◩ 연관용어

장점

- 벽식
  - 저렴한 시공비
  - 짧은 공사기간
- 라멘
  - 내부공간을 편의에 따라 조정
  - 상부소음이 벽을 타고 전달되지 않아 층간소음에 유리
  - 층고가 높다
  - 노후배관 및 설비교체 쉽다.

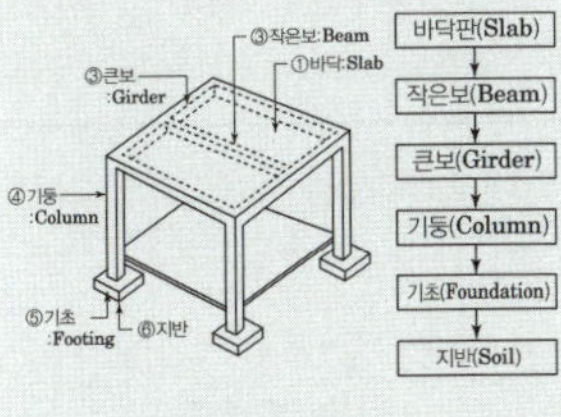

☆☆★ 1. 일반사항

4-226	라멘(Rahmen)조	
No. 434		유형: 구조·기준

Ⅰ. 정 의

① 기둥 보 바닥으로 구성된 구조로 각 부재간 접합을 강접(Moment Connection)하여 횡력에 저항하게 하는 방식 횡력에 저항하게 하는 구조방식

② '테두리·틀' 이라는 독일어에서 따온 건축 용어로 내부의 벽이 아닌 층을 수평으로 지지하는 '보'와 수직으로 세워진 '기둥'이 건물의 하중을 버티는 구조

Ⅱ. RC조의 구조형상에 따른 분류

1) 벽식구조

벽과 Slab로 하중을 지지하며, 벽체가 기둥역할을 하여 바닥 슬래브 하중이 하부 벽을 통해 기초와 지반으로 전달

2) 라멘구조

보와 기둥 Slab로 하중에 지지하며, 바닥슬래브의 하중이 보를 통해 기둥으로 전달되고, 기둥에서 기초와 지반으로 전달

3) 무량판 구조

보 없이 기둥과 Slab로 하중에 지지하며, 바닥슬래브의 하중이 기둥으로 전달되고 기둥에서 기초와 지반으로 전달

Ⅲ. 공동주택 구조시스템의 비교

구분	벽식구조	라멘구조	무량판구조
구조부재	슬래브+벽체	슬래브+보+기둥	슬래브+기둥
가변성	불리	유리	양호
장스팬	불리	유리	보통
층고	2,900mm	3,250mm	2,900mm
형상			

4-227	단면 2차모멘트	
No. 435	I, Second Moment of Area	유형: 구조·기준·성질

재료와 단면의 성질

단면의 성질

Key Point

- 국가표준
- Lay Out
  - 단면 2차모멘트 개념
  - 기본단면의 단면 2차모멘트
  - 축 이동에 대한 단면2차 모멘트
- 핵심 단어
- 연관용어

• 단면 2차 모멘트
- 구조물에 작용하는 하중에 의해 단면 내 발생하는 응력을 계산하기 위한 기초단계로 단면의 특성을 이해하는 것이 중요하다.
- 단면의 형태를 유지하려는 관성(inertia, 慣性)을 나타내는 지표로서 구조역학에서 가장 기본이 되면서 중요한 지표 중의 하나이다.

• 단면 2차 모멘트 용도
- 구조물의 강약을 조사할 때, 설계할 때 휨에 대한 기본이 되는 지표
- 단면 2차 반경 r: 압축재 설계
- 단면계수: $Z=\frac{I}{y}$ 휨재 설계
- 단면 2차 반지름: $r=\sqrt{\frac{I}{A}}$
- 강성도(剛性度): $K=\frac{I}{L}$
- 휨응력: $\sigma_b=\frac{M}{I}\cdot y=\frac{M}{I}y$

Ⅰ. 정 의

임의의 직교좌표축에 대하여 단면 내의 미소면적 dA와 양 축까지의 거리의 제곱을 곱하여 적분한 값

Ⅱ. 단면 2차모멘트(I, Second Moment of Area)

$$I_x=\int_A y^2\cdot dA$$

$$I_y=\int_A x^2\cdot dA$$

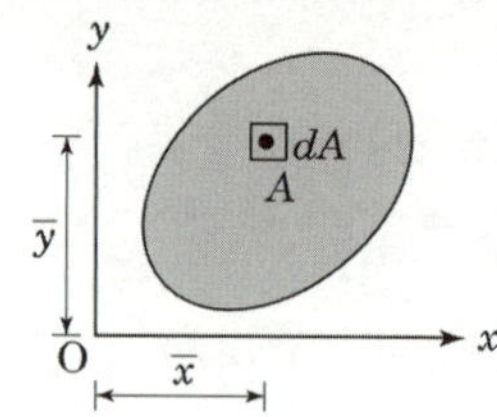

단위는 mm^4, cm^4이며, 부호는 항상 (+)이다.

Ⅲ. 기본 단면의 단면 2차모멘트

단면	사각형	삼각형	원형
도형	(G, h, b)	(G, h, b)	(G, D)
도심축	$\frac{bh^3}{12}$	$\frac{bh^3}{36}$	$\frac{\pi D^4}{64}=\frac{\pi r^4}{4}$
상·하단축	$\frac{bh^3}{3}$	하단: $\frac{bh^3}{12}$ 상단: $\frac{bh^3}{4}$	$\frac{5\pi D^4}{64}$

Ⅳ. 축 이동에 대한 단면 2차모멘트

- 도심축에서 임의축으로의 축이동
  $I_{이동축}=I_{도심축}+A\cdot e^2$
- 임의축에서 도침축으로의 축이동
  $I_{도심축}=I_{임의축}-A\cdot e^2$

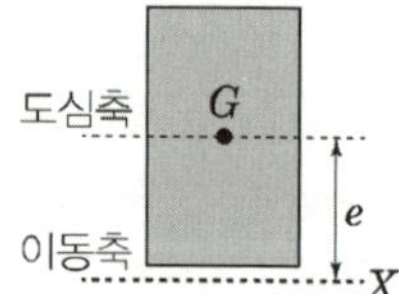

☆☆★ 1. 일반사항

4-228	응력과 변형률	
No. 436	stress and strain	유형: 구조·기준·성질

재료와 단면의 성질

응력과 변형률

Key Point

◩ 국가표준

◩ Lay Out
- 응력
- 변형률
- 응력·변형률 관계

◩ 핵심 단어
- 외력에 저항하려는 단위면적당의 힘
- 외력을 받는 경우 부재는 변형을 가져오게 된다.

◩ 연관용어
- 푸와송비
- R·Hooke의 법칙력

Ⅰ. 정 의

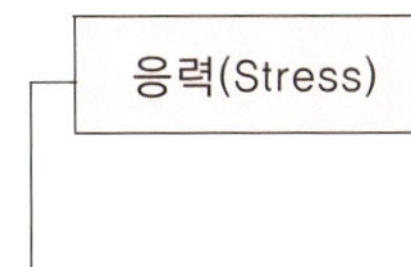

- 외력에 저항하려는 단위면적당의 힘(수직응력, 휨응력, 전단응력)
- 구조물이 외력을 받는 경우 부재에는 변형을 가져오게 된다. 이때 변형된 정도 즉, 단위길이에 대한 변형량의 값(인장력 및 압축력에 대한 부재의 변형된 정도)

Ⅱ. 응력(Stress)

1) 수직응력(인장 및 압축응력)과 전단응력(Stress)

수직응력 (σ)	전단응력(τ)
$\tau_t = +\dfrac{P}{A}, \sigma_c = -\dfrac{P}{A}$	$\tau_t = \dfrac{V}{A}$
• σ : 수직응력(N/㎟ MPa) • P : 축방향력(N) • A :단면적(㎟)	• τ : 전단응력(N/㎟ MPa) • V : 전단력(N) • A :단면적(㎟)

2) 휨응력과 전단응력

수직응력 (σ_b)	전단응력(τ)
N.A	N.A
$\sigma_b = \pm \dfrac{M}{I} \cdot y$	$\tau = \dfrac{V \cdot Q}{I \cdot b}$
• M : 휨모멘트(N · mm^2) • I : 단면2차모멘트(mm^4) • y : 중립축에서 휨응력을 구하고자 하는 점까지의 거리(mm)	• Q : 전단응력을 구하고자 하는 외측에 있는 단면의 중립축에 대한 단면1차모멘트(mm^3) • V : 전단력(N) • I : 중립축에 대한 단면2차모멘트(mm^4) • b : 전단응력을 구하고자 하는 위치의 단면 폭(mm)

- 응력
  - 구조물에 외력(External Force)이 작용하면 부재에는 이에 해당하는 부재력 즉, 축방향력, 전단력, 휨모멘트가 발생한다. 이때 부재 내에서는 부재의 형태를 유지하려는 힘이 존재하게 되는데 이를 내력(Internal Force)이라고 하며 단위면적에 대한 내력의 크기를 응력이라고 한다.
- Poisson's Number(m)
  - 일반적으로 푸아송수(m)에 의해 재료의 특성을 파악한다.
  - Steel: m=3~4
  - Concrete: m=6~8

재료와 단면의 성질

Ⅲ. 변형률(Strain)

1) 변형률: 인장력 및 압축력에 대한 부재의 변형된 정도

길이변형률 (ϵ)	가로변형률(ϵ' 또는 β)	전단변형률(γ)
$\epsilon = \dfrac{\Delta L}{L}$	$\epsilon' = \dfrac{\Delta D}{D}$	$\epsilon = \dfrac{\Delta}{L}(rad)$

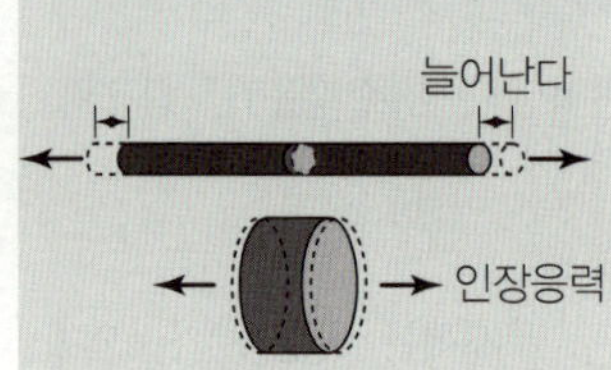

2) Poisson's Ratio(ν), Poisson's Number(m)

부재가 축방향력을 받아 길이의 변화를 가져오게 될 때 부재축과 직각을 이루는 단면에 대해서는 부재 폭의 변화가 오는데 이 경우 인장력이 작용할 때 부재의 폭은 줄게 되고 압축력이 작용할 때 부재는 굵어진다.

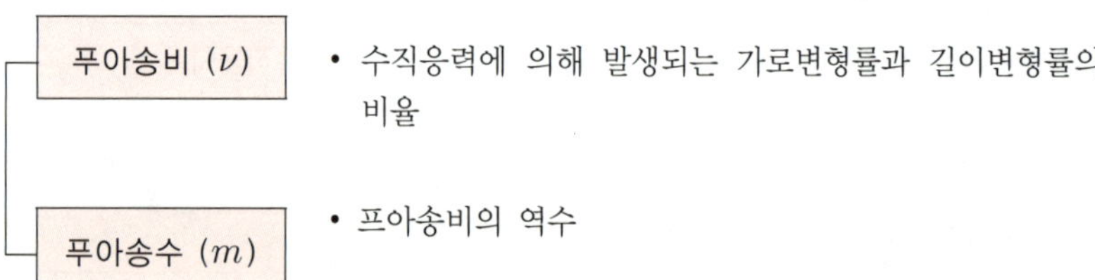

① 세로변형률

$\epsilon = \dfrac{\Delta L}{L}$ 부재에 축방향력이 작용하는 경우 부재는 길이방향으로 변형이 일어남

단, ϵ: 길이방향 변형도

$\dfrac{\Delta L}{L}$: 변형된 길이

L : 본래의 부재길이

② 가로변형률(β 또는 ϵ')

$\beta = \dfrac{\Delta D}{D}$: 본래의 지름에 대한 변형된 지름의 비율

단, β : 지름방향 변형도

ΔD : 변형된 지름

D : 본래의 지름

3) R · Hooke의 법칙

탄성(Elasticity)한도 내에서 응력과 변형률은 비례한다.

$\sigma = E \cdot \epsilon_T = E \cdot (\alpha \cdot \Delta T)$

E : E를 탄성계수(Modulus of Elasticity) 또는 영계수(Young's Moduls) 또는 종탄성계수(Modulus of Longitudinal Elasticity) 등으로 부른다.

• 온도응력(Thermal Stress)
- E: 탄성계수(MPa)
- α: 열팽창계수(/℃)
- ΔT: 온도 변화량(℃)

재료와 단면의 성질

Ⅳ. 응력·변형률 관계

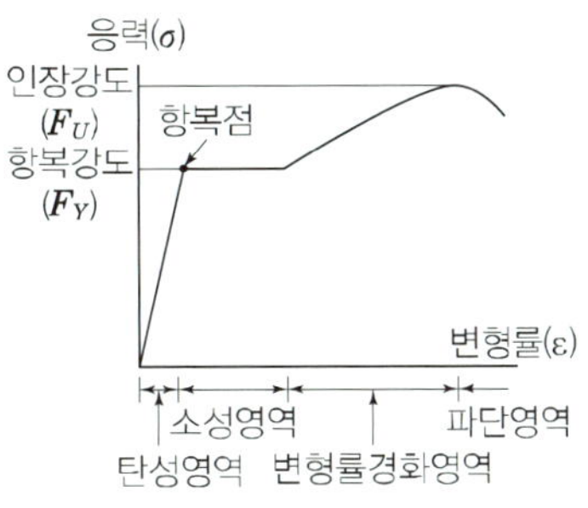

- 탄성영역
  - 응력(stress)과 변형률(strain)이 비례
- 소성영역
  - 응력의 증가 없이 변형률 증가
- 변형률 경화영역
  - 소성영역 이후 변형률이 증가하면서 응력이 비선형적으로 증가
- 파단영역
  - 변형률은 증가하지만 응력은 오히려 감소

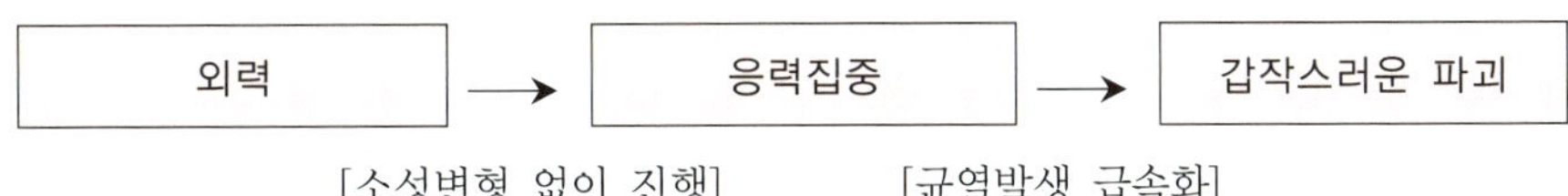

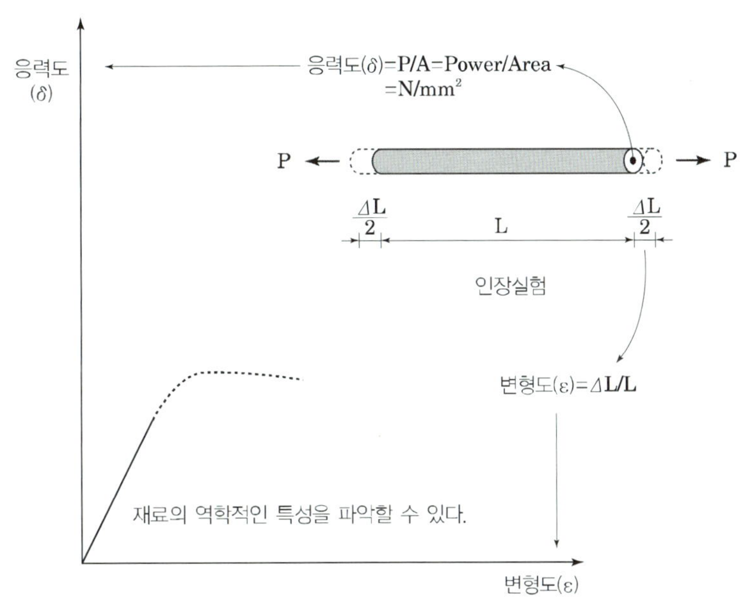

재료와 단면의 성질

응력과 변형률

Key Point

◪ 국가표준

◪ Lay Out
- 푸아송비, R·Hook의 법칙

◪ 핵심 단어
- 수직응력·가로변형률
- 탄성한도 내·응력과 변형률은 비례

◪ 연관용어

• 탄성(Elasticity)
부재가 외력을 받아서 변형한 뒤 외력을 제거할 때 본래의 모양으로 되돌아가는 성질

• 소성(Plasticity)
변형된 부재에 외력을 제거하더라도 본래의 모양으로 되돌아가지 못하는 성질로서, 부재에 탄성한도 이상의 외력을 가할 때에 나타나는 현상으로 외력을 제거하더라도 변형이 남게 되는데 이를 영구변형 또는 잔류변형이라고 한다.

• 온도응력(Thermal Stress)
- E: 탄성계수(MPa)
- α: 열팽창계수(/℃)
- ΔT: 온도 변화량(℃)

☆☆★ 1. 일반사항 84

4-229	푸아송비, R·Hooke의 법칙	
No. 437		유형: 구조·기준

Ⅰ. 정 의

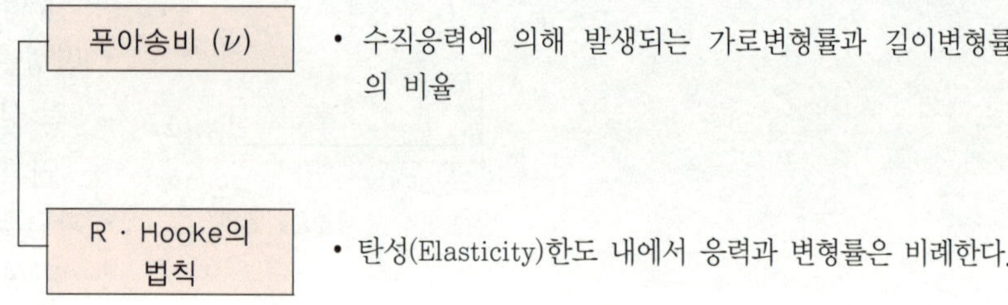

Ⅱ. 푸아송비, R · Hooke의 법칙

1) Poisson's Ratio(ν), Poisson's Number(m)

부재가 축방향력을 받아 길이의 변화를 가져오게 될 때 부재축과 직각을 이루는 단면에 대해서는 부재 폭의 변화가 오는데 이 경우 인장력이 작용할 때 부재의 폭은 줄게 되고 압축력이 작용할 때 부재는 굵어진다.

① 세로변형률

$\epsilon = \dfrac{\Delta L}{L}$ 부재에 축방향력이 작용하는 경우 부재는 길이방향으로 변형이 일어남

단, ϵ: 길이방향 변형도

$\dfrac{\Delta L}{L}$: 변형된 길이

L : 본래의 부재길이

② 가로변형률(β 또는 ϵ')

$\beta = \dfrac{\Delta D}{D}$: 본래의 지름에 대한 변형된 지름의 비율

단, β : 지름방향 변형도

ΔD : 변형된 지름

D : 본래의 지름

2) R · Hooke의 법칙

탄성(Elasticity)한도 내에서 응력과 변형률은 비례한다.

$\sigma = E \cdot \epsilon_T = E \cdot (\alpha \cdot \Delta T)$

E : E를 탄성계수(Modulus of Elasticity) 또는 영계수(Young's Moduls) 또는 종탄성계수(Modulus of Longitudinal Elasticity) 등으로 부른다.

☆☆★ 1. 일반사항

4-230	탄성계수(Modulus of elastity)	
No. 438	토마스 영(Thomas Young, 1773~1829) 영계수(Young's modulus)	유형: 구조·기준·성질

재료와 단면의 성질

응력과 변형률

Key Point

◩ 국가표준

◩ Lay Out
- 탄성계수

◩ 핵심 단어
- 탄성한도 내·응력과 변형률은 비례

◩ 연관용어

Ⅰ. 정 의

재료의 비례한도(탄성한도) 내에서는 응력과 변형은 정비례하고(Hook 법칙), 그때의 비례정수

Ⅱ. 탄성계수

1) 강도(Strength)와 강성(Stiffness)

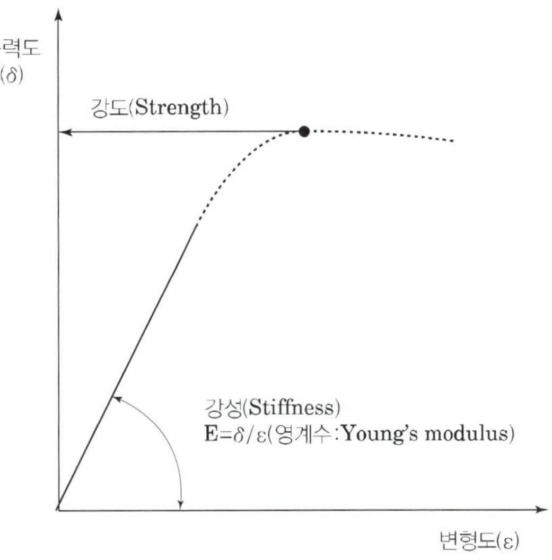

① 강도: 재료가 파괴될 때까지 받을 수 있는 응력의 최대크기
② 강성: 변형이 되지 않는 정도
③ 강성이 크다는 것은 변형에 저항하는 능력이 크다는 뜻이고 잘 늘어나거나 휘지 않는 것을 의미
④ 보의 처짐과 기둥의 좌굴같은 구조부재의 변형량을 계산할 때 사
⑤ 탄성계수는 재료의 강성(Stiffness)을 수치로 표현한 값

강성도(Stiffness) $K = \frac{EA}{L}$

$P = \frac{EA}{L} \cdot \Delta L$ 단위변형(ΔL=1)을 일으키는데 필요한 힘

2) R · Hooke의 법칙

탄성(Elasticity)한도 내에서 응력과 변형률은 비례한다.

$\sigma = E \cdot \epsilon_T = E \cdot (\alpha \cdot \Delta T)$

E : E를 탄성계수(Modulus of Elasticity) 또는 영계수(Young's Moduls) 또는 종탄성계수(Modulus of Longitudinal Elasticity) 등으로 부른다.

성질

- 연성(靭性; Ductility)
  인장응력을 받아서 파괴되기 전까지 늘어나는 성질을 말하며, 건축자재 중에서 철(Fe)의 가장 중요한 성질
- 탄성(Elasticity)
  부재가 외력을 받아서 변형한 뒤 외력을 제거할 때 본래의 모양으로 되돌아가는 성질
- 소성(Plasticity)
  변형된 부재에 외력을 제거하더라도 본래의 모양으로 되돌아가지 못하는 성질로서, 부재에 탄성한도 이상의 외력을 가할 때에 나타나는 현상으로 외력을 제거하더라도 변형이 남게 되는데 이를 영구변형 또는 잔류변형이라고 한다.
- 온도응력(Thermal Stress)
  - E: 탄성계수(MPa)
  - α: 열팽창계수(/℃)
  - ΔT: 온도 변화량(℃)

재료와 단면의 성질

응력과 변형률

Key Point

◩ 국가표준

◩ Lay Out
- 탄성과 소성

◩ 핵심 단어
- 외력·본래의 모양으로 되돌아가는 성질
- 외력·본래의 모양으로 되돌아가지 못하는 성질

◩ 연관용어
- 응력 변형률
- 후크의 법칙
- 탄성계수
- 포아송비

☆☆★ 1. 일반사항

4-231	탄성과 소성	
No. 439	Elasticity, Plasticity	유형: 구조·기준·성질

Ⅰ. 정 의

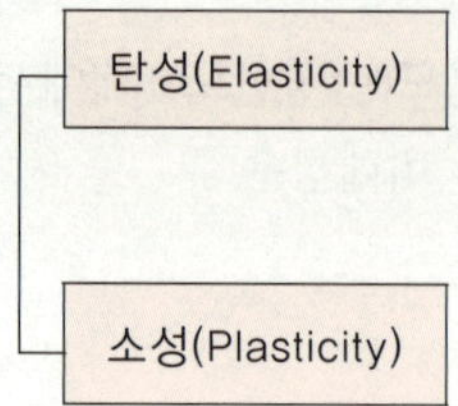

• 부재가 외력을 받아서 변형한 뒤 외력을 제거할 때 본래의 모양으로 되돌아가는 성질

• 변형된 부재에 외력을 제거하더라도 본래의 모양으로 되돌아가지 못하는 성질로서, 부재에 탄성한도 이상의 외력을 가할 때에 나타나는 현상으로 외력을 제거하더라도 변형이 남게 되는데 이를 영구변형 또는 잔류변형이라고 한다.

Ⅱ. 탄성과 소성

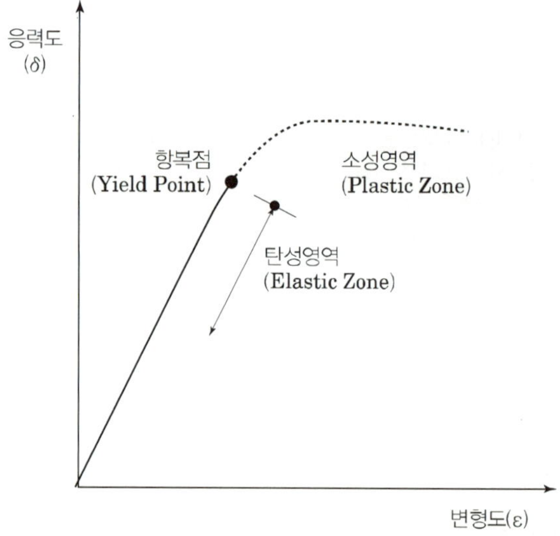

① 탄성은 재료에 힘을 가하면 직선을 따라 변형이 증가하지만, 힘을 제거하면 직선을 따라 다시 원점으로 되돌아오는 성질(용수철)
② 곡선은 응력이 증가하는 정도와 변형도가 증가하는 정도가 일치하지 않는다는 것을 의미
③ 곡선 구간에서 응력이 커지면 직선 구간보다 변형이 훨씬 크게 증가
④ 힘을 가하면 곡선을 따라 변형이 증가하지만, 힘을 제거했을 때 곡선을 따라 되돌아오지 않고 변형이 남게 되는 현상(점토)
⑤ 대부분 재료는 일정한 영역까지 탄성을 보이다가 어느 한계를 넘어서면 소성을 보이며 이 경계점을 항복점(Yield point)이라고 한다.

☆★★ 2. 구조설계

4-232	구조설계 조건파악	
No. 440		유형: 구조·기준

설계 및 하중

구조설계
Key Point

◩ 국가표준

◩ Lay Out
- 구조설계 작업
- 설계 및 하중

◩ 핵심 단어

◩ 연관용어
- 허용응력설계법
- 극한강도설계법
- 고정하중
- 활하중
- 풍하중
- 지진하중
- 적설하중

구조설계 원칙

- 안전성(Safety)
  - 건축물 및 공작물의 구조체는 유효 적절한 구조계획을 통하여 건축물 및 공작물 전체가 건축구조기준의 규정에 의한 각종 하중에 대하여 안전하도록 한다.
- 사용성(Serviceability)
  - 건축물 및 공작물의 내력부재는 사용에 지장이 되는 변형이나 진동이 생기지 아니하도록 충분한 강성을 확보하도록 하며, 순간적 파괴현상이 생기지 아니하도록 인성의 확보를 고려한다.
- 내구성(Durability)
  - 내력부재로서 특히 부식이나 마모훼손의 우려가 있는 것에 대해서는 모재나 마감재에 이를 방지할 수 있는 재료를 사용하는 등 필요한 조치를 취한다.

Ⅰ. 정 의

① 건축설계는 바람, 지진, 기후변화 등 일상생활에 관계된 환경적 조건으로부터 생활환경의 쾌적함을 지속적으로 유지함과 동시에 미적인 공간을 구성하는 것

② 구조설계는 이러한 공간이 바람이나 지진 등 자연적인 조건에 대응하여 안전하도록 재료를 선택하고 건축물 각 부재의 크기 등을 결정하는 것

Ⅱ. 구조설계 작업

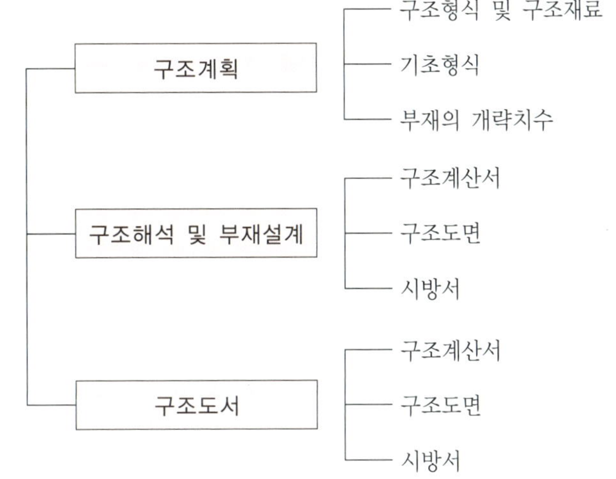

Ⅲ. 설계 및 하중

1. 구조물의 설계법

1) 허용응력 설계법(ASD, Allowable Stress Design Method)

① 부재에 작용하는 실제하중에 의해 단면 내에 발생하는 각종 응력이 그 재료의 허용응력 범위 이내가 되도록 설계하는 방법으로서 안전을 도모하기 위하여 재료의 실제 강도를 적용하지 않고 이 값을 일정한 수치(안전률)로 나눈 허용응력을 기준으로 한다.

② 하중이 작용할 때 그 재료가 탄성 거동을 하는 것을 기본원리로 하고 있으며, 또한 그 원리에 따라 사용하중(Survice Load)의 작용에 의한 부재의 실제 응력이 지정된 그 재료의 허용응력을 넘지 않도록 설계하는 방법

2) 극한강도설계법(USD, Ultimate Strength Design Method)

① 부재의 강도가 사용하중의 안전도를 고려하여 계수하중을 지지할 수 있는 강도 이상이 되도록 설계하는 방법이다.

② 부재의 강도는 재료의 실제응력 및 변형률 관계로부터 계산

3) 한계상태설계법(LRFD, Load Resistance and Factor Design Method)

① 한계상태를 명확히 정의하여 하중 및 내력의 평가에 준해서 한계상태에 도달하지 않는 것을 확률 통계적 계수를 이용하여 설정하는 설계법

② 설계방법으로는 하중계수와 저항계수로 구분하여 안전율을 결정

4) 콘크리트 구조물의 설계법상의 비교

구분	허용응력 설계법	극한강도설계법
개념	응력개념	강도개념
설계하중	사용하중	극한하중
재료특성	탄성범위	소성범위
안전	허용응력으로 규제	사용하중에 하중계수를 곱해 줌

2. 주요 설계하중

1) 고정하중(Dead Load) 固定荷重

구조체와 부착된 비내력 부분 및 각종 설비 등의 중량에 의하여 구조물의 존치기간 중 지속적으로 작용하는 연직하중. 사용하는 재료의 밀도, 단위 체적중량, 조합중량을 이용해 계산한다.

2) 활하중(Live Load) 活荷重

건축물 및 공작물을 점유·사용함에 따라 발생되는 하중으로서, 건축물에 수용되는 인간·물품·기기류·저장물 등의 중량을 일반적으로 활하중이라 한다. 보통 방의 용도에 따라 단위면적당 중량으로 나타낸다.

3) 적설하중 (Snow Load) 積雪荷重

건축물에 내려서 쌓인 눈의 중량. 적설의 단위하중에 지붕의 수평투영면적 및 그 지방의 수직 적설량을 곱하여 계산

4) 풍하중 (Wind Load) 風荷重

바람이 불 때 구조물이 받는 힘을 말한다. 바람이 불면 구조물은 공기의 흐름에 의해 풍압력, 마찰력, 소용돌이에 의한 힘 등을 받는다. 속도압 및 풍력계수로 계산

기본풍속	도별	지역별
서울 경기	서울, 인천, 김포, 부천, 부평, 구리, 오산, 송탄, 평택, 시흥	30M/SEC
	과천, 안양, 수원, 안산, 군포, 의왕, 안성, 강화	30M/SEC
	양평, 성남, 하남, 용인, 의정부, 동두천, 포천, 파주, 광주	25M/SEC
	기흥, 미금, 여주, 이천, 신갈, 장호원	25M/SEC
강원도	속초, 강릉, 양양, 주문진	40M/SEC
	거진, 간성, 동해, 삼척, 원덕	35M/SEC
	춘천, 화천, 양구, 철원, 김화, 인제, 영월, 정선, 태백, 원주, 평창, 홍천	25M/SEC
충청도	태안, 서산, 청주, 대천, 서천, 안면도, 조치원, 천안, 홍성, 광천, 아산	35M/SEC
	대전, 당진, 합덕, 성환, 진천, 증평, 온양	30M/SEC
	음성, 청양, 금산, 영동, 공주, 논산, 제천, 충주, 부여, 보은, 단양, 괴산, 옥천	25M/SEC
경상도	포항, 울릉도, 구룡포, 오천, 홍해, 감포	45M/SEC
	부산, 기장, 장안, 연일, 외동, 가덕도	40M/SEC
	울산, 통영, 거제, 고성, 진해, 마산, 창원, 양산, 진영, 울진, 평해, 안강, 경주, 남해, 삼천포	35M/SEC
	건천, 가야, 삼량진, 영덕 사천	35M/SEC
	대구, 영주, 김천, 영천, 안동, 봉화, 풍기, 예천, 청송, 영양, 하양, 남지, 의령, 추풍령, 상주, 선산, 군위, 의성, 문경, 점촌, 함창, 진주, 거창, 함양, 산청, 고령, 창녕, 합천, 밀양	25M/SEC
전라도	군산, 미성	40M/SEC
	목포, 여수, 완도, 진도, 옥구, 노화, 익산, 금일, 해남, 관산, 대덕, 도양, 고흥	35M/SEC
	광주, 나주, 화순, 영암, 일노, 강진, 장흥, 보성, 벌교, 순천, 광양, 함평, 영광	30M/SEC
	전주, 함열, 진안, 무주, 삼례, 담양, 부안, 남원, 순창, 구례, 고창, 정주, 장수, 승주, 임실, 태인	25M/SEC
제주도	전지역	40M/SEC

기본풍속(대한건축학회: 건축구조 설계기준 및 해설)

설계 및 하중

건물에 작용하는 풍하중

- 바람은 공기의 움직임을 의미하며, 이러한 바람의 강도를 나타내는 방법으로 풍력계급이 대표적이다. 풍력계급은 해상에서 바람의 상태를 나타내기 위한 것으로 보퍼트(Beaufort) 풍력계급이라 불리며, 육상에서는 나무의 흔들림이나 가옥의 패서, 그리고 해상에서는 파도의 상태나 풍속 등에 따라 0~12단계로 구분되어 있다.
- 풍속
  - 수평방향 공기의 흐름 속도를 말하며 높이에 따라 변화한다. 이는 지표면과 공기층 사이의 마찰에 의해 발생하는 것으로 높이가 높아지면 속도는 증가한다. 이처럼 높이에 따라 풍속이 변화하는 범위를 대기경계층이라 부르며 건물은 대기경계층 내부에 위치하게 된다.
- 빌딩풍, Monroe풍
  - 고층건물이 밀집한 시가지의 좁은 지역에서는 급격한 풍속증가 영역이 발생

4-233	고정하중(Dead Load)과 활하중(Live Load)	
No. 441		유형: 구조·기준

설계 및 하중

주요설계하중

Key Point

◪ 국가표준

◪ Lay Out
- 건축물에 작용하는 하중
- 고정하중과 활하중

◪ 핵심 단어
- 조물의 존치기간 중 지속적으로 작용하는 연직하중
- 사용함에 따라 발생되는 하중

◪ 연관용어
- 허용응력설계법
- 극한강도설계법
- 고정하중
- 활하중
- 풍하중
- 지진하중
- 적설하중

I. 정 의

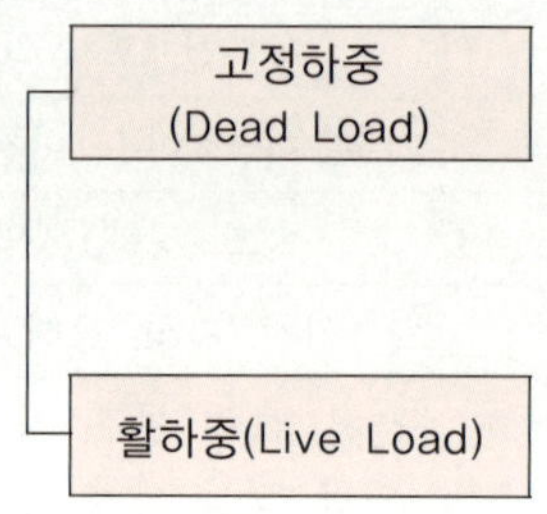

- 구조체와 부착된 비내력 부분 및 각종 설비 등의 중량에 의하여 구조물의 존치기간 중 지속적으로 작용하는 연직하중. 사용하는 재료의 밀도, 단위체적중량, 조합중량을 이용해 계산한다.
- 건축물 및 공작물을 점유·사용함에 따라 발생되는 하중으로서, 건축물에 수용되는 인간·물품·기기류·저장물 등의 중량을 일반적으로 활하중이라 한다. 보통 방의 용도에 따라 단위면적당 중량으로 나타낸다.

II. 건축물에 작용하는 하중

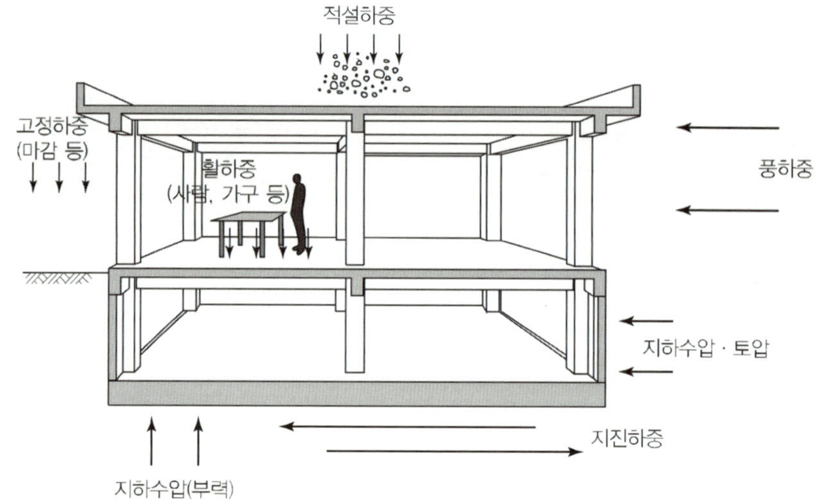

III. 고정하중과 활하중

1) 고정하중 산정

① 구조체 자체의 무게와 필수 마감재, 기본 설비처럼 건축물에 영구적으로 부착되어 생애주기(Life cycle) 동안 지속적으로 작용하는 하중

② 건축물에 작용하는 하중 중에서 가장 무겁고 기본이 되는 하중

③ 모든 재료는 고유의 비중이 있기 때문에 구조체의 부피를 산정한 후 비중을 곱하면, 비교적 정확히 산정 가능

④ 구조체의 크기가 아직 정해지지 않았기 때문에 과거의 경험을 살려 대략적인 크기를 가정해서 무게를 결정하고 나중에 검토하는 방식으로 계산

설계 및 하중

2) 활하중 산정

① 사람이나 가구, 기기 등 건축물을 점유하고 사용하면서 발생하는 유동적인 하중

② 이동이 가능하고 움직일 수 있는 모든 하중을 포함

③ 활하중은 하중의 크기와 위치가 수시로 변하며, 불균형하게 작용

④ 단위면적당 일정한 무게가 고르게 가해진다(등분포 하중)고 가정하고 활하중을 산정

⑤ 구조기준에서는 건축물의 용도와 사용 부분에 따라서 적용해야 할 하중값을 다르게 제시

☆★★ 2. 구조설계 80.116.121

4-234	균형철근비	
No. 442	Balanced steel ratio	유형: 구조·기준

철근비&
파괴모드

휨재설계

Key Point

◩ 국가표준

◩ Lay Out
- 철근비
- 보의 파괴모드 - 중립축의 위치변화

◩ 핵심 단어
- 최대압축응력이 허용응력에 달하는 동시에, 인장철근의 응력이 허용응력에 달하도록 정한

◩ 연관용어
- 피로파괴
- 취성파괴
- 연성파괴
- No. 480.481

Ⅰ. 정 의

① 콘크리트의 최대압축응력이 허용응력에 달하는 동시에, 인장철근의 응력이 허용응력에 달하도록 정한 인장철근의 단면적을 균형철근 단면적이라고 하고, 이때의 철근비가 균형(평형)철근비

② 압축 측 콘크리트의 변형도가 극한변형도인 0.003의 값에 이르는 것과 인장철근의 응력이 항복상태에 도달하는 것이 동시에 일어날 때의 철근비

Ⅱ. 철근비

1) 균형철근비(ρ_b , Balanced Steel Ratio)

$$\rho_b = \frac{0.85 f_{ck}}{f_y} \cdot \beta_1 \cdot \frac{600}{600 + f_y}$$

2) 균형보의 중립축거리

$$c_b = \frac{600}{600 + f_y} \cdot d$$

3) 최소철근비

① 인장 측 철근의 허용응력도가 압축 측 콘크리트의 허용응력도 보다 먼저 도달할 때의 철근비

② 과소 철근량은 인장철근을 지나치게 작게 넣어 철근콘크리트의 저항 모멘트가 인장철근을 무시하고 콘크리트의 인장강도만으로 계산한 저항 모멘트보다 작은 경우 인장균열이 발생됨과 동시에 갑작스러운 파괴를 일으키게 된다. 이러한 취성파괴를 방지하기 위하여 인장철근의 최소한도를 규정

4) 최대 철근비

① 균형철근비보다 많은 철근비

② 이 경우 철근이 파단하기 전에 콘크리트가 파괴되어 부재의 파괴를 예측할 수 없는 급작스럽게 파괴되는 취성파괴 유발

③ 최대 철근량은 철근 Concrete에 가해지는 하중이 증가함에 따라 휨파괴 발생 시 철근이 먼저 항복하여 중립축이 압축 측으로 이동함으로써 Concrete 압축면적이 감소하여 2차적인 압축파괴가 발생되는 연성파괴를 유도하기 위하여 철근량의 상한치를 규정

• 철근비 (ρ , Steel Ratio)

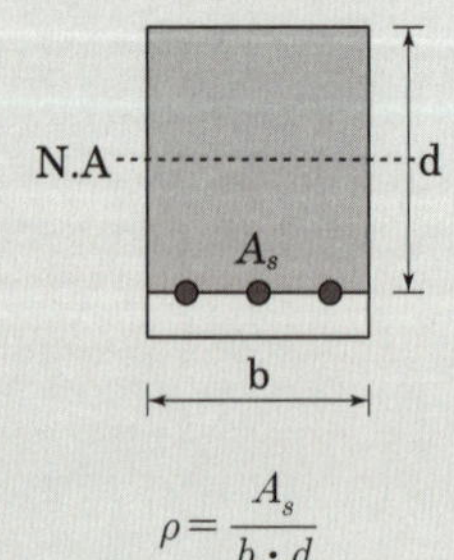

$$\rho = \frac{A_s}{b \cdot d}$$

콘크리트의 유효단면적에 대한 인장철근량의 비

• 유효단면적(effective section area): 유효깊이에 유효폭을 곱한 면적
- 유효깊이에 유효폭을 곱한 면적

철근비&
파괴모드

보의 구조제한

- 주근 D13 이상으로 배근
- 주근의 간격은 25mm 이상
- 철근의 공칭직경 이상
- 굵은골재 최대치수의 3/4 중 큰 값
- 피복두께 40mm 이상

Ⅲ. 보의 파괴모드- 중립축의 위치변화

균형철근비 미만($\rho_t < \rho_b$)	균형철근비($\rho_t = \rho_b$)	균형철근비 초과($\rho_t > \rho_b$)
N.A	N.A	N.A
• 인장측 철근이 먼저 항복변형률에 도달 • 과소철근비이므로 중립축이 압축측으로 상향 • 인장철근의 연성파괴 발생	• 인장측 철근의 항복변형률과 압축측 콘크리트가의 극한변형률이 동시에 발생 • 각 재료를 최대한 활용하므로 경제적이다. • 취성파괴에 가까운 형태임	• 압축측 콘크리트가 먼저 극한변형률에 도달 • 과대철근비이므로 중립축이 인장측으로 하향 • 콘크리트의 취성파괴가 일어나므로 위험

1) 연성파괴(Ductile Fracture)

연성파괴는 균형상태보다 적은 철근량을 사용한 보, 즉 저보강보(과소철근보, Under Reinforced Beams)에서 압축측 Concrete의 변형률이 0.003에 도달하기 전에 인장철근이 먼저 항복한 후 상당한 연성을 나타내기 때문에 갑작스런 파괴가 일어나지 않고 단계적으로 서서히 일어나는 파괴

2) 취성파괴(Brittle Fracture)

취성파괴는 균형상태보다 많은 철근량을 사용한 보, 즉 과다 철근보(과대/과다 철근보, Over Reinforced Beam)에서 인장 철근이 항복하기 전에 압축 측 Concrete의 변형률이 0.003에 도달·파괴되어 사전 징후 없이 갑작스럽게 일어나는 파괴

3) 피로파괴 (Fatigue Fracture)

① 철 부재에 반복하중이 작용하면 그 재료의 항복점 하중보다 낮은 하중으로 파괴되는 경우가 있다. 그런 현상을 피로라고 하며, 피로에 의해 파괴되는 것

② 피로파괴는 부재 내의 응력집중현상을 일으키는 원인이 되는 재료의 불균일한 부분과 결함부분 등에서 먼저 미세한 균열이 생기고, 응력이 반복되면 미세했던 균열이 점차 커져서 파괴에 이르게 되는 것

☆☆★ 3. Slab & Wall

4-235	슬래브 해석의 기본사항	
No. 443		유형: 구조·기준

Slab & Wall

Slab
Key Point

- 국가표준
- Lay Out
  - 슬래브 해석의 기본사항
  - 주요 Slab
- 핵심 단어
- 연관용어

Ⅰ. 정 의

① 슬래브는 두께가 얇고 폭이 넓은 판 모양의 구조물로서 벽체나 보 또는 직접 기둥에 지지되는 구조체

② 슬래브는 판 이론(Plate Theory)에 의하여 설계하는 것이 원칙이지만 너무 복잡하기 때문에 근사해법에 의하는 것이 일반적이다.

Ⅱ. 슬래브 해석의 기본사항

1) 설계대(設計帶)

① 주열대(Column Strip): 기둥 중심선 양쪽으로 $0.25l_2$와 $0.25l_1$ 중 작은 값을 한쪽의 폭으로 하는 슬래브의 영역을 가리키며, 받침부 사이의 보는 주열대에 포함한다.

② 중간대(Middle Strip): 두 주열대 사이의 슬래브 영역

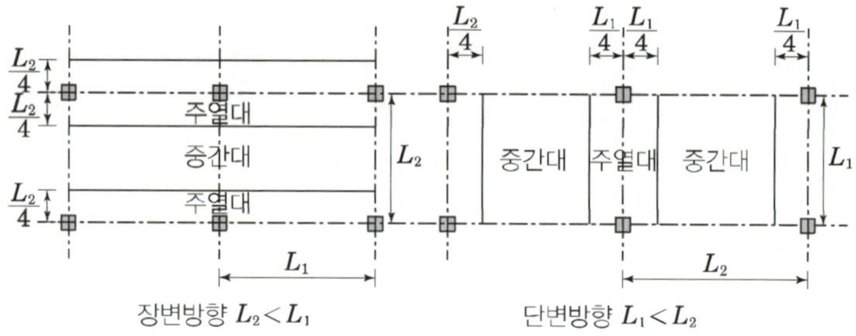

2) 슬래브 변장비 (λ)

1방향 슬래브(1-Way Slab)	2방향 슬래브(2-Way Slab)
변장비(λ) = $\frac{\text{장변 Span}(L)}{\text{단변 Span}(S)}$ 〉 2	변장비(λ) = $\frac{\text{장변 Span}(L)}{\text{단변 Span}(S)}$ ≤ 2
단변 주철근 배근	단변 및 장변 주철근 배근

3) 1방향 슬래브

1방향 슬래브는 대응하는 두변으로만 지지된 경우와 4변이 지지되고 장변길이가 단변길이의 2배를 초과하는 경우를 말한다. 1방향 슬래브는 1방향의 휨모멘트만 고려하면 되기 때문에 해석이 쉽고 휨모멘트 방향의 경간이 짧아져서 슬래브의 두께나 철근량을 줄일 수 있다. 1방향 슬래브는 과도한 처짐 방지를 위해 슬래브의 최소 두께는 100mm 이상으로 제한

Slab & Wall

4) 2방향 슬래브의 최소두께 규정

슬래브의 최소두께는 사용성을 고려하여 슬래브의 과도한 처짐을 제한하기 위한 의도로 규정된 것이므로, 규정된 최소두께 이상의 두께를 가진 슬래브에서는 처짐에 대한 별도의 검토를 하지 않아도 된다.

Ⅲ. 주요 Slab

1) Flat Plate Slab & Flat Slab – 2방향 슬래브

- Flat Plate
  구조물의 외부 보를 제외하고, 내부에는 보가 없이 Slab가 연직하중(Vertical Load)을 직접 기둥에 전달하는 구조
- Flat Slab
  Flat Plate에 Drop Panel을 설치하여 뚫림전단에 대비한 구조

2) Rib Slab(장선 슬래브)

- 장선 Slab: 1방향 구조
  일정한 간격의 장선과 그 위의 슬래브가 일체로 되어 있는 구조
- 중공 Slab: 1방향 구조
  Slab 단면 내부에 일정한 크기의 구멍이 1방향으로 연속해 있는 구조
- Waffle Slab: 2방향 구조
  Flat Slab와 유사하게 기둥상부에는 직교하는 주간대(柱間帶)에 지판(支板)을 보강하여 지지보 없이 양방향 리브사이에 공간을 갖는 연속되는 2방향 장선바닥 구조

Slab & Wall

Slab

Key Point

◪ 국가표준

◪ Lay Out
- 구조기준
- 철근배근 방식

◪ 핵심 단어
- 슬래브가 보의 지지없이 직접 철근 콘크리트 기둥에 접하고

◪ 연관용어
- Punching shear crack

★★★ 3. Slab & Wall

4-236	Flat slab	
No. 444		유형: 구조·기준

Ⅰ. 정 의

① 슬래브가 보의 지지없이 직접 철근 콘크리트 기둥에 접하고, 휨에 안전하도록 여기에 직결된 2방향 이상의 배근을 갖는 철근 콘크리트 슬래브

② Flat Plate에 Drop Panel을 설치하여 뚫림전단에 대비한 구조

Ⅱ. 구조기준

① 뚫림전단(Punching Shear)위치: 기둥면에서 $\frac{d}{2}$ 위치

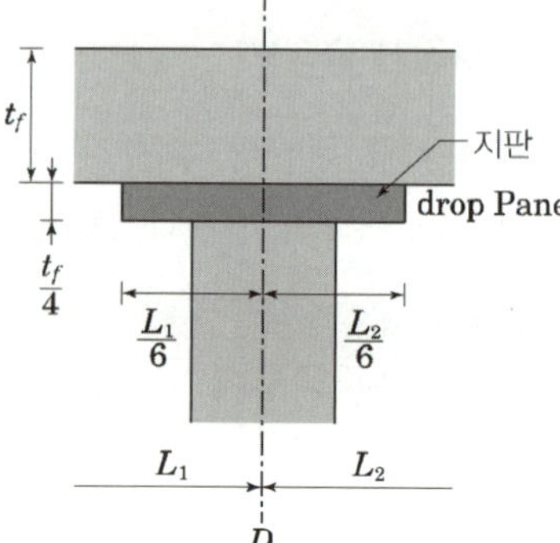

기둥폭 결정(D)
- 기둥 중심간거리 $\frac{L}{20}$ 이상
- 300mm 이상
- 층고의 $\frac{1}{15}$ 이상

② 지판은 받침부 중심선에서 각 방향 받침부 중심간 경간의 $\frac{1}{6}$ 이상 각 방향으로 연장해야 한다.

③ 지판의 슬래브 아래로 돌출한 두께는 돌출부를 제외한 두께의 $\frac{1}{4}$ 이상이어야 한다.

④ Slab 두께(t): 150mm 이상(단, 최상층 Slab는 일반 슬래브 두께 100mm 이상 규정을 따를 수 있다.)

Ⅲ. 철근배근 방식

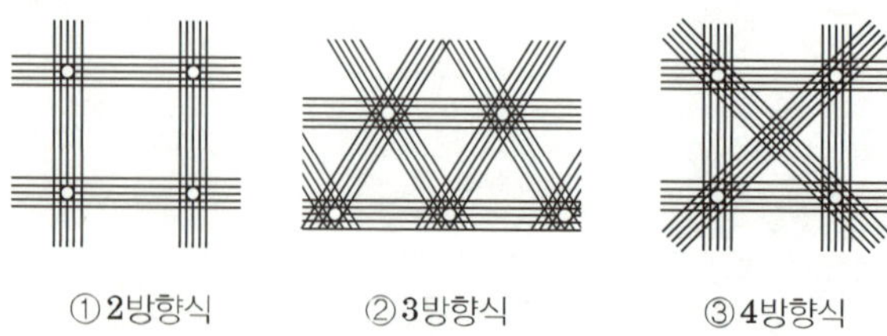

- 2방향식이 가장 일반적으로 많이 사용됨

특징

- 구조가 간단
- 층높이를 낮게 할 수 있으므로 실내 이용률이 높다.
- 바닥판이 두꺼워 고정하중이 증가한다.
- 뚫림전단 현상 발생 우려

☆★★ 3. Slab & Wall 68

4-237	Flat Plate slab	
No. 445		유형: 구조·기준

Slab & Wall

Slab

Key Point

◩ 국가표준

◩ Lay Out
- 구조기준

◩ 핵심 단어
- 보가 없이 Slab가 연직 하중(Vertical Load)을 직접 기둥에 전달하는 구조

◩ 연관용어
- Punching shear crack

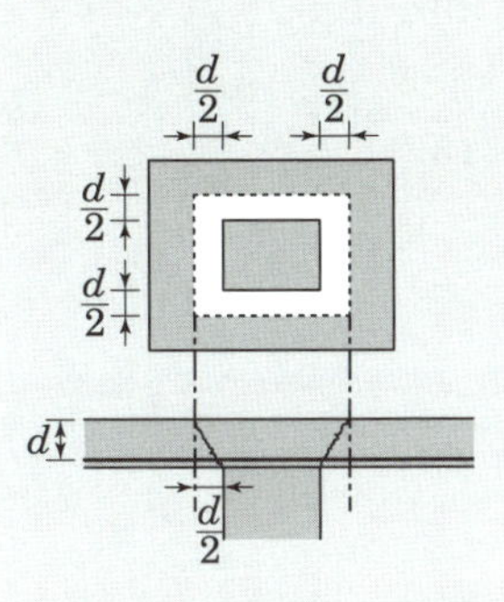

특징

- 구조가 간단
- 층높이를 낮게 할 수 있으므로 실내 이용률이 높다.
- 바닥판이 두꺼워 고정하중이 증가한다.
- 뚫림전단 현상 발생 우려
- 플렛플레이트 구조는 모멘트골조에 비해 횡력에 대한 골조의 강성이 약하므로 횡력에 대해서는 전단벽이 지지하는 것으로 설계하고 있다.

Ⅰ. 정 의

구조물의 외부 보를 제외하고, 내부에는 보가 없이 Slab가 연직 하중(Vertical Load)을 직접 기둥에 전달하는 구조

Ⅱ. 구조기준

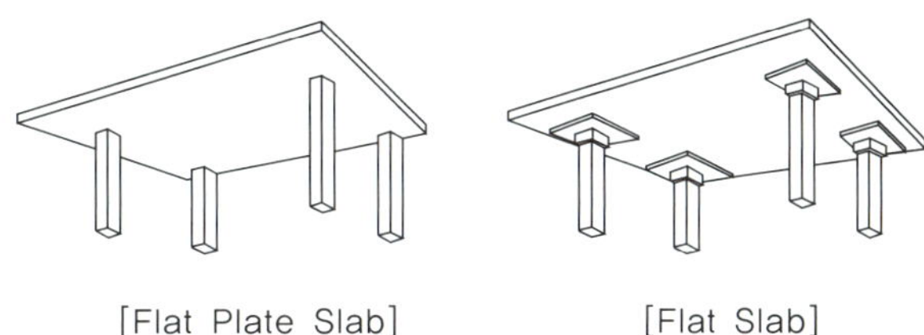

[Flat Plate Slab] [Flat Slab]

① 뚫림전단(Punching Shear)위치: 기둥면에서 $\frac{d}{2}$ 위치

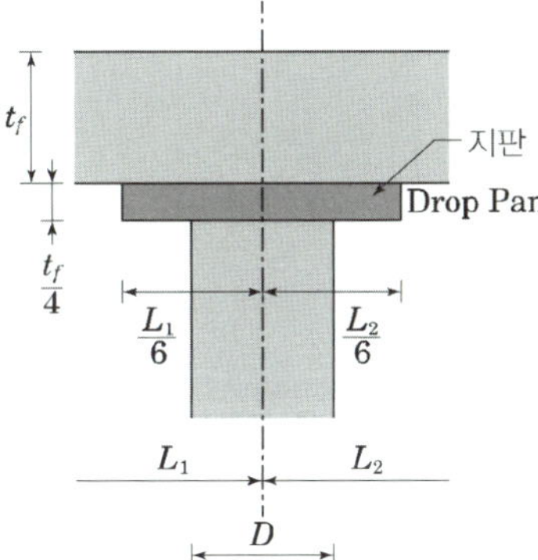

기둥폭 결정(D)

- 기둥 중심간거리 $\frac{L}{20}$ 이상
- 300mm 이상
- 층고의 $\frac{1}{15}$ 이상

② 지판은 받침부 중심선에서 각 방향 받침부 중심간 경간의 $\frac{1}{6}$ 이상 각 방향으로 연장해야 한다.

③ 지판의 슬래브 아래로 돌출한 두께는 돌출부를 제외한 두께의 $\frac{1}{4}$ 이상이어야 한다.

④ Slab 두께(t): 150mm 이상 (단, 최상층 Slab는 일반 슬래브 두께 100mm 이상 규정을 따를 수 있다.)

Slab & Wall

Slab

Key Point

◩ 연관용어
- Punching shear crack

• 뚫림전단(Punching Shear)

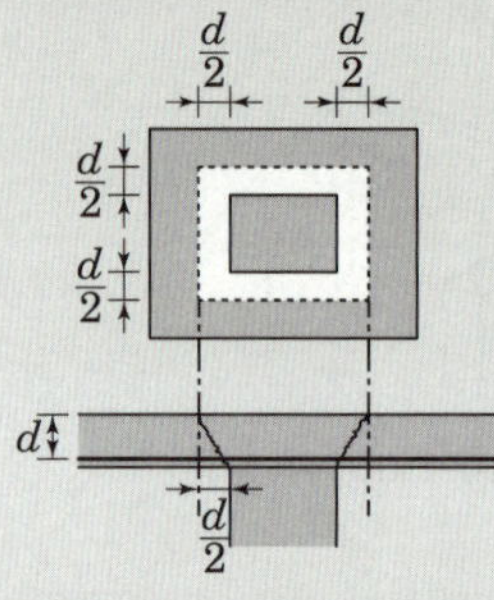

플랫 슬래브와 같이 보 없이 직접 기둥에 지지되는 구조 또는 기둥을 직접 지지하는 기초판에서 집중하중의 작용에 따라 슬래브 하부로부터 경사지게 균열이 발생하여 구멍이 뚫리는 전단파괴

구조기준

① 뚫림전단(Punching Shear) 위치: 기둥면에서 $\frac{d}{2}$ 위치

② 지판은 받침부 중심선에서 각 방향 받침부 중심간 경간의 $\frac{1}{6}$ 이상 각 방향으로 연장해야 한다.

③ 지판의 슬래브 아래로 돌출한 두께는 돌출부를 제외한 두께의 $\frac{1}{4}$ 이상이어야 한다.

④ Slab 두께(t): 150mm 이상 (단, 최상층 Slab는 일반 슬래브 두께 100mm 이상 규정을 따를 수 있다.)

★★★ 3. Slab & Wall 79.82.86.92

4-238	Flat slab의 전단보강, Punching shear crack	
No. 446	Flat slab와 Flat Plate slab 차이	유형: 구조·기준

Ⅰ. 정 의

① Flat Slab: Flat Plate에 Drop Panel을 설치하여 뚫림전단에 대비한 구조

② Flat Plate: 구조물의 외부 보를 제외하고, 내부에는 보가 없이 Slab가 연직 하중(Vertical Load)을 직접 기둥에 전달하는 구조

③ 보 없이 직접 기둥에 지지되는 구조 또는 기둥을 직접 지지하는 기초판에서 집중하중의 작용에 슬래브의 하부로부터 경사지게 균열이 발생하여 구멍이 뚫리는 전단파괴를 보강하여 설치하는 것

Ⅱ. 구조기준

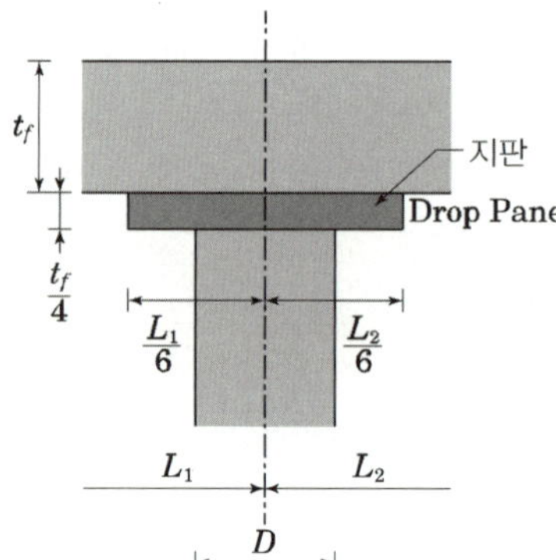

기둥폭 결정(D)

• 기둥 중심간거리 $\frac{L}{20}$ 이상

• 300mm 이상

• 층고의 $\frac{1}{15}$ 이상

Ⅲ. 구조계산서 전단보강근 상세

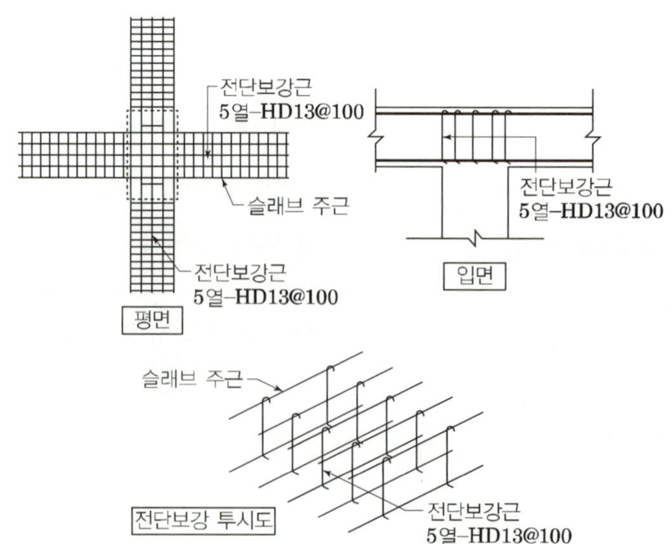

☆★★ 3. Slab & Wall 104

4-239	이방향 중공 슬래브(Slab)공법	
No. 447	건설신기술 제628호 - 2016	유형: 공법

Slab & Wall

Slab

Key Point

- 국가표준
- Lay Out
  - 슬래브에 작용하는 BMD
  - 중공체의 특징
  - 재래식 거푸집 적용
- 핵심 단어
  - 중앙부의 콘크리트를 제거
- 연관용어

Ⅰ. 정 의

경량체를 설치하여 구조적인 역할을 하지 않는 중앙부의 콘크리트를 제거함으로써 H-Beam 형상의 단면을 구성하여 하중 지지력 증가와 슬래브 두께를 감소시키는 Two way void slab

Ⅱ. 슬래브에 작용하는 BMD

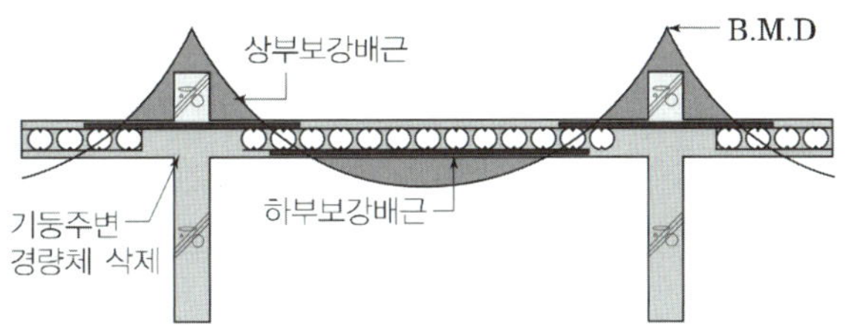

① 동일 슬래브의 경우 하중 지지력 2배 증가
② 동일 하중 지지의 경우 슬래브 두께 1/3 감소

효과

- 골조공사비 절감(약 10%)
- 공사기간 단축(1층당 2일)
- 층고절감(1층당 30~50cm)
- 자중 절감(슬래브 약 30%)
- 환경보호(생산단계 CO_2 배출 저감)

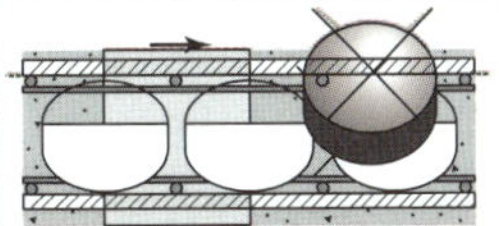

Ⅲ. 중공체의 특징

① 상하부의 구형과 중앙부 원통 부분을 결합하여 중공률 극대
② 격자형연결망(와이어메쉬)가 중공체 상하부의 선형으로 연결되어 집중하중 완화
③ 두께 변화는 중앙부 원통형의 길이변화로 해결하여 슬래브 두께 변경 시 철근간격은 그대로 유지
④ 중공체 직상부에 집중하중 작용 시 아치거동을 하도록 중공체 상하부는 구형으로 함(국부적인 뚫림전단내력 확보, 중공체 상부가 평평할 경우 국부 펀칭파괴 발생 우려)

Ⅳ. 재래식 거푸집 적용

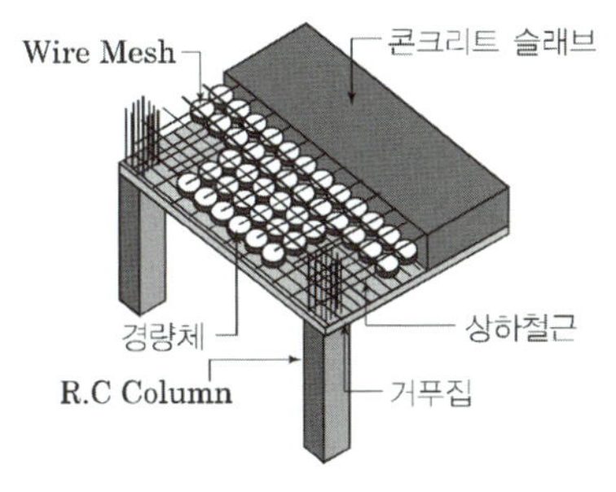

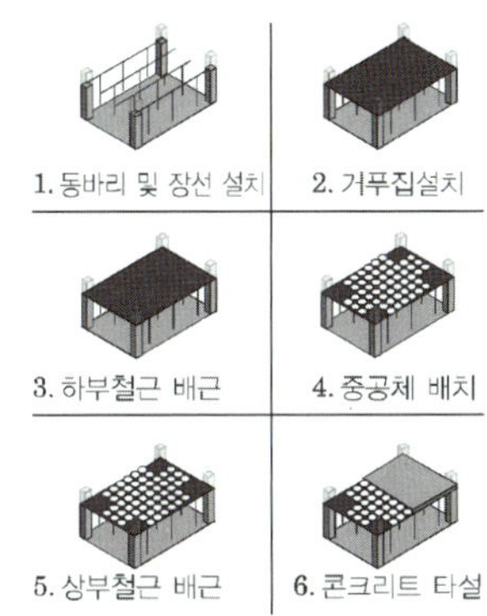

Slab & Wall

Wall

Key Point

- 국가표준
  - 건축물의 구조기준 등에 관한 규칙
- Lay Out
  - 내력벽의 높이 및 길이
  - 내력벽의 두께
  - 내력벽의 배치
  - 내력벽의 종류
- 핵심 단어
- 연관용어

4-240	내력벽	
No. 448	Bearing wall	유형: 공법

Ⅰ. 정 의

바닥슬래브, 지붕, 상부 벽체와 같은 등분포 하중을 지지하거나 보 또는 기둥으로부터 전달되는 집중하중 등 수직하중을 지지하는 벽체

Ⅱ. 내력벽의 높이 및 길이

① 길이 10m 이하

② 조적식구조인 건축물 중 2층 건축물에 있어서 2층 내력벽의 높이는 4미터를 넘을 수 없다.

③ 조적식구조인 내력벽의 길이[대린벽(대린벽: 서로 직각으로 교차되는 벽을 말한다)의 경우에는 그 접합된 부분의 각 중심을 이은 선의 길이를 말한다. 10미터를 넘을 수 없다.

④ 조적식구조인 내력벽으로 둘러쌓인 부분의 바닥면적은 80제곱미터를 넘을 수 없다.

Ⅲ. 내력벽의 두께

① 조적식구조인 내력벽의 두께(마감재료의 두께는 포함하지 아니한다. 바로 윗층의 내력벽의 두께 이상

② 조적식구조인 내력벽의 두께는 그 건축물의 층수·높이 및 벽의 길이에 따라 각각 다음 표의 두께 이상으로 하되, 조적재가 벽돌인 경우에는 당해 벽높이의 20분의 1 이상, 블록인 경우에는 당해 벽 높이의 16분의 1 이상

건축물의 높이		5m 미만		5m≤ 11m≥		11m ≤	
벽의 길이		8m 미만	8m 이상	8m 미만	8m 이상	8m 미만	8m 이상
층별 두께	1층	150mm	190mm	190mm	190mm	190mm	290mm
	2층	-	-	190mm	190mm	190mm	190mm

③ 조적재가 돌이거나, 돌과 벽돌 또는 블록 등을 병용하는 경우에는 내력벽의 두께는 제2항의 두께에 10분의 2를 가산한 두께 이상으로 하되, 당해 벽높이의 15분의 1 이상

④ 조적식구조인 내력벽으로 둘러싸인 부분의 바닥면적이 60제곱미터를 넘는 경우에는 그 내력벽의 두께는 각각 다음 표의 두께 이상

건축물의 층수		1층	2층
층별 두께	1층	190mm	290mm
	2층	190mm	190mm

Slab & Wall

⑤ 토압을 받는 내력벽은 조적식구조로 하여서는 아니된다. 다만, 토압을 받는 부분의 높이가 2.5미터를 넘지 아니하는 경우에는 조적식 구조인 벽돌구조로 할 수 있다.
⑥ 제5항 단서의 경우 토압을 받는 부분의 높이가 1.2미터 이상인 때에는 그 내력벽의 두께는 그 바로 윗층의 벽의 두께에 100밀리미터를 가산한 두께 이상으로 해야 한다.

Ⅳ. 내력벽의 배치

① 평면상 균형 있게 배치
② 위층의 내력벽은 밑층의 내력벽 바로 위에 배치
③ 문꼴 등은 상하층이 수직선상에 오게 배치
④ 내력벽 상부는 테두리보 또는 철근 콘크리트 라멘조로 함
⑤ 내력벽은 보 작은보 밑에 배치

Ⅴ. 내력벽의 종류

1) 대린벽

① 서로 직각으로 교차되는 내력벽
② 수평하중에는 약하나 수직하중에 대단히 강함

2) 부축벽

① 내력벽이 외력에 대하여 쓰러지지 않게 부축하기 위해 달아낸 벽
② 상부에서 오는 집중하중 또는 횡압력 등에 대응

4-241	건축물의 내진보강	
No. 449		유형: 구조·공법

I. 정 의

① 구조물의 내진안정성을 제고하기 위해 각 방향의 지진하중에 대하여 충분한 여유도를 가질 수 있도록 횡력저항시스템을 배치하고, 지진하중에 대하여 건물의 비틀림이 최소화되도록 배치한다.

② 긴 장방형의 평면인 경우, 평면의 양쪽 끝에 지진력저항시스템을 배치한다.

II. 지진의 일반사항

1. 일반사항

1) 규모(Magnitude)

지진 발생 시 진동에너지의 총량에 대응되는 것으로서 지진 자체의 크기를 대표한다. 규모는 지진계에 기록된 지진파형의 진폭과 진앙(발생지점)까지의 거리 등을 변수로 산출하며 소수 1자리까지 나타낸다.

2) 진도(Seismic Intensity)

어느 장소에 나타난 진동의 세기를 나타내는 수치로서 사람의 느낌이나 구조물의 흔들림 정도를 미리 정해놓은 설문에 기준하여 계급화하여 정수단위로 나타내는 척도이다. 따라서 규모와 진도는 1대1 대응이 성립하지 않으며 하나의 지진에 대하여 여러 지역에서의 규모는 동일수치이나 진도 계급은 달라질 수 있다. 이러한 진도의 등급은 통일되어 있지 않아 나라마다 실정에 맞는 척도를 사용하고 있고, 우리나라는 수정메르칼리 진도(MMI)를 사용하고 있다.

이는 진도 I 에서부터 XII까지 12등급으로 구분하고 있고, 진도는 계급값을 쓰는 대신 가속도 단위(m/s^2)로 나타내거나 중력가속도 1g=980 cm/s^2를 사용한다. 또, cm/s^2는 gal로 표시하며 1g=980gal이라고 쓴다.

2. 사용재료

1) 높은 강도- 중량비

지진력은 구조물에 대하여 관성력으로 작용하기 때문에 중량이 가볍고 강도가 높은 재료를 사용해야 한다.

2) 높은 변형능력

구조물이 갖는 소성변형능력이 크면 클수록 요구되는 내력을 낮출 수 있다.

3) 낮은 열화

지진력은 큰 반복하중에 의하여 구조물의 내력이나 강성이 열화될 가능성이 있으므로 열화가 많이 발생하지 않는 재료를 사용해야 한다.

4) 일체성 확보

구조물을 구성하는 내진요소가 가능한 일체성을 확보할 수 있는 재료를 사용해야 한다.

지진

지진 Key Point

◩ 국가표준
- KDS 41 17 00

◩ Lay Out
- 지진의 일반사항
- 내진보강 개념
- 내력향상 및 연성개선기
- 내력 및 연성 향상을 위한 구체적인 보강방법
- 제진보강
- 조적조 기존 건축물 보강
- 내진배근

◩ 핵심 단어

◩ 연관용어

중력가속도

- gravitational acceleration: 중력에 의해 운동하는 물체가 내는 가속도
- G는 표준중력가속도의 값을 1G로 한 가속도의 단위 1.0G=9.80665m/s^2

지진

3. 구조형식

1) 철골구조

철골구조는 철근콘크리트 구조보다 강성이 적기 때문에 고유주기가 길며, 감쇠 능력이 적어서 발생하는 변형도 크기 때문에 평면 및 입면적으로 구조요소의 균형배치가 중요하며, 강성이 부족할 때에는 가새가 구조물의 수평변위를 구속하고 내력을 증대시키므로 가새를 균형있게 분산배치

2) 철골 철근콘크리트구조

강재와 콘크리트 간의 충전성 및 일체성 확보가 중요하므로 이를 확보할 수 있는 구조설계가 중요

3) 목구조

목재는 압축력, 인장력, 휨모멘트, 전단력에 모두 저항하는 재료이지만 큰 하중이 작용하는 부위에는 목재의 결점이 없는 부분을 사용해야 하며, 가새를 적절하게 분산하여 균형있게 배치시키고, 기둥과 보 등의 접합부는 철물 등을 사용하여 일체성을 확보 시켜야 한다.

4) 철근콘크리트구조

철근과 콘크리트 간의 부착 및 정착성능 확보가 중요하며, 중량이 크고 취성적인 파괴가 발생할 수 있으므로 균형 있는 배치와 보 및 기둥부재의 전단파괴 방지나 구조물 전체를 연성이 풍부한 휨항복형 파괴형식으로 구조계획 하는 것이 바람직

Ⅲ. 내진보강 개념

내진보강 대상

- 구설계법에 의해 건설된 건축물로서 내진성능이 부족한 경우
- 건축물을 증·개축하거나 용도변경을 위해 새로운 내진성능 향상이 필요한 경우
- 피해를 입은 건축물에 대해 보강하여 재사용하는 경우

1) 내진보강 개념도

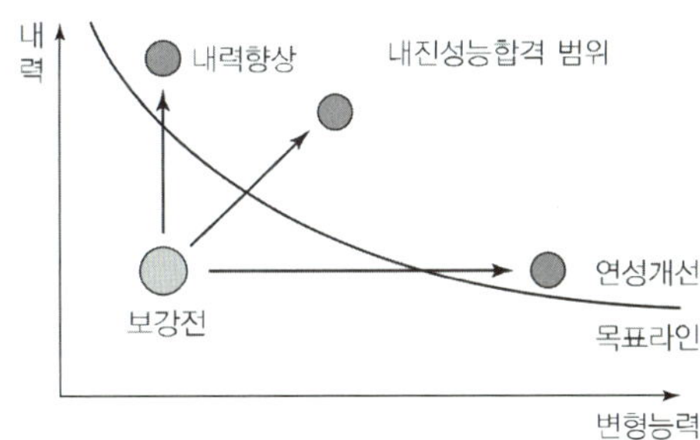

2) 내진보강 시 고려해야 할 성능

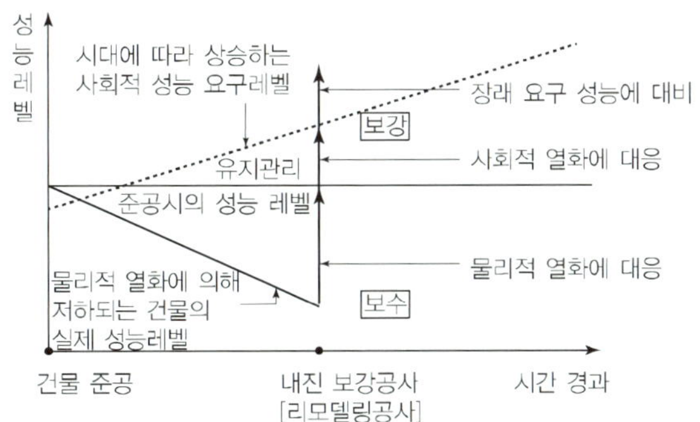

지진

내진보강 효과

- 건축물의 내력을 향상시키는 방법 (내력 향상)
- 연성을 보강시키는 방법 (연성 개선)
- 지진 시 거동을 제어하는 방법 (응답제어·입력저감)

내진보강 종류

- 제진은 지진에너지 흡수에 의한 응답제어효과를 기대할 수 있고, 면진은 면진화에 의한 입력저감효과를 기대할 수 있다.
- 제진보강은 내력 향상과 지진에너지를 흡수하기 위한 제진장치를 이용한다. 제진장치에는 탄소성댐퍼, 마찰댐퍼, 오일댐퍼 또는 좌굴구속브레이스가 있다.
- 면진보강은 기존 건물의 기초 하부에 설치하거나 중간층에 새로이 면진층을 설치하고, 면진층 상부 구조에 작용하는 지진력을 현저히 저감시킨다. 면진층에는 건물을 장주기화 하기 위해 적층고무와 베어링 등의 면진장치를 설치한다. 동시에 지진에너지를 흡수하기 위해 탄성댐퍼와 오일댐퍼를 설치한다. 경우에 따라서는적층고무 자체에 에너지 흡수력이 있는 고감쇠 고무를이용하기도 한다.

Ⅳ. 내력향상 및 연성개선 기술

1) 보강공법의 특징 비교

종류	내진보강	제진보강	면진보강
목적	지진력에 저항 (그래프: 내력, 변형능력, 내력향상, 내진성능합격 범위, 연성개선, 보강전, 목표라인)	지진에너지를 흡수하여 지진력을 저감 (그래프: 내력, 변형능력, 내력향상, 내진성능합격 범위, 제진에 의한 응답제어 효과, 보강전, 목표라인)	지진압력을 면하여 지진력을 큰 폭으로 저감 (그래프: 내력, 변형능력, 내진성능합격 범위, 면진에 의한 입력저감효과, 연성개선, 목표라인)
수단	• 강도저항부재 배치 • 연성개선	• 에너지흡수장이 • 댐퍼의 배치	면진장치 배치
부재	• 강조저항 : 벽, 브레이스, 프레임증설 등 • 연성개선: 탄소섬유보강, 슬릿 등	탄소성댐퍼, 마찰댐퍼, 오일댐퍼, 점성댐퍼	• 면진장치: 적층고무, 베어링 • 감쇠장치: 탄소성댐퍼, 오일댐퍼
특징	내력부족 및 높은 안정성 확보에 대응하여 보강 구면 증대	내진보강에 비해 보강구면이 적음	높은 내진안정성과 기능유지확보가 가능
공사량	보강 면적이 큼	보강 면적이 적음	면진층에 공사 집약 가능

2) 보강공법의 종류

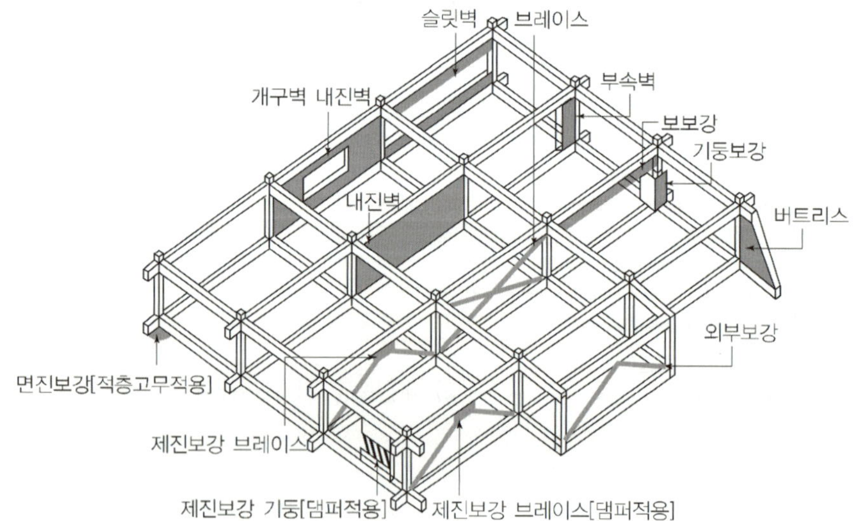

지진

V. 내력 및 연성 향상을 위한 구체적인 보강방법

1) 수평내력을 향상시키는 보강방법

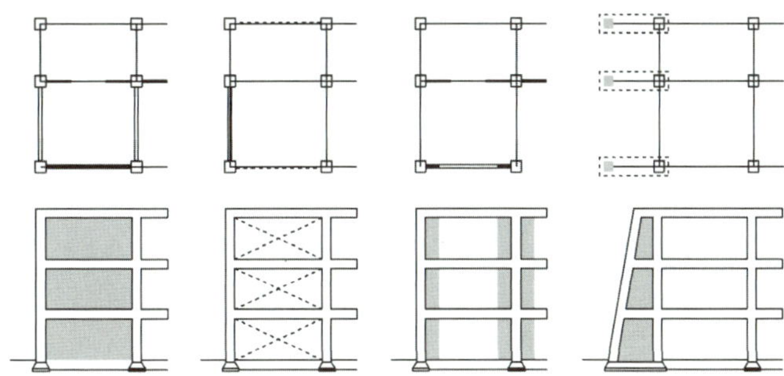

① 기존 RC 골조에 RC 내진벽의 증설
② 기존 RC 골조에 철골 브레이스의 증설
③ 기존 RC 기둥에 RC 날개벽(Side-wall)의 증설
④ 기존 RC 골조(외측)에 버트리스(Buttress)의 증설

2) 변형능력 향상을 위한 보강방법

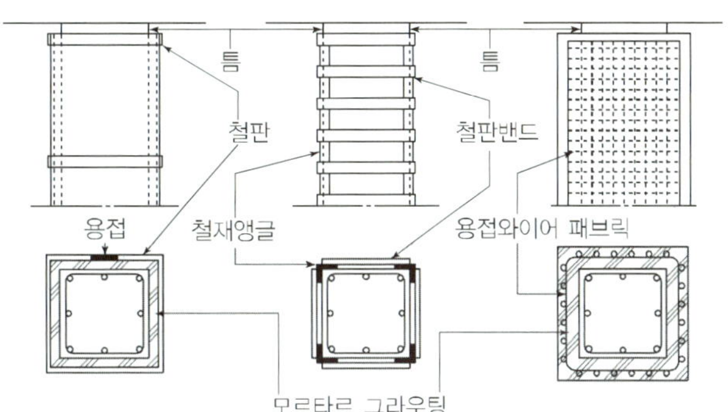

3) 수평내력과 변형능력 동시 보강방법

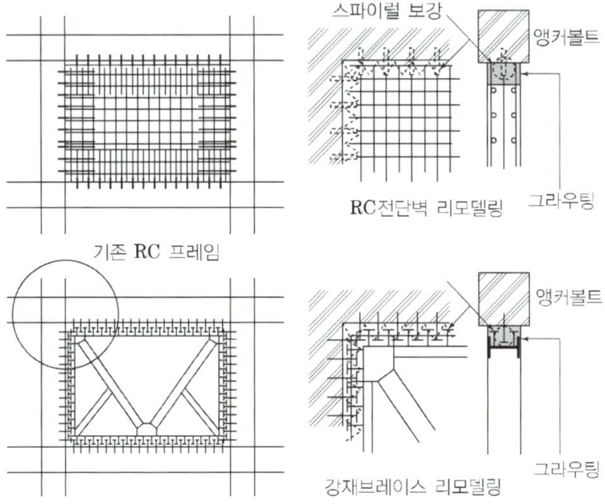

지진

제진

- 기존 내진보강과 비교하여 지진에너지의 흡수에 의한 응답저감효과에 의하고 보강개소가 적다.
- 보강개소가 적으므로 외부에서만 보강도 가능하다.
- 기존 건축물 구조형식에 좌우되지 않는다.

Ⅵ. 제진보강

종류	강재슬릿댐퍼	비좌굴브레이스	오일댐퍼
특징	• 내력향상과 지진에너지 흡수 역할 • 탄소성변형에 의해 지진에너지를 효율적으로 흡수 • 통로확보에 유효한 벽기둥형과 외부보강에 유효한 브레이스형을 선택하여 공간사용을 배려하면서 보강이 가능	• 내력향상과 지진에너지 흡수 역할 • 강제브레이스를 특수콘크리트와 강관 등으로 좌굴을 구속하여 지진에너지를 흡수 • 안정된 제진효과에 의해 일반적인 강재 브레이스보다 적은 보강으로 경제적	• 지진에너지 흡수의 역할 • 실린더에 봉입한 기름을 이용하여 안정적인 지진에너지 흡수성능을 발휘 • 주기가 긴 고층건물에 특히 유효하고 지진력을 큰 폭으로 저감시킴 • 충돌방지를 위해 인접한 건물을 연결하는 방법이 있음
구조성능	밑면전단력 / 강재댐퍼 / 댐퍼없음 / 지붕층 변위		밑면전단력 / 강재댐퍼 / 댐퍼없음 / 지붕층 변위
사례	[강재슬릿댐퍼]	[강재비좌굴브레이스]	[오일댐퍼]

Ⅶ. 조적조 기존 건축물 보강

조적조 지진취약부위

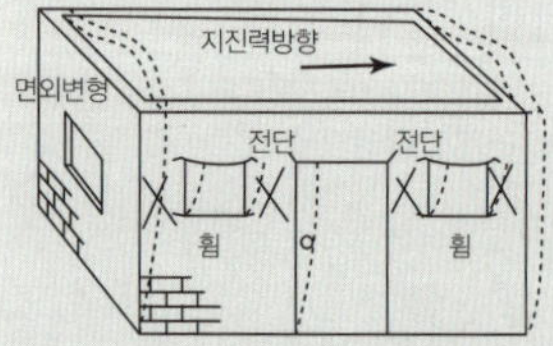

- 면외 변형
- 개구부 주변 특히 상부 모서리 부분
- 슬래브와 접합부
- 구조벽체의 대각 균열

1) 강재 스크류 앵커보강

- 기존벽체에 스크류 앵커를 삽입하여 벽체의 전단강도 증가
- 개구부 주변, 벽체 연결부 등에 적용
- 벽체 접합부를 듀벨과 앵커 등을 사용하여 구조체 전체의 일체화

지진

2) 앵커타이(Anchor Tie) 보강

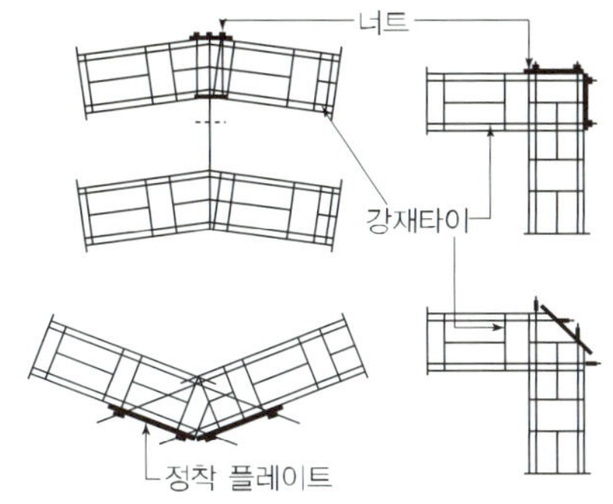

• 벽체 접합부를 듀벨과 앵커 등을 사용하여 구조체 전체의 일체화

3) 벽체-슬래브 연결부 보강

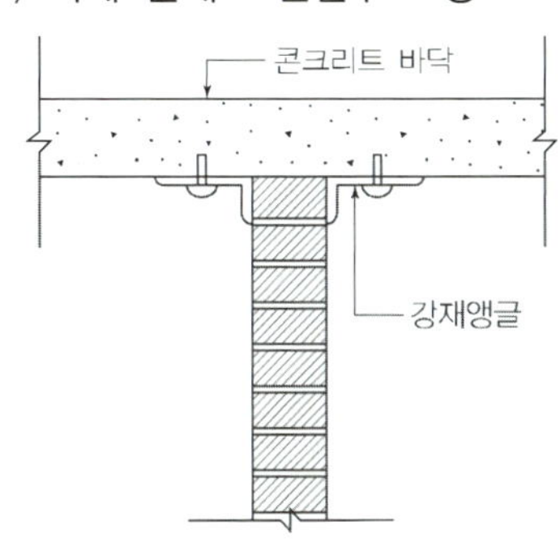

• 벽체의 슬라이딩 파괴를 제어하고 철근 콘크리트 슬래브와 벽체의 일체성을 높여 건축물전체의 연성을 증가

4) 섬유보강재 보강

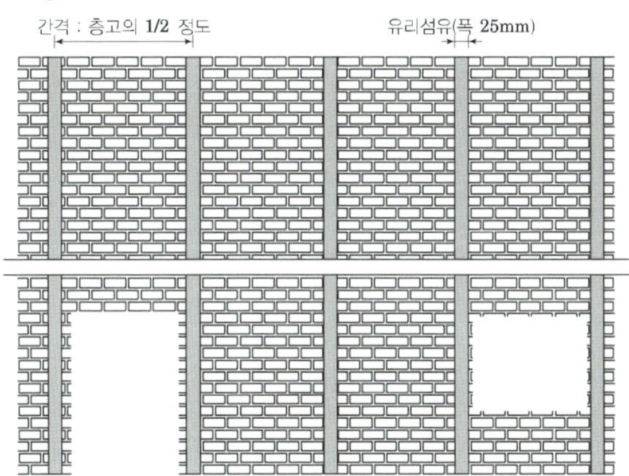

• 벽체의 슬라이딩 파괴를 제어하고 철근 콘크리트 슬래브와 벽체의 일체성을 높여 건축물전체의 연성을 증가

Ⅷ. 조적조 기존 건축물 보강

① 조적조 벽체의 전도 방지
② 벽체의 최소두께 확보
③ 벽체의 테두리보 설치
④ 개구부의 인방보 설치

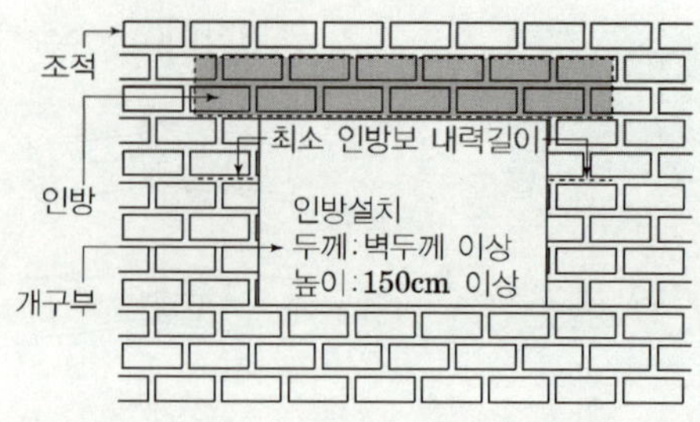

Ⅸ. 내진배근

1) 보통모멘트골조 보 배근상세

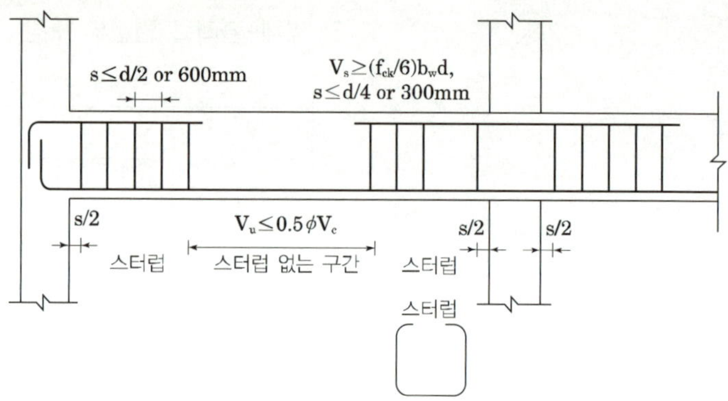

2) 보통모멘트골조 기둥 배근상세

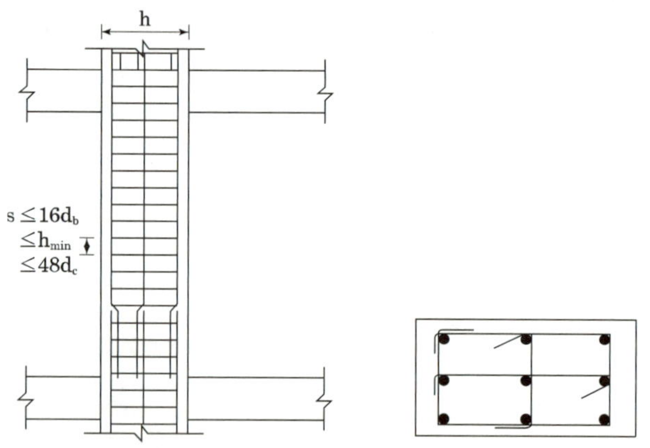

- D32 이하의 종방향 철근은 D10 이상의 띠철근으로, D35 이상의 종방향 철근과 다발철근은 D13 이상의 띠철근으로 둘러싸야 하며, 띠철근 대신 등가단면적의 이형철선 또는 용접철망을 사용할 수 있다.
- 띠철근의 수직간격은 종방향 철근지름의 16배 이하, 띠철근이나 철선지름의 48배 이하, 또한 기둥 단면의 최소 치수 이하로 해야 한다.
- 띠철근은 모든 모서리에 있는 종방향 철근과 하나 건너 있는 종방향 철근이 135° 이하로 구부린 띠철근의 모서리에 의해 횡지지되어야 한다. 다만 띠철근을 따라 횡지지된 인접한 축방향 철근의 순간격이 150mm 이상 떨어진 경우에 추가 띠철근을 배치해야 한다. 또한 축방향 철근이 원형으로 배치된 경우에는 원형 띠철근을 사용할 수 있다.

지진

3) 중간모멘트골조 보배근상세

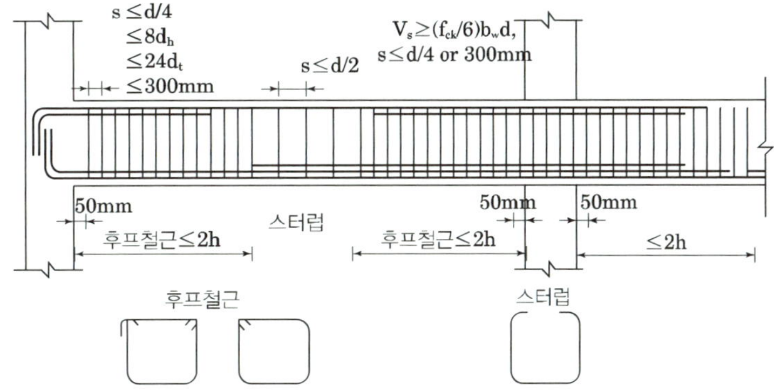

4) 중간모멘트골조 보배근상세

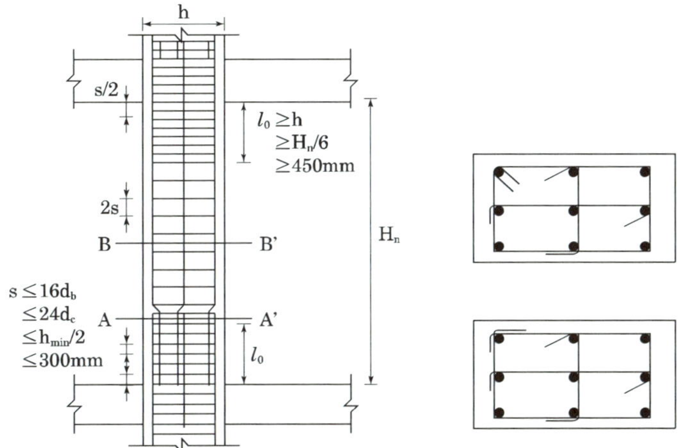

- 부재의 양단부에서 후프철근은 접합면으로부터 길이 l_0구간에 걸쳐서 s_0 이내의 간격으로 배치해야 한다.
- 간격 s_0감싸고 있는 종방향 철근의 최소 지름의 8배, 띠철근 지름의 24배, 골조부재 단면의 최소 치수의 1/2, 300mm 중에서 가장 작은 값 이하이어야 한다. 그리고 길이 l_0는 부재의 순경간의 1/6, 부재 단면의 최대 치수, 450mm 중 가장 큰 값 이상이어야 한다.
- 첫 번째 후프철근은 접합면으로부터 거리 $s_0/2$ 이내에 있어야 한다.
- 길이 l_0 이외의 구간에서 횡보강철근의 간격은 3.2.4(1)를 따라야 한다.

지진

지진

Key Point

◩ 국가표준
- KDS 41 17 00

◩ Lay Out
- 고려사항
- 부위별 고려사항

◩ 핵심 단어

◩ 연관용어

☆★★ 4. 지진

4-242	비구조재의 내진 고려사항	
No. 450		유형: 구조·공법

Ⅰ. 정 의

① 비구조부재: 기둥·보·벽·바닥 등 주요 구조물 이외의 부재를 말하며, 좁게는 외벽을 시작으로 주요 구조체를 제외한 부분을 가리키며, 넓게는 설비기기 및 가구 등을 포함

② 지진발생 시의 안전확보의 관점으로, 구조체를 제외한 부재·요소(설비기기 및 가구 등을 포함)를 대상으로 한다.

Ⅱ. 고려사항

- 구조부재와 비구조부재를 명확히 구분하여 계획
- 강성 및 강도를 이용하여 건축물 전체의 내진성능을 평가해야 한다.
- 부재의 구속여부에 따라 구조물 전체의 강성평가에 있어서 비구조부재의 기여 여부에 대한 검토 필요
- 구조물을 경량화 하기 위해서는 내외장재로 사용되는 비구조재의 선별 또한 중요한 고려사항이 된다.

Ⅲ. 부위별 고려사항

1) 천장재

천장에 높이차가 있는 부분은 스페이스를 설치 스페이스

벽 기둥

진동 방지

스페이스

스페이스

- (a)와 같이 천장 형상이 평탄할 경우에는, 진동방지브레이스를 설치하고, 외벽과 스페이스를 두며, (b)와 같이 천장 형상에 높이 차이가 있는 경우에는, 높이 차이가 있는 부분에 스페이스를 설치

2) 조명기구

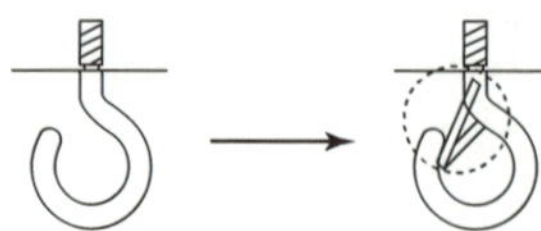

(a) 후크의 개선

- 조명기구를 걸어 놓은 후크에 떨어짐 방지 보조기구를 설치

지진

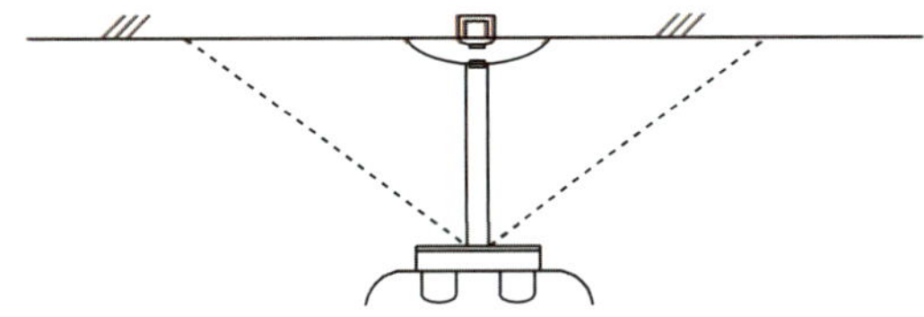

(b) 와이어 설치에 의한 진동방지

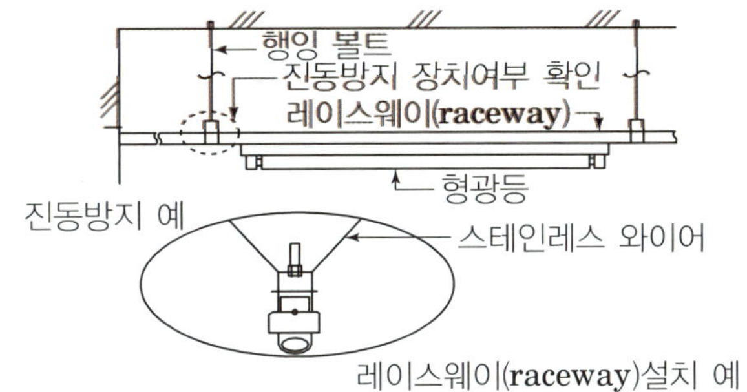

(c) 레이스웨이설치

3) 물탱크 및 냉각탑

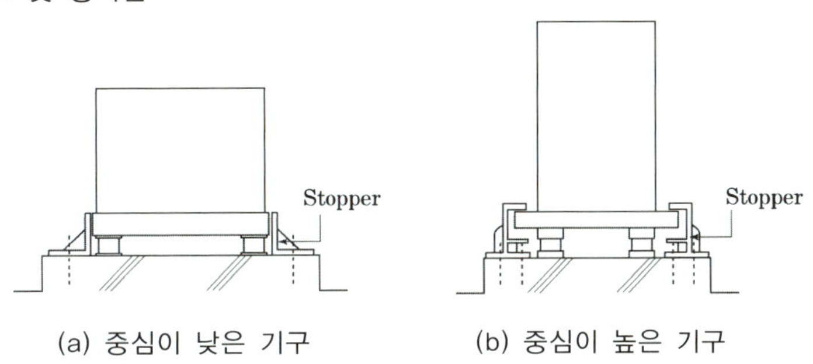

(a) 중심이 낮은 기구 (b) 중심이 높은 기구

- 비교적 중심이 낮은 기기는 횡변위를 구속할 수 있는 stopper를 설치하고, 중심이 높은 기구는 횡변위 및 로킹을 구속할 수 있는 stopper를 설치

4) 신발장

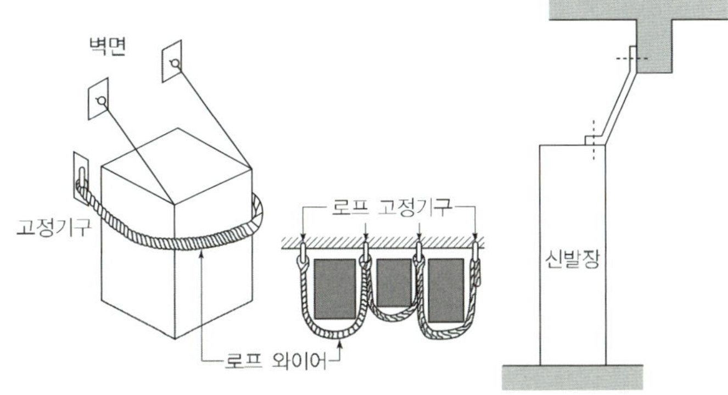

- 와이어를 사용하여 벽면에 고정시킨다. 또한 벽면에 위치하지 않은 신발장의 경우는 천장 및 보에 고정시켜, 넘어지는 것을 방지

☆☆☆ 4. 지진

4-243	지진안전성 표시제	
No. 451		유형: 제도

지진

지진 Key Point

- 국가표준
  - 지진안전 시설물 인증에 관한 규칙
- Lay Out
  - 지진안전 시설물 인증기준 및 등급
- 핵심 단어
  - 지진에 대한 구조적 안전성을 확보
- 연관용어

Ⅰ. 정 의

건축물 내진설계기준에 따라 지진에 대한 구조적 안전성을 확보하고 그 기능을 유지할 수 있는 성능

Ⅱ. 지진안전 시설물 인증기준 및 등급

1) 인증기준

구분	검토 항목
1	• 지진위험도 산정 적정성 - 대상시설물의 위치 및 지반조건에 따라 적절한 지진위험도 산정 여부
2	• 내진목표 수립 적정성 - 대상시설물의 중요도에 따라 적절한 내진성능목표 수립 여부
3	• 해석모델의 적절성 - 해석모델은 대상구조물의 거동에 영향을 미치는 구조부재를 모두 포함 여부
4	• 해석방법의 적정성 - 해석모델의 동적 거동을 적절히 판단할 수 있는 해석방법 적용 여부
5	• 성능수준 판정 적정성 - 해석결과에 따른 성능수준 판정의 적정 여부
6	• 시설물 상태의 건전성 - 대상시설물의 관리 및 시공상태의 건전 여부
내진보강 적용시	• 내진보강의 적정성 - 내진성능 향상을 위한 내진보강 공사 시공의 적정 여부

2) 인증등급

시설물	등급	비고
지진안전 시설물	내진특등급	내진특등급의 내진성능을 확인한 경우
	내진Ⅰ등급	내진Ⅰ등급의 내진성능을 확인한 경우
	내진Ⅱ등급	내진Ⅱ등급의 내진성능을 확인한 경우

★★★ 4. 지진 110.132.136

4-244	내진, 면진, 제진	
No. 452		유형: 구조·현상

지진

지진

Key Point

- 국가표준
- Lay Out
  - 면진 免震 (Seismic Isolated Structure)계획 시 고려
  - 면진장치
  - 제진 制震 (Seismic Controlled Structure)
  - 제진장치
- 핵심 단어
  - 지진에 대한 구조적 안전성을 확보
- 연관용어

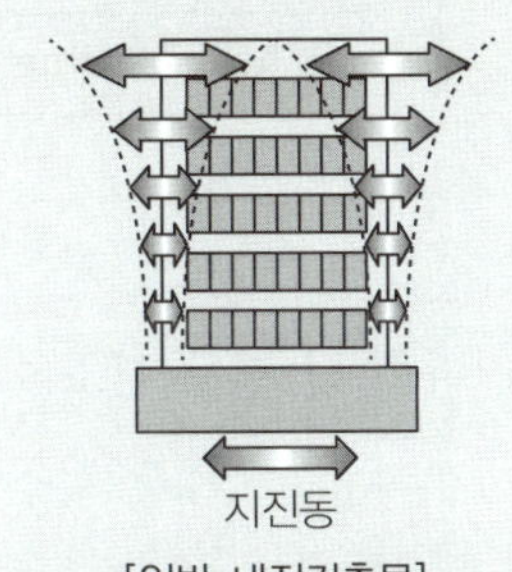

[일반 내진건축물]
지반의 진동이 건물에 전달

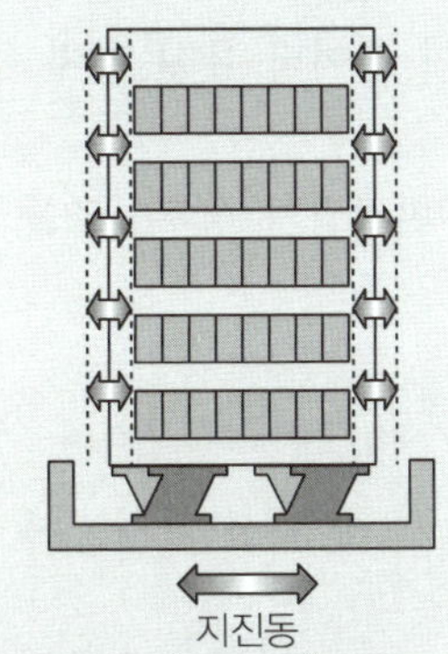

[면진보강 건축물]
지반의 흔들림을 차단하여 지진하중의 영향을 감소

Ⅰ. 정 의

① 내진: 구조물이 지진력에 대항하여 싸워 이겨내도록 구조물 자체를 튼튼하게 설계하는 기술

② 면진: 구조물과 기초사이에 진동을 감소시킬 수 있는 기초분리 장치(Base Isolator)와 감쇠장치(Damper)를 이용하여 지반과 건물을 분리시켜 지반진동이 상부건물에 직접 전달되는 것을 차단하는 구조형태이며, 건물의 고유주기를 의도적으로 장주기화 하여 지반에서 상부구조로 전달되는 지진에너지를 저감 시키는 구조

③ 제진: 진동을 제어하는 구조이고 진동을 제어하기 위한 특별한 장치나 기구를 구조물에 설치하여 지진력을 흡수하는 구조이며, 건물의 고유주기를 의도적으로 장주기화 하여 지반에서 상부구조로 전달되는 지진에너지를 저감 시키는 구조

Ⅱ. 면진 免震(Seismic Isolated Structure)계획 시 고려

1) 건물의 형상

원칙적으로 지진 또는 태풍 시 비틀림이 발생하지 않도록 계획

2) 건물의 탑상비(높이와 평면의 단변길이 비율)

면진장치는 압축력에는 매우 강하지만 인장력에는 비교적 약하므로 건물의 높이와 단변길이의 비는 약 3:1 이하로 하는 것이 무난하다.

3) 면진장치의 배치

배치 및 크기, 장치의 수는 건물의 평면형태와 입면형상 등 기본요소와 기둥위치 등 구조계획에 대한 검토필요

4) 변위에 대한 배려

① 면진건물 둘레에 면진구조로 인한 최대 변위를 고려한 이격거리를 확보한다.(최소 약 150mm 이상)

② 설비배관 및 전기배선 엘리베이터 샤프트 등은 면진장치와 간섭이 없도록 계획

③ 연결 통로부는 다른 건물의 변위량과 면진 변위량을 합한 익스팬션 조인트가 필요

5) 유지관리에 대한 배려

① 면진층은 점검 가능한 구조로 계획

② 면진장치는 교환이 가능하게 계획

지진

[적층고무]

Ⅲ. 면진장치

- 수평방향으로 매우 유연한 장치를 사용하여 지면과 건물을 분리시킴으로써 건물로 전달되는 지진의 영향을 최소화하는 구조

1) 분류

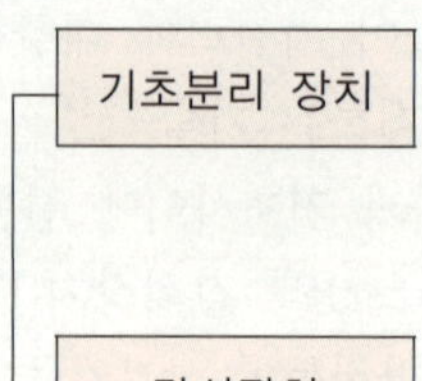

- 기초 분리장치(Base Isolator)는 건물의 중량을 떠받쳐 안정시키고 수평방향의 변형을 억제하는 역할(스프링 분리장치와 미끄럼 분리장치로 구분)
- 감쇠장치(Damper)는 지진 시 건물의 대변형을 억제하면서 종료 후에는 건물의 진동을 정지시키는 역할(탄소성, 점성체, 오일, 마찰 감쇠장치로 구분)

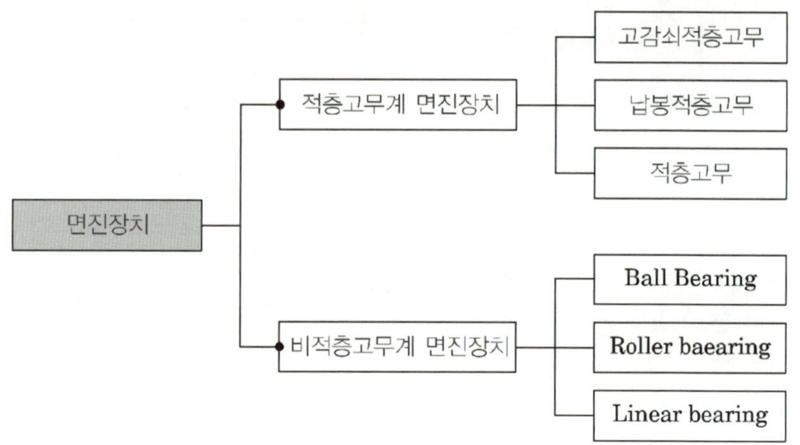

2) 특징

① 안전성 확보

- 지반과 구조물의 분리로 건물에 전달되는 지진하중 및 진동 감소
- 지진 발생 후에도 건물의 사회적 기능 유지

② 지진으로 인한 2차 피해 방지

- 건물 내부의 비구조재, 전기, 수도, 가스관과 같은 설비 시설의 피해 최소화
- 방대한 양의 데이터가 저장된 공간에 사용하여 데이터 유실 방지

③ 사용성 향상

- 지진에너지의 대부분을 면진장치가 흡수하여 면진장치 상부구조물의 진동 큰 폭으로 감소
- 사용자의 심리적 불안감 해소

④ 건축계획의 효율성 증가

- 기둥 하부에 설치된 면진장치로 거주공간에서 크게 표시 나지 않음
- 내진설계로 인한 구조부재의 크기 증가 불필요

지진

[Damper]

← 관성력

[제어력 부가: Active]

TMD

[TMD: Passive]

Ⅳ. 제진 制震(Seismic Controlled Structure)

• 건물 내부나 외부에 특수한 장치를 배치하여
지진이 발생할 경우 건물에 제어력을 가하여 지진에 대한 구조물의 응답을 제어하는 구조물

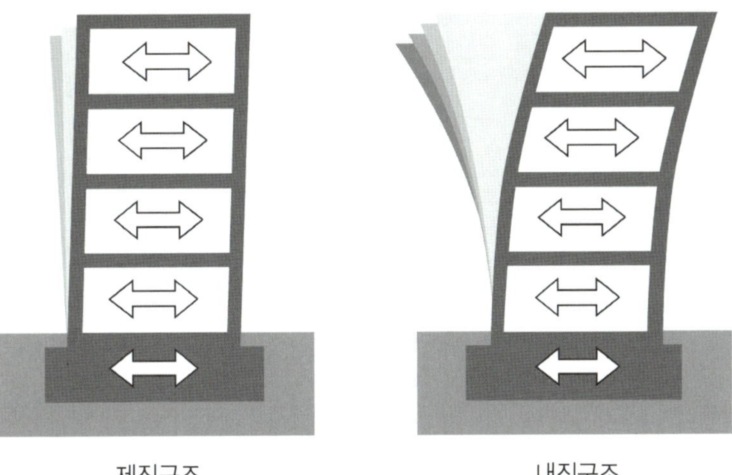

① 지진에너지 전달경로 자체를 차단
② 건축물의 주기대가 지진동의 주기대를 피하도록 한다.
③ 비선형 특성을 주어 비정상 비공진계로 한다.
④ 제어력을 부가
⑤ 에너지 흡수기구를 이용

Ⅴ. 제진장치

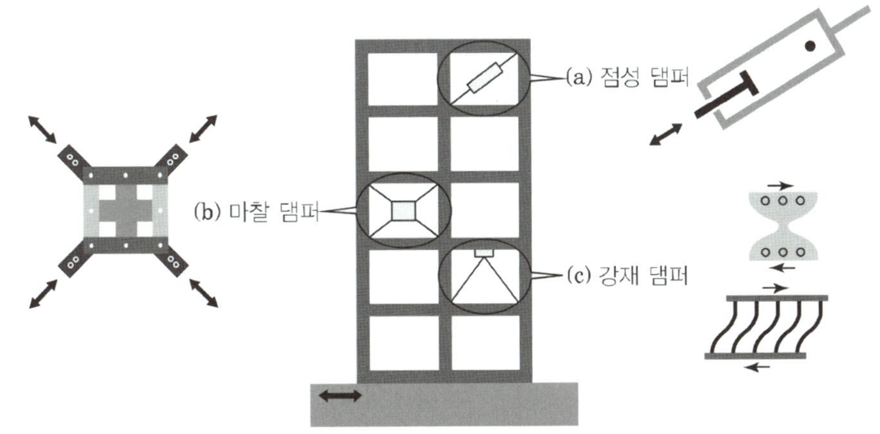

지진

1) 분류

- Passive제진
  - 감쇠기를 건물의 내·외부에 설치하여 건물이 흔들리는 것을 제어(건물하부, 상부, 인접 건물사이에 설치)
- Active제진
  - 구조물의 진동에 맞춰 가력장치(Actuator)에 의해 능동적으로 힘을 구조물에 더하여 진동을 제어(감지장치: Sensor, 제어장치: Controller), 가력장치: Actuator)

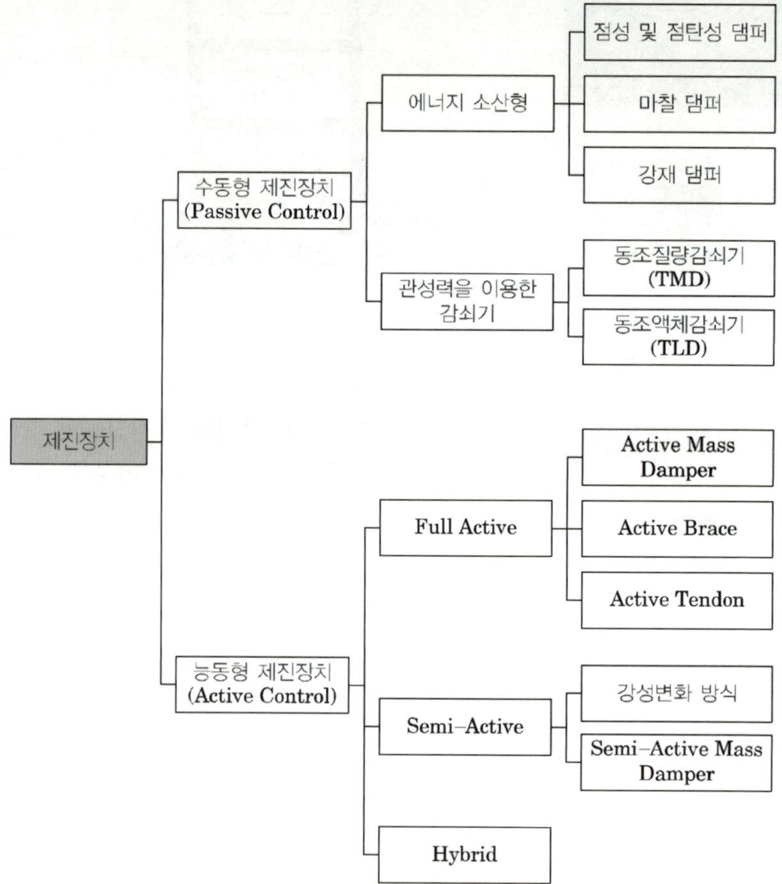

2) 특징

① 안전성 향상
- 제진장치에 의해 건물의 응답 및 손상을 현저히 저감
- 지진 후에도 건물의 기능 유지

② 경제성 확보 및 시공성 향상
- 제진장치가 지진에너지 대부분을 부담
- 제진장치외의 구조부재는 중력 하중만으로 설계

③ 건축물의 장수명화 및 재사용 가능
- 지진 발생과 관계없이 계획된 건축물의 사용 연한 만족
- 손상이 발생하지 않은 구조부재 재사용 가능

진동제어 시스템

- TMD
  - 동조된 스프링에 달리 질량과 감쇠요소로 구성되어 있으며, 바람에 의한 구조물 진동을 감쇠장치를 이용하여 휨방향의 비틀림 제어
- TLD
  - 유체탱크 내의 유체운동의 고유진동수가 구조물의 진동수와 동조되도록 설계하여 구조물의 진동을 흡수집수통에 일정량의 액체를 삽입 후 진동 흡수하는 장치
- HMD(Hybrid Mass Damper)
  - 유압식, 전자식, 모터식 등의 구동법을 이용하여 외부의 전원을 이용질량체를 이용하여 능동 및 수동제어 동시 작용
- AMD
  - 질량체를 이용한 능동제어
- ABS
  - 브레이스의 질량체를 이용한 거물 자동제어

☆☆★ 4. 지진 112

4-245	TLD(Tuned Liquid Damper)	
No. 453	제진에서의 동조액체감쇠기	유형: 구조·공법

지진

지진

Key Point

◩ 국가표준

◩ Lay Out
- TLD(Tuned Liquid Culumn Damper)
- 특징

◩ 핵심 단어
- 구조물의 진동을 흡수집수통에 일정량의 액체를 삽입 후 진동 흡수하는 장치

◩ 연관용어

Ⅰ. 정 의

유체탱크 내의 유체운동의 고유진동수가 구조물의 진동수와 동조되도록 설계하여 구조물의 진동을 흡수집수통에 일정량의 액체를 삽입 후 진동 흡수하는 장치

Ⅱ. TLD(Tuned Liquid Column Damper)

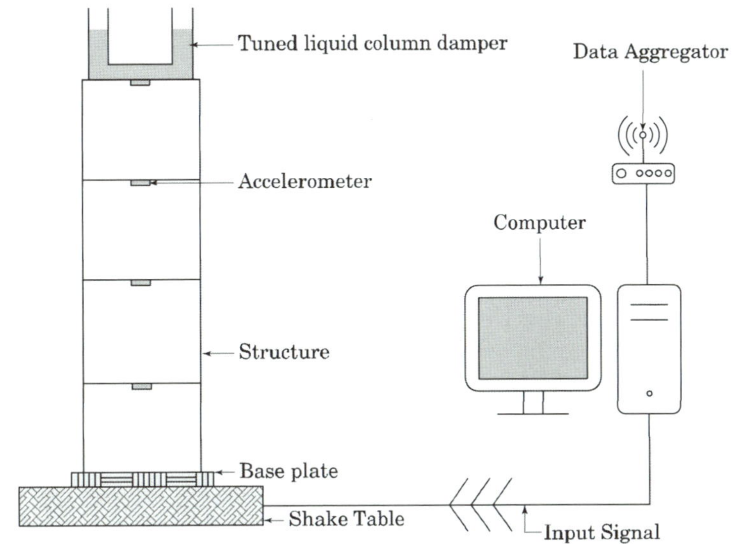

• U자 형태의 관으로 유체가 좌우로 움직이면서 유체의 압력을 이용

Ⅲ. 특징

① 설치장소와 위치에 큰 제약조건 없다.
② 초기설치비용이 TMD와 비교하여 50~70% 절감
③ 유지보수: 매년 물 높이 점검
④ 서로 다른 진동수를 갖는 다자유도계 진동에 대하여 제어

4-246	TMD(Tuned Mass Damper)	
No. 454	제진에서의 동조질량감쇠기	유형: 구조·공법

지진

지진

Key Point

◪ 국가표준

◪ Lay Out
- TMD의 원리
- 특징

◪ 핵심 단어
- 건물의 고유주기와 거의 같은 주기를 가지는 추와 스프링과 감쇠장치

◪ 연관용어

Ⅰ. 정 의

① 건물의 옥상층에 건물의 고유주기와 거의 같은 주기를 가지는 추와 스프링과 감쇠장치로 이루어지는 진동계를 부과한 것으로 건물상부에 감쇠기를 설치하는 수동제진 시스템의 가장 대표적인 형태가 질량감쇠 시스템

② 건물이 진동하면 이것을 억제하려고 하는 힘이 건물에 더해지도록 작용하는 것

Ⅱ. TMD의 원리

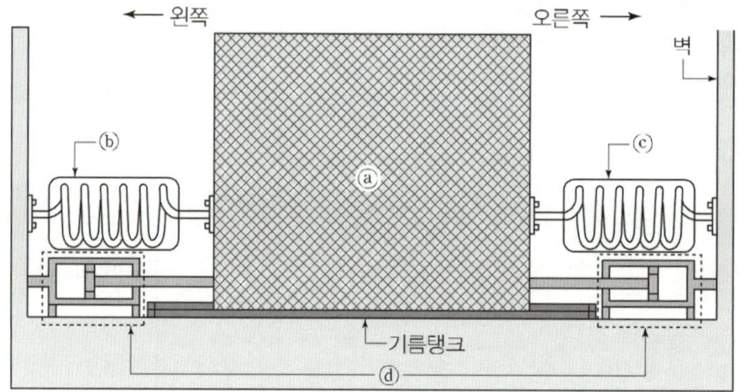

- 건물이 왼쪽으로 기울게 되면 ⓒ의 스프링이 늘어나고 오른쪽으로 기울게 되면 ⓑ의 스프링이 ⓐ를 밀게 된다. ⓓ는 건물의 중심에서 멈추는 기능을 하며, ⓐ는 기름탱크로 인해 건물과 함께 거동하지 않는다.

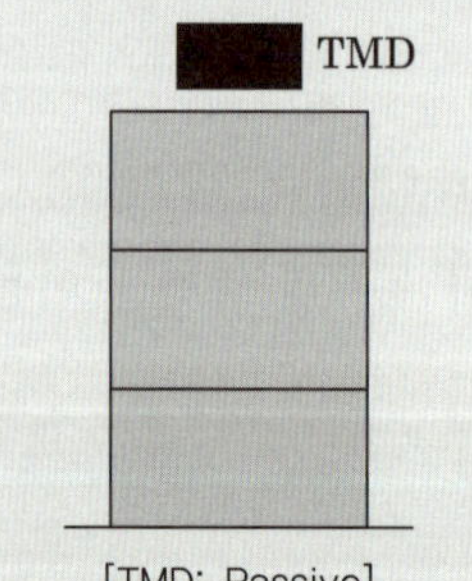

[TMD: Passive]

Ⅲ. 특징

① TMD의 고유진동수를 구조물의 고유 진동수에 일치시켜 에너지 흡수

② 사전에 건축물의 고유진동수 분석 선행

③ 지진 및 진동에 의한 손상레벨을 제어

④ 건축물의 비구조재 및 내부 시설물의 안전한 보호

⑤ 구조물 형태에 따라 TMD의 형태변형가능

기타용어

1	안전율	
	safety factor	유형: 재료·성능·공법

Ⅰ. 정 의

① 안전율은 구조설계시 가정한 조건하에서 구조물이 파괴될 확률
② 재료가 파괴될 때까지의 최대응력 즉, 극한강도를 허용응력으로 나눈 값을 말하며 안전율이 1이라 함은 설계조건과 같은 조건에서 파괴될 확률이 100%라는 의미

사용성(처짐, 균열, 진동)

- 건축물 및 공작물의 내력 부재는 사용에 지장이 되는 변형이나 진동이 생기지 아니하도록 충분한 강성을 확보하도록 하며, 순간적 파괴현상이 생기지 아니하도록 인성의 확보를 고려한다.
- 구조물 또는 구조부재에 과대한 처짐, 균열, 진동 등이 일어나면 구조물이 기능에 지장을 초래할 뿐만 아니라, 미관을 해치고 사용자에게 불안감을 제공하게 되므로 구조물은 외력에 대해 안전해야 될 뿐만 아니라 사용성도 확보되어야 한다.

최대 허용처짐

- 보 또는 슬래브의 과다한 처짐은 칸막이벽에 균열을 발생시키거나 개구부의 기능을 저해하고 바닥이나 지붕의 방수성능에 문제를 일으킨다.
- 따라서, 경간의 길이에 대해 보 또는 슬래브의 최소두께를 규정함으로써 사용하중 상태에서 처짐에 대한 문제점이 발생하지 않도록 규정하고 있다.

연관용어

- 휨균 열제어(보 및 1방향 슬래브의 휨철근 배치)

2	RC구조 사용성(처짐, 균열, 진동)	
	Serviceability	유형: 구조· 기준

1) 사용성(Serviceability)

구분		내용
한계상태	강도한계상태 (Strength Limit Srate)	구조체에 작용하는 하중효과가 구조체 또는 구조체를 구성하는 부재의 강도보다 커져 구조체가 하중 지지능력을 잃고 붕괴되는 상태
	사용성한계상태 (Serviceability Limit State)	구조체가 붕괴되지는 않더라도 구조기능이 저하되어 외관, 유지관리, 내구성 및 사용에 매우 부적합하게 되는 상태
설계상의 검토	안전성	계수하중(Factored Load)으로 검토 → $U=1.2D+1.6L$
	사용성	사용하중(Service Load)으로 검토 → $U=1.0D+1.0L$

2) 처짐(Deflection)

구분	내용			
총처짐=탄성처짐+장기처짐	• 탄성처짐=순간처짐=즉시처짐 • 장기처짐(Long Term Deflection) - 건조수축과 크리프에 의해 시간이 경과함에 따라 추가적으로 발생하는 원래의 상태로 되돌아가지 않는 처짐			
장기처짐=탄성처짐×λΔ $\lambda\Delta = \frac{\xi}{1+50\rho'}$	• ξ: 시간경과계수		• $\rho' = \frac{A_s'}{bd}$: 압축철근비	
	3개월	1.0	d′, N.A, d, A_s, b	
	6개월	1.2		
	12개월	1.4		
	5년 이상	2.0		

기타용어

131

3	철근콘크리트보의 유효높이(Effective Depth)확보의 중요성	
		유형: 구조· 기준

Ⅰ. 정 의

① 휨모멘트를 받는 철근콘크리트 부재의 단면에서 압축연단(콘크리트 표면)으로부터 인장철근의 단면 도심까지의 거리로 응력계산 시 유효하다고 하는 보의 높이
② 일반적으로 유효깊이라 칭함

Ⅱ. 보의 유효높이(깊이)

• 유효단면적(effective section area): 유효깊이에 유효폭을 곱한 면적
  – 유효깊이에 유효폭을 곱한 면적

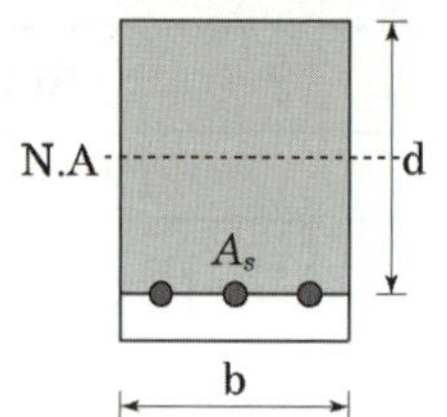

Ⅲ. 특징

① 보에 작용하는 휨모멘트가 이정한 크기 이상으로 증가하면 보의 인장측에 균열을 발생시킴: 균열모멘트
② 인장철근의 위치에 따라 균열발생 저감
③ 유효높이는 보 춤이 아니라 인장철근의 도심까지의 거리
④ 유효깊이 부족 시 휨강성, 단면성능 저하, 처짐 증가 및 구조내력 감소

CHAPTER

05 P·C 공사

Professional Engineer

마법지

1. 일반사항

- 설계
- 생산방식
- 부재생산
- 허용오차

2. 공법분류

- 구조형태
- 시공방식

3. 시공

- 시공계획
- 접합방식

4. 복합화·모듈러

- 복합화
- 모듈러

☆★★ 1. 일반사항

5-1	PC설계	
No. 455	Precast Concrete	유형: 구조 · 기준

설계

설계원칙

Key Point

◪ 국가표준
- KDS 14 20 60
- KCS 14 20 52

◪ Lay Out
- 구조원리 · 특성
- 설계원칙
- 구조검토

◪ 핵심 단어
- What: 공장에서 분할
- Why: 조립식
- How: 제작된 몰드에 타설

◪ 연관용어
- 프리텐션
- 포스트텐션

설계상 제약사항

- 부재의 분할, 접합부 설계 시 모듈화된 부재를 사용해야하므로 건축계획에 제약을 받는다.
- 접합부위치에서 누수, 소음, 열손실 문제 발생 우려
- 운송과 적재: 특수운송장비 및 도로운송제한
- 부재의 크기에 따라 디자인 제약
- 양중장비의 용량에 따라 부재의 크기 및 형태의 제약

Ⅰ. 정 의

① 현장에서 이루어지는 철근콘크리트 구조체를 공장에서 분할(기둥, 보, 슬래브)하여 다양한 형태로 제작된 몰드에 타설되어 제작하고 현장에 반입하여 조립식으로 구조물을 축조하는 공법

② 품질향상, 공기단축, 시공 안정성 향상, 폐기물을 최소화 할 수 있다.

Ⅱ. 구조적인 원리 및 특성

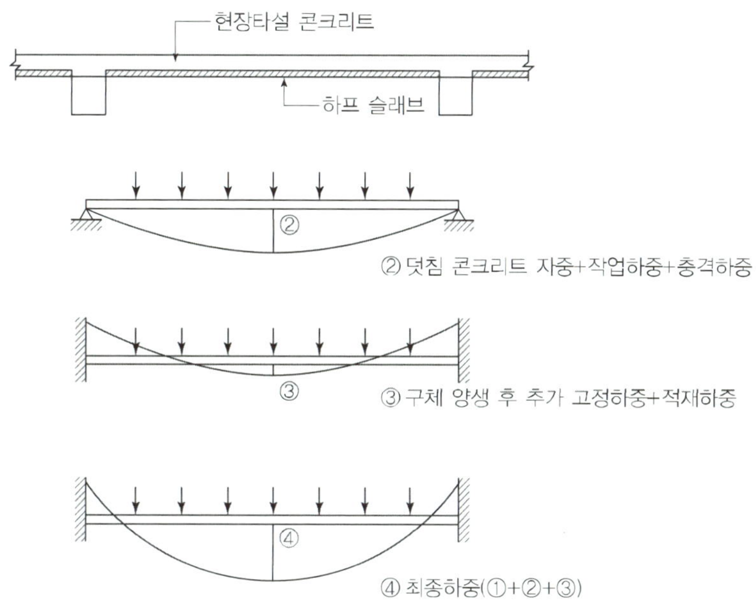

Ⅲ. 설계원칙

① 거푸집 제거, 저장, 운반, 조립 등을 포함한 초기 제조에서 구조물의 완성에 이르기까지 일어날 수 있는 모든 하중과 충격하중 및 구속조건을 고려

② 모든 접합부와 그 주위에서 발생할 수 있는 단면력과 변형을 고려하여 설계

③ 상호 연결된 구조 부재에 관한 영향을 포함하여 초기 및 장기처짐의 영향을 설계에 고려

④ 부재 및 접합부를 설계할 때 이들 오차의 영향을 반영

⑤ 연결부와 지압부를 설계할 때에는 수축, 크리프, 온도, 탄성변형, 부동침하, 풍하중, 지진하중 등을 포함하여 부재에 전달되는 모든 힘의 영향을 고려

⑥ 부재를 설계할 때 일시적 조립 응력도 고려

설계

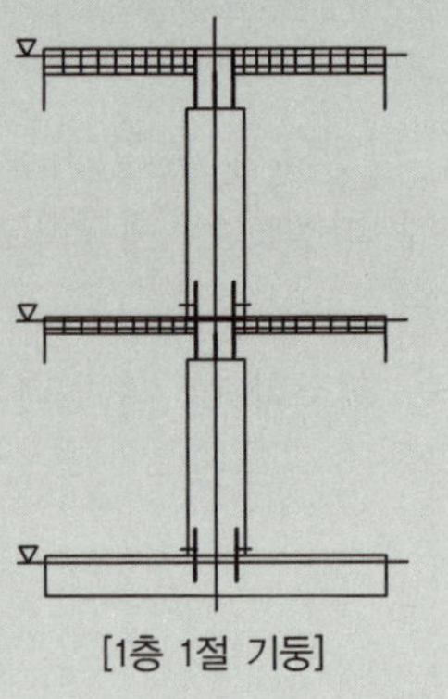
[1층 1절 기둥]

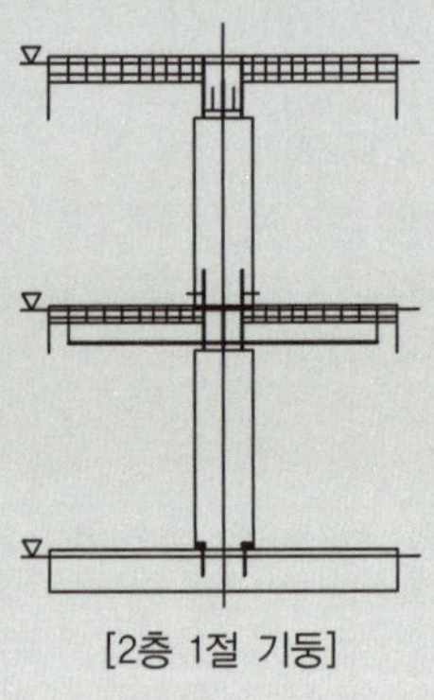
[2층 1절 기둥]

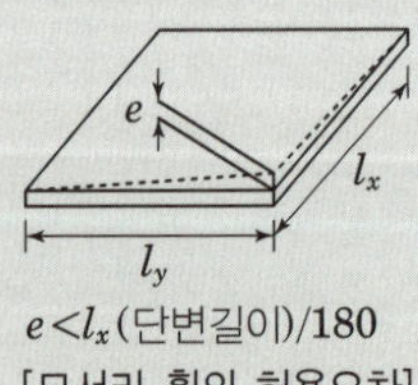

$e < l_x$(단변길이)/180
[모서리 휨의 허용오차]

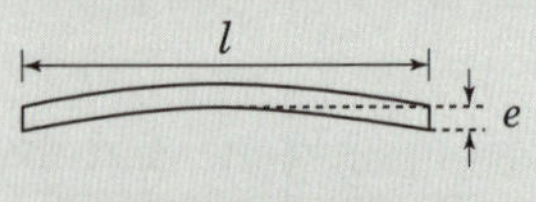

$e < l < 360$, 최대값 20mm 미만
[모서리 굽음의 허용오차]치

⑦ 벽판이 기둥이나 독립기초판의 수평연결 부재로 설계되는 경우 깊은 보 작용이나 횡좌굴과 처짐에 대한 영향을 설계에 고려

⑧ 부재의 설계기준압축강도는 21MPa 이상

Ⅳ. 구조검토- 지하주차장 Half PC

- 적용할 부위가 결정되면 Slab의 1-방향 혹은 2-방향 골조구조 적용할 것인지 구조형식을 결정
- 구조형식에 따라 Slab의 두께를 결정
- 단층 기둥을 쓸 것인지 or 2층 혹은 다층 1절 기둥을 쓸 것인지
- 경간의 길이에 따라 보에 Prestress를 도입 or 중공Slab를 도입할 것인지를 결정

구조형식	공법 적용	단위구조평면	
		지하층	지붕층
2-Way	Half slab (T=70mm)	8,000 PG2 8,000 PG1 PS1 PB1 PS1 PG1 PG2	8,000 RPG2 8,000 RPG1 RPS 1 RPB1 RPS 1 RPG1 RPG2
2-Way	Half slab (T=100mm)	8,000 PG2 8,000 PG1 PS1 PG1 PG2	8,000 RPG2 8,000 RPG1 RPS 1 RPG1 RPG2
1-Way	Half slab (T=70mm)	8,000 8,000 PG1 PS1 PG1	8,000 8,000 RPG1 RPS 1 RPG1

생산방식

생산방식

Key Point

◩ 국가표준

◩ Lay Out
- 특징 비교

◩ 핵심 단어
- 모듈정합
- 상호호환
- 사전에 결정

◩ 연관용어
- 개발방식

☆☆★ 1. 일반사항

5-2	PC생산방식, 개발방식	
No. 456		유형: 항목 · 기준

Ⅰ. 정 의

① Open system: 건물을 구성하는 구성 부재 및 부품을 모듈정합(modular coordination)화 하여 상호 호환이 가능하도록 설계하고 디자인과 접합방식은 다양한 형태로 생산하는 방식

② Closed System: 특정한 구조물의 형태 및 기능을 사전에 결정하고 이를 구성하는 부재가 부품으로 제작되어 생산하는 방식

Ⅱ. 특징 비교

구분	Open System	Closed System
생산성	• 소량생산가능	• 대량생산에 적합
구조안전성	• 다양한 부재의 조합으로 구조적 안정성 취약우려	• 전체설계에 의해 결정 • 구조적 안정성 증대
운송	• 일정부재의 형태이므로 운송 간편	• 대형부재로 운송 불편
Design	• 다양한 Design 가능	• 제한된 Design
자본	• 초기 투자비가 적다 • 소자본으로 생산가능	• 초기시설 투자비 과다 • 대형공장 및 야적장 필요
부재의 종류	• 소형부재 가능 • Unit생산 가능	• 대형부재 • 대형건축물
적용지역	• 북미 • 유럽	• 대한민국
공급방식	• Make to stock (시장조사를 통해 판매예측)	• Make to order (주문 후 제품공급)
전제조건	• 부재의 표준화 • 모듈정합	• 대형시설 • 수요

생산방식

생산방식

Key Point

- 국가표준
- Lay Out
  - 특징
  - 특징 비교
- 핵심 단어
  - 모듈정합
  - 상호호환
  - 다양한 형태로 생산
- 연관용어
  - 개발방식

☆☆☆ 1. 일반사항 111

5-3	개발방식 중 Open System	
No. 457		유형: 항목 · 기준

Ⅰ. 정 의

Open system: 건물을 구성하는 구성 부재 및 부품을 모듈정합(modular coordination)화 하여 상호 호환이 가능하도록 설계하고 디자인과 접합 방식은 다양한 형태로 생산하는 방식

Ⅱ. 특 징

① Make to stock: 시장조사를 통해 판매예측량을 분석하여 이를 근거로 생산을 하여 시장에 공급하는 방식
② 다양한 형태로 부재생산
③ 평면구성이 자유롭다.
④ 부품조립이 가능한 상호 호환성

Ⅲ. 특징 비교

구분	Open System	Closed System
생산성	• 소량생산가능	• 대량생산에 적합
구조안전성	• 다양한 부재의 조합으로 구조적 안정성 취약우려	• 전체설계에 의해 결정 • 구조적 안정성 증대
운송	• 일정부재의 형태이므로 운송 간편	• 대형부재로 운송 불편
Design	• 다양한 Design 가능	• 제한된 Design
자본	• 초기 투자비가 적다 • 소자본으로 생산가능	• 초기시설 투자비 과다 • 대형공장 및 야적장 필요
부재의 종류	• 소형부재 가능 • Unit생산 가능	• 대형부재 • 대형건축물
적용지역	• 북미 • 유럽	• 대한민국
공급방식	• Make to stock (시장조사를 통해 판매예측)	• Make to order (주문 후 제품공급)
전제조건	• 부재의 표준화 • 모듈정합	• 대형시설 • 수요

제작원리

제작원리

Key Point

◩ 국가표준
- KDS 14 20 60
- KCS 14 20 53

◩ Lay Out
- Prestressed Concrete 의 원리
- 시공
- 프리스트레싱 방법
- 부재 치수의 허용 오차

◩ 핵심 단어
- What: 외력 응력
- Why: 내력
- How: 인공적으로 응력분포와 크기를 정하여

◩ 연관용어
- Pre-tension
- Post-tension

★★★ 1. 일반사항 72.120

5-4	Prestress concrete	
No. 458		유형: 공법 · 구조

Ⅰ. 정 의

① 외력에 의하여 일어나는 응력을 소정의 한도까지 상쇄할 수 있도록 미리 인공적으로 그 응력의 분포와 크기를 정하여 내력을 준 콘크리트

② 텐던이 배치되는 위치에 따라 그 효과가 다르며, 콘크리트 타설과 철근이 인장되는 시점에 따라서 프리텐션(prestension)과 포스트텐션방식(post-tension)으로 구분된다.

Ⅱ. Prestressed Concrete의 원리

1) 텐던(tendon)이 중심에 배치된 경우

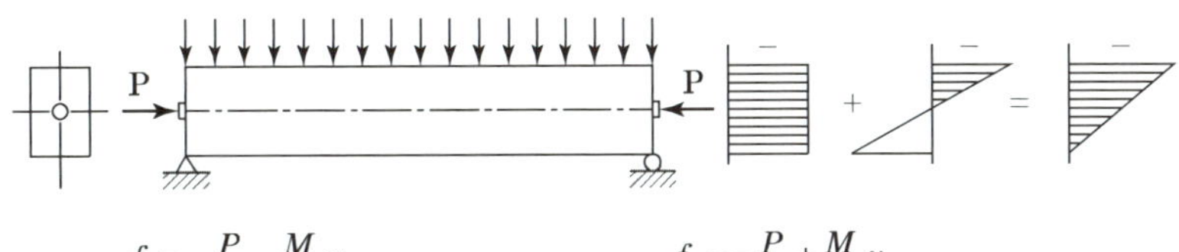

$f_t = -\frac{P}{A} - \frac{M}{I}y$ $\qquad$ $f_b = -\frac{P}{A} + \frac{M}{I}y$

f_t: 단면 상부의 스트레스 $\qquad$ f_b: 단면 하부의 스트레스

M: 외부하중으로 인한 모멘트 $\qquad$ y: 단면의 중심에서 연단까지의 거리

A: 단면적 $\qquad$ I: 단면 2차 모멘트

P는 등분포하중으로 생긴 보하부의 인장응력을 상쇄하는 효과

2) 텐던(tendon)이 편심을 두고 배치된 경우

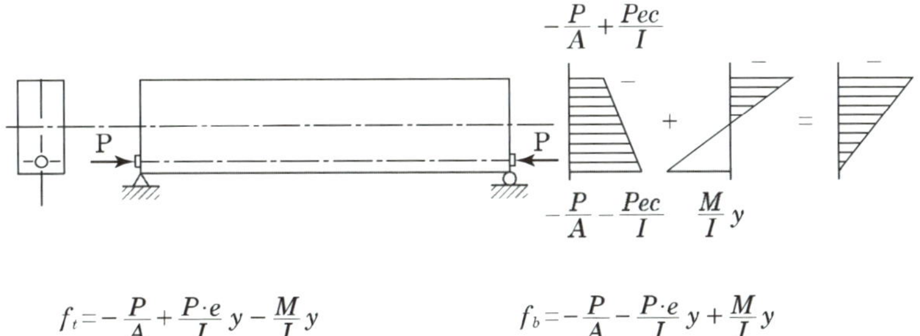

$f_t = -\frac{P}{A} + \frac{P \cdot e}{I}y - \frac{M}{I}y$ $\qquad$ $f_b = -\frac{P}{A} - \frac{P \cdot e}{I}y + \frac{M}{I}y$

e: 편심(중심축부터 텐던까지의 거리)

인장응력이 큰 부분에 텐던을 배치함으로써 프리스트레스의 효과 향상

Ⅲ. 시 공

1) 긴장재의 배치계획

① 덕트는 소정의 위치 및 방향으로 흠이 생기지 않도록 바르게 배치

② 콘크리트를 타설할 때 배치형상이 변하지 않도록 간격재, 강재 등으로 견고하게 지지

③ PS 강재가 덕트 안에서 서로 꼬이지 않도록 배치
④ 긴장재의 배치오차
- 도심 위치 변동의 경우: 부재치수가 1m 미만일 때에는 5mm 이하
- 1m 이상인 경우: 부재치수의 1/200 이하로서 10mm 이하

⑤ 덕트가 길고 큰 경우는 주입구 외에 중간 주입구를 설치

2) 정착장치 및 접속장치의 조립 및 배치계획
① 설계도에 나타낸 형상 및 치수와 일치하도록 조립하고 위치 및 방향을 정확하게 배치

3) 긴장작업 계획
① PS 강재에 소정의 인장력이 주어지도록 긴장
② 1년에 1회 이상 인장잭의 검교정을 실시
③ 콘크리트에 발생하는 최대 압축응력의 1.7배
④ 프리텐션 방식에 있어서 콘크리트의 압축강도는 30MPa 이상
⑤ 실험이나 기존의 적용 실적 등을 통해 안전성이 증명된 경우 25MPa로 하향 조정 가능
⑥ 프리스트레싱 작업 중에는 인장력과 신장량의 관계가 직선이 되어 있음을 확인

4) 그라우트의 계획
① 그라우트에 의해 긴장재의 부식을 방지
② 그라우트 시공은 프리스트레싱이 끝나고 8시간이 경과 ~ 7일 이내에 실시
③ 그라우트를 주입할 때에는 덕트 내에 압축공기를 통과시켜, 공기의 통과가 원활하고 또 기밀성이 확보되어 있다는 사실을 확인
④ 그라우트 주입은 비빈 직후에 그라우트 펌프를 사용하여 적절한 주입 압력을 유지하면서 서서히 실시
⑤ 한중에 시공을 하는 경우에는 주입 전에 덕트 주변의 온도 5℃ 이상일 때
⑥ 주입할 때 그라우트의 온도는 10 ~ 25℃를 표준
⑦ 그라우트의 온도는 주입 후 적어도 5일간은 5℃ 이상을 유지
⑧ 서중 시공의 경우에는 지연제를 겸한 감수제를 사용

Ⅳ. 프리스트레싱 방법

1) Pretension

PS강재에 인장력을 주어 긴장해 놓은 채 콘크리트를 치고, 콘크리트가 경화한 후에 PS강재의 인장력을 서서히 풀어서 콘크리트에 프리스트레스를 주입하는 방법으로서, 콘크리트와 PS 강재의 부착에 의해 프리스트레스를 도입하는 방식

2) Post tension

콘크리트가 경화한 후 PS강재를 긴장하여 그 끝을 콘크리트에 정착함으로써 프리스트레스를 주는 방법

제작원리

용어의 정의

- 그라우트(grout): PS 강재의 인장 후에 덕트 내부를 충전시키기 위해 주입하는 재료
- 덕트(duct): 프리스트레스트 콘크리트를 시공할 때 긴장재를 배치하기 위해 미리 콘크리트 속에 설치하는 관
- 솟음(camber): 보나 트러스 등에서 그의 정상적 위치 또는 형상으로부터 상향으로 구부려 올리는 것 또는 구부려 올린 크기
- 프리스트레스(prestress): 하중의 작용에 의해 단면에 생기는 응력을 소정의 한도로 상쇄할 수 있도록 미리 계획적으로 콘크리트에 주는 응력
- 프리스트레스트 콘크리트(prestressed concrete): 외력에 의하여 일어나는 응력을 소정의 한도까지 상쇄할 수 있도록 미리 인공적으로 그 응력의 분포와 크기를 정하여 내력을 준 콘크리트를 말하며, PS 콘크리트 또는 PSC라고 약칭하기도 함
- 프리스트레싱(prestressing): 프리스트레스를 주는 일
- 프리스트레싱 힘(prestressing force): 프리스트레싱에 의하여 부재단면에 작용하고 있는 힘
- PS 강재(prestressing steel): 프리스트레스트 콘크리트에 작용하는 긴장용의 강재로 긴장재 또는 텐던이라고도 함

제작원리

V. 부재 치수의 허용 오차

부재명	치수의 허용오차					비 고
	길이(높이)	폭	깊이	두께	대각선	
벽판	± 5 mm	±3 mm		+5 mm, −2 mm	+10 mm, −2 mm	
샌드위치판	± 5 mm	±3 mm		±5 mm		내력벽 두께 : +5 mm, −2 mm 비내력벽 두께 : ±3 mm
바닥판	± 7 mm	±3 mm		+5 mm, −2 mm	+10 mm, −2 mm	
지붕판	± 5 mm	±3 mm		±3 mm	+10 mm, −2 mm	
보	±20 mm	±6 mm	±6 mm			
기둥	±13 mm	±6 mm	±6 mm			
계단판	±13 mm	±10 mm				단높이= ±5 mm 단너비= ±6 mm
개구부	±6 mm	±6 mm			±6 mm	

☆☆★ 1. 일반사항 112

5-5	PS(Pre-stressed) 강재의 Relaxation	
No. 459		유형: 현상 · 결함

제작원리

감소현상

Key Point

◪ 국가표준
- KDS 14 20 60

◪ Lay Out
- Prestress 손실의 원인
- Relaxation이 부재에 미치는 영향
- 저감대책

◪ 핵심 단어
- What: PS강재
- Why: 인장응력 손실
- How: 긴장 시와 불일치

◪ 연관용어
- Pre-tension
- Post-tension

손실 원인

- 정착장치의 활동
- 콘크리트의 탄성수축
- 포스트텐션 긴장재와 덕트 사이의 마찰
- 콘크리트의 크리프
- 콘크리트의 수축
- 긴장재 응력의 릴랙세이션

Ⅰ. 정 의

① PS강재에 작용하는 최종 인장응력이 긴장 시의 Jacking Force와 일치하지 않고 여러 가지 원인에 의해 인장응력의 상당량이 손실되는 현상

② 인장응력의 손실은 사용하중작용 시 구조거동, 처짐, 솟음, 균열, 부재연결 등에 영향을 미친다.

Ⅱ. Prestress 손실의 원인

1. 즉시 손실(instaneous loss)

1) 탄성손실(Elastic Shortening)

콘크리트의 탄성변형에 의한 손실

2) 마찰손실(Frictional Loss)

프리스트레스 강재와 Sheath 또는 Duct사이의 마찰력에 의한 손실

3) 활동손실(Anchorge Loss)

정착장치에서 긴장재의 활동에 의한 손실

2. 시간적 손실(Time-dependent loss)

1) 건조수축(Shrinkage)

콘크리트의 건조수축에 의한 손실

2) Creep

콘크리트의 크리프에 의한 손실

3) Relaxation

강재의 릴렉세이션에 의한 손실

Ⅲ. Relaxation이 부재에 미치는 영향

① 콘크리트 내구성 저하

② 구조물의 구조내력 저하로 인한 변형

③ 콘크리트 부재의 균열 발생

④ 구조물의 처짐 발생

Ⅳ. 저감대책

① Prestress 도입기준 및 순서 준수

② PS강재와 쉬스의 마찰력 최소화

③ PS강선의 수직도 및 각도 준수

④ PS강재의 정착부 관리 철저

☆☆★ 1. 일반사항

5-6	Pre-Tension	
No. 460	프리텐션	유형: 공법 · 구조

제작원리

제작원리 Key Point

◩ 국가표준
- KDS 14 20 60
- KCS 14 20 53

◩ Lay Out
- 제작원리
- 특징

◩ 핵심 단어
- What: PS강재
- Why: 프리스트레스 도입
- How: 미리 인장력을 주어

◩ 연관용어
- Pre-tension
- Post-tension

Long line 공법

① 프리스트레싱에 의해 동시에 여러 개의 부재를 한 번에 제작할 수 있는 공법
② 인장대에 길이가 긴 P.S. 강재·강선을 긴장한 상태에서 여러 개의 거푸집을 설치하고 콘크리트를 타설·경화 후 긴장을 풀어 부재 내에 압축력이 도입된다.
③ Long-line 공법은 비교적 길고 큰 부지내에서 철도침목, P.C pile 등의 대량생산에 적합하다.

Ⅰ. 정 의

① PS강재에 인장력을 주어 긴장해 놓은 채 콘크리트를 치고, 콘크리트가 경화한 후에 PS강재의 인장력을 서서히 풀어서 콘크리트에 프리스트레스를 주입하는 방법으로서, 콘크리트와 PS 강재의 부착에 의해 프리스트레스를 도입하는 방식
② 공장제작에 적합하고 대형부재 제작시에는 불리하다.

Ⅱ. 제작원리 및 Prestressing 방법

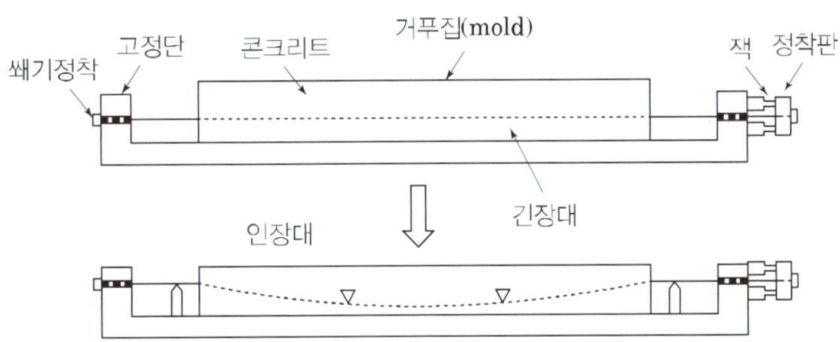

PS강재에 인장력 가함 → Concrete 타설 → 경화 후 인장력제거→ 콘크리트와 PS 강재의 부착에 의해 프리스트레스를 도입

Ⅲ. 특 징

1) 장점
① 일반적으로 설비가 좋은 공장에서 제조되므로 제품의 품질에 대한 신뢰도가 높다.
② 동일한 형상/치수의 프리캐스트 부재를 대량으로 제조 가능
③ 쉬스(sheath), 정착장치 등 불필요

2) 단점
① 긴장재를 곡선으로 배치하기가 어려워 대형부재의 제작에는 부적합
② 부재의 단부(정착구역)에는 소정의 프리스트레스가 도입되지 않기 때문에 설계에 주의

제작원리

제작원리

Key Point

◩ 국가표준
- KDS 14 20 60
- KCS 14 20 53

◩ Lay Out
- 제작원리
- 특징
- 긴장재 배치방식

◩ 핵심 단어
- What: PS강재
- Why: 프리스트레스 도입
- How: 경화 후 긴장

◩ 연관용어
- Pre-tension
- Post-tension

☆☆★ 1. 일반사항 62

5-7	Post-Tension	
No. 461	포스트텐션	유형: 공법 · 구조

Ⅰ. 정 의

① Sheath관(管)을 사전에 배치한 상태에서 concrete를 타설 후 P.S. 강재 · 강선에 인장력을 갖도록 긴장(緊張)한 상태에서 Grout재(材)를 주입한 후 2차 경화 후 긴장을 풀어 concrete의 부착에 의해 부재 내에 압축력이 도입되는 공법

② 현장제작과 대형부재 제작 시 적합

Ⅱ. 제작원리 및 Prestressing 방법

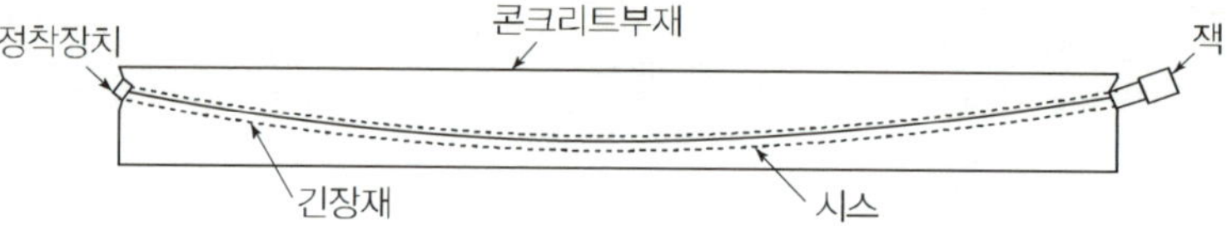

Sheath관내 PS강선매입 → Concrete 타설 → 경화 후 인장력가함 → Sheath관내 Grout재 주입 후 긴장제거 → 양단부의 정착장치에 고정 후 반력으로 압축력 전달

Ⅲ. 특 징

1) 장점

① PS 강재를 곡선상으로 배치할 수 있어서 대형 구조물에 적합

② 인장대 불필요 → 현장에서 쉽게 프리스트레스를 도입

③ 프리캐스트 PC부재(PSC부재)의 결합과 조립에 편리하게 이용

④ 부착시키지 않은 PC부재(PSC)는 그라우팅이 필요하지 않으며 PS 강재의 재긴장도 가능

2) 단점

부착시키지 않은 PC부재(PSC부재)는 부착시킨 PC부재는 부착시킨 PC부재(PSC부재)에 비하여 파괴강도가 낮고 균열폭이 커지는 등 역학적 성능 저하

Ⅳ. 긴장재 배치방식

1) 집중-분산형(Banded-Distributed)

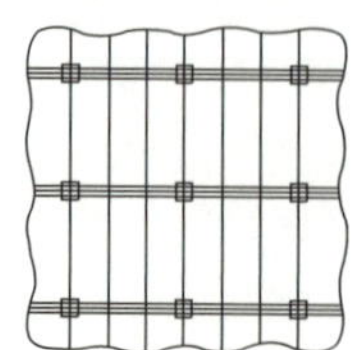

• 한 방향 기둥상단에 긴장재 100% 집중배치 +다른 방향은 분산배치

Unbond Post-tension 공법

① Sheath관(管)을 사전에 배치한 상태에서 concrete를 타설하여 경화후 방청 윤활제(Grease 등)를 바른 P.S.강재(鋼材) 또는 P.S.강선(鋼線)에 인장력을 갖도록 긴장(緊張)한 상태에서 방습 tape를 감은 긴장재(unbond tendon)에 콘크리트를 타설하는 공법

② concrete의 부착에 의하지 않고 부재 내에 압축력이 도입되는 공법으로 파괴내력이 저하되는 단점이 있으나, 복잡한 grouting재 주입이 생략되어 시공이 비교적 간단하다.

제작원리

2) 집중-집중형(Banded-Banded)

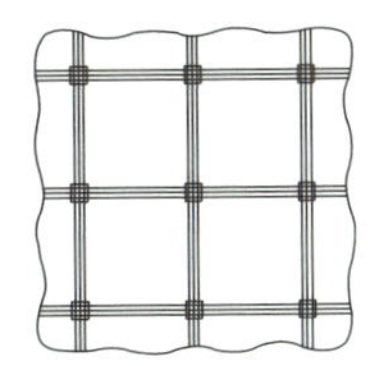

- 기둥상단에 긴장재 100%집중배치+내부는 일반 철근 설치

3) 분산-분산형(Distributed-Distributed)

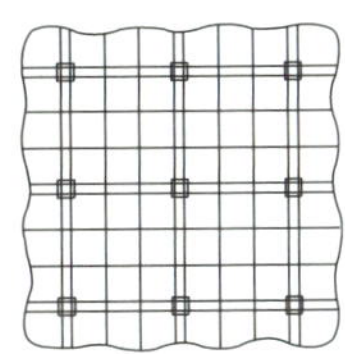

- 양방향에 긴장재 100% 분산배치

4) 혼합형(mixed)

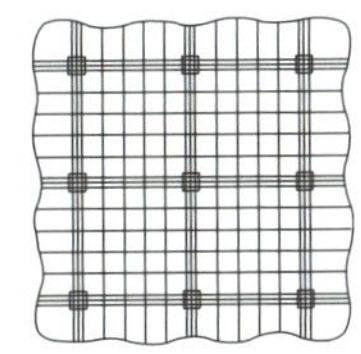

- 주열대에 75%+주간대에 25%
- 기둥상단 50%+나머지 50%

V. 정착구의 종류

1) 인장 정착구

쐐기식으로 강연선과 정착장치사이의 마찰력을 이용한 쐐기작용(Wedge Action)으로 강연선을 정착하는 방식

2) 연결 정착구

① 인장용: 이미 설치하여 긴장된 강연선에 연결 시 사용

② 연결용: 설치는 되었으나 아직 긴장되지 않은 강연선에 연결 시 사용

3) 고정 정착구

① 강연선 단부의 형상과 부착력으로 강연선의 인장력을 콘크리트 부재에 전달

② 양단 긴장으로 계획된 경우에는 고정정착구 대신 양단에 인장정착구가 설치됨

4) 중간인장 정착구

저장탱크 등 원형구조물에서 인장 및 고정정착구가 한 곳에서 이루어지는 경우에 사용됨

구조형태

공법분류

Key Point

◩ 국가표준

◩ Lay Out
- 구조형태
- 시공방식

◩ 핵심 단어
- What: PS강재
- Why: 프리스트레스 도입
- How: 경화 후 긴장

◩ 연관용어
- Pre-tension
- Post-tension

★★★ 2. 공법분류

5-8	PC공법분류	
No. 462		유형: 공법

Ⅰ. 정 의

구조형태, 부재의 형상, 조립방법에 따라 분류

Ⅱ. 구조형태

1. 판식(Panel System)

1) 횡벽구조(Long Wall System)

평면구조상 내력벽을 횡방향으로 배치하여 평면계획에 유리

2) 종벽구조(Cross Wall System)

평면구조상 내력벽을 종방향으로 배치하여 경량 Curtain Wall 설치에 유리

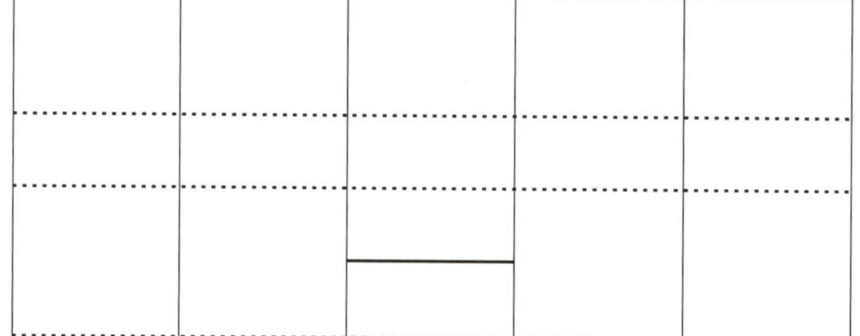

3) 양벽구조(Ring or Two-Span System),Mixed system

종. 횡 방향이 모두 내력벽인 구조에 채택

구조형태

2. 골조식(Skeleton System)

1) H-형강 P.C 공법

라멘(rahmen) 구조의 주요구조부재중 기둥은 H-형강으로 조립하고 보·내력벽·slab 등을 PC 부재화하여, 운송·반입·야적·양중·조립·접합·방수 등을 하는 공법

2) RPC 공법

라멘(rahmen) 구조의 주요구조부재인 기둥·보 등을 R.C 혹은 SRC로 P.C 부재화하여, 운송·반입·야적·양중·조립·접합·방수 등을 하는 공법

3) 적층공법(Total Space Accumulation)

P.C 부재화하여 1개층씩 조립·접합·방수하면서, 동시에 설비공사 및 마감공사도 1개층씩 완료하면서 진행하는 공법

3. 상자식(Box unit System)

1) Space Unit

Space Unit를 순철골조에 삽입

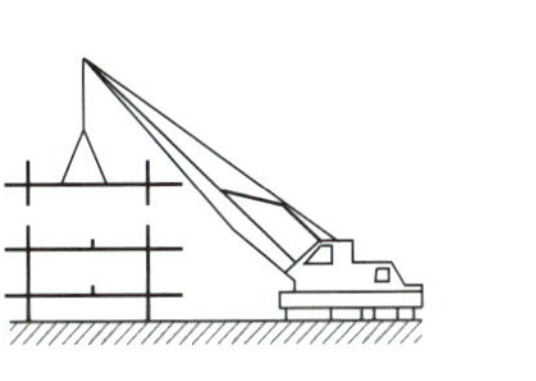

순철골조 구조체 건립

Space Unit 삽입

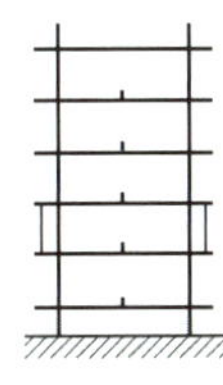

시공완료

2) Cubicle Unit

주거 Unit를 연결 및 쌓아서 시공

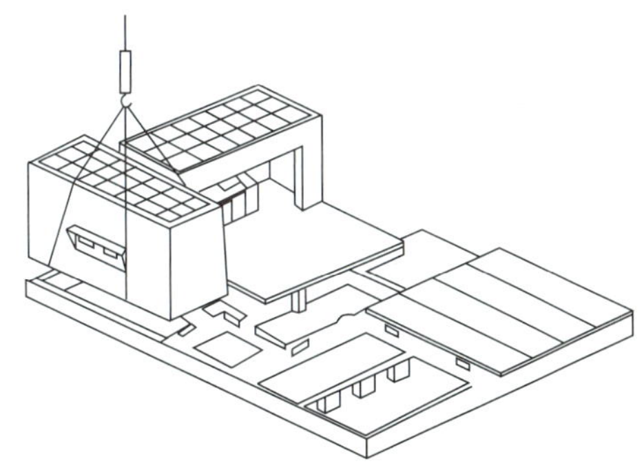

4. 복합식(Composite System, Frame Panel System)

가구형과 패널형의 복합형태로 철골을 주요 구조재로 하고 패널은 구조적 역할보다는 단열, 차음 및 공간구획 등의 기능만을 수행

Ⅲ. 시공방식

1. Full PC
2. Half PC
3. 적층공법

구조형태

공법분류

Key Point

◪ 국가표준

◪ Lay Out
- 구조형태 분류
- 종류
- 특징

◪ 핵심 단어
- 순골조

◪ 연관용어
- 판식
- 상자식
- 복합식

☆☆☆ 2. 공법분류 76

5-9	PC 골조식 구조	
No. 463	Skeleton construction system	유형: 공법 · 구조

I. 정 의

구조형태에 따라 주요 부재인 기둥 보 슬래브를 순골조로 구성되는 구조 형식

II. 구조형태 분류

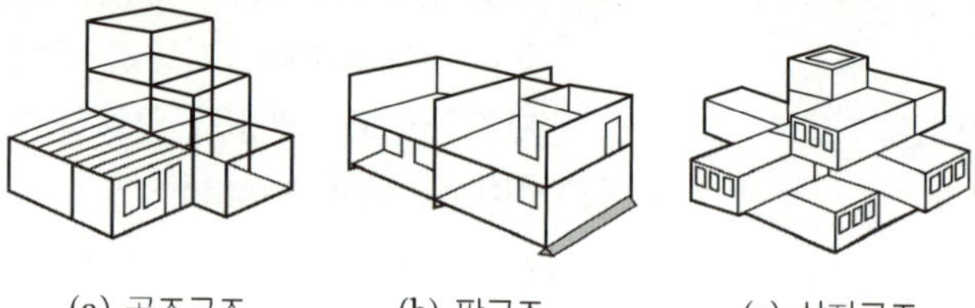

(a) 골조구조 (b) 판구조 (c) 상자구조

- 보-기둥 구조(Beam- Column System)
- 무량판 구조(Beamless Skeleton System)
- 개구식 구조(Portal Skeleton System)

III. 종 류

1) H-형강 P.C 공법

라멘(rahmen) 구조의 주요구조부재 중 기둥은 H-형강으로 조립하고 보·내력벽·slab 등을 PC 부재화 하여, 운송·반입·야적·양중·조립·접합·방수 등을 하는 공법

2) RPC 공법

라멘(rahmen) 구조의 주요구조부재인 기둥·보 등을 R.C 혹은 SRC로 P.C 부재화 하여, 운송·반입·야적·양중·조립·접합·방수 등을 하는 공법

3) 적층공법(Total Space Accumulation)

P.C 부재화하여 1개층씩 조립·접합·방수하면서, 동시에 설비공사 및 마감공사도 1개층씩 완료하면서 진행하는 공법

IV. 특 징

① 분할개념이 명확하여 평면계획의 자유롭다.
② 접합단위가 많고 고층 상업용에 주로 이용
③ 부재가 대형화하며, 수송상의 문제
④ 공업화율이 높고 공기가 단축되는 것, 시공정도가 확보

구조형태

공법분류

Key Point

- 국가표준
- Lay Out
  - 방식분류
- 핵심 단어
  - unit(주거 unit)
- 연관용어
  - 판식
  - 골조식
  - 복합식

☆☆☆ 2. 공법분류

5-10	PC 상자식구조	
No. 464	Box Type	유형: 공법 · 구조

Ⅰ. 정 의

① Space unit: 공장에서 제작된 space unit(주거 unit)을 현장에서 순철골로 가구(架構)된 구조체 안에 삽입하여 고층의 공동주택을 구축하는 공법

② Cubicle unit: 공장에서 제작된 상자형의 cubicle unit(주거 unit)을 현장에서 연결하거나, 쌓아서 1~2층의 저층 공동주택을 구축하는 공법

Ⅱ. 방식 분류

1) Space Unit

Space Unit를 순철골조에 삽입

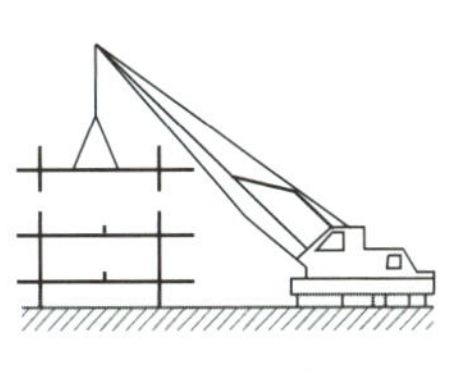

순철골조 구조체 건립

Space Unit 삽입

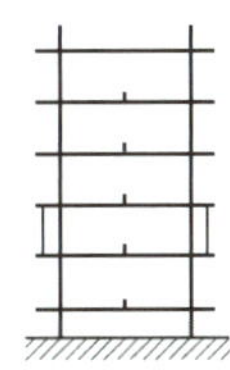

시공완료

① Space unit(주거 unit)을 현장에서 구조체 안에 삽입만 하는 방식

② 현장에서 어느 정도의 층(層)(통상 3~6층)을 1 unit으로 하여 PC 벽판과 PC 바닥판을 조립 · 접합하는 방식

2) Cubicle Unit

주거 Unit를 연결 및 쌓아서 시공

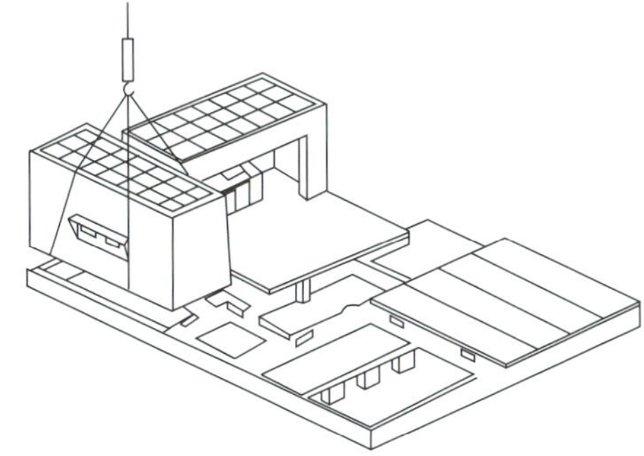

① 외주에 PALC(Precatable Autoclaved Lightweight Concrete)벽을 설치한 U자형 cubicle unit(주거 unit)을 공장에서 생산

② 현장에서 평면 및 상 · 하 Cubicle unit(주거 unit)을 HTB(High Tension Bolt)로 접합

③ 전기배선 및 설비배관을 설치하여 완료

시공방식

Half PC

Key Point

- 국가표준
- Lay Out
  - Half Slab의 일체성 확보원리
  - 채용 시 유의사항
  - 주요 PC
- 핵심 단어
  - 하부는 공장
  - 상부는 topping concrete
- 연관용어

주요 공법

- 2Way Half PC Slab
- Hollow Core Slab
- Double Tee Slab
- Multi Ribbed Slab
- Jointless Rib Slab
- Multi Ribbed Plus Slab
- Inverted Multi Tee
- Optimized Pre stress

60.81

5-11	합성슬래브, Half Slab	
No. 465	Half Slab	유형: 공법 · 구조

Ⅰ. 정 의

Slab 하부는 공장에서 제작된 P.C 판을 사용하고, 상부는 전단연결철물(shear connector)과 topping concrete로 일체화된 바닥 slab를 구축하는 공법

Ⅱ. Half Slab의 일체성 확보원리

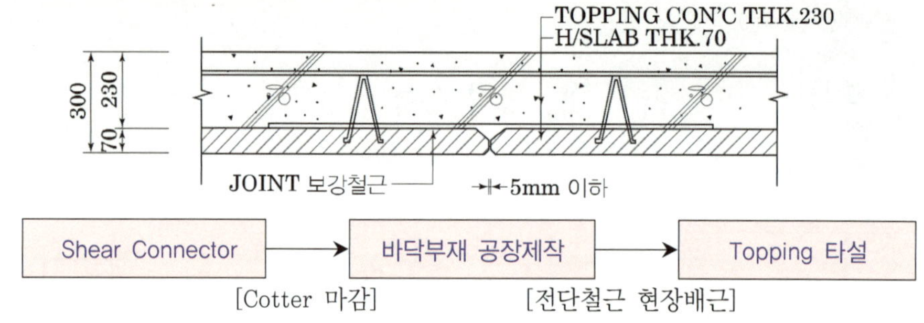

Ⅲ. 채용 시 유의사항

- 구조
(구조적 안전성, 설계원칙 준수)

- 시공
(장비운용, 기초시공, 작업한계, 정도의 확보, 합성 구조체 확보, 균열방지)

- 관리
(기성고 관리, Lead Time 확보)

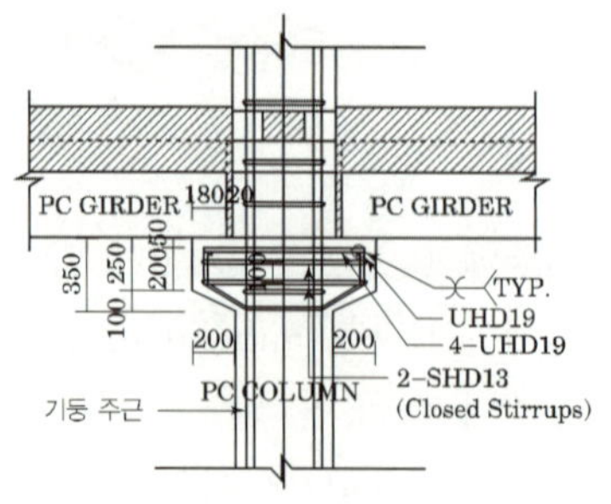

[지하층 보 180mm 헌치 위에 걸침]

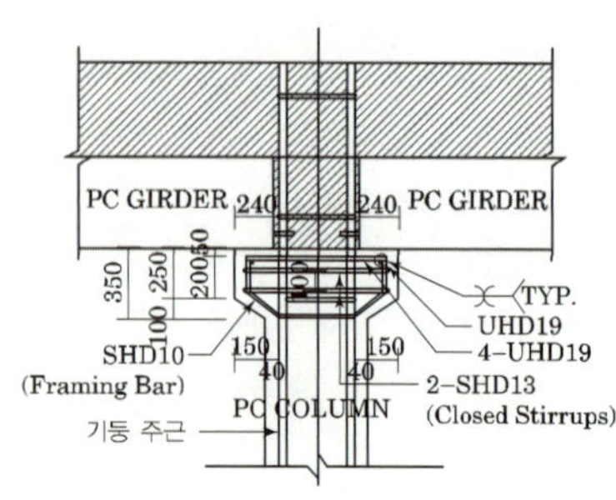

[지붕층 보 240mm 헌치 위에 걸침]

시공방식

Ⅳ. 주요 PC

1) Jointless Rib Slab

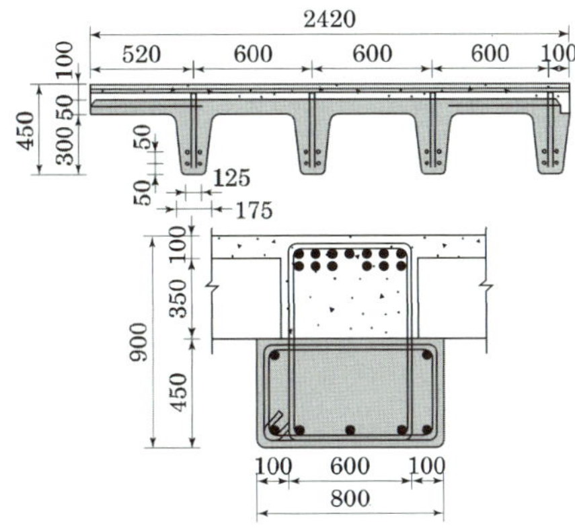

- DTS 이음부 균열문제 해결을 위해 연속적으로 설계
- 다수의 일체형 리브를 사용하여 휨 강성 증대

2) Inverted Multi Tee

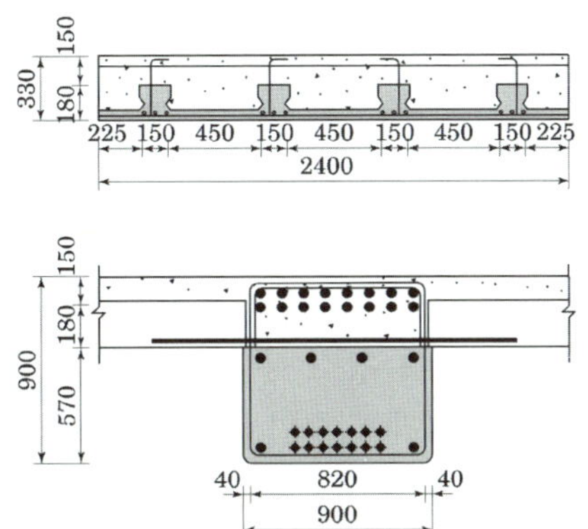

- 전단철근 매입생산
- 타공법에 비해 현장타설 부분이 많고 판 접합부가 얇아 편토압 등이 작용하는 현장에 유리

3) Optimized Prestress

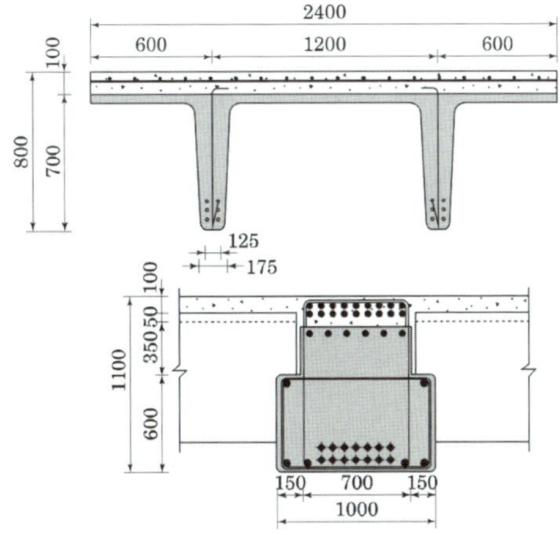

- 양단부에는 하부 플랜지, 중앙부에는 상부 플랜지를 두고 나머지는 제거하는 개념
- 단부 마구리가 필요없어 생산성 및 연속성 우수

시공방식

Half PC

Key Point

- 국가표준

- Lay Out
  - 연결부 접합상세 및 시공순서
  - PC Slab 비교
  - 특징
  - 유의사항 – 설비 전기 배관용 앵커 매립 시

- 핵심 단어
  - What: Slab 중공형성
  - Why: 인장성능 향상
  - How: Prestress 도입

- 연관용어

☆★★ 2. 공법분류

5-12	Hollow Core Slab	
No. 466	중공슬래브	유형: 공법 · 구조

Ⅰ. 정 의

① Slab 단면에 중공을 형성시켜 부재의 중량을 줄이고 prestress를 도입 하여 인장성능을 향상시킨 Slab

② 하중의 분산 및 층간 방음·방진, 단열 효과를 가지며 prestress 도입으로 인해 강성이 큰 slab

Ⅱ. 연결부 접합상세 및 시공순서

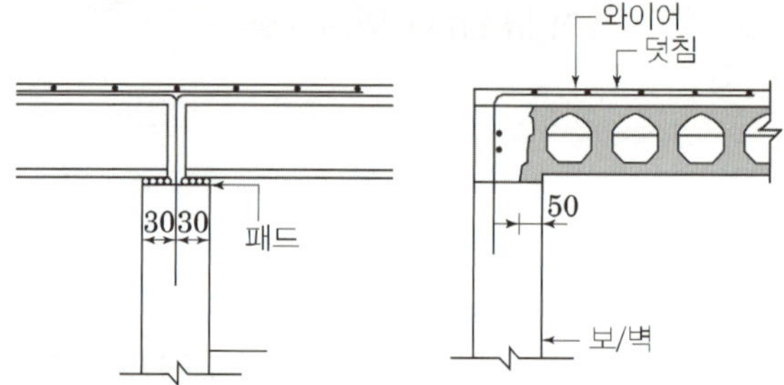

Bed 청소 → 강선배치 → 강연선 인장 → 콘크리트 배합, 운반 및 성형기에 주입 → 성형 → 오프닝 천공 → 양생포 덮개 → 슬래브 양생 → 양생포 제거 → 슬래브 절단 → 슬래브 운반 → 우수구멍 천공 → 야적 → 현장운반 → 양중 → 현장시공

Ⅲ. PC Slab 비교

구분	HCS	Half Slab	DTS
생산방법	• Bed 위에 강연선 긴장 후 콘크리트 타설	• 몰드 내 철근 배근 후 콘크리트 타설	• 몰드내 철근배근 강연선 긴장 후 콘크리트 타설
재료	• 콘크리트, 강연선	• 콘크리트, 철근	• 콘크리트, 철근, 강연선
장점	• 장스팬 가능 • 부재제작 길이의 유연성 • 하부 동바리지지 불필요	• 경제적 • 경량부재 • 개구부 처리 용이	• 장스팬 가능 • 상부철근 배근 용이 • 하부 동바리지지 불필요
단점	• 자재야적, 설치 시 중공 내 우수관입 우래 • 슬래브 두께 큼	• 동바리 지지 • 현장 철근배근 필요 • 장스팬 힘듬	• 접합부 균열 발생 우려 • 부재 춤이 큼 • 부재 제작비용 고가
형태			

시공방식

Ⅳ. 특 징

① Pre-stress기술이 도입된 고강도 경량 부재로서 장Span 가능
② 무동바리 시공 가능하며, 현장의 공사기간 단축 가능
③ 연속된 부재를 요구되는 길이로 절단하여 제작하므로 다양한 길이로 사용 가능
④ 부재 제작 시 철근 배근없이 강연선만 배근

Ⅴ. 유의사항- 설비 전기 배관용 앵커 매립 시

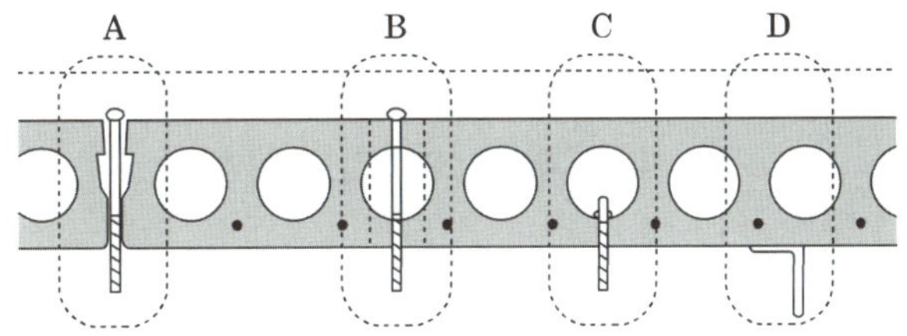

① A(관통 Anchor): 조인트 균열 누수 가능성
② B(관통 Anchor) 관통 시 균열 가능성
③ C((Toggle Anchor): 중공부 하부에서 후시공
④ D(Set Anchor): 시공 중 강연선 간섭피해 바닥에서 후시공

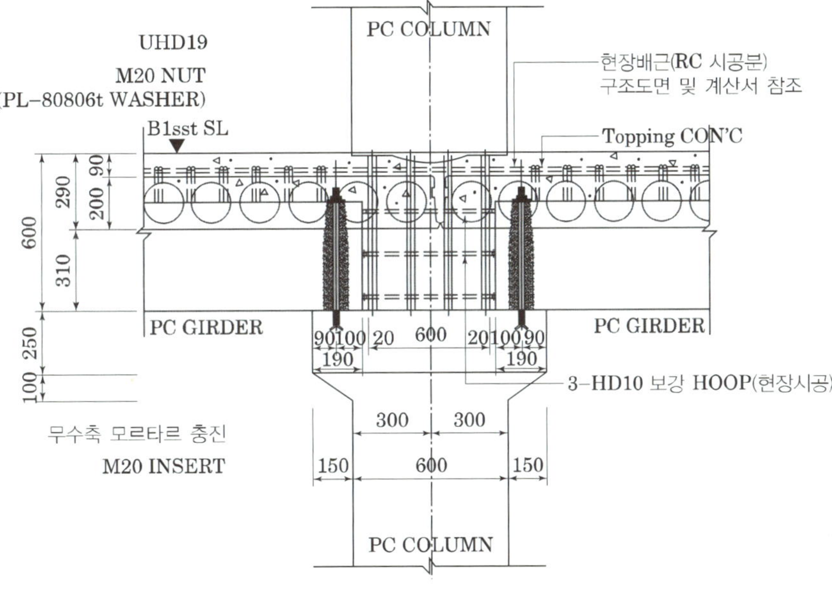

☆★★ 2. 공법분류

5-13	Double-T공법	
No. 467		유형: 공법 · 구조

시공방식

Half PC

Key Point

☑ 국가표준

☑ Lay Out
- 단면형태 · 접합상세
- 특징
- 시공 시 유의사항

☑ 핵심 단어
- What: Slab
- Why: 프리스트레스 도입
- How: 2개의 T자 보

☑ 연관용어
- Multi Ribbed Slab

주요 공법

- 2Way Half PC Slab
- Hollow Core Slab
- Double Tee Slab
- Multi Ribbed Slab
- Jointless Rib Slab
- Multi Ribbed Plus Slab
- Inverted Multi Tee
- Optimized Pre stress

Ⅰ. 정 의

① Prestress가 도입된 2개의 T자를 이어 놓은 형태의 단면을 갖는 Slab

② 하중의 분산 및 장Span이 가능하고, prestress 도입으로 인해 강성이 큰 slab

Ⅱ. 단면형태 및 접합상세

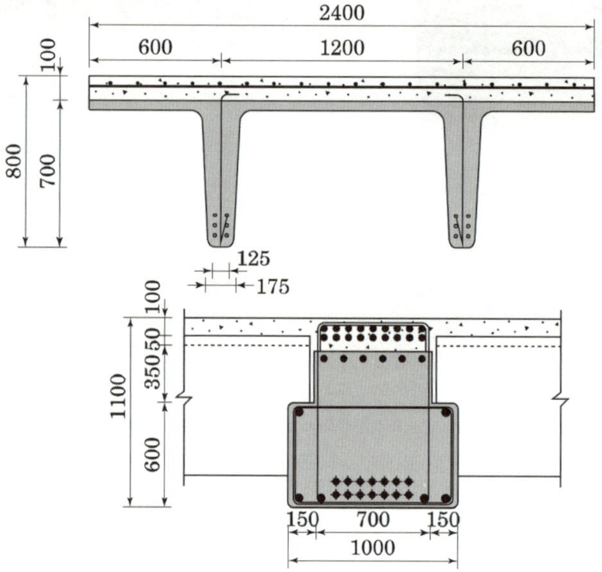

Ⅲ. 특 징

1) 장점

① 1Way(PS 도입)로 장Span에 유리

② 단순 Slab 설계로 상부철근 배근 용이

③ 전단철근이 매입 생산되어 합성능력 우수

④ 하부 동바리 시공 필요없음

⑤ 기본 폭 2400mm에서 일정폭 변경용이

⑥ 리브의 유효춤이 높아 장기처짐에 유리

2) 단점

① 단순보로 설계되어 균열문제에 대해 철저한 관리필요

② 층고가 낮은 경우 리브로 인하여 공간의 개방성 저해

③ 보의 춤이 커서 소방 및 설비배관의 사전검토 필요

☆☆☆ 2. 공법분류

5-14	MRS(Multi Ribbed Slab)	
No. 468		유형: 공법 · 구조

시공방식

Half PC

Key Point

◪ 국가표준

◪ Lay Out
- 단면형태 · 접합상세
- 특징

◪ 핵심 단어
- What: Slab
- Why: 프리스트레스 도입
- How: 2개의 T자 보

◪ 연관용어
- Double Tee Slab

주요 공법

- 2Way Half PC Slab
- Hollow Core Slab
- Double Tee Slab
- Multi Ribbed Slab
- Jointless Rib Slab
- Multi Ribbed Plus Slab
- Inverted Multi Tee
- Optimized Pre stress

Ⅰ. 정 의

① Prestress가 도입된 2개의 T자를 이어 놓은 형태의 단면을 갖는 Slab로 단순보인 DTS를 강접합 형태로 개선한 공법

② 하중의 분산 및 장Span이 가능하고, prestress 도입으로 인해 강성이 큰 slab

Ⅱ. 단면형태 및 접합상세

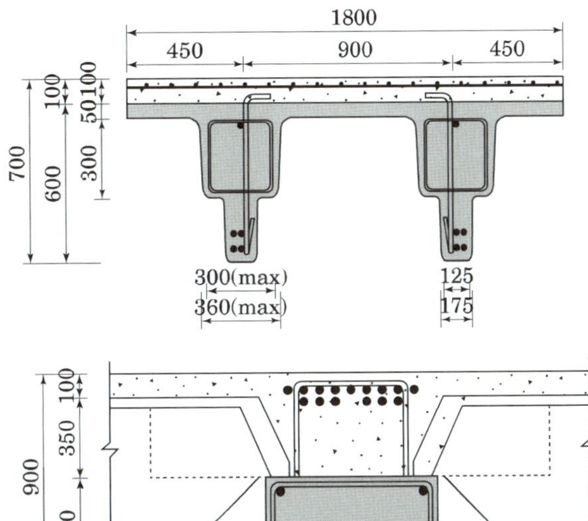

Ⅲ. 특 징

1) 조립 안전성 및 시공성 개선

① 보: 180mm/240mm(지붕)-Dowel Bar와 너트로 고정, Slab: 80mm/100mm(지붕)걸침

② 2개층 동시 조립 가능

③ 부재조립 후 하부공간 조기 활용가능

2) 사용성 개선

① 처짐, 균열 저감: Rib시공을 통해 강성증대, 처짐 제어

② 장스팬 구현: PS도입을 통해 장스팬 구현(4대 주차모듈 가능)

3) 경제성 향상

① 철근을 고강도 강선으로 대체

② 부재수량 최소화를 통한 원가경쟁력 향상

시공방식

Half PC

Key Point

◩ 국가표준
- KCS 14 31 20
- KDS 14 20 66
- KDS 14 30 10

◩ Lay Out
- Shear Connector 종류
- 전단연결재의 구조제한

◩ 핵심 단어
- What: 합성구조
- Why: 일체성 확보
- How: 두부재 접합

◩ 연관용어
- 스터드 볼트
- GPC

목적

① 합성구조에서 두 부재사이의 전단력 확보
② 모재와 콘크리트의 일체성 확보
③ 구조적 안전성 확보

스터드형 전단연결재 규격

- 형상은 머리붙이 스터드를 원칙으로 한다.
- 합성 구조물에 사용되는 스터드의 지름은 16mm, 19mm 및 22mm를 표준
- 항복강도는 235MPa 이상, 인장강도 400MPa 이상
- 용접살의 높이 1mm, 폭 0.5mm 이상의 더돋기(weld reinforcement)가 주위에 쌓이도록 한다.
- 스터드의 마무리 높이는 설계치수에 대해 ±2mm 이내
- 스터드의 기울기는 5° 이내

★★★ 2. 공법분류 67.85.136

5-15	Shear connector	
No. 469		유형: 공법 · 부재 · 기능

Ⅰ. 정 의

① 합성부재의 두 가지 다른 재료사이의 전단력을 전달하도록 강재에 용접되고 콘크리트 속에 매입된 스터드, ㄷ형강, 플레이트 또는 다른형태의 강재

② 2가지의 구조부재를 접합하여 한 부재로 거동하도록 일체화시킬 때 그 접합 경계면에 생기는 전단력에 저항하도록 배치하는 접합도구

Ⅱ. Shear Connector 종류

1) Half PC Slab

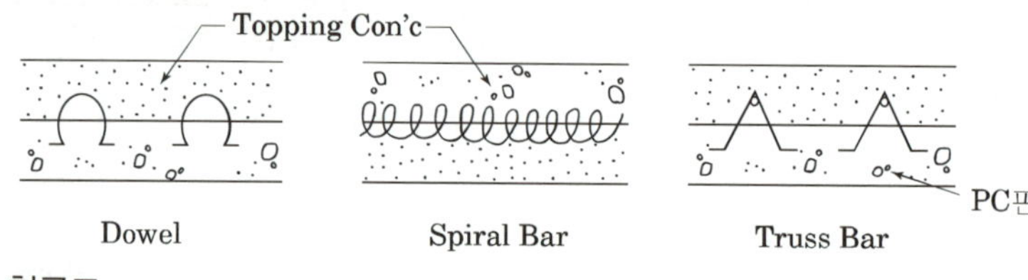

2) 철골조

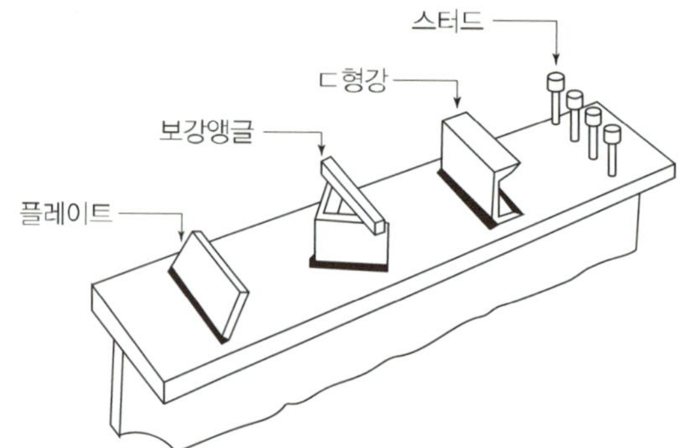

3) 석재 GPC

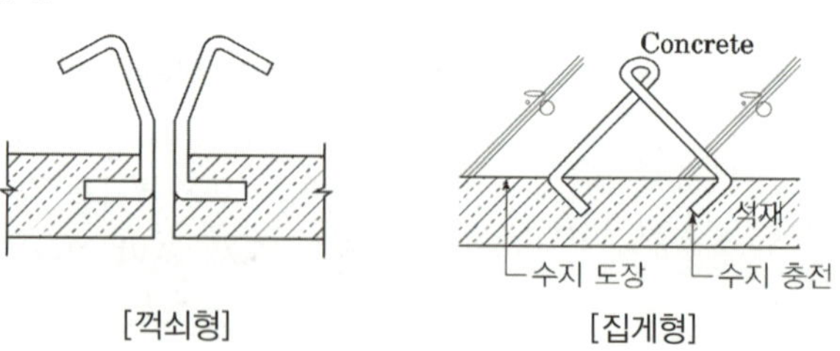

Ⅲ. 전단연결재의 구조제한

① 연결재의 콘크리트 피복두께는 어느 방향으로나 25mm 이상
② 지름은 플랜지 두께의 2.5배 이하
③ 종방향 피치는 스터드연결재 지름의 6배 이상
④ 횡방향 게이지는 스터드연결재 지름의 4배 이상
⑤ 피치 및 게이지는 슬래브 전체두께의 8배 이하

☆☆☆ 2. 공법분류 118

5-16	합성슬래브(Half PC Slab)의 전단철근 배근법	
No. 470		유형: 공법 · 부재 · 기능

시공방식

Half PC

Key Point

◪ 국가표준
- KCS 14 31 20
- KDS 14 20 66
- KDS 14 30 10

◪ Lay Out
- 수평전단에 대한 연결재 기준
- 전단연결 철근의 구조제한
- 중공슬래브의 전단철근 배근

◪ 핵심 단어
- What: 전단철근
- Why: 일체성 확보
- How: 두부재 접합

◪ 연관용어
- shear connector

Ⅰ. 정 의

① 합성구조에서 두 구조부재 사이의 전단응력 전달 및 일체성 확보를 위하여 보강하는 전단철근

② 프리캐스트판과 현장치기 콘크리트(Topping Concrete)가 일체로 된 복합구조를 만들기 위해서는 타설이음면에 전단저항을 높여서 합성효과를 향상시키는 것이 필요하다.

Ⅱ. 수평전단에 대한 연결재 기준

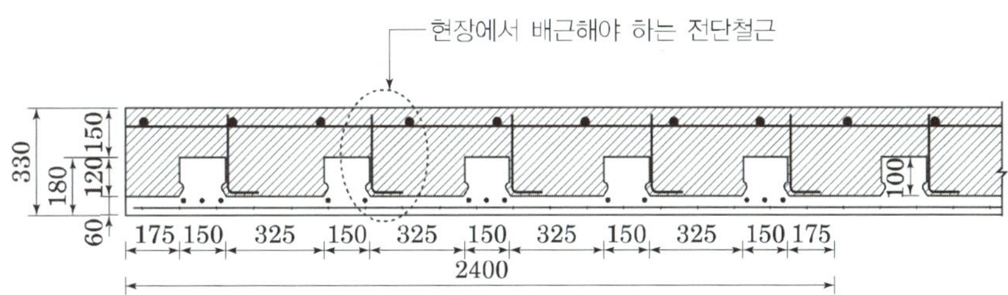

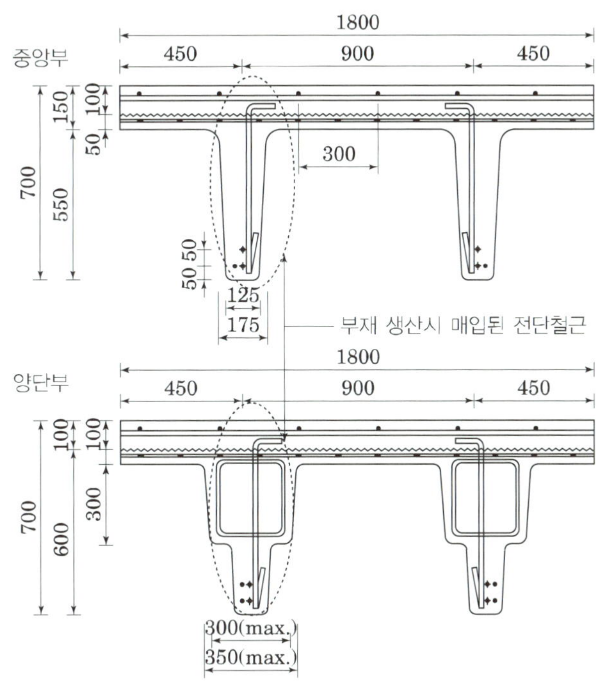

• V_{nh}: 공칭 수평전단강도, N

시공방식

- 연결재의 수평전단력방향 간격은 지지 요소의 최소 치수의 4배, 또한 600mm 이하
- 수평전단력에 대한 전단연결재로는 단일철근이나 철선, 다중 스터럽 또는 용접철망의 수직철근 등 사용
- 모든 전단연결재는 상호 연결된 요소들에 충분히 정착

Ⅲ. 전단연결 철근의 구조제한 - 배근법

① 전단철근은 상호 연결된 부재 속으로 충분히 정착

② V_{nh}는 공칭수평전단강도

- 접촉면 표면을 거칠게 만들 경우: V_{nh}는 $0.56b_vd$ 이하
- 최소 전단연결재+표면이 거칠게 만들어지지 않은 경우: V_{nh}는 $0.56b_vd$ 이하
- 최소 전단연결재+표면이 약 6 mm 깊이로 거칠게 만들어진 경우: V_{nh}는 $(1.8+0.6\rho_v f_y)\lambda b_v d$ 로 하며, $3.5b_vd$보다 크게 취할 수는 없다.

Ⅳ. 중공슬래브의 전단철근 배근

1) 단부 배근 상세도

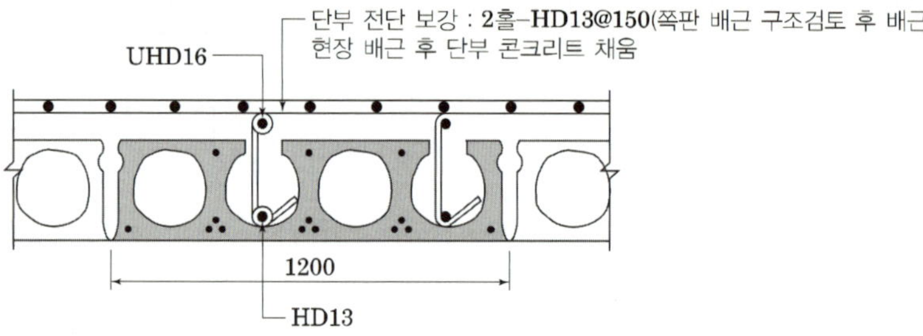

2) 판연결 폭방향 단면상세

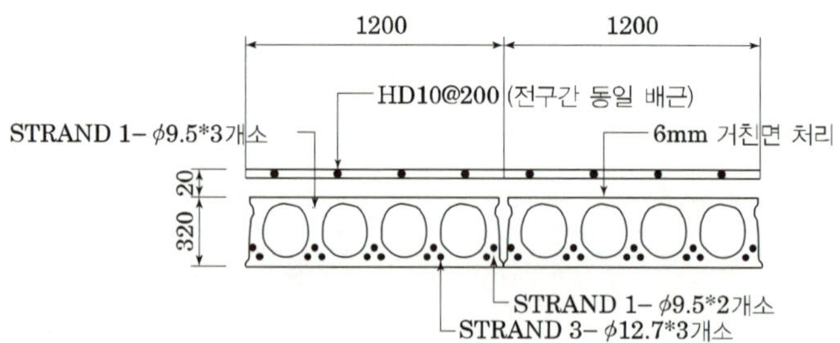

3) 홀채움 구간 상세

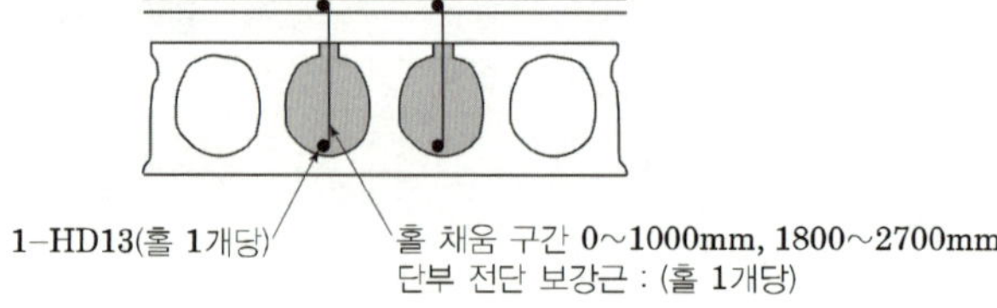

★★★ 3. 시공

5-17	PC시공계획	
No. 471		유형: 공법 · 계획 · 공법

시공계획

시공순서

Key Point

◩ 국가표준
- KCS 14 20 52

◩ Lay Out
- 시공순서
- 시공 순서별 중점관리사항

◩ 핵심 단어

◩ 연관용어

Ⅰ. 정 의

부재의 생산, 저장 및 출하, 부재의 운송, 현장야적, 양중, 조립 등의 연관성을 충분히 고려하여 전체 공정의 지연없이 실시되도록 공사관리 계획을 수립하도록 한다.

Ⅱ. 시공순서

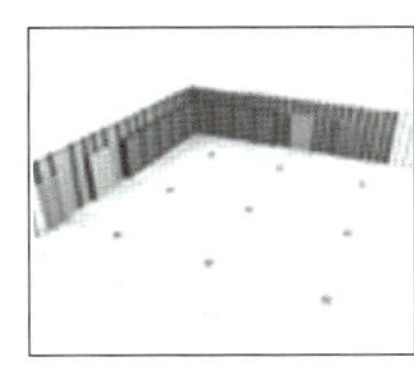

[기초 Con'c 타설/먹매김]

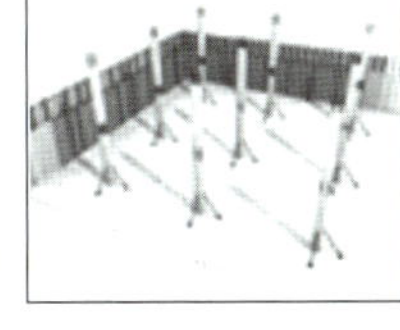

[Column 조립]

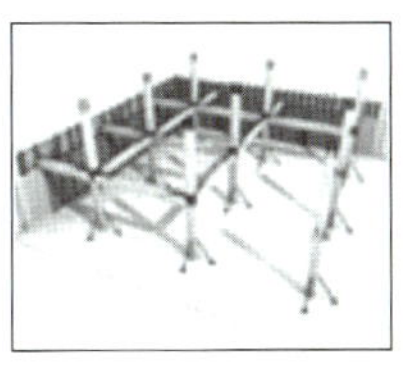

[B2 Girder & Beam 조립]

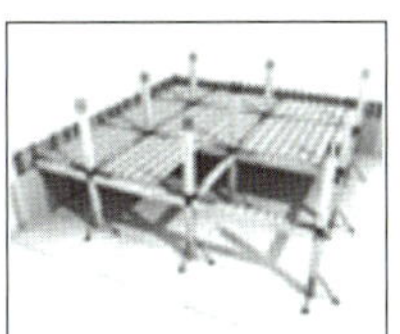

[B2 Half Slab 조립]

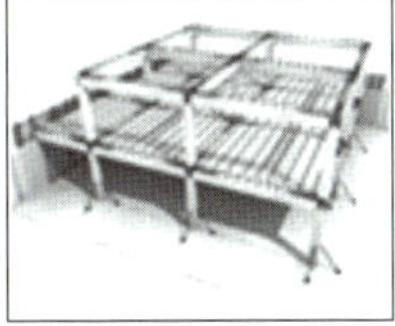

[B1 Girder&Beam 조립]

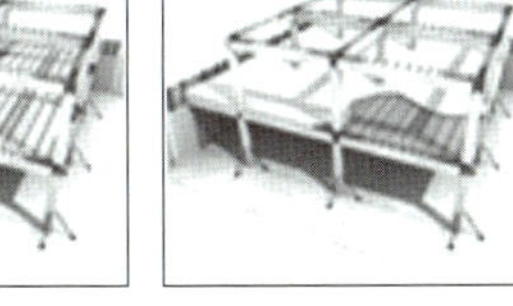

[B2 Slab Con'c 타설]

[B1 Half Slab 조립]

[B1 Slab Con'c 타설]

Ⅲ. 시공 순서별 중점관리사항

1) 기초 타설관리
   ① 조립을 하기위한 장비의 반경과 야적장의 확보
   ② 기초의 분할 타설 계획을 수립
   ③ Level 확보를 위한 시공계획을 면밀히 검토

2) 장비 운용계획
   ① 지하주차장의 조립양중 장비는 Mobile Crane이 전담
   ② 아파트 본동은 Tower Crane으로 조립하여 관리

3) Anchor

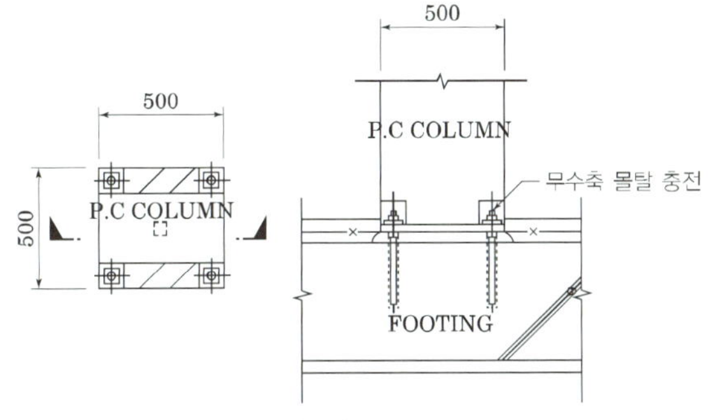

먹매김에 의한 철근과의 간섭이 없는 Anchoring

시공계획

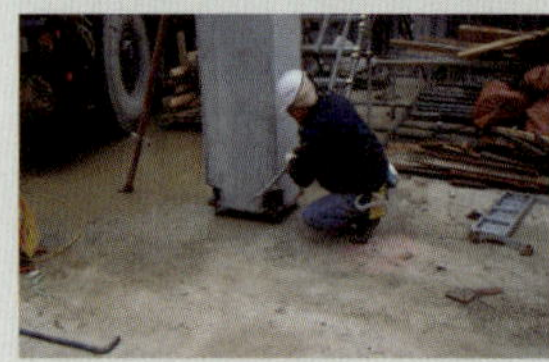

4) Leveling 및 기둥 시공

① 인접 기둥과의 Level을 고려해 레벨 조정용 라이너를 이용하여 인접 기둥의 평균 Level 값을 산정

② 수직도는 직각방향으로 교차하여 2개소에서 검측을 하여 하부 앵커의 높이를 조절

③ 무수축 Mortar의 강도는 기둥 강도의 1.5배 이상

5) 보 시공

① 직교하는 철근 사이에 간섭이 발생하지 않도록 조립

② 큰 보 하부의 돌출된 주근의 높이가 낮은 부재부터 먼저 조립

6) 바닥판 시공

Slab 부재는 특히 양중 및 설치 시 부재의 두께가 얇기 때문에 충격에 의한 파손이 없도록 관리

7) 보, Slab 상부철근을 배근

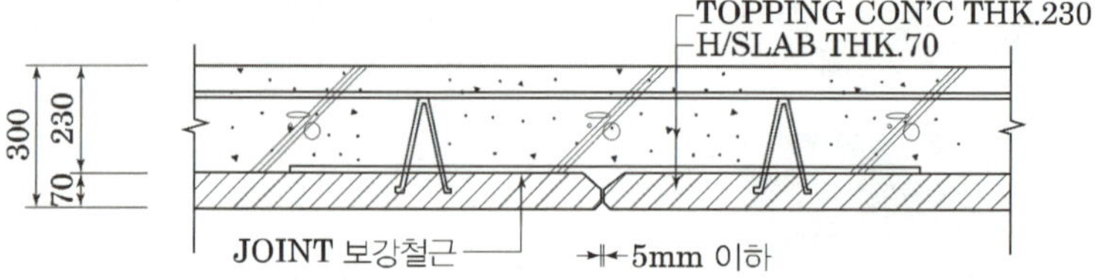

8) Topping Concrete타설

하절기에는 하루 전부터 충분히 살수하여 습윤상태의 Half Slab 위에 Topping Concrete를 타설

9) 접합

① Wet Joint Method

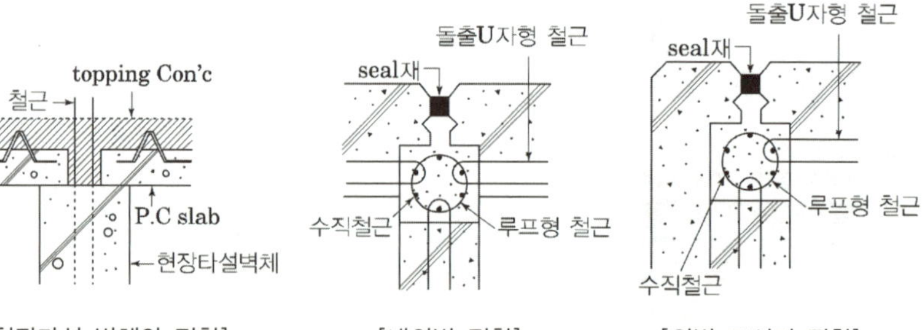

[현장타설 벽체와 접합] [내외벽 접합] [외벽 모서리 접합]

② 건식접합(Dry Joint Method)

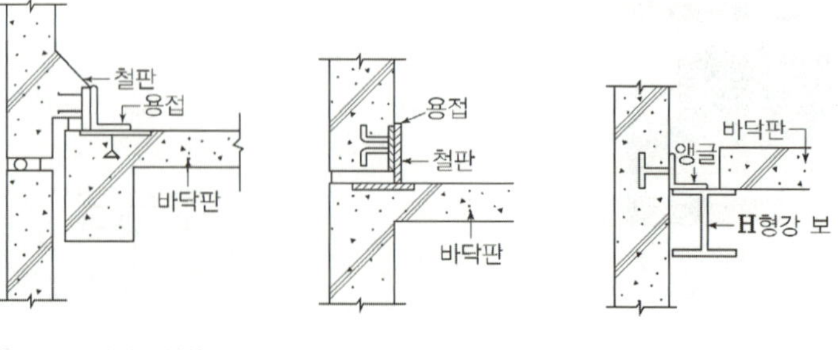

[Corbel지지 접합] [직접지지 접합] [앵글지지 접합]

10) 접합부 방수

시공계획

시공계획

- 생산계획
  - 재고관리
  - 강도확보
  - 몰드계획
- 운송계획
  - 차량운행에 대한 제약이 많이 따르고 현장의 조립계획 및 야적장을 고려하여 계획을 수립
- 기초타설 계획
- 장비운용계획
- 부재별 조립계획
- 타부재와 접합부위 처리계획
- 보강철근 조립
- 동바리 존치기간
- Topping Concrete 타설
- 마감계획

Ⅳ. 제품의 정밀도 시험 및 검사

1) 제품의 조립 정밀도 시험 및 검사

항목		시험방법	시험시기 · 횟수	판정기준
기둥 내력벽	설치 위치	슬래브 위에 표시한 기준선과의 차이는 자로 측정	조립 후 전수[1]	허용오차 범위 내에 있을 것
	기울기	내림추, 수평기 등으로 측정		
	천장 높이	레벨로 측정		
보 슬래브	설치 위치	보의 경우는 슬래브 위에 표시한 기준선과의 차이를, 슬래브의 경우는 보 및 벽까지의 걸침턱을 자로 측정		
	천장 높이	레벨로 측정한다.		

1) 조립 작업 중 임시 고정이 완료된 후, 다음 제품이 조립되기 전에 시행한다.

2) 벽판 부재의 일반적인 조립 허용오차

기호	내　용	허용 오차
a	기준선으로부터의 평면상의 오차	±13mm
b	부재 상단의 지정된 입면으로부터의 오차	
	노출된 독립 패널	±6mm
	노출되지 않은 독립 패널	±13mm
c	부재 지지면의 지정된 입면으로부터의 오차	-13~+6mm
d	입면상 연직선에 대한 최대오차	25mm
e	높이 3m당 입면상 연직선에 대한 오차	6mm
f	모서리 맞춤의 최대오차	6mm
g	외부에 노출된 접합부의 폭	±6mm
h	최대 접합부 테이퍼(Joint Taper)	9mm
I	길이 3m당 접합부 테이퍼	6mm
J	맞춤면의 최대오차	6mm

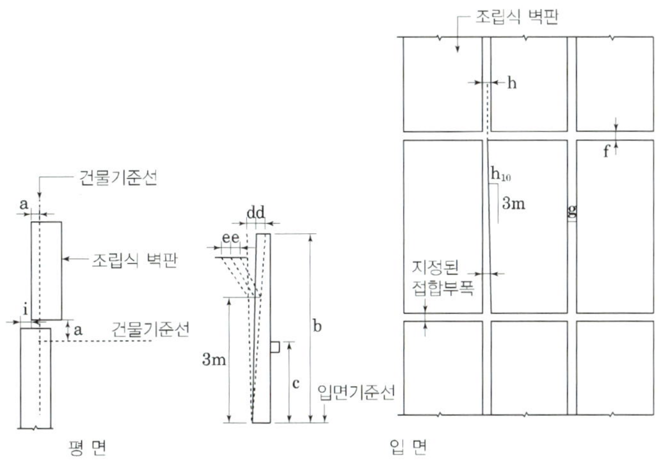

3) 바닥판 부재의 일반적인 조립 허용오차

기호	내 용	허용 오차
a	기준선으로부터의 평면상의 오차	±15mm
b	부재 끝에서 부재 상단의 지정된 입면으로부터의 오차(덧침으로 덮이는 경우)	±19mm
c	맞춤면의 최대오차(덧침 유무에 관계없이)	25mm
d	접합부의 폭	
	12 m 이하의 부재	±13mm
	12.5 m에서 18 m의 부재	±19mm
	18.5 m 이상의 부재	±25mm
e	조립된 부재 상단 상호간의 입면상의 오차(덧침으로 덮이는 경우)	19mm
f	내력길이[1](스팬길이 방향)	±19mm
g	내력폭[1]	±13mm

1) 일반적인 조립 허용오차이며, 구조 성능 발휘를 위한 최소 치수는 설계 도서에 따른다.

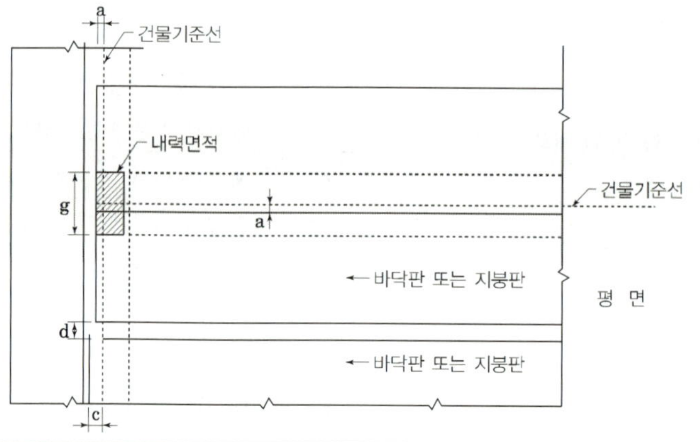

4) 보 부재의 일반적인 조립 허용오차

기호	내 용	허용 오차
a	기준선으로부터의 평면상의 오차	±25mm
b	부재 지지면의 지정된 입면으로부터의 오차	-13~+6mm
c	입면상 연직선에 대한 오차	
	• 높이 300mm당	3mm
	• 최대	13mm
d	맞춤면의 최대오차[1]	13mm
e	접합부의 폭[1]	±13mm
f	내력길이[2](스팬길이 방향)	±19mm
g	내력폭[2]	±13mm

1) 의장적으로 중요한 부재 및 부위인 경우에는 별도의 고려가 필요하며, 설계도서에 따른다.
2) 일반적인 조립 허용오차이며, 구조 성능 발휘를 위한 최소 치수는 설계 도서에 따른다.

시공계획

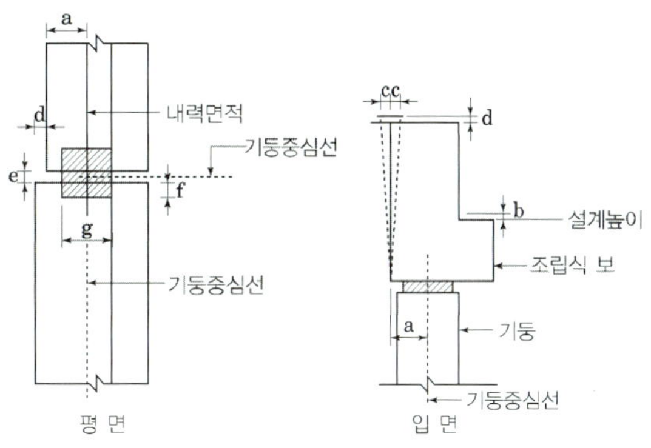

5) 기둥 부재의 일반적인 조립 허용오차

기호	내 용	허용 오차
a	기준선으로부터의 평면상의 오차[1]	±13mm
b	상단의 지정된 입면으로부터의 오차	−13~+6mm
c	내력 헌치의 지정된 입면으로부터의 오차	−13~+6mm
d	입면상 연직선에 대한 최대오차	25mm
e	높이 3m당 입면상 연직선에 대한 오차	6mm
f	맞춤면의 최대오차[1]	13mm

1) 의장적으로 중요한 부재 및 부위인 경우에는 별도의 고려가 필요하며, 설계도서에 따른다.

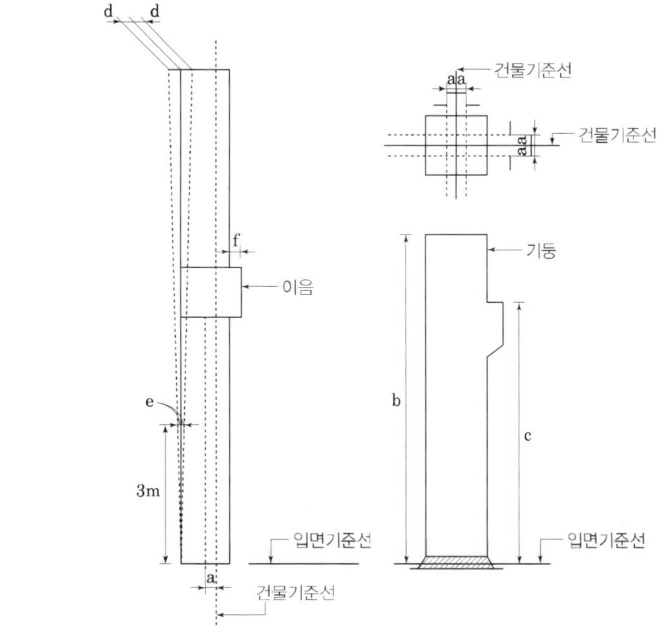

★★★ 3. 시공 64.131.136

5-18	PC습식접합공법	
No. 472	Wet joint method, 충전 콘크리트	유형: 공법 · 기능

접합방식

접합공법

Key Point

◩ 국가표준

◩ Lay Out
- Wet Joint Method
- 접합부 요구조건
- 접합부의 성능 및 품질
- 시공 시 유의사항

◩ 핵심 단어
- What: 합성구조
- Why: 일체성 확보
- How: 충전, 콘크리트 타설

◩ 연관용어
- 건식접합

joint mortar

- 프리캐스트 콘크리트 제품 사이에 충전되거나 철근 용접용 포켓 등에 충전되는 모르타르

infilled concrete 136회

- 프리캐스트 콘크리트 벽체의 수직접합부 또는 프리캐스트 콘크리트 슬래브와 슬래브 사이 좁고 긴 형상의 접합부에 사용되는 콘크리트

Ⅰ. 정 의

① 합성구조에서 mortar 또는 concrete로 충전하여 부재를 접합하는 방식

② panel과 panel의 수직이음에 주로 사용하며, 조립오차의 조정이 비교적 쉽다.

Ⅱ. Wet Joint Method

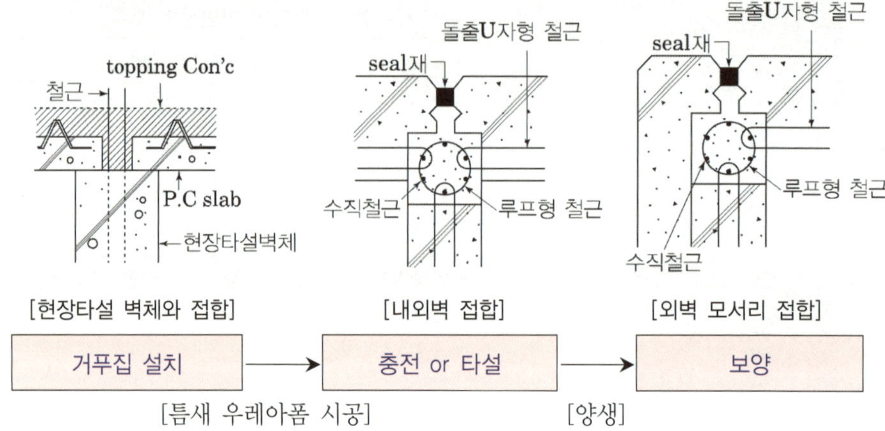

[현장타설 벽체와 접합] [내외벽 접합] [외벽 모서리 접합]

거푸집 설치 → 충전 or 타설 → 보양

[틈새 우레아폼 시공] [양생]

Ⅲ. 접합부 요구조건

- 부재의 응력전달 및 일체성 확보
- 수밀성과 기밀성 유지
- 시공조건 용이
- 차음성능

Ⅳ. 접합부의 성능 및 품질

1) 접합부에 이용하는 재료

① 충전콘크리트(infilled concrete)

② 충전모르타르(joint mortar)

③ 깔 모르타르

④ 접합부 현장타설 콘크리트

2) 충전 콘크리트(infilled concrete)

① 충전 콘크리트의 사용골재에 의한 종류는 보통중량 콘크리트를 표준으로 한다.

② 설계기준압축강도: PC 제품의 설계기준압축강도 이상

접합방식

③ 충전 콘크리트의 압축강도: 현장에서 시료를 채취하여 현장 수중양생한 공시체의 압축강도로 확인하고, 그 값은 재령 28일에서 설계기준압축강도 이상

④ 충전 콘크리트의 시공연도: 충전 부위에 밀실하게 타설되고, 블리딩 및 재료분리가 적게 되도록 한다.

⑤ 충전 콘크리트의 슬럼프: 210mm 이하

⑥ 충전 콘크리트의 물-결합재비: 55% 이하, 단위수량은 185kg/m^3 이하, 단위결합재량은 330kg/m^3 이상

⑦ 무수축 혼화제(팽창제)를 사용할 경우, 콘크리트 체적증가율이 1% 이상의 범위로 한다.

3) 충전 모르타르 및 깔 모르타르

① 충전 모르타르는 무수축성으로 하고, 철근에 녹 등과 같은 유해한 영향을 미치지 않는 것으로 한다.

② 충전 모르타르의 압축강도는 현장에서 시료를 채취하여 현장 수중양생한 재령 28일의 압축강도로 하고, 그 값은 프리캐스트용 콘크리트의 설계기준압축강도 이상

③ 충전 모르타르의 시공연도는 미충전 부분이 발생하지 않을 수준

④ 깔 모르타르의 압축강도는 현장에서 시료를 채취하여 현장 수중양생한 공시체의 압축강도로 하고, 그 값은 프리캐스트용 콘크리트의 설계기준압축강도 이상

⑤ 깔 모르타르의 시공연도는 밀실하게 타설되도록 한다.

4) 접합부 현장 타설 콘크리트

① 접합부 현장 타설 콘크리트는 물-결합재비 55% 이하

② 접합부 현장 타설 콘크리트의 강도는 설계기준압축강도와 내구성기준압축강도를 고려한 품질기준강도 이상으로 정해야 한다. 또한, 프리캐스트용 콘크리트 품질기준강도 이상으로 정하여야 한다.

③ 접합부 현장 타설 콘크리트의 시공연도는 접합부에 밀실하게 타설되고 블리딩 및 재료분리가 적게 되도록 한다.

V. 시공 시 유의사항

① 콘크리트 타설 전 이물질을 제거하고 청소 철저

② 한중기: 초기동해를 방지하기 위해 보양시설 구비 후 시공

③ 접합부 틈새처리 철저: 시멘트 페이스트 누출방지

★★★ 3. 시공

5-19	PC건식접합공법	
No. 473	Dry joint method	유형: 공법

접합방식

접합공법

Key Point

◪ 국가표준

◪ Lay Out
- Dry Joint Method
- 접합부 요구조건
- 시공 시 유의사항

◪ 핵심 단어
- What: 합성구조
- Why: 일체성 확보
- How: 접합철물 용접

◪ 연관용어
- 습식접합

Ⅰ. 정 의

① 합성구조에서 접합할 철물을 공장에서 일체로 제작하고 현장에서 용접 · bolt · insert 등으로 접합하는 방식

② 상 · 하 벽체 연결, 벽체와 slab의 수평접합에 사용하고 벽체와 벽체의 국부적 접합에 사용하며, 시공이 비교적 간단하나 오차조정이 비교적 어렵다.

Ⅱ. Dry Joint Method

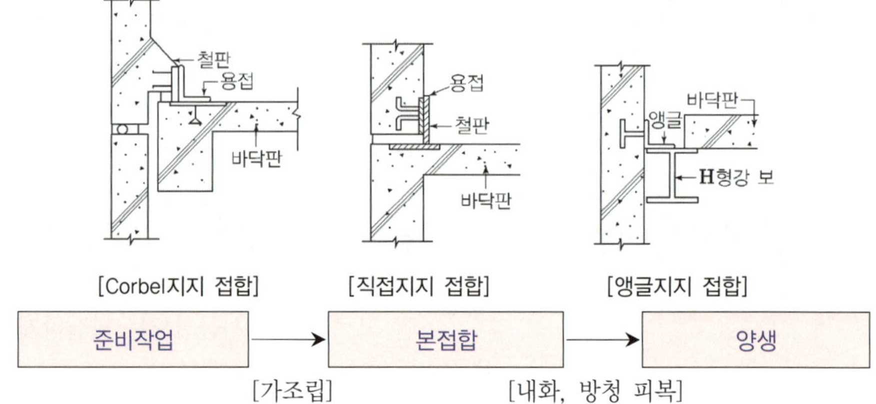

준비작업 → 본접합 → 양생

[가조립] [내화, 방청 피복]

Ⅲ. 접합부 요구조건

- 부재의 응력전달 및 일체성 확보
- 수밀성과 기밀성 유지
- 시공조건 용이
- 차음성능

Ⅳ. 시공 시 유의사항

① 접합부 이물질을 제거

② 매립철물의 위치 확인 및 수정 후 시공

③ Plate 상호간 간격 5mm 이하로 관리

④ 볼트접합 시 콘크리트에 매립되지 않는 부분은 방청처리

⑤ 벽과 바닥판의 접합은 무수축 모르타르로 충전

☆☆☆ 3. 시공 113

5-20	덧침 콘크리트(Topping concrete)	
No. 474		유형: 공법 · 기능

접합방식

접합공법

Key Point

◩ 국가표준

◩ 핵심 단어
- Topping Concrete 일체성 확보원리
- 공장부재 일체성 확보방법
- 시공 시 유의사항

◩ 핵심 단어
- What: 합성구조
- Why: 일체성 확보
- How: 상부 콘크리트 타설

◩ 연관용어
- shear connector

Ⅰ. 정 의

① 합성구조에서 Slab의 일체성 확보와 하중을 균일하게 분포시킬 목적으로 바닥판 위에 타설하는 현장타설 콘크리트

② 바닥판의 높이를 조절하거나 하중을 균일하게 분포시킬 목적으로 주로 프리캐스트 콘크리트 바닥판 부재에 타설하는 상부 콘크리트

Ⅱ. Topping Concrete 일체성 확보원리

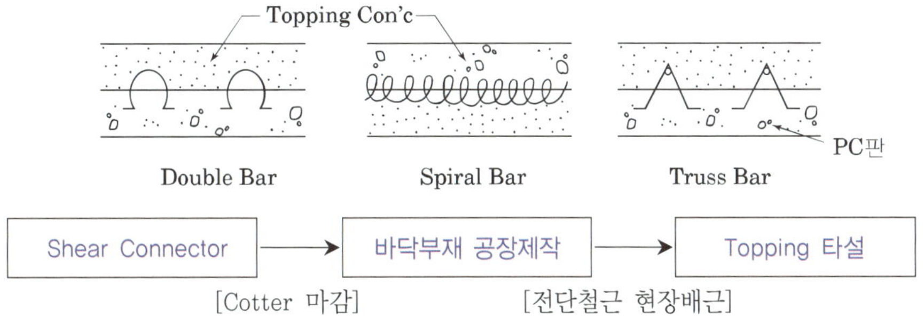

Ⅲ. 공장부재 일체성 확보방법- 전단 Cotter 마감

- 빗자루 면처리
- 리브처리
- 고압호수를 이용한 물씻기
- 특수재료 마감(고무링)

Ⅳ. 시공 시 유의사항

① 콘크리트 타설 전 이물질을 제거하고 청소 철저

② 서중기 타설: 갑작스런 건조수축에 대비하여 하루 전부터 살수하여 습윤상태에서 타설

③ 한중기 타설: 초기동해를 방지하기 위해 보양시설 구비 후 타설

④ 장비의 맥동현상으로 인한 진동에 따른 문제와 충격에 의한 붕괴에 주의하여 타설

⑤ 기타: 콘크리트 타설일반 참조

5-21	PC접합부 방수	
No. 475		유형: 공법 · 기능

접합방식

방수

Key Point

◩ 국가표준

◩ 핵심 단어
- 부위별 접합부 방수처리

◩ 핵심 단어
- What: 합성구조
- Why: 일체성 확보
- How: 상부 콘크리트 타설

◩ 연관용어
- shear connector

Ⅰ. 정 의

① 접합부는 응력전달 · 일체성 · 내구성 · 방수성 · 수밀성 · 기밀성 등이 요구된다.
② 요구 성능 및 품질을 만족시킬 수 있는 접합부의 방수성능을 확보해야 한다.

Ⅱ. 부위별 접합부 방수처리

1) 외벽 접합

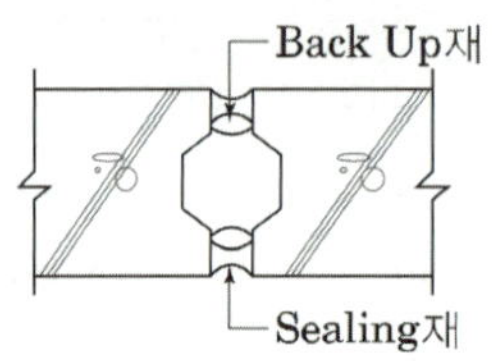

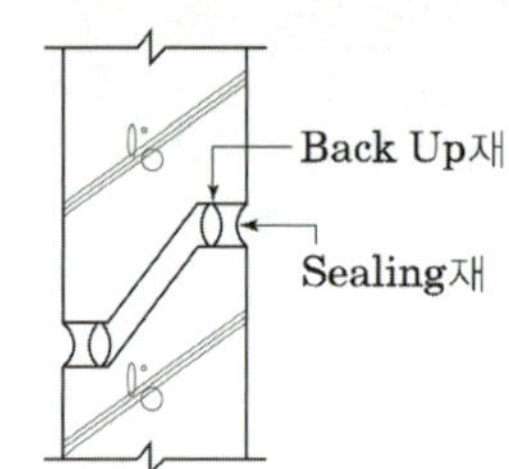

접합부 외측에 Back Up재를 넣고 실링재로 밀실하게 충전

2) 지붕 slab 접합

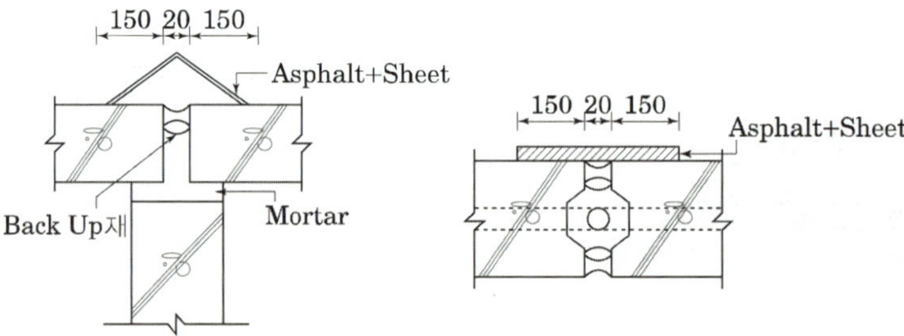

Slab 사이 코킹처리 후 그 위에 Sheet 부착하여 마감

3) Slab+wall 접합

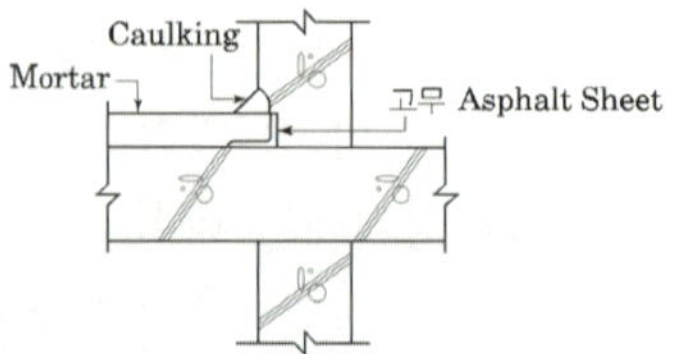

- L형으로 Sheet 방수 후 보호 Mortar시공과의 Joint를 실링재 충전

4) Parapet

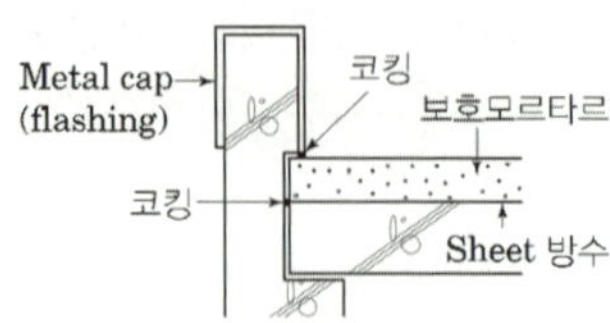

- 접합면에 Sheet방수 후 Parapet과 Slab접합부는 실링재 충전

접합부 방수처리 유의사항

- 바탕처리
- 구조체와 접합부의 기밀성, 수밀성 확보
- 접합부 간격 유지
- 습식 접합 후 양생 시 일정 온도 유지하여 양생
- 접합부의 정밀도 시공으로 강도확보
- 실링마감 시 건조철저
- 실링마감 시 두께 및 평활도 유지
- 배관부위 밀실 충전
- 모서리 부분에 틈새없이 마감

☆☆★ 4. 복합화 및 모듈러 82

5-22	복합화 공법	
No. 476		유형: 공법 · 기능

복합화

복합화

Key Point

◩ 국가표준

◩ 핵심 단어
- 최적 system 선정 Process
- 특 징
- 관리기술

◩ 핵심 단어
- What: 합성구조
- Why: 일체성 확보
- How: 접합철물 용접

◩ 연관용어

Ⅰ. 정 의

① 골조공사에서 재료적 장단점을 부위별, 사용재료별로 분할하여 조합 시공함으로써 기술적 복합화를 통한 최적의 시스템을 선정하는 공법
② 재래식 공법과 공업화 공법의 장점만을 절충 · 보완하여 발전시킨 공법

Ⅱ. 최적 system 선정 Process

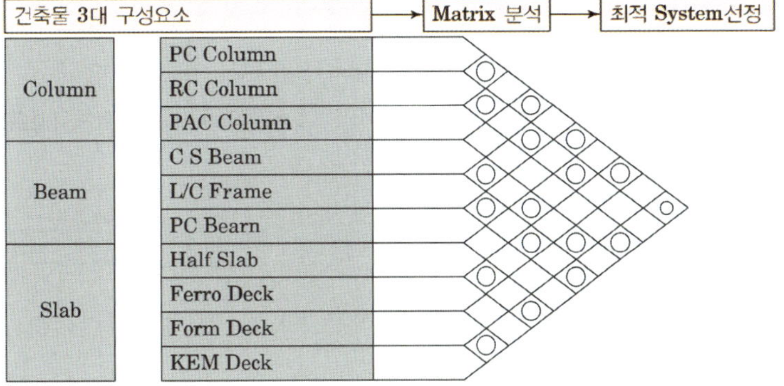

Ⅲ. 특 징

- 골조공사비의 10~20% 절감(전체공사비의 약3%)
- 4-Day Cycle, 적층공법 등을 통한 공기단축 10~20%
- Prefab화에 의한 가설재 감소
- 폐기물 감소
- 품질 및 안전향상
- 현장관리 용이

공사관리

1) 구조
- 구조적 안전성
- 설계원칙 준수

2) 시공
- 장비운용, 기초시공
- 작업한계, 정도의 확보
- 합성 구조체 확보
- 균열방지

3) 관리
- 기성고 관리
- Lead Time 확보

Ⅳ. 관리기술

Hare Ware 기술	Soft Ware 기술
• 철근 Pre Fab	• 인공지능(AI)
• 철근이음: 기계적 이음	• Big Data
• 자동화 배근(배근 로봇)	• IOT(사물인터넷)
• System 형틀	• BIM
• Half PC공법- U자형 중공보	• 증강현실
• Hi Beam	• RFID
• 합성 Deck Plate	• Drone
• PAC공법(대구경 철근)	• 지리정보 시스템GIS
• Steel Framed House	• GPS 측량

5-23	Preflex beam	
No. 477		유형: 공법 · 기능

복합화

복합화

Key Point

◩ 국가표준

◩ Lay Out
- 제작 Process
- 특징

◩ 핵심 단어
- What: 철골보
- Why: Prestress 도입
- How: Camber

◩ 연관용어

Ⅰ. 정 의

고강도 강재의 보에 미리 활모양의 솟음을 주고, 하중(preflextion)을 가하여 인장응력을 생기게 한 후 하부 flange에 고강도 concrete를 부어넣어 경화 후에 하중을 제거하면, 강재보의 복원력에 의하여 하부 flange에 prestress가 도입된 beam

Ⅱ. 제작 Process

Camber가 고려된 I형 Girder를 제작하여 재하대에 거치

Girder를 유압 JACK을 이용하여 Preflextion 하중 재하

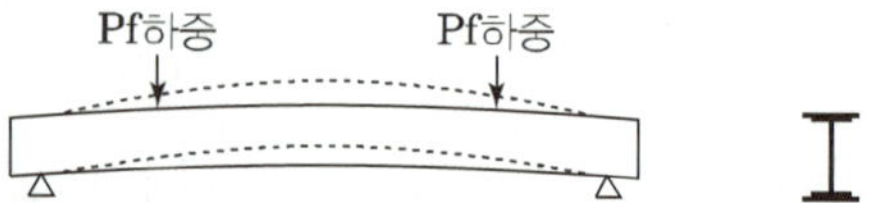

하부 Flange에 철근배근 및 콘크리트 타설 후 양생

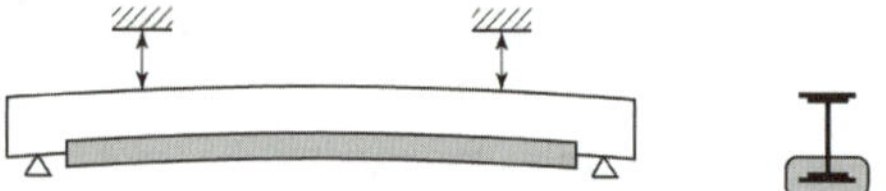

하중을 제거하여 하부 콘크리트에 압축 Prestress 도입.

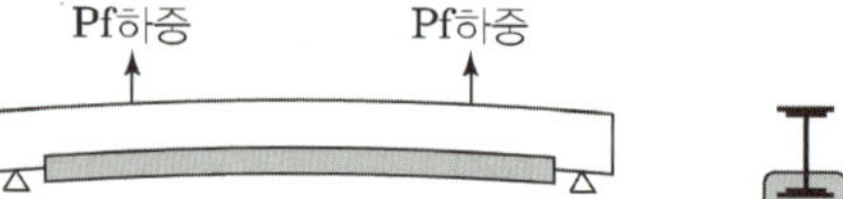

현장 거치 후 상부 Slab 및 복부 피복 콘크리트 타설.

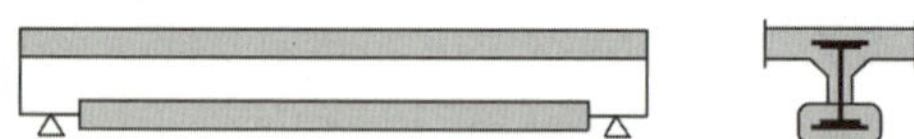

Ⅲ. 특 징

- 좌굴의 위험 극복, 철골보만 사용 시의 과다 처짐을 방지
- 철골보와 하부 플랜지의 콘크리트의 합성작용으로 보 전체의 강성이 커짐
- 현장에서 내화피복 처리면 감소
- 배관용 Sleeve 설계가능
- 내구성과 내식성이 강화되며, 내화피복면 감소
- 소음과 진동이 적고 피로저항 큼
- 공장 제작이므로 품질 보증은 물론 공사기간이 단축

복합화

모듈러

Key Point

◩ 국가표준

◩ Lay Out
- Modular 건축공법 개념도
- 공법종류
- 공법특징

◩ 핵심 단어
- What: 모듈유닛
- Why: 현장조립
- How: 공장제작

◩ 연관용어
- Prefab
- OSC(기타용어 No.8)

★★★ 4. 복합화 및 모듈러

5-24	모듈러 공법	
No. 478	공업화 건축	유형: 공법 · 기능

Ⅰ. 정 의

① 표준화된 건축 모듈유닛을 공장에서 제작하여 현장에서 조립하는 공법

② 레고블럭 형태의 유닛 구조체에 창호와 외벽체, 전기배선 및 배관, 욕실 주방가구 등 70%이상의 부품을 공장에서 선조립하는 주택

Ⅱ. Modular 건축공법 개념도

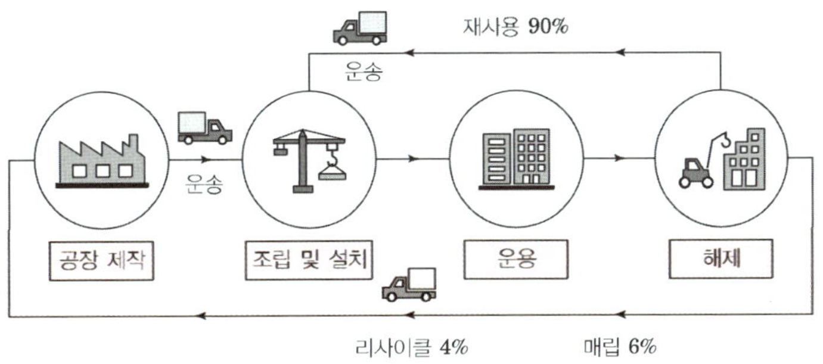

Ⅲ. 공법종류

Unit Box	Panelizing	In Fill
• 공장제작한 Box형 구조 모듈을 적층 • RC대비 공기단축 50%	• 바닥과 벽체 Panel 을 현장에서 조립 • RC대비 공기단축 30%	• 철골 시공 후 그 안에 Box를 삽입 • RC대비 공기단축 50%

Ⅲ. 공법 특징

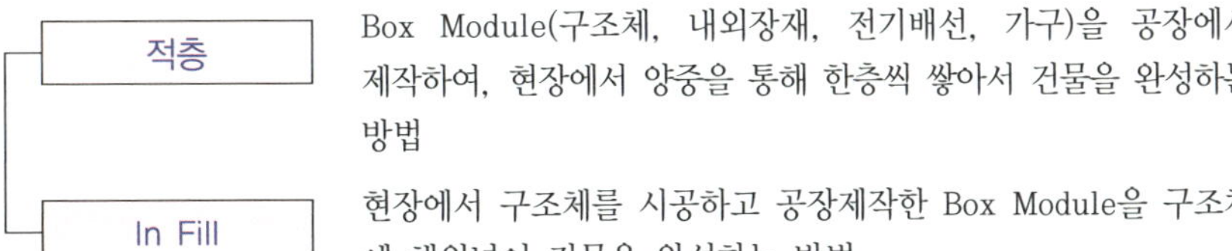

Box Module(구조체, 내외장재, 전기배선, 가구)을 공장에서 제작하여, 현장에서 양중을 통해 한층씩 쌓아서 건물을 완성하는 방법

현장에서 구조체를 시공하고 공장제작한 Box Module을 구조체에 채워넣어 건물을 완성하는 방법

참조사항

1) 공사유형
공장(21.4%) 저층형 주택(16.5%) 오피스/사무용빌딩(16.2%)

2) 활성화 예상되는 주력업종
지붕판금 및 건축물조립(18.9%)
금속구조물 및 창호(18.9%)
실내건축(18.2%)
강구조물(13.5%)

3) 주요 시공부위
벽체(34.5%) 모듈러/경량철골구조(32.9%) 지붕(14.9%)

4) 개발방향/ 목표
주거성능 확보, 생산효율성 향상, 기술적 인프라 구축, 정책적 인프라 구축

복합화

모듈러

Key Point

◩ 국가표준

◩ Lay Out
- 시공방법
- 공법특징
- 유의사항

◩ 핵심 단어
- 박스형태 모듈
- 채워넣는 방식

◩ 연관용어

참조사항

1) 공장제작률(재사용률)
• 최대 80%

2) 공기단축
• RC대비 50%

장점

• 공기단축
• 원가절감
• 친환경
• 구조 안정성

☆☆☆ 4. 복합화 및 모듈러 113

5-25	모듈러 시공방식 중 인필(Infill)공법	
No. 479		유형: 공법 · 기능

Ⅰ. 정 의

① 표준화된 건축 모듈유닛을 공장에서 제작하여 현장에서 조립하는 공법

② 인필공법은 뼈대가 있는 구조체에 박스형태의 모듈을 서랍처럼 채워 넣는 방식

Ⅱ. 시공방법

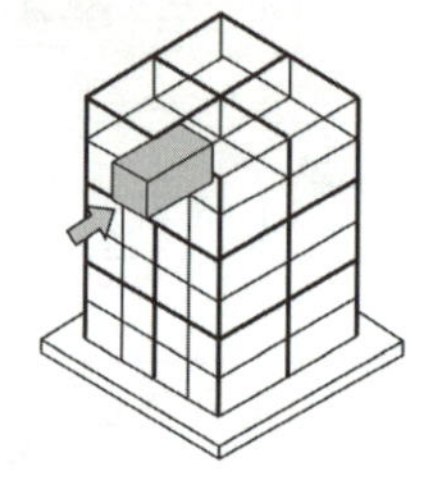

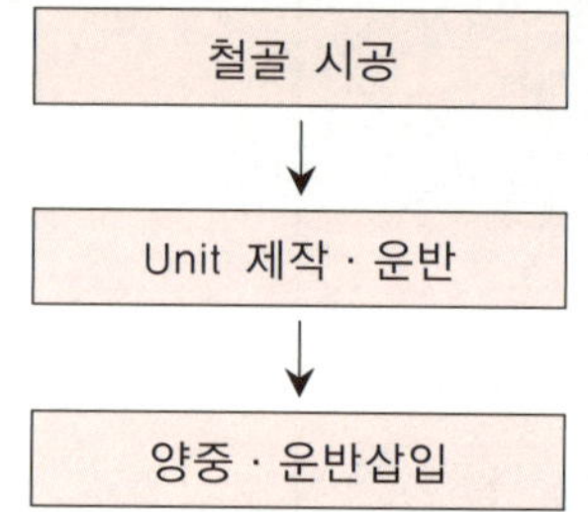

Ⅲ. 모듈러 공법 특징

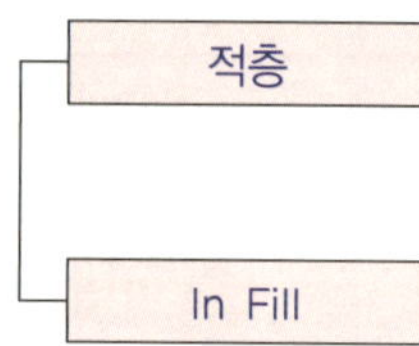

적층: Box Module(구조체, 내외장재, 전기배선, 가구)을 공장에서 제작하여, 현장에서 양중을 통해 한층씩 쌓아서 건물을 완성하는 방법

In Fill: 현장에서 구조체를 시공하고 공장제작한 Box Module을 구조체에 채워넣어 건물을 완성하는 방법

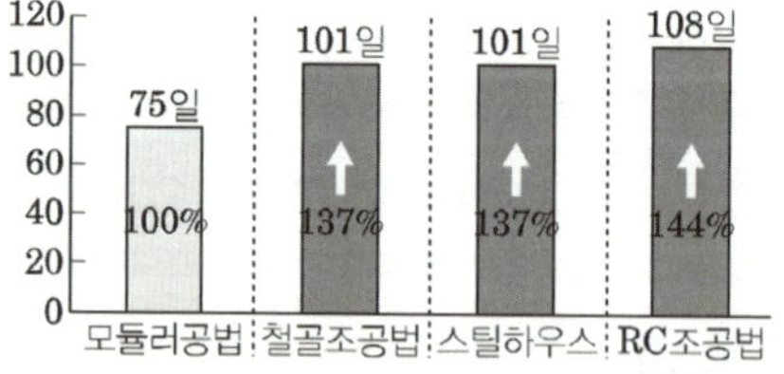

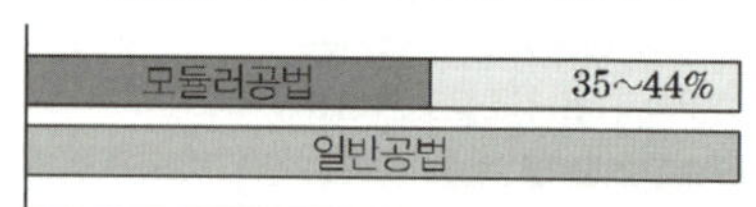

Ⅳ. 시공 시 유의사항

• 양중 시 파손 주의
• 반입 및 시공에 맞추어 Lead Time 준수
• 설치 시 Level 확인

기타용어

☆☆☆

1.	Pre-Tension중 Long-line	
		유형: 공법 · 기능

Ⅰ. 정 의

① 1회의 프리스트레싱(prestressing)에 의해 동시에 여러 개의 부재를 한 번에 제작할 수 있는 공법

② 인장대에 길이가 긴 P.S. 강재 · 강선을 긴장한 상태에서 여러 개의 거푸집을 설치하고 concrete를 타설 · 경화 후 긴장을 풀어 부재 내에 압축력이 도입된다.

☆☆☆

2.	Unbond Post-tension 공법	
		유형: 공법 · 기능

① Sheath관(管)을 사전에 배치한 상태에서 concrete를 타설하여 경화 후 방청 윤활제(Grease 등)를 바른 P.S.강재(鋼材) 또는 P.S.강선(鋼線)에 인장력을 갖도록 긴장(緊張)한 상태에서 방습 tape를 감은 긴장재(unbond tendon)에 concrete를 타설하는 post-tension 공법

② concrete의 부착에 의하지 않고 부재 내에 압축력이 도입되는 공법으로 파괴내력이 저하되는 단점이 있으나, 복잡한 grouting재 주입이 생략되어 시공이 비교적 간단하다.

☆☆☆

3.	HPC 공법	
		유형: 공법 · 기능

① 라멘(rahmen) 구조의 주요구조부재중 기둥은 H-형강으로 조립하고 보 · 내력벽 · slab 등을 PC 부재화하여, 운송 · 반입 · 야적 · 양중 · 조립 · 접합 · 방수 등을 하는 공법

② 일반적으로 기둥은 SRC조 형식으로 현장 concrete를 부어 넣기 하는 습식공사로 하며, 고층 공동주택에 적합한 공법

기타용어

☆☆☆

4.	RPC 공법	
		유형: 공법 · 기능

① 라멘(rahmen) 구조의 주요구조부재인 기둥 · 보 등을 R.C 혹은 SRC로 P.C 부재화하여, 운송 · 반입 · 야적 · 양중 · 조립 · 접합 · 방수 등을 하는 공법

② 기둥은 표준 규격의 H-형강을 사용하고 내력벽 · 보 · slab 등을 P.C 부재로 하여, 운송 · 반입 · 야적 · 양중 · 조립 · 접합 · 방수 등을 하는 공법

☆☆☆

5.	적층공법	
	TSA: Total Space Accumulation	유형: 공법 · 기능

① S조, R.C조, SRC조 등으로 가구된 골조에 내력벽 · slab 등을 P.C 부재화하여 1개층씩 조립 · 접합 · 방수하면서, 동시에 설비공사 및 마감공사도 1개층씩 완료하면서 진행하는 공법

☆☆☆

6.	Balance Beam	
	Spreader Beam	유형: 부재 · 장비 · 기능

① 프리캐스트 콘크리트 부재의 탈형 또는 현장조립에서 패널을 들어올릴 때 하중을 중력의 중심에 고루 분포시키기 위하여 사용하는 프레임 또는 보

② 양중 작업 중 철근부재의 처짐 혹은 부정형 부재의 편심에 의한 부재의 균열·파손·이탈·낙하 등을 사전에 방지하고, 조립장소까지 큰 흔들림 없이 안전하게 운반하게 위하여 spreader beam을 사용한다.

☆☆☆ 131

7.	PC(Precast Concrete)접합부의 요구 성능과 현장 접합 시공 시 유의사항	
		유형: 공법 · 기능

- 부재의 응력전달 및 일체성 확보
- 수밀성과 기밀성 유지
- 시공조건 용이
- 차음성능

☆☆☆ 126

8	OSC 건설공사(Off-Site Construction)	
	탈 현장화	유형: 공법

기타용어

탈 현장화

Key Point

◩ 국가표준
- KCS 10 70 50

◩ Lay Out
- 시공

◩ 핵심 단어
- 구성요소를 제조공장에서 설계, 시공 및 제작

◩ 연관용어
- 자동화(건설기계 기타용어 No. 2)
- Smart Construction 요소기술/4차 산업혁명 (No. 837)

• 적재 및 저장

① OSC 건설공사 구성요소의 적재 및 저장 계획과 검사 절차를 시공계획서에 포함한다.

② OSC 건설공사 구성요소의 보관상 제한이 필요한 일람표나 변형 혹은 기계적 손상으로부터 보호하기 위한 적재 및 하역 상세 일람표를 작성해야 하며, 구성요소의 이동을 위한 장비는 사전에 정한다.

③ 제조, 운송 및 현장 보관 과정에서 OSC 건설공사 구성요소의 구조적 성능 및 안전성을 보존하기 위한 사항을 시공계획서에 명시하고 이를 공사감독자에게 제공

④ OSC 건설공사의 구성요소가 현장에 보관되는 장소를 시공계획서에 명시해야 하며 거치대 등을 설치하여 유해한 균열, 파손, 변형, 오염 등이 발생하지 않도록 한다.

Ⅰ. 정 의

① 구성요소를 제조공장에서 설계, 시공 및 제작하고 별도로 공사 현장으로 이동시켜서 조립 및 설치하는 방식의 공법을 사용한 건설공사

② 건축시설물이 설치될 부지 이외의 장소에서 부재(Element), 부품(Part), 선조립 부분(Pre-assembly), 유닛(Unit, Modular) 등을 생산 후 현장에 운반하여 설치 및 시공하는 건설방식

Ⅱ. 시공

1) 현장준비

① OSC 건설공사 구성요소의 제작오차와 현장 좌표를 반영한 사전 가설성 검토

② 시공 장비의 배치 결정

③ 시공 및 운반 장비의 운용 구간 보강

④ 구성요소와 현장 구조물의 접합용 재료 및 현장 콘크리트 거푸집

⑤ 구성요소의 고유번호 및 규격을 확인

2) 현장시공

① OSC 건설공사의 현장 수행 절차, OSC 구성요소 배치, 시공 장비의 운용 등을 계획한 시공계획서를 공사감독자에게 제공한다.

② 접합부 상세 시공 내용을 시공계획서에 포함한다.

- OSC 건설공사 구성요소를 연결하여 필요한 구조적 강도와 강성을 제공하는 방법
- OSC 건설공사 적용 시설물을 적절하게 지지하기 위해 필요한 최대 기초 지지, 간격 및 추가 정보
- OSC 건설공사 구성요소 간 접합부 시공오차 한계
- 접합부 하자 예방 계획
- 기타 현장에 시공되어야 할 모든 설치 정보

3) 현장 품질관리

① 현장에 설치된 OSC 건설공사 구성요소 간의 상호 연결 부위

② OSC 건설공사 구성요소와 인접한 현장 시공 부분 간의 연결 부위

③ 검사가 필요한 OSC 건설공사 구성요소에 관련된 기타 연결 부위

④ 가조립 상태로 배송된 OSC 건설공사 구성요소가 있는 경우, 해당 OSC 건설공사 구성요소 간 연결 부위

CHAPTER

06 강구조 공사

Professional Engineer

마법지

1. 일반사항

- 재료
- 공장제작

2. 세우기

- 세우기 계획
- 주각부
- 부재별 세우기

3. 접합

- 고력볼트
- 용접

4. 부재 · 내화피복

- 부재
- 도장 및 내화피복

★★★ 1. 일반사항 104.121

6-1	철골의 재료적 성질(기계적, 화학적)에서 피로파괴	
No. 480	mechanical property, Fatigue Failure	유형: 재료 · 현상 · 성질

재료

성질이해

Key Point

◪ 국가표준
- KCS 41 31 10
- KS D 3503
- KS D 3530
- KS D 3515
- KS D 3861

◪ Lay Out
- 응력 · 변형률 관계
- 발생원인
- 억제와 방지대책
- 구조용 강재와 항복강도

◪ 핵심 단어
- What: 재료가 시간경과에 따라
- Why: 파괴되는 현상
- How: 힘이 반복적으로 가해져

◪ 연관용어
- 탄성계수
- 후크의 법칙
- 균형철근비
- 취성파괴 연성파괴

• 고온에서의 거동

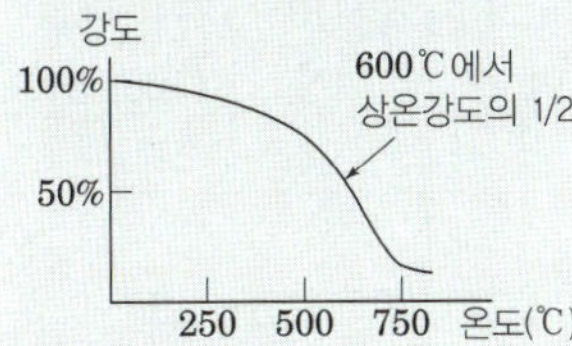

• 저온에서의 거동
- 온도가 낮아짐에 따라 강성은 증가하나 연성과 인성감소
- 변형능력이 줄어 취성파괴 가능성 증대

Ⅰ. 정 의

① 재료가 시간의 경과에 따라 그 크기가 변동하거나 일정한 힘이 반복적으로 가해져 재료가 파괴되는 현상

② 재료는 정하중에서 충분한 강도를 지니고 있더라고 반복 하중이나 교번(交番)하중을 받게 되면 그 하중이 작더라도 파괴가 발생한다.

Ⅱ. 응력 · 변형률 관계

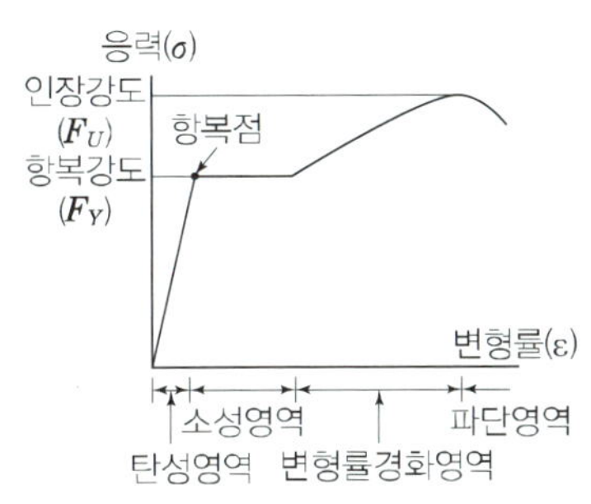

• 탄성영역: 응력(stress)과 변형률(strain)이 비례
• 소성영역: 응력의 증가 없이 변형률 증가
• 변형률 경화영역: 소성영역 이후 변형률이 증가하면서 응력이 비선형적으로 증가
• 파단영역: 변형률은 증가하지만 응력은 오히려 감소

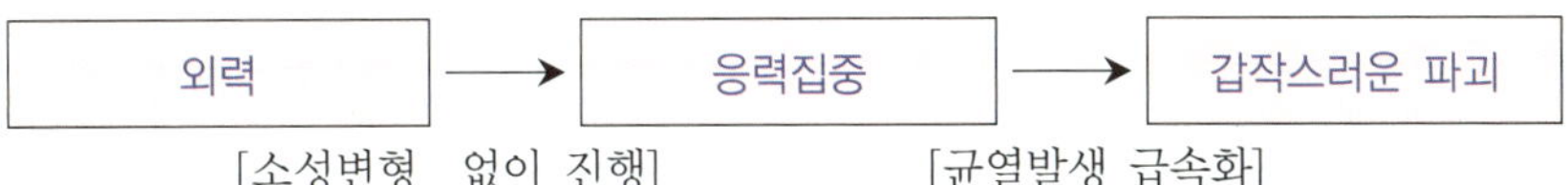

[소성변형 없이 진행] [균열발생 급속화]

Ⅲ. 발생원인

① 금속 조직의 불연속으로 인한 응력 집중으로 미세균열 발생
② 장기간에 걸쳐 하중이 반복됨으로써 균열 증가
③ 표면결함(연마, 노치, 응력Crack)
④ 구조설계효과(Sharp angle, Edge Form, Hole)

Ⅳ. 피로파괴 발생 억제와 방지대책

① 결정립 미세화: 결정립이 미세할수록 항복강도와, 인성 개선
② 표면강화: 질화법, 침탄법, 쇼트피닝, 샌드블라스팅에 의한 표면강화
③ 표면노치 제거 및 표면 거칠기 개선

Ⅴ. 주요 구조용 강재의 항복강도(N/mm^2)

구 분	일반구조	용접구조		TMC
기 호	SS 400 (SS275)	SM 400A (SM275A)	SM 490A (SM355A)	SM 490 TMC (SM355TMC)
t≤40mm	235	235	325	325
t〉40mm	215	215	295	325

재료

Ⅵ. 강재의 KS규격

1) 구조용 강재의 KS

규 격	명칭 및 종류
KS D 3503	일반구조용 압연강재 SS275. SS315, SS410
KS D 3515	용접구조용 압연강재 SM275A, B, C, D, −TMC, SM355A, B, C, D, −TMC SM420A, B, C, D, −TMC, SM460B, C, −TMC
KS D 3529	용접구조용 내후성 열간압연 강재 SM275AW, AP, BW, BP, CW, CP SM355AW, AP, BW, BP, CW, CP
KS D 3530	일반구조용 경량 형강 SSC275
KS D 3558	일반구조용 용접 경량 H형강 SWH275, L
KS D 3566	일반구조용 탄소 강관 SGT275, SGT355
KS D 3568	일반구조용 각형 강관 SRT275, SRT355
KS D 3861	건축구조용 압연 강재 SN275A, B, C, SN355B, C
KS D 3866	건축구조용 열간 압연 형강 SHN275, SHN355
KS D 5994	건축구조용 고성능 압연강재 HSA650
KS D 3602	강제 갑판 SDP 1 2 3
KS D 3632	건축구조용 탄소강관 SNT275E, SNT355E, SNT275A, SNT355A
KS D 3864	건축구조용 냉간 각형 탄소강관 SNRT295E, SNRT275A, SNRT355A

2) 용접구조용 압연강재- KS D3515

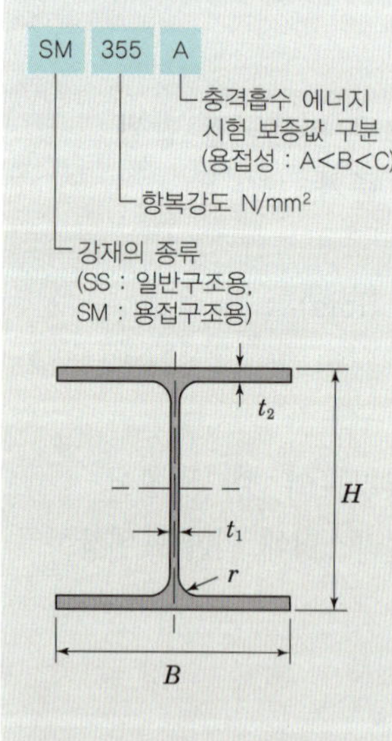

종류의 기호	(종래 기호)	항복점 또는 항복강도 N/mm² 강재의 두께 mm 16이하	16초과 40이하	40초과 75이하	75초과 100이하	160초과 200이하	인장강도 N/mm²
SM275A SM275B SM275C SM275D	(SM400A) (SM400B) (SM400C)	275 (245) 이상	265(235) 이상	255(215) 이상	245(215) 이상	235(195) 이상	410~550 (400~510)
SM355A SM355B SM355C SM355D	(SM490A) (SM490B) (SM490C)	355(325) 이상	345(315) 이상	335(295) 이상	325(275) 이상	305(275) 이상	490~630 (490~610)
SM420A SM420B SM420C SM420D	(SM520B) (SM520C)	420(365) 이상	410(355) 이상	400(335) 이상	390(325) 이상	380(−) 이상	520~700 (520~640)
SM460B SM460C	(SM570)	460(460) 이상	450(450) 이상	430(430) 이상	420(420) 이상	−	570~720 (570~720)

★★★ 1. 일반사항 88

6-2	강재의 취성파괴	
No. 481	brittleness, 脆性	유형: 재료 · 현상 · 성질

재료

성질이해

Key Point

◪ 국가표준
- KCS 41 31 10
- KS D 3503
- KS D 3530
- KS D 3515
- KS D 3861

◪ Lay Out
- 응력 · 변형률 관계
- 발생원인 · 특성
- 발생억제와 방지대책

◪ 핵심 단어
- What: 부재의 응력이 탄성한계 내에서
- Why: 파괴되는 현상
- How: 충격하중에 의해

◪ 연관용어
- 탄성계수
- 후크의 법칙
- 균형철근비
- 취성파괴 연성파괴

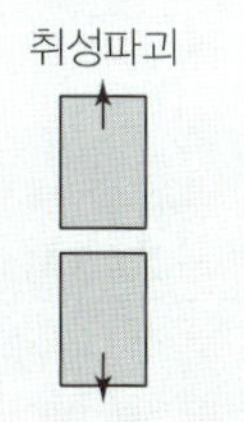

• 고온에서의 거동

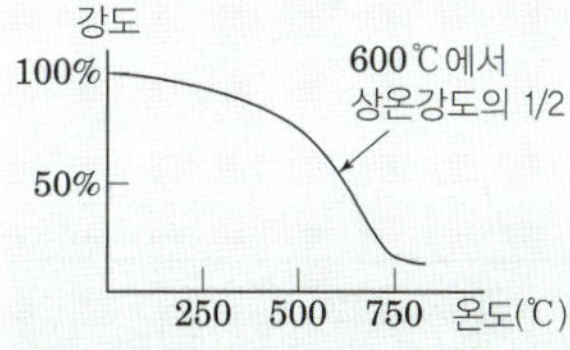

• 저온에서의 거동
- 온도가 낮아짐에 따라 강성은 증가하나 연성과 인성감소
- 변형능력이 줄어 취성파괴 가능성 증대

Ⅰ. 정 의

① 부재의 응력이 탄성한계 내에서 충격하중에 의해 부재가 갑자기 파괴되는 현상

② 재료가 외력에 의해 영구 변형을 하지 않고 파괴되거나 극히 일부만 영구 변형을 하고 파괴되는 성질

Ⅱ. 응력 · 변형률 관계

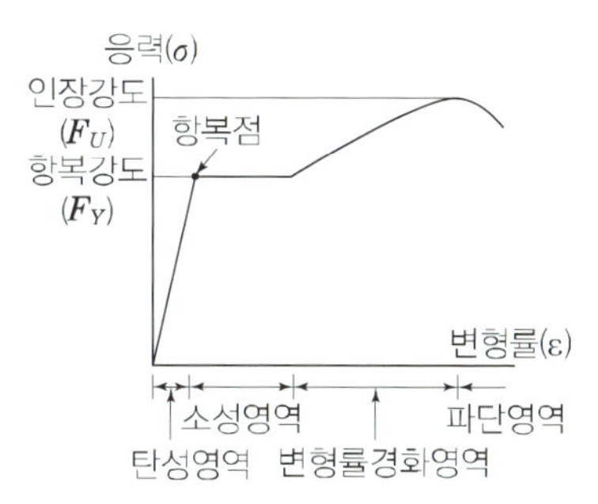

• 탄성영역
  - 응력(stress)과 변형률(strain)이 비례
• 소성영역
  - 응력의 증가 없이 변형률 증가
• 변형률 경화영역
  - 소성영역 이후 변형률이 증가하면서 응력이 비선형적으로 증가
• 파단영역
  - 변형률은 증가하지만 응력은 오히려 감소

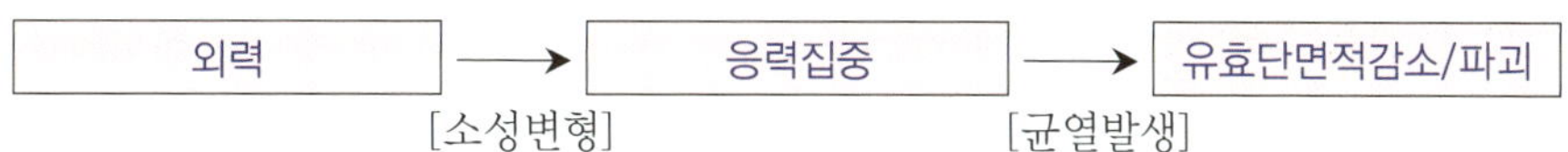

Ⅲ. 발생원인

① 주위 온도의 저하로 인한 부재의 인성이 감소되어 에너지 흡수능력 저하

② 하중의 갑작스러운 집중

③ 부재의 가공이나 접합시의 결함으로 인해 생긴 균열

④ 용접 잔류응력

Ⅳ. 취성파괴의 특성

① 소성변형이 거의 없이 균열이 빠른 속도로 전파

② 판 표면의 직각으로 판 두께의 감소가 거의 없다.

③ 파면은 V형 모양으로 발생지점과 진행방향을 알 수 있음

Ⅴ. 취성파괴 발생 억제와 방지대책

① 충분한 인성을 갖는 모재와 용접재료 사용

② 응력집중 방지설계

③ 후열처리를 통한 잔류응력 제거

④ 표면결함 확인하여 결함제거

6-3	건축자재의 연성	
No. 482	Ductile Fracture, 延性破壞	유형: 재료 · 현상 · 성질

재료

성질이해

Key Point

◩ 국가표준

◩ Lay Out
- 응력 · 변형률 관계
- 발생 Mechanism
- 연성재료와 취성재료의 비교

◩ 핵심 단어
- What: 금속재료
- Why: 늘려져서 소성변형
- How: 인장력에 의해

◩ 연관용어
- 탄성계수
- 후크의 법칙
- 균형철근비
- 취성파괴 피로파괴

Ⅰ. 정 의

① 금속 재료가 탄성 한도 이상의 인장력에 의해서 파괴하는 일 없이 늘려져서 소성 변형하는 성질

② 일반적으로 단단한 물질일수록, 온도가 낮을 때일수록 연성이 작다.

③ 연성파괴는 재료가 항복점을 넘는 응력에 의해 큰 소성 변형을 일으킨 다음 일어나는 파괴

Ⅱ. 응력·변형률 관계

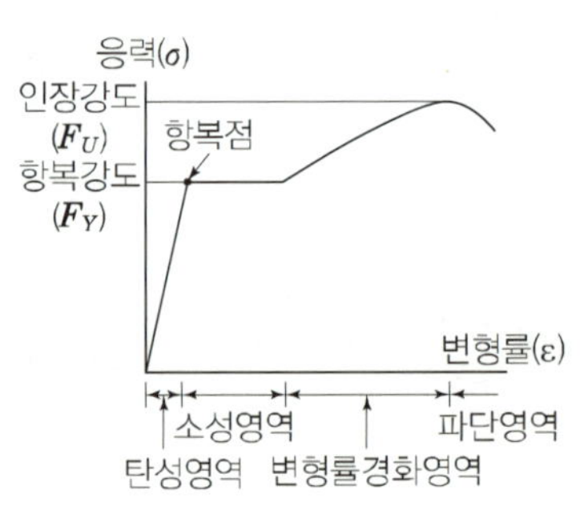

- 탄성영역
  - 응력(stress)과 변형률(strain이 비례
- 소성영역
  - 응력의 증가 없이 변형률 증가
- 변형률 경화영역
  - 소성영역 이후 변형률이 증가하면서 응력이 비선형적으로 증가
- 파단영역
  - 변형률은 증가하지만 응력은 오히려 감소

Ⅲ. 연성파괴 발생 Mechanism

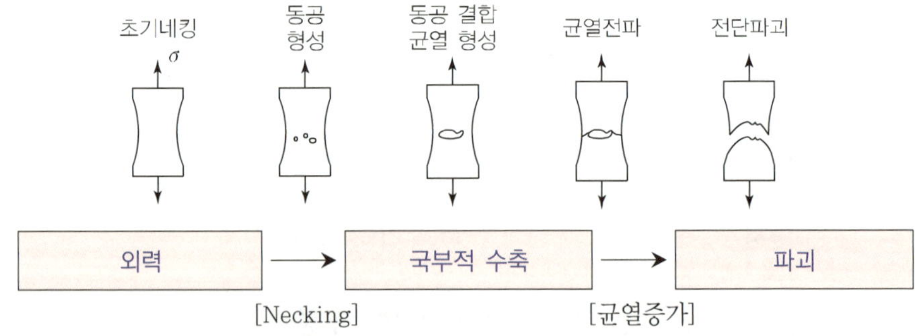

소성변형이 수반되는 파괴로 Necking 현상 발생

Ⅳ. 연성재료와 취성재료의 비교

연성재료	취성재료
늘어나는 성질(인성 큼)	깨지는 성질(인성작다)
철근, 알루미늄	콘크리트
파괴 전 징후발생 후 파괴	파괴 전 징후 없이 파괴

재료

성질이해

Key Point

◪ 국가표준
- KS D 3503
- KS D 3515

◪ Lay Out
- 강재의 화학적 성질 분류
- 강의 가공과 열처리

◪ 핵심 단어
- What: 철의 고유한 성질
- Why: 성질변화
- How: 화학적 조성에 따라

◪ 연관용어
- 탄소당량
- Quenching
- Tempering

☆★★ 1. 일반사항

6-4	재료의 화학적 성질	
No. 483	chemical property	유형: 재료 · 현상 · 성질

Ⅰ. 정 의

철의 고유한 성질 중 화학반응면으로 본 성질로서 화학적 조성에 따라 강재의 강도, 연성, 가공성, 역학적 성능 등의 성질이 변한다.

Ⅱ. 강재의 화학적 성질분류

1) 구조용 강재의 화학적 조성

구 분			함유량	특 성
원소기호		명칭		
26	Fe	철	98% 이상	강재의 대부분을 차지하는 구성요소
6	C	탄소	0.04~2%	탄소량이 증가하면 강도는 증가하나 연성이나 용접성 저하
25	Mn	망간	0.5~1.7%	탄소와 비슷한 성질을 가지며 산소, 황과 함께 열간 압연 과정에서도 필요한 원소
24	Cr	크롬	0.1~0.9%	부식방지, 스테인리스강에서의 주요 구성 부분
28	Ni	니켈	-	강재의 부식방지를 위해 사용 저온에서 취성파괴에 대한 인성을 증가
15	P	인	-	강재의 기계 가공성을 증가시키는 역할 취성을 증가시키므로 강재에 일정량 이상 사용되지 못하도록 규제
16	S	황	-	
14	Si	규소	0.4% 이하	강재에 주로 사용되는 탈산제
23	Cu	구리	0.2% 이하	강재의 부식방지제 중 하나

2) 강재의 기준강도 – 화학적 조성에 따른 강재의 분류

구분	특 성
탄소강 (Carbon Steel)	철, 탄소, 망간으로 이루어짐. 탄소량에 따라서 강도와 인성 결정
구조용 합금강 (Structural Steel)	• 탄소강의 단점을 보완하기 위하여 합금원소를 포함시킨 강재 • 고강도이면서 인성의 감소를 억제
열처리강 (High-Strength Quenched and Tempered Alloy Steel)	• 담금질(Quenching): 강을 가열 후 급랭하여 강의 조직을 변화시켜 강도와 경도를 향상시키는 작업 • 뜨임(Tempering): 담금질에 의해 만들어진 부서지기 쉬운 조직에 인성을 증가시키기 위해 적당한 온도로 가열, 냉각시키는 작업
TMC강	Nb, V 및 Ti 등을 미량 첨가한 열간압연과 냉각과정을 제어하여 높은 강도와 인성을 갖는 강재, 적은 탄소량으로 용접성이 우수

재료

Ⅲ. 강의 가공과 열처리

1. 기계적 가공

1) 압연(壓延, rolling)

① 반대방향으로 회전하는 롤러에 가열상태의 강을 끼워 성형해 가는 방법

② 강괴를 1100~1250℃에서 열간압연하고, 소요단면으로 조립하는 공정을 분괴압연이라 한다.

③ 판재는 두께 3mm 정도까지 열간에서 압연하고, 그 이하는 상온에서 압연한다. 열간 압연과 냉간 압연이 있다.

2) 압출(壓出, extrusion)

① 압출가공은 재료의 움직이는 방향에 따라 전반압출과 후방압출로 분류할 수 있으나 공업용은 대부분 전방압출을 사용

② 고온으로 가열 연화(軟化)한 금속 재료 등을 다이스를 부착한 용기에 넣어 강한 압력을 가해서 구멍으로부터 압출하여 성형하는 가공

3) 단조(鍛造)

① 가열상태의 강을 프레스나 해머로 단련하여 변형시켜서 기계적 성질을 개선하는 가공

② 볼트, 너트 등은 이 방법으로 만든다.

③ 금속을 일정한 온도로 열 압력을 가해 성형하는 작업

2. 열처리

강은 고온으로 하였다가 냉각시키면 기계적 성질이 변한다. 이러한 성질을 이용하여 소정의 성질을 얻기 위해 가열과 냉각을 하는 작업

1) 불림

① 불림(normalizing)은 800~1000℃로 가열하여 소정의 시간까지 유지한 후에 대기중에서 냉각하는 처리

② 불림의 목적은 조직을 개선하고 결정을 미세화하기 위함

2) 풀림

① 풀림(annealing)은 강을 연화(軟化)하거나 내부응력을 제거할 목적으로 실시

② 풀림은 불림과 같이 가열하여 소정의 시간까지 유지한 후에 로(爐) 내부에서 서서히 냉각하는 처리

3) 담금질

① 담금질(quenching)은 고온으로 가열하여 소정의 시간 동안 유지한 후에 냉수, 온수 또는 기름에 담가 냉각하는 처리

② 담금질한 강은 강도나 경도가 증가하고 마모가 작아진다.

4) 뜨임질

① 뜨임질(tempering)은 불림하거나 담금질한 강을 다시 200~600℃로 수십분 가열한 후에 공기 중에서 냉각하는 처리

② 뜨임질의 목적은 경도를 감소시키고 내부응력을 제거하며 연성과 인성을 크게 하기 위해 실시

재료

성질이해

Key Point

- 국가표준
  - KS D 3515
- Lay Out
  - 단계별 열처리
- 핵심 단어
  - 열처리
  - 냉각
  - 가열
- 연관용어
  - 탄소당량
  - Quenching
  - Tempering

☆★★ 1. 일반사항

6-5	열처리강(담금질과 뜨임)	
No. 484	Quenching & Tempering	유형: 재료 · 현상 · 성질

Ⅰ. 정 의

① Quenching: 열처리 작업 중 하나로 강재의 경도와 강도를 높이기 위하여 재료를 일정온도(오스테나이트화 온도: austenitizing)로 가열하여 일정시간 유지한 후에 물 혹은 기름 중에 넣어 빠르게 냉각하여 재료의 경도를 높이는 작업

② Tempering: 담금질한 강재의 경도는 매우 높으나 인성이 작아서, 담금질한 강재의 인성 증가 혹은 강도 저하를 위하여 변태점이나 적당한 온도로 가열한 후 냉각하는 작업

Ⅱ. 단계별 열처리

1) 담금질(Quenching)

급랭(急冷)함으로써 금속이나 합금의 내부에서 일어나는 변화를 저지(沮止)하여, 고온에서의 안정상태 또는 중간상태를 저온 · 온실에서 유지하는 조작

2) 뜨임(Tempering)

① 강철을 담금질하면 경도는 커지나 메지기 쉬우므로 이를 적당한 온도로 재가열했다가 공기 속에서 냉각, 조직을 연화 · 안정시켜 내부응력(應力)을 없애는 조작

② 뜨임 처리는 담금질한 재료의 메짐을 없애고 강인성을 주기 위해서 하는 경우와 담금질 경도(硬度)를 더욱 높이기 위해서 하는 경우가 있다.

3) 풀림(Annealing)

① 재료를 평형상태도에 나타난 그대로의 안정상태로 만들기 위한 처리방법

② 온도의 오르내림에 따라 일어나는 재료에서는 충분한 시간에 걸쳐서 천천히 냉각시킴으로서 상태도에 나타난 것만큼의 변화를 전부 완료시켜서 안정된 평형상태로 한다. 고온상태에서 천천히 식혀서 확산에 의해 각 온도에서 평형상태를 그 때마다 잡으면서 냉각될 수 있는 시간을 준다.

4) 불림(Normalizing)

강을 단련한 후, 오스테나이트의 단상(單相)이 되는 온도범위에서 가열하여 대기 속에 방치하여 자연냉각(自然冷却) 한다.

① 주조 또는 과열 조직을 미세화

② 냉간가공 · 단조 등에 의한 내부응력을 제거

③ 결정조직, 기계적 · 물리적 성질 등을 표준화

★★★ 1. 일반사항 63.109.123

6-6	TMC강	
No. 485	Thermo Mechanical Control	유형: 재료 · 부재 · 성능

재료

성질이해

Key Point

◩ 국가표준
- KS D 3515

◩ Lay Out
- 탄소당량(Ceq)에 따른 강재의 성질 변화
- TMC 강재의 특성

◩ 핵심 단어
- What: 강재의 압연 시
- Why: 용접성 개선
- How: 제어냉각

◩ 연관용어
- 탄소당량
- Quenching
- Tempering

제조원리

- 압연 가공에서 열처리공정을 동시에 실행
- 합금원소의 첨가량을 축소
- 제어압연 공정과 열간압연 직후 높은 온도에서 급랭공정을 결합시킨 압연법

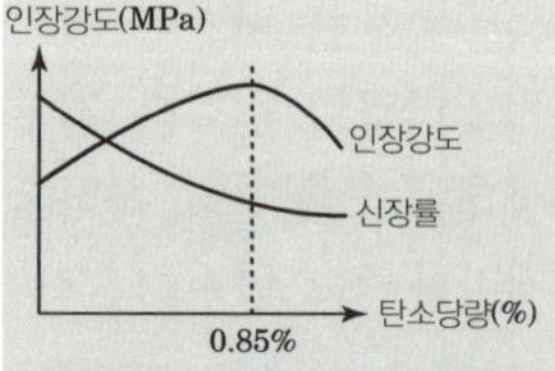

[탄소당량에 따른 철의 성질변화]

Ⅰ. 정 의

① 강재의 압연 시 제어냉각을 통해 강도를 확보함으로써 동일 강도의 일반강에 비해 탄소당량(Ceq)이나 용접균열감응도(Pcm)를 낮출 수 있기 때문에 대입열용접(Heat Input)이 용이하고 예열 조건을 대폭 완화 할 수 있는 등 용접성이 매우 우수한 강재

② 건축구조용 후판(일반적으로 6mm 이상)이며 탄소당량이 낮고 용접 갈라짐 감수성 조정값을 조정하여 용접성이 우수하며 예열과 후열 과정이 생략 가능하여 제작성이 우수

Ⅱ. 탄소당량(Ceq)에 따른 강재의 성질변화

① 탄소당량(Carbon Equivalent, Ceq, C.E)이 0.85%일 때 강재의 강도가 최대

② 철강의 성질은 0.01~0.7% 정도 함유되어 있는 탄소(C)의 양에 따라 크게 좌우되는데 탄소의 함유량이 적을수록 연하고 늘어나기 쉬우며 탄소량이 증가할수록 경도와 강도는 증가하지만 탄성력과 신장률은 감소

③ 연신율(elongation, 신장률)은 탄소량 증가에 따라 감소

④ 비교적 탄소량이 적은 강은 기계의 구조부분인 축(軸)에 사용되며, 탄소량이 적은 것은 레일 등에 사용

Ⅲ. TMC강재의 특성

특성	향상된 기계적 성질	
저탄소량(Ceq)	고강도 실현	
	용접성 향상	예열생략(작업성 양호)
		용접부 인성양호
		대입열량 용접(적용성양호)
저항복비	내진성 향상	
저용접 갈라짐 감수성 조성	터짐결함(용접부 균열) 저감	
미세조직	두께방향 초음파 음향 이방성 감소	

① 두께 40mm 이상의 후강판에 대하여 일반강재는 약 10%의 강도 저감을 하지만 TMC는 강도 저하가 없음

② 강재의 소성열이 상대적으로 커 Ductile한 거동으로 지진에 유리

★★★ 1. 일반사항 111

6-7	탄소당량	
No. 486	Ceq = Carbon Equivalent	유형: 재료 · 기준 · 지표

Ⅰ. 정 의

강재의 기계적 성질이나 용접성은 성분을 구성하는 원소의 종류나 양에 따라 좌우된다. 그들 원소의 영향을 강(鋼)의 기본적인 첨가 원소인 탄소의 양으로 환산한 것

Ⅱ. 탄소당량(Ceq)의 기준 및 활용

$$\text{Ceq(탄소당량, \%)} = C_{eq} = C + \frac{Mn}{6} + \frac{(Cr+Mo+V)}{5} + \frac{(Ni+Cu)}{15}$$

Ceq(탄소당량) 〈 0.44: 예열 필요성의 기준

① 합금원소에 따라 나타날 수 있는 여러 가지 영향을 탄소당량식을 이용하여 검토
② Cold Cracking(저온균열 감수성) 등의 판단에 이용
③ 저합금강의 용접성 판정에 이용
④ 구조용강의 용접 열영향부의 경화성 표현의 척도
⑤ 용접재료 선택의 기준
⑥ 예열, 후열 여부 판단기준: 탄소당량 0.44% 초과는 예열 및 후열 필요

Ⅲ. 열가공 제어를 한 강판의 탄소당량

종류의 기호	두께 50mm 이하	두께 50mm 초과 100mm 이하
SGV 295	0.38(0.23) 이하	0.40(0.25) 이하
SGV 355	0.39(0.24) 이하	0.41(0.26) 이하

※ ( )안 용접 갈라짐 감수성 조성

Ⅳ. 열가공 제어를 한 강판의 용접 갈라짐 감수성 조성

$$\text{용접 균열 감수성(\%)} = C + \frac{Mn}{20} + \frac{Si}{30} + \frac{Ni}{60} + \frac{Cu}{20} + \frac{Cr}{20} + \frac{Mo}{15} + \frac{V}{10} + 5B$$

종류의 기호	용접 균열 감수성(%)		
	두께 50mm 이하	50mm 초과 100mm 이하	100mm 초과
SM275A, B, C, D	0.26 이하	0.28 이하	주문자와 제조자 사이의 협정에 따른다.
SM355A, B, C, D	0.27 이하	0.29 이하	
SM420A, B, C, D	0.28 이하	0.30 이하	
SM460B, C	0.30 이하	0.32 이하	-

재료

성질이해

Key Point

◩ 국가표준
- KS D 3515
- KCS 41 31 20

◩ Lay Out
- 탄소당량(Ceq)의 기준 및 활용
- 열가공 제어를 한 강판의 탄소당량
- 용접 갈라짐 감수성 조성

◩ 핵심 단어
- What: 기계적 성질
- Why: 환산
- How: 첨가원소인 탄소의 양

◩ 연관용어
- 예열

Ceq에 따른 용접성 평가

- Ceq 0.4: 우수
- Ceq 0.4~0.45: 양호
- Ceq 0.46~0.52: 보통
- Ceq 0.52 초과: 불량

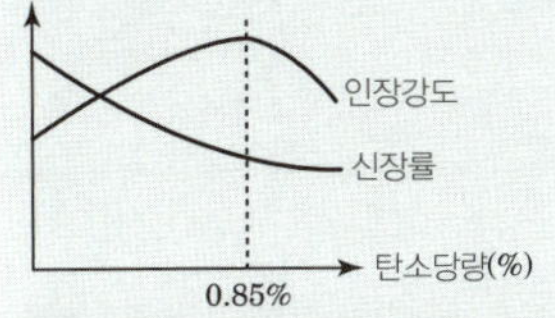

[탄소당량에 따른 철의 성질변화]

공장제작

작성항목

Key Point

◩ 국가표준
- KCS 41 31 15

◩ Lay Out
- 시공상세도의 내용
- 주요 검토사항
- 작성기준

◩ 핵심 단어
- What: 설계도서
- Why: 도면 작성
- How: 설계정보 반영

◩ 연관용어

중점 검토사항

- 건축-구조 SHOP DWG 일치여부
- 접합부 디테일과 마감부분의 처리
- 건축구조기준에 부합여부
- 정확한 철골의 길이 확인, 보와 기둥과의 연결, 층과 층 사이의 철골
- 설비, 전기 개구부 등의 고려여부
- 공장도장 부분 표기
- 내화도장 부분 표기(방화관리 기준과 크로스 검토)
- 부속철물의 위치
- Deck Plate 및 현장 지붕의 Camber 값 확인

☆☆★ 1. 일반사항

6-8	Shop drawing	
No. 487	시공계획도, 공작도	유형: 기준 · 항목

Ⅰ. 정 의

설계도서에 나타난 강재의 품질, 접합 등을 자세히 표시한 도면으로 모든 설계정보를 반영하여 철골의 공장 제작 및 현장 설치에 적용 가능한 도면을 작성하는 것

Ⅱ. 시공상세도의 내용

- 주심도, 각 절별·층별 평면도, 입면도, 주단면도, 부재 접합부 상세도
- 베이스 플레이트, 브래킷, 보강재, 오프닝 주위 상세도
- 앵커볼트 상세도
- 부재별 단면도(규격, 간격, 구조부재의 위치, 오프닝, 부착, 조임에 관한 표시)
- 각 주요부재의 Camber 표시
- 용접의 표시는 KS B 0052에 따라야 하며, 각 용접의 크기, 길이, 형식 표기
- 볼트의 형태와 크기 및 길이 표시
- 페인트칠 또는 방청처리 부위 및 시공여부

Ⅲ. 시공상세도 주요 검토사항

구분	검토내용
건축물 층고 치수 및 기둥 이음확인	• 각 층의 기준레벨과 철골의 위치확인, 특히 주각 베이스플레이트 하단 위치와 고름모르타르 두께에 주의 하고 모르타르 강도 체크 • 기둥 부재 각 길이, 폭, 무게 등이 도로상황, 도로교통법 등에 문제가 없는지 확인, 기둥 이음방식 확인
사용재료의 일치성	• 기둥, 보 등의 재질 및 형상 확인 • H 형강, BH강의 구별
앵커볼트	• 앵커볼트 위치확인 • 앵커볼트 재질, 형상, 길이 확인 • 베이스 플레이트 크기 확인 • 앵커볼트 구멍의 크기확인
접합	• 볼트의 종류(H/S, T/S) • 용접공법의 종류 • 접합/설치부분의 시공성 • 개선 형상 및 치수 • 엔드탭의 종류 및 형상
골조 정합성	• 철골과 골조의 중심선 확인 • 스팬 및 층 높이 치수확인 • 건축도면 치수와 철골 치수와의 교차확인: 계단, 골조와 접합부 등 • 이음위치
기타	• 가설 조립 피스의 위치 • 슬리브 관통 위치와 보강 • 기둥, 보와의 철근 간섭처리 • 페인트 시공여부 • 사전 검토사항 확인

공장제작

명기원칙 KCS 41 31 15

- 강구조 바닥틀 도면, 가구도, 부재목록 등
- 강구조 부재의 상세한 형상, 치수, 부재번호, 제품수량, 제품부호, 재질 등
- 용접 및 고장력볼트 접합부의 형상, 치수, 이음매 부호, 볼트종류, 등급 등
- 설비관련 부속철물, 철근관통구멍, 가설철물, 파스너 관련 상세 등
- 121, 129 서술 기출

포함되어야 할 안전시설

- 외부 비계받이 및 화물 승강설비용 브래킷
- 기둥 승강용 트랩
- 구명줄 설치용 고리
- 건립에 필요한 와이어걸이용 고리
- 난간 설치용 부재
- 기둥 및 보 중앙의 안전대 설치용 고리
- 방망 설치용 부재
- 방호선반 설치용 부재

Ⅳ. 작성기준

설계도에 의하여 작성되며, 철골을 가공하는데 편리하고 정확하게 제작되도록 각 부분을 상세하게 변경시킨 도면으로 도면의 축척은 1/10, 1/20, 1/30, 1/100 등으로 작성

1) 일반도
   ① 앵커 플랜: 1/100, 1/50, 1/10
   ② 각층 보 평면 상세: 1/200, 1/100, 1/50
   ③ 부재 List: 1/50, 1/30
   ④ 열별 골구도: 1/200, 1/100, 1/50

2) 기준도
   이음기준도, 주심도, 용접기준도, 관련공사 연관기준도

3) 확인사항-KCS 41 31 15

- 강구조 건축물 시공상세도에는 스플라이스 플레이트의 구분과 고장력볼트의 종류와 직경, 공장과 현장 체결구분, 철근 관통구멍의 상세별 기호 등을 구분하여 명확히 표기한다.
- 강구조 건축물 시공상세도는 기둥과 보부재의 상세를 구분하여 작성하는 것을 원칙으로 한다.
- 강구조 건축물 시공상세도의 거더와 보부재 상세에는 각각 부재의 리스트, 보단부 접합 위치와 치수의 상세, 설비용 관통슬리브의 치수와 위치, 보강방법과 현장 이음 접합의 상세도를 작성한다. 또한 부재 및 제품, 스티프너, 스플라이스, 필러 플레이트 등의 번호를 구분하고 형상, 치수를 명확히 명기한다.
- 강구조 건축물 시공상세도의 기둥부재 상세에는 각각 부재의 리스트, 기둥부재의 치수, 층별구분과 절에 대하여 구분하고 기둥의 접합 위치, 이음 접합의 상세도 등을 포함해야 한다. 또한 부재 및 제품, 스티프너, 스플라이스, 필러 플레이트 등의 번호를 구분하고 형상, 치수를 명확히 명기한다.
- 강구조 건축물 시공상세도의 브레이스 및 경사재 상세에는 각각 부재의 리스트, 기둥 또는 수평부재와 접합위치, 상세 치수 등을 명확히 명기한다. 또한 부재 및 제품, 스티프너, 스플라이스, 필러 플레이트 등의 번호를 구분하고 형상, 치수를 포함한다.
- 강구조 건축물 양중용 부속 철물, 현장공사 시에 필요한 조립용 부속철물 및 이렉션피스(erection piece), 설비용 부속 철물접합과 관련한 시공상세도는 구성부재 단면부와 측면부의 판 두께 단면에 절대로 용접을 하지 않도록 작성한다.

① 접합방법과 치수표시 방법
② Drawing은 평면도 기준

공장제작

③ Erection Drawing의 마킹은 기둥의 경우 북측 또는 서측, 기타 Member는 좌측에 기재
④ Title Block 기재사항 확인
⑤ Shop Note 기재사항 확인
⑥ 철골은 운반 가능 규격이 가로 3m, 세로 3m, 길이 15m로 제한되어 있음

★★★ 1. 일반사항

6-9	철골 공장제작 시 검사계획 ITP	
No. 488	inspection test plan	유형: 기준 · 항목

공장제작

검사항목

Key Point

◩ 국가표준
- KCS 41 31 15

◩ Lay Out
- 검사계획
- 검사방법

◩ 핵심 단어
- What: 공장제작
- Why: 현장작업 최소화
- How: 완성품

◩ 연관용어
- Hold Point
- Witness Point

원척 및 수치제어 정보작성

- 원척작업은 원척과 형판으로 구분되지만, 공작도의 수치제어정보로 대신 할 수 있다.
- 원척작업이 필요한 경우에는 시기, 방법, 내용 등을 공사 특기시방서에 명시

기준강제 줄자

- 공장제작 공정에서 사용하는 강제 줄자는 기준 강제 줄자와 대조하여 정기적으로 그 오차를 확인한다.
- 공장제작 공정에서 사용하는 강제 줄자의 검사, 대조시 장력은 기준 강제 줄자와 대조하여 정기적으로 검사하고 49N으로 확인

Ⅰ. 정 의

① 철골의 공장제작은 설계도서와 시방서에 준하여 완성품에 가깝도록 하여 현장작업을 최소화 하는 것이 중요하다.

② 승인된 제작도면 및 관련 규격에 의해 제작된 제품을 Inspection & Test Plan에 따라 공정별 검사를 수행한다.

Ⅱ. 검사계획(ITP: inspection test plan)

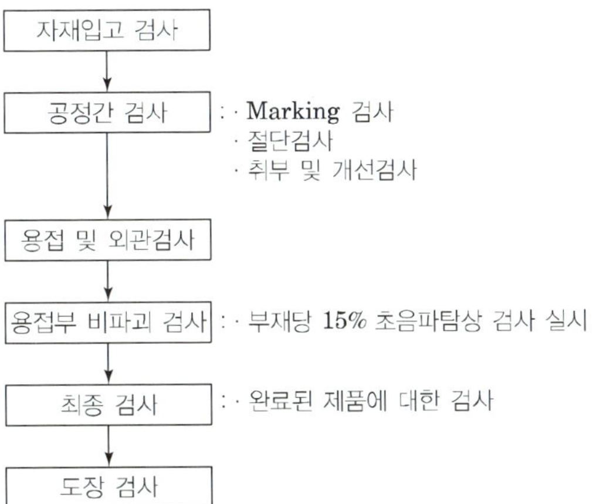

- 철골 자재의 공장 입고시부터 반출 전 도장까지 철저한 검사로 적정 품질 유지

Ⅲ. 검사방법

1. 공장시험 및 검사계획

1) 검사방법

- 입회점(Witness Point)으로 지정된 검사는 품질관리자 및 검사원에 의한 입회검사를 수행
- 필수 확인점(Hold Point)은 품질관리자 및 검사원의 입회검사를 수행

2) 검사절차

- 품질관리 담당자는 검사원 입회점 검사 시 검사원과 함께 입회검사 수행
- 검사원 필수 확인점 검사 시 검사원과 함께 입회검사 후 후속공정 수행

공장제작

[End Tab]

- H: Hold Point: 필수검사
- W: Witness Point: 검사신청 입회검사
- R: Review: 성적서 검토
- M: Monitering: 수시검사
- N/A: 공정참관 검사진행

2. 검사계획(inspection & Test Plan)

검사구분	검사항목	적용규격	검사구분			제출서류
			제작사	시공사	감리자	
자재검사	성적서 자재치수 및 외관	KS D 3515 KS D 3503	W	M	M	Mill Sheet
Marking Cutting	절단, 치수 및 외관 절단면 정밀도 재질 구분 Marking	설계도면 승인절차서	H	M	M	–
FIT Up	이물질 제거 취부상태 및 외관 가붙임 용접상태 Root Gap	설계도면 승인절차서	H	M	M	–
Welding	용접자격 관리 용접조건 용접재료, 환경조건 용접부 외관	설계도면 승인절차서	H	M	M	용접사 목록 체크목록
치수검사	제품치수검사 외관검사 가공면의 정밀도	설계도면 승인절차서	W	W	R	치수검사 성적서
비파괴검사	UT MT	특기시방서	H	M	R	NDT 리포트
도장검사	전처리 검사 도막두께 외관검사	시방서 승인절차서	H	M	M	체크목록 도장성적서

3. 공정간 검사

1) 원자재 검사

- 시험성적서 확인(시험 성과치가 기준 이상일 것)
- 외관상태 확인(상태에 따라 ABC 등급으로 구분)

품질검사 항목	세부 내용	사진
외관검사	굽음, 휨, 비틀림, 야적상태	
치수검사	가로, 세로, 높이, 두께, 대각선	
Mill Sheet	종류, 규격, 제조사, 시험성적서	

공장제작

가스절단

- 가스절단 하는 경우, 원칙적으로 자동 가스절단기를 이용한다.
- 가스 절단면의 정밀도가 확보되지 않는 경우에는 그라인더 등으로 수정한다.

전단절단

- 전단절단 하는 경우, 강재의 판두께는 13mm 이하로 한다, 절단면의 직각도를 상실한 흘림, 끌림, 거스러미 등이 발생한 경우에는 그라인더 등으로 수정한다.

2) Cutting

품질검사 항목	세부 내용	사 진	
절단 및 구멍뚫기	Punching Drilling 절단면 및 개선 가공상태 Scallop Metal Touch Stiffener	[Diameter of bolt hole]	[Diameter of hole to hole]
		[Distance from member end to gusset plate]	[Beam identification]
		[Groove]	[Scallop]
		[Metal touch]	[Stiffener]

① 절단 및 개선(Groove)가공

- Metal Touch

  설계도서에서 Metal Touch가 지정되어 있는 부분은 Facing Machine 또는 Rotary planer 등의 절삭 가공기를 사용하여 부재 상호간 충분히 밀착하도록 가공한다.

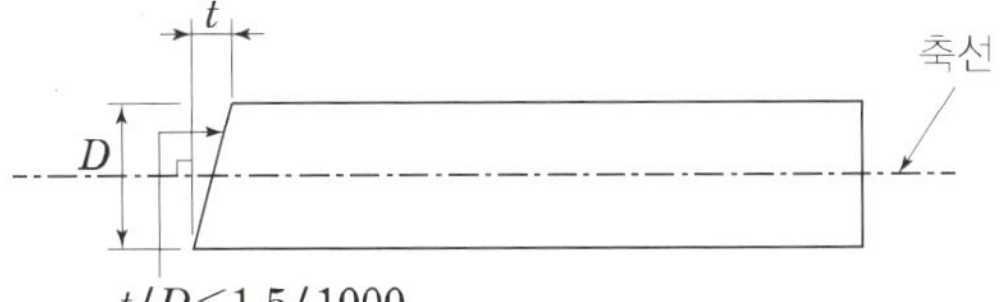

$t/D \leq 1.5/1000$

마감 가공면 50s 정도

t/D : 마감 가공면의 축선에 대한 직각도

D : 마감 가공면의 단면 폭

공장제작

• 주
1) 표면 거칠기란 KS B 0161(표면 거칠기 정의 및 표시)에 규정하는 표면의 조도(粗度)를 나타낸다.
2) 노치깊이는 노치 마루에서 골 밑까지의 깊이를 나타낸다.
3) 교량의 2차부재의 경우에 적용한다.

• 마찰면 처리
1) 고장력볼트 마찰면 처리는 미끄럼계수가 0.5 이상 확보되도록 하고 가능한 마찰면 처리는 블라스트 처리한다. 이외의 특수한 마찰면의 처리방법은 공사 특기시방서에 따른다.
2) 마찰면은 숏 블라스트 또는 그릿 블라스트 처리하며, 표면의 거칠기는 50μ mRy 이상으로 한다.
3) 마찰면 처리
(1) 마찰면의 와셔가 닿는 면에는 들뜬 녹, 먼지, 기름, 도료, 용접 스패터 등을 제거한다.
(2) 마찰면에는 용접 스패터, 클램프 자국 등 요철이 없어야 한다.

- Scallop 및 Groove 가공
  Scallop 원호의 곡선은 Flange와 Fillet 부분이 둔각이 되도록 가공한다. r_1은 35mm 이상, r_2는 10mm 이상으로 하고, 불연속부가 없도록 한다.

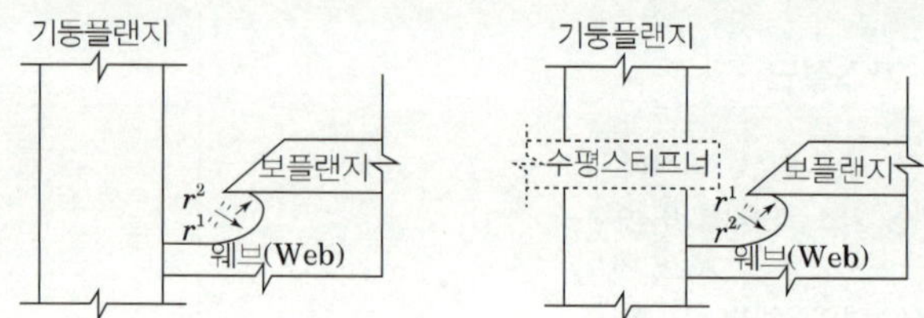

Groove 용접을 위한 Groove 가공 허용오차는 규정값에 -2.5°, +5°(부재조립 정밀도의 1/2) 범위 이내, Root면의 허용오차는 규정값에 ±1.6mm 이내로 해야 한다. Groove 가공은 자동Gas절단기 또는 기계절단기로 하는 것을 원칙으로 한다.

② Cutting 강재절단 - Gas절단면의 품질관리 구분

구분	가	나	다	라
표면거칠기[1]	-	-	200s 이하 (100s이하)[3]	50s 이하
노치깊이[2]	-	-	2mm 이하 (1mm 이하)[3]	노치가 없어야 한다.
절단된 모서리의 상태	약간은 둥근 모양을 하고 있지만 매끄러운 상태의 것			

③ 구멍뚫기(Drilling)
- 고장력Bolt 구멍뚫기는 Drill뚫기로 한다. 접합면을 Blast 처리하는 경우에는 Blast하기 전에 구멍뚫기를 한다.
- Anchor Bolt, 철근 관통구멍은 Drill뚫기를 원칙으로 하며, 판두께 13mm 이하인 경우에는 전단 구멍뚫기가 가능하고 절단면의 직각도를 상실한 흘림, 끌림, 거스러미 등은 그라인더로 수정
- 앵커볼트, 거푸집 Separator, 설비배관용 관통구멍 및 내·외장 콘크리트 타설용의 부속철물 등 구멍 지름이 30mm 이상인 경우, 가스 구멍뚫기를 할 수 있다. 다만, 가스 구멍뚫기를 하는 경우 절단면 거칠기는 100μmRy 이하로 하고, 구멍직경의 허용차는 +2mm 이하로 한다.
- 구멍뚫기 가공은 구멍뚫기 해야 하는 부재 표면에 대해 직각도를 유지하고, 정한 위치에 가공한다. 구멍뚫기 후 구멍 주변의 흘림, 끌림, 거스러미 등을 완전히 제거한다.

고장력볼트 구멍의 직경

(단위 : mm)

고장력볼트	호칭	M16	M20	M22	M24	M27	M30
	구멍직경	18	22	24	27	30	33

Anchor Bolt의 구멍직경은 Anchor Bolt 직경 +5mm 이하로 한다.

공장제작

변형교정

• 교정방법
1) 가공 중에 발생한 변형은 정밀도를 확보 할 수 없는 변형량인 경우, 재질이 손상되지 않도록 상온교정 또는 가열교정(점상가열, 선상가열, 쐐기형가열) 한다.
2) 상온 교정은 프레스 또는 롤러 등을 사용한다.

• 가열교정의 표준온도 범위
1) 가열 후 공랭 하는 경우 850~900(℃)
2) 가열 후 즉시 수냉 하는 경우 600~650(℃)
3) 공랭 후 수냉 하는 경우 850~900(℃) (다만, 수냉 개시 온도는 650℃ 이하)

조립용접

• 조립용접은 플럭스코아드 아크용접 또는 가스실드 아크용접을 적용하는 것을 원칙으로 한다. 다만, 책임기술자의 협의에 따라 일반구조용 강재의 조립용접에 피복아크용접을 적용하는 경우, 저수소계 용접재를 사용하는 것을 원칙으로 한다.
• 조립용접에 종사하는 용접공은 공인 기술자격시험 기본급수 이상의 시험에 합격한 유자격자로 한다.
• 조립용접은 조립, 양중, 이동, 본 용접작업 과정에서 조립부재의 형상을 유지하고, 동시에 조립용접이 떨어지지 않도록 각장 4mm 이상, 용접간격 400mm를 기준으로 한다.

[조립용접의 최소 비드 길이]

판두께 (mm)[1]	조립용접의 최소 비드 길이 (mm)
t ≤ 6	30
t > 6	40

주1) 조립용접 부분의 두께운 쪽 판두께

3) Fit Up

품질검사 항목	세부 내용	사 진
Marking	조립철물의 위치 거리, 방향, 경사도, 부재번호	[Fit-up]
가조립 상태	조립정밀도, 부재치수, 가용접 상태	

4) Welding

• 부재의 용접검사는 육안검사로 하며, 의심스러운 부분은 비파괴검사를 한다.

① 방사선 투과법
  • 완전용입 용접부에 대한 내부결함검사에 한함
  • 주요부재 연결개소에 적용

② 초음파탐상검사
  • 완전용입 용접부의 품질보증을 위하여 실시
  • 완전용입 용접부에 한하여 100% 초음파 검사 실시

③ 자분탐상검사
  • 용접부 표면과 표면직하 내부결함검사에 대하여 실시
  • Built Up 부재의 용접장에 대한 10% 자분탐상검사 실시

품질검사 항목	세부내용	사 진	
용접 전 검사	용접환경 재료보관 End tab	[Welder Performance Test]	[End tab]
용접 중 검사	예열, 전류 전압, 속도 순서, 자세		
용접 후 검사	결함육안검사 비파괴검사	[UT]	[MT]

5) 최종검사/ 완성검사

• 공정간 품질관리기준에 따른 작업이 이루어졌는지 확인
• 비파괴검사 결과 및 원자재 시험성적서 등과 함께 최종검사 기록서를 작성하여 품질기록으로 유지
• 검사종류: 외관검사, 치수검사, Stud Bolt 타격시험

공장제작

6) Painting

- 육안검사를 통하여 표면처리 등급에 합당한지 확인
- 표면조도 측정기로 확인(25㎛~75㎛)

품질검사 항목	세부내용	사 진	
표면처리 검사	온습도 및 대기환경 조건 Profiles	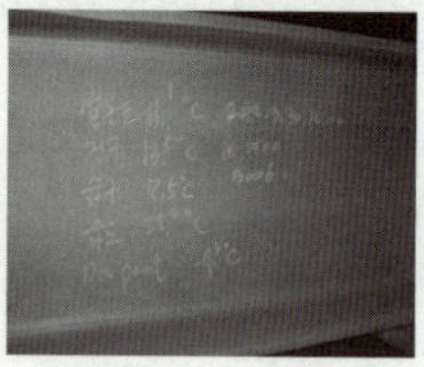 [Weather condition Check For Shot Blasting]	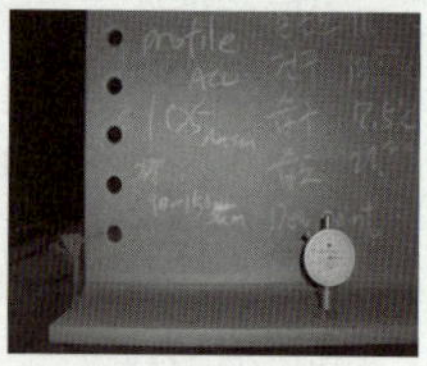 [Surface Profile Check For Painting]
도막두께 검사	도장재료 도장횟수 도장결함 부착력 시험	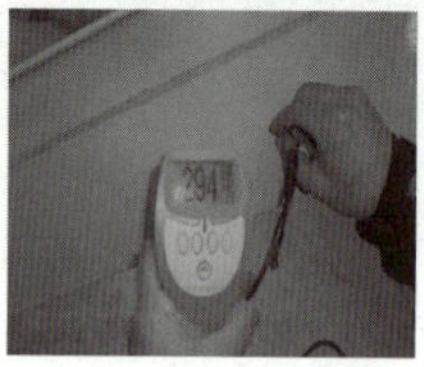 [UT]	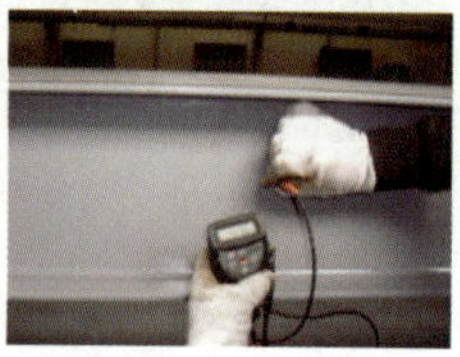 [MT]

7) Packing

품질검사 항목	세부 내용	사 진
Marking	부재번호표, Bar Code, Packing List	 [결속]  [Shipping mark]
결속상태 검사	포장방법, 결속상태, Unit별 중량	 [상차확인 검사]

공장제작

검사항목

Key Point

- 국가표준
  - KCS 41 31 15
- Lay Out
  - 등급별 세부기준 및 심사항목
  - 인증 처리절차
- 핵심 단어
  - What: 제작공장
  - Why: 품질확보
  - How: 제작능력 등급
- 연관용어
  - ITP

분야, 등급

- 교량분야
- 건축분야
- 분야별로 4개 등급

- 대상: 건설현장에 철강구조물을 제작·납품하는 공장

☆☆☆ 1. 일반사항

6-10	철강구조물제작공장 인증제도	
No. 489		유형: 기준 · 제도

Ⅰ. 정 의

철강구조물 제작공장의 제작능력에 따른 등급화를 통해 철강구조물의 품질을 확보하기 위함

Ⅱ. 등급별 세부기준 및 심사항목

- 공장 개요: 공장부지 면적, 제품가공 작업장 면적, 가조립장 면적, 연간 가공실적)
- 기술인력: 국토교통부장관이 고시하는 기준의 건설기술인(관리기술인, 기능인)
- 제작 및 시험설비: 제작용 설비기기, 기중기, 시험검사 설비기기
- 품질관리 실태: 종합관리, 제작기술, 제작상황, 작업환경

  - 제품가공 작업장: 지붕과 2면 이상의 외벽이 있는 건물
  - 가조립장: 건설현장에서 완제품을 조립하기 전에 철강구조물공장에서 철강구조물을 조립하여 이상이 있는지를 검사하는 장소
  - 기중기: 공장 안의 천장 주행 크레인

기본심사항목에 대한 등급별 최소기준과 공장인증의 등급별 제작능력에 대한 기준열 필요성의 기준

Ⅲ. 인증 처리절차

서류접수 → 구비서류 검토 → 인증

구비서류 검토:
- 공장인증 신청서
- 공장기술인력현황을 기록한 서류
- 공장규모 입증서류
- 설비현황
- 공장배치도
- 공장등록증

인증:
- 전문적,기술정 사항 심사
- 접수한날로부터 130일

공장제작

검사항목

Key Point

◩ 국가표준

◩ Lay Out
- Mill Sheet 기재사항(검사항목)
- 용도
- 시험규준의 명시

◩ 핵심 단어
- What: 공장제작 강재
- Why: 강재규격 증명서
- How: 강재의 제원

◩ 연관용어
- 탄소당량

검사항목

- 시험: 시험기준, 방법, 시험기관
- 제품번호: 제품번호, 제조일, 제조사

★★★ 1. 일반사항 129

6-11	Mill sheet Certificate	
No. 490	강재규격 증명서, 밀시트	유형: 기준

Ⅰ. 정 의

① 공장에서 제작된 강재의 납품 시 제조번호, 강재번호, 화학성분 및 기계적 성질 등을 기록하여 놓은 강재규격증명서

② 강재의 주재별 등급, 자재 등급별 표식 등이 주문 내용과 일치하는지 검토 및 확인한다.

Ⅱ. Mill Sheet기재사항(검사항목)

품명	치수	수량	중량	HEAT NO	화학성분							역학적 시험		
					C	Mn	Si	Ni	Cr	Mo	V	TS	YS	EL

제품의 제원 — 화학성분 — 역학적 시험

제품의 제원
- 품명
- 치수
- 수량
- 단위중량
- 형상 두께 지름

화학성분
- 탄소(C)
- 망간(Mn)
- 규소(Si)
- Ni(니켈)
- Cr(크롬)
- Mo(몰리브덴)
- V(바나듐)

역학적 시험
- 인장강도
- 항복강도
- 연신율

Ⅲ. 용 도

① 철강제품의 품질보증

② 제품 반입처에서의 실험여부 결정

③ 정도 관리의 자료로 활용

④ 성분 및 제원의 표시로 사용처 결정

Ⅳ. 시험규준의 명시

① KS(한국산업규격 ; Korea Industrial Standards)

② DIN(독일공업규격 ; Deutsche Institut Normung)

③ ANSI(미국 국가표준원 ; American National Standards Institute)

④ BS(영국공업규격 ; British Standards)

⑤ JIS(일본공업규격 ; Japanese Industrial Standards)

⑥ ASTM(미국재료학회규격, American Society for Testing and Material specification)

⑦ AISI(미국철강협회규격, American Iron and Steel Institute)

공장제작

가공

Key Point

◩ 국가표준
- KCS 41 31 15

◩ Lay Out
- Reaming의 순서
- 철판재 구멍뚫기 비교
- 유의사항

◩ 핵심 단어
- What: 구멍뚫기 부재
- Why: 구멍일치
- How: 확공 다듬질

◩ 연관용어
- Punching
- Drilling

★★★ 1. 일반사항 62.68

6-12	Reaming	
No. 491	리밍, 가심작업	유형: 가공 · 공법 · 기능

Ⅰ. 정 의

① 구멍뚫기한 부재를 조립할 때 구멍이 일치하지 않는 경우 reamer로 구멍 주위를 넓히고(확공), 내면을 깨끗하게 다듬질 하는 가심(clearing)작업

② 부재를 3장 이상 겹칠 때에는 소요구멍의 지름보다 1.5mm 정도 작게 뚫고 reamer(가심송곳)로 조정하는 경우도 있다.

Ⅱ. Reaming의 순서

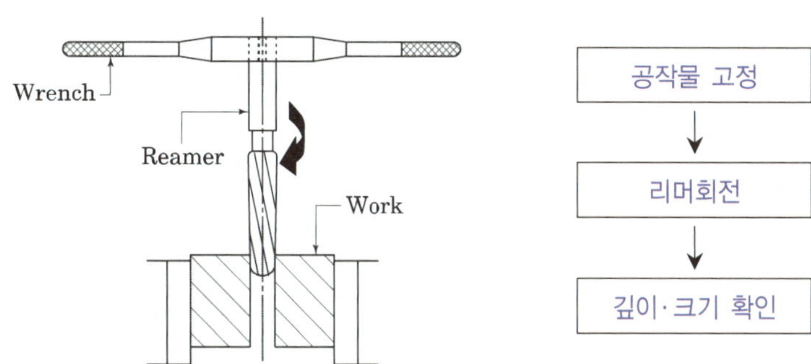

Ⅲ. 철판재 구멍뚫기 비교

구 분	내 용
Punching	• Drilling에 비해 속도빠름 • 두께 13mm 이하의 철판재에 사용
Drilling	• 두께 13mm 초과하는 철판재에 사용 • Drilling을 위한 기계설비 필요
Reaming	• 불일치 구멍을 수정 및 정리 작업 • 최대 편심거리는 1.5mm 이하

Ⅳ. Reaming 시 유의사항

① 접합부 조립시에는 겹쳐진 판 사이에 생긴 2mm 이하의 볼트구멍의 어긋남은 Reamer로 수정해도 된다.

② 볼트, 앵커볼트, 철근 관통구멍은 Drilling을 원칙으로 한다.

③ 절단면의 직각도를 상실한 흘림, 끌림 등이 발생된 경우 그라인더로 수정한다.

④ 구멍뚫기 가공은 구멍뚫기를 해야 하는 부재 표면에 직각도를 유지하고, 정위치에 작업한다.

★★★ 1. 일반사항 70.77.91.119.125

6-13	Metal touch	
No. 492		유형: 가공 · 공법 · 기능

공장제작

가공

Key Point

◪ 국가표준
- KCS 41 31 15

◪ Lay Out
- 축력전달 Mechanism
- 기준 비교

◪ 핵심 단어
- What: 기둥이음부
- Why: 밀착면에 직접전달
- How: 완전히 밀착

◪ 연관용어
- Groove

장점

① 기둥이음재료(덧판두께, 용접량, 볼트수 등)가 절약
② 기둥부재가 두꺼울 경우 용접시 가열에 의한 강재의 변질과 변형, 잔류응력의 발생이 우려되나 메탈터치 볼트이음 등으로 하면 이러한 현상에 대한 우려가 없다.
③ 메탈터치 볼트이음 또는 덧판 모살용접이음을 사용하면 부분 용입용접이 없어 내부결함 검사의 어려움이 없다.
④ 용접후 품질검사가 없어 품질관리가 용이

가공 시 유의사항

① 이음부에 응력집중현상 혹은 불연속 이음에 유의
② 이음부에 축력 · 전단력 · 휨 moment 등이 충분히 전달될 것
③ 이음부에 용접선의 교차방지를 위하여 모따기(scallop) 실시
④ Metal touch 후의 나머지 50%의 축력은 용접 혹은 고력 bolt로 보강

Ⅰ. 정 의

① 기둥이음부를 Facing Machine 혹은 Rotary Planer 등으로 이음부를 정밀 가공하여 상·하부 기둥을 수평으로 완전히 밀착시켜서 축력의 50%까지 하부 기둥 밀착면에 직접 전달시키는 이음방법
② 철골 기둥 이음부를 정밀 가공하여 상하부 기둥을 수평으로 완전히 밀착시켜 외력에 의한 응력 집중현상을 방지하고 축력, 전단력과 휨 Moment 등이 충분히 전달되도록 하는 이음 방법

Ⅱ. 가공면의 정밀도에 의한 축력전달 Mechanism

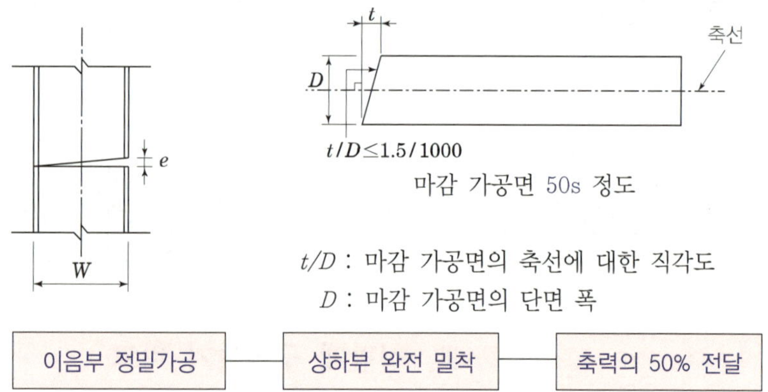

이음부 정밀가공 — 상하부 완전 밀착 — 축력의 50% 전달

Ⅲ. 메탈터치 기둥이음-국내 기준과 미국 기준 비교

구 분	국내 기준	미국 기준
메탈터치 전달응력 허용치	소요압축력 및 소요휨모멘트 각각의 50%를 접촉면에 의해 직접 전달시킬 수 있다.	압축력은 지압력으로 100% 전달 가능하고, 횡하중으로 인해 발생할 수 있는 인장력과 전단력에 대해서만 이음부에서 전달하도록 설계할 수 있다.
메탈터치 마무리면 정밀도	관리허용오차 e≤1.5W/1000 한계허용초차 e≤2.5W/1000	관리허용오차 e≤1.16in(2mm) 한계허용초차 e≤1.16in(2mm)e≤1/4in(6mm)일 경우 Shim으로 채워야 한다.
기둥설치 허용오차	h/700	h/500

★★★ 1. 일반사항 62.69.81.111.120.127

6-14	Scallop	
No. 493	스캘럽	유형: 가공 · 공법 · 기능

공장제작

가공

Key Point

◩ 국가표준
- KCS 41 31 15

◩ Lay Out
- 규격 및 결함방지원리
- 목적
- 적용 시 유의사항

◩ 핵심 단어
- What: 용접이음
- Why: 열영향의 제거
- How: 부채꼴 모양의 모따기

◩ 연관용어
- Groove

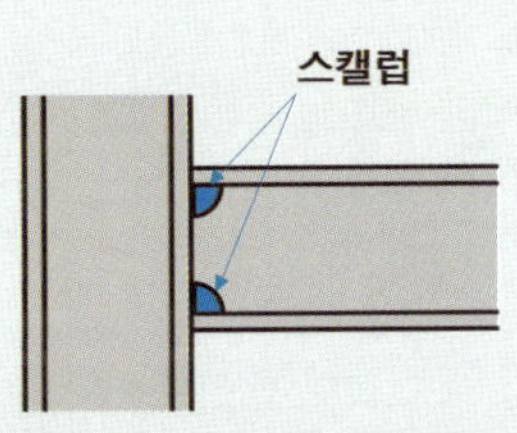

Ⅰ. 정 의

① 철골부재 용접 시 이음 및 접합부위의 용접선(seam)이 교차되어, 재용접된 부위가 열영향을 집중으로 받아 취약해지기 쉬우므로, 열영향의 제거를 위한 부채꼴 모따기 가공

② 스캘럽 원호의 곡선은 플랜지와 필릿 부분이 둔각이 되도록 가공한다. r_1은 35mm 이상, r_2는 10mm 이상으로 하고, 불연속부가 없도록 한다.

Ⅱ. Scallop 규격 및 결함방지원리

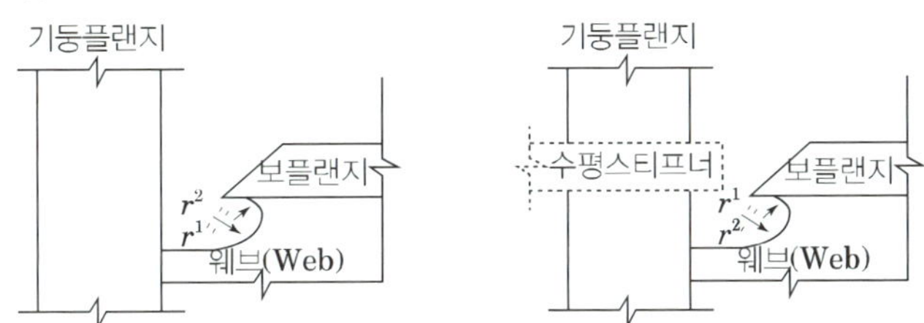

r_1은 35mm 이상, r_2는 10mm 이상으로 한다.

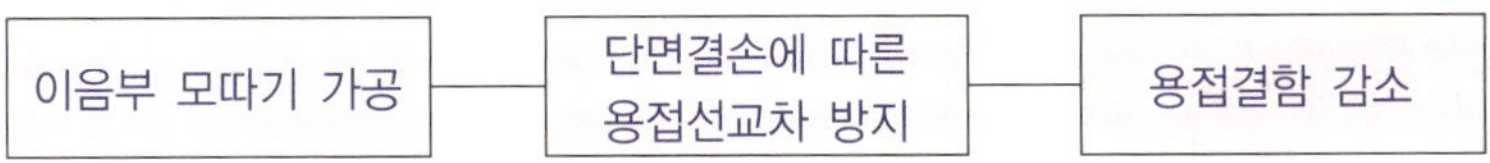

Ⅲ. 목적

① 용접선의 교차방지
② 열영향으로 인한 취약부분 방지
③ 용접결함 및 용접변형방지

Ⅳ. Scallop 적용 시 유의사항

① 개선 정밀도 확인
② 가능한 범위내에서 작은 반경으로 가공
③ 원호의 곡선은 Flange와 Fillet 부분이 둔각이 되도록 가공한다.
④ 절삭 시 절삭 가공기 혹은 부속장치가 달린 수동 gas절단기를 사용
⑤ 표면 거칠기 100μm Ry 이하
⑥ notch깊이 1mm 이하
⑦ scallop 부분은 완전 돌림용접 실시
⑧ 불연속부가 없도록 한다.

★★★ 1. 일반사항 78.101.122

6-15	Stiffener	
No. 494	스티프너	유형: 재료 · 부재 · 기능

공장제작

부착

Key Point

◪ 국가표준
- KCS 41 31 15

◪ Lay Out
- 하중대응 Mechanism
- 종류와 역할
- 시공 시 유의사항

◪ 핵심 단어
- What: 판형의 보강부재
- Why: 좌굴방지
- How: Web의 강성유지

◪ 연관용어
- Buckling

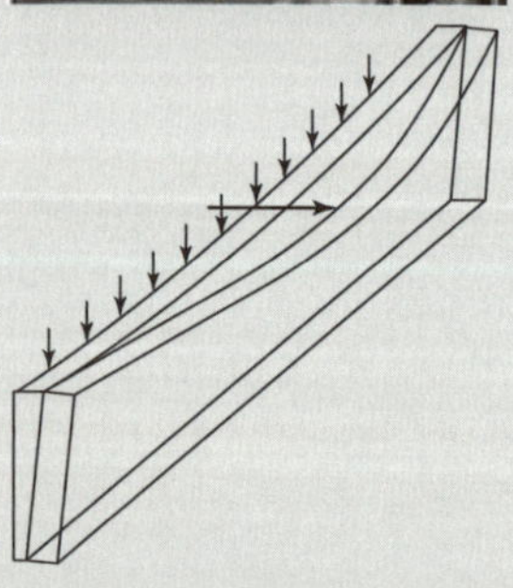

용도

- 평판보는 웨브(web)의 춤을 높이 하는 것이 보의 휨모멘트 지지능력을 크게 하는 일이 되나 이런 경우 웨브에 전단응력, 휨응력 또는 지압(支壓)응력에 의한 좌굴이 일어날 가능성이 있으므로 이를 방지하기 위하여 스티프너를 사용하고 있다.

I. 정 의

① 철골구조에서 Plate Girder, Box 기둥의 Flange나 Web의 강성유지와 집중하중을 분산시키고 축력에 의한 좌굴을 방지하기 위해 Web에 일정한 간격으로 설치하는 판형의 보강부재

② 하중을 분배하거나, 전단력을 전달하거나, 좌굴을 방지하기 위해 부재에 부착하는 ㄱ형강이나 판재 같은 구조요소

Ⅱ. Stiffener의 하중대응 Mechanism

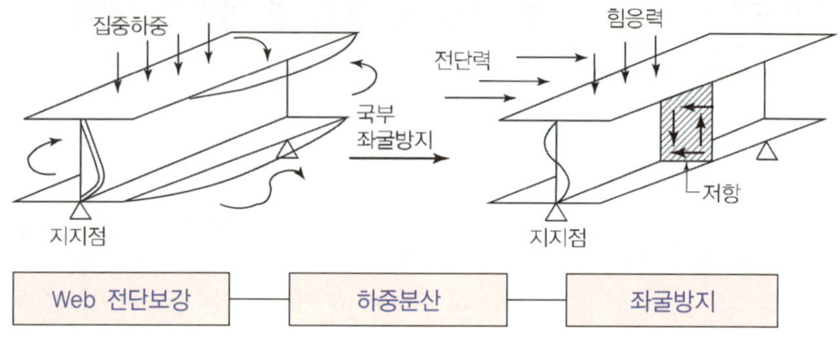

Web 전단보강 — 하중분산 — 좌굴방지

Ⅲ. 종류와 역할

1. 수직 스티프너(Transverse Stiffener)

1) 하중점 스티프너(Bearing Stiffener)

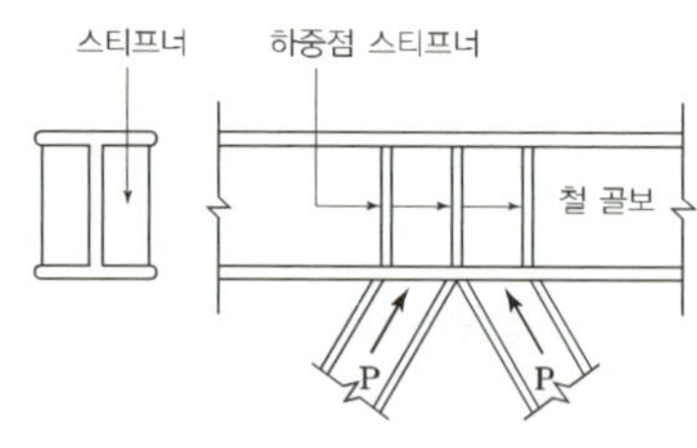

- 개요: 보, 기둥의 중간부에 집중하중이 작용하는 경우
- 부위: 집중하중이 작용하는 부분
- 효과: Web 국부파괴(Cripping)

2) 중간 스티프너(Intermediate Stiffener)

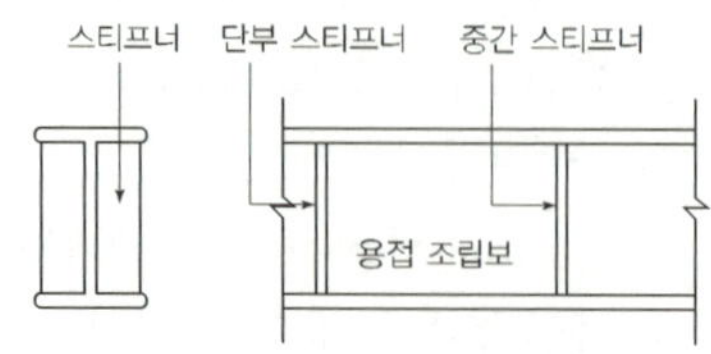

- 개요: Web Plate의 두께가 춤에 비해 비교적 작을 경우
- 부위: 용접 조립보(Plate Girder)
- 효과: Web Plate 좌굴

공장제작

3) 다이어프램(Diaphragm)

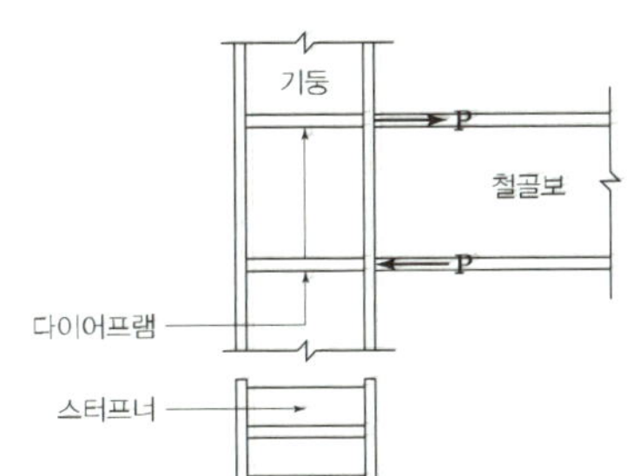

- 개요: 강접합에서는 보의 단부 Moment가 Flange의 축방향력으로 기둥에 전달되기 때문에 초과된 응력에 대해 수평 Stiffener를 설치
- 부위: 보 기둥 접합부
- 효과: 기둥 Web Plate의 좌굴

2. 수평 스티프너(Longitudinal Stiffener)

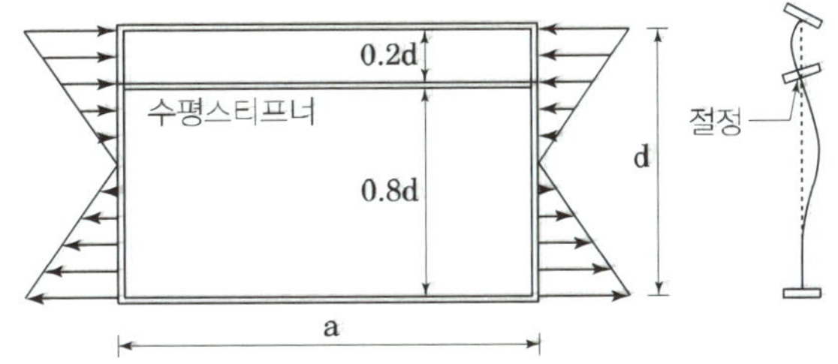

① 재축방향으로 웨브 플레이트를 보강한 Stiffener

② 수평 Stiffener의 위치는 압축측 플랜지에서 보 춤의 1/5 지점에 보강하는 것이 좋다.

③ 수평 Stiffener의 단면적은 웨브 단면적의 1/20 이상으로 하는 것이 좋다.

Ⅳ. 시공 시 유의사항

① 보의 단면(춤)이 Web판 두께의 60배 이상이면 Stiffener 간격을 1.5배 이하

② Web판의 양면에 대칭으로 설치

③ 수직과 수평 Stiffener 2개 사용 시 단면이 동일한 것 사용

★★★ 1. 일반사항 128

6-16	철골공사에서 철골부재 현장 반입 시 검사항목	
No. 495		유형: 기준 · 검사

공장제작

반입검사

Key Point

◪ 국가표준
- KCS 41 31 40
- KCS 41 31 45

◪ Lay Out
- 반입 시 검사항목
- 공사 사용강재 및 자재의 확인
- 반입계획

◪ 핵심 단어
- What: 현장반입 시
- Why: 주문내용 일치 확인
- How: 설계도서 확인

◪ 연관용어
- ITP
- 육안검사

Ⅰ. 정 의

강제품의 현장반입 시 설계도, 시방서, 의장도, 구조도, 구조계산서에서 지정한 규격품임을 확인하고, 강재의 주재별 등급, 자재 등급별 표식 등이 주문내용과 일치하는지 검토 및 확인

Ⅱ. 반입 시 검사항목

- 강재의 종류, 형상 및 치수는 규격 증명서의 원본으로 확인한다.
- 강재 규격증명서의 원본을 준비할 수 없는 경우에는 그 사본에 의해 확인한다. 다만, 그 사본 은 해당 강재와 일치한다고 보증하는 자의 성명, 날인 및 날짜가 첨부되어야 한다.
- 철골 제작업자의 발송대장을 조회하고, 제품의 수량 및 변형, 손상의 유무 등을 확인한다.

Ⅲ. 공사 사용강재 및 자재의 확인

① 강구조 건축물과 공작물의 공사는 시공상세도 및 시방서에 따라 공장제작계획서 및 현장 설치공사계획서에 사용강재 및 자재를 명기하고, 공정별로 확인한다.

② 강구조 건축물과 공작물의 공사는 시공상세도에 명기한 부재, 소부재 및 스플라이스 플레이트의 표기방법을 확인하고 강재의 절단 및 절판 공정과 가공, 조립공정에서 부재 구분과 함께 사용강재와 자재를 확인한다.

Ⅳ. 반입계획

① 일일 제작량과 일일 반출량을 확인하여 현장 반입 가능량 산정

② 현장 세우기 일정을 고려한 반입량 결정

③ 운송시간 및 대기시간을 고려한 반입량 계획

④ 일일 철골세우기량에 맞추어 계획

주각부

★★★ 2. 세우기 90,135

6-17	기초 Anchor Bolt 매립공법	
No. 496		유형: 공법

주각부 Setting

Key Point

◪ 국가표준
- KCS 41 31 45

◪ Lay Out
- 방법 · 종류 · 특징
- 유의사항

◪ 핵심 단어
- What: 기초 Anchor
- Why: 축력전달 지지
- How: 구조물의 주각에 작용하는

◪ 연관용어
- Anchor Bolt 시공
- 주각부 Setting

Ⅰ. 정 의

① 구조물의 주각에 작용하는 기둥의 축력, 전단력, 휨 moment 등을 기초를 통해 지반에 안전하게 전달하는 중요한 bolt

② 앵커볼트의 고정 및 매입방법은 설계도서 또는 특기시방서에 따른다. 다만, 정한 것이 없는 경우 구조용 앵커는 강재 프레임 등에 의하여 고정하는 방법을 원칙으로 한다.

Ⅱ. 앵커 볼트 매립공법의 종류 및 특징

1. 고정매립법

1) 거푸집판에 고정

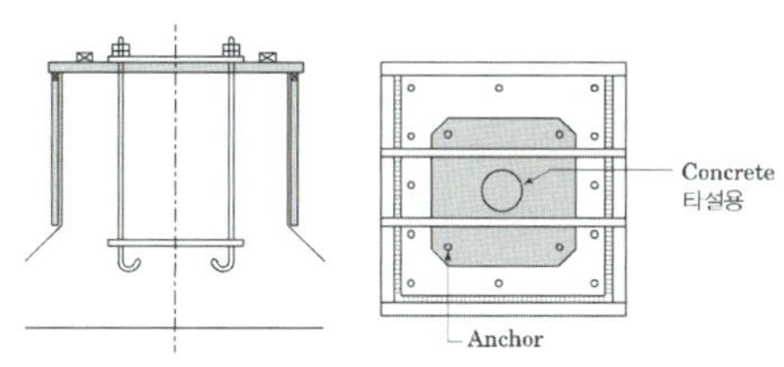

- 두께 2~3mm 이상의 강판에 Base plate와 같은 위치로 볼트 구멍 및 Concrete 타설용 구멍(150mm정도 지름)을 설치하여 거푸집에 고정
- 하부에 Concrete를 채우기 힘드므로 약 5cm 정도 아래까지 타설 후 Grouting

2) 강재 frame으로 고정

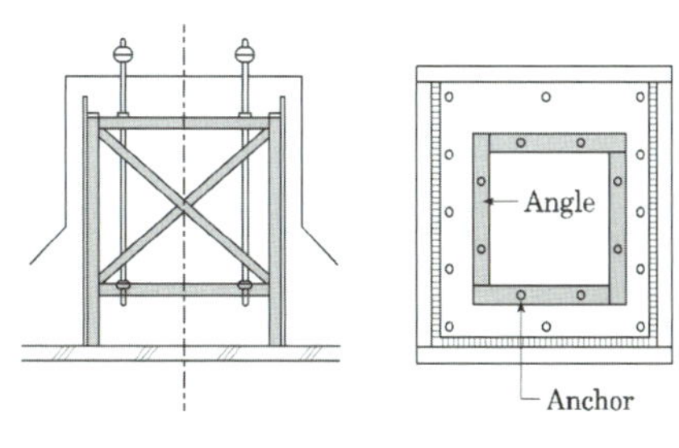

- 주위 철근의 강성이 부족한 경우 강재 프레임을 제작 설치
- 프레임은 외력에 견딜 수 있도록 제작하여 수평 고정한 후 프레임 상부에 앵커 볼트를 세팅
- angle로 제작하여 bolt를 고정하는 경우는 base plate level보다 아래쪽에 설치하여 concrete 타설 시 매립

2. 가동매립법

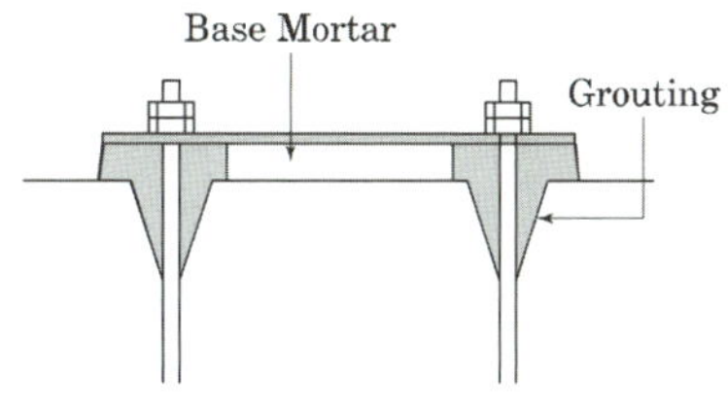

- Anchor Bolt의 두부가 조정될 수 있도록 원통형의 강판재나 스티로폼으로 둘러싸고 Concrete를 타설 후 제거하여 위치를 조정
- 위치의 조정으로 인해 내력의 부담 능력이 작아지므로 소규모의 구조물에 사용

주각부

3. 나중매립법

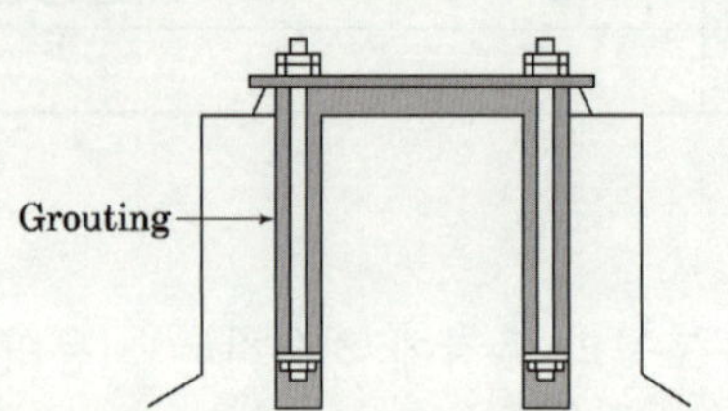

- Anchor Bolt 한 개씩 거푸집에 넣거나 앵커군 주변에 거푸집을 넣어서 앵커 볼트 매립 부분의 Concrete를 나중에 타설
- 구조물 용도로 부적당

4. 용접공법

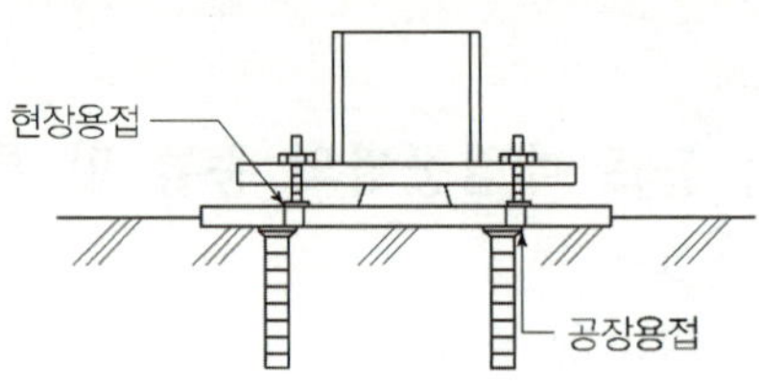

- 콘크리트 선단에 앵커가 붙어 있는 철판, 앵글 등을 시공한 다음 콘크리트 타설 후 그것에 앵커 볼트를 용접하여 부착
- 용접부의 인장력이 의심스러우므로 인장력이 걸리지 않는 경미한 구조물에 사용

주각부

주각부 Setting

Key Point

◪ 국가표준
- KCS 41 31 45

◪ Lay Out
- 종류 · 특징

◪ 핵심 단어
- What: Base Plate
- Why: 완전히 밀착시키기 위하여
- How: 그라우트 모르타르 충전

◪ 연관용어
- Anchor Bolt 시공
- 주각부 Setting

★★★ 2. 세우기 122

6-18	기초상부 고름질(Padding)	
No. 497		유형: 공법

Ⅰ. 정 의

① 기초상부와 base plate를 수평으로 완전히 밀착시키기 위하여 grouting mortar를 펴 바르거나 밀실하게 충전시키는 것

② 기둥의 수직도 유지와 외력에 의한 응력집중현상을 방지하고, 주각에 작용하는 기둥의 축력, 전단력, 휨 moment 등을 기초를 통해 지반에 안전하게 전달할 수 있도록 건조수축이 없는 무수축 mortar를 사용한다.

Ⅱ. 고름질(주각부 Setting공법 종류 및 특징)

1. 고름 모르타르 공법 - 전면바름법

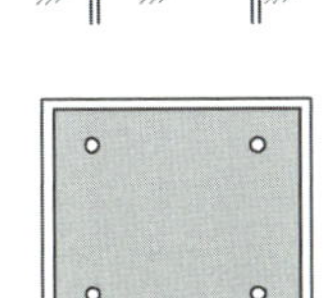

- Base Plate보다 약간 크게 모르타르나 Concrete를 수평으로 깔아 마무리
- 기둥과 Base Plate의 직각 정밀도 영향을 받아 모르타르와 Base Plate의 밀착 곤란
- 소규모 구조물

2. 부분 Grouting - 나중채워넣기 중심바름법

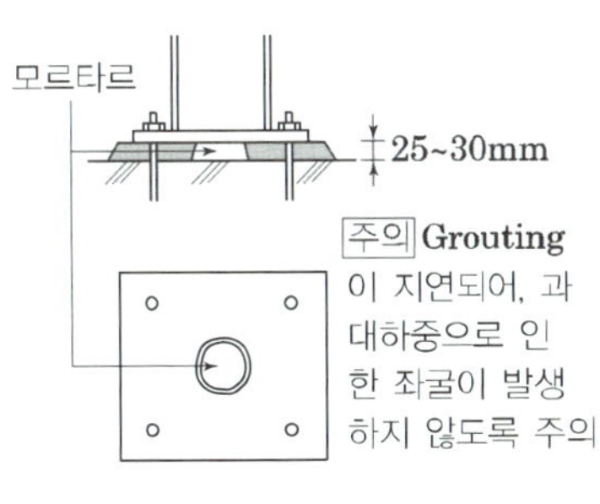

- Plate 하단 중앙 부분에 된비빔 모르타르(1 : 2)를 깔고 Setting, 강판(철재 라이너) 내부에 모르타르를 충전하고 윗면을 쇠흙손마무리
- 세우기 교정(다림추보기)을 하고 앵커 볼트 조임
- 청소 후 주위에 거푸집을 설치한 다음 물축임을 하고 Base Plate 하단에 무수축 모르타르 사용
- 경화 후 2중 너트 본죄기
- 대규모 공법에 적합

3. 전면 grouting 공법 - 나중채워넣기법

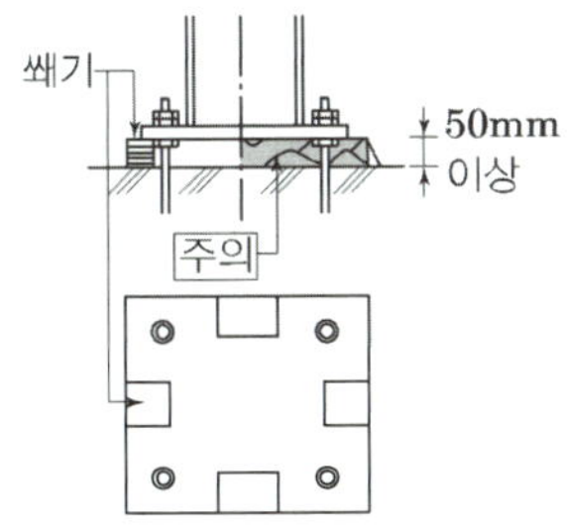

- 주각을 앵커 볼트 및 너트로 레벨 조정한 후 라이너로 간격 유지
- 무수축 모르타르를 중력식으로 흘려 넣거나 주위에 거푸집을 설치하고 팽창성 모르타르 주입
- 큰 기둥에 적합

★★★ 2. 세우기 122,130

6-19	철골 Anchor Bolt 시공 시 유의사항	
No. 498		유형: 공법

주각부

주각부 Setting

Key Point

- 국가표준
  - KCS 41 31 45
- Lay Out
  - 유의사항
- 핵심 단어
- 연관용어
  - Anchor Bolt 시공
  - 주각부 Setting

Web Plate
Flange Plate
Wing Plate
Base Plate
Anchor Bolt
기초 콘크리트
무수축 Mortar

Ⅰ. 정 의

① 기초 anchor bolt 매입은 건축 공사의 지정 및 기초 공사에 해당하는 작업으로서 기초의 level · 위치 · 시공정밀도 등에 직접적인 영향을 미치므로 철저한 품질관리가 필요하다.

② 앵커볼트의 위치는 콘크리트 경화 전에 계측 확인하며, 현장시공 정밀도에 따르는 것을 원칙으로 한다.

③ 앵커볼트의 노출길이는 2중 너트 조임하고, 나사산이 3개 이상 나오는 길이로 하는 것을 원칙으로 한다.

Ⅱ. 시공 시 유의사항

1) Anchor Bolt형상, 치수 품질

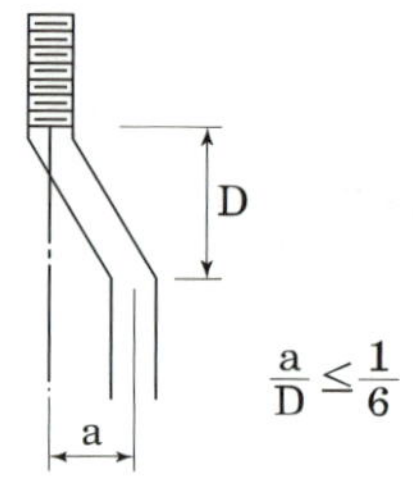

- Anchor Bolt는 급각도로 절곡하지 않도록 유의
- 앵커볼트의 형상, 치수 및 품질은 설계도서 및 구조설계도서에 따른다.

2) Anchor Bolt 고정, 매입방법

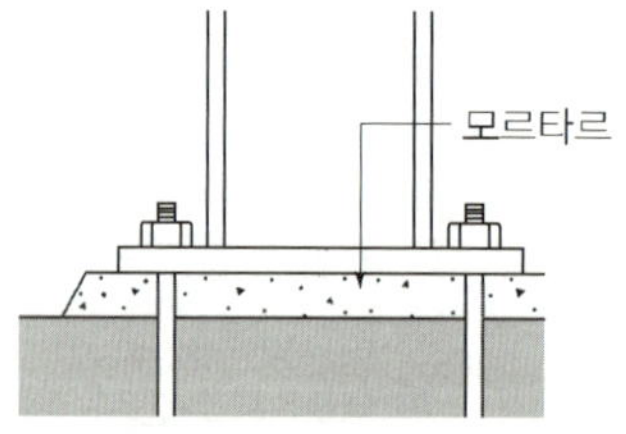

- Mortar가 기초 콘크리트와 부착되기 쉽도록 콘크리트면을 거칠게 하고 레이턴스나 먼지를 제거
- 정한 것이 없는 경우 구조용 앵커는 강재 프레임 등에 의하여 고정하는 방법을 원칙으로 한다.

3) Anchor Bolt 양생

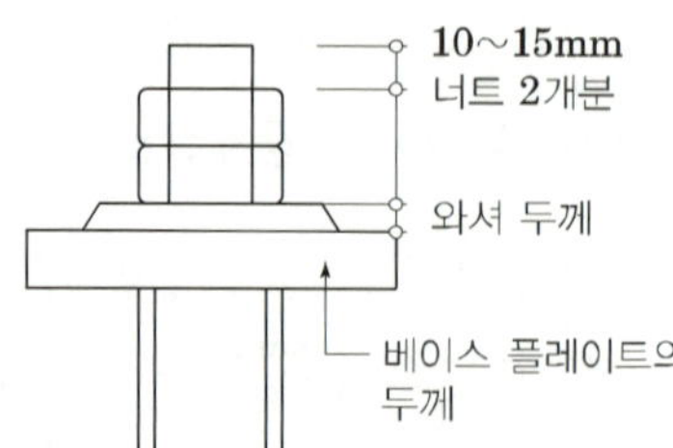

- Anchor Bolt설치부터 주각부 및 부재 설치기간까지 녹, 휨, 나사부의 손상이 발생하지 않도록 비닐테이프, 염화비닐 파이프, 천 등으로 보호양생을 한다.
- Anchor Bolt의 Nut 조임은 조립 완료 후 장력이 균일하도록 실시
- Nut의 재고정은 Concrete에 매립된 경우를 제외하고 풀림방지를 위해 2중 Nut사용

주각부

4) Base Plate의 지지

Base Plate 지지공법은 설계도서 또는 특기시방서에 따르는 것을 원칙으로 하고, 사전에 구조 설계자와 협의 및 확인하여 이를 설치공사 도서 등에 반영한다.

5) Base Mortar의 형상, 치수 및 품질

① Mortar의 강도는 공사시방서에 따른다.

② 이동식 공법에 사용하는 Mortar는 무수축 Mortar로 한다.

③ Mortar의 두께는 30mm 이상 50mm 이내로 한다.

④ Mortar의 크기는 200mm 각 또는 직경 200mm 이상으로 한다.

6) Base Mortar의 양생

Base Mortar과 접하는 Concrete면은 Laitance를 제거하고, 매우 거칠게 마감하여 Mortar과 Concrete가 일체화가 되도록 한다.

7) Anchor의 시공 정밀도

① Anchor Bolt의 위치: 콘크리트 경화 전에 계측 확인하며, 현장시공 정밀도에 따르는 것을 원칙

② Anchor Bolt의 노출길이: 2중 Nut 조임하고, 나사산이 3개 이상 나오는 길이로 하는 것을 원칙

- 중심선과 Anchor Bolt 위치의 어긋남

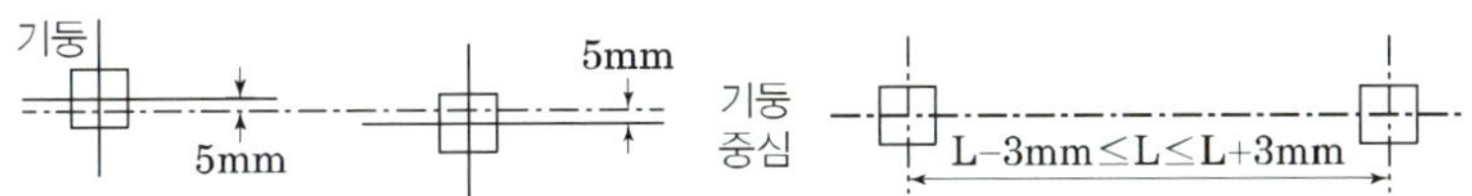

−5mm≤e≤+5mm(한계허용차)

- Base Plate 설치

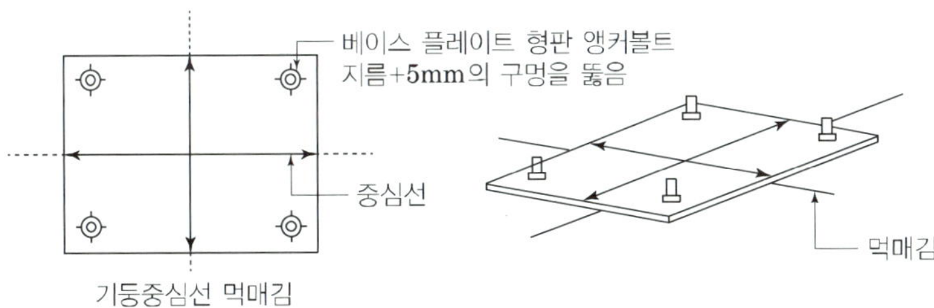

기둥중심선 먹매김과 Base Plate 형판의 중심선을 맞추어 구멍에 Anchor Bolt가 들어가도록 조정

6-20	철골세우기 계획 및 공법	
No. 499	자립도를 위한 대상 건물	유형: 공법

세우기

세우기 공법

Key Point

◪ 국가표준
- KCS 41 31 45
- KOSHA CODE

◪ Lay Out
- 세우기 방법
- 세우기 공법
- 세우기 시 풍속확인
- 부재별 세우기

◪ 핵심 단어

◪ 연관용어
- Anchor Bolt 시공
- 주각부 Setting

Ⅰ. 정 의

① 철골 설치계획은 승인받은 시공계획서에 따라 강구조 건축물의 규모, 형상, 대지 및 공정 등의 조건을 근거로 반입방법, 설치순서, 설치기계, 양중방법을 결정한다.

② 설치 도중의 부분 구조물과 설치 후의 전체 구조물은 고정하중, 활하중, 풍하중, 지진하중, 적설하중, 설치기계의 충격하중 등에 대하여 안전한가를 확인한다. 또한 이러한 하중들이 구조체의 품질을 저하시키지 않도록 확인한다.

③ 설치장비는 양중 구조물의 최대하중과 작업반경, 작업능률 등에 따라서 선정한다. 또한 설치장비, 설치장비를 지지하는 구조체, 가설대, 노반 등이 풍하중, 지진하중, 크레인 운반 시 충격하중 등에 대해 안전한지 확인한다.

Ⅱ. 세우기 방법

1) 구조 형식별

① R.C와 S.R.C구조: 코어부 등 주요구조물의 RC로 설계, 기타부재의 기둥은 S.R.C로 설계, 코어부 선시공

② S.R.C: 철골시공 후 RC기둥과 Deck를 후시공

③ Truss: 빔이나 파이프 등을 이용하여 지상조립 및 공중조립 병행

2) 접합별

① Bolting

Bolting접합은 접합부를 Splice를 사용하여 두 부재를 T.S Bolt 및 H.T.B로 접합하는 방법

② Welding

접합부를 용접하여 접합하는 방법

3) 형태별

① 고층

몇절씩 나누어 T/C도 함께 수직 상승하면서 시공

② 저층

공장건물 등 1개절로 시공(주로 수평이동 시공)

③ Truss

경기장 등 대형 건물로 수평이동 가능한 크레인 및 레일을 이용하여 대형부재를 이동

Crane 선정

- 기종결정
  - 철골부재의 최대 중량 (Maximum Weight)
  - 전기설비, Elevator Motor의 중량
- 대수결정
  - 부재의 반입 장소 및 작업 반경
  - 부재 수량 및 설치 Cycle Time

세우기

4) 세우기 순서

① Block별 구분하여 세우기

- 고층이면서 면적이 넓은 건물은 2개 Block으로 나누어 한 개 Block이 다른 한 개 Block을 따라 올라가면서 시공
- 저층이면서 길이가 긴 건물은 수평으로 순차적 진행 또는 건물 양단에서 시작해서 중앙부에서 결합

② 장비위치에 따라 세우기

- 크레인의 경우는 가까운 곳부터, 먼곳으로 이동이 가능한 장비의 경우는 먼 곳에서 부터 시공

5) 세우기 공정(설치량 산정)

① 하루 설치량 산정

② 하루 Bolting량 산정

③ 하루 Welding량 산정

Ⅲ. 세우기 공법

1) Tier공법(재래식)

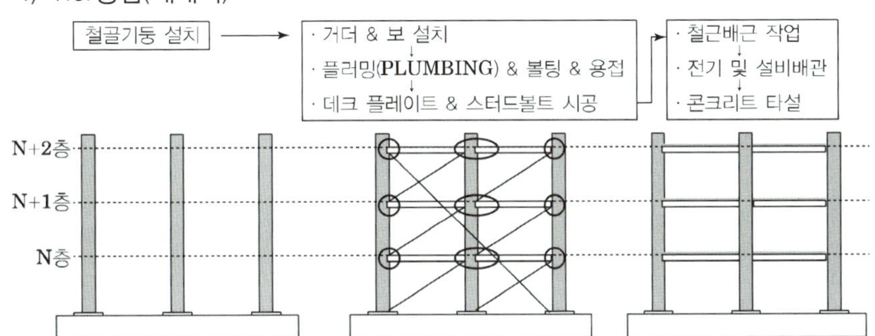

- 첫 번째 절의 기둥길이를 동일하게 하며, 기둥의 이음위치를 3~4개층 1개절 단위로 하여 동일한 층에서 집단으로 연결하는 공법

2) N공법

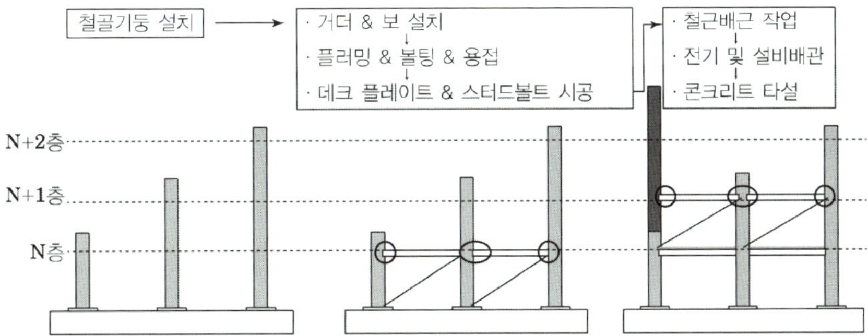

- 첫 번째 절의 기둥길이를 다르게 하며, 기둥의 이음위치를 층별로 분산하여 용접, 수직도 조정 등이 용이하도록 하고 층단위로 설치하는 공법

세우기

129회 기출

- 자립도를 위한 대상 건물(강풍에 대하여 안전한지 여부를 설계자에게 확인)
  - 높이: 높이 20m이상의 구조물
  - 건물의 형상: 높이가 1:4 이상의 구조물
  - 기둥단면 형식: 기둥이 타이 플랫트형 구조, 단면구조가 현저히 다른 구조물
  - 연면적당 철골량: 연면적당 철골량이 50kgf/m² 이하의 구조물
  - 현장용접: 이음부가 현장 용접인 구조물
- 자립도 유지방법 건물
  - X, Y방향으로 연결 가능하도록 설치
  - 가조립 시방준수: 볼트를 20 ~ 30% 체결
  - 부재제작, 반입은 자립유지 가능하도록 공정에 적합하게 실시
- 시공 중 구조전문가로 부터 철골구조물의 구조안전확인을 받아 작업하는 경우
  - 외벽의 중심선으로부터 3m 이상 돌출 구조물(캔틸레버)
  - 1절 높이가 10m이상 이거나 시공중 불균형 모멘트가 발생하는 경우
  - 기둥과 기둥사이 거리가 20m 이상인 경우
  - 공업화 박판구조(PEB) 구조물인 경우
  - 주각부의 노출된 앵커볼트 주변에 그라우팅을 실시하지 않고 2절이상 기둥을 건립하는 경우

3) 미국식

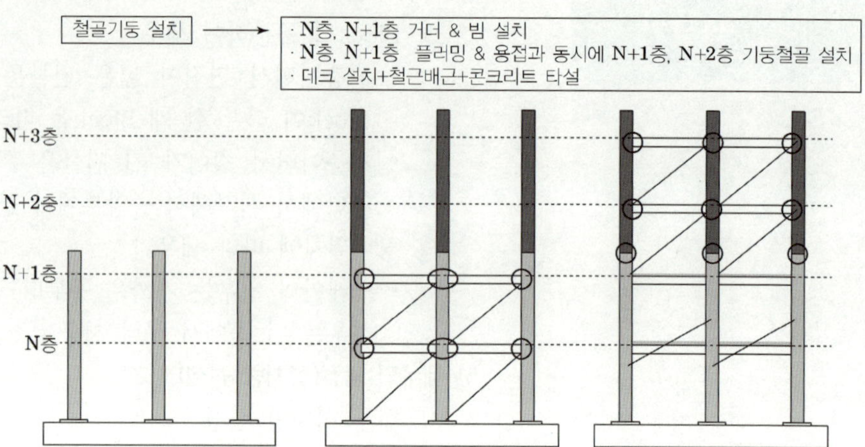

- 첫 번째 절의 기둥길이를 동일하게 하며, 철골부재의 설치가 완료된 후 다음 절의 철골부재 설치작업을 진행하는 동시에 조정 및 본체연결 작업은 철골작업이 진행되는 바로 밑의 절에서 같은 속도로 진행하는 공법

4) D-SEM(Sigit & Spiral Erection Method)

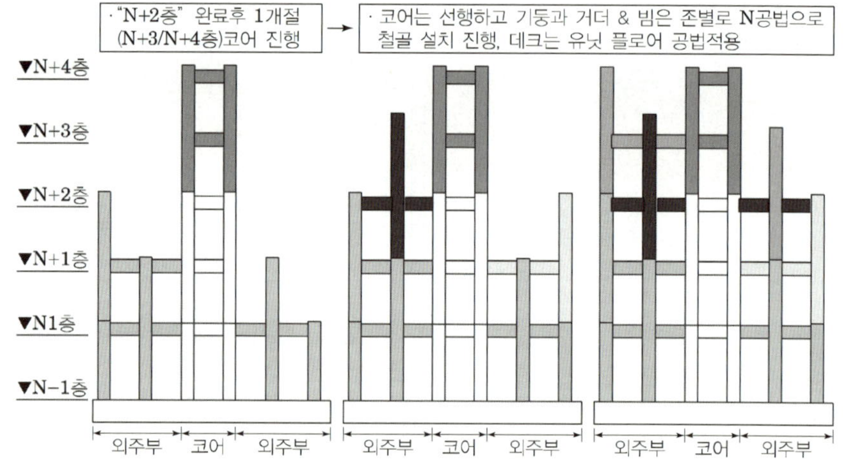

- 첫 번째 절의 기둥 길이를 코어와 외주부를 다르게 하며, 코어가 선행하고 외주부는 구역별로 조닝(zoning)하여 N공법과 유닛 플로어공법을 병행 시행하는 공법

Ⅳ. 세우기 시 풍속확인

1) 풍속확인

① 풍속 10m/sec 이상일 때는 작업을 중지

② 풍속의 측정은 가설사무소 지붕에 풍속계를 설치하여 매일 작업 개시 전 확인

③ Beaufort 풍력 등급을 이용해 간이로 풍속을 측정

세우기

[기둥 세우기]

[기둥자립 보강]

[거더/빔 설치]

[거더/빔 이음부 가조립]

2) Beaufort Wind Scale(풍력등급)

풍력등급	10분간 평균속도(m/s)	자연현상
0	0.3 미만	연기가 곧바로 피어오른다.
1	0.3~1.6 미만	연기가 날린다.
2	1.6~3.4 미만	얼굴에 바람을 느낀다. 나뭇잎이 나부낀다.
3	3.4~5.5 미만	나뭇가지가 가늘게 움직인다.
4	5.5~8.0 미만	모래가 날린다. 종이가 날아오른다.
5	8.0~10.8 미만	나뭇잎 관목이 요동친다. 연못에 물결이 친다.
6	10.8~13.9 미만	나뭇가지가 움직인다.
7	14 이상	나무 전체가 취청 거린다. 나뭇가지가 꺽인다. 바람 부는 쪽으로 걷기조차 힘들다.

V. 부재별 세우기

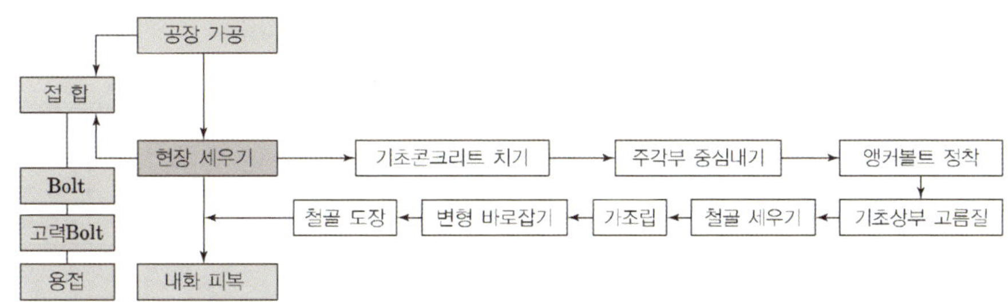

1) 기둥

① 기둥 제작 시 전 길이에 웨브와 플랜지의 양방향 4개소에 Center Marking 실시

② 기 설치된 하부절 기둥의 Center Line과 일치되게 조정한 후 1m 수평기로 기둥 수직도를 확인한 다음 Splice Plate의 볼트조임 실시

2) 거더/빔 설치

① 들어올리기용 Piece 또는 매다는 Jig사용

② 인양 와이어로프의 매달기 각도는 양변 60°를 기준으로 2열로 매달고 와이어 체결지점은 수평부재의 1/3지점을 기준으로 해야 한다.

③ 작업대를 설치하고 방향 확인 후 볼트체결

3) 가볼트 조립

① 풍하중, 지진하중 및 시공하중에 대하여 접합부 안전성 검토 후 시행

② 하나의 가볼트군에 대하여 일정 수 이상을 균형 있게 조임.

③ 고력 볼트 접합: 1개의 군에 대하여 1/3 또는 2개 이상

④ 혼용접합 및 병용접합: 1/2 또는 2개 이상

⑤ 용접이음을 위한 Erection Piece: 전부

세우기

변형방지

Key Point

◪ 국가표준
- KCS 41 31 45

◪ Lay Out
- 볼트 1군의 개념

◪ 핵심 단어
- What: 가볼트
- Why: 변형방지
- How: 웨브와 플랜지에 배치

◪ 연관용어
- Buckling
- Bracing

☆☆★ 2. 세우기

6-21	철골 가볼트 조임	
No. 500		유형: 공법

Ⅰ. 정 의

① 철골설치 작업에 있어서 부재 조립에 사용하고 본조임 또는 현장용접 시까지의 예상된 외력에 대하여 설치 부재의 변형 및 도괴를 방지하기 위하여 사용하는 볼트

② 일반적인 고장력볼트 이음은 가볼트로 일반볼트를 이용하고, 볼트 1군에 대해 소요 볼트의 1/3 이상이며 2개 이상의 가볼트를 웨브와 플랜지에 적절하게 배치하여 조인다.

Ⅱ. 볼트 1군의 개념

1) 일반적인 고장력 볼트 이음

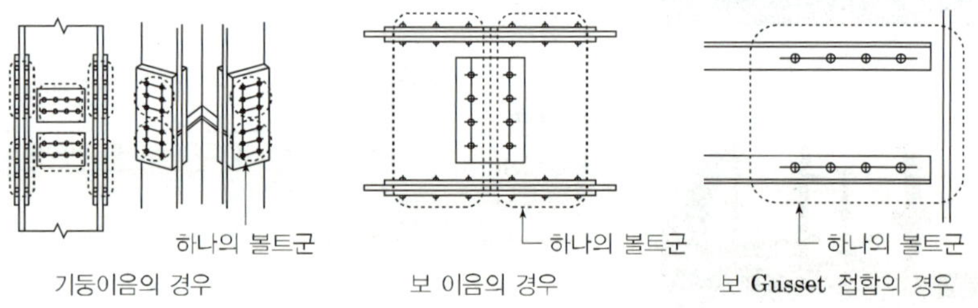

- 가볼트로 일반볼트 이용
- 볼트 1군에 대해 소요 볼트의 1/3 이상, 2개 이상

2) 혼용접합: Flange 용접, Web 고력볼트 접합

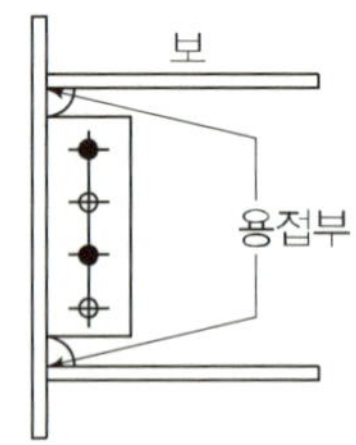

- 가볼트로 일반볼트 이용
- 볼트 1군에 대해 소요 볼트의 1/2 이상이며 2개 이상

3) 용접접합: Erection Piece 가볼트의 경우

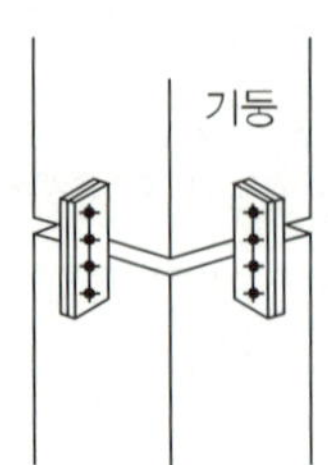

- 가볼트로 고장력볼트를 이용하여 전부 조인다.

★★★ 2. 세우기

6-22	Bracing	
No. 501	가새	유형: 부재 · 기능

세우기

변형방지

Key Point

- 국가표준
- Lay Out
  - 가새의 원리
  - 가새의 종류
- 핵심 단어
  - What: 수평력
  - Why: 좌굴방지
  - How: 대각선 방향 보강
- 연관용어
  - Buckling
  - Bracing

역할

- 좌굴방지
- 수평하중에 의한 부재응력배분
- 전도방지

Ⅰ. 정 의

① 풍력, 지진력 등의 수평력에 대한 선형의 보강부재로서, 목구조, 철골구조, 가설구조 frame에 대각선 방향으로 설치하는 보강부재

② 좌우기둥과 상 · 하의 보 혹은 직사각형 벽체 뼈대의 한 편 모서리에서 다른 편 모서리로 빗대어서 구조물의 내진성 및 내풍성 등을 높여주는 경사부재

Ⅱ. 가새의 원리

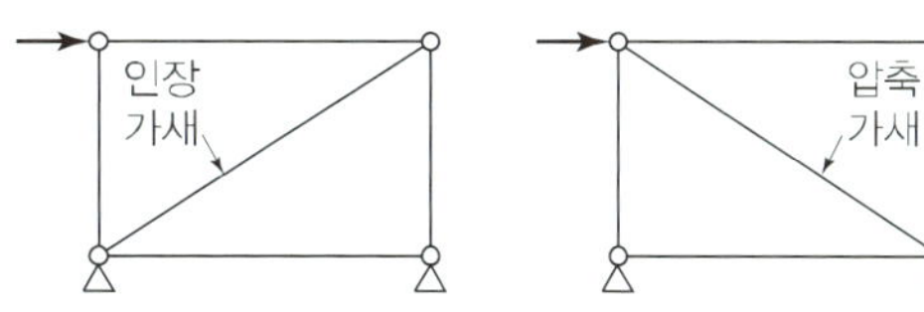

Ⅲ. 가새의 종류

1) 용도별 분류

① 수평가새: 철골조의 경량바닥재, 경량 지붕재

- 수평하중에 저항

② 수직가새: 외부기둥, 벽체에 설치

- 철골구조의 수직면에 강성을 주어 수평하중에 저항

2) 형태별 분류

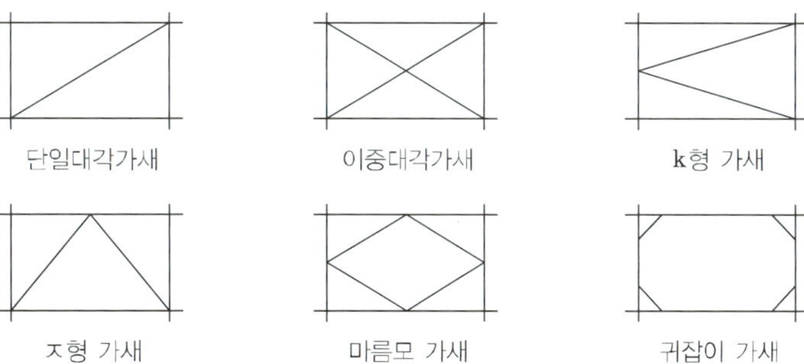

★★★ 2. 세우기 89.117

6-23	Buckling	
No. 502	좌굴	유형: 현상

세우기

변형

Key Point

◪ 국가표준
- KDS 14 30 05

◪ Lay Out
- 오일러의 식
- 좌굴의 종류

◪ 핵심 단어
- What: 압축력을 받는 부재
- Why: 축방향의 압축력
- How: 휘어지는 현상

◪ 연관용어
- 세장비
- 휨좌굴
- 비틀림 좌굴
- Bracing
- Stiffener

Slenderness Ratio

• 세장비가 클수록 좌굴에 취약할 뿐만 아니라 수평진동 등의 영향이 발생하게 된다.

유효좌굴길이

• K: 좌굴계수
• L: 부재길이

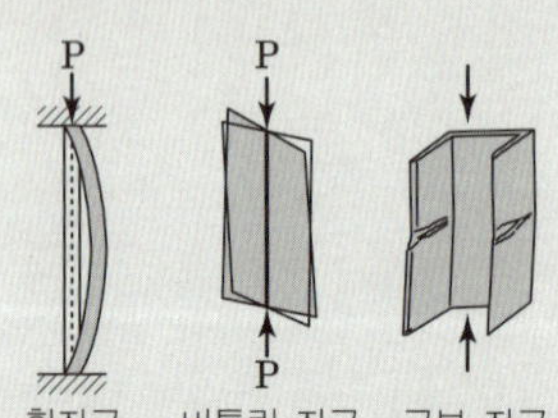

Ⅰ. 정 의

① 압축력을 받는 부재가 허용하중에 도달하기 전에 축(軸)방향의 압축력에 의해 부재가 힘의 방향으로 휘어지는 현상

② 횡단면적에 비해 길이가 긴 부재가 압축력을 받을 때 발생되기 쉬우며, 파괴되기 전에 수평방향의 변형이 선행되어 휘어지는 현상으로 좌굴장의 크기에 따라 압축좌굴, 국부좌굴, 횡좌굴 등이 있다.

Ⅱ. Euler's formula(오일러의 식)

지지상태	양단 힌지	양단 고정	1단 힌지 1단 고정	1단 고정 1단 자유
좌굴형태	P, L, P	P, L, P	P, L, P	P, L, P
유효좌굴길이 계수 (K)	K=1.0	K=0.5	K=0.7	K=2.0
좌굴 하중비	1	4	2	1/4

Ⅲ. 좌굴의 종류

압축좌굴 Compressive
- 기둥의 압축력 작용위치에 의해 발생
- 기둥의 길이가 길수록 발생하기 쉽다.
- 양단 Pin 지지일 때의 좌굴을 기준, 좌굴고려 길이산정

국부좌굴 Local
- 판재 및 형강과 같은 부재에서 두께에 비하여 폭이 넓을 경우
- 부재 전체가 좌굴하기 전에 구성재의 일부가 먼저 좌굴 발생
- Stiffener로 보강

횡좌굴 Lateral
- 철골보에 휨모멘트가 작용 시 처음에는 휨변형이 되지만 모멘트 한계값에 도달하면 Flange가 압축재와 같이 횡방향으로 좌굴
- Bracing으로 횡방향 변형을 구속하여 변형방지

세우기

오차조정

Key Point

- 국가표준
  - KCS 41 31 45
- Lay Out
  - 세우기 수정작업
  - 수정 시 유의사항
  - 측정방법
- 핵심 단어
- 연관용어
  - Spanning
  - Plumbing
  - Buckling
  - Bracing

• 세우기 수정 작업순서

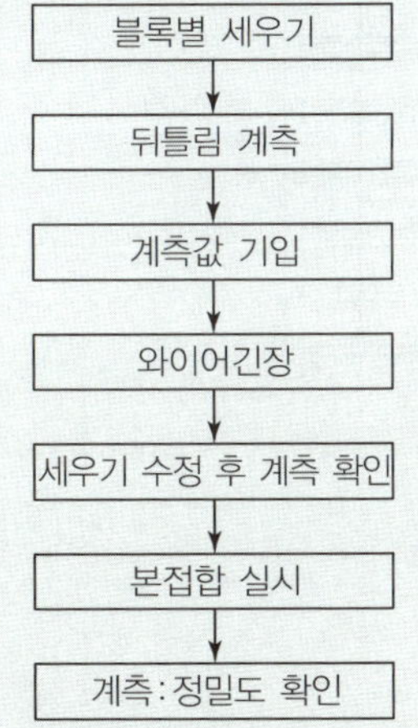

[Plumbing]

★★★ 2. 세우기 107

6-24	철골조립작업 시 계측방법/수직도 관리/ 철골세우기 수정	
No. 503	Spanning & Plumbing	유형: 공법

Ⅰ. 정 의

조립 수정은 그 구획을 사전에 수립하고, 면적이 넓고 span의 수가 많을 경우 블록별 세우기 수정계획의 수립이 필요하다.

Ⅱ. 세우기 수정작업

1. 측정Column 선정

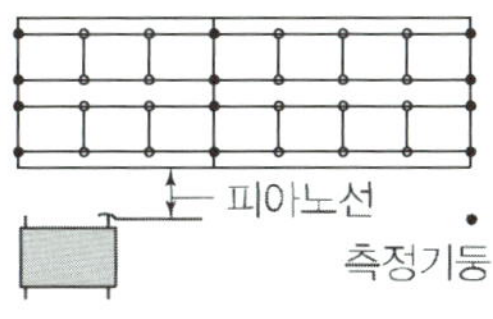

- 외주Column: 4 귀퉁이 Column과 요소가 되는 Column선정
- 내부Column: 정밀도가 요구되는 Column 선정

2. Spanning – Column간 수평치수 실측

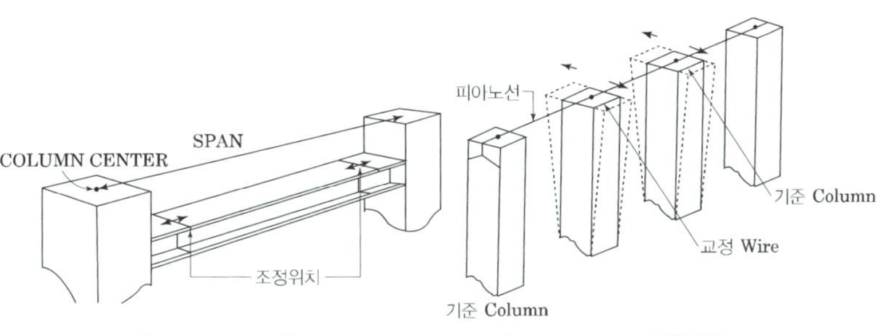

[Column 조정] [Spanning 조정위치]

Clearance(5mm)+제작오차, Bolt Hole 간격차이 → 조정

3. Plumbing(수직도 확인)

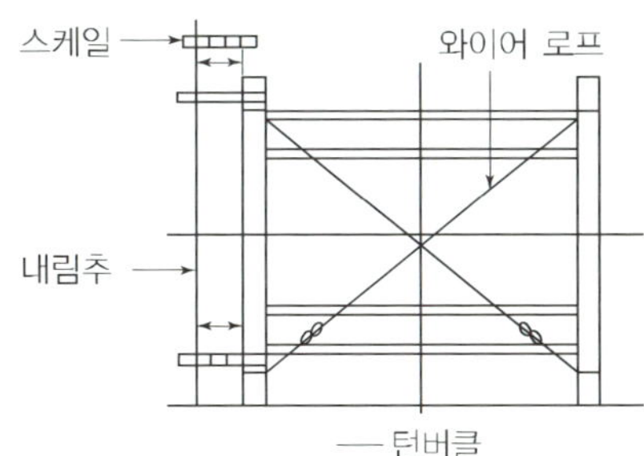

- 각 절별로 Column간 Spanning 완료 후 Plumbing 실시
- 외곽의 4개 기둥을 순차적으로 다림추와 Transit으로 수직측량을 하여 턴버클과 와이어를 이용하여 수정
- 수정이 완료되면 각 코너의 기둥 Center점에 피아노선 설치
- 피아노선을 기준으로 Column Center의 벗어난 치수를 확인하고 턴버클과 와이어를 이용하여 허용오차 이내로 조정

세우기

Ⅲ. 수정 시 유의사항

구 분	내 용
수 정	• 사전 구획계획 수립 • 면적이 넓고 Span의 수가 많은 경우는 유효한 Block마다 수정 • 절, 각 블록의 수정 후 다시 전반적으로 조립 정밀도를 교정하여 균형 있게 조정
유 의	• 일사에 의한 온도 영향을 피하기 위해 해 뜬 직후에 계측 • 무리한 수정은 2차 응력을 유발하여 위험 • 부재의 강성이 작은 경우는 탄성변형을 일으켜 수정이 곤란한 경우 발생 • 본체 구조로서 Turn buckle이 있는 가새를 가지고 있는 경우 그 가새를 이용한 세우기 수정 금지

• 철골 수직 정밀도 기준
– 기둥 1절당 한계 허용차

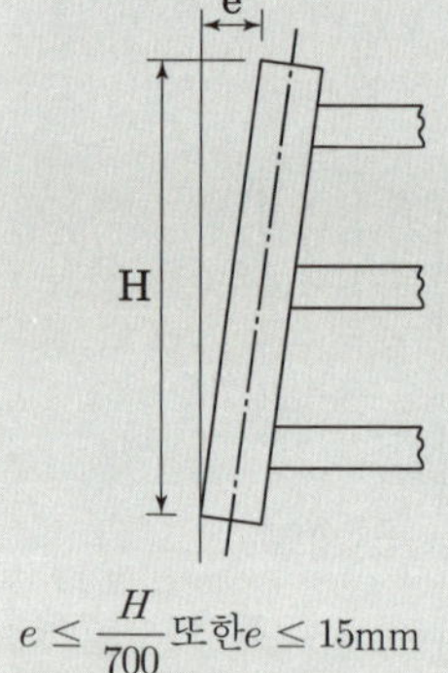

$e \le \frac{H}{700}$ 또한 $e \le 15\text{mm}$

Ⅳ. 측정방법

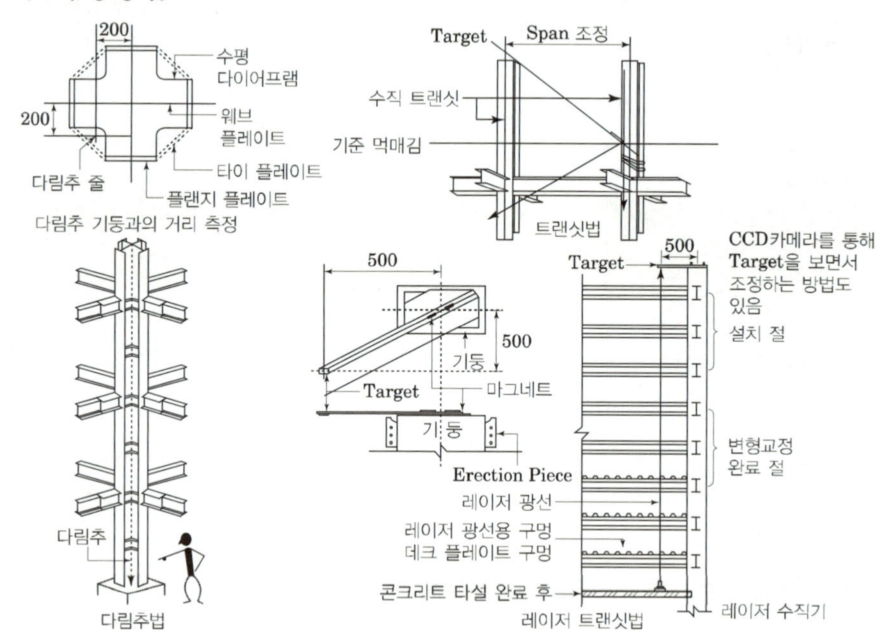

★★★ 2. 세우기 133

6-25	현장세우기 검사기준
No. 504	유형: 검사 · 기준

세우기

검사기준

Key Point

- 국가표준
  - KCS 41 31 05
- Lay Out
  - 세우기 검사기준
- 핵심 단어
- 연관용어
  - 수직도관리

검사기준

- 적절한 방법으로 측정한 결과를 판정기준과 비교하여 현장세우기 작업의 양호 · 불량을 판정한다.

허용오차

- 한계허용차는 적합기준이 되며, 관리허용차는 한계허용차를 넘지 않는 관리 목표치이다.

명칭	도해		관리허용차 / 한계허용차	측정방법
1) 건축물의 기울기 크기 (e)	e, H		관리허용차: $e \le \frac{H}{4000} + 7mm$ 또한 $e \le 30mm$ 한계허용차: $e \le \frac{H}{2500} + 10mm$ 또한 $e \le 50mm$	• 기둥 각 절의 기울기로부터 산출
2) 건축물의 굴곡 (e)	e, L		관리허용차: $e \le \frac{L}{4000}$ 또한 $e \le 20mm$ 한계허용차: $e \le \frac{L}{2500}$ 또한 $e \le 25mm$	기준 기둥 (변형수정 후), 피아노선 기둥의 금긋기, 은제 스케일 또는 컨벡스 룰, 보, 기둥, 피아노선 • 네 모퉁이의 기둥 등 미리 결정된 기준 기둥과의 고르지 않음을 측정하여 그 값으로부터 산출 • 측정기기: 피아노선 또는 컨벡스룰 금속제 곧은자
3) 중심선과 앵커볼트 위치의 어긋남 (e)	중심선, 중심선, a±e, a±e	A종	관리허용차: $-3mm \le e \le +3mm$ 한계허용차: $-5mm \le e \le +5mm$	베이스 플레이트 형판 앵커볼트의 지름 +2mm의 구멍을 뚫음, 중심선 먹매김, 중심선, 중심선 먹매김 베이스 플레이트 형판, 먹매김 • 앵커볼트 직경 +2mm의 구멍을 뚫은 베이스 플레이트 형판을 만들어, 중심선 먹매김과 베이스 플레이트 형판의 중심선 금긋기선을 맞추어 구멍에 앵커볼트가 들어가도록 조정 • 측정기기: 베이스 플레이트 형판(템플레이트) 컨벡스 룰
		B종	관리허용차: $-5mm \le e \le +5mm$ 한계허용차: $-8mm \le e \le +8mm$	

세우기

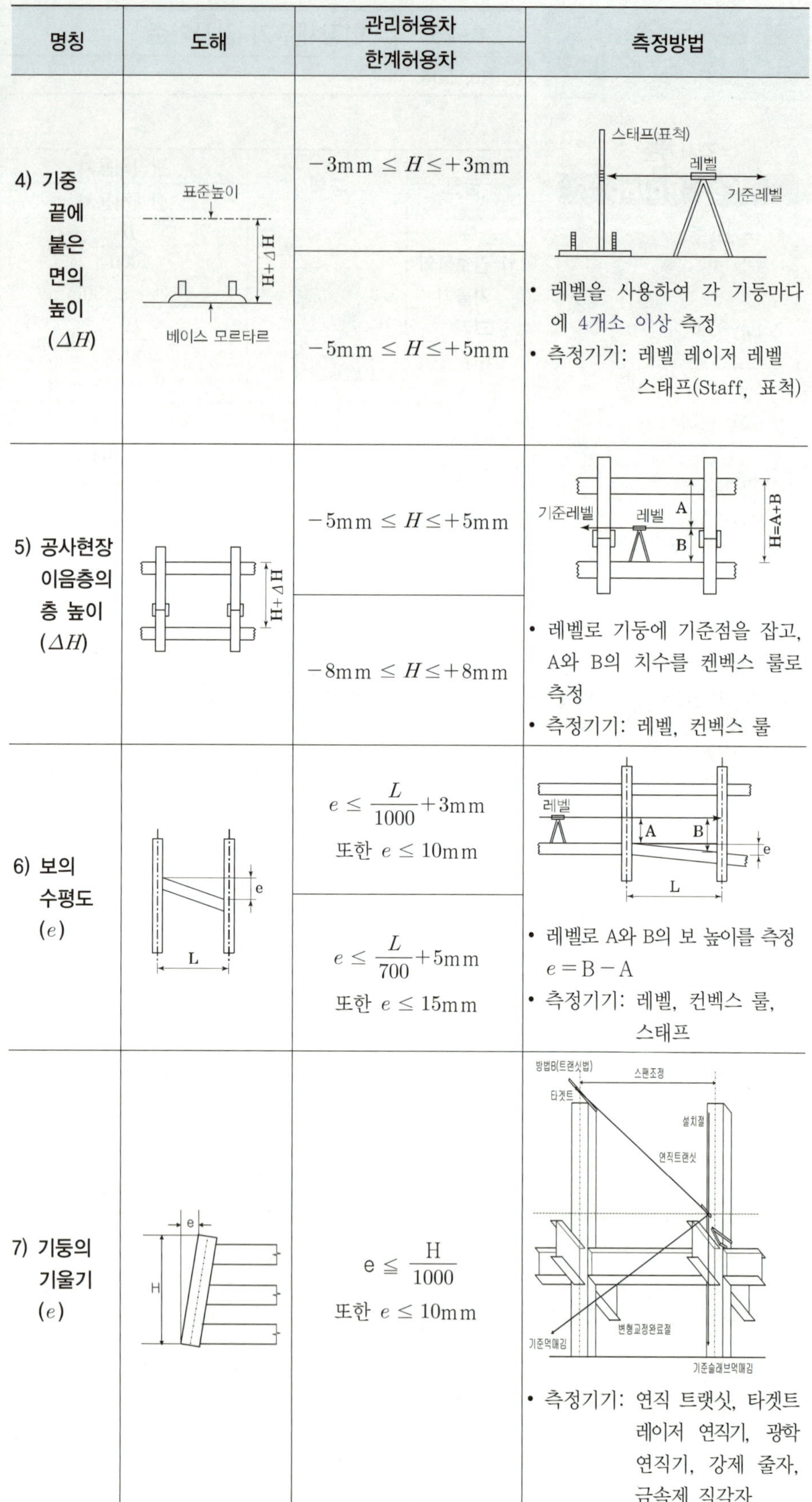

명칭	도해	관리허용차 / 한계허용차	측정방법
4) 기중 끝에 붙은 면의 높이 (ΔH)	표준높이, $H+\Delta H$, 베이스 모르타르	관리허용차: $-3mm \le H \le +3mm$ 한계허용차: $-5mm \le H \le +5mm$	스태프(표척), 레벨, 기준레벨 • 레벨을 사용하여 각 기둥마다에 4개소 이상 측정 • 측정기기: 레벨 레이저 레벨 스태프(Staff, 표척)
5) 공사현장 이음층의 층 높이 (ΔH)	$H+\Delta H$	관리허용차: $-5mm \le H \le +5mm$ 한계허용차: $-8mm \le H \le +8mm$	기준레벨, 레벨, A, B, H=A+B • 레벨로 기둥에 기준점을 잡고, A와 B의 치수를 켄벡스 룰로 측정 • 측정기기: 레벨, 컨벡스 룰
6) 보의 수평도 (e)	e, L	관리허용차: $e \le \frac{L}{1000}+3mm$ 또한 $e \le 10mm$ 한계허용차: $e \le \frac{L}{700}+5mm$ 또한 $e \le 15mm$	레벨, A, B, e, L • 레벨로 A와 B의 보 높이를 측정 $e = B - A$ • 측정기기: 레벨, 컨벡스 룰, 스태프
7) 기둥의 기울기 (e)	e, H	$e \le \frac{H}{1000}$ 또한 $e \le 10mm$	방법B(트랜싯법), 스팬조정, 타겟트, 설치절, 연직트랜싯, 변형교정완료절, 기준먹매김, 기준슬래브먹매김 • 측정기기: 연직 트랜싯, 타겟트 레이저 연직기, 광학 연직기, 강제 줄자, 금속제 직각자

세우기

오차조정

Key Point

- 국가표준
  - KCS 41 31 45
- Lay Out
  - 오차의 발생원인 및 조치
  - 누적 정밀도 관리 및 Level의 조정
- 핵심 단어
  - 허용오차
- 연관용어
  - Spanning
  - Plumbing

☆☆★ 2. 세우기

6-26	누적오차관리	
No. 505		유형: 검사 · 기준 · 공법

Ⅰ. 정 의

① 철골 구조의 완성물과 설계도서와의 오차가 허용오차 이내에 들어오도록 누적되는 오차를 반영

② 공장에서 부재 가공 및 제작시의 오차와 현장세우기시의 중량수축, 용접수축, 온도변형 등에 의한 누적오차가 허용오차 내에 있더라도 일관되게 관리한다.

Ⅱ. 오차의 발생원인 및 조치

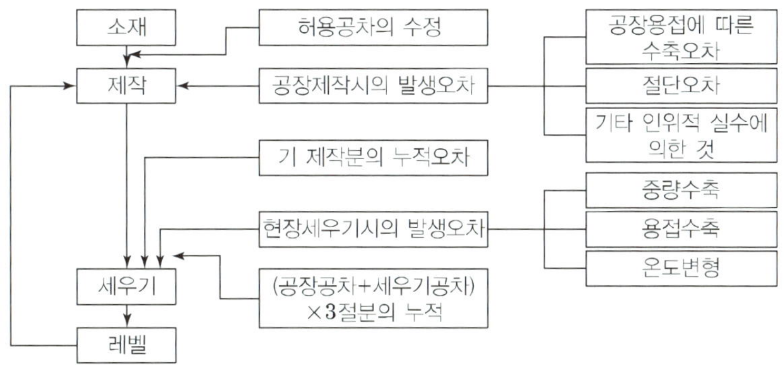

세우기 수정 작업순서

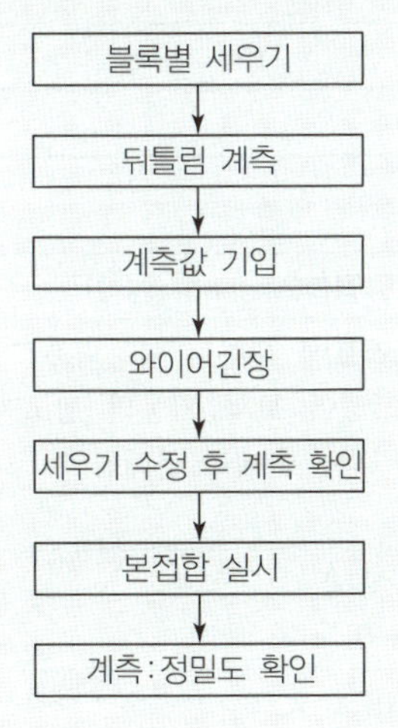

Ⅲ. 누적 정밀도 관리 및 Level의 조정

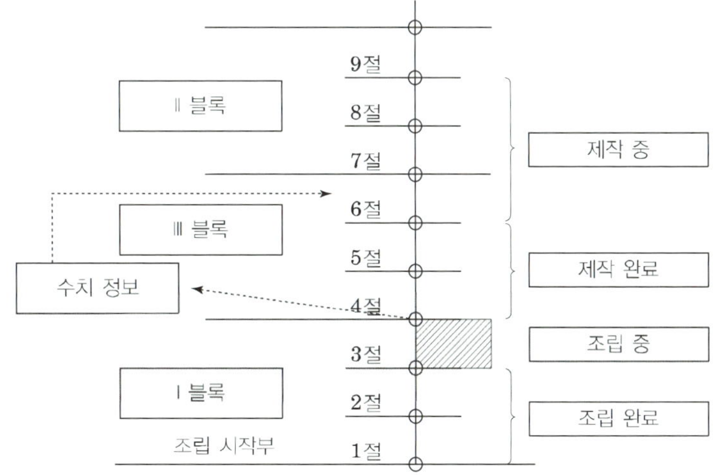

① 세우기 중 각 단계마다 현장에서 보 상단 level 및 기둥 상부 level을 측정하여 다음 절의 제작에 반영

② 계측 결과의 수치 정보를 얻은 시점은 그 절의 1, 2절 상부는 이미 제작이 진행 중인 경우가 많으므로 일반적으로 3번째 상부 절에서 level 조정

☆☆☆ 3. 접합

6-27	철골부재 접합공법	
No. 506		유형: 공법

접합공법

접합공법 분류

Key Point

- 국가표준
- Lay Out
  - 접합공법의 종류
- 핵심 단어
- 연관용어
  - 볼트접합
  - 용접접합

접합의 요구성능

① 구조적 연속성 확보
② 구조적 안전성 확보
③ 이음 개소 최소화
④ 수직도 · 수평도 확보
⑤ 내구성 및 내식성 확보
⑥ 시공의 용이성 확보

Ⅰ. 정 의

① 철골부재의 운반과 경제성을 고려하여 통상 15m 이하의 철골이 가공 및 제작되어 사용되므로 부재의 길이가 이보다 더 길면 철골을 이음하여 사용한다.

② 철골이음은 접합상세와 구조물 특성, 철골의 재질 및 특성에 따라 적합한 형식을 선택해야 하며 이음 시 구조적 연속성, 강도확보, 수직도 · 수평도 확보, 내구성 및 내식성 확보와 시공이 용이해야 한다.

Ⅱ. 접합공법의 종류

1) 접합재료에 의한 분류

접합공법	역학적 특성			시공성			경제성		판정
	강도	강성	내구성	시공성	확실성	검사성	효율	가격	
리벳접합	△	△	△	△	△	△	○	◎	○
볼트접합	△	×	×	○	△	○	×	◎	△
고력 볼트접합	◎	◎	◎	◎	◎	◎	◎	△	◎
용접접합	◎	◎	◎	△	○	△	◎	△	◎

주) ×: 나쁘다, △: 약간 나쁘다, ○: 보통, ◎: 좋다

2) 구조형식에 의한 분류

구조형식	단순접합(PIN 접합)	강접합(Moment 접합)
접합	• 웨브만 접합한 형태로서 휨모멘트에 대한 저항력이 없어 접합부가 자유로이 회전하며 기둥에는 전단력만 전달	• 휨모멘트에 대한 저항능력을 가지고 있어 보와 기둥의 휨모멘트가 강성에 따라 분배됨
접합부의 부재력	축방향력(N) 전단력(V)	축방향력(N) 전단력(V)
접합 부분	WEB	FLANGE & WEB
접합 상세 (Example)	고력 볼트에 의한 접합	용접과 고력 볼트에 의한 접합

☆☆★ 3. 접합 106.120

6-28	고력볼트 반입검사 및 재료관리	
No. 507	HTB: high tension bolted connection	유형: 재료 · 검사 · 기준

고력볼트

재료관리

Key Point

◪ 국가표준
- KCS 41 31 25

◪ Lay Out
- 반입검사 · 취급
- 고력볼트의 종류와 등급

◪ 핵심 단어
- What: 반입 시
- Why: 밀봉 상태 반입
- How: 완전히 포장

◪ 연관용어
- 육안검사
- 검사성적표 확인

Torque Coefficient

- 고력 볼트의 체결 토크값을 볼트의 공칭 축경(軸徑)과 도입 축력으로 나눈 값. 볼트로의 안정한 축력 도입을 위한 관리에 사용
- 계산식: T=k×d×B
  T:토크값
  k:토크계수
  d:볼트직경(mm)

- 토크계수 값의 평균 값
  - A세트: 0.110~0.150
  - B세트: 0.150~0.190

주 1)
이 표에서 설계볼트장력은 고장력볼트 인장강도의 0.7배에 고장력볼트의 유효단면적(고장력볼트의 공칭단면적의 0.75배)을 곱한 값으로 한 것이다.

Ⅰ. 정 의

① 고탄소강이나 저합금강을 열처리한 항복강도 700MPa 이상 · 인장강도 900MPa 이상의 고장력 bolt를 nut에 조여서 부재간의 마찰력으로 응력전달을 하는 접합공법
② 고력 볼트를 반입할 경우는 완전히 포장된 것을 미개봉 상태로 반입한다.
③ 반입확인: 포장 상태, 외관, 등급, 지름, 길이, Lot 번호 등을 확인한다.

Ⅱ. 반입검사

1) 검사성적표 확인
- 제작자의 검사성적표의 제시를 요구하여 발주조건 만족 여부 확인

2) 볼트장력의 확인
- 토크관리법을 이용하여 고력볼트의 볼트 장력을 확인 검사

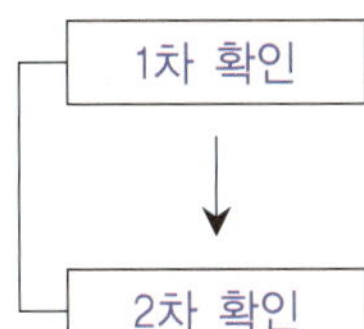

- 1Lot마다 5Set씩 임의로 선정, 볼트 장력 평균값 산정
  → 상온(10℃~30℃)일 때 규정값 확인
  → 상온 이외의 온도에서 규정값 확인
- 1차 확인 결과 규정값에서 벗어날 경우 동일 Lot에서 다시 10개를 취하여 평균값 산정
  → 10 Set의 평균값이 규정값 이상이면 합격

볼트등급	볼트호칭	공칭단면적 (mm^2)	설계볼트장력[1] (kN)	표준장력	볼트장력의 범위(kN)
F8T	M16	201	84	92	70.2~95.3
	M20	314	132	145	109.7~148.8
	M22	380	160	176	135.9~184.5
	M24	452	190	209	157.9~214.3
F10T	M16	201	106	117	98.7~134.0
	M20	314	165	182	154.2~209.3
	M22	380	200	220	191.4~259.4
	M24	452	237	261	222.1~301.4
	M27	572	300	330	289.0~392.3
	M30	708	372	409	353.6~479.9
F13T	M16	201	137	151	128.3~174.2
	M20	314	214	235	200.5~272.1
	M22	380	259	285	248.5~337.2
	M24	452	308	339	288.7~391.8

고력볼트

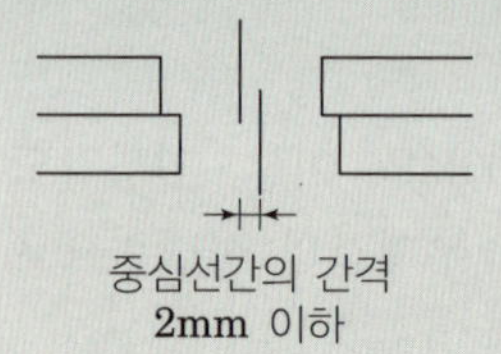

• 조임길이에 더하는 길이

호칭	길이(mm)
M 12	25 이상
M 16	30 이상
M 20	35 이상
M 22	40 이상
M 24	45 이상
M 27	50 이상
M 30	55 이상

- 조임길이는 접합판 두께의 합이다.
- 조임길이에 더하는 길이는 너트 1개, 와셔 2장 두께와 나사피치 3개의 합이다.
- 다만 TS볼트의 경우에는 위의 값에서 와셔 1장 두께를 뺀 길이를 적용

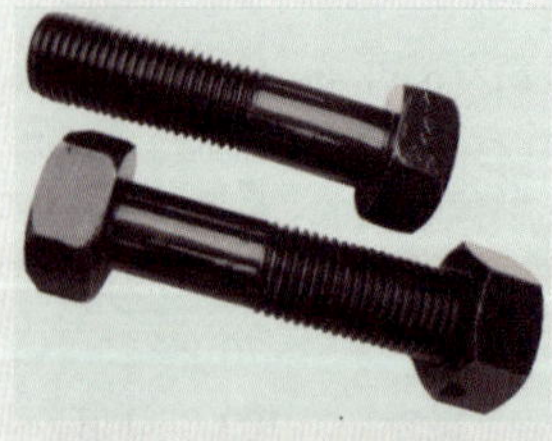

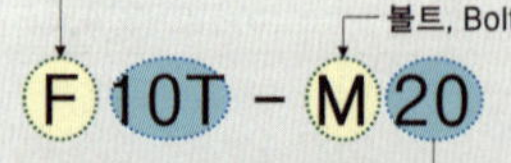

최저 인장강도 10tf/cm² =1,000MPa

주 1) 토크계수값이 A는 표면 윤활처리

주 2) 토크계수값이 B는 방청유 도포상태

3) 검사장비

• 검사에 이용하는 축력계 및 조임 기구는 검교정된 상태의 것을 사용

Ⅲ. 고력볼트의 취급

1) 나사산의 관리

• 제작자의 검사성적표의 제시를 요구하여 발주조건 만족 여부 확인

2) 볼트 구멍처리

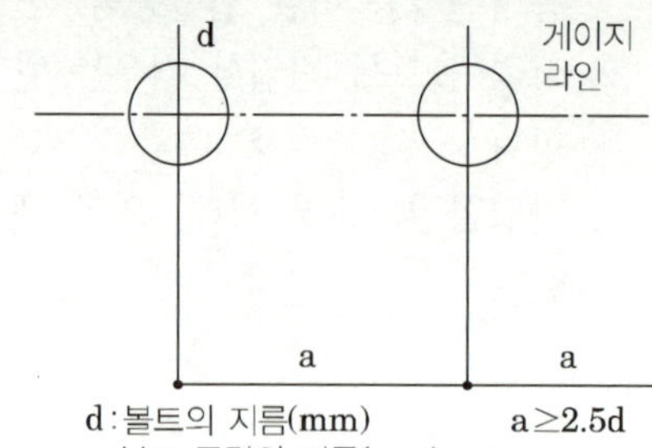

• Bolt 상호간의 중심 거리는 지름의 2.5배 이상

• 고력볼트

→ d≤22 일 경우, r=d+2mm

→ d>22 일 경우, r=d+3mm

• 어긋남 2mm 이하: Reamer로 수정, 2mm 초과: 안전성 검토

3) 고력볼트의 길이산정

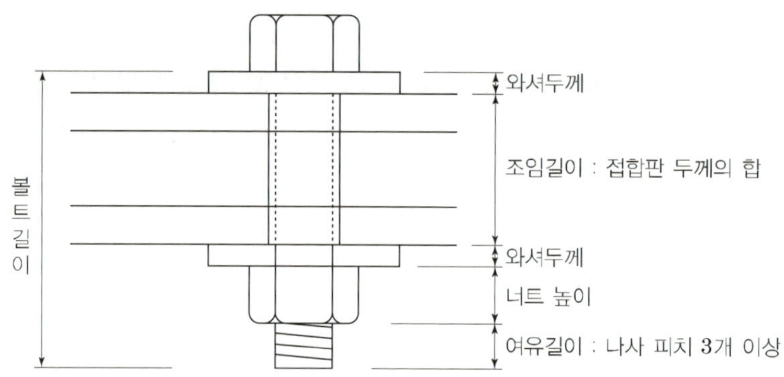

• Bolt길이= 조임길이+(Nut높이+Washer 2장두께+여유길이)

4) 공사현장에서의 취급

① 고력 볼트는 종류, 등급, 사이즈(길이, 지름), Lot별로 구분하여 빗물, 먼지 등이 부착되지 않고 온도 변화가 적은 장소에 보관

② 운반, 조임 작업 시 나사산이 손상된 것은 사용금지

③ 전용의 보관함이나 비닐 등을 보양

④ 당일 개봉된 Bolt를 사용치 못했을 경우 보관장소에 보관

Ⅳ. 고력볼트의 종류와 등급

기계적 성질에 따른 세트의 종류		적용하는 구성부품의 기계적 성질에 따른 등급		
		고장력 F8T 볼트	너트	와셔
1종	A[1]	F8T	F10	F35
	B[2]			
2종	A[1]	F10T	F10	
	B[2]			
4종	A[1]	F13T	F13	
	B[2]			

★★★ 3. 접합 73.100.119.128

6-29	TS bolt, TS형 고력볼트 축회전	
No. 508	torque shear control bolt	유형: 재료 · 공법 · 기준

고력볼트

접합의 원리

Key Point

◩ 국가표준
- KCS 41 31 25
- KS B 2819

◩ Lay Out
- 형상
- 조임축력
- 체결순서 · 체결방법

◩ 핵심 단어
- What: Pintail
- Why: 볼트에 축력도입
- How: 조임력에 의한 전단파단

◩ 연관용어
- 마찰접합

• TS볼트의 길이 산정
L=G+T+H+(3×P)
L: 볼트의 길이
G: 체결물의 두께
T: 와셔의 두께
H: 너트의 두께
P: 볼트의 피치

• TS볼트의 종류와 등급
- Bolt: S10T
- Nut: F10
- Washer: F35

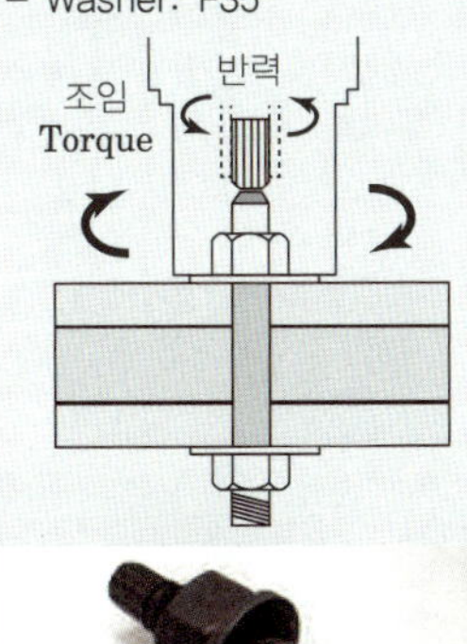

Ⅰ. 정 의

① 제작 시 만들어진 Pintail의 Notch 홈 부분이 체결 시 볼트 조임력에 의한 전단파단으로 절단될 때 볼트에 도입되는 축력을 공장에서 규격화시킨 제품(by 도로교 표준시방서)

② 둥근머리 Rivet형의 머리모양, 6각형 단면의 Pin tail과 Break neck으로 구성된 bolt로, bolt 체결 후 wrench의 조임 torque가 정해진 값이 되었을 때 break neck이 파단, pin tail이 떨어져 나가며 접합된다.

Ⅱ. 고장력볼트와 특수고장력볼트(T.S 볼트)의 형상

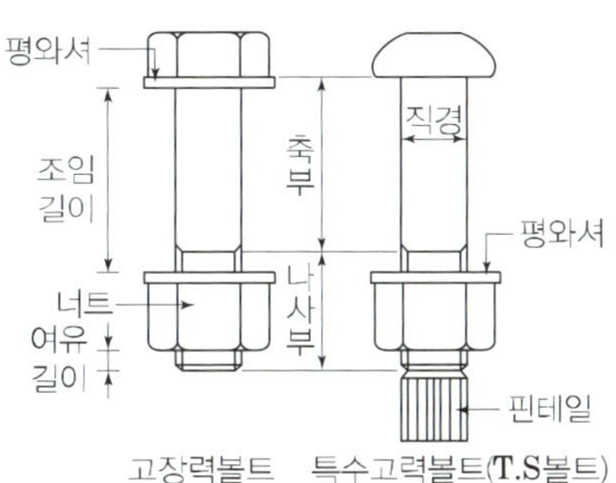

• 고장력볼트는 모든 볼트머리와 너트 밑에 각각 와셔 1개씩을 끼우고, 너트를 회전시켜서 조인다.
• 토크-전단형 볼트(T.S Bolt)는 너트 측에만 1개의 와셔를 사용한다.

Ⅲ. TS Bolt의 조임축력

등급	호칭	표준장력 (kN)	상 온(10~30℃) 하 한	상 온(10~30℃) 상 한	0~10℃ / 30~60℃ 하 한	0~10℃ / 30~60℃ 상 한
S10T	M20	182	172	207	165	217
	M22	220	212	256	205	268
	M24	261	247	298	238	312
	M27	330	322	388	310	406
	M30	409	394	474	379	496

Ⅳ. TS Bolt의 체결순서

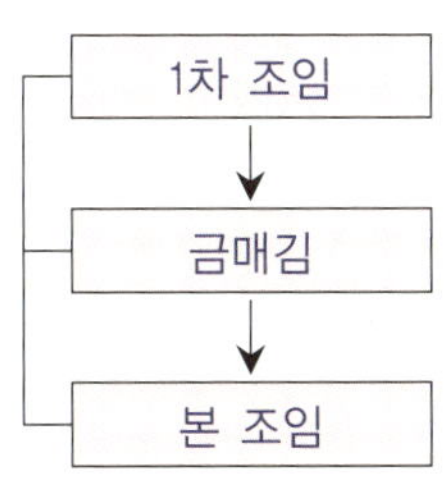

• 부재의 밀착을 도모하는 단계
• 1차 조임 토크 값

• 축회전 유무 확인에 필요함
• 축회전 발생 가능성에 주의하여 시공

• TS 전용 전동Wrench를 사용

• 1차조임 후 금매김 → 축회전 유무 판별이 시공관리 Point

고력볼트

• 임팩트 렌치(Impact Wrench)

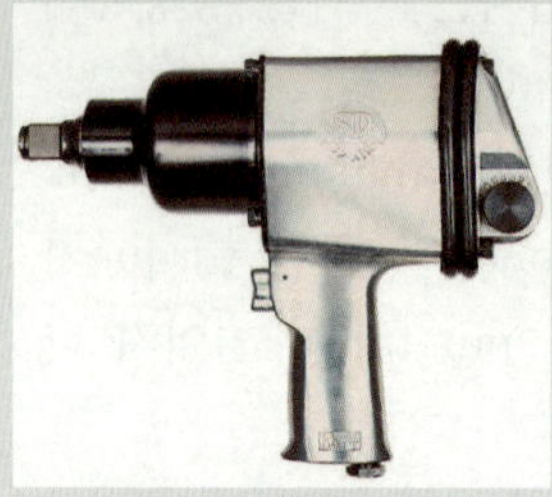

• 토크 렌치(Torque Wrench)

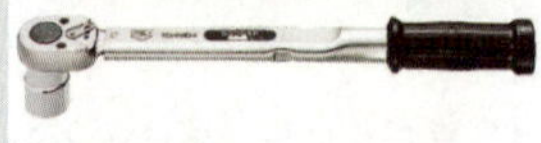

V. TS Bolt의 체결방법

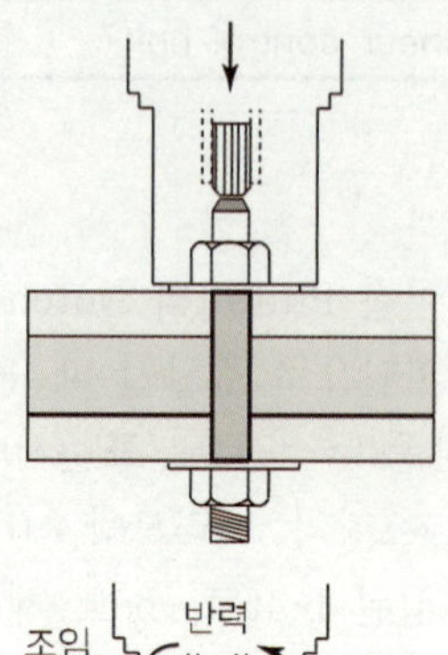

• 핀테일(Pin Tail)에 내측 소켓(Socket)을 끼우고 렌치(Wrench)를 살짝 걸어 너트(Nut)에 외측 소켓(Socket)이 맞춰지도록 함

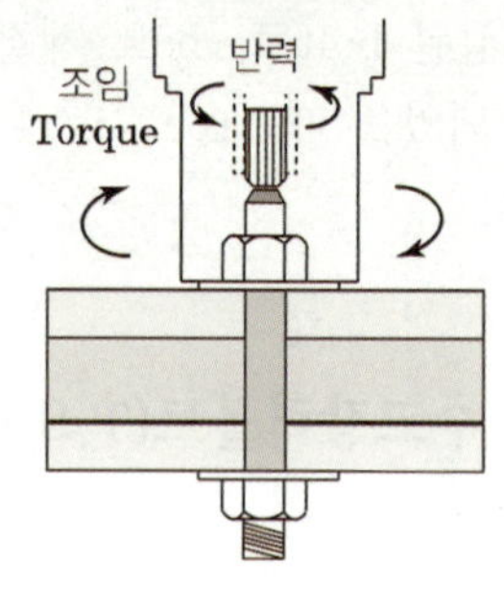

• 렌치의 스위치를 켜 외측 소켓이 회전하며 볼트를 체결

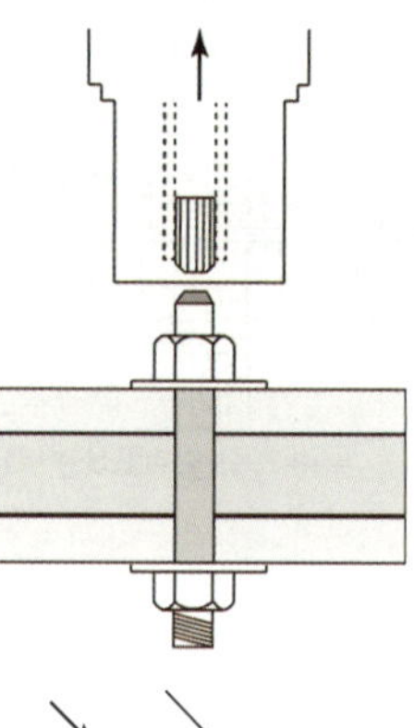

• 핀테일(Pin Tail)이 절단되었을 때 외측 소켓이 너트로부터 분리되도록 렌치를 잡아당김

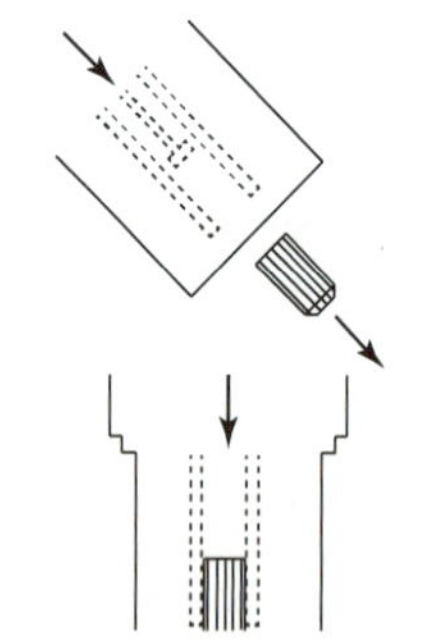

• 팁 레버(Tip Lever)를 잡아당겨 내측 소켓에 들어있는 핀테일을 제거

☆☆★ 3. 접합

6-30	고력볼트 접합부 처리	
No. 509	마찰면처리	유형: 공법 · 기준

I. 정 의

① 접합부 표면을 고력 볼트 조임에 적합하도록 불순물 및 이물질 제거, 마찰면 청소, Filler, lever washer, 볼트 구멍 보정 등의 고력 볼트 조임전에 하는 선작업

② 고력 볼트 접합은 고력 볼트와 너트 그리고 와셔 각 개체를 볼트 구멍에 넣고 조입하여 부재간의 마찰력을 이용한 접합방식

II. 마찰 접합부의 응력전달 Mechanism

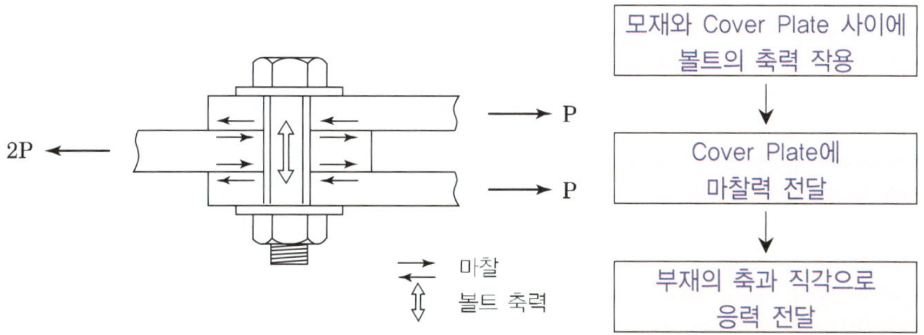

- 접합부의 마찰: 접합부의 마찰이 끊어지기까지는 높은 강성을 나타낸다.
- 허용내력: 고력볼트 마찰접합의 허용내력은 마찰 저항력에 의해 결정된다.
- 마찰계수: 마찰 저항력은 고력볼트에 도입된 축력과 접합면 사이의 마찰계수로 결정된다.
- ▽μ 마찰계수: 0.5 이상으로 한다.

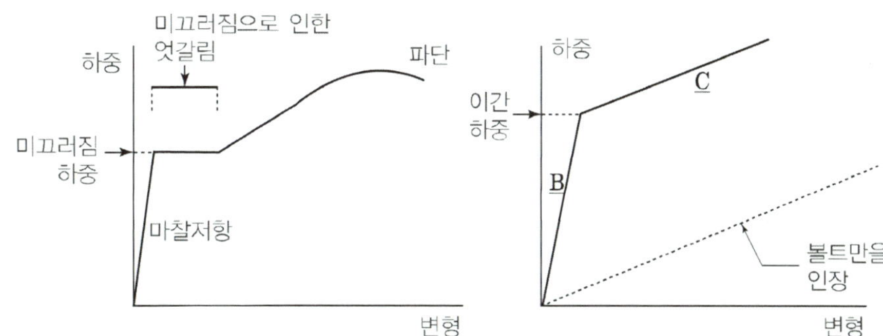

고력볼트 마찰접합부의 [하중-변형]관계 고력볼트 인장접합부의 [하중-변형]관계

고력볼트

마찰면처리

Key Point

◩ 국가표준
- KCS 41 31 25

◩ Lay Out
- Mechanism
- 접합형태 비교
- 접합부 처리

◩ 핵심 단어
- What: 접합부 표면
- Why: 접합
- How: 마찰면 처리

◩ 연관용어
- 마찰접합

• 1면 전단파괴

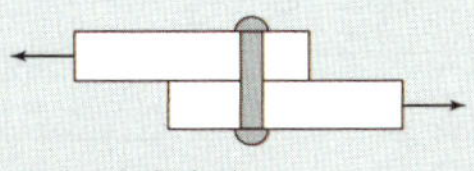

• 2면 전단파괴

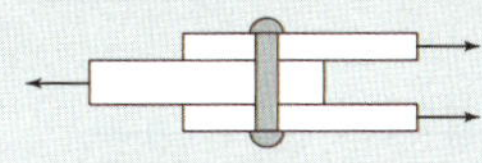

• 볼트의 허용내력

$$R=\frac{1}{V}\cdot n\cdot \mu\cdot N$$

V: 미끄럼에 대한 안전율 (장기 1.5, 단기 1.0)
n: 전단면의 수
μ : 미끄럼계수(0.5)
N: 볼트의 축력(t)

고력볼트

Shot Blasting

- 연마제 등의 숏을 공기압 또는 원심력(2000rpm 정도)에서 강재, 주물 등에 분사하여 스케일이나 주물사(鑄物砂) 등을 제거하는 방법을 말한다. 모래를 분사할 때에는 샌드블라스팅(Sand Blasting)이라고 한다.

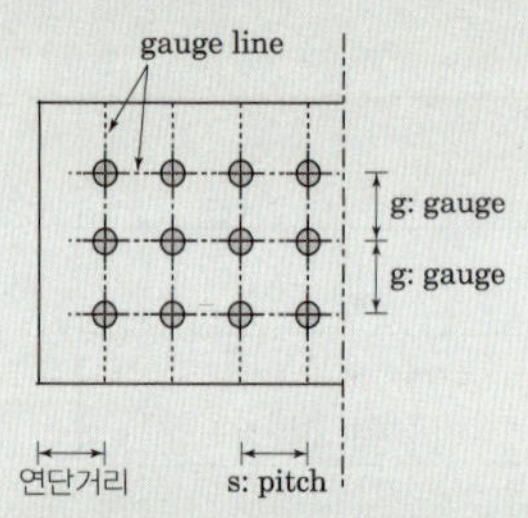

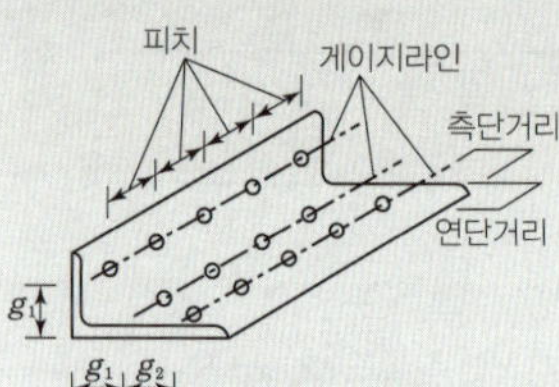

[볼트의 게이지라인 및 피치]

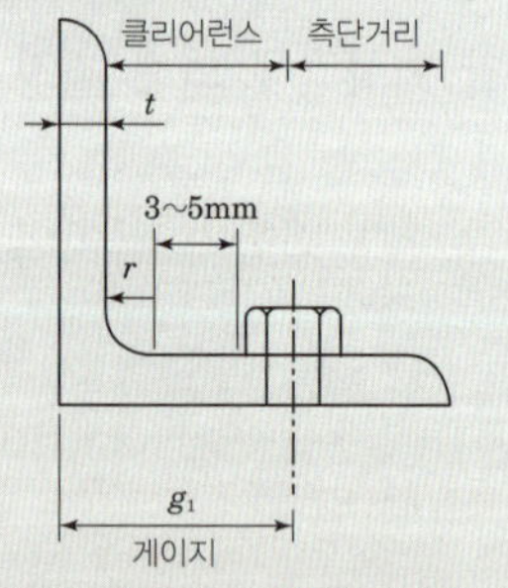

[볼트의 측단거리 및 클리어런스]

- 게이지(gage): 게이지라인 사이의 거리
- 게이지라인(gage): 볼트의 중심선을 연결하는 선
- 피치(Pitch): 볼트 중심사이의 간격(일반적으로 3~4d, 최소 2.5d
- 측단거리(edge distance): 볼트중심에서 측단까지의 거리
- 연단거리(end distance): 볼트의 중심에서 연단까지의 거리

Ⅲ. 접합형태 비교

[마찰접합] Slip Critical	[지압접합] Bearing Type	[인장접합] Tension type
• 접합부재간의 마찰력에 의해 하중전달	• 접합부재와 볼트간의 지압에 의해 하중전달	• 볼트 조임 시 발생하는 부재간 압축력을 이용하여 하중전달

Ⅳ. 접합부 처리

1) 마찰면의 준비
   ① 접합부의 마찰면은 밀착성 유지
   ② 모재접합부분의 변형, 뒤틀림, 구부러짐, 모재 및 이음판의 거스러미 등이 있는 경우에는 마찰면이 손상되지 않도록 교정
   ③ 마찰면에 도료, 기름, 오물 등이 없도록 청소하여 제거
   ④ 마찰면과 덧판은 녹, 흑피, 도료 등을 Shot Blast로 제거하여 미끄럼계수 0.5이상 확보

2) 접합부 단차수정 – 부재의 표면 높이가 서로 차이가 있는 경우

높이차이	처리방법
1mm 이하	별도처리 불필요
1mm 초과	끼움재 사용

3) 볼트구멍의 어긋남 수정
   - 어긋남 2mm 이하: Reamer로 수정, 2mm 초과: 안전성 검토

4) 마찰면처리 시 유의사항

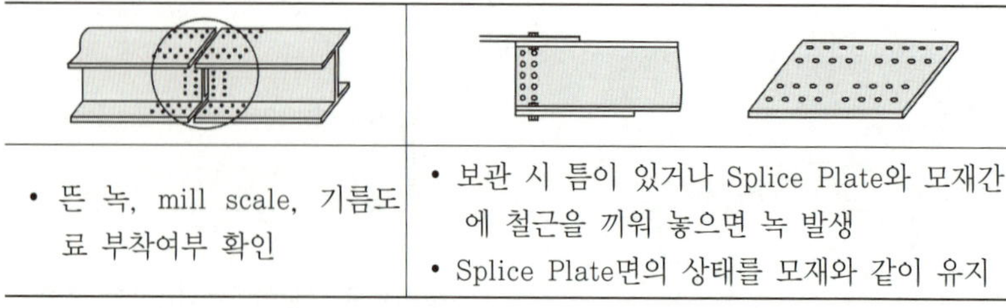

• 뜬 녹, mill scale, 기름도료 부착여부 확인	• 보관 시 틈이 있거나 Splice Plate와 모재간에 철근을 끼워 놓으면 녹 발생 • Splice Plate면의 상태를 모재와 같이 유지

- 정해진 마찰계수 확보가 중요, 붉은 녹이 나있는 상태 유지

고력볼트

조임방법

Key Point

◩ 국가표준
- KCS 41 31 25

◩ Lay Out
- 조임방법
- 조임 시 유의사항

◩ 핵심 단어
- 중앙부에서 단부로 조임

◩ 연관용어
- Torque Control법
- Nut 회전법

★★★ 3. 접합 76.82.96.104.134

6-31	고장력볼트의 조임방법/Torque Control법	
No. 510		유형: 공법 · 기준

Ⅰ. 정 의

① 고장력 bolt 조임방법은 철골부재의 구멍에 bolt를 넣어 washer를 끼워 넣은 후 nut를 impact wrench로 중앙부에서 단부로 조임 해 나간다.

② 접합부위의 소요강도 확보와 응력전달 및 일체성 확보가 타 접합공법보다 우수하며, 소음과 공해 등 환경공해의 최소화 방안으로 적용된다.

Ⅱ. 조임방법

1. 1차조임

1) 조임순서

• 1차조임은 접합부 볼트군마다 볼트를 삽입한 후 아래 순서로 조인다.

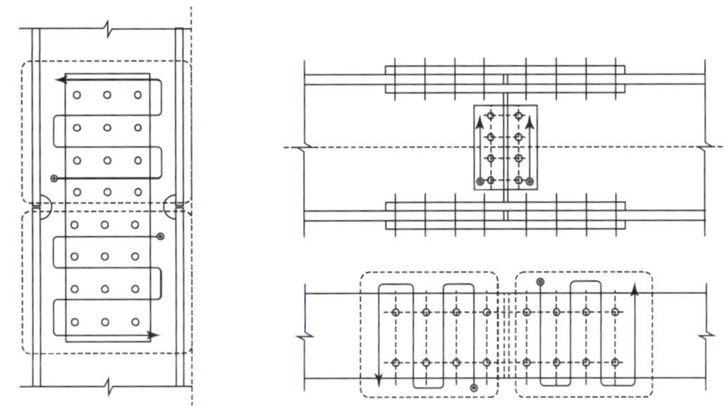

(주) ① ⁝⁝⁝⁝ 조임 시공용 볼트의 군(群)
② ⟶ 조이는 순서
③ 볼트 군마다 이음의 중앙부에서 판 단쪽으로 조여간다.

2) 1차조임 토크

(단위 : N·m)

고장력볼트의 호칭	1차조임 토크
M16	약 100
M20, M22	약 150
M24	약 200
M27	약 300
M30	약 400

• 1차조임은 프리세트형 토크렌치, 전동 임팩트렌치 등을 사용하여 규정토크로 너트를 회전시켜 조인다.

고력볼트

2. 금매김

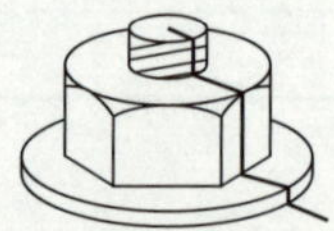

1차조임 후 모든 볼트는 고장력볼트, 너트, 와셔 및 부재를 지나는 금매김을 한다.

3. 강구조 건축물 고장력볼트(육각볼트)의 본조임

1) 고장력볼트의 설계볼트장력과 표준볼트장력 및 장력의 범위

볼트등급	볼트호칭	공칭단면적 (mm^2)	설계볼트장력 (kN)	표준장력 (kN)	볼트장력의 범위(kN)
F10T	M16	201	106	117	98.7~134.0
	M20	314	165	182	154.2~209.3
	M22	380	200	220	191.4~259.4
	M24	452	237	261	222.1~301.4
	M27	572	300	330	289.0~392.3
	M30	708	372	409	353.6~479.9

2) Torque Control법

- 볼트장력이 볼트에 균일하게 도입되도록 볼트 조임기구를 사용하여 사전에 조정된 토크로 볼트를 조이는 방법

- 볼트 호칭마다 토크계수값이 거의 같은 로트를 1개 시공로트로 한다. 시공로트에서 대표로트 1개를 선택하고 이 중에서 시험볼트 5세트를 임의로 선택한다. 시험볼트는 축력계에 적절한 길이의 것으로 선정
- 시험볼트는 축력계를 사용하여 적정한 조임력을 얻도록 미리 보정하고, 조정된 볼트조임기기를 사용하여 조인다. 5세트 볼트장력 평균값은 표준볼트장력 값을 만족하고, 측정값이 표준볼트장력의 ±15% 이내이어야 한다. 조임작업 종료 후, 검사에서도 사용할 수 있으므로 토크렌치를 이용한 토크도 측정해 둔다.
- 시험볼트가 다를 만족하지 않는 경우, 동일 로트로부터 다시 10세트를 임의 선정하여 동일한 시험을 한다. 10세트의 볼트장력 평균값이 표준볼트장력 값을 만족하고, 측정값이 표준볼트장력의 ±15% 이내이면, 시공된 동일 로트의 볼트는 정상인 것으로 판단한다.

TS 볼트의 본조임

- 토크-전단형 볼트는 너트와 볼트 핀테일에 서로 반대방향으로 회전하는 토크를 작용시켜 너트를 조임으로써 볼트축력을 도입한다. 토크가 일정 크기에 도달하면 핀테일의 노치 부분이 파단되면서 조임이 끝난다.
- 와셔는 너트 측에만 1개를 사용한다.
- 토크-전단형 볼트는 토크가 일정 크기에 도달하면 핀테일의 노치 부분이 파단되어 장력도입이 확인된다. 다만, 본조임에서 적정한 볼트축력이 얻어지지 않은 볼트는 신제품으로 교체한다.

고력볼트

3) Nut 회전법

- 강구조 건축물 고장력볼트의 체결은 너트회전법으로 하고, F8T와 F10T 고장력볼트에 대해서만 적용

- 실제 접합부와 동일한 강판의 조임작업에 사용될 볼트 5개 이상을 조이고, 너트회전량을 육안으로 조사한다. 조사 후 모든 볼트에서 거의 같은 회전량이 생기는지를 확인
- 너트회전법에 따라 볼트 조임을 할 때는 접촉면의 틈이 없을 정도로 토크렌치로 밀착조임한 상태에서 120°± 30°의 너트회전각을 주는 것으로 한다.

구 분	회전각
볼트 길이가 지름의 5배 이하일 때	120° ± 30°
볼트 길이가 지름의 5배를 초과할 때	시공조건과 일치하는 예비시험을 통하여 목표회전각을 결정한다.

Ⅲ. 조임 시 유의사항

구 분	유의사항
기기의 정밀도	• 조임 기구는 조일 수 있는 적정한 개수가 있으며, 그 이상이 되면 정밀도 저하 • 조임 기기의 조정은 매일 조임 작업 전에 확인, 실시 • 토크렌치와 축력계의 정밀도는 3% 오차범위가 되도록 충분히 정비
부재의 상태	• 마찰면의 처리 → 마찰면의 표면과 접촉상태가 마찰계수에 큰 영향을 초래 → 마찰면은 이물질 제거 및 적정한 녹 발생 확인 → 자연상태에서 2주 정도 방치 → 접촉면에 틈이 없도록 Filler 등을 끼움 조치 • 건조상태 → 접합부의 건조 상태와 고력 볼트의 토크계수에 큰 영향을 초래 → 비가 온 후는 접합부에 모세관 현상으로 물이 배어 들 우려 • 볼트 구멍 → 접합편끼리 구멍의 차이가 있을 경우 볼트를 집어 넣으면 나사가 파손
외관검사	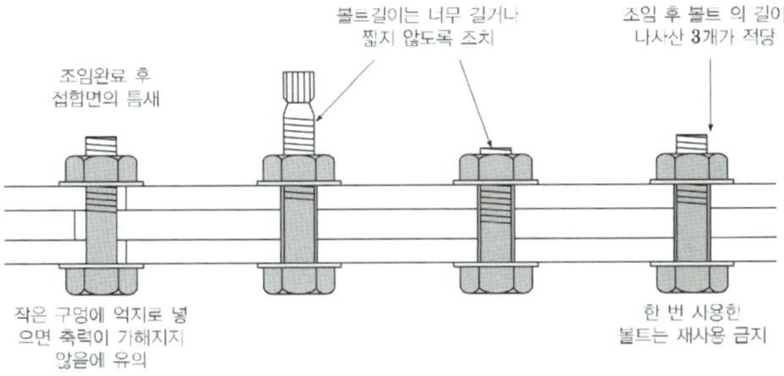 볼트길이는 너무 길거나 짧지 않도록 조치 조임 후 볼트 의 길이 나사산 3개가 적당 조임완료 후 접합면의 틈새 작은 구멍에 억지로 넣으면 축력이 가해지지 않음에 유의 한 번 사용한 볼트는 재사용 금지

☆☆★ 3. 접합 81.82

6-32	고장력볼트 1군 볼트의 검사기준	
No. 511		유형: 검사 · 기준

I. 정 의

① 부재 상호간 접합부에 bolt 군(群) 을 나누고 나눈 bolt 군(群)에서의 조임 순서는 중앙부에서 단부로 조임해 나가며 1차 조임은 표준 bolt 장력의 70%, 2차 조임은 100%로 한다.

② 조임부는 반드시 조임검사를 실시해야 하며 이는 철골설치 시 각 절마다 반복실시 해야 한다

II. 고력볼트 조임검사

1. Torque Control법에 의한 조임검사

- 육안검사
  - 볼트군의 10% 볼트를 표준으로 토크렌치로 실시 (Sampling 검사)
  - 조임 시공법 확인을 위한 검사결과에서 얻어진 평균 토크의 ±10% 이내
- 처리
  - 불합격한 볼트군은 다시 그 배수의 볼트를 선택하여 재검사하되, 재검사에서 다시 불합격한 볼트가 발생하였을 때에는 (전수검사) 실시
  - 10%를 넘어서 조여진 볼트는 교체
  - 조임 부족이 인정된 볼트군은 모든 볼트를 검사
  - 동시에 소요 토크까지 추가로 조인다.

2. Nut 회전법에 의한 조임검사

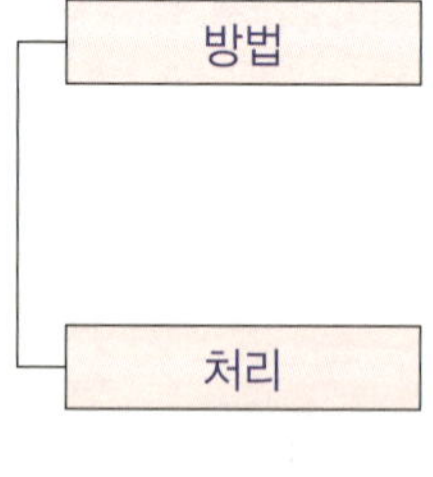

- 방법
  - 모든 볼트는 1차조임 후에 표시한 금매김의 어긋남으로 동시회전의 유무, 너트회전량, 너트여장의 과부족 등을 육안으로 검사
  - 본조임 후에 너트회전량이 120°±30°의 범위를 합격
- 처리
  - 범위를 넘어서 조여진 고장력볼트는 교체
  - 너트의 회전량이 부족한 너트는 소요 너트회전량까지 추가로 조인다.

○ 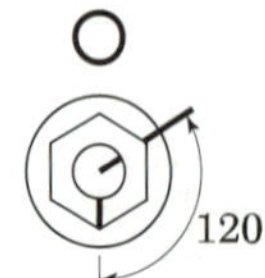

× 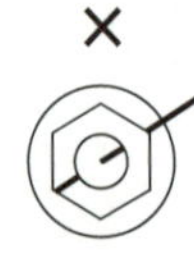

× 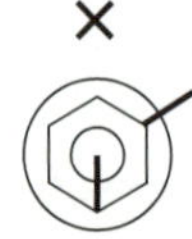

× 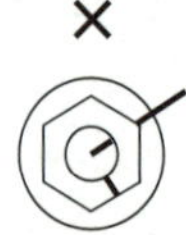

고력볼트

검사기준

Key Point

◩ 국가표준
- KCS 41 31 25

◩ Lay Out
- 조임검사
- 검사기준

◩ 핵심 단어
- 중앙부에서 단부
- 1차 조임은 70%
- 2차 조임은 100%

◩ 연관용어
- 조임검사

TS 볼트의 본조임

- 검사는 토크-전단형 고장력볼트 조임 후 실시한다.
- 너트나 와셔가 뒤집혀 끼어 있는지 확인한다.
- 핀테일의 파단 및 금매김의 어긋남은 육안으로 전수 검사한다. 핀테일이 정상적인 모습으로 파단 되었으면, 적절한 조임이 이루어진 것으로 판정한다. 또한 금매김의 어긋남이 없는 토크-전단형 고장력볼트는 기타의 방법으로 조임을 실시하여 공회전이 확인될 경우, 새로운 세트로 교체한다.
- 너트회전량은 평균회전각도 ±30° 의 범위를 합격으로 한다.

조임 후의 여장길이

- 고장력볼트의 체결 후 여장길이는 너트면에서 나사산 1개~6개의 범위를 합격으로 한다.

고력볼트

Ⅲ. 고력볼트 검사기준

명 칭	도 해	관리허용차 / 한계허용차	측정방법
1) 구멍 중심의 어긋남 (e)	설계 볼트 중심, e	$e \leq +1\text{mm}$	기준선
		$e \leq +1.5\text{mm}$	• 측정기기: 컨벡스 롤, 금속제 곧은자
2) 구멍 간격의 어긋남 (ΔP)	ΔP	$-1\text{mm} \leq \Delta P \leq +1\text{mm}$	
		$-1.5\text{mm} \leq \Delta P \leq +1.5\text{mm}$	• 측정기기: 컨벡스 롤, 금속제 곧은자
3) 구멍의 불일치 (e)	e	$e \leq 1\text{mm}$	e
		$e \leq 1.5\text{mm}$	• 측정기기: 컨벡스 롤, 직각자, 틈새 게이지, 관통 게이지
4) 고력볼트 접합부의 틈새	e	$e \leq 1\text{mm}$	
		$e \leq 1\text{mm}$	• 측정기기: 틈새 게이지
5) 모서리면과 구멍간의 간격 (Δa)	$a_2+\Delta a_2$, $a_1+\Delta a_1$	$\Delta a_1 \geq -2\text{mm}$ $\Delta a_2 \geq -2\text{mm}$	
		$\Delta a_1 \geq -3\text{mm}$ $\Delta a_2 \geq -3\text{mm}$	• 측정기기: 컨벡스 룰, 금속제 곧은자

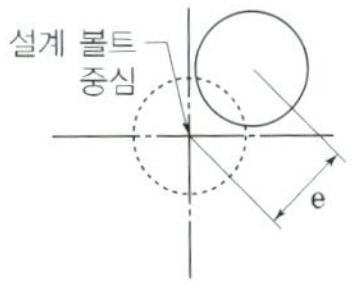

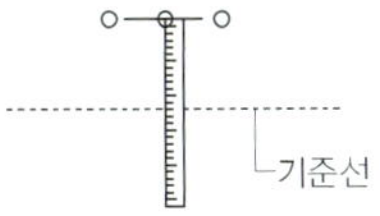

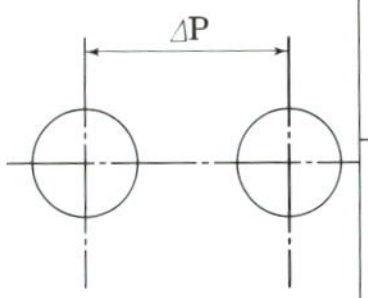

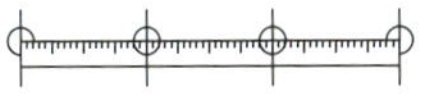

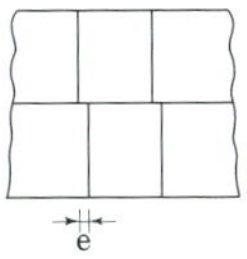

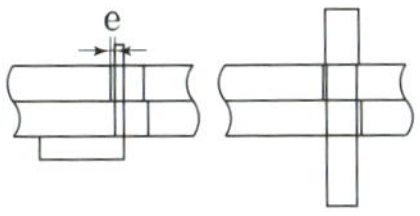

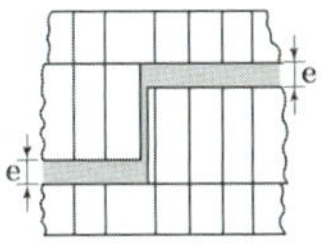

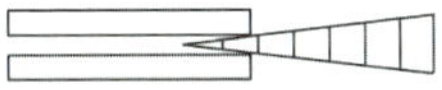

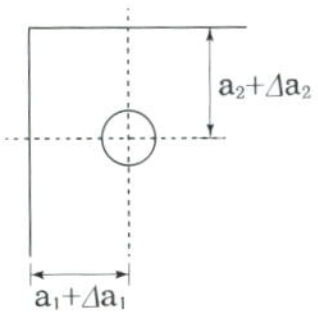

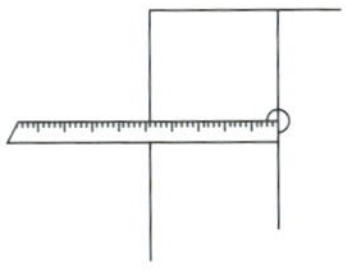

★★★ 3. 접합

6-33	Groove Welding	
No. 512	맞댐용접	유형: 공법

용접

종류

Key Point

◪ 국가표준
- KCS 41 31 05
- KCS 41 31 20

◪ Lay Out
- 형상
- 응력전달기구
- 가공, 공작, 조립의 정밀도
- 판 두께가 다를 경우 이음부 용접

◪ 핵심 단어
- What: 두부재의 단면
- Why: Groove에 용접
- How: 적절한 각도로 개선

◪ 연관용어
- Fillet Welding

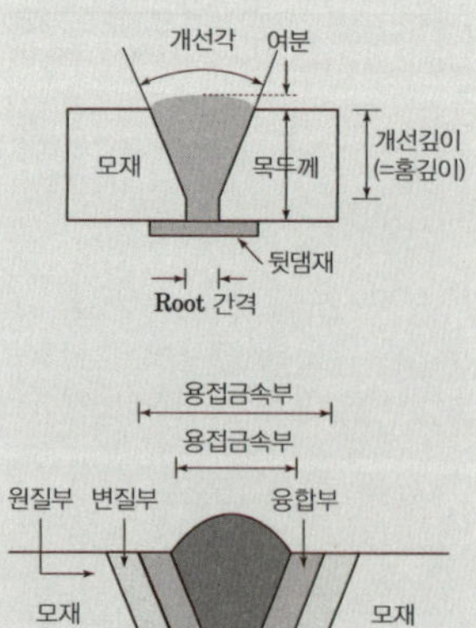

Ⅰ. 정 의

① 접합하고자 하는 두 부재의 단면을 적절한 각도로 개선한 후 서로 맞대어 홈(groove)에 용착금속을 용융하여 접합하는 방식

② 부재들이 서로 겹치지 않게 동일 평면상에서 접합하는데 사용되며, 홈의 용착금속 자체로 인장력, 전단력 등의 응력전달을 하므로 용접강도는 부재의 소요강도 이상이 되거나 혹은 접합부가 충분한 내력 및 내구성이 확보되는 용접법

Ⅱ. Groove 형상

1) Groove 각부의 명칭

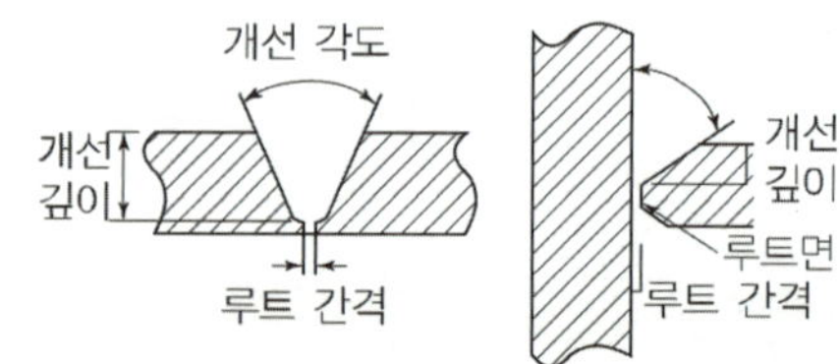

2) Groove 형상

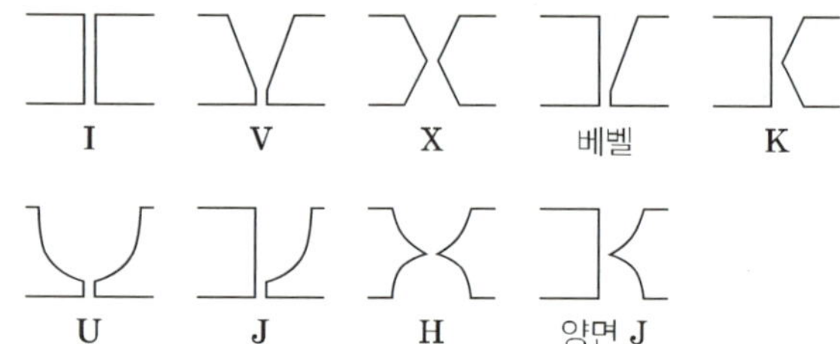

Ⅲ. 응력전달기구

- 접합되는 부재는 개선면에 용입된 용접부에 의해 일체화 되어 중요한 부재의 접합에 사용한다.
- 모재끼리 직접 연결한다든지, 기둥 플랜지에 보 플랜지를 접합하는 경우에 사용된다.

용접

Ⅳ. 가공, 공작, 조립의 정밀도 - KCS 41 31 05

명칭	그림	관리허용차	한계허용차	측정방법
맞댐이음의 면차이 e	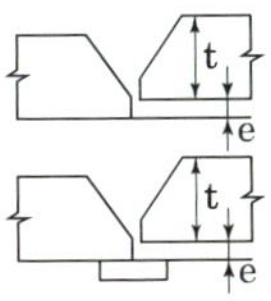	$t \leqq 15mm$ $e \leqq 1mm$ $t > 15mm$ $e \leqq t/15$ 또한 $e \leqq 2mm$	$t \leqq 15mm$ $e \leqq 1.5mm$ $t > 15mm$ $e \leqq t/10$ 또한 $e \leqq 3mm$	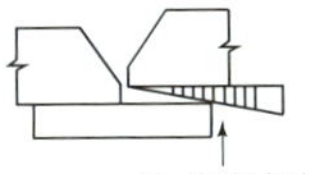 틈새게이지 금속 직각자 틈새 게이지 용접 게이지
루트간격 (백가우징) e	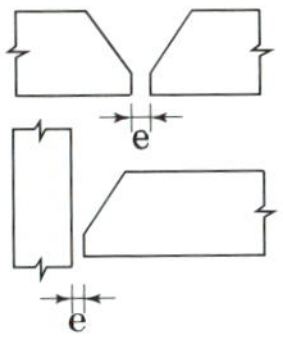	아크 수동용접 $0 \leqq e \leqq 2.5mm$ 서브머지드 아크 자동용접 $0 \leqq e \leqq 1mm$	아크 수동용접 $0 \leqq e \leqq 4mm$ 서브머지드 아크 자동용접 $0 \leqq e \leqq 2mm$	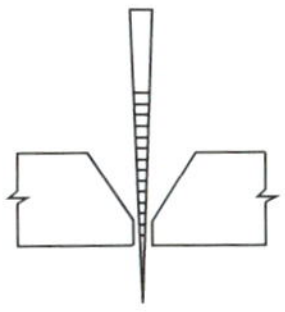 틈새 게이지
루트간격 (뒷댐재 부착) Δa	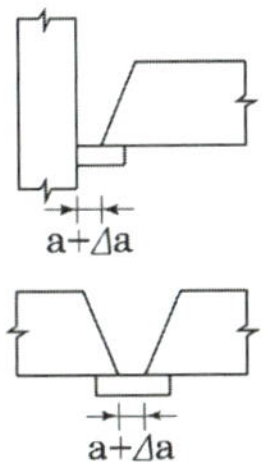 a+Δa a+Δa	아크 수동용접 $\Delta a \geqq -2mm$	아크 수동용접 $\Delta a \geqq -3mm$	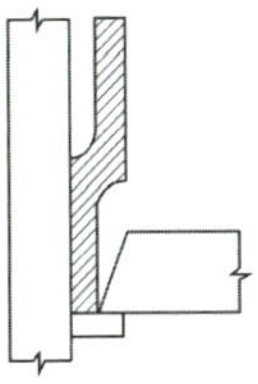 한계 게이지
베벨 각도 Δa	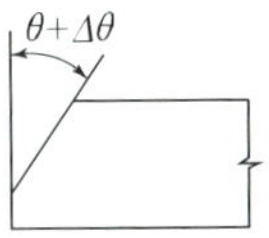 θ+Δθ	$\Delta\theta \geq -2.5°$ $(\theta \geq 35°)$ $\Delta\theta \geq -1.0$ $(\theta < 35°)$	$\Delta\theta \geq -5.0$ $(\theta \geq 35°)$ $\Delta\theta \geq -2.0°$ $(\theta < 35°)$	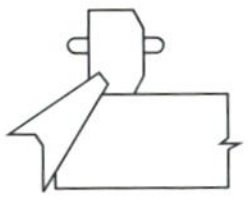 용접용 게이지 개선 게이지
개선 각도 Δa	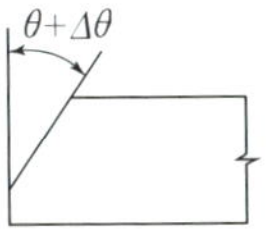 θ+Δθ	$\Delta\theta_1 \geq -5$	$\Delta\theta_1 \geq -10$	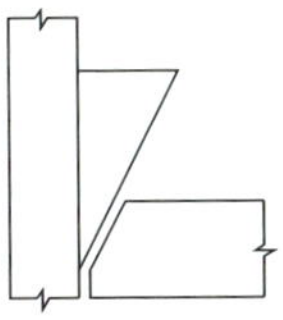 한계 게이지
	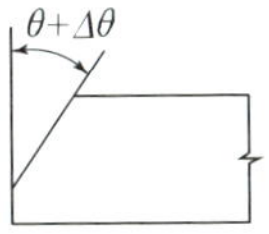 θ+Δθ	$\Delta\theta_2 \geq -2.5$ $(\theta \geq 35°)$ $\Delta\theta_2 \geq -1.0$ $(\theta < 35°)$	$\Delta\theta_2 \geq -5.0$ $(\theta \geq 35°)$ $\Delta\theta_2 \geq -2.0$ $(\theta < 35°)$	

용접

V. 판 두께가 다를 경우 이음부 용접

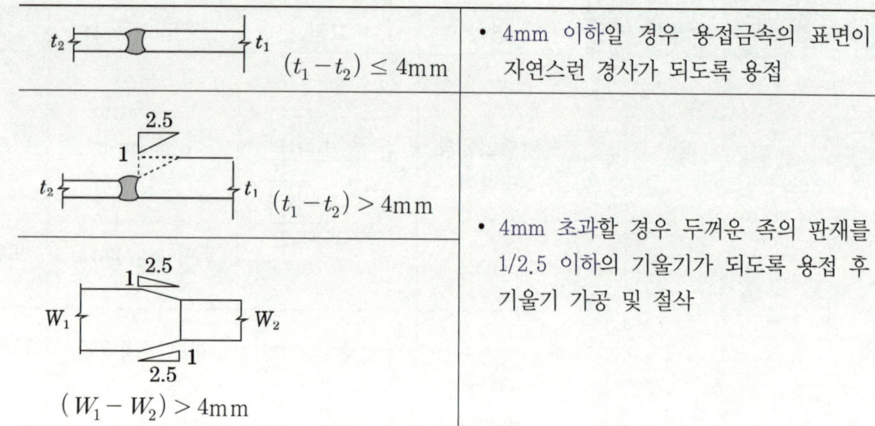

조건	용접 방법
$(t_1 - t_2) \le 4\text{mm}$	• 4mm 이하일 경우 용접금속의 표면이 자연스런 경사가 되도록 용접
$(t_1 - t_2) > 4\text{mm}$	• 4mm 초과할 경우 두꺼운 족의 판재를 1/2.5 이하의 기울기가 되도록 용접 후 기울기 가공 및 절삭
$(W_1 - W_2) > 4\text{mm}$	

★★★ 3. 접합 120

6-34	Fillet Welding	
No. 513	모살용접	유형: 공법

용접

종류

Key Point

◪ 국가표준
- KCS 41 31 05
- KCS 41 31 20

◪ Lay Out
- 형상
- 응력전달기구
- 가공, 공작, 조립의 정밀도
- 모서리살 형식
- 용접기준

◪ 핵심 단어
- What: 부재의 끝부분
- Why: 용접
- How: 모재의 면과 45°

◪ 연관용어
- Groove Welding

Ⅰ. 정 의

① 부재의 끝부분을 가공하지 않고 목두께의 방향이 모재의 면과 45°의 각을 이루는 용접

② 부재와 부재의 교선(교차선)을 따라 등변 혹은 부등변의 삼각형 용접살을 덧붙여서 용접한다.

Ⅱ. Groove 형상

[판을 겹쳐 이을 경우] [T형으로 잇는 경우]

Ⅲ. 응력전달기구

1) 판을 겹쳐 이을 경우

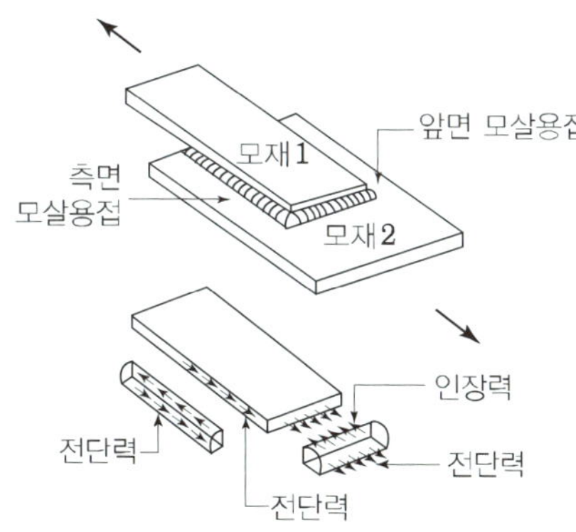

- 앞면 모살용접: 전달해야 할 응력방향에 대해 직각(인장력)
- 측면 모살용접: 전달해야 할 응력방향에 대해 평행(전단력)

2) T형 모살용접의 경우 – 인장력을 가하면 목부분에서 파단발생

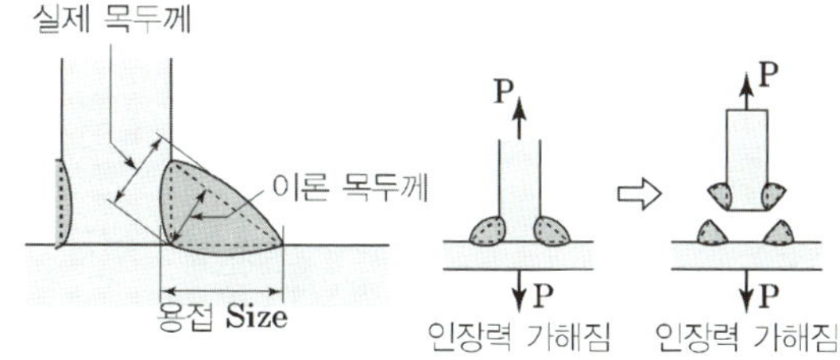

모살용접의 목두께

용접

Ⅳ. 가공, 공작, 조립의 정밀도 - KCS 41 31 05

명칭	그림	관리허용차	한계허용차	측정방법
T 이음의 틈새 (모살용접) e	e	e ≦ 2mm	e ≦ 3mm 다만, e가 2mm를 초과하는 경우, 사이즈가 e만큼 증가한다.	[틈새 게이지]
겹침이음의 틈새 e	e	e ≦ 2mm	e ≦ 3mm 다만, e가 2mm를 초과하는 경우, 사이즈가 e만큼 증가한다.	[틈새 게이지]

Ⅴ. 모서리살 형식

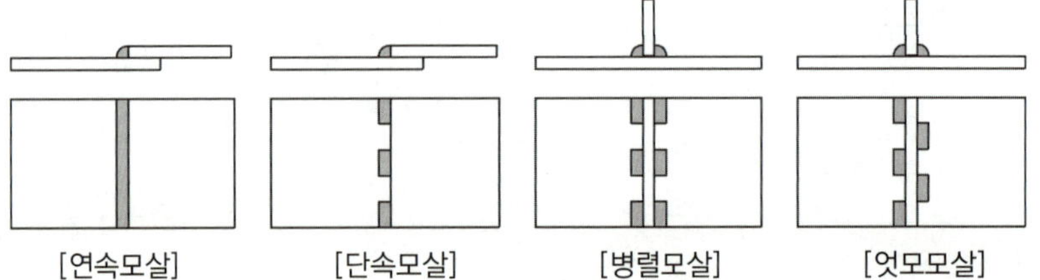

[연속모살] [단속모살] [병렬모살] [엇모모살]

Ⅵ. 용접기준

① 부재의 밀착
- 필릿용접 되는 상호 부재는 시공상 밀착이 충분히 확보될 수 없는 경우에는 필릿용접의 사이즈를 틈새의 크기만큼 늘린다.

② 유효용접길이
- 유효용접길이에 필릿사이즈의 2배를 더한 값으로 한다.

③ 최소 유효길이
- 필릿 사이즈의 10배 이상 또한 40mm 이상으로 한다.

④ 용접덧살
- 용접덧살 높이는 용접관련 정밀도에 따른다.

⑤ 돌림용접
- 끝부분은 원활하게 돌려서 용접한다.

★★★ 3. 접합

6-35	피복 Arc용접(수동용접)	
No. 514	SMAW: Shielded Metal-Arc Welding	유형: 공법

용접

종류

Key Point

◩ 국가표준
- KCS 41 31 20
- KS D 7004

◩ Lay Out
- 접합원리
- 용접방식

◩ 핵심 단어
- arc를 발생
- 용접봉을 녹여서 접합

◩ 연관용어
- 반자동 용접
- 자동용접

• 용도
- 연강, 고장력강, 스테인레스강, 비철금속, 주철 및 표면경화된 금속 등

• 용접봉 관리
- 지면보다 높고 건조한 장소 보관
- 진동이나 하중재하 금지
- 용접봉 건조기에서 건조 후 사용
- 대기중 4시간 이상 경과된 용접봉은 재건조 후 사용

Shield 형식

• 수동용접(피복아크 용접)
- 용접봉의 송급과 아크의 이동을 수동으로 하는 것
• 반자동용접(CO_2아크 용접)
- 용접봉의 송급만 자동
• 자동용접(SAW 용접)
- 용접봉의 송급과 아크의 이동 모두 자동으로 사용

Ⅰ. 정 의

① 수동아크용접(SMAW: Shielded Metal-Arc Welding)피복제(Flux)를 도포한 용접봉과 피용접물의 사이에 arc를 발생시켜 그 열을 이용하여 모재의 일부와 용접봉을 녹여서 접합되는 용접

② 용접봉과 모재 사이에 전압을 걸면 음극(-극, 용접봉쪽)과 양극(+극, 모재쪽) 사이에 이온이 흘러 Arc가 발생하여 전기에너지로 발생하는 6,000℃의 온도에 따라 모재와 용접봉이 녹아 용착금속이 일체화

Ⅱ. 피복 Arc 용접의 접합원리

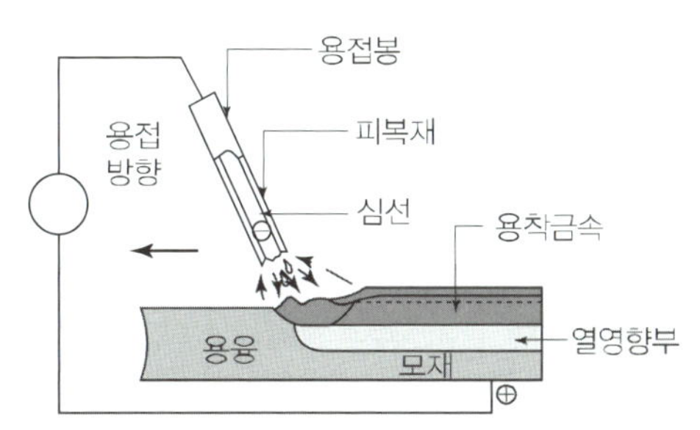

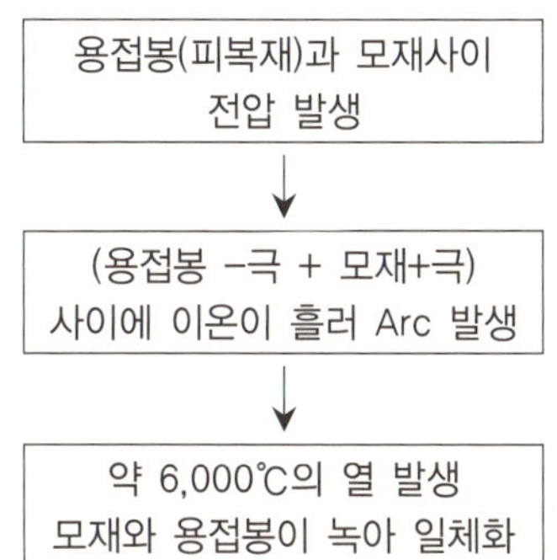

Ⅲ. 용접방식

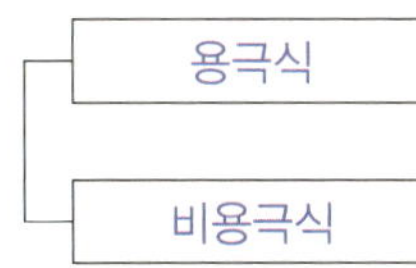

• 금속 전극봉이 연속적으로 녹아 용착금속 형성

• 탄소나 텅스텐과 같은 녹지않는 전극봉을 사용하여 별도의 용가재를 용착금속으로 사용하는 방법

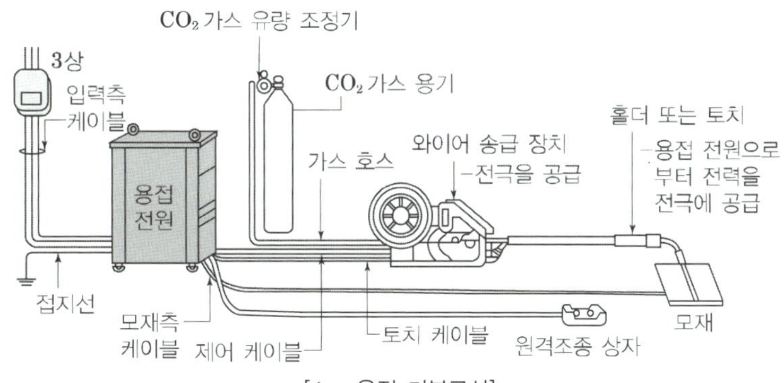

[Arc 용접 기본구성]

6-36	CO_2 arc 용접(반자동)	
No. 515	Semi-Automatic Arc Welding	유형: 공법

Ⅰ. 정 의

① CO_2 가스를 사용하여 아크와 용접용 와이어 주위에 차폐가스 코어를 형성시켜 용융금속의 산화를 막아주는 용접방식 용융금속을 접합하는 Gas Shield 전극식 아크용접공법

② 반자동용접 방법으로 자동용접에 비해 장비설치가 간단하며, 수동용접에 비해 능률이 높다.

Ⅱ. 피복 Arc 용접의 접합원리

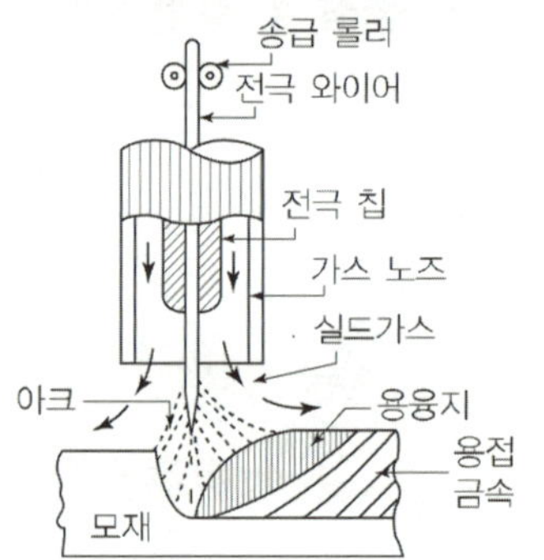

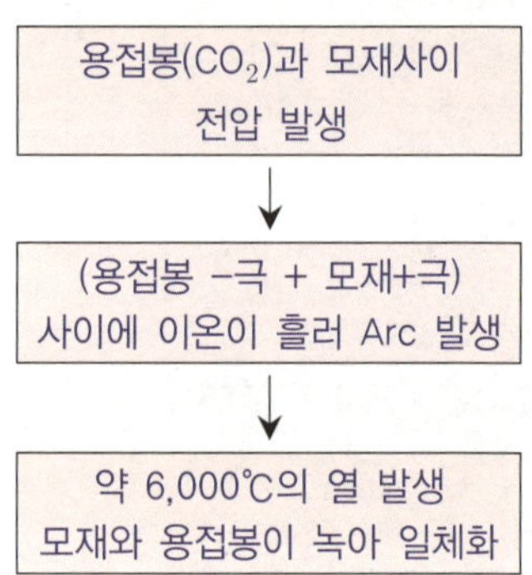

Ⅲ. CO_2 Arc 용접 시 유의사항

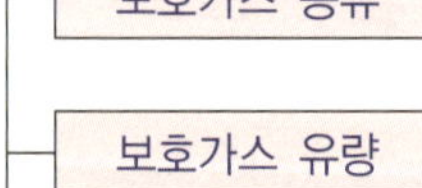

항목	내용
보호가스 종류	• 가스의 순도와 수분함량에 유의하여 선정
보호가스 유량	• 저전류의 경우(풍속=0): 15~20ℓ/min • 대전류의 경우(풍속 2m/sec 정도인 경우): 25~30ℓ/min
아크전압	• 일정하게 유지
노즐의 높이	• 일정하게 유지

용접

종류

Key Point

◪ 국가표준
- KCS 41 31 20
- KS D 7004

◪ Lay Out
- 접합원리
- 용접 시 유의사항

◪ 핵심 단어
- What: CO_2
- Why: 반자동 용접
- How: 아크와 차폐가스 코어 형성

◪ 연관용어
- 수동용접
- 자동용접

CO_2 Arc 용접분류

- 용극식
  - 솔리드 와이어 CO_2 법(순탄산가스법)
  - 솔리드 와이어 혼합가스법 CO_2-Arc법
  - CO_2용접 Fuse Arc CO_2법
  - 유니온 아크법(자성용제식)
- 비용극식
  - 솔리드 와이어 CO_2법(순탄산가스법)
  - 유니온 아크법(자성용제식)
- 토치의 작동형식에 의한 분류
  - 수동식
  - 반자동
  - 자동식

용접봉-모재간 거리

- <250(A): 6~15mm 이격
- ≥250(A): 15~25mm 이격

☆☆☆ 3. 접합 127

6-37	Submerged Arc용접	
No. 516	자동용접	유형: 공법

용접

종류

Key Point

◩ 국가표준
- KCS 41 31 20
- KS D 7004

◩ Lay Out
- 접합원리
- 특징
- 용접 시 유의사항

◩ 핵심 단어
- What: 플럭스 공급관
- Why: 아크발생
- How: 연속된 와이어로 된 전기 용접봉을 넣어

◩ 연관용어
- 수동용접
- 반자동용접

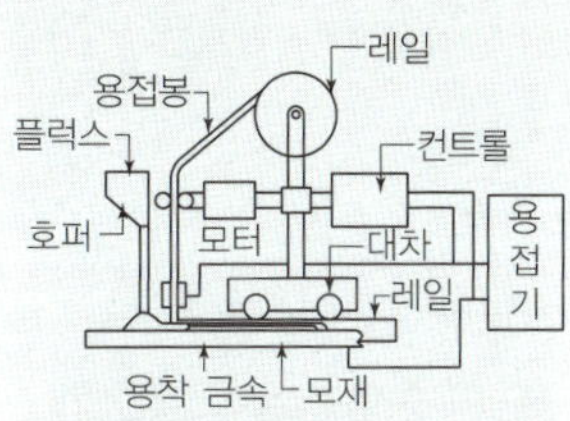

[자동용접]

Ⅰ. 정 의

① 용접 이음의 표면에 flux를 공급관을 통하여 공급시켜 놓고 그 속에 연속된 Wire로 된 전기 용접봉을 넣어 용접봉 끝과 모재 사이에 아크를 발생시켜 접합되는 용접공법

② arc가 이음표면에 연속적으로 공급되는 flux내부를 잠행하여 용접불꽃이 안보이므로 submerged arc라 하며 용융금속은 flux와 slag에 의해 보호되어 품질이 대단히 우수하다.

Ⅱ. Submerged Arc용접의 접합원리

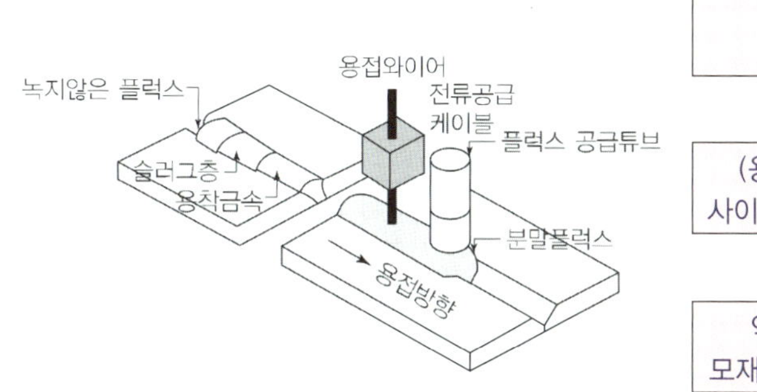

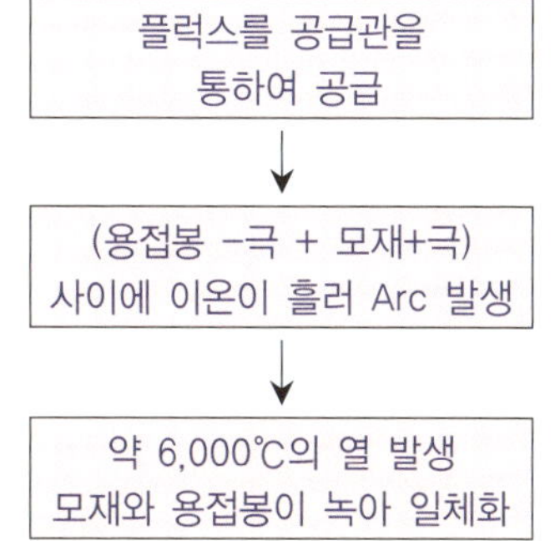

Ⅲ. 특 징

장 점	단 점
대전류, 고전류, 밀도용접 가능	용접상황 파악 불가
용접속도가 빠르고 신뢰성 높음	용접기의 조작이 번거로움
용접홈의 크기가 작고 외관 우수	용입이 깊어 모대에 따라 용접금속의 제성질이 좌우

Ⅳ. 용접 시 유의사항

① 다층용접 시 와이어, 주변온도와 습도, 개선부 등을 고려
② 고장력 강재에 따라서 열영향부에 따라 균열발생 유의
③ 고장력 강재의 다층 용접 시 예열 및 층간온도 유지
④ 개선 내의 녹, 기름, 오물, 수분 등은 제거하여 용접
⑤ 플럭스는 습하지 않은 장소에 보관

☆☆☆ 3. 접합 110

6-38	Electro Slag 용접	
No. 517	일렉트로 슬래그	유형: 공법

용접

종류

Key Point

■ 국가표준
- KCS 41 31 20
- KS D 7004

■ Lay Out
- 접합원리
- 특징
- 용접방법

■ 핵심 단어
- What: 용융슬래그 속에 용접봉을 연속으로 공급
- Why: 아크발생
- How: 전류에 저항열을 이용

■ 연관용어
- 자동용접

용도

- 마감부, 다이어프램 등의 짧은 이음용접
- 기둥, 보 등의 마무리, 플랜지 이음
- 두께 30mm 이상의 판

Ⅰ. 정 의

① 아크열이 아닌 와이어와 용융 슬래그 사이에 흐르는 전류의 저항열을 이용하여 접합되는 전기 용융 용접공법

② 용융(molten) slag와 용융 금속이 용접부에서 흘러나오지 않도록 용접진행과 함께 수냉된 동판을 미끌어 올리면서 막고, wire를 연속적으로 공급하여 wire와 모재의 맞대기부를 용융시켜 접합하는 공법

Ⅱ. Electro Slag 용접의 접합원리

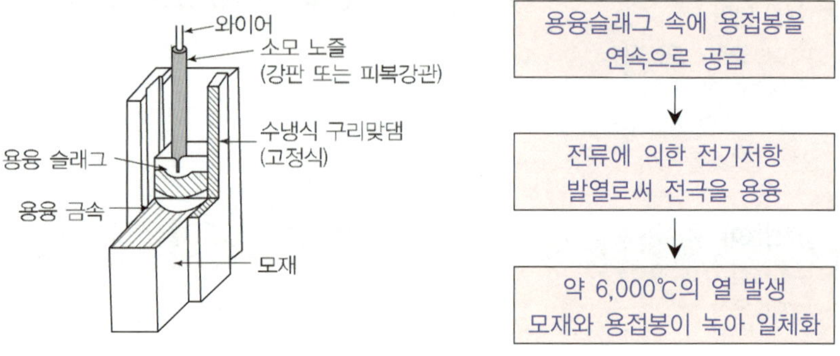

Ⅲ. 특 징

장 점
- 두꺼운 판의 단층 입향 상진 용접법으로 판두께가 두꺼울수록 경제적
- 용접 중 Spatter의 발생이 없고 100%에 가까운 용착효율
- 열효율이 높으며 SAW에 비해 Flux의 소비량이 적음

단 점
- 입열량이 크고 용융금속의 응고가 느리므로 결정입자가 크다.
- 균열이 발생하기 쉬운 조직이 되기 쉬움
- 이음부 구속이 있으면 열간 균열이 생기기 쉬움

Ⅳ. 용접 방법

① 아크에 의해 용융된 모재와 용접 와이어, 플럭스가 화합하여 전기저항이 큰 용융슬래그를 형성

② 용융슬래그 속에 용접봉을 연속으로 공급

③ 용접봉과 용융금속 내부를 흐르는 전류에 의한 저항열로써 용접가능

④ 용융금속이 흘러나가지 않도록 동수냉기로서 억제하고, 서서히 위를 향해 연속 주조식으로 진행

★★★ 3. 접합 62.77.90.98.126.134.136

6-39	Stud bolt의 정의와 역할, 스터드 용접(Stud Welding) 품질검사	
No. 518	강재 Anchor	유형: 공법 · 재료

용접

용접시공

Key Point

◪ 국가표준
- KCS 41 31 20
- KCS 41 31 55
- KS B 0801
- KS B 0802

◪ Lay Out
- 치수 및 외관
- 기계적 성질
- 시공 Process
- 스터드 지름과 필요한 전원용량
- 유의사항
- 스터드 용접 검사방법과 기준

◪ 핵심 단어
- What: 나사 절삭한 볼트
- Why: 모재에 용착
- How: 대전류를 이용하여 순간적인 아크 발생

◪ 연관용어
- Shear connector

Ⅰ. 정 의

① 환봉의 양끝에 나사를 절삭한 볼트로서 bolt를 piston 형태의 holder에 끼우고 대전류를 이용하여 bolt와 모재 사이에 순간적으로 arc를 발생시켜 모재에 용착시키는 용접공법

② stud가 모재와 용착하는 도중 대기중의 산소와 접촉하는 것을 막기 위하여 도기질의 wheel을 사용한다.

Ⅱ. 스터드 치수 및 외관

호칭	축 지 름(d)		머 리 지 름(D)		머리두께(T)의 최소치	헌치부 반지름(r)	표준형상 및 치수 표시기호
	기준치수	허용오차	기준치수	허용오차			
16	16.0	±0.3	29.0	±0.4	10	2 이상	D T r d L
19	19.0	±0.4	32.0				
22	22.0		35.0				
25	25.0		41.0		12		

스터드 길이(L)는 용접 후 스터드 베이스의 모양과 길이를 고려하여 정해야 하며, 허용오차는 ±2.0mm를 기준으로 함. (단위: mm)

Ⅲ. 스터드의 기계적 성질

종류	항복강도 또는 0.2% 내력(MPa)	인장강도(MPa)	연신율 (%)
HS1	235 이상	400~550	20 이상
HS2	350 이상	500~650	17 이상

Ⅳ. 시공 Process

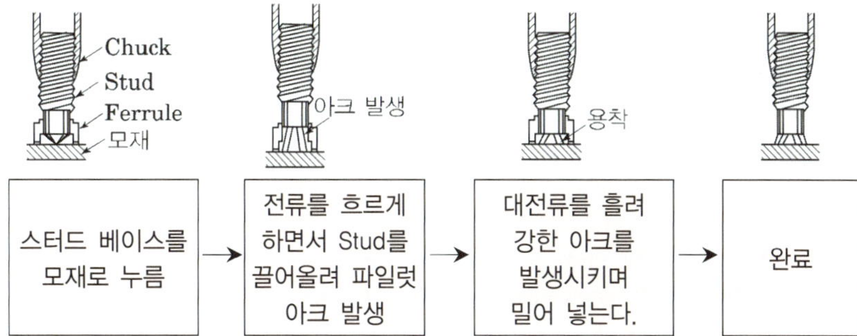

용접

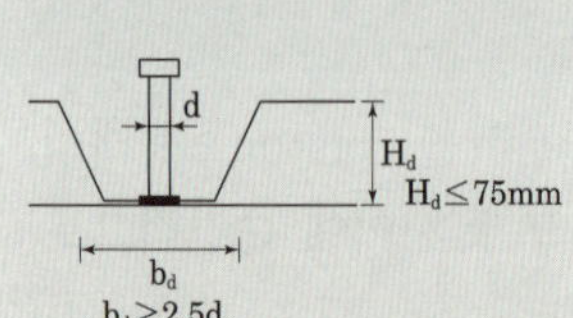

[데크플레이트 관통용접 시 제한사항]

- 데크플레이트 형상의 제한
  - 데크플레이트 리브의 높이 H_d는 75mm 이하로 한다.
  - 데크플레이트의 평균폭 b_d는 스터드 직경 d의 2.5배 이상으로 한다. 다만 상부폭이 하부폭 보다 좁을 때는 상부 폭이 $2.5d$ 이상이 되게 한다.

V. 스터드 지름과 필요한 전원용량

Stud지름(mm)	용접전류(A)	전원 소요용량(KVA)
10	500~750	40~60
13	650~750	50~70
16	1050~1300	79~90
19	1350~1650	90~110
22	1500~1900	100~120

Ⅵ. 유의사항

1) 일반사항
   ① 용접장비: 자동시간조절 아크 스터드 용접장비 사용
   ② 스터드는 열에 저항성이 있는 세라믹 또는 적합한 재료로 만든 링과 함께 사용
   ③ 직경 8mm 이상의 스터드 용접은 탈산화와 아크안정을 위한 플럭스를 갖출 것
2) 모재의 준비
   ① 스터드가 용접되는 모재는 충분한 용접이 이루어질 수 있도록 스케일, 녹, 습기 또는 기타 이물질 제거
   ② 모재의 온도가 -20℃ 미만이거나 표면에 습기, 눈 또는 비에 노출된 경우에는 용접금지(육안검사와 굽힘시험 등을 통해 책임기술자의 승인을 얻어 용접 가능)
3) 스터드 용접절차
   ① 스터드는 직류 음극에 스터드를 연결하는 자동시간조절 스터드 용접장비로 용접
   ② 용접전압, 전류, 시간 및 스터드의 장전과 밀어 넣기를 위한 스터드 건은 과거의 경험과 스터드 용접기 제조자의 지침에 따라 최적상태로 조정
   ③ 두 개 이상의 스터드 건을 동일한 전원으로 사용하는 경우, 한 번에 하나의 스터드 건이 작동하도록 하고 하나의 스터드를 용접한 후 다른 스터드 용접을 시작하기 전에 동력이 완전히 회복되어야 한다.
4) 스터드 용접보수
   ① 스터드가 완전한 360° 용착부를 얻지 못 할 경우, 최소 필릿용접으로 적절하게 보수
   ② 결함의 각 끝에서 최소 10mm 이상을 연장하여 실시

용접

• 육안 검사용 표본 추출
– 1개 검사 단위 중에서 길거나 짧은 것 또는 기울기가 큰 것을 택한다.

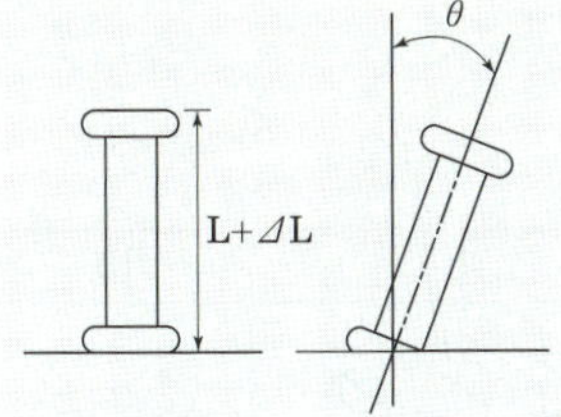

[마무리, 기울기 검사]

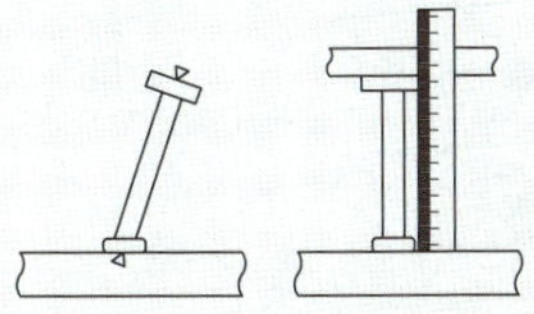

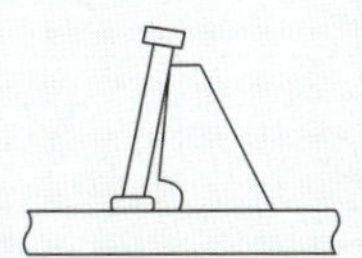

• 스터드 용접의 보수
– 검사에서 불합격한 Stud는 50~100mm 인접부에 재용접하여 검사
– 타격 구부림 검사에 의해 15° 까지 구부러진 스터드는 그대로 둔다.
– 불합격된 경우에는 동일 검사로트로부터 추가로 2개의 스터드를 검사하여 2개 모두 합격한 경우에는 검사로트를 합격으로 한다. 다만, 이들 2개의 스터드 중 1개 이상이 불합격 된 경우, 그 검사로트 전체에 대하여 재검사

5) 스터드 필릿용접

① 스터드 건에 의한 자동용접 원칙

② 스터드 직경이 10mm 미만인 경우 또는 용접자세에서 벗어난 경우, 더 작은 직경의 용접봉 사용가능

스터드 지름	최소치수
10mm < ϕ ≤ 25mm	8mm
ϕ > 25mm	10mm

6) 스터드 용접작업의 유의사항

① 작업 전 유의사항

• 데크 플레이트 관통 용접: 설계 단계에서 큰 보와 작은 보의 상부 플랜지 면이 동일하도록 한다.
• 작은보 가설 시: 상부에 큰 보와 작은 보의 단차 금지
• 보 플랜지면에 스터드를 설치: 도장은 하지 않는다.
• 데크플레이트 설치 시: 보 플랜지 면은 청소
• 판두께가 두꺼워서 충분한 용접을 할 수 없는 경우: 미리 데크플레이트에 적절한 직경의 구멍을 뚫어서 직접 용접

② 스터드 직경이 10mm 미만

Ⅶ. 스터드 용접 검사방법과 기준

구 분	판정기준	
육안검사	더돋기 형상의 부조화	• 더돋기는 스터드의 반지름 방향으로 균일하게 형성 • 더돋기는 높이 1mm 폭 0.5mm 이상
	언더컷	• 날카로운 노치 형상의 언더컷 및 깊이 0.5mm 이상의 언더컷은 허용불가
	마감높이	• 설계 치수의 ±2mm 이내
굽힘검사 및 기울기	검사로트: 100개 또는 주요 부재 1개에 용접한 숫자 중 적은 쪽을 1개 검사로트로 한다. 1개 검사로트마다 1개씩 검사	15° • 합격 · 불합격 판정은 구부림 각도 15°에서 용접부에 균열, 기타 결함이 발생하지 않은 경우에는 합격 • 스터드의 기울기 5° 이내

• 관리허용차

$-1.5mm \leq \Delta L \leq +1.5mm$

$\theta \leq 3°$

• 한계허용차

$-2mm \leq \Delta L \leq +2mm$

$\theta \leq 5°$

☆☆★ 3. 접합

6-40	용접기호	
No. 519		유형: 기준

Ⅰ. 정 의

용접구조물을 제작할 때 적용되는 용접의 종류, 용접부의 모양, 용접시공상의 주의사항 등을 제작도면에 기재하여 제작을 정확하게 하기 위해 사용하는 기호

Ⅱ. 기본기호 - KS B ISO 2553

번호	명칭	그림	기호
1	돌출된 모서리를 가진 평판 사이의 맞대기 용접 에지 플랜지형 용접(미국)/ 돌출된 모서리는 완전 용해		
2	평행(I형) 맞대기 용접		
3	V형 맞대기 용접		
4	일면 개선형 맞대기 용접		
5	넓은 루트면이 있는 V형 맞대기 용접		
6	넓은 루트면이 있는 한 면 개선형 맞대기 용접		
7	U형 맞대기 용접(평행 또는 경사면)		
8	J형 맞대기 용접		
9	이면 용접		
10	필릿 용접		
11	플러그 용접, 플러그 또는 슬롯 용접(미국)		
12	점 용접		
13	심(seam) 용접		
14	개선 각이 급격한 V형 맞대기 용접		
15	개선 각이 급격한 일면 개선형 맞대기 용접		

용접

용접시공

Key Point

- 국가표준
  - KS B 0052
- Lay Out
  - 기본기호
  - 보조기호
  - 용접의 표시사례
- 핵심 단어
- 연관용어

용접기호 표시방법

① 용접하는 쪽이 화살표쪽 또는 앞쪽일 때

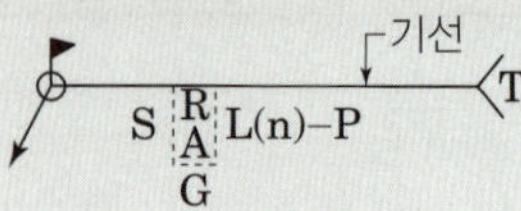

② 용접하는 쪽이 화살표 반대쪽 또는 맞은편 쪽일 때

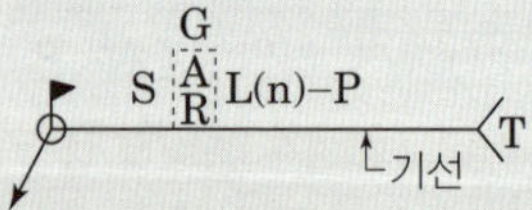

[점선 사각형] : 기본기호
S : 용접부의 단면치수 또는 강도
R : 루트 간격
A : 그루브 각도
L : 단속 필릿용접의 용접길이, 슬롯용접의 홈길이 또는 용접길이
n : 단속 필릿용접, 플러그용접, 슬롯용접, 점용접 등의 수
P : 단속 필렛 용접, 플러그 용접, 슬롯용접, 점용접 등의 피치
T : 특별 지시사항
– : 표면모양의 보조기호
G : 다듬질 방법의 보조기호

번호	명칭	그림	기호
16	가장자리(edge) 용접		|||
17	표면 용접		⌒⌒
18	표면(surface) 접합부		=
19	경사 접합부		//
20	겹침 접합부		⊋

Ⅲ. 보조기호

구 분	용접기호	비 고
용접부의 표면 모양	— ⌒ ⌣ M MR	• 평면(동일한 면으로 마감처리) • 기선의 밖으로 향하여 볼록하게 한다. • 기선의 밖으로 향하여 오목하게 한다.
용접부의 다듬질 방법	C G M F	• Chipping • 그라인더 다듬질일 경우 • 기계 다듬질일 경우 • 다듬질 방법을 지정하지 않을 경우
용접방식	▶ ○ ▶○	• 현장용접 • 전체둘레 용접 • 전체둘레 현장용접

명칭	그림	기호
평면 마감 처리한 V형 맞대기 용접		
볼록 양면 V형 용접		
오목 필릿 용접		
이면 용접이 있으며, 표면 모두 평면 마감 처리한 V형 맞대기 용접		
넓은 루트면이 있고, 이면 용접된 V형 맞대기 용접		
평면 마감 처리한 V형 맞대기 용접		
매끄럽게 처리한 필릿 용접		

용접

Ⅳ. 용접의 표시사례

1) Groove-Welding

용접내용	실제모양	기호표시
완전용입 용접 판두께 = 12mm, 받침쇠 사용 개선각도(A) = 45° Root 간격(R) = 4.8mm 다듬질방법(G) = 절삭	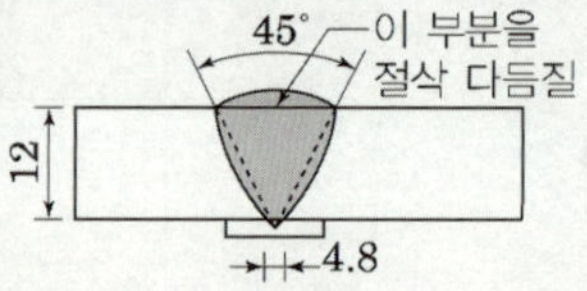 45° 이 부분을 절삭 다듬질 12 4.8	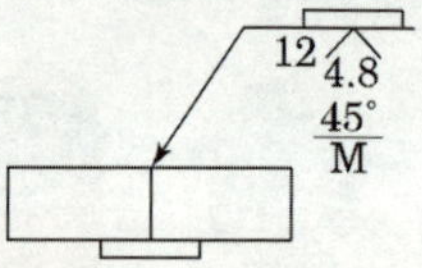 12 4.8 45° M
부분용입 용접 판두께 = 19mm 홈깊이(S) = 16mm 개선각도(A) = 60° Root 간격(R) = 4mm	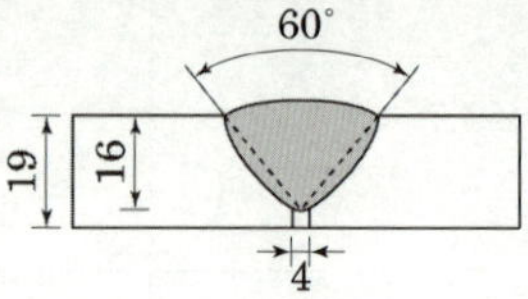 60° 19 16 4	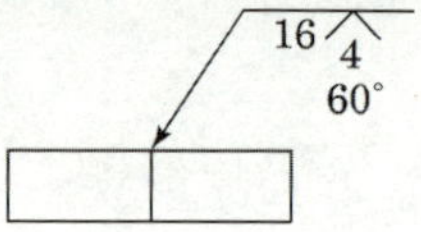 16 4 60°
부분용입 용접 판두께 = 12mm 홈깊이(S) = 5mm 개선각도(A) = 60° Root 간격(R) = 0	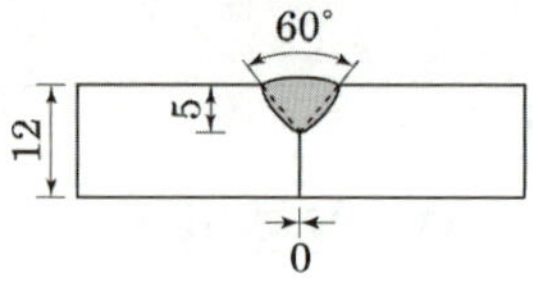 60° 12 5 0	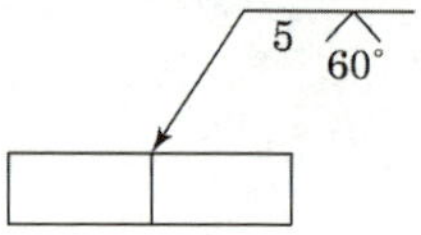 5 60°
플레어 용접 모서리가 둥글게 되어 있는 부재를 용접하는 방법으로 플레어용접은 부분용입도랑용접(partial penetration groove welding)의 특별한 경우	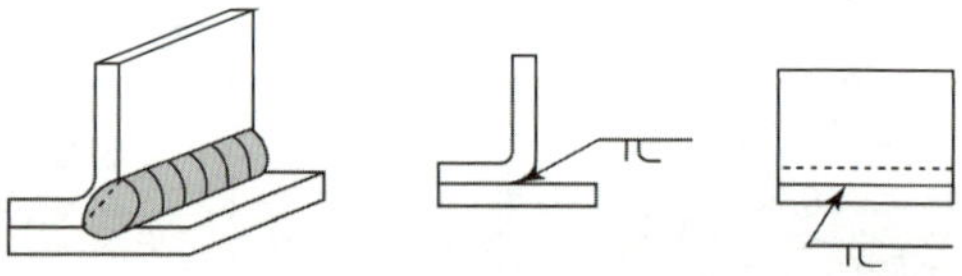	

2) Fillet-Welding

용접의 종류	기호	적용의 예	비 고
용접길이(L) = 500mm	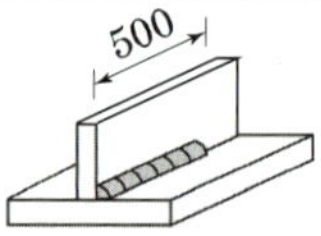 500	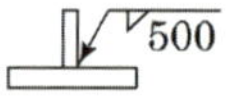 500	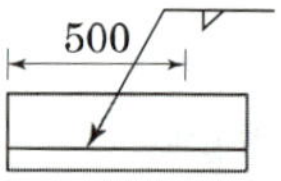 500
양쪽 모살용접치수 (S) = 6mm	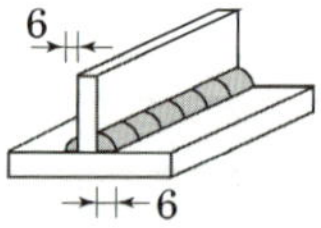 6 6	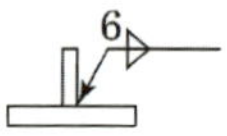 6	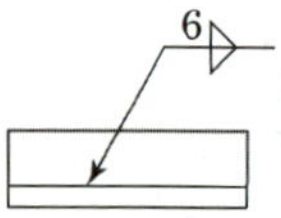 6
양쪽 모살용접치수가 다른 경우	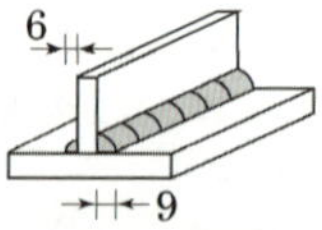 6 9	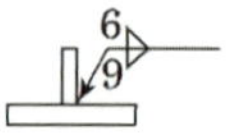 6 9	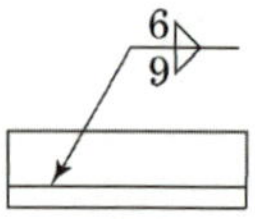 6 9
병렬 용접 용접길이(L) = 50mm 용접수(n) = 3 피치(P) = 150mm	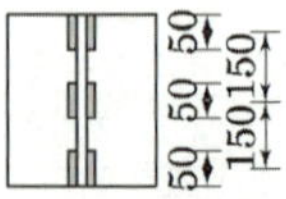 50 50 50 150 150	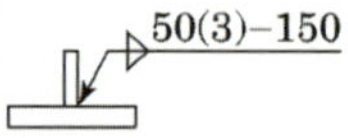 50(3)-150	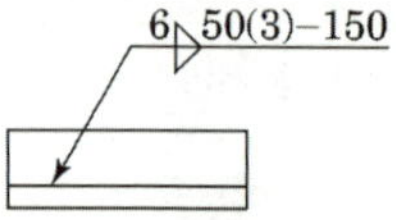 6 50(3)-150
지그재그 용접 용접치수(S) = 6 or 9mm 용접길이(L) = 50mm 용접수(n) = 2 or 3 피치(P) = 150mm	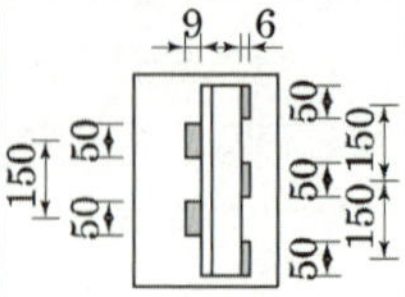 9 6 150 50 50 50 50 50 150 150	※지그재그 용접표시  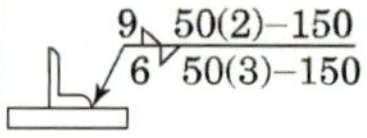 9 50(2)-150 6 50(3)-150	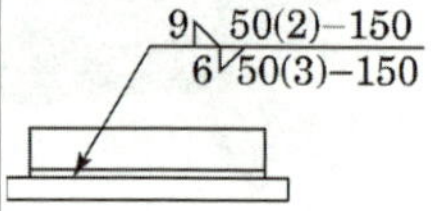 9 50(2)-150 6 50(3)-150

★★★ 3. 접합

6-41	용접절차서(Welding Procedure Specification)	
No. 520	WPS	유형: 기준

Ⅰ. 정 의

① ASME Code의 기본 요건에 따라 현장의 용접을 최소한의 결함으로 안정적인 용접금속을 얻기 위하여 각종 용접조건들의 변수를 기록하여 만든 작업절차 지시가 담겨 있는 사양서
② 규격 및 기술기준에 의해 용접이 될 수 있도록 작업자에게 알맞은 용접작업 지침을 제공하는 절차시방서

Ⅱ. 주요 항목

구분	
기본사항	• 작업표준 번호, 일자, 개정번호, 관련시험번호, 용접방법, 형태
이음설계	• 이음형태, 덧댐판
Base metal	• 모재두께, 패스당 최대 두께제한
Filler Metals	• 용착금속두께
Position(용접자세)	• 그루브 자세, 필릿 자세, 진행방향
Joint Detail	• 별지에 그리는 것을 원칙
Preheat(예열)	• 최저 예열온도, 최대 패스간 온도, 예열유지
Postweld Heat Treatment(후열처리)	• 후열처리 온도, 시간범위
Gas	• 가스종류, 혼합가스 조성비율, 유량, 가스백킹, 트레일링 가스
Electrical Characteristics (전기특성)	• 극성, 텅스텐 전극봉 형태, 텅스텐 전극봉 크기, 용융금속 전이형태
Welding Technique	• 비드형태, 가스컵 크기, 초층 및 층간 청결방법, 가우징 방법, 피닝 등

Ⅲ. PQR(용접절차 승인시험 기록서)

① PQR(Procedure Qualification Roaster)는 용접절차서(WPS)에 따라 시험편을 용접하는 데 사용되는 용접변수의 기록서
② PQR은 WPS에 따라 용접된 시험편의 기계적, 화학적 특성을 시험한 결과를 포함한다.

• Test 내용
– Tensile Test, Guide Bend Test, Toughness Test, Fillet Weld Test, Other Tests)

용접

용접시공

Key Point

◩ 국가표준
– KCS 41 31 20

◩ Lay Out
– 주요항목
– PQR

◩ 핵심 단어
– 최소한의 결함
– 안정적인 용접금속
– 용접조건 변수기록
– 작업절차 지시

◩ 연관용어
– PQR: Procedure Qualification Record
– WPR: Welder Performance Record

• 목적
① 구조물의 제작에 사용하고자 하는 용접부가 적용하고자 하는 용접부에 필요한 기계적, 화학적 성질을 갖추고 있는가를 결정하기 위함이다.
② WPS는 용접사를 위한 작업지침의 제공을 목적으로 하며, PQR은 WPS의 적합성을 평가하고 검증하는데 사용된 변수와 시험결과를 나열한다.
③ PQ test를 수행하는 용접사는 숙련된 작업자이어야 한다는 것이 전제 조건이다.
④ 제시된 용접조건에 따라 용접부의 기계적, 화학적 성질을 알아보는데 목적이 있기 때문이다.

• 용접변수
– 필수변수: 용접부의 기계적 성질에 영향을 미치는 것으로, 변수변경 시 WPR 재인정 실시 필요(P-번호, 용접법, 용가재, 예열 또는 용접 후 열처리 등)
– 비필수변수: 용접부의 기계적 성질에 영향을 미치지 않는 것으로서 변수변경 시 WPR 재인정 실시하지 않아도 됨(이음형상, 뒷면 가우징방법)

★★★ 3. 접합

6-42	용접사 기량시험(WPQ Test)	
No. 521	Welder Performance Qualification Test	유형: 기준

용접

용접시공

Key Point

◩ 국가표준
- KCS 41 31 20
- KS B ISO 1614-1
- AWS D 1.1-4장

◩ Lay Out
- 시험대상 및 종류, 방법
- 용접공 시험 기준
- 시공시험 절차 및 방법

◩ 핵심 단어
- 건전한 용접 수행

◩ 연관용어
- 용접결함
- 용접 시 고려사항

• 용접사 자격인증 유효기간
- 해당 용접방법을 계속 수행하는 동안은 유효하다. 단, 용접사가 해당용접을 6개월 동안 한 번도 수행하지 않던가, 용접사의 용접능력이 용접검사원의 판단기준에 미달할 때에는 언제든지 용접사의 자격이 중지될 수 있다.

• 강종별 용접법에 따른 한 패스의 최대 입열량 (J/mm)

강 종	서브머지드 아크 용접	가스 메탈 아크 용접 또는 플럭스코어드 아크용접
SM275, SN275, SHN275, SM355, SN355, SHN355, SM420, SM460, SN460, HSA650	7,000	2,500

Ⅰ. 정 의

① 용접사가 건전한 용접을 수행할 수 있는 용접기능을 보유하고 있는지를 확인하는 시험

② 모든 용접사는 용접작업에 투입되기 전 담당 용접검사원 또는 감리원 입회 하에 해당하는 용접종류에 대해 기량시험을 실시하여 검사기준을 충족시켜야 한다.

Ⅱ. 용접시공 시험대상 및 종류, 방법

- 강재 두께가 40mm를 초과하는 항복강도 355MPa급 강재 및 두께 25mm를 초과하는 항복강도 420MPa급 이상 강재의 경우
- 강종별 용접법에 따른 한 패스의 최대 입열량 값을 초과하는 경우
- 시험강재는 공사에 사용하는 강재를 원칙으로 한다.
- 용접은 시공에 사용하는 용접조건으로 하고 용접자세는 동일 자세로 한다.
- 서로 다른 강재의 그루브용접 시험은 실제 시공과 동등한 조합의 강재로 실시
- 용접재료는 낮은 강도의 강재 규격을 따른다.
- 같은 강종으로 판두께가 다른 이음은 판두께가 얇은 쪽의 강재로 시험할 수도 있다.
- 재시험은 처음 개수의 2배로 한다.

Ⅲ. 용접공 시험 기준

시험종류	시험항목	시험편 형상	시험편개수	시험방법	판정기준
그루브 용접 시험	용접이음 인장시험	KS B ISO 4136	2	KS B ISO 4136	인장강도가 모재의 규격치 이상
	용착금속 인장시험	KS B 0801 10호	1	KS B ISO 5178	인장강도가 모재의 규격치 이상
	횡방향 측면굽힘시험	KS B ISO 5173	4	KS B ISO 5173	결함길이 3mm 이하
	충격 시험	KS B 0809 4호	3	KS B 0810	용착금속으로 모재의 규격치 이상(3개의 평균치)
	매크로 시험	KS D 0210	2	KS D 0210	균열없음. 언더컷 1mm 이하 용접치수 확보
필릿용접 시 험	매크로 시험	KS D 0210	1	KS D 0210	균열없음. 언더컷 1mm 이하 용접치수 확보 루트부 용융
스터드 용접시험	스터드 굽힘시험	KS B 0529	3	KS B 0529	용접부에 균열이 생겨서는 안된다.

용접

• 부위별 용접자세

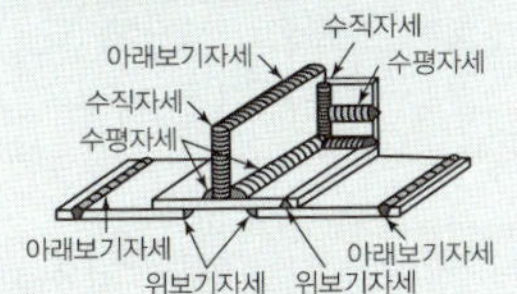

• Groove Welding 용접순서

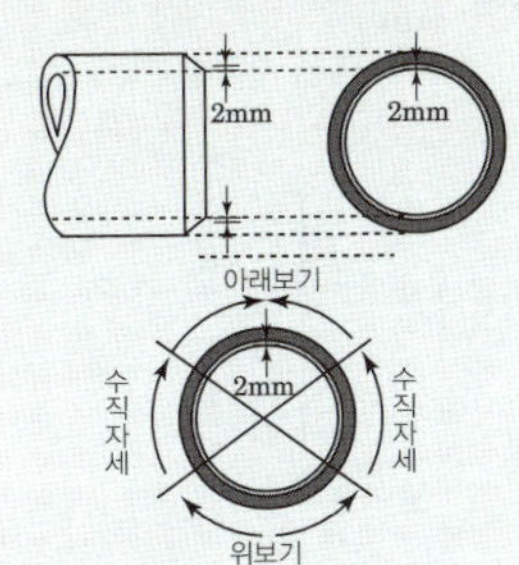

• 아래보기(1G) Flat Welding

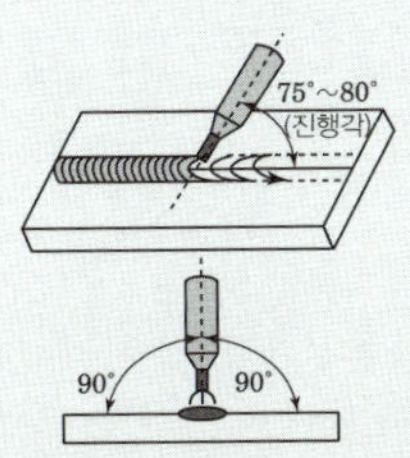

• 수평보기(2G) Horizontal Welding

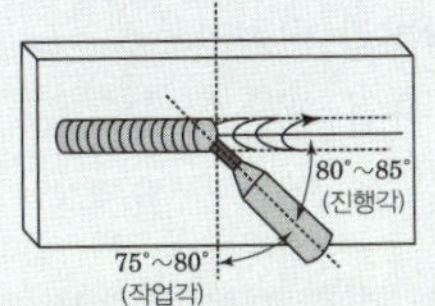

• 수직보기(3G) Vertical Welding

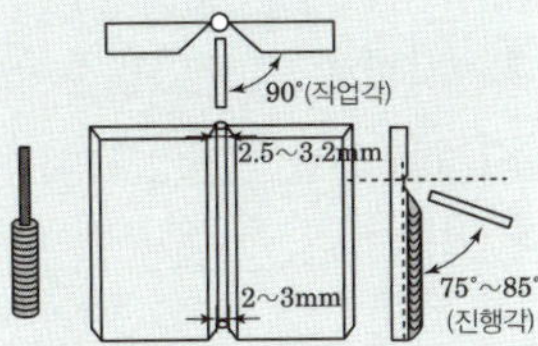

• 위보기(4G) Overhead Welding

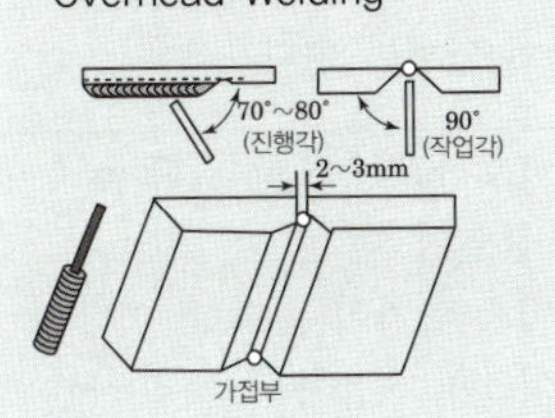

Ⅳ. 용접 시공시험 절차 및 방법

1. Groove Welding Test

1) 시험편 제작- 그루브 용접 시험재의 형상 및 시험편 채취 위치 (KS B ISO 15614-1)

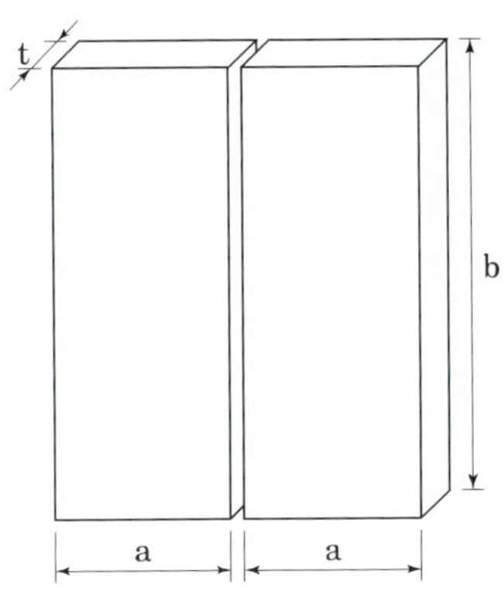

a 3×t : 최소값 150mm
b 6×t : 최소값 150mm
t 재료 두께

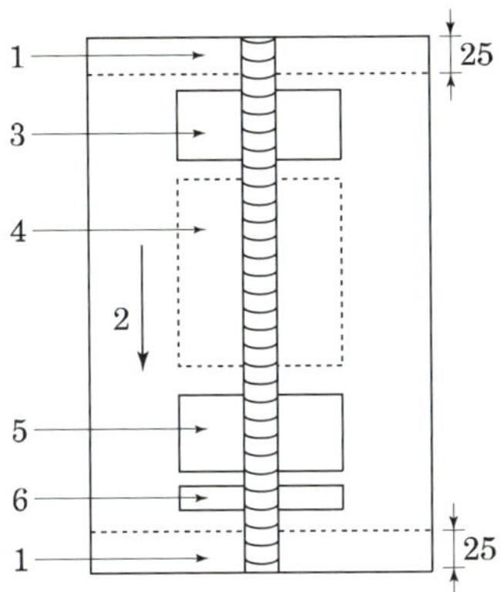

1 25mm 버림
2 용접 방향
3 인장시험편 1, 굽힘시험편
4 충격시험편, 필요에 의한 추가시험편
5 인장시험편 1, 굽힘시험편
6 매크로시험편 1, 경도시험편 1

① 용접조건: 강재 중 가장 등급이 낮은 강재
② 용접자세: 실제로 행하는 자세 중 가장 불리한 것으로 한다.
③ 판두께: 판두께는 25mm 이상

2) 시험의 종류 및 판정기준

종류	형상	시험방법과 판정기준
외관검사		• KCS 41 31 05 용접 관련 정밀도기준
인장시험(2개)	• 용접부 인장시험의 시험편: KS B ISO 4136 • 용착금속 인장시험의 시험편: KS B 0801	• 인장시험은 KS B 0802(금속재료 인장시험방법)에 따라 인장강도를 측정하고, 판정기준은 모재의 규격값 이상
굽힘시험(4개)	• KS B ISO 5173 맞대기 용접부의 횡방향 측면 굽힘 시험편	• 굽힘시험은 KS B ISO 5173(금속재료 용접부의 파괴시험 – 굽힘시험)에 따른 소정의 지그로 180° 굽히고, 판정기준은 굽혀진 외면에서 어떤 방향에도 3mm를 초과하는 균열 또는 유해한 결함이 없어야 한다.
충격시험(3)	• KS B ISO 5173 맞대기 용접부의 횡방향 측면 굽힘 시험편	• 충격시험은 KS B 0810(금속재료 충격시험방법)에 따라 실시한다. 시험온도는 모재의 규격값을 따르며, 충격값은 3개의 평균값이 모재의 규격치 이상
매크로시험(1개)	• KS D 0210에 따라 제작	• 용용입, 융합상태가 양호하고 유해한 결함이 없어야 한다.
비파괴시험	• 시험재 양단의 삭제부를 제거한 범위에서 용접선을 끼고 양측의 표면으로부터 실시	• 그루브 용접부의 내부결함 검사 규정에 따른다.

용접

- Fillet Welding 자세별 용접 방향

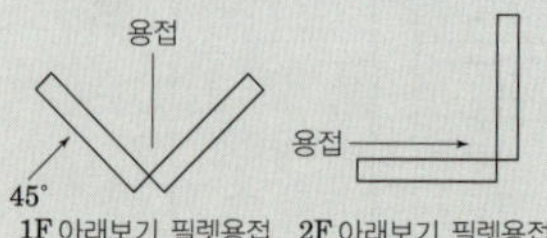

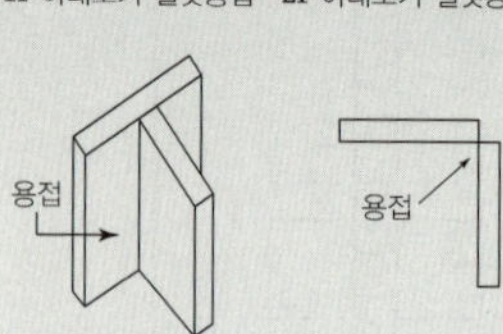

기량 Test 항목

- WPS/PQR 작성여부(반드시 시험은 WPS/PQR에 근거하여 실시해야 함: 시험 전 사전에 반드시 작성되고 승인되어 있어야 함)
- 응시자의 인적사항 확인(본인 여부 확인
- 시편과 용접봉의 재질 및 규격, 압출방향이 맞는지 여부 (보통 150*380 2장으로 맞대어 실시, END TAB 확인)
- 기온, 전압 및 전류, 자세 등이 WPS/PQR과 맞는지와 현장여건과 일치하는지 여부 (현장 여건과 일치하지 않는다면 WPS/PQR을 다시 작성한 후 실시해야 함)
- 용접부의 청결이 유지되어 있는가?
- 예열 온도는 적정한가? (확인방법: 예열페인트 또는 마카(특정온도가 되면 색이변함), 비접촉 온도계로 확인)
- 용접자제와 운봉속도가 일정하며 적당한가?

필릿용접 굽힘시험방법

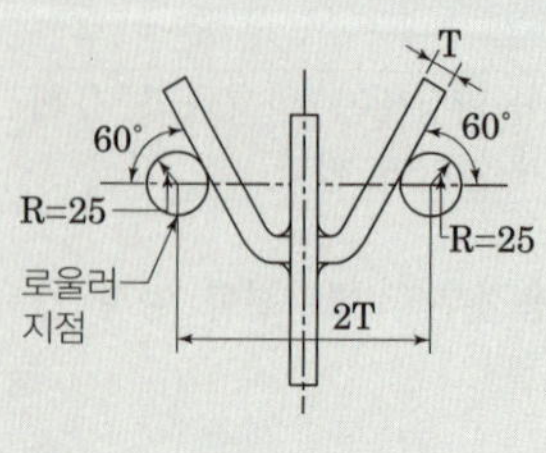

2. Fillet Welding Test

1) 시험편 제작

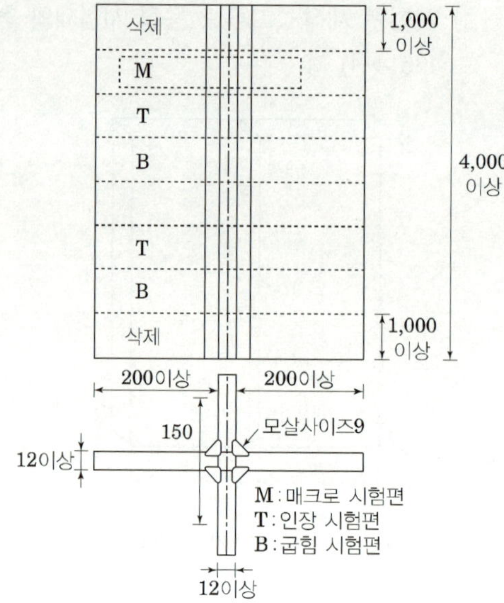

- 필릿용접 시험재의 형상 및 시험편 채취 요령(mm)

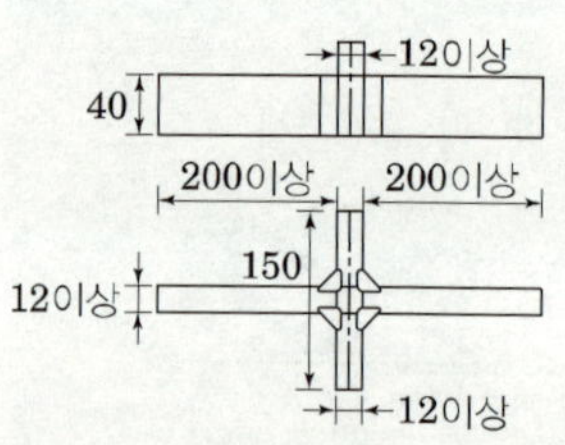

- 필릿용접의 인장 및 굽힘시험편 (mm)

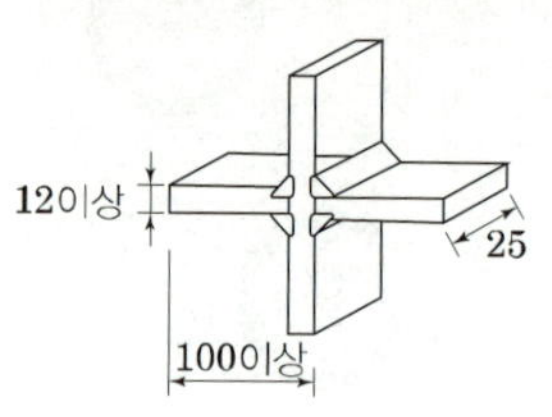

- 필릿용접의 매크로 시험편 (mm)

① 시험: +자형 용접시험
② 조합되는 재료의 판두께: 12mm 이상
③ 목두께: 판두께의 0.4배 이하
④ 용접자세: 하향용접

1) 시험의 종류 및 판정기준

종류	형상	시험방법과 판정기준
외관검사		• KCS 41 31 05 용접 관련 정밀도기준
인장시험 (2개)	• 용접부 인장시험의 시험편: KS B ISO 4136 • 용착금속 인장시험의 시험편: KS B 0801	• 인장시험은 KS B 0802 (금속재료 인장시험방법)에 따라 인장시험하고, 최대하중(P: N)을 측정한다. 필릿용접의 인장강도(S: N/mm²)는 다음의 식을 이용하여 계산하고, 판정기준은 $\frac{1.4F_u}{\sqrt{3}}$ (F_u = 모재의 한국표준규격에 의한 인장강도의 하한값) 이상으로 한다. $S = 0.7 \times \frac{P}{fl}$
굽힘시험 (4개)	• KS B ISO 5173 맞대기 용접부의 횡방향 측면 굽힘 시험편	• 굽힘각도 60°에서 용접부의 균열 또는 유해한 결함이 없어야 한다.
매크로시험 (1개)	• KS D 0210에 따라 제작	• 용접상태가 양호하고 유해한 결함 無 • 용입부족 및 균열이 無 • 필릿용접 사이즈의 차이는 3mm 이하 • 필릿용접 사이즈의 허용차 0~4.5(mm)

★★★ 3. 접합

6-43	용접 시 고려사항	
No. 522		유형: 공법 · 기준

용접

용접시공

Key Point

◩ 국가표준
- KCS 41 31 05
- KCS 41 31 20
- KS D 7004
- KS B 0952

◩ Lay Out
- 용접부 검사항목
- 고려사항

◩ 핵심 단어

◩ 연관용어
- 용접 유의사항
- 용접 검사항목
- 착수전 검사항목
- 용접변형

피복아크용접봉의 건조

용접봉 종류	용접봉의 건조상태	건조 온도	건조 시간
연강용 피복 아크용 접봉	건조(개봉) 후 12시간 이상 경과한 경우 또는 용접봉이 흡습할 우려가 있는 경우	100℃ ~150℃	1시간 이상
저수소계 피복 아크용 접봉	건조(개봉) 후 4시간 이상 경과한 경우 또는 용접봉이 흡습할 우려가 있는 경우	300℃ ~400℃	1시간 이상

서브머지드 아크용접의 플럭스 건조

플럭스 건조	건조온도	건조시간
용융 플럭스	150℃~200℃	1시간 이상
소결 플럭스	200℃~250℃	1시간 이상

Ⅰ. 정 의

강구조 시공계획서에 포함한 공장제작계획서, 현장 설치공사계획서에 따라 진행한다.

Ⅱ. 용접부 검사항목

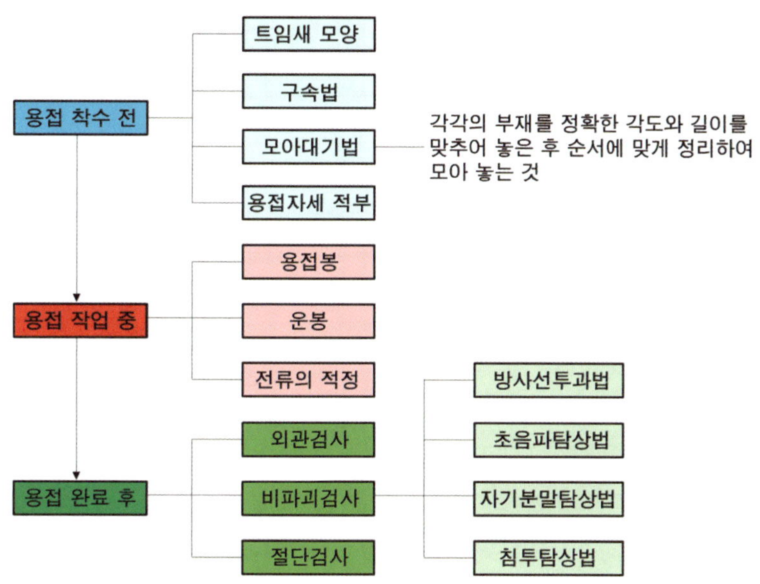

1. 트임새 모양(welding groove shaves)

1) 정의

① 용접을 하기 위해 용접부의 가장자리를 가공한 형상

② 트임새(groove)는 용접금속이 충분히 침투하고 강도를 확보할 수 있도록 설계

2) 트임새 모양 종류

- I형 트임새(square groove): 절단 없이 맞댄 용접, 6mm이하 얇은 판재
- V형 트임새(single v groove): 가장 일반적인 트임새 모양
- 더블 V형 트임새(double v groove): 양면에 v형 가공 방식, 10mm 이상 두꺼운 판재
- U형 트임새(single u groove): 곡선형태로 가공하여 용접 금속량을 줄이는 방식
- 더블 U형 트임새(double u groove): 양면을 U자로 가공
- J형 트임새(single J groove): 한쪽면만 j자 형상으로 절삭
- 더블 J형 트임새(double j groove): 양면에 j형 가공
- X형 트임새(double v groove): v형을 양쪽에서 가공한 형태

용접

• 비드길이 및 간격

판두께 t (mm)	최소 비드 길이
t ≤ 6	30mm 이상
t > 6	40mm 이상

판두께 t는 두꺼운 쪽의 판두께임

용접변형 원인

• 가열 시 금속이 팽창
• 냉각 시 금속이 수축하면서 뒤틀림 발생
• 두꺼운 재료일수록 용접변형이 심해짐

2. 구속법 (welding restraint method)

1) 정의

① 용접 중 발생하는 변형과 수축을 최소화하고 용접품질을 향상시키기 위해 사용되는 방법

② 용접 후 변형이 발생하면 구조적 안전성이 떨어지고 추가적인 가공이 필요하기 때문에 적절한 구속방법을 적용하는 것이 중요

2) 주요 용접 구속법

① 강재구속법 (mechanical restraint method)

• 용접부 주변을 물리적으로 고정하여 변형을 방지하는 방법
• 클램프, 지그, 볼트, Bracket 사용
• 장점: 변형 방지 효과가 큼
• 단점: 용접 중 내부 응력이 증가하여 균열 위험이 있음

② 용접순서 조정법 (welding sequence control method)

• 용접진행순서를 조정하여 변형을 최소화 하는 방법
• 대칭용접: 한쪽만 먼저 용접하지 않고 반대편도 균형있게 용접
• 단속용접(staggered welding): 일정간격을 두고 점진적으로 용접
• 중앙에서 바깥쪽으로 용접하여 내부 응력을 분산

③ 예열 및 후열 처리법 (pre-heating & post-heating)

• 용접 전에 예열하여 급격한 온도변화를 줄임
• 용접 후에 후열 처리하여 응력을 완화
• 특히 두꺼운 판재나 고탄소강 용접 시 필수

④ Backing재 또는 구속 블럭 사용

• 용접 부 아래에 세라믹 Backing재, 구리판, 강재 블럭 등을 배치하여 용접풀을 지지
• 용융금속이 일정한 형상을 유지할 수 있도록 도움

⑤ 점진 냉각법 (controlled cooling)

• 용접 후 천천히 냉각하여 균열을 방지하는 방법
• 모래 석면담요 전기로 등을 이용해 냉각속도를 조절

⑤ 용접잔류응력 제거법

• 용접 후 변형된 부위를 교정하는 방법
• 방법: 기계적 방법(해머로 두드리기), 열처리방법(스트레스 릴리프 열처리), 기계가공(밀링, 선반)

3) 용접구속법 적용 시 주의사항

① 지나친 구속은 내부응력을 증가시켜 균열을 유발할 수 있음

② 적절한 용접순서와 구속방법을 병행해야 효과적

③ 두꺼운 재료일수록 예열과 후열을 병행해야 효과적

용접

3. 모아대기법 (backing method)

1) 정의

- 용접 시 용융금속이 흘러내리는 것을 방지하고, 완전용입을 돕기 위해 용접 뒷면을 지지하는 방법, 특히 루트부분의 용접품질을 향상시키는데 중요한 역할을 함.

2) 모아대기의 역할

- 용융금속의 흐름을 지지하여 균일한 용접 형성
- 완전용입 보장
- 용접결함(기공, 균열)방지
- 용접변형 감소

3) 모아대기의 종류

① 금속 모아대기

- 탄소강, 스테인리스강, 구리, 알루미늄 등을 Backing 재료로 사용
- 장점: 열전도성이 높아 용접이 균일하게 진행됨, 재사용이 가능
- 단점: 제거가 필요할 수 있음, 용접금속과 화학적으로 반응가능성 있음

② 세라믹 모아대기

- 내열성이 뛰어난 세라믹을 사용하여 용접 풀을 지지
- 장점: 높은 내열성과 절연성, 균일한 루트면 형성 가능
- 단점: 깨지기 쉬움, 일회성 사용이 많음

③ 구리 모아대기

- 열전도율이 높은 구리판을 사용하여 용접풀을 빠르게 냉각
- 장점: 용접 후 뒤쪽 표면이 깨끗하게 형성됨
- 단점: 비용이 다소 높음

④ 유리섬유 테이프

- 특수한 유리섬유 테이프를 이용하여 용접풀을 지지
- 장점: 가벼움 & 적용이 쉬움, 일회용이지만 저렴함

⑤ 플럭스 모아대기

- 용접용 플럭스를 사용하여 루트면을 보호하고 용접결함을 방지
- 장점: 플럭스가 슬래그를 형성하여 보호막 역할
- 단점: 후처리가 필요할 수 있음

4) 모아대기법 적용 시 고려사항

- 용접방식: TIG, MIG, SMAW등 용접방식에 따라 적절한 Backing을 선택
- 재료특성: 금속, 세라믹, 플럭스 등 용접재료와의 호환성을 고려
- 비용 대 품질: 영구적인 Backing이 필요한지 제거가 필요한지에 따라 선택

용접

자세선택 시 고려사항

- 작업자의 숙련도
- 용접품질 요구사항
- 작업환경
- 생산성

4. 용접부 자세 적부

1) 정의

- 용접자세는 작업의 난이도, 용접품질, 용접효율성에 영향을 미치는 중요한 요소

1) 판재 용접자세

용접자세	기호(AWS)	기호(ISO)	특징
수평필릿용접	1F	PA	가장 쉬운 용접자세
수평맞대기용접	1G	PA	평평한 상태에서 용접
수직필릿용접	2F	PB	수직방향용접(중간난이도)
수직맞대기용접	2G	PC	수직용접으로 약간어려움
위치변경 필릿용접	3F	PF	아래에서 위로용접(상승법)
수직맞대기용접(하향법)	3G	PF	아래에서 위방향으로 진행
수직맞대기용접(상향법)	3G	PG	위에서 아랫방향으로 진행
천장필릿용접	4F	PD	머리위에서 용접(어려움)
천장맞대기용접	4G	PE	가장 어려운 자세중하나

2) 배관용접자세

용접자세	기호(AWS)	특징
수평고정용접	1F	파이프가 회전가능, 가장 쉬운 자세
수평위치용접	1G	배관이 수직, 가로방향용접
45° 경사위치용접	2F	배관이 고정된 상태에서 세로방향용접
수직고정용접		배관이 45° 기울어진 상태(가장 어려움)

Ⅲ. 용접 시 고려사항

1) 용접방법의 승인

① 용접방법: 가스메탈 아크용접, 플럭스코어드 아크용접 원칙

② 서브머지드 아크용접, 일렉트로슬래그 아크용접은 제작공장 내에서 적용하는 하향자세 용접방법

③ 강구조 건축물의 용접방법에는 피복아크용접 적용불가

2) 기후 조건

① 기온이 -5℃ 이하의 경우는 용접 금지

② 기온이 -5~5(℃) 경우는 접합부로부터 100mm 범위의 모재 부분을 최소예열온도 이상으로 가열 후 용접

③ 비가 온 후 또는 습도가 높은 때는 수분제거 가열처리 하여 모재의 표면 및 틈새 부근에 수분 제거를 확인한 후 용접

④ 보호가스를 사용하는 가스메탈 아크용접 및 플럭스코어드 아크용접에 있어서 풍속이 2m/s 이상인 경우에는 용접금지

용접

3) 용접조건 및 순서

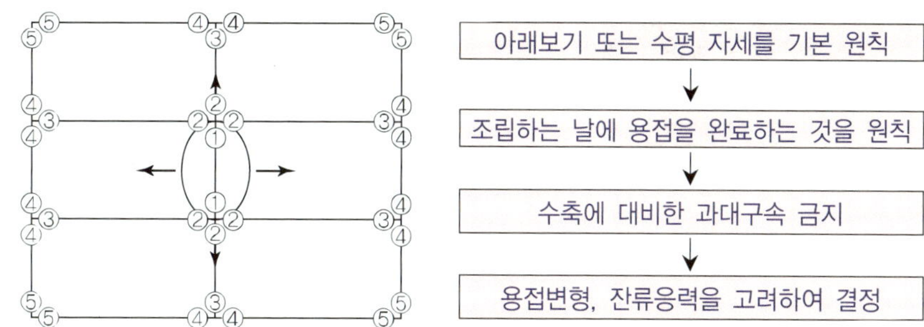

• 용접순서는 중앙에서 외주방향으로 대칭으로 진행

4) 용접재료의 사용조건

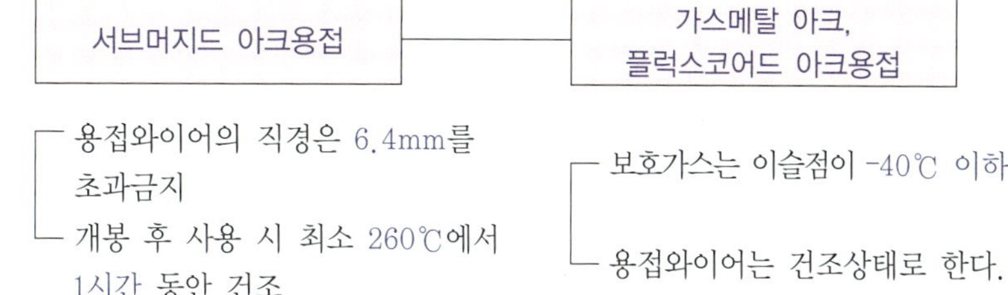

- 용접와이어의 직경은 6.4mm를 초과금지
- 개봉 후 사용 시 최소 260℃에서 1시간 동안 건조

- 보호가스는 이슬점이 -40℃ 이하
- 용접와이어는 건조상태로 한다.

5) 조립용접

① 용접방법과 용접재의 사용은 본 용접과 동일
② 용접 자세: 본 용접과 똑같은 자세로 용접
③ 조립을 위한 가용접 개소는 최소화
④ 비드 길이 및 간격은 400mm 이하
⑤ 그루브용접부의 홈에는 가용접을 하지 않는 것을 원칙
⑥ 백가우징을 하는 용접부의 조립 용접은 백가우징을 하는 쪽에 조립을 위한 가용접금지
⑦ 다만, 서브머지드 아크용접, 가스메탈 아크용접과 같이 용융이 충분한 용접은 그루브 내에 조립용접을 할 수 있다.
⑧ 조립용접면의 수분은 예열하여 제거하고 기름, 먼지, 녹은 와이어 브러시 등으로 청소
⑨ 조립 용접부는 아크 스트라이크 및 용접결함이 없도록 하며, 극후판은 아크 스트라이크를 제거하여 보수 용접

6) 용접부 사전 청소 및 건조

① 기공이나 균열을 발생시킬 염려가 있는 흑피, 녹, 도료, 기름 제거
② 용접부에 습기 또는 수분이 있는 경우 예열 처리하여 반드시 제거

7) 예열 및 층간온도

① 예열방법: 전기저항 가열법, 고정버너, 수동버너 등에서 강종에 적합한 조건과 방법을 선정
② 버너로 예열하는 경우에는 개선면에 직접 가열 금지
③ 온도관리: 용접선에서 75mm 떨어진 위치에서 표면온도계 또는 온도쵸크 등에 의하여 온도관리

④ 다층용접의 경우, 용접 층간온도가 높아지면 용착금속의 강도저하가 우려되므로 층간온도를 관리한다.

8) End Tab의 조립

① 응력전달이 되는 유효단면 내에는 완전한 용접이 될 수 있도록 엔드탭을 사용

② 기둥보 접합부의 엔드탭은 뒷댐재를 설치하고 유효단면에서 모재와 조립용접 금지

9) Back Strip의 조립

① 그루브용접부는 용접금속이 뒷댐재와 완전히 용융되도록 한다.

② 기둥보 접합부의 뒷댐재 조립용접은 보 플랜지 양측단에서 5~10(mm) 부분 및 웨브 필릿 끝부분에서 5~10(mm) 이내 금지

③ 뒷댐재 설치를 위한 필릿용접 사이즈는 4~6(mm) 1패스로 하고, 길이는 40~60(mm)로 한다.

④ 뒷댐재는 모재와 밀착시켜 설치하되, 뒷댐재와 모재 사이의 최대간격은 2mm 이내

⑤ 현장용접에서 보 하부 플랜지 외측의 뒷댐재는 보 플랜지 폭에서 플랜지 모재와 직접 조립용접 금지

★★★ 3. 접합 106.108.136

6-44	철골 예열온도(Preheat)/ 예열방법	
No. 523		유형: 공법 · 기준

용접

용접시공

Key Point

◪ 국가표준
- KCS 41 31 20
- KDS 41 31 00

◪ Lay Out
- 의무조건
- 기준
- 예열방법

◪ 핵심 단어
- What: 용접전에
- Why: 균열방지
- How: 미리 열을 가하는 것

◪ 연관용어
- 용접결함 방지

- 효과
  - 용접부의 냉각속도가 늦어져서 용접부의 경화와 약 200℃ 이하의 저온균열(cold crack)의 발생 방지효과
- 예열방법
  - 전기저항 가열법, 고정버너, 수동버너 등으로 강종에 적합한 조건과 방법을 선정하되 버너로 예열하는 경우에는 개선면에 직접 가열해서는 안 된다.
  - 온도관리는 용접선에서 75mm 떨어진 위치에서 표면온도계 또는 온도쵸크 등으로 한다.
- 예열온도 조절
  - 특별한 시험자료에 의하여 균열방지가 확실히 보증될 수 있거나 강재의 용접균열 감응도 P_{cm}이 T_p(℃) = 1,440 P_w−392의 조건을 만족하는 경우는 강종, 강판두께 및 용접방법에 따라 값을 조절

Ⅰ. 정 의

① 균열발생이나 열영향부의 경화를 막기 위해서 용접 또는 가스절단하기 전에 모재에 미리 열을 가하는 것

② 습기, 수분을 제거하는 예열을 한다. 또한 용접부 주변은 용접열 급속냉각으로 강재의 조직이 경화조직으로 변화를 일으키므로 모재의 표면온도가 0℃ 이하일 때 예열관리를 한다.

Ⅱ. 예열 필수 의무조건

- 강재의 Mill Sheet에서 다음 식에 따라서 계산한 탄소당량, C_{eq}가 0.44%를 초과할 때

Ceq(탄소당량, %)= $C_{eq} = C + \frac{Mn}{6} + (\frac{Cr+Mo+V}{5}) + (\frac{Ni+Cu}{15})$

Ceq(탄소당량) 〈 0.44: 예열 필요성의 기준

- 경도시험에 있어서 예열하지 않고 최고 경도(H_v)가 370을 초과할 때
- 모재의 표면온도가 0℃ 이하일 때

Ⅲ. 예열 기준

① 예열 원칙
- 최대 예열온도: 250℃ 이하 원칙(KCS 14 31 20기준: 230℃ 이하)
- 이종강재간 용접: 상위등급의 강종 기준으로 예열
- 40mm 이상의 두꺼운 판 두께는 높은 구속을 받는 이음부 및 보수용접의 경우, 균열방지를 위해 최소 예열온도 이상으로 예열

② 예열범위
- 예열은 용접선의 양측 100mm 및 아크 전방 100mm의 범위 내의 모재를 최소예열온도 이상으로 가열
- 모재의 표면온도는 0℃ 이하: 20℃ 이상까지 예열

Ⅳ. 최소 예열온도

강종	용접 방법	판두께(mm)에 따른 최소 예열온도(℃)			
		t≤25	25〈t≤40	40〈t≤50	50〈t≤100
SM275	서브머지드 아크용접, 가스실드 아크용접	예열 없음	예열 없음	예열 없음	예열 없음
SM355, SN355 SHN355		예열 없음	예열 없음	50	50
SM420, SM460 SN460		예열 없음	50	50	80
HSA650		50	80	80	80

- 예열 없음의 경우, 강재의 표면온도가 0℃ 이하라면 20℃ 정도로 가열해야 한다.

용접

용접시공

Key Point

◪ 국가표준
- KCS 41 31 20

◪ Lay Out
- Weaving 방법
- 운봉방식에 따른 분류
- 유의사항

◪ 핵심 단어
- What: 용접진행 방향
- Why: 용접
- How: 번갈아 움직이면서

◪ 연관용어
- 용접결함 방지

★★★ 3. 접합 103

6-45	철골용접에서 Weaving	
No. 524	위빙	유형: 공법 · 기준

Ⅰ. 정 의

① 용접의 진행방향에 대하여 옆으로 번갈아 움직이면서 용접하는 운봉(運棒)방법

② 아크를 내는 방법은 용접봉을 모재에 수직으로 유지하고 그 선단을 아크 발생위치에 근접시키고 봉의 끝에서 모재에 가볍게 두들겨 통전시켜 그 반동으로 봉을 위로 올려 봉의 선단과 모재와의 간격을 2~3mm로 유지하면 아크가 발생한다.

Ⅱ. Weaving 방법

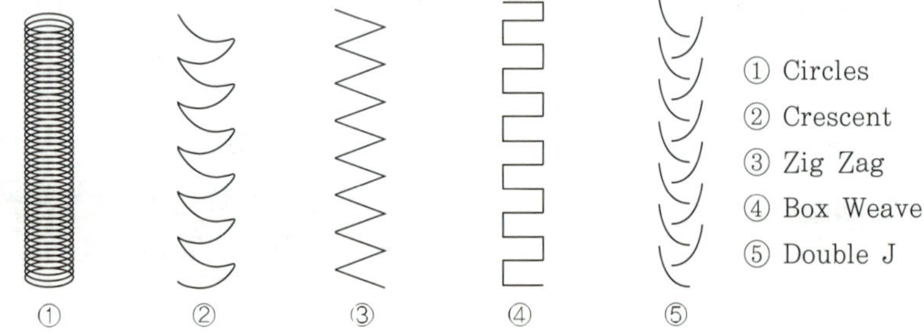

Ⅲ. 운봉방식에 따른 분류

- 아크 수동용접 — • 용접봉의 송급과 아크의 이동을 수동으로 하는 것
- 반자동용접 — • 용접봉의 송급망을 자동으로 하는 것
- 자동용접 — • 용접봉의 송급과 아크의 이동 모두 자동으로 하는 것

• 아크용접에서 위빙(weaving) 폭은 심선 지름의 2~3배가 적당

Ⅳ. 유의사항

① 용접부에서 수축에 대응하는 과도한 구속금지
② 항상 용접열의 분포가 균등하도록 조치
③ 다량의 열이 한 곳에 집중되지 않도록 유의
④ 용접자세: 회전지그를 이용하여 아래보기 또는 수평 자세
⑤ Arc 발생: 필히 용접부 내에서 발생
⑥ 모서리부에서 끝나는 Fillet용접: 모퉁이부를 돌려서 연속으로 용접

★★★ 3. 접합 94.130

6-46	End tab	
No. 525	엔드탭	유형: 공법 · 기준

Ⅰ. 정 의

① 용접결함을 사전에 방지하기 위하여 용접선(seam line)의 시작과 끝 지점에 모재와 수평으로 부착하는 보조강판

② 개선용접은 용접시작과 끝단에서 아크 스트라이크가 발생하므로, 응력전달이 되는 유효단면 내에는 완전한 용접이 될 수 있도록 엔드탭을 사용한다.

Ⅱ. End tab의 부착도

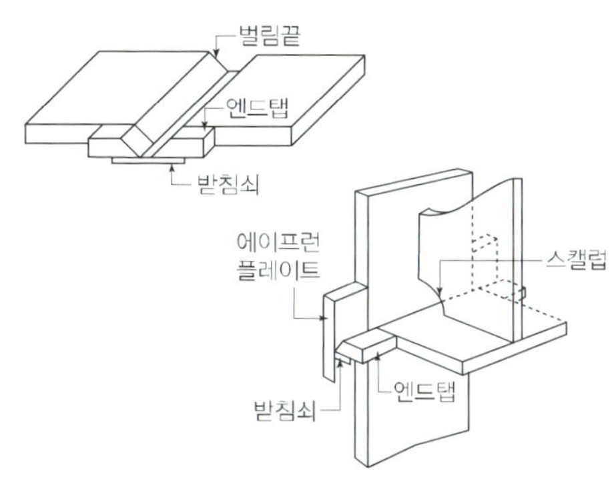

• 엔드탭을 사용할 경우 용접 유효길이를 전부 인정 받을 수 있다.

Ⅲ. End tab의 조립기준과 유의사항

• 개선용접은 용접시작과 끝단에서 아크스트라이크가 발생하므로, 응력전달이 되는 유효단면 내에는 완전한 용접이 될 수 있도록 엔드탭을 사용

• 그루브 용접 및 거더의 플랜지와 웨브판 사이의 필릿용접 등의 시공에 있어서는 부재와 동등한 홈을 가진 엔드탭 시공

• 용접의 시작과 끝의 처리는 엔드탭 위에서 50mm 이상으로 하여 크레이터가 본 부재에 포함되지 않도록 해야 한다.

• 기둥 보 접합부의 엔드탭은 뒷댐재를 설치

• 유효단면에서 모재와 조립용접 금지(조립용접을 재용융시키는 경우 개선 내에 조립용접 가능)

• 엔드탭은 절단하지 않아도 된다. 엔드탭을 절단하는 경우 엔드탭은 용접 종료 후 가스절단법에 따라 제거하고 그 부분을 그라인더로 다듬질해야 한다.

• 엔드탭 재료의 용접성은 모재 이상

용접

용접시공

Key Point

◩ 국가표준
- KCS 41 31 20
- KCS 14 31 20

◩ Lay Out
- 방법 및 기준
- 유의사항

◩ 핵심 단어
- What: 용접선 시작과 끝 지점
- Why: 용접결함 방지
- How: 모재와 수평으로 부착

◩ 연관용어
- 용접결함 방지

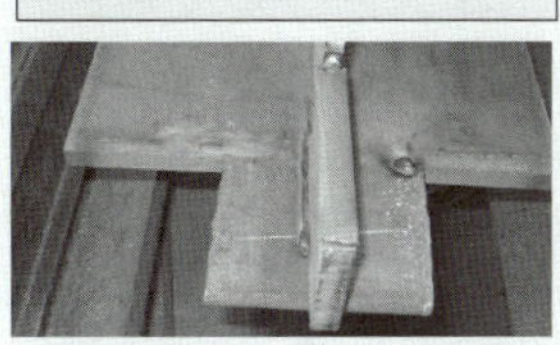

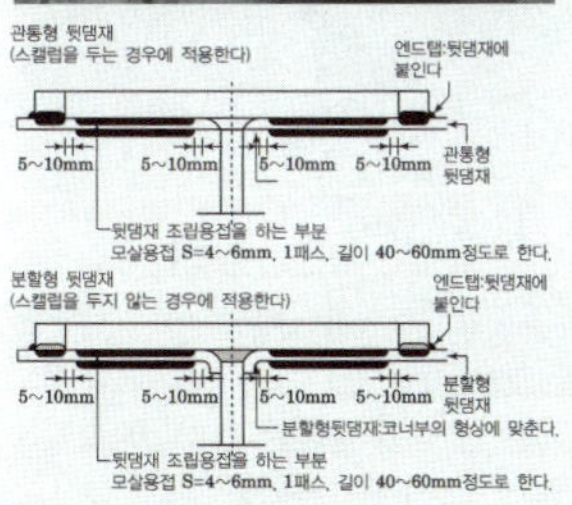

Back Strip 기준

• 보 플랜지 양측단에서 5~10(mm) 부분 및 웨브 필릿 끝부분에서 5~10(mm) 이내 금지

• 필릿용접 사이즈는 4~6(mm) 1패스로 하고, 길이는 40~60(mm)

• 뒷댐재는 모재와 밀착시켜 설치하되, 뒷댐재와 모재 사이의 최대간격은 2mm 이내

• 보 하부 플랜지 외측의 뒷댐재는 보 플랜지 폭에서 플랜지 모재와 직접 조립용접 금지

☆☆☆ 3. 접합 106

6-47	Box column의 현장용접의 순서	
No. 526		유형: 공법 · 기준

용접

용접시공

Key Point

- 국가표준
- Lay Out
  - 순서
  - 방법
  - 유의사항
- 핵심 단어
- 연관용어

I. 정 의

① Box Column은 단면이 직사각형인 속이 빈 상자형 기둥

② 용접 시 모서리 이음부 초층용접(Root Pass Welding)부분의 관리가 가장 중요하다.

II. 용접순서

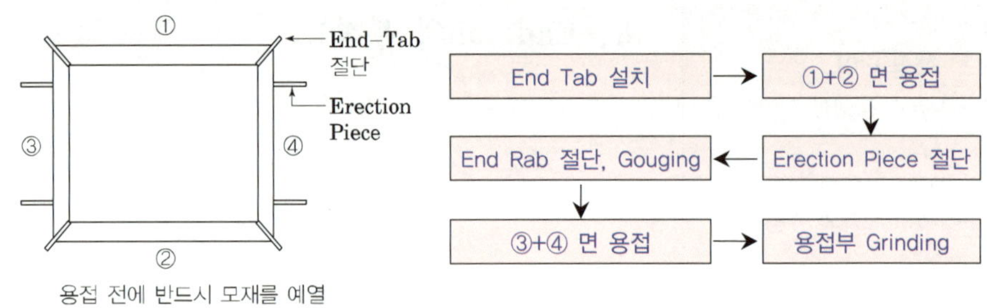

용접 전에 반드시 모재를 예열

- 용접결함의 대부분은 1번의 Pass로 형성된 최초층에서 발생

III. 용접방법

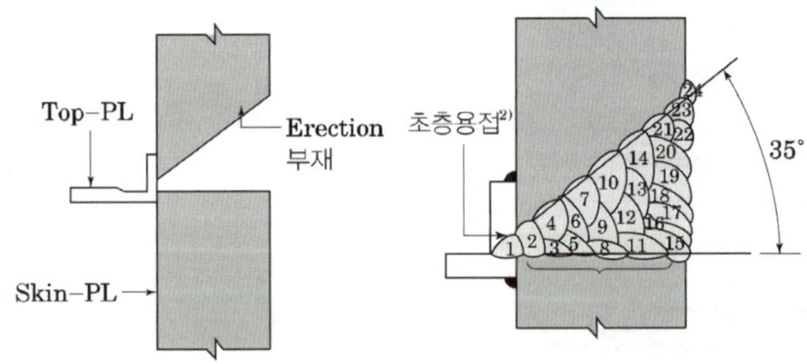

그림과 같은 순서대로 용접

- 용접의 품질관리를 위해 반자동 용접사용
- 초층용접의 경우 Root간격에 비해 용접 Torch 구경이 커서 접근성 부족으로 결함이 예상될 경우 수동용접 가능

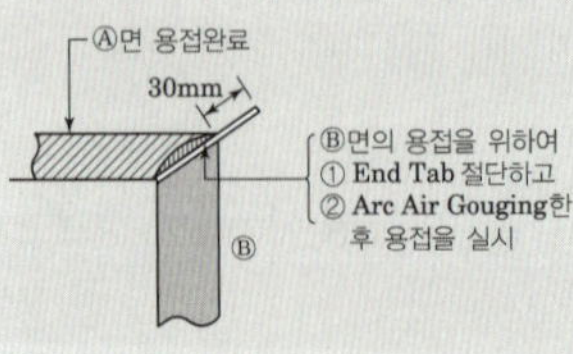

IV. 용접 시 유의사항

① 대칭용접을 실시하여 용접결함 방지

② Erection Piece는 Box Column의 Plate와 일정거리(10mm)를 두고 설치

③ ⓐ면의 용접이 완료되면 Erection Piece를 절단하고 ⓑ면 용접을 위해 End Tab 절단 후 Gouging 한 후 용접 실시

★★★ 3. 접합 126

6-48	용접 결함의 종류 및 결함원인, 검사방법	
No. 527		유형: 공법 · 기준

용접

결함

Key Point

- 국가표준
  - KCS 41 31 20
- Lay Out
  - 용접결함의 종류
  - 용접검사 항목
  - 표면결함 검사 및 정밀도 검사
  - 내부결함 검사
  - 용접 검사기준
- 핵심 단어
- 연관용어

Ⅰ. 정 의

① 용접결함은 용접부 표면결함, 용접부 내부결함, 용접부 형상결함 등이 있다.

② 용접검사 시 시공과정에 따른 검사방법은 용접 작업 전·중·후, 각 단계의 검사목적과 검사 방법에 적합하도록 선정 및 실시한다.

Ⅱ. 용접결함의 종류

결함 명			현상	원인
표면	Pit		표면구멍	용융금속 응고 수축 시
표면	Crack	발생 장소	용접금속 균열: 종균열, 횡균열, Crater 열영향부 균열: 종균열, 횡균열, Root균열 모재균열: 횡균열, 라멜라티어	과대전류 용접 후 급냉각/응고 직후 수축응력
표면	Crack	발생 온도	고온균열: 용접 중 혹은 용접 직후의 고온(융점의 1/2 이상의 온도) 저온균열 200℃ 이하	
표면	Crack	크기	매크로 균열 저마이크로 균열	
표면	Crater		분화구가 생기는 균열	과대전류, 용접 중심부에 불순물 함유 시
표면	Fish Eye		Blow Hole 및 Slag가 모여 생긴 반점	
표면	Lamellar Tearing		모재표면과 평행하게 계단형태로 발생되는 균열	모재의 표면에 직각방향으로 인장구속응력 형성되어 열영향부가 가열, 냉각에 의한 팽창 및 수축 시
내부	Slag감싸들기		Slag가 용착금속내 혼입	전류가 낮을 때 좁은 개선각도
내부	Blow Hole		응고 중 수소, 질소, 산소의 용접금속 내 갇힘에 의해 발생되는 기공	아크길이가 크거나 모재의 미청결
형상	Under Cut		모재와 용융금속의 경계면에 용접선 길이방향으로 용융금속이 채워지지 않음	과대전류 용접속도과다 위빙잘못
형상	Over Lap		용착금속이 토우부근에서 모재에 융합되지 않고 겹쳐진 부분	모재 표면의 산화물 전류과소 기량부족
형상	Over Hung		용착금속이 밑으로 흘러내림	용접속도가 빠를 때
형상	용입 불량		모재가 충분한 깊이로 녹지 못함	Root Gap 작음 전류과소
형상	각장부족		다리길이 부족	전류과소 미숙련공
형상	목두께 부족		목두께 부족	전류과소 미숙련공

용접

Ⅲ. 용접검사 항목

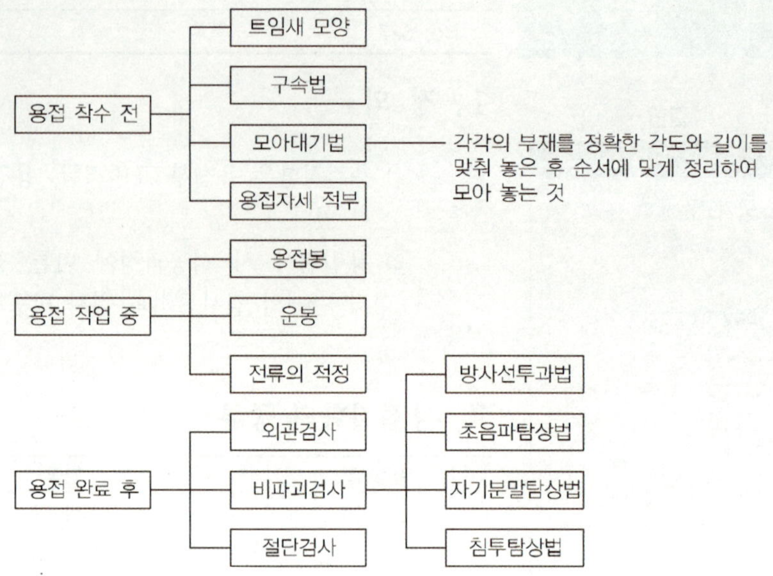

Ⅳ. 표면결함 검사 및 정밀도 검사

1) 육안검사– 추출검사(용접부 전체를 대상)

① 표본 검사대상: 각 로트로부터 부재수 10 %

② 검사로트의 합격 · 불합격 판정: 전용접선 중 불합격되는 용접선이 10% 미만인 경우 합격

③ 전용접선 중 10% 이상이 불합격되는 경우: 다시 10%에 상당하는 부재수를 추출 검사 후 20%에 상당하는 부재 전용접선 중 10% 이상 불합격되는 경우 불합격

④ 불합격 검사로트는 나머지 전체검사

2) 언더컷

언더컷의 깊이의 허용 값 (단위 : mm)

언더컷의 위치	품질관리 구분			
	가	나	다	라
주요부재의 재편에 작용하는 1차응력에 직교하는 비드의 종단부	해당 없음	0.5	0.5	0.3
주요부재의 재편에 작용하는 1차응력에 평행하는 비드의 종단부	해당 없음	0.8	0.8	0.5
2차부재의 비드 종단부	해당 없음	0.8	0.8	0.8

3) 필릿용접의 크기

필릿용접의 다리길이 및 목두께는 지정된 치수보다 작아서는 안 된다. 그러나 한 용접선 양끝의 각각 50mm를 제외한 부분에서는 용접길이의 10%까지의 범위에서 −1.0mm의 오차를 인정한다.

- 검사범위
  - 모든 용접부는 육안검사를 실시한다. 용접 Bead 및 그 근방에서는 어떤 경우도 균열이 있어서는 안 된다.
- 용접균열의 검사
  - 균열검사는 육안으로 하되, 특히 의심이 있을 때에는 자분탐상법 또는 침투탐상법으로 실시해야 한다.
- 용접비드 표면의 피트
  - 주요 부재의 맞대기이음 및 단면을 구성하는 T 이음, 모서리 이음에 관해서는 Bead 표면에 Pit가 있어서는 안 된다. 기타의 Fillet용접 또는 부분용입 Groove용접에 관해서는 한 이음에 대해 3개 또는 이음길이 1m에 대해 3개까지 허용한다. 다만 Pit 크기가 1mm 이하일 경우에는 3개를 한 개로 본다.
- 용접비드 표면의 요철
  - 비드길이 25mm 범위에서의 고저차로 나타내는 비드 표면의 요철은 아래의 값을 초과해서는 안 된다.
- 용접비드 표면의 요철 허용 값 (단위 : mm)

품질관리 구분	가	나	다	라
요철 허용 값	해당 없음	4	4	3

용접

4) 용접개소 세는 방법 - KCS 41 31 20

부위	기둥-보 접합부	기둥-기둥 접합부(박스형 기둥의 경우)	박스형 기둥의 패널존, 모서리 접합부의 완전 용입용접 부분	십자기둥 스티프너의 완전 용입용접 부분
산정 방법	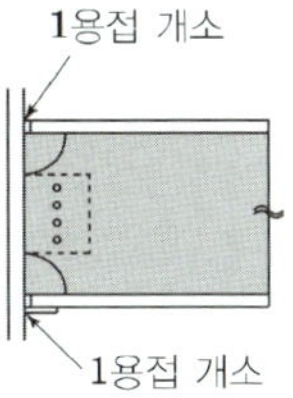 1용접 개소 1용접 개소	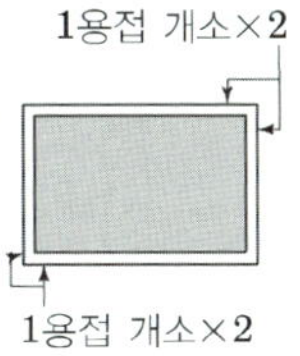 1용접 개소×2 1용접 개소×2	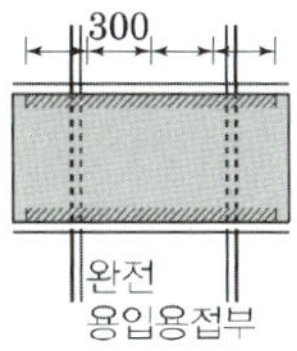 300 완전 용입용접부 용접길이 300mm를 원칙으로 1개소 • 용접길이 300mm를 원칙으로 1개소	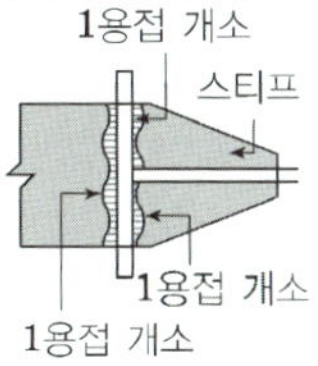 1용접 개소 스티프 1용접 개소 1용접 개소
총 용접 개소	2개소	4개소	용접길이가 1,800mm인 경우 6=24개소	스티프너 2개소 보 플랜지 1개소
비고	-	-	• 나머지가 150mm 미만일 경우 인접하는 용접선에 포함시키고 150mm 이상일 경우 1개소	• 스티프너의 용접 길이는 짧지만 용접선이 끊어져 있으므로 1개소

V. 그루브 용접부의 내부결함 검사

1) 내부결함 검사 - 추출검사(모든 그루브 용접부를 대상)

① 검사로트: 용접개소 300개 이하를 1개 검사로트로 하며, 검사로트는 용접부마다 구성

② 기둥-보 접합부, 기둥-기둥 접합부, 스티프너와 다이어프램의 용접부, 모서리 이음의 용접부 등은 별도 검사로트로 한다.

③ 검사로트는 절마다 구분하여 구성 가능

④ 1개 검사로트의 용접개소가 300개소를 넘는 경우, 층마다 또는 공구마다 구분

⑤ 표본 추출은 검사로트마다 합리적인 방법으로 30개로 한다.

⑥ 검사로트의 합격 · 불합격 판정: 30개의 추출된 표본 중 불합격개소가 1개소 이하일 때 합격

⑦ 4개소 이상일 때 불합격

⑧ 표본 중 불합격개소가 1개소 초과 4개소 미만일 때, 동일 검사로트에서 30개소의 표본을 다시 추출해서 재검사

⑨ 총계 60개소의 표본에 대해 불합격 수 합계가 4개소 이하일 때 합격으로 하고, 5개소 이상일 때 불합격으로 한다.

2) 비파괴 시험의 용접 후 지체시간

용접 목두께 (mm)	용접 입열량 (J/mm)	지체시간(시간, hr)[1]	
		항복강도	
		355MPa 이하	355MPa 초과
a ≤ 6	모든 경우	냉각시간	24
6 < a ≤ 12	3000 이하	8	24
	3000 초과	16	40
12 ≤ a	3000 이하	16	40
	3000 초과	40	48

주 1) 여기서 지체시간은 용접완료 후 부터 비파괴시험 시작 때까지의 시간을 뜻함

Ⅵ. 용접 검사기준

명칭	도해	관리허용차 / 한계허용차		측정방법
1) 모살용접의 사이즈(ΔS)	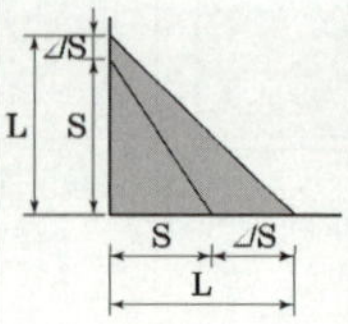	관리허용차	$0 \le \Delta S \le 0.5S$ 또한 $\Delta S \le 5$mm	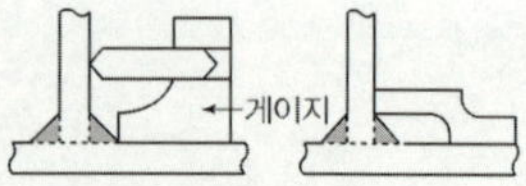 측정기기: 용접용 게이지 한계 게이지
		한계허용차	$0 \le \Delta S \le 0.8S$ 또한 $\Delta S \le 8$mm	
2) 모살용접의 용접덧살 높이(Δa)	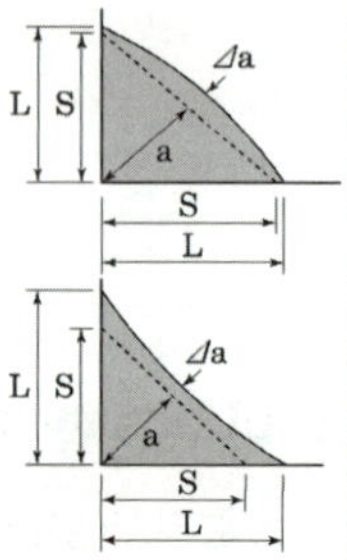	관리허용차	$0 \le \Delta a \le 0.4S$ 또한 $\Delta a \le 4$mm	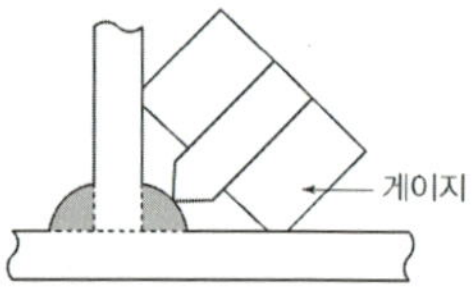 측정기기: 용접용 게이지
		한계허용차	$0 \le \Delta a \le 0.6S$ 또한 $\Delta a \le 6$mm	
3) 맞댐용접의 용접덧살 높이(h)	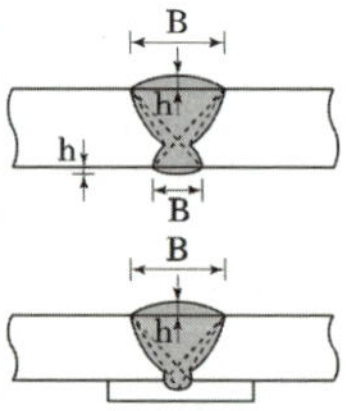	관리허용차	$B > 15$mm 0mm $\le h \le$ 3mm 15mm $\le B \le$ 25mm 0mm $\le h \le$ 4mm 25mm $\le B$ 0mm $\le h \le (4/25)B$mm	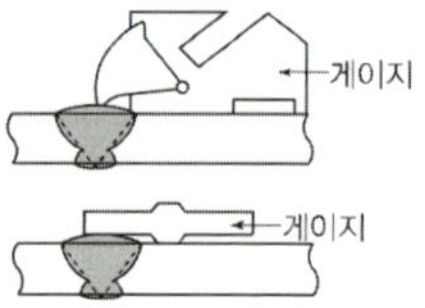 측정기기: 용접용 게이지 한계 게이지
		한계허용차	$B > 15$mm 0mm $\le h \le$ 5mm 5mm $\le B \le$ 25mm 0mm $\le h \le$ 6mm 25mm $\le B$ 0mm $\le h \le (6/25)B$mm	
4) 완전용입용접 T이음의 보강 모살 사이즈(Δh)	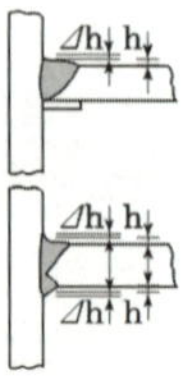	관리허용차	$t > 40$mm$(h = t/4)$ 0mm $\le \Delta h \le$ 7mm $t > 40$mm$(h = 10)$ 0mm $\le \Delta h \le (t/4 - 3)$mm	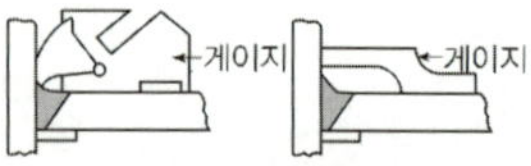 측정기기: 용접용 게이지 한계 게이지
		한계허용차	$t > 40$mm$(h = 4)$ 0mm $\le \Delta h \le$ 10mm $t > 40$mm$(h = 10)$ 0mm $\le \Delta h \le (t/4)$mm	

용접

명칭	도해	관리허용차 한계허용차		측정방법
5) 언더컷(e)	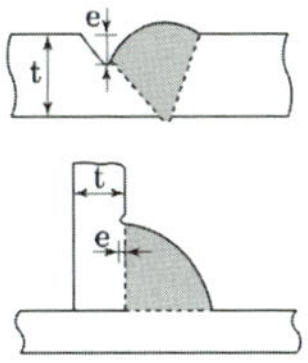	관리허용차	완전 용입용접 $e \leq 0.3\text{mm}$ 전면 모살용접 $e \leq 0.3\text{mm}$ 측면 모살용접 $e \leq 0.5\text{mm}$	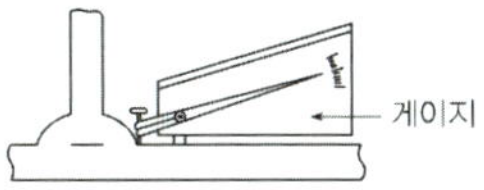 게이지 측정기기: 언더컷 게이지
		한계허용차	완전 용입용접 $e \leq 0.5\text{mm}$ 전면 모살용접 $e \leq 0.5\text{mm}$ 측면 모살용접 $e \leq 0.8\text{mm}$	
6) 맞댐용접의 불일치(e)	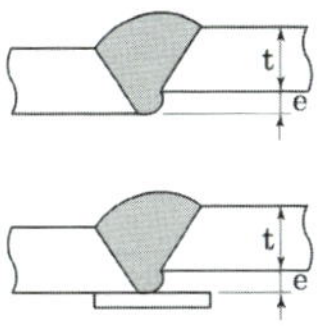	관리허용차	$t_1 \geq t_2$ $e \leq 2t_1/15$ 또한 $e \leq 3\text{mm}$ $t_1 \geq t_2$ $e \leq t_1/6$ 또한 $e \leq 4\text{mm}$	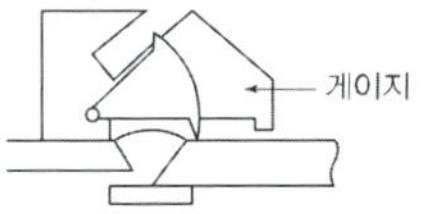 게이지 측정기기: 금속제 직각자 금속제 곧은자 틈새 게이지 용접용 게이지
		한계허용차	$t \leq 15\text{mm}$ $e \leq 1.5\text{mm}$ $t > 15\text{mm}$ $e \leq t/10\text{mm}$ 또한 $e = 3\text{mm}$	
7) 접합의 어긋남 (다이어프램과 플랜지의 어긋남)(e)	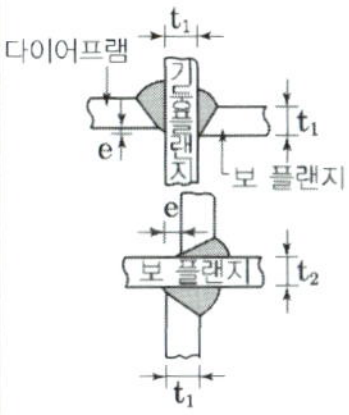 다이어프램 기둥 플랜지 보 플랜지	관리허용차	$t_1 \geq t_2$ $e \leq 2t_1/15$ 또한 $e \leq 3\text{mm}$ $t_1 \geq t_2$ $e \leq t_1/6$ 또한 $e \leq 4\text{mm}$	• 박스기둥 등의 폐쇄단면에 대하여는 다이어프램 위치가 표면으로부터 확인할 수 있도록 사전에 금긋기가 필요 • 측정기기: 강제줄차 틈새 게이지 측정기기
		한계허용차	$t_1 \geq t_2$ $e \leq t_1/15$ 또한 $e \leq 4\text{mm}$ $t_1 \geq t_2$ $e \leq t_1/4$ 또한 $e \leq 5\text{mm}$	
8) 비드 표면의 요철(e)	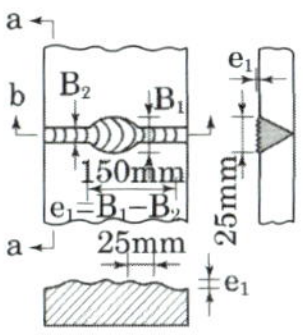 150mm 25mm 25mm	관리허용차	• 비드 표면 요철의 고저차 e_1, e_2는 용접길이, 또는 비드폭 25mm의 범위에서 2.5mm 이하 비드폭의 요철 e_3는 용접 길이 150mm의 범위에서 5mm 이하	
		한계허용차	• 비드 표면 요철의 고저차 e_1, e_2는 용접길이, 또는 비드폭 25mm의 범위에서 4.0mm 이하 비드폭의 요철 e_3는 용접 길이 150mm의 범위에서 7mm 이하	
9) 피트(e)	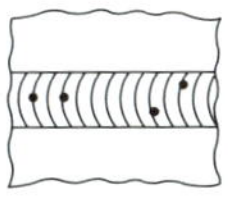	관리허용차	• 용접길이 30cm마다 1개소 이하, 다만 피트 크기 1mm 이하는 3개를 1개로 계산	
		한계허용차	• 용접길이 30cm마다 2개소 이하, 다만 피트 크기 1mm 이하는 3개를 1개로 계산	

대책

① 예열
② 용접순서
③ 개선정밀도
④ 용접속도
⑤ 용접봉 건조
⑥ 적정전류
⑦ 숙련도
⑧ 잔류응력
⑨ 돌림용접
⑩ 기온
⑪ End Tab

용접

결함

Key Point

◩ 국가표준
- KCS 41 31 20

◩ Lay Out
- 종류
- 원인과 방지대책
- 고려사항

◩ 핵심 단어
- Slag가 모여 생긴 반점

◩ 연관용어
- 용접결함 방지

대책

① 예열
② 용접순서
③ 개선정밀도
④ 용접속도
⑤ 용접봉 건조
⑥ 적정전류
⑦ 숙련도
⑧ 잔류응력
⑨ 돌림용접
⑩ 기온
⑪ End Tab

☆☆☆ 3. 접합 67

6-49	Fish eye	
No. 528		유형: 결함 · 현상

I. 정 의

blow hole와 slag가 모여 반점이 발생하는 현상으로 용착금속의 파면에 나타나는 은백색의 생선눈(은정) 모양으로 생긴 부분

II. 용접결함의 종류

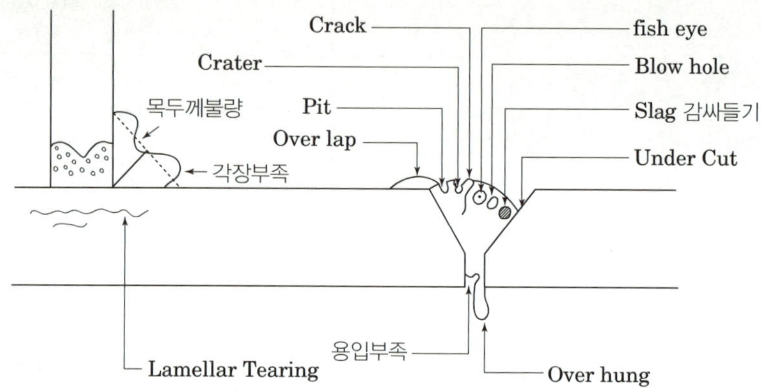

- 기공 · 공극 · 불순물의 주변에 수소가 집적하여 취화하여 그 부분만 취성파단하고 있는 것

III. 원인과 방지대책

① 결함원인
- 기능공의 숙련도 미숙
- 예열부족 및 개선정밀도 불량
- 용접순서 및 속도 부적절
- 용접방법 부적절

② 방지대책
- 기량 Test 후 적절한 배치
- 최소예열시간 준수
- 적절한 속도 유지 및 용접순서 준수
- 용접방법 사전교육 실시

IV. 용접 시 고려사항

① 용접부에서 수축에 대응하는 과도한 구속금지
② 항상 용접열의 분포가 균등하도록 조치
③ 다량의 열이 한 곳에 집중되지 않도록 유의
④ 용접자세: 회전지그를 이용하여 아래보기 또는 수평 자세
⑤ Arc 발생: 필히 용접부 내에서 발생

★★★ 3. 접합 72.80.101.125

6-50	Lamellar tearing	
No. 529	라멜라 티어링	유형: 결함 · 현상

용접

결함

Key Point

◩ 국가표준
- KCS 41 31 20

◩ Lay Out
- 발생 Mechanism 및 압연강의 방향성
- 발생원인 및 형태
- 대책

◩ 핵심 단어
- What: 압연강판 두께방향
- Why: 층 균열
- How: 인장구속력 발생

◩ 연관용어
- 용접결함 방지
- 예열

Ⅰ. 정 의

① 철골부재의 용접이음에 의해 압연강판 두께방향(Z방향)으로 강한 인장구속력이 발생하여 용접금속의 국부적인 수축으로 압연강판의 층(Lamination)사이에 생기는 박리균열 현상

② T형이음, 구석이음에서 많이 발생하며, 층간 박리라고도 한다.

Ⅱ. 발생 Mechanism 및 압연강의 방향성

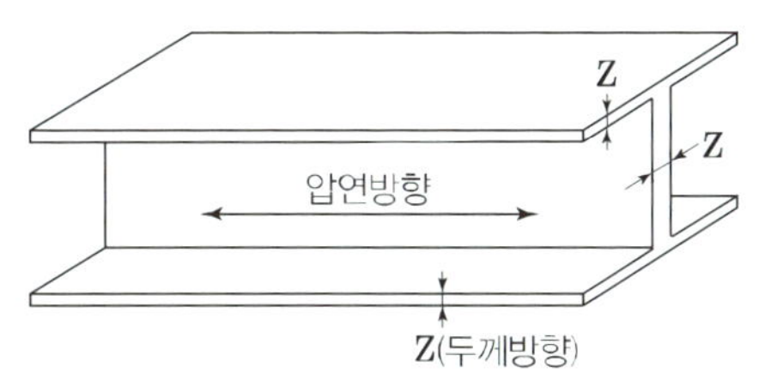

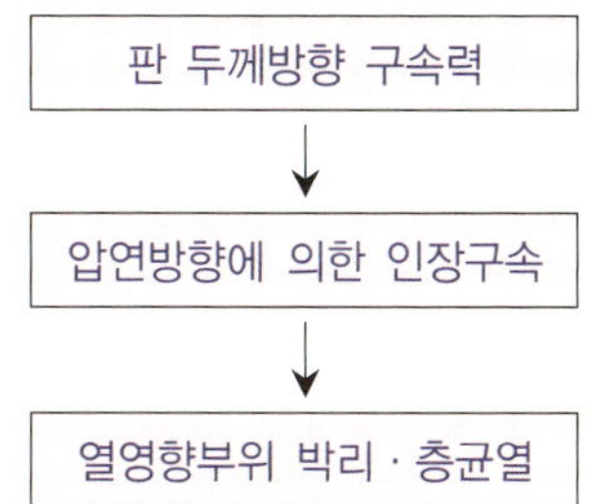

Ⅲ. 발생원인 및 형태

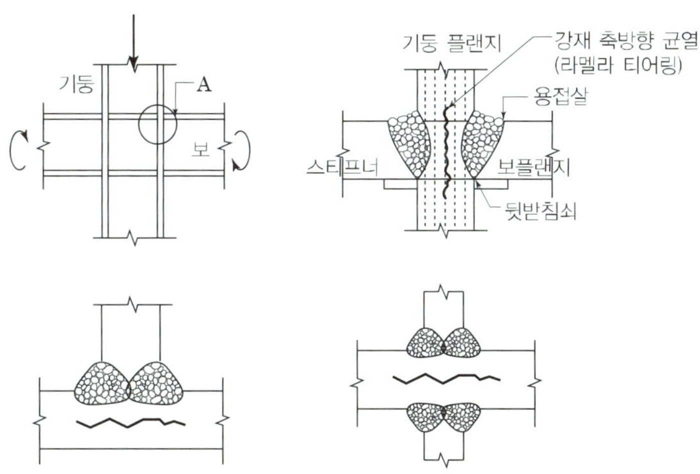

- 판 두께 방향에 따른 재질의 성능저하와 관련
- 모재의 국부적인 열 변형으로 발생
- 층 사이에 존재하는 불순물(Lamination)이 다층용접에 의한 반복열로 인해 판 두께 방향으로 구속을 받아 분리
- 용접 이음부의 설계 및 구조상의 문제
- 수소침입 등의 시공상 문제

대책

① 예열
② 용접순서
③ 개선정밀도
④ 용접속도
⑤ 용접봉 건조
⑥ 적정전류
⑦ 숙련도
⑧ 잔류응력
⑨ 돌림용접
⑩ 기온
⑪ End Tab

용접

Ⅳ. 대 책

1) 용접 접합부의 Detail 개선

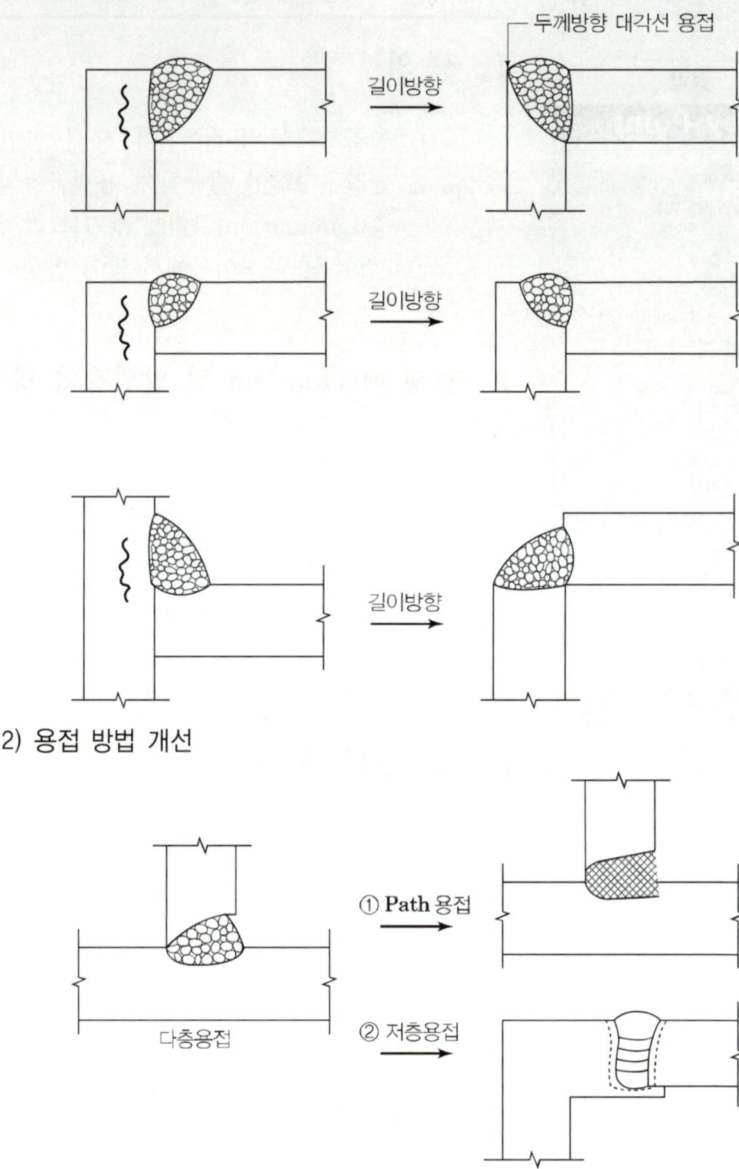

2) 용접 방법 개선

3) 좁은 개선각(Narrow Gap Welding) 적용

4) 접합부 예열과 후열 실시

☆☆☆ 3. 접합 68

6-51	Blow hole	
No. 530		유형: 결함 · 현상

용접

결함

Key Point

◩ 국가표준
- KCS 41 31 20

◩ Lay Out
- 종류
- 원인과 방지대책
- 고려사항

◩ 핵심 단어
- 방출가스· 잔류

◩ 연관용어
- 용접결함 방지
- 예열

대책

① 예열
② 용접순서
③ 개선정밀도
④ 용접속도
⑤ 용접봉 건조
⑥ 적정전류
⑦ 숙련도
⑧ 잔류응력
⑨ 돌림용접
⑩ 기온
⑪ End Tab

Ⅰ. 정 의

① 용융금속 응고 시 방출 gas가 내부에 남아 기포가 발생하는 현상
② gas가 완전히 빠져나가지 못하여 작은 원형 혹은 타원형의 기공 형태로 내부에 남아 있는 것으로 작은 것은 pin hole이라고도 한다.

Ⅱ. 용접 결함의 종류

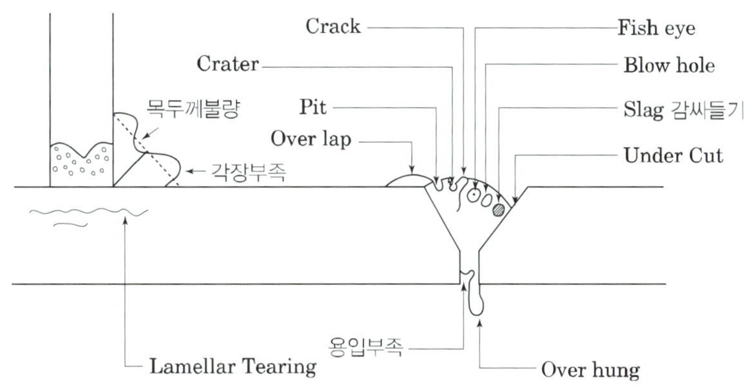

Ⅲ. 원인과 방지대책

① 결함원인
- 주로 수소가스가 기포상태로 용접금속 내 잔류
- 예열 부족 및 개선정밀도 불량
- 용접순서 및 속도 부적절
- 용접방법 부적절

② 방지대책
- 수소원 제거를 위해 응고 시 가스 방출상태를 양호하게 할 것
- 최소 예열시간 준수
- 적절한 속도 유지 및 용접순서 준수
- 용접방법 사전교육 실시

Ⅳ. 용접 시 고려사항

① 용접부에서 수축에 대응하는 과도한 구속금지
② 항상 용접열의 분포가 균등하도록 조치
③ 다량의 열이 한 곳에 집중되지 않도록 유의
④ 용접자세: 회전지그를 이용하여 아래보기 또는 수평 자세
⑤ Arc 발생: 필히 용접부 내에서 발생

용접

결함

Key Point

◪ 국가표준
- KCS 41 31 20

◪ Lay Out
- 허용 값
- 원인과 방지대책
- 고려사항

◪ 핵심 단어
- 과대전류
- 모재가 녹아 용착금속이 홈에 채워지지 않아

◪ 연관용어
- 용접결함 방지
- 개선

• 검사범위
- 모든 용접부는 육안검사를 실시한다. 용접Bead 및 그 근방에서는 어떤 경우도 균열이 있어서는 안 된다.

• 용접비드 표면의 피트
- 주요 부재의 맞대기이음 및 단면을 구성하는 T 이음, 모서리 이음에 관해서는 Bead 표면에 Pit가 있어서는 안 된다. 기타의 Fillet용접 또는 부분용입 Groove용접에 관해서는 한 이음에 대해 3개 또는 이음길이 1m에 대해 3개까지 허용한다. 다만 Pit 크기가 1mm 이하일 경우에는 3개를 한 개로 본다.

• 용접비드 표면의 요철
- 비드길이 25mm 범위에서의 고저차로 나타내는 비드 표면의 요철은 아래의 값을 초과해서는 안 된다.

• 용접비드 표면의 요철 허용 값

(단위 : mm)

품질관리 구분	가	나	다	라
요철 허용 값	해당 없음	4	4	3

☆☆☆ 3. 접합 71

6-52	Under cut	
No. 531		유형: 결함 · 현상

Ⅰ. 정 의

① 과대전류, 용접부족 등으로 모재표면과 용접 bead가 접하는 곳에 모재가 녹아 용착금속이 홈에 채워지지 않고 홈으로 남아 있는 부분

② 용접 중 모재가 함몰되어 생기는 표면결함으로 날카로운 형상을 가지고 있어 응력집중에 의한 균열로 발전할 수 있는 결함

Ⅱ. 허용 값

1) 언더컷 깊이의 허용 값

(단위 : mm)

언더컷의 위치	품질관리 구분			
	가	나	다	라
주요부재의 재편에 작용하는 1차응력에 직교하는 비드의 종단부	해당 없음	0.5	0.5	0.3
주요부재의 재편에 작용하는 1차응력에 평행하는 비드의 종단부	해당 없음	0.8	0.8	0.5
2차부재의 비드 종단부	해당 없음	0.8	0.8	0.8

2) 스터드 용접부의 허용 값

• 날카로운 노치 형상의 언더컷 및 깊이 0.5mm 이상의 언더컷은 허용 불가

Ⅲ. 원인과 방지대책

① 결함원인
- 과다전류
- 운봉불량(기능공의 숙련도 미숙)
- 개선정밀도 불량

② 방지대책
- 적정전류 유지
- Weaving 속도 유지(기량 Test 후 적절한 배치)
- 경사각 감소, 개선 정밀도 유지

Ⅳ. 용접 시 고려사항

① 용접자세: 회전지그를 이용하여 아래보기 또는 수평 자세

② Arc 발생: 필히 용접부 내에서 발생

☆☆☆ 3. 접합 102

6-53	철골용접결함 중 용입부족
No. 532	유형: 결함 · 현상

용접

결함

Key Point

◪ 국가표준
- KCS 41 31 20

◪ Lay Out
- 종류
- 원인과 방지대책
- 고려사항

◪ 핵심 단어
- 과대전류
- 모재가 녹아 용착금속이 홈에 채워지지 않아

◪ 연관용어
- 용접결함 방지
- 개선

대책

① 예열
② 용접순서
③ 개선정밀도
④ 용접속도
⑤ 용접봉 건조
⑥ 적정전류
⑦ 숙련도
⑧ 잔류응력
⑨ 돌림용접
⑩ 기온
⑪ End Tab

Ⅰ. 정 의

용착금속이 Root부까지 충분한 용입이 되지 않고 홈으로 남게 된 부분

Ⅱ. 용접결함의 종류

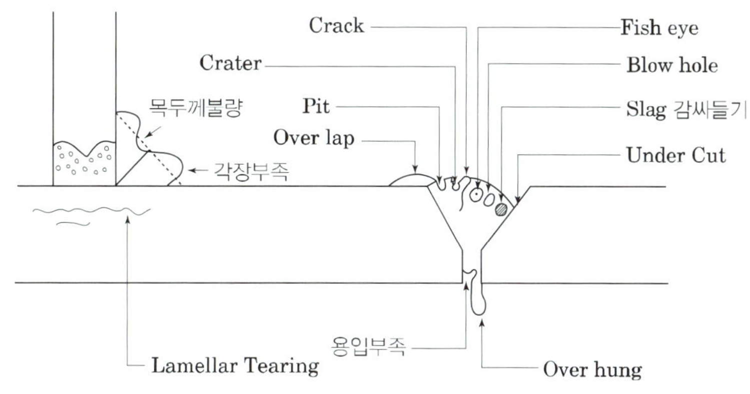

Ⅲ. 원인과 방지대책

① 결함원인
- Root 간격 및 청소상태 불량
- 용접 시 전류의 높낮이가 고르지 못할 경우
- 용접속도가 일정하지 못하고 기능공의 숙련도 미숙

② 방지대책
- Root 간격 및 청소 철저
- 적정 용접 전류 유지
- Weaving 속도 유지 및 기량 Test 후 적절한 배치
- 적절한 속도 유지 및 용접순서 준수

Ⅳ. 용접 시 고려사항

① 용접부에서 수축에 대응하는 과도한 구속금지
② 항상 용접열의 분포가 균등하도록 조치
③ 다량의 열이 한 곳에 집중되지 않도록 유의
④ 용접자세: 회전지그를 이용하여 아래보기 또는 수평 자세
⑤ Arc 발생: 필히 용접부 내에서 발생

용접

결함

Key Point

◪ 국가표준
- KCS 41 31 20

◪ Lay Out
- 각장기준
- 원인과 방지대책
- 고려사항

◪ 핵심 단어
- 용착면 길이 부족

◪ 연관용어
- 용접결함 방지
- 모살용접

대책

① 예열
② 용접순서
③ 개선정밀도
④ 용접속도
⑤ 용접봉 건조
⑥ 적정전류
⑦ 숙련도
⑧ 잔류응력
⑨ 돌림용접
⑩ 기온
⑪ End Tab

☆☆☆ 3. 접합 92

6-54	각장부족	
No. 533	脚長不足, size of fillet weld	유형: 결함 · 현상

Ⅰ. 정 의

① 모살용접에서 용착면의 길이(용접 각장)가 부족하여 접합부가 충분한 내력 및 내구성이 확보되지 못하는 용접결함

② 각장(다리길이, leg length)은 모살용접(fillet welding)에서 모재표면의 만난점부터 두 부재가 교차된 곳까지의 길이

Ⅱ. 각장기준

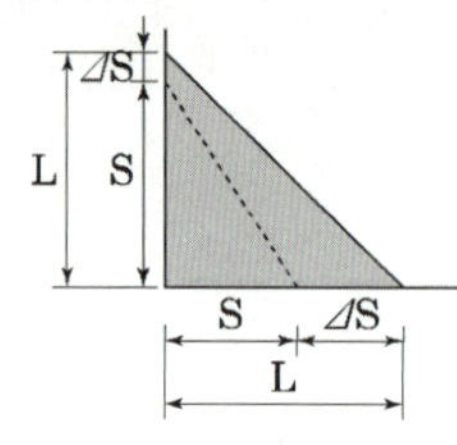

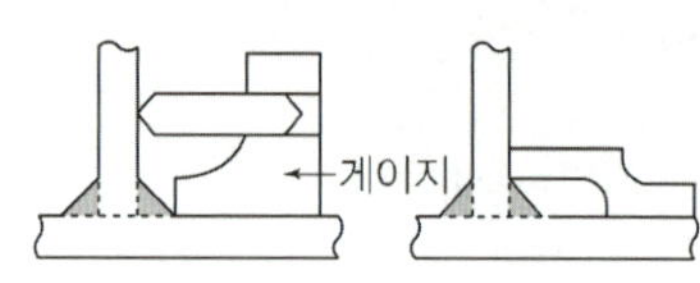

- 관리허용차: $0 \leq \Delta S \leq 0.5S$ or $\Delta S \leq 5mm$
- 한계허용차: $0 \leq \Delta S \leq 0.8S$ or $\Delta S \leq 8mm$

Ⅲ. 원인과 방지대책

① 결함원인
- 용접 시 전류과소
- 용접속도가 빠를 때
- 용접봉 불량
- 용접자세 불량(기능공의 숙련도 미숙)

② 방지대책
- 적정 용접 전류 유지
- Weaving 속도 유지 및 기량 Test 후 적절한 배치
- 적정 용접봉 사용
- 용접자세 유지

Ⅳ. 용접 시 고려사항

① 용접부에서 수축에 대응하는 과도한 구속금지
② 항상 용접열의 분포가 균등하도록 조치
③ 다량의 열이 한 곳에 집중되지 않도록 유의
④ 용접자세: 회전지그를 이용하여 아래보기 또는 수평 자세
⑤ Arc 발생: 필히 용접부 내에서 발생

☆☆★ 3. 접합

6-55	용접보수	
No. 534		유형: 공법 · 현상

용접

결함

Key Point

◩ 국가표준
- KCS 41 31 20

◩ Lay Out
- 반입검사 불합격 용접부의 보수
- 결함종류와 보수방법

◩ 핵심 단어

◩ 연관용어
- 용접결함 방지

Ⅰ. 정 의

① 용접균열의 범위가 국부적이 아니거나 모재가 균열된 경우, 적정한 보수방법을 선정한 후 책임기술자에게 승인을 득한다.

② 용접시공 중에 부적합 용접부가 연속적으로 발생하는 경우, 보수 전에 발생 원인을 규명하여 재발 방지대책을 세운다.

Ⅱ. 반입검사 불합격 용접부의 보수

① 반입검사에서 불합격된 용접부는 외관불량, 치수불량, 내부결함 등 모두 보수를 하고, 재검사하여 합격해야 한다.

② 불합격된 용접의 보수는 책임기술자의 승인을 득하고, 보수 후 재검사하여 합격해야 한다.

Ⅲ. 결함종류와 보수방법

결함의 종류	보수방법
강재의 표면상처로 그 범위가 분명한 것	덧살용접 후, 그라인더 마무리, 용접 비드는 길이 40mm 이상으로 한다.
강재의 표면상처로서 그 범위가 불분명 한 것	정이나, 아크 에어가우징에 의하여 불량 부분을 제거하고, 덧살용접을 한 후 그라인더로 마무리한다.
강재 끝 면의 층상 균열	판 두께의 1/4정도 깊이로 가우징을 하고, 덧살용접을 한 후, 그라인더로 마무리한다.
아크 스트라이크	모재표면에 오목부가 생긴 곳은 덧살용접을 한 후 그라인더로 마무리 한다. 작은 흔적이 있는 정도의 것은 그라인더 마무리만으로 좋다.
용접 균열	균열부분을 완전히 제거하고 발생원인을 규명하여 그 결과에 따라 재용접을 한다. 표면균열 및 내부균열은 균열의 범위를 확인한 후, 에어가우징으로 양끝에서부터 20mm 정도 추가하여 제거양끝 50mm 이상의 범위를 오목하게 정리한 후에 보수 용접한다.
용접비드 표면의 피트, 오버랩	오버랩 또는 과대한 용접덧살은 지나치게 깎아내지 않도록 주의. 아크 에어가우징으로 결함 부분을 제거하고 재용접 한다. 용접비드의 최소길이는 40mm로 한다.
용접비드 표면의 요철	그라인더로 마무리 한다.
언더컷	언더컷 또는 용접덧살이 부족한 개소는 필요에 따라 수정한 후 짧은 비드가 되지 않도록 보수 용접하며, 필요한 경우에는 그라인더로 마감한다. 용접비드의 길이는 40mm 이상으로 한다.
스터드 용접의 결함	불합격된 것은 50~100(mm) 인접부에 스터드를 재용접. 굽힘 실험으로 파손된 용접부 또는 결함이 모재에 파급되어 있는 경우에는 모재면을 보수용접한 후 갈아서 마감하고 재용접 한다.

• 모든 보수용접 시, 예열 및 패스간의 온도를 관리하여 보수 용접한다.

용접

변형

Key Point

◩ 국가표준
- KCS 41 31 20

◩ Lay Out
- 종류 및 형태
- 표면온도
- 순서
- 방지법

◩ 핵심 단어
- What: 열영향부에서
- Why: 응력변형
- How: 온도변화로 팽창과 수축

◩ 연관용어
- 용접결함 방지
- 예열

- 각변형
  - 온도 편차로 인한 가장자리가 상부로 변형
- 종수축
  - 길이가 긴재부가 용접선 방향으로 수축
- 회전변형
  - 미용접된 개선부가 외측으로 커지거나 좁아짐
- 비틀림
  - 길이가 긴재부가 용접선 방향으로 수축
- 종굽힘 변형
  - 길이가 긴 T형 부재에서 좌우 용접선의 수축량
- 횡수축
  - 용접선에 따라 직각방향으로 수축
- 좌굴
  - 수축응력으로 중앙부에 파도모양으로 변형

☆☆★ 3. 접합 121

6-56	철골부재 변형교정 시 강재의 표면온도
No. 535	유형: 공법 · 기준

Ⅰ. 정 의

① 용접작업 시 열영향부(H.A.Z)에서 모재(base metal)가 가열과 냉각의 온도변화로 팽창과 수축이 발생하여 용접부재가 뒤틀리는 응력변형

② 용접에 의해서 생긴 부재의 변형은 프레스나 가스화염 가열법 등에 의하여 교정할 수 있다

Ⅱ. 용접변형의 종류 및 형태

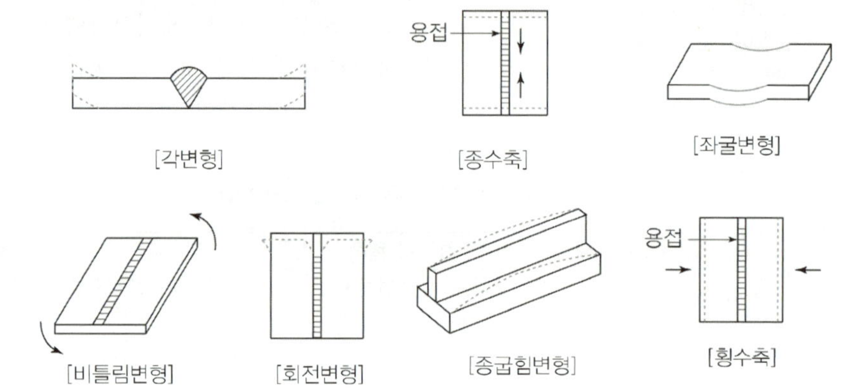

[각변형] [종수축] [좌굴변형]

[비틀림변형] [회전변형] [종굽힘변형] [횡수축]

Ⅲ. 변형교정 시 강재의 표면온도

1) 강재의 표면온도

[가스화염법에 의한 선상가열시의 강재 표면온도 및 냉각법]

강 재		강재 표면온도	냉 각 법
조질강(Q)		750℃ 이하	공냉 또는 공냉 후 600℃ 이하에서 수냉
열가공 제어강 (TMC, HSB)	Ceq＞0.38	900℃ 이하	공냉 또는 공냉 후 500℃ 이하에서 수냉
	Ceq≤0.38	900℃ 이하	가열 직후 수냉 또는 공냉
기타강재		900℃ 이하	적열상태에서의 수냉은 피한다.

2) 응력제거 열처리

① 열처리로에 투입할 때 노의 내부 온도가 315℃ 초과 금지

② 315℃ 이상에서의 가열비(℃/hr)는 가장 두꺼운 부재를 기준으로 25mm당 1시간에 220℃ 초과 금지

③ 단위 시간당의 가열온도가 220℃ 초과 금지

④ 가열 중에 가열시키는 부재의 전 부위의 온도편차는 5m 길이 이내에서 140℃ 이하

⑤ 열처리 고장력강이 최대온도 600℃에 도달된 후 또는 다른 강재가 평균온도범위 590℃와 650℃ 사이에 도달된 후에는, 용접두께에 따라 규정시간 이상 동안 조립품의 온도를 유지

⑥ 유지시간 동안 가열된 부재의 전 부분에 걸쳐서 최고온도와 최저온도 차이가 80℃ 이상 금지

[최소 유지시간]

두께 6.0 mm 이하	두께 6.0mm 초과 ~50mm 이하	두께 50 mm 초과
15분	1시간/25 mm	2시간+50 mm를 초과하는 두께에 대해서 25mm당 15분 추가

⑦ 315℃ 이상에서의 냉각비(℃/hr)는 밀폐된 노(爐) 또는 용기 내에서 가장 두꺼운 부재를 기준으로 25mm당 1시간에 315℃ 이하

⑧ 단위시간당 냉각온도가 260℃ 초과 금지

⑨ 315℃ 미만에서는 조립품을 공냉 금지

[응력제거 열처리의 다른 방법]

최소규정온도 이하의 온도감소(℃)	온도 감소시의 최소 지속시간 (두께 25 mm당 최소 유지시간(hr))
30	2
60	3
90	5
120	10

Ⅳ. 용접순서

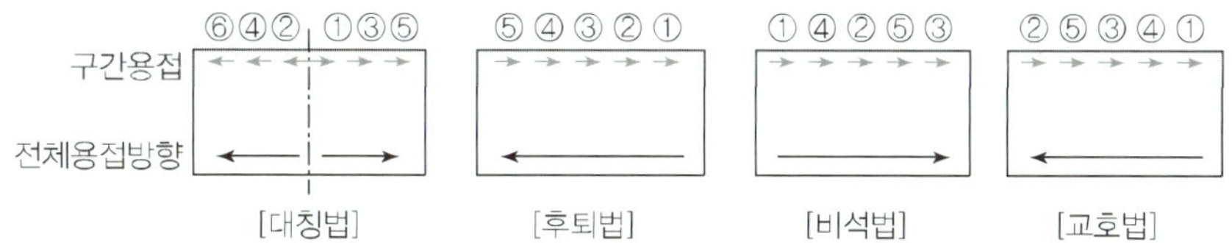

Ⅴ. 방지법

① 억제법: 응력발생 예상부위에 보강재 부착

② 역변형법: 미리 예측하여 변형을 주어 제작

③ 냉각법: 용접 시 냉각으로 온도를 낮추어 방지

④ 가열법: 용접부재 전체를 가열하여 용접 시 변형을 흡수

⑤ 피닝법: 용접부위를 두들겨 잔류응력을 분산

용접

Peening

① 용접부위를 연속적으로 해머로 두드려서 표면층에 소성변형을 주는 조작이다. 용접부의 인장 잔류응력을 완화하는 효과가 있다. 잔류응력을 완화시키는 외에 용접변형을 경감시키거나, 용접금속의 균열 방지 등에 이용된다.

② 표면을 가공 경화시키면서 어느 정도의 다듬질도를 유지시키는 일종의 가공법이며, 구형 등의 미립물을 피다듬질물에 분사시켜, 노치 효과가 없게 가공하여 강도가 증대되게 하는 것이다. 이것을 하면 인장강도 및 피로 한도가 매우 상승한다. 크랭크 축의 굽은 부분에 가공하면 효과가 있다.

- 전진법
  - 용접 시작 부분보다 끝나는 부분이 수축 및 잔류응력이 커서 용접 이음이 짧고 변형 및 잔류응력이 큰 문제가 되지 않을 때
- 대칭법
  - 용접할 전 길이에 대하여 중심에서 좌우로 또는 용접물 형상에 따라 좌우 대칭으로 용접하여 변형과 수축응력을 경감
- 후퇴법
  - 용접을 단계적으로 후퇴하면서 전체 길이를 용접하는 방법으로 수축과 잔류응력을 줄이는 방법
- 비석법(스킵법)
  - 짧은 용접 길이로 나누어 놓고 간격을 두면서 용접하는 방법으로 잔류응력을 적게 할 경우 사용
- 교호법
  - 열영향을 세밀하게 분포시킬 때 사용

용접

트임새 모양

① 용접을 하기 위해 용접부의 가장자리를 가공한 형상
② 트임새(groove)는 용접금속이 충분히 침투하고 강도를 확보할 수 있도록 설계

구속법

① 용접 중 발생하는 변형과 수축을 최소화하고 용접품질을 향상시키기 위해 사용되는 방법
② 용접 후 변형이 발생하면 구조적 안전성이 떨어지고 추가적인 가공이 필요하기 때문에 적절한 구속방법을 적용하는 것이 중요

구속법 적용 시 고려

① 지나친 구속은 내부응력을 증가시켜 균열을 유발할 수 있음
② 적절한 용접순서와 구속방법을 병행해야 효과적
③ 두꺼운 재료일수록 예열과 후열을 병행해야 효과적

1. 트임새 모양(welding groove shaves)

- I형 트임새(square groove): 절단 없이 맞댄 용접, 6mm이하 얇은 판재
- V형 트임새(single v groove): 가장 일반적인 트임새 모양
- 더블 V형 트임새(double v groove): 양면에 v형 가공 방식, 10mm 이상 두꺼운 판재
- U형 트임새(single u groove): 곡선형태로 가공하여 용접 금속량을 줄이는 방식
- 더블 U형 트임새(double u groove): 양면을 U자로 가공
- J형 트임새(single J groove): 한쪽면만 j자 형상으로 절삭
- 더블 J형 트임새(double j groove): 양면에 j형 가공
- X형 트임새(double v groove): v형을 양쪽에서 가공한 형태

2. 구속법 (welding restraint method)

1) 강재구속법 (mechanical restraint method)
   - 용접부 주변을 물리적으로 고정하여 변형을 방지하는 방법
   ① 클램프, 지그, 볼트, Bracket 사용
   ② 장점: 변형 방지 효과가 큼
   ③ 단점: 용접 중 내부 응력이 증가하여 균열 위험이 있음

2) 용접순서 조정법 (welding sequence control method)
   - 용접진행순서를 조정하여 변형을 최소화 하는 방법
   ① 대칭용접: 한쪽만 먼저 용접하지 않고 반대편도 균형있게 용접
   ② 단속용접(staggered welding): 일정간격을 두고 점진적으로 용접
   ③ 중앙에서 바깥쪽으로 용접하여 내부 응력을 분산

3) 예열 및 후열 처리법 (pre-heating & post-heating)
   - 용접 전에 예열하여 급격한 온도변화를 줄임
   - 용접 후에 후열 처리하여 응력을 완화
   - 특히 두꺼운 판재나 고탄소강 용접 시 필수

4) Backing재 또는 구속 블럭 사용
   - 용접 부 아래에 세라믹 Backing재, 구리판, 강재 블럭 등을 배치하여 용접풀을 지지
   - 용융금속이 일정한 형상을 유지할 수 있도록 도움

5) 점진 냉각법 (controlled cooling)
   - 용접 후 천천히 냉각하여 균열을 방지하는 방법
   - 모래 석면담요 전기로 등을 이용해 냉각속도를 조절

6) 용접잔류응력 제거법
   - 용접 후 변형된 부위를 교정하는 방법
   - 방법: 기계적 방법(해머로 두드리기), 열처리방법(스트레스 릴리프 열처리), 기계가공(밀링, 선반)

용접

모아대기법

• 용접 시 용융금속이 흘러내리는 것을 방지하고, 완전용입을 돕기 위해 용접 뒷면을 지지하는 방법, 특히 루트부분의 용접품질을 향상시키는데 중요한 역할을 함

3. 모아대기법 (backing method)

1) 모아대기의 역할

- 용융금속의 흐름을 지지하여 균일한 용접 형성
- 완전용입 보장
- 용접결함(기공, 균열)방지
- 용접변형 감소

2) 모아대기의 종류

① 금속 모아대기

- 탄소강, 스테인리스강, 구리, 알루미늄 등을 Backing 재료로 사용
- 장점: 열전도성이 높아 용접이 균일하게 진행됨, 재사용이 가능
- 단점: 제거가 필요할 수 있음, 용접금속과 화학적으로 반응가능성 있음

② 세라믹 모아대기

- 내열성이 뛰어난 세라믹을 사용하여 용접 풀을 지지
- 장점: 높은 내열성과 절연성, 균일한 루트면 형성 가능
- 단점: 깨지기 쉬움, 일회성 사용이 많음

③ 구리 모아대기

- 열전도율이 높은 구리판을 사용하여 용접풀을 빠르게 냉각
- 장점: 용접 후 뒤쪽 표면이 깨끗하게 형성됨
- 단점: 비용이 다소 높음

④ 유리섬유 테이프

- 특수한 유리섬유 테이프를 이용하여 용접풀을 지지
- 장점: 가벼움 & 적용이 쉬움, 일회용이지만 저렴함

⑤ 플럭스 모아대기

- 용접용 플럭스를 사용하여 루트면을 보호하고 용접결함을 방지
- 장점: 플럭스가 슬래그를 형성하여 보호막 역할
- 단점: 후처리가 필요할 수 있음

4) 모아대기법 적용 시 고려사항

- 용접방식: TIG, MIG, SMAW등 용접방식에 따라 적절한 Backing을 선택
- 재료특성: 금속, 세라믹, 플럭스 등 용접재료와의 호환성을 고려
- 비용 대 품질: 영구적인 Backing이 필요한지 제거가 필요한지에 따라 선택

★★★ 3. 접합 86

6-57	철골공사의 비파괴 시험(Non-Destrucitive Test)
No. 536	유형: 검사 · 기준

검사

검사방법

Key Point

◪ 국가표준
- KCS 41 31 20
- KS B 0896

◪ Lay Out
- 지체시간
- 합격기준
- 비파괴검사의 종류

◪ 핵심 단어
- What: 철골부재 이음부
- Why: 내구성평가
- How: 손상없이 검사

◪ 연관용어
- 방사선투과 시험
- 초음파탐상 시험
- 자분탐상 시험
- 침투탐상 시험

Ⅰ. 정 의

① 철골부재 이음부의 구조적 안전성, 소요의 강도 등 역학적 성능과 내구성 평가를 위하여 용접부에 대해 철의 물리적 성질을 이용하여 파괴 혹은 손상을 주지 않고 검사하는 것

② 용접부 검사 후 data를 이용하여 용접결함여부를 추정하여 용접의 적·부를 판단하며 철골공사의 이음 공법 중 핵심인 용접의 시공 및 품질측면에서 매우 중요하다.

Ⅱ. 비파괴 시험의 용접 후 지체시간

• 비파괴시험은 육안검사에 합격한 용접부에 실시한다. 최소 지체시간이 경과한 이후에 실시

용접 목두께 (mm)	용접 입열량 (J/mm)	지체시간(시간, hr)[1] 항복강도	
		355MPa 이하	355MPa 초과
a ≤ 6	모든 경우	냉각시간	24
6 < a ≤ 12	3000 이하	8	24
	3000 초과	16	40
12 ≤ a	3000 이하	16	40
	3000 초과	40	48

주 1) 여기서 지체시간은 용접완료 후 부터 비파괴시험 시작 때까지의 시간을 뜻함

Ⅲ. 비파괴 시험 합격기준

종류
• 방사선투과 시험
• 초음파탐상 시험
• 자분탐상 시험
• 침투탐상 시험

① 침투탐상시험(PT) 및 자분탐상검사(MT)침투탐상 검사
• KS B 0816과 KS D 0213에 따른다. 합격기준은 육안검사기준과 동일하게 적용

② 방사선투과시험
• KS B 0845에 따라 등급을 분류

③ 자동초음파탐상검사(PAUT)와 초음파탐상검사(UT)
• KS B 0896에 따라 등급을 분류

[방사선투과검사, 자동 및 수동 초음파탐상검사의 합격기준] - KS B 0896

품질관리 구분 및 응력 종류	합격 등급
품질관리 구분 '가'	해당 없음.
품질관리 구분 '나'	3류 이상
품질관리 구분 '다'	2류 이상
품질관리 구분 '라'	2류 이상

검사

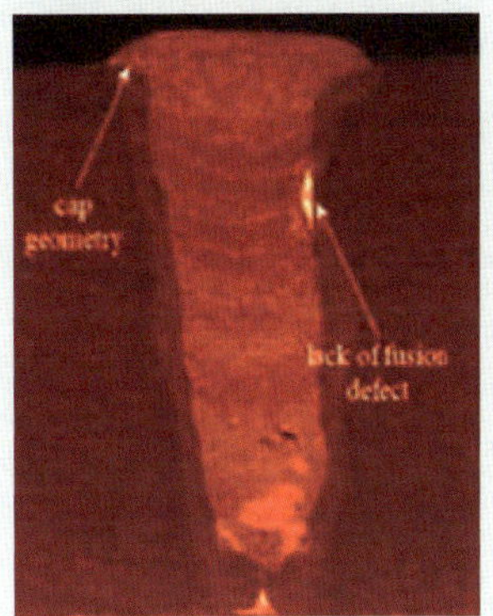

[방사선 투과법]

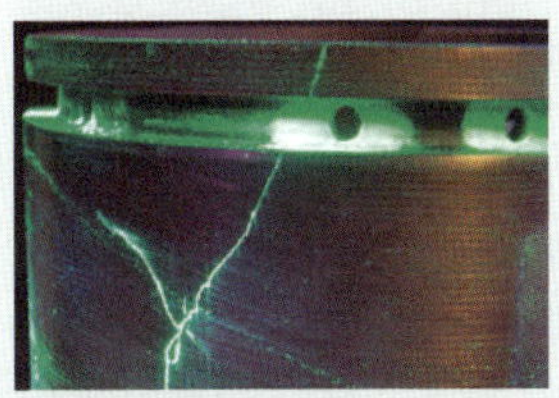

[형광침투탐상 검사]

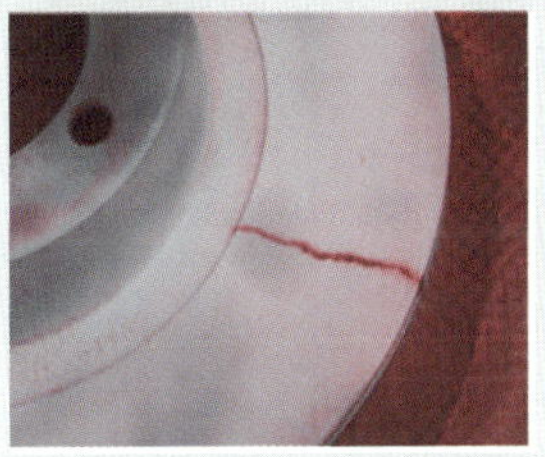

[염색침투탐상 검사]

Ⅳ. 비파괴검사의 종류

종 류	내 용	
방사선 투과법	정의	• X선, γ선으로 용접부를 투과시켜 반대측에 필름을 감광시키는 방법으로 투과도에 따라서 용접결함 판정
	장점	• 결함판별이 쉽다. • 검사기록이 가능 • 결함검출이 다른 방법에 비해 정량적이다. • 용접부 내부 전범위에 걸쳐 검사 가능
	단점	• 검사기간이 길고 비용과다 • T형이음의 검사 불가능 • 균열검출이 어렵다. • 방사선 차단이 필요 • 장치가 무겁고 기동성저하
초음파 탐상법	정의	• 주파수 $0.5 \sim 15MH_z$ 정도의 초음파를 용접부에 침입시켜 내부의 반사를 브라운관에 넣어서 내부결함 판정
	장점	• 검사시간이 짧다. • 장치가 가볍고 기동성 좋다. • T형 이음검사 가능 • 균열판정이 쉽다. • 용접부 내부 전 범위에 걸쳐 검사 가능 • 비용이 싸다.
	단점	• 미세한 blow hole의 검출불가 • 결함의 구별이 어렵다. • 기록성이 없다. • 판정기술이 다른방법에 비해 어렵다.
자분탐상법	정의	• 용접부에 자력선을 통과시켜 표면 또는 표면에 가까운 결함부에 생기는 자기를 이용하여 자장 또는 검사코일을 이용하여 결함을 검사
	장점	• 표면부근의 결함검출 용이
	단점	• 표면의 요철이 심한 경우 판정이 애매
침투탐상법	정의	• 침투액을 검사물 표면에 도포하여 침투시킨 다음 표면의 침투액을 씻어내고 현상액을 사용하여 결함부에 침투액을 바른 후 결함위치 검툴
	장점	• 자분탐상으로 검출할수 없는 비자성의 합금강이나 비철금속재료에 적용– 표면에 발생한 균열에 유리 • 표면에 발생한 균열에 유리 • 저렴하고 간단
	단점	• 내부검사는 불가 • 표면청소 필요

☆★★ 3. 접합

6-58	R.T: Radiographic Test	
No. 537	방사선 투과법	유형: 검사 · 기준

검사

검사방법

Key Point

◪ 국가표준
- KCS 41 31 20
- KS B 0845

◪ Lay Out
- 시험원리 · 시험절차
- 결함의 등급

◪ 핵심 단어
- What: 시험체 방사선 투과
- Why: 내부 결함 검출
- How: 필름에 재생

◪ 연관용어
- 방사선투과 시험
- 초음파탐상 시험
- 자분탐상 시험
- 침투탐상 시험

• 적용범위
- 맞대기 용접부 및 T 이음, 모서리이음 홈용접부

• 결함대상
- 내부결함(블로우홀, 용입불량, 균열, 슬래그혼입)

• 종류
- 직접촬영: X-선 필름으로 직접촬영
- 투시법: 노출과 동시에 바로 판독
- X-선 CT법: 물체의 단면 파악가능

• 단점
- 방사선 노출에 따른 사용자의 안전에 유의
- Crack 등의 결함 및 미세한 표면결함, 결함의 깊이를 정확히 측정하기 힘듬
- 방사선 Beam이 결함에 평행할 때 검출가능

Ⅰ. 정 의

① 시험체에 방사선(X선, Y선)을 투과시켜 Film에 그 상을 재생하여 시험체의 내부 결함을 검출하는 방법

② 방사선이 시험체의 두께에 따라 투과하는 성질이 달라지는 것을 이용하여 사진상의 농담(濃淡)에 따라 내부 결함 유무를 알 수 있는 방법

Ⅱ. 시험원리

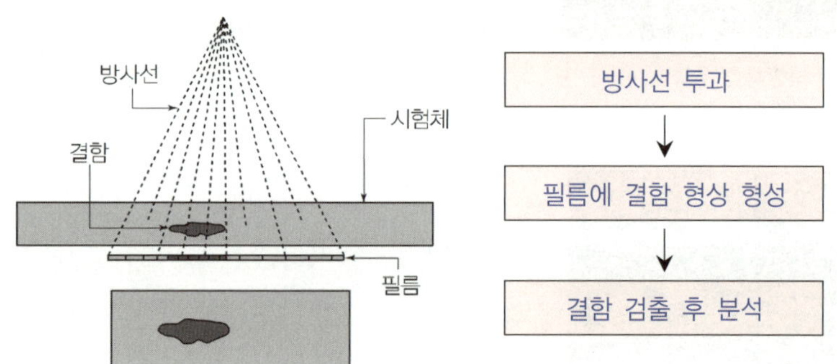

Ⅲ. 시험 절차

- 시험체 제원에 따른 방사선원 및 필름종류 선정
- 시험체 두께 측정
- 방사선원의 강도, 선원 - 필름간 거리, 시험체 재질 및 두께 등을 고려하여 노출시간 계산
- 필름부착 및 방사선원 고정
- 방사선투과 실시
- 필름현상
- 결함판독 및 평가

Ⅳ. 결함의 등급분류 기준(2종결함) KS B 0845

모재두께(mm) / 등급	12 이하	12 초과48 미만	48 이상
1급	3 이하	모재 두께의 1/4 이하	12 이하
2급	4 이하	모재 두께의 1/3 이하	16 이하
3급	6 이하	모재 두께의 1/2 이하	24 이하
4급	결함길이가 3급 보다 긴 것		

• 시험체 두께에 대한 결함길이의 비로 구분

☆★★ 3. 접합 63.124

6-59	UT: Ultrasonic Test	
No. 538	초음파탐상법	유형: 검사 · 기준

Ⅰ. 정 의

① 시험체에 초음파를 전달하여 내부에 존재하는 불연속면으로 부터 반사한 초음파의 에너지양, 진행시간을 CRT Screen에 표시하여 결함 위치와 크기로 내부 결함을 검출하는 방법

② monitor에 나타난 영상으로 결함 유·무를 판정하며, 넓은 면적을 판정할 수 있다.

Ⅱ. 시험원리

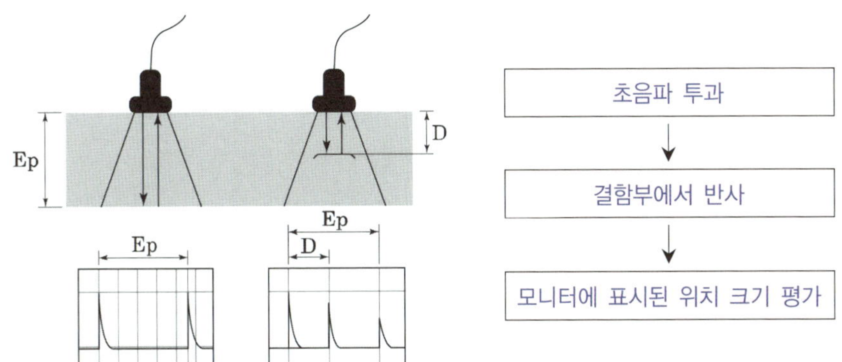

Ⅲ. 종 류

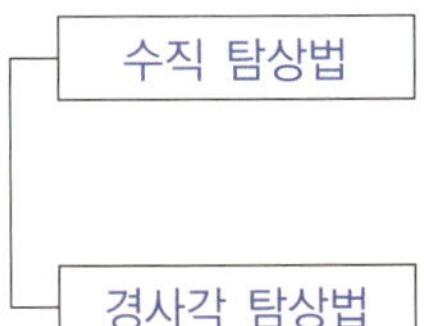

- 초음파를 수직으로 입사시켜 불연속면으로 부터 반사 에코를 얻는 방법으로 불연속면을 검출하는 방법
- 판재, 봉재, 단조품, 복잡한 형태 부품

- 탐상면에 일정한 각도로 횡파를 전달시켜 초음파가 경사져서 부딪히므로 표준시험편을 사용하여 조정하여 검출
- 건축물, 다리, 압력용기, 플랜트, 조선

Ⅳ. 특 징

장점	단점
두꺼운 시험체의 검사 가능	결함의 종류식별 곤란
불연속면의 위치·크기·깊이 확인 가능	금속조직의 영향을 많이 받음
검사장비가 간단하고 검사결과 신속	검사자의 기량에 따라 결과차이 발생
고감도로 미세한 결함 검출 가능	거친 표면, 기포가 많은 시험체는 곤란

검사

검사방법

Key Point

◩ 국가표준
- KCS 41 31 20
- KS B 0896

◩ Lay Out
- 시험원리·종류
- 특징·결함기준

◩ 핵심 단어
- What: 시험체에 초음파 전달
- Why: 내부 결함 검출
- How: 스크린에 표시

◩ 연관용어
- 방사선투과 시험
- 초음파탐상 시험
- 자분탐상 시험
- 침투탐상 시험

- 적용범위
  - 부재의 두께 측정
  - 탄성계수 등 물성 측정
  - 결함의 신호·길이·위치·파악
  - 방사선 투과가 곤란한 경우
- 결함대상
  - 내부결함(블로우홀, 용입불량, 균열, 슬래그혼입)
- 수신방법
  - 펄스 반사법
  - 투과법
  - 공진법
- 초음파의 전달방법
  - 접촉법
  - 수침법

검사

V. 표본추출 및 내부결함 결함기준

① 검사로트의 합격 · 불합격 판정: 30개의 추출된 표본 중 불합격개소가 1개소 이하일 때 합격, 4개소 이상일 때 불합격(용접개소 300개 이하로서 1개 로트구성)

② 표본 중 불합격개소가 1개소 초과 4개소 미만일 때, 동일 검사로트에서 30개소의 표본을 다시 추출해서 재검사

③ 총계 60개소의 표본에 대해 불합격수 합계가 4개소 이하일 때 합격으로 하고, 5개소 이상일 때 불합격으로 한다.

☆★★ 3. 접합 107

6-60	MT: Magnetic Particle Test	
No. 539	자기분말 탐상 시험	유형: 검사 · 기준

검사

검사방법

Key Point

◩ 국가표준
- KCS 41 31 20
- KS D 2313

◩ Lay Out
- 시험원리 · 특징
- 자화방법

◩ 핵심 단어
- What: 장자성체 자화
- Why: 표면결함 검사
- How: 자분이 모이거나 붙어서

◩ 연관용어
- 방사선투과 시험
- 초음파탐상 시험
- 자분탐상 시험
- 침투탐상 시험

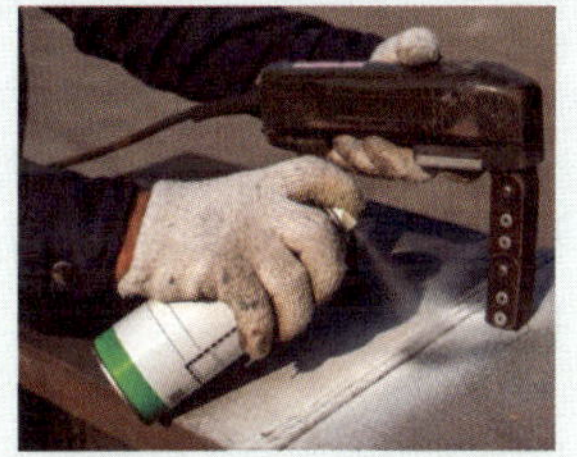

- 적용범위
  - 자성체의 검사에만 사용(철, 니켈, 코발트 및 이들의 합금)
- 결함대상
  - 표면결함
- 자분의 종류
  - 형광자분(Flourescent): 자외선을 조사하면 형광으로 구분되는 자분
  - 비형광 자분(Non-Fluorescent): 형광 자분과 대조적으로 형광이 발생하지 않는 부분

Ⅰ. 정 의

① 강자성체를 자화시키고 자분을 적용시켜 누설자장에 의해 자분이 모이거나 붙어서 불연속부의 표면결함을 검사하는 방법

② 피검사체를 교류 또는 직류로 자화시킨 후 Magnetic Particle을 뿌리면 Crack부위에 Particle이 밀집한다. 용접부 표면이나 표면 주위 결함, 표면직하의 결함 등을 검출

Ⅱ. 시험원리

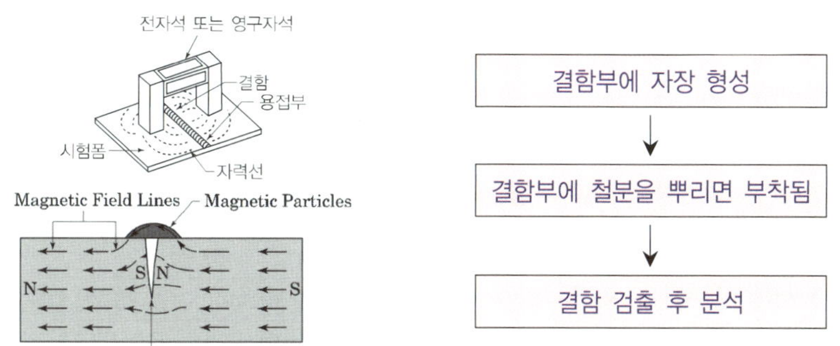

Ⅲ. 특 징

장 점	단 점
표면 균열검사에 가장 적합	강자성체의 재료에 국한
검사비용이 저렴	검사자의 기량에 따라 결과차이 발생
시험체의 형상에 제약을 받지않음	전기가 접촉되는 부위에 국부적인 손상우려
결함모양이 표면에 나타나 육안검사 가능	내부검사 불가능

Ⅳ. 자화방법

① 축 통전법(Direct Contract Method): 검사체의 축 방향으로 직접 전류를 흘림, 전류와 평행한 방향의 결함 검출가능

② 직각 통전법(Cross Current Method): 검사체의 축에 직각방향으로 전류를 흘림

③ 전류 관통법(Through Conductor Method): 검사체의 구멍에 통과

④ 프로드법(Prod Method): 2개의 특정지점에 전극을 연결하여 전류 흘림

⑤ 자속 관통법(Through Flux Method):구멍에 교류자석이 흐르는 자성체 통과하여 유도전류에 의한 자기장을 형성

⑥ Coil법(Coil method): 코일속에 넣어 코일에 전류를 흘림

⑦ 극간법(Yoke Method): 검사체를 영구자석의 자극 사이에 위치

☆☆★ 3. 접합 132

6-61	PT: Liquid Pentration Test	
No. 540	침투탐상법	유형: 검사 · 기준

검사

검사방법

Key Point

◪ 국가표준
- KCS 41 31 20
- KS B 0816

◪ Lay Out
- 시험원리
- 특징
- 유의사항

◪ 핵심 단어
- What: 철골부재 이음부
- Why: 내구성평가
- How: 손상없이 검사

◪ 연관용어
- 방사선투과 시험
- 초음파탐상 시험
- 자기분말탐상 시험
- 침투탐상 시험

• 적용범위
- 용접부 검사
- 자동차 부품검사
- 세라믹, 유리
- 알루미늄 부품

• 결함대상
- 표면결함, 부식, 누설여부

• 침투액의 종류
- 형광침투 탐상법
- 액체침투 탐상법

• 세척 방법에 따른 분류
- 수세성 침투탐상검사
- 후유화성 침투탐상검사
- 용제제거성 침투탐상검사

• 현상방법에 따른 분류
- 건식, 습식, 속 건식, 무현상법과 같이 4종류의 현상법으로 분류한다.

Ⅰ. 정 의

① 표면개구부로 침투액을 넣어 불연속 내의 침투액이 만드는 지시모양을 관찰함으로써 표면결함을 검출하는 방법

② 침투 및 현상재료에 따라 여러 가지 기법이 있으며 시공, 제작 현장에서는 주로 용제 제거성 액체침투탐상 기법이 적용된다.

Ⅱ. 시험원리

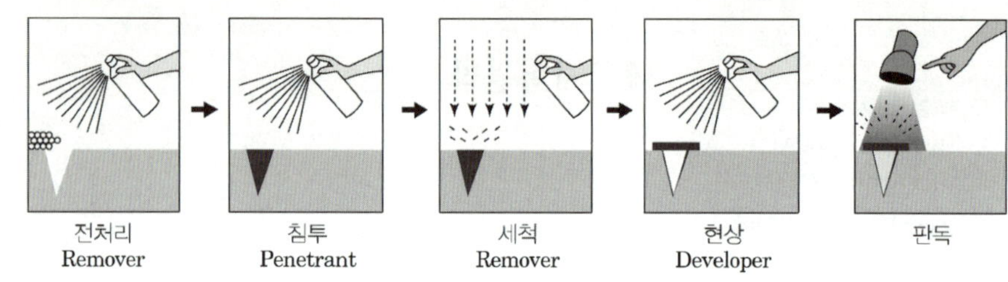

Ⅲ. 특 징

장 점	단 점
검사속도가 빠르며, 검출감도가 좋다.	매검사 마다 30분~1시간 소요
결함을 현장에서 직접 육안검사 가능	검사자의 기량에 따라 결과차이 발생
다양한 피사체에도 적용(모양, 크기)이 가능	페인트 도포부위, 더러운 곳에 적용 곤란
대부분의 재료에 적용 가능	내부검사 불가능
이종 금속간의 검사가능	표면외 결함은 검출이 불가

1) 침투제
- 형광성분의 포함 여부에 따라 형광침투제(I형, F형)와 염색침투제(II형, V형)로 구분, 주로 녹색이고 자외선등 하에서 밝은 형광을 발생

2) 세척제
- 수세성 침투제 또는 후유화성 침투제를 사용한 경우 물로 세척하고, 용제 제거성 침투제를 사용한 경우 용제로 세척

3) 현상제
- 불연속부 내에 들어있는 침투제를 시험체면 위로 흡출시키고 침투제와의 명암도를 증가시켜 관찰을 용이

Ⅳ. 유의사항

① 뜨거운 공기로 건조시킬 경우 검사부 온도 52℃ 초과 금지
② 넘치는 침투액 제거 후 현상액을 즉시 도포해야한다.
③ 검사표면에 균일하게 도포
④ 현상액 도포 후 Developing Time 10분 이상 대기
⑤ 최종 Interpretation Time은 현상액 도포 후 10분~60분내 실시
⑥ 형광침투 PT판독자는 5분전에 암실에 입실하여 암흑에 적응

★★★ 4. 부재 및 내화피복

6-62	부재분류	
No. 541		유형: 항목 · 구분

부재

부재분류

Key Point

- 국가표준
- Lay Out
  - 부재분류
- 핵심 단어
- 연관용어

윈드칼럼(Wind Column)

- Main Column 사이사이에 들어가는 부재로 마감재를 지지하는 가로부재인 Girth를 지탱하는 수직재이다. Girth를 포함한 마감재의 수직하중 뿐만 아니라 마감재에 작용하는 풍하중을 견디는 Beam- Column인 2차 구조부재

Ⅰ. 정 의

철골부재는 기둥, 보, 바닥판으로 구성되어 있으며 구성재와 단면형상, 구조적 특성 등에 의해 달라진다.

Ⅱ. 부재분류

1. 기둥

1) Built Up Column

① 여러 작은 부재들을 조합하여 큰 힘을 받도록 주문생산 및 제작

② 철골구조물의 형상 및 특성과 현장 여건에 맞게 임의의 크기로 자유롭게 조립하여 시공하는 기둥

2) Box Column

2개의 U형 형강을 길이 방향으로 조립한 Box 형태의 Column이나 4개의 극후판(Ultra Thick Plate)을 Box 형태로 조립한 Column

2. 보

1) Built Up Girder

종류	세부내용
플레이트 거더 (Plate Girder)	강재로 제작된 철판을 절단하여 보의 Flange와 Web의 가공 및 제작이 완료된 후 Flange를 Web와 상호 맞대고 Flange Angle를 덧대어 용접이음 혹은 Bolt로 접합하여 강성을 높인 조립보
커버 플레이트 보 (Cover Plate Beam)	표준규격의 H-형강 혹은 I-형강의 Flange에 강판(Cover Plate)을 맞대고 용접 혹은 bolt로 접합한 조립보
사다리보 (Open Web Girder)	강재로 Web를 대판(大板)으로 제작하며 등변 ㄱ형강이나 부등변 ㄱ형강 등을 사용하여 Flange ㄱ형강의 상부 Flange와 하부 Flange의 양측 사이에 끼워 넣은 후 Bolt로 접합하여 만든 조립보
격자보 (Lattice Girder)	강재로 제작된 철판을 절단하여 보의 Web재를 사선(斜線)으로 배치하고 Flange ㄱ형강의 상부 Flange와 하부 Flange의 양측 사이에 끼워 넣은 후 Bolt로 접합
상자형보 (Box Girder)	상부 Flange와 하부 Flange 사이의 Web를 Flange 양끝 단부에 대칭이 되도록 2개를 사용하여 속이 빈 상자모양으로 만든 보
Hybrid Beam	Flange와 Web의 재질을 다르게 하여 조합

부재

2) 기타

① Hybrid beam

② 철골 Smart Beam

③ 하이퍼 빔(Hyper Beam)

④ Hi-beam(Hybrid-Integrated)-Beam

⑤ TSC보

3. Slab

① 합성 Deck Plate: 콘크리트와 일체로 되어 구조체 형성

② 철근배근 거푸집(철근 트러스형) Deck Plate: 주근+거푸집 Deck Plate

③ 구조 Deck Plate: Deck Plate만으로 구조체 형성

④ Cellular Deck Plate: 배관, 배선 System을 포함

4. 계단

Ferro Stair: 공장에서 생산된 철골계단을 현장에서 접합하여 완성하는 시스템화된 계단설치공법

☆☆☆ 4. 부재 및 내화피복 122,133

6-63	Wind Column	
No. 542	윈드컬럼	유형: 공법 · 부재 · 구조

부재

기둥 부재

Key Point

- 국가표준

- Lay Out
  - 구조입면도 · 특징
  - 유의사항

- 핵심 단어
  - What: main Column 사이
  - Why: 풍하중에 견디는 부재
  - How: Girth를 지탱하여

- 연관용어
  - Sub Column

Ⅰ. 정 의

① Main Column 사이사이에 들어가는 부재로 마감재를 지지하는 가로부재인 Girth를 지탱하는 수직재

② Girth를 포함한 마감재의 수직하중 뿐만 아니라 마감재에 작용하는 풍하중을 견디는 Beam-Column인 2차 구조부재

Ⅱ. 윈드컬럼 구조입면도

- P1 : 주기둥 특징 : ①지붕하중 전달 / ②기초설치
- P2 : 샛기둥(윈드컬럼) 특징 : ①지붕하중 전달(×) / ②기초설치(×)

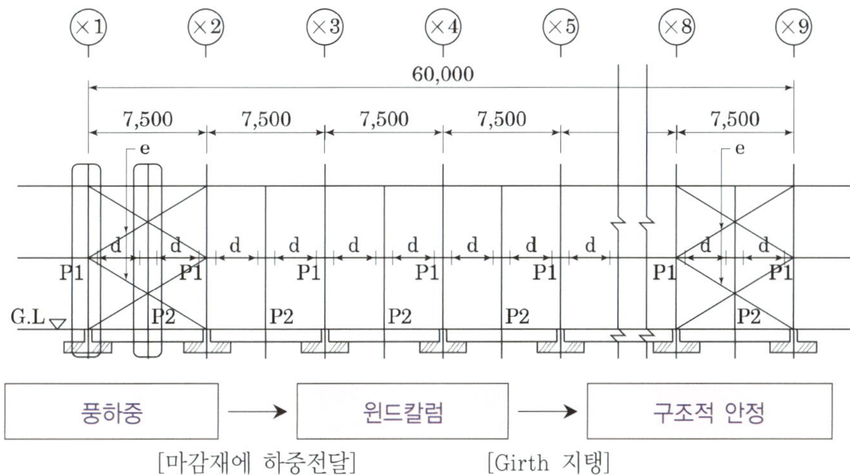

Ⅲ. 구조적인 특징

① 경량철골 공장에서 마감재에 작용하는 풍하중을 지지
② 하부 접합부를 핀(Pin)으로 설계
③ 상부 지점을 세로로 긴 슬롯구멍(Slot Hole)로 처리
④ 위아래로는 이동단(Roller Support) 처리

Ⅳ. 유의사항

① Member List별 배치간격 준수
② 주각부 Level 확인 및 고정 철저
③ 마감재 취부 시 수평보강 확인
④ Bracing 시공 후 마감재 취부

6-64	Hybrid beam	
No. 543	하이브리드빔	유형: 공법 · 부재 · 구조

부재

보 부재

Key Point

◩ 국가표준

◩ Lay Out
- Mechanism · 특징
- 유의사항

◩ 핵심 단어
- What: 플랜지와 웨브
- Why: 휨성능 개선
- How: 재질을 다르게 하여 조합

◩ 연관용어
- Hi-Beam
- Smart Beam
- Prefab화

Ⅰ. 정 의

① 플랜지(flange)와 웨브(web)의 재질을 다르게 하여 조합시켜 휨 성능을 높인 조립보

② 서로 다른 재질과 강도의 flange와 web가 결합된 조립보로서 휨모멘트(bending moment)를 부담하는 flange는 고강도강(High Strength Steel)을 사용하며, 전단력을 부담하는 web는 연강(mild steel)을 사용한 조립보

Ⅱ. 하중분담 Mechanism

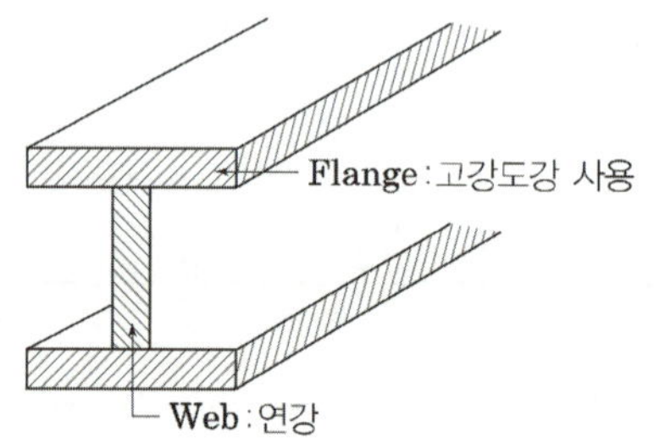

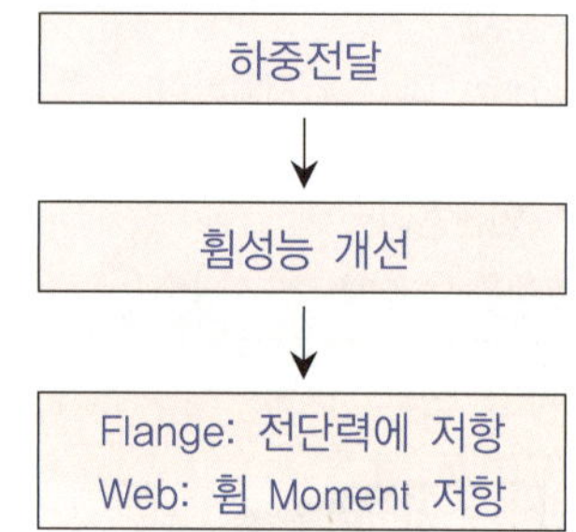

Ⅲ. 특 징

① 진동과 충격저항에 강하다
② 예상 이외의 하중에 대하여 안전성 우수
③ 강재의 절감으로 설치비용 절감
④ 보의 춤 높이가 낮다

Ⅳ. 유의사항

① Bending Moment가 큰 곳에서는 Flange에 Cover Plate를 설치
② 보 춤 산정 시 처짐을 고려하여 결정
③ 응력 상태를 고려하여 결제적인 단면을 결정

☆☆★ 4. 부재 및 내화피복 86,115

6-65	철골 Smart Beam	
No. 544		유형: 공법 · 부재 · 구조

부재

보 부재

Key Point

- 국가표준
- Lay Out
  - 층고절감 방법
  - 특징
  - 유의사항
- 핵심 단어
  - What: 플랜지와 웨브
  - Why: 휨성능 개선
  - How: 재질을 다르게 하여 조합
- 연관용어
  - Hi-Beam
  - Smart Beam
  - Prefab화

Ⅰ. 정 의

하부 flange부분에 작은 보(beam)거치용 받침대를 설치하고 큰 보(Girder)의 Web에 설치된 opening을 설비덕트 공간으로 활용하여 콘크리트와의 일체성 확보와 층고 절감형 바닥 system을 위한 합성보

Ⅱ. Smart Beam의 층고절감 방법

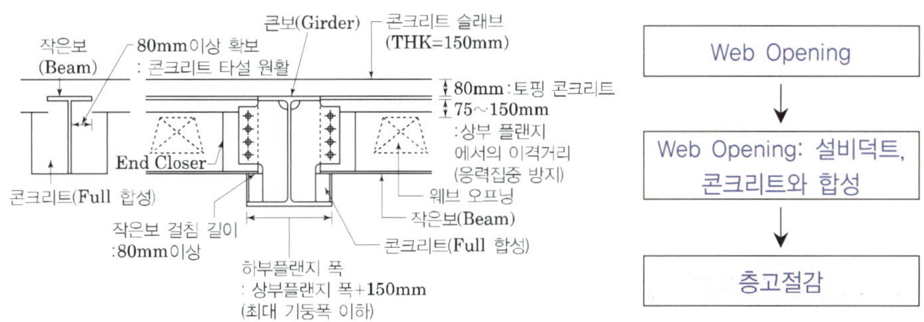

Ⅲ. 특 징

구 분	특 징
층고절감	• 기존철골 공법에 비해 100~200mm 이상 층고절감 가능 • web에 설치된 opening을 설비공간으로 활용하여 추가적인 층고절감
일체성확보	• web에 설치된 opening을 통해 콘크리트와 일체성확보
경제성	• 철골물량이 감소하고 기둥부재 및 내외장재 감소 • 내화피복면적이 40~60% 감소
시공성	• 스터드볼트가 불필요하고 완제품 상태로 납품하여 시공성 향상
거주성능	• 콘크리트와의 합성효과로 인해 처짐 및 진동성능 향상

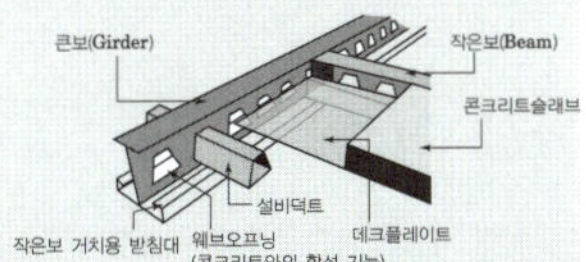

Ⅳ. 유의사항

① Web의 취약에 대한 Bending Moment 검토
② 설비 Duct 부분의 구조 및 Size 검토
③ 설비 Duct 매립부분 파손에 유의

6-66	Hyper Beam	
No. 545	하이퍼 빔	유형: 공법 · 부재 · 구조

Ⅰ. 정 의

초대형 압연 H형강으로 열간압연방식에 의해 제작되며, 탄소량 0.8% 이상에서 Cementite와 Pearlite로 이루어진 강으로 Flange의 폭이 일정한 강재

Ⅱ. 하중분담 Mechanism

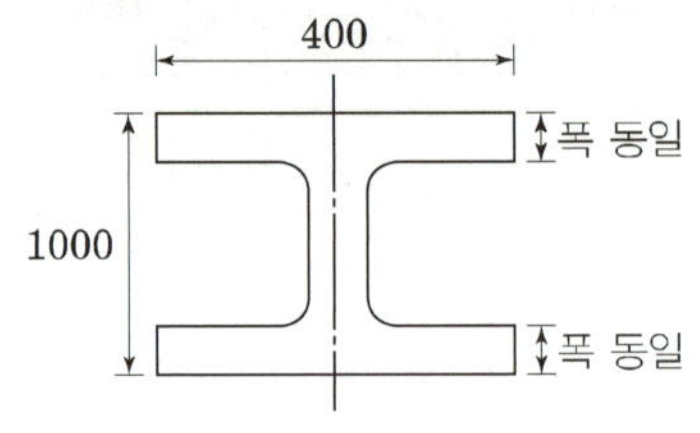

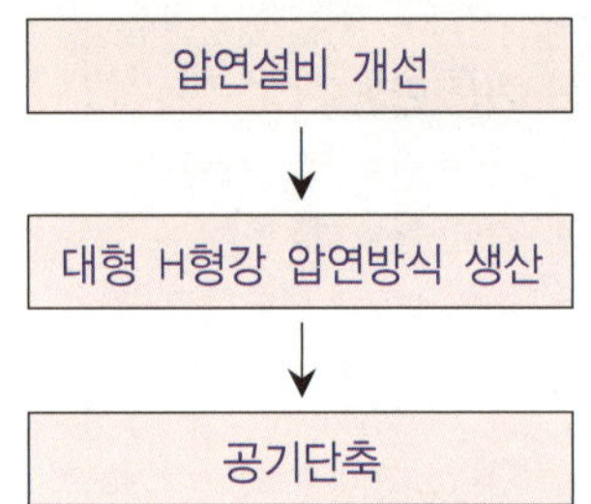

Ⅲ. 제조과정

① 풀림의 냉각과정에서 Cementite는 오스테나이트(austenite)의 입계에 망상으로 석출하고, 오스테나이트 기지는 펄라이트가 된다.

② 탄소량의 증가로 시멘타이트가 증가되며, 경도는 증가되나 연신율은 감소

Ⅳ. 특 징

① 대규모 H형강 생산으로 현장 설치 시 공기단축

② 정확한 치수로 조립 정밀도 향상

③ Flange의 일정 폭 유지로 구조계산의 정확성 증대

④ 구조적인 안정성과 장Span 유리

부재

보 부재

Key Point

◪ 국가표준

◪ Lay Out
- Mechanism
- 제조과정
- 특징

◪ 핵심 단어
- What: 초대형 압연 H형강
- Why: Flange 폭 일정
- How: 열간압연방식에 의해 제작

◪ 연관용어
- Hi-Beam
- Smart Beam
- Prefab화

austenite

• 합금원소가 녹아 들어가서 면심입방정을 이루는 철강 및 합금강의 총칭탄소를 고용한 Γ철을 오스테나이트라고 하며 1,130℃에서 탄소를 최대한 2.0% 고용한다. 과냉 오스테나이트의 변태는 냉각속도에 따라 여러 종류의 조직을 만들며, 담금질시에는 필요 불가결한 조직이다. 오스테나이트는 탄소 함유량에 따라 물리적·기계적 성질을 달리한다. 예를 들면, 탄소량이 많은 오스테나이트일수록 경도는 커진다.

☆☆★ 4. 부재 및 내화피복 67,113

6-67	Hi-beam(Hybrid-Integrated Beam)	
No. 546	하이빔	유형: 공법 · 부재 · 구조

부재

보 부재

Key Point

◩ 국가표준

◩ Lay Out
- 작용 Moment도
- 특징
- 시공순서
- 고려사항

◩ 핵심 단어
- What: H형강 단부에
- Why: 장Span, 일체성
- How: 철근콘크리트 일체화

◩ 연관용어
- Hyper Beam
- Smart Beam
- Prefab화

Ⅰ. 정 의

① H형강의 단부에 철근콘크리트를 일체화시켜 장Span과 접합부 일체성을 확보가 가능한 복합보(Hybrid Integrated Beam)

② 보의 양 단부는 압축력에 강하고 철근콘크리트 기둥과의 일체성 확보를 위해 철근콘크리트로, 보의 중앙부는 장스팬에 유리한 강재보로 구성되어 있다.

Ⅱ. 작용 Moment도

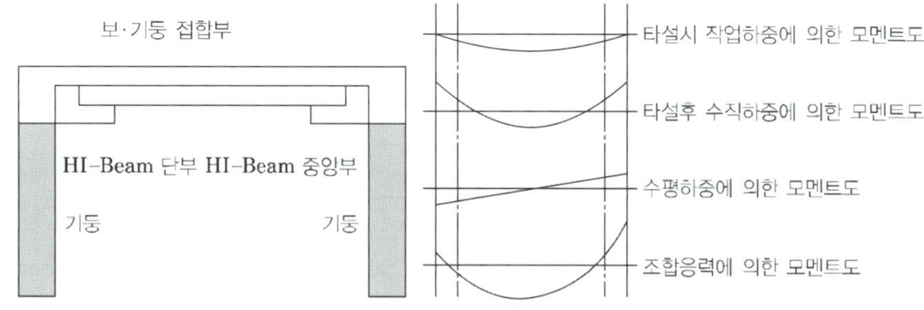

Ⅲ. 구조적 특징

① 보 · 기둥 접합부: 콘크리트를 현장타설하여 복잡한 접합이 생략되고 접합성능은 확보

② 단부: 큰 전단력과 모멘트가 작용하는 구간에는 철근콘크리트를 사용하여 단부의 강성증가 및 처짐과 진동에 유리

③ 중앙부: 중앙부는 작용력이 작고 정모멘트 구간으로 슬래브와 합성효과를 고려할 수 있으므로 작은 단면의 강재보를 사용할 수 있음

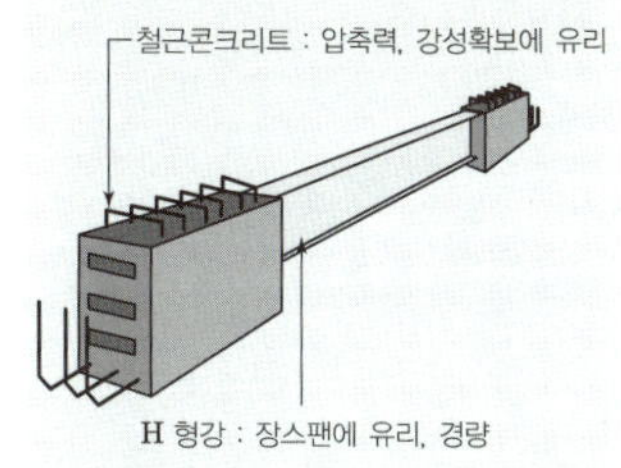

Ⅳ. 시공순서

기둥 설치 → Hi-beam 설치 → 작은보 설치 → Deck Plate 설치 → Slab 콘크리트 타설

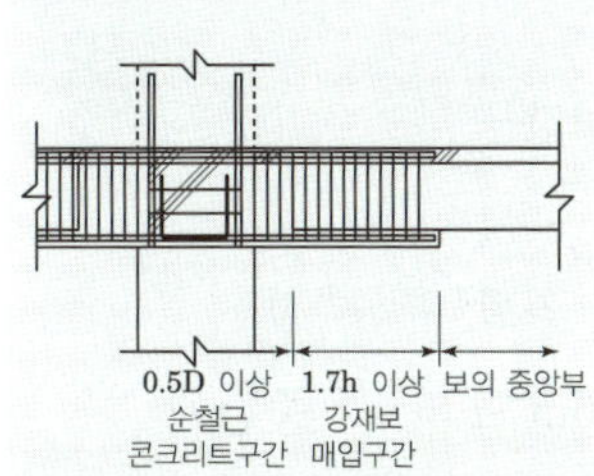

Ⅴ. 접합부 고려사항

① 기둥의 주철근과 Hi-beam 단부의 하부 주철근과 간섭

② Hi-beam과 직교방향의 철골보의 하부 주철근과 간섭

③ Hi-beam 단부의 상부 주철근과 직교보의 주철근과 간섭

④ 접합부 콘크리트의 충전성

★★★ 4. 부재 및 내화피복 118.128.132

6-68	Deck Plate	
No. 547	데크 플레이트	유형: 공법 · 부재 · 구조

부재

바닥 부재

Key Point

◪ 국가표준
- KCS 41 31 55(2023변경)
- KCS 14 31 70(2019구시방)

◪ Lay Out
- 분류 · 시공 Flow
- 시공 시 유의사항(붕괴)
- 콘크리트 균열

◪ 핵심 단어
- What: 강재류 요철가공
- Why: 바닥전용 부재
- How: 면외방향 강성

◪ 연관용어
- 데크플레이트 종류
- Prefab화

구조방법

① 데크 합성슬래브: 데크 플레이트와 콘크리트가 일체가 되어 하중을 부담하는 구조
② 데크 복합슬래브: 데크 플레이트의 리브에 철근을 배치한 철근 및 콘크리트와 데크 플레이트가 하중을 부담하는 구조
③ 데크 구조슬래브: 데크 플레이트가 연직하중, 가새가 수평하중을 부담하는 구조

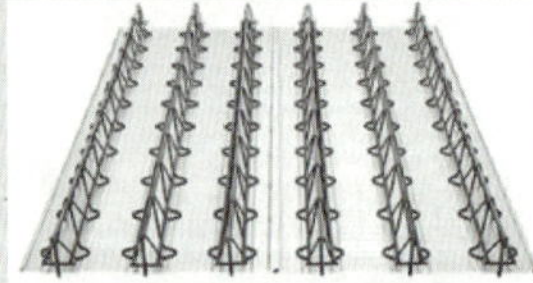

[Super Deck]

[Ferro Deck]

Ⅰ. 정 의

① 아연도금 강판, 선재 등 강재류를 요철 가공한 것으로써 바닥구조에 사용하는 성형된 판으로 면외방향의 강성과 길이 방향의 내좌굴성을 높게 만든 바닥전용 판형부재

② S조, R.C조, SRC조 등으로 가구된 골조의 보와 보 사이에 성형강판을 걸쳐대고, 철근 배근 후 바닥 slab의 concrete를 타설하는 바닥판 거푸집 공법

Ⅱ. Deck Plate의 분류

Ⅲ. 시공 Flow

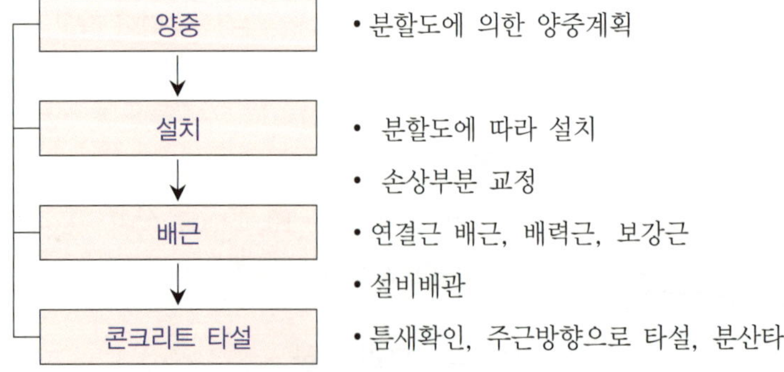

• 시공 중 처짐 발생에 주의하고, 지점간 3.6m 초과 시 중간에 Support 설치

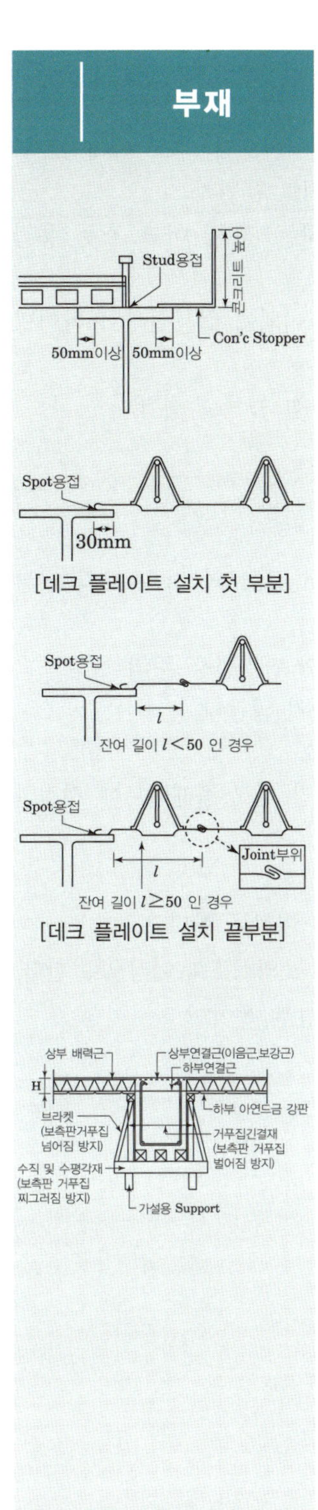

[데크 플레이트 설치 첫 부분]

[데크 플레이트 설치 끝부분]

Ⅳ. 시공 시 유의사항 - 붕괴방지

1. 시공 일반사항

① 데크 플레이트는 박판으로 쉽게 변형하므로 반입, 양중 시에 주의

② 양중은 반드시 2점 걸기로 하여 양중 시 변형 최소화

③ 설치 후 바로 용접 등으로 고정

④ 슬래브 작업시에는 반드시 걸침폭(골방향 50mm 이상, 폭방향 30mm 이상) 확보

⑤ 근로자 안전작업을 위해 이동 가능한 작업용 발판을 설치하고, 추락 방지를 위한 안전난간을 확보

2. Deck Plate 설치

1) 설치 및 가고정

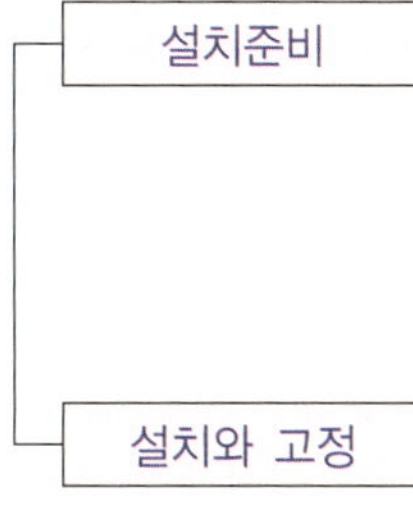

- 설치 전 강재 보 표면 청소를 실시하여 수분 및 유분을 제거
- 강재 기둥 주위와 보 접합부는 데크 받침재가 강구조 도면대로 장착되어 있는지 확
- 데크 받침재는 판두께 6mm 이상

- 설치는 보 상부에 설계도면에 따라 먹매김을 실시
- 기둥과 보 접합부의 데크플레이트는 필요한 개소를 절단

2) 데크플레이트 슬래브와 보의 접합

접합위치	데크플레이트 구조		
	데크합성슬래브	데크복합슬래브	데크구조슬래브
데크 플레이트와 강재보의접합	전용접, 드라이빙핀, 용접(필릿용접, 플러그 용접, 아크스폿용접 등), 볼트 또는 고장력볼트	전용접, 드라이빙핀 또는 용접(필릿용접, 플러그용접, 아크스폿 용접 등)	전용접, 드라이빙핀, 용접(필릿용접, 플러그 용접, 아크스폿용접 등), 볼트 또는 고장력볼트
데크 플레이트 상호의 접합	용접(아크스폿용, 필릿용접), 터빈나사, 감합, 가조립	용접(아크스폿용접, 마찰용접), 터빈나사, 감합, 가조립 또는 겹침	용접(아크스폿용접, 마찰용접), 터빈나사, 감합, 가조립 또는 겹침
바닥슬래브와 강재보의 접합	스터드볼트, 전용접, 드라이빙핀, 용접(필릿용접, 플러그용접), 볼트 또는 고장력볼트	스터드볼트	별도, 바닥 가새가 필요

① 데크 복합슬래브에서는 데크 플레이트와 콘크리트의 일체화를 위해 통상 스터드볼트 접합을 실시

② 데크 구조슬래브에서는 데크 플레이트의 면내 전단력이 크지 않기 때문에 바닥 브레이싱을 설치

부재

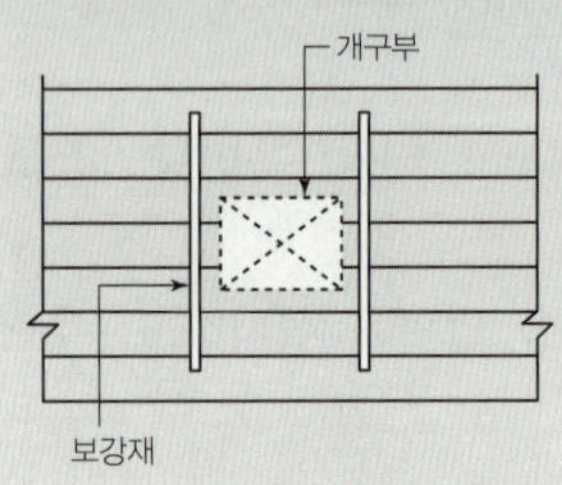

- ϕ 100이하: 보강 불필요(주근 절단시는 보강)
- ϕ 100 ~ ϕ 300: 형강을 사용하여 보강
- ϕ 300초과: 보강용 작은 보 사용(구조용보에 연결)

③ 스터드볼트를 이용하는 경우 스터드볼트 접합으로 데크 플레이트고정 금지

④ 데크 플레이트를 강재보에 접합할 때에는 반드시 데크 플레이트를 보에 밀착시키고, 빈틈이 2mm 이하가 되도록 밀착

⑤ 스터드볼트의 면내 전단력을 보에 전달하는 경우, 아크 스폿 용접 혹은 필릿용접 등으로 보에 접합

⑥ 데크 합성슬래브의 경우에는 스터드볼트 이외에 전용접과 드라이빙 핀을 사용금지

⑦ 플랫 데크는 아크 스폿 용접 또는 필릿용접 등으로 접합

3. 스터드 용접

1) 스터드용접 전 작업의 유의사항

① 데크 플레이트 관통 용접: 설계 단계에서 큰 보와 작은 보의 상부 플랜지 면이 동일하도록 한다.

② 작은 보 가설 시: 상부에 큰보와 작은보의 단차발생 주의

③ 보 플랜지면에 스터드를 설치: 도장은 하지 않는다.

④ 데크 플레이트 설치: 보 플랜지 면은 청소

⑤ 판 두께가 두꺼워서 충분한 용접불가: 미리 데크 플레이트에 적절한 직경의 구멍을 뚫어서 직접 용접

2) 데크 플레이트 관통 용접 시 제한사항

① 데크 플레이트 리브의 높이 H_d는 75mm 이하로 한다.

② 데크 플레이트의 평균폭 b_d는 스터드 직경 d의 2.5배 이상으로 한다. 다만 상부 폭이 하부 폭보다 좁을 때는 상부 폭이 $2.5d$ 이상

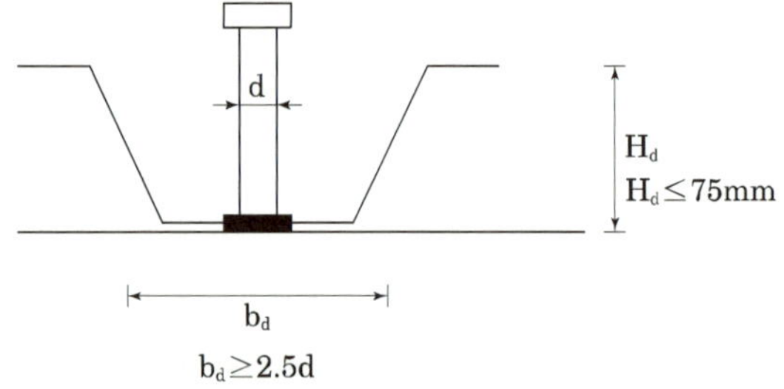

[데크플레이트 형상의 제한]

V. Deck Plate위 타설한 콘크리트의 균열

1. 균열발생원인

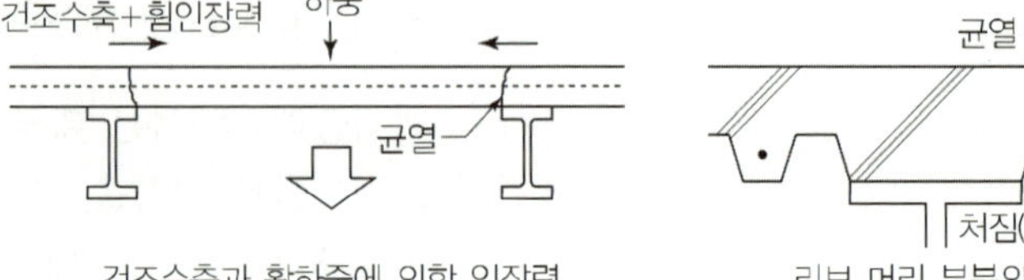

부재

① 1방향 slab: 단순지지에 따른 slab 초기 처짐 발생
② 1방향 slab의 적은 철근량으로 구속력이 부족
③ 잉여수가 빠지기 곤란
④ 공사 중 진동에 따른 구조적 균열
⑤ 단면요철이 있는 Deck plate는 얇은 단면부에 균열발생

2. 균열억제대책

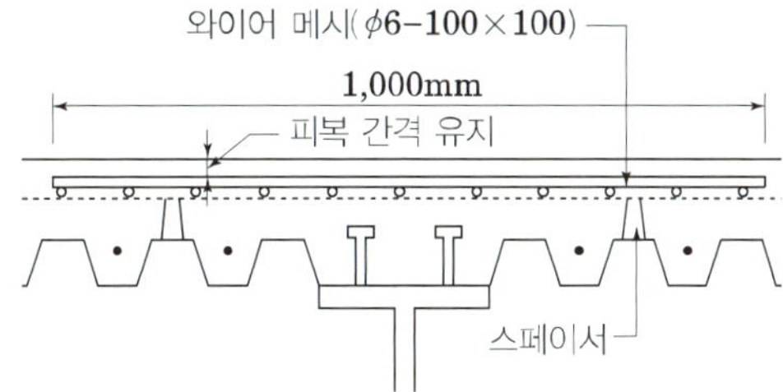

① 거더(Girder) 위에 Wire Mesh 설치
② W/C비가 낮은 concrete 타설
③ Bleeding 수(水) 제거
④ 살수양생으로 급격한 건조방지
⑤ 표면 마감은 되도록 제물마감으로 시공
⑥ Concrete 두께 100mm 이상 타설

3. 균열보수

구 분	내 용
균열 폭 0.3mm 미만	• 사용성에 지장이 없으면 보수 불필요 • 바닥마감이 비닐시트(vinyl sheet), 타일 카펫(Tile carpet, KS K 2621)인 경우 보수 불필요
균열 폭 0.3mm 이상	• Slab에 진동 및 deck에 해(害)를 입히지 않는 Cutter로 V-Cutting • 콘크리트 구조물 보수용 에폭시 수지 모르타르(Epoxy resin mortar for restoration in concrete structure, KS F 4043) 충전
마감 모르타르가 뜬 경우	• 콘크리트 구조물 보수용 에폭시 수지 모르타르 주입 고정

☆☆☆ 4. 부재 및 내화피복 72

6-69	Composite deck plate	
No. 548	합성 데크 플레이트	유형: 공법 · 부재 · 구조

부재

바닥 부재

Key Point

◩ 국가표준
- KCS 41 31 55
- KCS 14 31 70(2019구시방)

◩ Lay Out
- 설치과정 · 특징비교
- 시공 시 유의사항

◩ 핵심 단어
- What: 콘크리트와 일체
- Why: 합성구조
- How: 인장응력 데크, 압축응력 콘크리트 부담

◩ 연관용어
- 데크 플레이트 종류
- Prefab화

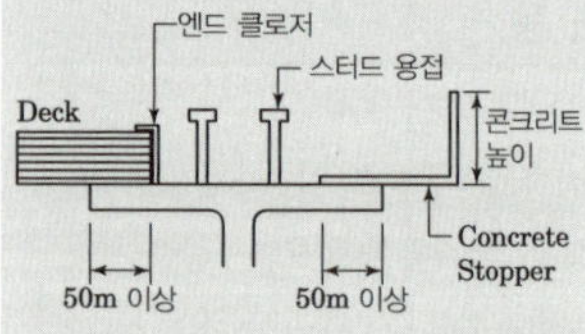

Ⅰ. 정 의

① Composite deck plate가 concrete와 일체가 되어 인장응력은 deck plate가 부담하고 압축응력은 concrete가 부담하는 구조
② 시공중에는 거푸집 대용으로, concrete 양생 후에는 별도의 철근 배근 없이 균열 방지용 wire mash만 배치

Ⅱ. Deck 설치과정

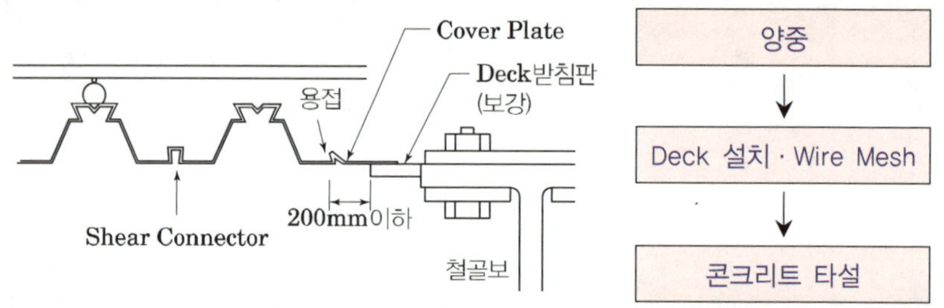

Ⅲ. 특징 비교

구 분	key stone plate		deck plate		compostie plate	
응력부담	철근	인장력 부담	철근	인장력 부담	deck plate	인장력 부담
	콘크리트	압축력 부담	콘크리트	압축력 부담	콘크리트	압축력 부담
구조적 용도	비구조용		비구조용 혹은 구조용		구조용	

Ⅳ. 시공 시 유의사항

구 분	내 용
합성데크 부재선정	• 국가인정기관의 실험검증 → 구조적으로 안전성을 확인받아야 한다. • 확인사항: 경간, 허용하중, 내화성능, Topping 콘크리트 두께 등
슬래브 배근	• 사용 한계에 대한 구조안전성만으로는 무근콘크리트로도 시공이 가능 • 지지부위의 부(-)휨모멘트 및 건조수축에 의한 균열은 바닥의 강성저하와 진동장애의 원인이 되므로 용접철망(ϕ6-100×100)을 배근
데크 플레이트 설치	• 골 방향으로 설치할 때 보에 걸치는 치수는 50mm 이상 • 폭 방향으로 설치할 때 보에 걸치는 치수는 30mm 이상 • 데크 플레이트가 중첩되는 부분을 이용한 폭 방향의 조정은 합성 효과의 측면에서 불리하기 때문에 금지 • 설치 시 면이 미끄러지기 쉽고 발을 헛디딜 위험성이 있으며, 특히 돌풍 등에 의해 날리는 등의 위험에 대해서도 유의

☆☆☆ 4. 부재 및 내화피복 73

6-70	Ferro deck	
No. 549	페로 데크	유형: 공법 · 부재 · 구조

부재

바닥 부재

Key Point

◩ 국가표준
- KCS 41 31 55
- KCS 14 31 70 (2019구시방)

◩ Lay Out
- 설치과정 · 특징
- 유의사항

◩ 핵심 단어
- 하부: 공장제작 부재
- 상부: 배력근+연결근+콘크리트 타설

◩ 연관용어
- 데크플레이트 종류
- Prefab화

시공 시 유의사항

- 보의 형틀 부분을 이용하여 데크 배치
- 측면부의 못은 @300 이하 고정
- 좌우의 크랭크(CRANK)가 형틀 부위로부터 10㎜이내에 들도록 균형 유지
- 접합부는 반드시 겹침부를 맞물리게 시공
- 겹침부가 운송이나 양중 시 손상이 있을 때는 바로 펴서 시공
- 작은 개구부가 있는 부분 위 철판부를 형틀 각목에 고정

Ⅰ. 정 의

① 하부는 공장에서 제작된 바닥구성재(거푸집 대용의 절곡된 아연도 강판+입체형 truss)를 사용하고, 상부는 배력근, 연결철근과 concrete로 일체화된 바닥 slab를 구축하는 Deck Plate

② 철근 공사와 거푸집 공사를 동시에 pre-fab화한 공법으로, 공기단축, 간접비용 절감, 품질향상 등의 효과가 있는 공법

Ⅱ. Deck 설치과정

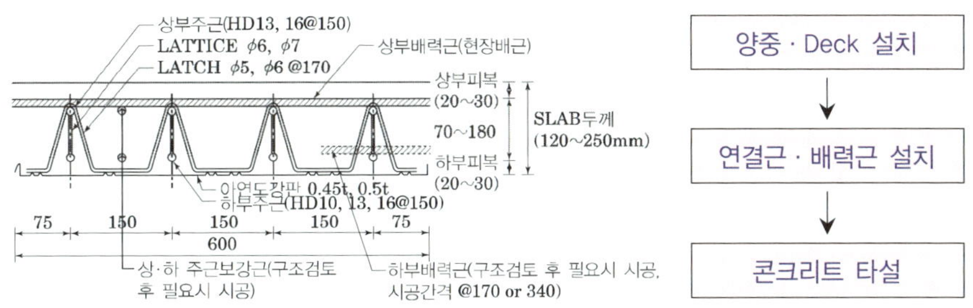

Ⅲ. 특 징

1) High Quality
   ① 러스조이스트(카이저 트러스)를 이용한 안정적인구조
   ② 고정밀도 + 고강도의 슬래브 배근이 가능

2) Cost Down
   ① 저중량으로 인력에 의한 소운반 가능
   ② 동바리 가설재 설치비용 절감

3) Safety
   ① 비숙련공도 시공 가능한 간단한 시공방법
   ② 안전관리 용이: 현장작업의 감소, 단순 반복 작업

4) Time Saving
   ① 설계도면에 따른 공장주문 생산으로 현장작업량 대폭감소
   ② 거푸집 해체 공사 불필요 → 후속공정의 조기투입 가능

5) Planning
   ① S조, RC조, SRC조에 폭넓게 적용
   ② 다양한 평면에 적용 (지하주차장, 오피스 건물, 호텔, 학교, 병원, 공장 등)

☆☆★ 4. 부재 및 내화피복 91.103

6-71	Ferro Stair	
No. 550	시스템 계단	유형: 공법 · 부재 · 구조

부재

계단 부재

Key Point

- 국가표준
- Lay Out
  - 설치과정 · 특징
  - 유의사항
- 핵심 단어
  - Stair Anchor설치
  - Unit 설치 · Sliding
- 연관용어
  - Prefab화

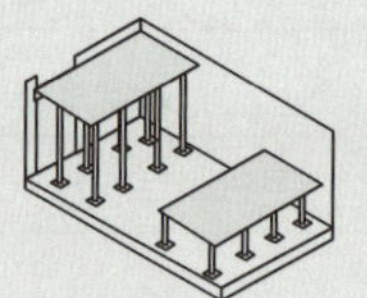
[계단참 슬래브 거푸집설치]

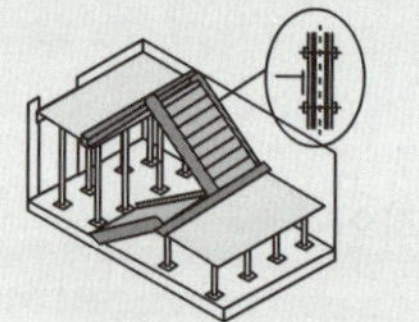
[철골계단 가설치]

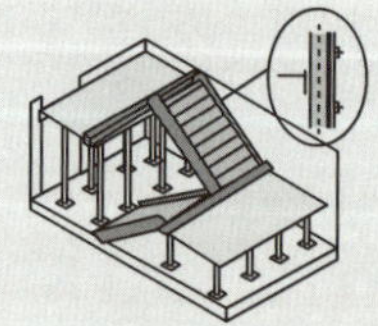
[콘크리트타설 양생 후 탈형]

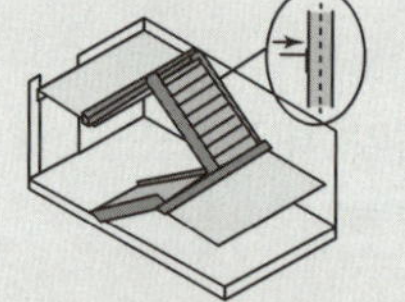
[벽체로 이동 후 고정]

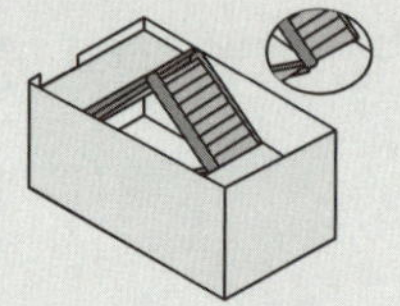
[최종 셋팅 및 모르타르 마감]

Ⅰ. 정 의

① 계단참 선단에 Stair Anchor를 설치하고, 철골계단 Unit을 계단실의 측벽과 이격시켜 계단참의 중앙에 가설한 후, 거푸집 설치 및 콘크리트를 타설하고 거푸집 탈형을 완료하면 철골계단을 Sliding 시켜 계단실의 측벽과 접하도록 설치 및 고정하는 공법

② R.C조 건축물 계단에서 필요한 철근 배근, 거푸집 조립의 과정없이 작업을 단순화시킨 공법

Ⅱ. 계단 설치과정

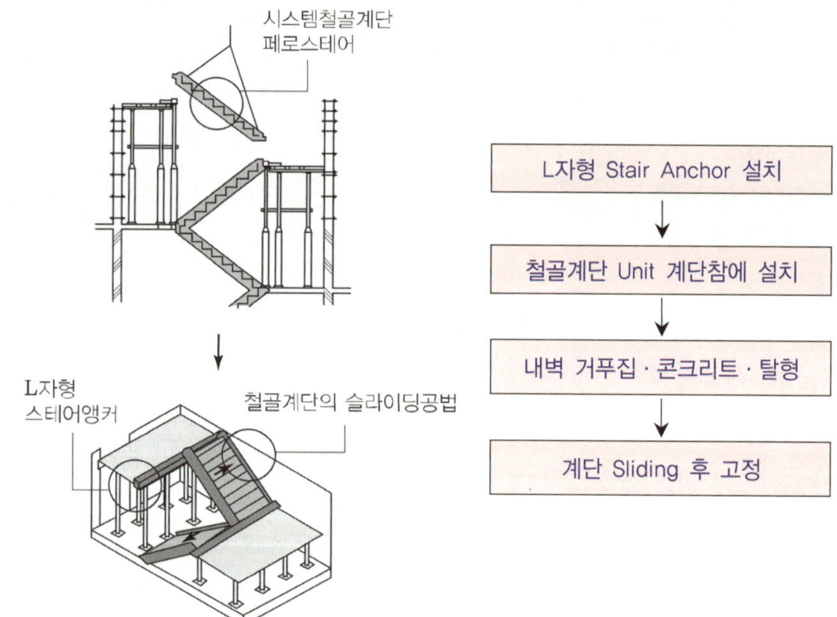

Ⅲ. 특 징

구 분	내 용
장 점	• 벽체 거푸집과 간섭이 없어 벽체 거푸집공사 용이 • 철골계단 설치시간 단축(약 1시간 소요) • 계단치수의 규격화로 정밀시공이 가능하고 자재 Loss 감소 • 계단할석 등 추가공정발생 감소
단점	• 페로스테어 플러스(건식)의 경우 계단참 및 계단슬래브까지도 건식공법으로 가능하지만 기본 Type은 계단참을 재래식으로 시공 • 계단참과 접합부위의 이질재료 만남에 의한 Crack 발생 • 기존계단에 비해 소음 및 진동 과다

★★★ 4. 부재 및 내화피복 82.126

6-72	철골방청도장	
No. 551	anticorrosive paint	유형: 공법

도장

방청

Key Point

- 국가표준
  - KCS 41 31 30
  - KCS 41 47 00
- Lay Out
  - 고려사항
  - 시공 시 유의사항
- 핵심 단어
  - 고화된 피막 형성
  - 물과 산소 차단
  - 부식방지
- 연관용어

바탕처리 재료의 결정

• 바탕처리의 양부는 도장의 내구성을 결정하므로 내화피복과의 관계를 고려

도장시공 금지구간

• 현장용접부

도장하지 않는 범위

100mm 100mm

• 고력볼트 접합부의 마찰면

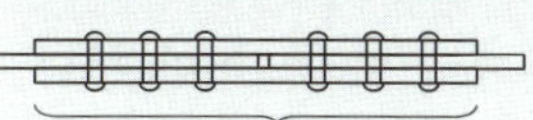

도장하지 않는 범위

• 콘크리트에 매립되는 부분

Ⅰ. 정 의

① 철골방청도장은 철골의 표면에 도료를 균일하게 칠하여 물리·화학적으로 고화된 피막을 형성하여 물과 산소를 차단시켜 철골부재의 표면을 보호하고 부식의 진행을 사전에 방지한다.

② 경량 철골구조물에 이용되는 강재는 판두께가 얇아서 녹에 따른 구조내력의 저하가 현저하기 때문에 반드시 녹막이 조치를 해야 한다.

Ⅱ. 방청처리 시 고려사항

1) 방청처리 부위 결정

① 외주부가 합성내화로, 피복재와 접하지 않는 철골 표면에는 방청도장을 실시

② 해변가, 공사 중에 장기간 노출되는 철구조물이나 건축물의 외주부는 방청도장을 실시

③ 질석 모르타르 등의 질석 성분이 높은 내화피복을 시공하는 경우는 방청도장을 실시

2) 내화피복과의 관계

① 도장할 부위와 피복재의 적응성 체크

② 도장하지 않을 경우: 들뜬 녹 발생 시 내화피복 전 제거

Ⅲ. 시공 시 유의사항

1) 바탕처리

① 바탕처리가 불완전하면 도막의 내구성 저하

② 바탕의 이물질(뜬 녹, 유분, 수분 및 기타) 제거 철저

2) 도막두께

① 1회 도장: 0.035mm

② 2회 도장: 0.07mm

• 도장은 반드시 2회 도장하여 소정의 두께가 나오도록 시공

3) 도막 불량처리

① 눈에 띄는 요철이나 부풀어 오른 부

② 균열발생 부위

③ 도막의 손상부, 녹에 의해 들뜬 부위

④ 도막 두께의 부족

★★★ 4. 부재 및 내화피복

6-73	철골도장면 표면처리 기준	
No. 552		유형: 공법 · 기준

도장

표면처리

Key Point

◩ 국가표준
- KCS 41 31 40

◩ Lay Out
- 일반사항 · 표면처리 작업
- 도막검사
- 작업절차별 점검사항

◩ 핵심 단어

◩ 연관용어
- 철부도장
- 녹막이도장
- 방청도장

표면처리 규정-KCS

• 표면처리에 대한 규정으로서 SSPC(미국철강구조물도장협회), ISO, BS 및 NACE(미국국립부식기사협회) 등의 규격을 사용할 수 있으나 보편적으로 SSPC 및 ISO 규격을 사용한다.

Ⅰ. 정 의

철골도장의 표면처리는 도장 전처리 단계이며 도장마감을 위해서는 규정된 표면처리가 필수적이다.

Ⅱ. 블라스트의 일반사항

① 노즐의 구경은 일반적으로 8~13mm 사용
② 연마재의 입경은 쇼트 볼(shot ball)에서 0.5~1.2mm를 사용
③ 강재 표면 상태에 따라 입경이 작은 0.5mm와 입경이 큰 1.2mm 범위 내에서 적절히 혼합(3 : 7 또는 4 : 6)하여 사용
④ 규사에서는 0.9~2.5mm를 사용해야 한다.
⑤ 분사거리는 연강판의 경우에는 150~200mm, 강판의 경우에는 300mm 정도로 유지
⑥ 연마재의 분사각도는 피도물에 대하여 50~60° 정도로 유지
⑦ 도장할 부위와 피복재의 적응성 체크
⑧ 도장하지 않을 경우: 들뜬녹 발생 시 내화피복 전 제거

Ⅲ. 표면처리 작업

1) 원판의 표면처리 기준
① 가능한 한 자동 전처리 라인(line)에서 실시
② 반드시 블라스트 세정 방법으로 실시
③ 표면처리 정밀도는 표면처리 등급으로 SSPC-SP10 이상
④ 표면처리 된 강판의 표면조도는 25~75μm 준수
⑤ 연마재의 종류 및 크기는 목표로 하는 표면조도에 따라 선택
⑥ 안개 및 고습도 조건에서는 제습기 등을 사용

2) 샵프라이머
① 원판 블라스트 세정이 끝난 직후 온라인 상태에서 즉시 샵프라이머(shop primer)가 도장되어야 한다.
② 샵프라이머(shop primer)는 규정된 도막두께로 도장되어야 한다.
③ 샵프라이머(shop primer) 도장이 향후 가스절단 용접 등에 영향을 미치는가의 여부를 확인하고 사용

3) 2차 표면처리 기준
① 제작 및 가조립이 완료된 상태에서 블라스트 세정에 의한 방법으로 규정 등급 및 조도에 도달되도록 표면처리
② 용접 시 발생한 결함은 표면처리 전에 수정
③ 표면처리는 별도의 규정이 없으면 SSPC-SP10 등급으로 처리
④ 표면조도: 25~75μm 준수
⑤ 표면처리가 완료되어 검사된 후 즉시 프라이머를 도장해야 하며, 상온 조건에서 4시간 초과 금지

도장

• 표면연마재(shot ball)의 선택
① 표면처리 연마재는 작업효율 및 조도를 고려하여 선정
② 연마재는 유분 및 염분이 규정치 이하인 깨끗하고 건조한 것
③ 연마재 입자의 크기 및 형상은 블라스트에 적합할 것

4) 용접부 표면처리 기준
   ① 블라스팅방법에 의해 표면처리 등급 기준 SSPC-SP10 이상으로 처리
   ② 용접과정에서 발생한 용접비드의 결함은 완전히 수정한 후에 표면처리
   ③ 용접 시에 발생한 용접주위의 스패터 및 잔류물은 사전에 제거
   ④ 용접부는 72시간 방치한 후 전처리 및 도장 실시

5) 고장력 볼트 및 현장 표면처리(설치 후)
   ① 볼트를 표면처리하지 않은 상태에서 연결판을 조임한 경우에는 볼트 및 연결판에 동력공구세정(SSPC-SP3)으로 처리하고 후속도장을 실시
   ② 볼트를 조임하기 전에 볼트에 적절한 전처리 후 도금, 화성피막처리 또는 무기질 징크리치 페인트를 한 경우에는 연결판에 볼트를 조임한 후 부착이 양호한 도료를 도장
   ③ 콘크리트 타설 시 강교에 부착된 시멘트 오염물은 제거 후 도장실시

6) 표면처리 방법
   ① 표면의 기계적인 표면처리
      • 강교량 도장의 표면처리 방법은 기계적인 표면처리 방법으로 처리
      • 블라스트 세정으로 처리하는 것을 기본으로 한다.
      • 특별히 허용되는 경우에는 동력공구 방법으로 표면처리를 실시
   ② 블라스트 세정에 의한 표면처리
      • 원판 표면처리 및 제품 표면처리는 원칙적으로 블라스트 세정으로 실시
      • 연마재 및 장비의 선택은 표면처리 기준 만족 수준

[표면처리 규격요약(ISO 8501-1)] - KCS 14 31 40(3.4-2)

구 분	등 급	정 의	비 고
블라스트에 의한 표면처리	Sa 1	육안으로 관찰 시 기름, 그리스, 먼지, 느슨하게 붙어있는 밀스케일, 녹, 페인트 도막 및 기타 이물질이 없어야 한다.	Light Blast Cleaning
	Sa 2	육안으로 관찰 시 기름, 그리스, 먼지가 없어야 한다. 단 밀스케일, 녹, 페인트 도막과 기타 이물질 중 소지에 밀착되어 있는 것은 소량 허용된다.	Thorough Blast Cleaning
	Sa $2\frac{1}{2}$	육안으로 관찰 시 기름, 그리스, 먼지, 밀스케일, 녹, 페인트 도막, 기타 이물질이 없어야 한다. 오염의 잔류흔적은 작은 점이나 줄무늬 형태로 아주 가벼운 상태이면 허용된다.	Very Thorough Blast Cleaning
	Sa 3	육안으로 관찰 시 기름, 그리스, 먼지, 밀스케일, 녹, 페인트 도막 기타 이물질이 전혀 없어야 한다. 그리고 균일한 금속 광택을 띠어야 한다.	Blast Cleaning to Visually Clean Steel
수공구 또는 동력공구에 의한 표면처리	St 2	기름, 그리스, 먼지, 소지에 느슨하게 부착되어 있는 밀스케일, 녹, 페인트 도막, 기타 이물질이 없어야 한다.	Thorough Hand and Power Tool Cleaning
	St 3	기름, 그리스, 먼지, 소지에 느슨하게 부착되어 있는 밀스케일, 녹, 페인트 도막, 기타 이물질을 제거하여 금속 광택을 띠는 정도이어야 한다.	Very Thorough Hand and Power Tool Cleaning

도장

[표면처리 규격요약(SSPC 및 NACE 규격)]- KCS 14 31 40(3.4-1)

등급			정의	비고
NACE	SSPC	명칭		
	SP 2	수공구 세정	느슨하게 부착되어 있는 밀스케일, 녹, 페인트, 기타 이물질을 제거한다. 밀착 되어있는 밀스케일, 녹, 페인트는 제대로 제거하지 못한다.	Hand Tool Cleaning
	SP 3	동력공구 세정	느슨하게 부착되어 있는 밀스케일, 녹, 페인트, 기타 이물질을 제거한다. 밀착 되어있는 밀스케일, 녹, 페인트는 제대로 제거하지 못한다.	Power Tool Cleaning
	SP 11	나금속 동력공구 세정	육안으로 관찰 시 기름, 그리스, 먼지, 밀스케일, 녹, 페인트, 산화물, 부식생성물, 기타 이물질이 없어야 한다. 단 피팅이 있는 소지의 피트 하부에는 녹과 헌도막의 잔류상태가 미량 허용되며, 표면조도는 최소 25㎛이상 이어야 한다.	Power Tool Cleaning to Bare Metal
	SP 14	산업등급 세정	육안으로 관찰시 기름, 그리스, 먼지가 없어야 한다. 단 밀착하여 붙어있는 밀스케일, 녹, 헌도막은 최대 10%까지 허용된다.	Industrial Blast Cleaning
	SP 15	상용등급 동력공구 세정	육안으로 관찰 시 기름, 그리스, 먼지, 밀스케일, 녹, 헌도막, 산화물, 부식생성물, 기타, 이물질이 없어야 한다. 단, 밀스케일, 또는 헌도막의 얼룩(때)에 의하여 생긴 가벼운 색바램이나 흔적의 합이 고루 퍼져 있으되 33%를 초과해서는 안되며, 표면조도는 최소 25㎛ 이상이어야 한다.	Commercial Grade Power Tool Cleaning
No.1	SP 5	나금속 세정	육안으로 관찰 시 기름, 그리스, 먼지, 밀스케일, 녹, 헌도막, 산화물, 부식생성물, 기타 이물질이 없어야 한다.	White Metal Blast Cleaning
No.2	SP 10	준나금속 세정	육안으로 관찰 시 기름, 그리스, 먼지, 밀스케일, 녹, 헌도막, 산화물, 부식생성물, 기타 이물질이 없어야 한다. 단, 녹, 밀스케일, 또는 헌도막의 얼룩(때)에 의하여 생긴 가벼운 색바램이나 흔적의 합이 고루 펴져 있으되 5%를 초과해서는 안된다.	Near-White Metal Blast Cleaning
No.3	SP 6	상용등급 세정	육안으로 관찰 시 기름, 그리스, 먼지, 밀스케일, 녹, 헌도막, 산화물, 부식생성물, 기타 이물질이 없어야 한다. 단, 밀스케일, 또는 헌도막의 얼룩(때)에 의하여 생긴 가벼운 색바램이나 흔적의 합이 고루 퍼져 있으되 33%를 초과해서는 안된다.	Commercial Blast Cleaning
No.4	SP 7	경등급 세정	육안으로 관찰 시 기름, 그리스, 먼지, 느슨하게 부착되어 있는, 녹, 밀스케일, 헌도막이 없어야 한다. 단, 밀착된 밀스케일, 녹, 헌도막은 허용된다. 이때 둔한 퍼티용 칼로 제거하려 해도 안될 경우에는 밀착된 것으로 간주한다.	Brush-off Blast Cleaning

도장

Ⅳ. 도막외관 및 도막두께 검사

1) 도막외관

도장 중 또는 건조 후 도막외관을 관찰하여 평가해야 하며 결함이 발견될 경우에는 발견 즉시 수정해야 한다.

2) 도막두께 검사

① 건조가 완료된 후 시행

② 강교도막의 검사는 건조도막두께측정기로 측정

③ 도장된 부재 당 20~30개소를 측정

④ 부재의 규모는 약 $10m^3$(또는 200~$500m^2$)를 1개 로트로 설정

⑤ 1개소(spot)당 주변 5점을 측정하여 오차가 과도한 값을 제외한 평균값을 취해야 하며, 도막사양 두께의 80% 이상

Ⅴ. 작업절차별 점검사항

[작업절차별 점검항목]- KCS 14 31 40(3.16-1)

NO	작업내용	중점 점검 사항
1	1차 표면처리(원판상태)	• 표면처리정도(SSPC SP10) • 표면조도(25-75μ) • 연마재의 적정성 여부
2	샵프라이머(Shop primer) 도장(무기질 아연말 샵프라이머)	• 도막두께(20μm) • 경화상태
3	절단	• 샵프라이머(shop primer)의 절단장애 여부
4	용접 제작	• 샵프라이머(shop primer)의 용접장애 여부
5	2차 표면처리 (용접 및 절단면)작업	• 표면처리정도(SSPC SP10) • 표면조도(25-75μ) • 연마재의 적정성 여부
6	하도도장 (무기질 아연말 샵프라이머)	• 도막두께, 도장작업 중 교반 여부 • 도막상태(경화, 외관) • 마찰계수의 설계상 이상 유무(연결판 접촉면)
7	중도도장 및 내부 상도도장	• 도막두께 • 2액형 도료의 혼합 및 교반 • 미스트코트 작업 여부 • 도장이 난해한 부위의 선행작업 여부 • 작업환경(온도, 습도) • 연결판 접촉면의 마스킹(masking) 여부
8	설치	• 기계적 손상의 유무
9	현장 표면처리 (볼트 및 연결판)	• 표면처리정도(SSPC SP3) • 주위도막의 보호 • 연마재의 비산대책
10	연결판 및 볼트부분도장	• 도막두께 • 재도장 간격 • 작업환경(온도, 습도) • 도장 시의 비산대책
11	현장 마감도장	• 오염물 제거여부 • 도막두께 • 재도장 간격 • 도막의 외관

내화피복

★★★ 4. 부재 및 내화피복 76.81.130.131

6-74	철골 내화피복공법	
No. 553	fire resistive covering	유형: 공법 · 기준

내화피복

Key Point

- 국가표준
  - KCS 41 31 50
  - KCS 41 43 02
  - KS F 2901 두께 밀도
  - KS F 2901 부착강도
  - 내화구조의 인정 및 관리기준
  - 건축물의 피난·방화구조 등의 기준에 관한 규칙
- Lay Out
  - 내화구조의 성능기준
  - 내화구조, 내화피복의 공법 및 재료
  - 공법별 유의사항
  - 내화피복 공사의 검사 및 보수
  - 시공 일반사항 및 현장 품질관리 항목
  - 현장관리항목 · 뒷정리
- 핵심 단어
  - 구조부를 고열로부터 보호
- 연관용어
  - 내화성능 기준

1) 내화피복의 목적
화재시 강재가 고온으로 가열됨으로써 항복점이나 탄성계수가 현저하게 떨어져 부재내력을 저하시키는 약점을 보강

2) 내화피복의 역할
화재시의 가열에서 강재를 보호하기 위하여 내화피복이 시공되지만, 내화피복의 역할은 화재시의 고온에 의하여 생기는 구조부재 주요강재부분의 온도상승을 일정한 한도 이하로 억제하여 부재내력의 저하를 제한하는 데 있다.

I. 정 의

① 건축 구조물의 화재 시 주요 구조부를 고열로부터 보호하기 위한 내화뿜칠 피복공법, 내화보드 붙임 피복공법과 내화도료 도장공법 등 일반적인 강구조 내화피복공사에 대하여 적용한다.

② 관련법규에 따라 일정 시간 화염을 견딜 수 도록, 내화성능을 갖는 습식 혹은 건식의 재료로 화재에 약한 강재를 피복하여 열로부터 보호하여 강재의 온도상승을 사전에 방지하고 구조내력 저하를 허용 한계 이내로 할 목적으로 실시한다.

II. 내화구조의 성능기준

용 도	층수/최고높이(m)		내력벽(내 · 외벽)	비내력벽(내 · 외벽)			보/기둥	바 닥	지 붕
				연소有	연소無	(경계벽, 승강기, 계단실의 수직벽)			
일반시설	12/50	초과	3	1	0.5	2	3	2	1
		이하	2	1	0.5	1.5	2	2	0.5
	4/20	이하	1	1	0.5	1	1	1	0.5
주거시설 · 산업시설	12/50	초과	2	1(1.5)	0.5	2(1.5)	3	2	1
		이하	2	1	0.5	1	2	2	0.5
	4/20	이하	1	1	0.5	1	1	1	0.5

III. 내화구조, 내화피복의 공법 및 재료

구 분	공 법	재 료
도장공법	내화도료공법	팽창성 내화도료
습식공법	타설공법	콘크리트, 경량 콘크리트
	조적공법	콘크리트 블록, 경량 콘크리트, 블록, 돌, 벽돌
	미장공법	철망 모르타르, 철망 펄라이트, 모르타르
	뿜칠공법	뿜칠 암면, 습식 뿜칠 암면, 뿜칠 모르타르, 뿜칠 플라스터 실리카, 알루미나 계열 모르타르
건식공법	성형판 붙임공법	무기섬유혼입 규산칼슘판, ALC 판, 무기섬유강화 석고보드, 석면 시멘트판, 조립식 패널, 경량콘크리트 패널, 프리캐스트 콘크리트판
	휘감기공법	
	세라믹울 피복공법	세라믹 섬유 Blanket
합성공법	합성공법	프리캐스트 콘크리트판, ALC 판

내화피복

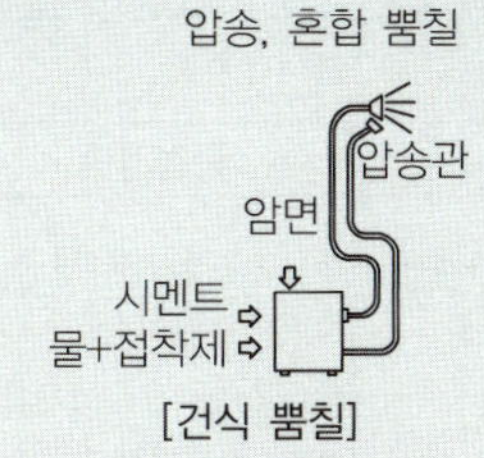

[건식 뿜칠]

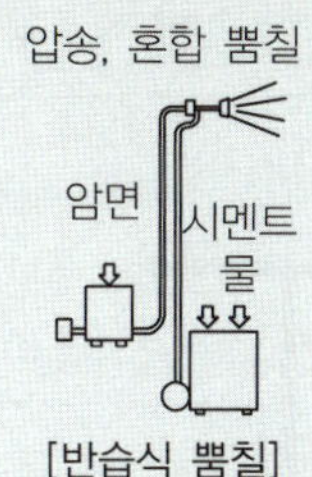

[반습식 뿜칠]

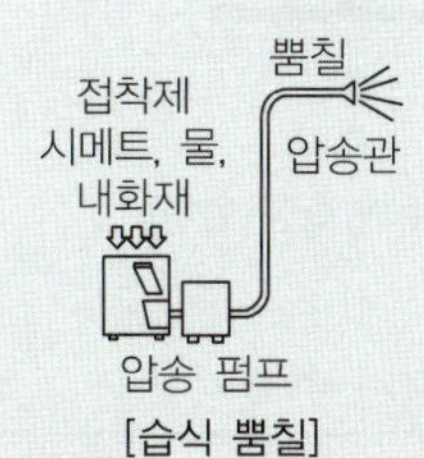

[습식 뿜칠]

Ⅳ. 공법별 유의사항

1) 뿜칠 피복공사

① 뿜칠재료와 물과의 혼합은 제조사의 시방에 따른다.

② 뿜칠은 노즐 끝과 시공면의 거리는 500mm를 유지

③ 시공면과의 각도는 90°를 원칙, 70° 이하의 뿜칠시공은 금지

④ 뿜칠될 바탕면의 전면에 공극이 없는 균일한 면이 되도록 뿜칠

⑤ 1회의 뿜칠두께는 20 mm 기준

⑥ 2회 뿜칠이 필요한 경우에는 1회 뿜칠 후 제조사의 시방에 따라 재뿜칠

⑦ 양생은 뿜칠재료 제조사의 시방에 따른 양생기간을 유지

2) 내화보드 붙임 피복공사

① 철골 부재와의 연결철물(크립, 철재바)의 설치는 500~600mm마다 설치

② 내화보드는 시공부위에 맞게 절단하여 나사못을 사용 연결철물에 고정

③ 나사못과 못의 간격은 제조사의 시방에 따른다.

④ 내화보드 이음매 및 나사못 머리부위는 이음마감재 등을 사용하여 처리

⑤ 모서리 부위는 코너비드로 보강

⑥ 내화보드 이음은 폭 500mm×두께 15mm의 내화보드를 안쪽으로 덧대고, 나사못으로 고정하여 보강

⑦ 내화보드와 보드가 만나는 부위는 내화실란트 등 내화성 재료로 틈을 메운다.

3) 내화 도장공사

① 시공 시 온도는 5℃~40℃에서 시공

② 도료가 칠해지는 표면은 이슬점보다 3℃ 이상 높아야 한다.

③ 시공 장소의 습도는 85% 이하, 풍속은 5m/sec 이하에서 시공

Ⅴ. 내화피복 공사의 검사 및 보수

1. KCS 41 31 50

1) 미장공법, 뿜칠공법 (1,500m^2)KCS 14 31 50 기준

① 미장공법의 시공 시에는 시공면적 5m^{2}당 1개소 단위로 핀 등을 이용하여 두께를 확인하면서 시공

② 뿜칠공법의 경우 시공 후 두께나 비중은 코어를 채취하여 측정

③ 측정 빈도는 층마다 또는 바닥면적 500m^2(1,500m^2)마다 부위별 1회를 원칙으로 하고, 1회에 5개소 측정

④ 연면적이 500m^2 (1,500m^2)미만의 건물에 대해서는 2회 이상 측정

2) 조적공법, 붙임공법, 멤브레인공법, 도장공법(1,500m^2)KCS 14 31 50 기준

① 재료반입 시, 재료의 두께 및 비중을 확인한다.

② 빈도는 층마다 또는 바닥면적 500m^2(1,500m^2)마다 부위별 1회

③ 1회에 3개소로 한다.

④ 연면적이 500m^2(1,500m^2)미만의 건물에 대해서는 2회 이상 측정

내화피복

1) 외관확인
① 인정 내화구조의 외관은 지정표시 확인, 포장상태, 재질, 평활도, 균열 및 탈락의 유무를 육안으로 검사.
② 인정내화구조 재료 견본과 비교하여 이상여부를 검사
2) 두께확인
1회 뿜칠 두께는 30mm 이하

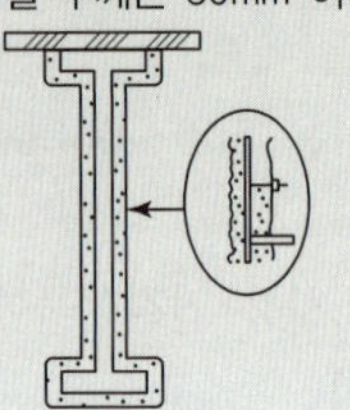

① 두께측정을 위해 선정한 부분은 구조체 전체의 평균두께를 확보할 수 있는 대표적인 부위 선정
② 두께측정기를 피복재에 수직으로 하여 핀을 구조체 피착면 바닥까지 밀어 넣어 두께를 측정한다. 핀이 피착면에 닿았을 때 피복재 표면이 평면이 되도록 충분한 힘을 주어서 슬라이딩 디스크를 밀착시킨 다음 디스크가 움직이지 않도록 유의하면서 빼내어 두께 지시기를 읽어 1mm 단위로 두께를 측정한다.
3) 밀도확인
350mm×350mm 견본뿜칠 후 양끝을 잘라내고, 10cm 각의 시료를 만들고 9개를 잘라서 비중체크

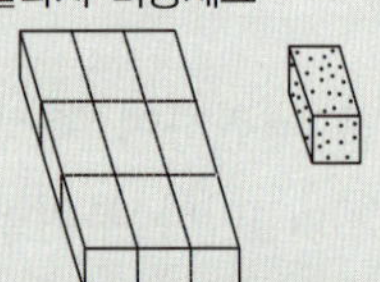

① 밀도 측정용절취기로 떼어낸 다음 손실이 안되게 유의하면서 시료 봉투에 담아 시험실 건조기에서 상대습도 50%이하, 온도 50℃로 함량이 될 때까지 건조 후 중량을 측정한다.

3) 불합격의 경우, 덧뿜칠 또는 재시공하여 보수
4) 상대습도가 70% 초과조건: 습도에 유의
5) 분사암면공법: 두께측정기로 두께를 확인하면서 작업

2. 내화구조의 인정 및 관리업무 세부운영지침 - 2016

1) 두께

구분	검사로트	로트선정	측정방법	판정기준
1시간 (4층/20m 이하)	매층 마다	각층연면적 1,000m² 마다	• 각 면을 모두 측정 • 각 면을 3회 측정	3회 측정값의 평균이 인정두께 이상
2시간 (4층/20m 초과)	4개층 선정	각층연면적 1,000m² 마다	• 각 면을 모두 측정 • 각 면을 3회 측정	3회 측정값의 평균이 인정두께 이상

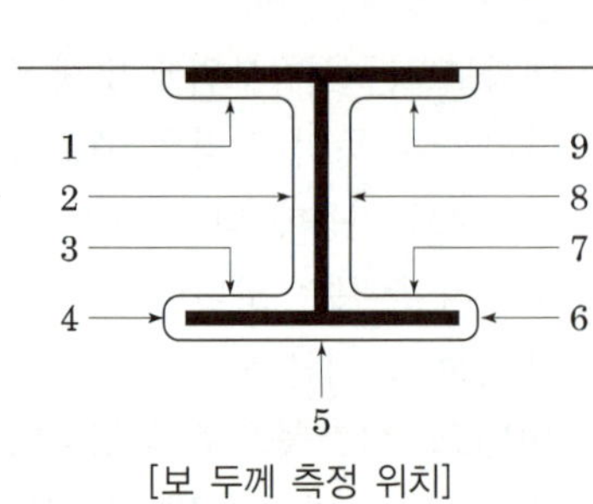

[보 두께 측정 위치]

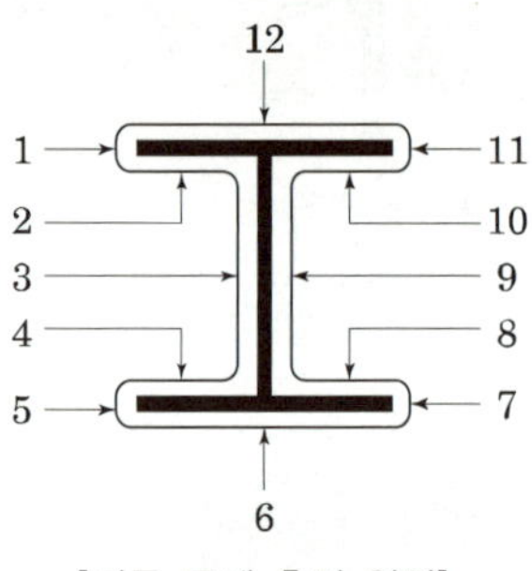

[기둥 두께 측정 위치]

2) 밀도

구분	검사로트	로트선정	측정방법	판정기준
1시간 (4층/20m 이하)	매층 마다	각층 1로트	• 보 또는 기둥의 플랜지 외부면	인정밀도 이상
2시간 (4층/20m 초과)	4개층 선정	각층 1로트	• 보 또는 기둥의 플랜지 외부면	인정밀도 이상

3) 부착강도

구분	검사로트	로트선정	측정방법	판정기준
1시간 (4층/20m 이하)	매층 마다	각층 1로트	• 보 또는 기둥의 플랜지 외부면	인정부착강도 이상
2시간 (4층/20m 초과)	4개층 선정	각층 1로트	• 보 또는 기둥의 플랜지 외부면	인정부착강도 이상

Ⅵ. 시공 일반사항 및 현장품질관리 항목-KCS 41 43 02

1) 시공시기
① 천장덕트공사, 배관공사 등에 필요한 앵커, 행거 등 천장부착물을 위한 기초공사가 완료된 시점
② 현장 여건에 따라 작업시기를 조절
2) 바탕면 정리
• 뿜칠할 곳의 표면에 먼지, 녹, 오일, 페인트 등의 이물질 제거

3) 방청도료의 접착성 확인
① 피복재와의 접착성에 대해 사전 확인된 제품을 사용
② 검증되지 않은 도료 및 프라이머의 경우에는 내화피복재와의 접착성을 제조회사로부터 반드시 확인

4) 설비
① 뿜칠기계가 작동할 수 있도록 정격전압과 충분한 전기용량을 사전에 확보
② 공업용수 기준에 적합한 용수를 사용

5) 작업환경
- 조명시설: 뿜칠표면 상태 및 두께 등을 작업원이 조정할 수 있도록 300LUX 이상의 조도를 확보
- 환기시설: 지하층 등 과다한 습기가 예상되는 곳에서는 충분한 환기가 이루어질 수 있도록 조치

6) 양생
① 시공 장소 및 피착면의 온도는 시공시간과 양생기간 중에 4 ℃ 이상 유지
② 4℃ 이상의 온도가 유지되도록 필요한 난방 등의 보온조치
③ 시공 후 표준양생기간 동안 이 온도를 유지
④ 뿜칠공사 및 양생기간 중에는 진동 및 충격 금지

7) 주의사항
① 한랭기 동결방지: 가열 및 보온
② 우천 시 빗물유입 방지
③ 뿜칠작업 시 발생할 수 있는 분진이나 낙진이 밖으로 떨어지지 않도록 방진망 설치
④ 피착면 이외의 곳에 피복되지 않도록 작업 시 주의
⑤ 뿜칠작업 시 낙진이 바닥에 접착되지 않도록 조치
⑥ 시공에 필요한 발판설치 등을 안전하게 설치 후 시공

Ⅶ. 현장 뒷정리

① 내화피복재는 뿜칠작업 완료 즉시 과도하게 스프레이 된 것이나, 다른 제작물에 묻은 것을 제거하고 노출된 면을 청소
② 노출된 시멘트 내화재는 내화재 제조업체의 권장사항에 따라 양생하여 조기건조 방지
③ 설치된 내화피복재는 손상되지 않도록 보양 등 필요한 조치
④ 분사작업 시 바닥면에 낙하한 폐자재는 작업 종료 후에 모아서 폴리봉투 등에 넣어 각층의 지정된 장소에 모아서 폐기
⑤ 습식분사암면의 장치 또는 공구는 물청소 시, 먼저 침전조에 침전시킨 후 배수관으로 흘려보낸다.

내화피복

4) 부착강도 확인
부착강도는 훅크가 달린 금속접시, 에폭시수지(2액형), 저울을 이용하여 응력을 가중시켜 시료가 탈락하는 순간의 값을 측정하는 것으로 피복재와 구조체의 피복면과 부착력, 혹은 내화 뿜칠재 자체의 부착력을 측정한다.
용수철 저울을 훅크(hook)에 걸어 분당 약 5kg의 힘을 균일하게 혹은 단계적으로 힘을 주어(시료의 수직으로)시료가 탈락할 때의 수치를 읽는다.

★★★ 4. 부재 및 내화피복 71.82

6-75	내화페인트	
No. 554		유형: 공법 · 기준

Ⅰ. 정 의

희석재의 종류에 따라 유성과 수성, 주 원료의 종류에 따라 유기 도료와 무기도료로 등으로 구분하며, 도장한 표면이 일정온도가 되면 도막두께의 약 70~80배 정도로 발포층한 구조

Ⅱ. 특 성

① 표면이 일정온도가 되면 도막두께의 약 70~80배 정도로 발포팽창하여 단열층 형성
② 형성된 단열층은 화재열이 철골 강재에 전달되는 것을 일정시간 동안 차단하거나 지연
③ 일정시간 동안 강재 표면의 평균온도 538℃ 이하, 최고온도 649℃ 이하로 유지시켜야 한다.

Ⅲ. 시공 시 유의사항

① 시공 시 온도는 5℃~40℃에서 시공해야 하며, 도료가 칠해지는 표면은 이슬점보다 3℃ 이상 높아야 한다.
② 강우, 강설을 피해야 하며, 특히 중도 시공 시 충분히 건조되기 전에는 수분이나 습기와의 접촉 금지
③ 시공 장소의 습도는 85% 이하, 풍속은 5m/sec 이하에서 시공
④ 도료는 일반도료 등 다른 재료와 혼합사용 금지
⑤ 생산 공장에서 완제품으로 공급된 것만을 사용
⑥ 도장 전에 도료상태가 균일하게 될 때까지 충분히 교반
⑦ 하도용 도료가 완전히 건조된 후 중도용 도료를 에어리스 스프레이 등 도장방법으로 도장하여 건조 후 도막의 두께가 공인시험기관에서 인정한 두께 이상 확보
⑧ 에어리스 스프레이 도장 시 피도체와의 거리는 약 300mm 정도 유지하여 피도 면에 항상 직각이 되도록 하여 도장
⑨ 스프레이건의 이동속도는 500~600mm/sec 정도
⑩ 먼저 도장된 부분과 중첩되도록 도장
⑪ 상도용 도료를 도장하는 경우에는 중도용 도료가 충분히 건조된 이후에 도장
⑫ 작업 중에는 습 도막두께 측정기구, 건조 후에는 검 교정된 건조 도막두께 측정기를 사용하여 도장두께를 측정
⑬ 도장작업을 하기 전에 제품용기에 기재된 주의사항 및 MSDS를 확인한다.
⑭ 미세한 먼지 등에 대하여는 방진마스크의 착용
⑮ 도료의 비산을 방지하기 위하여 방호네트 등을 실시

내화피복

내화페인트

Key Point

◩ 국가표준
- KCS 41 31 50
- KCS 41 43 02
- KS F 2901 두께 밀도
- KS F 2901 부착강도
- 내화구조의 인정 및 관리기준

◩ Lay Out
- 특성 · 시공시 유의사항

◩ 핵심 단어
- 도장표면이 일정한 온도가 되면 팽창

◩ 연관용어
- 내화피복

내화페인트 선정 시 고려

- 화재 시 유해가스 배출유무 파악
- 뛰어난 발포성으로 내화성능의 우수성
- 제품 시공성 및 내균열성이 우수한 제품 및 도장 후 미관 고려

내화피복 검사 KCS

- 측정 로트는 $200m^2$로한다.
- 시공면적이 $200m^2$ 미만인 경우에는 $8m^2$에 따라 최저 1개소로 한다.

기타용어

☆☆☆

1 슬롯 홀(slot hole)

유형: 공법 · 기능

① 강 구조물 따위의 지지부 활동단에서 온도 변화에 따른 신축에 대비하기 위해 길쭉하게 낸 앵커 볼트 구멍
② 철골부재 시공 시 오차관리상 볼트 구멍을 슬롯 홀 처리

[스롯 홀(slot hole)의 형태 및 치수]

Bolt Size	Standard (D)	Hole Type Dimensions(max)		
		Oversize (D)	Short Slot (W×L)	Long Slot (W×L)
M12	13	15	13×16	13×30
M16	18	20	18×22	18×40
M20	22	24	22×26	22×50
M22	24	26	24×28	24×55
M24	26	30	26×32	26×60
M27	30	35	30×27	30×67

☆☆☆

2 철골세우기용 기계

유형: 기계 · 장비

① 가이데릭(Guy Derrick): 가장 일반적으로 사용되는 기중이며, 붐의 회전범위는 360°
② 스티프 레그데릭(Stiff Leg Derrick): 가이데릭에 비해 수평이도이 가능하므로 층수가 낮은 긴 평면에 유리하며, 회전범위는 270, 작업범위는 180°
③ 트럭크레인(Truck Crane): 트럭에 설치한 크레인, 자주, 자립가능하고 기동력이 좋으며, 대규모 공장건물에 적합
④ 진폴(Gin Pole): 1개의 기둥을 세워 철골을 메달아 세우는 가장 간단한 설비, 옥탑 등의 돌출부에 쓰이며, 소규모 철골공사에 사용

☆☆☆

3 Pin 접합

유형: 공법

① 보에서 발생하는 전단력(shearing force)의 전달은 가능하지만 휨 모멘트(bending moment)는 전달되지 않는 접합이다.
② 철골보에서 보의 web부분만 기둥에 bolting연결된 것은 pin 접합이고 상 · 하 flange가 기둥에 용접된 것은 강접이다.

기타용어

☆☆☆

4	Rivet 접합	
		유형: 공법

① 철골부재에 미리 구멍을 뚫고 구멍에 800~1,100℃ 정도로 가열된 rivet을 수압 혹은 압축공기를 동력으로한 조 리벳터(jaw riveter)나 뉴메틱 리벳터(pneumatic riveter)로 기계치기하여 접합하는 방법

② rivet은 연강(軟鋼)으로 제작되며, 800℃ 정도로 가열한 것이 좋고 rivet 치기 후 검사를 실시하며 작업 시 소음발생이 크고, 숙련공 및 기능공의 부족과 숙련도에 따른 품질관리의 어려움, 품질저하 등으로 거의 사용되지 않는 공법

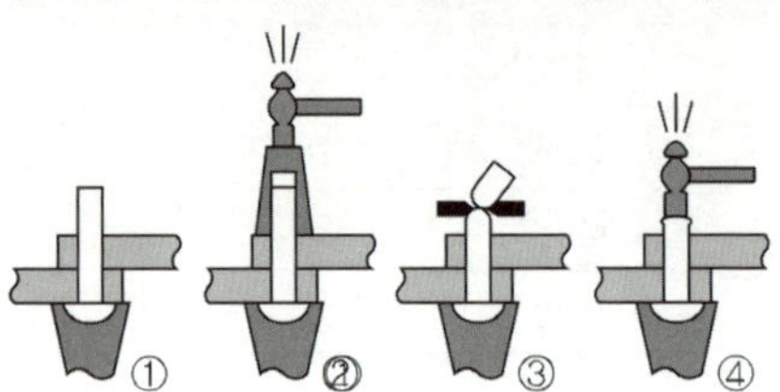

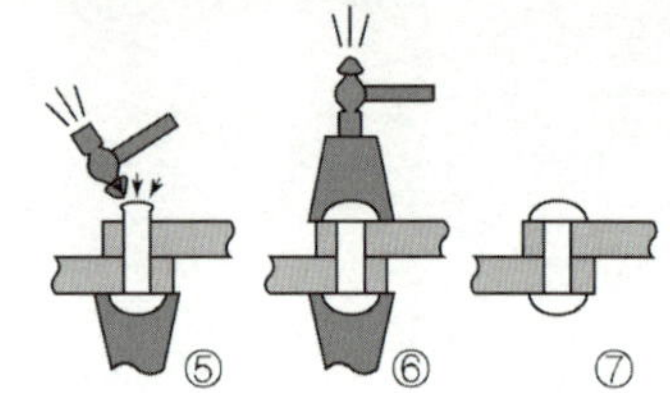

☆☆☆

5	게이지, 게이지라인	
		유형: 공법

① 게이지: 볼트 접합부에서 응력 방향으로 배열하는 볼트의 중심을 잇는 선을 볼트 게이지선(라인)이라 하고, 게이지선의 간격

② 게이지라인: 강구조물의 접합을 위한 볼트구멍들을 부재의 축방향으로 연결한 선

☆☆☆

6	Impact wrench	
		유형: 기계 · 장비

① 마찰 접합용 고장력 볼트를 체결하는 공구. 충격 회전을 함으로써 너트에 충격과 일정한 회전력을 주어 신속 확실하게 체결한다.

② 나사부의 결합과 분해에 사용하는 공구이다. 순간적으로 강한 토크를 발생시킬 수 있는 것이 특징이다. 전동식, 압축공기식, 수동식 등이 있다. 흔히 사용되고 있는 전동식이나 압축공기식 임팩트 렌치에는 토크 렌치의 기능이 있어서 볼트 · 너트를 균일한 토크로 죌 수가 있다.

기타용어

☆☆☆

7	Grip bolt 접합	
		유형: 공법

① 큰 인장홈을 가진 pin tail과 break neck으로 구성된 bolt로, nut 대신 원형관인 칼라(collar)를 사용하여 bolt의 밑둥을 조임 gun으로 물어 당기는 동시에 collar를 bolt 머리쪽으로 밀어넣게 작용하여 pin tail이 떨어져 나가며 압착시키는 유압식 공법

② 적정한 값이 되었을 때 break neck이 파손되어 pintail이 떨어져 나가는 것과 pintail이 떨어져 나가지 않는 것 두 종류가 있으며 nut의 상당한 부분은 조임중에 소성가공(塑性加工, plastic working) 되도록 개발되었고 조임은 유압기계를 사용하여 소음이 적고, 조임이 확실하며 조임 후의 검사가 용이하다.

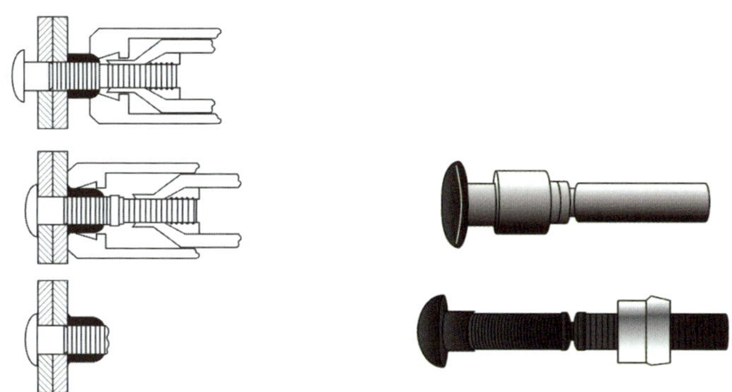

☆☆☆ 134

8	Gouging	
		유형: 공법

① Groove 용접에서 용접부 하단(root)에 기공(blow hole) · 용입부족 등을 비롯한 여러 가지 불량 요소를 제거하기 위하여 용접부 하단(배면, 이면)에서 금속을 녹인 후 강한 공기로 불어내어 홈을 파는 작업

② 아크에어가우징, 가스가우징 등이 많이 이용됨

Gouging

- 옥시즌 가우징(Oxygen Gouging)
- 메탈 아크 가우징(Metal Arc Gouging)
- 에어 카본 아크 가우징(Air Carbon Arc Gouging)
- 플라즈마 아크 가우징 (Plasma Arc Gouging)

☆☆☆

9	용융금속의 보호(shielding)	
		유형: 공법

용융금속(molten pool)을 공기로부터 차단하는 방식에는 직접 가스를 공급하는 방식(gas shielding) 용접봉의 피복제가 arc 열에 의해 가스를 형성하는 방식(electrode coating) 및 flux 내부에 arc를 운용하는 방식(flux shielding)의 3가지 방식이 있다.

기타용어

☆☆☆

10	arc strike	
		유형: 현상

① 용접 개시 전에 모재 위에서 아크를 일으키는 것을 말하며, 고장력강의 경우에는 이 부분이 급랭되어 경화하기 때문에 결함의 원인이 되므로 매우 위험

② 근간에 와서 아크스트라이크에 대해서 후열처리를 하는 것이 좋은 방법으로 인정되고 있음

피복제 기능

- 용접중에 대기중의 산소나 질소의 침입을 방지하여 용융 금속을 보호하기 위해 중성 또는 환원성의 분위기를 만든다.
- 아크를 안정하게 한다.
- 용융점이 낮고 적당한 정도의 점성(粘性)를 갖는 슬래그(slag)를 만든다.
- 용접금속(weld metal)의 탈산정련작용을 한다.
- 용접금속에 필요한 합금원소의 첨가를 한다.
- 용접(globule)을 미세하게 하여 용착효율을 높인다.
- 용접금속의 응고와 냉각속도를 완만하게 한다.
- 상향용접 등의 용접을 용이하게 한다.
- 슬래그의 제거를 용이하게 하고, 파형이 아름다운 비드를 만든다.
- 모재 표면의 산화물을 제거하여 용접을 완전하게 한다.
- 대개의 봉에는 절연작용을 한다.

☆☆☆

11	피복제(electrode coating)	
		유형: 부재

① 피복제가 arc 열에 의해 연소될 때 발생하는 가스로 용융금속의 산화 및 질화를 방지하는 방법으로 gas 용기를 운반하기 어려운 장소, 즉 현장 용접에 널리 사용되는 방법

② 피복아크 용접봉의 피복에 사용되는 재료에서 금속 전극봉을 적당한 청정제로서 피복한 것이며, 보충재가 되며 용접부가 산화되는 것을 방지한다.

☆☆☆

12	용입, penetration	
		유형: 형태

용접부에서 용접 전 모재의 표면과 용착금속의 밑 또는 모재가 녹은 부분의 최저부까지 깊이

☆☆☆

13	루트, Root	
		유형: 형태

용접부의 모재면이 교차하는 점, 용접 이음에서 두 모재(母材) 사이가 가장 접근한 부분

기타용어

가스메탈아크용접
(GMAW: Gas Metal Arc Welding)

- 외부에서 용융금속을 대기의 영향으로부터 보호하기 위하여 보호가스를 공급하면서 연속으로 공급되는 용가재를 사용하는 아크용접

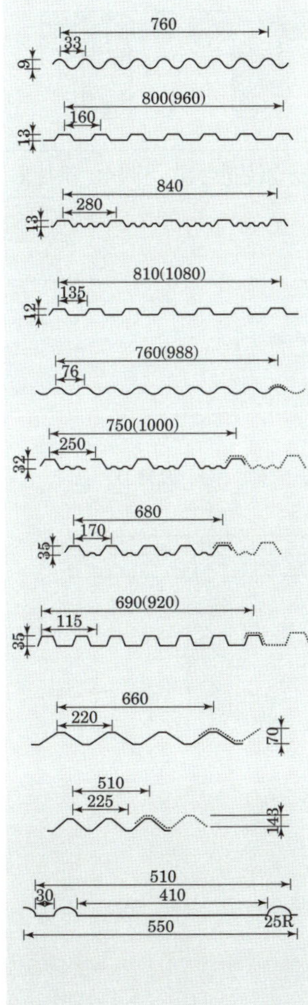

☆☆☆

14	스패터, spatter
	유형: 결함

① 용접 중에 용접봉 끝에서 비산하는 슬랙이나 금속 알갱이
② 아크 용접 · 가스 용접 · 납 용접 등에서 용접 중에 흩어지는 슬래그 및 금속 가루가 남아 있는 상태

☆☆☆

15	Back strip
	유형: 부재

① 완전용입 맞댐용접(butt welding)시 root부에 완전용입을 얻을 수 있도록 bead의 반대방향에 두 모재에 뒤쪽에 대는 철재 plate
② 모재의 재질과 동질의 것을 사용하며, 소정의 root간격을 확보하여 모재와의 사이에 틈이 발생되지 않도록 모재와 back strip을 수평으로 완전히 밀착시킨다.

☆☆☆

16	와류탐상시험(와전류 탐상시험)
	유형: 시험

① 코일에 교번전류를 통하면 주위로 교번자장이 형성되며, 이 교번자장이 도체 표면에 와전류를 형성하는 특성을 이용하여 주로 재료의 표면에 존재하는 결함의 탐상에 적용된다.
② 고속의 탐상이 가능하기 때문에 플랜트에서는 주로 열교환기의 tube 및 pile류의 대상에 적용한다. 원자력 발전소에서는 증기발생기의 세관에 대한 가동 중 검사에 이용되고 있으며, 부식으로 인한 벽두께 감소를 측정하는데 아주 효과적이다.

☆☆☆ 70

17	키스톤 플레이트(Key stone plate)
	유형: 부재

① 냉간 roll 성형법에 의해 제조된 물결형(골형, wave형) plate를 설치하고 철근 배근후 바닥 slab와 기둥 및 벽체 concrete를 타설하며, 외벽 및 지붕에도 사용 가능한 성형강판
② 단열재와 조합하여 사용하면 방습 · 방음효과가 우수하며, 경제성이 있는 재료로 다양한 형태와 미려한 외관형성이 가능한 비구조용 거푸집이다.
③ 규칙적인 골이 되게 주름잡은 강판으로 지붕, 외벽 등에 주로 쓰이고 철근 콘크리트 슬라브의 거푸집으로도 사용된다.

기타용어

☆☆☆

18	TSC보(Thin Steel-plate Composite)	
		유형: 부재

얇은 철판을 상부개방형으로 절곡성형하여 거푸집이나 철근을배근할 필요가 없는 철골보

강재 단면을 구조부재의 인장측 최외단에 집중배치(철근겸용)하여 효율성 증대

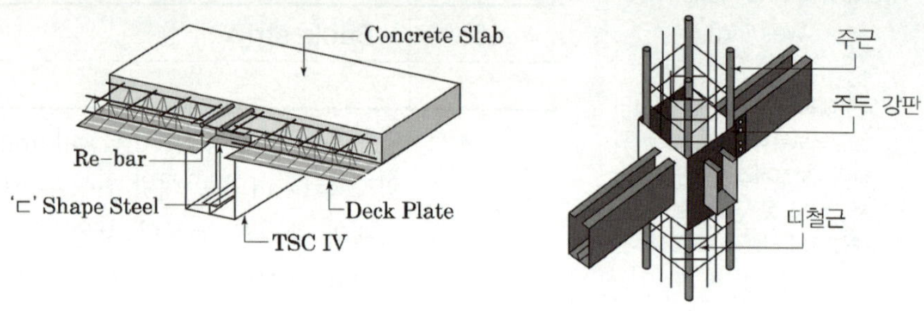

	RC 보	H 합성보	SC 보	TSC 보
단면 형태				
장점	경제성	시공성	사용성	시공성(현장타설), 사용성, 경제성
단점	시공성	경제성 사용성	RC제작, 운반	

RC 보의 경제성+H합성보의 시공성+SC보의 사용성

TSC 보 개발

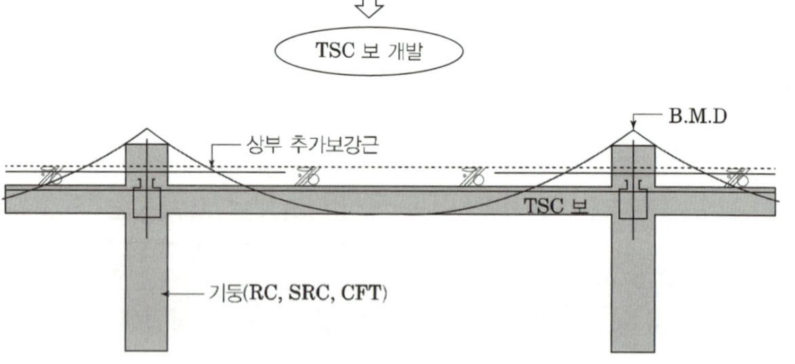

기타용어

☆☆☆ 119

19	MPS(Modelarized Pre-stressed System) 보	
		유형: 부재

① 철근콘크리트 보의 양끝 단부에 별도로 제작한 철물을 매립하여 기둥과의 접합을 용이하게 하고, 철근콘크리트 보에는 Prestress를 도입하여 균열을 방지하는 부재 및 합성보 공법

② 철근대신 강철선을 넣고 이 강선을 잡아당겨 인장에 대한 강도를 증가시킨 것으로 변형, 처짐, 균열에 강하게 제작

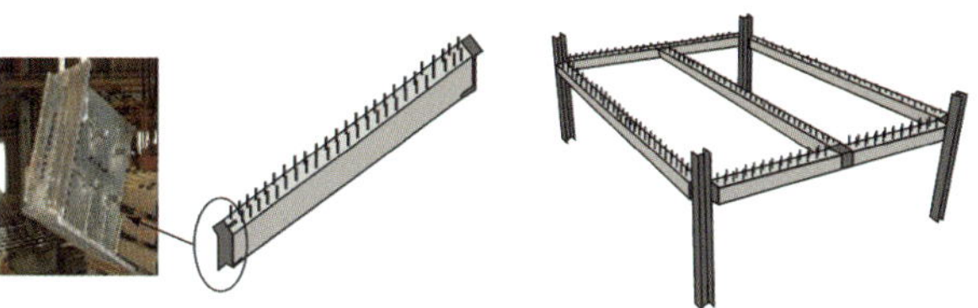

MODULARIZED PRESTRESSED SYSTEM

- 철골 기둥/철골거더와 접합이 가능한 PRESTRESSED BEAM
- PRECAST PRESTRESSED CONCRETE보+철골접합
- 지하, 지상의 고층 구조물 시공 시 접합부의 안전성 확보 및 현장 작업 최소화
- 건축PC의 적용범위 확대

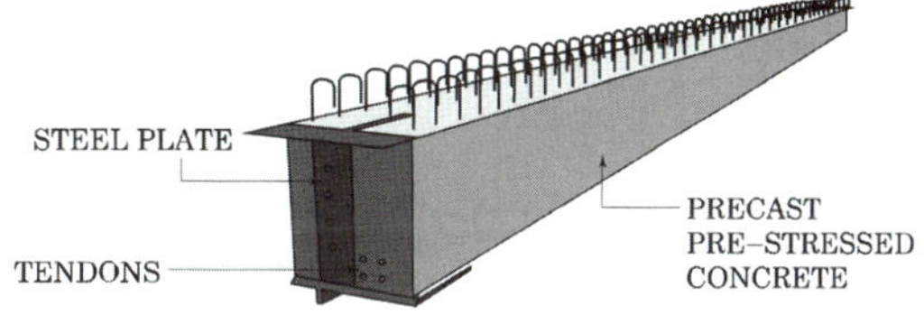

☆☆☆ 136

20	Splice Plate	
	덧댐판, 이음 연결판	유형: 부재 · 기능

기타용어

부재

Key Point

◩ 국가표준
- KCS 41 31 15
- KCS 41 31 25

◩ Lay Out
- Splice Plate 설치도
- 제작기준
- 시공 시 유의사항

◩ 핵심 단어
- 볼트를 고정하기 위해 타공된 이음 연결판

◩ 연관용어
- Fill Plate
- 고력볼트 접합부 처리 (NO. 509)

기능과 역할

- 응력전달
- 구조용 철골부재 사이의 연결 보강
- 접합부 강도와 내구성 최대화
- 철골부재의 구조적 연속성 확보

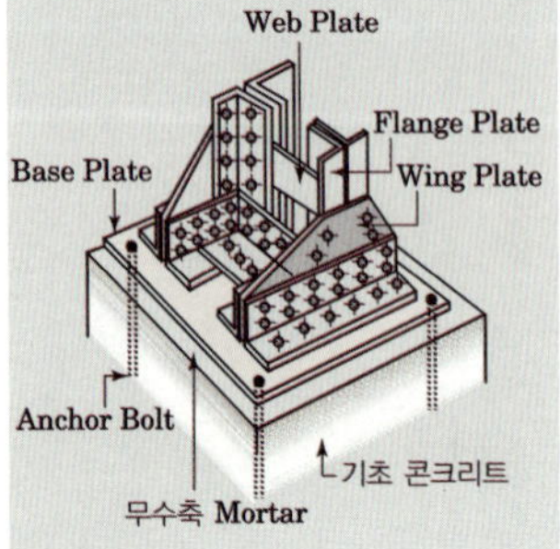

Ⅰ. 정 의

① 철골부재의 볼트 접합 시 각 접합부재에 볼트를 고정하기 위해 타공된 이음 연결판

② 강구조에서 기둥과 기둥, 기둥과 보, 보와 보사이의 볼트접합 시 이음부의 연결을 강화하는데 사용되는 이음부의 연결을 강화하는데 사용되는 두꺼운 금속 이음 연결판

Ⅱ. Splice Plate 설치도

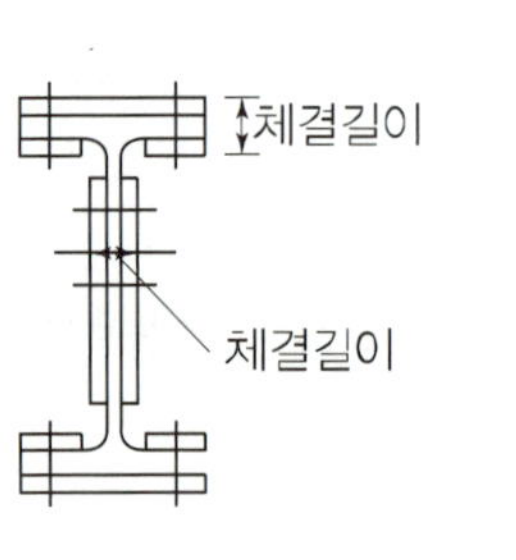

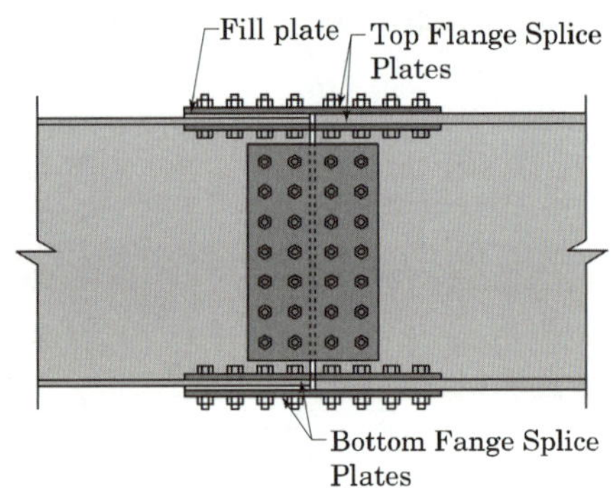

Ⅲ. 제작기준

구 분	내용
두께	• 일반적으로 연결부재의 Flange 또는 Web 두께의 1~1.5배 • 최소두께: 6mm~12mm이상 사용
길이	• 이음길이는 최소 600mm이상 (부재단면의 높이에 따라 조정)
폭	• Flange Splice Plate는 Flange 폭과 동일하거나 약간 작게 • Web Splice Plate는 Web폭에 맞게 제작
볼트의 간격 및 수량	• 볼트간격(pitch)은 60~100mm • 측단거리(Edge distance)는 40~50mm 이상 • 볼트갯수는 인장/압축하중에 따라 구조계산으로 결정

Ⅳ. 시공 시 유의사항

① Splice Plate면의 상태를 모재와 같이 유지
② 부재와 Splice Plate 접촉면 밀착시공
③ 볼트의 체결 기준 준수 (중앙에서 단부)
④ 도면 및 설계 기준 준수
⑤ 내식성 확보 (방청도장)

CHAPTER

07 초고층 및 대공간 공사

Professional Engineer

마법지

1. 설계 · 구조

- 설계
- 구조 영향요소
- 구조형식

2. 시공계획

- 코어선행
- 코어후행
- 접합부
- Column Shortening

3. 대공간 구조

- 구조형식
- 건립공법

4. 공정관리

- 공정관리 기법

★★★ 1. 설계 및 구조

7-1	초고층 건물	
No. 555		유형: 항목 · 구조

Ⅰ. 정 의

① 50층 이상이거나 건축물 높이 200m 이상인 건축물
② 구조적 관점: Tallness을 가진 건축물로 세장비(건물의 높이와 단변 길이의 비)가 5이상인 건물
③ 횡하중에 저항하기 위해 특별한 구조형식을 도입할 필요가 있는 건물

Ⅱ. 설 계

1) Design(구조, 경관, 기능)

주변지형과 위치에 따른 Lay Out, Sky Line, Landmark

2) 배치계획(거주, 일사, 채광, 방향)

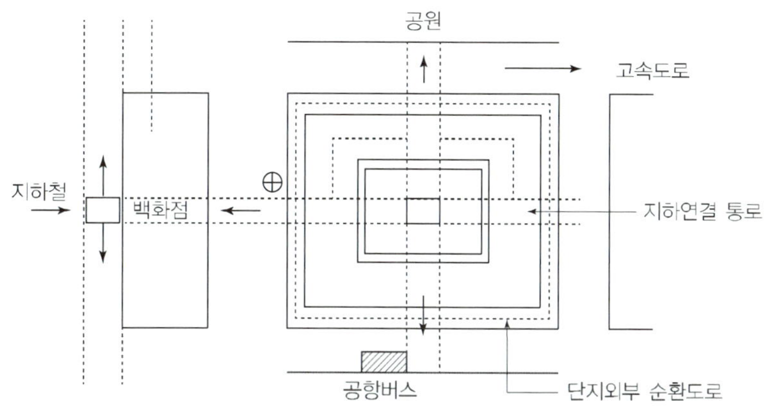

[주변지형과 위치에 따른 Lay Out]

3) 동선계획(내부, 외부, 교통, 피난계획)

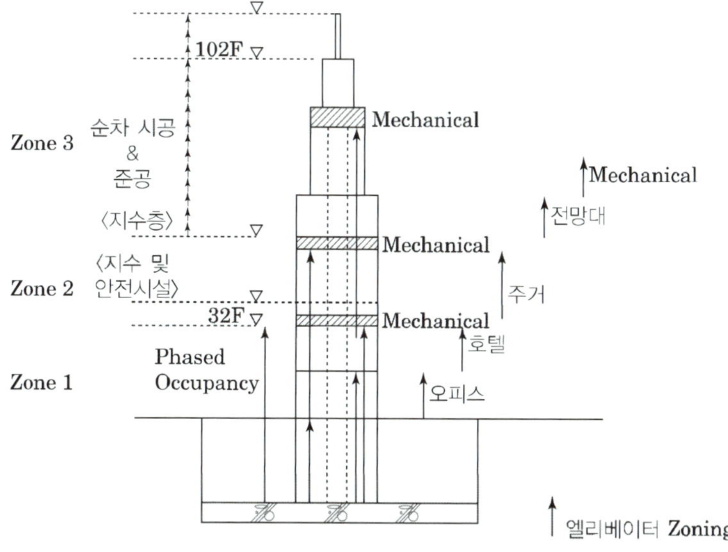

설계

Key Point

- 국가표준
- Lay Out
  - 설계 · 구조
- 핵심 단어
- 연관용어

건축물

- 고층건축물
  - 30층 이상이거나 건축물 높이 120m 이상인 건축물
- 준초고층 건축물
  - 건축물 층수 30층 이상 49층 이하
  - 건축물 높이 120m 이상 200m 미만
- 초고층건축물
  - 50층 이상이거나 건축물 높이 200m 이상인 건축물

특수성, 문제점

- 내부적 문제
  - 고심도화: 작업장 부족, 흙막이 안전성, 기초 허용 침하량
  - 고층화: 수직동선 증가, 양중높이 증가, 양중횟수 증가
  - 중량화: 부재의 Mass화
- 외부적 문제
  - 인접건물
  - 교통문제
  - 소음 진동 분진

설계

구성요소

① 재료 : 강재 콘크리트 합성재료
② 수직 하중 저항 시스템 : 슬래브와 보 기둥 트러스 기초
③ 매층마다 반복되므로 작은 변화도 전체적으로는 큰 변화가 됨
④ 횡하중 저항 시스템 벽체 골조 트러스 다이아프램
⑤ 횡하중의 형태와 크기 풍하중 지진하중
⑥ 강도 및 사용성 횡변위 가속도 연성

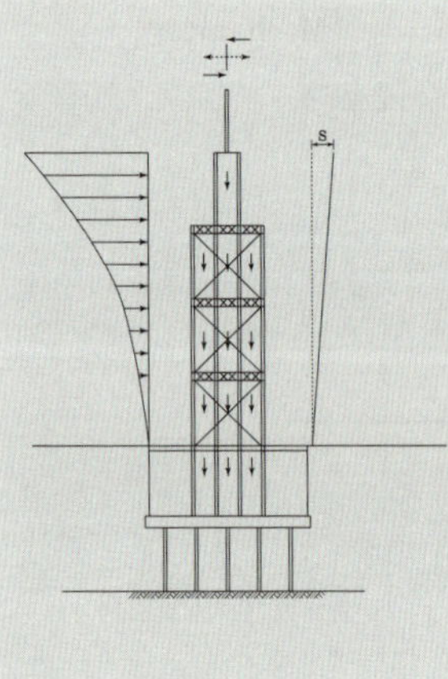

① 로비, 저층부, 기준층, 전망층, 주차장, 기계실 등의 기능과 용도에 따른 층별 수직Zoning
② 주변건물과의 연결 및 진출입, Services시설과의 연계
③ 지하연결, 교통시설, 반출입 시설
④ 화재상황을 고려한 연결통로 및 차단, 비상용 E/V

4) 설비(방재, E/V,기계실, I.B)
① 면적별, 용도별, 수직개구부 등에 따른 방화구획을 검토하고 배연설비 및 소방설비 자동화
② Sky Lobby방식 및 Double deck방식 적용
③ 기계실의 분산배치 및 구획설정
④ 에너지의 효율적인 관리, Network 기술을 사용한 Building자동화 DDC(Direct Digital Control)

5) 제도 및 법규
① 공사 완료층 임시사용승인(Phased Occupancy)
② 기타: 방재기준 및 피난층 기준(옥상광장 등), 헬리포트

Ⅲ. 구 조

1. 영향요소

1) 풍진동 저항
① 바람에 의한 건물의 진동 검토
② 외장재용 풍하중과 구조골조용 풍하중 산정을 통한 내풍설계

2) 지진에 저항
① 내진구조: 높은 강도와 강성, 변형 능력을 확보하여 지진에 대해 견딜 수 있는 구조
② 면진구조: 면진장치를 이용하여 건물의 고유주기를 의도적으로 장주기화 하여 지반에서 상부구조로 전달되는 지진에너지를 저감하는 구조
③ 제진구조: 제진장치를 이용하여 건물의 진동을 감쇠시키거나 공진을 억제시킴으로써 진동에너지를 흡수하는 구조

3) 하중에 저항
무거운 하중에 견딜 수 있는 기초구조 및 수직부재의 강성확보

2. 검토사항

- 구조재료의 결정
- 하중의 산정(바람, 지진, 하중)
- 토질 및 기초
- 수직 및 수평력 저항구조 방식 결정
- 기둥 축소량 예측 및 보정
- 굴뚝효과(Stack effect)
- 컴퓨터 용량을 고려한 구조해석용 프로그램구조해석 및 부재설계
- 접합부 설계

설계

설계
Key Point

◩ 국가표준

◩ Lay Out
- 단계별 사용승인과정
- 도입 시 고려사항
- 국내 적용 시 개선방향

◩ 핵심 단어
- 상부공사 수행하면서 하부공사 사용승인

◩ 연관용어

적용사례

- 미국 Trump International Tower in Chicago, Commerce Center in Hongkong에서 적용
- 사례 1: 미국 Trump International Tower in Chicago (415m/92F)
- 사례 2: International Commerce Center in Hongkong (484m/118F)

☆☆★ 1. 설계 및 구조 91

7-2	초고층 공사의 Phased Occupancy	
No. 556	조기 순차준공, 단계별 사용승인	유형: 제도 · 항목

I. 정 의

① 초고층건축물의 상부공사를 수행하면서 하부에 공사가 완료된 부분을 임시사용승인(Temporary Occupancy Permit, T.O.P)을 얻어 조기에 사업비를 회수하는 제도

② 초고층은 수직적인 부분에서 기간이 많이 소요되므로 하층부에서부터 단계별로 조기에 미리 사용할 부위에 사용승인을 득하여 사용료 등으로 인한 자금조달이 해결되고 공기측면에서 해결할 수 있는 장점이 있다.

II. 단계별 사용승인과정

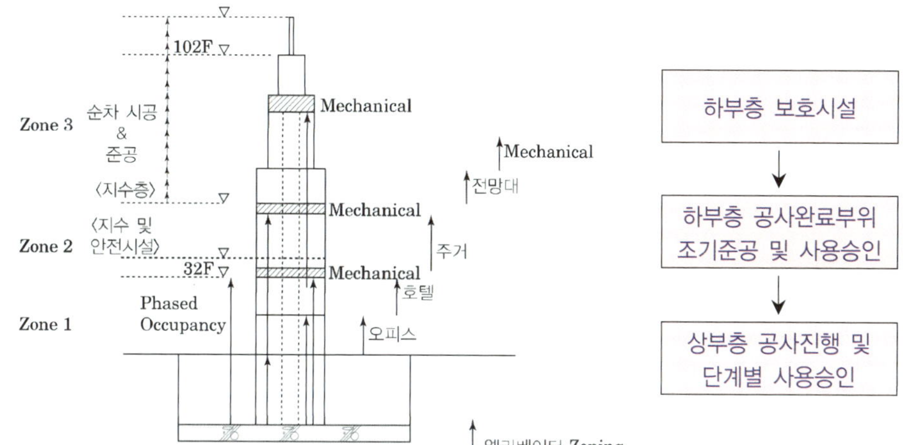

[project관리 및 시공계획 전문팀 구성]

III. 도입 시 고려사항

① 지자체 협의
② 공사 중 임시사용승인 구간 동선분리
③ 공사 중 임시사용승인 구간 설비 및 소방활용 방안
④ 공사 안전성계획(가설공사 계획)

IV. 국내 적용 시 개선방향

① 초고층 건축관련 법령 개선
② Phased Occupancy 지침 마련
③ 지자체 적극 검토
④ 설계사, 시공사, 발주처 협의 TFT 구성

☆☆★ 1. 설계 및 구조 98

7-3	초고층의 공진현상	
No. 557		유형: 현상 · 결함

구조 영향요소

영향요소

Key Point

◩ 국가표준

◩ Lay Out
- Mechanism · 공진원리
- 방지대책

◩ 핵심 단어
- 같은 진동수

◩ 연관용어
- 내진
- 제진
- 면진

Ⅰ. 정 의

특정 진동수를 가진 물체가 같은 진동수의 힘이 외부에서 가해질 때 진폭이 커지면서 에너지가 증가하는 현상

Ⅱ. Mechanism

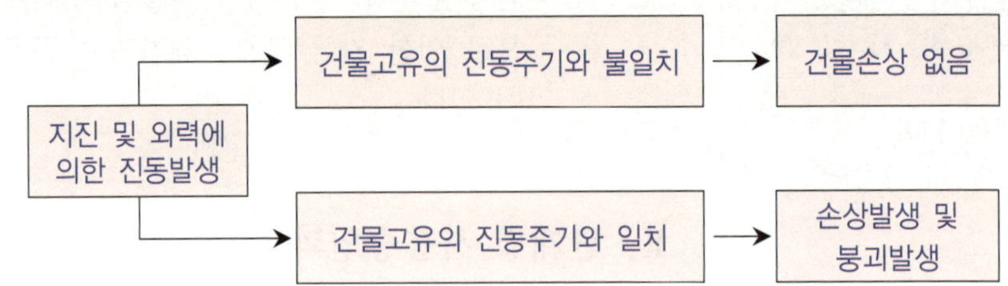

Ⅲ. 공진원리

- 모든 물체는 고유진동수를 갖고 있으며 이 고유진동수에 해당하는 전파나 파동을 흡수하는 성질을 갖고 있다.
- 일반적으로는 진원지에서 멀어질수록 진동이 약해지지만, 공진현상이 일어나면 진원지에서 멀어질수록 오히려 진동이 강해진다.
- 대표적으로 자기공명영상(MRI)촬영 장치가 있다. MRI는 물을 구성하는 수소 원자핵의 고유진동수와 똑같은 주파수의 진동을 일으켜 인체 내부를 촬영하는 장치다.
- 라디오 주파수를 맞추거나 TV 채널을 바꾸는 것은 공진현상의 원리를 이용한 것이다.

Ⅳ. 방지대책

① 지반의 영향을 크게 받기 때문에 건물을 설계할 때에는 지반의 특징을 조사하는 것이 매우 중요
② 내력과 동시에 연성을 확보
③ 제진 및 면진구조 검토적용

★★★ 1. 설계 및 구조 68.99.132

7-4	stack effect	
No. 558	굴뚝효과(연돌효과)	유형: 현상 · 결함

Ⅰ. 정 의

① 건물 내외부 온도차 및 빌딩고(Height)에 의해 발생하는 압력차로 인한 외기의 침기(Infiltration)현상과 유출(Exfiltration)현상

② 건물 내외부 공기기둥 무게(밀도)차이로 기인한 압력차에 의해 발생하는 공기의 흐름이며, 유입된 공기는 수직유동경로를 통해 상승하는 현상(Upward Airflow)

※ 굴뚝에서의 공기흐름과 유사하여 굴뚝효과(Chimney Effect)라고도 함

Ⅱ. 발생 Mechanism

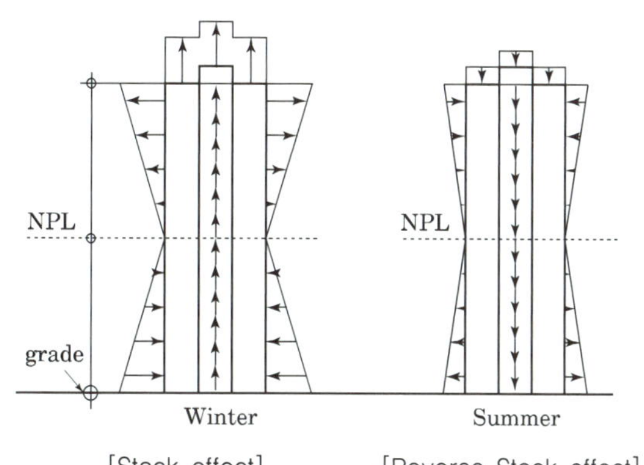

[Stack effect] [Reverse Stack effect]

외기 기밀성능 저하 → 내외부 온도차 발생 → 수직온도차에 의한 압력차 가중되어 부력발생

- 동절기: 승강로를 통해 상승기류가 발생
- 하절기: 승강로를 통해 하강기류가 발생

Ⅲ. 해결방법

1) 구획을 통한 공기유동량의 제한

구 분	방 법
수직적 구획/ 수직 샤프트의 조닝	• 엘리베이터 및 샤프트의 수직적 조닝 • 엘리베이터홀에 전실 설치 • 엘리베이터 샤프트의 저층부와 고층부에 차압조절용 벤트 설치 • Sky Lobby 방식 • 스카이라운지용 셔틀엘리베이터 설치 • 층간 샤프트 구획화의 기밀화 • 샤프트 내 온도 저감
수평적 구획/ 내부 구획	• 엘리베이터 홀 전실문 설치 • 공기유동 경로에 구획문 설치 • 건물 내부 구획(내벽, 출입문) 기밀화

구조 영향요소

영향요소

Key Point

◪ 국가표준

◪ Lay Out
- Mechanism
- 해결방법

◪ 핵심 단어
- What: 내외부 온도차
- Why: 공기흐름
- How: 압력차

◪ 연관용어

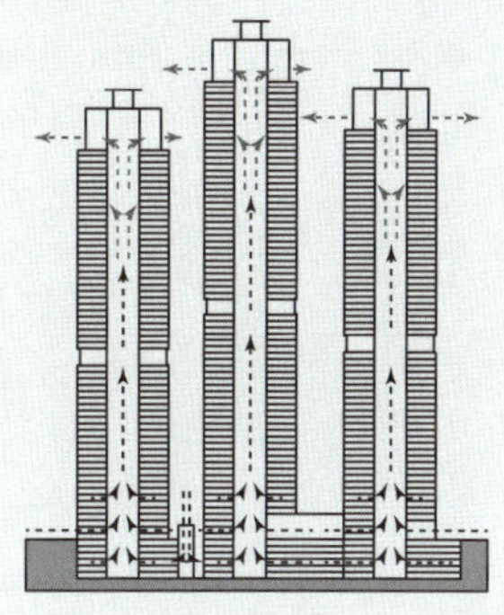

발생원인

- 겨울
  - 난방 시 실내공기가 외기보다 온도가 높고 밀도가 적기 때문에 부력이 발생하여 건물위쪽에서는 밖으로 아래쪽에서는 안쪽을 향하여 압력이 발생
- 여름
  - 냉방 시 실내공기가 외기보다 온도가 낮고 밀도가 크기 때문에 발생하며, 겨울철 난방시와 역방향의 압력 발생
- 공통 발생원인
  - 외기의 기밀성능 저하
  - 내부 공조시스템에 의한 온도차 발생
  - 저층부 공용공간과 고층부 로비의 연결로에서 외기 유입

2) 기밀화를 통한 공기유동량의 제한

구 분	방 법
외피의 기밀화	• 기밀한 외피설계 및 시공 • 기밀한 창호 시공 • 외피와 층간슬래브 접합부 기밀 시공 • 주 출입구 주변에 다수의 에어커튼 설치
공기유입부의 공기유동제한	• 출입구 : 회전문 • 기타 출입구 Sheltering
공기상승부의 공기유동제한	• 엘리베이터 문 기밀 시공 • 기계실 문 기밀 시공
공기유출부의 공기유동제한	• 건물상층부 개구부설치 지양 • 엘리베이터와 기계실의 기밀화 • 옥상출입문 기밀화, 전실 설치

☆☆★ 1. 설계 및 구조

7-5	초고층 구조형식	
No. 559		유형: 구조 · System

구조형식

구조형식

Key Point

- ◪ 국가표준
- ◪ Lay Out
  - 구조형식
- ◪ 핵심 단어
- ◪ 연관용어

건축구조기준(모멘트골조)

- 보통 모멘트 골조
  - (Ordinary Moment Frame) 연성거동을 확보하기 위한 특별한 상세를 사용하지 않은 모멘트 골조
- 중간 모멘트 골조
  - (Intermediate Moment Frame)
- 특수 모멘트 골조
  - (Special Moment Frame)
- 연성 모멘트 골조
  - (Ductile Moment Resisting Frame)횡력에 대한 저항능력을 증가시키기 위하여 부재와 접합부의 연성을 증가시킨 모멘트골조

Ⅰ. 정 의

① 구조방식은 중력하중을 지지하는 수직구조방식과 횡하중을 지지하는 수평구조방식으로 나누어지는데, 고층에서는 초기단계에서 가능한 여러 구조방식의 비교분석을 통한 장·단점, 경제성 등을 파악하여 구조시스템을 선정해야한다.

② 구조해석에서 가장 먼저 결정해야 할 사항은 구조물에 작용하는 하중의 예측이며, 그 하중에 의한 정적, 동적 거동을 분석한 후 결과를 설계에 반영하게 된다.

Ⅱ. 구조형식

1) 골조 구조(Frame Structure)

구분	내용	형태
강성골조	부재의 접합을 강접합으로 처리하여 보와 기둥이 수직력과 수평력을 동시에 지지	
가새골조	평면골조에 대각선 방향으로 가새를 설치하여 보로 전달되는 수평력을 가새의 축강성으로 지지	

2) 전단벽 구조(Shear Wall Structure)

수평력을 전단벽과 골조가 동시에 저항하는 방식

3) Outrigger System & Belt Truss

가새구조로 된 내부 골조를 외곽기둥과 연결시키는 수평 Cantilever보로 구성되며, Core는 수평전단력을 지지하는데 사용하고, Outrigger는 수직 전단력을 Core로부터 외부기둥에 전달시키는데 이용

4) Mega Structure

횡력에 효율적으로 저항할 수 있도록 매우 큰 단면을 가진 기둥을 Outrigger 위치 또는 건물의 모서리 부분에 설치하여 기둥에 전달하는 구조

5) Tube Structure

건물의 외곽기둥을 일체화시켜 수평하중을 저항하는 구조

6) Diagrid Structure

Diagonal(대각선)과 Grid(격자)의 합성어로 여러 층을 지나는 대형 가새를 반복적으로 사용한 형태의 구조

7) CFT(Concrete Filled Tube)

원형이나 각형강관 내부에 콘크리트를 충전한 구조

☆☆★ 1. 설계 및 구조 72

7-6	Shear wall structure	
No. 560	전단벽구조	유형: 구조 · System

구조형식

구조형식
Key Point

◪ 국가표준

◪ Lay Out
- 횡력저항 Mechanism
- 골조 전단벽 상호작용
- 거동 및 적용성

◪ 핵심 단어
- What: 전단벽
- Why: 수평력을 전단벽과 골조가 동시에 저항
- How: 구조부재의 강성을 크게하여

◪ 연관용어
- 초고층 구조형식
- Link beam

적용사례

- Empire State Building (New Yock, 102F)
- 적정층수(철골40층, 철근콘크리트 구조 50층)

Ⅰ. 정 의

수평력을 전단벽과 골조가 동시에 저항하는 방식이며, 전단벽이 구조 부재의 강성을 크게 하여 풍하중이나 지진하중에 효율적으로 지지하지만, 전단벽의 강성이 클수록 연성이 감소되므로 적절한 강성확보가 필요하다.

Ⅱ. 횡력저항 Mechanism

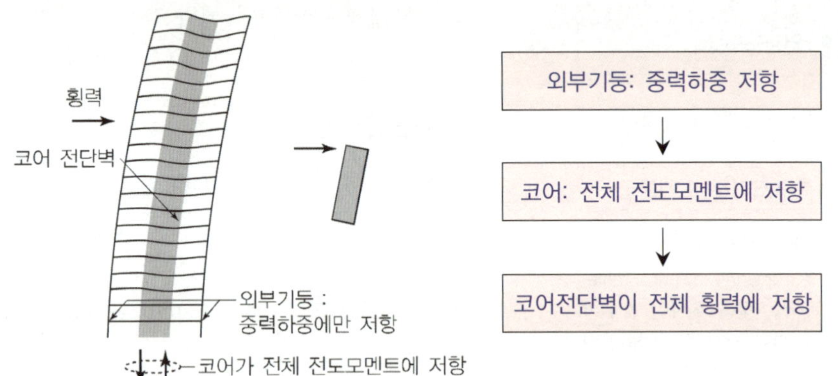

Ⅲ. 골조 전단벽 상호작용

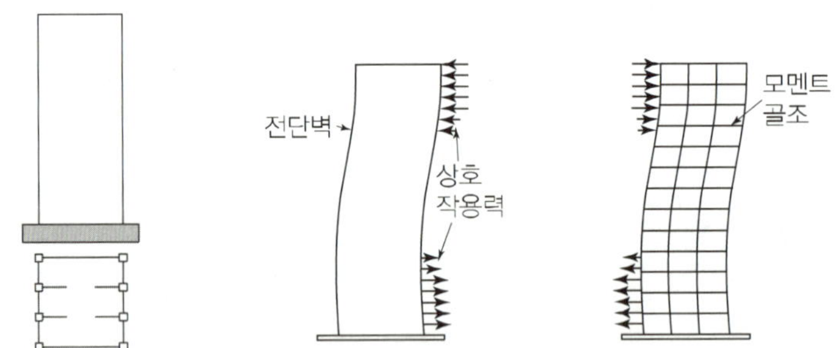

Ⅳ. 거동 및 적용성

① 고층구조물의 상부에서는 전단보 거동을 하므로 주로 강성골조에 의해 수평력이 지지된다.
② 하부에서는 전단벽에 의해 대부분의 수평력이 지지된다.
③ 비틀림으로 직교하는 전단저항의 중심이 건물에 작용하는 횡하중의 중심과 거의 일치하게 배치

구조형식

④ 전단벽과 구조체 기중의 접합 시 전단벽은 휨변형에 저하, 구조체 기둥은 전단변형에 저항

⑤ 20~30층 정도의 건물은 한 층내의 벽체 총강성이 기둥 총강성의 6배 이상이면 거의 모든 수평력에 대해서는 전단벽이 지지하는 것으로 설계

⑥ 40~50층 정도까지 경제성이 있으며, 경제성 여부에 따라 70~80층까지 이용

★★★ 1. 설계 및 구조 72.108.124

7-7	Out rigger & Belt truss	
No. 561		유형: 구조 · System

구조형식

구조형식

Key Point

◪ 국가표준

◪ Lay Out
- 횡력저항 Mechanism
- 시스템의 종류
- Outrigger 적용에 따른 Moment 감소
- 문제점 및 고려사항

◪ 핵심 단어
- What: 외부기둥 연결
- Why: 횡력에 저항
- How: 벽체 또는 트러스형 부재

◪ 연관용어
- 초고층 구조형식
- 코어선행 접합부
- 지연접합
- 조절접합
- 댐퍼접합

특징

- 횡력저항성능 향상
- 코어벽이 부담할 모멘트 감소
- 모든 기둥을 일체로 거동하게 하여 횡강성 증가
- 아웃리거는 주로 기계실 층에 위치하여 사용상 문제점을 최소화
- 아웃리거와 외주부의기둥 접합부는 힌지로 처리하여 기둥모멘트의 유발을 방지하고 바닥보와 외부기둥의 접합도 힌지로 처리하여 수직하중에 의한 기둥모멘트의 발생을 막는다.

Ⅰ. 정 의

① Outrigger: 횡력에 저항하기 위하여 내부 Core와 외곽기둥 또는 Belt Truss를 연결시켜 주는 보 또는 Truss

② Belt Truss & Belt Wall: 내부 Core와 외곽기둥 또는 Belt Truss를 연결시켜 주는 보 또는 Truss

③ 가새구조로 된 내부 골조를 외곽기둥과 연결시키는 수평 Cantilever보로 구성되며, Core는 수평전단력을 지지하는데 사용하고, Outrigger는 수직 전단력을 Core로부터 외부기둥에 전달시키는데 이용

Ⅱ. 횡력저항 Mechanism

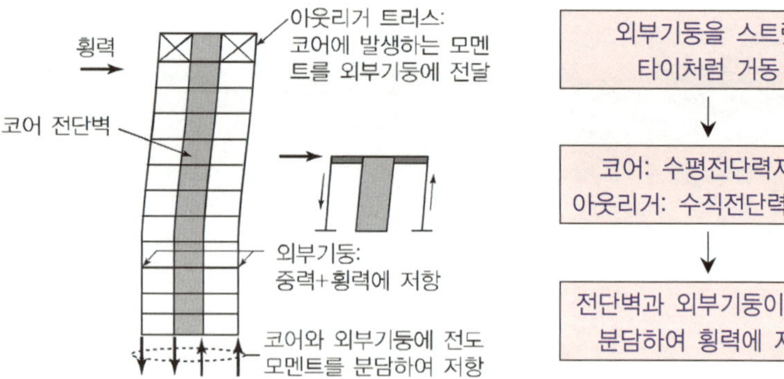

Ⅲ. System 종류

- Outrigger: 내부 Core와 외곽기둥 또는 Belt Truss를 연결시켜 주는 보 또는 Truss

[Belt Truss System]

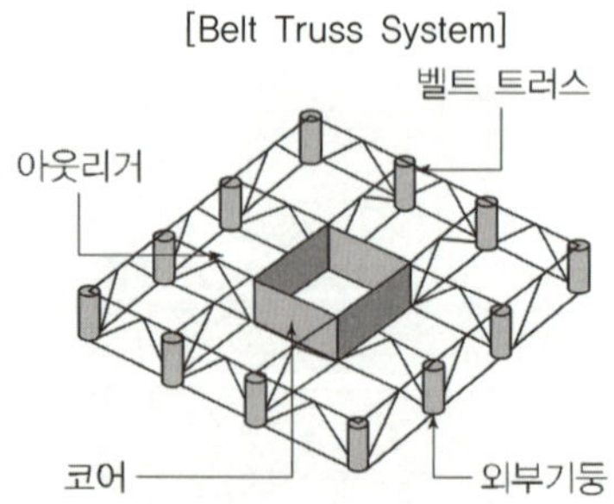

- 시공성 우수
- 건물의 외곽기둥을 따라 설치되어있는 Truss

[Belt Wall System]

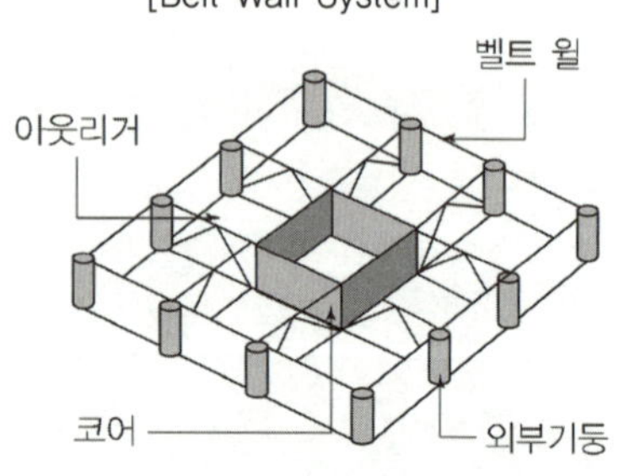

- 구조성능 우수
- 내부 Core와 외곽기둥을 따라 설치되어있는 Wall

구조형식

적용사례

- Petronas twin Tower(Kuala Lumpur, 92F)
- 갤러리아 팰리스(잠실 46F)
- 타워팰리스(도곡동 66F, 57F, 69F)
- 하이페리온(목동 69F)
- 슈퍼빌(서초동 46F)

Ⅳ. Outrigger 적용에 따른 Moment 감소

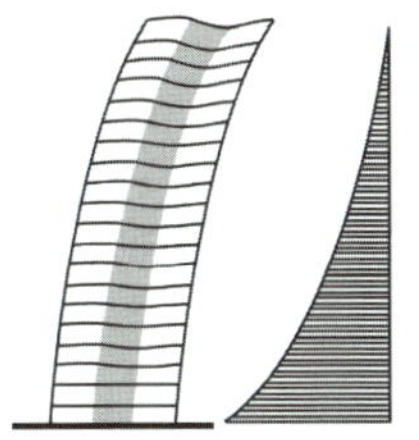
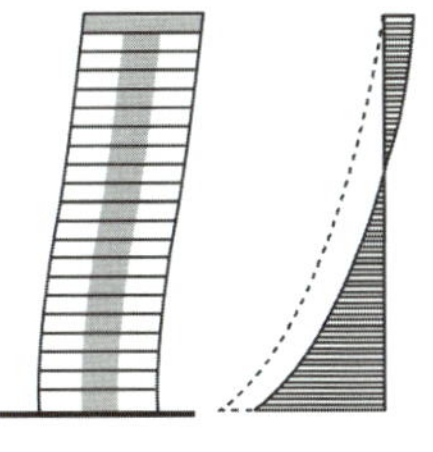
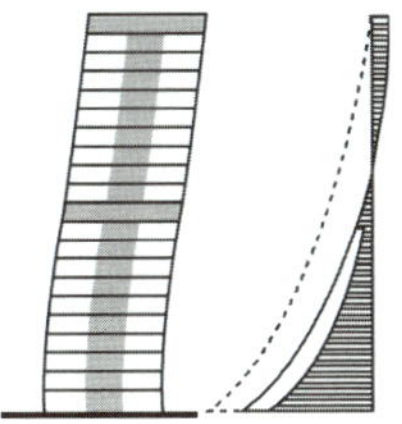

- Core의 응력을 외곽기둥에 전달시켜 Core의 변형억제
- 상부층 중량과 횡력에 대한 내력을 분산

Ⅴ. 문제점 및 고려사항

문제점	고려사항
• 구조물의 횡강성은 커지나, 전단력에 대한 저항성은 증가하지 않음	• 전단력은 대부분 Core가 부담하도록 설계
• 철골의 경우 현장용접 및 설치 부재수 증가로 공사기간 증가	• UP-UP 공법 등 별도방법 고려
• Dead Space: 1~2개층 층고 소요	• 설비 기계실층 또는 피난층 겸용계획
• 기둥축소현상에 따른 부동침하 발생 시 Outrigger & Belt Truss에 과도한 부가응력 발생	• Offset Outrigger 적용 검토(아웃리거가 코어월과 직접 연결되지 않고 다른 위치에 배치하여 코어월과 외부기둥간의 부동축소 변위 해소) • 부동침하를 흡수할 수 있는 접합부 설계 (Delay Joint or Adjustment Joint 설치)

☆☆☆ 1. 설계 및 구조 70

7-8	Mega column system	
No. 562	Super frame구조	유형: 구조 · System

구조형식

구조형식

Key Point

◪ 국가표준

◪ Lay Out
- System
- 장단점

◪ 핵심 단어
- What: 큰단면 기둥
- Why: 횡력에 저항
- How: 건물의 모서리에 설치하여 기둥에 전달

◪ 연관용어
- 초고층 구조형식

특징

- 샛기둥의 하중을 Mega Column으로 전달(Transfer)하는 장치가 필요
- 전이층과 전이층 사이의 공간을 독립적으로 사용가능

적용사례

- Taipei 101(타이페이 101F)
- Jin Mao Tower(상하이 88F)

Ⅰ. 정 의

횡력에 효율적으로 저항할 수 있도록 매우 큰 단면을 가진 기둥을 Outrigger 위치 또는 건물의 모서리 부분에 설치하여 기둥에 전달하는 구조

Ⅱ. Mega Column System

비렌딜트러스 이용	벨트월 이용	메가브레이스 이용
중력하중경로: 각층바닥 → 샛기둥 → 비렌딜트러스 → Mega Column → 기초 비렌딜트러스 (Virendeel truss) Mega Column	중력하중경로: 각층바닥 → 샛기둥 → 벨트월 → Mega Column → 기초 벨트월 (Belt Wall) Mega Column	중력하중경로: 각층바닥 → 샛기둥 → 메가브레이스 → Mega Column → 기초 메가브레이스 (Mega Brace) Mega Column
샛기둥과 보가 트랜스퍼트러스 역할을 하여 Mega column으로 전달	샛기둥의 중력하중이 벨트월을 통해 Mega Column으로 전달	샛기둥의 중력하중이 메가브레이스를 통해 Mega Column으로 전달

Ⅲ. Mega Column System의 장단점

구 분	장 점	단 점
구조적 측면	• 외주부 전체 폭을 횡력저항에 사용하여 횡력에 대한 강성을 극대화 • 기둥 단면이 크므로 기둥 부등축속에 의한 영향이 적음	• 큰 하중이 전이되므로 접합부의 상세한 해석 및 설계가 필요
시공적 측면		• 대형부재이므로 제작, 양중, 조립 등의 시공성 저하
건축적 측면	• 외주부에기둥이 많이 않아 전망에 유리	• 트렌스퍼를 위한 장치(벨트월, 메가트러스)의 배치 계획필요

☆☆★ 1. 설계 및 구조

7-9	Tube structure	
No. 563		유형: 구조 · System

구조형식

구조형식 Key Point

◩ 국가표준

◩ Lay Out
- 종류

◩ 핵심 단어
- What: 외주부의 기둥간격을 좁게하여
- Why: 횡력에 저항
- How: 수평하중에 대하여 튜브와 같은 거동

◩ 연관용어
- 초고층 구조형식

전단지연(Shear Lag)

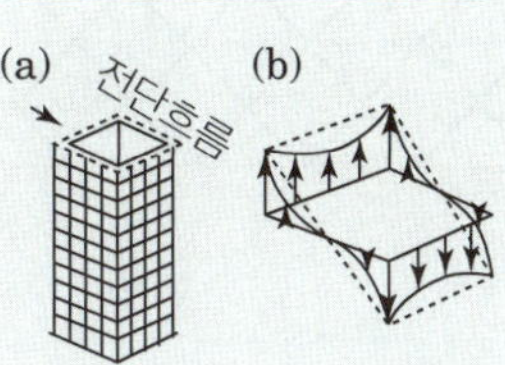

- 골조튜브구조에서 외주부의 충분한 강성이 부족할 경우 횡하중에 의한 전단흐름이 (a)이 원활할 경우 직선형태의 이상적인 응력분포를 보이나 (b)의 경우 튜브가 충분한 강성을 갖지 않아 전단흐름이 원활히 흐르지 않는 전단 지연현상이 발생하여 모서리에 응력이 집중된다.

Ⅰ. 정 의

① 건물외주부에 있는 기둥의 간격을 좁게하고 기둥들을 춤이 깊은 Spandrel Beam으로 접합하여 수평하중에 대하여 Tube와 같은 거동을 하여 횡력에 저항하는 구조

② 수평력에 대하여 건물 전체가 캔틸레버 보와 같은 거동을 하도록 하는 것

Ⅱ. 종류

구분	내용	형태
골조튜브 Framed Tube • 적정층수: 철골구조(80층), 철근콘크리트 구조(55층) • World Teade Center (New York, 110F)	건물외부의 벽체에 최소한의 개구부를 둠으로써 건물이 수평하중에 대하여 튜브와 같은 거동을 하도록 하여 휨강성을 높인 방식이며, 수평력 방향에 평행한 기둥이 웨브 역할을 하고 수직인 방향의 기둥이 플랜지 역할을 하여 수평력에 반응	
가새튜브 Braced Tube • 적정층수: 100층 • John Hancock Center (Chicago, 100F)	건물 외부에 가새를 넣어 수평력을 부담하게 하는 구조로 가새부재와 기둥으로 된 Web 부분은 전단력을 효율적으로 지지하는 반면 전체적으로 가새튜브가 회전에 저항하게 되는 구조	입면 평면
이중튜브 Tube In Tube • 적정층수: 65층 • Land Mark Tower (Yokohma, 70F) • ASEM Tower(삼성동 41F)	골조튜브의 강성을 증가시키기 위해 내부코어를 가새된 철골구조나 콘크리트 전단벽으로 된 내부코어를 배치하는 구조로 수평력에 대해 상층부에서는 외부튜브가 지지하고 저층부에서는 내부 튜브가 지지	입면 평면
묶음튜브 Bundled Tube • 적정층수: 철골구조(110층), 철근콘크리트 구조(75층) • Sears Tower (Chicago, 110F)	전단지연현상을 최소화 하기 위해 평면 중간부분에 수평력과 평행한 방향으로 튜브구조 부재를 넣어 수평력을 지지하는 구조	입면 평면

- 외부기둥 간격: 약 1.2~3m
- Spandrel Beam 깊이: 약 0.6m~1.5m
- 전층의 바닥구조를 동일하게 할수 있다.
- 내부구조부재는 수직하중만 지지하면 되므로 설계가 단순해지고 보의 배치가 자유롭다.

☆★★ 1. 설계 및 구조

7-10	Diagrid Structure	
No. 564		유형: 구조 · System

구조형식

구조형식

Key Point

◪ 국가표준

◪ Lay Out
- 부재의 액션
- 브레이스 시스템과의 차이

◪ 핵심 단어
- What: 대각가새
- Why: 하중에 대응
- How: 대형 가새를 반복적으로 사용

◪ 연관용어
- 초고층 구조형식

특징

- 중력하중뿐만 아니라 수평하중에도 저항하여 구조물이 효율성 증대
- 아웃리거 벨트트러스 구조 시스템에서 아웃리거는 건물의 모멘트와 층간변위 감소에 효과적이지만 전단강성을 제공하지 못한다. 다이아그리드 구조는 횡력에 대한 휨 강성 뿐 아니라 전단강성도 제공한다.

Ⅰ. 정 의

① Diagrid(대각가새)는 Diagonal(대각선)과 Grid(격자)의 합성어로 여러 층을 지나는 대형 가새를 반복적으로 사용한 형태의 구조

② 대각방향 보(기둥)의 경사는 전체 구조물을 따라서 하중의 흐름을 자연스럽게 한다.

Ⅱ. 다이아그리드 부재의 Action

● 중력 — 인장 — 압축

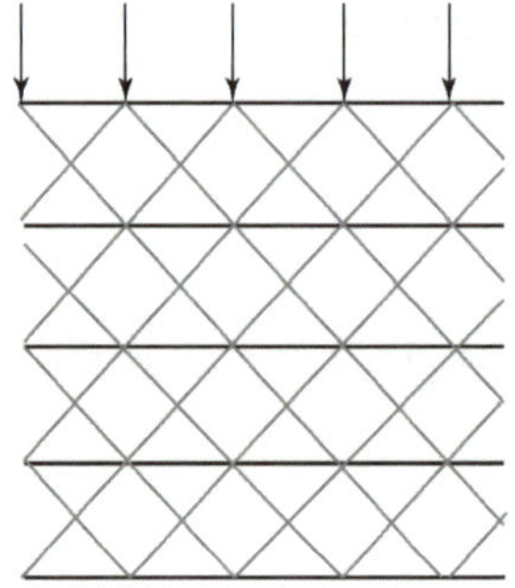

● 횡력 — 인장 — 압축

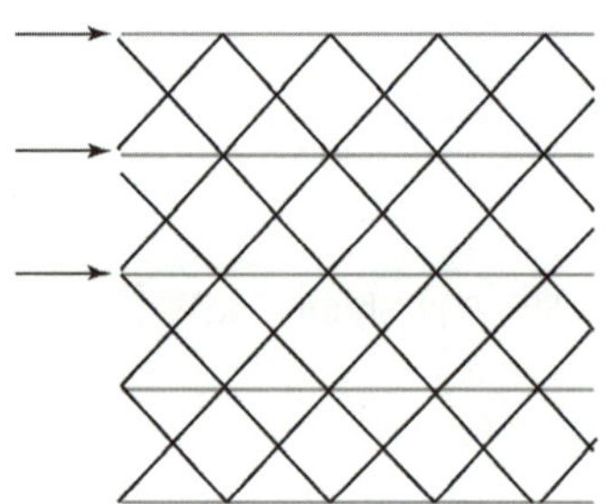

Ⅱ. Brace System과의 차이

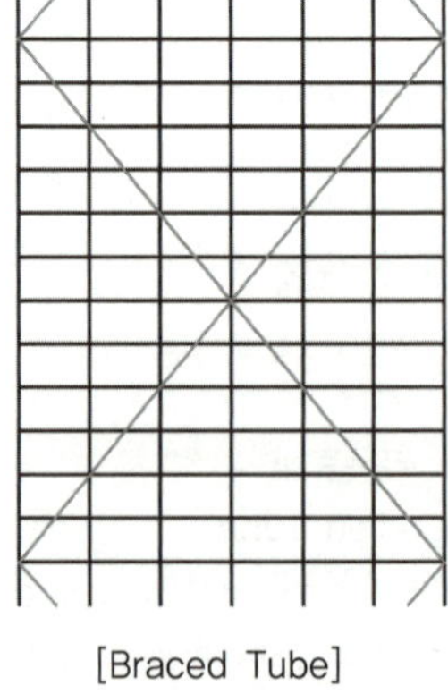

[Braced Tube]

- 횡력에 대해서만 저항

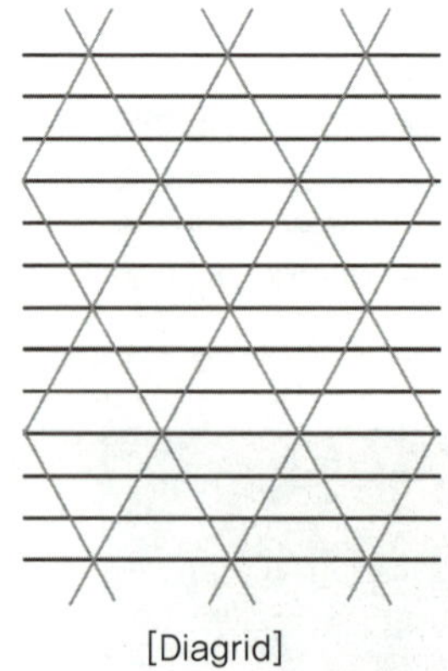

[Diagrid]

- 횡력 및 자중에 대해서 저항

★★★ 1. 설계 및 구조 64.76.94.135

7-11	Concrete Filled Tube(CFT)	
No. 565	충전(充塡) 강관 콘크리트 기둥	유형: 구조 · System

구조형식

구조형식 Key Point

국가표준
- KCS 41 31 65

Lay Out
- 상호작용
- 구조의 성능
- 강관제작
- 충전 콘크리트
- 콘크리트 타설방법
- 콘크리트 타설 시 시공관리
- 충전형 합성부재 검토사항

핵심 단어
- 강관내부에 고강도

연관용어
- 초고층 구조형식

특징

- 장점
  - 강재나 RC기둥에 비해 세장비가 작아 단면적 축소가능
  - 강관과 콘크리트의 효율적인 합성작용에 의해 횡력저항 우수
  - 연성과 에너지 흡수능력이 우수하여 내진성 유리
  - 강관이 거푸집 역할을 하여 거푸집작업 불필요
- 단점
  - 별도의 내화피복 필요
  - 콘크리트 충전성 확인 곤란
  - 보와 기둥의 연속접합 시공 곤란

Ⅰ. 정 의

① 원형이나 각형강관 내부에 고강도 콘크리트를 충전한 구조
② 강관이 내부의 콘크리트를 구속하고 있기 때문에 강성, 내력, 변형성능, 내화, 시공 등의 측면에서 우수한 특성을 발휘하는 구조시스템

Ⅱ. 강관과 콘크리트 상호작용 - 내력 및 변형능력 증가

• 강관의 구속효과

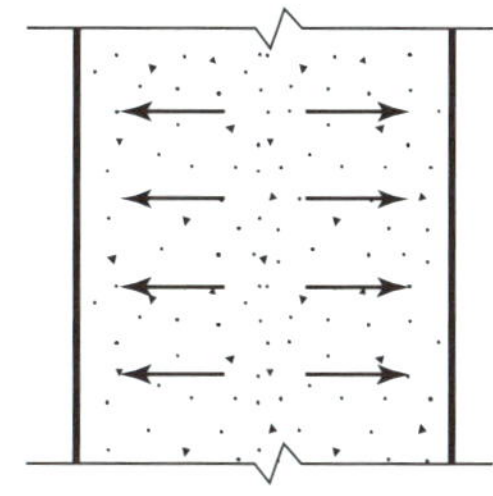

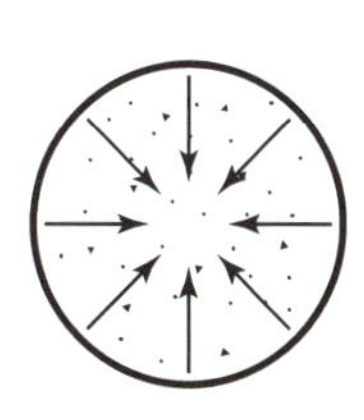

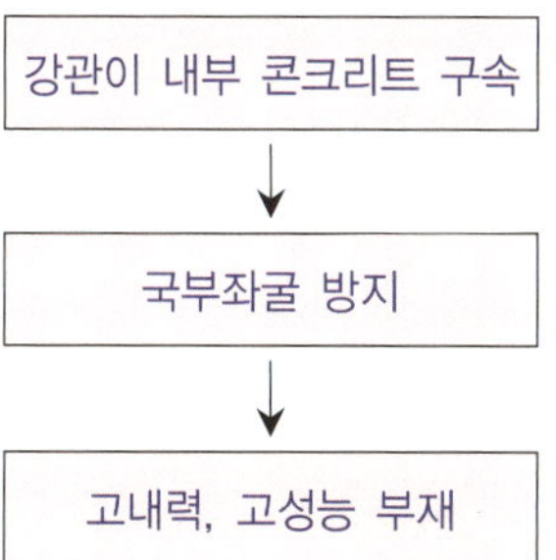

• 콘크리트의 충전효과(국부좌굴 방지)

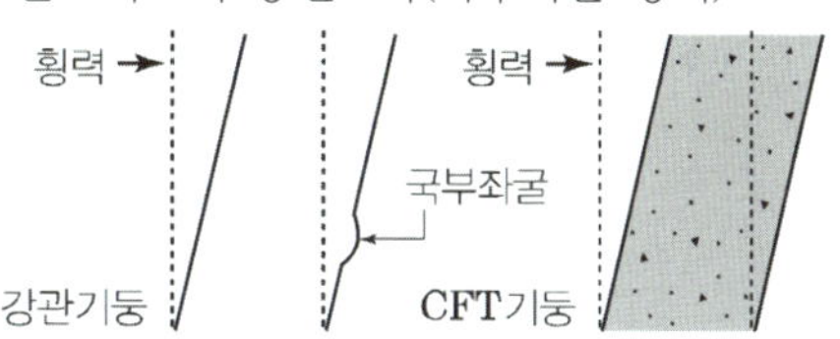

• 충전콘크리트가 강관의 국부좌굴을 지연시키고, 콘크리트와 강관의 상호작용

• 횡력과 변형관계

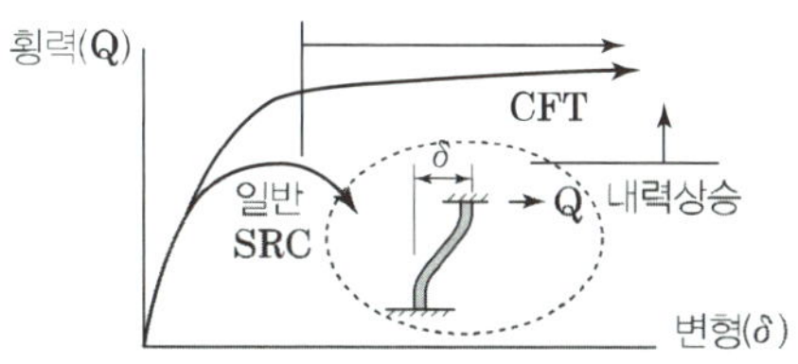

• 콘크리트와 강관의 합성효과로 최대내력 이후에도 큰 수평변형 영역까지 내력이 유지됨

Ⅲ. CFT 구조의 성능

구 분	방 법
구조성능	• 콘크리트가 강관에 국부좌굴 변형을 구속하여 좌굴에 따르는 강관의 내력저하를 방지 • 콘크리트는 강관에 의하여 구속되어 있기 때문에 균열에 의한 탈락이 없어 콘크리트 강도가 높아진다.
내화성능	• 열용량이 큰 콘크리트가 충전되어 있기 때문에 엷은 내화피복으로 표면온도를 억제할 수 있다.
시공성	• 형틀공사가 필요 없게 되어 공기단축 가능

구조형식

- Diaphragm
- 보 기둥 접합부에서 보의 응력을 충분히 전달하고 강관의 변형을 방지할 목적으로 강관기둥 내화에 횡단면으로 설치한 강재

보 기둥 접합방식

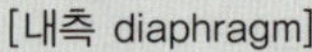

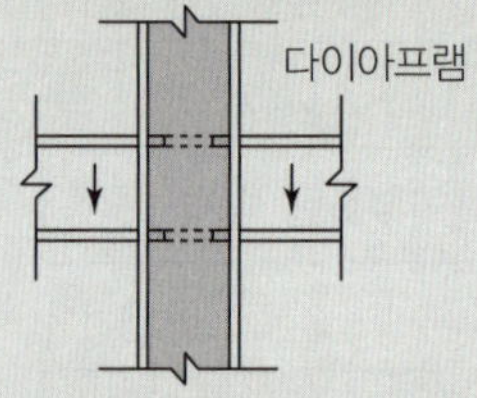

- 보의 전단력이 diaphragm으로부터 내부의 콘크리트에 직접전달
- 콘크리트 타설 시 막힘이나 공극이 생길 위험이 있음

[외측 diaphragm]

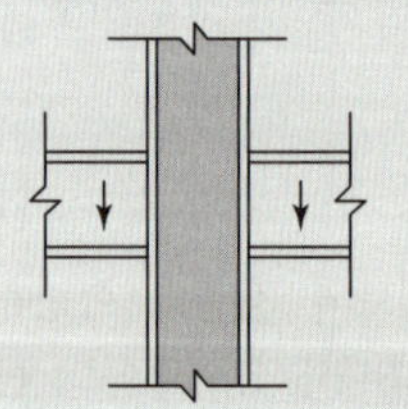

- 보의 전단력이 강관에만 전달
- 콘크리트 타설 시 막힘이나 공극이 생길 위험이 비교적 적음

Ⅳ. 강관제작

항 목	설치 위치	규 격
콘크리트 타설구멍	• 기둥 내부 다이아프램 및 최상단 Top Plate의 중앙부에 설치	• 콘크리트 단면적의 15% 이상 • 직경 100mm 이상 • 트레미관 외경 이상
공기배출구멍	• 기둥 내부 다이아프램 및 최상단 Top Plate의 네 모서리(각형강관) 또는 주변부 4개소(원형강관) 설치	• 직경 30mm 이상 • 다이아프램 두께 이상
물빼기 구멍	• 콘크리트 충전부 최하단 및 충전 콘크리트 이어치기 위치의 강관 측면에 1개소 이상 설치	• 직경 20mm 이상
증기배출구멍 (충전확인)	• 기둥 상부 및 하부에 마주보는 형태로 각각 2개 설치	• 직경 20mm 이상

1) 내측 Diaphragm의 가공

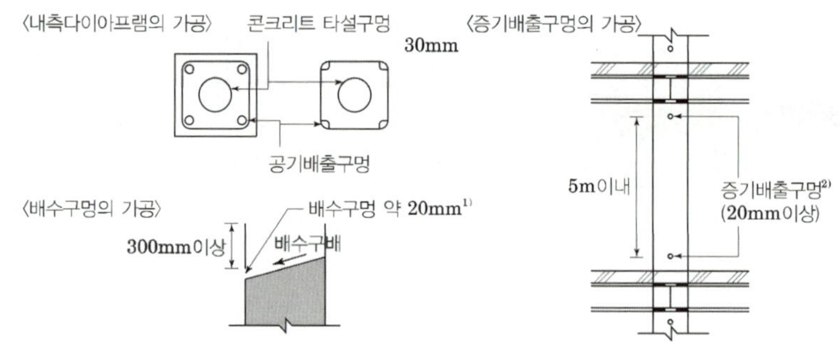

① 빗물이나 결로수 배출

② 화재 시 콘크리트에서 발생하는 수증기압을 저감시키기 위해 설치

2) 하부 압입공법 압입구

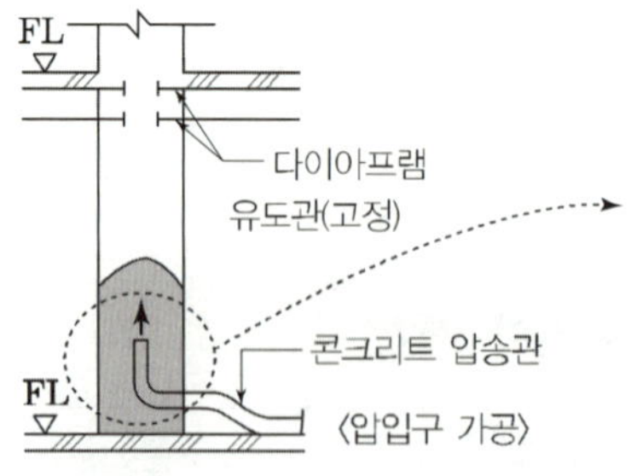

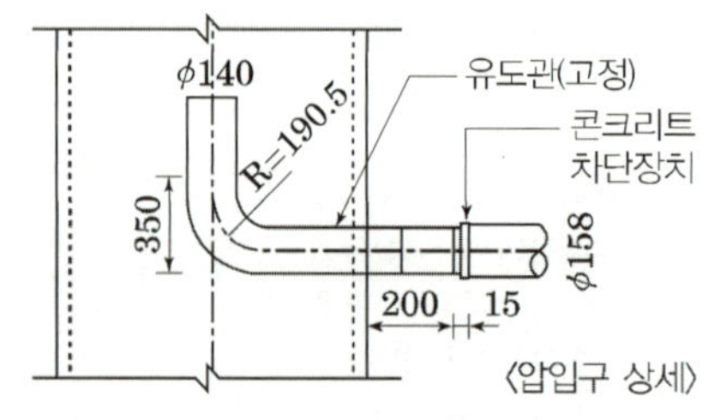

- 설치높이: 바닥으로 부터 1m정도, 강관의 Seam부를 피할 것
- 직경: 콘크리트 압송관과 같은 정도의 직경을 가진 유도관
- 차단장치: 강관내 충전한 콘크리트가 역류하지 않도록 압입구에 설치
- 유도관은 양생 후 제거

구조형식

• 배합조건
- 단위수량: 175kg/㎥
- 물결합재비: 0.5이하
- 굵은골재 최대치수: 25mm

• V-Lot 유하시험

• Slump Flow시험

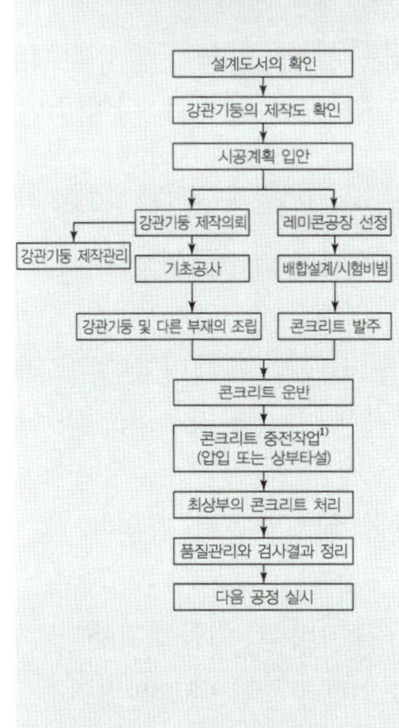

Ⅴ. 충전 콘크리트

1) 배합

구 분	고강도 콘크리트		고유동 콘크리트
	36MPa 초과 50MPa 미만	50MPa 이상 60MPa 이하	24MPa 이상 60MPa 이하
상부타설	210mm 이하	230mm 이하, Slump Flow 500mm 이하	Slump Flow 550, 600, 640mm 중 선택
하부압입	1)	1)	

1) Mock Up 실험에 성능이 확인되는 경우 Slump Flow 400~500mm로 압입시공 가능

Ⅵ. 콘크리트 타설방법

1) 상부 타설공법

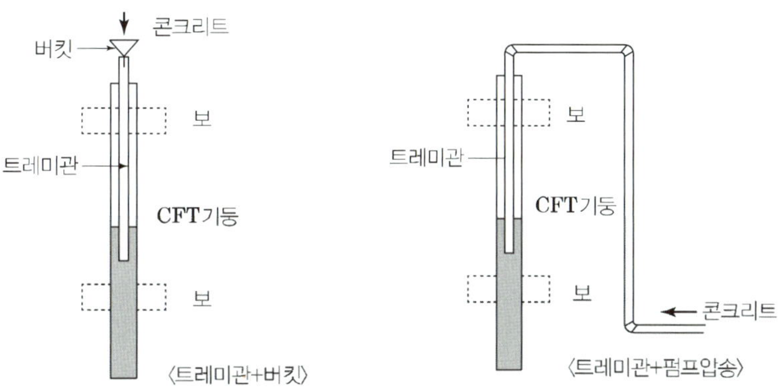

- 충전방법: 가동 상부에 Tremie Pipe 설치 및 낙하
- 소요장비: Tremie Pipe, bucket, hopper
- 콘크리트 종류: 일반콘크리트
- 사전 점검사항: 운반시간, 배관길이

2) 하부 타설공법

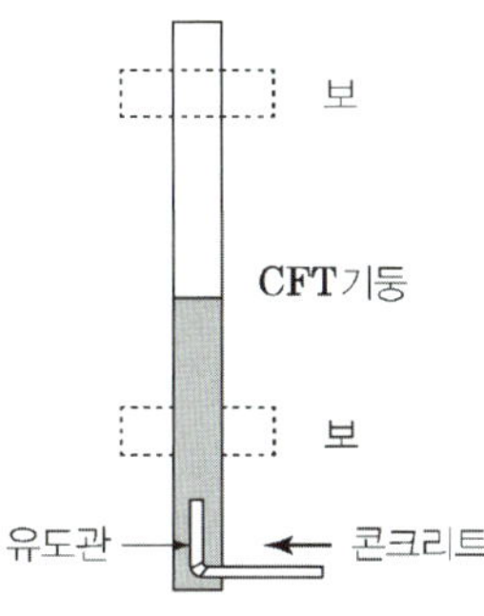

- 충전방법: 하부구멍으로 압입
- 소요장비: 펌프카, 압입구 설비
- 콘크리트 종류: 고유동콘크리트
- 사전 점검사항: 압입부하, 강관측압

Ⅶ. 콘크리트 타설 시 시공관리

1) 상부 타설공법

① 기둥의 1회 타설 높이 및 자유낙하높이

② bucket용량에 대한 강관기둥 내 타설 이음위치, 이어치기 시간간격, 회수

구조형식

③ 충전, 다짐방법 및 이어치기부의 처리방법(Slum flow 55cm 이상 다짐생략)
④ 각 기둥의 타설에 요하는 콘크리트 양, 시간, 인원
⑤ 1일에 타설하는 강관기둥 수량, 타설 구획 및 타설 순서
⑥ 레미콘의 시간당 제조량, 운전차에 의한 출하 시간간격
⑦ 타설 중 트페미관의 선단은 반드시 콘크리트 속에 묻히도록 관리

2) 압입공법 시 시공관리
① 시공하중을 고려한 콘크리트의 압입시기 및 압입높이
② 펌프카에서 강관기둥 상부까지의 배관거리와 압송부하 산정
③ 압입속도 (1m/분 이하)
④ 1일에 압입하는 강관기둥의 수량
⑤ 레미콘의 시간당 제조량, 차량 적재량, 출하시간 간격
⑥ 압입용 유도관의 부착과 용접 성능 확보
⑦ 콘크리트 타설 이음위치: 강관 이음부 30cm 아래, 기둥 보 접합부 이외의 범위

충전형합성기둥 및 매입형합성기둥 135

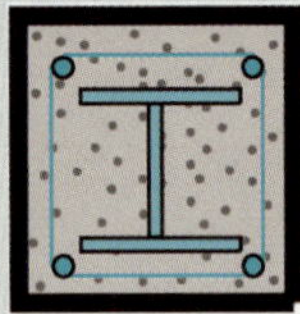

- 매입형 합성기둥(Composite Column)
  - 강구조물 주위에 철근배근을 하고 그 위에 콘크리트가 타설되어 일체가 되도록 한 것
- 장점
  - 강재 사용량 감소, 풍하중에 대하 건물의 강성 증가, 보 기둥 접합부의 단순화

Ⅷ. 충전형 합성부재 검토사항

- 강관내부에 트레미관을 삽입하여 콘크리트를 타설하는 경우, 트레미관의 간격을 검토
- 강관 내부에 콘크리트를 타설한 후, 강관에 직접 용접하는 접합부가 없도록 검토
- 강관의 내부면이나 충전콘크리트에 매입될 형강의 외면은 콘크리트와 강재 사이 경계면(접촉면)의 부착강도(부재 길이방향 수평전단저항) 확보를 위해 도장, 기름, 그리스, 들뜬 녹 제거
- 콘크리트 타설은 기둥과 보의 볼트체결이 종료된 후에 실시
- 콘크리트 이어치기는 강관 내부에 다이아프램이 있는 경우, 상부 다이아프램 보다 높은 곳에 위치
- 1회 타설에서 콘크리트 이어치기는 강관의 용접접합에 의한 열 영향을 받지 않는 위치로 하거나 강관의 용접이음부에서 300mm 이상 이격 설치
- 기둥-보접합부 내의 다이아프램과 최상층 기둥의 상부 플레이트 중앙부에는 콘크리트 타설구를 두고, 그 주변부에는 공기빠짐구멍(직경 30mm 이상)을 설치
- 공기빠짐구멍은 각형강관의 경우에는 코너부에, 원형강관의 경우에는 주변에 균등하게 4개소 설치
- 콘크리트 충전부의 최하단부 혹은 충전콘크리트 타설 이음위치에는 빗물이나 결로수를 배출시키기 위한 구멍(직경 10mm이상~20mm이하)을 1개소 이상을 설치
- 콘크리트충전 후에도 수증기 배출구멍의 기능을 확보하기 위해서, 마감 혹은 내화피복 등에 의해 폐쇄되지 않도록 한다.

시공계획

요소기술

Key Point

◪ 국가표준

◪ Lay Out
- Core 선행공법
- 시공관리
- 접합부 관리
- 특징
- 비교

◪ 핵심 단어
- 코어선시공

◪ 연관용어
- Link beam
- 코어후행

구조설계 적용조건

- 코어월이 순수RC구조
- 단순한 구조
- 내부 코어월이 횡력에 저항하는 구조
- 외부의 철골보가 코어월에 지지되는 구조

★★★ 2. 시공계획 61.72

7-12	Core 선행공법	
No. 566		유형: 공법 · System

Ⅰ. 정 의

코어 부분의 콘크리트를 먼저 시공하고 뒤를 이어 철골공사가 진행되도록 함으로써 공기와 작업의 난이도가 좋아지고 철근콘크리트공사와 같이 층당 Cycle 개념이 가능하도록 한 공법

Ⅱ. Core 선행공법

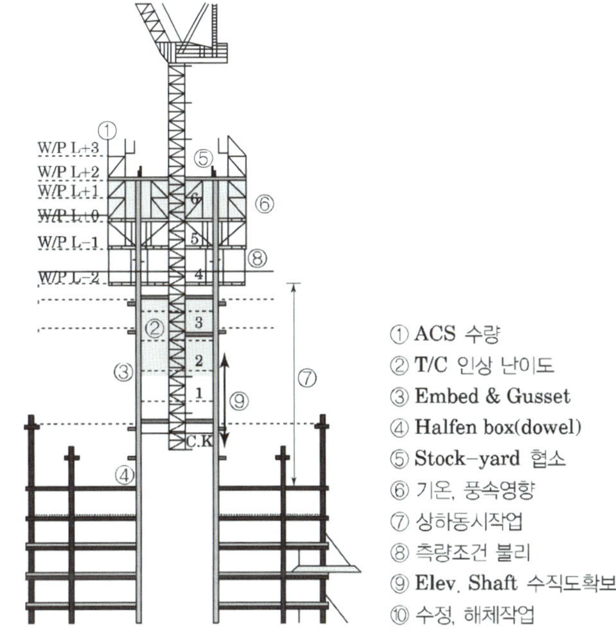

- 코어부와 주변부 작업 분할
- Core공사를 외주부보다 선행시켜 주공정에서 제외

Ⅲ. 핵심 시공관리

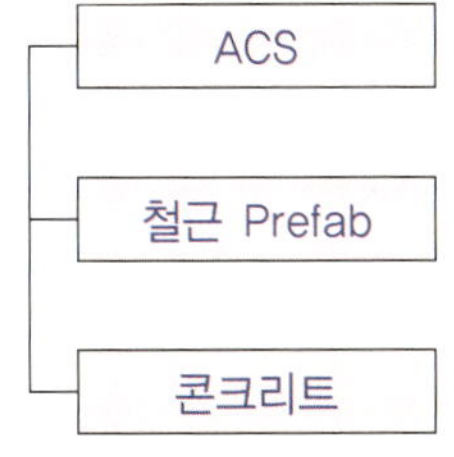

- ACS
  - 해체없이 반복시공 가능
  - 양중장비 없이 자체상승
- 철근 Prefab
  - 지상에서 수직벽체 철근을 조립
  - T/C를 이용하여 양중 및 설치
- 콘크리트
  - 고강도 콘크리트 타설
  - 분배기 or CPB활용

시공계획

[Embeded Plate 연결]

[Coupler 연결]

[Dowel Bar]

[Dowel Bar]

Ⅳ. 접합부 관리

1) Embeded plate

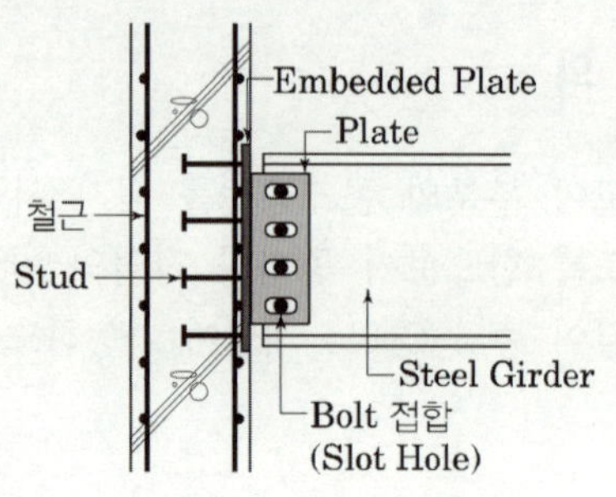

- 각 층 철골보를 코어벽체에 연결하기 위해 매입(SRC에 해당)
- 콘크리트 타설 시 유동이 없도록 고정Embeded Plate의 시공오차를 고려하여 규격검토

2) Coupler 연결

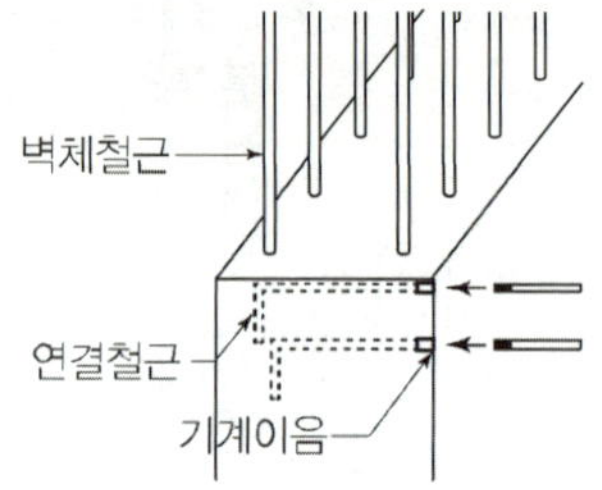

- 커플러 연결부위가 콘크리트 면과 수직으로 일치하도록 철근에 정착

3) Dowel Bar

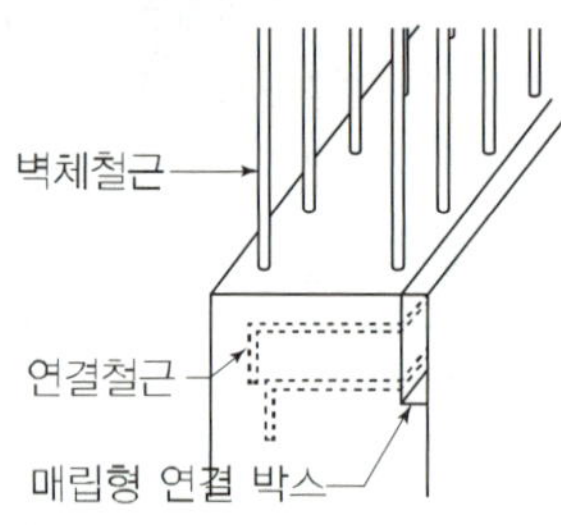

- 슬래브의 두께 및 철근 규격을 고려하여 Level 설정
- 구부러진 철근의 손상을 방지하기 위해 철근의내면 반지름을 감안하여 Halfen box 제작

Ⅴ. 특 징

장 점	단 점
• 거푸집 전용횟수 증가	• 초기투자비용 돠다
• 기상조건의 영향 최소화	• 코어월의 선시공으로 추락위험
• 후속공정 및 공사관리 용이	• 구조물 연결부위 시공정밀도 요구
• ACS사용을 통해 양중장비 효율성 증대	• 후속작업을 위한 안전시설물 조치

Ⅵ. 코어후행공법과 비교

구 분	코어선행	코어후행
작업순서	• 코어공사 → 철골공사 → 슬래브공사 → 마감	• 철골공사 → 코어공사 → 슬래브공사 → 마감
양중	• 거푸집 양중 및 조립	• 철골완료 후 가설재 인양으로 복잡
거푸집	• 외벽 시스템화	• 시스템화 한계, 내벽 거푸집 사용
철근	• 선조립 적용	• 선조립 적용힘듬
공기	• 전체 공기단축	• 초기 공기는 빠르나 코어부분 공기지연

시공계획

요소기술

Key Point

- 국가표준

- Lay Out
  - 공정진행개념
  - 특징

- 핵심 단어
  - 외주부 선행시공
  - 코어후시공

- 연관용어
  - 코어선행

[코어후행공법]

☆☆★ 2. 시공계획

7-13	Core 후행공법	
No. 567		유형: 구조 · System

Ⅰ. 정 의

건물외주부 철골과 Seck Plate가 선행시공되고 코어가 후행시공되는 공법

Ⅱ. 층별 공정진행개념

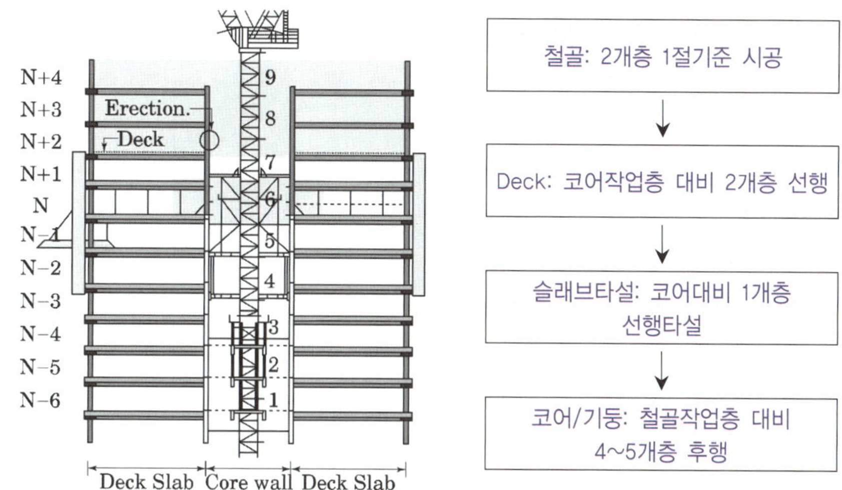

철골: 2개층 1절기준 시공

↓

Deck: 코어작업층 대비 2개층 선행

↓

슬래브타설: 코어대비 1개층 선행타설

↓

코어/기둥: 철골작업층 대비 4~5개층 후행

Ⅲ. 특 징

장 점	단 점
• 적절한 Zoning 및 기둥의 선 시공으로 인한 작업의 분산 가능	• 코어부 작업과 주변부 작업이 동시에 진행되어 작업의 순서가 복잡
• 철근의이음 개소를 1/2로 축소	• 상하 동시작업으로 안전사고 위험
• 슬래브 대형 테이블 폼 적용가능	• 코어작업을 위한 자재 야적공간 별도 확보
• 슬래브 및 코어구조의 단순화	

☆☆☆ 2. 시공계획

7-14	link beam	
No. 568		유형: 부재 · 구조 · 기능

시공계획

요소기술

Key Point

◪ 국가표준

◪ Lay Out
- 개념
- 요구성능
- 종류
- 설계

◪ 핵심 단어
- What: 전단벽 구조
- Why: Coupled Shear Wall로 작용
- How: 벽체간 연결

◪ 연관용어

적용 시 고려사항

① 대부분 SRC조로 철골을 정확한 위치에 설치하기 이해서는 별도의 가설공사가 필요
② 설치시간이 길어져 타워크레인 운용에 부담
③ SRC조로 철골을 정확한 위치에 설치하기 이해서는 별도의 가설공사가 필요
④ 철골 및 과다한 철근으로 콘크리트 타설 및 거푸집 설치에 어려움
⑤ 부재 양중 부하를 고려한 계획
⑥ 철근과의 간섭 검토
⑦ 보하부 동바리 설치

Ⅰ. 정 의

① RC전단벽 구조에서 개구부로 단속된 양측 벽체에 설치하여 Coupled Shear Wall로 작용할 수 있도록 연결해주는 부재
② Core 내외부를 관통하는 출입구 위에 각 층 바닥과 연결되어 설치한다.

Ⅱ. Link Beam 개념

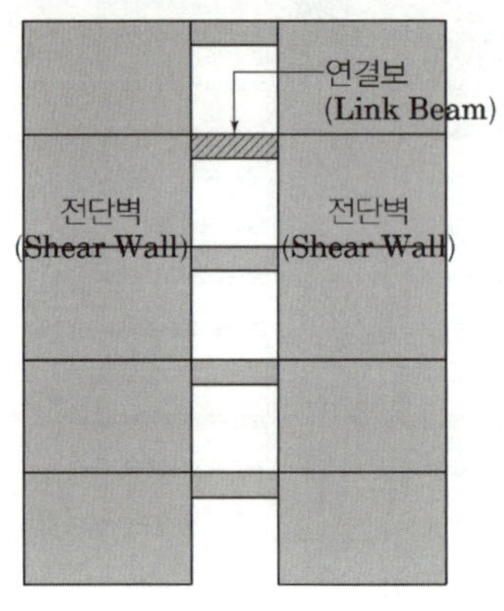

(Coupled Shear Wall System)

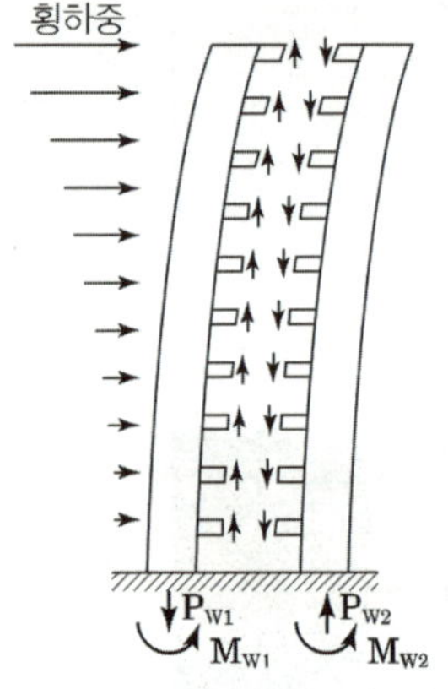

전도모멘트 $M_0=M_{W1}+M_{W2}+P_{W1}L$

- Coupled Action을 통한 횡력저항성 증가

Ⅲ. Link Beam의 요구성능

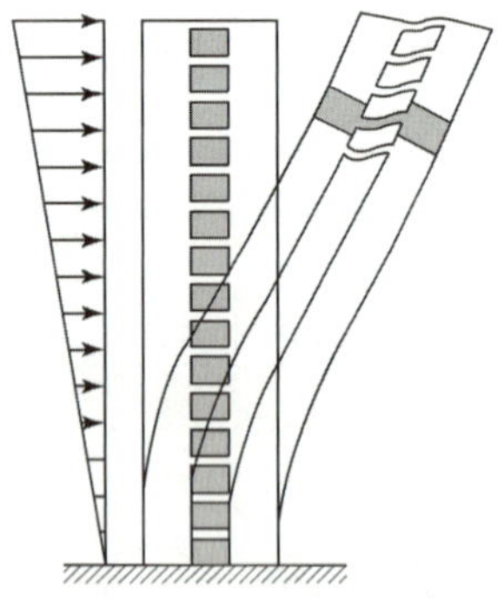

- 횡하중 작용 시 CSW의 거동

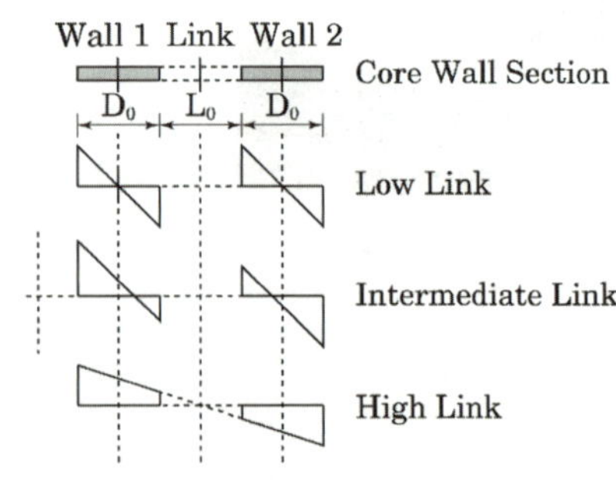

- Link 정도에 따른 CSW의 응력분포

① 횡하중에 대해 CSW(Coulpled Shear Wall System)구조의 이상적인 거동을 확보하기 위해서 소정의 강도, 강성, 변형능력 확보
② CSW의 저면보다 먼저 항복되어 연성적이면서 높은 에너지소산능력 필요
③ 링크빔과 전단벽의 연결상세는 구조시스템 전체의 내진성능을 좌우

시공계획

Ⅳ. Link Beam의 종류

구 분	RC링크빔	철골 링크빔	SRC 링크빔
장점	• 가장 경제적 • 시공이 간단	• 강도의 제한이 적음 • 연성확보	• 강도의 제한이 적음 • 연성확보
단점	• 강도의 제한 • 연성 저하	• 경계면 복잡 • 위치고정 힘듬	• 경계면 복잡 • 위치고정 힘듬

Ⅴ. Link Beam의 설계

1) RC 링크빔

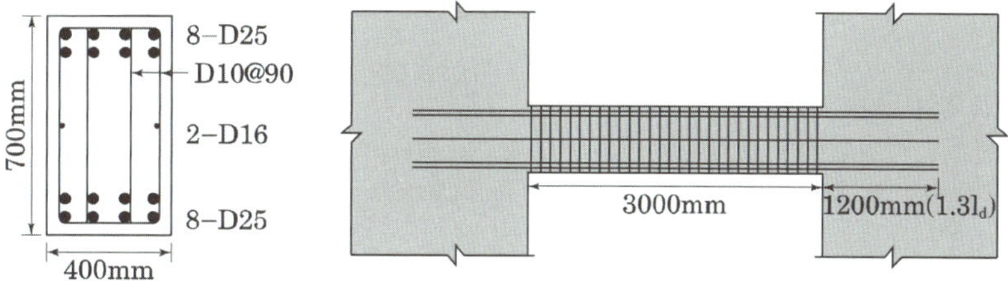

• 제한된 단면크기 내에서 가능한 RC 링크빔으로 설계

• 지진에 의한 효과를 고려하지 않은 경우 주로 사용

2) 철골 링크빔

[철골 보]

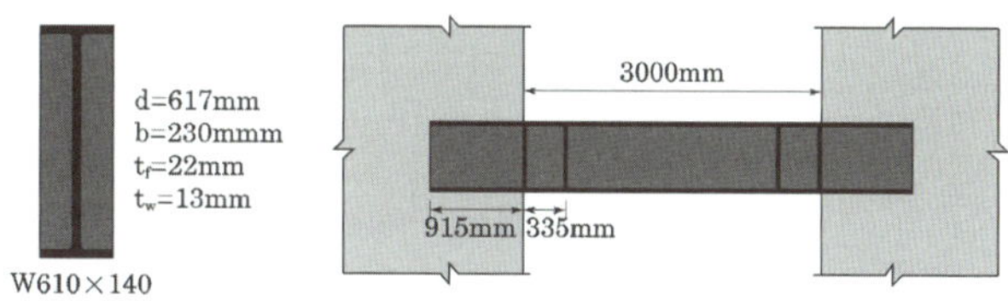

• 제한된 단면크기 내에서 RC 링크빔으로 설계가 불가능할 경우 철골로 보강하며, 주로 SRC 링크빔으로 설계

3) SRC 링크빔 – PC제작

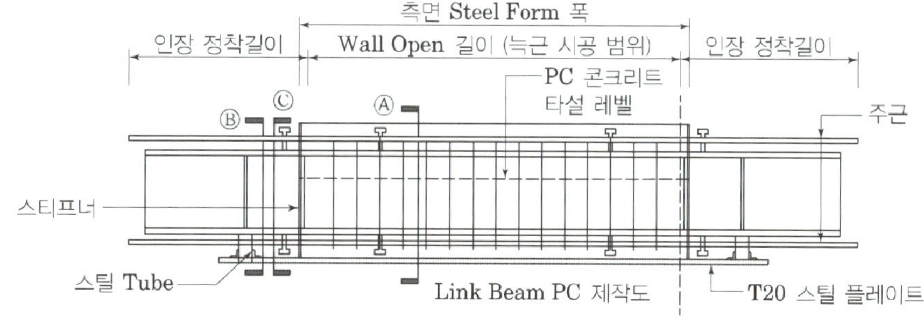

• PC 합성보로 제작

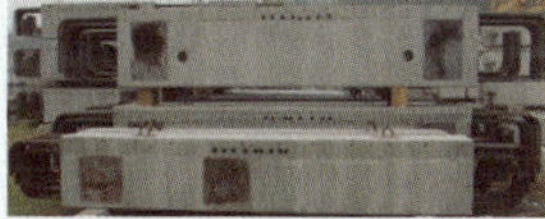
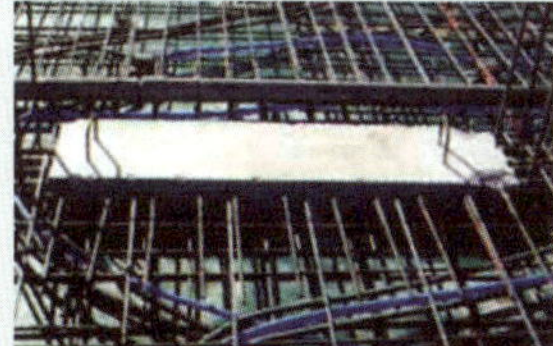

[PC 보]

시공계획

요소기술

Key Point

◩ 국가표준

◩ Lay Out
- 분리타설
- System Support 설치
- 철근배근 및 전단보강
- 수화열 관리

◩ 핵심 단어
- 하부에서 별개의 구조형식으로 전이하는

◩ 연관용어
- 트렌스퍼 매트기초
- 트랜스퍼 층(전이층)
- 전단마찰철근

• Transfer Girder 철근보강

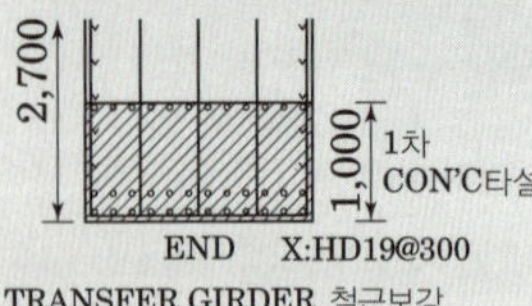

TRANSFER GIRDER 철근보강

적용 시 고려사항

- 전기설비 위치 Shop Drawing 검토
- 콘크리트 분리타설위치 및 시기
- 철근보강
- 제작 거푸집 양중방법
- 시스템동바리 배치

★★★ 2. 시공계획

7-15	Transfer Girder & Plate	
No. 569	전이보, 전이층	유형: 부재 · 구조 · 기능

Ⅰ. 정 의

① 건물 상층부의 골조를 어떤 층의 하부에서 별개의 구조형식으로 전이하는 형식의 큰보. Mat 기초

② 상하부 구조의 변화에 따라 보의 규모가 커지므로 철근보강 및 콘크리트 분리타설에 대한 면밀한 검토가 필요하다.

Ⅱ. Transfer Girder Concrete 분리타설

1) Transfer Girder

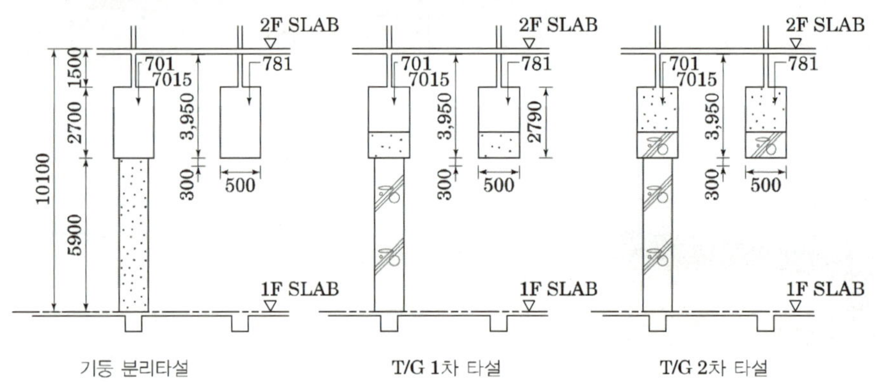

2) Transfer Plate

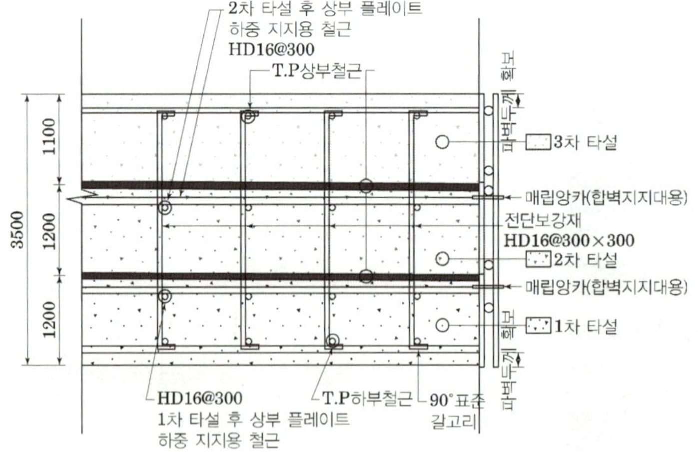

① 1차 타설(하부 1,200 구간)
- 지상 3층 기둥 및 벽체 선타설 및 System 동바리, Jack Support 시공, 합벽 지지대 매립 Anchor 시공, 철근배근 완료 후 타설

② 2 · 3차 타설(중앙부 · 상부 구간)
- 2차: 2차 타설, 수직 지지대(합벽용) 시공, 3차 타설을 위한 합벽 지지대 매립 Anchor 시공, 2차 Plate 타설
- 3차: 수직 지지대(합벽용) 시공, 3차 Plate 타설

시공계획

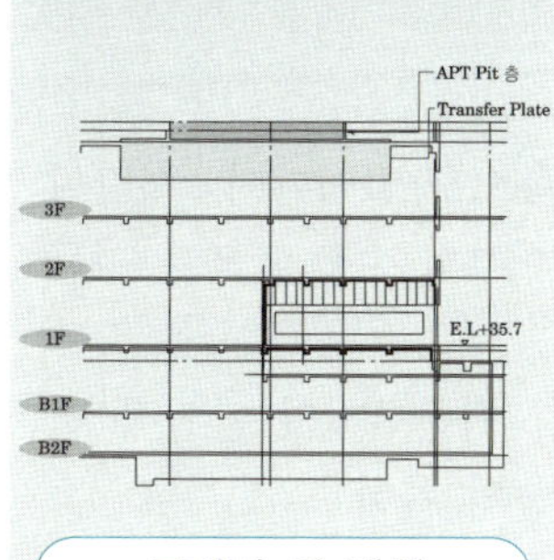

문제점 및 대책

① 기둥 선타설
- 문제점
  - 기둥과 Transfer Girder와의 분리 타설에 따른 횡력에 대한 구조적 문제
- 대책
  - Transfer Girder와 기둥사이의 접합부에 철근 삽입

② 콘크리트
- 문제점
  - 분리 타설에 대한 구조적 문제
  - 하중에 대한 지지력 문제
- 대책
  - 1차 타설 부위 단부 철근 보강
  - 보하부 시스템동바리 설치
  - 타설 하부층 Jack Support 설치

③ 철근
- 문제점
  - T/G단부 철근 후크 시공 시 기둥철근, 기둥보강근(HD25)과의 간섭문제
  - 하중에 대한 지지력 문제
- 대책
  - 위치별 작업 가능치수로 절단가공
  - 전기설치 위치 검토

Ⅲ.System Support 설치

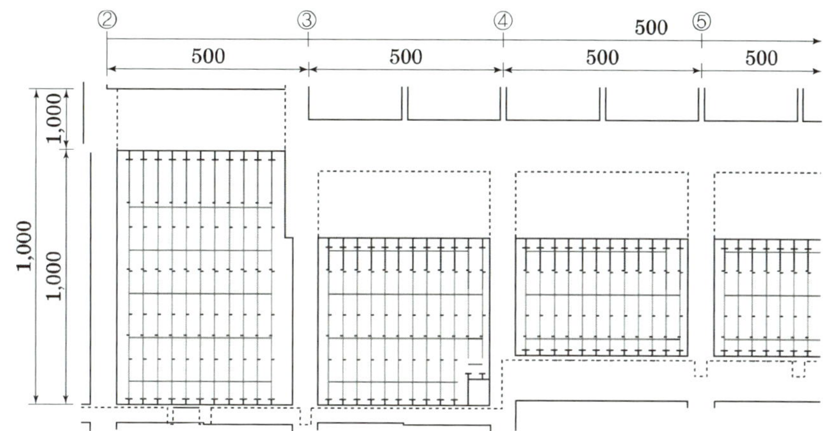

Ⅴ. 철근전단보강

1) Transfer Girder: 기둥 분리타설에 의한 철근전단보강

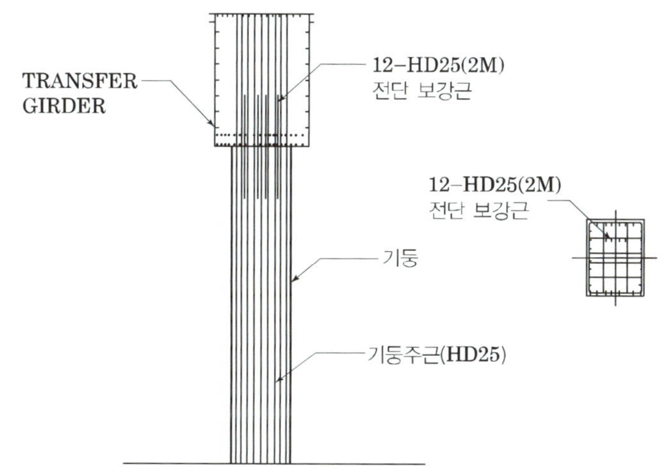

2) Transfer Plate: 전단마찰철근 보강, T/P 및 기둥상세

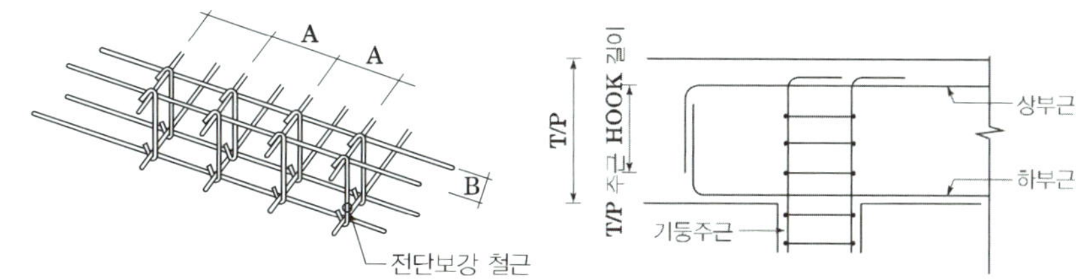

Ⅵ. 수화열 관리

- 계측기: 콘크리트 양생기간(약 3일)동안 1시간 간격으로 부재 내 콘크리트 온도 및 외기온도 측정
- 계측기 설치: 상·중·하(측면), 외기 등 총 4개 측점에 대하여 계측
- 계측 Point: 상부를 제외한 측점의 위치는 각각 표면에서 약 10Cm 안쪽에 설치

시공계획

요소기술

Key Point

◩ 국가표준

◩ Lay Out
- 기둥 축소량 개념 및 보정
- 보정방법 및 사례
- 구조물별 보정방법

◩ 핵심 단어
- What: 수직부재
- Why: 수축차이
- How: 하중 및 시간경과에 따른 수축

◩ 연관용어
- 층간변위
- 커튼월 보정
- 코어접합부

[기둥 축소현상 해석 사례]

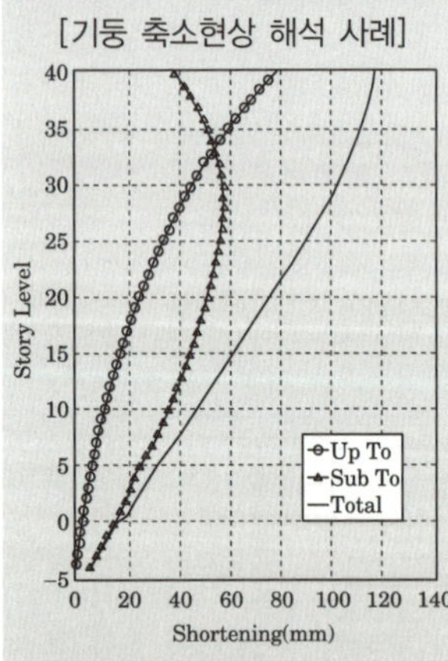

- 전체 축소량: 113mm
- 보정할 최대 축소량: 28층 54mm

★★★ 2. 시공계획 69.80.108.115

7-16	Column shortening	
No. 570	부등축소	유형: 현상 · 결함

Ⅰ. 정 의

① 고층 구조물 수직부재는 하중에 의해 탄성축소가 일어나며, 시간이 지나면서 크리프와 건조수축에 의해 내부 코어부의 수축과 외부 기둥의 수축차이가 발생되는 현상

② 탄성 Shortening: 기둥부재의 재질이 상이, 기둥부재의 단면적 및 높이 상이, 구조물의 상부에서 작용하는 하중의 차이

③ 비탄성 Shortening: 방위에 따른 건조수축에 의한 차이, 콘크리트 장기하중에 따른 응력차이

Ⅱ. 기둥 축소량 개념 및 보정

1) 기둥 축소량(Up to & Sub to Slab)개념

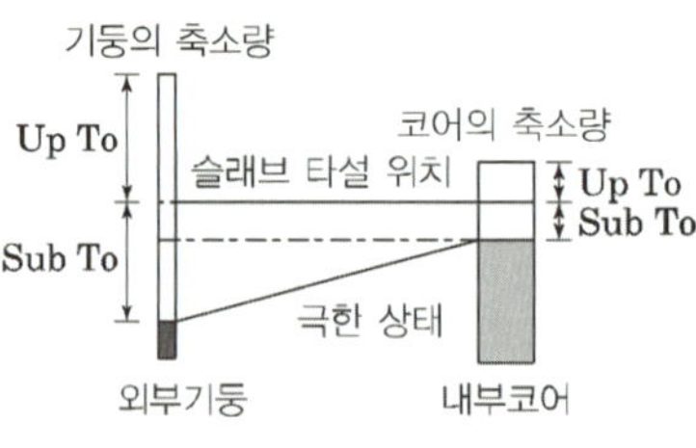

Up To 슬래브 타설 전 축소량
• 하부에 작용하는 탄성 축소량과 그 시간까지의 비탄성 축소량을 합한 값 • 수평부재에 부가하중을 유발하지 않으며 시공 시 슬래브 레벨을 맞추는 과정에서 자연스럽게 보정이 된다.
Sub To 슬래브 타설 후 목표일까지 축소량
• 슬래브 설치이후의 상부 시공에 의한 추가하중과 콘크리트의 비탄성 축소에 의하여 발생 • 구조설계 시 이에 대한 영향을 미리 반영해야 하며 미리 예측하여 수평부재 설치 시 반영하지 않으면 보정할 수 없다.

- Total=UP to+Sub to

2) 기둥 축소량 보정

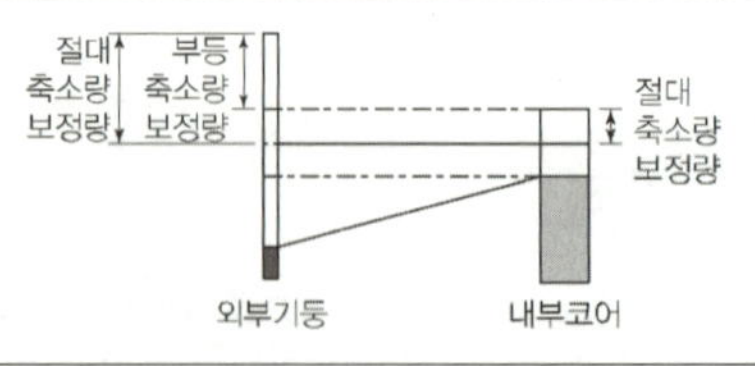

- 절대 축소량: 부재의 고유한 축소량
- 부등 축소량: 인접 부재와의 상대적인 축소량, 절대 축소량 보정 불필요

- 기둥 축소량 보정: 건물의 완공 후 일정시점(골조 공사 시작 후 1,000일 또는 10,000일 후)에서 수평부재가 설계레벨을 확보하고 수평이 되도록 하는 것

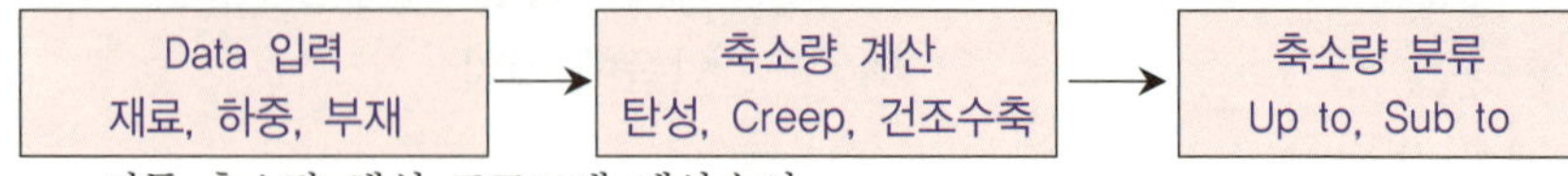

- 기둥 축소량 해설 프로그램 계산순서

시공계획

발생형태

- 탄성 Shortening
  - 기둥부재의 재질이 상이
  - 기둥부재의 단면적 및 높이 상이
  - 구조물의 상부에서 작용하는 하중의 차이
- 비탄성 Shortening
  - 방위에 따른 건조수축에 의한 차이
  - 콘크리트 장기하중에 따른 응력차이
  - 철근비, 체적, 부재크기 등에 의한 차이

설계 시 검토사항

- 설계: 균등한 응력배분, 구조부재의 충분한 여력검토, Outrigger에 부등 축소량을 흡수할 수 있게 접합부 적용
- 시공: 층고 조정, 수직Duct, 배관, 커튼월 허용오차 확인

보정 및 검토절차

① 시공계획 수립
② 수직부재 축소량 해석
③ 보정방안 해석/ 방법 결정
④ 시공 및 측량
⑤ 계측자료 분석
  - 현장 계측값 계산
  - 해석 프로그램 계산
  - 비교분석
⑥ 보정값 산정
⑦ 위치별 보정

Ⅲ. 보정방법 및 사례

1) 해석부재 – Trump World

건물 개요	규모	지하5층, 지상41층
	구조형식	철근콘크리트 구조 (라멘 구조)
코어월의 최대 Sub TO[1]		34.4mm
코어월의 최대 Up TO[2]		52.5mm
최대 부등축소량[3]		27.29mm[4]

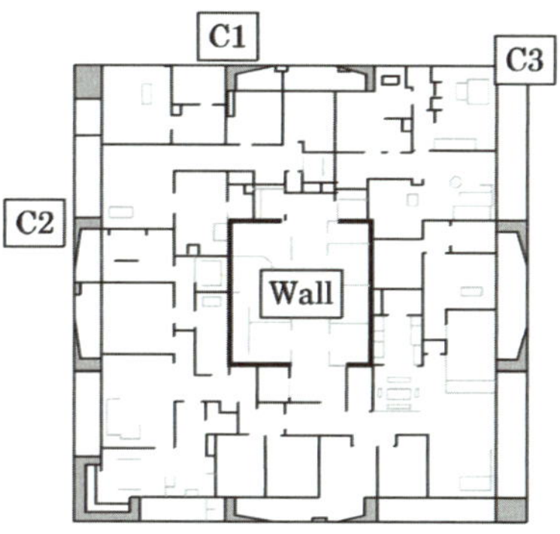

2) 보정량

C1, C2		C3	
B4-1F	0mm	B4-1F	0mm
2F-4F	5mm	2F-4F	0mm
5F-7F	10mm	5F-7F	5mm
8F-18F	15mm	8F-18F	10mm
19F-30F	20mm	19F-30F	10mm
31F-38F	20mm	31F-38F	5mm
39F-Roof	15mm	39F-Roof	5mm

3) 기둥 축소 보정량

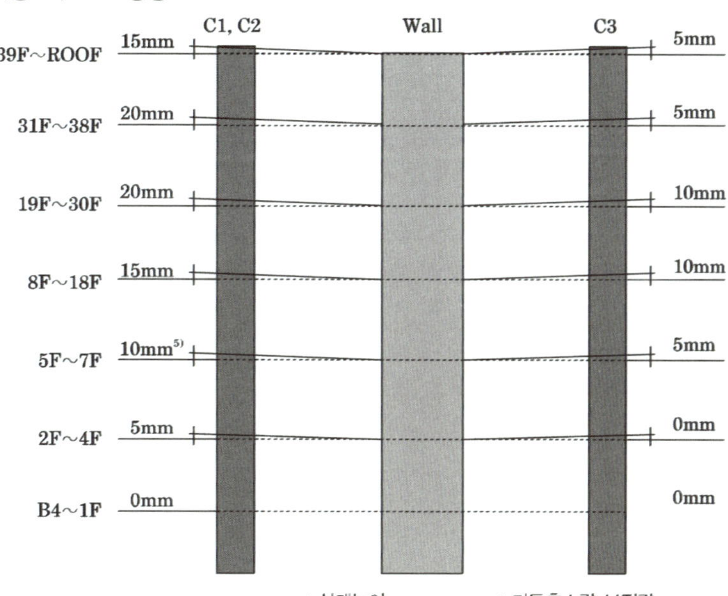

- 5~7F 슬래브 타설 시 코어월보다 각각 10mm씩 높여 시공

시공계획

기동 축소량 보정법

- 상대 보정법
  - 기둥 및 벽체에 계산된 보정 설계값을 일정하게 적용하는 방법으로 위치별 수직부재 축소량 보정값 만큼 수직 부재를 높게 시공
- 절대 보정법
  - 부재의 제작단계에서 보정값만큼 정확하게 예측하여 제작하여 설계레벨에 맞추어 일정하게 적용하는 보정법
- 탄성 축소량
  - 하중차이에 따른 응력 불균등에 의해 발생

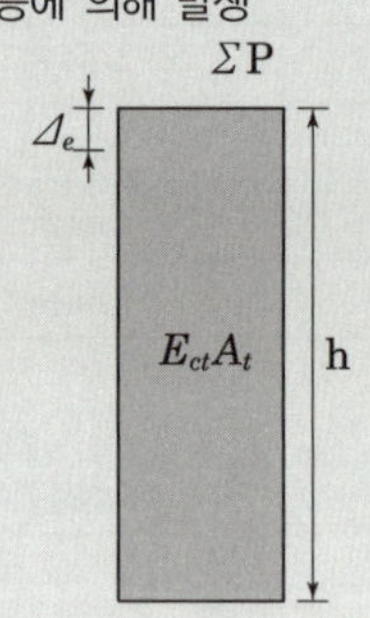

$$\Delta_e = \Sigma \frac{P \times h}{A_t \times E_{ct}}$$

$$E_{ct} = 0.043 w^{1.5} \sqrt{f_c}(t)(\mathrm{MPa})$$

$$f_{ct} = \frac{t \cdot f_{c28}(\mathrm{MPa})}{4.0+0.85}$$

여기서, t: 재령(일)

f_{28} : 콘크리트의 28일 압축강도(MPa)

w : 콘크리트의 단위중량 (kg/m^3)

A_t : 기둥의 변환단면적(mm^2)

Ⅳ. 구조물별 보정방법

1. RC 보정법

1) 기둥하부 보정법(동시치기)

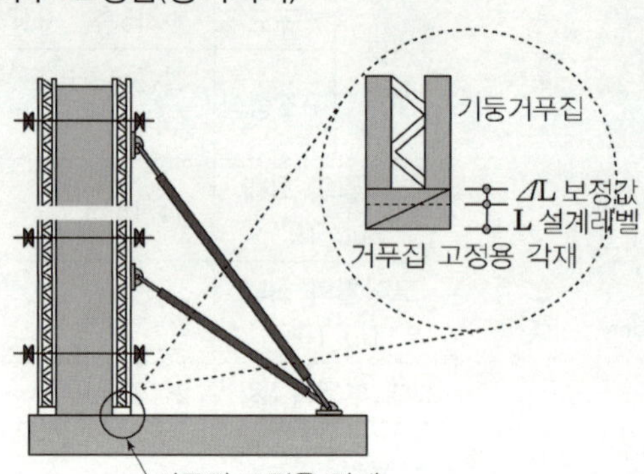

[거푸집 고정용 각재의 높이 조절]

2) 기둥상부 보정법(동시치기)

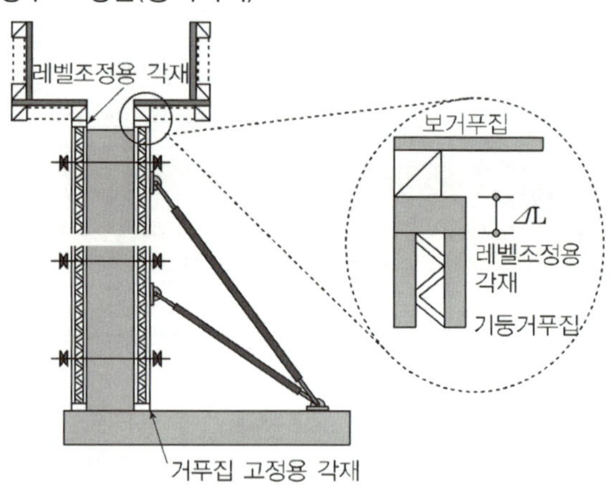

[각재, 철재를 기둥 거푸집 상부에 덧댐]

3) Slab 상부보정(동시치기)

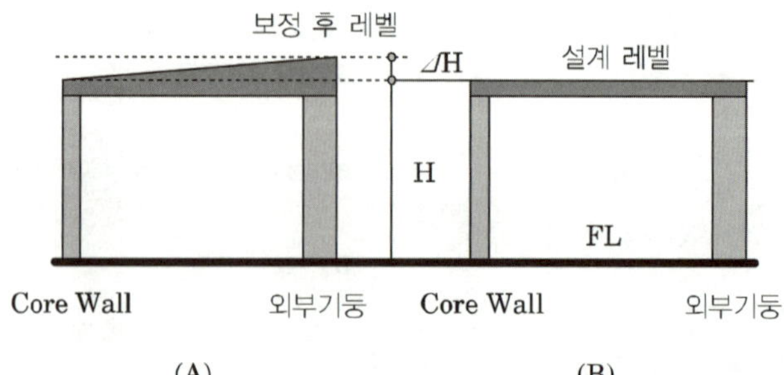

- 타설 시 보정: 보정 값을 고려하여 높게 타설
- 타설 후 보정: 보정 높이만큼 올려 콘크리트를 타설한 후 모르타르로 조정

시공계획

• Creep 축소량
 - 콘크리트가 수년간 지속적으로 하중을 받을 때 발생하는 변형

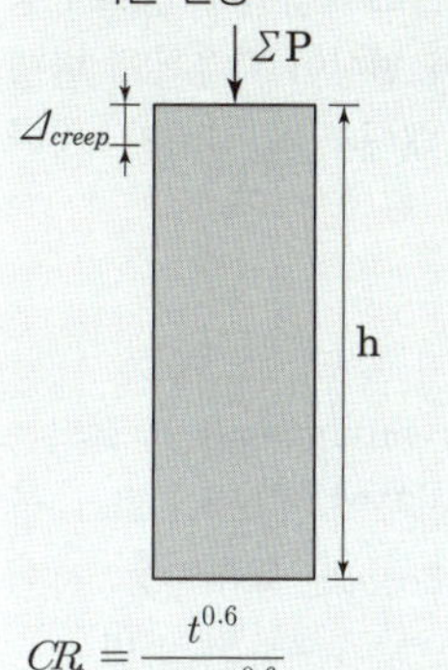

$$CR_t = \frac{t^{0.6}}{10+t^{0.6}}$$

여기서, t : 콘크리트 타설 후 경과시간(일)

• 건조수축량
 - 콘크리트의 표면에서 수분 증발로 인해 발생

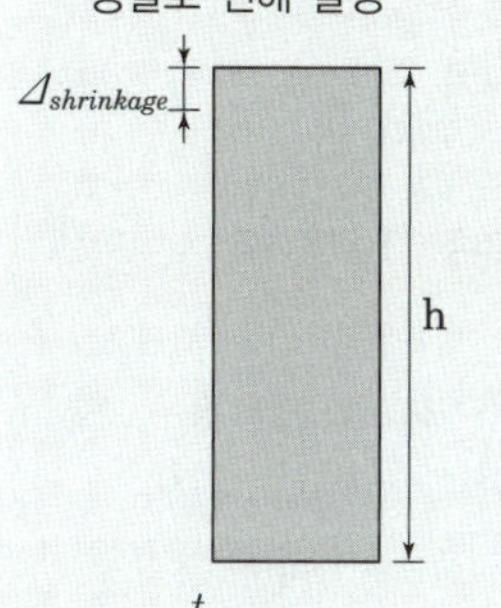

$$SH_t = \frac{t_s}{35+t_s}$$

체적/표면적비
철근비
층고
여기서, t_s : 콘크리트 타설 후 경과시간(일)

4) Slab 상부보정(분리치기)

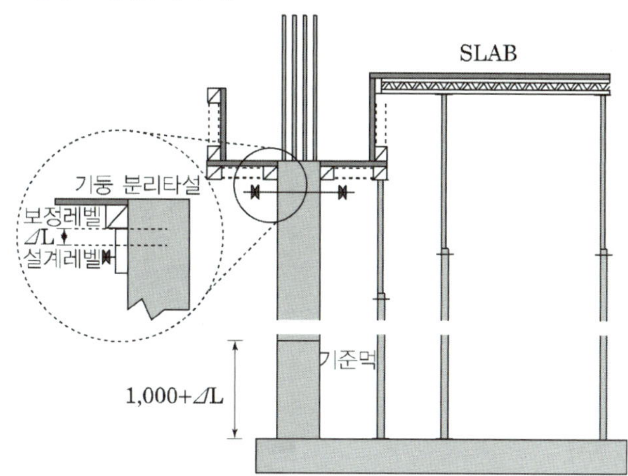

수직부재 콘크리트 타설완료 후 수평레벨 값에 따라 보정값 만큼 높게 슬래브를 설치하는 공법으로 VH 분리 타설이다.

2. 강구조 보정법

1) 절대 보정법

제작단계에서 각 절 기둥의 위치별 보정 값과 제작 오차 값을 측정하여 이를 반영하여 제작

2) Shim Plate 설치

부재의 반입 시 수직부재에 얇은 철판을 이용하여 보정

3) 수치정보 Feed-Back형 보정법

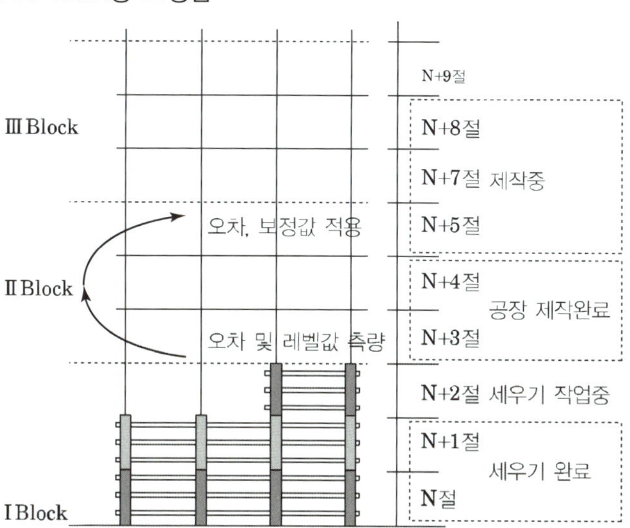

부재 반입 시 길이의 수치정보 및 세우기 시 발생되는 시공오차 관리 및 설치 후 환경에 따른 변형도 등 수치정보를 공장으로 Feedback하여 부재 제작단계에서 오차 및 보정 값 반영

시공계획

• 스트레인게이지 설치

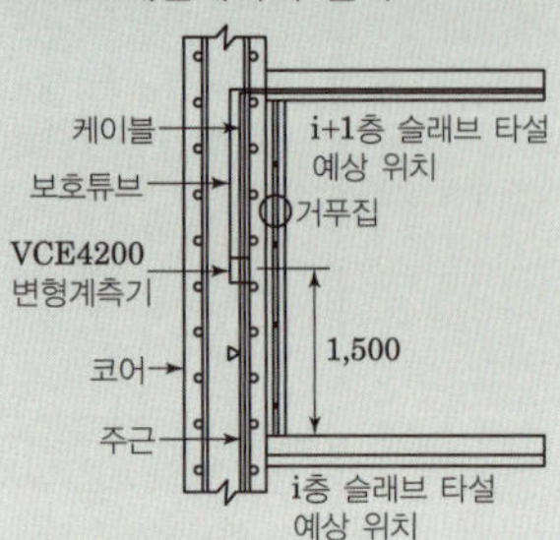

- 기둥에 계측기 설치
- 슬래브에 배선
- 코어에 단자함 설치
- 타설 후 1개월, 6개월 12개월마다 1회, 12개월 후 3개월마다 1회 계측

• 주근사이 매립형 게이지

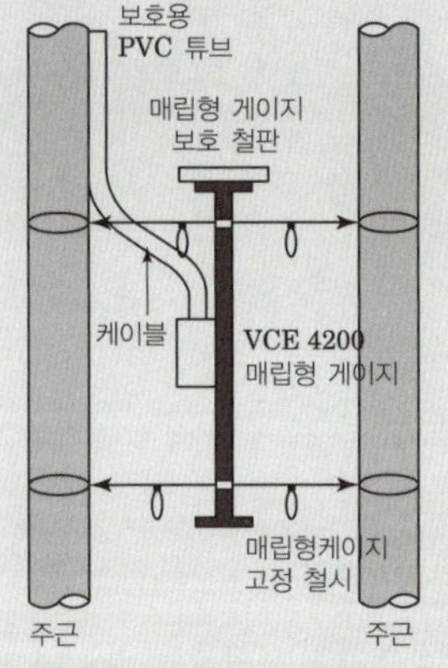

• Curtain Wall의 보정
- Stack Joint 부위에서 여유치수 조절

• 설비
- Sill, Door, Head, 연결 Channel 및 Bracket의 수직이동
- 회전이 가능한 입상관, 연결부위 Coupling시공으로 변위 흡수
- 엘리베이터 레일을 수직으로 이동가능하게 하여 축소량을 레일의 변형없이 흡수 설계

3. Outrigger Truss

1) Delay Joint

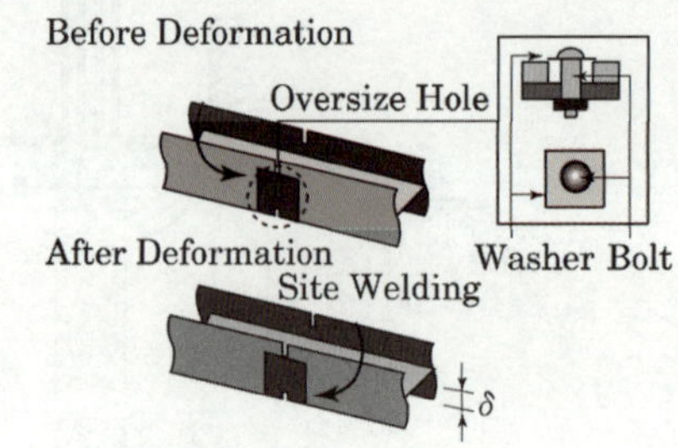

- Outrigger Truss 접합부를 임시체결하고 일정기간 후 부동축소량이 안전한 범위내로 줄어들었을 때 완전히 체결하는 방법
- Outrigger Truss 접합부 볼트구멍을 크게 하여 변형이 자유롭게 발생하게 한 상태에서 일정기간 지난 후 용접

2) Adjustment Joint

- 외부기둥과 Outrigger가 연결되는 부분의 상하부에 Shim Plate를 이용하여, Core와 외부기둥 사이의 부동축소를 흡수하는 방법
- 기둥 양쪽면 위아래의 Shim Zone과 Outrigger단부의 Jack Zone으로 이루어짐

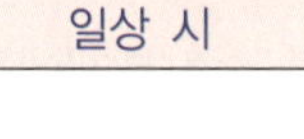

- 기둥축소에 의해 Outrigger가 영향을 받지 않도록 관리
- Shim공간 2mm 유지, Jacking 시스템으로 Shim제거 또는 삽입으로 Gap 유지

풍하중 발생 시

- Outrigger가 거동하도록 폭풍예보가 있을 경우, Shim 공간에 Shim Plate 삽입하여 1mm Gap 유지

① 초기 Setting

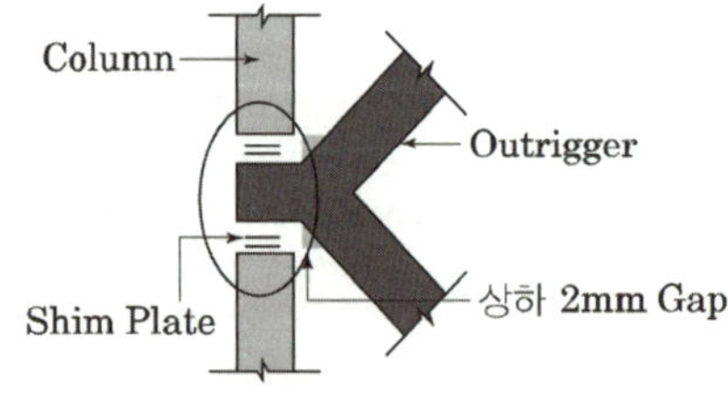

② 부등축소량 발생으로 Gap이 닫힘

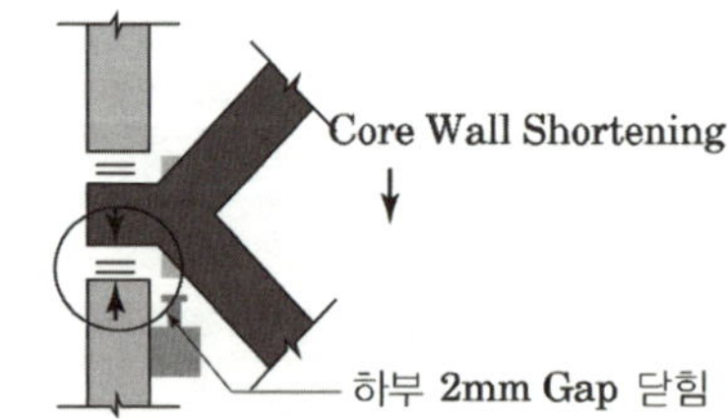

③ Jacking & Shim Plate 제거

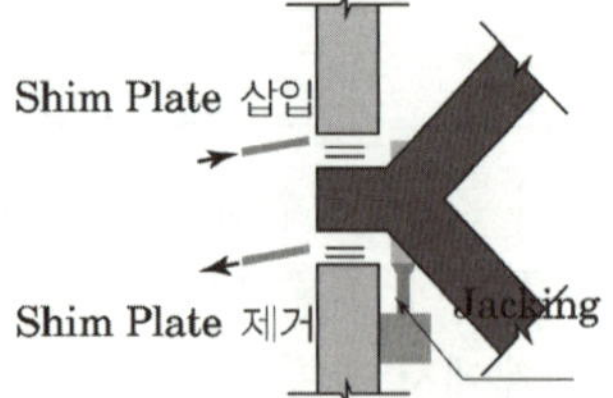

④ 보정완료 후

구조형식

구조형식

Key Point

◩ 국가표준
- KCS 41 70 02
- KCS 41 70 04

◩ Lay Out
- 종류

◩ 핵심 단어

◩ 연관용어

[Cable Dome]

★★★ 3. 대공간 구조

7-17	대공간 구조	
No. 571		유형: 구조 · 항목

Ⅰ. 정 의

대공간을 만들기 위해 인장, 압축, 휨에 저항하기 위한 역학적 성능 및 구조를 향상시킨 형태 저항형 구조시스템

Ⅱ. 종류

1. PEB(Pre - Engineered Building): Taper Steel Frame(경강구조)

구조부재에 발생하는 Moment 분포상태에 따라 Computer Program을 이용하여 H자형상의 단면두께와 폭에서 불필요한 부분을 가늘게 하여 건물의 물리적치수와 하중조건에 필요한 응력에 대응하도록 설계 제작된 철골 건축 System

2. 공간 Truss 구조, 입체 Truss구조(MERO System; SPace Frame)

① 선형의 부재들을 결합한 것으로, 힘의 흐름을 3차원적으로 전달시킬 수 있도록 구성된 구조 System

② 부재가 입체적으로 배치되어 있어 부재 축력에 의해 전달된 하중이 각 부재의 연결방향으로 분산되고, 변형을 부재상호간 구속하므로 내부의 응력은 감소되고 압축과 인장부재의 단면이 감소되어 경량화가 가능하며 강성이 확보된다.

3. 막구조(Membrane Structure) - 인장구조

① 외부하중에 대하여 막응력(Membrane Stress) 즉 막면 내의 인장 · 압축 및 전단력으로 평형하고 있는 구조

② 자중을 포함하는 외력이 쉘구조물의 기본원리인 막응력과 면내 전단력만으로 저항되는 구조물로서, 휨 또는 비틀림에 대한 저항이 적거나 전혀 없는 구조물

4. Cable Dome(Suspension Structure) - 인장구조

구조물의 주요한 부분을 지점(支點)에서 Cable 등의 장력재를 사용하여 막곡면 자체를 기둥 · Arch · Cantilever 등의 지지부에 매단 상태의 구조

1) 절단

① 케이블 절단 시 전체 신장 길이를 확인하고, 온도의 영향을 포함시켜야 한다.

② 모든 케이블의 절단에 있어서 절단 내력은 고정하중 하에서 골조를 지지하는 케이블의 내력에 일치

2) 케이블 제작

다른 것과 서로 잘 조합되며, 또한 기능을 잘 발휘할 수 있도록 제조

3) 케이블 운반

제조공장에서 선적하거나 운반 중에 손상에 유의

4) 케이블 장력도입

케이블의 장력도입 시 단계별 도입 장력결정

5) 시공 중 장력 측정

① 시공 중에 인장 단계별로 케이블의 장력과 주요 위치점을 측정

② 시공과정 해석에 의해 제시된 수치와 차이가 있는 경우 단계별 장력값을 보정

③ 고강도 봉 및 철골 부재의 응력을 측정

6) 케이블 품질관리

① 개별적인 품질관리 시험은 공인된 시험기관에 의하여 수행

② 케이블 전체 길이는 1 : 1,000 (0.1%)의 오차 내로 조정

③ 케이블이 신장되었을 경우에 대하여 요구 편차는 0.02% 초과 금지

④ 모든 주물은 열간 아연도금을 해야 하며, 최소 층 두께는 50μm 이어야 한다.

⑤ 최소 층 두께 90μm로 두 겹의 코팅 실시

5. 곡면식 구조 - 인장구조

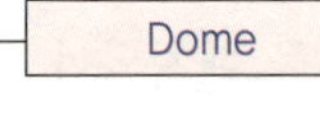

- Arch에서 발전된 반구형 건물구조체로서 원형·육각·팔각 등의 다각형 평면위에 만들어진 둥근 곡면의 천장이나 지붕
- 두께방향의 치수가 곡률반경이나 경간 등의 크기에 비해 매우 작은 곡면판구조

구조형식	개요
 [Dome - 도쿄 에어돔(막구조)]	일본 최초의 돔구장으로 미국 메이저리그 최초의 돔구장인 애스트로돔보다 23년 후에 세웠으며, 미국 미식축구전용구장인 실버돔과 프로야구팀 미네소타 트윈스의 홈구장인 메트로돔(Metrodome)을 모델로 하였다. 일본에서는 하나밖에 없는 에어돔(Air Dome)방식 구장으로, 내부기압을 외부보다 0.3% 높여 기압차로써 지붕을 유지한다.
 [Dome –후쿠오카 야후 오쿠돔]	일본 최초의 개폐식 돔구장으로서 미국의 프로야구팀 토론토 블루 제이스의 로저스센터(Rogers Center)와 같은 방식이다. 지붕은 부채꼴 철골구조패널 3개로 구성 되었으며, 지붕은 20분 동안 60% 정도가 양쪽으로 열리며, 지진과 강풍이 발생하면 자동 정지한다.
 [Shell – Kresge Auditorium in M.I.T(USA)]	1955년 미국. 크리스거 오디토리움(Kresge Auditorium)매사추세츠 공과대학(MIT)
 [Shell– 트라이볼(Tri–Bowl)]	2010년 대한민국 인천 송도, 장방형의 수경(水鏡, 수심 60㎝ · 가로 80m · 세로 40m), 세계 최초로 구현된 '역 쉘(易 Shell)' 구조. 건물 외관 어디에서도 직선을 찾을 수 없는 완벽한 3차원 곡선 건물, 벽체 철근을 교차해 촘촘한 트러스 형태로 배치한 뒤 콘크리트를 부어 넣는 '철근 트러스 월' 과 기둥이 없어도 건물이 지탱할 수 있도록 벽 안에 철선을 심는 '포스트 텐션' 공법 등이 적용됐다

구조형식

케이블 시험

- 각각의 도금 용해물의 분석
- 와이어 시험편은 케이블 꼬임을 하기 위해 만들어진 와이어 코일로부터 채취
- 인장 시험
- 휨 시험
- 비틀림 시험
- 아연도금의 총 무게와 부착력
- 와이어의 치수 정확도
- 치수허용직경 오차 2% 이내

Dome

- Arch에서 발전된 반구형 건물구조체로서 원형·육각·팔각 등의 다각형 평면위에 만들어진 둥근 곡면의 천장이나 지붕

Shell

- 두께방향의 치수가 곡률반경이나 경간 등의 크기에 비해 매우 작은 곡면판구조

구조형식

구조형식

Key Point

- 국가표준

- Lay Out
  - 부재의 Moment Digram
  - PEB System 특성
  - PEB System의 주요부재
  - 구조형식
  - 부재설치

- 핵심 단어
  - What: 컴퓨터 프로그램
  - Why: 불필요한 단면 삭제
  - How: 휨 모멘트 분포분석

- 연관용어

★★★ 3. 대공간 구조 75.76.85.110.127.131

7-18	PEB(Pre – Engineered Building)	
No. 572	Taper steel frame	유형: 공법 · 구조

Ⅰ. 정 의

① 구조부재에 발생하는 Moment 분포상태에 따라 Computer Program을 이용하여 H자형상의 단면두께와 폭에서 불필요한 부분을 가늘게 하여 건물의 물리적치수와 하중조건에 필요한 응력에 대응하도록 설계 제작된 철골 건축 System

② 부재를 Module로 세분화하여 각 지점에 나타나는 Moment와 Axial Force 크기에 따라 부재의 크기 및 두께를 결정하여 경제적인 구조와 Design 완성

Ⅱ. 부재의 Moment Diagram

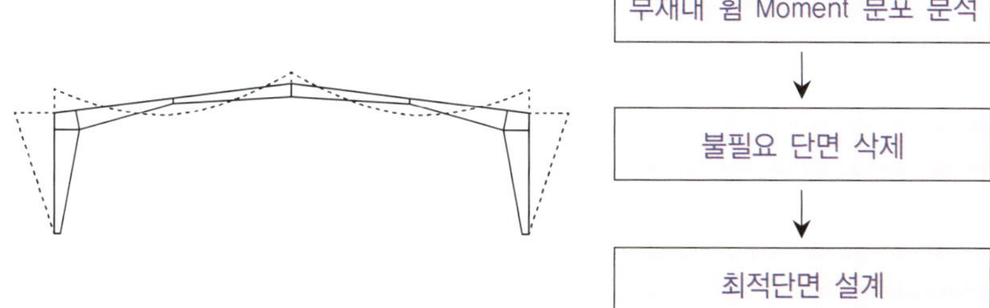

Ⅲ. PEB System 특성

1) 다양한 공간 활용

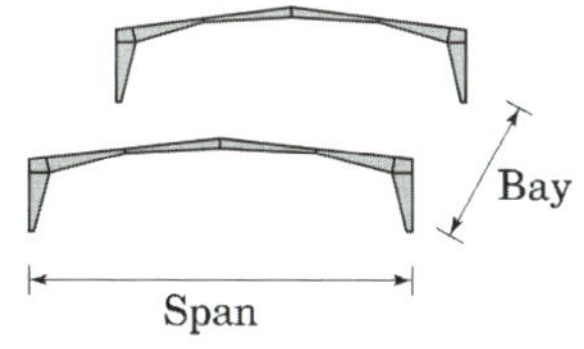

- Span과 Bay 간격을 조절하여 다양한 대형 공간 창출
- 대형 무주 공간을 필요로 하는 공장, 항공기 격납고, 창고 등에 적합

2) 공간의 모듈화

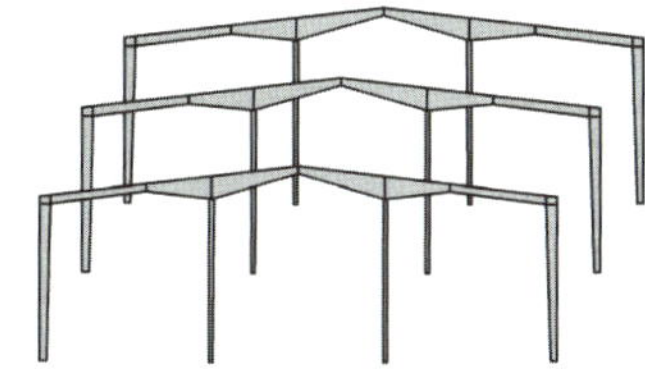

- 적절히 배치된 내부 기둥에 의한 모듈화 된 공간구성이 가능
- 다양한 내부 디스플레이를 필요로 하는 대형 매장, 공장 등에 적합

구조형식

3) Flange Brace 사용– 역학적 효율성

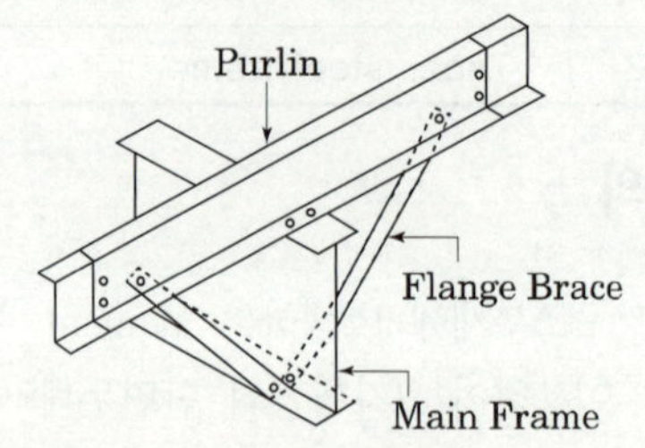

- Flange Brace의 사용으로 Main Frame의 압축, 횡좌굴 길이를 줄여줌
- Main Frame 의 허용 강도를 증가시켜 단면 손실을 최소화

4) Z형강 사용– 역학적 효율성

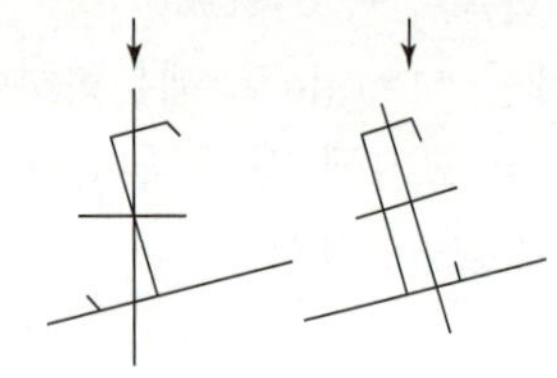

- Purin으로 Z형강을 사용하여 경사지붕에 사용 시 수직 하중축과 강축방향이 일치하여 역학적 성능향상

5) Sag Angle의 사용– 역학적 효율성

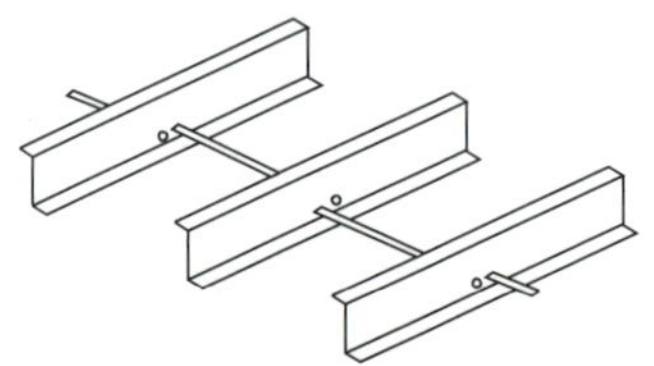

- Sag Angle의 사용으로 Purlin의 정렬과 비틀림 변형 방지

Ⅳ. PEB System의 주요부재

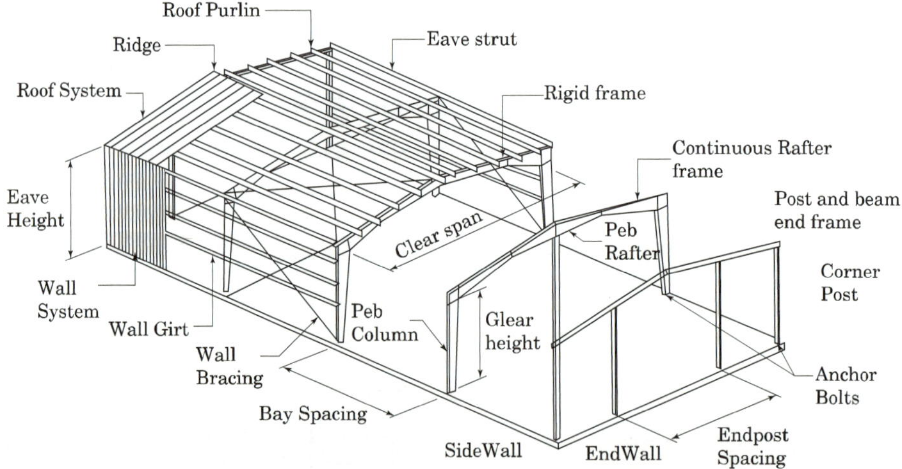

주요부재

- Main Column
  - Column의 Type은 일반적으로 Tapered Column으로 해석하며, 필요에 따라서 Straight Column으로 해석하기도 한다.
  - 응력의 크기에 따라 Plate 두께 및 Web의 폭이 결정
- Rafter
  - Tapered Rafter로 해석 소규모일 경우 Straight Rafter으로 해석하기도 한다.
- Haunch Connection
  - Column과 Rafter의 연결은 수평연결 방법과 수직연결 방법이 있으며, 일반적으로 수평연결 방법이 사용
- Butt Connection
  - 같은 방향의 경사면에서 Rafter와 Rafter의 접합부분
- Ridge Rafter Connection
  - Rafter와 Rafter의 용마루 부분에서의 접합부분
- Interior Column
  - Multi Span 구조물 일때 내부에 설치되는 기둥

구조형식

[Rigid Frame]

[Modular Frame]

[Open Web Frame]

[Standard Column]

[Mezzanine Floor Frame]

[Lean To]

V. 구조형식

구조형식	개요 및 용도
[Rigid Frame]	• 최대 90m까지 Clear Span 확보 가능 • 크레인 및 각종 부하가중 처리기능이 우수 • 공장, 체육관, 격납고, 창고 등에 활용
[Modular Frame]	• 용도에 따라 내부 기둥의 간격 선 택 가능 • 최대 240m까지 내부 공간 활용 가능 • 물류센터, 마트, 쇼핑센터
[Open Web Frame]	• 최대 120m의 Clear Span이 가능 • Interior Column을 사용하여 최대 240m까지 연결
[Uni-Beam Frame]	• Straight Column과 Uni-Beam을 사용하여 내부공간 활용을 극대화하는 공법 • Interior Column 없이 내부공간 최대 활용 • 전시장, 학교, 사무소
[Single Slope Frame]	• 지붕면을 평면으로 하는 단조롭고 Simple한 감각미를 살리는 공법 • 협소하거나 기존 건축물의 부속 건축물로 이용 • 소매점, 휴게소 등
[Standard Column]	• 기둥에 Crane Bracket을 설치하여 별도의 Crane 기둥과 주행보(Runway Girder)를 설치하지 않아도 되는 공법 • Bracket을 이용하여 15Ton의 크레인을 설치 가능 • 중량물 취급공장, 창고, 판매장
[Mezzanine Floor Frame]	• 공장 내(內) 부분적으로 사무실이 필요한 경우 혹은 전층(全層)을 2층 구조로 건축하고자 할 경우 사용되는 공법 • 2~3층공장, 사무실, 산업용 건축물
[Lean To]	• 기존 건물에 연결되는 부속건물을 시공하는데 적합한 공법 • Endwall, Sidewall 어느 방향으로도 연결이 가능하며, 높이도 자유롭게 선택

구조형식

[시공순서]
↓
Anchor Bolt의 시공
↓
Frame 시공
↓
Hanger 시설 시공
↓
Final Painting

Ⅵ. 부재설치

1) 수평도리 Check

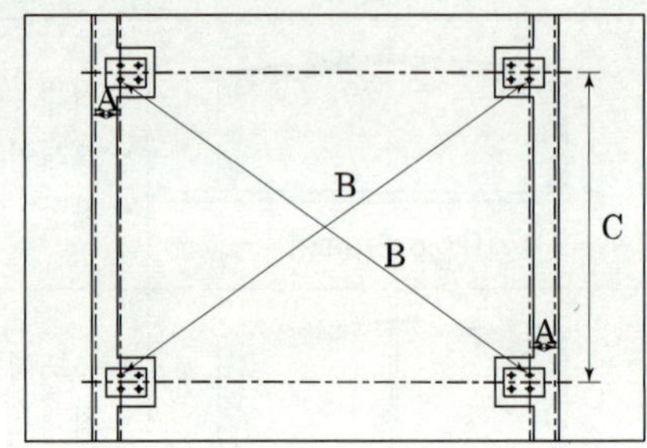

- 위치 및 높이를 정확히 정렬한 다음 지그를 사용하여 콘크리트 타설시 움직이지 않도록 완전히 고정

2) Main Frame 설치

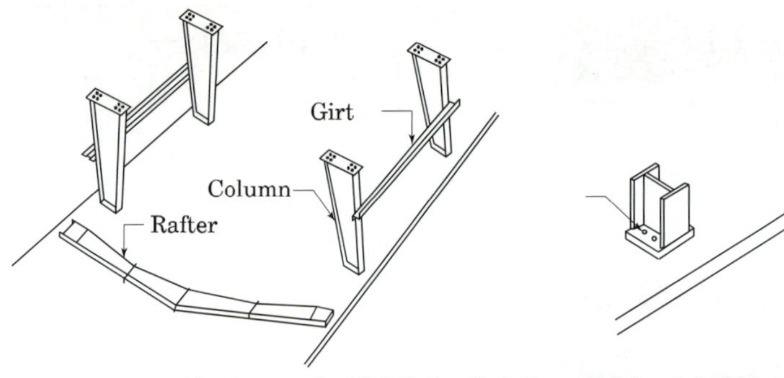

- Bracing Bay의 Column을 설치하며, 하단에 고임목을 사용하여 높이조정
- 각 기둥사이의 Side Wall Girt 설치하고 Bracing 설치
- 지상에서 Rafter의 접합은 스패너를 사용하여 체결

3) Main Frame 세우기 및 후속부재 설치

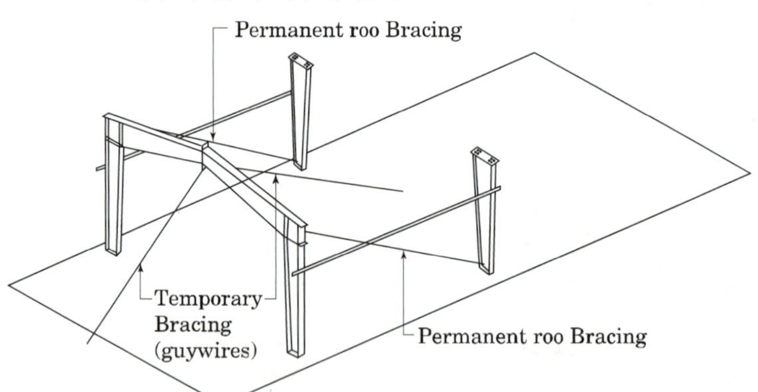

- Rafter를 끌어올리기 전에 가설용 Bracing을 붙인다.
- Rafter를 Column상단에 위치한 다음 Bolt로 가고정
- Rafter는 Column 상단에 조립 후 최소한 1/4 이상의 Purin을 설치할 때까지 장비로 고정하고 있어야 한다.

구조형식

구조형식

Key Point

- 국가표준
  - KCS 41 70 04
- Lay Out
  - 하중분산 Mechanism
  - 특성
  - 시공 시 유의사항
- 핵심 단어
  - What: Ball에 결합
  - Why: 힘의 흐름을 3차원으로 전달
  - How: 입체 truss
- 연관용어

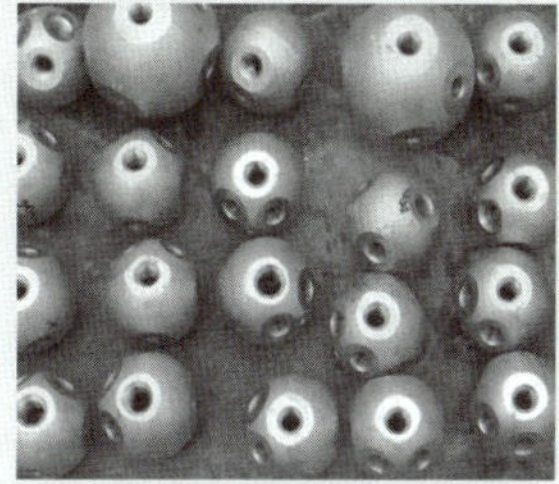
[Ball]

[Pipe배치]

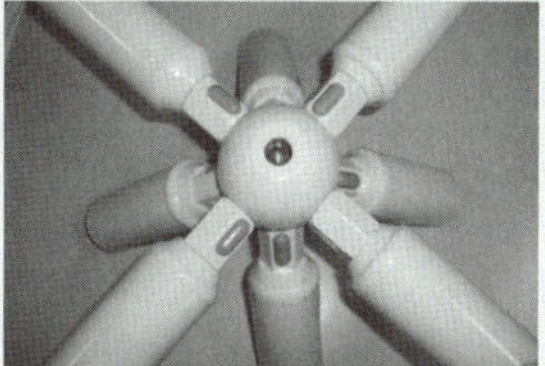
[연결부위]

☆☆★ 3. 대공간 구조 66,76

7-19	Space frame	
No. 573	공간트러스 구조(MERO system)	유형: 공법 · 구조

Ⅰ. 정 의

① 형강이나 봉강의 부재를 Ball에 Pin접합으로 결합한 것으로, 힘의 흐름을 3차원적으로 전달시킬 수 있도록 구성된 입체Truss 구조

② 부재가 입체적으로 배치되어 있어 부재 축력에 의해 전달된 하중이 각 부재의 연결방향으로 분산되고, 변형을 부재상호간 구속하므로 내부의 응력은 감소되고 압축과 인장부재의 단면이 감소되어 경량화가 가능하며 강성이 확보된다.

Ⅱ. 하중분산 Mechanism

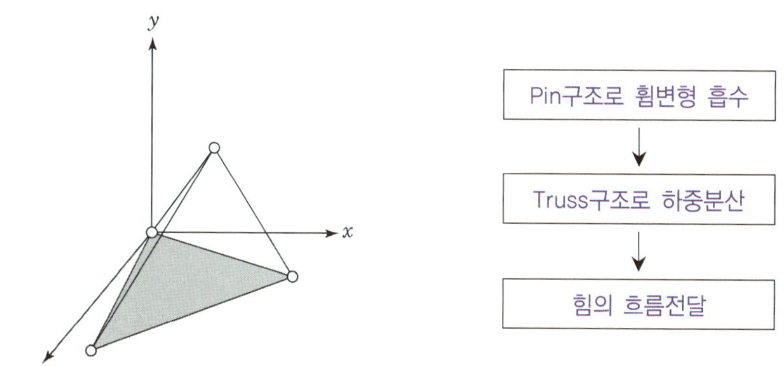

Ⅲ. System 특성

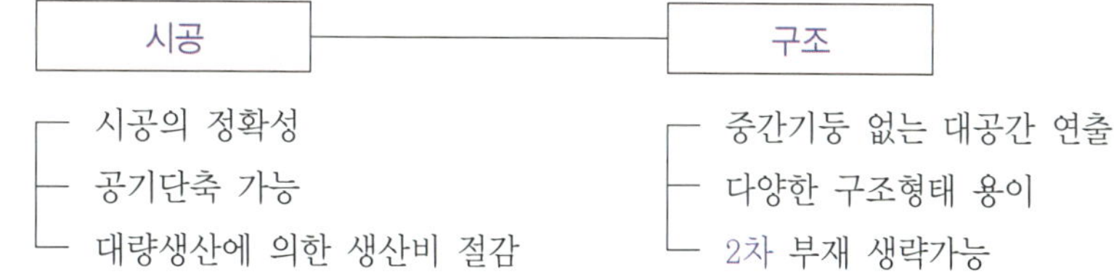

Ⅳ. 시공 시 유의사항

① 부재의 규격, 용접부 검사, 도금도막 검사, 도장도막 검사 실시

② 복잡한 형태의 스페이스 프레임 시공 시에는 고공조립 공정의 안정성을 확보하도록 계획 시공

③ 크레인이나 윈치 및 가설재를 사용하여 고공 작업 연결 시 안전한 작업환경이 확보

④ 수평조절장치 또는 수직조절장치를 사용하여 안정된 구조로 조립한 후 연결체 조임

☆☆★ 3. 대공간 구조 64

9-20	막구조	
No. 574	membrane Structure	유형: 공법 · 구조

Ⅰ. 정 의

① 외부하중에 대하여 막응력(membrane stress) 즉 막면 내의 인장 · 압축 및 전단력으로 평형하고 있는 구조

② 구조체가 휨 강성을 갖지 안든가 또는 무시할 수 있는 부재로 구성된다.

③ 구조체가 휨강성을 갖지 않거나 무시할 수 있는 부재로 되어 있어, 외부하중에 대한 막응력 즉 막면내 인장, 압축 및 전단력만으로 평형을 이루는 구조를 일컫는다.

Ⅱ. 막구조의 형태

공기막

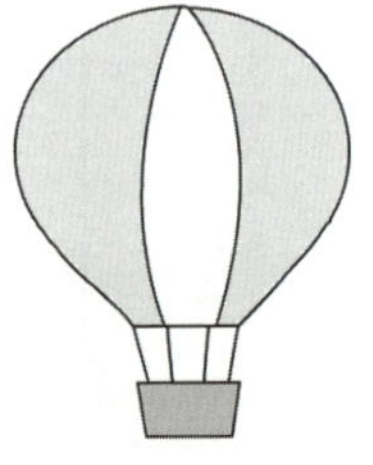

막 재료로 덮여진 공간에 공기를 주입하고, 내부의 공기 압력을 높여, 막을 장력 상태로서 자 하중 및 외력에 대하여 저항한 구조

골조막

철골 등의 골조에 의하여, 산형, 아치 형태, 입체 프레임 등의 골조를 형성하고, 지붕재 및 벽재로서 막 재료를 이용한 구조

서스펜션막

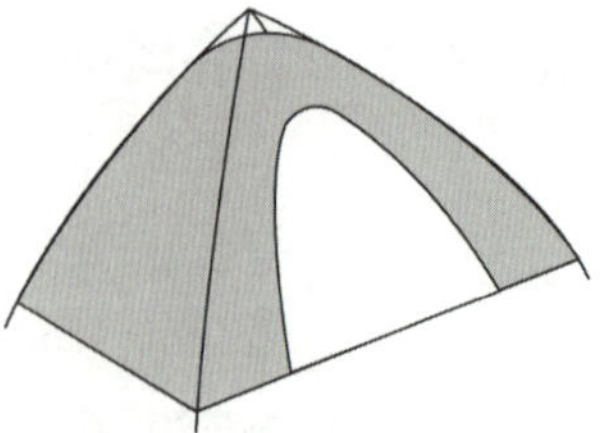

막 재료를 주체로서 이용하여 기본 형태를 잡은 구조

코팅된 직물(Coated Fabric)로 된 연성막(Membrane)을 구조체로 사용하여 지붕이나 벽체 등을 덮어주는 구조물을 막구조라 한다.

구조형식

구조형식
Key Point

◪ 국가표준
- KCS 41 70 02

◪ Lay Out
- 막구조의 형태
- 막구조공사
- 공기막구조 공사

◪ 핵심 단어
- 막응력
- 막면내 인장 압축 및 전단력으로 평형

◪ 연관용어

Ⅲ. 막구조 공사 시공

1) 하부 구조물의 조사
   ① 막 설치작업을 시작하기 전 현장조사를 실시
   ② 막지지구조 및 현존하는 구조물의 상태를 파악
   ③ 모든 작업 기준점의 정확한 치수를 측량하여 제작

2) 막구조 조립 조절과 검사
   ① 막의 설치 후 막에 대한 관찰(monitoring)을 해야 한다.
   ② 만약 관찰 시 하중 또는 응력이 설계하중 또는 설계응력을 초과하는 것으로 나타날 때는 작업 일부를 중단해야 한다.

3) 막 클램프 제작
   ① 막 지붕공사에 사용되는 부재들은 막 설치공사 중 발생하는 막 인장력에 견딜 수 있도록 설계
   ② 부재들은 영구적인 변형과 피로 항복 없이 한쪽 면으로부터 막 설치 하중에 견딜 수 있도록 설계
   ③ 막의 클램프와 지지부 사이의 공간은 클램프 곡률이 부드럽게 유지되고, 물의 고임이 생기는 것을 방지
   ④ 로프로 묶인 가장자리에서의 열처리 및 점착성의 실링은 막 클램프의 폭 크기 이내에서만 설치
   ⑤ 클램프의 모든 부재는 조립 시 응력집중을 막기 위하여 막 접촉면에서 최소 곡률반경 6mm 이상 둥글게 처리
   ⑥ 상하클램프 플레이트의 코너부는 바람에 의한 막재의 손상 방지를 위하여 곡율 반경 6mm 이상 완만하게 절곡
   ⑦ 볼트, 너트, 합성고무 몰딩의 볼트 두부 등은 클램프로 사용되는 부재의 아래에 긴결
   ⑧ 클램프 시스템은 설치는 물론 사용 중 막면 내에서 응력집중이 일어나지 않도록 부재 끝에서 일직선으로 연결되도록 설계
   ⑨ 경계면에 있는 모든 강재는 합성 고무층으로 분리
   ⑩ 이질 재질 사이의 모든 경계면은 외기에 직접적인 노출 여부와 관계없이 적절한 수단으로 한쪽 경계면을 코팅

4) 막 패널 제작
   ① 응력, 변형률, 지붕의 기하학적 형태들을 확보하도록 자재의 신축성을 보정
   ② 모서리 부분과 응력의 집중이 생길 수 있는 부분들은 사선 보강으로 처리
   ③ 막의 모든 접합부와 이음부는 방수에 적합한 방식으로 배열

5) 막구조의 시공
   ① 초속 5m/s 이상의 바람이 부는 경우 승인을 득한 후 시공
   ② 막구조를 설치하기 전에 접촉하는 모든 표면을 검토
   ③ 막 지붕의 설치와 공사가 이루어지는 동안 막이 찢어지거나 손상을 일으키는 원인이 될 만한 것들을 제거
   ④ 날카로운 모서리 혹은 어느 부위에서나 막이 구겨지거나 겹쳐지지 않도록 해야 한다.

구조형식

구조형식

Key Point

- 국가표준
  - KCS 41 70 02
- Lay Out
  - 공기막구조 종류
  - 공기막구조 공사 시공
- 핵심 단어
  - 막응력
  - 막면내 인장 압축 및 전단력으로 평형
- 연관용어

☆☆☆ 3. 대공간 구조 70

7-21	공기막구조	
No. 575	air membrane structure	유형: 공법 · 구조

Ⅰ. 정 의

① 외부하중에 대하여 막응력(membrane stress) 즉 막면 내의 인장 · 압축 및 전단력으로 평형하고 있는 구조

② 구조체가 휨 강성을 갖지 안든가 또는 무시할 수 있는 부재로 구성된다.

③ 구조체가 휨강성을 갖지 않거나 무시할 수 있는 부재로 되어 있어, 외부하중에 대한 막응력 즉 막면내 인장, 압축 및 전단력만으로 평형을 이루는 구조를 일컫는다.

Ⅱ. 공기막구조 종류

① 공기지지방식

비누거품의 경우와 같이 막은 1층이고 막내압은 내부공간에 분포하게 된다. 이 방식은 가장 일반적이며 대규모의 구조물을 가능하게 한다. 그러나 출입에 의해서 내압이 약간 내려가므로 입구는 에어로크, 이중문, 회전문 등을 사용해야 한다.

② 공기팽창방식

2중막 방식에서는 2중으로 친 막사이에 공기를 보내서 공기베게처럼 만드는 것으로 막의 사이에는 1중막 구조 보다 조금 높은 압력을 가할 수도 있다. 이것에 의해서 강성 높은 판넬과 같은 막을 얻을 수 있고, 전체로서 휨에도 저항할 수 있다.

Ⅲ. 공기막구조 공사 시공

1) 지지구조

① 지지구조는 공기막구조의 수평 축력 및 부상력을 충분히 고려하고, 막면의 팽창 · 수축이 쉽고 안전하도록 시공

② 접합부에서의 기밀성을 유지

2) 기초구조

외력과 상시 내압에 의해 작용되는 반력에 의해 기초구조가 이동변형이 발생하지 않도록 시공

3) 출입구

① 회전문 또는 이중 문일 것(이중 셔터 포함, 비상문 제외)

② 내부가 보이도록 유리 또는 작은 창이 있을 것

③ 회전문은 일반적으로 사람 통행이 많은 경우(100인/시 이상)에 설치하고, 적은 경우 이중 문 설치

④ 들어갈 때 내부(이중 문 안, 회전문 안)가 보이는 구조

구조형식

⑤ 이중문은 내·외 부문이 비상 시를 제외하고 동시에 열리지 않는 구조로 하거나 램프, 경보 등의 장치를 설치
⑥ 전동식 이중문의 경우 정전 시에 수동 개폐가 가능구조

4) 비상문
① 비상문은 바깥 열림으로 하며, 보통 때의 출입에는 사용금지
② 수축 시스템 또는 보조지지구조가 없는 경우에는 비상구는 자립하는 구조로 하여 비상구 부근은 막의 강하를 방지할 프레임 등을 설치
③ 비상구의 개방은 내압에 의하여 급격히 열리기 때문에 완충장치 등의 부착 또는 밸런스 문 혹은 작은 창을 설치하여 맨 처음에는 그것을 열어 실내압을 떨어뜨린 후 문을 개방하는 장치 필요
④ 회전문, 이중문은 비상문으로 사용금지

5) 개구부
① 고압 하에도 잘 부착시켜 강도를 갖게 하며 기밀성을 고려한 것을 사용
② 개구부의 크기는 사고로 파손되었을 때 막지붕 면이 수축되지 않을 정도

6) 막면의 보강
① 막면에 배수공, 환기공, 배연공 등의 기구를 부착할 경우 막면의 응력집중 부분을 보강
② 막면의 보강은 가장자리 부분에서 서로 엇갈리게 배치
③ 막자재와 케이블재가 직접 접촉하는 부분은 막면에 보강 케이블재를 피복하는 등의 조치

7) 케이블과 경계구조와의 접합
① 케이블과 케이블의 교점을 고정할 케이블 고정철물은 케이블 상호간의 미끄러짐에 대하여 저항력이 충분한 것
② 케이블 선단부의 회전을 구속하지 않도록 한다.

8) 배수
① 막면은 호우 시 빗물 혹은 융설수가 고이지 않도록 적정 내압에 의해 공기막 구조가 자립했을 경우 유연하고 매끄러운 형태가 되어야 한다.
② 융설수에 대해서도 경계구조 위에서 결빙되지 않도록 한다.

9) 송풍시스템
① 항상 송풍을 함으로써 설계 내압을 유지하고, 지붕막면을 안정시키며, 외부하중에 저항
② 설계하중 하에서 항상 설계 내압을 얻을 수 있는 송풍량과 송풍압을 유지함과 동시에 내부의 필요 환기량을 상회하는 송풍량을 유지
③ 송풍기의 용량은 강풍 시, 적설 시 내압을 유지하는데 필요한 송풍압과 덕트 등의 압력손실을 고려하여 산정
④ 융설수에 대해서도 경계구조 위에서 결빙되지 않도록 한다.

구조형식

10) 공기흡입구

① 송풍기가 외기와 함께 이물질을 흡입하지 않도록 흡입구 등에는 필터 등을 부착하여 외부공기 흡입 시 공기 중의 먼지를 제거

② 공기 흡입구에서 송풍기의 소음이 흡입구를 통하여 외부로 전달되지 않도록 흡입구에 소음기 또는 흡입실에 방음장치 등을 부착

☆☆★ 3. 대공간 구조 73

7-22	Lift up, Lift Slab	
No. 576		유형: 공법

Ⅰ. 정 의

바닥, 지붕 등을 지상에서 제작, 조립, 완성 또는 반완성하여 미리 시공한 본기둥 및 가설기둥을 반력기둥으로 하여 소정의 위치까지 유압 Jack와 Rod를 이용하여 들어 올리면서 설치하는 공법

Ⅱ. 시공 개념

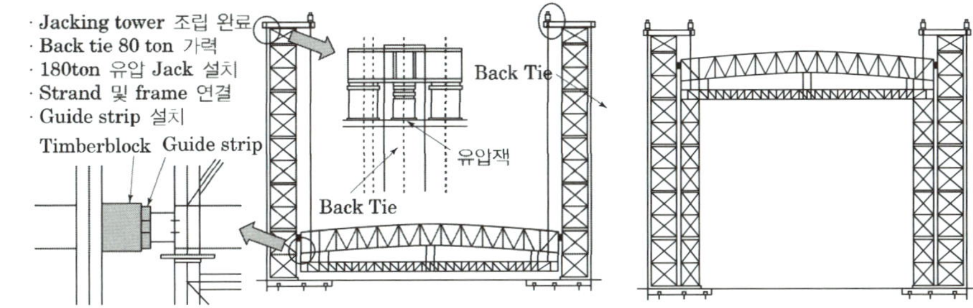

Ⅲ. 시공 시 유의사항

1) 반력기둥 형식에 의한 공법

① 본기둥 방식

선시공한 본설 기둥이 반력을 받고 Lift Up 후 본체와 연결

② 가설기둥 방식

가설 기둥이 반력을 받고 Lift Up 후 본설기둥을 시공

③ 본기둥+가설기둥 병용 방식

본설기둥에 가설기둥을 보강하여 반력을 받고 Lift Up 후에 본설기둥을 완성

2) Lift 장치 형식에 의한 분류

① Jack고정식(Pull up)

기둥상부에 Jack을 고정하고 Rod를 이용하여 지붕을 올리는 방식

② Jack이동 및 Rod고정식(Push up)

기둥의 상부로부터 Rod를 달아 내리고 지붕에 설치한 Jack이 Rod를 타고 상승하면서 지붕을 올리는 방식

건립공법

건립공법 Key Point

- 국가표준
- Lay Out
  - 시공개념
  - 시공 시 유의사항
- 핵심 단어
  - 반력기둥
  - 유압잭
  - 로드이용
- 연관용어

공법분류

- 리프트 슬라브 공법
  - 빌딩, 아파트, 주택의 지붕 및 바닥의 콘크리트 슬라브를 대상으로 한다.
  - 기둥 또는 코어부분을 선행하여 건조하고 그것을 지지 기둥으로 지상에서 적층하여 제작한 슬라브를 순서대로 달아 올려 고정하는 공법
- 큰 지붕의 리프트 공법
  - 공장, 광장 등의 철골조 대지붕의 건설에 쓰인다.
  - 지상에서 완성도가 높고 설비기기설치, 도장마감 완료 후 리프트 업 된다.
- 풀업(Pull-Up) 공법 또는 리프트 업 공법
  - 달아 올릴 때 수평을 유지하면서 수직으로 균등히 달아올리는 일이 중요하며, 와이어를 써서 달아올리는 것이 특징
  - 지상에서 조립하고 수직으로 달아매 고정하는 공법

★★★ 4. 공정관리

7-23	초고층 공정운영방식	
No. 577		유형: 관리 · System

공정관리

공정관리
Key Point

- 국가표준
- Lay Out
  - 공정운영방식
  - 공기단축방안
- 핵심 단어
  - 수직동선
  - CP
  - 공정마찰
- 연관용어

Ⅰ. 정 의

초고층 공사는 수직 동선의 마찰이 없도록 골조공사와 마감공정 중 Critical Path를 대상으로 선·후행 공종 간에 일정한 공정진행속도를 유지하여 공정마찰이 없도록 운영하는 것이 중요하다.

Ⅱ. 공정운영 방식

1. LSM(Linear Scheduling Method, 병행시공방식)

1) 정의

공정의 기본이 될 선행 작업이 하층에서 상층으로 진행 시, 후행작업이 작업 가능한 시점에 착수하여 하층에서 상층으로 진행해 나가는 방식

2) 특징

① 투입자원의 비평준화, 최대양중부하 증대
② 작업동선의 혼잡
③ 공사기간의 예측 곤란

3) 공정 진행개념

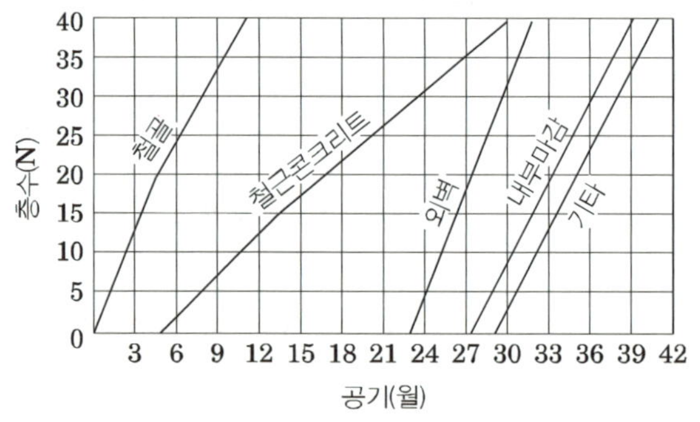

4) 문제점

① 작업 위험도 증대
② 양중설비 증대
③ 시공속도 조절 곤란
④ 작업동선 혼란
⑤ 빗물, 작업용수 등이 하층으로 흘러들어 작업방해 및 오염초래

2. PSM(Phased Scheduling Method, 단별시공방식)

1) 정의

기본 선행공사인 철골공사 완료 후, 후속공사를 몇 개의 수직공구로 분할하여 동시에 시공해 나가는 방식

공정관리

2) 특징

① 투입자원의 증대, 양중부하 증대
② 작업동선의 혼잡
③ 공사기간의 예측이 용이

3) 공정 진행개념

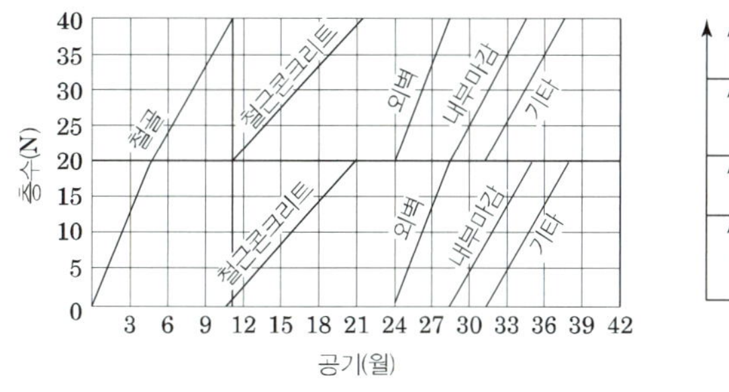

4) 문제점

① 작업관리 복잡
② 양중설비 증대
③ 가설동력 증대
④ 작업자, 관리자 증대
⑤ 상부층의 재하중에 대한 가설보강 필요

3. LOB(Line Of Balance, 연속반복방식)

1) 정의

기준층의 기본공정을 구성하여 하층에서 상층으로 작업을 진행하면서 작업상호 간 균형을 유지하고 연속적으로 반복작업을 수행하는 방식

2) 특징

① 전체 작업의 연속적인 시공 가능
② 합리적인 공정 작업 가능
③ 일정한 시공속도에 따라 일정한 작업인원 확보 가능

3) 공정 진행개념

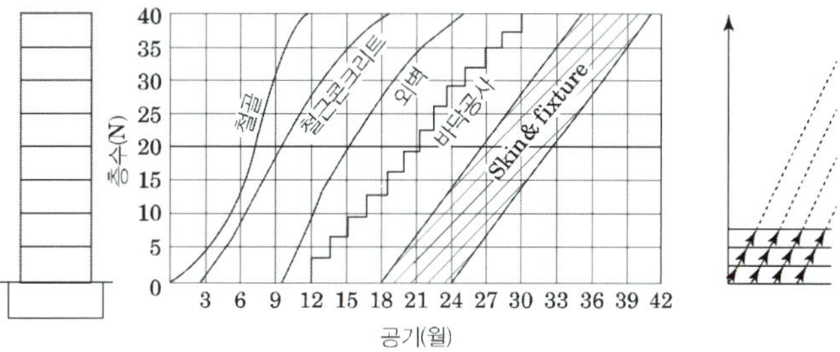

4) 필요 조건

① 재료의 부품화
② 공법의 단순화
③ 시공의 기계화
④ 양중 및 시공계획의 합리화

4. Fast Track(고속궤도 방식)

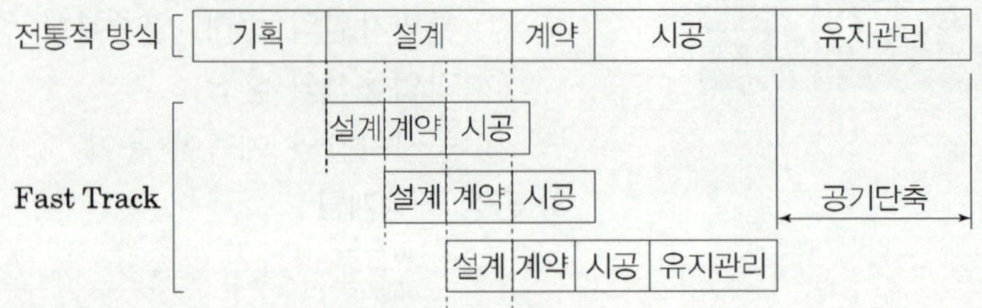

Ⅲ. 공기단축 방안

1. 공기에 미치는 영향요인

① 도심지 주변환경
② 행정관련
③ 금융
④ Design
⑤ 기상

2. 공기단축 방안

1) 설계

① BIM
② MC화
③ 시공물량, 안전, 시공성을 고려한 구조설계
④ 수직 및 수평동선을 고려한 배치
⑤ 시공성을 고려한 Design

2) 시공기술

① 가설공사: (지수층, 가설구대, 동절기 보양), 측량, 양중계획
② 지하공사: 터파기 계획 및 기초공법선정
③ 구체공사: 철근 선조립, System거푸집, 펌핑기술, 고강도, 철골건립 공법, 코어선행, VH분리타설
④ 외벽공사: CW의 제작 및 시공방법

3) 관리

① 착공시기
② Typical Cycle 준수
③ Phased Occupancy(순차준공)

CHAPTER

08 Curtain Wall 공사

마법지

1. 일반사항

- 설계
- 시험

2. 공법분류

- 형식분류
- 조립방식

3. 시공

- 먹매김
- 1차 Fastener
- 2차 Fastener
- Unit

4. 하자

- 하자

★★★ 1. 일반사항

8-1	금속커튼월의 요구성능 및 설계 구조검토	
No. 578	설계 구조 검토사항	유형: 시험 · 측정

설계

요구 성능

Key Point

◩ 국가표준
- KDS 41 00 00
- KCS 41 54 02

◩ Lay Out
- 요구성능
- 설계 · 구조

◩ 핵심 단어
- What: 부재설계
- Why: 요구성능 확인
- How: 설계 구조 검토

◩ 연관용어
- 풍동실험
- Mock Up Test
- Field Test

[하중전달 경로]

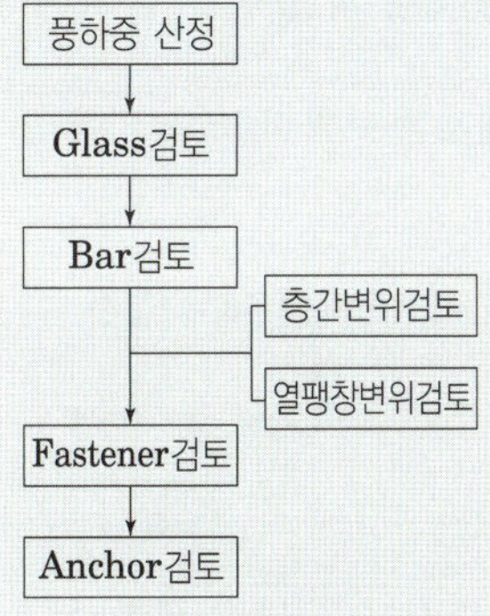

부재설계 시 사전 검토사항

- 건물의 위치 및 높이
- 건물의 층고
- 입면상의 모듈
- 수평재의 간격
- 부재의 이음과 Anchor
- 내부마감 형식

Ⅰ. 정 의

① Curtain Wall 부재 설계 시 Structural Integrity(구조적 완벽), Provision for Movement(수축팽창에 대비), Weather Tightness(내후성-기밀성, 수밀성, 단열성, 내결로성), Design Consideration(디자인 측면)을 고려한다.

② 설계 시 고려되는 사항

구조 안전성 ─ 기능 및 사용성

- 구조 안전성
  - 풍하중 산정에 따른 강도확보
  - 처짐 및 변형에 대한 내구성 확보
- 기능 및 사용성
  - 용도에 맞는 외장설계
  - 거주자 및 보행자의 안전 확인

Ⅱ. 금속 커튼월의 요구 성능

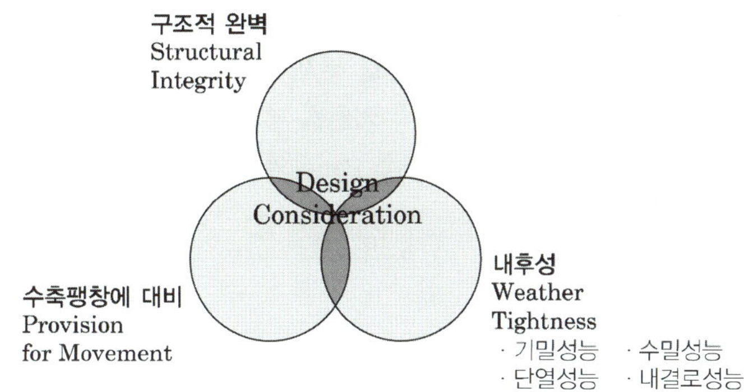

하중에 대해 대응할 수 있는 범위 내에서 부재의 Design 및 Volume을 결정하여 경제적인 설계가 되도록 사전검토가 필요하다.

1. 설계하중 기준

1) 설계풍압

① 바람의 방향

- 바람의 방향: • 정압(Positive Pressure)과 부압(Negative Pressure)
- 위치별 구분: • Typical Zone과 Edge Zone (주로 건물의 코너, 돌출부)

Typical Zone에서 정압(正壓)이 작용하고 Edge Zone에서 부압(負壓)이 작용하며 설계 시 Zone을 구분하여 Bar의 두께를 적용하면 경제적인 설계가능

② 경제적인 설계

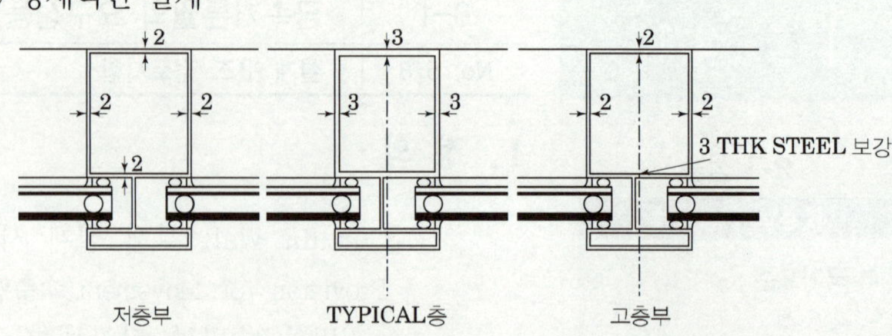

건물의 풍동실험 결과치를 반영하는 것이며, 풍동실험을 하지 않은 경우는 법규에 의해 산정한다. 일반적으로 최상층에 작용하는 풍압을 건물 전체에 적용

2) 적설하중 및 지진하중

3) 기타 하중(활하중)

- 지붕, 발코니, 계단 등의 난간 손스침: 9 kN의 집중하중
- 주거용 구조물: 0.4 kN/m의 수평 등분포 하중을 고려
- 기타의 구조물: 8 kN/m의 수평 등분포 하중을 고려

2. 구조 요구 성능

2-1. 커튼월 부재

1) 금속 커튼월 부재의 처짐 허용치

금속 Panel의 처짐 허용치(150%, 100%, - 50%, - 100% 4단계 증감)

수직방향
- 알루미늄: L ≤ 4113mm : L/175 이하
  L > 4113mm : L/240+6.35mm 이하
  [L= 지점에서 지점까지의 거리]

중력방향
- 기타 구조부재 3.2mm 이하, 개폐창 부위 1.6mm 이하

잔류변형
- L/500 이하(KCS), L/1000 이하(ASTM)
- 잔류변형량 측정은 설계 풍압의 ± 150%에 대해 실시

2) 금속 Panel의 처짐 허용치

- 단변길이 L/60을 초과금지

3) 층간 변위와 열팽창 변위의 흡수설계

- 구조체의 움직임에 의한 층간 변위량은 L/400(L=층고)로 정한다.
- +82℃~-18℃의 금속 표면온도에 대하여 발생되는 수축팽창을 흡수할 수 있도록 설계

• 알루미늄 재료의 성질

① 비　　중: $2600 \sim 2800 kg/m^3$
② 탄성계수: $7.0 \times 10^5 \sim 8.0 \times 10^5 kgf/cm^2$
③ 열팽창계수: 23.4×10^{-6}/℃
④ 인장강도: $3500 \sim 5600 kgf/cm^2$
⑤ 허용강도: $2000 \sim 3600 kgf/cm^2$

설계

[Mullion부재 작용Moment]

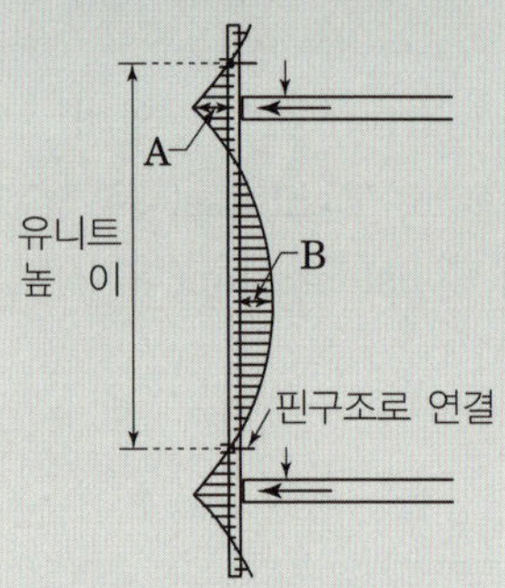

Negative Moment (A)와 Positive Moment (B)의 최대 크기가 비슷한 지점에 연결되도록 설계

- 건물층고(지점간 거리)
  - Bending moment $\frac{wL^2}{8}$
  - Deflection $\frac{5wL^4}{384EI}$

w : 단위cm당 풍하중
L : 구조부재의 지점간거리
E : 알루미늄탄성계수
I : 구조부재의단면2차모멘트

층간변위 흡수설계

- 알루미늄의 열팽창계수는 철의 약 2배정도 되므로 부재의 변형을 고려하여 Stack Joint에서 최소 12mm 이상으로 변위에 대응하도록 설계

[허용층간변위 Δ_a]

내진등급	Δ_a
특	$0.010h_{sx}$
I	$0.015h_{sx}$
II	$0.020h_{sx}$

h_{sx}: x층 층고

설계

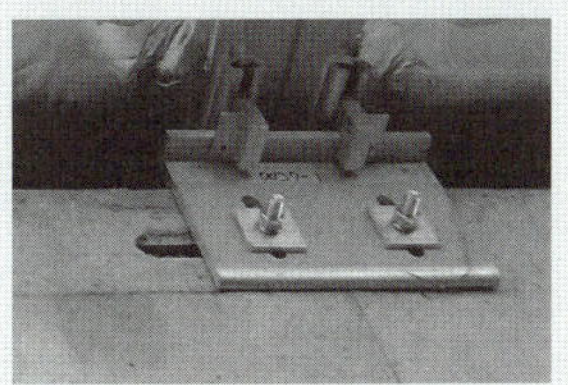

2-2. Glass

- 구조검토를 위한 Bending Moment 및 Deflection 값은 단순보와 같이 계산
- 유리의 처짐은 설계 풍하중에 대해서 25.4mm 이하

· 판유리의 재료적 성질

① 비 중: 2400 ~ 2800 kg/m^3
② 탄성계수: 4.9× 105 ~ 8.4×105 kgf/cm^2
③ 열팽창계수: 5×10^{-6} ~ 16×10^{-6}/℃
④ 인장강도: 700 ~ 900 kgf/cm^2
⑤ 허용강도: 250 ~ 300 kgf/cm^2

2-3. Fastener · Anchor(긴결류 및 고정철물)

그 지점에서 발생하는 반력으로 구조계산하며, 힘의 전달, 하중지지, 변형 및 오차의 흡수, 강도확보 등을 고려하여 방식을 결정

- 구조체와 커튼월의 고정 및 연결에 대해서는 1.5배의 안전율 고려
- Embed Plate를 이용하여 고정할 경우는 현장여건에 따라 구조검토가 필요하며, Set Anchor로 고정할 경우는 인발시험을 층당 3개소 이상 실시

2-4. Sealing재의 물림 치수 및 두께

- 실링재의 팽창률: 주요 구조부재와 인접한 부재 사이의 실링재 줄눈에서의 팽창률은 설계상 치수에서 25% 초과 금지

3. 기밀성능

기밀성능은 압력차에 대한 단위 벽면적, 단위시간당의 통기량으로 표시하고, 단위는 ℓ/m^2 · min 혹은 ℓ/m · min

- 최소 75Pa~최대 299Pa 압력차에서 시행
- 고정창의 공기유출량: 18.3ℓ/m^2 · min 이하
- 개폐창의 공기유출량: 23.2ℓ/m · min 이하

4. 수밀성능

커튼월 부재 또는 면적을 근거해 실내측에 누수가 생기지 않는 한계의 압력차로 표시하고, 단위는 Pa

- 누수량에 대한 허용치: 15mℓ(1/2온스) 이하의 유입수의 경우 누수로 생각하지 않는다.

설계

- 설계 풍압 중 정압의 20% 또는 299Pa 중 큰 값의 압력 차에서 수행하며 최대 720Pa를 넘지 않도록 한다.
- 살수는 $3.4\ell/m^2 \cdot min$의 분량으로 15분 동안 시행

5. 단열성능

열관류 저항에 의해 표시하며, 그 단위는 $W/m^2 \cdot K$

- 스팬드럴 부분의 단열성능은 건축물의 열손실방지와 관련된 지역별 건축물 부위의 열관류율의 기준을 따른다.

6. 결로방지

- 지정된 실내·외의 온도차, 습도에 의해 커튼월의 실내측 및 벽체 내에 손상을 줄 수 있는 결로가 생기지 않도록 설계
- 자연 증발이나 적극적인 배수방식 등 처리 방식을 적용하여 설계
- 결로에 의해 발생하는 녹이나 동결 등에 의해 성능 저하나 하자가 발생하지 않도록 설계

7. 복사열

- 스팬드럴 부분은 열파손을 고려하여 설계
- 유리면과 내부 백패널과의 간격 50mm 이상 유지

8. 내화, 소음방지 및 기타 요구 성능

- 국토교통부 고시 내화구조의 인정 및 관리기준/국토교통부령 건축물의 피난·방화구조 등의 기준에 관한 규칙/국토교통부령 건축물의 설비기준 등에 관한 규칙을 따른다.
- 내화성이 입증된 재료 혹은 다음 기준에 따른 내화시험 자료에 근거된 재료로 설계
- 불연성: ASTM E 316
- 화염 전파성: ASTM E 84
- 배연창 및 피난창이 요구될 경우는 해당 법규에 적합한 위치, 크기, 개폐방법 및 제품으로 설계

9. 소음방지

- 풍압, 구조체의 변형, 외기 온도 변화 등에 의해 생기는 소음이나 금속 마찰음 등을 최소로 억제할 수 있도록 설계
- 커튼월 부재의 단면 설계 시 유리의 소음전달 손실률보다 크게 설계
- 커튼월의 소음전달 등급의 판단은 ASTM E90 규정에 의하며, 125~4,000Hz의 표준 주파수 범위 내에서 ANSI. S1.4에 따라 측정한 dBA를 기준으로 하고 요구되는 차음성능을 유지
- 실내에서 허용되는 소음 수준의 범주는 AAMA TIR-A1을 참조
- 차음성능은 음의 평균 투과손실률이 40dB 이하

설계

10. 접촉부식 방지

- 이종금속은 해당 부분에 이격재를 사용하여 접촉이 생기지 않도록 설계
- 부식이 생길 염려가 있는 부분에 대해서는 절연 처리나 방청 처리

11. 내구성능

- 예측되는 환경조건에 대하여 충분한 내구성이 갖추어질 수 있도록 표면마감
- 일반적인 유지·보수 조건에서도 커튼월의 사용기간 동안 성능 유지가 될 수 있도록 점검통로 등 유지·보수 관련 시스템 고려

설계

요구 성능

Key Point

◩ 국가표준
- KDS 41 00 00
- KCS 41 54 03

◩ Lay Out
- PC 커튼월의 요구 성능

◩ 핵심 단어
- What: 부재설계
- Why: 요구성능 확인
- How: 설계 구조 검토

◩ 연관용어
- 풍동실험
- Mock Up Test
- Field Test

☆☆☆ 1. 일반사항

8-2	프리캐스트 콘크리트 커튼월의 요구성능	
No. 579		유형: 시험 · 측정

Ⅰ. 정 의

① Curtain Wall 부재 설계 시 Structural Integrity(구조적 완벽), Provision for Movement(수축팽창에 대비), Weather Tightness(내후성-기밀성, 수밀성, 단열성, 내결로성), Design Consideration(디자인 측면)을 고려한다.

② 설계 시 고려되는 사항

- 구조 안전성
  - 풍하중 산정에 따른 강도확보
  - 처짐 및 변형에 대한 내구성 확보
- 기능 및 사용성
  - 용도에 맞는 외장설계
  - 거주자 및 보행자의 안전 확인

Ⅱ. PC 커튼월의 요구 성능

1. 설계하중 기준

1) 설계풍압

- 바람의 방향: • 정압(Positive Pressure)과 부압(Negative Pressure)
- 위치별 구분: • Typical Zone과 Edge Zone(주로 건물의 코너, 돌출부) [L= 지점에서 지점까지의 거리]

2) 적설하중 및 지진하중

3) 기타 하중(활하중)

- 지붕, 발코니, 계단 등의 난간 손스침: 9 kN의 집중하중
- 주거용 구조물: 0.4 kN/m의 수평 등분포 하중을 고려
- 기타의 구조물: 8 kN/m의 수평 등분포 하중을 고려

2. 구조 요구 성능

- 수축팽창: • 외부기온의 연중 변화온도(최고 82℃, 최저 -18℃)에 대하여 충분한 수축팽창 여유를 갖도록 설계
- 부재의 처짐: • 풍압방향에 대한 휨은 L/360 이하
  단, 캔틸레버 보의 경우는 L/180 이하
  [L= 지점에서 지점까지의 거리]

3. 기밀성능

기밀성능은 압력차에 대한 단위 벽면적, 단위시간당의 통기량으로 표시하고, 단위는 $\ell/m^2 \cdot min$ 혹은 $\ell/m \cdot min$

설계

- 최소 75Pa~최대 299Pa 압력차에서 시행
- 고정창의 공기유출량: 18.3ℓ/mm^2·min 이하
- 개폐창의 공기유출량: 23.2ℓ/m·min 이하

4. 수밀성능

커튼월 부재 또는 면적을 근거해 실내측에 누수가 생기지 않는 한계의 압력차로 표시하고, 단위는 Pa

- 누수량에 대한 허용치: 15mℓ(1/2온스) 이하의 유입수의 경우 누수로 생각하지 않는다.
- 설계 풍압 중 정압의 20% 또는 299Pa 중 큰 값의 압력 차에서 수행하며 최대 720Pa를 넘지 않도록 한다.
- 0 살수는 3.4ℓ/m^3·min의 분량으로 15분 동안 시행

5. 차음 및 단열성능

- 차음성능: 음의 평균 투과손실률 40dB 이하
- 단열성능은 열관류 저항에 의해 표시하며, 그 단위는 W/m^2·K

6 결로방지

- 실내측 및 벽체 내에 유해한 결로가 생기지 않도록 설계
- 유해한 결로수가 생길 염려가 있는 경우는 적절한 처리기구를 도
- 결로수에 의한 녹이나 동결 등에 의해 성능저하와 기구상의 결함발생 방지

7. 내화, 소음방지 및 기타 요구성능

- 내화성능은 국토교통부 고시 내화구조의 인정 및 관리기준, 국토교통부령 건축물의 피난·방화구조 등의 기준에 관한 규칙, 국토교통부령 건축물의 설비기준 등에 관한 규칙을 따른다.
- 소음·마찰음 방지커튼월은 예상된 풍압력, 구체의 변형, 외기온도의 변화 등에 의해 생기는 변형에 의한 소음 등의 발생을 최소로 억제
- 준공 후 보수·청소작업의 배려
- 이종금속 등이 접촉에 의한 부식 주의
- 클리어런스에 의한 성능저하 방지제
- 내구성: 유지관리를 수행할 수 있도록 점검

8. 내구성

- 예측되는 환경조건에 대하여 충분한 내구성이 갖추어질 수 있도록 표면마감
- 일반적인 유지·보수 조건에서도 커튼월의 사용기간 동안 성능 유지가 될 수 있도록 점검통로 등 유지·보수 관련 시스템 고려

★★★ 1. 일반사항 66

8-3	Wind Tunnel Test	
No. 580	풍동실험	유형: 시험 · 측정

시험

요구 성능

Key Point

◪ 국가표준
- KDS 41 12 00

◪ Lay Out
- 실험장치 및 실험방법
- 풍동실험의 종류 및 측정항목
- 풍동실험 종류 및 실험조건

◪ 핵심 단어
- What: 풍동실험실에서
- Why: 풍하중 파악
- How: 실제조건과 유사한 환경

◪ 연관용어
- Mock Up Test
- Field Test
- Side Sway

풍동실험을 해야하는 경우

- 풍진동 영향에 의한 형상비가 크고 유연한 건축물
- 특수한 지붕골조 및 외장재
- 골바람 효과 발생 건설지점
- 신축으로 인해 인접 저층건물에 풍하중 증가 우려시
- 특수한 형상 건축물

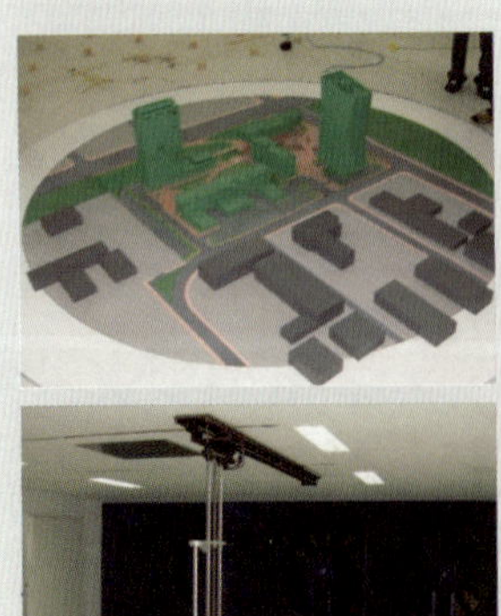

Ⅰ. 정 의

① Curtain Wall 부재 설계 시 실제 주변과 유사한 환경을 만들어 놓고 풍동실험실에서 Simulation을 통해 외장재용 풍하중과 구조 골조용 풍하중을 파악하여 내풍 안전성 설계를 하기 위한 실험

② 설계 시 고려되는 사항

구조 안전성 ― 기능 및 사용성

- 구조 안전성
  - 풍하중 산정에 따른 강도확보
  - 처짐 및 변형에 대한 내구성 확보
- 기능 및 사용성
  - 용도에 맞는 외장설계
  - 거주자 및 보행자의 안전 확인

Ⅱ. 실험장치 및 실험방법

1) 실험대상 모형제작

건물 주변 반경 600~1200m의 인공적인 지형, 지물, 건물배치를 1/400~600 축척모형으로 제작

2) 실험방법

풍동내 원형 Turn Table에 모형을 설치한 후 과거 10~100년 전까지의 최대 풍속을 가하여 실험

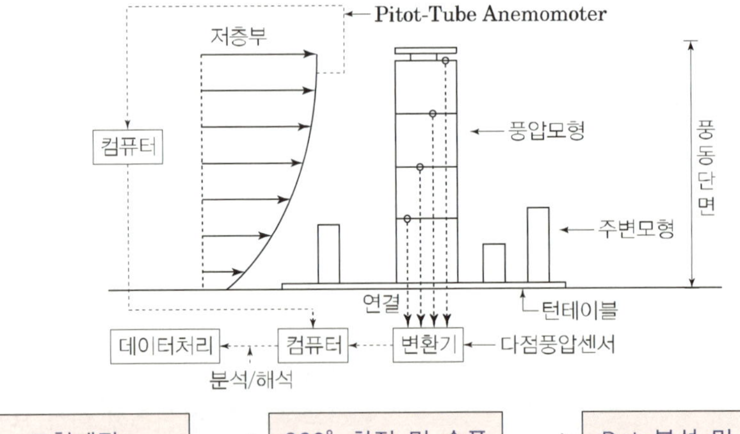

모형제작 → 360° 회전 및 송풍 → Data분석 및 측정

360° 회전시키며 장착된 Tap에 바람이 받게 되면서 전송된 Data분석

시험

빌딩풍에 대한 풍환경의 검토

- 50층 이상 또는 200m 이상인 신축건축구조물을 건설할 경우
- 16층 이상이면서 연면적(하나의 대지에 둘 이상의 건축구조물을 건축하는 경우에는 각각의 건축구조물의 연면적을 말한다)이 10만 제곱미터 이상일 경우
- 풍환경 평가는 (풍동실험) 중 풍환경실험을 실시하여 수행하고, 신축 건축구조물 장변폭의 3배 이내에 속하는 주변의 인도 및 사람이 이용하는 외부공간을 대상으로 한다.
- 풍환경 평가를 통해 주변의 인도 및 외부공간 이용자의 안전과 관련하여 설계자 및 감리자 등 건축관계자와 협력해야 한다.

Ⅲ. 풍동실험의 종류 및 측정항목

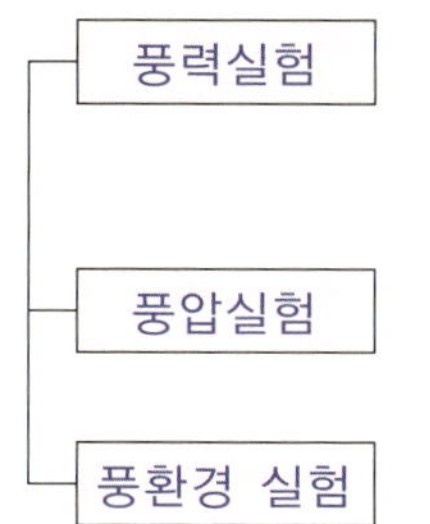

- 건물에 작용하는 풍압력을 측정하여 풍력계수를 산출
- 전단력, 전도모멘트, 진동변위 등을 측정하는 구조골조용 성능 시험

- 건물의 외벽에 작용하는 설계 풍압력을 측정
- 외장재 및 마감재의 설계 풍하중 평가

- 준공 후 저층부 or 모서리의 바람방향, 속도 등을 측정
- 보행자 및 사용자의 풍환경 평가

Ⅳ. 풍동실험 종류 및 실험조건

1) 풍력실험

① 풍력실험은 주골조설계용 풍응답 및 풍하중을 평가할 경우

② 풍압실험은 외장재설계용 풍하중 또는 주골조 설계용 풍응답과 풍하중을 평가할 경우

③ 공기력 진동실험은 주골조의 풍진동으로 인한 부가적인 공기력의 효과를 반영한 풍응답과 풍하중을 평가할 경우

④ 풍환경실험은 신축 건축구조물의 건설로 인하여 발생하는 빌딩풍에 의한 풍환경의 악화 상태를 평가할 경우

2) 풍압실험

① 풍동 내의 평균풍속의 고도분포, 난류강도분포 및 변동풍속의 특성은 건축 현지의 자연대기경계층 조건에 적합하도록 재현해야 한다.

② 대상 건축구조물을 포함하여 주변의 건축구조물 및 지형조건을 건축 현지조건에 적합하도록 재현해야 한다.

③ 실험풍향은 11.25° 이하의 등간격으로 최소 32개 풍향 이상이 되도록 해야 한다.

④ 풍동 내 대상 건축구조물 및 주변 모형에 의한 단면 폐쇄율은 풍동의 실험단면에 대하여 8% 미만이 되도록 해야 한다.

3) 풍환경실험

① 주변 건축구조물 및 시가지역의 재현범위는 신축 건축구조물 높이의 2.5배로 한다.

② 풍환경 평가를 위한 풍속은 보행자 높이를 기준으로 하고, 신축 건축구조물의 건설 전과 건설 후에 발생하는 풍속비율을 사용한다.

★★★ 1. 일반사항 72.79

8-4	Mock up Test	
No. 581	실물대 시험	유형: 시험 · 측정

시험

요구 성능

Key Point

◪ 국가표준
- KCS 41 54 02

◪ Lay Out
- 시험대상 및 항목 선정
- 시험의 필요성 및 효과
- 성능확인 시험항목

◪ 핵심 단어
- What: 시험소에서
- Why: 성능확인
- How: 실물모형

◪ 연관용어
- 풍동실험
- Field Test
- Side Sway

국내 시험소

- 한국유리: 전북 군산
- CNC: 경기도 안성
- ATA: 충남 논산

[기밀시험]

Ⅰ. 정 의

① 실제와 같은 실물 Curtain Wall을 시험소에서 대형 시험 장치를 이용하여 공식적으로 성능을 확인해 보는 시험

② Test의 목적 및 필요한 Type

- New Design
  - 요구성능 조건의 부합여부 확인하여 결함을 사전에 보완 사전에 보완
- 복잡한 부위
  - 도면과 계산만으로 파악하기 어려운 문제점을 사전에 파악 하여 본 공사에 반영

Ⅱ. 시험대상 및 항목 선정 - 시험소에 실물 설치

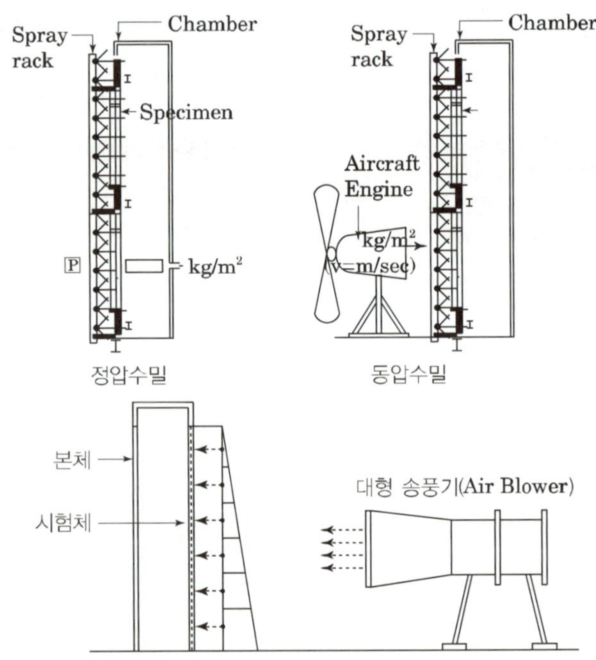

- 시험체 크기
  - 3 Span 2 Story로 시험소에 실물을 설치
- 시험대상 선정
  - 일반적으로 대상건물의 대표적 부분을 선정(기준층)
  - 풍압력이 가장 크게 작용하는 부분(모서리 부분)
  - 구조적으로 취약한 부분(모서리 부분)
- 시험항목 선정
  - 기본 성능시험과 복합성능 시험으로 구분되며, 건물의 규모, 커튼월 방식에 따라 성능시험 항목을 선정한다.

시험

[정압수밀 시험]

[동압수밀 시험]

[구조성능 시험]

[층간변위 시험]

Ⅲ. 시험의 필요성 및 효과

① 본 제품 생산 전 현장과 비슷한 조건에서 성능 확인
② 발주처의 공식적 승인 절차로 간주
③ 설계단계에서 제품의 품질 및 기술축적의 기회
④ Test결과에 따라 Feed Back하여 Design에 반영 및 개선

Ⅳ. 성능확인 시험항목

1) 예비시험-AAMA 501

설계 풍압의 + 50%를 최소 10초간 가압 → 시료의 상태 점검 → 시험 실시 가능 여부 판단(AAMA 501)

2) 기밀시험-AAMA 501 & ASTM E283

기밀성능은 압력차에 대한 단위 벽면적, 단위시간당의 통기량으로 표시하고, 단위는 $\ell/m^2 \cdot min$ 혹은 $\ell/m \cdot min$

- 75Pa~최대 299Pa 압력차에서 시행
- 고정창의 공기유출량: $18.3\ell/m^2 \cdot min$ 이하 (단위면적당 누기량 평가)
- 개폐창의 공기유출량: $23.2\ell/m \cdot min$ 이하(단위길이당 누기량 평가)

3) 정압수밀시험-AAMA 501 & ASTM E331

커튼월 부재 또는 면적을 근거해 실내측에 누수가 생기지 않는 한계의 압력차로 표시하고, 단위는 Pa

- 설계 풍압 중 정압의 20% 또는 $30.4kg/m^2$ 중 큰 값의 압력으로 수행하며 최대 $73.4kg/m^2$ 이하
- 설계 풍압 중 정압의 20% 또는 299Pa 중 큰 값의 압력 차에서 수행하며 최대 720Pa를 넘지 않도록 한다.
- 살수는 $3.4\ell/m^2 \cdot min$의 분량으로 15분 동안 시행

4) 동압수밀시험-AAMA 501 & ASTM E331

가압 시에는 비행기 프로펠러나 팬 혹은 이에 상응하는 장치를 사용하여 시험

- 설계 풍압 중 정압의 20% 또는 $30.4kg/m^2$ 중 큰 값의 압력으로 수행하며 최대 $73.4kg/m^2$ 이하
- 설계 풍압 중 정압의 20% 또는 299Pa 중 큰 값의 압력 차에서 수행하며 최대 720Pa를 넘지 않도록 한다.
- 살수는 $3.4\ell/m^2 \cdot min$의 분량으로 15분 동안 시행

시험

5) 구조시험–AAMA 501 & ASTM E330

① 금속 Panel의 처짐 허용치(150%, 100%, − 50%, − 100% 4단계 증감)

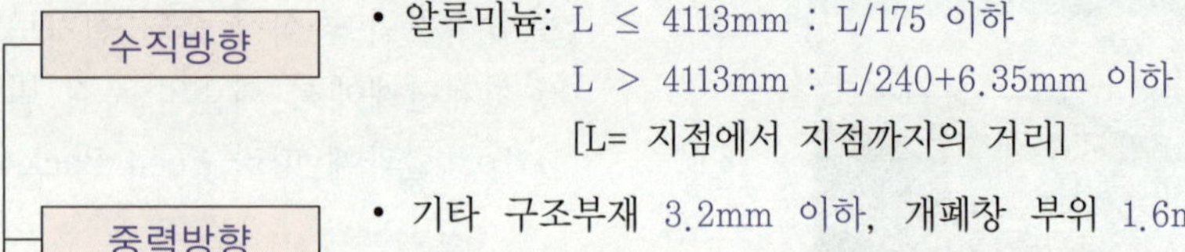

수직방향
- 알루미늄: L ≤ 4113mm : L/175 이하
  L > 4113mm : L/240+6.35mm 이하
  [L= 지점에서 지점까지의 거리]

중력방향
- 기타 구조부재 3.2mm 이하, 개폐창 부위 1.6mm 이하

잔류변형
- L/500 이하(KCS), 2L/1000 이하(ASTM)
- 잔류변형량 측정은 설계 풍압의 ± 150%에 대해 실시

- 설계 풍압의 ± 100% 아래에서 구조재의 변위와 측정 유리의 파손 여부를 확인, 설계 풍압의 ± 150%에 대해 실시. 가압 후 10초 유지

② 금속 Panel의 처짐 허용치
- 단변길이 L/60을 초과금지

③ 유리의 처짐 허용치
- 유리의 처짐은 설계 풍하중에 대해서 25.4mm 이하

④ 실링재 물림 치수 및 두께
- 실링재의 팽창률: 주요 구조부재와 인접한 부재 사이의 실링재 줄눈에서의 팽창률은 설계상 치수에서 25% 초과 금지

6) 기타
- 층간 변위 시험(AAMA 501.4), 열순환 시험(AAMA 501.5) 및 결로 시험, 열전달 및 결로 저항시험(AAMA 1503) 등 지정된 추가 시험을 수행할 수 있다.

★★★ 1. 일반사항 87

8-5	Curtain Wall의 Field Test	
No. 582	현장 시험	유형: 시험 · 측정

시험

요구 성능

Key Point

◩ 국가표준
- KCS 41 54 02

◩ Lay Out
- 시험방법 및 성능 확인 사항
- 시험 실시시점 기준

◩ 핵심 단어
- What: 현장에서
- Why: 성능확인
- How: 직접 현장에서 실시

◩ 연관용어
- 풍동실험
- Field Test
- Side Sway

• 현장 준비사항
- 시편크기: 3 Span 1 Story
- 살수파이프: 작업발판, 곤돌라, 비계 등을 이용하여 부착하고 여건이 안되면 Crane을 사용

Ⅰ. 정 의

① 현장에 시공된 Curtain Wall이 요구성능을 충족하도록 시공되었는지를 직접현장에서 실시하여 현장 여건에 적합한지는 확인하는 시험
② 현장에 설치된 Exterior Wall에 대해 기밀성과 수밀성을 확인

Ⅱ. 시험방법 및 성능 확인사항

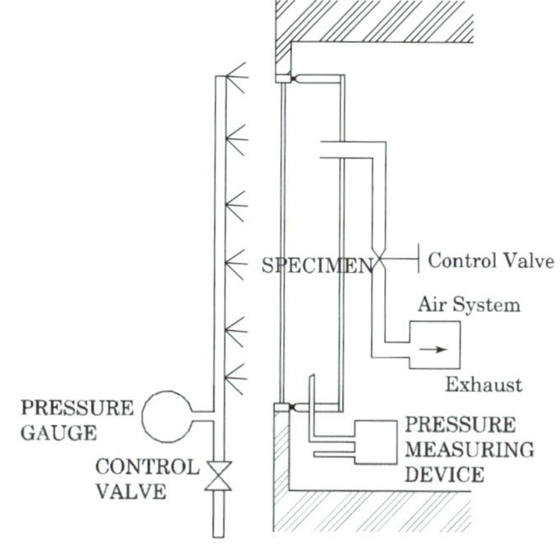

1) AAMA 501·2

현장에 설치된 Curtain Wall, Storefronts, Skylight 등의 영구적으로 밀폐를 요하는 부위에 대한 누수 여부 확인

2) AAMA 502

Window와 Sliding Glass Door 등과 같이 작동되는 시료에 대한 기밀성능과 수밀성 확인

3) AAMA 503

Curtain Wall, Storefronts, Skylight에 대한 기밀성능과 수밀성능 확인

시험시설 점검 → 내부 Chamber설치 → 기밀·수밀시험

시험부위의 크기 및 위치, 높이 등을 점검하고 물의 공급여부를 확인 후 실시

Ⅲ. 시험 실시시점 기준

- 공정률 기준: 공사기간에 따라 공정률 5% 30% 50% 75% 95% 등으로 구분하여 성능기준에 만족하는지 여부 확인
- 층 기준: 건물의 전체 층수에 따라 10~30층 구간으로 구분하여 성능기준에 만족하는지 여부 확인

시험

요구 성능

Key Point

- 국가표준
  - KCS 41 54 02
- Lay Out
  - 기밀성능 시험방법
  - KS 기밀성능 시험방법
- 핵심 단어
- 연관용어
  - 풍동실험
  - Field Test
  - Side Sway

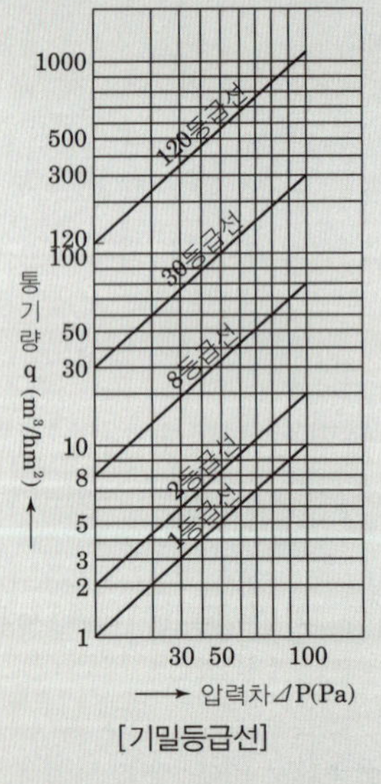

[기밀등급선]

☆☆★ 1. 일반사항 111

8-6	건물 기밀성능 측정방법	
No. 583	air leakage test	유형: 시험 · 측정

I. 정 의

① 실내 · 외의 기압차로 흘러 들어오는 공기량의 정도를 확인하는 시험
② 특정 압력하에서 단위시간당 누기량을 기준으로 한다.

II. 기밀성능 시험방법-ASTM E 283

기밀성능은 압력차에 대한 단위 벽면적, 단위시간당의 통기량으로 표시하고, 단위는 $\ell/m^2/\cdot min$ 혹은 $\ell/m \cdot min$

- 75Pa~최대 299Pa 압력차에서 시행
- 고정창의 공기유출량: $18.3\ell/mm^2 \cdot min$ 이하(단위면적당 누기량 평가)
- 개폐창의 공기유출량: $23.2\ell/m \cdot min$ 이하(단위길이당 누기량 평가)

III. KS 기밀성능 시험방법

1) 등급: 120 / 30 / 8 / 2 / 1
   - 성능: 해당되는 등급에 대하여 통기량이 KS F 2292에 규정된 기밀등급선을 초과하지 않을 것
   - 등급을 표시하는 숫자는 창 내외의 압력차가 10Pa일 때의 통기량으로 창밖의 속도가 3~4m/초 정도의 바람이 불 때의 압력과 같음

2) KS F 2292 창호의 기밀성 시험방법
   - 조건: 10Pa, 30Pa, 50Pa, 100Pa를 표준으로 하는 압력차를 가한 기밀상자쪽으로 새는 공기의 양을 측정
   - 공기유출량: 측정된 수치를 기밀등급 그래프에 Plot하여 요구되는 기밀등급선을 넘지 않을 것

☆☆★ 1. 일반사항

8-7	건물 수밀성능 시험방법	
No. 584	Water Penetration Test	유형: 시험 · 측정

시험

요구 성능

Key Point

◩ 국가표준
- KCS 41 54 02

◩ Lay Out
- 수밀성능 시험방법

◩ 핵심 단어
- 누수에 대한 저항성능

◩ 연관용어
- 풍동실험
- Field Test
- Side Sway

Ⅰ. 정 의

① 정압수밀시험: 내부의 압력보다 높은 외부의 일정한 정압을 가하여 외부에 설치되는 Curtain Wall과 Door의 누수에 대한 저항성능을 알아보기 위한 시험

② 동압수밀시험: 외기에 일어나는 동압에 의한 Curtain Wall과 Door의 누수에 대한 저항성능을 알아보기 위한 시험

Ⅱ. 수밀성능 시험방법-ASTM E 283

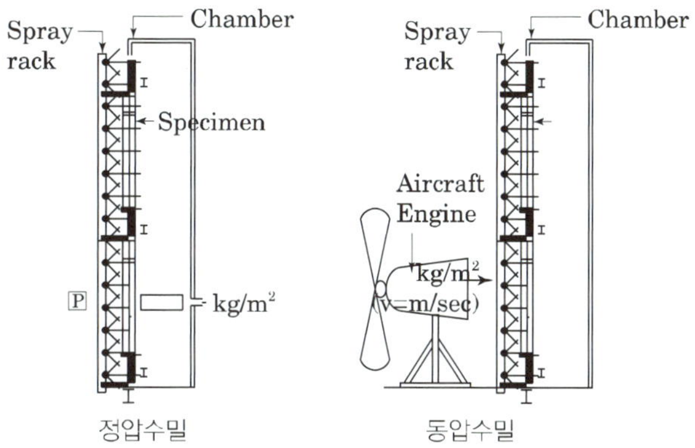

• Air Infiltration Test
- Water Penetration Test by Static Pressure
- Water Penetration Test by Dynamic Pressure

1) 정압수밀시험 - AAMA 501 & ASTM E331

커튼월 부재 또는 면적을 근거해 실내측에 누수가 생기지 않는 한계의 압력차로 표시하고, 단위는 Pa

- 설계 풍압 중 정압의 20% 또는 30.4kg/m² 중 큰 값의 압력으로 수행하며 최대 73.4kg/m² 이하
- 설계 풍압 중 정압의 20% 또는 299Pa 중 큰 값의 압력 차에서 수행하며 최대 720Pa를 넘지 않도록 한다.
- 살수는 3.4ℓ/m³ · min의 분량으로 15분 동안 시행

2) 동압수밀시험 - AAMA 501, AAMA 501.1 & ASTM E331

가압 시에는 비행기 프로펠러나 팬 혹은 이에 상응하는 장치를 사용하여 시험

- 설계 풍압 중 정압의 20% 또는 30.4kg/m² 중 큰 값의 압력으로 수행하며 최대 73.4kg/m² 이하
- 설계 풍압 중 정압의 20% 또는 299Pa 중 큰 값의 압력 차에서 수행하며 최대 720Pa를 넘지 않도록 한다.
- 살수는 3.4ℓ/m³ · min의 분량으로 15분 동안 시행

• 누수확인
- 누수상태를 관찰하여 누수가 발생하지 않거나, 통제가 불가능한 유입수가 없어야 하고, 15mℓ 이하의 유입수의 경우 누수로 생각하지 않는다.

공법분류

공법분류

Key Point

- ◪ 국가표준
  - KCS 41 54 02
- ◪ Lay Out
  - 공법분류
  - 분류
- ◪ 핵심 단어
- ◪ 연관용어

☆☆★ 2. 공법분류

8-8	Curtain Wall의 형식분류 및 특징	
No. 585		유형: 항목 · 분류

Ⅰ. 정 의

① Curtain Wall의 외관, 재료, 구조형식, 조립방식 등에 의해 분류된다.

② 본 구조체의 입지조건, 강우량·적설량·풍량·기상·기후·기온 등을 고려하여 적합한 공법을 적용한다.

Ⅱ. 공법 분류

1차 분류	2차 분류	3차 분류
외관	• Mullion 방식(선대방식)	–
	• Spandrel 방식(수평방식)	
	• Grid 방식(격자방식)	
	• Sheath 방식(피복방식)	
재료	• 금속 Curtain Wall	• AL. Curtain Wall
		• Stainless Steel Curtain Wall
		• Steel Curtain Wall
	• P.C Curtain Wall	• Concrete
		• PC
		• TPC
구조방식	• Mullion 방식	–
	• Panel 방식	• 층간형 Panel 방식
		• 기둥 · 보형 Panel 방식
		• 연속벽 Panel 방식
	• Cover 방식	
조립방식	• Unit 방식	–
	• Knock Down 방식 (stick wall system)	
	• Window Wall 방식	
Fastener 형식	• Locking 방식(회전방식)	–
	• Sliding 방식(수평이동방식)	
	• Fix 방식(고정방식)	
유리끼우기 방식	• Pocket glazing	
	• SSG(Structural Sealant Glazing)	
	• DPG(Dot Point Glazing)	

공법분류

[멀리온 타입: 31 빌딩]

[스팬드럴 타입: 국제 빌딩]

[그리드 타입: LG트윈타워]

[쉬스 타입: 63빌딩]

Ⅲ. 분류

1. 외관형태

1) Mullion Type

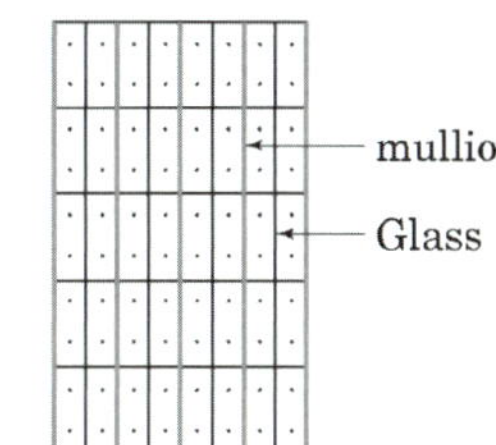

- 수직부재인 Mullion이 강조되는 입면
- 주로 금속 Curtain Wall에 적용

2) Spandrel Type(스팬드럴 방식)

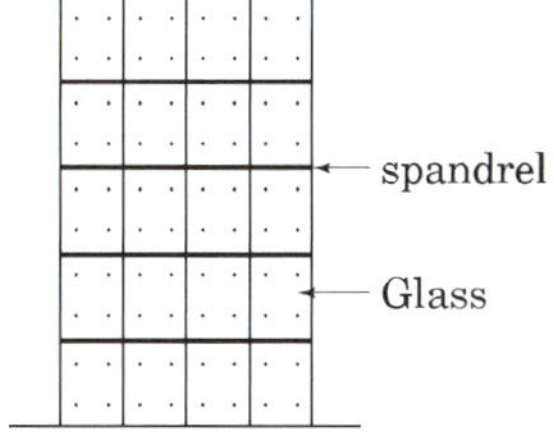

- 수평선이 강조되는 입면

3) Grid Type(격자 방식)

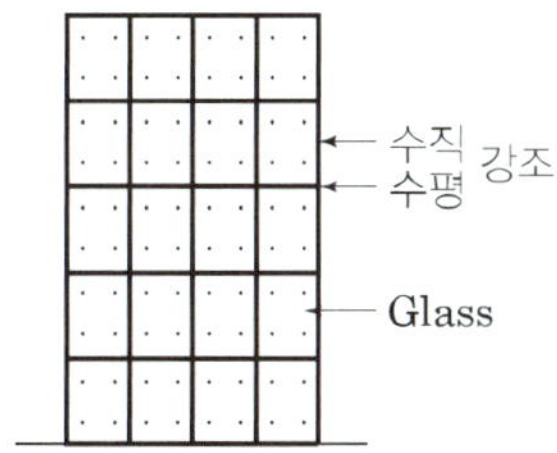

- 수직과 수평이 격자로 강조되는 입면
- 첨부사진은 입면이 아닌 시공방식으로 보면 Panel로 덮는 Sheath Type으로도 볼 수 있다.

4) Sheath Type(덮개 방식)

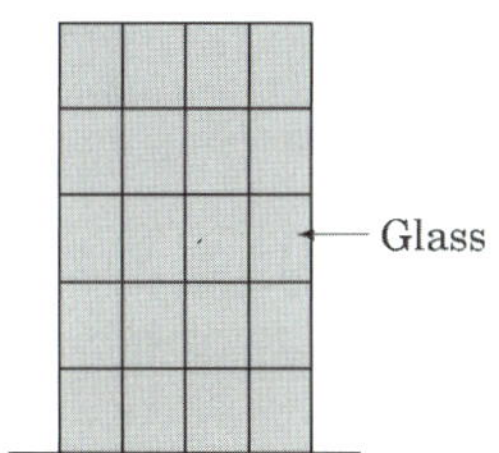

- Panel과 유리의 Joint가 노출되는 입면
- 첨부사진은 Panel Joint의 형상으로 보면 Gride Type으로도 볼 수 있다.

2. 재료별

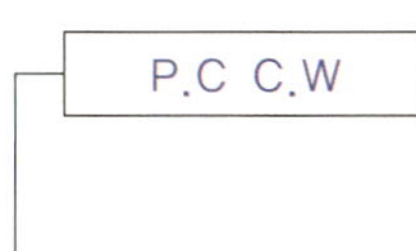

- 석재 PC 커튼월
- 타일 PC 커튼월
- 콘크리트 PC 커튼월

- 알루미늄 커튼월
- 스틸 커튼월
- 스테인리스 스틸 커튼월

공법분류

3. 구조형식

1) Mullion 방식

수직부재인 멀리언의 각층 슬래브 정착이 구조의 기본이 되는 방식으로 주로 Metal Curtain Wall에 적용되며 고층 건축물에 많이 활용된다.

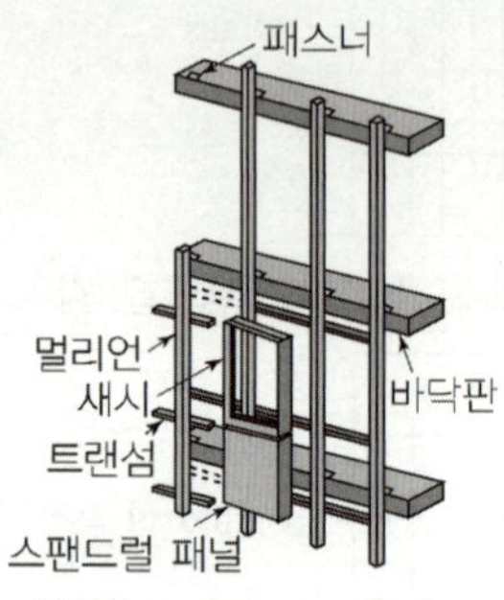

- 수직부재가 먼저 설치된 후 유닛을 설치하는 방법
- Anchor설치 → Mullion설치 → 유닛설치

2) Panel 방식

Panel의 슬래브 정착이 구조의 기본이 되는 방식으로 Vision부분을 제외한 나머지 부분의 마감까지 마무리한 Panel을 현장에서 설치하는 방법

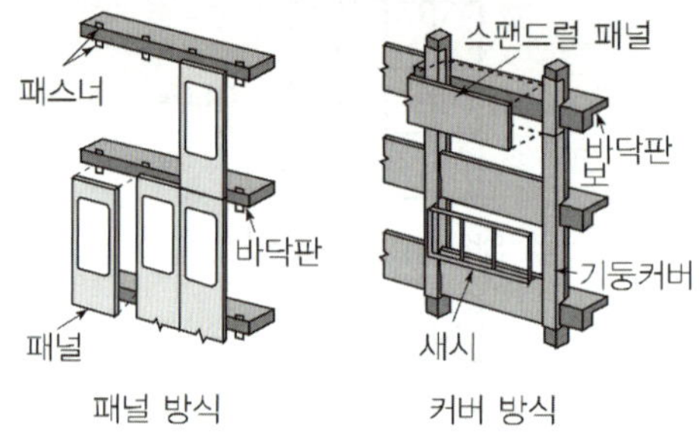

패널 방식 커버 방식

- Panel의 설치 및 창호를 설치하는 작업만 현장에서 하는 방법
- Anchor설치 → Panel설치

4. 조립방식

1) Unit Wall System

Curtain Wall 부재를 공장에서 Frame, Glass, Spandrel Panel까지 Unit으로 일체화 제작하여 현장에서 조립

2) Stick Wall System

각 부재를 개별로 가공, 제작하여 현장에서 부재 하나씩 조립 설치하는 방법

3) Window Wall System

Stick Wall 방식과 유사하지만, 창호 주변이 패널로 구성됨으로써 창호의 구조가 패널트러스에 연결되는 점이 Stick Wall과는 구분됨

☆☆★ 2. 공법분류

8-9	Unit Wall System	
No. 586		유형: 공법 · System

조립방식

조립방법

Key Point

◪ 국가표준

◪ Lay Out
- 현장 설치개념 및 구성부재
- 설치 및 조립 Process
- 유의사항

◪ 핵심 단어
- What: 공장제작 Unit
- Why: 변위 흡수
- How: 일체화 제작

◪ 연관용어
- Stick Wall System
- Stack Joint
- Open Joint System
- 등압공간
- Weep Hole
- Side Sway

[Unit Panel]

[Unit Wall 설치 중]

Ⅰ. 정 의

① Curtain Wall 부재를 공장에서 Frame, Glass, Spandral Panel까지 Unit으로 일체화 제작하여 현장에서 Unit상호간 조립을 하면서 구조체에 고정하는 System

② Stack Joint부위에서 20mm의 신축줄눈을 이용하여 ±20mm의 변위를 흡수할 수 있고, 외부작업이 곤란한 고층 및 초고층 철골조 Project에 적합한 조립 System

Ⅱ. 현장 설치개념 및 구성부재

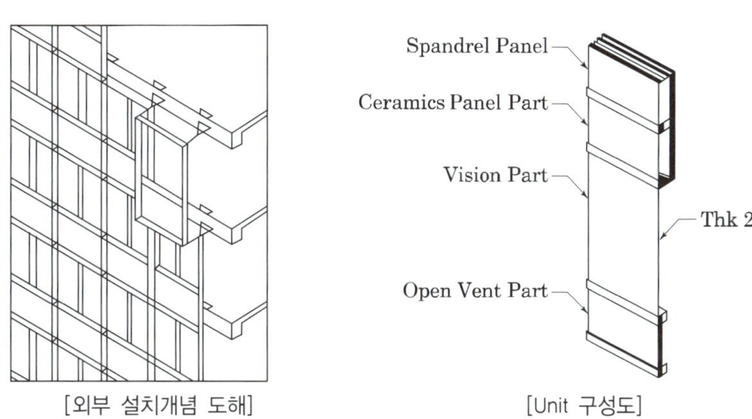

[외부 설치개념 도해] [Unit 구성도]

Ⅲ. 설치 및 조립 Process

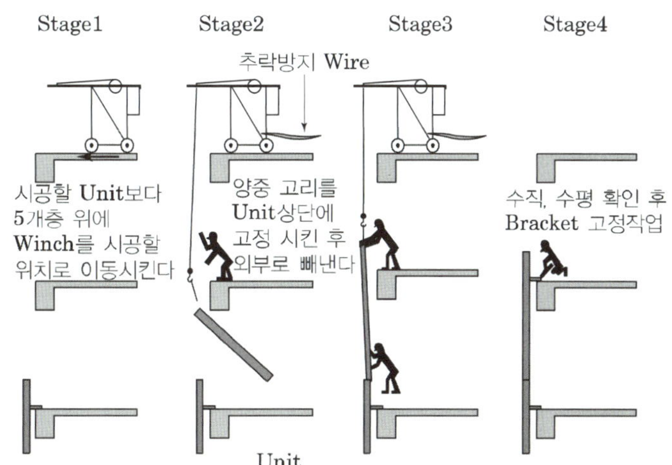

원제품 검사 → 출하 → 운반 및 야적 → 양중 → 내부로 Unit이동보관 → Unit에 1차 Fastener취부 → 2차Fastener취부 → Mobile Crane 또는 Winch를 시공 할 위치로 양중하여 설치 → Faatener고정 → 마감 → 현장검사

조립방식

조립방법

Key Point

◩ 국가표준

◩ Lay Out
- 현장 설치개념 및 구성부재
- 설치 및 조립 Process
- 유의사항

◩ 핵심 단어
- What: 공장에서 개별로 가공
- Why: 변위 흡수
- How: 현장에서 부재조립

◩ 연관용어
- Stick Wall System
- Stack Joint
- Open Joint System
- 등압공간
- Weep Hole
- Side Sway

Stick Wall

- 개별부품 가공이란 의미에서 Knock Down Method 이라 하며, 현장에서 완제품으로 조립 할수 있도록 각각의 부재를 부품형태로 제작하는 방법. 커튼월에서는 구성부재별로 제작

[Stick Wall System]

☆☆★ 2. 공법분류 100

8-10	Stick Wall System	
No. 587	Knock Down System	유형: 공법 · System

I. 정 의

① Curtain Wall 부재를 공장에서 개별로 가공, 제작하여 현장에서 부재를 조립하는 방법이며, 조립 설치중 문제점 발생 시 현장여건에 맞게 수정 및 보완 할 수 있는 System

② Splice Joint부위에서 15mm의 신축줄눈을 이용하여 ±7mm의 변위를 흡수할 수 있고, 외부작업이 용이하며 Design의 변화가 많은 Project에 적합한 조립System

II. 설치개념 및 구성부재

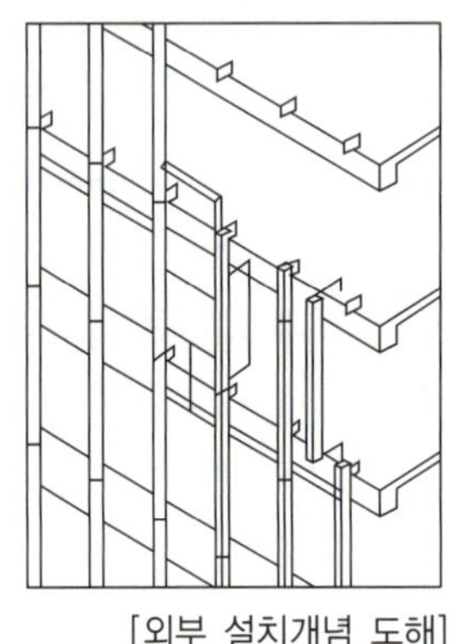

[외부 설치개념 도해]

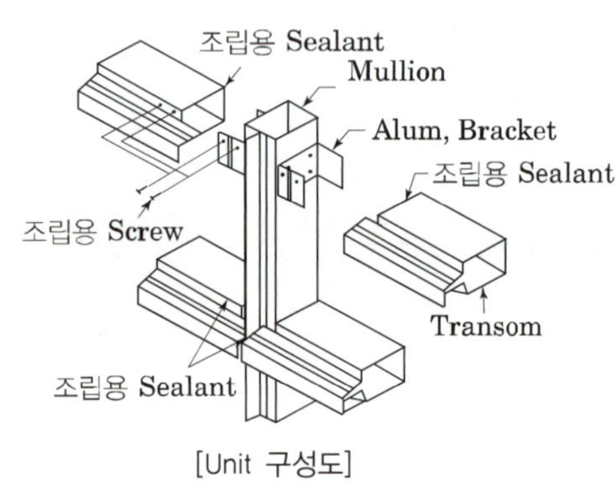

[Unit 구성도]

III. 설치 및 조립 Process

Stage1

옥상

옹벽

작업층

옹벽부분의 경우 골조 옥상 완료후 옥상에서 GONDOLA를 내려 저층부터 작업한다

Stage2

Unit (Glass가 미취부됨)

Glass가 미취부된 Unit를 적층공법으로 하부부터 시공한다

Stage3

Glass

원제품 검사 → 출하 → 운반 및 야적 → 양중 → 보관 → 1차Fastener취부 → 2차 Fastener취부 → Mullion설치 → Transom설치 → 개폐창설치 → 마감 → 현장검사

먹매김

위치 기준

Key Point

- 국가표준
  - KCS 41 54 02
- Lay Out
  - 기준먹 결정기준
  - Marking의 이동방법
- 핵심 단어
  - What: 수직 수평기준
  - Why: 위치설정
  - How: 기준먹
- 연관용어
  - 시공

피아노선

- 수직 피아노선
  - 외부의 수평거리 및 좌·우 수직도를 결정
- 수평 피아노선
  - Unit의 위치와 구조체와의 이격거리, 층간거리, Floor의 높이, Mullion의 취부 높이를 결정

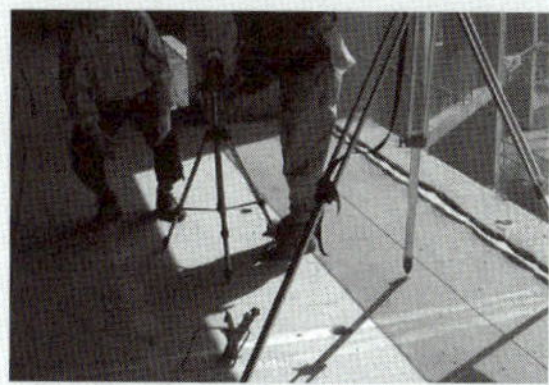

[먹매김]

☆☆★ 3. 시공

8-11	Curtain Wall의 먹매김	
No. 588		유형: 공법·기능

Ⅰ. 정 의

수직과 수평 기준을 5개층 정도마다 설치하고 각층으로 분할하여 오차를 보정해가면서 면내방향 기준먹과 면외방향 기준먹매김을 Marking하면서 Unit의 위치와 Fastener의 위치를 설정한다.

Ⅱ. 커튼월 기준먹 결정기준

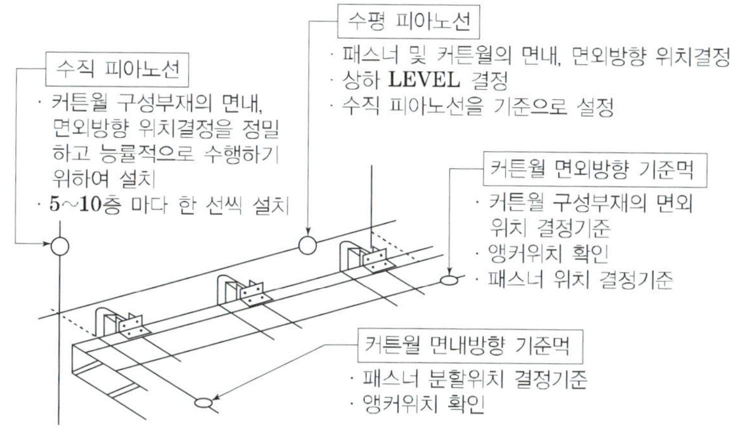

Ⅲ. Marking의 이동방법

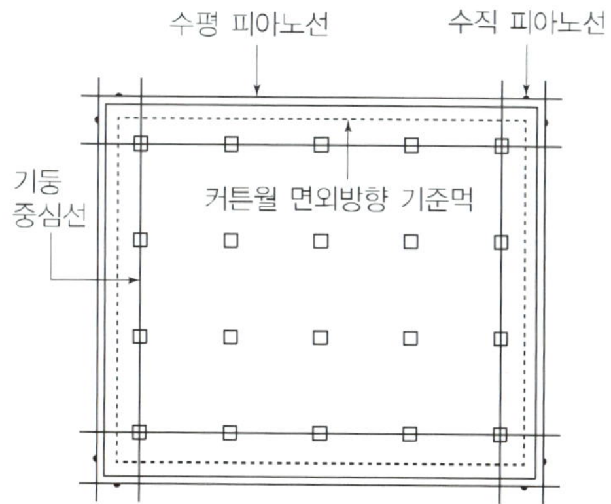

- 기준: 하부층 Curtain Wall 기준먹매김과 구조체 기준먹매김
- 방법: 상층부에서 다림추와 Transit을 이용하여 Marking
- 원칙: 오차의 누적을 줄이기 위해 5개층 단위로 기준층을 설정
- 이동: 보정을 하면서 상층부로 이동

★★★ 3. 시공 115

8-12	Curtain Wall의 Fastener 접합방식	
No. 589	연결철물	유형: 재료 · 부재 · 기능

Fastener

고정방식

Key Point

- 국가표준
  - KCS 41 54 02
- Lay Out
  - Fastener의 구성과 하중 전달 경로
  - Fastener의 기능 및 요구성능
- 핵심 단어
  - What: 연결철물
  - Why: 변위 오차 흡수
  - How: 구조체 연결
- 연관용어
  - 시공

[Stick Wall Type 고정방식]

[Unit Wall Type 고정방식]

Ⅰ. 정 의

① Fastener는 Curtain Wall Unit을 구조체에 연결하는 부재로서 커튼월의 자중을 지지하고, 커튼월에 가해지는 지진, 바람 및 열팽창에 의한 외력에 충분히 대응할 수 있는 강도가 확보되면서 면내외 방향의 층간변위와 오차를 흡수하는 기능을 하는 연결철물

② Design, 입면, 재료, 구조성능을 고려하여 Fastener의 종류에 따른 기능을 확인하고 접합방식을 결정한다.

Ⅱ. Fastener의 구성과 하중전달 경로

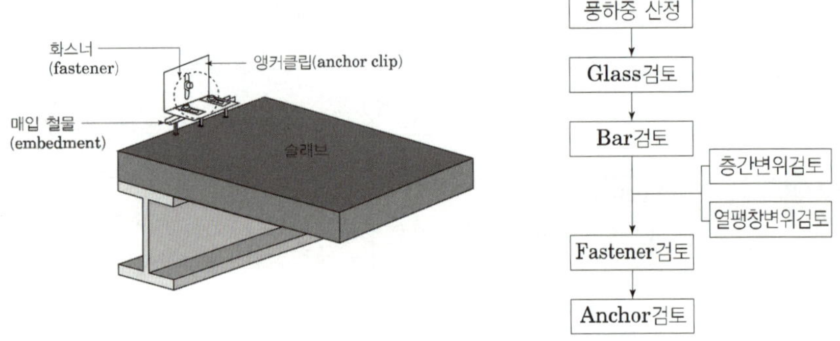

- Curtain Wall의 자중 및 풍하중에 대응할 수 있는 강도 확보와 층간변위 흡수

Ⅲ. Fastener의 기능 및 요구성능

힘의 전달
- 자중을 지지한다.(특히 PC Curtain Wall)
- 지진력에 지지
- 풍압력에 지지

변형흡수
- 구체의 수평방향변형(층간변위)에 추종할 것
- 구조체의 수직방향변형(처짐)에 추종할 것
- 온도변화에 의한 패널의 신축을 구속하지 않을 것

오차흡수
- 구체의 오차를 흡수할 것
- 제품오차 흡수
- 설치오차 흡수

Fastener

Fastener 형식

- 입면, 구조, 재료의 형식에 따라 형식선정
- Sliding 방식으로만 설계 시 줄눈치수가 커질 수 있으므로 Locking 방식과 병용
- Locking방식 줄눈은 보통 20~25mm로 가능

참고사항

- 고정 Fastener는 변형흡수 기능이 없으므로 조정 후 모두 변형이 일어나지 않도록 사각 와셔 용접 등으로 고정해야 한다.

Ⅳ. Fastener의 형식별 지지방법 및 변위흡수 방법

1) Sliding(수평이동 방식)Type - Panel Type에서 적용

① 층간변위 추종

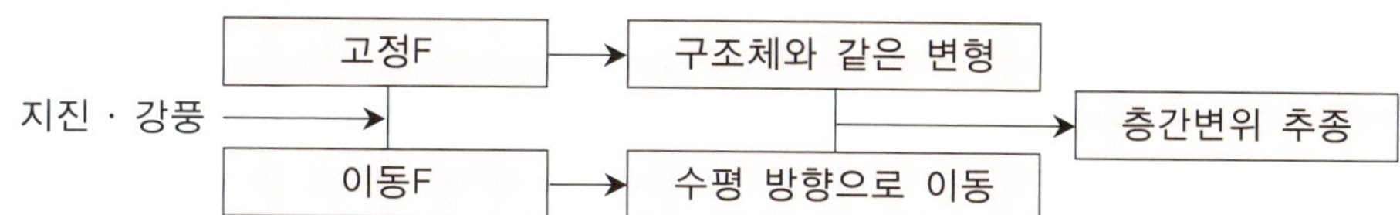

② 변위 및 지지형태

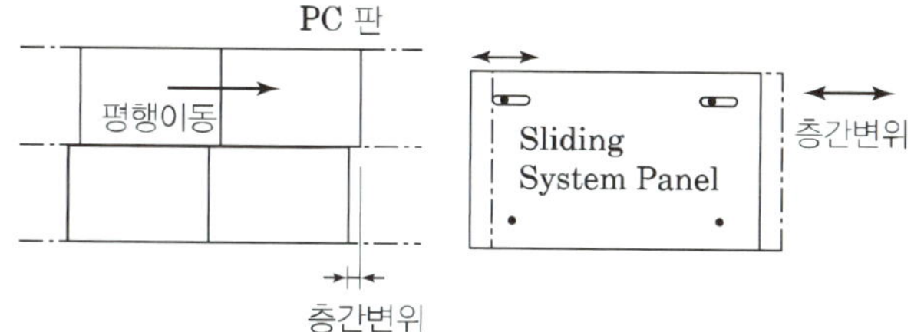

- Curtain Wall 부재가 횡으로 긴 Panel System에 좌. 우 수평으로 변위추종

2) Locking(회전 방식)Type - Panel Type에서 적용

① 층간변위 추종

② 변위 및 지지형태

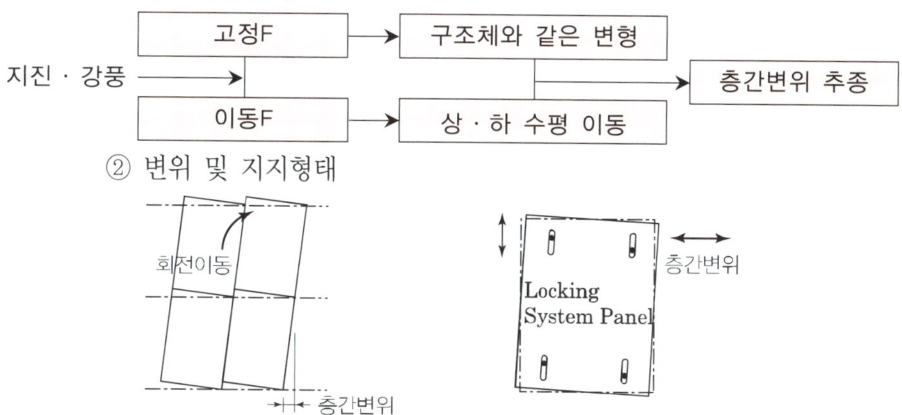

- Curtain Wall 부재가 종으로 긴 Panel System에 회전하면서 변위추종

3) Fixed(고정 방식)Type - AL커튼월에 적용

① 층간변위 추종

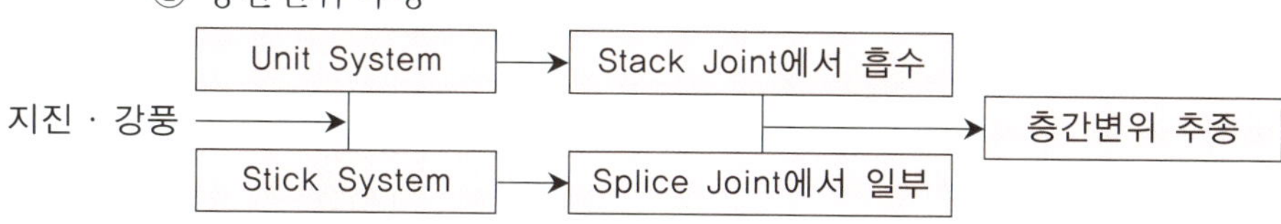

② 변위 및 지지형태

- 금속 Curtain Wall 에 적용

Fastener

V. Fastener 설치

1. Anchor 설치방식

1) Embeded Plate

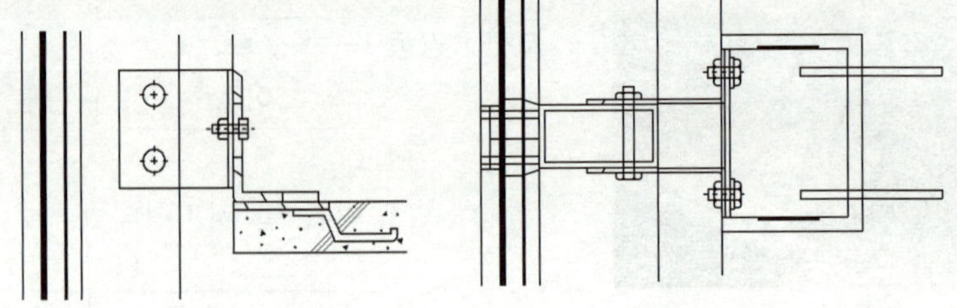

- 규격상이로 매 건 마다 구조계산 필요
- 철판 하단 콘크리트 충전 철저
- 콘크리트 면과 Plate면이 일치하도록 철근배근 부위에 Shear Stud를 정착하여 설치
- 콘크리트 타설 시 위치변동이 없도록 견고하게 설치
- Embedded Plate 시공오차 20mm 이내로 관리
- Embedded Plate 위치, 수량 확인 후 콘크리트 타설

2) Cast in Channel System

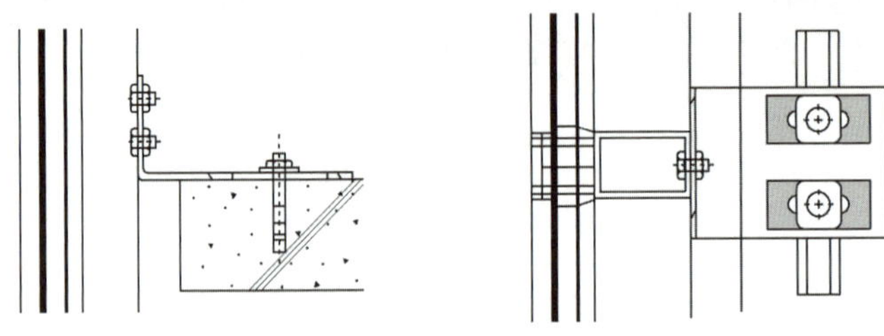

- Bolt접합은 반드시 2개 이상 사용
- 콘크리트 타설시 홈 부분 보양 철저

3) Set Anchor System

콘크리트 타설 후 먹매김위치에 따라 Drilling작업을 통해 고정

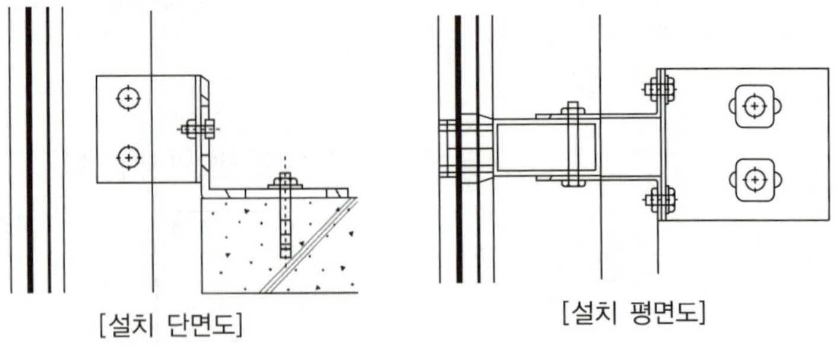

[설치 단면도] [설치 평면도]

- Drilling 작업 시 철근과의 간섭 유의
- 시험성적서를 포함한 재질 및 성능을 확인하여 사양 결정

설치 위치

- 커튼월의 System과 커튼월을 설치할 부분의 구조물이나 구조의 형태에 따라 좌우
- 가능하다면 Slab 상부에서 설치작업이 가능해야 한다.

Window Wall System

- Window Wall System의 경우 슬래브 내부에 커튼월이 위치하기 때문에 상하부 모두 작업해야 한다.
- 플레이트, 앵글 등을 조합하여 상항 수직, 수평부분의 조정이 가능해야 한다.

커튼월 매립철물 종류

- Embeded Plate
- Embeded Anchor
- Cast In Channel
- Set Anchor
- 외부의 수평거리 및 좌·우 수직도를 결정

Fastener

[Cast In Channel]

[타설전 매립]

너트
스프링 와셔
둥근머리 와셔
사각 와셔

[Set Anchor 명칭]

로크 너트

[이중 너트 고정]

2. Fastener의 조립

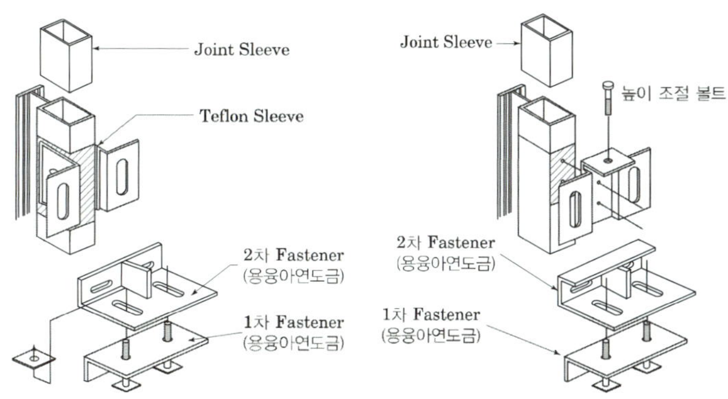

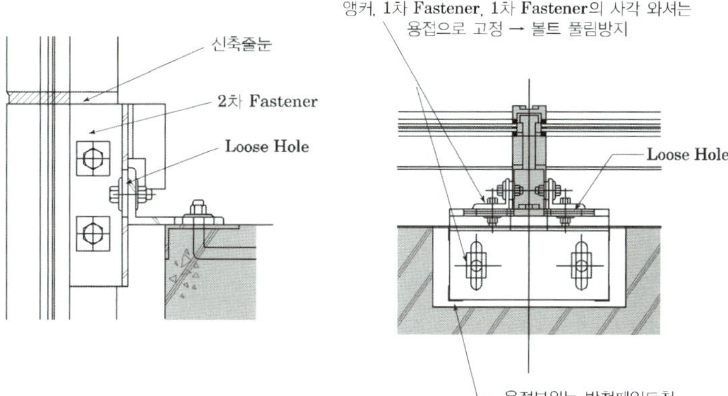

- 2차 Fastener와 Mullion이 접하는 부위는 Teflon Sheet(두께 1.0mm)를 설치하여 발음방지 및 이종금속간 부식을 방지한다.

1) 고정 Fastener

- 변형흡수 기능이 없으므로 조정 후 모두 변형이 생기지 않도록 사각와셔를 용접으로 고정해야 한다.
- 너트 풀림방지→ 수직변위의 경우 슬리브 조인트에서 변위를 흡수하므로 상부 Mullion 하단에 나사못을 사용할 경우 변위추종 능력 상질
- Fastener의 종류를 파악하고 변위추종 부분을 확인, 변위추종하지 않는 부분 → Loose Hole을 사용한 곳은 Fastener 조정완료 후 앵커 클립과 사각와셔를 용접
- 용접부는 면처리 후 방청도료 도장

2) 볼트 접합 시 너트의 풀림 방지

- 탄성와셔에 의한 법: 주로 스프링와셔 사용, 와셔의 탄성에 의함
- 이중 너트에 의한 법: 가장 많이 사용하는 방법, 2개의 너트를 조인 후 아래의 너트를 약간 풀어서 마찰 저항면을 엇갈리게 하는 것
- 핀 또는 작은 나사 사용: 핀이나 작은 나사를 넣은 것으로 가장 확실한 고정법

☆☆★ 3. 시공

8-13	Curtain Wall의 Fastener Sliding방식	
No. 590	연결철물	유형: 재료 · 부재 · 기능

Fastener

고정방식

Key Point

◪ 국가표준
- KCS 41 54 02

◪ Lay Out
- 하중전달 경로 및 적용방식

◪ 핵심 단어
- What: 면내방향으로 변위발생
- Why: 층간변위 흡수
- How: 수평방향으로 이동

◪ 연관용어
- 시공

Ⅰ. 정 의

지진 및 강풍 등에 의해 건물에 면내 방향으로 층간변위가 발생하는 경우 Curtain Wall은 이를 지지하는 Fastener가 있는 쪽 구체와 같은 변형을 하고, 다른 한쪽의 Fastener가 설치되어 있는 구체와는 면내(수평)방향으로 자유롭게 이동 가능한 기능을 이용하여 구속되지 않으면서 건물의 층간변위를 흡수한다.

Ⅱ. 하중전달 경로 및 적용방식

① 층간변위 추종- Panel Type에서 적용

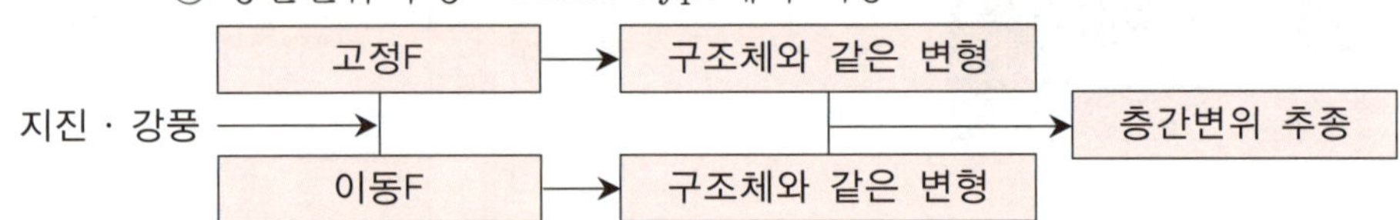

② 변위 및 지지형태

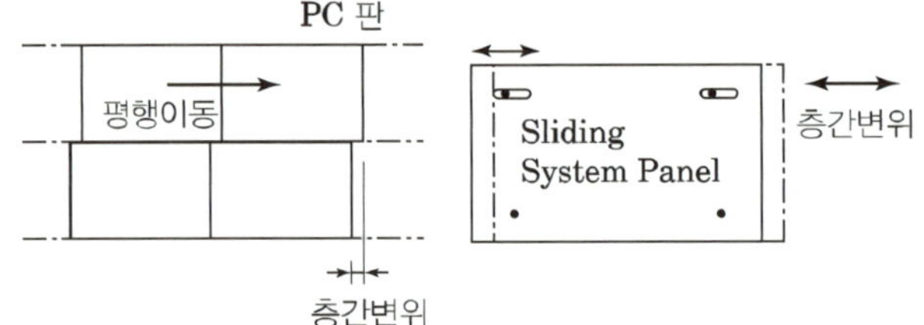

- Curtain Wall 부재가 횡으로 긴 Panel System에 좌.우 수평으로 변위추종

③ 적용방식

구 분	방 법	상세도
Pin Arm 방식	• Arm의 회전으로 변형 흡수	
Loose Hole 방식	• Loose Hole 내 Sliding을 통하여 변형 흡수	Loose Hole
Slide Arm 방식	• Arm의 Sliding을 통하여 변형 흡수	

☆☆★ 3. 시공 105

8-14	Curtain Wall의 Fastener Locking방식	
No. 591	연결철물	유형: 재료 · 부재 · 기능

Fastener

고정방식

Key Point

- 국가표준
  - KCS 41 54 02
- Lay Out
  - 하중전달 경로 및 적용 방식
- 핵심 단어
  - What: 면내방향으로 변위 발생
  - Why: 자중지지는 패스너를 축으로 회전
  - How: 구조물과 함께 수평이동
- 연관용어
  - 시공

Ⅰ. 정 의

① 지진 및 강풍에 의하여 건축물의 면내방향으로 층간변위가 발생하면 자중을 지지하는 구조물과 함께 수평이동하면서 자중을 지지하는 Fastener를 축으로 회전하는 방식

② 하중을 지지하는 Fastener이외에는 면내방향(상 · 하)으로 자유롭게 이동 가능한 기능을 갖추어야 한다.

Ⅱ. 하중전달 경로 및 적용방식

① 층간변위 추종

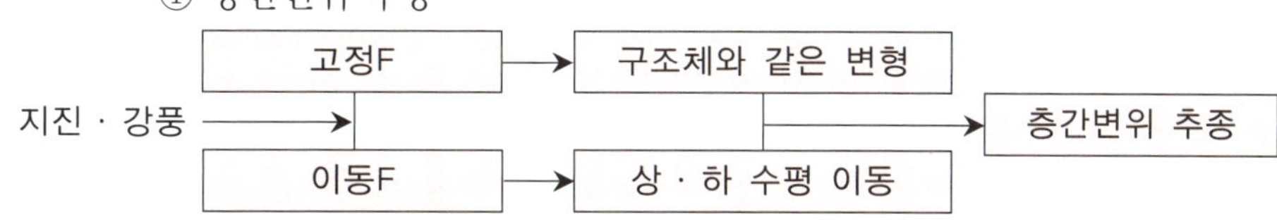

② 변위 및 지지형태

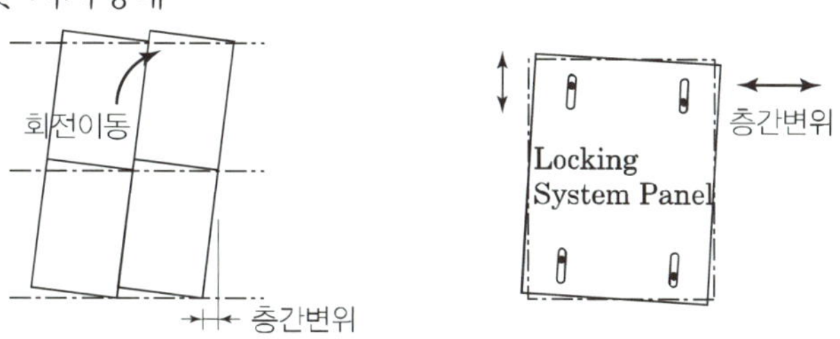

- Curtain Wall 부재가 종으로 긴 Panel System에 회전하면서 변위 추종

③ 적용방식

Loose Hole 방식	스프링 방식
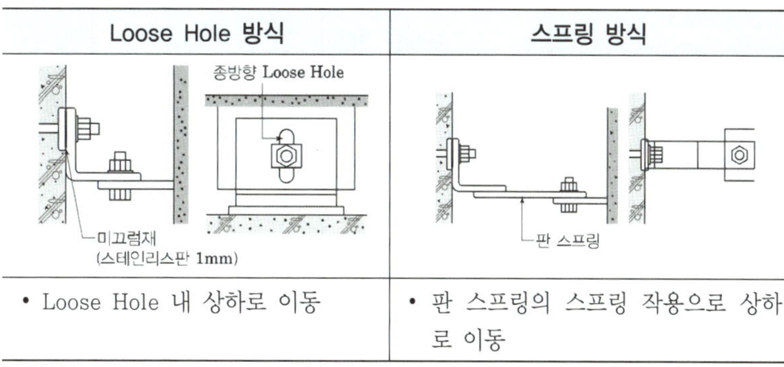	
• Loose Hole 내 상하로 이동	• 판 스프링의 스프링 작용으로 상하로 이동

★★★ 3. 시공

8-15	Curtain wall의 수처리 방식	
No. 592		유형: 공법 · System · 기능

Unit

수처리

Key Point

◪ 국가표준
- KCS 41 54 02

◪ Lay Out
- 빗물침입의 원인 및 접합부 구조개선

◪ 핵심 단어
- 실링재로 밀폐
- 공간형성하여 등압유지

◪ 연관용어
- Splice Joint
- Stick Wall System
- Open Joint System
- Weep Hole

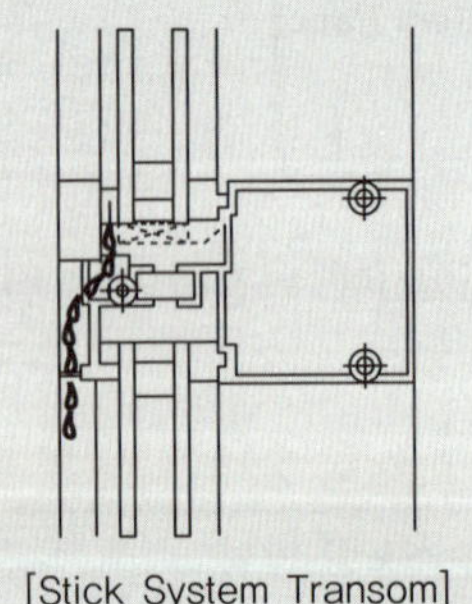

[Stick System Transom]

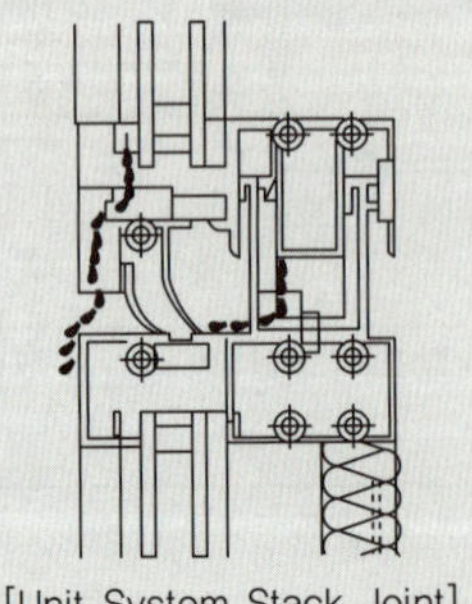

[Unit System Stack Joint]

Ⅰ. 정 의

① Closed Joint:부재의 Joint를 부정형 Sealing재로 밀폐시켜 틈을 제거하여 물의 침투를 막는 수처리 방식

② Open Joint: 부재의 Joint부위를 Open시키고 내부에 등압 공간을 형성하여 실외의 기압과 같은 등압을 유지하게 만들어 물의 침투를 막는 수처리 방식

Ⅱ. 빗물침입의 원인 및 접합부 구조개선

구분	우수유입 원인	구조 개선
중력	이음부 틈새가 하부로 향하면 물의 자중으로 침입한다.	상향조정 / 물턱 틈새, 이음의 방향을 위로 향하게 한다.
표면장력	표면을 타고 물이 흘러 들어온다.	물 끊기 물 끊기 턱을 설치한다.
모세관 현상	폭 0.5mm 이하의 틈새에는 물이 흡수되어 젖어든다.	에어포켓 / 틈새를 넓게 이음부 내부에 넓은 공간을 만든다. 틈새를 크게 한다.
운동 에너지	풍속에 의해 물이 침입한다.	미로 운동에너지가 소멸되도록 미로를 만든다.
기압차	기압차에 의해 빗물이 침입한다.	외부벽에 면한 틈새의 기압차이를 없앤다.

☆☆★ 3. 시공

8-16	Closed Joint System	
No. 593		유형: 공법 · System · 기능

Unit

수처리

Key Point

◩ 국가표준
- KCS 41 54 02

◩ Lay Out
- Sealing에 의한 수처리 System의 원리
- System 적용 시 유의사항
- Sealing 선정기준 및 시공시 유의사항

◩ 핵심 단어
- What: 부정형 실링재
- Why: 수처리 방식
- How: 밀폐

◩ 연관용어
- Splice Joint
- Stick Wall System
- Open Joint System
- Weep Hole

Ⅰ. 정 의

① 부재의 Joint를 부정형 Sealing재로 밀폐시켜 틈을 제거하여 물의 침투를 막는 수처리 방식

② Joint의 외부에 부정형 Sealing재로 1차 밀폐시키고, 실내측에 정형 실링재로 2차 밀폐시켜 방수층을 구성하는 방식

Ⅱ. Sealing에 의한 수처리 System의 원리- 누수차단 원리

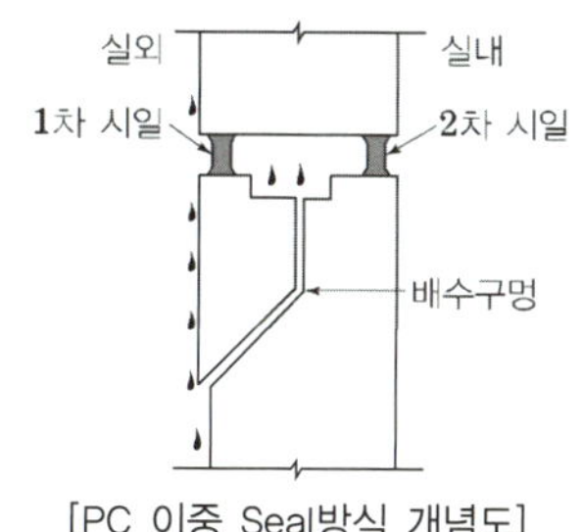

[PC 이중 Seal방식 개념도]

• 시간이 경과함에 따라 열화현상으로 1차 Sealing이 파손되더라도 침투된 물이 2차 Sealing에 도달하기전에 배수처리 되는 System이 있어야 한다.

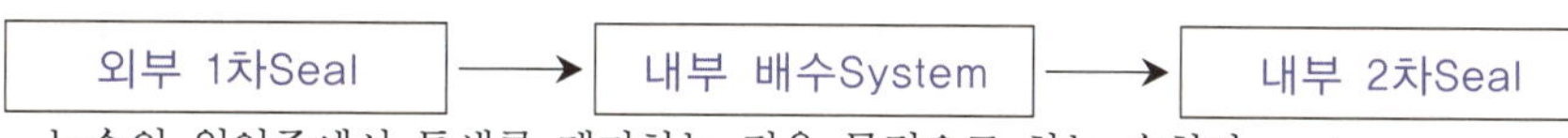

누수의 원인중에서 틈새를 제거하는 것을 목적으로 하는 수처리 system

Ⅲ. System 적용 시 유의사항

① PC Curtain Wall에 주로 사용하며, AL 커튼월에서는 Stick System에서 적용

② 시간경과에 따른 열화현상으로 외부 Sealing재의 보수 필요

③ PC Curtain Wall의 Sliding 방식으로만 줄눈 설계 시에는 줄눈이 커져서 변위발생시 누수발생 가능성이 높아짐

Ⅳ. Sealing 선정기준 및 시공시 유의사항

1) Sealing재 선정기준

외부: 1차 Seal ─ 내부: 2차 Seal

- 외부: 1차 Seal
  - 부정형(不定形) 실링재
  - 접착성, 신축성, 내피로성
- 내부: 2차 Seal
  - 정형(定形) 실링재
  - 모양 및 Size의 규격

2) 시공 시 유의사항

① 부위별 특성에 조인트의 크기와 비율 준수

② 조인트의 표면은 오목하게 Tooling 실시

③ Selant가 경화되기 전에 거동발생 방지

④ 작업은 기상을 고려하여 실시

8-17	Open Joint System	
No. 594	등압이론	유형: 공법 · System · 기능

Unit

수처리

Key Point

◪ 국가표준
- KCS 41 54 02

◪ Lay Out
- 등압을 이용한 수처리 System의 원리
- System의 특징
- 적용 시 유의사항

◪ 핵심 단어
- What: Joint
- Why: 수처리
- How: 등압유지

◪ 연관용어
- Splice Joint
- Stick Wall System
- Open Joint System
- Weep Hole

• 참고사항
- $P = P_o - P_c$

P : 누수한계압력

P_o : 외부압력

P_c : 등압

• Open Joint 설계상 Point
- Rain Screen은 중력, 운동에너지, 표면장력, 모세관현상, 기류 등에 의해 침입된 물을 외부에 배출시키는 기능을 구비해야 하며, 고무 등으로 만든 Flashing을 삽입하거나, Air Pocket, 미로 등을 배치하여 효율적으로 물을 차단하도록 Bar의 구조를 설계하는 것이 중요

[Unit System Stack Joint]

Ⅰ. 정 의

① 부재의 Joint부위를 Open시키고 내부에 등압 공간을 형성하여 실외의 기압과 같은 등압을 유지하게 만들어 물의 침투를 막는 수처리 방식

② 등압이론 적용

- 등압이론
  - 외부의 공기 유입구를 통하여 유입된 공기가 기밀층의 기밀도 를 높임으로서 등압개구부에서 외부와 비슷한 등압을 만들어 내부로 밀려들어 오지 않게 하고, 침투한 빗물도 중력에 의해 하부 배수로를 통하여 흘러가게 하는 방법
- 3요소
  - Rain Screen(공기유입구 및 물끊기)
  - 등압개구부(내부공기층), 미로
  - 내부 기밀층(실링재)

Ⅱ. 등압을 이용한 수처리 System의 원리- 누수차단 원리

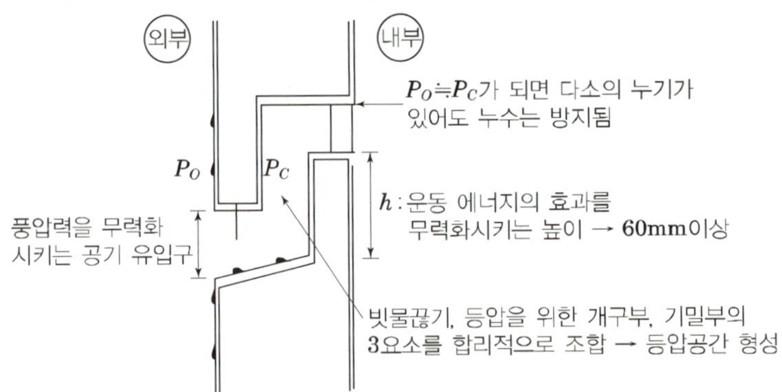

• 시간이 경과함에 따라 열화현상으로 1차 Sealing이 파손되더라도 침투된 물이 2차 Sealing에 도달하기 전에 배수처리 되는 System이 있어야 한다.

공기유입구 → 내부 등압공간 → 내부 기밀층

틈을 통해 물을 이동시키는 기압차를 없애는 수처리 system

Ⅲ. System의 특징

① AL Unit Wall System에서 상하부 상호간 접합되는 Stack Joint

② 실링재 파손 및 오염에 문제가 없다.

③ 누수한계 압력차 이내이면 누수가 발생하지 않아 수밀성이 확보

Unit

Ⅳ. System 적용 시 유의사항

① 내부 기밀을 유지하기 위해서 기밀용 Seal의 밀착시공
② 설계풍압에 견딜 수 있는 구조로 설계
③ 가공 및 조립 시 Alignment유지
④ Stack Joint의 허용 수축치 준수

★★★ 3. 시공

8-18	Curtain Wall의 Stack Joint	
No. 595	스택조인트	유형: 공법 · System · 기능

Unit

변위대응

Key Point

◪ 국가표준
- KCS 41 54 02

◪ Lay Out
- Mechanism · 설치방법
- Stack Joint의 주요기능 및 성능
- Stack Joint 설계 시 고려사항

◪ 핵심 단어
- What: Unit을 쌓아
- Why: 변위에 대응
- How: Click 방식으로 접합

◪ 연관용어
- Side Sway
- 수처리 방식
- 등압공간

[Mullion부재 작용Moment]

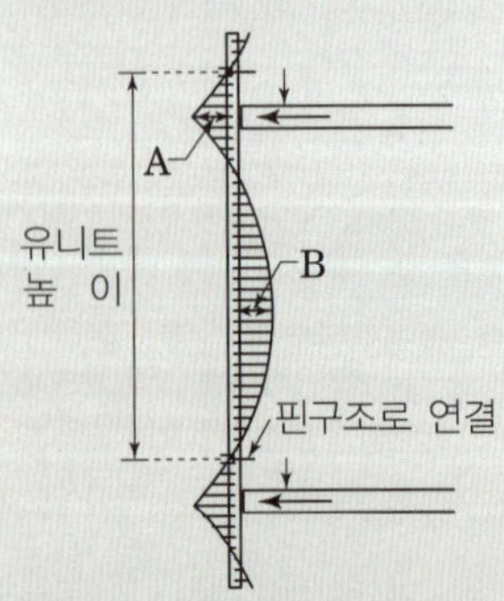

Negative Moment (A)와 Positive Moment (B)의 최대 크기가 비슷한 지점에 연결되도록 설계

[Stack Joint 마감]

I. 정 의

① Unit Wall System에서 1개층 단위로 상부 Unit을 하부 Unit으로 쌓아 올린다는 의미로서, Click 방식으로 접합되어 변위를 여유공간으로 변위에 대응할 수 있는 Joint 방식

② 온도변화 및 풍하중에 의한 Moment가 최소가 되는 절점부위에 Unit의 수평 연결부위를 설계해야 한다.

II. Stack Joint의 변위대응 Mechanism

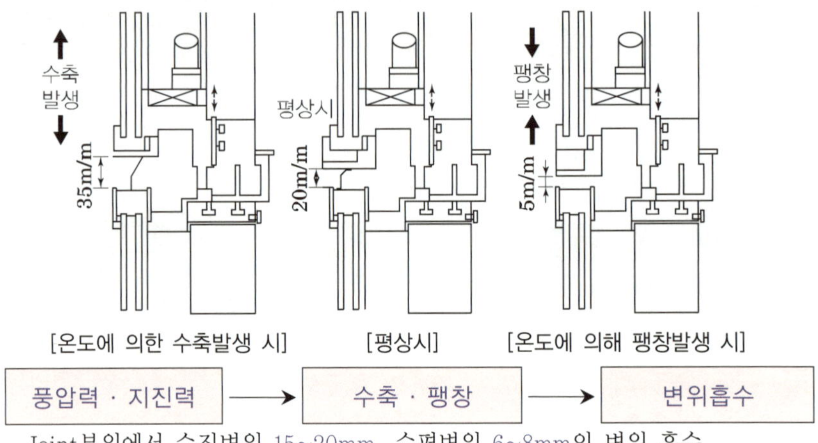

[온도에 의한 수축발생 시] [평상시] [온도에 의해 팽창발생 시]

풍압력 · 지진력 → 수축 · 팽창 → 변위흡수

Joint부위에서 수직변위 15~20mm, 수평변위 6~8mm의 변위 흡수

III. Stack Joint의 주요기능 및 성능

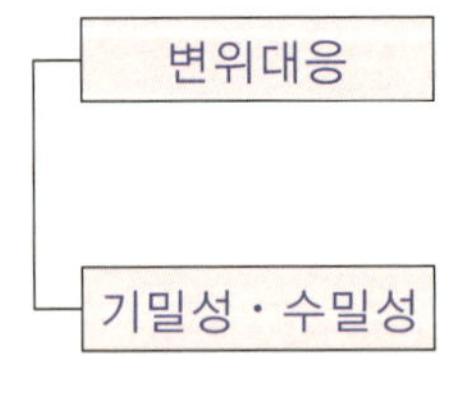

- 이동 하중에 의한 층간변위 및 온도에 의한 수축팽창의 변위에 대응하기 위해 20mm의 Stack Joint를 두어 ±20mm 의 변위를 수용할 수 있다.
- 공장조립으로 누수 및 기밀처리가 가능하며, Bar Joint가 Open Joint로 되어있어 내외부의 등압공간을 형성하여 물을 효율적으로 차단하여 수밀성을 높일 수 있다.

IV. Stack Joint 설계 시 고려사항

① 외기 온도의 최대 일교차에 의한 신축의 최대 예상수치(Thermal Movement)를 확보한다.

② 풍하중에 의한 건물 자체의 흔들림(Sway)수치를 확보한다.

③ 커튼월의 자중과 활하중에 의한 슬래브 및 보의 최대 처짐을 고려

④ Unit의 제작 및 가공 시 Alignment유지하고 Tolerance를 확인

Unit

단열

Key Point

◪ 국가표준
- KCS 41 54 02

◪ Lay Out
- 단열 Bar의 구조
- 성능 및 특성 비교
- 폴리아미드 계열 단열재의 원료 물성

◪ 핵심 단어
- What: 바 사이에
- Why: 결로방지
- How: 열도전율 낮은 물질 삽입

◪ 연관용어
- Side Sway
- 수처리 방식
- 등압공간

[Azone Bar]

[Polyamide Bar]

★★★ 3. 시공

8-19	Curtain Wall의 단열 Bar	
No. 596		유형: 공법 · 재료 · 기능

Ⅰ. 정 의

단열바의 원리는 알루미늄의 높은 열전도율로 인한 결로현상을 방지하기 위해 알루미늄바와 바 사이에 열전도율이 낮은 물질을 삽입해 알루미늄의 열전도성을 낮추게 하는 것이다.

Ⅱ. 단열 Bar(Thermal Breaker)의 구조

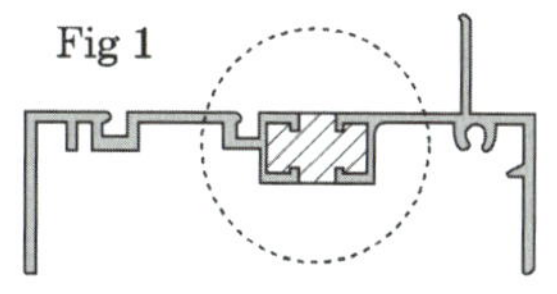

Azon 단열 공법

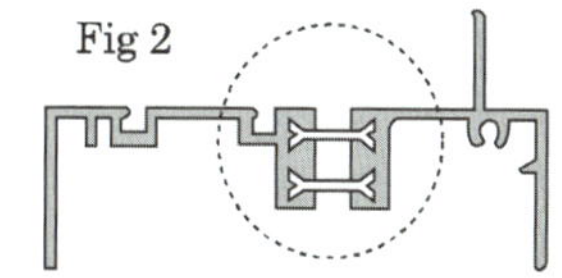

폴리아미드 스크립을 이용한 공법

- Azon System
  - 액체상태의 고강도 Polyurethane을 알루미늄바에 충전하여 경화시킨 후 절단하여 생산하는 방식
- Polyamid
  - 유리섬유를 함유한 고체 상태의 Polyamid를 알루미늄 바에 삽입 및 압착하여 생산하는 방식

Ⅲ. 성능 및 특성 비교

구분	Azon System	Polyamid System
Profile 구성	• Channel Type Section 구성으로 구조적으로 불안정함 • Single Bridge Section으로 구성되므로 Debridging 후 굴절, 뒤틀림 현상발생	• 정사각형 단면구성(Square Type Section 구성으로 구조적으로 매우 안정됨) • Double Bridge Section으로 구성되므로 굴절 및 뒤틀림 현상 없음
단열재 성분	• Polyurethane	• Polyamid
구조성	• Polyamid에 비해 단위 길이당 두께가 두터워 미세진동에 약함	• A-Zon에 비해 강도가 높으며 단위 길이당 두께가 작아 미세진동이 지속되는 커튼월에 안정적
Design	• 단일 Profile을 충진/조합 후 분리 Cutting하는 형태로 제약이 많다	• 알루미늄 Profile의 설계를 자유롭게 할 수 있으며, 설계가 자유롭다
방식	• 미국식	• 독일식

Unit

Ⅳ. 폴리아미드 계열 단열재의 원료 물성-2023.02.11. 신설

항목	원료 물성	측정 방법
밀도(건조상태)	1.30±0.05 g/cm^3	KS M ISO 1183-1
인장강도 (종방향, 상온)	110 MPa	KS M ISO 527-2
쇼어 D경도	82±4	KS M ISO 868
신장률 (파괴연신율, 상온)	3 %	KS M ISO 527-2
열전도율[1]	0.3 W/K · m	EN ISO 10077-2, ASTM D 5390
탄성계수 (인장탄성률)	6000 MPa	KS M ISO 527-2
융점	250 ℃	KS M ISO 11357-3
충격강도 (상온)	35 KJ/m^2	KS M ISO 179-1
유리섬유 함유량[2]	25±2.5%	KS M ISO 1172

주석

1) 열전도율의 측정 방법은 필요에 따라 DIN, BS 등을 사용할 수 있다.

2) 유리섬유 함유량의 측정기준은 수분함유량 0.2% 이내, 건조상태로 한다.

Ⅴ. 폴리우레탄 계열 원료 물성-2023.02.11. 신설

항목	재료 물성	측정 방법
밀도(경화상태)	1.147 g/cm^3	ASTM D 792
인장강도	38±7 MPa	ASTM D 638
열변형성 및 안정성	80 ℃	ASTM D 638
연신율	20 %	ASTM D 638
열전도율	0.12 W/K · m	ASTM C 518
탄성계수	1655 MPa	ASTM D 638
충격강도	101 J/m^2	ASTM D 256

Unit

시공

Key Point

◪ 국가표준
- KCS 41 54 02

◪ Lay Out
- 설치 Process
- 시공의 치수 허용차
- 금속 커튼월의 검사

◪ 핵심 단어
- 공사범위의 한도 내에서 승인된 도면에 표시한 재료의 규격, 두께 및 기타 사항에 일치

◪ 연관용어

2023.12.19. 개정사항

- 직결볼트를 이용한 설치
  - 강풍이나 지진에 의해 금속 패널 외장재가 탈락하지 않도록 직결볼트를 이용해 고정시 직경 4mm 이상의 직결볼트를 300mm 이하의 간격으로 설치한다. 패널의 한 면에는 최소 2개 이상의 직결 볼트가 설치되도록 한다.
  - 직결볼트가 설치되는 금속패널 외장재의 날개부는 직결볼트 접합 구멍 중심으로부터 연단까지의 거리가 직경의 1.5배 이상이 되도록 한다.

★★★ 3. 시공 131

8-20	금속커튼월의 설치 및 검사	
No. 597	커튼월 공사 시 시공단계의 유의사항	유형: 공법 · 검사

Ⅰ. 정 의

① 모든 부재는 공사범위의 한도 내에서 승인된 도면에 표시한 재료의 규격, 두께 및 기타 사항에 일치해야 하고, 각 부재의 조립 및 시공방법은 별도 지정하지 않는 한 공사시방서에 따라 시공해야 한다.

② 커튼월 부재의 설치는 시공계획서에 표시된 설치순서, 설치방법에 따르며 부재에 손상이 미치지 않도록 해야 한다.

Ⅱ. 설치 Process

1) 기준 먹매김
- 건물의 외곽 모서리에 수직 및 수평 기준점을 설치

2) 구체 부착철물의 설치
- 구체 부착철물의 설치 위치의 치수 허용차의 표준치는 연직방향 ± 10mm, 수평방향 ± 25mm

3) 부속재료의 설치
- 이질재 사이에는 이격재를 설치

4) 양중, 포장, 적재 및 보호조치
- 제품의 적재 위치와 양중 및 보관방법 강구 및 적재 제품의 보호조치

5) 실링재 작업

① 줄눈의 청소와 건조
- 실링재를 충전하는 줄눈 피착면에 접착을 저해할 염려가 있는 오물은 솔벤트, 톨루엔, 아세톤 등을 사용하여 제거
- 수분의 부착이나 이슬 등이 맺히는 경우 충분히 건조

② 마스킹 테이프의 접착
- 테이프는 줄눈 양측의 가장자리 선에 빽빽하게 붙이고 줄눈 내부까지 들어가지 않아야 한다.

③ 실링재의 충전
- 공기가 들어가지 않도록 코킹 전에 주입
- 줄눈 폭에 의해 노출을 선정해 실링재가 충분히 심부까지 닿도록 가압하여 가능한 짧은 시간에 충전

④ 실링재의 시공 후 완전 경화가 될 때까지는 줄눈재의 손상 및 오염 이물질의 부착 등 피해가 없도록 하고 3일간 양생

Unit

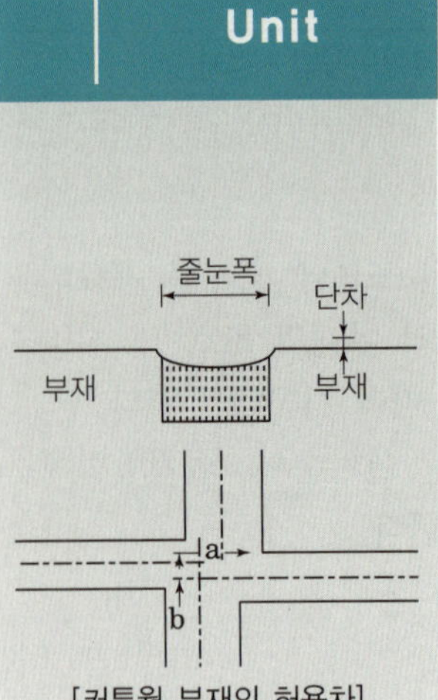

[커튼월 부재의 허용차]

현장 유리설치

(1) 유리 끼우기 작업 시에는 외부의 먼지나 오염물이 침투되지 않도록 해야 한다.
(2) 현장에서의 유리 끼우기 작업은 유리에 가해지는 응력과 처짐을 방지하기 위하여 수직적인 위치에서 프레임과 함께 완성한다.
(3) 유리 끼우기에 앞서 모든 유리는 사전 결점을 검사해야 하고 명시된 기준에 부적합한 유리 및 조건에서는 설치할 수 없으며, 하자가 발견된 경우 제거해야 한다.
(4) 유리를 끼우기 전에 프레임의 먼지제거, 습기제거 등 표면검사를 해야 한다.
(5) 유리를 설치하기 전에 유리 포켓을 청결하게 유지하여 배수구(weep hole)의 막힘이나 배플(baffle) 등의 탈락이 없도록 하여야 한다.
(6) 커튼월 바에 유리를 설치하기 전에 커튼월 바의 교차부에 틈이 있는지 사전에 철저히 파악 후 유리를 끼워야 한다.

Ⅲ. 시공의 치수 허용차

① 수직도: 부재 길이 3m당 2mm 이내, 12m마다 5mm 오차 초과 금지
② 수평도: 부재 길이 6m당 2mm 이내, 12m마다 5mm 오차 초과 금지
③ 정렬: 인접한 패널, 프레임 면으로부터의 수평·수직 1mm 오차 이내
※ 커튼월 줄눈 관련 위치의 치수 허용차

검사항목	
줄눈폭의 허용차[1)]	±3
줄눈 중심 사이 허용차[2)]	2
줄눈 양측의 단차의 허용차[1)]	2
각층의 기준먹줄에서 각 부재[3)]까지의 거리의 허용차	±3

주 1) 각주 그림 참조
2) 줄눈의 교차부에서 확인(check)한다. 각주 그림의 a, b 치수
3) 부재의 출입에 관해서는 부재의 내면 또는 외면의 일정위치를 결정하여 확인한다.
좌우방향은 부재의 중심을 기준으로 한다. 상하방향은 창 높이(level) 등을 기준으로 한다.

Ⅳ. 금속 커튼월의 검사

1) 제작과정의 검사

검사항목	검사방법	판정기준
1. 금속 주재료의 화학성분과 기계적 성질 등	한국산업표준품 확인	공사시방서에 의함
2. 외관	목측에 의한 미관 검사	공사시방서에 의함
3. 제품의 형상, 치수	각종 게이지 및 각도계 등에 따른다.	공사시방서에 의함
4. 표면처리 피막과 피막 두께	관련 한국산업표준에 정해진 측정방법 등에 따라 발췌 검사	공사시방서에 의함
5. 제품의 색조	견본과의 목측 비교에 의한 검사	공사시방서에 의함

2) 시공과정의 검사

검사항목	검사방법	판정기준
1. 설치기준 먹매김	철제 자 등으로 실측	커튼월 시공도면에 의함
2. 구체 설치철물의 위치	부착기준 먹매김에서 실측	커튼월 시공도면에 의함
3. 줄눈의 폭, 중심간격 및 단차	캘리퍼스 등으로 실측	커튼월 시공도면에 의함
4. 주요부재 설치 위치	설치기준 먹매김에서 실측	커튼월 시공도면에 의함
5. 설치용 철물 설치상황	철제 자 또는 육안검사	커튼월 시공도면에 의함
6. 유리 설치상황	평활도, 파손 등 육안검사	공사시방서에 의함
7. 부속부품 설치상황	유격, 소음, 누수 등 육안검사	공사시방서에 의함
8. 시일공사	누수, 외관 등 육안검사	공사시방서에 의함
9. 표면마감(현장시공의 경우)	훼손, 파손 등 육안검사	공사시방서에 의함
10. 화재연소 확대 방지공사	틈새 등 육안검사	공사시방서에 의함

하자

하자

Key Point

- 국가표준
- Lay Out
  - 하자원인
  - 하자 방지대책
- 핵심 단어
- 연관용어

★★★ 4. 하자

8-21	커튼월의 하자	
No. 598		유형: 결함 · 하자

Ⅰ. 정 의

용도에 맞지 않은 재료의 규격 및 각 구성부재의 조립과 시공방법에 따른 오류로 발생한다.

Ⅱ. 하자원인

1. 1차 Fastener

① 설치오차: 콘크리트 타설시 Level 불량으로 슬래브 위로 1차 Fastener가 돌출되면서 Slab와 틈 발생 방지

② 먹매김 오차 조정 및 Slab와 밀착이 되도록 Shim Plate로 조정 후 용접처리

2. 2차 Fastener

① 조립방식 및 구조형식에 맞는 방식선정

② 설치오차 준수

③ 용접부는 면처리 후 방청도료 도장

④ 너트풀림 방지

3. Unit

① 단열Bar 설계

② 수처리 방식 및 Bar 내부 구조개선

③ Joint 접합부 설계 및 시공 기능도

④ 단열유리 및 간봉

⑤ Sealing 선정 및 시공 기능도

Ⅲ. 하자 방지대책

1) 설계
- Weep hole, Bar의 Joint 설계

2) 재료
- Bar 및 유리단열 성능, 유리 공간, 재질, 실링재

3) 시공
- 먹매김, Fastener, 접합부 시공, 기능도

4) 환경
- 실내 환기 및 통풍(설비 시스템), 내외부 온도차

5) 관리
- 생활습관, 주기적인 점검

하자유형

- 누수
- 차음
- Sealing재 오염
- 변형
- 발음
- 결로
- 단열

하자

누수발생 3대 요소

- 물은 자연적인 요인이며, 틈과 힘은 적절한 설계 및 시공관리로 누수발생을 막을 수 있다.

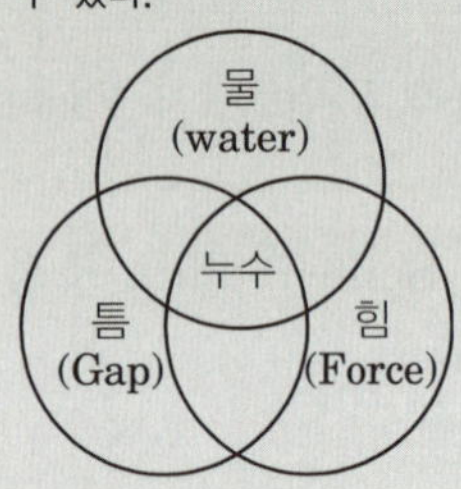

Ⅳ. 누수

1. 누수발생원인

구분	우수유입 원인	구조 개선
중력	이음부 틈새가 하부로 향하면 물의 자중으로 침입한다.	상향조정 물턱 틈새, 이음의 방향을 위로 향하게 한다.
표면장력	표면을 타고 물이 흘러 들어온다.	물 끊기 물 끊기 턱을 설치한다.
모세관 현상	폭 0.5mm 이하의 틈새에는 물이 흡수되어 젖어든다.	에어포켓 틈새를 넓게 이음부 내부에 넓은 공간을 만든다. 틈새를 크게 한다.
운동 에너지	풍속에 의해 물이 침입한다.	미로 운동에너지가 소멸되도록 미로를 만든다.
기압차	기압차에 의해 빗물이 침입한다.	외부벽에 면한 틈새의 기압차이를 없앤다.

① 조립부 Sealant 작업불량: 단부로 집수된 상태에서 Caulking Tooling이 미흡한 구간을 통해 내부로 누수
- 단면부의 Caulking 작업 불량 구간을 통한 누수
- Glass Glazing Caulking 불량 구간 또는 Aadaptor를 통한 누수

② Mullion 상,하부 Blocking 작업상태 불량

③ Gasket 작업상태 불량
- Gasket 목부분 절단 시 Alum. Bar 노출

④ Glazing 불량
- 구조용 Sealant 충전 후 경화되기 전에 이동 시 찢어짐 발생

하자

2. 방지대책

1) 설계적 측면

① Weep Hole 반영

② Weep Hole 배면에는 Baffle 스펀지를 설치: 외부로부터 빗물유입 차단강한 압력에 의한 빗물 유입 차단

③ 알루미늄바와 타부재와의 접촉부 1차 실링 및 2차 방습지 설치

④ 옹벽부 금속외장 Panel에 Flushing 시트 설치: 외부 유입수 및 결로수 배출

2) 시공적 측면

① Gasket 밀착시공: 알루미늄바 및 유리와 완전 밀착

② Mullion과 Transom 접합 시 Weather Seal 실리콘 Sealant로 처리

③ Screw 고정부위 Selant 처리

④ 알루미늄바와 Back Panel널 사이 Weather Seal 실리콘 Sealant로 처리

⑤ Sealant 시공 시 재질 및 용도에 적합한 Sealant사용

⑥ Gasket, Sealant, Norton 테이프 시공 시 이음매: 코너부위에서 두도록 하여 Sealant로 처리

⑦ Gasket, Sealant, Norton Tape 시공 시 두께를 같도록 할 것

V. 결로

1. 결로발생원인

1) 결로 발생 Mechanism– 포화 수증기 곡선

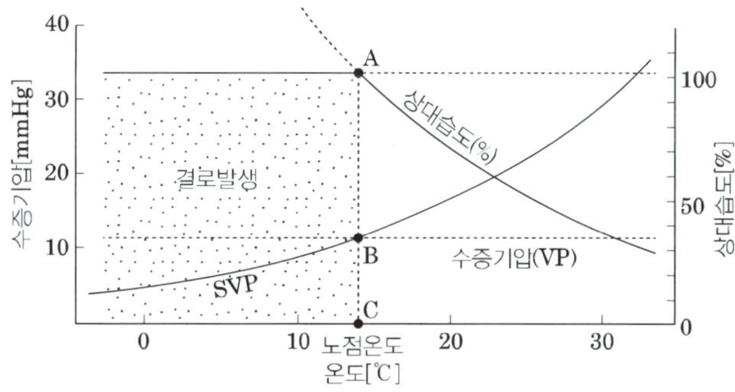

- A점과 같이 상대습도가 100%이며, B점과 같이 수증기압(VP)과 포화 수증기압(SVP)이 같은 지점에서 결로가 발생하며, 그 때의 온도를 노점 온도(C)점라 한다.

2) 결로 발생 원인

① 시공 불량(부실시공, 하자)	② 구조재의 열적 특성
③ 실내 습기의 과다 발생	④ 실내외 온도차
⑤ 건물의 사용방법	⑥ 생활습관에 의한 환기 부족
⑦ 차습층 미설치	⑧ 단열간봉 미적용

하자

2. 결로 방지대책

1) 유리결로 방지대책

① 복층유리의 공기층(Air Space)폭을 최소 12mm 이상 확보

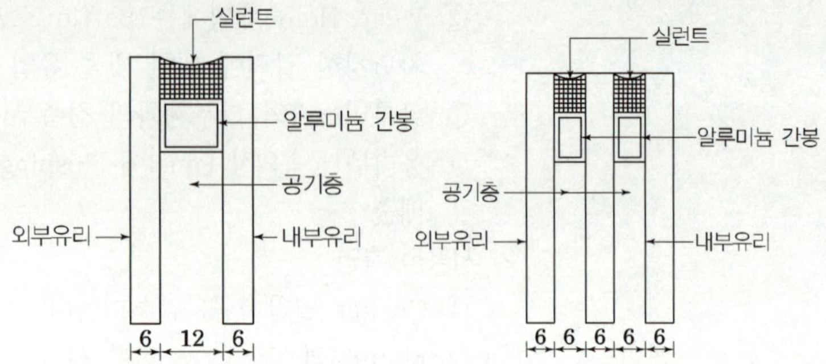

[일반복층유리 단면] [삼복층유리 단면]

② 로이(Low-Emissivity) 복층유리의 사용

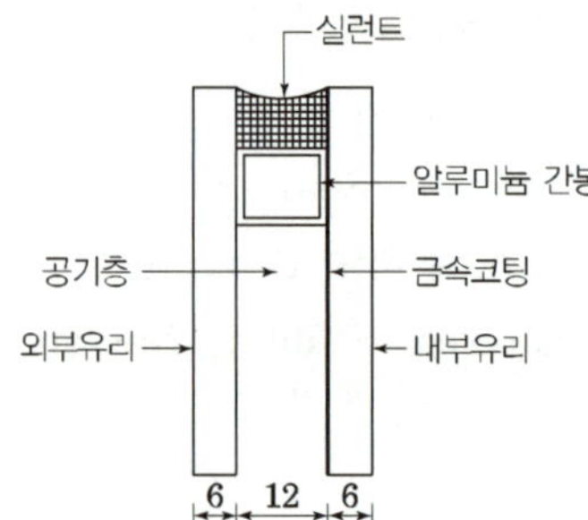

[로이복층유리 단면]

- 결로발생 습도는 58%까지 억제
- 외기온도 -15℃, 실내온도 25℃의 조건에서 유리표면온도 16.2℃

③ 봉입가스의 사용

- 열전달은 열전도도가 작은 기체를 복층유리에 아르곤 가스를 봉입하여 감소

④ Warm Edge 적용

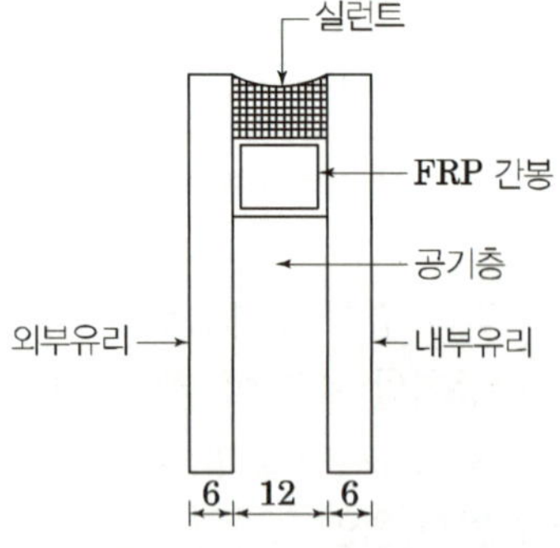

[Warm Edge 적용 복층유리 단면]

- 알루미늄 또는 단열 소재로 된 바(bar)형태의 Spacer 유리와 유리 사이의 간격을 유지

하자

• 환기 Unit

2) 알루미늄바 결로 방지대책

① 단열바(Thermal Breaker)의 적용

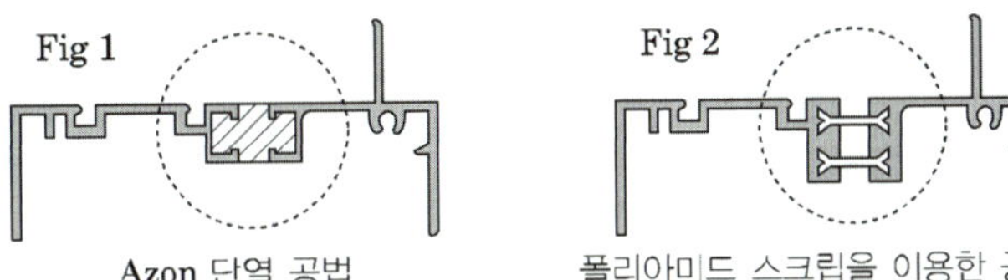

Azon System	• 액체상태의 고강도 Polyurethane을 알루미늄바에 충전하여 경화시킨 후 절단하여 생산하는 방식
Polyamid	• 유리섬유를 함유한 고체 상태의 Polyamid를 알루미늄 바에 삽입 및 압착하여 생산하는 방식

② 내부 결로수 배수시스템 적용

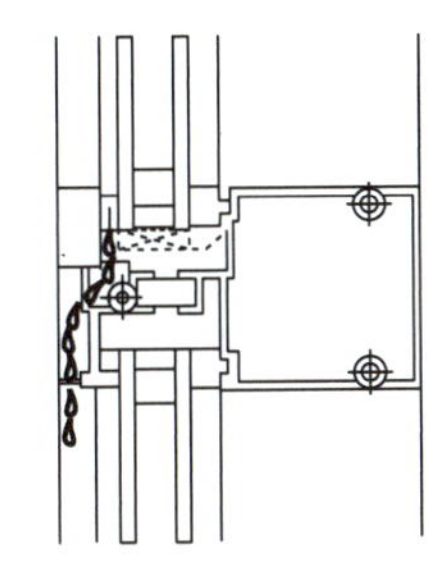
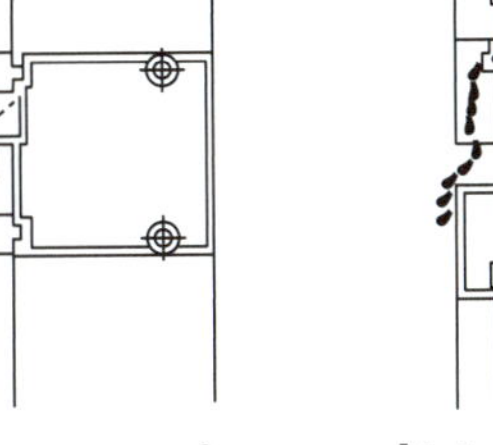
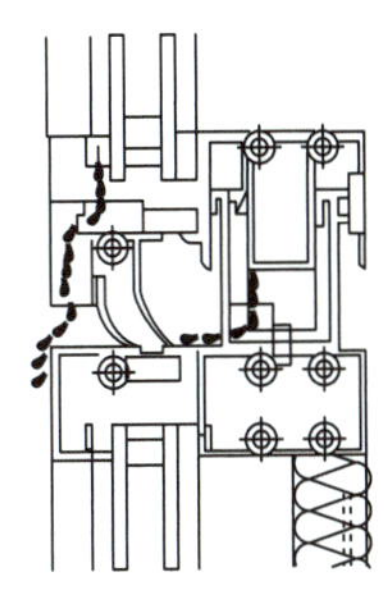

[Stick System Transom] [Unit System Stack Joint]

• Weep Hole을 설치하여 외부로 배수

③ 온수방열기 설치

• 결로현상이 예상되는 창가에 온수방열기를 설치해 결로발생 억제

④ 환기 Unit 설치

• 실내환기 Unit설치를 통해 환기량을 증가시켜 내부의 노점온도를 낮춤

3) 패널 결로 방지대책

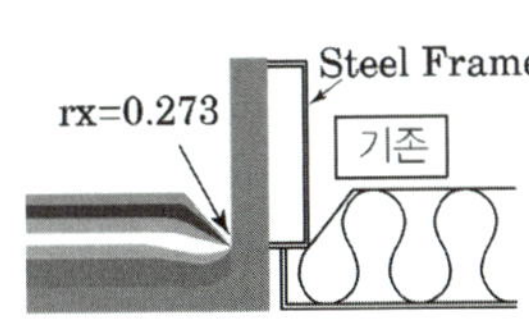

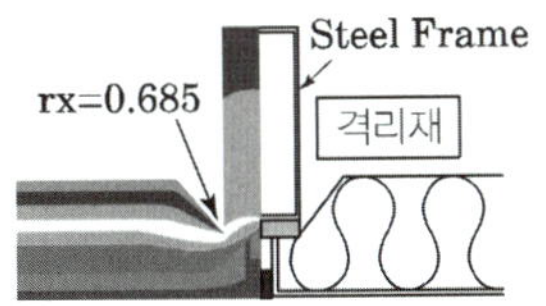

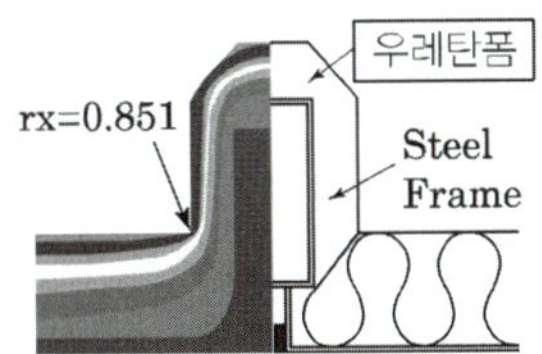

[패널 전열해석]

① 패널 부분의 전열해석 결과와 같이 패널과 바탕철물의 접합부에 격리재를 삽입: 열전도율을 크게 개선

② 우레탄 폼으로 바탕철물을 완전히 차단: 차습층 형성

★★★ 4. 하자 96

8-22	층간변위(Side Sway)	
No. 599	상대변위: Relative Storey Displacement	유형: 현상 · 하자

하자

변위

Key Point

◪ 국가표준

◪ Lay Out
- Mechanism · 영향인자
- 층간변위를 고려한 외벽의 설계기준작용 · 발생
- 층간변위 대응설계 방법

◪ 핵심 단어
- What: 외력을 받아
- Why: 수평방향 변위차
- How: 바닥과 바로 위층

◪ 연관용어
- Stack Joint

층간변위 흡수설계

- 구조체의 움직임에 의한 층간변위량은 L/400 (L=층고)로 정한다.
- AL커튼월은 알루미늄의 열팽창계수가 철의 약 2배정도 되므로 부재의 변형을 고려하여 Stack Joint에서 최소 12mm이상으로 변위에 대응하도록 설계가 되어야 한다.

[허용층간변위 Δ_a]

내진등급	Δ_a
특	$0.010h_{sx}$
I	$0.015h_{sx}$
II	$0.020h_{sx}$

h_{sx}:x층 층고

I. 정 의

① 지진력이나 풍압력 등의 외력을 받아 어떤 층의 바닥과 바로 위층의 바닥사이에 생기는 수평방향 변위량의 차

② 수평 방향의 변위를 기준이 되는 높이(보통은 층고)로 나눈 수치가 층간 변위로, 분자를 1로 한 분수로 표시한다.

II. 층간변위 발생Mechanism(층간변위 및 층간변위각)

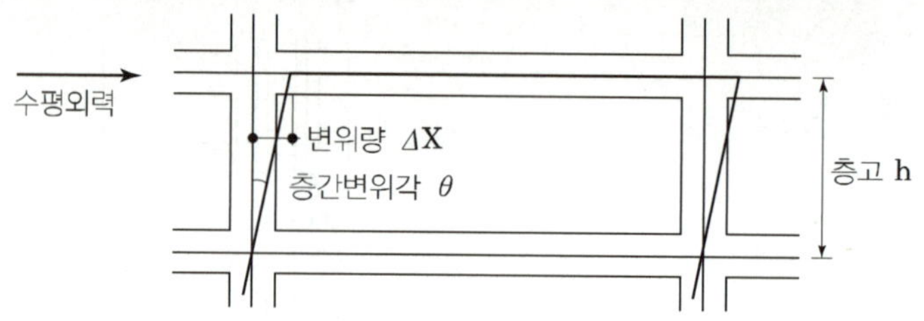

층간 변위각 $\theta = \Delta X$(변위량)$\div h$(층고)

예) 층고 **4.5m**에서 **3cm**의 변위가 발생하였을 경우 층간변위는 **1/150**이 된다.

마감재의 손상을 막기위해 1차 설계 시 1/200 이하가 되도록 기준치가 설정됨

III. 층간변위를 고려한 외벽의 설계기준

① 1/300의 경우: Sealing재가 손상하지 않을 것

② 1/200의 경우: Sealing재 이외에는 지장이 없을 것

③ 1/100의 경우: 파손, 탈락이 되지 않을 것

- 줄눈의 넓이와 Fastener의 형태를 결정하는 요인이 되며, Sealing 계산상으로 검토가 진행되지만, Mock-Up Test 등을 통하여 확인해야 한다.

IV. Curtain Wall의 층간변위 대응설계 방법

Unit의 설계
- Unit System: Stack Joint를 두어 ±20mm의 변위대응
- Stick System: Splice Joint에서 ±7mm정도의 변위대응

Fastener의 설계
- Fixed Type: Unit자체에서 변형흡수, AL 커튼월에 적용
- Locking Type: Panel이 종으로 긴 부재의 변형흡수
- Sliding Type: Panel이 횡으로 긴 부재의 변형흡수

☆☆☆ 4. 하자 98

8-23	금속Curtain Wall의 발음현상	
No. 600	금속 마찰음	유형: 현상 · 하자

하자

힘의변화 이해

Key Point

- 국가표준
  - KCS 41 54 02
- Lay Out
  - 발음현상
  - 발음 방지대책
- 핵심 단어
  - What: 금속커튼월
  - Why: 온도변화 · 신축
  - How: 마찰음
- 연관용어
  - Side Sway
  - Joint Movement

Ⅰ. 정 의

① 여러 part로 조립된 metal curtain wall이 온도변화에 의한 각 부재의 신축으로 발생하는 마찰음

② 금속 Curtain wall의 발음현상은 내실자의 구조적 불안감 및 신경을 자극하므로 발생원인 및 부위에 대한 대책을 강구하도록 한다.

Ⅱ. 발음 현상

① 발음시기: 08시~10시, 15시~18시(오후 3시~6시), 외부의 온도변화 차가 클 때 → 특히 겨울철(동절기)

② 위치: 동쪽면에서 시작하여 일조 이동과 함께 남서쪽면으로 이동

③ 발생부위: Mullion과 수평재의 joint 부위, 접합부

Ⅲ. 발음 방지대책

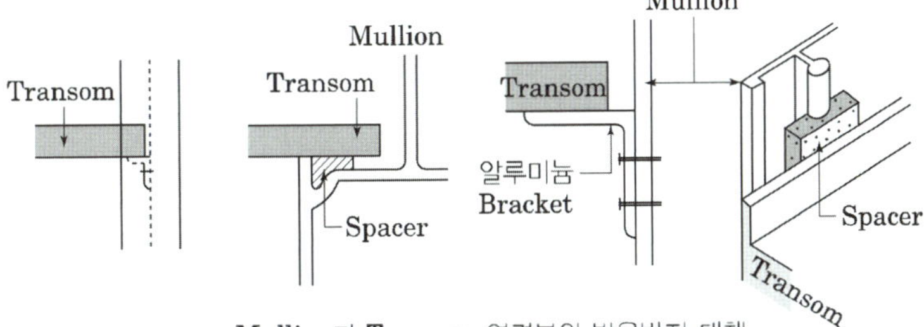

Mullion과 Transom 연결부위 발음방지 대책

① 부재가 부드럽게 신축할 수 있도록 하는 것

② AL. 부재의 접합부, Fastener취부 부위 등, 마찰이 발생할 소지가 있는 부분에 미끄럼재(Taflon sheet)를 끼워 넣는다.

③ 열신축에 의한 팽창수축을 완전히 억제 → 현실적으로 불가능

④ 부재의 팽창수축이 자유로워지도록 접합부 마찰면 처리

⑤ 검토대상부위

- 열량을 많이 받는 부위(폭이 넓은 창대, 검은색 계통으로 마감된 부위)
- 열신축이 큰 부위(부재 길이가 긴 sash)
- 열소리가 쉽게 감지되는 부위(응접실 등의 조용한 단위 실(室))

기타용어

☆☆☆

1.	Clearance 보정	
		유형: 공법 · 기능

① 수직부재에 가해지는 수직하중 및 부동축소를 고려하여 구간을 지정 및 보정

② 초기단계부터 코어월과 외부기둥에 대한 기둥 축소량을 계산하여 시공단계에 적용하며 보정을 통해 변위를 최소화 한다.

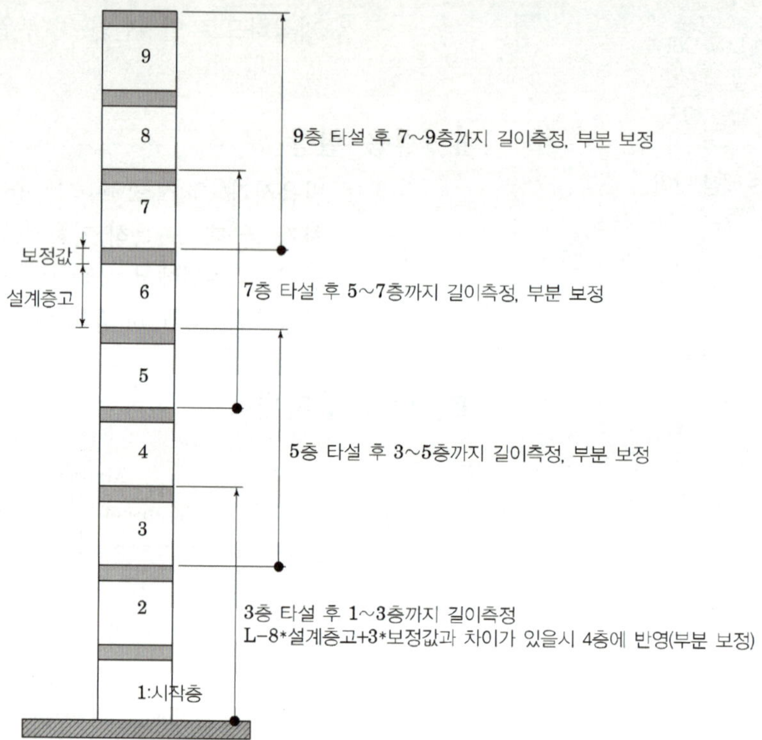

Detail 용어설명 1000

PE 건축시공기술사(上)

定價 70,000원

저 자 백 종 엽
발행인 이 종 권

2023年 8月 31日 초 판 발 행
2025年 7月 29日 1차개정발행

發行處 (주) 한솔아카데미

(우)06775 서울시 서초구 마방로10길 25 트윈타워 A동 2002호
TEL : (02)575-6144/5 FAX : (02)529-1130
〈1998. 2. 19 登錄 第16-1608號〉

※ 본 교재의 내용 중에서 오타, 오류 등은 발견되는 대로 한솔아카데미 인터넷 홈페이지를 통해 공지하여 드리며 보다 완벽한 교재를 위해 끊임없이 최선의 노력을 다하겠습니다.

※ 파본은 구입하신 서점에서 교환해 드립니다.

www.inup.co.kr / www.bestbook.co.kr

ISBN 979-11-6654-722-5 14540
ISBN 979-11-6654-721-8 (세트)